Franz Oeters

Metallurgie der Stahlherstellung

Mit 276 Abbildungen

1989

Springer-Verlag Berlin Heidelberg New York
London Paris Tokyo Hong Kong
Verlag Stahleisen Düsseldorf

Dr. phil. Franz Oeters
Professor für Eisenhüttenkunde an der
Technischen Universität Berlin
Straße des 17. Juni 135
1000 Berlin 12

ISBN 978-3-642-51166-0 ISBN 978-3-642-51165-3 (eBook)
DOI 10.1007/978-3-642-51165-3

CIP-Kurztitelaufnahme der Deutschen Bibliothek:
Oeters, Franz: Metallurgie der Stahlherstellung/Franz Oeters. – Berlin; Heidelberg; New York;
London; Paris; Tokyo: Springer; Düsseldorf: Verl. Stahleisen, 1989
  ISBN 978-3-642-51166-0

Dieses Werk ist urheberrechtlich geschützt. Die dadurch begründeten Rechte, insbesondere die der Übersetzung, des Nachdrucks, des Vortrags, der Entnahme von Abbildungen und Tabellen, der Funksendung, der Mikroverfilmung oder der Vervielfältigung auf anderen Wegen und der Speicherung in Datenverarbeitungsanlagen, bleiben, auch bei nur auszugsweiser Verwertung, vorbehalten. Eine Vervielfältigung dieses Werkes oder von Teilen dieses Werkes ist auch im Einzelfall nur in den Grenzen der gesetzlichen Bestimmungen des Urheberrechtsgesetzes der Bundesrepublik Deutschland vom 9. September 1965 in der Fassung vom 24. Juni 1985 zulässig. Sie ist grundsätzlich vergütungspflichtig. Zuwiderhandlungen unterliegen den Strafbestimmungen des Urheberrechtsgesetzes.

© Springer-Verlag Berlin, Heidelberg und Verlag Stahleisen mbH, Düsseldorf 1989
Softcover reprint of the hardcover 1st edition 1989

Die Wiedergabe von Gebrauchsnamen, Handelsnamen, Warenbezeichnungen usw. in diesem Werk berechtigt auch ohne besondere Kennzeichnung nicht zu der Annahme, daß solche Namen im Sinne der Warenzeichen- und Markenschutz-Gesetzgebung als frei zu betrachten wären und daher von jedermann benutzt werden dürften.

Sollte in diesem Werk direkt oder indirekt auf Gesetze, Vorschriften oder Richtlinien (z. B. DIN, VDI, VDE) Bezug genommen oder aus ihnen zitiert worden sein, so kann der Verlag keine Gewähr für Richtigkeit, Vollständigkeit oder Aktualität übernehmen. Es empfiehlt sich gegebenenfalls für die eigenen Arbeiten die vollständigen Vorschriften oder Richtlinien in der jeweils gültigen Fassung hinzuzuziehen.

Texterfassung: Mit einem System der Springer Produktions-Gesellschaft, Berlin;
Datenkonvertierung: Brühlsche Universitätsdruckerei, Gießen.

2160/3020-543210 – Gedruckt auf säurefreiem Papier.

Vorwort

In der Metallurgie der Stahlherstellung hat die verfahrenstechnische Beschreibung der Reaktionsabläufe in den vergangenen Dezennien größere Fortschritte gemacht. Die Fortschritte wurden vor allem durch die Entwicklung der Pfannenmetallurgie und durch die gestiegenen Anforderungen an die Leistungen der Prozesse bewirkt. Das vorliegende Buch ist der Versuch, neben der klassischen Thermodynamik der Stahlherstellung auch deren verfahrenstechnische Grundlagen, wie sie sich mittlerweile herausgebildet haben, darzustellen. Mit Hilfe dieser Grundlagen können die Reaktionsabläufe in einer über die empirische Beschreibung hinausgehenden Weise erfaßt werden. Das gibt dem Anlagenbauer und dem Betriebsmetallurgen eine vertiefte Basis für Planungen.

Das Buch ist aus Vorlesungen, die der Verfasser seit längerem an der Technischen Universität Berlin hält, und aus Beiträgen zu Kontaktstudien des Vereins Deutscher Eisenhüttenleute über die Metallurgie des Eisens enstanden. Ferner sind die Ergebnisse verschiedener Seminare eingeflossen. Der Inhalt beschränkt sich auf die Grundlagen der Metallurgie der Stahlherstellung. Anlagentechnik und praktische Herstellungsverfahren sind nicht behandelt. Dies ermöglichte eine Gliederung unabhängig von der Abfolge der Herstellungsprozesse. Da die chemisch-metallurgischen Abläufe auf das engste mit den physikalischen Vorgängen wie Badbewegung, Dispergierung und Vermischung verknüpft sind, muß in der Darstellung neben den Gesetzen der Thermodynamik und des Stoffübergangs die Beschreibung der physikalischen Vorgänge breiten Raum einnehmen. Alle zusammen ergeben die Reaktionsabläufe. Daraus folgt der Aufbau des Buches. Die Darstellung beginnt bei den thermodynamischen Grundlagen und führt dann über die Behandlung des Stoffübergangs und der physikalischen Vorgänge zu den Verfahrensabläufen. Das Kapitel Thermodynamik beschränkt sich auf die für die Stahlherstellung relevanten Reaktionen und Zustandssysteme. Die Grundlagen der metallurgischen Thermodynamik werden vorausgesetzt, da es hierfür gute Lehrbücher gibt. Im Gegensatz dazu wurden beim Stoffübergang und bei den physikalischen Vorgängen die Grundlagen mitbehandelt, weil zusammenfassende Darstellungen für Metallurgen hier bisher fehlen. Die Kapitel 6, 7 und 8 schließlich beschreiben die metallurgische Verfahrenstechnik im engeren Sinne. Ziel ist es, ganze Prozeßabläufe bei der Stahlherstellung aus einzelnen Teilschritten aufzubauen und quantitativ zu beschreiben. Dies ist in Kapitel 7 an den Beispielen der Entphosphorung, der Entschwefelung mit eingeblasenen Feststoffen und der Entkohlung beschrieben. Die Kinetik des Einschmelzens in Kapitel 8 ist im Zusammenhang mit einer Theorie der Wärmeübertragung in Industrieöfen zu sehen. Eine solche Theorie steht, abgesehen von älteren, heute überholten Darstellungen, zur Zeit noch aus. Grenzflächenphänomene und ihre Bedeutung für die Metallurgie der Stahlherstellung sind nicht zusammengefaßt dargestellt, jedoch an einzelnen Stellen erwähnt. Insgesamt wurden bei der Auswahl des Stoffes Vorgänge, für die möglichst vollständige theoretische Lösungen vorliegen, bevorzugt, um die Denkansätze der metallurgischen Verfahrenstechnik deutlich zu machen. Damit kann der in der Praxis stehende Forscher und Ingenieur dann auch aktuelle Probleme, die hier nicht behandelt sind, z.B. Reoxidation, das sog. Clogging, das Auslaufen aus Stahlgefäßen u.a. einem quantitativen Verständnis näherbringen. Daneben ist die Auswahl auch subjektiv bestimmt. Zur Metallurgie der Stahlherstellung gehört im Prinzip auch die Erstarrung des Stahls. Da dessen Eigenschaften durch den Ablauf der Erstarrung stark beeinflußt werden, müssen die Vorgänge im flüssigen und im festen Zustand stets gleichzeitig betrachtet werden. Aus diesem Grund und mit Rücksicht auf den Umfang wurde die Metallurgie der Erstarrung nicht aufgenommen.

Das Buch ist in einer für Studenten nach dem Vorexamen verständlichen Form geschrieben. Kenntnisse aus Vorlesungen über Theoretische Hüttenkunde bzw. Allgemeine Metallurgie und über die Technologie der Stahlherstellung sind nützlich. Einzelne Kapitel können auch für sich gelesen werden. Auf die in vorangegangenen Kapiteln erarbeiteten Voraussetzungen wird jeweils hingewiesen. Außer als Lehrbuch für den angehenden Stahlingenieur dürfte das Buch auch für den Betriebmetallurgen, den Entwicklungs- und Anlageningenieur und für den forschenden Wissenschaftler hilfreich sein.

Die Notation erfolgt in der Regel in SI-Einheiten. In einzelnen aus der Literatur entnommenen Bildern und Zahlenwerten sind jedoch noch ältere Bezeichnungen enthalten, z.B. atm anstelle von bar bzw. 10^{-1} MPa und kcal anstelle von kJ. Solche Bilder wurden nicht umgezeichnet.

Die Literatur wurde bis 1985, teilweise bis 1987 berücksichtigt. Die Auswahl ist unvermeidlicherweise unvollständig. Für Hinweise von Fachkollegen auf weiteres relevantes Schrifttum wäre der Verfasser dankbar.

Die Metallurgie der Stahlherstellung wurde durch das Lebenswerk von Professor Knüppel (1910–1989) wesentlich gefördert und weiterentwickelt. Seinem Andenken sei dieses Buch gewidmet.

Bei der Ausarbeitung des Manuskripts erhielt der Verfasser die Unterstützung des Vereins Deutscher Eisenhüttenleute. Für die kritische Durchsicht des Manuskripts und für zahlreiche Anregungen sei den Herren Dr.-Ing. W. Pluschkell, Prof. Dr.-Ing. K. Schwerdtfeger und Dipl.-Ing. R. Steffen gedankt. Die Zeichnungen wurden größtenteils beim Verlag Stahleisen angefertigt. Mitarbeiter des Instituts für Metallurgie der TU Berlin haben in vielfältiger Weise zur Fertigstellung des Manuskripts beigetragen. Besonders hervorzuheben ist der unermüdliche Einsatz von Frau Ch. Wagner, ihr und Herrn cand. ing. D. Schumacher gilt der besonders herzliche Dank des Verfassers. Der Springer-Verlag und der Verlag Stahleisen haben das Buch in der bewährten guten Ausstattung herausgebracht. Für die gute Zusammenarbeit sei allen Beteiligten herzlich gedankt. Nicht zuletzt dankt der Verfasser seiner Frau Gerda für die Geduld, die sie ihm während der Zeit der Abfassung des Manuskripts erwiesen hat.

Berlin, September 1989   Franz Oeters

Inhaltsverzeichnis XI

       7.5.2.5 Kombiniertes Umlauf- und Zwei-Tank-Modell . . . 406
       7.5.2.6 Verallgemeinertes Teilvolumenmodell 410
   7.5.3 Mischung im Konverter 410

8 Kinetik des Einschmelzens 414
  8.1 Einschmelzen mit direkter Übertragung der Wärme von der
      Heizquelle auf das Einschmelzgut 414
     8.1.1 Aufgabenstellung 414
     8.1.2 Vorwärmperiode 418
     8.1.3 Schmelzperiode 424
  8.2 Einschmelzen des Wärmguts in der eigenen Schmelze 429
     8.2.1 Einführung 429
     8.2.2 Einschmelzen ohne Berücksichtigung der Wärmeleitung
          im Festkörper 433
         8.2.2.1 Isothermes Schmelzen eines auf Schmelztemperatur
             befindlichen Feststoffs in schwach überhitztem Bad . 434
         8.2.2.2 Adiabatisches Schmelzen eines auf Schmeltemperatur
             befindlichen Feststoffs in schwach überhitztem Bad . 435
         8.2.2.3 Isothermes Schmelzen eines auf Schmelztemperatur
             befindlichen Feststoffs in stark überhitztem Bad . . 437
         8.2.2.4 Isothermes und adiabatisches Schmelzen eines kalten
             Einsatzstoffs mit der Wärmeleitzahl $\lambda' = 0$ 439
         8.2.2.5 Isothermes Schmelzen eines kalten Einsatzstoffs
             mit der Wärmeleitzahl $\lambda' = \infty$ 439
     8.2.3 Einschmelzen mit Berücksichtigung der Wärmeleitung im
          Feststoff 440
     8.2.4 Experimentelle Ergebnisse 446
  8.3 Schmelzen von reinem Eisen in flüssigen
      Eisen-Kohlenstofflegierungen 448
  8.4 Prozeßmodell des Einschmelzens 451

Literaturverzeichnis 453

Sachverzeichnis 483

Häufig verwendete Formelzeichen

A	Arbeit
a	Aktivität
a	Temperaturleitzahl
Bi	Biotzahl
b	Breite
b_u	Radius der Blasensäule bezogen auf die Flüssigkeit
b_x	Radius der Blasensäule bezogen auf das Gas
C	Flüssigkeitskonstante
C_S	Sulfidkapazität
$C_{(PO_4^{3-})}$	Phosphatkapazität
c	Konzentration
c	spezifische Wärmekapazität bei konstantem Druck
D	Diffusionskoeffizient
D	Durchmesser (Abschn. 5.7.3), dimensionsloser Durchmesser
D_t	turbulenter Diffusionskoeffizient
d	Durchmesser
d	Dicke
E	Energie
E_{kin}	kinetische Energie
E_σ	Grenzflächenenergie
e	Strahlungsstromdichte
F	Fläche
Fo	Fourierzahl
Fr	Froudezahl
f	Aktivitätskoeffizient
f	dimensionsloser Anpassungsfaktor (Abschn. 5.5.2.3)
ΔG	freie Reaktionsenthalpie
g	Erdbeschleunigung
ΔH	Reaktionsenthalpie
H	Badhöhe
H	spezifische Enthalpie
h	Höhe
I	Impuls
i	Impulsstrom
j	Stoffmengenstromdichte
K	Gleichgewichtskonstante
K	Gleichgewichtsverteilungszahl
K	Kraft
K_C	Gleichgewichtskonstante der Kohlenstoff-Sauerstoffreaktion im flüssigen Eisen
K_g	Schwerkraft
K_p	Druckkraft
K_w	Widerstandskraft
K_η	Reibungskraft
K_ϱ	Trägheitskraft
K_σ	Oberflächenkraft

Häufig verwendete Formelzeichen

k	Reaktionsgeschwindigkeitskonstante
k_σ	Strahlungsaustauschzahl
L_S	Schmelzwärme
l	Länge
l	Prandtlscher Mischungsweg
M	molare Masse
m	Masse
$\dot{m}$	Massenstrom
N	Anzahl
n	Symmetriezahl
n	Stoffmenge
$\dot{n}$	Stoffmengenstrom
Ph	Phasenübergangszahl
Pr	Prandtlzahl
p	Druck, Partialdruck
Q	dimensionslose Wärmemenge
R	Gaskonstante
R	dimensionsloser Radius
Re	Reynoldszahl
R_S	Siebrückstand
r	Radikalkoordinate
r	Radius (als Variable)
r_0	Anfangsradius
r_e	Äquivalentradius
S	Strecke
ΔS	Reaktionsentropie
Sc	Schmidtzahl
Sh	Sherwoodzahl
St	Stantonzahl
T	absolute Temperatur
Th	Thringzahl
t	Zeit
t_{mix}	Mischzeit
t_V	Verweilzeit
t_V	Vorwärmzeit (in Kap. 8)
U	dimensionslose Geschwindigkeit
u	Geschwindigkeit, Strömungsgeschwindigkeit
u_0	Leerrohrgeschwindigkeit
u_τ	turbulente Schubspannungsgeschwindigkeit
u'	turbulente Überschußgeschwindigkeit in x-Richtung
V	Volumen
V_d	Totvolumen
V_N	Normalvolumen des idealen Gases ($22{,}4 \cdot 10^{-3}\ m^3/mol$)
$\dot{V}$	Volumenstrom
$\dot{V}_d$	Austauschvolumenstrom mit dem Totvolumen
$\dot{V}_{LP}$	Volumenstrom am oberen Ende der Blasensäule
v	Reaktionsgeschwindigkeit
v	Schmelzgeschwindigkeit, Erstarrungsgeschwindigkeit
v'	turbulente Überschußgeschwindigkeit in y-Richtung
W	modifizierte Phasenübergangszahl
We	Weberzahl
X	Molenbruch, Ionenbruch
x	Längenkoordinate
Y	relative Kapazität der extrahierenden Phase
y	Längenkoordinate
Z	Abstand, dimensionslose Länge
z	Längenkoordinate
z^*	barometrische Gesamthöhe

Griechische Buchstaben

α	Neigungswinkel
α	Wärmeübergangszahl
α_σ	Strahlungswärmeübergangszahl
β	Stoffübergangskoeffizient
γ	Randwinkel
δ	Grenzschichtdicke
δ_N	Konzentrationsgrenzschichtdicke
δ_{Pr}	Geschwindigkeitsgrenzschichtdicke
δ_Θ	Temperaturgrenzschichtdicke
δ_2	Impulsverlustdicke
$\delta_{2,N}$	Mengenverlustdicke
ε	Emissionskoeffizient
ε	Rührenergie
$\dot{\varepsilon}$	Rührleistung
ζ	Widerstandszahl
ζ	dimensionslose Stromfunktion
η	dynamische Viskosität
η	Wirkungsgrad
Θ	dimensionslose Temperatur
$\Delta\Theta_U$	dimensionslose Umgebungstemperatur
ϑ	Öffnungswinkel
ϑ	Temperatur
λ	Wärmeleitzahl
ν, ν_m	kinematische Viskosität
ν	stöchiometrische Umsatzzahl
ν_t	turbulente kinematische Viskosität
ξ	dimensionslose Länge
ξ	Labyrinthfaktor
ϱ	Dichte
σ	Grenzflächenspannung
σ	Stefan-Boltzmannsche Strahlungskonstante
$\sigma_{äquiv}$	äquivalente Grenzflächenspannung
τ	Schubspannung
Φ	Winkelverhältnis
φ	Umsatzzahl
χ	dimensionslose Konzentration
χ	Teilchen-, Tropfen- oder Blasenanteil
Ψ	Stromfunktion
ψ	relative Emulgierungsrate

Indices

A	am Anfang
a	Absorption, absorbiert
ad	Adsorption, adsorbiert
B	Blase
d	an der Düse
eq	im Gleichgewicht
F	fest
Fl	Fluid
G	Gas
g	Gas
ges	gesamt

Häufig verwendete Formelzeichen

i	laufende Nummer einer Komponente, eines Tanks
i	an der Phasengrenze
j	laufende Nummer einer Tropfenklasse
K	Kalotte
K	im Kern
L	flüssig, Schmelze
M	in der Mischung
M	in der Metallschmelze
m	Mitte
max	maximal
min	minimal
N	im Normalzustand
O	Oberfläche
P	Teilchen
R	die Phasengrenzreaktion betreffend
S	Schlacke
S	am Schmelzpunkt
S	das Schmelzen betreffend
T	Tropfen
tot	total
U	Umgebung
V	das Vorwärmen betreffend
w	an der Wand, relativ zur Wand
z	beim Wiedereintritt in die Schmelze
z	an der Stelle z
0	am Anfang
0	an der Düse
0	im Normalzustand
∞	im Unendlichen, nach unendlich langer Zeit
I, II usw.	Phase I, II usw.
$*$	im Gleichgewicht

1 Allgemeines – Definition des Begriffs Stahl – Ziel der Stahlherstellung

Unter Stahl versteht man alle Eisenlegierungen, die im festen Zustand verformbar sind. Von den Eisen-Kohlenstofflegierungen sind das die, die weniger als 2,1 % C enthalten. In Verallgemeinerung dieser Grenze werden alle Eisenlegierungen, die weniger als 2,1 % C enthalten, als Stahl bezeichnet. In dieser Definition ist eine ebenfalls im festen Zustand verformbare Eisenlegierung, nämlich das sog. Gußeisen mit Kugelgraphit nicht enthalten. Diese Legierung enthält mehr als 2,1 % C und wird zu den Gußeisensorten gezählt.

Stahl wird für eine große Zahl verschiedener Verwendungszwecke eingesetzt, bei denen unterschiedliche Anforderungen an die Eigenschaften gestellt sind. Um diesen Anforderungen gerecht zu werden, hat man die meisten Stahlsorten durch überregionale oder werksinterne Normung in bezug auf ihre Eigenschaften und ihre äußeren Abmessungen festgelegt. Die Eigenschaften des Stahls werden durch seine chemische Zusammensetzung und durch Maßnahmen der Wärmebehandlung und Verformung eingestellt. Die chemische Zusammensetzung muß festliegen, bevor der Stahl erstarrt ist. Sie läßt sich im festen Zustand kaum mehr beeinflussen. Der erste Schritt der Stahlherstellung ist daher die Erzeugung eines Rohstahls definierter chemischer Zusammensetzung. Dieser Rohstahl wird dann in einem zweiten Schritt verformt und wärmebehandelt und wird dabei zum Fertigstahl. Den ersten Schritt bezeichnet man als Stahlherstellung im engeren Sinne. Deren Metallurgie ist der Inhalt dieses Buches.

Rohprodukte für die Herstellung von Stahl sind Roheisen, Schrott und Eisenschwamm. Die Eigenschaften dieser Stoffe unterliegen größeren Schwankungen, die im Verlauf des Stahlherstellungsprozesses eingeengt werden müssen. Ferner müssen Verunreinigungen und gelöste Elemente abgeschieden werden. Diese Arbeiten werden unter dem Begriff Raffination zusammengefaßt. Darüber hinaus müssen die Stahlschmelzen legiert werden. Raffination und Legierungen werden im schmelzflüssigen Zustand durchgeführt. Während Roheisen überwiegend bereits flüssig vorliegt, sind Schrott und Eisenschwamm fest. Sie müssen geschmolzen werden. Die dafür erforderliche Schmelzwärme kann entweder durch die bei der Raffination des flüssigen Roheisens aus der Oxidation der Roheisenbegleitelemente frei werdenden Wärme gedeckt, oder sie muß von außen zugeführt werden. Nach der Herstellung des flüssigen Rohstahls wird dieser vergossen und erstarrt anschließend.

Entsprechend dem skizzierten Ablauf der Stahlherstellung umfaßt deren Metallurgie die Chemie und die Verfahrenstechnik der Raffinations- und Legierungsvorgänge, die Verfahrenstechnik des Einschmelzens und die Erstarrung. Aus der Vielfalt sowohl der Einzelreaktionen bei der Raffination als auch der Zusammensetzung der verschiedenen Stahlsorten ergibt sich eine entsprechende Breite der Beschreibung dieser Vorgänge. So sind bei der Raffination chemische Einwirkungen wie Oxidation, Schlackenbehandlung, Entgasung, Desoxidation, Spülbehandlung u.a. erforderlich. Die Gesetzmäßigkeiten, die diese Maßnahmen und die dabei ablaufenden Vorgänge regeln, sind zunächst solche der Chemie und der Thermodynamik. Auch die Entstehung des Gefüges des erstarrten Stahls wird wesentlich durch die Gesetze der Thermodynamik geregelt. Weiterhin werden die Wärmeumsätze bei den Phasenumwandlungen des Einschmelzens und des Erstarrens durch die Thermodynamik beherrscht. Deren Gesetze nehmen deshalb einen breiten Raum in der Metallurgie der Stahlherstellung ein.

Bei der Raffination kommt es nicht nur darauf an, die beteiligten Stoffe überhaupt chemisch umzusetzen, sondern sie müssen auch mit der notwendigen Geschwindigkeit zu- und abgeführt werden. Ferner müssen die chemischen Reaktionen selbst mit angemessener Geschwindigkeit ablaufen. Desgleichen müssen die bei den Einschmelz- und Erstarrungsvorgängen auftretenden Wärmemengen in angemessener Zeit umgesetzt werden. Die Gesetze, nach denen die Stoff- und Wärmeumsätze zeitlich ablaufen, müssen bekannt sein. Zum größten Teil handelt es sich um Transportvorgänge. Beim Stofftransport sind hier die Transporte in Gas, Schlacke und Metall der metallurgischen Reaktoren gemeint. Entsprechend sind es beim Wärmetransport die Wärmeübertragung auf das Gut hin bzw. vom Gut weg und die Wärmeleitung im Gut selbst.

Die Geschwindigkeit von Transportvorgängen hängt von der Größe der Austauschflächen ab, über die die Transportvorgänge laufen. In dispergierten Systemen laufen Transportvorgänge i.d.R. schneller ab als in kompakten, weil es gelingt, den Transport über die größeren Austauschflächen solcher Systeme mehr in das Innere der Systeme zu verlagern. Dies wird in der Metallurgie zur Erzielung hoher Leistungen der Prozesse ausgenutzt. Um die Transportvorgänge und die stofflichen und thermischen Umsätze in dispergierten Systemen beherrschen zu können, muß der Ingenieur die physikalischen Grundlagen der Bewegungsvorgänge und der Stoff- und Wärmeumsätze in dispergierten Systemen kennen. Diese Grundlagen bilden zusammen mit den allgemeinen Grundlagen des Stoff- und Wärmetransports neben der Thermodynamik einen zweiten Schwerpunkt in der Metallurgie der Stahlherstellung.

Während die Gesetze der Thermodynamik, des Stoff- und Wärmetransports und der Bewegungsvorgänge unabhängig von der Struktur des Reaktors, in der sie gelten, betrachtet werden können, laufen in Wirklichkeit die Vorgänge stets in einem konkreten Reaktor ab, und zwar i.d.R. als komplexes System aus einer größeren Zahl von Einzelvorgängen. Zur Beschreibung dieser Systeme braucht man die Reaktortheorie. Sie verknüpft die Flußgleichungen des Stoff- und Wärmeübergangs mit den geometrischen Bedingungen und den Stoff- und Wärmebilanzen des dispergierten Systems. Sofern der Reaktor inhomogen ist, beschreibt sie darüber hinaus die Vermischungsvorgänge. Die Reaktortheorie steht in der Metallurgie erst in den Anfängen, aber die Entwicklung ist auch hier im Fluß. Die Reaktortheorie ist ein dritter Schwerpunkt der Metallurgie der Stahlherstellung.

Die Erstarrung des Stahls umfaßt die thermischen Vorgänge bei der Wärmeableitung, die Schmelzgleichgewichte und die Strömungs- und Stofftransportvorgänge, die als Folge der Abkühlung und der Bewegung der Phasengrenzen während der Erstarrung entstehen. Die Erstarrung bildet den Übergang zum festen Stahl. Sie ist als ein in sich abgeschlossenes eigenständiges Gebiet anzusehen und wird hier nicht behandelt.

2 Thermodynamische Grundlagen

2.1 Übersicht über die wichtigsten bei der Raffination ablaufenden Reaktionen

Eine Übersicht über die bei der Raffination erforderlichen chemischen Veränderungen gibt ein Vergleich der Zusammensetzungen von Roheisen, Eisenschwamm und Schrott einerseits und von Stahl andererseits.

Tabelle 2.1 zeigt die Zusammensetzungen verschiedener Roheisensorten [2.1]. Unter ihnen wird heute für die Stahlherstellung im wesentlichen LD-Roheisen verwendet. Roheisen ist durch einen hohen Kohlenstoffgehalt gekennzeichnet und enthält darüber hinaus weitere Begleitelemente. Verglichen damit sollen die meisten Stahlsorten weniger als 1 %, häufig weniger als 0,1 % C, ferner P-Gehalte unter 0,04 %, S-Gehalte unter 0,03 % und N-Gehalte unter 0,005 % vielfach sogar weit darunter liegende Werte haben [2.2, 2.3]. Die Si- und Mn-Gehalte richten sich nach dem Verwendungszweck. Wie der Vergleich zeigt, müssen aus Roheisen die Elemente Kohlenstoff, Phosphor, Stickstoff und Schwefel sowie ggf. weitere Elemente entfernt werden, damit Stahl entstehen kann. Dies geschieht bei Kohlenstoff und Phosphor durch Oxidation des Roheisens, auch Frischen genannt. Hierbei werden Silicium und Mangan sowie eine gewisse Menge Eisen mit oxidiert. Während der Oxidation bilden die entstehenden Oxide mit Ausnahme des Kohlenoxids eine Schlacke. Weitere Raffinationsprozesse meist reduzierender Art laufen bei der Vorbehandlung von Roheisen und der Nachbehandlung des gefrischten Rohprodukts in der Pfanne ab.

Kennwerte von Eisenschwamm sind in Tabelle 2.2 aufgeführt [2.1]. Im Gegensatz zum Roheisen enthält Eisenschwamm im wesentlichen nur Kohlenstoff sowie unreduziertes Eisenoxid und oxidische Gangartbestandteile als Begleitstoffe. Der Kohlenstoff entsteht durch Rußbildung aus dem im Reduktionsgas enthaltenen Kohlenmonoxid, aus Methan als Kühlgas, oder er stammt aus der als Reduktionsmittel verwendeten Kohle. In der Regel stellt man seinen Gehalt so ein, daß er das restliche Eisenoxid reduzieren kann, so daß Kohlenstoff und Sauerstoff beim Einschmelzen als Kohlenmonoxid aus der Schmelze austreten. Die verbleibende Gangart wird in Form einer Schlacke abgeschieden.

Der dritte Rohstoff ist Schrott. Schrott ist überwiegend Altstahl. Er ist i.d.R. durch Rost oder Zunder, durch Nichteisenmetalle, z.B. Zinn und Kupfer und je nach Herkunft durch verschiedene nichtmetallische Stoffe, wie Schutt, Textilien, Kunststoffe, Gummi oder Müll verunreinigt. Beim Einschmelzen werden diese Stoffe oxidiert oder verschlackt. Die genannten Verunreinigungen an Nichteisen-

2.1 Übersicht über die wichtigsten bei der Raffination ablaufenden Reaktionen

Tabelle 2.1. Mittlere Zusammensetzung verschiedener Roheisensorten in % nach [2.1]

	C	Si	Mn	P	S
Stahleisen	3,8...4,5	0,5 ... 1,0	1,5... 5,0	0,05...0,12	<0,05
LD-Roheisen	3,8...4,4	<1,0	0,8... 1,2	<0,10	<0,04
Thomas-Eisen	3,5...3,9	Etwa 0,3	Etwa 0,8	Etwa 1,8	<0,055
Hämatitroheisen	3,5...4,2	1,5 ... 3,5	0,7... 1,0	<0,12	<0,04
Gießereiroheisen I (GR I)	3,5...4,5	1,5 ... 3,5	< 1,0	0,5 ...0,7	<0,04
Gießereiroheisen III (GR III)	3,5...4,5	1,5 ... 3,5	< 1,0	0,7 ...1,0	<0,06
Gießereiroheisen IVA (GR IVA)	3,5...4,5	1,5 ... 3,5	< 0,7	1,0 ...1,4	<0,06
Gießereiroheisen IVB (GR IVB)	3,5...4,5	1,5 ... 3,5	< 0,7	1,4 ...2,0	<0,06
Spezial- und Temperroheisen	3,4...4,3	0,3 ... 4,0	0,2... 1,0	0,05...0,10	<0,05
Spezialroheisen (hochgekohlt)	4,0...4,8	<2,5	0,3... 0,6	0,08...0,15	<0,05
Spezialroheisen für die Herstellung von Gußeisen mit Kugelgraphit	2,8...4,3	<2,0	< 0,2	<0,06	<0,02
Siegerländer Spezialroheisen (kalt erblasen)	2,8...3,4	2 ... 3,5	2 ... 4	<0,1	<0,05
Spiegeleisen	4,0...5,0	<1,0	6 ...30	0,1 ...0,15	<0,04
Ferromangan (75%)	6,0...7,0	<1,0	70 ...80	<0,25	<0,03
Ferrosilicium	1,4...2,2	8 ...13	0,5... 0,7	<0,15	<0,04
Holzkohlenroheisen	3,6...4,2	0,25... 2,75	< 1,0	Etwa 0,03	Etwa 0,015

metallen lösen sich im Stahl und beeinträchtigen dessen technologische Eigenschaften. Sie sollen daher möglichst vor dem Einschmelzen in geeigneter Form abgetrennt werden.

Allen Konverter- und Einschmelzprozessen ist gemeinsam, daß am Ende des Prozesses eine sauerstoffhaltige Stahlschmelze mit einer darüber befindlichen Schlacke vorliegt. Das Gleichgewicht zwischen dieser Schlacke und dem Metall bestimmt, bis zu welchen Restgehalten die störenden Begleitelemente durch den vorangegangenen Oxidationsprozeß aus den Einsatzstoffen Roheisen, Schrott oder Eisenschwamm entfernt worden sind. Allgemein läßt sich die Oxidationsreaktion durch die Umsatzgleichung

$$x[Me] + y[O] = (Me_xO_y) \qquad (2.1)$$

beschreiben, so daß das Metall-Schlacke-Gleichgewicht durch

$$K_{Me_xO_y} = \frac{(a_{Me_xO_y})}{[a_{Me}]^x [a_O]^y} \qquad (2.2)$$

ausgedrückt wird. In den beiden Gleichungen bedeuten eckige Klammern, daß der Stoff im Eisen gelöst und runde Klammern, daß er in der Schlacke gelöst ist. Liegt der Stoff in reiner Form vor, so schreibt man ihn in gewinkelten Klammern $\langle\ \rangle$

Tabelle 2.2. Kennwerte von Eisenschwamm nach [2.1]

Fe gesamt	(%)	91	... 93
Fe metallisch	(%)	83	... 88
Metallisierungsgrad	(%)	95	... 95
C	(%)	1	... 2,5
$SiO_2 + Al_2O_3$	(%)	2,5	... 5
CaO	(%)	0,2	... 1,6
MgO	(%)	0,3	... 1,1
Physikalische Kenndaten			
Schüttgewicht	(g/cm³)	1,7	... 2,0
Dichte	(g/cm³)	3,5	
Druckfestigkeit	(N/Pellet)	600	...800
Siebanalyse			
>20 mm	(%)	5	
10...20 mm	(%)	73	
4...10 mm	(%)	17	
<4 mm	(%)	5	

oder ohne Klammern. Der Sauerstoffgehalt der Stahlschmelze ist infolge der vorangegangenen Oxidation hoch und muß abgebunden werden, weil er sich sonst nach der Erstarrung in Form von Oxiden, die das Metallgefüge beeinträchtigen, abscheiden würde. Deshalb wird der Stahl nach dem Frischen und nach dem Abziehen der Schlacke desoxidiert. Die Desoxidation erfolgt in der Pfanne und ist daher ein Bestandteil der Pfannenmetallurgie.

Neben der oxidativen Entfernung der unerwünschten Begleitelemente mit der anschließenden Desoxidation müssen bei der Raffination die Elemente Stickstoff, Schwefel und Wasserstoff entfernt werden. Stickstoff wird bei der Entkohlung des Stahls im Konverter oder im Schmelzofen durch die entstehenden Kohlenmonoxidblasen ausgespült. Schwefel und Wasserstoff werden in der Pfanne ausgeschieden. Bei der Pfannenbehandlung werden darüber hinaus eventuelle zusätzliche Legierungselemente dem Stahl zugeführt und Analysenkorrekturen durchgeführt, um die endgültige Zusammensetzung des Stahls zu erhalten. Schließlich wird in der Pfanne auch die Temperatur des Stahls vor dem Vergießen genau eingestellt.

Die Entfernung des Schwefels bei der Pfannenbehandlung geschieht in der Weise, daß der Schwefel als Sulfid abgebunden wird. Er geht dabei nach der Reaktionsgleichung

$$[S] + 2e^- = S^{2-} \tag{2.3}$$

in einen um zwei Wertigkeitsstufen höheren Reduktionszustand über. Die Entschwefelung ist also eine Reduktion. In gleicher Weise kann Phosphor nach der Gleichung

$$[P] + 3e^- = P^{3-} \tag{2.4}$$

in Phosphid übergeführt werden.

Wasserstoff wird aus dem Stahl durch eine Entgasungsbehandlung entfernt. Da er im Stahl atomar gelöst ist, geschieht dies nach der Gleichung

$$[H]_{gelöst} = 1/2 H_{2,Gas} . \tag{2.5}$$

Die Entgasung erfolgt im Vakuum oder durch ein Spülgas, z.B. Argon. Außer für Wasserstoff wird die Entgasung für die Abscheidung von Kohlenmonoxid eingesetzt. Das führt je nach dem C/O-Verhältnis im Stahl zu einer Desoxidation oder zu einer Entkohlung oder zu beidem.

Zusammengefaßt kann man alle genannten Raffinationsreaktionen in die folgenden vier Gruppen einteilen

— oxidierende Raffinationsreaktionen, auch Frischreaktionen genannt,
— reduzierende Raffinationsreaktionen, insbesondere Entschwefelungsreaktionen,
— Desoxidationsreaktionen und
— Entgasungsreaktionen.

Es ist zweckmäßig, nach dieser Einteilung die thermodynamischen Gleichgewichte der Raffinationsreaktionen zu behandeln. Zum besseren Verständnis ist es jedoch notwendig, sich zuvor mit den chemischen Wechselwirkungen innerhalb der Metall- und der Schlackenschmelzen zu beschäftigen.

2.2 Aktivitäten in metallischen Mehrstoffsystemen

Wechselwirkungen in metallischen Systemen werden thermodynamisch durch Aktivitäten ausgedrückt. Der Zusammenhang zwischen der Aktivität a und der Konzentration c eines gelösten Elements x kann in der in Bild 2.1 gezeigten Form schematisch dargestellt werden. Das Bild zeigt die Raoultsche Gerade sowie

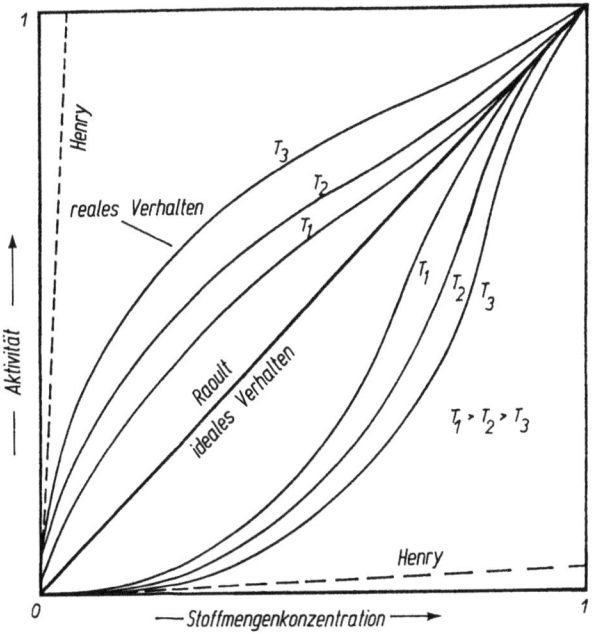

Bild 2.1 Aktivität als Funktion des Stoffmengengehalts (schematisch)

2 Thermodynamische Grundlagen

typische Aktivitätsverläufe, die nach oben oder unten von der Raoultschen Geraden abweichen. Ferner sind die Tangenten an die Aktivitätskurven bei der Konzentration Null eingezeichnet. Diese Tangenten bezeichnet man, da sie für das bei unendlicher Verdünnung gültige Henrysche Gesetz kennzeichnend sind, als Henrysche Geraden. Formal wird der Zusammenhang zwischen der Aktivität und der Konzentration durch die Beziehung

$$a_x = f_x[x] \qquad (2.6)$$

beschrieben. Vergleicht man diese Beziehung mit Bild 2.1, so erkennt man, daß bei niedrigen Konzentrationen, wo also der Aktivitätsverlauf in guter Näherung durch die Henrysche Gerade ausgedrückt werden kann, der Aktivitätskoeffizient konstant ist. Diese Konstanz kann man benutzen, um die Gleichgewichte einfacher zu beschreiben. Drückt man in (2.5) die Aktivitätskoeffizienten durch (2.6) aus, so ergibt sich der Ausdruck

$$K_{Me_xO_y} = \frac{(Me_xO_y)}{[Me]^x[O]^y} \frac{f(Me_xO_y)}{f_{[Me]}^x f_{[O]}^y} \, . \qquad (2.7)$$

Hierin ist das Produkt der Aktivitätskoeffizienten bei genügend niedrigen Konzentrationen konstant und kann in die Gleichgewichtskonstante einbezogen werden. Man kann dann Zahlenrechnungen unmittelbar mit den Konzentrationen durchführen. Die Messungen der Aktivitäten der im Roheisen und Stahl gelösten Elemente haben gezeigt, daß die Aktivitäten wegen der geringen Konzentrationen der gelösten Elemente häufig dem Henryschen Gesetz gehorchen. Die Aktivitätskoeffizienten sind dann konstant, und man kann mit den Konzentrationen rechnen. Eine Ausnahme bildet der Kohlenstoff. Seine Aktivität zeigt wegen der relativ hohen Konzentration besonders im Roheisen stärkere Abweichungen vom Henryschen Gesetz. Der Verlauf ist in Bild 2.2 wiedergegeben

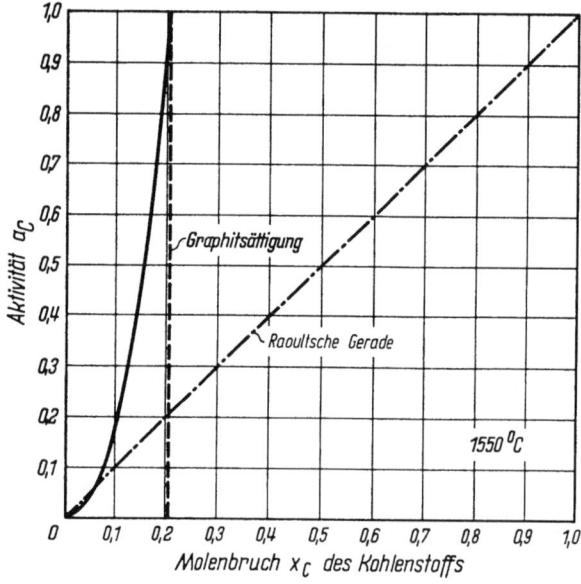

Bild 2.2 Kohlenstoffaktivität im System Eisen-Kohlenstoff bei 1 550 °C (schematisch) nach [2.5]

[2.4, 2.5]. Er ist durch die begrenzte Löslichkeit des Kohlenstoffs im Eisen gekennzeichnet. Einen Ausschnitt aus Bild 2.2 zeigt Bild 2.3. Man sieht, daß die Kohlenstoffaktivität bis 2 % C der Raoultschen Geraden folgt. Das ist vermutlich zufällig. Darüber weicht die Kurve zu höheren Werten ab.

Kohlenstoff im Roheisen beeinflußt auch die Aktivitätskoeffizienten der anderen Roheisenbegleitelemente. Dieser Einfluß muß berücksichtigt werden, wenn Gleichgewichtswerte bestimmt werden sollen. Darüber hinaus ist auch eine gegenseitige Beeinflussung aller anderen Roheisenbegleitelemente zu berücksichtigen. Als Beispiel sei gezeigt, wie der Aktivitätskoeffizient des Schwefels verändert wird. Bild 2.4 zeigt für einige Elemente die Abhängigkeit des Wirkungskoeffizienten des Schwefels von der Konzentration der Zusatzelemente [2.141] (vgl. [2.4, 2.5]).

Der Aktivitätskoeffizient des Schwefels ergibt sich in diesem Fall aus dem Produkt der einzelnen Wirkungskoeffizienten:

$$f_S = f_S^{(S)} f_S^{(C)} f_S^{(Mn)} .$$

Hier bedeutet $f_S^{(S)}$ den Aktivitätskoeffizienten des Schwefels im Zweistoffsystem Fe−S, während die Größen $f_S^{(C)}$, $f_S^{(Mn)}$ usw. die in Bild 2.4 aufgeführten

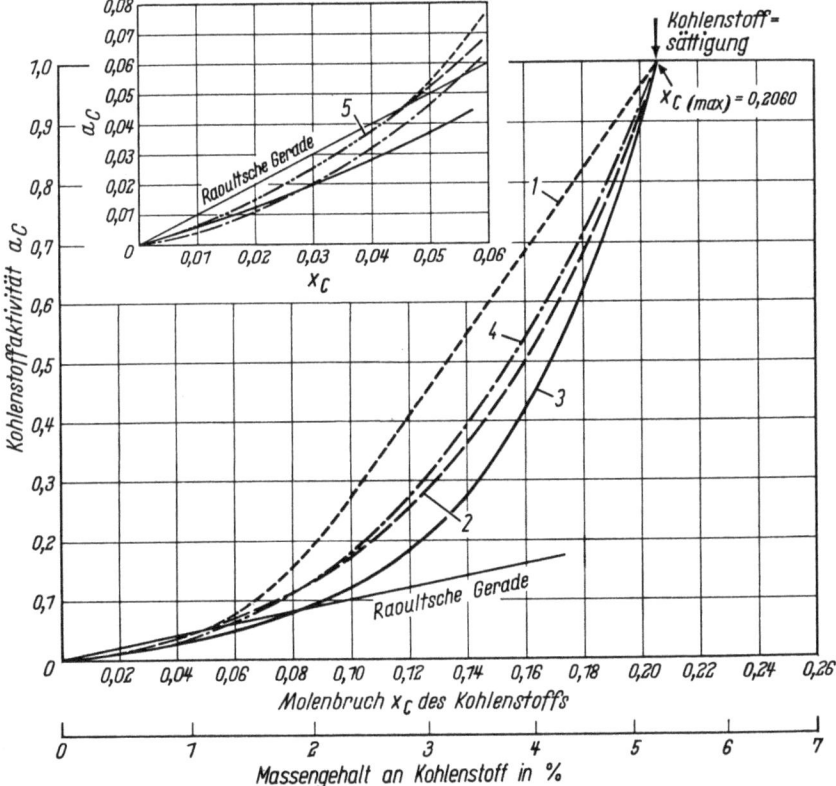

Bild 2.3 Die Aktivität des Kohlenstoffs im System Eisen-Kohlenstoff bei 1550°C nach [2.5].
1 [2.171], *2* [2.172], *3* [2.173], *4* [2.174], *5* [2.175]

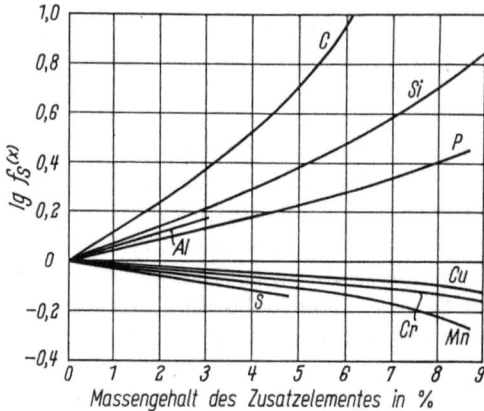

Bild 2.4 Abhängigkeit des Wirkungskoeffizienten $f_S^{(x)}$ des Schwefels vom Massengehalt der Zusatzelemente nach [2.141] (vgl. [2.4, 2.5])

Wirkungskoeffizienten sind. Aus Bild 2.4 kann abgelesen werden, daß vor allem Kohlenstoff und Silicium wegen der hohen Werte ihrer Wirkungskoeffizienten, aber auch wegen ihrer relativ hohen Gehalte im Roheisen einen starken Einfluß auf den Aktivitätskoeffizienten des Schwefels haben. Während der Aktivitätskoeffizient des Schwefels im Stahl nahezu gleich eins ist, nimmt er, wie Bild 2.4 ergibt, im Roheisen je nach dessen Zusammensetzung Werte um 5 an.

Ebenso wie für Schwefel können auch für andere im Eisen gelöste Elemente die Aktivitätskoeffizienten in der geschilderten Weise bestimmt werden. Dazu liegen viele Messungen vor. Eine ausführliche Darstellung der Methoden zur Bestimmung des Aktivitäts- und Wirkungskoeffizienten, sowie viele Zahlenangaben finden sich in einer zusammenfassenden Arbeit von H. Schenck und E. Steinmetz [2.6].

2.3 Struktur der Schlacken

Auch für die Komponenten von Schlacken sind Aktivitäten in großer Zahl gemessen oder aus Messungen berechnet worden. Angaben hierüber können aus dem vom Verein Deutscher Eisenhüttenleute herausgegebenen Schlackenatlas [2.7; siehe auch 2.122] entnommen werden. Aktivitäten in Schlacken zeigen allerdings eine wesentlich größere Vielfalt als solche in Metallschmelzen. Sie hängen stark von der Schlackenzusammensetzung ab und unterscheiden sich von den Konzentrationen nicht selten um Größenordnungen. Dieses Verhalten ist wesentlich für die metallurgische Wirkung der Schlacken. Zu deren Verständnis ist es notwendig, sich mit der Struktur der Schlacken zu befassen.

Schon früh hat man vermutet, daß die flüssigen Schlacken in Ionen dissoziiert sind [2.8–2.11]. Diese Vermutung ist inzwischen durch zahlreiche Messungen experimentell bewiesen. Den direkten Beweis liefern Messungen der elektrischen Leitfähigkeit zusammen mit Bestimmungen der Ionenüberführungszahlen beim Anlegen eines elektrischen Feldes an eine geschmolzene Schlacke. Es kann heute als sicher angenommen werden, daß stark basische Oxide, wie Na_2O und CaO

2.3 Struktur der Schlacken

vollständig in Ionen gespalten sind. Aber auch MnO, FeO, MgO, NiO und andere sind zumindest teilweise dissoziiert. Es entstehen Kationen wie Na^+, Ca^{2+}, Mn^{2+}, Fe^{2+}, Mg^{2+}, Ni^{2+} und Anionen O^{2-} sowie, wenn vorhanden, S^{2-}, F^-. Saure Oxide können geladene Anionenkomplexe, z.B. SiO_4^{4-}, $Si_2O_7^{6-}$, PO_4^{3-}, AlO_3^{3-}, FeO_2^{2-}, $Fe_2O_5^{4-}$ bilden.

Die molare Konzentration der Ionen wird durch den Ionenbruch, der für Anionen und Kationen getrennt ermittelt wird, definiert

$$X_{i,\text{Kation}} = \frac{n_{i,\text{Kation}}}{\sum_1 n_{i,\text{Kation}}},$$

$$X_{i,\text{Anion}} = \frac{n_{i,\text{Anion}}}{\sum_1 n_{i,\text{Anion}}},$$

mit X_i Ionenbruch des i-ten Ions und n_i Molzahl des i-ten Ions.

Die Beziehung zwischen den Ionenbrüchen und den Aktivitäten wird im einfachsten Fall durch die Gleichung von Temkin

$$a_{\text{MeO}} = X_{\text{Me}^{2+}} \cdot X_{\text{O}^{2-}} \tag{2.8}$$

ausgedrückt. Es ist allerdings nicht zu erwarten, daß diese Gleichung immer erfüllt ist.

Wenn in einer Schlacke Silicationen enthalten sind, und das ist i.d.R. der Fall, so muß man berücksichtigen, daß diese Ionen zu mehr oder weniger großen Anionenkomplexen verkettet sind. Der Grad der Verkettung nimmt mit steigendem SiO_2-Gehalt der Schlacke zu. Reines SiO_2 ist vollständig dreidimensional verkettet. Wird, ausgehend von einer reinen SiO_2-Schmelze dieser ein basisches Oxid zugeführt, so werden die O^{2-}-Ionen des Oxids Verkettungen lösen, was allgemein durch die Gleichung

$$Si-O-Si- + O^{2-} = -Si-O- + -O-Si- \tag{2.9}$$

ausgedrückt werden kann. Mit zunehmender Konzentration an basischen Oxiden und damit zunehmendem Angebot an freien Sauerstoffionen werden die Verkettungen mehr und mehr gelöst. Dies beeinflußt die physikalischen Eigenschaften wie Viskosität, Diffusionskoeffizient und elektrische Leitfähigkeit und die chemischen, insbesondere die von der Konzentration an freien Sauerstoffionen abhängigen Wirkungen der Schlacke. Man hat schon früh versucht, zwischen diesen makroskopisch zu beobachtenden Eigenschaften bzw. Wirkungen und den Vorstellungen über die Struktur der Schlacken quantitative Zusammenhänge herzustellen. Von diesen Zusammenhängen sollen hier diejenigen zwischen den thermodynamischen Eigenschaften und der Struktur der Silicate kurz dargestellt werden.

Man kann für die durch (2.9) ausgedrückte Spaltungsreaktion eine Gleichgewichtskonstante schreiben. Für die Reaktion

$$Si_{n+1}O_{3n+4}^{2(n+2)-} + O^{2-} = Si_nO_{3n+1}^{2(n+1)-} + SiO_4^{4-} \tag{2.10}$$

kann diese näherungsweise durch

$$K = \frac{X_{O^{2-}} \cdot X_{Si_{n+1}O_{3n+4}^{2(n+2)-}}}{X_{SiO^{4-}} \cdot X_{Si_nO_{3n+1}^{2(n+1)-}}} \qquad (2.11)$$

formuliert werden. Es handelt sich hier allerdings nicht um eine echte Gleichgewichtskonstante, da die Ionenbrüche und nicht die Aktivitäten eingesetzt sind. Da Ionenaktivitäten in Schlacken nicht meßbar und deshalb zahlenmäßig nicht bekannt sind, ist die näherungsweise Formulierung mit Ionenbrüchen sinnvoll. Die Gleichgewichtskonstante wird dann aber von der Schlackenzusammensetzung, insbesondere von der Art der Kationen abhängen. Und zwar ist der Zahlenwert der Gleichgewichtskonstanten um so kleiner, je stärker basisch das Kationen bildende Oxid ist.

Neben der durch (2.11) formulierten Abspaltung einer Randgruppe kann auch die Spaltung im Innern von Polyanionen durch entsprechende Gleichgewichtskonstanten beschrieben werden. Insgesamt stellt sich bei gegebener Konzentration des basischen Oxids, z.B. in einer binären Silicatschmelze, eine bestimmte von den Werten der Gleichgewichtskonstanten abhängige Verteilung der Konzentrationen der einzelnen Polyanionen ein. Im einfachsten Fall kann dabei für die Spaltungsreaktionen an den Positionen des Polyanions die gleiche Gleichgewichtskonstante angenommen werden. Dies ist gleichbedeutend damit, daß alle Positionen thermodynamisch gleichwertig sind und daß nur geradlinige Ketten vorkommen.

Es gibt theoretische Modelle, um aus gemessenen Aktivitäten der basischen Komponenten des Systems die Konzentrationsverteilung der Silicationenkomplexe und der freien Sauerstoffionen zu berechnen [2.12–2.16]. Diese Ansätze sind bisher vorwiegend auf binäre Silicate beschränkt. Bereits mit den einfachsten Annahmen, d.h. Gültigkeit der Temkinschen Gleichung, Gleichheit von Ionenbrüchen und Ionenaktivitäten, Gültigkeit eines Zahlenwerts der Gleichgewichtskonstanten für alle Positionen lassen sich wesentliche Aussagen über das Verhalten der Schmelzen machen. Für den Zusammenhang zwischen der Aktivität a_{MeO} des basischen Oxids und dem SiO_2-Gehalt der binären Silicatschmelze wurde von R. Masson auf dieser Basis der Ausdruck

$$\frac{1}{X_{SiO_2}} = 2 + \frac{1}{1-a_{MeO}} - \frac{1}{1+a_{MeO}\frac{1}{K_{11}-1}} \qquad (2.12)$$

entwickelt [2.17]. K_{11} ist hierbei die Gleichgewichtskonstante der Reaktion

$$2SiO_4^{4-} = Si_2O_7^{6-} + O^{2-} . \qquad (2.13)$$

Sie kann unter der Annahme, daß alle Positionen thermodynamisch gleichwertig sind, auf alle Spaltungsreaktionen vom Typ der Gleichungen (2.10) bzw. (2.11) angewendet werden. Gleichung (2.12) gestattet es, aus der Kenntnis von X_{SiO_2} und a_{MeO} die Gleichgewichtskonstante K_{11} zu berechnen. Mit ihrer Kenntnis kann dann die Konzentrationsverteilung der Anionenkomplexe berechnet werden. Diese Überlegungen gelten nur für $X_{SiO_2} \leq 0,5$, weil darüber dreidimensionale Verkettung einsetzt. Inzwischen wurde der obige Ansatz verfeinert [2.18]. Darauf soll hier aber nicht eingegangen werden.

2.3 Struktur der Schlacken

Da in Schmelzen, die nur ein Kation enthalten, $X_{Me^{2+}}=1$ ist, folgt aus der Temkinschen Gleichung

$$a_{MeO}=X_{O^{2-}}, \tag{2.14}$$

d.h. (2.12) gibt direkt auch den Zusammenhang zwischen dem SiO_2-Gehalt und der Konzentration an freien Sauerstoffionen wieder. Die Konzentration an freien Sauerstoffionen ist ein Maß für die Basizität der Schmelze [2.19].[1]

Die aus dem oben beschriebenen Ansatz für die Gleichgewichtskonstante K_{11} berechneten Ionenbrüche der Silicatanionen sind in den Bildern 2.5 bis 2.7 als Funktion von X_{SiO_2} für Schmelzen der Systeme $CaO-SiO_2$ ($K_{11}=0,0016$), $MnO-SiO_2$ ($K_{11}=0,25$) und $FeO-SiO_2$ ($K_{11}=1$) bei 1 600 °C wiedergegeben. Man erkennt die großen Unterschiede zwischen den drei Systemen. Im System $CaO-SiO_2$ überwiegt die Spezies SiO_4^{4-} bei weitem und ist bei $X_{SiO_2}=0,33$ entsprechend einem Molverhältnis $CaO:SiO_2=2$ allein vorhanden. Bei den anderen beiden Systemen hat SiO_4^{4-} ebenfalls den höchsten Anteil, aber die höheren Ionen sind stärker vertreten. In den Bildern 2.8 und 2.9 sind die Konzentrationen von $Si_2O_7^{6-}$ und von SiO_4^{4-} für die drei Systeme übereinander eingetragen. Man erkennt, daß vor allem die Konzentration $X_{SiO_2}=0,33$ einen deutlichen Übergang markiert. Unterhalb $X_{SiO_2}=0,33$ nimmt der Ionenbruch aller Silicationen ab und der der freien Sauerstoffionen entsprechend zu, wobei auch dieser Effekt im System $CaO-SiO_2$ am stärksten ausgeprägt ist.

Die unterschiedlichen Werte der Gleichgewichtskonstanten K_{11} sind im wesentlichen darauf zurückzuführen, daß die Aktivitätskoeffizienten der freien Sauerstoffionen von der Art des Oxides abhängen, während die Aktivitätskoeffizienten der Silicationen in erster Näherung davon unabhängig sein sollten.

In der Schreibweise

$$K_{11}^* = \frac{a_{O^{2-}} \cdot a_{Si_2O_7^{6-}}}{a_{SiO_4^{4-}}^2} = \frac{f_{O^{2-}} \cdot f_{Si_2O_7^{6-}}}{f_{SiO_4^{4-}}^2} \cdot K_{11} \tag{2.15}$$

muß K_{11}^* für alle Systeme den gleichen Wert haben. Das bedeutet, mit zunehmendem K_{11}, d.h. abnehmender Basizität des Oxids nimmt der Aktivitätskoeffizient der freien Sauerstoffionen $f_{O^{2-}}$ ab. Dies ist auf die geringere elektrolytische Dissoziation bzw. die stärkere dielektrische Polarisation der schwächer basischen Oxide zurückzuführen.

Aus den Betrachtungen zur Ionentheorie lassen sich Schlußfolgerungen vor allem für die Beurteilung der basischen Wirkung der Schlacken ziehen. Dies spielt z.B. eine wichtige Rolle bei der Entschwefelung, die nach der Ionengleichung

$$[S]+(O^{2-})=(S^{2-})+[O] \tag{2.16}$$

und bei der Entphosphorung, die nach der Ionengleichung

$$2[P]+5(Fe^{2+})+8(O^{2-})=2(PO_4^{3-})+5[Fe] \tag{2.17}$$

---

[1] In jüngster Zeit wird versucht, die Basizität der Schlacken, also im wesentlichen ihre Konzentration an freien Sauerstoffionen mit bestimmten optischen Eigenschaften der Schlacke in Relation zu setzen und somit einer indirekten Messung zugänglich zu machen. Es muß abgewartet werden, wieweit diese Versuche Erfolg haben.

14 2 Thermodynamische Grundlagen

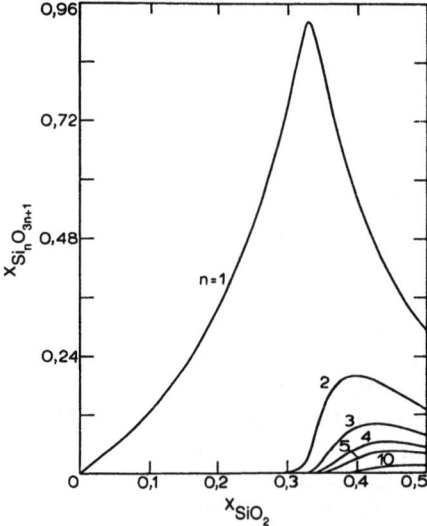

Bild 2.5 Berechnete Ionenverteilung für CaO-SiO$_2$-Schmelzen bei 1 600 °C nach [2.17]

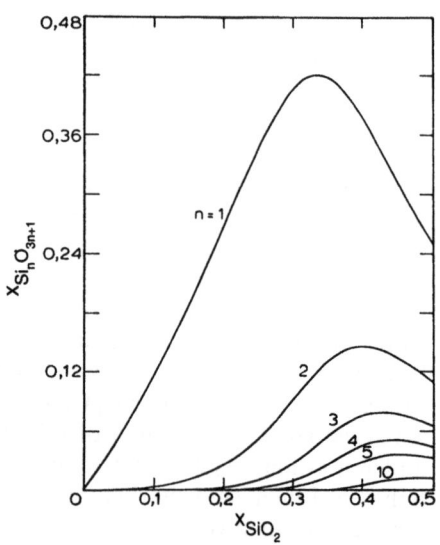

Bild 2.6 Berechnete Ionenverteilung für MnO-SiO$_2$-Schmelzen bei 1 600 °C nach [2.17]

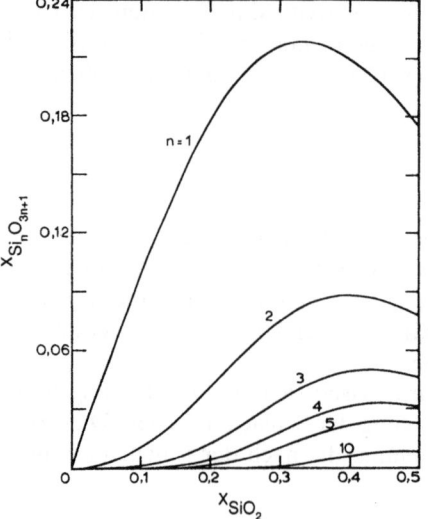

Bild 2.7 Berechnete Ionenverteilung für FeO-SiO$_2$-Schmelzen bei 1 600 °C nach [2.17]

abläuft. In beiden Fällen kommt es auf die Aktivität der freien Sauerstoffionen an. Es lassen sich folgende Schlüsse ziehen:

1. Freie Sauerstoffionen dienen zur Spaltung von Silicat-Anionenkomplexen und werden dabei verbraucht. Dieser Vorgang hört auf, wenn der größte Teil der Silicationen als SiO$_4^{4-}$-Ion vorliegt. Das ist in Schlacken mit zweiwertigen Kationen bei $N_{SiO_2} = 0{,}33$, in anderen Schlacken bei entsprechend anderen

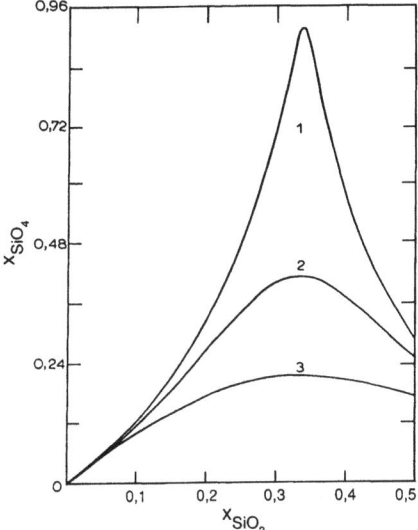

Bild 2.8 Berechnete Konzentrationen von SiO_4^{4-}-Ionen für *1* CaO-SiO$_2$-, *2* MnO-SiO$_2$- und *3* FeO-SiO$_2$-Schmelzen bei 1600 °C nach [2.17]

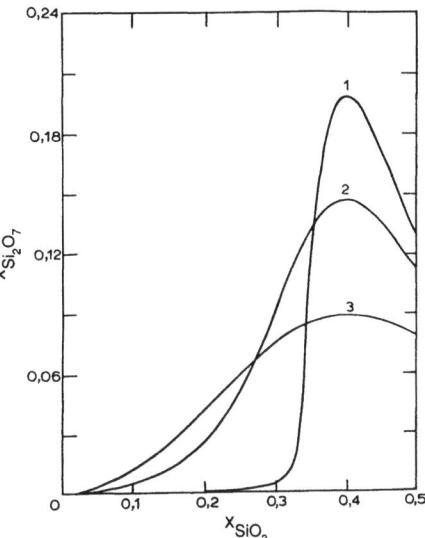

Bild 2.9 Berechnete Konzentrationen von $Si_2O_7^{6-}$-Ionen für *1* CaO-SiO$_2$-, *2* MnO-SiO$_2$- und *3* FeO-SiO$_2$-Schmelzen bei 1600 °C nach [2.17]

Molenbrüchen des SiO$_2$ der Fall, und zwar um so ausgeprägter, je basischer das Oxid ist.
2. Bei gleichem Molenbruch des basischen Oxids nimmt der Aktivitätskoeffizient der freien Sauerstoffionen in der Reihenfolge FeO→MnO→CaO zu. In der gleichen Reihenfolge nimmt der Anteil an monomeren SiO_4^{4-}-Ionen in der Konzentrationsverteilung der Silicatanionen zu.
3. Bei $N_{SiO_2} = 0{,}33$, entsprechend einem Molverhältnis MeO/SiO$_2$ = 2 beginnt der Ionenbruch der Silicationen stärker zu sinken und der der freien Sauerstoffionen entsprechend stärker zu steigen. Dieser Übergang ist beim CaO am deutlichsten ausgeprägt.

Bei der Stahlherstellung dient vor allem CaO als Basenträger. Man wird daher für eine gute Entschwefelungs- und Entphosphorungswirkung der Schlacken Molverhältnisse CaO:SiO$_2$ > 2 anstreben.

2.4 Gasgleichgewichte

Für die im Stahl vorkommenden Elemente Wasserstoff, Stickstoff und Sauerstoff gilt bei den üblicherweise vorkommenden Konzentrationen das Henrysche Gesetz. Wasserstoff und Stickstoff sind im Eisen atomar gelöst. Aus den Reaktionsgleichungen

$$1/2 H_2 = [H] \qquad (2.18)$$

und
$$1/2 N_2 = [N] \qquad (2.19)$$
folgt für die Löslichkeitsgleichgewichte:
$$K_H = \frac{[a_H]}{p_{H_2}^{1/2}} \qquad (2.20)$$
und
$$K_N = \frac{[a_N]}{p_{N_2}^{1/2}} . \qquad (2.21)$$

Die Beziehungen (2.20) und (2.21) werden als Sievertssches Quadratwurzelgesetz bezeichnet. Die Gleichgewichtskonstanten K_H und K_N sind in Abhängigkeit von der Temperatur in Tabelle 2.3 wiedergegeben. In dieser Tabelle sind Gleichgewichtskonstanten metallurgischer Reaktionen zusammengestellt. Weitere Angaben über die Gleichgewichte des Wasserstoffs und des Stickstoffs in flüssigem Eisen finden sich in [2.177].

Sauerstoff ist im Eisen ebenfalls atomar gelöst. Es gilt die Beziehung
$$K_O = \frac{[a_O]}{p_{O_2}^{1/2}} . \qquad (2.22)$$

Dieses Gleichgewicht kann allerdings nicht direkt gemessen werden, da selbst bei Sättigungskonzentration der Partialdruck des Sauerstoffs im Gleichgewicht nur rd. 10^{-8} bar beträgt. Sauerstoff kann daher auch nicht als solcher über die Gasphase aus dem Eisen entfernt werden. Um das Gleichgewicht zwischen Sauerstoff im Eisen und in der Gasphase zu bestimmen, wendet man die Hilfsgasgleichgewichte

$$K_{H_2O} = \frac{p_{H_2O}}{p_{H_2} p_{O_2}^{1/2}} \qquad (2.23)$$

Tabelle 2.3. Gleichgewichtskonstanten

Verbindung	$\log_{10} K$	K bei 1600 °C	Literatur
1. Gleichgewichtskonstanten vom Typ $K = \dfrac{a_X^n A_Y^n}{a_{X_n Y_m}}$			
a) Desoxidationsgleichgewichte			
$FeAl_2O_4$	$-\dfrac{70320}{T} + 23{,}38$	$6{,}9 \cdot 10^{-15}$	[2.75, 2.145]
$MnAl_2O_4$		$0{,}9 \cdot 10^{-15}$	[2.76]
Al_2O_3	$-\dfrac{58600}{T} + 18{,}90$	$4{,}1 \cdot 10^{-13}$	[2.85]
Al_2O_3	$-\dfrac{62780}{T} + 20{,}54$	$1{,}1 \cdot 10^{-13}$	[2.75, 2.145]
Al_2O_3	$-\dfrac{67260}{T} + 22{,}42$	$3{,}23 \cdot 10^{-14}$	[2.95]

Tabelle 2.3 (Fortsetzung)

Verbindung	$\log_{10} K$	K bei 1600 °C	Literatur
Al_2O_3	$-\dfrac{64\,000}{T}+20{,}57$	$2{,}5 \cdot 10^{-14}$	[2.146]
Al_2O_3		$2{,}4 \cdot 10^{-14}$	[2.74, 2.77]
B_2O_3		$1{,}5 \cdot 10^{-8}$	[2.75, 2.145]
CaO		$6{,}2 \cdot 10^{-11}$	[2.75, 2.145]
CaO		$9{,}0 \cdot 10^{-7}$	[2.96]
Ce_2O_3	$-\dfrac{68\,500}{T}+19{,}60$	$1{,}0 \cdot 10^{-17}$	[2.75, 2.145]
Ce_2O_3		$9{,}4 \cdot 10^{-18}$	[2.147]
$FeCr_2O_4$	$-\dfrac{50\,700}{T}+21{,}70$	$4{,}3 \cdot 10^{-6}$	[2.75, 2.145]
Cr_2O_3	$-\dfrac{40\,740}{T}+17{,}78$	$1{,}1 \cdot 10^{-4}$	[2.75, 2.145]
HfO_2		$8{,}7 \cdot 10^{-12}$	[2.147]
La_2O_3	$-\dfrac{62\,050}{T}+14{,}10$	$9{,}3 \cdot 10^{-20}$	[2.75, 2.77, 2.145]
La_2O_3		$4{,}1 \cdot 10^{-19}$	[2.147]
MgO		$1{,}0 \cdot 10^{-6}$	[2.145]
$(FeO-MnO)_{liq.}$	$-\dfrac{12\,760}{T}+5{,}57$	$5{,}7 \cdot 10^{-2}$	[2.75, 2.145, 2.148]
$(FeO-MnO)_{liq.}$	$-\dfrac{13\,430}{T}+6{,}10$	$8{,}5 \cdot 10^{-2}$	[2.25, 2.85]
$(FeO-MnO)_{sol.}$	$-\dfrac{15\,050}{T}+6{,}73$	$5{,}0 \cdot 10^{-2}$	[2.75, 2.145, 2.149]
$(FeO-MnO)_{sol.}$	$-\dfrac{15\,720}{T}+7{,}18$	$6{,}1 \cdot 10^{-2}$	[2.25]
$FeNb_2O_6$	$-\dfrac{88\,300}{T}+36{,}76$	$4{,}1 \cdot 10^{-11}$	[2.75, 2.145]
NbO_2	$-\dfrac{32\,780}{T}+13{,}92$	$2{,}6 \cdot 10^{-4}$	[2.75, 2.145]
Nd_2O_3	$-\dfrac{61\,000}{T}+13{,}43$	$7{,}3 \cdot 10^{-20}$	[2.77]
Pr_2O_3	$-\dfrac{64\,500}{T}+14{,}96$	$3{,}3 \cdot 10^{-20}$	[2.77]
SiO_2	$-\dfrac{31\,040}{T}+12{,}00$	$2{,}7 \cdot 10^{-5}$	[2.75, 2.145]
SiO_2	$-\dfrac{29\,850}{T}+11{,}20$	$1{,}8 \cdot 10^{-5}$	[2.150]
SiO_2	$-\dfrac{30\,410}{T}+11{,}59$	$2{,}3 \cdot 10^{-5}$	[2.83]
Ca_2SiO_4	$-\dfrac{37\,950}{T}+12{,}52$	$1{,}8 \cdot 10^{-8}$	[2.151]
$FeTa_2O_6$	$-\dfrac{79\,300}{T}+28{,}43$	$1{,}2 \cdot 10^{-14}$	[2.75, 2.145]
Ta_2O_5	$-\dfrac{63\,100}{T}+21{,}90$	$1{,}6 \cdot 10^{-12}$	[2.75, 2.145]

2 Thermodynamische Grundlagen

Tabelle 2.3 (Fortsetzung)

Verbindung	$\log_{10} K$	K bei 1600 °C	Literatur
TiO_2		$5{,}0 \cdot 10^{-7}$	[2.75, 2.145]
Ti_3O_5		$3{,}5 \cdot 10^{-18}$	[2.75, 2.145]
Ti_3O_5		$1{,}4 \cdot 10^{-19}$	[2.74, 2.77]
Ti_2O_3		$2{,}7 \cdot 10^{-11}$	[2.75, 2.145]
Ti_2O_3		$2{,}7 \cdot 10^{-12}$	[2.74, 2.77]
UO_2		$5{,}9 \cdot 10^{-11}$	[2.75, 2.145]
FeV_2O_4		$8{,}3 \cdot 10^{-8}$	[2.75, 2.145]
V_2O_3		$3{,}5 \cdot 10^{-6}$	[2.75, 2.145]
VO	$-\dfrac{15530}{T} + 6{,}66$	$2{,}3 \cdot 10^{-2}$	[2.75, 2.145]
ZrO_2	$-\dfrac{40750}{T} + 11{,}80$	$1{,}1 \cdot 10^{-10}$	[2.75, 2.145]
ZrO_2		$5{,}3 \cdot 10^{-11}$	[2.74, 2.77]

b) Entschwefelungsgleichgewichte

CaS		$1{,}3 \cdot 10^{-9}$	[2.75, 2.145]
CaS		$1{,}7 \cdot 10^{-5}$	[2.96]
CeS	$-\dfrac{20600}{T} + 6{,}39$	$2{,}5 \cdot 10^{-5}$	[2.75, 2.145]
LaS	$-\dfrac{26000}{T} + 8{,}98$	$1{,}3 \cdot 10^{-5}$	[2.75, 2.145]
MgS		$3{,}0 \cdot 10^{-3}$	[2.145]
MnS		$2{,}7$	[2.75, 2.145]
TiS	$-\dfrac{8000}{T} + 4{,}02$	$0{,}56$	[2.75, 2.145]
ZrS		$0{,}3$	[2.75, 2.145]

2. Gasgleichgewichte (p in bar)

Gleichgewichts-konstante K	$\log_{10} K$	K bei 1600 °C	Literatur
$\dfrac{[a_H]}{p_{H_2}^{1/2}}$	$-\dfrac{1823}{T} - 1{,}63$	$2{,}49 \cdot 10^{-3}$	[2.89]
$\dfrac{[a_N]}{p_{N_2}^{1/2}}$	$-\dfrac{285}{T} - 1{,}21$	$4{,}34 \cdot 10^{-2}$	[2.89]
$\dfrac{[a_O]}{p_{O_2}^{1/2}}$	$\dfrac{5832}{T} + 0{,}356$	$2{,}95 \cdot 10^{-3}$	[2.81, 2.86]
$\dfrac{[a_C] \cdot [a_O]}{p_{CO}}$	$-\dfrac{1160}{T} + 2{,}00$	$2{,}40 \cdot 10^{-3}$	[2.81, 2.86]
$\dfrac{[a_C] \cdot [a_O]}{p_{CO}}$		$2{,}30 \cdot 10^{-3}$	[2.87]

2.4 Gasgleichgewichte

Tabelle 2.3 (Fortsetzung)

Gleichgewichts-konstante K	$\log_{10} K$	K bei 1600°C	Literatur
$\dfrac{p_{CO} \cdot p_{O_2}^{1/2}}{p_{CO_2}}$	$-\dfrac{14677}{T} + 4{,}514$	$4{,}76 \cdot 10^{-4}$	[2.152]
$[a_C] \cdot p_{O_2}/p_{CO_2}$	$-\dfrac{21678}{T} + 2{,}099 + 0{,}19\,[\%C]$		[2.152]
$\dfrac{p_{H_2} \cdot p_{O_2}^{1/2}}{p_{H_2O}}$	$-\dfrac{12936}{T} + 2{,}920$	$1{,}03 \cdot 10^{-4}$	[2.152]
$\dfrac{[a_H]^2 \cdot [a_O]}{p_{H_2O}}$	$-\dfrac{10610}{T} - 0{,}09$	$1{,}76 \cdot 10^{-6}$	[2.77]

3. Weitere Gleichgewichtskonstanten

Verbindung	$\log_{10} K$	K bei 1600°C	Literatur
$\dfrac{(a_{CaS}) \cdot [a_O]}{(a_{CaO}) \cdot [a_S]}$		$5{,}3 \cdot 10^{-2}$	[2.96]
$\dfrac{(a_{CaC_2}) \cdot [a_S]}{(a_{CaS})[a_C]^2}$	$-\dfrac{18720}{T} + 5{,}79$	$6{,}2 \cdot 10^{-5}$	[2.108]
$\dfrac{p_{H_2}^2 \cdot p_{CO}}{p_{CH_4} \cdot p_{O_2}^{1/2}}$ (p in bar)	$-\dfrac{1188}{T} + 10{,}31$	$4{,}7 \cdot 10^{-9}$	[2.136]
$\dfrac{[a_O]}{(a_{FeO_n})}$	$-\dfrac{6320}{T} + 2{,}765$	$2{,}3 \cdot 10^{-1}$	[2.152]
$\dfrac{[a_O] \cdot p_{S_2}^{1/2}}{[a_S] \cdot p_{O_2}^{1/2}}$	$-\dfrac{935}{T} - 1{,}375$	$1{,}34 \cdot 10^{-2}$	[2.77]

Dampfdrücke bei 1600°C
$p_{Mg} = 17$ bar   [2.142]
$p_{Ca} = 1{,}8$ bar   [2.142]

Löslichkeiten in $Fe_{liq.}$ bei 1600°C und 1 bar
Ca = 0,030%   [2.141, 2.142]
Mg = 0,023%   [2.142]

Erläuterungen:
Bei den Gleichgewichtskonstanten unter 1a und 1b ist als Reaktion stets die Bildung der angegebenen Verbindungen aus den im Eisen gelösten Elementen, die in der jeweiligen Verbindung enthalten sind, gemeint. Bei der Desoxidation mit Mangan wird auf die Ausführungen des Abschn. 2.5.2.1 verwiesen. Die Aktivitäten der Verbindungen in 1a, 1b und 3 sind so definiert, daß für den reinen Stoff $a = 1$ wird (Raoultsche Aktivitäten). Die Aktivitäten der im Eisen gelösten Elemente sind stets so definiert, daß für einen Massengehalt von 1% $a = 1$ wird (Henrysche Aktivitäten). Für reines Eisen gilt dagegen $a = 1$. Die Drücke sind in bar definiert.

Im übrigen ist zu beachten, daß Gleichgewichtskonstanten grundsätzlich dimensionslos sind. Sofern Druckgrößen in ihnen verwendet werden, sind diese gedanklich durch Bezugsgrößen gleicher Dimension, die den Zahlenwert 1 haben, zu dividieren. Das gleiche gilt, wenn anstelle von Aktivitäten Konzentrationen verwendet werden. In der Praxis bleibt dies i. d. R. unbeachtet, so daß Gleichgewichtskonstanten scheinbar dimensionsbehaftet sein können.

und

$$K_{CO_2} = \frac{p_{CO_2}}{p_{CO} p_{O_2}^{1/2}} \qquad (2.24)$$

für die in Tabelle 2.3 Zahlenwerte angegeben sind, an. Setzt man die Hilfsgasgleichgewichte in (2.22) ein, so folgt:

$$K_{O,H_2} = \frac{p_{H_2O}}{p_{H_2}[a_O]} \qquad (2.25)$$

und

$$K_{O,CO} = \frac{p_{CO_2}}{p_{CO}[a_O]} \,. \qquad (2.26)$$

Messungen des Gleichgewichts nach (2.25) [2.20] haben gezeigt, daß die Proportionalität zwischen dem Sauerstoffgehalt im Eisen und dem p_{H_2O}/p_{H_2}-Verhältnis bis zu Sauerstoffgehalten von 0,1 % erfüllt ist. Bis dahin gilt also das Henrysche Gesetz. Darüber treten geringfügige Abweichungen auf, die man aber in erster Näherung vernachlässigen kann, so daß (2.25) und (2.26) mit [O] anstelle von $[a_O]$ näherungsweise bis zur Sättigungskonzentration des Sauerstoffs im Eisen verwendet werden können.

Aus den Messungen des Sauerstoffgleichgewichts (2.25) erhält man unter Zuhilfenahme des Hilfsgasgleichgewichts (2.23) die Gleichgewichtskonstante K_O in (2.22) (Werte in Tabelle 2.3). Wenn die Sättigungskonzentration des Sauerstoffs im Eisen erreicht ist, beginnt sich eine Eisenoxidschlacke zu bilden. Diese ist Bestandteil des Systems Eisen-Sauerstoff.

2.5 Oxidationsgleichgewichte

2.5.1 System Eisen-Sauerstoff

Das Zustandsschaubild des Systems Eisen-Sauerstoff [2.7, 2.21] ist in Bild 2.10 wiedergegeben.

Für die Stahlherstellung interessiert an diesem System der Temperaturbereich der flüssigen Phasen. Es gibt in dem System zwei flüssige Phasen, die Metallschmelze und die Oxidschmelze, zwischen denen eine ausgedehnte Mischungslücke liegt. Ganz links im Bild befindet sich der Bereich der Eisenschmelze, und zwar schmilzt das reine Eisen bei 1 536 °C (Punkt A). Die Auflösung von Sauerstoff im Eisen setzt dessen Schmelzpunkt herab bis bei 1 528 °C und 0,16 % O festes und flüssiges Eisen mit einer Eisenoxidschmelze von 22,6 % O im Gleichgewicht stehen (Punkte B und C). Bei höherer Temperatur steht nur noch sauerstoffhaltige Eisenschmelze mit flüssiger Oxidschmelze im Gleichgewicht. Mit steigender Temperatur verschiebt sich dieses Gleichgewicht zu höheren Sauerstoffgehalten in der Metall- und niedrigeren Sauerstoffgehalten in der Oxidschmelze. Die Mischungslücke wird schmaler. Bei 1 960 °C, der höchsten

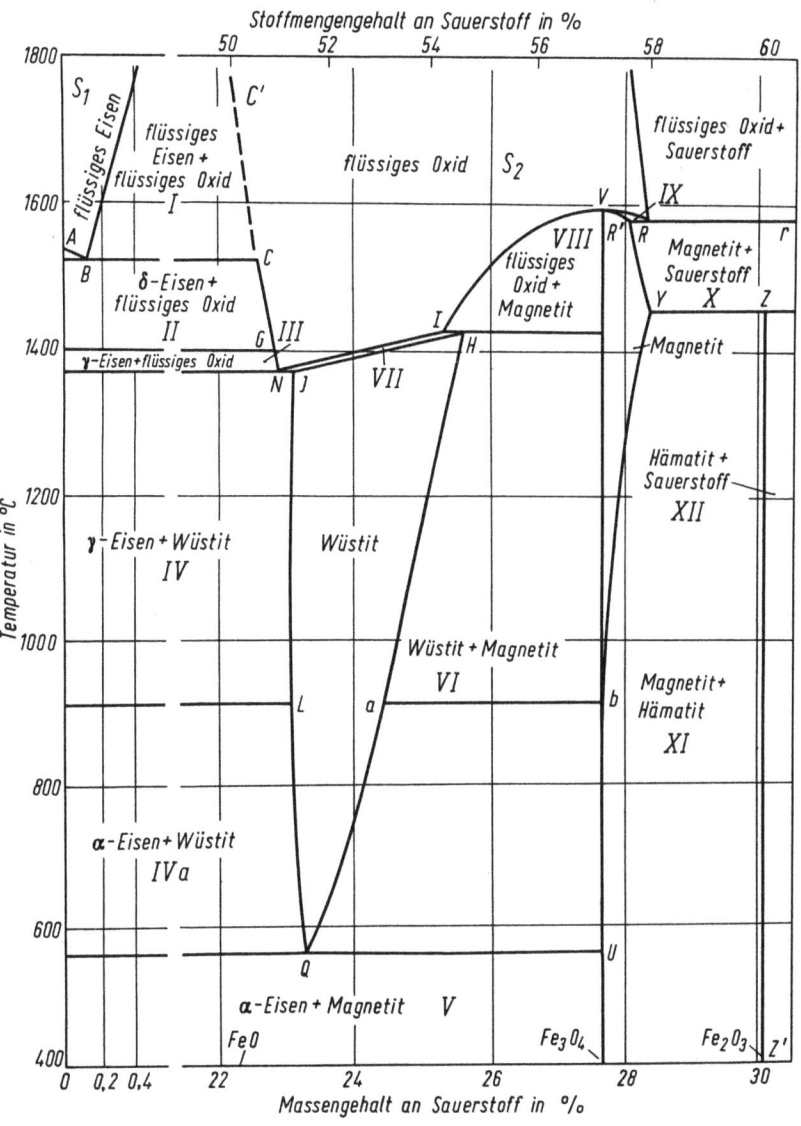

Punkt	Temperatur °C	Massengehalt an Sauerstoff in %	p_{CO_2}/p_{CO}	Punkt	Temperatur °C	Massengehalt an Sauerstoff in %	p_{CO_2}/p_{CO}	p_{O_2}/atm
A	1536			Q	560	23,26	1,05	
B	1528	0,16	0,209	R	1583	28,30		1
C	1528	22,60	0,209	R'	1583	28,07		1
G	1400*	22,84	0,263	S	1424	27,64	16,2	
H	1424	25,60	16,2	V	1597	27,64		0,0575
I	1424	25,31	16,2	Y	1457	28,36		1
J	1371	23,16	0,282	Z	1457	30,04		1
L	911*	23,10	0,447	Z'		30,06		
N	1371	22,91	0,282					

* Wert für reines Eisen.

Bild 2.10 Zustandsschaubild Eisen-Sauerstoff nach [2.21]

Temperatur, bis zu der Meßwerte vorliegen, beträgt die Löslichkeit von Sauerstoff im Eisen 0,83 % [2.22]. Eine Schmelze dieses Sauerstoffgehalts steht im Gleichgewicht mit einer Oxidschmelze, die 22,4 % O (entsprechend $FeO_{1,0045}$) enthält [2.22]. Die Oxidschmelze hat einen tieferen Schmelzpunkt als die Metallschmelze. Daher steht sie zwischen 1 528 und 1 400 °C mit δ-Eisen und zwischen 1 400 und 1 371 °C mit γ-Eisen im Gleichgewicht. Unterhalb 1 371 °C wird auch das Oxid fest. Bei dieser Temperatur stehen γ-Eisen, Wüstit und Oxidschmelze im Gleichgewicht (Punkte N und J). Zu höheren Sauerstoffgehalten steigt die Schmelztemperatur der Oxidphase an. Entlang der Linie NI steht die Oxidschmelze mit Wüstit im Gleichgewicht, wobei der Sauerstoffgehalt des Wüstits auf der Linie JH zugleich mit dem der Oxidschmelze ansteigt. Den höchsten Sauerstoffgehalt erreicht der Wüstit am Punkt H. Hier stehen bei 1 424 °C Oxidschmelze (Punkt I), Wüstit und Magnetit (Punkt S) im Gleichgewicht. Mit weiter steigenden Sauerstoffgehalten steigt die Schmelztemperatur der Oxidphase entlang der Linie IV, wo sie mit Magnetit im Gleichgewicht steht, weiter an. Der Schmelzpunkt des Magnetits liegt bei 1 597 °C und ist kongruent (Punkt V). Bei noch höheren Sauerstoffgehalten steht die Oxidschmelze entlang der Linie VR ebenfalls mit Magnetit, dessen Zusammensetzung auf der Linie VR' liegt, im Gleichgewicht. Der Magnetit kann hier Sauerstoff in fester Lösung aufnehmen. Am Punkt RR' bei einer Temperatur von 1 583 °C beträgt der Sauerstoffpartialdruck über der Oxidphase eine Atmosphäre, entsprechend 1,013 bar. Die Linien VR und VR' laufen im Prinzip zu höheren Sauerstoffgehalten weiter, jedoch würde hier der Sauerstoffpartialdruck größer als eine Atmosphäre sein. Die Linie RQ gibt im Bereich höherer Temperaturen, wo nur die flüssige Oxidschmelze existiert, die Zusammensetzung an, bei der der Sauerstoffpartialdruck eine Atmosphäre beträgt.

Zusammengefaßt ergibt sich ein Existenzbereich der flüssigen Oxidschmelze, der vom Gleichgewicht mit metallischem Eisen, wo der Sauerstoffpartialdruck rd. 10^{-8} bar beträgt, bis zum Gleichgewicht mit Sauerstoff bei einem Sauerstoffpartialdruck von rd. 1 bar reicht. Mit zunehmendem Sauerstoffgehalt der Oxidschmelze nimmt zugleich auch ihr Gehalt an dreiwertigem Eisen zu. Dabei ist jedem Sauerstoffgehalt der Oxidschmelze und damit im Gleichgewicht mit der Gasphase auch jedem Sauerstoffpartialdruck in der Gasphase entsprechend der Reaktionsgleichung

$$(Fe_2O_3) = 2(FeO) + 1/2 O_2 \tag{2.27}$$

mit

$$K = \frac{a_{(FeO)}^2 \cdot p_{O_2}^{1/2}}{a_{(Fe_2O_3)}} \tag{2.28}$$

ein bestimmter Anteil an zwei- und dreiwertigem Eisen zugeordnet. Bild 2.11 zeigt das System Eisen und Sauerstoff mit eingetragenen Linien gleichen Sauerstoffpartialdrucks [2.76]. Daraus kann für jede Zusammensetzung der Sauerstoffpartialdruck abgelesen werden.

Beim Frischen von Roheisen zu Stahl entstehen i.d.R. keine reinen Eisenoxidschmelzen, sondern Schlacken, die neben Eisenoxid die Oxide der Roheisenbegleitelemente, d. h. SiO_2, MnO, P_2O_5 usw. sowie den zum Entschwefeln zugesetzten

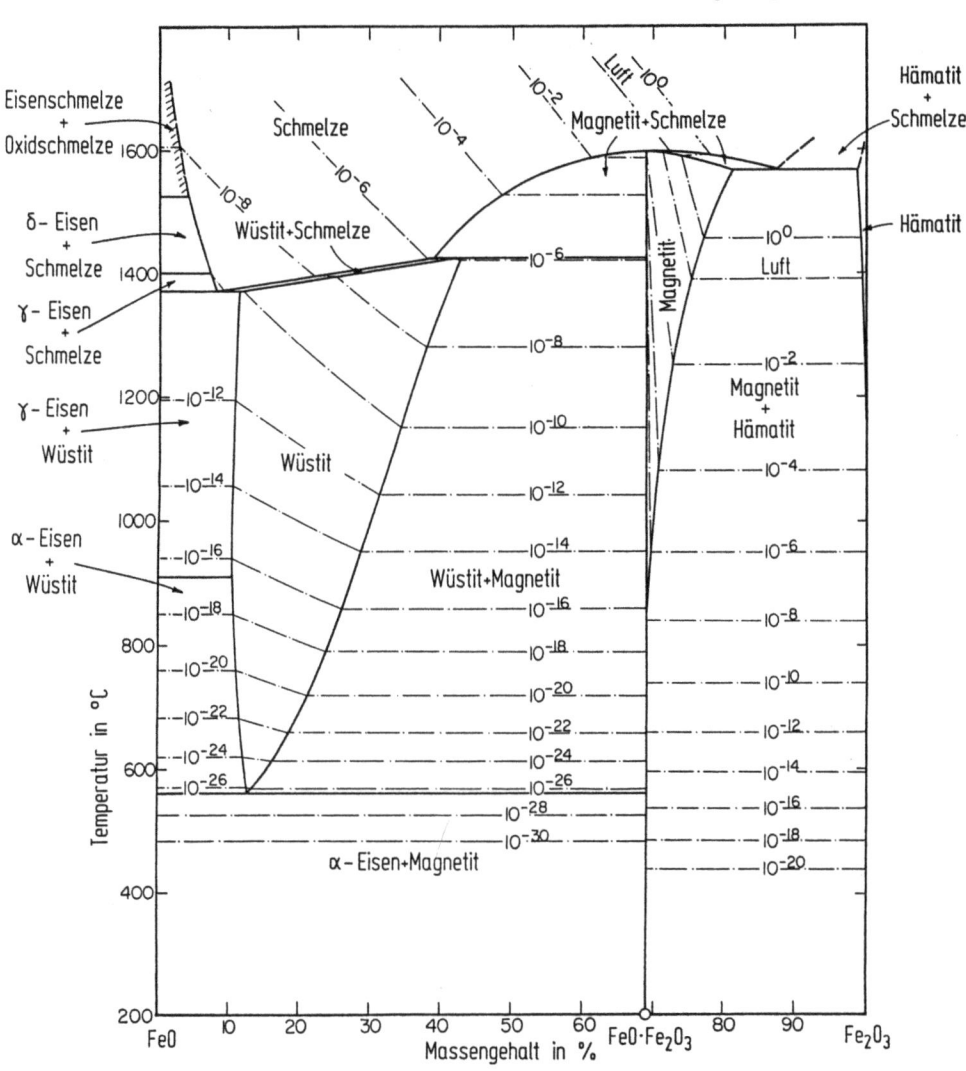

Bild 2.11 Zustandsschaubild Eisen-Sauerstoff nach [2.76]. Gestrichelt: Linien gleichen Sauerstoffpotentials (p_{O_2} in atm)

Kalk enthalten. Für das Gleichgewicht zwischen dem Eisenoxidgehalt dieser Schlacken und dem Sauerstoffpartialdruck der Gasphase gelten im Prinzip die gleichen Gesetzmäßigkeiten wie für reine Eisenoxidschlacken. Nach der Phasenregel hat das System für jede neu hinzukommende Komponente einen Freiheitsgrad mehr. Dieser Freiheitsgrad ist jeweils der Gehalt der neuen Komponente in der Schlacke. Bei vorgegebener Schlackenzusammensetzung sind die Gehalte festgelegt, und das System verliert wieder so viele Freiheitsgrade wie Konzentrationen vorgegeben sind, so daß man am Ende die gleiche Zahl von Freiheitsgraden wie im reinen System Eisen- Sauerstoff hat. Dementsprechend sind ebenso wie im reinen System Eisen-Sauerstoff auch in eisenoxidhaltigen Mehrstoffschlacken einem bestimmten Sauerstoffpartialdruck bestimmte Gehalte an zwei- und dreiwertigem Eisen zugeordnet. Im Gegensatz zum System Eisen-Sauerstoff, muß man hier aber jeweils den Gehalt an Eisen(II)- und an Eisen(III)Oxid angeben, da die Summe der beiden sich nicht auf 100 % ergänzt. Anstelle dieser beiden Gehalte kann man auch den Gesamteisengehalt und das Verhältnis FeO/Fe_2O_3 angeben. Welches Sauerstoffpotential dem so gekennzeichneten Oxidationszustand der Schlacke entspricht, muß für jede Schlackenzusammensetzung experimentell bestimmt werden. Darauf wird für einzelne, technisch wichtige Schlacken später noch eingegangen. Als Regel gilt, daß im Gleichgewicht mit metallischem Eisen das Eisen in der Schlacke überwiegend zweiwertig, im Gleichgewicht mit Sauerstoff oder Luft dagegen überwiegend dreiwertig vorliegt.

Die unterschiedlichen Wertigkeiten des Eisens in der Schlacke machen es möglich, daß Eisenschmelzen in metallurgischen Öfen, auch wenn sie mit einer Schlacke bedeckt sind, durch eine sauerstoffhaltige Ofenatmosphäre schnell oxidiert und damit gefrischt werden können. Die zwischen Eisenschmelze und Ofenatmosphäre befindliche Schlacke berührt an ihrer Unterseite die Eisenschmelze, so daß das in ihr enthaltene Eisen hier hauptsächlich in zweiwertiger Form vorliegt. An der Oberseite berührt die Schlacke die Ofenatmosphäre, und das Eisen liegt daher hier hauptsächlich dreiwertig vor. Innerhalb der Schlacke besteht also ein starkes Konzentrationsgefälle zwischen zwei- und dreiwertigem Eisen, das sich durch Diffusion und mechanische Vermischung ständig auszugleichen sucht, aber immer wieder neu aufgebaut wird und so einen schnellen Sauerstofftransport durch die Schlacke ermöglicht. In einer elektronenleitenden Schlacke können darüber hinaus Sauerstoffionen direkt transportiert werden, wobei die Elektronen dann den notwendigen entgegengesetzten Ladungstransport liefern [2.23].

Wenn die eisenoxidhaltige Schlacke mit metallischem Eisen im Gleichgewicht steht, liegt im reinen System Eisen-Sauerstoff die Schlackenzusammensetzung auf der Linie $NGCC'$ und ist bei gegebener Temperatur festgelegt. Für Mehrstoffsysteme gilt, wenn die übrigen Konzentrationen vorgegeben sind, das gleiche. Insbesondere ist im Gleichgewicht mit metallischem Eisen das Verhältnis von zwei- zu dreiwertigem Eisen und damit das Sauerstoffpotential der Schlacke festgelegt. Darum genügt in diesem Fall die Angabe des Gesamteisengehalts, um den Oxidationszustand der Schlacke zu definieren. Statt des Gesamteisengehalts schreibt man oft den sog. FeO_n-Gehalt, wobei der Index n zum Ausdruck bringen soll, daß hiermit der gesamte an Eisen gebundene Sauerstoff gemeint ist. Der Wert n ist größer als eins (außer bei sehr hohen Temperaturen).

Bei bestehendem Gleichgewicht mit metallischem Eisen kann zwischen dem Sauerstoff im Metall und dem Eisenoxid in der Schlacke die Reaktion

$$(FeO) = [Fe] + [O] \qquad (2.29)$$

mit der Gleichgewichtskonstanten

$$K_{FeO_n} = \frac{[a_O]}{(a_{FeO_n})} \qquad (2.30)$$

(s. Tabelle 2.3) ablaufen. Wenn die Schlacke nur aus Eisenoxid besteht, ist $(a_{FeO_n}) = 1$ und $[a_O] = [a_O]_{Sättigung}$. Dann folgt aus (2.30)

$$(a_{FeO_n}) = \frac{[a_O]}{[a_O]_{Sättigung}} . \tag{2.31}$$

Mit Hilfe von (2.31) kann die Aktivität von Eisenoxid in einer Schlacke aus dem Sauerstoffgehalt der damit im Gleichgewicht stehenden Eisenschmelze bestimmt werden. Für $[a_O]_{Sättigung}$ gilt (2.30) mit $(a_{FeO_n}) = 1$.

2.5.2 Zweistoffsysteme von Schlacken der Oxidationsreaktionen

Die in den Konvertern und Einschmelzöfen beim Frischen entstehenden Schlakken bestehen aus den Hauptkomponenten CaO, SiO_2, FeO_n, MnO und MgO. CaO wird den Schlacken als gebrannter Kalk zugesetzt, damit die Schlacke basisch wird und PO_4^{3-}- und S^{2-}-Ionen als Produkte der Entphosphorung und Entschwefelung des Eisens in Form von $Ca_3(PO_4)_2$ bzw. CaS abbinden kann. SiO_2, FeO_n und MnO entstehen als Produkte der Oxidation des Eisens, und MgO entstammt dem feuerfesten Material, mit dem die Schmelzgefäße ausgekleidet sind. Das feuerfeste Material ist entweder reines MgO oder Dolomit, ein Gemisch aus MgO und CaO das durch Brennen von natürlichem Dolomitgestein hergestellt wird.

Zum Verständnis der metallurgischen Wirkung müssen die Zustandsdiagramme der aus den oben genannten Komponenten gebildeten Schlacken bekannt sein. Nachfolgend werden zuerst die Zweistoffsysteme betrachtet. Dann wird zu den Mehrstoffsystemen übergegangen.

2.5.2.1 Das System FeO-MnO

Bild 2.12 zeigt das Zustandsschaubild FeO_n-MnO für den Fall, daß die Oxidphase mit einer Eisen-Manganlegierung im Gleichgewicht steht [2.24].

Die Komponenten in diesem System zeigen im festen und flüssigen Zustand eine vollständige Mischbarkeit und ein fast ideales Verhalten, so daß die Aktivität des Eisen(II)Oxids und des Mangan(II)Oxids in guter Näherung durch die jeweiligen Molenbrüche bzw. Massenkonzentrationen ersetzt werden können. Der Ersatz der Molenbrüche durch die Massenkonzentrationen ist möglich, weil Eisen und Mangan fast das gleiche Atomgewicht haben. Der Knickpunkt in der Liquiduslinie bei 1 520 °C ist dadurch bedingt, daß hier die Metallphase, mit der das System im Gleichgewicht steht, vom festen in den flüssigen Zustand übergeht. Zwischen einer Metallschmelze und einer FeO_n-MnO-Schmelze bzw. einem FeO_n-MnO-Mischkristall stellt sich ein Gleichgewicht in bezug auf Sauerstoff und Mangan ein [2.25]. Das Sauerstoffgleichgewicht ist durch (2.30) gegeben. Mit $(a_{FeO_n}) \simeq (FeO_n)/100$ folgt

$$K_{FeO_n} = \frac{[a_O]}{(FeO_n)} \cdot 100 . \tag{2.32}$$

26   2 Thermodynamische Grundlagen

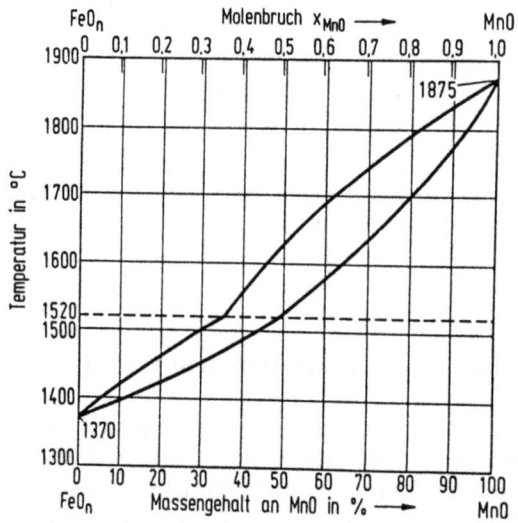

Bild 2.12 Zustandsschaubild FeO$_n$-MnO nach [2.24], vgl. [2.25, 2.79]

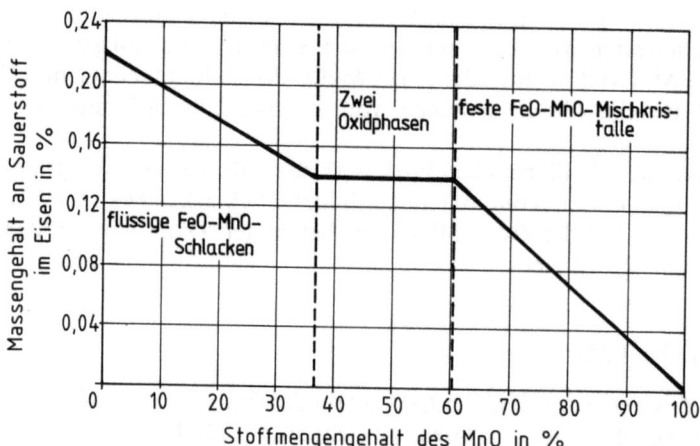

Bild 2.13 Sauerstoffgehalte im flüssigen Eisen unter Eisen(II)oxid-Mangan(II)oxid-Schlacken bei 1 600 °C nach [2.25]

Setzt man für K_{FeO_n} den Wert aus Tabelle 2.3 für 1 600 °C ein, so ergibt sich für die Aktivität des Sauerstoffs bzw. den Sauerstoffgehalt in der Metallschmelze im Gleichgewicht mit der flüssigen FeO-MnO-Schlacke der in Bild 2.13 links wiedergegebene Verlauf. Zur Mitte hin tritt zwischen 38 und 54 % MnO ein Sprung im Aktivitätsverlauf auf. Er folgt daraus, daß in diesem Bereich die flüssige Schlacke zu einem festen Mischkristall erstarrt (vgl. Bild 2.12) und hier feste Oxidphase, flüssige Oxidphase und Eisenschmelze miteinander im Gleichgewicht stehen. Zwischen 38 und 54 % MnO bleiben daher alle Zustandsgrößen des Systems, also auch der Sauerstoffgehalt im Eisen konstant. Nur das Mengenverhältnis der flüssigen zur festen Oxidphase ändert sich. Ab 54 % MnO ist die Oxidphase fest. Der unter ihr sich einstellende Sauerstoffgehalt im Metall ist durch den Verlauf rechts im Bild 2.13 gegeben.

Für das Mangangleichgewicht folgt aus der Reaktionsgleichung

$$(FeO) + [Mn] = (MnO) + [Fe] \tag{2.33}$$

die Gleichgewichtsbeziehung

$$K_{Mn} = \frac{[Fe](MnO)}{[Mn](FeO)}. \tag{2.34}$$

Da $(MnO) + (FeO)$ und $[Mn] + [Fe]$ gleich 100 % sind, kann man in (2.34) die Gehalte an MnO und an Fe eliminieren. Man erhält dann nach einigen Umrechnungen, wenn man berücksichtigt, daß $K_{Mn} \gg 1$ ist, einen Ausdruck für den Mangangehalt der Metallschmelze in Abhängigkeit vom Eisen(II)Oxidgehalt der Schlacke, der wie folgt lautet

$$[Mn] = \frac{100 - (FeO)}{1 + (FeO) \cdot \frac{K_{Mn}}{100}}. \tag{2.35}$$

Jeder Zusammensetzung der Oxidphase entspricht somit eine bestimmte Zusammensetzung der Metallphase.

2.5.2.2 Das System FeO-SiO$_2$

Bild 2.14 gibt das Zustandsschaubild des Systems FeO-SiO$_2$ wieder [2.7]. Dieses System verhält sich nicht ideal. Es ist ein eutektisches System mit fehlender Randlöslichkeit im Festen. Bei einem Molverhältnis von 2FeO zu 1SiO$_2$ bildet sich die bei 1 208 °C kongruent schmelzende Verbindung Fayalit (2FeO·SiO$_2$).

Bild 2.15 zeigt die Aktivitätsverläufe des Eisen(II)Oxids und der Kieselsäure in der mit metallischem Eisen im Gleichgewicht stehenden Schlacke. Die Temperaturabhängigkeit ist gering. Die zwei Kurven für 1 350 °C entstammen verschiedenen Messungen (vgl. [2.7]). Zwischen Kieselsäure und Eisen(II)Oxid besteht eine Tendenz zur Verbindungsbildung, wie die Existenz des Fayalits zeigt. Diese Tendenz muß, wenn auch abgeschwächt, auch im flüssigen Zustand vorliegen. Daher weichen die Aktivitäten vom idealen Verhalten zu kleineren Werten hin ab.

Die Tendenz zur Verbindungsbildung zwischen Kieselsäure und Eisen(II)Oxid begünstigt die Existenz von zweiwertigem Eisen in der Schlacke und drängt die von dreiwertigem bis auf geringe Gehalte zurück. Aus diesem Grund kann das System FeO-SiO$_2$ als echtes binäres System aufgefaßt werden, obgleich genau genommen das Eisen(III)Oxid immer mit berücksichtigt werden muß. Wenn die Eisensilicatschmelze an Kieselsäure gesättigt ist, d.h. mehr als ca. 45 % SiO$_2$ enthält, wird die Aktivität der Kieselsäure gleich eins und die des Eisen(II)Oxids konstant und nur noch von der Temperatur abhängig.

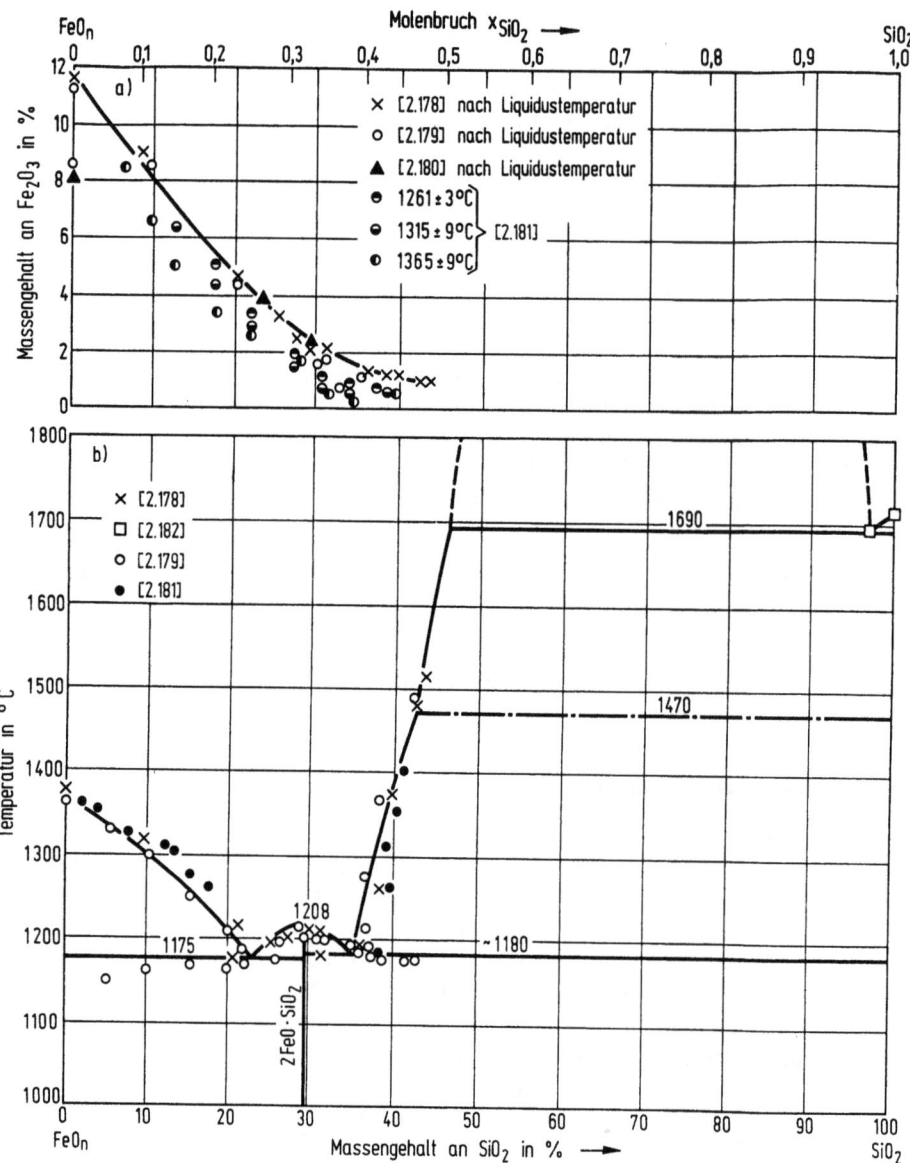

Bild 2.14 Zustandsschaubild FeO-SiO$_2$ nach [2.7]

2.5.2.3 Das System FeO-Fe$_2$O$_3$-CaO

Das System FeO-Fe$_2$O$_3$-CaO kann im Gegensatz zu den vorangegangenen Systemen nicht mehr binär, sondern muß ternär betrachtet werden, weil die Anwesenheit des stark basischen Kalks die Bildung der aus dreiwertigem Eisen aufgebauten Ferritionen, z.B. Fe$_2$O$_4^{2-}$ oder Fe$_2$O$_5^{4-}$ selbst dann begünstigt, wenn die Schlacke mit metallischem Eisen im Gleichgewicht steht. Trotzdem ist es

2.5 Oxidationsgleichgewichte   29

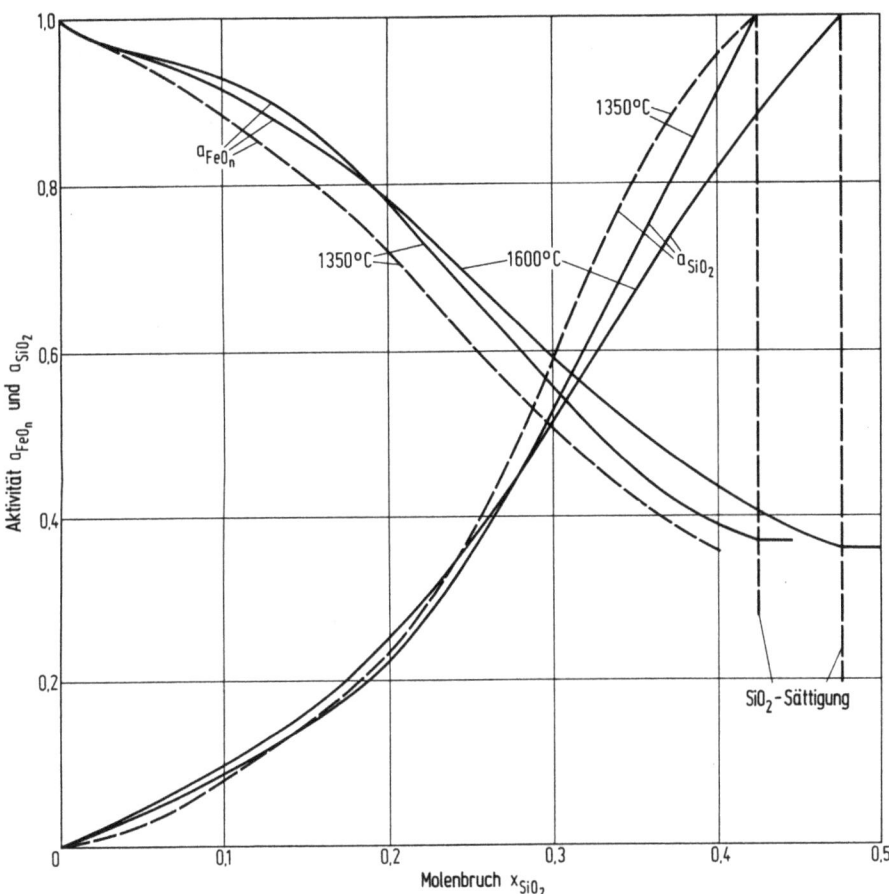

Bild 2.15 Aktivitäten von FeO$_n$ und SiO$_2$ im System FeO-SiO$_2$ in Abhängigkeit vom Molenbruch des SiO$_2$ bei 1 350 und 1 600 °C nach [2.7]

thermodynamisch sinnvoll, für den Fall des Gleichgewichts mit metallischem Eisen das Zustandsschaubild binär als System FeO$_n$-CaO darzustellen, da durch die zusätzliche Gleichgewichtsbedingung das Verhältnis von zwei- zu dreiwertigem Eisen für jeden Gesamteisengehalt festliegt. Analog kann man auch für das Gleichgewicht mit 1 bar Luft oder Sauerstoff das Zustandsschaubild binär darstellen. In beiden Fällen ist durch die zusätzliche Gleichgewichtsbedingung ein Freiheitsgrad des Systems in Anspruch genommen und dadurch das Fe^{2+}/Fe^{3+}-Verhältnis vorgegeben. Das System im Gleichgewicht mit metallischem Eisen ist technisch für die Reaktionen zwischen Schlacke und Metall, das System im Gleichgewicht mit Luft oder Sauerstoff für die Reaktionen zwischen Schlacke und Gasphase wichtig.

Bild 2.16 zeigt die Darstellung für das Gleichgewicht mit metallischem Eisen. Das System ist durch eine starke Randlöslichkeit im festen Zustand sowie durch ein bei nur 1 130 °C liegendes Eutektikum gekennzeichnet. Eisen(II)Oxid ist

30 2 Thermodynamische Grundlagen

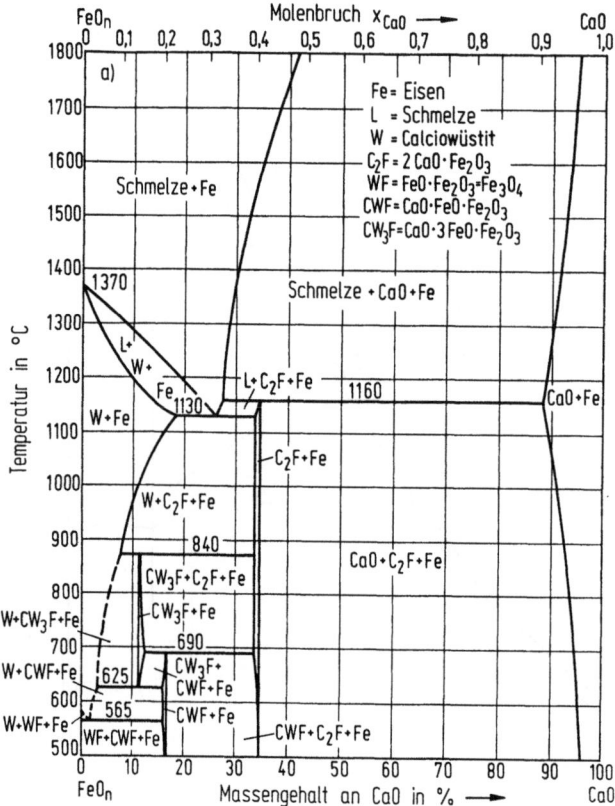

Bild 2.16 Zustandsschaubild FeO$_n$-CaO nach [2.7]

hiernach ein starkes Flußmittel für Kalk. Die Flußmittelwirkung spielt bei der Auflösung des Kalks während der Frischprozesse zur Stahlherstellung eine wichtige Rolle. Die Auflösung von reinem kristallinen Kalk erfolgt dabei in der Weise, daß sich entsprechend der Randlöslichkeit auf der kalkreichen Seite des Systems an der Oberfläche des Kalks zunächst ein fester kalkreicher Mischkristall bildet, der dann aufgelöst wird. Ein weiterer Aspekt des Systems in Bild 2.16 ist das Auftreten des inkongruent schmelzenden Dicalciumferrits 2CaO · Fe$_2$O$_3$. Diese Verbindung läßt erkennen, daß das System nicht binär ist, da die peritektische Reaktion zwischen dem Ferrit und der Schmelze bei 1 160 °C unter Beteiligung von metallischem Eisen und Wertigkeitswechsel nach dem Schema

$$\langle 2CaO \cdot Fe_2O_3 \rangle_{fest} + \langle Fe \rangle_{fest} = [2(CaO) + 3(FeO)]_{Schmelze} \quad (2.36)$$

abläuft.

In dem hier vorliegenden System findet man eine negative Abweichung der Aktivität des Eisen(II)Oxids und des Kalks vom idealen Verhalten, die auf eine Verbindungsbildung hinweist. Bild 2.17 zeigt hierzu die Aktivitätsverläufe bei 1 600 °C [2.7, 2.26]. Eingetragen sind außer den Aktivitätslinien auch Raoultsche

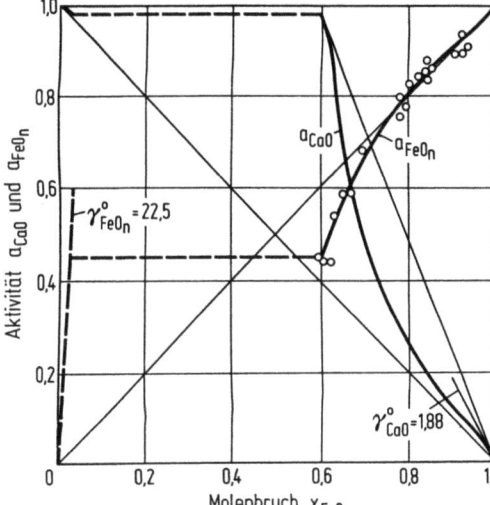

Bild 2.17 Aktivitäten von CaO und FeO$_n$ in Abhängigkeit vom Molenbruch des FeO$_n$ nach [2.26], vgl. [2.7]

Geraden beider Komponenten. Bei CaO ist die als Bezug anzusehende Raoultsche Gerade die Verbindungslinie zwischen $x_{FeO_n} = 1$ und $x_{FeO_n} = 0,6$. Von dieser Linie weicht die Aktivität des Kalks negativ ab. Die eingetragenen γ°-Werte sind Aktivitätskoeffizienten. Die in der negativen Abweichung vom idealen Verhalten zum Ausdruck kommende Verbindungsbildung ist die Tendenz zur Abbindung des Eisen(III)Oxids an Kalk als Ferrit. Diese Abbindung vermindert die Aktivität des Eisen(III)Oxids, so daß man zur Einstellung eines bestimmten Sauerstoffgehalts in der Eisenschmelze im Gleichgewicht mit der Schlacke einen höheren Gehalt an Eisen(III)Oxid als in Abwesenheit von Kalk braucht. Nach Bild 2.21 nehmen bei 1 400 °C die Gehalte an Eisen(III)Oxid in flüssigen Schlacken, die mit Eisen im Gleichgewicht stehen, von 8 % Fe_2O_3 bei 0 % CaO auf 17 % Fe_2O_3 bei 32 % CaO (Kalksättigung) zu.

Für das Gleichgewicht mit Luft ist das System in Bild 2.18 dargestellt, und zwar hier als binäres System CaO-Fe_2O_3 [2.7, 2.27]. Bei hohen Fe_2O_3-Gehalten ist zu berücksichtigen, daß Hämatit bei 1 393 °C einen Sauerstoffpartialdruck von 0,21 bar hat und sich deshalb an Luft zersetzt. Bei höheren Temperaturen ist nur noch Magnetit stabil. Die Randlöslichkeiten sind in diesem System nur schwach ausgeprägt. Das liegt daran, daß Kalk und Eisen(III)Oxid wegen ihrer unterschiedlichen Kristallstruktur, die u.a. auf die verschiedene Wertigkeit der metallischen Komponenten zurückzuführen ist, kaum Mischkristalle bilden können. Als weiteren Unterschied gegenüber dem mit Eisen im Gleichgewicht stehenden System findet man neben dem schon bekannten Ferrit 2CaO·Fe_2O_3, der unter Luftatmosphäre bei 1 448 °C kongruent schmilzt, noch die weiteren Verbindungen CaO·Fe_2O_3 und CaO·2Fe_2O_3. Eisenoxid ist auch hier ein starkes Flußmittel für Kalk.

Für eine Gesamtdarstellung des Systems ist es am anschaulichsten, vom Zustandsschaubild Eisen-Sauerstoff auszugehen und zu fragen, wie dieses System durch Zusätze von Kalk beeinflußt wird. Bild 2.19 zeigt eine schematische Darstellung im Dreistoffsystem CaO-Fe-O [2.28]. Hierbei ist zunächst zu

2 Thermodynamische Grundlagen

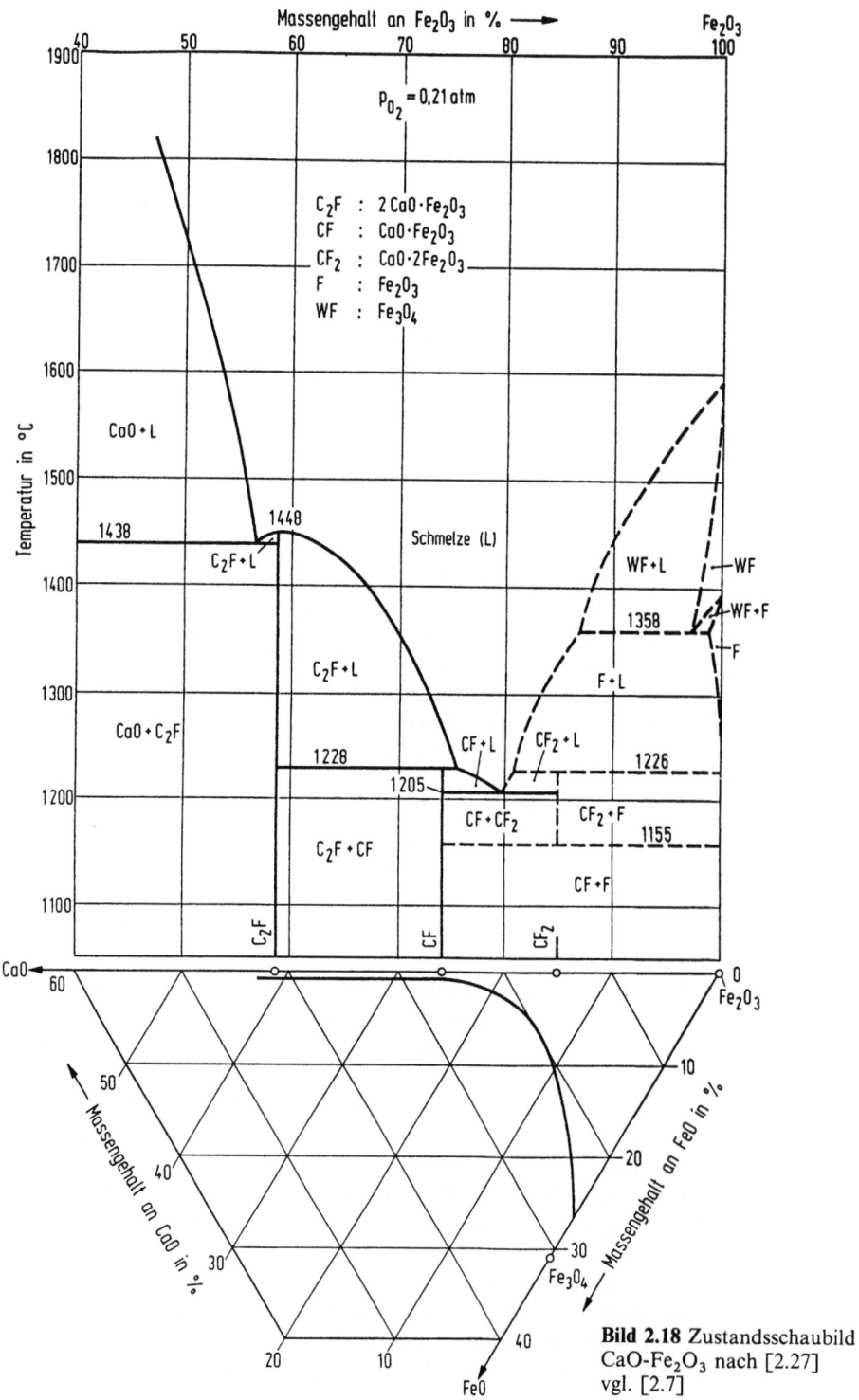

Bild 2.18 Zustandsschaubild CaO-Fe$_2$O$_3$ nach [2.27] vgl. [2.7]

2.5 Oxidationsgleichgewichte   33

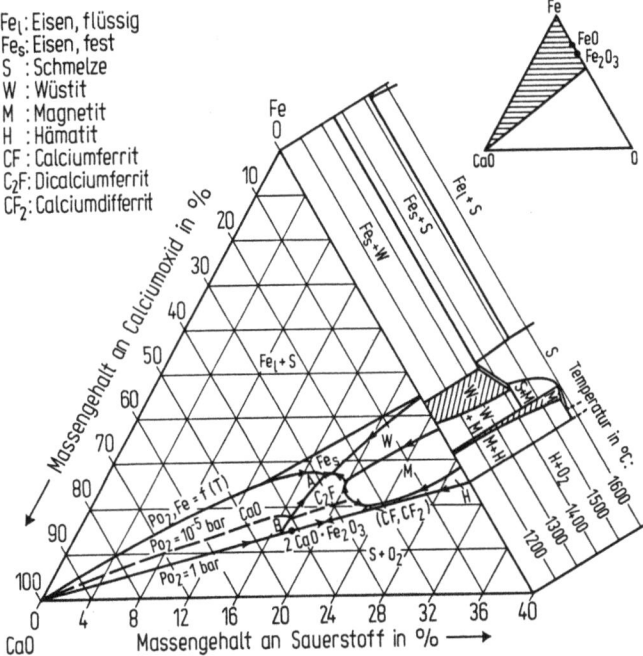

Bild 2.19 Schematische Darstellung des Systems Fe-O-CaO nach [2.28]

beachten, daß nur der Bereich von 0 bis 40 % O interessiert, da die Verbindung zwischen Eisen und Sauerstoff mit dem höchsten Sauerstoffgehalt, das Fe_2O_3 nur etwas mehr als 30 % O enthält. Von dem gesamten System CaO-Fe-O, das in Bild 2.19 rechts oben klein gezeichnet ist, wird daher der schraffierte Bereich in dem großen Dreieck wiedergegeben. Wegen der gleichseitigen Darstellung des großen Dreiecks sind die Maßstäbe an den beiden Achsen verschieden. Es seien nun die eingezeichneten Felder und Linien betrachtet. Aus dem Zweistoffsystem Fe-O (Bild 2.10) ist bekannt, daß die flüssigen Schlacken bei niedrigem Sauerstoffgehalt an Eisen gesättigt sind (Linie *CGN* in Bild 2.10). Nimmt der Sauerstoffgehalt zu, so schließt sich eine Linie der Sättigung an Wüstit (Linie *NI* in Bild 2.10) und dann eine Linie der Sättigung an Magnetit (Linie *IVR* in Bild 2.10) an. Durch Zusatz von Kalk werden diese Linien zu Flächen, und zwar fallen, wie man an den eingezeichneten Pfeilen in Bild 2.19 erkennt, die Flächen mit zunehmendem Kalkgehalt der Schlacke zunächst zu niedrigeren Temperaturen ab. Die Flächen sind mit Fe_S (Eisensättigung), W (Wüstitsättigung), M (Magnetitsättigung) und H (Hämatitsättigung) bezeichnet. Sie werden zu höheren Kalkgehalten hin durch die Ausscheidungsflächen von festen Phasen, die Kalk enthalten, begrenzt. Das Feld Fe_S stößt unmittelbar an die Sättigungsfläche des CaO, während die Felder W und M im wesentlichen durch die Sättigungsfläche des Dicalciumferrits $2CaO \cdot Fe_2O_3$ (oder abgekürzt C_2F) begrenzt werden. Punkt *A* ist der inkongruente Schmelzpunkt des Dicalciumferrits im Gleichgewicht mit Eisen im System FeO_n-CaO (Bild 2.16). Punkt *B* ist das Eutektikum von 1 438 °C zwischen CaO und $2CaO \cdot Fe_2O_3$ im System $CaO-Fe_2O_3$ bei $p_{O_2} = 1$ bar. Die Linie *AB* trennt die

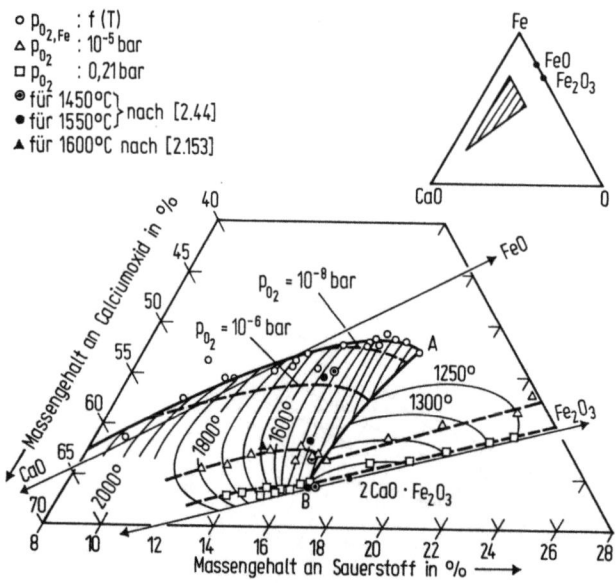

Bild 2.20 Sättigungsisothermen im System Fe-O-CaO nach [2.28]

Sättigungsfläche des Kalkferrits $2CaO \cdot Fe_2O_3 (C_2F)$ von der des Kalks. Hier steigen die Temperaturen mit zunehmendem Kalkgehalt wieder an.

In das Bild sind außerdem Linien für das Sauerstoffpotential eingezeichnet. Die Linie $p_{O_2,Fe} = f(T)$ zeigt die Zusammensetzung von Schlacken an, die gleichzeitig an Kalk und an metallischem Eisen gesättigt sind. Diese Linie ist identisch mit der Liquiduslinie auf der kalkreichen Seite des Zustandsschaubilds in Bild 2.16. Die auf ihr liegenden Schlacken haben, da sie mit Eisen im Gleichgewicht stehen – was gleichbedeutend mit Sättigung an Eisen ist –, das niedrigstmögliche Sauerstoffpotential, ausgedrückt durch den zusätzlichen Index Fe an p_{O_2}. Die Zusammensetzung der Schlacken und damit ihr Sauerstoffpotential ist eine Funktion der Temperatur. Schlacken, die nicht mehr an Eisen gesättigt sind, haben höhere Sauerstoffpotentiale. Auf der Linie $p_{O_2} = 10^{-5}$ bar wird etwa ein Sauerstoffpotential von 10^{-5} bar und auf der Linie $p_{O_2} = 1$ bar ein Sauerstoffpotential von 1 bar erreicht.

Einen durch Meßwerte belegten Ausschnitt aus Bild 2.19 zeigt Bild 2.20 [2.28]. Die Lage des Ausschnitts zeigt das kleine Teilbild oben rechts. Man erkennt in Bild 2.20 die Punkte A und B aus Bild 2.19. Oberhalb der Verbindungslinie dieser beiden Punkte befindet sich die Sättigungsfläche des Kalks, darunter die des Dicalciumferrits ($2CaO \cdot Fe_2O_3$). Die dünn eingezeichneten Linien sind Isothermen, die die Form der beiden Sättigungsflächen sichtbar machen. In das Bild sind außerdem einige der am Bild 2.19 bereits erläuterten Linien gleichen Sauerstoffpotentials eingezeichnet. Weitere Einzelheiten des Systems sind in den letzten Jahren untersucht worden [2.29, 2.30]. Aus ihnen ergibt sich eine Darstellung des Systems, wie sie in Bild 2.21 gezeigt ist [2.29].

Man erkennt wieder die beiden Punkte A und B aus Bild 2.19 sowie die Gebiete der Sättigung an Eisen, Kalk, Dicalciumferrit, Magnetit und Wüstit und die

2.5 Oxidationsgleichgewichte   35

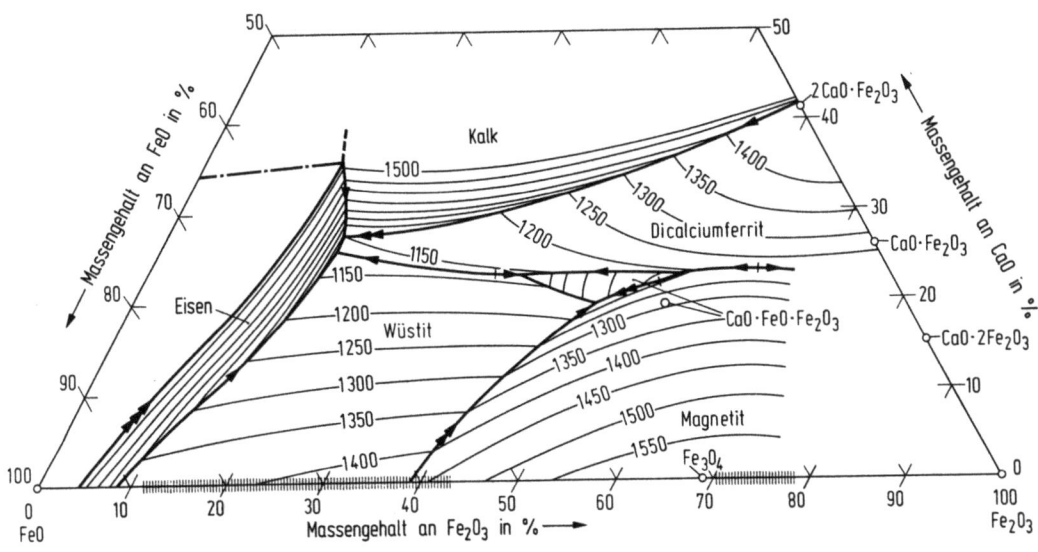

Bild 2.21 Zustandsschaubild CaO-FeO-Fe$_2$O$_3$ nach [2.27], vgl. [2.7]

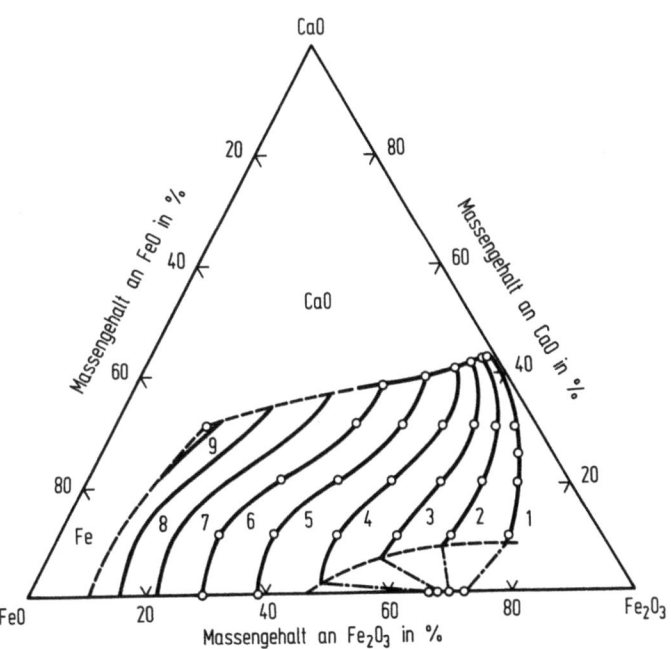

Bild 2.22 Sauerstoffisobaren im Zustandsschaubild CaO-FeO-Fe$_2$O$_3$ bei 1 500 °C nach [2.30].
1: $\log p_{O_2} = -0{,}68$; 2: $\log p_{O_2} = -2{,}0$; 3: $\log p_{O_2} = -3{,}0$; 4: $\log p_{O_2} = -4{,}0$; 5: $\log p_{O_2} = -5{,}0$;
6: $\log p_{O_2} = -6{,}0$; 7: $\log p_{O_2} = -7{,}0$; 8: $\log p_{O_2} = -8{,}0$; 9: $\log p_{O_2} = -9{,}0$

36 2 Thermodynamische Grundlagen

zugehörigen Isothermen. Die Zusammensetzungen der technisch wichtigen Schlacken, die entweder zugleich an Eisen und Kalk oder zugleich an Kalk und Dicalciumferrit gesättigt sind, können aus dem Diagramm abgelesen werden. Ergänzend sind in Bild 2.22 noch Linien gleichen Sauerstoffpartialdrucks in dem System für 1 500 °C gezeigt [2.30]. Log p_{O_2} = $-0{,}68$ entspricht dem Sauerstoffpartialdruck in der Luft.

2.5.2.4 Das System FeO-Fe$_2$O$_3$-MgO

Das Zustandsschaubild FeO-Fe$_2$O$_3$-MgO ist technisch bedeutsam für das Verhalten von feuerfesten Steinen aus Magnesit oder Dolomit, mit denen die Schmelzgefäße für die Stahlherstellung ausgekleidet sind. Bild 2.23 zeigt für das Gleichgewicht mit Eisen das System MgO-FeO und für das Gleichgewicht mit Luft das System MgO-Fe$_2$O$_3$ [2.7]. Auch hier sind die Systeme nicht wirklich binär, und es gelten die gleichen Gesichtspunkte wie bei den Systemen mit Kalk. Zwischen FeO und MgO besteht eine lückenlose Mischbarkeit, die darauf beruht, daß beide Komponenten Steinsalzstruktur und ähnliche Gitterabmessungen

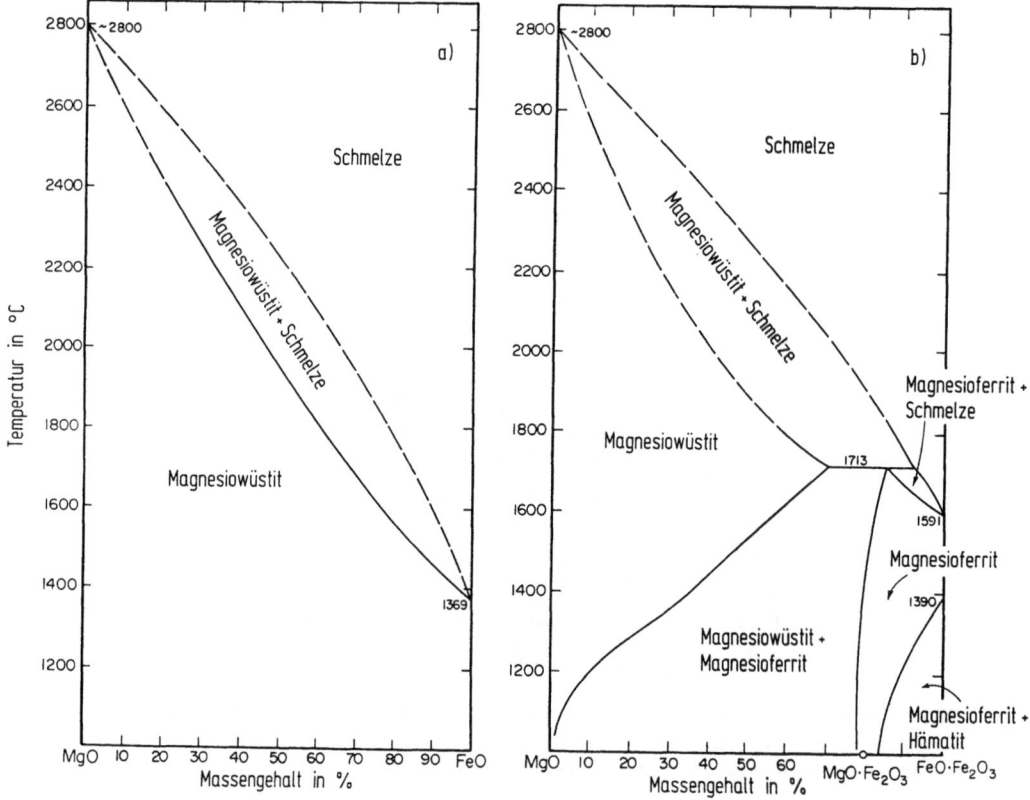

Bild 2.23a, b Zustandsschaubild Magnesiumoxid-Eisenoxid **a** im Gleichgewicht mit metallischem Eisen und **b** im Gleichgewicht mit Luft. Nach [2.76]

haben. Es bildet sich Magnesiowüstit. Zwischen MgO und Fe_2O_3 ist ebenfalls eine Mischbarkeit, wenn auch nur begrenzt möglich. Es bildet sich Magnesioferrit, ein Spinell. Daneben kann auch Magnesiowüstit Fe_2O_3 lösen. Die Fe^{3+}-Ionen gehen auf Gitterplätze der zweiwertigen Ionen, wobei sich aus Elektroneutralitätsgründen zugleich Leerstellen bilden [2.31]. Der Magnesiowüstit ist technisch wichtig für das Verhalten von Magnesitsteinen in Stahlschmelzöfen. Bei 1 600 °C können diese Steine wie Bild 2.23a zeigt, bis zu 75 % FeO aus sauerstoffhaltigen Eisenschmelzen aufnehmen und ggf. an desoxidierte Schmelzen wieder abgeben. Magnesiumoxid wirkt also als Sauerstoffreservoir. Aktivitätsmessungen zeigen, daß sich das FeO im Mischkristall und in der Schmelze annähernd ideal verhält.

Das System $MgO-Fe_2O_3$ ist das Grundsystem für die Herstellung von Magnesitsteinen, da Eisen(III)Oxid hier als Bindemittel und als Kristallisator dient. Das Bindemittel wird im Magnesiumoxid als Magnesioferrit und als Magnesiowüstit gelöst. Die Temperaturgrenze der Feuerfestigkeit von Magnesitsteinen hängt, wie die Liquiduslinie in Bild 2.23b zeigt, stark vom Eisenoxidgehalt der Steine ab.

2.5.2.5 Die Systeme $CaO-SiO_2$ und $CaO-P_2O_5$

Wegen der Bedeutung des Kalks als Basenträger sind weiterhin die Systeme $CaO-SiO_2$ und $CaO-P_2O_5$ wichtig. Beide Systeme sind streng binär. Sie sind in den Bildern 2.24 und 2.25 gezeigt [2.7]. Für die Stahlherstellung sind nur die kalkreichen Teile der beiden Systeme von Bedeutung, da hierbei i.d.R. mit möglichst hohen Kalkgehalten gearbeitet wird. Demzufolge treten in den Stahlwerksschlacken neben Kalk als fester Phase die Verbindungen Ca_2SiO_4 (Dicalciumsilicat), $Ca_3P_2O_8$ (Tricalciumphosphat) sowie gelegentlich die Verbindung Ca_3SiO_5 (Tricalciumsilicat) und $Ca_4P_2O_9$ (Tetracalciumphosphat) auf.

Wie man aus den Zustandsschaubildern erkennt, sind die Verbindungen Dicalciumsilicat und Tricalciumphosphat thermodynamisch sehr stabil, da sie erst bei hoher Temperatur und mit ausgeprägtem Schmelzpunktmaximum schmelzen. In erstarrten kieselsäurehaltigen Phosphatschlacken, wo beide Verbindungen vorkommen, bilden sie meist Mischkristalle miteinander. Diese sog. Silicophosphat-Mischkristalle und das Dicalciumsilicat treten in Stahlwerksschlacken häufig bereits bei den Temperaturen des flüssigen Stahls, also bei rund 1 600 °C als feste Ausscheidungen auf, und zwar besonders in der Nähe ungelöster Kalkstücke.

In den Zweistoffsystemen $CaO-SiO_2$ und $CaO-P_2O_5$ bestehen die Kalksättigung und die Sättigung an den Silicaten Ca_2SiO_4 und Ca_3SiO_5 bzw. den Phosphaten $Ca_3P_2O_8$ und $Ca_4P_2O_9$ als wichtige Liquiduslinien. Diese Linien weiten sich in den zugehörigen Dreistoffsystemen mit Eisenoxid zu Sättigungsflächen aus, die die Zusammensetzung und das Verhalten der kalkreichen Stahlwerksschlacken wesentlich bestimmen. Die Dreistoffsysteme $CaO-FeO_n-SiO_2$ und $CaO-FeO_n-P_2O_5$ können bereits in guter Annäherung als die Grundsysteme der technischen Schlacken angesehen werden, da sie meist mehr als 80 % aller Bestandteile umfassen.

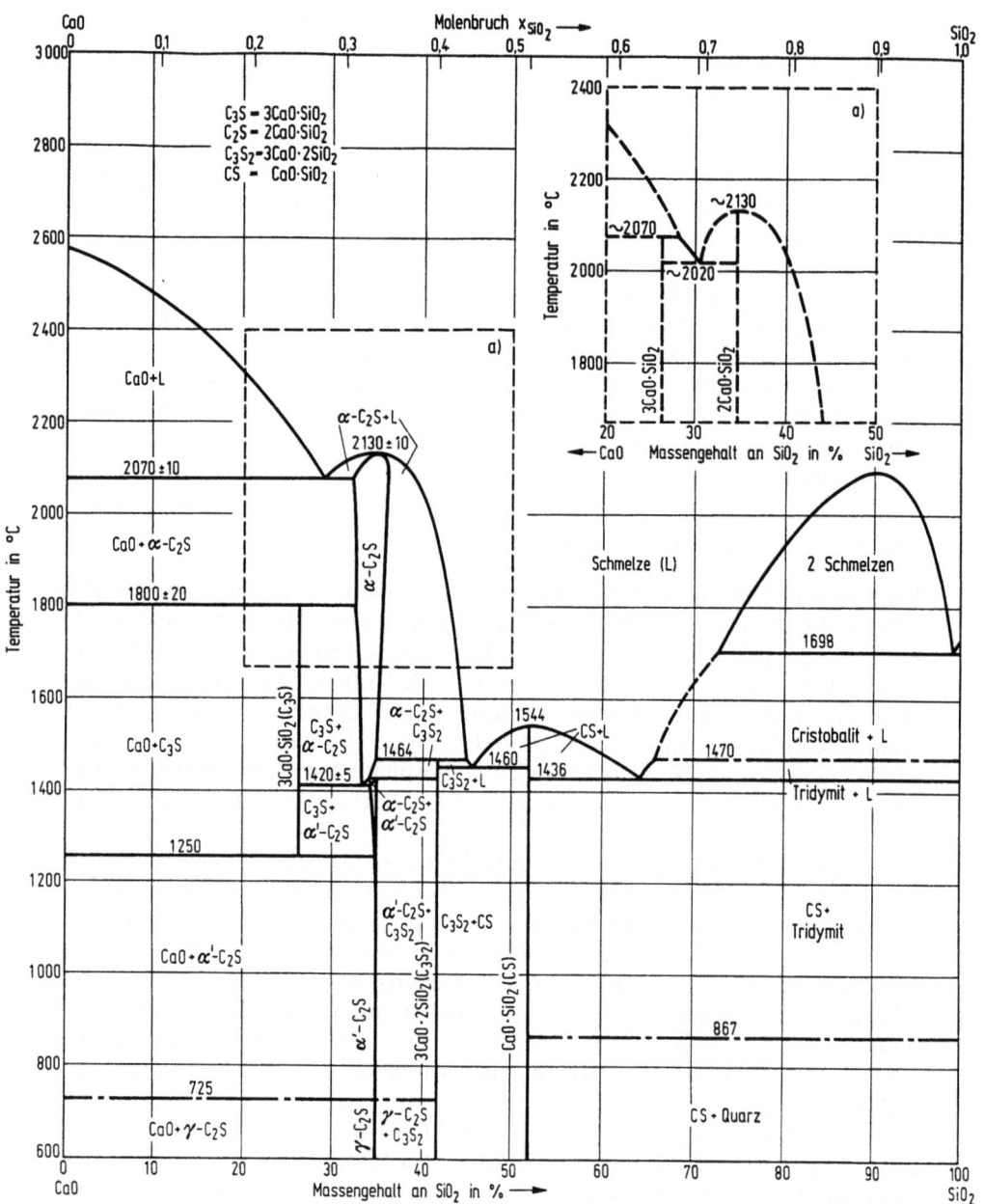

Bild 2.24 Zustandsschaubild CaO-SiO$_2$ nach [2.7]. Der Ausschnitt a) zeigt die Version mit inkongruent bei 2070 °C schmelzendem 3CaO · SiO$_2$

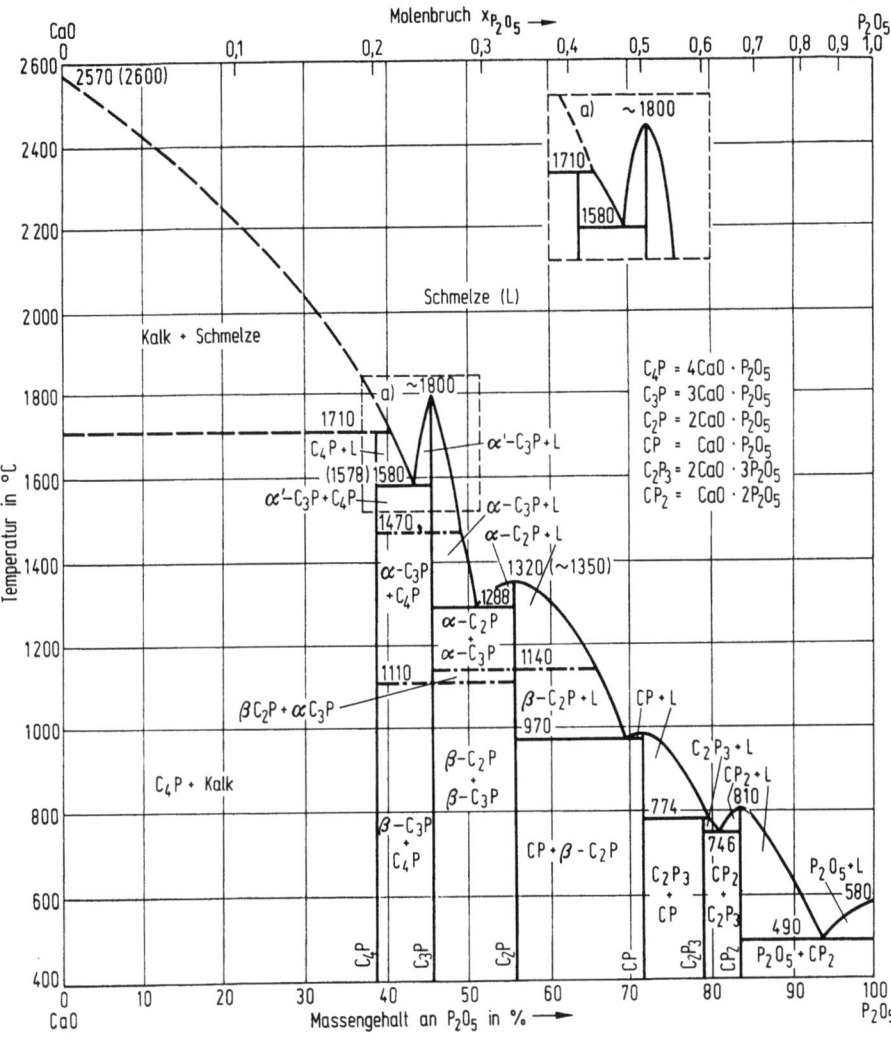

Bild 2.25 Zustandsschaubild CaO-P$_2$O$_5$ nach [2.7]

2.5.3 Dreistoffsystem CaO-FeO$_n$-SiO$_2$ und die zugehörigen Metall-Schlacke-Gleichgewichte

Das System CaO-FeO$_n$-SiO$_2$ ist das Grundsystem für Schlacken, die bei der Stahlherstellung aus phosphorarmem Roheisen entstehen. Bild 2.26 zeigt das Zustandsschaubild dieses Systems für das Gleichgewicht mit metallischem Eisen [2.7, 2.32]. Das Bild ist die Projektion eines ternären Raumschaubilds. Es enthält alle in dem System auftretenden ausgezeichneten Punkte. Ferner sind die Linien, die die Sättigungsflächen der einzelnen festen Phasen voneinander trennen und auf denen bei der Abkühlung mehr als eine Phase ausgeschieden wird, in

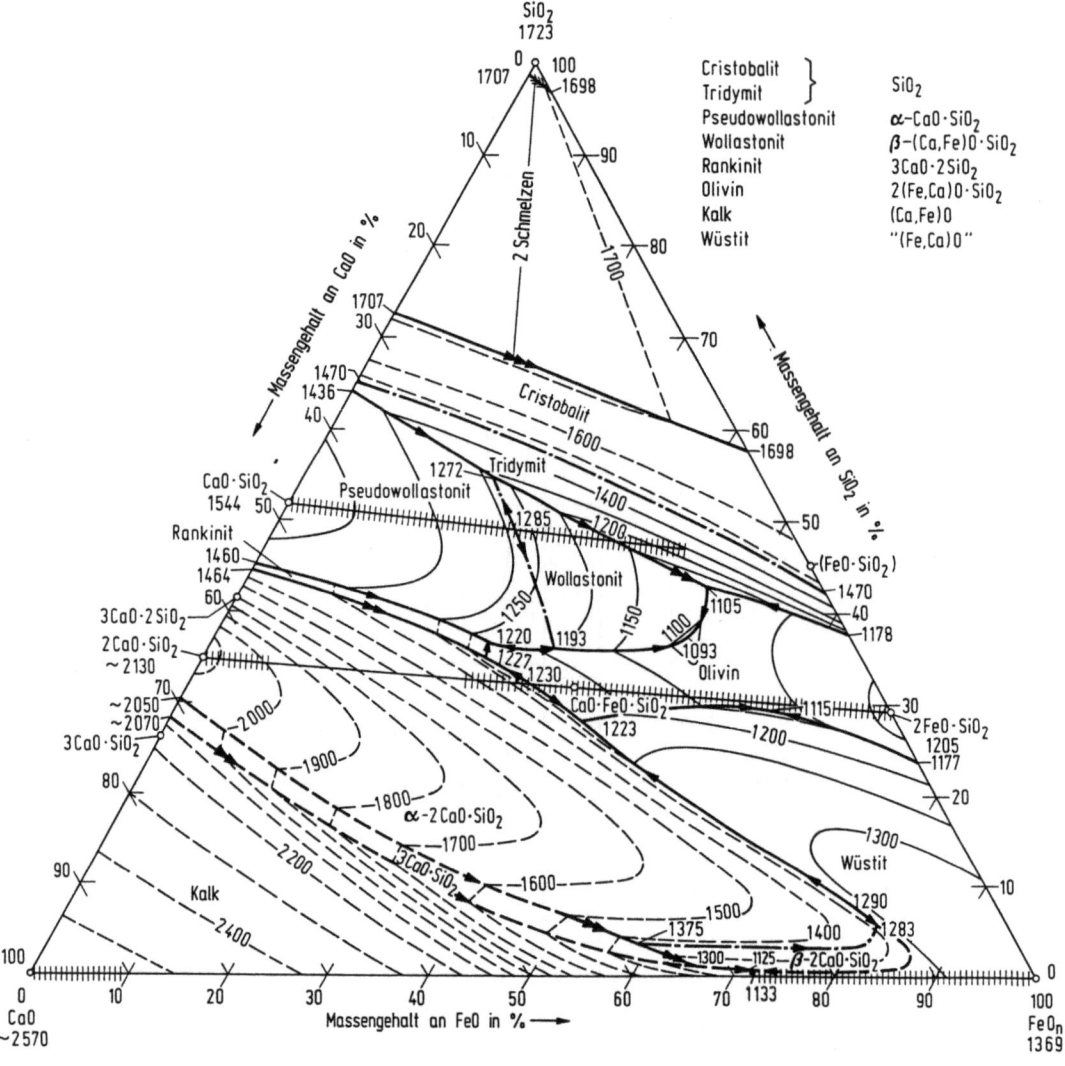

Bild 2.26 Zustandsschaubild CaO-FeO$_n$-SiO$_2$ nach [2.32, 2.7]

ausgezogener Form sowie die Isothermen in gestrichelter Form eingezeichnet. Die festen Phasen, mit denen die Schmelze auf den einzelnen Ausscheidungsflächen im Gleichgewicht stehen, sind angegeben. Für die Temperaturen der Stahlherstellung (rd. 1400 bis 1750 °C) sind auf der kalkreichen Seite des Systems die Sättigungsflächen des Dicalciumsilicats, des Tricalciumsilicats und des Kalks wichtig. Wie man sieht, beherrscht die Sättigungsfläche des Dicalciumsilicats den größten Teil des Systems. Tricalciumsilicat steht nur in einem sehr schmalen Konzentrationsbereich mit der Schmelze im Gleichgewicht, während das Gleichgewicht mit Kalk nur bei Kieselsäuregehalten der Schmelze unter 10 %, die bei der Stahlherstellung selten sind, möglich ist.

2.5 Oxidationsgleichgewichte 41

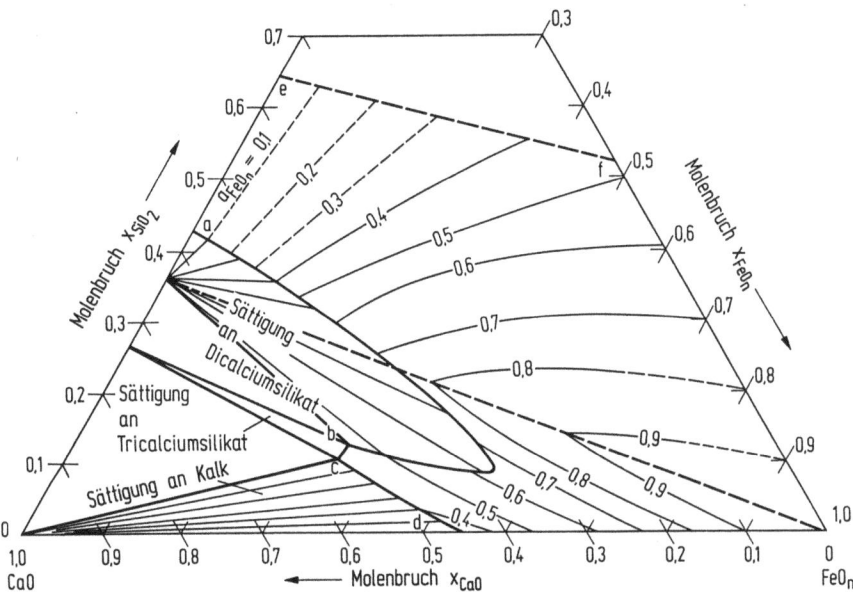

Bild 2.27 Zustandsschaubild CaO-FeO-SiO$_2$ mit Linien gleicher Aktivität des Eisen(II)oxids bei 1600°C nach [2.33]

Da für das Verhalten der Schlacken auf der kalkreichen Seite des Systems und für die zugehörigen Schlacke-Metall-Reaktionen bei der Stahlherstellung hauptsächlich der Temperaturbereich um 1600°C interessiert, ist es zweckmäßig, für das folgende einen isothermen Schnitt bei dieser Temperatur zu betrachten. Bild 2.27 gibt einen solchen Schnitt, in dem zugleich Linien gleicher Aktivität des Eisen(II)Oxids für das Gleichgewicht mit metallischem Eisen eingezeichnet sind, wieder [2.33 – 2.35]. Das durch die Linien $a-b-c-d$ und $e-f$ abgegrenzte Feld stellt den Bereich dar, in dem bei 1600°C flüssige Schlacken möglich sind. In die heterogenen Gebiete auf der kalkreichen Seite des Systems sind auch die Konoden eingezeichnet. Wie man aus deren Verlauf erkennt, stehen im Bereich der Sättigung an Di- und Tricalciumsilicat die flüssigen Schlacken mit den reinen Verbindungen im Gleichgewicht. Feste Mischkristalle bilden sich bei den Silicaten nicht. Dagegen ist im Bereich der Kalksättigung die feste Phase kein reiner Kalk, sondern ein Kalk-Eisen(II)Oxid-Mischkristall, der aus dem System CaO-FeO-Fe$_2$O$_3$ schon bekannt ist (Bild 2.16). Bei 1600°C und Sättigung mit metallischem Eisen kann dieser Mischkristall nach Bild 2.16 bis zu 6% FeO aufnehmen.

Der Verlauf der Isoaktivitätslinien des FeO im Bild 2.27 zeigt, daß das Eisen(II)Oxid in den Schlacken sich nicht ideal verhält. Bewegt man sich, ausgehend vom Randsystem FeO-SiO$_2$, entlang einer Linie konstanten Gehalts an Eisen(II)Oxid, z.B. mit einem Stoffmengenanteil von 50% FeO$_n$ in Richtung auf das System CaO-FeO$_n$ zu, so hat man zunächst im Zweistoffsystem FeO-SiO$_2$ eine schwach negative Abweichung vom idealen Verhalten (vgl. Bild 2.15). Mit zunehmendem Kalkgehalt der Schlacke nimmt die Aktivität rasch zu und erreicht am quasibinären Schnitt FeO$_n$-2CaO·SiO$_2$ ihr Maximum, z.B. $a_{FeO}=0,85$ bei

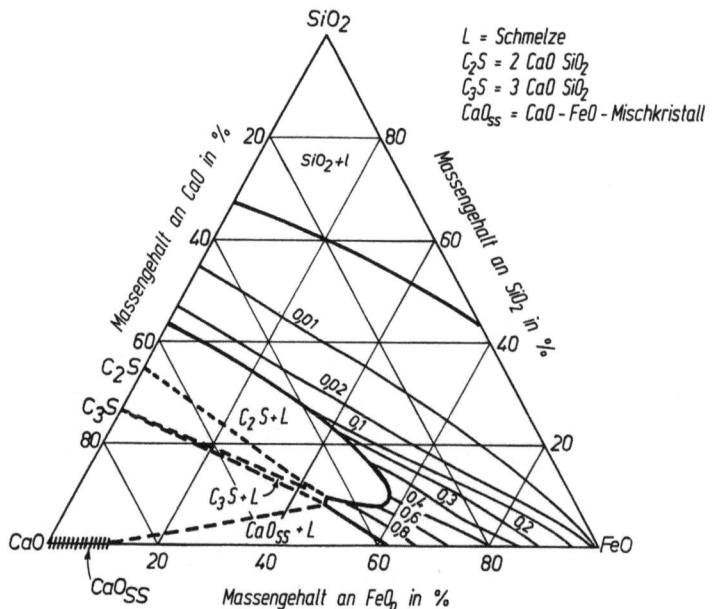

Bild 2.28 Isothermer Schnitt des Zustandsschaubildes CaO-SiO$_2$-FeO$_n$ im Gleichgewicht mit Eisen bei 1 550 °C mit Sättigungsisothermen und Linien gleicher Aktivität des CaO nach [2.36]

einem Stoffmengenanteil von 50 % FeO$_n$. Die Aktivität weicht jetzt stark positiv vom Idealwert ab. Bei weiterer Erhöhung des Kalkgehalts wird die Aktivität wieder kleiner und sinkt unter den Idealwert ab, z.B. ist für Kalksättigung a_{FeO} = 0,35 bei einem Stoffmengenanteil von 50 % FeO$_n$. Die negativen Abweichungen vom idealen Verhalten in den beiden Randsystemen FeO-SiO$_2$ und FeO$_n$-CaO wurden schon oben erwähnt. Die positiven Abweichungen im quasibinären System FeO$_n$-2CaO · SiO$_2$ sind offenbar dadurch bedingt, daß hier Kalk und Kieselsäure, die gemeinsam in der Schlacke vorkommen, aufeinander eine wesentlich stärkere Anziehungskraft ausüben als einzeln auf das Eisenoxid. Das Eisenoxid wird als Folge davon aus der Bindung an Kalk und Kieselsäure ausgestoßen und nimmt eine erhöhte Aktivität an.

Linien gleicher Aktivität des CaO sind in Bild 2.28 gezeichnet [2.36]. Man erkennt die deutliche Zunahme der Aktivität beim Überschreiten des quasibinären Schnitts 2CaO · SiO$_2$-FeO$_n$. Dies ist, wie im Abschn. 2.3 erklärt wurde, dadurch bedingt, daß nunmehr das SiO$_2$ fast vollständig als SiO$_4^{4-}$-Ion vorliegt, oder anders ausgedrückt, fast vollständig als Ca$_2$SiO$_4$ abgebunden ist. Darüber hinaus zugesetzter Kalk bleibt frei, die Aktivität a_{CaO} steigt entsprechend an. Der freie Kalk dissoziiert und liefert freie Sauerstoffionen.

Neben den Aktivitäten des Eisen(II)Oxids und des Kalks ist für die Stahlherstellung die Lage der Sättigungslinien von Bedeutung. Im Falle der basischen Stahlherstellung wird den Schlacken gewöhnlich mindestens soviel Kalk zugesetzt, daß sie die bei der jeweiligen Schlackenzusammensetzung maximal mögliche Kalkmenge in Lösung aufnehmen können. Je nach dem

2.5 Oxidationsgleichgewichte   43

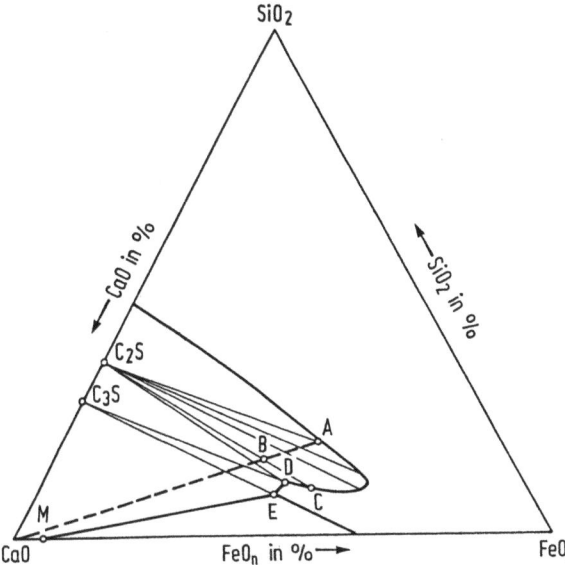

Bild 2.29 Änderung der Schlackenzusammensetzung bei Vorhandensein eines Überschusses an ungelöstem Kalk. M Zusammensetzung des mit Tricalciumsilicat und flüssiger Schlacke im Gleichgewicht stehenden CaO-FeO$_n$-Mischkristalls. Nach [2.37]

Verhältnis FeO/SiO$_2$ stellt sich dann eine der drei nach Bild 2.27 möglichen Sättigungen ein. Meist ist dies die Sättigung an Dicalciumsilicat, weil die SiO$_2$-Mengen entsprechend hoch sind. Wenn die flüssige Schlacke die Sättigung an Dicalciumsilicat erreicht hat und noch überschüssigen ungelösten Kalk enthält, können weitere Reaktionen ablaufen. Dies ist schematisch in Bild 2.29 gezeigt [2.37]. Die gesättigte Schlacke habe die Zusammensetzung entsprechend Punkt A. Sie steht mit Dicalciumsilicat im Gleichgewicht, aber nicht mit Kalk und muß daher mit diesem weiter reagieren. Aus Gründen der Massenerhaltung muß die Bruttozusammensetzung der Schlacke stets auf der Verbindungslinie zwischen dem Punkt A und der CaO-Ecke liegen. Die Reaktion mit dem Kalk läuft nun so ab, daß sich die Bruttozusammensetzung auf die Kalkecke zu bewegt und daher in das heterogene Gebiet gelangt. Dies hat zur Folge, daß sich festes Dicalciumsilicat ausscheidet und die flüssige Schlacke die der jeweiligen Konode entsprechende Zusammensetzung annimmt. Bei einer Bruttozusammensetzung B bildet sich z.B. neben Dicalciumsilicat flüssige Schlacke der Zusammensetzung C. Das Mengenverhältnis Schlacke C zu Dicalciumsilicat ergibt sich aus der Hebelbeziehung, die hier auf die Konode anzuwenden ist. Die Reaktion läuft, wenn genügend ungelöster Kalk vorhanden ist, solange weiter, bis die flüssige Schlacke, vom Punkt A aus entlang der Sättigungslinie den Punkt der gleichzeitigen Sättigung an Kalk und Tricalciumsilicat (Punkt E) erreicht hat. Bei vollständiger Gleichgewichtseinstellung darf dann neben der flüssigen Schlacke nur Kalk und Tricalciumsilicat vorliegen, d.h. das zuerst ausgeschiedene Dicalciumsilicat muß sich mit dem Kalk vollständig zu Tricalciumsilicat umgesetzt haben. Meist läuft die Reaktion nicht so weit, da die Wiederauflösung des Dicalciumsilicats Zeit erfordert. Die zugesetzten Kalkmengen sind jedoch i.d.R. so hoch, daß die gleichzeitige Sättigung an Kalk und Tricalciumsilicat erreicht wird [2.38]. Im flüssigen, für die metallurgische Wirkung maßgebenden Teil der Schlacke hat

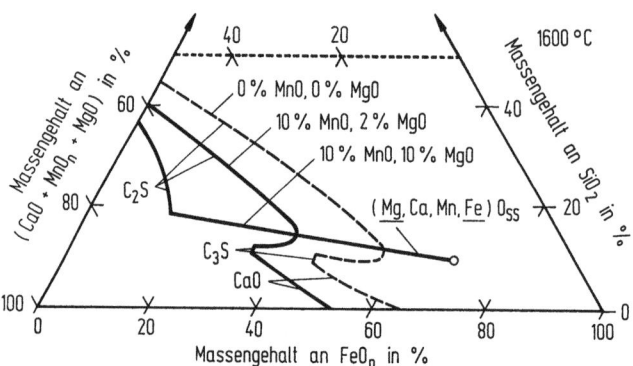

Bild 2.30 Gemeinsamer Einfluß von MgO und MnO auf die Schlackengleichgewichte im System Fe-FeO$_n$-CaO-SiO$_2$ bei 1 600 °C nach [2.74]

dann der gelöste Kalk die Aktivität eins, so daß die angestrebte höchstmögliche basische Wirkung des Kalks eingestellt ist.

Die im System CaO-FeO$_n$-SiO$_2$ enthaltenen Komponenten machen zusammen rd. 80 % der Bestandteile technischer Stahlwerksschlacken aus. Als Nebenbestandteile kommen in diesen Schlacken zusätzlich noch MnO (ca. 10 %), MgO (ca. 2–3 %) sowie P$_2$O$_5$, Al$_2$O$_3$, TiO$_2$ und Cr$_2$O$_3$ (zusammen ca. 5–7 %) vor. Die Gehalte dieser Oxide verschieben die Lage der Sättigungsflächen im kalkreichen Teil des Grundsystems CaO-FeO$_n$-SiO$_2$. Eine Darstellung für Schmelzen mit 10 % MnO und 2 bzw. 10 % MgO ist in Bild 2.30 wiedergegeben [2.39–2.41]. Dabei sind MnO und MgO dem Kalk zugeschlagen worden, so daß sich die Summe dieser drei Gehalte gegenüber dem Grundsystem erhöht. Der Verlauf der Sättigungslinie ist gegenüber dem Grundsystem verschoben, bei den Schmelzen mit 10 % MnO und 2 % MgO im Typ jedoch gleichgeblieben. Schmelzen mit 10 % MnO und 10 % MgO sind bis 16 % FeO$_n$ an Dicalciumsilicat, darüber hinaus an Magnesiowüstit gesättigt. Oberhalb 70 % FeO$_n$ sind in der flüssigen Schlacke nur noch MgO-Gehalte von weniger als 10 % möglich. Die Sättigungslinie hört daher hier auf.

In Übereinstimmung mit der Sättigungslinie für 10 % MnO und 2 % MgO stehen Werte, die an Schlacken gewonnen wurden, die 10 % MnO, 3,8 % P$_2$O$_5$, 3 % MgO, 2 % Al$_2$O$_3$ und 1 % Cr$_2$O$_3$ als Nebenbestandteile enthielten und bei der die Summe von CaO, FeO$_n$ und SiO$_2$ auf 100 % umgerechnet worden war [2.42]. Eine solche Umrechnung entspricht der Darstellung im Bild 2.30, wenn man die sauren Nebenbestandteile der Kieselsäure zuschlägt. Die Übereinstimmung dieser Werte mit der Kurve für 10 % MnO und 2 % MgO in Bild 2.27 erlaubt es, den Verlauf in Bild 2.30 als repräsentativ für technische Schlacken anzusehen.

Unter den Schlacken des Systems CaO-FeO$_n$-SiO$_2$ stellen sich im Gleichgewicht mit Eisen Sauerstoffgehalte ein, die gemäß (2.30) durch die Aktivitäten des Eisen(II)Oxids in den Schlacken gegeben sind. Neben diesen Sauerstoffgehalten ist auch die Verteilung des Schwefels zwischen Schlacke und Metall technisch wichtig, da der vom Roheisen mitgebrachte Schwefel möglichst weitgehend von der Schlacke aufgenommen werden soll. Hinsichtlich der Schlackenzusammenset-

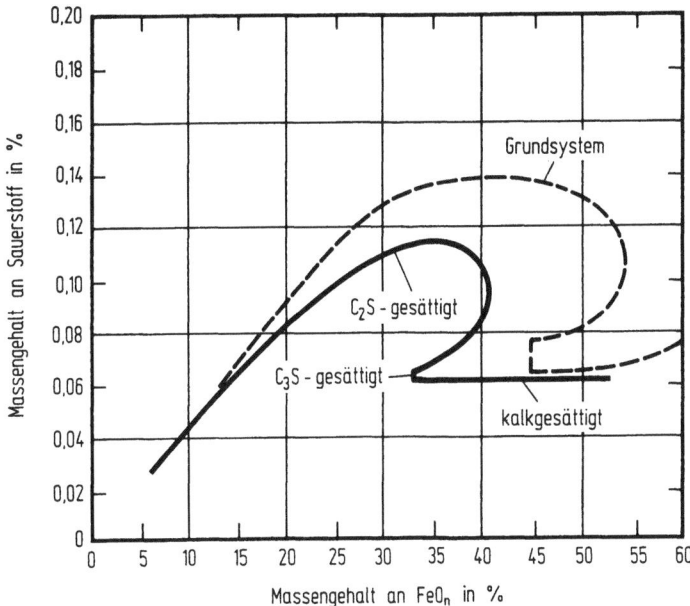

Bild 2.31 Sauerstoffgehalte im Eisen unter 10% MnO und 2% MgO enthaltenden Kalk-, C_3S- bzw. C_2S-gesättigten Schlacken des Systems Fe-CaO-FeO_n-SiO_2-MnO-MgO bei 1 600 °C nach [2.39]. Die angegebenen FeO_n-Gehalte gelten für die auf 100 % CaO + FeO_n + SiO_2 umgerechnete Schlackenzusammensetzung. Zum Vergleich: Sauerstoffgehalte unter Schlacken ohne Nebenbestandteile (Grundsystem).

zung spielen von diesen Gleichgewichten nur die des Eisens mit di- und tricalciumsilicat- oder kalkgesättigten Schlacken eine für die Stahlherstellung bedeutsame Rolle, weil die Stahlwerksschlacken fast immer an diesen Komponenten gesättigt sind.

Für den Sauerstoffgehalt im Eisen sind die sich unter den gesättigten Schlacken einstellenden Werte in Bild 2.31 wiedergegeben, und zwar für Schlacken des Grundsystems und für Schlacken mit 10 % MnO und 2 % MgO [2.39]. Da es sich um Werte handelt, die dem Verlauf einer Sättigungslinie entsprechen, genügt hier eine Konzentrationsangabe, um den Zustand des Systems festzulegen.

Der Verlauf der Sauerstoffgehalte in Abhängigkeit vom FeO_n-Gehalt entspricht dem Verlauf der Sättigungslinien im Schlackensystem. Das Maximum des Sauerstoffgehalts im Eisen und damit der Aktivität des Eisen(II)Oxids in der Schlacke stellt sich bei 45 % FeO_n ein. Hier hat das Molverhältnis CaO:SiO_2 den Wert 2. Bei weiter steigenden FeO_n-Gehalten nehmen die Sauerstoffgehalte im Eisen wieder ab. Das Maximum des FeO_n-Gehalts entspricht der Spitze der Sättigungslinie des Dicalciumsilicats. Danach geht der FeO_n-Gehalt zurück und erreicht sein Minimum bei der Sättigung an Tricalciumsilicat. Im Gebiet der Kalksättigung steigen die Sauerstoffgehalte noch einmal schwach an. Bemerkenswert ist, daß sich unter Schlacken mit Nebenbestandteilen niedrigere Sauerstoffgehalte als im Grundsystem einstellen. Dies liegt daran, daß MgO und MnO das Eisenoxid zusätzlich verdünnen und dadurch seine Aktivität senken. Mit den hier wiedergegebenen Sauerstoffgehalten kann die Oxidationswirkung von Stahlwerksschlacken, die mit Eisen im Gleichgewicht stehen, für alle technisch relevanten Schlackenzusammensetzungen angegeben werden.

Die Entschwefelungsreaktion kann gemäß der Reaktionsgleichung

$$[S] + (CaO) = (CaS) + [O] \tag{2.37}$$

durch die Gleichgewichtsbeziehung

$$K_{CaO/CaS} = \frac{(a_{CaS})[a_O]}{(a_{CaO})[a_S]} \tag{2.38}$$

ausgedrückt werden. Um die Schwefelverteilung zwischen Schlacke und Metall angeben zu können, wird die Aktivität des Calciumsulfids durch

$$(a_{CaS}) = (S)(f_{(S)}) \tag{2.39}$$

ausgedrückt. (S) kann in Massenanteilen in % angegeben werden, da die Massenkonzentration wegen des geringen Schwefelgehalts der Stoffmengenkonzentration proportional ist. Damit folgt aus (2.38):

$$\frac{(S)}{[a_S]} = K_{CaO/CaS} \frac{(a_{CaO})}{(f_{(S)})} \frac{1}{[a_O]}$$

oder

$$\frac{(S)}{[a_S]} = C_S \frac{1}{[a_O]}. \tag{2.40}$$

Die Größe

$$C_S = K_{CaO/CaS} \frac{(a_{CaO})}{(f_{(S)})} \tag{2.41}$$

hängt von der Schlackenzusammensetzung und von der Temperatur ab. Sie drückt die Fähigkeit der Schlacke, Schwefel aufzunehmen aus und wird deshalb als Sulfidkapazität bezeichnet. Aus (2.40) folgt

$$C_S = \frac{(S)}{[a_S]} [a_O]. \tag{2.42}$$

Gleichung (2.42) ist eine Meßvorschrift für die Bestimmung der Sulfidkapazität. Die Schwefelverteilung zwischen Schlacke und Metall wird bei gegebener Sauerstoffaktivität des Systems gemessen. Das Produkt beider ergibt die Sulfidkapazität.

Da die Schlacken Eisenoxid enthalten, ist die Sauerstoffaktivität ebenso wie die Sulfidkapazität durch die Zusammensetzung der Schlacke festgelegt. Beide sind nicht unabhängig voneinander. Daher sind die Schwefelverteilungen bereits allein durch die Schlackenzusammensetzung eindeutig bestimmt. Im Gegensatz hierzu kann man bei Schlacken, die kein Eisenoxid enthalten, die Sauerstoffaktivität unabhängig von der Schlackenzusammensetzung einstellen, und zwar durch die Wahl des Desoxidationsmittels. Hierauf wird später eingegangen.

Die in experimentellen Untersuchungen ermittelten Schwefelverteilungen sind in Bild 2.32 für gesättigte Schlacken des Grundsystems und für Schlacken mit

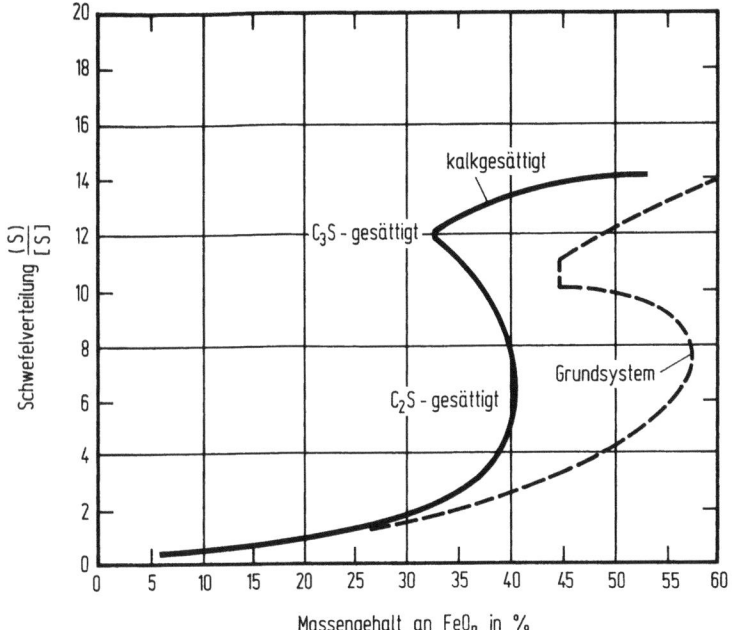

Bild 2.32 Schwefelverteilung zwischen 10 % MnO und 2 % MgO enthaltenden Kalk-, C_3S- bzw. C_2S-gesättigten Schlacken und der Eisenphase im System Fe-CaO-FeO_n-SiO_2-MnO-MgO bei 1600 °C nach [2.39]. Die angegebenen FeO_n-Gehalte gelten für die auf 100% CaO + FeO_n + SiO_2 umgerechnete Schlackenzusammensetzung. Zum Vergleich: Schwefelverteilungslinie mit Schlacken ohne Nebenbestandteile (Grundsystem)

10 % MnO sowie 2 % MgO als Nebenbestandteile in Abhängigkeit vom Eisenoxidgehalt der Schlacke wiedergegeben [2.35, 2.39]. Ähnliche Ergebnisse liegen aus anderen Untersuchungen vor [2.43]. Im Gegensatz zum Sauerstoff ist der Anstieg der Verteilungswerte mit steigendem FeO_n-Gehalt zunächst gering. Die Verteilungswerte sind sehr niedrig. Dies liegt daran, daß das Molverhältnis CaO:SiO_2 in diesem Bereich der Schlackenzusammensetzung unter 2 bleibt (vgl. Bild 2.27). Wenn das Molverhältnis CaO:SiO_2 = 2 überschritten wird, entsteht freier Kalk und die Verteilungswerte steigen rasch an. Die höchsten Werte werden unter kalkgesättigten Schlacken erreicht. Im übrigen wird auch hier der Verlauf der Sättigungslinie aus dem Schlackensystem wiedergespiegelt. Dadurch entsteht ein scheinbar komplizierter Verlauf. Man beachte aber, daß der SiO_2-Gehalt der Schlacke entlang der Kurve monoton abnimmt. Dem entspricht die Zunahme der Schwefelverteilung.

Für die Schlacken mit 10 % MnO und 2 % MgO liegen die Verteilungswerte des Schwefels höher als für Schlacken des Grundsystems. MnO verbessert die Entschwefelungswirkung, da es wie Kalk verhältnismäßig stark basisch ist und somit die basische Wirkung der Schlacke erhöht. Vergleichsversuche, bei denen das Schwefelgleichgewicht unter sonst gleichen Bedingungen einmal mit und einmal ohne MgO gemessen wurde, zeigen, daß MgO wirkungslos ist. Mit den hier wiedergegebenen Schwefelverteilungswerten kann die Entschwefelungswirkung

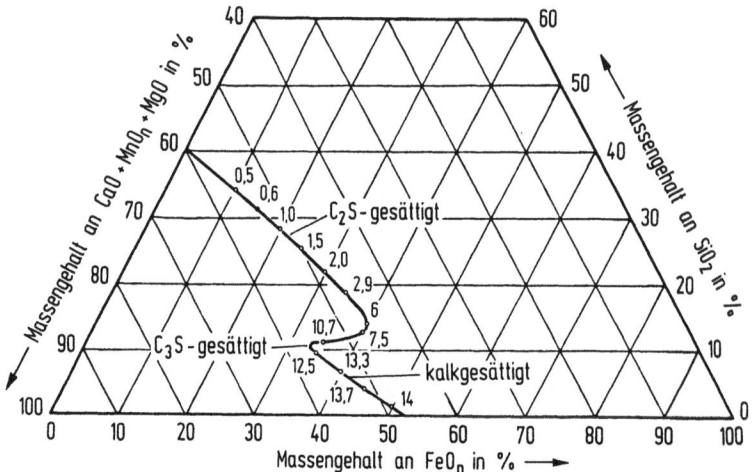

Bild 2.33 Linie C$_2$S-, C$_3$S- bzw. kalkgesättigter Schlacken im System Fe-CaO-FeO$_n$-SiO$_2$-MnO-MgO bei 1 600 °C für Gehalte von 10 % MnO und 2 % MgO. Die eingezeichneten Punkte geben die Schwefelverteilung (S)/[S] zwischen Schlacke und Eisenschmelze an

von Stahlwerksschlacken für die technisch relevanten Schlackenzusammensetzungen angegeben werden.

Der Verlauf der Schwefelverteilungswerte in Bild 2.32 führt zu einer Schlußfolgerung über die Wirkung, die Ausscheidungen von Dicalciumsilicat aus Schlacken infolge überschüssiger Kalkzugabe auf die Entschwefelung haben. In Bild 2.33 sind hierzu die Schwefelverteilungswerte aus Bild 2.32 den zugehörigen Punkten auf der Sättigungslinie zugeordnet. Man erkennt, daß bei Sättigung der Schlacke an Kalk Schwefelverteilungswerte von 12 bis 13, daß im unteren Teil der sog. Nase der Dicalciumsilicatsättigung Verteilungswerte von rd. 7, und daß im oberen Teil der Nase sogar nur solche von 1 bis 2 erreicht werden. Wenn man durch Umsatz der Schlacke mit Kalk unter Ausscheidung von festem Dicalciumsilicat gemäß dem Schema in Bild 2.29 die Zusammensetzung der flüssigen Schlacke zum unteren Teil der Nase der Dicalciumsilicatsättigung oder sogar bis zum Punkt *E* der gleichzeitigen Sättigung an Tricalciumsilicat und Kalk in Bild 2.32 verschiebt, so erreicht man eine Vervielfachung der Entschwefelungswirkung der Schlacke. Die geschilderte Maßnahme ist also metallurgisch sehr sinnvoll und wird aus diesem Grund häufig angewendet. Chemisch bedeutet sie, daß durch die Abscheidung des Dicalciumsilicats ein Teil der Kieselsäure aus der flüssigen Schlacke entfernt und damit der für die Entschwefelung wichtige Gehalt an freiem Kalk in der flüssigen Schlacke erhöht wird.

Aus den Sauerstoffgehalten der Schlacken in Bild 2.31 und den Schwefelverteilungswerten in Bild 2.32 wurden nach (2.42) die Sufidkapazitäten berechnet. Sie sind in Bild 2.34 als Zahlenwerte auf den Sättigungslinien eingetragen.

Neben den bisher besprochenen Schlacken, die mit Eisen im Gleichgewicht stehen, spielen für die Praxis auch Schlacken, die mit Sauerstoff im Gleichgewicht stehen, eine Rolle. Im System CaO-FeO$_n$-SiO$_2$ nimmt in derartigen Schlacken das

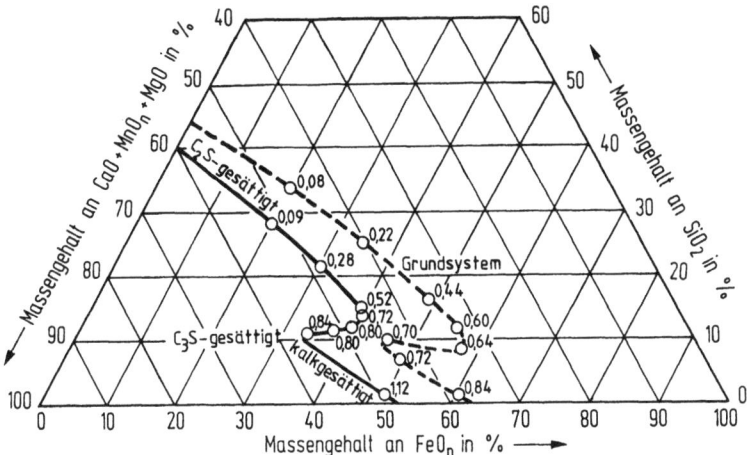

Bild 2.34 Sulfidkapazitäten in gesättigten Schlacken des Systems CaO-FeO$_n$-SiO$_2$ mit 10 % MnO und 2 % MgO. Die entsprechenden Werte des Grundsystems CaO-FeO$_n$-SiO$_2$ ohne Nebenbestandteile sind auf der gestrichelten Linie angegeben

Verhältnis Fe^{3+}/Fe$_{gesamt}$ stark zu und erreicht bei einem Sauerstoffpartialdruck von 1 bar Werte von nahezu eins. Der Index n an der Formel FeO$_n$ hat dann den Wert 1,5. Die Lage der Sättigungslinie unter diesen Bedingungen ist im Vergleich zu Schlacken, die mit Eisen im Gleichgewicht stehen kaum verändert [2.44].

2.5.4 Das System CaO-FeO$_n$-P$_2$O$_5$ und das Entphosphorungsgleichgewicht

Die Entphosphorung des Eisens läuft nach der Reaktionsgleichung

$$[P] + 5/2(FeO) + 3/2(CaO) = 1/2(Ca_3(PO_4)_2) + 5/2[Fe] \quad (2.43)$$

ab. Voraussetzung für die Oxidation des Phosphors und seinen Übergang in die Schlacke ist die Abbindung als Phosphation. P$_2$O$_5$ ist gasförmig und thermodynamisch nicht genügend stabil, um als Oxidationsprodukt des Phosphors im Eisen entstehen zu können. Der Phosphor muß daher an der Phasengrenze Metall-Schlacke oxidiert werden, und zwar in eine Schlacke hinein, die einerseits ein genügend hohes Oxidationspotential hat, um den Phosphor oxidieren zu können, andererseits in der Lage ist, Phosphationen zu bilden und aufzunehmen, d.h. die hinreichend basisch ist. Die Schlacke muß folglich ausreichende Anteile an Eisenoxid und an Kalk enthalten. In diesen Bedingungen unterscheidet sich die Oxidation des Phosphors von der des Siliciums und der des Mangans. Deren Oxide können auch ohne Schlacke gebildet werden und erst danach in die Schlacke übergehen.

Wie hoch die Anteile der Schlacke an Eisenoxid und an basischen Oxiden sein müssen, damit der Phosphor wirksam aus dem Eisen entfernt wird, hängt von der

Gleichgewichtskonstanten der Reaktion (2.43) ab. Sie lautet:

$$K_P = \frac{(a_{Ca_3(PO_4)_2})^{1/2}}{(a_{CaO})^{3/2}(a_{FeO_n})^{5/2}[a_P]} \cdot \qquad (2.44)$$

Die Aktivität des Tricalciumphosphats wird durch

$$(a_{Ca_3(PO_4)_2}) = (P)(f_{Ca_3(PO_4)_2})$$

und die Aktivität des Eisenoxids nach (2.30) durch

$$a_{(FeO)} = \frac{[a_O]}{K_{FeO_n}}$$

ausgedrückt. Dann folgt aus (2.44):

$$\frac{(P)}{[a_P]} = \frac{K_P}{K_{FeO_n}^{5/2}} \frac{(a_{CaO})^{3/2}[a_O]^{5/2}}{(f_{Ca_3(PO_4)_2})^{1/2}} \cdot \qquad (2.45)$$

Der Ausdruck

$$C_{(PO_4^{3-})} = \frac{K_P}{K_{FeO_n}^{5/2}} \frac{(a_{CaO})^{3/2}}{(f_{Ca_3(PO_4)_2})^{1/2}} \qquad (2.46)$$

hängt nur von der Schlackenzusammensetzung und von der Temperatur ab. Er wird als Phosphatkapazität der Schlacke bezeichnet. Für die Phosphorverteilung zwischen Schlacke und Metall folgt dann

$$\frac{(P)}{[a_P]} = \frac{(PO_4^{3-})}{[a_P]} = C_{(PO_4^{3-})}[a_O]^{5/2} \cdot \qquad (2.47)$$

Alternativ zu (2.47) kann die Phosphatkapazität, ausgehend von (2.44) auch durch

$$C'_{(PO_4^{3-})} = K_P \frac{(a_{CaO})^{3/2}}{(f_{(Ca_3(PO_4)_2)})^{1/2}} \qquad (2.47a)$$

ausgedrückt werden. Dann folgt für die Phosphorverteilung

$$\frac{(P)}{[a_P]} = \frac{(PO_4^{3-})}{[a_P]} = C'_{(PO_4^{3-})}(a_{FeO})^{5/2} \cdot \qquad (2.47b)$$

Die beiden Phosphorkapazitäten sind durch

$$\frac{C'_{(PO_4^{3-})}}{C_{(PO_4^{3-})}} = K_{FeO_n}^{5/2} \qquad (2.47c)$$

miteinander verknüpft.

Phosphatkapazitäten von Schlacken werden gemäß (2.47) oder (2.47b) durch Gleichgewichtsmessungen der Phosphorverteilung zwischen Schlacke und Metall bei gegebenem Sauerstoffgehalt des Metalls bzw. gegebener Eisenoxidaktivität der Schlacke bestimmt.

In phosphorarmem Roheisen, das heute überwiegend erzeugt wird, kommt der Phosphor nur in geringer Konzentration vor (vgl. Tabelle 2.1). Die beim

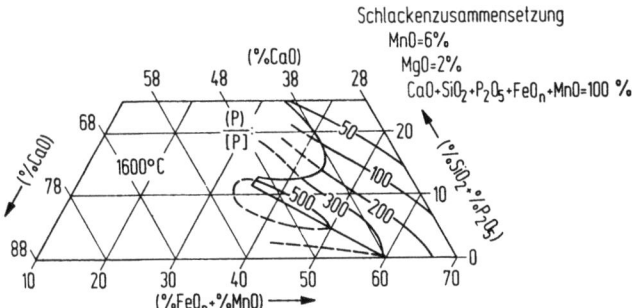

Bild 2.35 Linien gleicher Phosphorverteilung (P)/[P] im System (CaO)-(SiO$_2$+P$_2$O$_5$)-(FeO$_n$+MnO) nach [2.56, 2.60]

Frischprozeß gebildete Schlacke besteht dann hauptsächlich aus CaO, SiO$_2$ und FeO$_n$ mit P$_2$O$_5$-Gehalten in der Größenordnung von 1 bis 2 %. Die Phosphatkapazität ist dann durch die Eigenschaften dieser Schlacke bestimmt. Die Phosphorgleichgewichte unter derartigen Schlacken wurden mehrfach untersucht [2.45–2.61]. Bild 2.35 [2.56, 2.60] zeigt für 1 600 °C Linien gleicher Phosphorverteilung im System CaO-(SiO$_2$+P$_2$O$_5$)-(FeO$_n$+MnO) mit 6 % MnO und 2 % MgO. Wie zu erwarten, verlaufen die Linien weitgehend parallel zur Linie der Kalksättigung. Na$_2$O- oder CaF$_2$-Zusätze verbessern die Phosphorverteilung wesentlich [2.61–2.63].

Phosphorreiche Roheisensorten enthalten bis zu 2 % Phosphor, manchmal sogar noch mehr. Beim Frischen eines solchen Roheisens werden Schlacken gebildet, die hauptsächlich aus CaO, P$_2$O$_5$ und FeO$_n$ bestehen und neben anderen Oxiden SiO$_2$ als Nebenbestandteil enthalten. Die Phosphatkapazitäten dieser Schlacken werden im wesentlichen durch die Eigenschaften des Systems CaO-P$_2$O$_5$-FeO$_n$ bestimmt. In der Regel liegen die Phosphorgehalte des Roheisens zwischen 1,6 und 2,2 %, während die Siliciumgehalte rd. 0,3 % betragen. Hieraus ergeben sich nach der Entphosphorung P$_2$O$_5$-Gehalte der Schlacke von 18 bis 25 % und SiO$_2$-Gehalte von rd. 4 %. Ebenso wie bei der Stahlherstellung aus phosphorarmem Roheisen wird auch hier zur Schlackenbildung soviel Kalk zugesetzt, daß die Schlacke an Kalk oder an Calciumphosphat gesättigt ist und noch einen geringen Kalküberschuß enthält.

Um das System CaO-P$_2$O$_5$-FeO$_n$ zu beschreiben geht man vom Randsystem CaO-P$_2$O$_5$ aus. Im kalkreichen Teil dieses Systems (Bild 2.25) treten die Phasen Kalk, Tetracalciumphosphat und Tricalciumphosphat auf, wobei zwischen Tetra- und Tricalciumphosphat ein Eutektikum bei 1 580 °C besteht. Wird dem System Eisenoxid zugesetzt, so werden aus den Liquiduslinien Liquidusflächen, die wegen der schmelzpunktniedrigenden Wirkung des Eisenoxids mit steigendem FeO$_n$-Gehalt zu niedrigeren Temperaturen abfallen. Bild 2.36 [2.7, 2.64] zeigt die Phasenbeziehungen im so entstehenden Dreistoffsystem CaO-P$_2$O$_5$-FeO$_n$ im Gleichgewicht mit Eisen. Man erkennt im kalkreichen Teil des Systems zunächst bei niedrigen FeO$_n$-Gehalten die Liquidusfläche des Tetracalciumphosphats 4CaO·P$_2$O$_5$, die bei höheren FeO$_n$-Gehalten in die Liquidusfläche des Calciumoxids übergeht. Ebenfalls bei niedrigen FeO$_n$-, aber etwas höheren P$_2$O$_5$-Gehalten

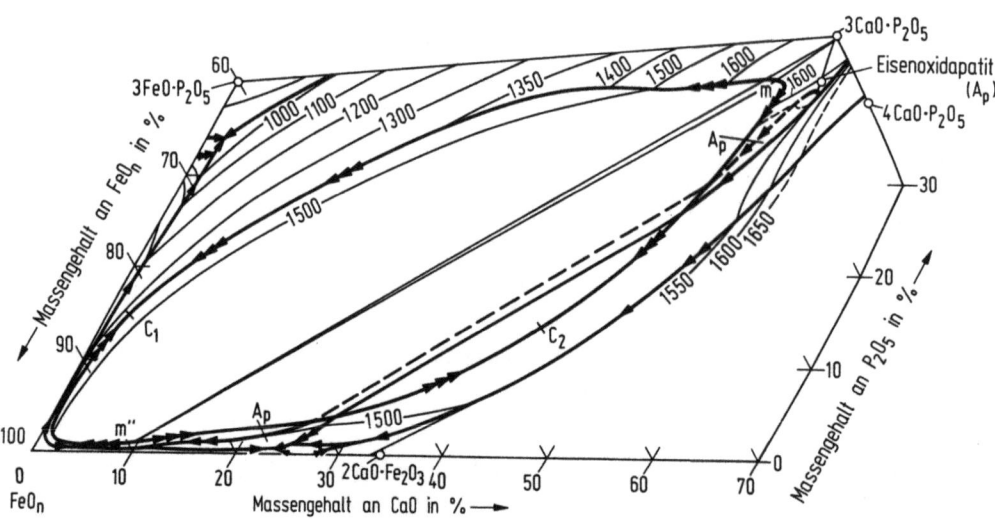

Bild 2.36 Teilausschnitt aus dem Zustandsschaubild CaO-P_2O_5-FeO_n bei Sättigung an Eisen nach [2.64], vgl. [2.7]

befindet sich die Liquidusfläche des Tricalciumphosphats $3CaO \cdot P_2O_5$. Diese Liquidusfläche geht zu etwas höheren FeO_n-Gehalten in eine Fläche über, die eine ausgedehnte Mischungslücke zwischen Tricalciumphosphat und Eisenoxid umschließt. Auf der Begrenzungsfläche dieser Mischungslücke stehen jeweils zwei flüssige Phasen, nämlich eine mit hohem Gehalt an $3CaO \cdot P_2O_5$ und eine mit hohem Gehalt an FeO_n miteinander im Gleichgewicht. C_1 und C_2 sind der obere bzw. der untere kritische Entmischungspunkt. Zu höheren FeO_n- und P_2O_5-Gehalten hin erscheint dann noch die Liquidusfläche der Verbindung $3FeO \cdot P_2O_5$. Einen isothermen Schnitt durch das System für 1 600 °C, in das auch einige Konoden in der Mischungslücke eingezeichnet sind, zeigt Bild 2.37 wiederum für das Gleichgewicht mit Eisen [2.71]. Die Konoden verlaufen im wesentlichen parallel zum quasibinären Schnitt $3CaO \cdot P_2O_5$-FeO_n und kennzeichnen dadurch die Entmischung zwischen diesen beiden Verbindungen. Die Abstoßung ist hier stärker als im System CaO-SiO_2-FeO_n, wo zwischen $2CaO \cdot SiO_2$ und FeO_n zwar eine Entmischungstendenz, aber keine manifeste Entmischung besteht. In Bild 2.37 kennzeichnet die Linie *5 – 16* die Sättigungsisotherme des Tetracalciumphosphats, die Linie *1 – 16* die des Kalks und die Linie *6 – 19* sowie die Linie *8 – 20* die des Tricalciumphosphats. Zwischen den Punkten *5* und *6* gibt es eine FeO_n-freie Schmelze; das Eutektikum liegt bei 1 580 °C. Die Lage der Mischungslücke ist durch die Linien *19 – 23* und *20 – 22* fixiert. Die Punkte *21* und *24* sind der obere und untere kritische Entmischungspunkt. Zwischen *22* und *23* stehen CaO-FeO_n-reiche Schmelzen mit festen Tricalciumphosphat im Gleichgewicht.

In den beiden auf der Mischungslücke miteinander koexistierenden Phasen sind die Aktivitäten der Komponenten, insbesondere die des FeO_n gleich. Die Konoden sind daher Linien gleicher Aktivität des FeO_n. Da die eisenoxidreichen Schlacken hohe FeO_n-Aktivitäten haben, gilt das gleiche auch für die mit ihnen im

2.5 Oxidationsgleichgewichte 53

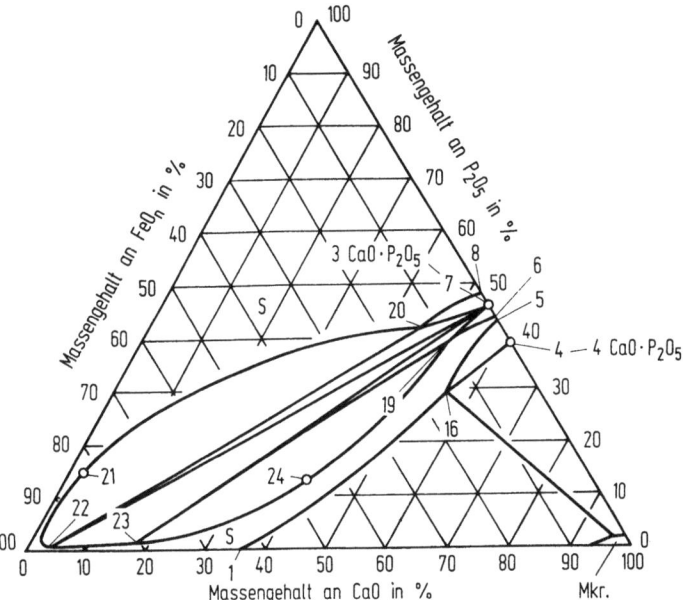

Bild 2.37 Isothermer Schnitt für 1 600 °C durch das Zustandsschaubild FeO_n-CaO-P_2O_5 im Gleichgewicht mit Eisen. Nach Literaturangaben zusammengestellt [2.71]

Gleichgewicht stehenden eisenoxidarmen Phosphatschmelzen. Diese Eigenschaft der Schlacke setzt sich, abgeschwächt, außerhalb der Mischungslücke fort. Die Linien gleicher Aktivität des FeO_n verlaufen parallel zu den Konoden in der Mischungslücke. Dies ist in Bild 2.38 gezeigt [2.7, 2.33]. Wenn die Schlacken des Systems CaO-FeO_n-P_2O_5 nicht mit Eisen, sondern mit Luft im Gleichgewicht stehen, bildet sich eine Mischungslücke aus, die sich nur wenig von derjenigen im Gleichgewicht mit Eisen unterscheidet [2.65].

Die beim Frischen von phosphorreichem Roheisen auftretenden Schlacken liegen in dem Feld zwischen den Punkten *6, 19, 23* und *1, 16, 5* in Bild 2.37 und haben Gehalte zwischen 10 und 30 % FeO_n. Sie sind i.d.R. an Kalk gesättigt. Wegen ihrer hohen FeO_n-Aktivitäten sind diese Schlacken für die Entphosphorung sehr wirksam, und zwar ebenso wie kalkgesättigte Schlacken mit wesentlich höheren FeO_n-Gehalten. Man kann daher mit eisenarmen Phosphatschlacken gut entphosphoren und dadurch im Betrieb an Eisenverschlackung sparen.

Wie Bild 2.37 zeigt, wird der kalkreiche Teil des Systems von der Linie der Sättigung an Kalk beherrscht. Dies steht im Gegensatz zum System CaO-SiO_2-FeO_n, wo im kalkreichen Teil die Linie der Sättigung an Dicalciumsilicat vorherrscht. Der Unterschied liegt darin, daß Tricalciumphosphat eine niedrigere Schmelztemperatur als Dicalciumsilicat hat. Seine Sättigungsfläche kann daher nicht soweit wie die des Silicats in das System eindringen und die Kalksättigungsfläche verdecken. Für die Entphosphorung ist dies vorteilhaft, da auf diese Weise ohne Schwierigkeit kalkgesättigte Schlacken eingestellt werden können.

Die Mischungslücke wird durch Kieselsäuregehalte der Schlacke eingeengt. Zugleich wird die Lage der Kalksättigungsfläche zur Kalkecke hin verschoben.

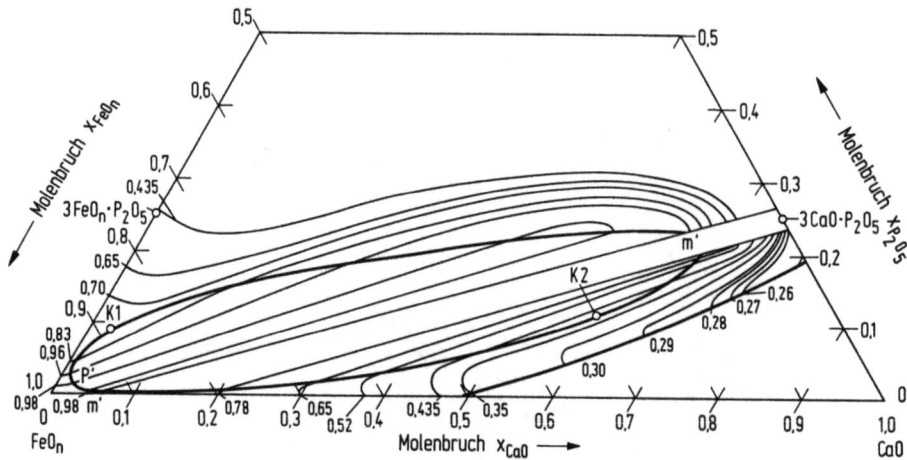

Bild 2.38 Linien gleicher Aktivität des FeO$_n$ im System CaO-P$_2$O$_5$-FeO$_n$ im Gleichgewicht mit Eisen (teilweise schematisch) bei 1 600 °C nach [2.33], vgl. [2.7]. K1 oberer, K2 unterer kritischer Entmischungspunkt

Weiterhin ist zu berücksichtigen, daß bei Anwesenheit von Kieselsäure anstelle der Sättigung an Tricalciumphosphat nun die Sättigung an Mischkristallen aus Tricalciumphosphat und Dicalciumsilicat tritt. Wegen des höheren Schmelzpunkts von Dicalciumsilicat schiebt sich die Sättigungsfläche dieser Mischkristalle dann auch im Phosphatsystem stärker in den Bereich der flüssigen Schlacken und überdeckt bei niedrigen FeO$_n$-Gehalten einen Teil der Kalksättigungsfläche [2.66].

Das bei der Stahlherstellung aus phosphorreichem Roheisen am Ende der Entphosphorung anzustrebende Feld flüssiger Schlacken im System CaO-FeO$_n$-P$_2$O$_5$-SiO$_2$ zwischen der Sättigung an den Silicophosphat-Mischkristallen, der Mischungslücke und der Kalksättigung ist klein. Im Verlauf des Frischvorgangs, besonders wenn die Schlacke höhere SiO$_2$- und niedrige FeO$_n$-Gehalte hat, werden mehr oder weniger große Anteile fester Silicophosphat-Mischkristalle in der Schlacke ausgeschieden, was das physikalische Verhalten, insbesondere die Fließfähigkeit der Schlacke und damit auch ihre chemische Reaktivität beeinflußt. Eine homogene flüssige Schlacke wird erst am Ende des Frischens erreicht, wenn der Phosphor weitgehend zu P$_2$O$_5$ abgebrannt und eine genügende Menge Eisen verschlackt ist.

Für eine gute Entphosphorungswirkung der Schlacken ist eine hohe Phosphatkapazität erforderlich, die nach (2.46) durch ein hohes a_{CaO} erreicht wird. Die Schlacken sollen an Kalk gesättigt sein ($a_{CaO}=1$). Die übrigen Einflußgrößen ergeben sich aus (2.47) bzw. (2.47b). Nach (2.47b) folgt für den Phosphorgehalt im Eisen mit $[a_P] = [P] \cdot f_{[P]}$, wobei $f_{[P]}$ als konstant angenommen werden kann:

$$[P] = \frac{(P)}{C'_{(PO_4^{3-})}(a_{FeO_n})^{5/2}} \frac{1}{f_{[P]}}. \tag{2.48}$$

2.5 Oxidationsgleichgewichte   55

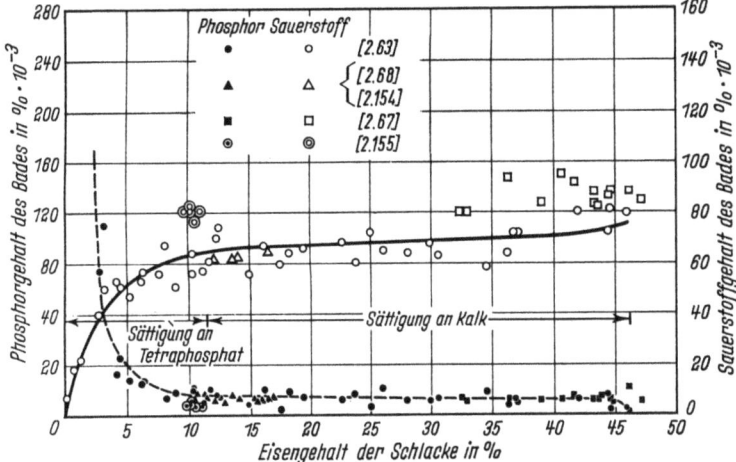

Bild 2.39 Phosphor und Sauerstoffgehalte der Eisenschmelzen bei 1 600 °C unter tetracalciumphosphat- und kalkgesättigten Schlacken des Systems CaO-FeO$_n$-P$_2$O$_5$ nach [2.63, 2.67, 2.68, 2.154, 2.155]

Danach ist der Phosphorgehalt außer durch die Phosphatkapazität noch durch den Phosphatgehalt und die Eisenoxidaktivität der Schlacke bestimmt. Alle drei Größen sind Funktionen der Schlackenzusammensetzung. Also ist der Phosphorgehalt im Eisen allein durch die Schlackenzusammensetzung festgelegt. Im einzelnen ist jedoch die Wirkung der Einflußgrößen durch (2.48) gegeben.

Die sich unter kalkgesättigten Schlacken des Systems CaO-P$_2$O$_5$-FeO$_n$ im Gleichgewicht einstellenden Phosphorgehalte und die unter denselben Schlacken sich einstellenden Sauerstoffgehalte sind in Bild 2.39 als Funktion des FeO$_n$-Gehalts der Schlacke, hier ausgedrückt als % Fe nach verschiedenen Untersuchungen [2.62, 2.63, 2.67–2.69] aufgetragen. Vergleichbare Werte wurden unter Schlacken mit SiO$_2$ und MnO als Nebenbestandteilen gefunden [2.63]. Die Gleichgewichtswerte oberhalb 10 % Fe sind nahezu konstant, bedingt durch die Konstanz der Eisenoxidaktivität (Bild 2.37) und die dem entsprechende Konstanz der Aktivität des Calciumphosphats. Die Phosphorgehalte im Eisen liegen zwischen 0,010 und 0,005 %. Bei P$_2$O$_5$-Gehalten unter 1 % in der Schlacke können noch niedrigere Werte erreicht werden [2.60]. Sie sind für die Nachentphosphorung von Bedeutung.

Eine Nachentphosphorung wird angewendet, wenn es darum geht, Stähle mit extrem niedrigen Phosphorgehalten herzustellen. Sie wird mit CaO-FeO$_n$-Schlacken, eventuell unter Zusatz von CaF$_2$ durchgeführt. Hierbei kommt es, wie gesagt, auf niedrige P$_2$O$_5$-Gehalte der Schlacke an. Gleichgewichtsmessungen hierzu liegen vor [2.61, 2.70].

Bild 2.40 zeigt Ergebnisse von Gleichgewichtsmessungen der Phosphorverteilung unter CaO-SiO$_2$-FeO$_n$-, CaO-Al$_2$O$_3$-FeO$_n$- und CaO-CaF$_2$-FeO$_n$-Schlacken [2.61], die an CaO gesättigt waren. Aufgetragen ist die Phosphatkapazität gegen den FeO$_n$-Gehalt der Schlacke. Für CaO-SiO$_2$-FeO$_n$- und CaO-Al$_2$O$_3$-FeO$_n$-Schlacken stimmen die Phosphatkapazitäten überein. Für CaO-

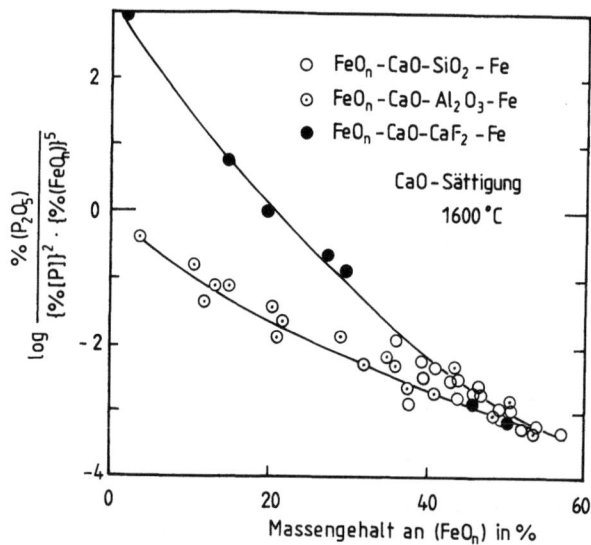

Bild 2.40 Gleichgewichtsverhältnis als Funktion des Eisenoxidgehalts der Schlacke für Gleichgewichte mit Calciumsilicat-, -aluminat- und -fluoridschlacken bei 1 600 °C nach [2.61]

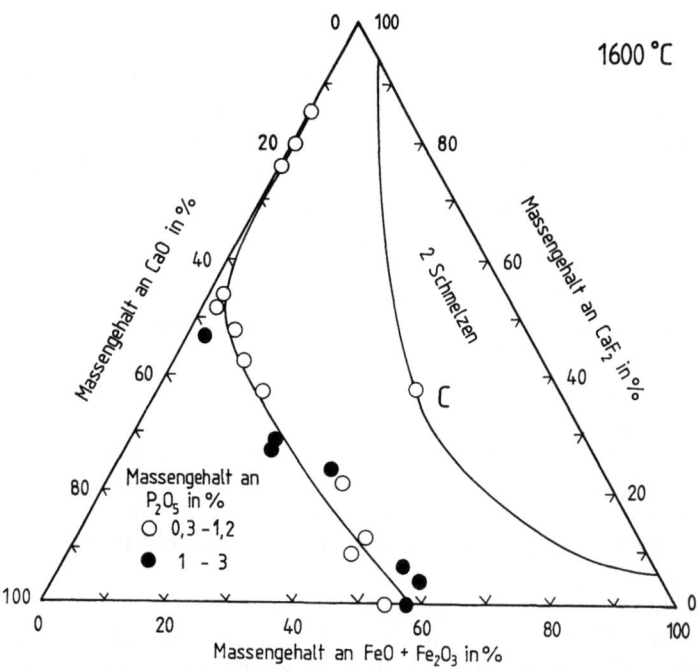

Bild 2.41 Zusammensetzung der mit Eisen im Gleichgewicht stehenden Schlacken im System FeO_n-CaO-CaF_2 bei 1 600 °C nach [2.61]. Lage der Mischungslücke nach [2.7]

SiO_2-FeO_n-Schlacken stimmen die Werte auch mit denen, die in Bild 2.33 gezeigt sind, überein, wenn man die verwendeten Definitionen der Phosphatkapazitäten ineinander umrechnet. Im Gegensatz hierzu haben kalkgesättigte CaO-CaF_2-FeO_n-Schlacken erheblich höhere Phosphatkapazitäten. Dies führt zu niedrigeren erreichbaren Phosphorgehalten im Eisen. Schlacken dieser Art sind daher für die Nachentphosphorung gut geeignet. Bei 20 % FeO_n ist z.B. die Phosphatkapazität der CaF_2-haltigen Schlacken gleich 1. Daraus folgt bei 1 % P_2O_5 in der Schlacke ein Phosphorgehalt im Eisen von [P] = $5,6 \cdot 10^{-4}$ %.

Die Wirkung des CaF_2 ist darauf zurückzuführen, daß es die Aktivität von P_2O_5 senkt und die von FeO_n erhöht [2.7, 2.72]. Die Zusammensetzung der an CaO gesättigten Schlacken im System CaO-CaF_2-FeO_n bei Gleichgewicht mit metallischem Eisen ist in Bild 2.41 gezeigt [2.61]. Oberhalb 5 % FeO_n ist die Kalklöslichkeit fast konstant und beträgt rd. 45 %. Darunter sinkt sie bis 0 % FeO_n auf 15 % ab. Die stark erhöhende Wirkung des CaF_2 auf die Aktivität des FeO_n zeigt sich an der ausgedehnten Mischungslücke im Randsystem CaF_2-FeO_n, die sich in das Dreistoffsystem mit CaO hinein erstreckt. Der Punkt C kennzeichnet den kritischen Entmischungspunkt. Er liegt bei 55 % FeO_n, 20 % CaF_2 und 25 % CaO [2.61].

2.6 Desoxidationsgleichgewichte

2.6.1 Einfache Desoxidationsgleichgewichte

Eine Desoxidationsreaktion läuft im Prinzip nach (2.1) ab und wird durch eine entsprechende Gleichgewichtskonstante beschrieben.

Die Gleichgewichtskonstanten werden i.d.R. in der Form

$$K_{Me_xO_y} = \frac{a_{Me}^x a_{[O]}^y}{a_{Me_xO_y}}$$

geschrieben. Den Zähler auf der rechten Seite der Gleichung bezeichnet man als Löslichkeitsprodukt des gebildeten Oxids. Die Gleichgewichte der Desoxidationsreaktionen sind vielfach gemessen und in Berichten zusammengestellt worden [2.73 – 2.77]. Tabelle 2.3 auf Seite 16 bis 19 gibt eine Übersicht über Desoxidationsgleichgewichte. Graphische Darstellungen sind in den Bildern 2.42 [2.75] und 2.43 [2.77] gezeigt. Aufgetragen sind die Aktivitäten bzw. die Konzentrationen des Sauerstoffs gegen die des Desoxidationselements in logarithmischer Darstellung. Die Aktivitätsverläufe ergeben dabei Geraden. Bei höherer Konzentration des Desoxidationselements weichen die Konzentrationen von den Aktivitätsgeraden häufig nach oben ab. Das ist auf eine anziehende Wechselwirkung zwischen dem Desoxidationselement und gelöstem Sauerstoff oder Eisen bei höherer Konzentration des Desoxidationselements zurückzuführen. Der Aktivitätskoeffizient des gelösten Elements sinkt.

In die beiden Bilder ist bei 0,23 % die Gerade der Sauerstoffsättigung für 1 600 °C eingezeichnet. Bei diesem Sauerstoffgehalt entsteht flüssiges Eisenoxid. Höhere Sauerstoffgehalte im Eisen sind bei dieser Temperatur nicht möglich.

2 Thermodynamische Grundlagen

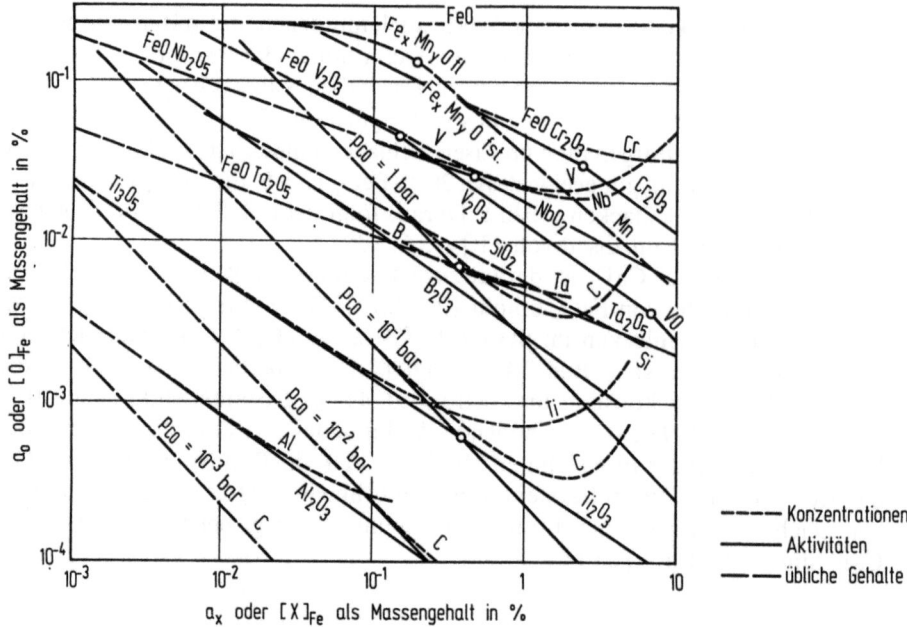

Bild 2.42 Gleichgewicht zwischen Sauerstoff und verschiedenen in flüssigem Eisen gelösten Desoxidationselementen bei 1 600 °C nach [2.75]

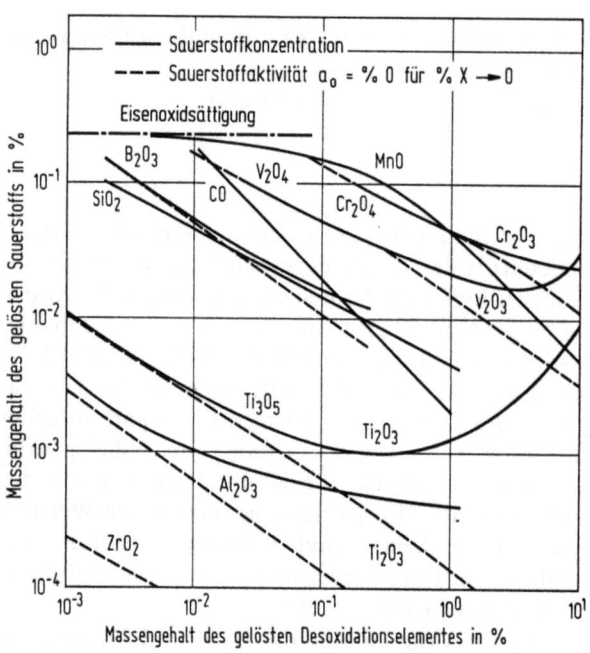

Bild 2.43 Desoxidationsgleichgewichte in flüssigem Eisen bei 1 600 °C nach [2.77]

2.6 Desoxidationsgleichgewichte

Wie man aus Bild 2.43 erkennt, weisen die einzelnen Oxide große Unterschiede in den Löslichkeitsprodukten auf. Von den in der Praxis am meisten gebrauchten Desoxidationselementen Mangan, Silicium und Aluminium ist Mangan am schwächsten, Silicium steht in der Mitte, während Aluminium eines der stärksten Desoxidationselemente ist. Die übrigen Desoxidationsmetalle werden weniger gebraucht. Trotzdem ist die Lage ihrer Gleichgewichte mit Sauerstoff von großer praktischer Bedeutung. Sie werden in verschiedener Weise als Legierungs- und Entschwefelungselemente im Stahl benutzt. Dabei können sie je nach dem vorher eingestellten Desoxidationszustand im Stahl und je nach ihrer eigenen Affinität zum Sauerstoff unerwünscht oxidiert werden. Zum Beispiel können sie mit im Stahl noch gelöstem Sauerstoff nach (2.1) reagieren. Ferner können sie im Stahl verbliebene Oxide chemisch edlerer Elemente reduzieren. Ein Beispiel hierfür ist die in folgender Gleichung beschriebene Reduktion von Kieselsäure durch Titan

$$[Ti] + SiO_2 = TiO_2 + [Si]. \tag{2.49}$$

Darüber hinaus können stark sauerstoffaffine Elemente, wie z.B. Titan oder Aluminium kieselsäurehaltiges feuerfestes Material reduzieren

$$4[Al] + 3SiO_2 = 2Al_2O_3 + 3[Si]. \tag{2.50}$$

Schließlich können diese Elemente auch mit Luftsauerstoff, der bei der weiteren Verarbeitung des Stahls, insbesondere beim Vergießen über die Oberfläche in den flüssigen Stahl eindringt, reagieren. Die genannten Reaktionen sind störend. Erstens können wertvolle Legierungs- oder Entschwefelungselemente durch vorzeitige Oxidation ihrem Verwendungszweck entzogen werden, zweitens können die neugebildeten Oxide den Stahl verunreinigen.

Die Desoxidationsgleichgewichte spielen außer bei der Desoxidation des flüssigen Stahls auch bei dessen Erstarrung eine Rolle, und zwar weil Sauerstoff im festen Eisen nahezu unlöslich ist und weil die Löslichkeit der Desoxidations- und Legierungselemente i.d.R. im festen Eisen geringer ist als im flüssigen. Wenn eine Schmelze, die Sauerstoff gelöst enthält, abkühlt, beginnt sie beim Erreichen der Liquiduslinie festes Eisen auszuscheiden. Der vorher im Flüssigen vorhandene Sauerstoff bleibt im Flüssigen und wird dort angereichert. Ähnlich geschieht es mit dem Desoxidationselement. Die Anreicherung der beiden Elemente findet solange statt, bis örtlich das Löslichkeitsprodukt des Oxids überschritten wird. Dann scheidet sich das Oxid aus. Man nennt diesen Vorgang sekundäre Desoxidation. Die entstandenen Oxide verbleiben im Stahl und beeinflussen dessen technologische Eigenschaften.

Von den drei wichtigsten Desoxidationselementen Mangan, Silicium und Aluminium bildet das Mangan bei der Desoxidation einen MnO-FeO-Mischkristall oder eine MnO-FeO-Schmelze (Bild 2.12). Da die flüssige und die feste Oxidphase ideales Verhalten zeigen, kann man das Gleichgewicht durch

$$K_{MnO} = \frac{[a_{Mn}][a_O]}{(MnO)} \tag{2.51}$$

formulieren, wobei (MnO) der Molenbruch in der Oxidphase ist. Je nachdem ob das Oxid fest oder flüssig ist, gibt es unterschiedliche Werte der Gleichgewichts-

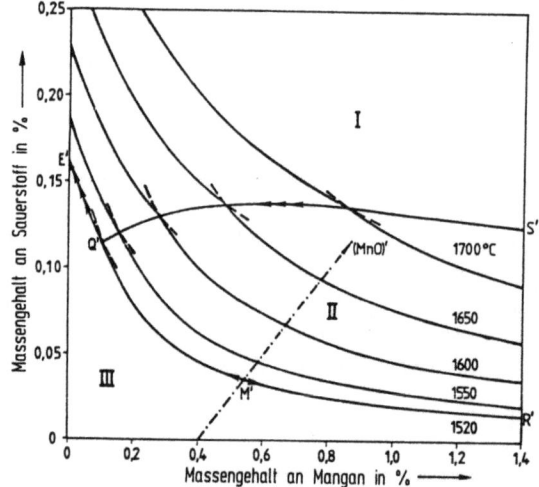

Bild 2.44 Desoxidationsschaubild des Mangans nach [2.79]

konstanten (s. Tabelle 2.3). In (2.51) kann man (MnO) durch 1 − (FeO) und (FeO) nach (2.30) durch $[a_O]/K_{FeO}$ ausdrücken. Dann folgt

$$[a_O] = \frac{K_{FeO}}{1 + [a_{Mn}]\dfrac{K_{FeO}}{K_{MnO}}}.\qquad(2.52)$$

Es handelt sich um ein bei gegebener Temperatur univariantes Gleichgewicht, d.h. jedem Sauerstoffgehalt ist ein Mangangehalt und damit zugleich eine bestimmte Zusammensetzung der Oxidphase zugeordnet [2.78–2.80] (vgl. auch (2.35)). Mit (2.52) kann das Gleichgewicht graphisch dargestellt werden. Das Ergebnis zeigt Bild 2.44 nach neueren Messungen [2.79]. Es enthält drei Felder: Im Feld I steht eine flüssige Oxidphase mit einer sauerstoffhaltigen Eisenschmelze im Gleichgewicht. Die einzelnen Linien sind Isothermen. Im Feld II steht ein fester Oxid-Mischkristall mit der Eisenschmelze im Gleichgewicht. Die Linie $Q'-S'$ gibt das Dreiphasengleichgewicht „Flüssiges Oxid/Festes Oxid/Eisenschmelze" an. Für jede Temperatur gibt es eine Zusammensetzung, bei der dies möglich ist. Das dritte Feld ist durch die Linie $E'Q'M'R'$ gegen die beiden anderen Felder abgegrenzt. Auf dieser Linie, die weitgehend, aber nicht exakt isotherm bei 1 520 °C verläuft, stehen festes Eisen, flüssiges Eisen und feste oder flüssige Oxidphase miteinander im Gleichgewicht, und zwar links von Q' flüssige und rechts feste Oxide. Bei Q' selbst besteht das Vierphasengleichgewicht zwischen festem und flüssigem Eisen sowie festen und flüssigen Oxiden. Die Linie M' −MnO kennzeichnet das stöchiometrische Verhältnis Mn/O. Entlang dieser Linie oder parallel zu ihr, scheidet sich MnO aus, wenn die Zusammensetzung der Schmelze, von höheren Sauerstoff- und Mangangehalten kommend, sich zum Gleichgewicht hin verändert. Das Feld III ist wichtig für die Vorgänge bei der sekundären Desoxidation des Eisens. Läßt man eine Schmelze, deren Mangan- und Sauerstoffgehalt unter der Linie $E'Q'M'R'$ liegt, abkühlen, so scheidet sich zuerst Eisen-Mangan-Mischkristall aus. Dadurch reichert sich die Restschmelze

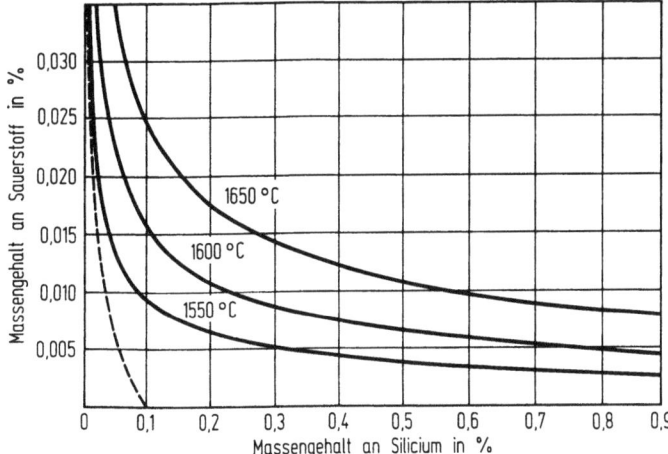

Bild 2.45 Desoxidationsschaubild des Siliciums nach [2.84]

an Sauerstoff und Mangan an, und ihre Zusammensetzung bewegt sich auf die Linie $E'Q'M'R'$ zu. Ist diese Linie erreicht, so scheidet sich zusammen mit dem Eisen FeO-MnO-Mischphase aus. Umgekehrt entsteht in der Schmelze, deren Zusammensetzung oberhalb der Linie $E'Q'M'R'$ liegt, bei der Abkühlung zuerst FeO-MnO-Mischphase bis die Zusammensetzung die Linie $E'Q'M'R'$ erreicht hat. Dann scheidet sich zusammen mit der Oxidmischphase das feste Eisen aus.

Bei der Desoxidation mit Silicium kann gemäß dem Zustandsschaubild FeO-SiO_2 (Bild 2.14) feste Kieselsäure oder eine flüssige Eisensilicatschlacke entstehen. Ob Kieselsäure oder Eisensilicat gebildet wird, hängt vom Siliciumgehalt des Eisens ab. Gemäß der Reaktion

$$[Si] + 2[O] = SiO_2 \tag{2.53}$$

gilt das Gleichgewicht

$$K_{SiO_2} = \frac{[a_{Si}][a_O]^2}{a_{SiO_2}}. \tag{2.54}$$

Wie aus (2.54) zu erkennen ist, nimmt mit zunehmendem Siliciumgehalt im Eisen unter sonst gleichen Bedingungen die Aktivität der Kieselsäure in der Oxidphase zu. Wenn die Aktivität den Wert eins erreicht hat, bildet sich feste Kieselsäure und die Schmelze steht dann mit dieser im Gleichgewicht. Es gilt

$$K_{SiO_2} = [a_{Si}][a_O]^2. \tag{2.55}$$

Zahlenangaben finden sich in Tabelle 2.3 [2.81 – 2.83].

Der Zusammenhang zwischen dem Silicium- und dem Sauerstoffgehalt im Eisen für das Gleichgewicht mit fester Kieselsäure ist in Bild 2.45 für drei Temperaturen wiedergegeben [2.84]. Bild 2.46 gibt außerdem eine ältere Darstellung des Gleichgewichts wieder, aus der hervorgeht, in welchem Konzentrationsbereich des Siliciums flüssige, nicht an Kieselsäure gesättigte Eisensilicate mit der

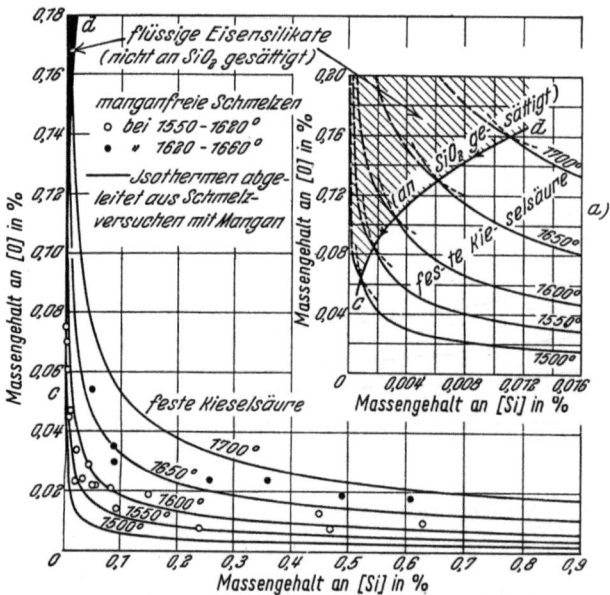

Bild 2.46 Desoxidationsschaubild des Siliciums nach [2.78]

Eisenschmelze im Gleichgewicht stehen [2.78]. Dies ist nur bei extrem niedrigen Silicium- und entsprechend hohen Sauerstoffgehalten der Fall.

Ebenso wie bei der Mangandesoxidation wird auch bei der Siliciumdesoxidation mit abnehmender Temperatur ein Zustand erreicht, bei dem neben Kieselsäure festes Eisen ausgeschieden wird. Die Linie, auf der dies geschieht, ist im Bild 2.45 gestrichelt eingezeichnet. Sie ist nicht isotherm, sondern hat die Form einer eutektischen Rinne, deren Temperatur in Richtung höherer Siliciumgehalte etwas abfällt.

Die Desoxidation mit Aluminium verläuft nach der Gleichung

$$2[Al] + 3[O] = \langle Al_2O_3 \rangle, \qquad (2.56)$$

wobei i.d.R. reines Aluminiumoxid als Desoxidationsprodukt entsteht. Entsprechend (2.56) lautet die Gleichgewichtskonstante

$$K_{Al_2O_3} = \frac{[a_{Al}]^2 [a_O]^3}{a_{Al_2O_3}}. \qquad (2.57)$$

Bei Aluminiumgehalten bis etwa 0,1 % kann man für die Aktivitäten des Aluminiums und des Sauerstoffs die Gültigkeit des Henryschen Gesetzes annehmen und schreiben

$$K_{Al_2O_3} = \frac{[Al]^2 [O]^3}{a_{Al_2O_3}}. \qquad (2.58)$$

Zahlenwerte des Gleichgewichts sind in Tabelle 2.3 aufgeführt.

2.6 Desoxidationsgleichgewichte 63

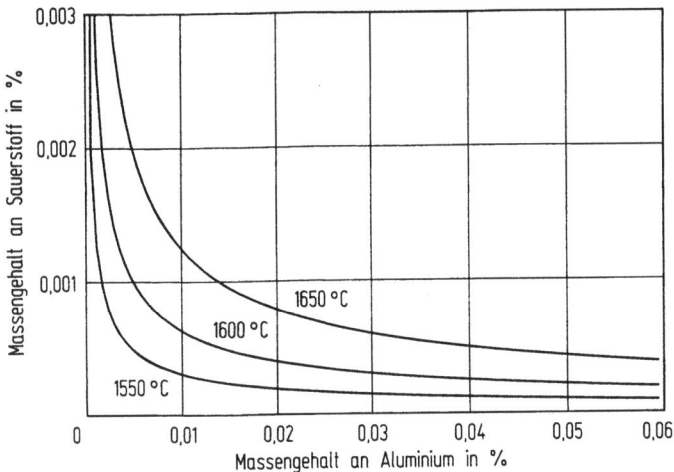

Bild 2.47 Desoxidationsschaubild des Aluminiums nach [2.146]

Der Zusammenhang zwischen dem Sauerstoff- und Aluminiumgehalt ist in Bild 2.47 für $a_{Al_2O_3}=1$ gezeigt [2.146].

Bei hohen Aluminiumgehalten treten wegen der Wechselwirkung zwischen Aluminium und Sauerstoff Abweichungen auf. Wie man erkennt, ist Aluminium ein starkes Desoxidationsmittel. Bereits mit einem Aluminiumgehalt von 0,01 % im Eisen wird der Sauerstoffgehalt unter 0,001 % gesenkt. In der Regel stellt man bei der Desoxidation den Gehalt an gelöstem Aluminium auf 0,03 bis 0,05 % ein. Damit erreicht man eine praktisch vollständige Abbindung des Sauerstoffs.

Ein weiteres Desoxidationselement ist Kohlenstoff. Dieser reagiert mit Sauerstoff zu gasförmigem Kohlenmonoxid. Die Reaktion spielt nicht nur bei der Desoxidation, sondern auch bei der Entkohlung des Roheisens im Konverter, bei der Feinentkohlung mit Sauerstoff im Vakuum und bei der Ausscheidung von Kohlenmonoxid während der Erstarrung des unberuhigten Stahls eine Rolle.

Die Reaktion lautet $[C]+[O]=CO$ mit

$$K_{CO}=\frac{[a_C][a_O]}{p_{CO}}. \tag{2.59}$$

Daneben läuft die Reaktion

$$CO+[O]=CO_2 \tag{2.60}$$

mit der Gleichgewichtskonstanten nach (2.26) ab. Zahlenangaben finden sich in Tabelle 2.3. Das Gleichgewicht der Reaktion (2.60) liegt bei der Temperatur des flüssigen Stahls weitgehend auf der Seite des CO. Bei 0,1 % C im Stahl, $p_{gesamt}=1$ bar und 1 600 °C beträgt der CO_2-Gehalt im Gas 1,2 % [2.73].

Für das Gleichgewicht der Reaktion (2.59) gilt [2.86]

$$\log\frac{[C][O]}{p_{CO}}-0,19\cdot[C]=-\frac{1\,160}{T}-2,00 \tag{2.61}$$

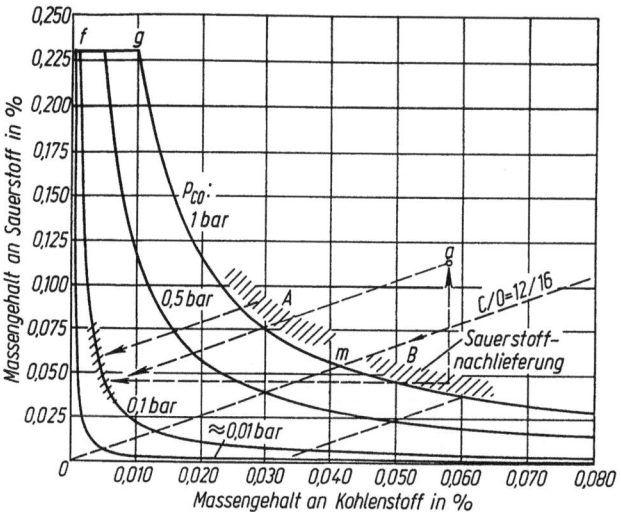

Bild 2.48 Das Sauerstoff-Kohlenstoffgleichgewicht in Abhängigkeit vom Druck p_{CO} und Wege des Kohlenstoff- und Sauerstoffgehalts bei der Vakuumentkohlung von kohlenstoffhaltigen Eisenschmelzen nach [2.156]

gültig im Temperaturbereich von 1 560 – 1 760 °C. Die Konzentrationen sind hier als Massengehalt in % auszudrücken. In guter Näherung kann man bei [C]-Gehalten unter 0,5 % mit dem nahezu temperaturunabhängigen Wert [2.87]

$$\frac{[C][O]}{p_{CO}} = 2{,}30 \cdot 10^{-3} \qquad (2.62)$$

rechnen.

Das Gleichgewicht (2.62) läßt sich graphisch darstellen, indem man den Sauerstoffgehalt gegen den Kohlenstoffgehalt mit dem Druck als Parameter aufträgt (Bild 2.48).

In das Bild sind außer den C-O-Gleichgewichtslinien weitere Linien eingezeichnet. Die Linie fg kennzeichnet das Gleichgewicht zwischen im flüssigen Eisen gelösten Sauerstoff und an Eisen gesättigter Eisenoxidschlacke bei 1 600 °C. Bis zu dieser Linie kann der Sauerstoffgehalt der Eisenschmelze gesteigert werden. Es ist die gleiche Linie wie sie auch in den Bildern 2.42 und 2.43 gezeichnet ist. Darüber bleibt der Sauerstoffgehalt konstant, und es scheidet sich Eisenoxid aus. Die Linie vom Nullpunkt zum Punkt m und darüber hinaus ist der quasibinäre Schnitt Fe-CO. Beim Freiwerden von Kohlenmonoxid aus der Eisenschmelze ändern sich die Kohlenstoff- und Sauerstoffgehalte auf Linien, die parallel zu diesem Schnitt liegen. Nach (2.62) wird das Produkt [C] [O] mit abnehmendem Kohlenmonoxiddruck kleiner. Dies kann man ausnutzen, um im Vakuum mit Kohlenstoff zu desoxidieren oder mit Sauerstoff eine Entkohlung auf niedrige Kohlenstoffgehalte durchzuführen. In Bild 2.48 ist dies an den Isobaren für p_{CO} = 0,1 und 0,01 bar zu erkennen. Auf diesen Isobaren erreicht man z.B. mit einem Kohlenstoffgehalt von 0,1 % Sauerstoffgehalte im Eisen von $2{,}3 \cdot 10^{-3}$ bzw. von

$2{,}3 \cdot 10^{-4}$ %. Dies entspricht einer mittleren bis starken Desoxidationswirkung. Als Reaktionsprodukt entsteht gasförmiges Kohlenmonoxid, das vollständig entfernt wird und daher im Gegensatz zu metallischen Desoxidationsmitteln keine festen Rückstände hinterläßt. Da dies für den Reinheitsgrad des Stahls vorteilhaft ist, hat die Vakuumdesoxidation für die Herstellung von Qualitätsstahl in den verschiedensten Ausführungsformen Verbreitung gefunden. Die Möglichkeiten der Entkohlung im Vakuum sind ebenfalls aus Bild 2.48 zu erkennen. Während z.B. bei $p_{CO} = 1$ bar der Kohlenstoffgehalt nur bis herab zu 10^{-2} % gesenkt werden kann, da bei diesem Gehalt der maximal mögliche Sauerstoffgehalt im Eisen erreicht ist und bei weiterer Sauerstoffzufuhr nur noch Eisenoxid ausgeschieden würde, ist bei Drucken unter 1 bar eine weitere Entkohlung möglich. So schneidet die Isobare für 0,1 bar die Linie fg der FeO-Ausscheidung erst bei 10^{-3} % C und die Isobare für 0,01 bar erst bei 10^{-4} % C. Die Vakuumentkohlung wird benutzt, um für bestimmte Anwendungen Kohlenstoffgehalte bis unter 0,005 % einzustellen.

2.6.2 Bildung komplexer Oxide

Im Unterschied zu den im Abschn. 2.6.1 beschriebenen einfachen Desoxidationsreaktionen gibt es eine Reihe von Möglichkeiten, bei denen komplexe Oxide als Desoxidationsprodukte entstehen oder bei denen das Oxid in eine Schlacke übergeht. In manchen Fällen bietet dies Vorteile. Diese sind:

— Erniedrigung der thermodynamischen Aktivität der entstehenden Oxide durch Verbindungsbildung oder Verdünnung in einer Schlacke und damit Verstärkung der Desoxidationswirkung,
— Bildung niedrig schmelzender Oxidschlacken, die aus der Stahlschmelze besser abgeschieden werden oder sich bei Walztemperatur noch verformen können.

Von technischer Bedeutung sind die komplexe Desoxidation mit Silicium und Mangan, mit Silicium und Aluminium, mit Aluminium und Mangan sowie mit Aluminium und Calcium. Darüber hinaus haben die Desoxidation mit Silicium, Aluminium und Mangan und mit Silicium, Aluminium und Calcium Bedeutung.

Für die Desoxidation mit Silicium und Mangan zeigt Bild 2.49 das Zustandsschaubild des Systems MnO-SiO_2 [2.7]. Das System ist durch die bei 1 345 °C schmelzende Verbindung $2MnO \cdot SiO_2$ (Tephroit) und durch ein Eutektikum bei 1 251 °C gekennzeichnet.

Bei der Desoxidation mit Silicium und Mangan sind folgende Gleichgewichte zu berücksichtigen:

$$K_{SiO_2} = \frac{[a_{Si}][a_O]^2}{(a_{SiO_2})}, \qquad (2.63)$$

$$K_{MnO} = \frac{[a_{Mn}][a_O]}{(a_{MnO})}. \qquad (2.64)$$

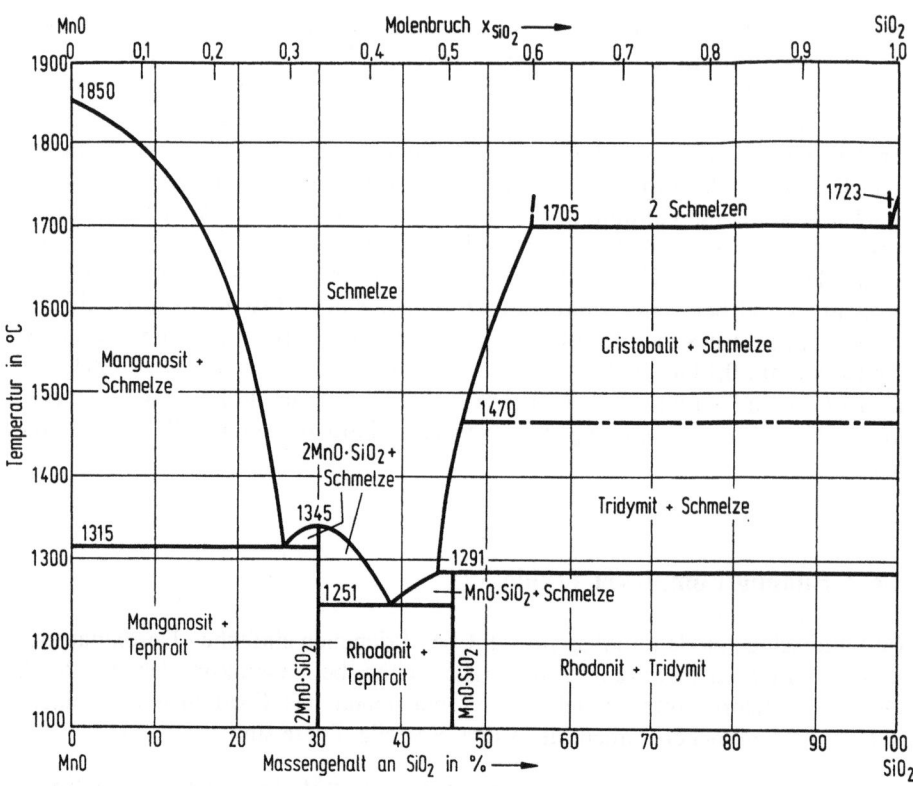

Bild 2.49 Zustandsschaubild MnO-SiO$_2$ nach [2.7]

Bei hohem Si/Mn-Verhältnis beteiligt sich nur das Silicium an der Desoxidation, und als Desoxidationsprodukt entsteht SiO$_2$. Um den weiteren Ablauf bei steigendem Mangangehalt zu verstehen, muß man beachten, daß in einer an SiO$_2$ gesättigten Schmelze des Systems MnO-SiO$_2$ bei gegebener Temperatur die Aktivität (a_{MnO}) einen bestimmten, sehr niedrigen Wert hat. In dem Gleichgewicht der Desoxidation mit Mangan, (2.64), wird bei dieser Aktivität (a_{MnO}) der Sauerstoffgehalt im Gleichgewicht mit Mangan bei niedrigem Mangangehalt zunächst höher sein als im Gleichgewicht mit Silicium. Solange dies der Fall ist, reagiert nur Silicium mit dem Sauerstoff. Nimmt der Mangangehalt zu, so sinkt der Sauerstoffgehalt im Gleichgewicht mit Mangan und nimmt schließlich bei einem bestimmten Mangangehalt den gleichen Wert an wie im Gleichgewicht mit Silicium. Bei diesem Si/Mn-Verhältnis beginnt Mangan sich an der Reaktion zu beteiligen und es bildet sich flüssiges Mangansilicat als Desoxidationsprodukt. Das SiO$_2$, die an SiO$_2$ gesättige MnO-SiO$_2$-Schmelze und die Mn und Si enthaltende Eisenschmelze stehen untereinander im Gleichgewicht. Sinkt das Si/Mn-Verhältnis weiter ab, so ist der Sauerstoff im Gleichgewicht mit Mangan niedriger als der im Gleichgewicht mit Silicium bei SiO$_2$-Sättigung. Da dies ein Ungleichgewicht bedeutet, sinkt jetzt die Aktivität des SiO$_2$ und steigt die Aktivität des MnO im Mangansilicat bis beide Gleichgewichte wieder demselben

2.6 Desoxidationsgleichgewichte   67

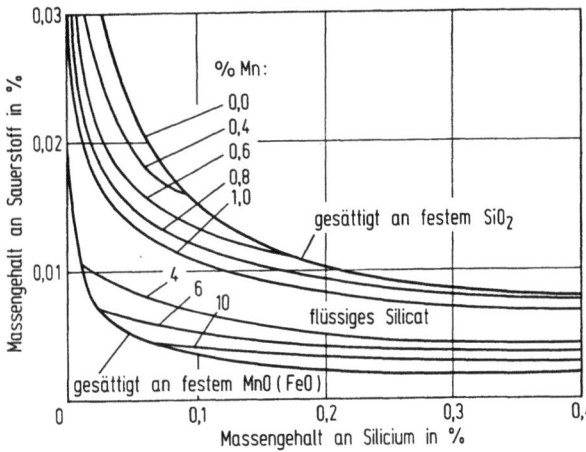

Bild 2.50 Gleichgewichtsbeziehungen für die Desoxidation mit Silicium und Mangan nach [2.77]

Sauerstoffgehalt entsprechen. Die Zusammensetzung der Oxidschmelze bewegt sich zu höheren MnO- und geringeren SiO$_2$-Gehalten. Dieser Vorgang setzt sich mit weiter abnehmendem Si/Mn-Verhältnis so lange fort, bis die Oxidschmelze an MnO-FeO-Mischkristall gesättigt ist. Dann hört das Silicium seinerseits auf, sich an der Desoxidation zu beteiligen.

Aus (2.63) und (2.64) kann unter der Bedingung, daß es stets nur eine Sauerstoffaktivität im Metall geben kann, die Gleichgewichtskonstante

$$K_{Mn/Si} = \frac{K_{MnO}^2}{K_{SiO_2}} = \frac{[a_{Mn}]^2 (a_{SiO_2})}{[a_{Si}](a_{MnO})^2} \qquad (2.65)$$

die das Gleichgewicht bei der gleichzeitigen Desoxidation mit Mangan und Silicium beschreibt, gebildet werden. Mit den Werten der Gleichgewichtskonstanten $K_{SiO_2} = 2,4 \cdot 10^{-5}$ und $K_{MnO} = 5,2 \cdot 10^{-2}$ bei 1 600 °C [2.77] und mit bekannten Werten der Aktivitäten von SiO$_2$ und MnO [2.7] im System MnO-SiO$_2$ lassen sich die Gleichgewichte berechnen. Bild 2.50 gibt Ergebnisse wieder [2.77].

Bild 2.51 zeigt die entsprechenden Ergebnisse in einer Form [2.75], die auch für andere Desoxidationsreaktionen anwendbar ist. Der Verlauf der Linien gleichen Sauerstoffgehalts im Gebiet der flüssigen Mangansilicate in Bild 2.51 folgt aus den Werten der Aktivität von MnO und SiO$_2$. Die Linien gleichen Sauerstoffgehalts sind hier leicht nach unten gekrümmt. Das ist durch die Neigung zur Bildung der Verbindung 2MnO · SiO$_2$ in der Mangansilicatschmelze bedingt. Dadurch sind die Mangan- und Siliciumgehalte, die mit einem Sauerstoffgehalt im Gleichgewicht stehen, niedriger als ohne Verbindungsbildung. Der Verlauf der Linien weist darauf hin, daß bei einem Mol-Verhältnis MnO/SiO$_2$ = 2 überwiegend das Gleichgewicht

$$K_{2MnO \cdot SiO_2} = \frac{[a_{Mn}]^2 [a_{Si}][a_O]^4}{(a_{2MnO \cdot SiO_2})} \qquad (2.66)$$

vorliegt.

Wie die beiden Desoxidationsschaubilder zeigen, kann man mit Silicium und Mangan eine stärkere Desoxidationswirkung als mit Silicium allein erreichen.

68   2 Thermodynamische Grundlagen

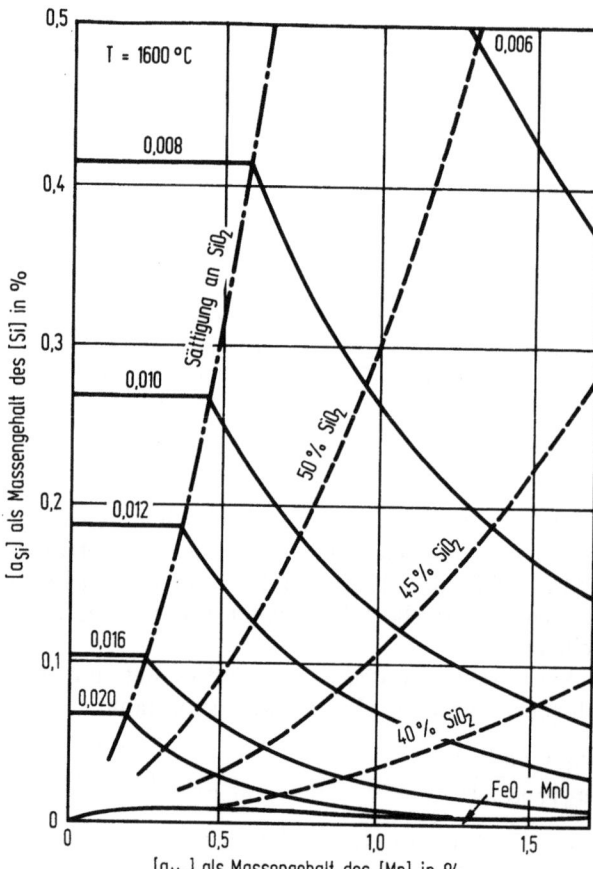

Bild 2.51 Desoxidationsschaubild des Systems Silicium-Mangan-Sauerstoff für 1 600 °C nach [2.75] mit Linien gleichen Sauerstoffgehalts (ausgezogene Linien). Sauerstoffgehalt in Massen-%

Eine Desoxidation des flüssigen Stahls mit Mangan allein findet i.d.R. nicht statt, da die dafür erforderlichen Mangangehalte nicht vorliegen.

Analog wie das Schaubild Si-Mn-O ist das Desoxidationsschaubild Si-Al-O aufgebaut (Bild 2.52) [2.89]. Bei bestimmten Werten des Verhältnisses $[a_{Al}]/[a_{Si}]$ entsteht das Aluminiumsilicat $3Al_2O_3 \cdot 2SiO_2$ (Mullit) als Verbindung. Wie das Zustandsschaubild Al_2O_3-SiO_2 (Bild 2.53) [2.7] zeigt, schmilzt Mullit bei 1 810 °C und scheidet sich daher bei Stahltemperaturen im festen Zustand ab. Da unterhalb 1 595 °C im System SiO_2-Al_2O_3 die drei Phasen Kieselsäure, Mullit und Tonerde auftreten, gelten folgende Desoxidationsgleichgewichte:

$$K_{SiO_2} = \frac{[a_{Si}][a_O]^2}{a_{SiO_2}}, \qquad (2.67)$$

$$K_{3Al_2O_3 \cdot 2SiO_2} = \frac{[a_{Al}]^6 [a_{Si}]^2 [a_O]^{13}}{a_{3Al_2O_3 \cdot 2SiO_2}} \qquad (2.68)$$

und

$$K_{Al_2O_3} = \frac{[a_{Al}]^2 [a_O]^3}{a_{Al_2O_3}}, \qquad (2.69)$$

2.6 Desoxidationsgleichgewichte   69

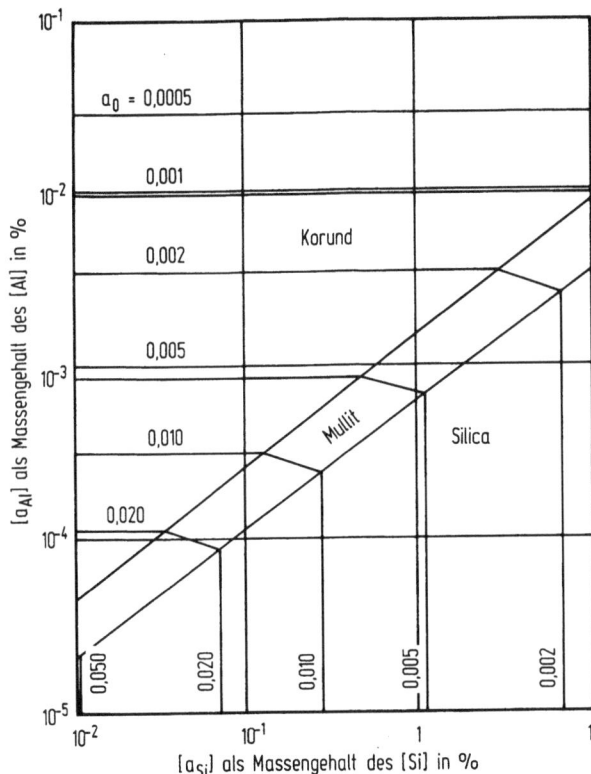

Bild 2.52 Desoxidationsschaubild des Systems Aluminium-Silicium-Sauerstoff für 1 600 °C nach [2.89]. a_O als Massengehalt des [O] in %

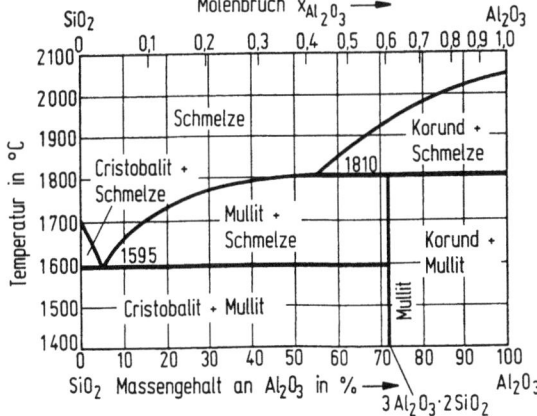

Bild 2.53 Zustandsschaubild SiO_2-Al_2O_3 nach [2.7]

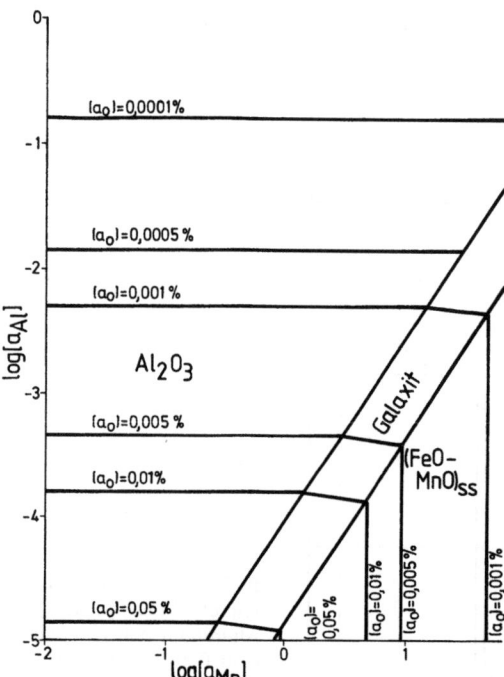

Bild 2.54 Desoxidationsschaubild des Systems Mangan-Aluminium-Sauerstoff für 1 600 °C. $[a_{Al}]$ und $[a_{Mn}]$ als Massengehalt des [Al] bzw. des [Mn] in %

mit $a_{SiO_2}=1$, $a_{3Al_2O_3 \cdot 2SiO_2}=1$ und $a_{Al_2O_3}=1$. Die Grenzen zwischen den Zustandsgebieten von Kieselsäure und Mullit bzw. Mullit und Tonerde sind durch die Bedingung gegeben, daß auf der Grenze die Sauerstoffgehalte im Gleichgewicht bei der Bildung des einen und des anderen Oxids gleich sind. Mit dieser Bedingung folgt für die Grenze zwischen Kieselsäure und Mullit aus (2.67) und (2.68):

$$\frac{[a_{Al}]^4}{[a_{Si}]^3} = \frac{K_{2Al_2O_3 \cdot 3SiO_2}^{2/3}}{K_{SiO_2}^{13/3}} \tag{2.70}$$

und entsprechend für die Grenze zwischen Mullit und Tonerde aus (2.68) und (2.69):

$$\frac{[a_{Al}]^4}{[a_{Si}]^3} = \frac{K_{Al_2O_3}^{13/2}}{K_{2Al_2O_3 \cdot 3SiO_2}^{3/2}}. \tag{2.71}$$

Auf der Grundlage von (2.70) und (2.71) mit den Konstanten aus Tabelle 2.3 sind die Grenzen der Zustandsgebiete berechnet. Als Ergebnis zeigt Bild 2.52 das Desoxidationsschaubild des Systems Si-Al-O.

Bei der Herstellung von unberuhigtem Stahl spielt das System Mn-Al-O eine Rolle. In einem solchen Stahl wird der Sauerstoff nur zum Teil abgebunden. Geschieht dies mit Aluminium, so ist der Gehalt an gelöstem Aluminium, der im Gleichgewicht mit dem Sauerstoffgehalt steht, sehr klein. Dies hat zur Folge, daß sich in Stahlschmelzen, die Mangan enthalten, als Desoxidationsprodukt außer Al_2O_3 die Verbindung $MnO \cdot Al_2O_3$ (Galaxit) bilden kann. Denn im Desoxidationsschaubild des Systems Mn-Al-O schließt sich an das Zustandsgebiet des

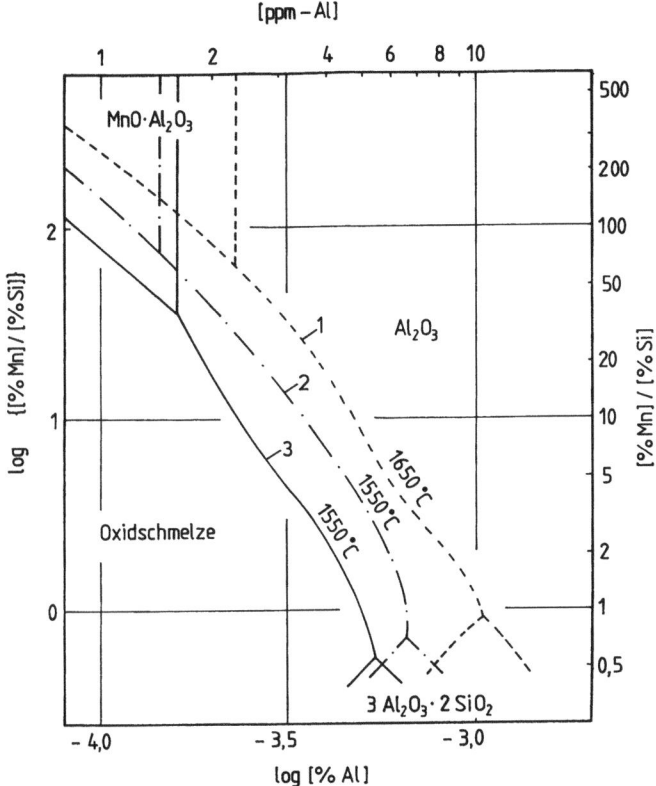

Bild 2.55 Beziehungen zwischen dem Aluminiumgehalt im flüssigen Eisen und den Oxidphasen bei der Desoxidation mit Aluminium, Silicium und Mangan ([% Mn] + [% Si] = 1) *1* und *2* nach [2.891], *3* nach [2.92]

Al_2O_3 zu höheren Sauerstoffgehalten das des Galaxits an. Bei noch höheren Sauerstoffgehalten folgt wieder das Zustandsgebiet des FeO-MnO-Mischkristalls. Das Desoxidationsschaubild zeigt Bild 2.54. Galaxite wurden als Desoxidationsprodukte in unberuhigten Stählen nachgewiesen [2.90].

Halbberuhigte Stähle werden häufig mit Aluminium, Silicium und Mangan desoxidiert [2.91, 2.92]. Die Gleichgewichtsbeziehungen in diesem Desoxidationssystem sind komplex. Bild 2.55 zeigt hierzu die Beziehungen zwischen dem Aluminiumgehalt im flüssigen Eisen und den Oxidphasen für [% Mn] + [% Si] = 1, während Bild 2.56 den Einfluß des Mn/Si-Verhältnisses auf das Aluminium-Sauerstoff-Gleichgewicht, und zwar ebenfalls für [% Mn] + [% Si] = 1 wiedergibt. Je nach Aluminiumgehalt und Mn/Si-Verhältnis können Galaxit, Korund oder Mullit als feste Oxidphase sowie Schmelze als flüssige Oxidphase im Gleichgewicht auftreten. Bei Aluminiumgehalten unter 1 ppm und Mn/Si-Verhältnisse zwischen etwa 0,5 und 2 entsteht Kieselsäure als Gleichgewichtsphase. Die Oxidschmelze besteht bei hohem Mn/Si-Verhältnis und entsprechend geringem Aluminiumgehalt aus Mangansilicat, sonst aus Manganaluminiumsilicat. Das Zustandsschaubild MnO-Al_2O_3-SiO_2 ist in Bild 2.57 gezeigt [2.7]. Aus

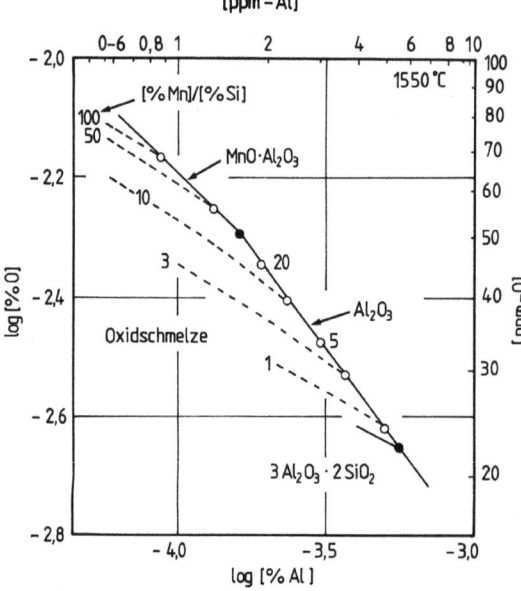

Bild 2.56 Einfluß des Verhältnisses des Mangan- und Siliciumgehalts auf das Aluminium-Sauerstoff-Gleichgewicht in flüssigem Eisen bei 1550 °C (%[Mn] + %[Si] = 1) nach [2.92]

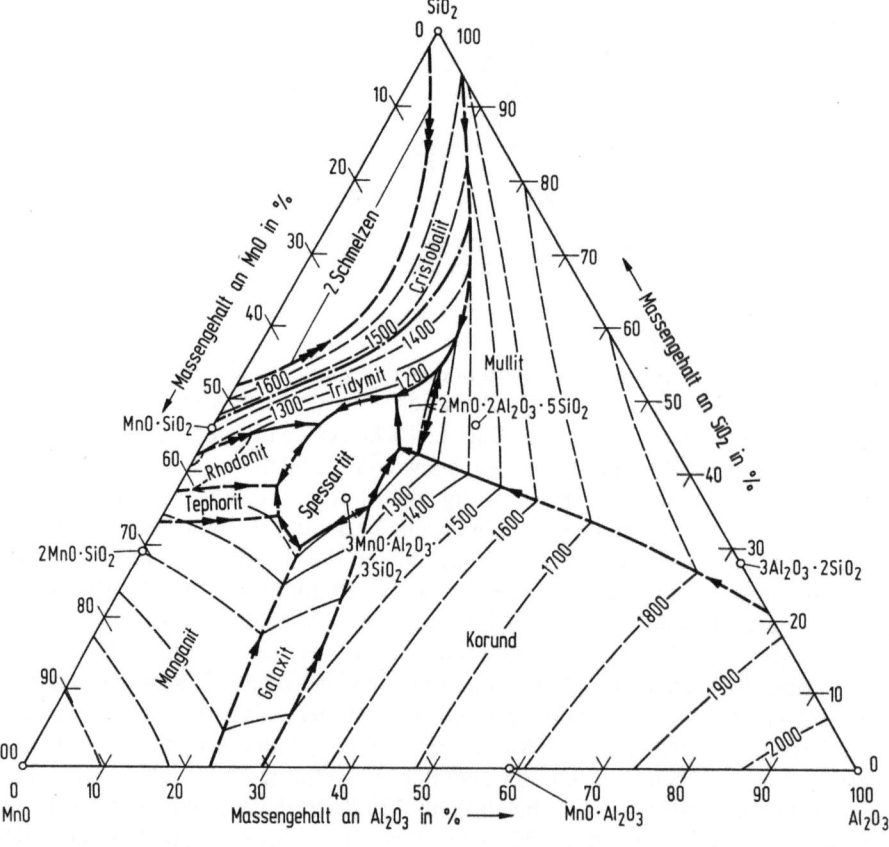

Bild 2.57 Zustandsschaubild MnO-Al_2O_3-SiO_2 nach [2.7]

2.6 Desoxidationsgleichgewichte

den eingezeichneten Isothermen kann der Bereich der flüssigen Oxidphase für z.B. 1 500 oder 1 600 °C abgelesen werden.

Für einen halbberuhigten Stahl mit 1 % Mn und 0,005 % Si sowie 60 ppm gelöstem Sauerstoff würde nach den Bildern 2.55 und 2.56 flüssiges Manganaluminiumsilicat entstehen, und der Gehalt an gelöstem Al läge bei 1 ppm. Schon bei einem gelösten Aluminiumgehalt von 2 ppm würde Galaxit, und bei noch höherem Aluminiumgehalt Korund entstehen, zugleich würde der gelöste Sauerstoffgehalt stark absinken. Die Steuerung der Einstellung des halbberuhigten Zustands mit Aluminium ist daher empfindlich. Zugesetztes Aluminium setzt sich nahezu vollständig mit dem gelösten Sauerstoff um. Der Sauerstoffgehalt muß direkt gemessen und durch Zugabe äquivalenter Aluminiummengen auf den Sollwert eingestellt werden. Bei Gehalten von z.B. 60 ppm O ist dann, wie gesagt, mit der Bildung von Manganaluminiumsilicaten zu rechnen.

Außer bei der Desoxidation des unberuhigten und des halbberuhigten Stahls entsteht bei der Abbindung des Sauerstoffs mit Aluminium stets festes Al_2O_3 als Desoxidationsprodukt. Dieses Al_2O_3 kann durch geeignete Maßnahmen, auf die später noch eingegangen wird, zum größten Teil aus dem flüssigen Stahl abgeschieden werden, bevor dieser vergossen wird und erstarrt. Es verbleiben allerdings kleine Reste von Tonerde im Stahl. Sie wirken sich noch störend auf die technologischen Eigenschaften des Stahls aus. Man kann dies verhindern, indem man die Tonerdeteilchen durch Zugabe von Ca-Legierungen oder durch Einblasen von CaO-reichem Schlackenpulver in flüssiges Calciumaluminat umwandelt. Calciumaluminat ist leichter abscheidbar und stört, sofern nicht abgeschieden, die Werkstoffeigenschaften des festen Stahls weniger als feste Tonerde, weil es im Gegensatz zur Tonerde globulare Einschlüsse bildet. Weiterhin ist die Aktivität des Al_2O_3 im flüssigen Calciumaluminat kleiner als 1, so daß die Desoxidationswirkung des Aluminiums verstärkt wird.

Bild 2.58 zeigt das Zustandsschaubild $CaO-Al_2O_3$ [2.7]. Ausgehend vom reinen Al_2O_3 kann sich bei Temperaturen zwischen 1 550 und 1 650 °C eine flüssige Schlacke bilden, die auf der Al_2O_3-reichen Seite an $CaO \cdot 2Al_2O_3$ oder an $CaO \cdot Al_2O_3$ und auf der kalkreichen Seite an CaO gesättigt ist. Die Aktivitäten des CaO und des Al_2O_3 in dieser Schlacke sind bekannt [2.93, 2.94] und in Bild 2.59 gezeigt. Mit den Aktivitätswerten sowie mit der Gleichgewichtskonstanten der Aluminiumdesoxidation [2.95]

$$K_{Al_2O_3} = \frac{[a_{Al}]^2 [a_O]^2}{(a_{Al_2O_3})} = 3{,}23 \cdot 10^{-14} \, (1\,600\,°C) \tag{2.72}$$

und der Calciumdesoxidation [2.75, 2.96]

$$K_{CaO} = \frac{[a_{Ca}] [a_O]}{(a_{CaO})} = 9 \cdot 10^{-7} \, (1\,600\,°C) \tag{2.73}$$

wurden die Sauerstoff-, Aluminium- und Calciumaktivitäten als Funktion der Schlackenzusammensetzungen berechnet [2.94]. Bild 2.60 zeigt das Ergebnis. Die Pfeile zeigen die Aluminiumgehalte bei reiner Aluminiumdesoxidation mit Al_2O_3 als Desoxidationsprodukt. Während man für 4 ppm gelösten Sauerstoff bei reiner Aluminiumdesoxidation 0,022 % Al benötigt, stellt sich der gleiche Sauerstoffge-

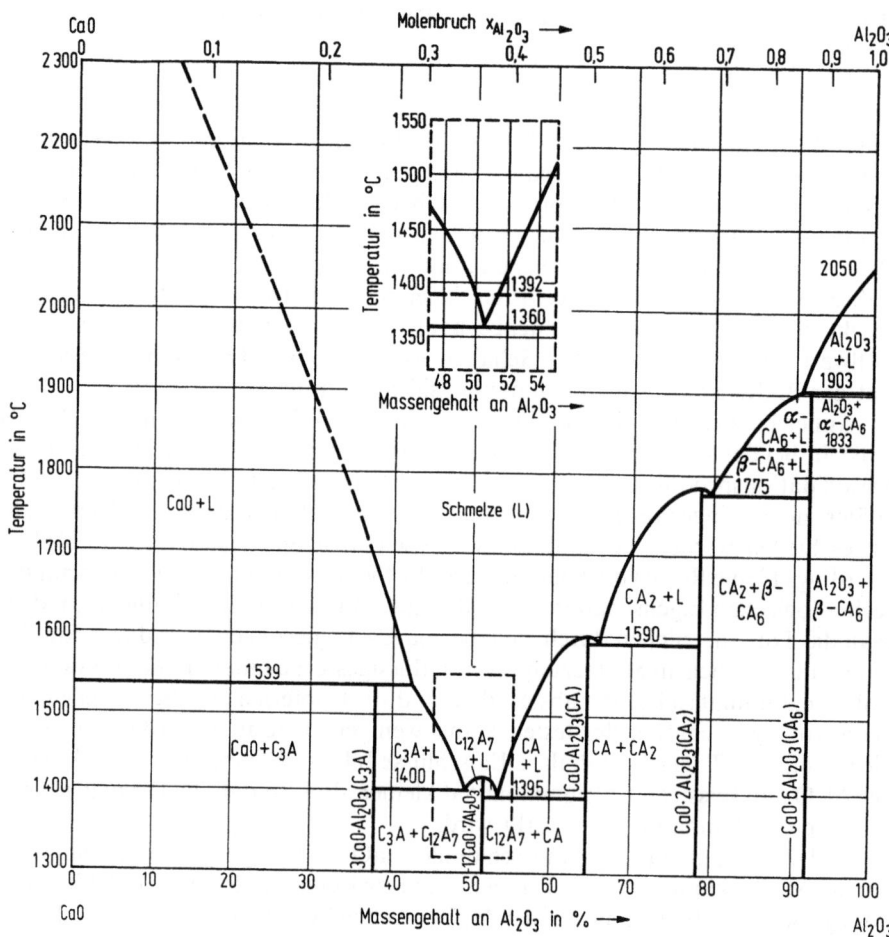

Bild 2.58 Zustandsschaubild CaO-Al$_2$O$_3$ nach [2.7]. Der Ausschnitt zeigt den Verlauf der Liquiduslinien im Bereich von 46 bis 56 % Al$_2$O$_3$ in trockener Atmosphäre ohne das Auftreten der Verbindung 12CaO · 7Al$_2$O$_3$

halt mit Calciumaluminatschmelze als Desoxidationsprodukt bereits mit 0,005−0,001 % Al (je nach CaO-Gehalt der Aluminatschmelze) ein. Die im Gleichgewicht sich einstellenden Calciumgehalte sind um rd. eine Größenordnung niedriger als die Aluminiumgehalte. Durch Zugabe von Calciumlegierungen kann man daher primär entstandene Tonerde reduzieren, wobei sich das entstehende CaO mit restlichem Al$_2$O$_3$ zu Calciumaluminat umsetzt. Die Menge an Calcium, die erforderlich ist, um flüssige Calciumaluminate zu erzeugen, kann aus den Gleichgewichten der Calcium- und der Aluminiumdesoxidation und aus der Menge an Tonerdeeinschlüssen, die vor der Calciumzugabe im Stahl vorhanden war, berechnet werden. Bild 2.61 zeigt das Ergebnis einer solchen Berechnung [2.96]. Die Menge an Oxideinschlüssen ist durch den der Oxidmenge entsprechenden Sauerstoffgehalt O$_{tot}$ ausgedrückt. Oberhalb der eingezeichneten Linien

2.6 Desoxidationsgleichgewichte 75

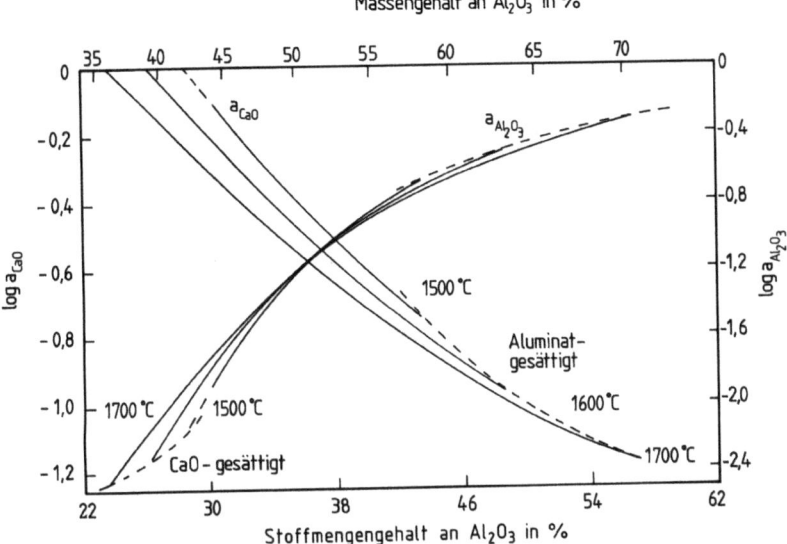

Bild 2.59 Aktivitäten der Oxide im System CaO-Al$_2$O$_3$ nach [2.93]

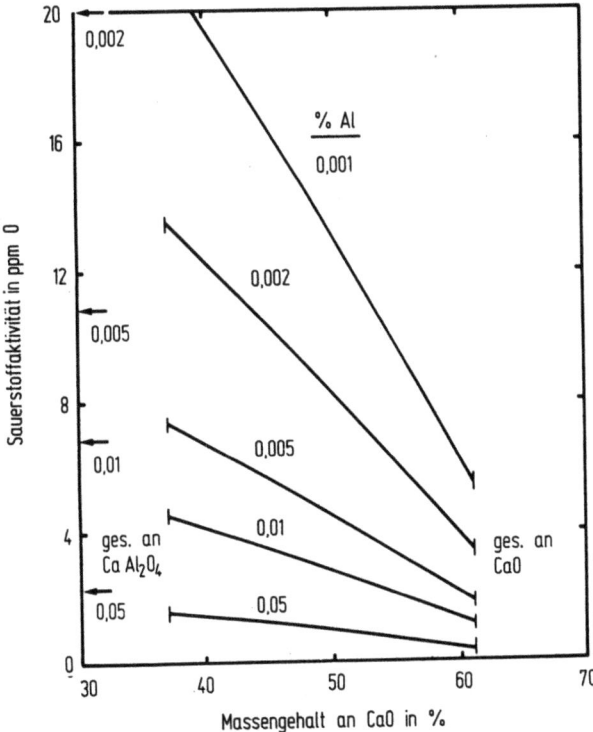

Bild 2.60 Desoxidationsgleichgewicht für Aluminium mit Calciumaluminat als Desoxidationsprodukt nach [2.94]

76 2 Thermodynamische Grundlagen

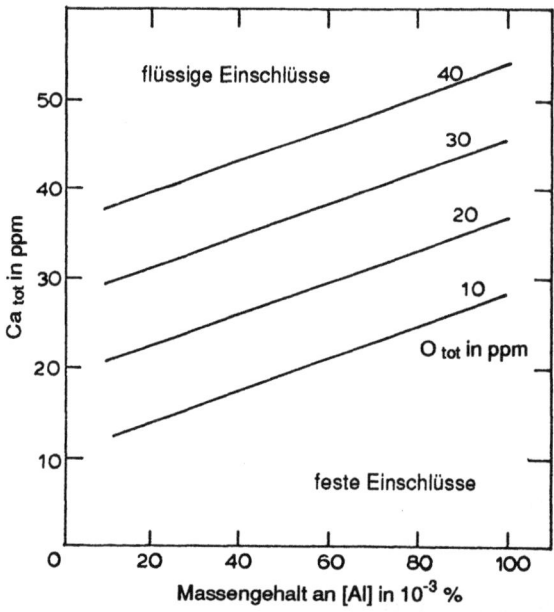

Bild 2.61 Möglichkeiten der Umwandlung von Tonerdeagglomeraten durch Calcium in aluminiumberuhigten Stählen nach [2.96]

bilden sich flüssige Calciumaluminat-, unterhalb feste Aluminat- oder Tonerdeeinschlüsse. Berechnungen dieser Art wurden mehrfach durchgeführt [2.97, 2.98].

2.7 Gleichgewichte der Entschwefelung

Die Entschwefelung bei der Stahlherstellung ist eine Reduktionsreaktion. Sie kann daher nicht oder nur begrenzt gemeinsam mit dem oxidierenden Frischen durchgeführt werden, sondern erfordert i.d.R. einen besonderen Verfahrensschritt. Der Reduktionsvorgang besteht darin, daß der Schwefel bei der Entfernung aus dem Eisen, wo er in elementarer Form gelöst ist, in die Form eines Sulfids übergeht und dabei seine Wertigkeit gemäß (2.3) wechselt [2.88]. Gleichung (2.3) beschreibt die Entschwefelungsreaktion in ihrer allgemeinsten Form. Die gemäß dieser Gleichung entstehenden Sulfidionen werden von einer basischen Schlacke oder von einem geeigneten Metallkation abgebunden. Als Kation kommt in erster Linie das Calcium Ca^{2+} infrage, da es Schwefel fest bindet. Das Ca^{2+}-Ion kann in einer Schlacke gelöst oder in einer festen Calciumverbindung enthalten sein. Die für die Bildung des Sulfidions nach (2.3) erforderlichen Elektronen werden häufig von Sauerstoffionen geliefert. Dann lautet die Entschwefelungsgleichung

$$[S] + O^{2-} = S^{2-} + [O]. \tag{2.74}$$

Liegen die Sauerstoffionen im Calciumoxid gebunden vor, so läßt sich die Gleichung wie folgt beschreiben

$$[S] + \langle CaO \rangle = \langle CaS \rangle + [O]. \tag{2.75}$$

2.7 Gleichgewichte der Entschwefelung

Jedoch ist weder die Anwesenheit von Calciumionen noch von Sauerstoffionen gemäß den beiden letzten Gleichungen zwingend erforderlich. Man kann z.B. auch mit Soda entschwefeln

$$\langle Na_2CO_3 \rangle + [S] = (Na_2S) + CO_2 + [O] \tag{2.76}$$

und hat dann das Natriumion als abbindendes Kation. Andererseits kann man auch mit Calciumcarbid entschwefeln

$$\langle CaC_2 \rangle + [S] = \langle CaS \rangle + 2[C] \tag{2.77}$$

und hat dann das Carbidion anstelle des Sauerstoffions als Elektronendonator. Grundsätzlich müssen jedoch entsprechend (2.3) zwei Bedingungen immer erfüllt sein:

1. Anwesenheit eines Elektronendonators und damit eines Reduktionsmittels.
2. Anwesenheit eines Stoffs, der den Schwefel abbindet und in eine neue Phase außerhalb des metallischen Eisens überführt, d.h. eines Sulfidbildners.

Als Elektronendonator gemäß der ersten Bedingung wird vielfach das Sauerstoffion O^{2-} verwendet, z.B. bei der Entschwefelung mit Kalk oder mit basischen Schlacken. Der nach der Elektronenabgabe dann entstehende elementare Sauerstoff löst sich im Eisen auf und bremst den weiteren Ablauf der Reaktion. Deshalb bindet man ihn während der Entschwefelung mit einem Desoxidationsmittel, z.B. Silicium, Aluminium oder Kohlenstoff, ab und entzieht ihn auf diese Weise dem System.

Im Rahmen der genannten Bedingungen gibt es zahlreiche verschiedene Entschwefelungsmöglichkeiten. Deren Erfolg hängt soweit es die Lage des thermodynamischen Gleichgewichts betrifft, von der Stabilität des gebildeten Sulfids und von der Reduktionskraft des verwendeten Reduktionsmittels ab. Die Stabilität verschiedener Sulfide zeigt ein Richardson-Diagramm in Bild 2.62 [2.99]. In diesem Diagramm sind die freien Reaktionsenthalpien ΔG für die Bildung der Sulfide aus den Elementen in Abhängigkeit von der Temperatur wiedergegeben, wobei

$$\Delta G = -RT \ln p_{S_2} = \Delta H - T\Delta S \tag{2.78}$$

ist. Aus den Diagrammen können auch die Schwefelpartialdrucke und die Werte des Hilfsgasgleichgewichts p_{H_2S}/p_{H_2}, die mit den Schwefelpartialdrücken über

$$p_{H_2S}/p_{H_2} = K_{H_2S/H_2} p_{S_2}^{1/2} \tag{2.79}$$

mit

$$K_{H_2S/H_2} = \frac{p_{S_2}^{1/2} p_{H_2}}{p_{H_2S}} \tag{2.80}$$

gekoppelt sind, abgelesen werden. Um einen Schwefelpartialdruck oder ein Verhältnis p_{H_2S}/p_{H_2} zu bestimmen, verbindet man in Bild 2.62 den Punkt S_2 bzw. den Punkt p_{H_2S}/p_{H_2} auf der Ordinate für 0 K mit dem Punkt der in das Diagramm eingezeichneten $\Delta G = f(T)$-Kurven, für den man den Schwefelpartialdruck bzw. das p_{H_2S}/p_{H_2}-Verhältnis wissen möchte. Die so entstehende Verbindungsgerade

2 Thermodynamische Grundlagen

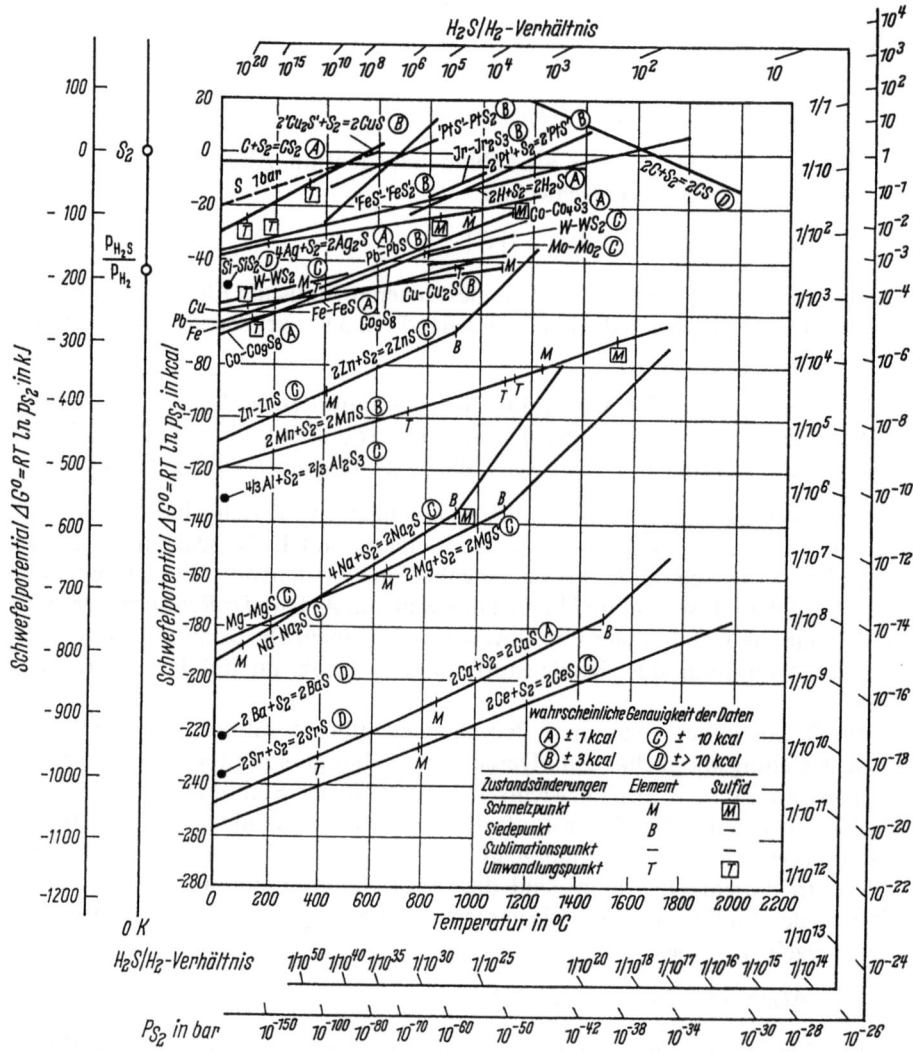

Bild 2.62 Richardson-Diagramm der Sulfide nach [2.99]

verlängert man alsdann weiter nach rechts bis sie auf eine der rechts stehenden Skalen für p_{S_2} bzw. p_{H_2S}/p_{H_2} trifft. Der Auftreffpunkt gibt unmittelbar den Wert p_{S_2} bzw. p_{H_2S}/p_{H_2} an. Wie das Bild zeigt, sind die Sulfide des Calciums und des Ceriums thermodynamisch am stabilsten. Sie sind daher für die Entschwefelung besonders interessant.

Neben der Stabilität des Sulfids ist die Reduktionskraft des verwendeten Reduktionsmittels maßgebend für den Erfolg der Entschwefelung. Arbeitet man mit reduzierend wirkenden Entschwefelungsmitteln, so ist das Reduktionsmittel zugleich Entschwefelungsmittel. Sonst muß das Reduktionsmitel dem System gesondert zugesetzt werden.

2.7.1 Löslichkeitsprodukte der Sulfide

Bei der Entschwefelung des Eisens ist die Stabilität der Sulfide durch deren Löslichkeitsprodukte im flüssigen Eisen gegeben. Die Löslichkeitsprodukte einiger Sulfide im flüssigen Eisen sind in Tabelle 2.3 auf Seite 16 bis 19 angegeben. Eine graphische Darstellung zeigt Bild 2.63 [2.89]. Die stabilsten Sulfide sind Calciumsulfid und Ceriumsulfid. Cerium bildet in Schmelzen, die auch Sauerstoff enthalten, Oxidsulfide. Dies ist in Bild 2.64 [2.77] gezeigt. Obgleich Erdalkalien und seltene Erden relativ stabile Sulfide bilden, sind die Oxide dieser Metalle doch bei weitem stabiler als Sulfide. Die Sulfide können daher erst gebildet werden, wenn der gelöste Sauerstoff vorher durch Desoxidation abgebunden ist. Auch ein nachträglicher Zutritt von Sauerstoff muß vermieden werden, da sonst die Sulfide gemäß der Reaktion

$$MeS + 1/2 O_2 = MeO + [S] \tag{2.81}$$

zersetzt werden.

Das höchste Löslichkeitsprodukt der in Bild 2.63 aufgeführten Sulfide hat das MnS. Bild 2.65 [2.100, 2.101] zeigt einen isothermen Schnitt durch das zugehörige Zustandsschaubild Fe-Mn-S, und zwar den Ausschnitt Fe-Mn-FeS-MnS für 1600 °C. Danach besteht zwischen Eisenschmelzen, die Schwefel und Mangan enthalten, und einer manganreichen Sulfidschmelze eine ausgedehnte Mischungslücke. Die Begrenzung der Mischungslücke auf der eisenreichen Seite ist die —

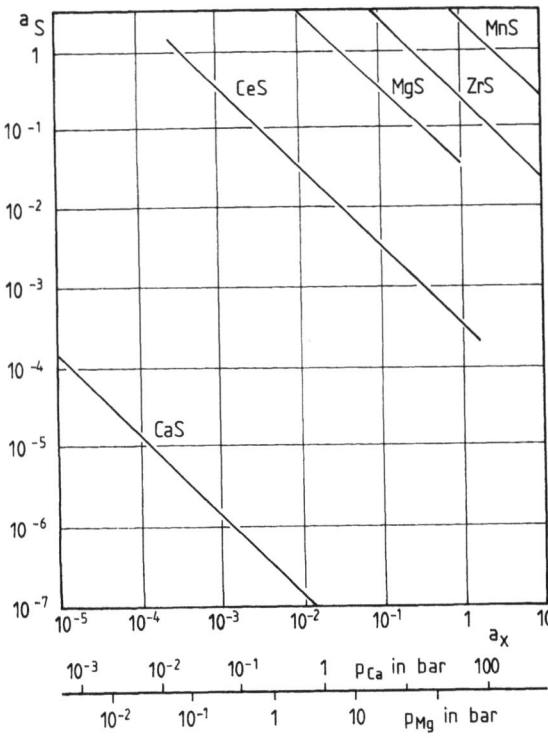

Bild 2.63 Gleichgewichte zwischen Schwefel und verschiedenen metallischen Elementen in flüssigem Eisen nach [2.89]. a_S und a_X als Massengehalte in %

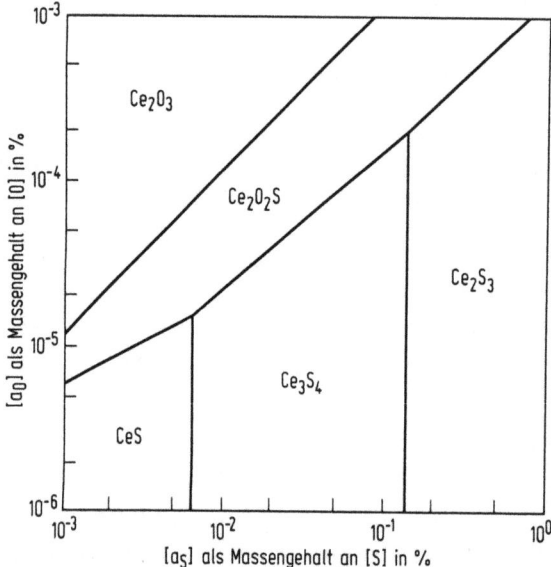

Bild 2.64 Phasengleichgewichte des Systems Fe-Ce-O-S bei 1 627 °C nach [2.77]

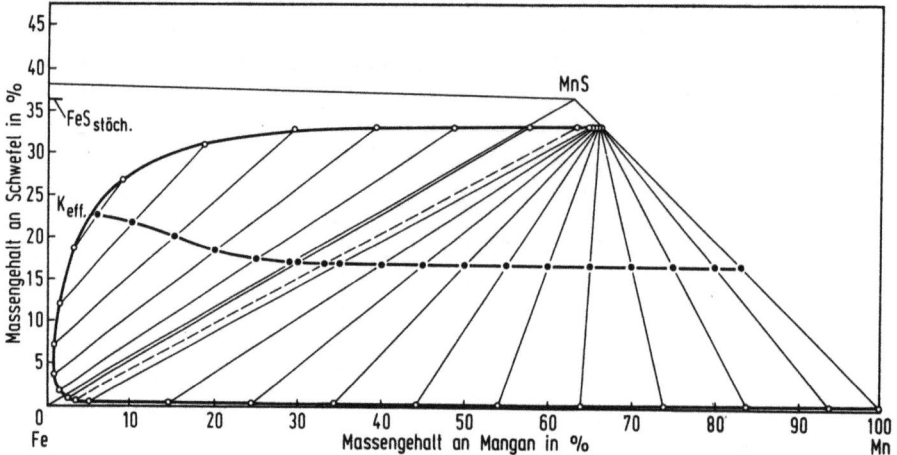

Bild 2.65 Die Mischungslücke im System Fe-Mn-S, nach [2.101] aufgrund vorliegender Messungen. K_{eff} kritischer Entmischungspunkt

temperaturabhängige — Grenze der Löslichkeit von Mangansulfid in flüssigem Eisen. Wird sie überschritten, scheidet sich MnS aus. Dagegen besteht zwischen Eisenschmelzen, die nur Schwefel, aber kein Mangan enthalten, und flüssigem FeS keine Mischungslücke. Fe und FeS sind im flüssigen Zustand unbegrenzt mischbar.

Die Lage der Mischungslücke im System Fe-Mn-FeS-MnS wurde mehrfach untersucht und ist heute gut bekannt. Eine kritische Auswertung der Literatur findet sich in [2.101]. Die Grenze der Mischungslücke auf der eisenreichen Seite

2.7 Gleichgewichte der Entschwefelung

des Systems ist durch das Löslichkeitsprodukt des MnS im Eisen gegeben. Meßergebnisse für 1 600 °C finden sich in Bild 2.65 [2.101]. Der Zahlenwert des Löslichkeitsprodukts ist in Tabelle 2.3 aufgeführt. Mit $[a_{Mn}][a_S] = 2{,}7$ bei 1 600 °C und mit $[a_{Mn}] = [\% \text{Mn}]$ folgt, daß z.B. bei 2 % Mn das Löslichkeitsprodukt bei $[a_S] = 1{,}35\%$ überschritten wird. So hohe Gehalte liegen i.d.R. im flüssigen Eisen nicht vor. Jedoch wird bei der Erstarrung des Eisens Schwefel in der Restschmelze stark angereichert, so daß es zur Ausscheidung von MnS kommt. Das Mangan-Schwefelgleichgewicht ist daher vor allem für die Erstarrung von Bedeutung.

Das niedrigste Löslichkeitsprodukt besitzt Calciumsulfid. Calcium ist daher ein wirksames Entschwefelungsmittel. Es wird i.d.R. in Form einer Calcium-Siliciumlegierung eingesetzt.

Das Löslichkeitsprodukt des Calciumsulfids ist zusammen mit dem Löslichkeitsprodukt des Calciumoxids auch für die Entschwefelung des Eisens mit Kalk von Bedeutung. Die Entschwefelung mit Kalk läuft nach (2.75) mit der Gleichgewichtskonstanten

$$K_{CaO/CaS} = \frac{[a_O] a_{CaS}}{[a_S] a_{CaO}} \tag{2.82}$$

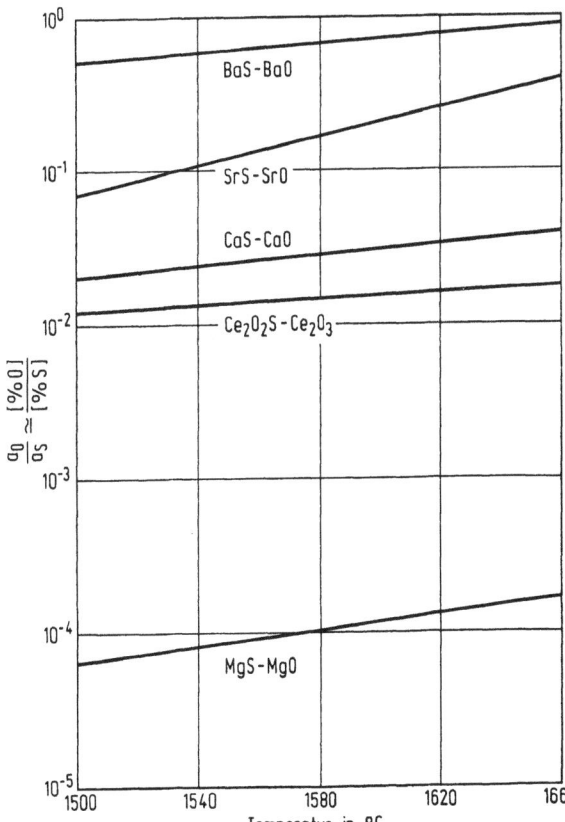

Bild 2.66 Verhältnis der Aktivitäten von Sauerstoff und Schwefel im flüssigen Eisen für die angegebenen Sulfid-Oxid-Gleichgewichte nach [2.77]

ab. Die Konstante $K_{CaO/CaS}$ folgt aus den Werten der Gleichgewichte für 1 600 °C [2.96], vgl. Tabelle 2.3

$$K_{CaO} = \frac{[a_{Ca}][a_O]}{a_{CaO}} = 9 \cdot 10^{-7} \qquad (2.83)$$

und

$$K_{CaS} = \frac{[a_{Ca}][a_S]}{a_{CaS}} = 1{,}7 \cdot 10^{-5} \qquad (2.84)$$

zu $K_{CaO/CaS} = 5{,}3 \cdot 10^{-2}$. Wenn $a_{CaO} = a_{CaS} = 1$ ist, folgt daraus $[a_O]/[a_S] = 5{,}3 \cdot 10^{-2}$. Die Sauerstoffaktivität muß durch Desoxidation entsprechend stark gesenkt werden, damit die Reaktion in Richtung auf die Bildung des Sulfids ablaufen kann. Aus anderen Untersuchungen folgt $K_{CaO/CaS} = 3{,}7 \cdot 10^{-2}$ [2.102] bzw. $3{,}3 \cdot 10^{-2}$ [2.103] bei 1 600 °C. Schließlich ergibt eine Untersuchung der Reaktion $[S] + CaO + [C] = CaS + CO$ mit $a_{CaO} = a_{CaS} = 1$ für das Gleichgewicht $p_{CO}/[a_C][a_S]$ den Wert 8,33 bei 1 600 °C [2.104]. Daraus folgt mit (2.61) für 1 % C ebenfalls $K_{CaO/CaS} = 3{,}3 \cdot 10^{-2}$.

Obgleich CaO das wichtigste Entschwefelungsmittel ist, kommen im Prinzip auch andere Oxide hierfür infrage. Bild 2.66 zeigt die Sauerstoff-Schwefelverhältnisse für weitere Sulfid-Oxidgleichgewichte [2.77]. Für Strontium und Barium sind die Verhältnisse günstiger, für Magnesium sind sie ungünstiger als für Calcium. Magnesiumoxid ist als Entschwefelungsmittel nicht geeignet. Wohl kann aber mit Magnesiummetall entschwefelt werden, wenn der Sauerstoffgehalt der Schmelze vorher abgebunden ist.

2.7.2 Entschwefelung mit festen Entschwefelungsmitteln

Kalk wird als Entschwefelungsmittel sowohl im festen Zustand als auch gelöst in einer Schlacke eingesetzt. Im festen Zustand wird er pulverförmig in Roheisen- oder Stahlschmelzen eingeblasen. Bei der Entschwefelung von Roheisen dient i.d.R. das Silicium des Roheisens als Desoxidationsmittel. Desoxidationsprodukt ist dann Dicalciumsilicat. Die Gesamtreaktion lautet:

$$2CaO + [S] + 1/2[Si] = CaS + 1/2 \, 2CaO \cdot SiO_2 \qquad (2.85)$$

mit

$$K_{2CaO \cdot SiO_2/S} = \frac{(a_{CaS})(a_{2CaO \cdot SiO_2})^{1/2}}{(a_{CaO})^2 [a_S][a_{Si}]^{1/2}}. \qquad (2.86)$$

Die bei der Reaktion entstehenden Verbindungen CaS und $2CaO \cdot SiO_2$ schlagen sich auf der Oberfläche des festen CaO nieder. Da je Mol CaS 0,5 Mole $2CaO \cdot SiO_2$ entstehen und da dessen Molvolumen rd. zweimal dem Molvolumen des CaS entspricht, beträgt das Volumenverhältnis der beiden Phasen 1:1. Durch die gebildeten Reaktionsprodukte ist das CaO räumlich von der Berührung mit der Eisenschmelze getrennt. Die Reaktion läuft weiter, indem Sauerstoff- und Schwefelionen in dem aufgewachsenen CaS diffundieren. Die Reaktion läuft dann

2.7 Gleichgewichte der Entschwefelung

in Form zweier räumlich getrennter Teilreaktionen

$$[S] + 1/2[Si] + Ca^{2+} + 2O^{2-} = S^{2-} + 1/2 Ca_2SiO_4$$

und

$$S^{2-} + 2CaO = CaS + Ca^{2+} + 2O^{2-}$$

die zusammen wieder die Reaktion (2.85) ergeben, ab [2.106]. Die erste Teilreaktion findet an der Phasengrenze Sulfid-Schmelze, die zweite an der Phasengrenze CaO-Sulfid statt. Im Sulfid diffundieren S^{2-} von außen nach innen und $2O^{2-} + Ca^{2+}$ von innen nach außen. Die gegenseitige Löslichkeit zwischen CaO und CaS ist sehr gering, so daß $a_{CaO} \simeq a_{CaS} \simeq 1$ ist. Ebenfalls ist $a_{2CaO \cdot SiO_2} = 1$. Die Gleichgewichtskonstante der Desoxidation mit Silicium und CaO unter Bildung von Dicalciumsilicat lautet

$$K_{2CaO \cdot SiO_2} = \frac{(a_{CaO})^2 [a_{Si}][a_O]^2}{(a_{2CaO \cdot SiO_2})}. \tag{2.87}$$

Aus den in Tabelle 2.3 angegebenen Zahlenwerten ergibt sich für 1 500 °C $K_{2CaO \cdot SiO_2} = 1,3 \cdot 10^{-9}$. Nach Bild 2.66 ist bei 1 500 °C $K_{CaO/CaS} = 2 \cdot 10^{-2}$. Damit folgt $K_{2CaO \cdot SiO_2/S} = 5,55 \cdot 10^2$ bei 1 500 °C. Mit $a_{2CaO \cdot SiO_2} = a_{CaO} = a_{CaS} = 1$ und bei einem Siliciumgehalt im Eisen von $[a_{Si}] = [\% Si] = 0,3 \%$ erhält man dann $[a_S] = 0,0033 \%$. Unter Berücksichtigung des Aktivitätskoeffizienten des Schwefels im Roheisen $f_{[S]} \simeq 5$ erhält man für die Entschwefelung von Roheisen mit festem Kalk $S = 7 \cdot 10^{-4} \%$. Die hohe thermodynamische Stabilität des Dicalciumsilicats macht das Silicium zu einem starken Desoxidationsmittel und ermöglicht damit eine gute Entschwefelungswirkung des Kalks.

Eine Variante der Entschwefelung von Roheisen mit festem Kalk ist das Einblasen des Kalks in die Schmelze mit Erdgas als Trägergas [2.105–2.107]. Das Methan des Erdgases wirkt dann als Desoxidationsmittel. Ein thermischer Zerfall des Methans findet bei dieser Arbeitsweise nicht oder nur begrenzt statt. Mit den Zahlenwerten für die Gleichgewichtskonstanten K_{CH_4/O_2} und K_O in Tabelle 2.3 und mit $K_{CaO/CaS}$ erhält man für das Gleichgewicht

$$K_{CH_4/S} = \frac{[a_S] p_{CH_4}}{p_{CO} p_{H_2}^2} \frac{(a_{CaO})}{(a_{CaS})} \tag{2.88}$$

bei 1 500 °C den Wert $K_{CH_4/S} = 5,06 \cdot 10^{-5}$. Bild 2.67 zeigt für $a_{CaO}/a_{CaS} = 1$, für ein konstantes Verhältnis $p_{H_2} : p_{CO} = 2$ für $p_{tot} = 1$ bar die Schwefelaktivität als Funktion des p_{CH_4}-Partialdrucks. Erdgas ist ein starkes Desoxidationsmittel. Bei Anwendung von Erdgas läuft die Entschwefelung schneller als mit Silicium als Desoxidationsmittel ab, weil die Oberfläche der Kalkkörner nicht mit Dicalciumsilicat, sondern nur noch mit CaS bedeckt ist, so daß die gesamte Kornoberfläche für die Reaktion zur Verfügung steht.

Bei der Entschwefelung des Stahls mit festem Kalk sind im Unterschied zu Roheisen die Schmelzen i.d.R. vorher mit Aluminium desoxidiert. Dann bildet sich durch die Reaktion

$$5CaO + 2[Al] + 3[S] = 3(CaS) + (2CaO \cdot Al_2O_3) \tag{2.89}$$

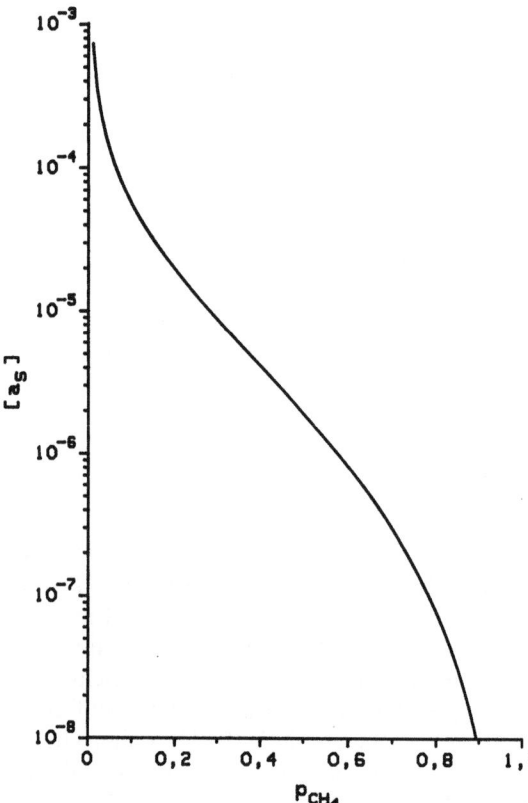

Bild 2.67 Schwefelaktivität im Eisen als Massengehalt des Schwefels in % in Abhängigkeit vom Partialdruck des Methans am Reaktionsort bei 1 500 °C. $p_{CH_4}+p_{CO}+p_{H_2}=1$ bar. $p_{H_2}=2 \cdot p_{CO}$

an der Oberfläche der Kalkkörner eine CaO-gesättigte Schmelze aus CaO, CaS und Al_2O_3 in der $a_{CaS}<1$ ist. Durch Einblasen von Flußmitteln, z.B. CaF_2 oder Al_2O_3 zusammen mit dem Kalk kann dieser Vorgang erleichtert werden. Die zahlenmäßige Behandlung der Reaktion (2.89) erfolgt im Abschn. 2.7.3.

Neben Kalk wird Calciumcarbid als festes Entschwefelungsmittel, und zwar vorzugsweise für die Entschwefelung von Roheisen benutzt [2.108]. Die Reaktion lautet

$$CaC_2 + [S] = CaS + 2[C]. \tag{2.90}$$

Die Carbidionen des CaC_2 wirken stark reduzierend, so daß bei der Entschwefelung mit Calciumcarbid nicht desoxidiert zu werden braucht. Nach dem in Tabelle 2.3 angegebenen Gleichgewichtswert gilt für 1 500 °C

$$K_{CaC_2/S} = \frac{[a_S] (a_{CaC_2})}{(a_{CaS}) [a_C]^2} = 1{,}7 \cdot 10^{-5}. \tag{2.91}$$

Wenn $(a_{CaC_2}) = (a_{CaS}) = [a_C] = 1$ ist, folgt daraus $[a_S] = 1{,}7 \cdot 10^{-5}$ und mit $f_{[S]} \simeq 5$ dann: $[\% S] = 3{,}4 \cdot 10^{-6}$.

Die Reaktion läuft als Festkörperreaktion ab, wobei sich das an der Oberfläche bildende Sulfid im Carbid löst, da CaS und CaC_2 bei der Reaktionstemperatur lückenlos mischbar sind [2.109].

2.7.3 Entschwefelung mit kalkbasischen Schlacken

Die Entschwefelung mit kalkbasischen Schlacken gehorcht (2.38), allerdings jetzt mit $a_{CaO} \leqq 1$ und $a_{CaS} \leqq 1$. Die Schlacken gehören den Grundsystemen CaO-Al_2O_3 oder CaO-Al_2O_3-SiO_2 an. Hochofenschlacken enthalten darüber hinaus auch größere Anteile an MgO. Bild 2.58 zeigt das System CaO-Al_2O_3 und Bild 2.68 das System CaO-Al_2O_3-SiO_2 [2.7]. In dem zuletzt genannten System sind im kalkreichen Teil die Liquidusflächen ähnlich denen im System CaO-FeO_n-SiO_2 angeordnet. Dagegen haben die Schlacken auf der tonerdereichen Seite höhere Liquidustemperaturen als in vergleichbaren Systemen mit Eisenoxid. Für die Entschwefelung ist die Löslichkeit von CaS in diesen Schlacken von Bedeutung. Bild 2.69 zeigt die CaS-Löslichkeit im System CaO-Al_2O_3 [2.94, 2.110 – 2.112].

Wenn man die Entschwefelungswirkung der Schlacken berechnen will, muß man die Aktivitäten (a_{CaO}) und (a_{CaS}) kennen. Obgleich es viele Untersuchungen hierüber gibt, sind die Werte doch nicht immer bekannt. Deshalb wird die Entschwefelungswirkung durch die in Abschn. 2.5.3 beschriebene Sulfidkapazität C_S gekennzeichnet [2.88]. Mit ihr wird die Schwefelverteilung durch (2.40)

$$\frac{(S)}{[a_S]} = C_S \frac{1}{[a_O]}$$

ausgedrückt. Alternativ wird für die Sulfidkapazität auch der Ausdruck

$$C_S^* = (S) \cdot \frac{p_{O_2}^{1/2}}{p_{S_2}^{1/2}}$$

benutzt. Mit der Reaktionsgleichung

$$[S] + 1/2 O_2 = 1/2 S_2 + [O]$$

und der zugehörigen Gleichgewichtskonstanten

$$K_{OS} = \frac{p_{S_2}^{1/2} [a_O]}{p_{O_2}^{1/2} [a_S]}$$

folgt

$$C_S^* = \frac{C_S}{K_{OS}}.$$

Bild 2.70 zeigt gemessene Werte der Sulfidkapazität C_S von CaO-Al_2O_3-Schlacken [2.88, 2.94, 2.110, 2.111, 2.176]. Die Werte nehmen mit steigendem Kalkgehalt der Schlacke stark zu und erreichen bei Kalksättigung je nach Temperatur Werte zwischen 0,04 und 0,06. In verschiedenen Untersuchungen [2.94, 2.102, 2.113 – 2.119] wurde gefunden, daß in CaO-Al_2O_3-SiO_2-Schlacken die Sulfidkapazitäten C_S in der gleichen Größenordnung wie in Bild 2.70 liegen. Bild 2.71 zeigt dazu Ergebnisse [2.102, 2.116]. Die Zunahme der Sulfidkapazität mit steigendem CaO-Gehalt ist durch die höhere CaO-Aktivität und die damit einhergehende Erhöhung der Konzentration an freien Sauerstoffionen (s. (2.16)) bedingt. Dies geht auch aus dem Verlauf der Aktivität der Komponenten im System CaO-Al_2O_3-SiO_2 (Bild 2.72 und 2.73) hervor.

86 2 Thermodynamische Grundlagen

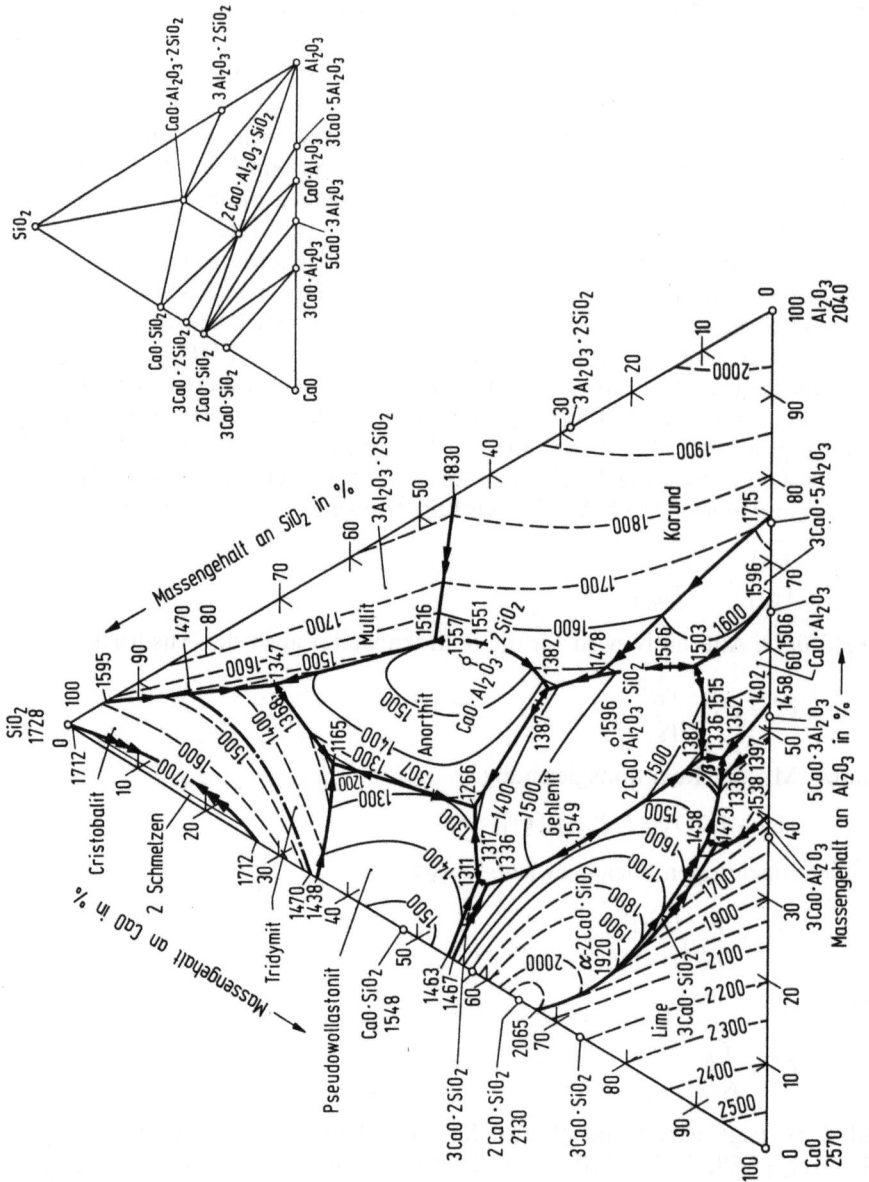

Bild 2.68 Zustandsschaubild CaO-Al$_2$O$_3$-SiO$_2$ nach [2.7]

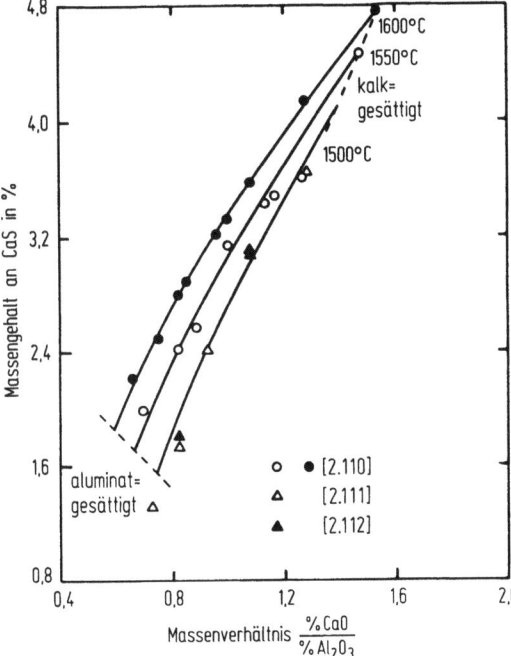

Bild 2.69 Löslichkeit von Calciumsulfid in Calciumaluminatschmelzen bei verschiedenen Temperaturen als Funktion des Massenverhältnisses % CaO/% Al_2O_3 nach [2.94]

Ein Vergleich der Sulfidkapazitäten in den Bildern 2.70 und 2.71 mit denen in Bild 2.34 zeigt, daß die Sulfidkapazitäten im System CaO-FeO_n-SiO_2 um mehr als eine Zehnerpotenz höher liegen als die im System CaO-Al_2O_3-SiO_2. Dies dürfte darauf zurückzuführen sein, daß zwischen CaO und Al_2O_3 eine Tendenz zur Verbindungsbildung besteht, wodurch freie Sauerstoffionen gebunden werden. Im System CaO-FeO_n-SiO_2 ist dies nicht der Fall, zumindest dann nicht, wenn die Schlacke mit metallischem Eisen im Gleichgewicht steht, da das Eisenoxid dort überwiegend zweiwertig vorliegt.

Die Sauerstoffaktivität der Stahlschmelze ist bei der Stahlentschwefelung meistens durch das Desoxidationsgleichgewicht des Aluminiums festgelegt. Wie oben dargelegt, kann die Desoxidationswirkung des Aluminiums verstärkt werden, wenn die Aktivität des Al_2O_3 durch dessen Auflösung in einer CaO-Al_2O_3- oder CaO-Al_2O_3-SiO_2-Schlacke gesenkt wird. Wie Bild 2.73 zeigt, haben CaO-Al_2O_3-SiO_2-Schlacken mit Stoffmengenanteilen von 10 bis 20 % SiO_2 und 50 bis 70 % CaO Tonerdeaktivitäten von 0,01 bis 0,5. Im gleichen Konzentrationsbereich beträgt nach Bild 2.71 die Sulfidkapazität $C_S = 5$ bis $35 \cdot 10^{-3}$. Mit diesen Werten und der Gleichgewichtskonstanten der Aluminiumdesoxidation von $K_{Al_2O_3} = 2,3 \cdot 10^{-14}$ bei 1550 °C nach Tabelle 2.3 können die Schwefelverteilungswerte berechnet werden. Das Ergebnis zeigt Bild 2.74 für Schlacken, die 13 % SiO_2 enthalten. Die Schwefelverteilungswerte erstrecken sich in Abhängigkeit vom CaO-Gehalt der Schlacke über rd. zwei Zehnerpotenzen. Werte der Schwefelverteilung für CaO-Al_2O_3-SiO_2-Schlacken mit 5 % MgO zeigt Bild 2.75 [2.96, 2.120]. Diese Werte wurden mit Hilfe von Strukturmodellen der Schlacke

88 2 Thermodynamische Grundlagen

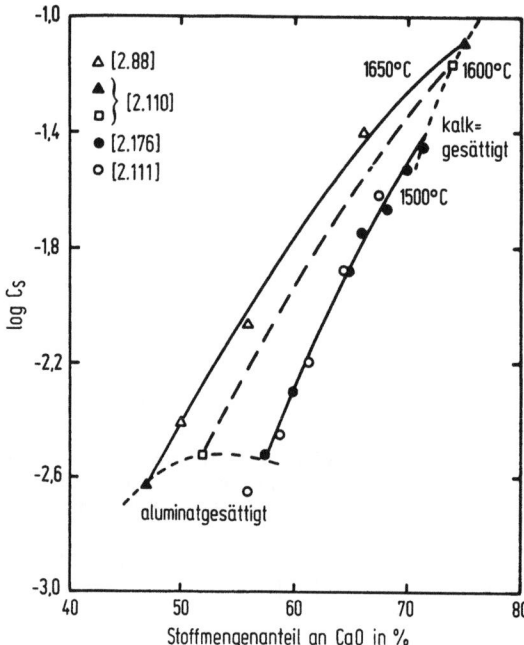

Bild 2.70 Sulfidkapazitäten von Calciumaluminatschmelzen in Abhängigkeit von der Schlackenzusammensetzung und von der Temperatur nach [2.94]

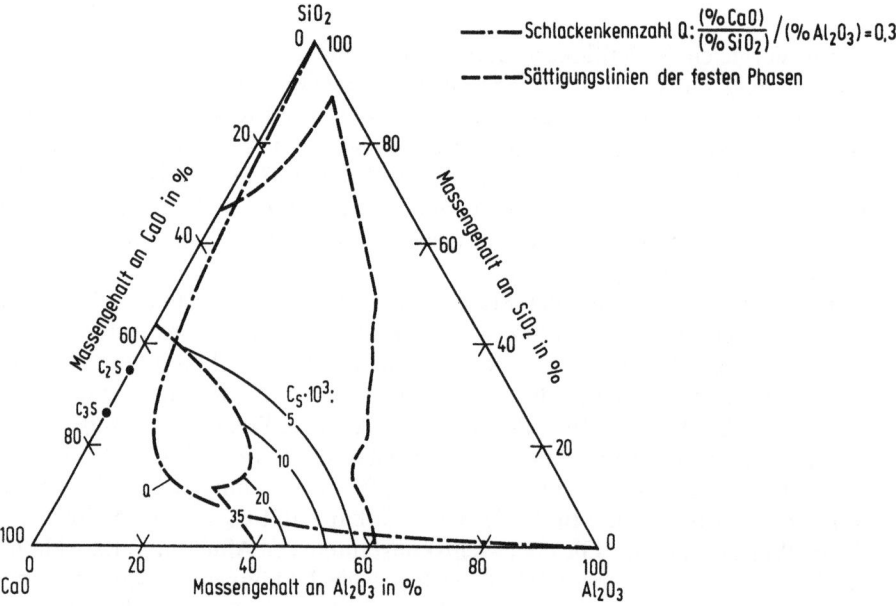

Bild 2.71 Sulfidkapazität $C_S \cdot 10^3$ in Schlacken des Systems $CaO-Al_2O_3-SiO_2$ bei 1 550 °C nach [2.102]

2.7 Gleichgewichte der Entschwefelung 89

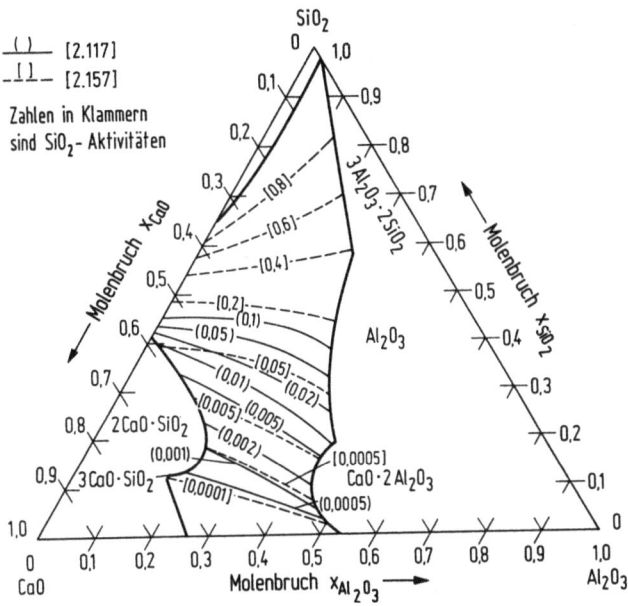

Bild 2.72 Aktivität von SiO_2 im System CaO-Al_2O_3-SiO_2 bei 1 600 °C nach [2.7]

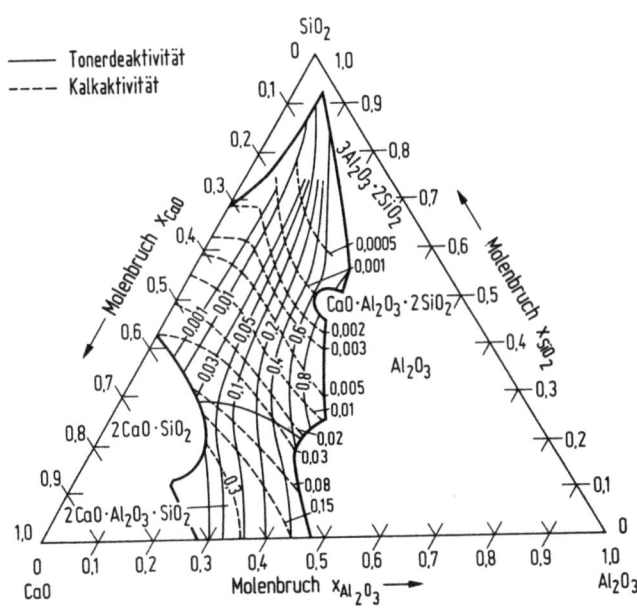

Bild 2.73 Aktivitäten von CaO und Al_2O_3 im System CaO-Al_2O_3-SiO_2 bei 1 600 °C nach [2.7]

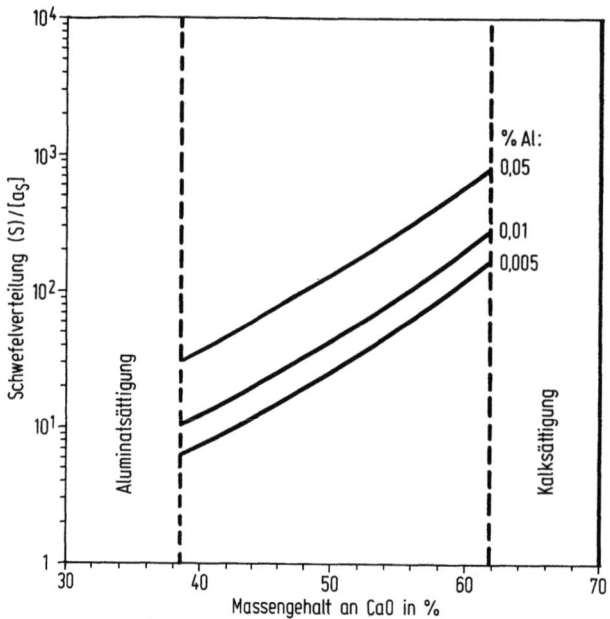

Bild 2.74 Schwefelverteilung zwischen flüssigem Eisen und CaO-Al$_2$O$_3$-SiO$_2$-Schlacken mit 13 % SiO$_2$ in Abhängigkeit vom CaO-Gehalt der Schlacke bei 1 550 °C für unterschiedliche Al-Gehalte im Eisen. [a_S] als Massengehalt des Schwefels in %

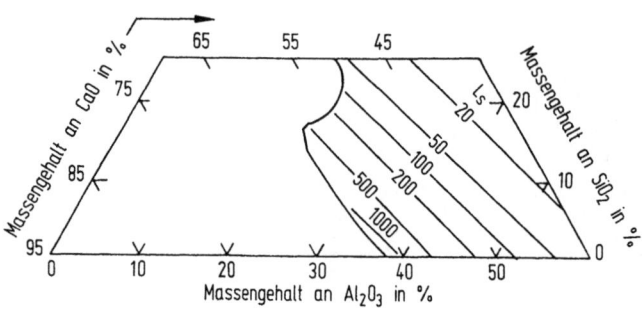

Bild 2.75 Schwefelverteilung L_S zwischen aluminiumhaltigem Stahl mit [a_{Al}] = 0,07 % und CaO-Al$_2$O$_3$-SiO$_2$-MgO-Schlacken mit 5 % MgO bei 1 625 °C nach [2.96]

berechnet [2.121]. Sie stimmen mit den aus Messungen ermittelten Daten in Bild 2.74 trotz etwas unterschiedlicher Temperatur gut überein.

CaO-Al$_2$O$_3$- und CaO-Al$_2$O$_3$-SiO$_2$-Schlacken werden für die Entschwefelung von Stahl bei der pfannenmetallurgischen Raffination benutzt. Dem gleichen Schlackentyp, jedoch mit höheren SiO$_2$- und niedrigeren CaO-Gehalten gehören die Hochofenschlacken an. Hochofenschlacke besteht i.d.R. aus 40 bis 50 % CaO, 38 bis 40 % SiO$_2$, 5 bis 12 % MgO, 8 bis 19 % Al$_2$O$_3$, bis 3 % MnO und bis 3 % S.

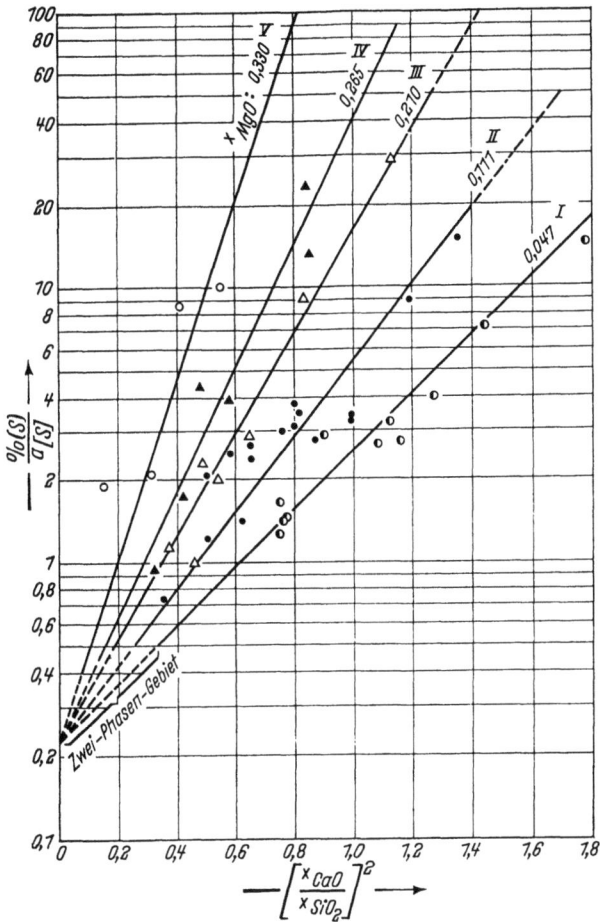

Bild 2.76 Schwefelverteilung $(S)/[a_S]$ in Abhängigkeit von der Schlackenbasizität für CaO-MgO-SiO$_2$-Schlacken nach [2.125]. $[a_S]$ als Massengehalt des Schwefels in %

Der hohe Schwefelgehalt der Schlacke weist darauf hin, welche Bedeutung die Hochofenschlacke für die Aufnahme des Schwefels, der hauptsächlich über Koks in den Hochofen eingebracht wird, hat. Roheisen enthält i.d.R. 0,03 % S, die Schlackenmenge beträgt 300 kg/t Roheisen. Dies bedeutet, daß bis zu 97 % des Schwefels von der Schlacke aufgenommen werden. Das Grundsystem der Hochofenschlacken ist das System CaO-SiO$_2$-Al$_2$O$_3$-MgO. Es ist mehrfach untersucht worden und gut bekannt [2.7, 2.125, 2.141].

Die Schwefelverteilung zwischen Schlacken vom Typ der Hochofenschlacken und kohlenstoffgesättigtem Eisen ist durch die Sulfidkapazität der Schlacke und die Sauerstoffaktivität des Systems entsprechend (2.40) gegeben. Wegen der komplexen Zusammensetzung der Hochofenschlacken drückt man die Sulfidkapazität auch durch eine empirisch festgelegte Basizität aus, in der der Einfluß der einzelnen Schlackenkomponenten passend berücksichtigt ist [2.125, 2.141].

92 2 Thermodynamische Grundlagen

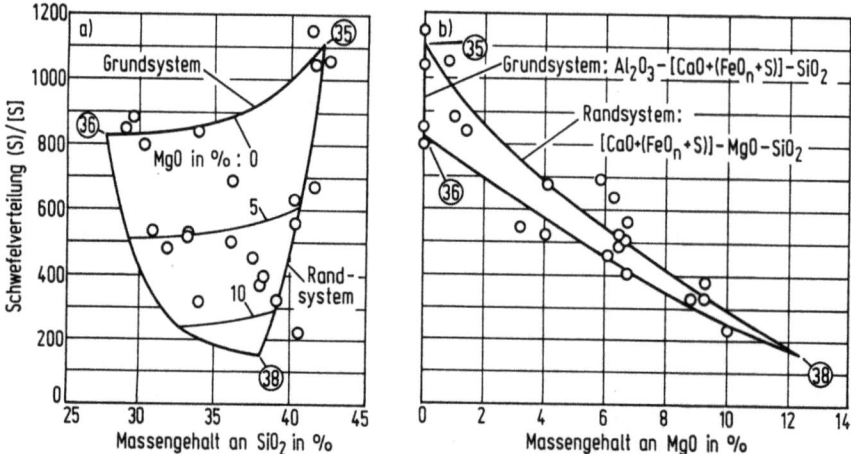

Bild 2.77a, b Schwefelverteilung zwischen an oxidischen Phasen gesättigten Schlacken des Systems CaO-Al$_2$O$_3$-MgO-SiO$_2$ und kohlenstoffgesättigten Eisenschmelzen bei 1 600 °C in Abhängigkeit **a** vom Kieselsäuregehalt und **b** vom Magnesiumoxidgehalt. Nach [2.124]

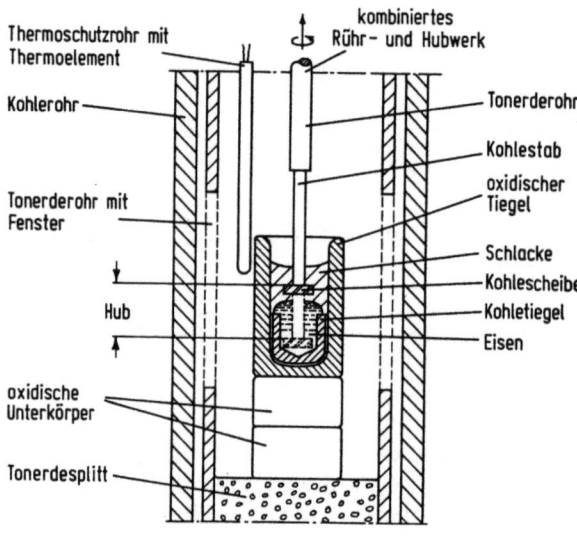

Bild 2.78 Versuchsaufbau zur Messung von Metall-Schlacke-gleichgewichten zwischen kohlenstoffgesättigten Eisen und an einer oxidischen Phase gesättigten Schlacken nach [2.124]

Die Sauerstoffaktivität des Systems ist bei vollständiger Einstellung des Gleichgewichts zwischen Roheisen und Schlacke durch das Kohlenstoff-Sauerstoffgleichgewicht

$$K_{CO} = \frac{[a_C][a_O]}{p_{CO}}$$

festgelegt. Bei Kohlenstoffsättigung ist $[a_C] = 1$. Der CO-Partialdruck beträgt rd. 0,4 bar. Damit liegt $[a_O]$ fest. Werte der Schwefelverteilung unter Schlacken des

2.7 Gleichgewichte der Entschwefelung 93

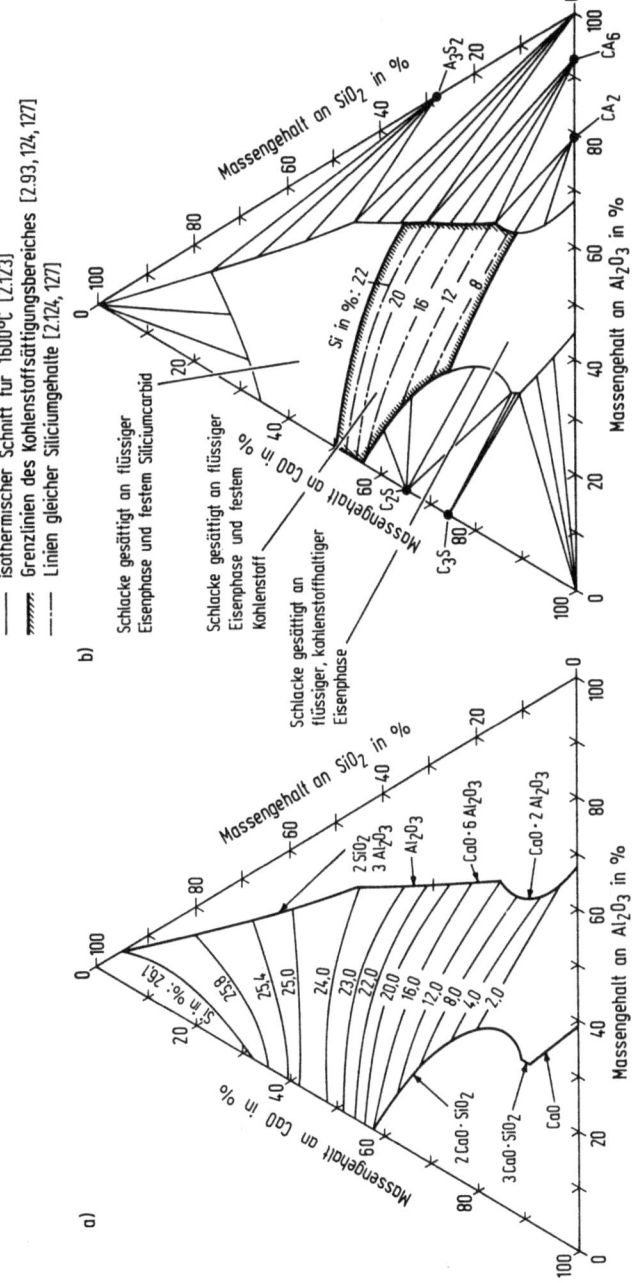

Bild 2.79a, b Existenzbereich der Al_2O_3-CaO-SiO_2-Schlacken, die bei 1600 °C mit einer kohlenstoffgesättigten und siliciumhaltigen Eisenphase im Gleichgewicht stehen nach [2.93, 2.123]

Systems CaO-MgO-SiO$_2$, die bei Kohlenstoffsättigung und $p_{CO} = 1$ bar sowie bei vollständiger Gleichgewichtseinstellung gemessen wurden, zeigt Bild 2.76 in Abhängigkeit von der Basizität der Schlacke [2.125]. Diese Messungen wurden in einem Kohlenstofftiegel durchgeführt. Bild 2.77 zeigt für 1 600 °C Ergebnisse von Gleichgewichtsmessungen in oxidischen Tiegeln, in die, wie Bild 2.78 zeigt, ein Kohlenstofftiegel zur Aufnahme des flüssigen Eisens gestellt wurde, während die Schlacke an dem oxidischen Tiegelmaterial gesättigt war [2.123, 2.124]. In Bild 2.77 haben die einzelnen Punkte und ihre Verbindungslinien folgende Bedeutung:

(35) bis (36): Sättigung an Dicalciumsilicat im System CaO-Al$_2$O$_3$-SiO$_2$,
(35) bis (38): Sättigung an Dicalciumsilicat im System CaO-SiO$_2$-MgO mit MgO-Gehalten von 0 bis 12 %,
(38) bis (36): Doppelsättigung an MgO und an Dicalciumsilicat im System CaO-Al$_2$O$_3$-SiO$_2$-MgO.

Wie das Bild zeigt, werden bei der gleichzeitig eingestellten Kohlenstoffsättigung und $p_{CO} = 1$ bar Schwefelverteilungswerte bis über 1 000 erreicht. Mit zunehmendem MgO-Gehalt sinken die Verteilungswerte ab. Es sei darauf hingewiesen, daß bei tieferen Temperaturen als 1 600 °C kompliziertere Sättigungsverhältnisse in den Schlacken auftreten. Sie sind für das Verständnis der Gleichgewichte unter Hochofenschlacken von großer Bedeutung. Wegen der Einzelheiten wird auf die Literatur verwiesen [2.123, 2.124].

Durch die Kohlenstoffsättigung und die Einstellung des Kohlenstoff-Sauerstoffgleichgewichts ist nach (2.54) und (2.59) auch das Verhältnis $(a_{SiO_2})/[a_{Si}]$ festgelegt. Jeder Schlackenzusammensetzung ist ein Siliciumgehalt zugeordnet. Das Ergebnis ist in Bild 2.79 gezeigt [2.123, 2.127]. Es zeigt im System CaO-Al$_2$O$_3$-SiO$_2$ für 1 600 °C die Linien gleichen Siliciumgehalts im Eisen. Bei Si-Gehalten von 23 % wird die Sättigung der Schlacke an Siliciumcarbid erreicht

$$K_{SiC} = [a_{Si}] [a_C].$$

Der Si-Gehalt im Eisen ist dann wegen $[a_C] = 1$ konstant. Das Gleichgewicht

$$K_{SiO_2/C} = \frac{[a_{Si}] [a_C]^2}{(a_{SiO_2}) p_{CO}^2}$$

ist bei Si-Gehalten im Eisen über 23 % entsprechend weiter steigendem SiO$_2$-Gehalt in der Schlacke dann nur noch mit CO-Partialdrücken über 1 bar einzuhalten. Anderenfalls wird SiO$_2$ durch C unter Bildung von SiC bei konstantem Si-Gehalt im Eisen von 23 % reduziert.

2.8 Gleichgewichte mit alkalihaltigen Schlacken

Seit langem wird Soda in der Metallurgie als wirksames Mittel zur Entschwefelung und Entphosphorung verwendet, teilweise allein und teilweise zusammen mit Kalk in Form von Kalk-Sodaschlacken. Über die Metallurgie der Sodabehandlung liegen verschiedene ältere Untersuchungen vor [2.126, 2.128–2.131]. In

2.8 Gleichgewichte mit alkalihaltigen Schlacken

jüngster Zeit wurden die Phasengleichgewichte im System Na_2CO_3-$CaCO_3$-CO_2 gemessen und aufgrund vorhandener thermodynamischer Daten die Reduktions-Oxidationsgleichgewichte im System Na-C-O berechnet [2.132–2.134]. Bild 2.80 zeigt die Stabilitätsbereiche der reinen Carbonate Na_2CO_3 [2.135] bzw. $CaCO_3$ [2.136]. Bei $p_{CO_2} = 1$ bar zersetzt sich festes $CaCO_3$ bei 896 °C, während Na_2CO_3 selbst bei 1 600 °C thermodynamisch stabil ist. Nach den vorliegenden Daten der freien Enthalpie erreicht das Gleichgewicht

$$Na_2CO_{3(l)} = Na_2O_{(l)} + CO_2 \qquad (2.92)$$

einen CO_2-Druck von 1 bar erst oberhalb 2 000 °C. Umgekehrt sind von den Oxiden die der Erdalkalien Mg und Ca stabiler als die der Alkalien Na und K (Bild 2.81) [2.135, 2.136]. Dies bedeutet, daß in Gegenwart von Kohlenstoff oder kohlenstoffgesättigtem Eisen Natriumcarbonat infolge Reduktion des Na_2O leicht zersetzt wird

$$Na_2CO_3 + 2C = 2Na + 3CO. \qquad (2.93)$$

Bild 2.82 zeigt das Zustandsschaubild des Systems Na_2CO_3-$CaCO_3$-CaO bei $p_{CO_2} = 1$ bar für Temperaturen bis 950 °C [2.132]. Danach bildet Na_2CO_3 mit

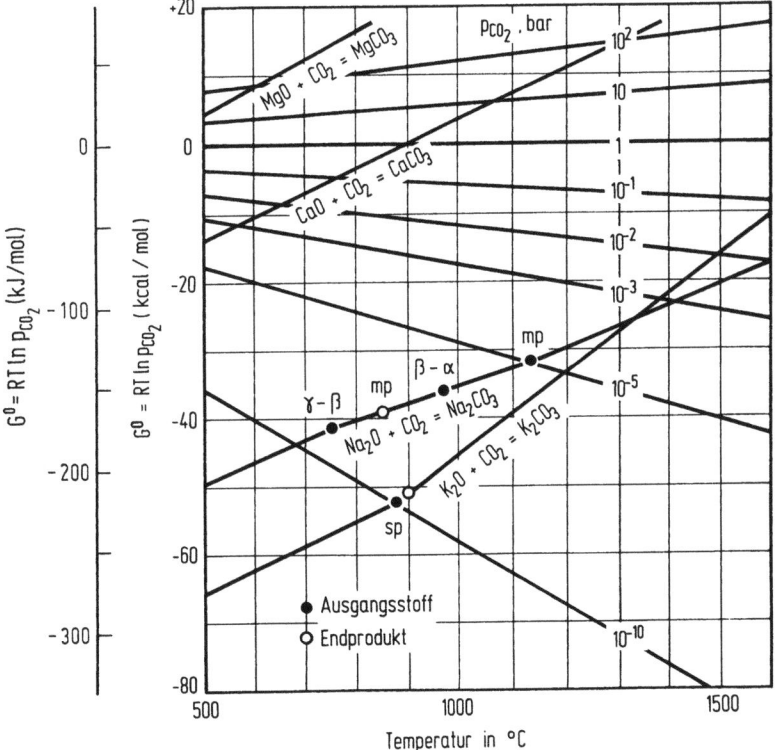

Bild 2.80 Daten der freien Enthalpie für die Carbonate der Alkalien und Erdalkalien nach [2.134]. mp Schmelzpunkt, sp Sublimationspunkt

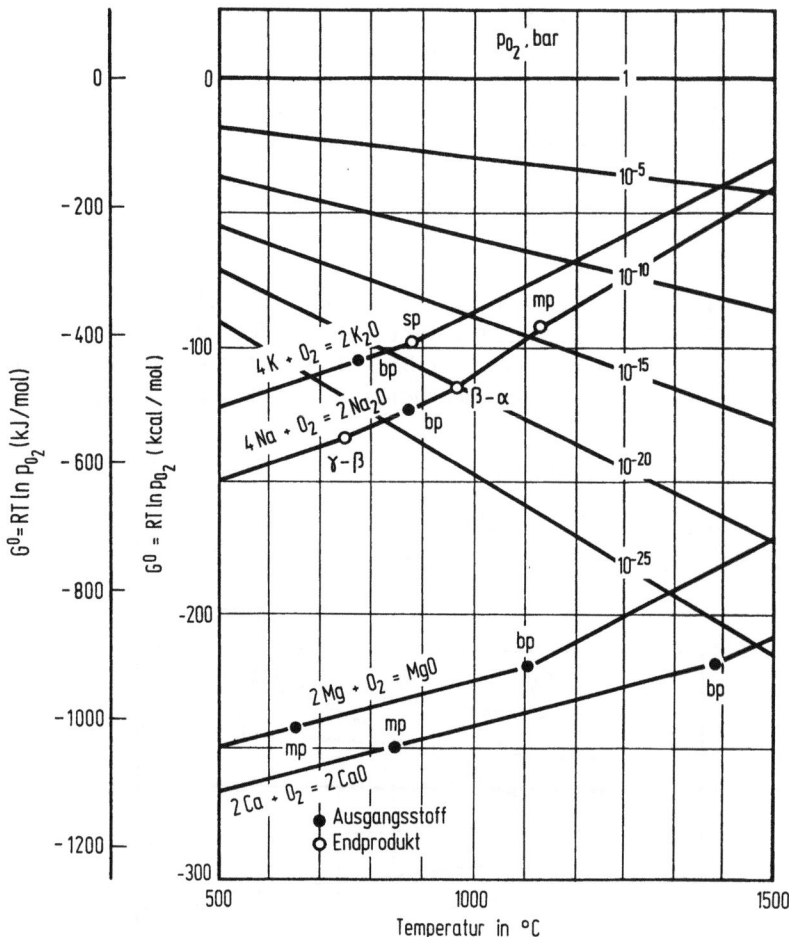

Bild 2.81 Daten der freien Enthalpie für die Oxide der Alkalien und Erdalkalien nach [2.134]. mp Schmelzpunkt, sp Sublimationspunkt

$CaCO_3$ bei tiefen Temperaturen einen Na_2CO_3-reichen Mischkristall mit einem Schmelzpunktmaximum bei 875 °C und einem Stoffmengenanteil von 8 % $CaCO_3$. Die bei höheren Temperaturen vorliegende Schmelze kann bis zu einem Stoffmengenanteil von 65 % $CaCO_3$ (bei 896 °C) lösen. Mit zunehmender Temperatur wird der Zersetzungsdruck des $CaCO_3$ von 1 bar CO_2 bei immer geringeren $CaCO_3$-Konzentrationen in der Schmelze erreicht, so daß die Löslichkeit des $CaCO_3$ abnimmt. Die Löslichkeit bis 1 300 °C zeigt Bild 2.83 [2.133]. Die Werte der Abszisse ξ'_{Ca} sind Linien konstanter Molenbrüche des Na_2CO_3 im System Na_2CO_3-$CaCO_3$-CaO. Wie das Bild zeigt, beträgt die Löslichkeit des $CaCO_3$ in der Carbonatschmelze bei 1 300 °C und $p_{CO_2} = 1$ bar nur noch wenige Stoffmengen-% und ist bei $p_{CO_2} = 0{,}1$ bar zu vernachlässigen. Sogenannte Kalk-Sodaschlacken enthalten bei diesen Temperaturen den Kalk daher nahezu

2.8 Gleichgewichte mit alkalihaltigen Schlacken 97

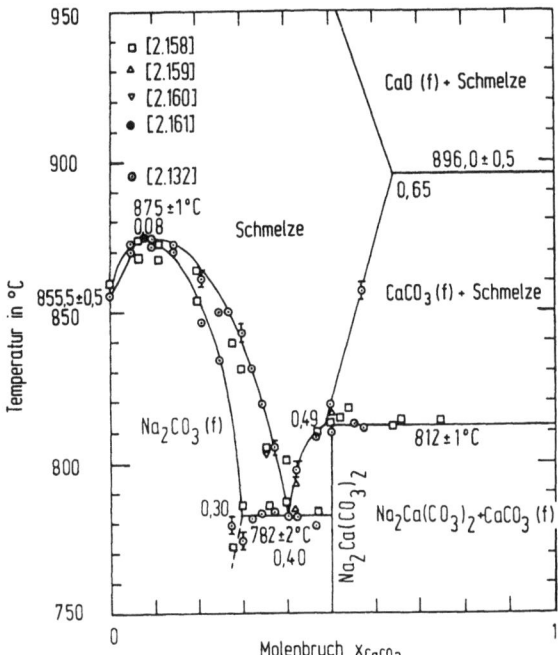

Bild 2.82 Zustandsschaubild Na$_2$CO$_3$-CaCO$_3$-CaO. Nach verschiedenen Autoren bei p_{CO_2} = 1 bar [2.132]

ausschließlich als ausgeschiedenes festes CaO. Wenn Sodaschmelzen in Berührung mit Fe-C-Legierungen kommen, findet eine Reduktion statt. Insgesamt sind folgende Reaktionen dabei zu berücksichtigen [2.133]

$$Na_2O_{(l)} + CO_{2(g)} = Na_2CO_{3(l)}, \quad (2.94)$$

$$2Na_{(g)} + 1/2\, O_{2(g)} = Na_2O_{(l)}, \quad (2.95)$$

$$CO_{(g)} + 1/2\, O_{2(g)} = CO_{2(g)}, \quad (2.96)$$

$$[C]_{Fe} + O_{2(g)} = CO_{2(g)}. \quad (2.97)$$

Der Gesamtdruck beträgt

$$p_{tot} = p_{Na} + p_{CO} + p_{CO_2} + p_{O_2}, \quad (2.98)$$

wobei p_{O_2} vernachlässigbar klein ist. Mit Hilfe der Gleichgewichte dieser Reaktionen stellten Taskinen und Janke das in Bild 2.84 gezeigte Phasenexistenzschaubild für 1 673 K auf [2.133].

Aufgetragen ist der CO$_2$-Partialdruck gegen den O$_2$-Partialdruck in logarithmischer Darstellung. In das Bild sind als Parameter Linien konstanter Werte von [% C], p_{CO}, (a_{Na_2O}) und p_{Na} eingetragen. Es ist ferner angenommen, daß ($a_{Na_2CO_3}$) = 1 ist. Damit entsprechen die vier Parameterscharen folgenden Gleichgewichten:

98 2 Thermodynamische Grundlagen

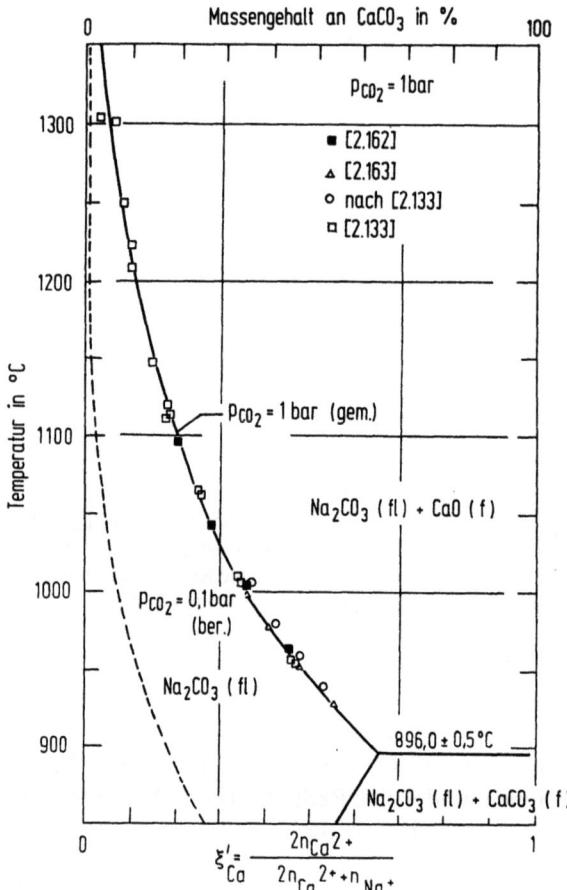

Bild 2.83 Gemessene Löslichkeiten von $CaCO_3$ in flüssigem Na_2CO_3 bei $p_{CO_2}=1$ bar nach [2.133]

1. Linien mit konstantem [% C]:

$$K_1 = \frac{p_{CO_2}}{p_{O_2}[a_C]} \, .$$

2. Linien mit konstantem p_{CO}:

$$K_2 = \frac{p_{CO_2}}{p_{O_2}^{1/2} p_{CO}} \, .$$

3. Linien mit konstantem (a_{Na_2O}):

$$K_3 = \frac{(a_{Na_2CO_3})}{(a_{Na_2O}) p_{CO_2}} \, .$$

4. Linien mit konstantem p_{Na}:

$$K_4 = \frac{(a_{Na_2CO_3})}{p_{Na}^2 p_{CO_2} p_{O_2}^{1/2}} \, .$$

2.8 Gleichgewichte mit alkalihaltigen Schlacken   99

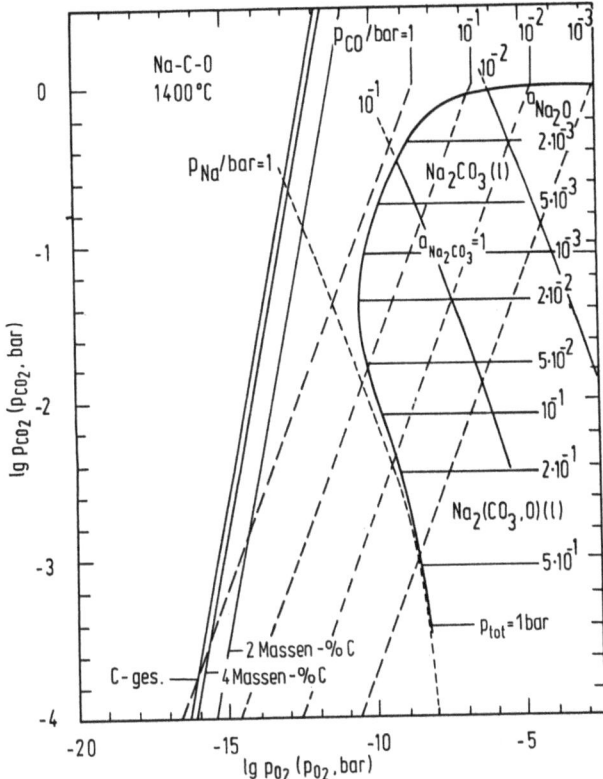

Bild 2.84 Phasenexistenzschaubild des Systems Na-C-O bei 1 673 K nach [2.133]

In das Schaubild ist außerdem die Linie für $p_{tot} = 1$ bar eingezeichnet. Aus der Lage dieser Linie zu den Linien für konstantes [% C] ersieht man, daß Soda in Gegenwart von kohlenstoffgesättigtem Eisen thermodynamisch nicht stabil ist.

Aus Bild 2.84 folgt, daß bei der Berührung von Soda mit flüssigem Roheisen dieses nach dem Aufschmelzen unter Entwicklung von Natriumdampf und Kohlenmonoxid reduziert wird. Währenddessen läuft zwischen der Soda und dem Roheisen eine Metall-Schlackereaktion ab, bei der das Roheisen unter Bildung von Na_2S entschwefelt wird und bei der Silicium und Kohlenstoff als die für die Entschwefelung notwendigen Desoxidationsmittel fungieren. Darüber hinaus können Silicium und Phosphor durch das CO_2 des Natriumcarbonats oxidiert werden. Die Oxidation des Phosphors ergibt eine Entphosphorung. Andererseits kann der Natriumdampf, der bei der Reduktion der Soda entsteht, direkt mit dem Schwefel des Roheisens unter Bildung von Natriumsulfid reagieren. Der genaue Ablauf dieser Reaktionen kann z.Z. nicht beschrieben werden, weil deren Kinetik nicht untersucht ist. Es ist aber zu erwarten, daß solange Soda und Na_2O in annähernd reiner Form vorliegen, das Eisen stark entschwefelt und entphosphort wird, weil die Na_2O-Aktivität hoch ist. Nach dem Aufhören der Reduktionsreaktion sinkt die Aktivität des Na_2O, und es kann eine Rückschwefelung und Rückphosphorung einsetzen. Das wird durch Laboruntersuchungen bestätigt [2.137, 2.138]. Als Resultat der Metall-Schlackereaktion entsteht eine Natriumsilicatschlacke, die Na_2S und $Na_6(PO_4)_2$ enthält und in der das Na_2O eine soweit

2 Thermodynamische Grundlagen

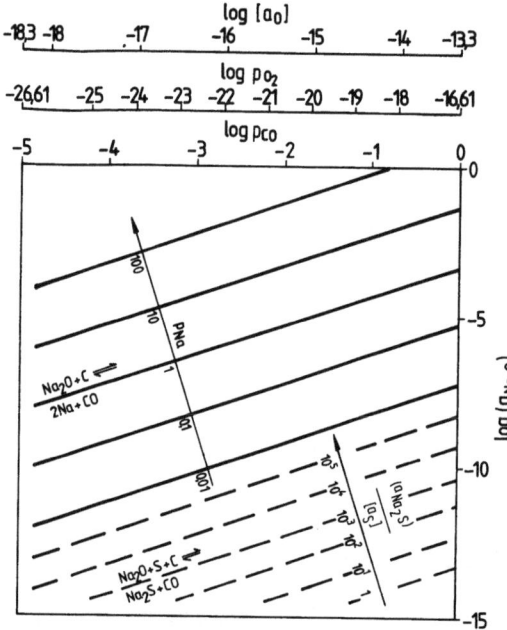

Bild 2.85 Lage der Gleichgewichte der Na$_2$O-Reduktion durch Kohlenstoff sowie der S-Verteilung bei 1 300 °C in Abhängigkeit vom Sauerstoffpartialdruck und von der Na$_2$O-Aktivität in der Schlacke

herabgesetzte thermodynamische Aktivität hat, daß es nunmehr mit dem Kohlenstoff des Eisens sowie Na-Dampf und CO im Gleichgewicht stehen kann. Bild 2.85 zeigt hierzu für 1 573 K die Lage des Gleichgewichts der Na$_2$O-Reduktion durch Kohlenstoff als Funktion der Na$_2$O-Aktivität und des Sauerstoffpartialdrucks bzw. des CO-Partialdrucks bei $[a_C] = 1$. Nimmt man einen Na-Dampfdruck von 0,01 bar als maximal zulässigen Wert an, so erkennt man, daß bei $p_{CO} = 1$ bar und $[a_C] = 1$ die Aktivität a_{Na_2O} nicht größer als $5 \cdot 10^{-8}$ sein darf, wenn eine Na$_2$O-Reduktion vermieden werden soll. Derart niedrige Aktivitäten entstehen durch die Bindung des Na$_2$O an SiO$_2$.

Das endgültige Ergebnis der Sodabehandlung wird durch die folgenden Gleichgewichte zwischen der schwefel- und phosphorhaltigen Natriumsilicatschlacke und dem Eisen bestimmt:

1. Das Gleichgewicht der Siliciumreaktion:

$$K_{Si} = \frac{[a_{Si}][a_O]^2}{(a_{SiO_2})}.$$

2. Das Gleichgewicht der Natriumoxidreduktion:

$$K_{Na} = \frac{p_{Na}^2 [a_O]}{(a_{Na_2O})}.$$

3. Das Gleichgewicht der Entschwefelungsreaktion:

$$K_S = \frac{(a_{Na_2S})[a_O]}{(a_{Na_2O})[a_S]}.$$

2.8 Gleichgewichte mit alkalihaltigen Schlacken

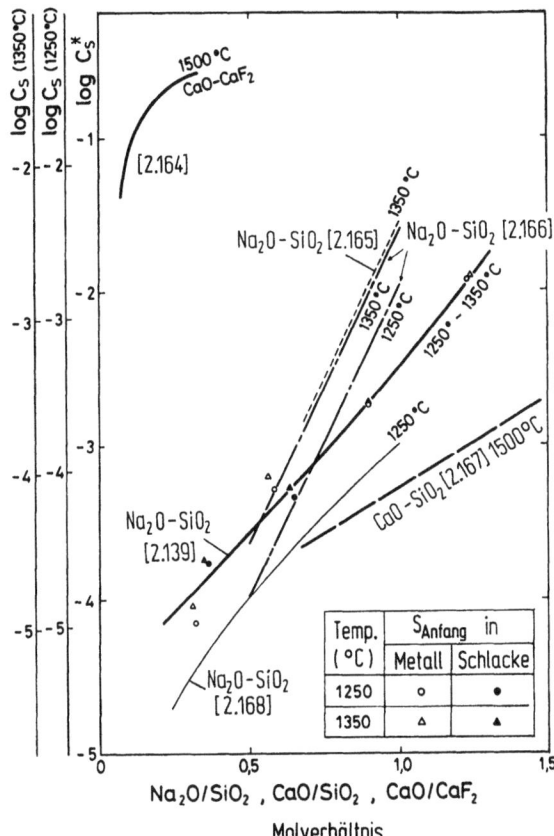

Bild 2.86 Sulfidkapazitäten der Systeme $Na_2O\text{-}SiO_2$, $CaO\text{-}SiO_2$ und $CaO\text{-}CaF_2$ nach [2.139]

4. Das Gleichgewicht der Entphosphorungsreaktion:

$$K_P = \frac{(a^{1/2}_{Na_6(PO_4)_2})}{(a_{Na_2O})^{3/2}[a_O]^{5/2}[a_P]} \cdot$$

Außerdem gilt das Gleichgewicht der Kohlenstoff-Sauerstoffreaktion

$$K_{CO} = \frac{[a_C][a_O]}{p_{CO}} \cdot$$

Die Schwefel- und Phosphorverteilungen zwischen Schlacke und Metall hängen von der Zusammensetzung der Schlacke insbesondere der Aktivität des Na_2O, und vom Sauerstoffpotential des Systems ab. Sie werden als Funktion der Sulfid bzw. der Phosphatkapazität der Schlacke dargestellt

$$\frac{(S)}{[a_S]} = C_S \frac{1}{[a_O]},$$

$$\frac{(P)}{[a_P]} = C_{(PO_4^{3-})}[a_O]^{5/2}.$$

Beide Gleichgewichte wurden gemessen [2.126, 2.128, 2.139, 2.140]. Bild 2.86 zeigt Sulfidkapazitäten. Wie man erkennt, liegen diese bei Sodaschlacken deutlich höher als bei vergleichbaren Kalkschlacken. Bezüglich des Phosphorgleichgewichts wird auf die Literatur verwiesen [2.140].

2.9 Calciummetallurgie

Metallisches Calcium wird in der Eisenmetallurgie als Raffinationsmittel eingesetzt, und zwar vorwiegend zur Feindesoxidation und Feinentschwefelung von Stahlschmelzen. Darüber hinaus ist es möglich, Calcium auch zur Entfernung anderer Begleitelemente einzusetzen [2.142]. Calcium kommt infrage, um Elemente aus der fünften und vierten Hauptgruppe des Periodensystems der Elemente, also Stickstoff, Phosphor, Arsen, Antimon und Wismut sowie Zinn und Blei, vielleicht auch Kupfer, abzubinden. Phosphor läßt sich zwar bei unlegierten Stählen, ebenso wie Kohlenstoff und Silicium oxidativ aus dem Eisen entfernen. Bei legierten Stählen kann dies jedoch schwierig sein. Die Entfernung der genannten Elemente mit Calcium verläuft nach der Reaktion

$$n[Ca] + m[X] = Ca_nX_m, \qquad (2.99)$$

wobei sich die gebildete Verbindung fest oder in einer Schlacke gelöst abscheidet. Einen Überblick über die Gleichgewichte der Reaktionen vom Typ (2.99) zeigt Bild 2.87. Die Linien für CaO und CaS liegen tiefer als die der anderen Verbindungen, weil CaO und CaS Ionenkristalle sind, während die anderen Verbindungen stärker homöopolaren Charakter haben und damit thermodynamisch weniger stabil sind.

Da CaO von allen Calciumverbindungen am stabilsten ist, folgt daß die anderen Verbindungen in Gegenwart von Sauerstoff oder von Oxiden unter Bildung von Calciumoxid zerfallen, und zwar nach den Reaktionsgleichungen

$$Ca_nX_m + n[O] = nCaO + m[X] \qquad (2.100)$$

oder

$$Ca_nX_m + nMeO = nCaO + n[Me] + m[X]. \qquad (2.101)$$

Die Reaktion (2.101) kann mit jedem Oxid MeO außer CaO ablaufen. So kann das Oxid z.B. auch aus dem feuerfesten Material oder aus einer Schlacke stammen. Daher müssen für eine erfolgreiche Calciumbehandlung folgende Bedingungen eingehalten werden:

– vorherige strenge Desoxidation und Entschwefelung,
– Ausschluß von Luftsauerstoff,
– Verwendung von Kalk oder Dolomit als feuerfestes Material,
– Aufbau der Schlacken aus Calciumverbindungen.

Der Dampfdruck von Calcium beträgt bei 1 600 °C 1,86 bar [2.143], die Löslichkeit in Eisen bei dieser Temperatur 0,030 % [2.142, 2.143]. Es müssen

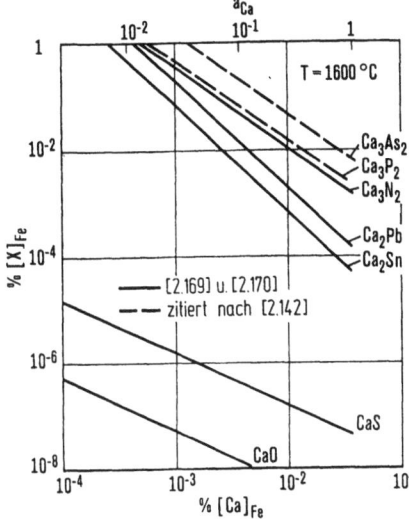

Bild 2.87 Gleichgewichtsschaubild für die Raffination mit Calcium nach [2.142]

daher geeignete Maßnahmen getroffen werden, um die Verdampfung von Calcium zu vermeiden. Sie können bestehen in:

— Anwendung von Ar-Überdruck, um die Bildung von Ca-Blasen zu vermeiden und die Gasdiffusion des Calciums zu verlangsamen,
— Ausnutzung des ferrostatischen Drucks durch Einbringen des Calciums in tiefere Badschichten
— Verwendung von Calciumlegierungen mit geringerem Ca-Dampfdruck.

Betrachtet man Bild 2.87, so stellt man fest, daß bei 10^{-2} % Ca die Elemente der fünften Hauptgruppe Konzentrationen im Eisen von rd. 10^{-2} % und die der vierten Hauptgruppe solche von rd. 10^{-3} % haben. Für eine weitergehende Entfernung der Elemente ist es nötig, die entsprechenden Calciumverbindungen in einer Schlacke zu lösen und deren Aktivitäten unter eins zu senken. Als Schlackenbildner kommen wegen der Gefahr von Nebenreaktionen praktisch nur Calciumverbindungen infrage. Als vorteilhaft erweisen sich Calciumhalogenidschlacken, da sie mit Calcium lückenlos mischbar sind. Derartige Schlacken können mit Ca-Aktivitäten von 0–0,8 und somit variablem Ca-Dampfdruck eingesetzt werden [2.144]. Die Schlacken lassen sich in CaO-Tiegeln einschmelzen, wobei sie sich an CaO sättigen und dann bei 1 600 °C einen Massenanteil von 25 % bzw. einen Stoffmengenanteil von 20 % CaO enthalten. Daraus folgt, daß Kristallkalk oder Dolomit als feuerfeste Materialien bei der technischen Anwendung geeignet sind.

Während die Löslichkeit von Calcium in reinem Eisen bei 1 600 °C, wie gesagt, 0,03 % beträgt, nimmt sie in kohlenstoffhaltigem Eisen mit steigendem Kohlenstoffgehalt zunächst bis 0,9 % C zu und dann wieder ab (Bild 2.88). Bei 0,9 % C wird das Löslichkeitsprodukt von CaC_2 im flüssigen Eisen erreicht, und bei höheren C-Gehalten folgt die Löslichkeit des Calciums dann diesem Löslichkeitsprodukt. Von Interesse ist weiterhin die Löslichkeit des Calciums in Eisen-Chrom-

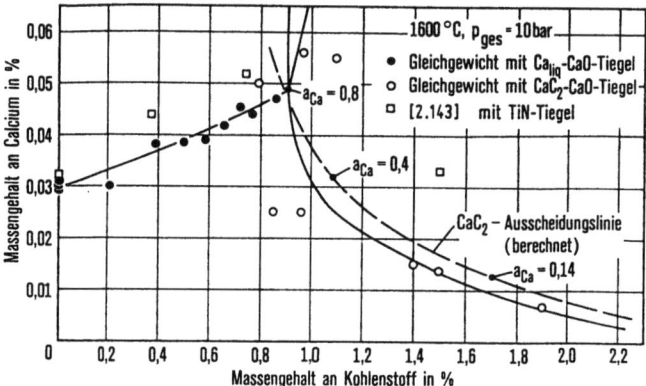

Bild 2.88 Calciumlöslichkeit in Fe-C-Schmelzen im Gleichgewicht mit Ca-Schmelzen und mit CaC_2 nach [2.142]

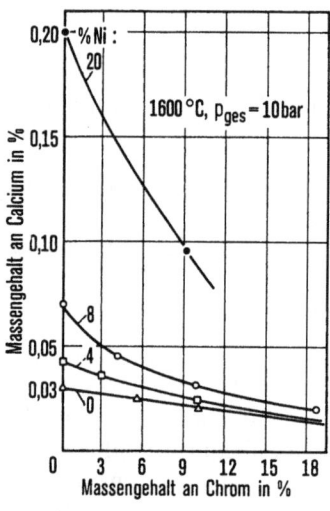

Bild 2.89 Ca-Gehalte in Fe-Cr-Ni-Schmelzen im Gleichgewicht mit CaO-gesättigten Ca-Cr-Ni-Schmelzen nach [2.142]

Nickelschmelzen, weil besonders bei diesen Schmelzen die Entphosphorung mit Calcium infrage kommt. Die oxidative Entfernung des Phosphors ist hier wegen der gleichzeitigen Oxidation des Chroms schwierig. Nickel wird von Calciumschmelzen unbegrenzt gelöst. Demgemäß stehen im System Eisen-Nickel-Calcium mit Ni-Gehalten im Eisen von 0 bis 35 % zwei nickelhaltige Metallschmelzen — eine calciumreich, eine eisenreich — miteinander im Gleichgewicht [2.142]. Wenn zusätzlich Chrom vorhanden ist, wird die Löslichkeit des Calciums im Eisen herabgesetzt. Bild 2.89 zeigt die Calciumgehalte im Eisen für unterschiedliche Nickel- und Chromgehalte [2.142]. Wegen der Verwendung von CaSi-Legierung als Calciumträger interessiert weiterhin das System Fe-Ca-Si. Auch hier stehen eine Ca-reiche und eine Fe-reiche Metallschmelze im Gleichgewicht. Bild 2.90 zeigt hierzu die Calciumgehalte im flüssigen Eisen als Funktion des Siliciumge-

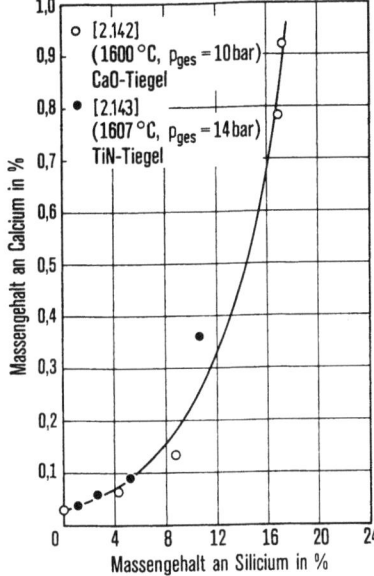

Bild 2.90 Ca-Gehalte in Fe-Si-Ca-Schmelzen im Gleichgewicht mit Ca-Si-Schmelzen nach [2.142]

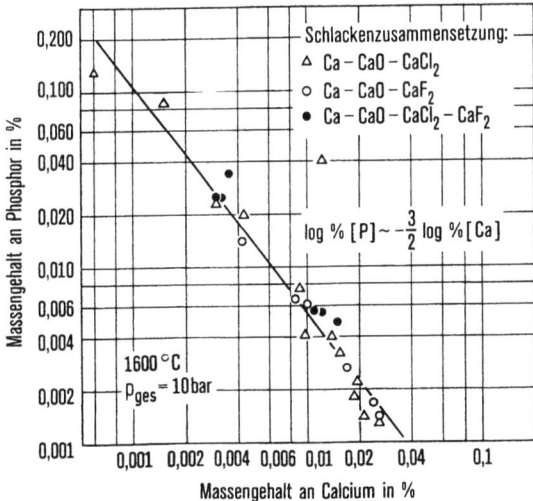

Bild 2.91 Gleichgewichtsschaubild der Entphosphorung von Eisenschmelzen mit Ca nach [2.142]

halts [2.142]. Die Calciumlöslichkeit wird durch Silicium stark erhöht. Damit sind bei der Auflösung von CaSi örtlich höhere Ca-Gehalte im Eisen möglich.

Die Verteilungsgleichgewichte zwischen calciumreichen Schlacken und Eisenschmelzen wurden für Phosphor und Zinn gemessen [2.144]. Bei Phosphor wurden CaO-gesättigte Calcium-Calciumhalogenidschmelzen, bei Zinn CaO-gesättigte Ca-Zn-Schmelzen mit und ohne $CaCl_2$-Zusätze als Schlacken verwendet. Die Entphosphorung läuft nach der Reaktion

$$3[Ca] + 2[P] = (Ca_3P_2) \tag{2.102}$$

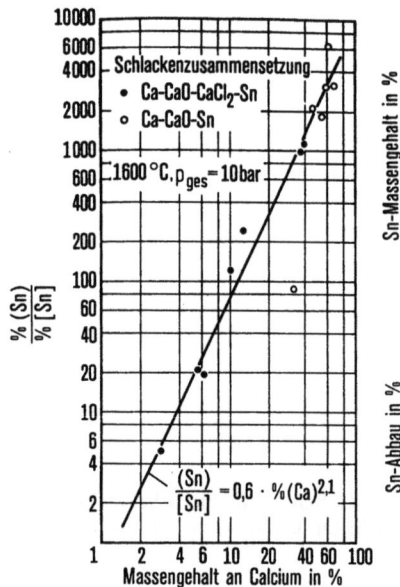

Bild 2.92 Zinnverteilung (% Sn)/[% Sn] als Funktion des Gehalts an metallischem Calcium in Calciumhalogenid und Ca-CaO-Sn-Schlacke nach [2.142]

ab. Bild 2.91 zeigt das Gleichgewichtsschaubild dieser Reaktion für 1 600 °C. Die Schlacken enthielten 1 bis 2 % Ca_3P_2. Wie man erkennt, ist mit z.B. 0,02 % Ca eine Entphosphorung bis auf 20 ppm P möglich. Bild 2.92 zeigt für die Entzinnung die sich im Gleichgewicht einstellenden Gehalte des Zinns in Abhängigkeit vom Ca-Gehalt der Eisenschmelze. Es ist zu vermuten, daß sich in der Schlacke die Verbindung Ca_2Sn bildet. Auch hier ist eine wirksame Entzinnung des Eisens mit Calcium möglich.

3 Stoffübertragung

Bei metallurgischen Reaktionen werden Stoffe von einer Phase in die andere übertragen, in der Schmelzmetallurgie i.d.R. von der Metallphase in eine flüssige Schlacke, in eine Gasphase oder an einen nichtmetallischen Feststoff. Diese Stoffübertragung erfordert Zeit. Ihre Geschwindigkeit bestimmt die Leistung der Prozesse. Die Geschwindigkeit wird geregelt durch die Gesetze der Kinetik und des Stofftransports. In der Kinetik unterscheidet man zwischen homogenen und heterogenen Reaktionen. Von diesen brauchen in der Metallurgie der Stahlerzeugung nur die heterogenen Reaktionen betrachtet zu werden, weil sich die einzelnen homogenen Phasen i.d.R. im lokalen thermodynamischen Gleichgewicht befinden und daher makroskopische Umsätze hier nicht vorkommen. Heterogene Reaktionen spielen sich zwischen verschiedenen Phasen ab, die nicht miteinander im thermodynamischen Gleichgewicht stehen. Mischungsvorgänge innerhalb der homogenen Phasen sind jedoch zu beachten.

3.1 Formen schmelzmetallurgischer Reaktionen

3.1.1 Einführung und Grundbegriffe

Die einfachste Form einer metallurgischen Reaktion ist der Übergang eines einzelnen Stoffs von einer Phase in eine andere, z.B. die Auflösung von gasförmigem Wasserstoff in flüssigem Eisen:

$$1/2 H_2 = [H]. \tag{3.1}$$

Eine solche Reaktion setzt sich aus mehreren Teilschritten zusammen. Es sind:

1. Antransport des reagierenden Stoffs zur Phasengrenze;
2. Chemische Reaktion an der Phasengrenze (Phasengrenzreaktion);
3. Abtransport des reagierenden Stoffs von der Phasengrenze.

Jeder dieser Teilschritte hat eine bestimmte Geschwindigkeit. Um daraus die Geschwindigkeit des Gesamtvorgangs und damit die Stärke des zeitlichen Umsatzes zu bestimmen, ist es zweckmäßig, zwei Grenzfälle zu unterscheiden. Im ersten Fall ist die Geschwindigkeit der Transportvorgänge groß gegen die der chemischen Reaktion an der Phasengrenze. In dem gewählten Beispiel wird der gasförmige Wasserstoff schnell genug an die Phasengrenze heran- und der gelöste Wasserstoff schnell genug von der Phasengrenze wegtransportiert. Dann hängt die Geschwindigkeit nur von der Kinetik der Phasengrenzreaktion ab. Im zweiten Fall ist die Geschwindigkeit der Transportvorgänge klein gegen die der chemischen Reaktion an der Phasengrenze. Dann kann nur soviel umgesetzt werden, wie transportiert wird, und die Reaktion an der Phasengrenze selbst läuft nahezu im thermodynamischen Gleichgewicht ab. Man erkennt, daß die Geschwindigkeit des Gesamtvorgangs von der Geschwindigkeit desjenigen Teilvorgangs bestimmt wird, der am langsamsten ist. Man nennt diesen Teilvorgang daher den geschwindigkeitsbestimmenden Schritt. Liegen die Geschwindigkeiten mehrerer Teilvorgänge in der gleichen Größenordnung, so gibt es mehrere geschwindigkeitsbestimmende Schritte.

Um zu einer quantitativen Aussage über die Höhe des Umsatzes zu kommen, betrachten wir zunächst die Phasengrenzreaktion und wenden auf sie die bekannten Gesetze der chemischen Kinetik an. Für diese Reaktion, die im Falle des Wasserstoffs, z.B. die Durchtrittsreaktion

$$H \rightleftarrows [H] \tag{3.2}$$

oder allgemein

$$c_i^I \rightleftarrows c_i^{II} \tag{3.3}$$

sein kann, wird die Geschwindigkeit der dem oberen Pfeil von (3.3) entsprechende Hinreaktion durch

$$v_{hin} = k_{hin} c_i^I \tag{3.4}$$

und die dem unteren Pfeil von (3.3) entsprechende Rückreaktion durch

$$v_{rück} = k_{rück} c_i^{II} \tag{3.5}$$

beschrieben. Die Geschwindigkeit ist also jeweils proportional der Konzentration der reagierenden Komponente c_i^I bzw. c_i^{II}. Der Index i (interface) soll zum Ausdruck bringen, daß es sich um Konzentrationen an der Phasengrenze handelt, während die Exponenten I und II die beiden Phasen I und II kennzeichnen. Die Proportionalitätskonstante k bezeichnet man als Reaktionsgeschwindigkeitskonstante. Für den makroskopisch sichtbaren Gesamtumsatz gilt

$$v_{ges} = v_{hin} - v_{rück} = k_{hin} c_i^I - k_{rück} c_i^{II}. \tag{3.6}$$

Im Gleichgewicht ist $v_{hin} = v_{rück}$ und damit

$$k_{hin} c_i^{*I} = k_{rück} c_i^{*II} \tag{3.7}$$

oder

$$\frac{k_{hin}}{k_{rück}} = \frac{c_i^{*II}}{c_i^{*I}} = K. \tag{3.8}$$

Der Exponent * drückt aus, daß es sich um Konzentrationen im Gleichgewicht handelt. Dementsprechend ist das Verhältnis $k_{hin}/k_{rück}$ gleichbedeutend mit der Gleichgewichtskonstanten K für das Gleichgewicht. Setzt man (3.8) in (3.6) ein, so folgt

$$v_{ges} = k_{hin} \left(c_i^I - \frac{c_i^{II}}{K} \right) \tag{3.9}$$

oder

$$v_{\text{ges}} = k_{\text{rück}}(c_i^I \cdot K - c_i^{II}). \qquad (3.10)$$

Welche der beiden Gleichungen man verwendet, ist eine Frage der Zweckmäßigkeit. Hier sei (3.9) verwendet. Man kann diese Gleichung vereinfachen, wenn man beim Übergang zum Gleichgewicht die Konzentration c_i^{II} gedanklich konstant hält und nur die Konzentration c_i^I sich ändern läßt. Dann wird in (3.9) $c_i^{II} = c_i^{*II}$ und man erhält

$$v_{\text{ges}} = k_{\text{hin}}(c_i^I - c_i^{*I}) = k(c_i^I - c_i^{*I}). \qquad (3.11)$$

Die Konzentration c_i^{*I} ist dann diejenige Konzentration in der Phase I, die sich im Gleichgewicht einstellt, wenn in der Phase II die Konzentration c_i^{II} herrscht und umgekehrt. Für das Beispiel der Wasserstoffauflösung im Eisen erhält man

$$v_{\text{hin}} = k_{\text{hin}} p_{H_2}^{1/2}; \quad v_{\text{rück}} = k_{\text{rück}}[H]$$

und daraus

$$v_{\text{ges}} = v_{\text{hin}} - v_{\text{rück}} = k_{\text{rück}}[[H]^* - [H]] = k[[H]^* - [H]] \qquad (3.12)$$

mit

$$[H]^* = K_H p_{H_2}^{1/2}$$

nach (2.8)

Die durch (3.11) definierte makroskopische Reaktionsgeschwindigkeit v_{gesamt} hat i.d.R. die Dimension einer Massen-, einer Stoffmengen- oder einer Volumenstromdichte und wird mit i in g/cm² s, mit j in mol/cm² s oder mit v in cm³/cm² s ausgedrückt. Nachfolgend wird als Begriff für die Geschwindigkeit die Stoffmengenstromdichte oder kurz die Mengenstromdichte j benutzt, es sei denn, es ist ausdrücklich etwas anderes angegeben. Die Gleichungen (3.11) und (3.12) zeigen, daß die Geschwindigkeit sich als Produkt aus einem die Kinetik der Reaktion kennzeichnenden Koeffizienten k und der Konzentrationsdifferenz als Triebkraft der Reaktion ergibt. Dies stimmt formal mit dem Gesetz für die elektrische Stromdichte, die das Produkt aus der spezifischen Leitfähigkeit und der Potentialdifferenz ist, überein. Man kann daher die Geschwindigkeiten und ihre Abhängigkeiten von dem Koeffizienten k und der Konzentrationsdifferenz Δc durch elektrische Analogiemodelle beschreiben.

Wir wenden uns nun den vor- bzw. nachgelagerten Transportvorgängen zu. Die Geschwindigkeit des stofflichen Umsatzes wird hier ebenso wie bei der Phasengrenzreaktion durch die Mengenstromdichte ausgedrückt. Die Erfahrung lehrt, daß die Mengenstromdichte der Transportvorgänge i.d.R. der Differenz der Konzentration im Innern der betreffenden Phase und an der Phasengrenze proportional ist. Für den Antransport in der Phase I gilt daher

$$j_I = \beta^I (c^I - c_i^I), \qquad (3.13)$$

und für den Abtransport in der Phase II gilt

$$j_{II} = \beta^{II} (c_i^{II} - c^{II}). \qquad (3.14)$$

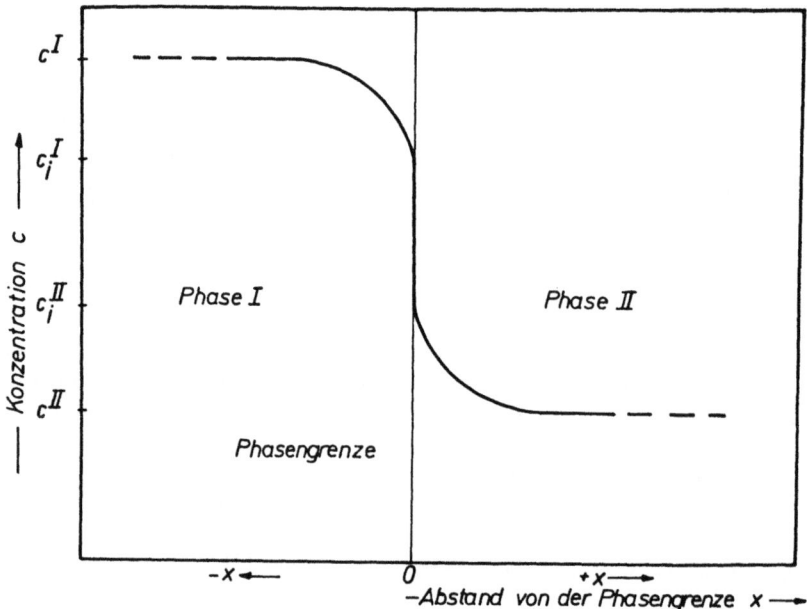

Bild 3.1 Schematischer Verlauf der Konzentration auf den beiden Seiten einer Phasengrenze

Der Faktor β wird als Stoffübergangskoeffizient bezeichnet und hat die Dimension cm/s. Die Konzentrationen werden dementsprechend in mol/cm³ ausgedrückt. Die Gleichungen (3.13) und (3.14) zeigen, daß die Geschwindigkeiten der Transportvorgänge sich ebenso wie die der Phasengrenzreaktion als Produkt aus einem kinetischen Koeffizienten und der Konzentrationsdifferenz als Triebkraft der Reaktion ergeben.

Betrachtet man den Antransport zur Phasengrenze, die Phasengrenzreaktion und den Abtransport von der Phasengrenze gemeinsam, so erhält man den im Bild 3.1 schematisch wiedergegebenen Verlauf der Konzentration zwischen den Phasen I und II. Wenn die Reaktion von links nach rechts verläuft, so nimmt die Konzentration zunächst vom Wert c^I im Innern der Phase I auf den Wert c_i^I an der Phasengrenze ab. Dann tritt ein Sprung von c_i^I auf c_i^{II} auf, und in der Phase II fällt die Konzentration von c_i^{II} an der Phasengrenze auf c^{II} im Innern der Phase II ab. Mit diesem Schema ist keine Aussage über den räumlichen Verlauf der Konzentration in den beiden Phasen I und II gemacht. Dies ist erst aufgrund einer genauen Analyse der Transportvorgänge möglich. Das Schema läßt jedoch erkennen, daß die Gesamttriebkraft für den Übergang des betrachteten Stoffs von der Phase I in die Phase II die Konzentrationsdifferenz zwischen c^I und c^{II} ist und daß man sich den Transportwiderstand in der Phase I, den Widerstand der Phasengrenzreaktion und den Transportwiderstand in der Phase II als Teilwiderstände hintereinandergeschaltet vorstellen kann.

Gleichungen vom Typ (3.11) und (3.13) werden als Flußgleichungen bezeichnet. Eine Flußgleichung gibt den Zusammenhang zwischen der Flußdichte (= Fluß je Querschnittseinheit) und der Triebkraft, in diesem Fall der treibenden

3.1 Formen schmelzmetallurgischer Reaktionen

Konzentrationsdifferenz, an. Die Analogie zum elektrischen Stromfluß und damit die Möglichkeit, Stoffflüsse durch elektrische Analogiemodelle auszudrücken, besteht also allgemein.

Die Geschwindigkeit des stofflichen Umsatzes in mol/s wird durch den Mengenstrom $\dot{n}$ ausgedrückt. Er ist durch die Mengenstromdichte mal der Austauschfläche gegeben

$$\dot{n} = jF.$$

Aus Gründen der Massenerhaltung muß die Mengenstromdichte auf den beiden Seiten einer Phasengrenze gleich sein. Man nennt dies die Kontinuitätsbedingung. Aus ihr folgt für die Mengenstromdichten aus (3.9), (3.13) und (3.14):

$$\beta^I(c^I - c_i^I) = k\left(c_i^I - \frac{c_i^{II}}{K}\right) = \beta^{II}(c_i^{II} - c^{II}). \tag{3.15}$$

Mit diesen Gleichungen können die i.d.R. unbekannten Konzentrationen an der Phasengrenze c_i^I und c_i^{II} eliminiert werden.

Man erhält nach einiger Umrechnung

$$j = \frac{c^I - \dfrac{c^{II}}{K}}{\dfrac{1}{\beta^I} + \dfrac{1}{k} + \dfrac{1}{K\beta^{II}}}. \tag{3.16}$$

Der Zähler in (3.16) ist die Gesamttriebkraft des Stoffumsatzes. Durch die Division von c^{II} durch K wird die Konzentration in der Phase II auf die Phase I normiert. Dadurch wird im Gleichgewicht, wenn $c^I = c^{II}/K$ ist, die Stoffstromdichte j gleich Null. Der Nenner enthält die Summe der Teilwiderstände. Sie sind hintereinandergeschaltet und verhalten sich daher additiv. Der Stoffübergangskoeffizient β^{II} ist durch Multiplikation mit K ebenfalls auf die Phase I normiert.

Mit

$$\frac{1}{\beta_{tot}} = \frac{1}{\beta^I} + \frac{1}{k} + \frac{1}{K\beta^{II}}$$

wird ein Gesamtstoffübergangskoeffizient β_{tot} definiert. Mit ihm wird aus (3.16)

$$j = \beta_{tot}\left(c^I - \frac{c^{II}}{K}\right). \tag{3.17}$$

Die Stoffübergangskoeffizienten β^I und β^{II} in (3.16) ergeben sich aus der Analyse der Transportvorgänge. Die Geschwindigkeitskonstante k ergibt sich aus Messungen der Geschwindigkeit der Phasengrenzreaktion. Für schmelzmetallurgische Systeme liegen die Geschwindigkeitskonstanten k der Phasengrenzreaktionen danach meistens höher als die Stoffübergangskoeffizienten der vor- und nachgeschalteten Transportvorgänge. Wenn $k \gg \beta^I$ und $k \gg \beta^{II}$ ist, dann wird in (3.15) $(c_i^I - c_i^{II}/K)$ klein gegen $(c^I - c_i^I)$ und gegen $(c_i^{II} - c^{II})$, d.h. es gilt

$$c_i^I \simeq \frac{c_i^{II}}{K}.$$

3 Stoffübertragung

In der Phasengrenze herrscht dann annähernd das Gleichgewicht, und man sagt, die Reaktion läuft „im Gleichgewicht" ab. Der Widerstand der Phasengrenzreaktion in (3.16) und (3.17) ist dann sehr klein und kann vernachlässigt werden. Der zweite Grenzfall (s.S. 107–108) ist verwirklicht.

3.1.2 Reaktionstypen

Das Schema von (3.16) kann auf Stoffumsätze mit beliebig vielen weiteren Teilschritten erweitert werden. Man kann zwischen drei in der Praxis häufig vorkommenden Reaktionstypen,

— den Konsekutivreaktionen,
— den doppelten Umsetzungen und
— den Reaktionen mit Verzweigungen

unterscheiden. Überlegungen hierzu wurden u.a. in [3.1] angestellt.

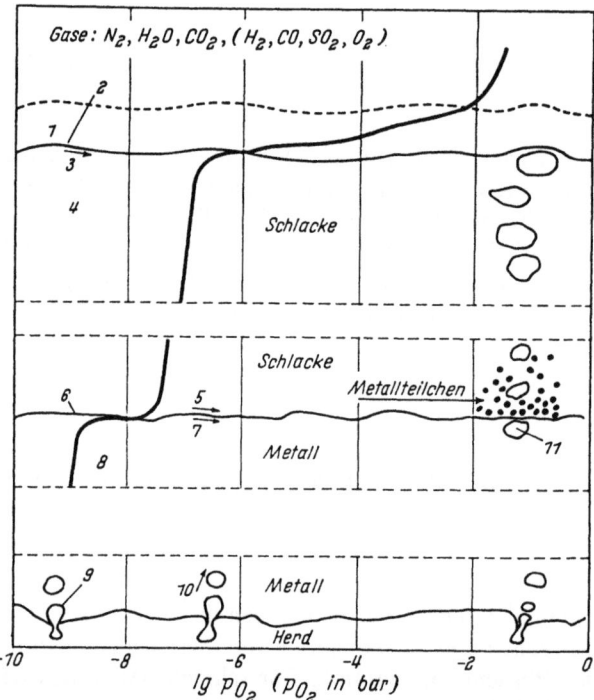

Bild 3.2 Verlauf des Sauerstoffpotentials im Siemens-Martin-Ofen (schematisch) nach [3.2]. *1* Transport von Sauerstoff in der Gasphase, *2* Phasengrenzreaktion $4(FeO) + O_2 = 2(Fe_2O_3)$, *3, 4* und *5* Transport von FeO_n in der Schlacke von der Phasengrenze Gas-Schlacke zur Phasengrenze Schlacke-Metall, *6* Phasengrenzreaktion $2(Fe_2O_3) = 2[O] + 4(FeO)$, *7, 8* und *9* Transport von Sauerstoff im Metall von der Phasengrenze Schlacke-Metall zur Phasengrenze Metall-Blase, *10* Bildung von CO-Blasen am Herdboden, *11* Aufstieg von CO-Blasen

3.1.2.1 Konsekutivreaktionen

Unter einer Konsekutivreaktion versteht man eine Reaktion, die nicht nur über eine, sondern nacheinander über mehrere Phasengrenzen hinweg abläuft. Bekanntestes Beispiel ist der Weg des Sauerstoffs bei Frischprozessen von der Gasphase über eine eisenoxidhaltige Schlacke in eine Eisenschmelze, aus der gelöste Elemente durch Oxidation entfernt werden sollen. Bild 3.2 zeigt hierzu als Beispiel den Weg des Sauerstoffs beim Siemens-Martin-Verfahren [3.2]. Die folgende Betrachtung ist aber unabhängig von der Verfahrensart.

Der Sauerstoff wird zuerst in der Schlacke als Eisenoxid gelöst. Aus der Schlacke tritt er über die Phasengrenze Schlacke-Metall in das Eisen ein und reagiert dort u.a. mit dem gelösten Kohlenstoff unter Bildung von Kohlenmonoxid. Hierbei muß er wiederum zusammen mit dem Kohlenstoff über die Phasengrenze Metall-Gas in die Kohlenmonoxidblase übertreten. Eine solche Reaktion läuft in mehreren Teilschritten, von denen jeder eine treibende Kraft benötigt, ab.

Die Widerstände der Teilschritte müssen addiert werden. Im vorliegenden Fall treten die Phasen Gasraum (Phase I), Schlacke (Phase II), Metall (Phase III) und Kohlenmonoxidblase (Phase IV) mit den Phasengrenzen I-II, II-III und III-IV auf. Für jede Phasengrenze gibt es eine Gleichgewichtskonstante K^{I-II}, K^{II-III} und K^{III-IV} sowie zwei Stoffübergangskoeffizienten für die beiden Seiten der Phasengrenze: $\beta^{I,I-II}$ und $\beta^{II,I-II}$, $\beta^{II,II-III}$ und $\beta^{III,II-III}$ sowie $\beta^{III,III-IV}$ und $\beta^{IV,III-IV}$. Für den einfachsten Fall, daß die Gleichgewichte durch Verteilungskonstanten gemäß $K^{I-II} = \dfrac{c^{*I}}{c^{*II}}$ usw. beschrieben werden können, folgt dann für die Stoffströme an den drei Phasengrenzen

$$\dot{n}^{I-II} = F^{I-II} \frac{c^I - K^{I-II}c^{II}}{\dfrac{1}{\beta^{I,I-II}} + \dfrac{K^{I-II}}{\beta^{II,I-II}}},$$

$$\dot{n}^{II-III} = F^{II-III} \frac{c^{II} - K^{II-III}c^{III}}{\dfrac{1}{\beta^{II,II-III}} + \dfrac{K^{II-III}}{\beta^{III,II-III}}},$$

$$\dot{n}^{III-IV} = F^{III-IV} \frac{c^{III} - K^{III-IV}c^{IV}}{\dfrac{1}{\beta^{III,III-IV}} + \dfrac{K^{III-IV}}{\beta^{IV,III-IV}}}. \tag{3.18}$$

Wegen des Gesetzes der Massenerhaltung gilt auch hier

$$\dot{n}^{I-II} = \dot{n}^{II-III} = \dot{n}^{III-IV}. \tag{3.19}$$

Mit Hilfe dieser Bedingung kann man die drei Teilgleichungen (3.18) zu einer einzigen Flußgleichung zusammenfassen, die die Summe aller Widerstände und die gesamte treibende Kraft enthält. Sie lautet

$$\dot{n} = \frac{c^I - c^{IV} K^{I-II} K^{II-III} K^{III-IV}}{R_1 + R_2 + R_3 + R_4 + R_5 + R_6}, \tag{3.20}$$

mit

$$R_1 = \frac{1}{F^{\mathrm{I-II}}\beta^{\mathrm{I,I-II}}},$$

$$R_2 = \frac{K^{\mathrm{I-II}}}{F^{\mathrm{I-II}}\beta^{\mathrm{II,I-II}}},$$

$$R_3 = \frac{K^{\mathrm{I-II}}}{F^{\mathrm{II-III}}\beta^{\mathrm{II,II-III}}},$$

$$R_4 = \frac{K^{\mathrm{I-II}}K^{\mathrm{II-III}}}{F^{\mathrm{II-III}}\beta^{\mathrm{III,II-III}}},$$

$$R_5 = \frac{K^{\mathrm{I-II}}K^{\mathrm{II-III}}}{F^{\mathrm{III-IV}}\beta^{\mathrm{III,III-IV}}},$$

$$R_6 = \frac{K^{\mathrm{I-II}}K^{\mathrm{II-III}}K^{\mathrm{III-IV}}}{F^{\mathrm{III-IV}}\beta^{\mathrm{IV,III-IV}}}.$$

Die Aufstellung von Flußgleichungen in der beschriebenen Art und Weise ist die Grundlage für eine zahlenmäßige Bestimmung der Teilwiderstände und des Gesamtwiderstands sowie einer daraus folgenden Analyse des Prozesses. Im vorliegenden Fall enthält die Flußgleichung z.B. insgesamt sechs Teilwiderstände. In der Regel sind einige davon so klein, daß sie zum Gesamtwiderstand nicht beitragen. Nur wenige, manchmal nur ein Teilwiderstand bestimmen den Gesamtwiderstand. Für eine hohe Umsatzleistung kommt es darauf an, die hemmende Wirkung dieses Widerstands durch eine entsprechende Prozeßführung, z.B. durch Vergrößerung der Reaktionsoberfläche so klein wie möglich zu halten.

Bei der Aufstellung von (3.18) bis (3.20) war angenommen worden, daß sich die Gleichgewichte durch einfache Verteilungskonstanten beschreiben lassen. Das ist nicht immer möglich, da häufig mehrere Komponenten an einer Reaktion beteiligt sind. Auch dann kann das Schema der Konsekutivreaktionen angewendet werden, solange es gelingt, die Widerstände der geschwindigkeitsbestimmenden Teilschritte hintereinanderzuschalten. Bei der Entkohlungsreaktion ist dies z.B. in einem weiten Bereich der praktisch vorkommenden Konzentrationen möglich. Für den Übergang des Sauerstoffs vom Gas in die Schlacke gilt in diesem Fall meistens $p_{O_2} = p_{O_2}^*$. Der Transportwiderstand auf der Gasseite ist dann vernachlässigbar, so daß die Eisenoxidaktivität an der Phasengrenze Gas-Schlacke durch das Gleichgewicht mit der Gasphase festgelegt ist. Die weiteren Transportschritte des Sauerstoffs in der Schlacke und von der Schlacke in das Metall müssen berücksichtigt werden. Bei der Reaktion $[C] + [O] = CO$ ist oberhalb 0,1 % C im Metallbad die Differenz $[C] - [C]^*$ klein gegen $[C]$, so daß $[C] \simeq [C]^*$ ist und man daher nur die Differenz $[O] - [O]^*$ berücksichtigen muß. Die Konzentration $[O]^*$ ist dann durch das Gleichgewicht mit dem Kohlenstoff des Metallbads

$$[O]^* = \frac{p_{CO}}{K_{CO}[C]}$$

bestimmt. Auf diese Weise können alle Teilschritte des Sauerstofftransports bei der Entkohlungsreaktion hintereinandergeschaltet werden.

Das vorstehende Beispiel zeigt, daß vor einer rechnerischen Behandlung der Gesamtreaktion zuerst eine Analyse der einzelnen Teilschritte nötig ist. Bei dieser Analyse muß in erster Linie die Größe der Widerstände der Teilschritte abgeschätzt werden, um festzulegen, welche von ihnen geschwindigkeitsbestimmend sind. Im allgemeinen ist es im Anschluß an eine solche Analyse möglich, ein Reaktionsschema aufzustellen.

3.1.2.2 Doppelte Umsetzungen

Ein zweiter häufig vorkommender Reaktionstyp sind die sog. doppelten Umsetzungen [3.3]. Allgemeines Beispiel hierfür ist die Metall-Schlacke-Reaktion

$$A + B^{2-} = A^{2-} + B,$$

wie sie sich z.B. bei der Entschwefelung abspielt. Nehmen wir an, daß die Komponenten A und B in der Phase I (Metall) und die Komponenten A^{2-} und B^{2-} in der Phase II (Schlacke) gelöst sind, so kann das elektrische Analogiemodell wie in Bild 3.3 gezeichnet werden.

Man sieht, daß die Komponenten A^I und B^{II} zur Phasengrenze hin- und die Komponenten A^{II} und B^I von der Phasengrenze wegtransportiert werden. Für die vier Stoffströme gilt:

$$j = \beta_A^I (c_A^I - c_A^{*I}); \quad j = \beta_B^I (c_B^{*I} - c_B^I),$$
$$j = \beta_B^{II} (c_B^{II} - c_B^{*II}); \quad j = \beta_A^{II} (c_A^{*II} - c_A^{II}). \tag{3.21}$$

An der Phasengrenze herrscht das Gleichgewicht

$$K = \frac{c_A^{*II} c_B^{*I}}{c_A^{*I} c_B^{*II}}. \tag{3.22}$$

Aus (3.21) folgt

$$c_A^{*II} = \frac{\beta_A^I c_A^I + \beta_A^{II} c_A^{II} - \beta_A^I c_A^{*I}}{\beta_A^{II}},$$

$$c_B^{*I} = \frac{\beta_A^I c_A^I + \beta_B^I c_B^I - \beta_A^I c_A^{*I}}{\beta_B^I},$$

$$c_B^{*II} = \frac{\beta_B^{II} c_B^{II} - \beta_A^I c_A^I + \beta_A^I c_A^{*I}}{\beta_B^{II}}.$$

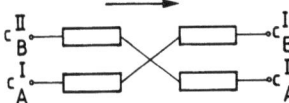

Bild 3.3 Elektrisches Analogiemodell für eine doppelte Umsetzung

Setzt man diese drei Ausdrücke in (3.22) ein, so erhält man eine Gleichung, mit der man c_A^{*I} berechnen kann. Mit den Ausdrücken

$$P = K \frac{\beta_A^{II} \beta_B^{I}}{\beta_A^{I} \beta_B^{II}}; \quad A = c_A^{I} + \frac{\beta_A^{II}}{\beta_A^{I}} c_A^{II},$$

$$B = c_A^{I} + \frac{\beta_B^{I}}{\beta_A^{I}} c_B^{I}; \quad D = \frac{\beta_B^{II}}{\beta_A^{I}} c_B^{II} - c_A^{I},$$

lautet diese Gleichung

$$P = \frac{(A - c_A^{*I})(B - c_A^{*I})}{c_A^{*I}(D + c_A^{*I})}.$$

Die Lösung ist eine quadratische Gleichung der Form

$$c_A^{*I} = \frac{1}{2} \frac{A + B + DP}{1 - P} \left\{ 1 - \left(1 - \frac{4AB(1-P)}{(A+B+DP)^2} \right)^{1/2} \right\}. \tag{3.23}$$

Wenn man diesen Ausdruck in die erste der vier Gleichungen (3.21) einsetzt, läßt sich die Stoffstromdichte j berechnen. Entsprechende Ausdrücke für die anderen Gleichgewichtskonzentrationen lassen sich in der gleichen Weise berechnen. Gleichung (3.23) vereinfacht sich, wenn der Ausdruck

$$\frac{4AB(1-P)}{(A+B+DP)^2} \ll 1$$

wird. Man kann dann

$$\left[1 - \frac{4AB(1-P)}{(A+B+DP)^2} \right]^{1/2} \simeq 1 - \frac{1}{2} \frac{4AB(1-P)}{(A+B+DP)^2}$$

setzen.

Wenn nur der Transport eines der beteiligten Stoffe, z.B. des Stoffs A, die Geschwindigkeit bestimmt, so ist nur für diesen $c^* \neq c$, während für den Stoff $B c^* \simeq c$ gilt, so daß man in (3.22) $c_B^{*I} = c_B^{I}$ und $c_B^{*II} = c_B^{II}$ setzen kann. Für die erste und die vierte der Gleichungen (3.21) gilt dann

$$j = \beta_A^{I}(c_A^{I} - c_A^{*I}) = \beta_A^{I} \left[c_A^{I} - \frac{c_A^{*II}}{K} \frac{c_B^{I}}{c_B^{II}} \right] \tag{3.24a}$$

und

$$j = \beta_A^{II}(c_A^{*II} - c_A^{II}) = \beta_A^{II} \left[K c_A^{*I} \frac{c_B^{II}}{c_B^{I}} - c_A^{II} \right]. \tag{3.24b}$$

Aus der Gleichheit der Stoffstromdichten in (3.24a) und (3.24b)

$$j = \beta_{tot} \left[c_A^{I} - \frac{c_A^{II}}{K} \frac{c_B^{I}}{c_B^{II}} \right] \tag{3.25}$$

mit

$$\frac{1}{\beta_{tot}} = \frac{1}{\beta_A^{I}} + \frac{1}{\beta_A^{II} K} \frac{c_B^{I}}{c_B^{II}}. \tag{3.26}$$

3.1 Formen schmelzmetallurgischer Reaktionen

Die Größe

$$K\frac{c_B^{II}}{c_B^{I}} = \frac{c_A^{*II}}{c_A^{*I}}$$

ist das Verteilungsverhältnis des Stoffs A im Gleichgewicht. Sie entspricht der durch (3.8) ausgedrückten Gleichgewichtskonstanten.

Der beschriebene Fall spielt in der Praxis eine wichtige Rolle, da er für den Übergang des Stoffs A vom Metall in die Schlacke am günstigsten ist und deshalb durch eine geeignete Wahl der Konzentrationen der übrigen beteiligten Komponenten in der Schlacke und im Metall absichtlich eingestellt wird. Dazu seien nachfolgend die Bedingungen eines optimalen Ablaufs des Stoffübergangs bei doppelten Umsetzungen erläutert.

Zunächst kommt es darauf an, die Zusammensetzung der Schlacke so einzustellen, daß das aus dem Eisen zu entfernende Element A, z.B. Schwefel oder Phosphor, im Gleichgewicht sich überwiegend in der Schlacke befindet. Das Verteilungsverhältnis $(S)^*/[S]^*$ bzw. $(P)^*/[P]^*$ wird dann groß gegen eins. Es kommt oft hinzu, daß das zu entfernende Element nur in geringer Konzentration vorliegt. Dann ändern sich die Aktivitäten der anderen im Überschuß vorliegenden Komponenten während des Umsatzes nahezu nicht, sondern bleiben konstant. Am Beispiel der Entschwefelung sei dies im einzelnen weiter behandelt.

Die Entschwefelung einer Eisenschmelze werde mit einer an CaO gesättigten CaO-Al$_2$O$_3$-Schlacke durchgeführt. Die Eisenschmelze werde mit Aluminium desoxidiert. Die Reaktionsgleichung lautet dann:

$$[S] + 2/3[Al] + (CaO) = (CaS) + 1/3(Al_2O_3).$$

Daraus folgt für die Gleichgewichtskonstante, wenn für [S] und [Al] das Henrysche Gesetz gilt und wenn $a_{(CaS)} = (S)f_{(CaS)}$ gesetzt wird:

$$K_S = \frac{(S)f_{(CaS)}a_{(Al_2O_3)}^{1/3}}{a_{(CaO)}[S][Al]^{2/3}}. \tag{3.27}$$

Hierbei ist $f_{(CaS)}$ i.d.R. konstant. Für die Flußgleichungen kann näherungsweise davon ausgegangen werden, daß die Stoffübergangskoeffizienten aller Komponenten im Metall und in der Schlacke jeweils gleich sind. Dies ist experimentell häufig bestätigt. Es gibt Ausnahmen von dieser Regel; sie sollen hier aber nicht diskutiert werden. Damit lassen sich die Flußgleichungen vereinfacht folgendermaßen schreiben:

$$j_{[S]} = \beta_M\{[S] - [S]^*\},$$
$$j_{[Al]} = \beta_M\{[Al] - [Al]^*\},$$
$$j_{(S)} = \beta_S\{(S)^* - (S)\},$$
$$j_{(CaO)} = \beta_S\{(CaO) - (CaO)^*\},$$
$$j_{(Al_2O_3)} = \beta_S\{(Al_2O_3)^* - (Al_2O_3)\},$$

mit β_M Stoffübergangskoeffizient im Metall und β_S Stoffübergangskoeffizient in der Schlacke. Für β_S/β_M gilt: $\beta_S/\beta_M \approx 0{,}1$ bis $0{,}4$ [3.45].

Aus Gründen der Stöchiometrie gilt:

$$j_{[S]} = 3/2 j_{[Al]} = j_{(S)} = j_{(CaO)} = 3 j_{(Al_2O_3)}. \tag{3.28}$$

Es sei nun angenommen, daß die Metallschmelze einen Anfangsschwefelgehalt $[S]_0$ von 0,05 % hat, die obere Grenze der heute üblichen Werte. Ferner sei angenommen, daß $[S]^* \ll [S]_0$ ist. Dann ist die maximal mögliche treibende Konzentrationsdifferenz des Schwefels ebenfalls 0,05 % oder, mit $\varrho_{Fe} = 7$ g/cm³, gleich $0,109 \cdot 10^{-3}$ mol/cm³. Daraus folgt, wenn als weiterer Extremfall $\beta_S/\beta_M = 0,1$ gesetzt und wenn (3.28) berücksichtigt wird, daß in den Flußgleichungen für CaO und Al₂O₃ die maximal möglichen treibenden Konzentrationsdifferenzen

$$(CaO) - (CaO)^* = 1,09 \cdot 10^{-3} \text{ mol/cm}^3 \text{ entsprechend } 1,75 \%$$

und

$$(Al_2O_3)^* - (Al_2O_3) = 0,36 \cdot 10^{-3} \text{ mol/cm}^3 \text{ entsprechend } 1,06 \%$$

sind. (Die Umrechnung von mol/cm³ auf % wurde mit einer Schlackendichte $\varrho_S = 3,5$ g/cm³ vorgenommen.) Die Differenzen sind klein gegen die aktuellen Konzentrationen von CaO = 55 % und Al₂O₃ = 45 % in einer CaO-gesättigten CaO-Al₂O₃-Schlacke bei 1 600 °C. Für die Berechnung der Gleichgewichtslage an der Phasengrenze können daher die Konzentrationen des CaO und des Al₂O₃ im Innern der Schlacke denen an der Phasengrenze gleichgesetzt werden. Man erkennt, daß eine solche Gleichsetzung generell möglich ist bei Komponenten, die in großem Überschuß gegenüber den anderen Komponenten vorliegen, da dies durch die stets geltende Äquivalenz der Stoffstromdichten, (3.28), und die daraus folgenden Werte der treibenden Konzentrationsdifferenzen bedingt ist. Dies gilt gleicherweise für Schlacken- wie für Metallkomponenten.

Wenn nun auch Aluminium im Überschuß vorläge, wären die durch (3.25) ausgedrückten Verhältnisse erfüllt. Das ist nicht der Fall, da bei Aluminium wegen seiner starken Desoxidationswirkung ein Überschuß nicht nötig ist. Daher ist zu beachten, daß das Aluminium während der Reaktion verbraucht wird und seine Konzentration in der Metallschmelze und folglich auch in der Phasengrenze merklich abnimmt. Das erniedrigt nach (3.27) das Verhältnis $(S)^*/[S]^*$ im Gleichgewicht, so daß der erreichbare Endschwefelgehalt $[S]^*$ steigt und die Reaktion langsamer wird. Um das zu verhindern, ist der Aluminiumgehalt in der Metallschmelze so einzustellen, daß bis zum Ende der Reaktion die Bedingung $[S]^* \ll [S]_0$ erfüllt ist. Dann sind die optimalen Reaktionsbedingungen eingehalten. Der Bedingung $[S]^* \ll [S]_0$ entspricht ein mindestens einzuhaltender kritischer Aluminiumgehalt an der Phasengrenze $[Al]^*$, der aus der Gleichgewichtsbedingung (3.27) berechnet werden kann. Da am Ende der Reaktion $[Al] = [Al]^*$ ist, ergibt sich der einzustellende Anfangsaluminiumgehalt aus dem stöchiometrischen Verbrauch an Aluminium für die Reaktion.

Die Bedingung $[S]^* \ll [S]_0$ lautet verallgemeinert $c_A^{*I} \ll c_{A,0}^I$. Sie wird in (3.26) dadurch eingestellt, daß

$$\beta_A^{II} K \frac{c_B^{II}}{c_B^I} \gg \beta_A^I$$

3.1 Formen schmelzmetallurgischer Reaktionen

und damit $\beta_{tot} \simeq \beta_A^I$ ist. Der geschwindigkeitsbestimmende Schritt der Reaktion ist dann ausschließlich der Transport des Stoffs A in der Phase I.

Im Fall der Desoxidation mit Silicium liegt neben den Schlackenkomponenten CaO und SiO$_2$ in der dann vorhandenen CaO-Al$_2$O$_3$-SiO$_2$-Schlacke auch Silicium im Überschuß vor. Infolgedessen gilt $[Si]^* \simeq [Si]$, und die Siliciumkonzentration bleibt während der Reaktion annähernd konstant. Die durch (3.25) ausgedrückten Verhältnisse sind erfüllt.

Bei der Entphosphorungsreaktion

$$2[P] + 5(FeO) + 3(CaO) = Ca_3(PO_4)_2 + 5Fe \tag{3.29}$$

liegen i.d.R. die Komponenten (FeO) und (CaO) im Überschuß vor. Daher sind auch hier die durch (3.25) ausgedrückten Verhältnisse sinngemäß erfüllt, und die Stoffstromdichte des Phosphors kann durch eine entsprechende Flußgleichung formuliert werden.

Wenn nicht zwei hintereinander, sondern zwei parallel geschaltete Teilschritte die Geschwindigkeit bestimmen, so ergibt sich eine andere Lage. Sie ist z.B. bei Desoxidationsreaktionen, die nach dem Schema

$$[Me] + [O] = (MeO)$$

ablaufen, gegeben. Wegen seiner praktischen Bedeutung sei auch dieser Reaktionstyp näher erläutert. Die Reaktionsgeschwindigkeit bei der Bildung des Desoxidationsprodukts MeO ist durch die beiden Flußgleichungen

$$j = \beta_{[Me]}([Me] - [Me]^*) = \beta_{[O]}([O] - [O]^*) \tag{3.30}$$

gegeben, wobei an der Oxidoberfläche — bei Gültigkeit des Henryschen Gesetzes im Eisen — das Gleichgewicht

$$K = \frac{a_{(MeO)}}{[Me]^*[O]^*} \tag{3.31}$$

herrscht. Im allgemeinen ist $\beta_{[Me]} \simeq \beta_{[O]}$, so daß bei gleich großer Konzentration von [Me] und [O] der Transport beider Komponenten die Geschwindigkeit bestimmt. Die Konzentrationsdifferenzen $[Me] - [Me]^*$ und $[O] - [O]^*$ stellen sich dann so ein, daß (3.30) und (3.31) erfüllt sind. Mit Hilfe dieser beiden Gleichungen lassen sich die Konzentrationen $[Me]^*$ und $[O]^*$ eliminieren, und die Flußgleichungen können aufgestellt werden.

Für die Gleichgewichtskonzentrationen $[O]^*$ folgt aus (3.30) und (3.31)

$$[O]^* = \frac{1}{2\beta_O}\left\{\beta_O[O] - \beta_{Me}[Me] + \left[(\beta_O[O] + \beta_{Me}[Me])^2 + 4\beta_{Me}\beta_O \frac{a_{(MeO)}}{K}\right]^{1/2}\right\} \tag{3.32}$$

und daraus für die Stoffstromdichte durch Einsetzen von $[O]^*$ in (3.30):

$$j = \frac{1}{2}\left\{\beta_{[O]}[O] + \beta_{[Me]}[Me] - \left[(\beta_{[Me]}[Me] - \beta_{[O]}[O])^2 + 4\beta_{[Me]}\beta_{[O]}\frac{a_{(MeO)}}{K}\right]^{1/2}\right\}. \tag{3.33}$$

Analog ist die Rechnung mit [Me]*. Wenn bei der Desoxidation die metallische Komponente im Überschuß vorliegt, so gilt [Me] − [Me]* ≪ [Me]* und damit [Me] ≃ [Me]*. Der Transport des Sauerstoffs ist allein geschwindigkeitsbestimmend. Die Konzentration [O]* kann dann aus (3.31) zu

$$[O]^* = \frac{a_{(MeO)}}{K[Me]}$$

bestimmt werden und ist konstant.

Wenn das Oxid MeO aus mehreren Komponenten besteht und seine Zusammensetzung sich während der Reaktion ändert, z.B. bei der Reaktion mit Silicium und Mangan oder bei der Beteiligung von Eisen an der Desoxidation, werden die Vorgänge komplizierter. Solange des Oxid in sich homogen ist, sind jedoch auch dann nur die Stoffströme in der Metallschmelze zu betrachten. Für die Gleichgewichte gelten die Ausführungen im Abschn. 2.6.2. Mit Hilfe der Gleichgewichtsbedingungen, der Flußgleichungen und der Kontinuitätsbedingung können in jedem Fall die Stoffströme der einzelnen Komponenten ermittelt werden.

3.1.2.3 Reaktionen mit Verzweigungen

Reaktionen mit Verzweigungen treten auf, wenn ein Element mit mehreren anderen gleichzeitig reagiert. Wichtigster praktischer Fall sind wiederum die Frischreaktionen, bei denen der Sauerstoff mehrere Elemente oxidiert. Bild 3.4 zeigt ein Schema, bei dem als Beispiel die Oxidation von Silicium, Mangan und Kohlenstoff aufgeführt ist. Sauerstoff gelangt hierbei aus dem Gasraum über die Phasengrenze Gas-Schlacke in die Schlacke und bildet dort FeO$_n$. Dieses reagiert an der Phasengrenze Schlacke-Metall mit der Eisenschmelze, wobei teilweise im Eisen gelöster Sauerstoff entsteht und teilweise Silicium und Mangan zu SiO$_2$ und MnO oxidiert werden. Die Oxide gehen in die Schlacke. Der gelöste Sauerstoff reagiert an der Phasengrenze Metall-Gasblase unter Bildung von CO. Jeder Phasengrenze entspricht in Bild 3.4 ein Knotenpunkt, über den, mit Ausnahme der Phasengrenze Gas-Schlacke mehrere Stoffströme laufen. Da in einer Phasengrenze Substanz nicht gespeichert werden kann, gilt die Knotenpunktregel, die besagt, daß die Summe der ankommenden gleich der Summe der abfließenden Ströme

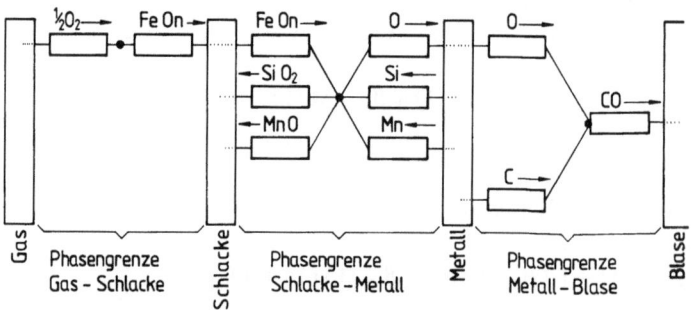

Bild 3.4 Schema einer Reaktion mit Verzweigungen

sein muß. Sie ist eine Verallgemeinerung der bereits auf S. 111 genannten Regel, daß bei einer Einzelreaktion die Mengenströme auf den beiden Seiten der Phasengrenze gleich sein müssen [3.1]. Mit der Knotenpunktregel, mit den Flußgleichungen für die einzelnen Ströme und mit den Gleichgewichtsbedingungen an der Phasengrenze lassen sich Reaktionen mit Verzweigungen rechnerisch behandeln. Ein allgemeingültiges Schema kann nicht angegeben werden, da die Rechenansätze von Fall zu Fall unterschiedlich sind. Ein einfaches Beispiel soll jedoch das Vorgehen erläutern, und zwar der in Bild 3.4 gezeigte Transport von Sauerstoff aus der Gasphase über die Schlacke zur Phasengrenze Schlacke-Metall und seine Verzweigung auf die Oxidation von C zu CO und von Si zu SiO_2. Dabei sind folgende geschwindigkeitsbestimmende Schritte zu berücksichtigen:

1. Transport von (FeO_n) aus dem Innern der Schlacke zur Phasengrenze Schlacke-Metall.
2. Transport von O von der Phasengrenze Schlacke-Metall in das Metall und vom Metall zur Phasengrenze Metall-Blase.
3. Transport von Silicium aus dem Metall zur Phasengrenze Metall-Schlacke.

Der (FeO_n)-Gehalt der Schlacke wird als konstant und bekannt angesehen. Die übrigen Teilschritte laufen in Gleichgewichtsnähe ab. Die Flußgleichungen lauten dann unter Berücksichtigung der Knotenpunktregel

$$\dot n = F^{SM}\beta^{SM}_{FeO_n}[(FeO_n)-(FeO_n)^*] = F^{SM}\beta^{SM}_O([O]^{*SM}-[O])$$
$$= F^{MB}\beta^{MB}_O([O]-[O]^{*MB}) + 2\cdot F^{SM}\beta^{SM}_{Si}([Si]-[Si]^{*SM}), \qquad (3.34)$$

mit S Schlacke, M Metall, B Blase.

Es gelten die Gleichgewichte

$$K_{FeO}=\frac{(FeO_n)^*}{[O]^*};\; K_{CO}=\frac{p_{CO}}{[C][O]^*};\; K_{Si}=\frac{a^*_{(SiO_2)}}{[Si]^*[O]^{*2}}.$$

Die Konzentration [C] ist im Innern der Schlacke und an der Phasengrenze gleich, solange Kohlenstoff im Überschuß über Sauerstoff vorliegt, d.h. oberhalb von rd. 0,1% C in der Schlacke. $\beta_C\cdot[C]$ ist dann groß gegen $\beta_O\cdot[O]$. Die Konzentration $[Si]^{*SM}$ kann näherungsweise gleich Null gesetzt werden, da $a_{(SiO_2)}$ in der Schlacke einen sehr niedrigen Wert hat (s. Abschn. 2.3).

Zunächst sei der in (3.34) beschriebene Gesamtstrom durch die treibende Konzentrationsdifferenz zwischen (FeO_n) und [O] ausgedrückt. Dazu wird die Konstante K_{FeO} in (3.34) eingesetzt und dann $(FeO_n)^*$ und $[O]^{*SM}$ eliminiert. Man erhält

$$\dot n = \frac{(FeO_n)-K_{FeO}[O]}{\frac{K_{FeO}}{F^{SM}\beta^{SM}_O}+\frac{1}{F^{SM}\beta^{SM}_{FeO_n}}} = F^{SM}\beta^{SM}_{tot}[(FeO_n)-K_{FeO}[O]] \qquad (3.35)$$

mit

$$\frac{1}{\beta^{SM}_{tot}}=\frac{K_{FeO}}{\beta^{SM}_O}+\frac{1}{\beta^{SM}_{FeO_n}}.$$

Gleichung (3.35) zeigt, wie zu erwarten, die bekannte Form einer Flußgleichung für zwei hintereinandergeschaltete Widerstände. Für die weitere Rechnung müssen nun die Konzentrationen [O] und [O]^{*MB} eliminiert werden. Dazu setzt man K_{CO} in (3.34) ein und bekommt aus (3.34) und (3.35) für [O], wenn man noch [Si]$^{*SM}=0$ setzt

$$[O] = \frac{F^{MB}\beta_O^{MB}\dfrac{p_{CO}}{K_{CO}[C]} + F^{SM}\beta_{tot}^{SM}(FeO_n) - 2F^{SM}\beta_{Si}^{SM}[Si]}{F^{SM}\beta_{tot}^{SM}K_{FeO} + F^{MB}\beta_O^{MB}} \, . \quad (3.36)$$

Dies in (3.35) eingesetzt, ergibt mit dem oben angegebenen Ausdruck für β_{tot}^{SM} den Gesamtsauerstoffstrom und in (3.34) eingesetzt, die Teilströme für die Kohlenstoff- und Siliciumoxidation

$$\dot{n}_{ges} = \frac{(FeO_n) - \dfrac{p_{CO}}{K_{CO}[C]}K_{FeO} + 2\dfrac{\beta_{Si}^{SM}F^{SM}}{\beta_O^{MB}F^{MB}}[Si]K_{FeO}}{\dfrac{1}{F^{SM}\beta_{FeO_n}^{SM}} + \dfrac{K_{FeO}}{F^{SM}\beta_O^{SM}} + \dfrac{K_{FeO}}{F^{MB}\beta_O^{MB}}}, \quad (3.37)$$

$$\dot{n}_{O/C} = \frac{(FeO_n) - \dfrac{p_{CO}}{K_{CO}[C]}K_{FeO} - 2K_{FeO}\left[\dfrac{\beta_{Si}^{SM}}{\beta_O^{SM}} + \dfrac{\beta_{Si}^{SM}}{K_{FeO}\beta_{FeO_n}^{SM}}\right][Si]}{\dfrac{1}{F^{SM}\beta_{FeO_n}^{SM}} + \dfrac{K_{FeO}}{F^{SM}\beta_O^{SM}} + \dfrac{K_{FeO}}{F^{MB}\beta_O^{MB}}}, \quad (3.38)$$

$$2\dot{n}_{Si} = 2F^{SM}\beta_{Si}^{SM}[Si]. \quad (3.39)$$

Würde der gesamte angebotene Sauerstoff für die Oxidation des Kohlenstoffs verbraucht werden, so würde in (3.37) bis (3.39) jeweils das Glied mit der Siliciumkonzentration wegfallen und es gälte

$$\dot{n}_{ges} = \dot{n}_{O/C} = \frac{FeO_n - \dfrac{p_{CO}}{K_{CO}[C]}K_{FeO}}{\dfrac{1}{F^{SM}\beta_{FeO_n}^{SM}} + \dfrac{K_{FeO}}{F^{SM}\beta_O^{SM}} + \dfrac{K_{FeO}}{F^{MB}\beta_O^{MB}}} \, . \quad (3.40)$$

Der Gesamtwiderstand ist in (3.40) der gleiche wie in (3.37) und (3.38), jedoch wird in (3.37) die gesamte treibende Konzentrationsdifferenz erhöht, indem ein Glied, das die Siliciumkonzentration enthält, addiert wird. In der Wirklichkeit bedeutet dies, daß an der Phasengrenze Schlacke-Metall die Sauerstoffkonzentration sinkt, weil ein Teil des angebotenen Sauerstoffs vom Silicium weggefangen wird. Zugleich sinkt dadurch die treibende Konzentrationsdifferenz des Sauerstoffs, der für die Entkohlung zur Verfügung steht. In (3.38) kommt das darin zum Ausdruck, daß ein Glied, das die Siliciumkonzentration enthält, subtrahiert wird.

Das geschilderte Beispiel läßt das prinzipielle Schema bei Reaktion mit Verzweigung erkennen. In ähnlicher Weise können auch andere Fälle behandelt werden. So wurde z.B. für den gesamten Reaktionsablauf im Sauerstoffaufblaskonverter ein kinetisches Reaktionsschema nach Art des hier wiedergegebenen aufgestellt und daraus ein Steuerungsmodell für den Konverterprozeß entwickelt [3.4].

3.2 Transportvorgänge

3.2.1 Einführung und Grundbegriffe

Für eine zahlenmäßige Anwendung der im Abschn. 3.1.2.3 entwickelten Flußgleichungen muß man die Stoffübergangskoeffizienten der Teilschritte kennen. Sie werden, wie schon erwähnt, durch Transportvorgänge innerhalb der einzelnen Phasen bestimmt. Als Transportvorgänge kommen Diffusion und Konvektion infrage [3.5–3.16]. Ist c die Konzentration eines gelösten Elements in einer fluiden Phase und x die Richtung senkrecht zur Phasengrenze, so ist die Mengenstromdichte senkrecht zur Phasengrenze gegeben durch die Summe aus der Diffusions- und der Konvektionsstromdichte:

$$j = -D\frac{dc}{dx} + uc \qquad (3.41)$$

D ist hierbei der Diffusionskoeffizient und u die Strömungsgeschwindigkeit senkrecht zur Phasengrenze. Das erste Glied in (3.41) gibt nach dem 1. Fickschen Gesetz den durch Diffusion, das zweite den durch Strömung transportierten Anteil wieder. Unter technischen Bedingungen treten im Innern einer fluiden Phase, z.B. einer Stahlschmelze, einer Schlacke oder eines Gases immer Strömungen irgendwelcher Art auf, die nach Größe und Richtung ausreichen, um den Stofftransport durch Strömung groß gegen den Stofftransport durch Diffusion werden zu lassen. Alle Strömungen müssen aber in der Nähe von Phasengrenzen in eine Richtung parallel zur Phasengrenze einschwenken. Bild 3.5 zeigt hierzu das Strömungsbild in der Nähe einer ebenen Grenzfläche. Die Komponente der Geschwindigkeit senkrecht zur Phasengrenze wird in der Nähe der Grenzfläche Null und damit der konvektive Stofftransport ebenfalls Null. Es ist nur noch Stofftransport durch Diffusion möglich. Da im stationären Fall der Stofftransport im Innern der Phase und am Rand gleich sein müssen, folgt, daß am Rand $-D(dc/dx) \gg uc$ sein muß.

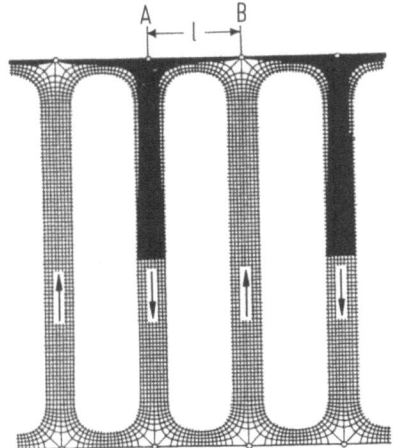

Bild 3.5 Strömungsverlauf in der Nähe einer ebenen Grenzfläche. A und B Staupunkte, l Abstand der Staupunkte. Nach [3.23]

Hiernach ist im Innern der Konzentrationsgradient dc/dx klein und kann häufig vernachlässigt werden, so daß die Konzentration im Innern nahezu gleichmäßig ist. Am Rand muß dagegen der Konzentrationsgradient groß sein, damit der hier allein mögliche Diffusionstransport bewältigt werden kann. Dies bedeutet, daß bei hinreichend starker Strömung, die i.d.R. gegeben ist, der Transportwiderstand im Innern der Schmelze gegen Null geht und nur im Randbereich ein Transportwiderstand verbleibt. Man bezeichnet diesen Randbereich als Diffusions- oder Konzentrationsgrenzschicht und die Dicke dieser Grenzschicht mit δ_N. Der Index N erinnert an Walter Nernst [3.17], der den Begriff der Diffusionsgrenzschicht als einer der ersten eingeführt hat.

Der Bereich der Grenzschicht in der Nähe der Phasengrenze ist von dem übrigen Bereich der Phase nicht scharf getrennt. Vielmehr geht die Konzentration mit zunehmendem Abstand von der Phasengrenze allmählich in den konstanten Wert im Innern der Phase über. Daher muß man die Dicke der Grenzschicht definieren. Man kann sie als den Bereich ansehen, in dem der Wert $(c-c_\infty)/(c_i-c_\infty)$ größer als 0,01 oder 0,05 ist. Eine andere Definition, die nachfolgend verwendet wird, ergibt sich aus Bild 3.6. Hier ist der Konzentrationsverlauf in der Nähe einer Phasengrenze schematisch gezeichnet. c_∞ bedeutet die als gleichmäßig angenommene Konzentration im Innern der Phase, c_i bedeutet die Konzentration an der Phasengrenze. In das Bild ist die Tangente an die Konzentrationskurve im Punkt $x=0$ gelegt. Bei $x=0$ gilt

$$j = -D\left(\frac{dc}{dx}\right)_{x=0}, \tag{3.42}$$

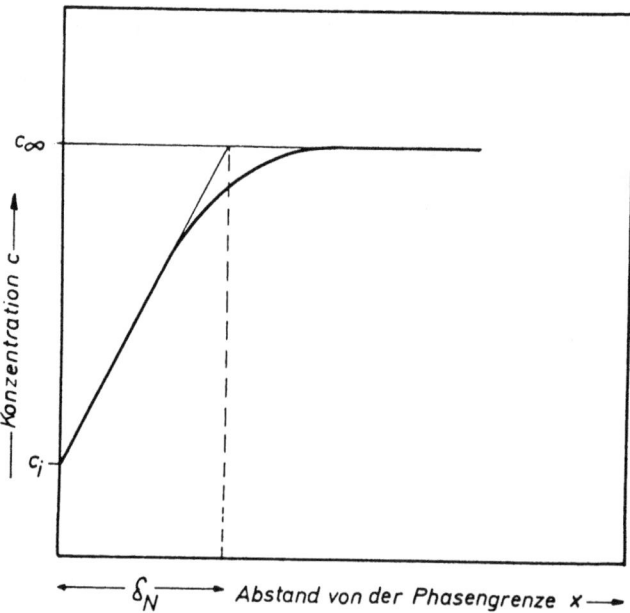

Bild 3.6 Konzentrationsverlauf in der Nähe der Phasengrenze zur Definition der Diffusionsgrenzschicht (schematisch). Die Konzentration c_∞ entspricht den Konzentrationen c^I bzw. c^{II} in (3.13) ff.

da hier der konvektive Transport senkrecht zur Phasengrenze Null ist. Ein Vergleich von (3.42) mit (3.13) zeigt, daß

$$\beta = \frac{-D\left(\dfrac{dc}{dx}\right)_{x=0}}{c_i - c_\infty} \tag{3.43}$$

ist. Aus Bild 3.6 ergibt sich:

$$\frac{c_i - c_\infty}{-\left(\dfrac{dc}{dx}\right)_{x=0}} = \delta_N . \tag{3.44}$$

Damit folgt aus (3.43) und (3.44)

$$\beta = \frac{D}{\delta_N} . \tag{3.45}$$

Die Bestimmung des Stoffübergangskoeffizienten ist damit auf die Aufgabe, die Grenzschichtdicke zu bestimmen, zurückgeführt. Welche Grenzschichtdicke sich in Bild 3.6 einstellt, hängt von den Strömungsbedingungen ab. Wie diese Abhängigkeiten aussehen, wird in den nächsten Abschnitten beschrieben.

3.2.2 Grenzschichten

Das in Abschn. 3.2.1 beschriebene Phänomen des Auftretens von Grenzschichten an Phasengrenzen ist allgemeiner Natur und tritt in analoger Form auch beim Wärmetransport und bei der Strömung auf. Beim Wärmetransport in der Form der Wärmeleitungs- oder Temperaturgrenzschicht, bei der Strömung in der Form der Strömungs- oder Geschwindigkeitsgrenzschicht. Darüber hinaus gibt es noch andere Typen von Grenzschichten, z.B. solche bei der Elektrizität, die hier aber außer Betracht bleiben sollen. Es verbleiben somit drei Arten von Grenzschichten:

— Strömungs- oder Geschwindigkeitsgrenzschichten
— Diffusions- oder Konzentrationsgrenzschichten
— Wärmeleitungs- oder Temperaturgrenzschichten.

Eine Geschwindigkeitsgrenzschicht entsteht dadurch, daß an einer festen Wand die Strömung parallel zur Wand abgebremst wird und an der Wand die

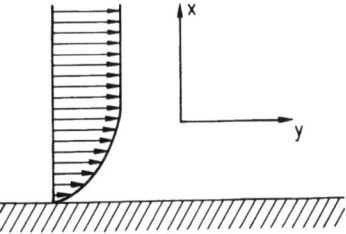

Bild 3.7 Vektoren der Geschwindigkeit einer Strömung parallel zu einer festen Wand (schematisch)

Geschwindigkeit Null annimmt. Dies ist die Haftungsbedingung. Sie gilt auch, wenn die Flüssigkeit die Wand nicht benetzt, wie z.B. bei nichtmetallischen Einschlüssen und eingeblasenen Feststoffen in Stahlschmelzen. Der Verlauf der Geschwindigkeit ist schematisch in Bild 3.7 gezeigt. Der Bereich, in dem die Geschwindigkeit von dem konstanten Innenwert u_∞ auf null abfällt, ist die Grenzschicht. Es entsteht eine Schubspannung

$$\tau = \eta \left(\frac{du}{dx} \right)_{x=0}. \tag{3.46}$$

Infolge des Geschwindigkeitsgradienten entsteht ein auf die Wand gerichteter Impulsstrom. Er ist dem Gradienten der Impulskonzentration $\varrho(du/dx)$ proportional. Es gilt mit $v = \eta/\varrho$, wobei v die kinematische Viskosität bedeutet:

$$\text{Impulsstromdichte} = v \left(\varrho \frac{du}{dx} \right)_{x=0}. \tag{3.47}$$

Gleichung (3.47) ist gleichbedeutend mit (3.46), denn

$$v \left(\varrho \frac{du}{dx} \right)_{x=0} = \frac{\eta}{\varrho} \left(\varrho \frac{du}{dx} \right)_{x=0} = \eta \left(\frac{du}{dx} \right)_{x=0} = \tau.$$

Impulsstromdichte und Schubspannung sind physikalisch identisch. Gleichung (3.47) ist die Diffusionsgleichung des Impulses mit der kinematischen Viskosität als dem entsprechenden Diffusionskoeffizienten. Geschwindigkeitsgrenzschichten treten nur auf, wenn Reibung stattfindet. An freien Oberflächen gibt es keine Geschwindigkeitsgrenzschichten. Im Gegensatz dazu bilden sich Konzentrations- und Temperaturgrenzschichten sowohl an den Grenzflächen mit als auch an solchen ohne Reibung aus, da in diesem Fall die Strömungskomponente senkrecht zur Phasengrenze gegen null geht und Stoff- bzw. Wärmetransport senkrecht zur Phasengrenze daher nur durch Diffusion bzw. Wärmeleitung möglich ist.

Konzentrations- und Temperaturgrenzschichten sind mit und ohne Reibung unterschiedlich. Im Fall der reibungsfreien Strömung behält die Geschwindigkeit bis zur Phasengrenze ihren vollen Wert. Die Volumenelemente der Flüssigkeit können ungehindert an der Phasengrenze entlang strömen und dort durch Diffusion Substanz an die Nachbarphase abgeben oder solche aufnehmen. Entsprechendes gilt für die Wärmeleitung. Bei Reibung kommt die Strömung an der Phasengrenze zur Ruhe (Bild 3.7). Die Volumenelemente können daher erst im Abstand von der Phasengrenze strömen. Das erschwert den Stoff- und Wärmeübergang. Weiterhin ist bei der Ausbildung der Grenzschichten zwischen laminarer und turbulenter Strömung zu unterscheiden. Bei turbulenter Strömung gibt es, im Gegensatz zu laminarer, zusätzlich zur Hauptströmungskomponente parallel zur Wand Schwankungskomponenten senkrecht zur Wand. Sie bewirken einen zusätzlichen Impuls-, Stoff- und Wärmetransport im Vergleich zu laminarer Strömung. Neben der Art der Strömung muß die Geometrie der Systeme beachtet werden. Obgleich diese unter technischen Bedingungen die verschiedensten Formen annehmen können, hat die Erfahrung gezeigt, daß man alle Formen im Prinzip auf zwei Typen, das durchströmte Rohr und den umströmten Körper zurückführen kann, wobei der umströmte Körper die drei Grundformen Platte,

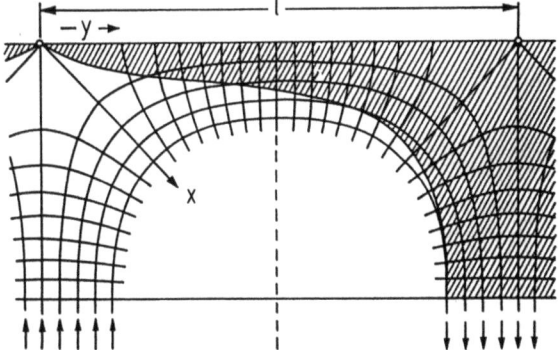

Bild 3.8 Strömungsverlauf zwischen zwei Staupunkten bei reibungsfreier Parallelströmung nach [3.23]. Der schraffierte Bereich kennzeichnet die Dicke der Grenzschicht. l = Abstand der Staupunkte (Anströmlänge)

Zylinder, und Kugel hat. Für den umströmten Körper hat sich darüber hinaus nach Untersuchungen in [3.18] gezeigt, daß man den Stoffübergang an ihm näherungsweise wie den an einer angeströmten Platte behandeln kann, wenn man den Begriff der sog. Anströmlänge einführt. Die Anströmlänge ist die an dem umströmten Körper tatsächlich angeströmte Länge, also z.B. bei einem quer angeströmten zylindrischen Rohr oder bei einer Kugel der halbe Umfang. Damit ist es möglich, die für die angeströmte Platte geltenden Gesetzmäßigkeiten auf umströmte Einzelkörper anzuwenden. Solche Einzelkörper kommen in der Metallurgie der Stahlherstellung häufig vor. Beispiele sind Gasblasen, Tropfen und feste Teilchen, die in Schmelzen suspendiert sind.

So wie den Stoffübergang an umströmten Einzelkörpern kann man natürlich denjenigen an ebenen Phasengrenzen, z.B. zwischen Metall und Schlacke oder an festen Wänden erst recht mit den Gesetzmäßigkeiten für die angeströmte Platte behandeln. Es tritt hier der Typ der sog. Staupunktströmung auf. Bild 3.8 zeigt eine solche Strömung. Die aus dem Innern der Flüssigkeit kommende Strömung trifft im vorderen Staupunkt auf die Wand, strömt über eine bestimmte Strecke an der Wand entlang und fließt am hinteren Staupunkt wieder in das Innere der Flüssigkeit ab. Der vordere Staupunkt entspricht der Vorderkante einer längs angeströmten Platte, der Abstand zwischen den Staupunkten der Plattenlänge.

3.2.3 Stoffübergang bei reibungsfreier Strömung

Am einfachsten läßt sich der Stoffübergang bei reibungsfreier Strömung berechnen. Dieser Fall ist mit guter Näherung beim Stoffaustausch zwischen einer Gasphase und einer Schmelze realisiert. In Bild 3.9 sei die fluide Phase mit einer Staupunktströmung entlang der Phasengrenze betrachtet. Eine solche Strömung ist z.B. in einem Induktionstiegelofen verwirklicht (Bild 3.10). Infolge der magnetischen Kräfte entsteht in der Mitte eine Badüberhöhung, von der die Schmelze zum Rand hin abfließt. Jenseits der Oberfläche der Schmelze befindet sich die Gasphase, die mit der Schmelze Stoff austauscht. Die Phasengrenze selbst wird als mit der Gasphase im Gleichgewicht stehend, die Konzentration im Flüssigen in der Phasengrenze c_i als konstant angesehen. Im Innern der Schmelze herrscht die ebenfalls als konstant angesehene Konzentration c_∞. Es sei nun ein

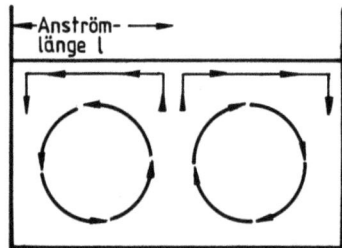

Bild 3.9 Stoffübergang mit Oberflächenerneuerung (schematisch)

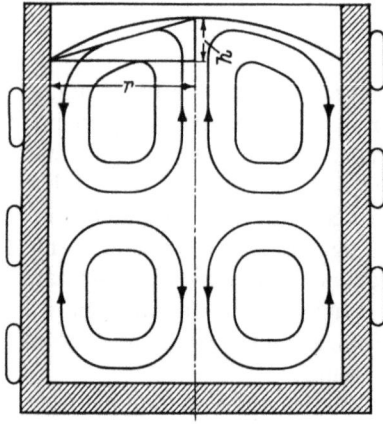

Bild 3.10 Schematisches Strömungsbild in einem Induktionstiegelofen

Volumenelement betrachtet, das aus dem Innern der Flüssigkeit kommt und am vorderen Staupunkt die Oberfläche berührt. Das Volumenelement mit der ursprünglichen Konzentration c_∞ nimmt jetzt an seiner Oberfläche die Konzentration c_i an. Dies bewirkt, wenn $c_i > c_\infty$ ist, daß gelöste Substanz von der Oberfläche in das Volumenelement hineindiffundiert. Das Volumenelement bleibt nun nicht stehen, sondern wandert infolge der Strömung vom vorderen Staupunkt entlang der Oberfläche bis zum hinteren Staupunkt und tritt dort wieder in das Innere der Schmelze ein. Die Diffusion erfolgt solange, wie das Volumenelement in der Oberfläche verweilt. Damit die Konzentration c_i konstant bleibt, wird eine entsprechende Menge der Substanz aus der Gasphase nachgeliefert. Dieser Vorgang ist schnell, da voraussetzungsgemäß Gleichgewicht zwischen der Gasphase und der Phasengrenze herrscht.

Die Diffusion des Gelösten innerhalb des Volumenelements gehorcht dem 2. Fickschen Gesetz, das bei konzentrationsunabhängigem Diffusionskoeffizienten und dem hier vorliegenden eindimensionalen Stoffluß die Form

$$\frac{\partial c}{\partial t} = D \frac{\partial^2 c}{\partial x^2} \tag{3.48}$$

annimmt. Während der Verweilzeit des Volumenelements in der Oberfläche ist die Eindringtiefe des Diffusionsprofils der Konzentration in das Volumenelement klein gegen die Tiefe der Schmelze. In genügendem Abstand von der Oberfläche

3.2 Transportvorgänge

herrscht daher die Konzentration c_∞. Das heißt, man kann die Diffusion so behandeln, als ob sie in eine unendlich ausgedehnte Schmelze mit der konstanten Konzentration c_∞ hinein erfolgte. Damit gelten insgesamt folgende Randbedingungen:

1. $c = c_i$ für $x = 0$ und $t \geq 0$,
2. $c = c_\infty$ für $x > 0$ und $t = 0$,
3. $c = c_\infty$ für $x = \infty$ und $t > 0$.

Mit diesen Randbedingungen lautet die Lösung des 2. Fickschen Gesetzes [3.9, 3.13, 3.14]

$$\frac{c_i - c}{c_i - c_\infty} = \text{erf} \frac{x}{2(Dt)^{0,5}}. \tag{3.49}$$

Die mit dem Zeichen erf gekennzeichnete Funktion ist die sog. Errorfunktion

$$\text{erf } z = \frac{2}{\sqrt{\pi}} \int_0^z e^{-z^2} dz.$$

Sie wird auch als Gaußsches Fehlerintegral bezeichnet, da sie, multipliziert mit $2/\sqrt{\pi}$, das Integral über die bekannte Gaußsche Fehlerfunktion

$$y = e^{-z^2}$$

ist. Bild 3.11 zeigt oben die Gaußsche Fehlerfunktion, die sich von $z = -\infty$ bis $z = +\infty$ erstreckt und unten das Integral über diese Funktion. Die Errorfunktion stellt die Werte des Integrals für positive x dar. Zahlenwerte der Funktion finden sich in Spezialwerken [3.9, 3.13].

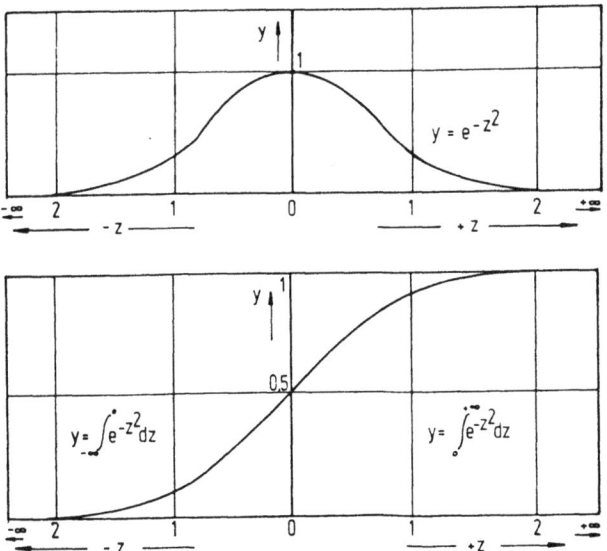

Bild 3.11 Gaußsche Fehlerfunktion und Gaußsches Fehlerintegral

Die sich nach (3.49) ergebenden Konzentrationsverläufe sind in Bild 3.12 als Funktion von x mit t als Parameter gezeigt. Man erkennt das allmähliche Eindringen der gelösten Substanz in das Volumenelement. Um die Dicke der Diffusionsgrenzschicht δ_N zu bestimmen, ermittelt man die Steigung der Tangenten an die Konzentrationskurven $x=0$. Sie ergeben sich durch Ableitung von (3.49) nach x

$$-\left(\frac{dc}{dx}\right)_{x=0} = \frac{c_i - c_\infty}{\sqrt{\pi D t}}. \tag{3.50}$$

Hieraus folgt mit der Definitionsgleichung (3.42)

$$\delta_N = \sqrt{\pi D t}. \tag{3.51}$$

Die Grenzschicht wird also mit zunehmender Zeit t größer. Da t durch den Ausdruck

$$t = \frac{y}{u} \tag{3.52}$$

mit u Strömungsgeschwindigkeit des Volumenelements gegeben ist, bedeutet dies zugleich, daß die Grenzschicht mit zunehmendem Abstand y vom vorderen Staupunkt größer wird. Dies kommt durch das allmähliche Eindringen der diffundierenden Substanz in größere Tiefen des Volumenelements zustande.

Wenn das Volumenelement den hinteren Staupunkt erreicht hat, tritt es wieder in die Flüssigkeit zurück und vermischt sich mit dieser. Wenn l der Staupunktabstand ist, so beträgt die Verweilzeit daher

$$t_V = \frac{l}{u}. \tag{3.53}$$

Insgesamt treten am vorderen Staupunkt immer neue Volumenelemente in die Oberfläche ein, nehmen während der Verweilzeit t_V eine bestimmte Menge

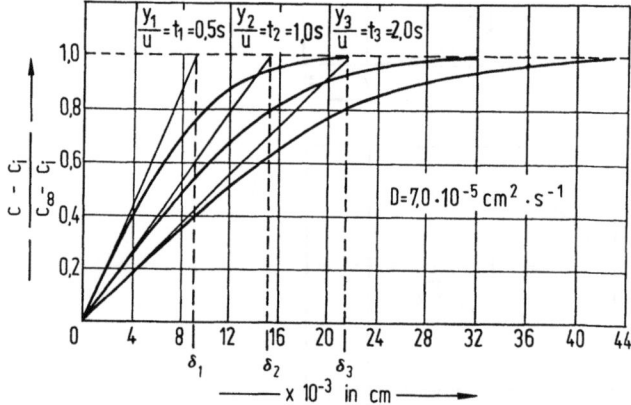

Bild 3.12 Konzentrationsverlauf in verschiedenen Abständen y vom vorderen Staupunkt nach [3.23]

Substanz aus der Nachbarphase auf oder — wenn $c_i < c_\infty$ ist — geben solche an die Nachbarphase ab und kehren dann am hinteren Staupunkt in die Flüssigkeit wieder zurück. Es findet also ein ständiger Stoffstrom von einer Phase in die andere statt. Da bei diesem Vorgang die Oberfläche ständig erneuert wird, nennt man seine Beschreibung Oberflächenerneuerungstheorie. Daneben wird auch der Begriff Penetrationstheorie verwendet. Damit kommt zum Ausdruck, daß das Konzentrationsprofil der Diffusion während der Verweilzeit der Volumenelemente allmählich in die Schmelze eindringt. Die Theorie wurde zuerst für chemische Systeme entwickelt [3.19—3.21] und später auch auf metallurgische Systeme angewandt [3.22, 3.23]. Sie ist hier auch experimentell bestätigt [3.24].

Mit (3.45) folgt aus (3.51) und (3.52)

$$\beta_y = \frac{D}{\delta_N} = \left(\frac{Du}{\pi y}\right)^{1/2}. \tag{3.54}$$

Dies ist der sog. lokale, sich auf die Stelle y beziehende Stoffübergangskoeffizient. Zur Bestimmung der Mengenstromdichte benötigt man den mittleren Stoffübergangskoeffizienten über die gesamte Anströmlänge l. Er ist gegeben zu

$$\beta = \frac{1}{l} \int_0^l \beta_y \, dy = 2\left(\frac{Du}{\pi l}\right)^{1/2}. \tag{3.55}$$

Die Mengenstromdichte ist dann

$$j = \beta(c_i - c_\infty) = 2\left(\frac{Du}{\pi l}\right)^{1/2}(c_i - c_\infty). \tag{3.56}$$

Damit ist das Problem für den Fall der reibungsfreien Strömung gelöst. Bei Kenntnis der Geometrie und der Geschwindigkeit der Strömung sowie des Diffusionskoeffizienten läßt sich der Stoffübergangskoeffizient und damit die Mengenstromdichte für einen gegebenen Konzentrationsunterschied berechnen. Im vorderen Staupunkt ist die Grenzschichtdicke null. Dies gilt nur, wenn der Stofftransport durch Konvektion groß gegen den durch Diffusion ist. In der Regel ist diese Bedingung erfüllt.

Der Zusammenhang zwischen dem Stoffübergangskoeffizienten und den Strömungsbedingungen läßt sich auch dimensionslos darstellen. Hierzu wird (3.55) mit l/D multipliziert:

$$\frac{\beta l}{D} = \frac{2}{\sqrt{\pi}}\left(\frac{ul}{D}\right)^{1/2}. \tag{3.57}$$

Es ist üblich, die dimensionslosen Ausdrücke nach den Namen berühmter Forscher zu benennen. So ist

$$\frac{\beta l}{D} = Sh = \text{Sherwoodzahl}.$$

Der Ausdruck ul/D wird als Bodensteinzahl Bd bezeichnet. Erweitert man ihn mit der kinematischen Viskosität v, so erhält man das Produkt $(ul/v)(v/D)$. Darin ist

$$\frac{ul}{v} = Re = \text{Reynoldszahl}, \qquad \frac{v}{D} = Sc = \text{Schmidtzahl}.$$

Damit wird aus (3.57)

$$Sh = \frac{2}{\sqrt{\pi}} Re^{1/2} Sc^{1/2}. \qquad (3.58)$$

Die Sherwoodzahl und die Reynoldszahl hängen ebenso wie der Stoffübergangskoeffizient von der Anströmlänge ab. Es ist üblich, sie ohne besondere Kennzeichnung anzuschreiben, wenn die Mittelwerte gemeint sind. Die lokale Sherwood- bzw. Reynoldszahl bekommt den Index y. Aus (3.54) wird somit

$$Sh_y = \frac{1}{\sqrt{\pi}} Re_y^{1/2} Sc^{1/2}. \qquad (3.59)$$

Für die Berechnung des Stoffübergangskoeffizienten mit (3.55) oder (3.58) muß das tatsächlich vorliegende Strömungsfeld bekannt sein. Es kann z.B. die Form einer Staupunktströmung annehmen, wie in Bild 3.8 schematisch gezeigt wurde. Ein solches Strömungsfeld stellt sich z.B. in Schmelzen ein, die durch Einleiten von Gas gerührt werden. Es gibt jedoch auch die Möglichkeit, daß sich in der Nähe der Oberfläche eine zellulare Struktur der Strömung ausbildet, bei der eine große Zahl von Staupunktströmungen des Typs von Bild 3.8 nebeneinander liegen. Solche Strukturen können z.B. durch natürliche Konvektion oder durch Turbulenz entstehen. Der Stoffübergang an ihnen wird ebenfalls durch (3.55) bzw. (3.58) beschrieben, wobei wiederum $l/u = t_V$ die Verweilzeit der Volumenelemente in der Oberfläche ist. l ist gleich dem halben Zellendurchmesser, u ist die Geschwindigkeit der Umlaufströmung in der Zelle. Wegen der stochastischen Natur der Zellen treten hier i.d.R. Verweilzeitspektren auf [3.21].

3.2.4 Strömung und Stoffübergang bei Strömung mit Reibung, Strömung laminar

Nach Bild 3.7 tritt bei einer Strömung mit Reibung eine Strömungsgrenzschicht auf. Infolgedessen haben die in der Grenzschicht parallel zur Wand strömenden Volumenelemente je nach ihrem Wandabstand unterschiedliche Geschwindigkeiten und damit auch unterschiedliche Verweilzeiten in der Grenzschicht. Da die Verweilzeiten das Konzentrationsfeld bestimmen, folgt hieraus, daß die Form des Konzentrationsfelds von der Form des Geschwindigkeitsfelds abhängt. Man muß das Geschwindigkeitsfeld kennen, um das Konzentrationsfeld berechnen zu können.

Bei der Berechnung des Geschwindigkeitsfelds geht man von der allgemeinen Differentialgleichung des Kräftegleichgewichts in einer Strömung aus und versucht, diese zu lösen [3.7, 3.10, 3.11, 3.19, 3.25–3.28].

3.2.4.1 Gleichung der Strömungsgrenzschicht bei laminarer erzwungener Strömung

Eine exakte Lösung der Differentialgleichung des Kräftegleichgewichts in einer Strömung ist unter bestimmten geometrisch einfachen Bedingungen möglich, wenn die Strömung laminar ist. Das Kräftegleichgewicht umfaßt i.allg. Fall die Trägheits- und Reibungskraft als innere Kräfte sowie die Druckkraft und die Schwerkraft als äußere Kräfte. Aus der Strömungslehre ist bekannt, daß das Kräftegleichgewicht in diesem Fall durch die sog. Navier-Stokesschen Differentialgleichungen beschrieben wird

$$\varrho \frac{Du_x}{dt} = -\frac{\partial p}{\partial x} + \eta \left[\frac{\partial^2 u_x}{\partial x^2} + \frac{\partial^2 u_x}{\partial y^2} + \frac{\partial^2 u_x}{\partial z^2} \right]$$

$$\varrho \frac{Du_y}{dt} = -\frac{\partial p}{\partial y} + \eta \left[\frac{\partial^2 u_y}{\partial x^2} + \frac{\partial^2 u_y}{\partial y^2} + \frac{\partial^2 u_y}{\partial z^2} \right]$$

$$\varrho \frac{Du_z}{dt} = -\frac{\partial p}{\partial z} + \eta \left[\frac{\partial^2 u_z}{\partial x^2} + \frac{\partial^2 u_z}{\partial y^2} + \frac{\partial^2 u_z}{\partial z^2} \right] + g\varrho \qquad (3.60)$$

oder in Vektorschreibweise

$$\varrho \frac{D\boldsymbol{u}}{dt} = -\operatorname{grad} p + g\varrho + \eta \nabla^2 \boldsymbol{u}$$

mit der Abkürzung

$$\nabla^2 = \frac{\partial^2}{\partial x^2} + \frac{\partial^2}{\partial y^2} + \frac{\partial^2}{\partial z^2}.$$

Die Dimension der drei Gleichungen (3.60) ist Kraft je Volumeneinheit. Die drei Glieder in den beiden ersten Gleichungen und die entsprechenden Glieder in der dritten Gleichung stellen jeweils die Trägheitskraft, die Druckkraft und die Reibungskraft dar, und zwar einmal in x-Richtung, einmal in y-Richtung und einmal in z-Richtung. Hinzu kommt in z-Richtung noch die Schwerkraft $g\varrho$. Die Größen Du_x/dt, Du_y/dt und Du_z/dt sind die sog. substantiellen Beschleunigungen, die sich zusammensetzen aus der lokalen Beschleunigung $\partial u/\partial t$ und der Änderung

$$u_x \frac{\partial \boldsymbol{u}}{\partial x} + u_y \frac{\partial \boldsymbol{u}}{\partial y} + u_z \frac{\partial \boldsymbol{u}}{\partial z},$$

die das Volumenelement auf der Strecke erfährt, auf der es sich während der Zeit dt fortbewegt, der sog. konvektiven Beschleunigung:

$$\frac{Du_x}{dt} = \frac{\partial u_x}{\partial t} + u_x \frac{\partial u_x}{\partial x} + u_y \frac{\partial u_x}{\partial y} + u_z \frac{\partial u_x}{\partial z}. \qquad (3.61)$$

Die Glieder $\partial p/\partial x$, $\partial p/\partial y$ und $\partial p/\partial z$ sind jeweils der entlang der Strecke dx bzw. dy bzw. dz auftretende Druckabfall. Die Glieder in den eckigen Klammern, multipliziert mit der Viskosität η, sind die Änderung der Schubspannung in x-, y- und z-Richtung.

Für die Grenzschicht kann man die Navier-Stokesschen Gleichungen wesentlich vereinfachen, wenn man folgende Tatsachen beachtet:

1. Es wird zunächst angenommen, daß die Schwerkraft keine Rolle spielt, d.h., daß die Strömung ausschließlich durch einen äußeren Druck erzeugt wird. Eine solche Strömung nennt man eine erzwungene Strömung. Der Fall, daß die

Strömung unter dem Einfluß der Schwerkraft zustande kommt, die sog. natürliche Strömung, wird hier nicht behandelt.
2. Aus Bild 3.7 geht hervor, daß die Strömung in x- und y-Richtung hinreichend beschrieben wird, da in z-Richtung keine Änderungen auftreten. Man kann daher die dritte der Gleichungen (3.60) weglassen.
3. Die Geschwindigkeit in x-Richtung ist klein gegen die in y-Richtung. Man kann daher die Bewegung in x-Richtung als schleichende Bewegung, bei der keine Trägheitskräfte wirken, auffassen und $Du_x/dt = 0$ setzen.
4. Die Flüssigkeit strömt die Platte mit der konstanten Geschwindigkeit u_∞ an und wird erst auf der Platte durch Reibung abgebremst. Der für die Überwindung der Reibungskraft notwendige Impuls wird ausschließlich der Trägheit der Flüssigkeit entnommen. Dies bedeutet, daß keine äußeren Kräfte auftreten und der Druck daher konstant sein muß. Die Größen $\partial p/\partial x$ und $\partial p/\partial y$ sind Null. Da auch $Du_x/dt = 0$ ist, wird damit die gesamte obere Gleichung Null. Dies besagt, daß auch die Reibungskräfte nur in y-Richtung berücksichtigt werden.
5. Die Geschwindigkeit u_y ändert sich in y-Richtung erheblich langsamer als in x-Richtung, d.h. es gilt

$$\frac{\partial u_y}{\partial y} \ll \frac{\partial u_y}{\partial x}.$$

Aus dem gleichen Grunde ist auch

$$\frac{\partial^2 u_y}{\partial y^2} \ll \frac{\partial^2 u_y}{\partial x^2}.$$

Man braucht daher in der eckigen Klammer von (3.60) nur das Glied

$$\frac{\partial^2 u_y}{\partial x^2}$$

zu berücksichtigen.
6. Es wird angenommen, daß das System stationär ist. Dies bedeutet, daß $\partial u_y/\partial t = 0$ ist.

Mit den sich so ergebenden Vereinfachungen wird aus (3.60) unter Berücksichtigung von (3.61) der Ausdruck

$$\varrho \left(u_x \frac{\partial u_y}{\partial x} + u_y \frac{\partial u_y}{\partial y} \right) = \eta \frac{\partial^2 u_y}{\partial x^2}. \qquad (3.62)$$

Gleichung (3.62) ist eine Kräftegleichung, die besagt, daß an jeder Stelle der Grenzschicht die Trägheitskraft gleich der Reibungskraft ist.

Bei der praktischen Anwendung dividiert man (3.62) noch durch die Dichte ϱ und erhält dann

$$u_x \frac{\partial u_y}{\partial x} + u_y \frac{\partial u_y}{\partial y} = v \frac{\partial^2 u_y}{\partial x^2} \qquad (3.63)$$

mit $v = \eta/\varrho$.

Neben der Kräftegleichung muß man noch das Gesetz von der Erhaltung der Masse oder bei konstanter Dichte, das Gesetz von der Volumenkonstanz berücksichtigen. Es besagt, daß die in ein Volumenelement einströmende Flüssigkeitsmenge gleich der aus dem Volumenelement ausströmenden Flüssigkeitsmenge sein muß. Dieses Gesetz entspricht völlig der in Abschn. 3.1.2.2 für die Stoffströme beschriebenen Kontinuitätsbedingung.

Formal besagt das Gesetz von der Volumenkonstanz, daß in dem Volumenelement keine Materiequellen und -senken auftreten. Dies läßt sich mathematisch so ausdrücken, daß die Divergenz der Volumenstromdichte Null ist. Da die Volumenstromdichte mit der Geschwindigkeit identisch ist, folgt

$$\text{div}\, \boldsymbol{u} = 0$$

oder in Koordinatenschreibweise für das hier vorliegende System, bei dem nur die x- und y-Richtung berücksichtigt werden muß

$$\frac{\partial u_x}{\partial x} + \frac{\partial u_y}{\partial y} = 0. \tag{3.64}$$

Gleichung (3.64) bezeichnet man als Kontinuitätsgleichung. Sie muß zusammen mit (3.63) gelöst werden. Beide Gleichungen bilden ein Gleichungssystem für die beiden unbekannten Geschwindigkeiten u_x und u_y. Damit ist es im Prinzip möglich, u_x und u_y als Funktion von x und y zu lösen und damit den in Bild 3.7 schematisch gezeigten Verlauf der Geschwindigkeit zu berechnen. Zur Lösung von (3.63) und (3.64) müssen die folgenden Randbedingungen vorgegeben werden:

$$u_y = 0 \quad \text{und} \quad u_x = 0 \quad \text{für } x = 0,$$

$$u_y = u_\infty \quad \text{für } x = \infty;\ u_y = u_\infty \quad \text{für } y = 0.$$

Gleichung (3.62) ist im Vergleich zu der Navier-Stokesschen Differentialgleichung (3.60) wesentlich vereinfacht, weil ein Reibungsglied weggefallen ist. Diese vereinfachte Gleichung wird immer dann anwendbar, wenn sich der Übergang von der Geschwindigkeit Null an einer Wand zur endlichen Geschwindigkeit der ungestörten Strömung in einer verhältnismäßig dünnen Grenzschicht abspielt, deren Dicke klein gegen die Körperabmessungen ist, wenn also die Strömung „Grenzschichtcharakter" hat.

3.2.4.2 Gleichung der Diffusionsgrenzschicht bei laminarer erzwungener Strömung

Nachdem die Grenzschichtgleichung der Geschwindigkeit vorliegt, ist es nun möglich, die Grenzschichtgleichung der Konzentration zu entwickeln. Ausgangspunkt ist hierbei die allgemeine Differentialgleichung der Diffusion

$$\frac{\partial c}{\partial t} = \text{div}(D\, \text{grad}\, c) \tag{3.65}$$

oder in Koordinatenschreibweise mit als konstant angenommenem Diffusionskoeffizienten

$$\frac{\partial c}{\partial t} = D\left[\frac{\partial^2 c}{\partial x^2} + \frac{\partial^2 c}{\partial y^2} + \frac{\partial^2 c}{\partial z^2}\right]. \tag{3.66}$$

Anstelle des partiellen Differentialquotienten $\partial c/\partial t$ muß jetzt aber der substantielle Differentialquotient Dc/dt eingesetzt werden, da eine Strömung vorliegt. Dieser hat die entsprechende Bedeutung wie der substantielle Differentialquotient der Geschwindigkeit, d.h.

$$\frac{Dc}{dt} = \frac{\partial c}{\partial t} + u_x\frac{\partial c}{\partial x} + u_y\frac{\partial c}{\partial y} + u_z\frac{\partial c}{\partial z}. \tag{3.67}$$

Es ist nun zu berücksichtigen, daß die z-Koordinate entfällt. Setzt man dann (3.67) in (3.66) ein, so folgt:

$$\frac{\partial c}{\partial t} + u_x\frac{\partial c}{\partial x} + u_y\frac{\partial c}{\partial y} = D\left[\frac{\partial^2 c}{\partial x^2} + \frac{\partial^2 c}{\partial y^2}\right]. \tag{3.68}$$

Das durch diese Gleichung beschriebene Konzentrationsfeld hat, ebenso wie das Strömungsfeld, Grenzschichtcharakter. Man kann daher die Gleichung der Diffusion ebenso vereinfachen wie die Navier-Stokessche Differentialgleichung. Dazu muß man folgende Tatsachen berücksichtigen:

1. Die Konzentration ändert sich in y-Richtung wesentlich langsamer als in x-Richtung. Daher gilt

$$\frac{\partial c}{\partial y} \ll \frac{\partial c}{\partial x}.$$

Aus dem gleichen Grund ist

$$\frac{\partial^2 c}{\partial y^2} \ll \frac{\partial^2 c}{\partial x^2}.$$

Man braucht daher in der eckigen Klammer von (3.68) nur das Glied $\partial^2 c/\partial x^2$ zu berücksichtigen.

2. Das System wird als stationär betrachtet. Das bedeutet

$$\frac{\partial c}{\partial t} = 0.$$

Mit den beiden Vereinfachungen wird aus (3.68) die Grenzschichtgleichung der Diffusion

$$u_x\frac{\partial c}{\partial x} + u_y\frac{\partial c}{\partial y} = D\frac{\partial^2 c}{\partial x^2}. \tag{3.69}$$

Sie ist mathematisch vollkommen analog aufgebaut wie die Grenzschichtgleichung der Geschwindigkeit (3.63). Diese Analogie ist nicht nur formaler, sondern auch physikalischer Natur. Sie weist auf die Ähnlichkeit zwischen dem Impulstransport bei der Reibung und dem Stofftransport bei der Diffusion hin.

Wenn man mit Hilfe von (3.69) den Konzentrationsverlauf in der Grenzschicht bestimmen will, so müssen die Geschwindigkeiten u_x und u_y bekannt sein. Deshalb ist es notwendig, (3.69) zusammen mit (3.63) und (3.64) zu lösen. Für das Konzentrationsfeld gelten dabei folgende Randbedingungen

für $x=0$ ist $c=c_0$,
für $x=\infty$ ist $c=c_\infty$,
für $y=0$ ist $c=c_\infty$.

3.2.4.3 Lösung der Grenzschichtgleichungen

Zur Lösung [3.10, 3.11, 3.25, 3.27] des Systems der drei Gleichungen (3.63), (3.64) und (3.69) führt man die sog. Stromfunktion Ψ ein. Und zwar setzt man

$$u_x = -\frac{\partial \Psi}{\partial y} \quad \text{und} \quad u_y = \frac{\partial \Psi}{\partial x}. \tag{3.70}$$

Hierdurch wird die Kontinuitätsgleichung (3.64) erfüllt. Die Stromfunktion ist eine Lösung der Kontinuitätsgleichung. Weiterhin werden dimensionslose Größen eingeführt. Dabei wird die Geschwindigkeit u_∞ als Eigenmaßstab gewählt. Aus den fünf dimensionsbehafteten Variablen u_∞, Ψ, x, y und v werden die drei dimensionslosen Größen

- Anströmlänge $\dfrac{u_\infty y}{v}$,

- Wandabstand $\xi = \dfrac{1}{2} \left(\dfrac{u_\infty y}{v} \right)^{1/2} \dfrac{x}{y}$, $\tag{3.71}$

- Stromfunktion $\zeta(\xi) = \left(\dfrac{v}{u_\infty y} \right)^{1/2} \dfrac{\Psi}{v}$, $\tag{3.72}$

gebildet. Ferner wird als dimensionslose Konzentration

$$\chi(\xi) = \frac{c_0 - c}{c_0 - c_\infty} \tag{3.73}$$

gebildet. Damit werden die Geschwindigkeiten zu

$$u_y = \frac{\partial \Psi}{\partial x} = \frac{\partial \Psi}{\partial \zeta} \frac{d\zeta}{d\xi} \frac{\partial \xi}{\partial x} = \frac{u_\infty}{2} \frac{d\zeta}{d\xi}, \tag{3.74}$$

$$u_x = -\frac{\partial \Psi}{\partial y} = -\frac{\partial \Psi}{\partial \zeta} \frac{d\zeta}{d\xi} \frac{\partial \xi}{\partial y} = \frac{1}{2} \left(\frac{v u_\infty}{y} \right)^{1/2} \left(\xi \frac{d\zeta}{d\xi} - \zeta \right). \tag{3.75}$$

Die Ableitungen der Geschwindigkeiten und der Konzentration werden aus (3.73), (3.74) und (3.75) entsprechend gebildet. Mit den neuen Variablen lauten die Randbedingungen:

- für $\xi=0$ ist $\zeta=0$; $d\zeta/d\xi=0$; $\chi=0$,
- für $\xi=\infty$ ist $d\zeta/d\xi=2$; $\chi=1$.

Setzt man die Werte in (3.63) und (3.69) ein, so erhält man die nachfolgenden zwei gewöhnlichen Differentialgleichungen

$$\frac{d^3\zeta}{d\xi^3} + \zeta\frac{d^2\zeta}{d\xi^2} = 0, \tag{3.76}$$

$$\frac{d^2\chi}{d\xi^2} + \frac{\nu}{D}\zeta\frac{d\chi}{d\xi} = 0. \tag{3.77}$$

Zur Lösung von (3.76) wird die Funktion in eine Reihe entwickelt

$$\zeta = \frac{\alpha\xi^2}{2!} - \frac{\alpha^2\xi^5}{5!} + \frac{11\alpha^3\xi^8}{8!} \pm \ldots \tag{3.78}$$

mit

$$\alpha = \left(\frac{d^2\zeta}{d\xi^2}\right)_{\xi=0}.$$

Der Zahlenwert von α kann aus (3.78) mit Hilfe der zweiten Randbedingung im Prinzip bestimmt werden, allerdings ist die Gleichung für große Werte von ξ umständlich zu handhaben. Er läßt sich aber auch durch numerische Integration von (3.76) mit ζ nach (3.78) ermitteln. Es ergibt sich ein Wert $\alpha = 1{,}33$. Damit ist (3.76) gelöst.

Für u_y erhält man aus (3.74)

$$u_y = \frac{u_\infty}{2}\left(\alpha\xi - \frac{\alpha^2\xi^4}{4!} + \ldots\right). \tag{3.79}$$

Bild 3.13 zeigt den Verlauf von u_y/u_∞ als Funktion des dimensionslosen Wandabstands nach (3.79). Man erkennt, daß die Kurve bei Werten von u_y/u_∞, die nicht zu nahe an eins liegen, geradlinig ist. Hier kann man den Klammerausdruck in (3.79) nach dem ersten Glied abbrechen.

Nachdem die Funktion ζ bekannt ist, kann auch die Diffusionsgleichung (3.77) gelöst werden. Hierzu wird als neue Variable

$$\frac{d\chi}{d\xi} = r$$

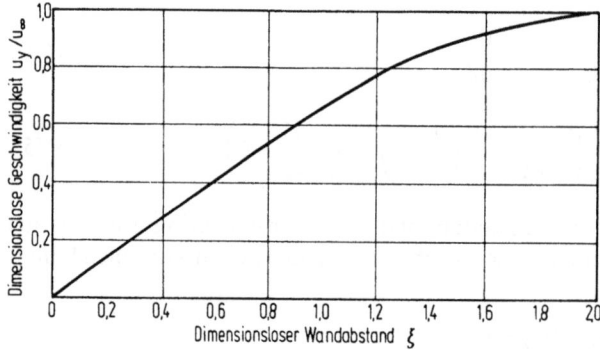

Bild 3.13 Geschwindigkeit u_y/u_∞ als Funktion des Wandabstands nach (3.79)

eingeführt. Dann wird aus (3.77)

$$\frac{dr}{d\xi} - \frac{v}{D}\zeta r = 0.$$

Da ζ eine Funktion von ξ ist, kann man die Variablen trennen und erhält

$$\frac{dr}{r} = \frac{v}{D}\zeta d\xi.$$

Integration ergibt

$$r = \frac{d\chi}{d\xi} = C_1 e^{-\frac{v}{D}\int \zeta d\xi}$$

und nochmalige Integration

$$\chi = C_1 \int e^{-\frac{v}{D}\int \zeta d\xi} d\xi + C_2.$$

Die Integrationskonstanten ergeben sich aus den Randbedingungen, und man erhält

$$\chi = \frac{c_0 - c}{c_0 - c_\infty} = \frac{\int_0^\xi e^{-\frac{v}{D}\int_0^\xi \zeta d\xi} d\xi}{\int_0^\infty e^{-\frac{v}{D}\int_0^\xi \zeta d\xi} d\xi}. \tag{3.80}$$

Da ζ bekannt ist, kann aus (3.80) der Konzentrationsverlauf als Funktion des dimensionslosen Wandabstands ξ angegeben werden. Damit ist auch die Grenzschichtgleichung der Diffusion gelöst.

Der Nenner in (3.80) ist wegen der Integration von 0 bis ∞ nicht mehr von ξ, sondern nur noch von der Schmidtzahl $Sc = v/D$ abhängig. Er kann für Werte der Schmidtzahl zwischen 1 und 1 000, womit nahezu alle praktisch vorkommenden Fälle abgedeckt sind, in guter Näherung durch die Funktion

$$\frac{1}{\int_0^\infty e^{-\frac{v}{D}\int_0^\xi \zeta d\xi} d\xi} = f\left(\frac{v}{D}\right) = 0{,}664 \left(\frac{v}{D}\right)^{1/3} \tag{3.81}$$

ausgedrückt werden.

Der Konzentrationsgradient an der Wand ergibt sich nach (3.80) und (3.81) zu

$$\left(\frac{d\chi}{d\xi}\right)_{x=0} = 0{,}664 \left(\frac{v}{D}\right)^{1/3}. \tag{3.82}$$

Damit läßt sich die Mengenstromdichte ausrechnen. Die Ableitung von (3.73) ergibt zunächst

$$-\left(\frac{dc}{dx}\right)_{x=0} = \left(\frac{d\chi}{d\xi}\right)_{x=0} (c_0 - c_\infty) \frac{\partial \xi}{\partial x}. \tag{3.83}$$

Mit der Ableitung von (3.71) und mit (3.82) folgt hieraus für die örtliche Stoffstromdichte $j = -D(dc/dx)_{x=0}$

$$j = 0{,}332 \left(\frac{Du_\infty}{y}\right)^{1/2} \left(\frac{D}{v}\right)^{1/6} (c_0 - c_\infty). \tag{3.84}$$

Vergleicht man diesen Ausdruck mit (3.43), so erhält man den örtlichen Stoffübergangskoeffizienten β_y, der demnach gegeben ist zu

$$\beta_y = 0{,}332 \left(\frac{Du_\infty}{y}\right)^{1/2} \left(\frac{D}{v}\right)^{1/6}. \tag{3.85}$$

Der mittlere Stoffübergangskoeffizient ist entsprechend

$$\beta = 0{,}664 \left(\frac{Du_\infty}{l}\right)^{1/2} \left(\frac{D}{v}\right)^{1/6}. \tag{3.86}$$

Vergleicht man (3.85) mit (3.54), die den Stoffübergangskoeffizienten für den Fall ohne Reibung beschreibt, so ergibt sich

$$\beta_{\text{mit Reibung}} = \beta_{\text{ohne Reibung}} \cdot 0{,}332 \sqrt{\pi} \left(\frac{D}{v}\right)^{1/6}.$$

Das Verhältnis der beiden Stoffübergangskoeffizienten wird also, abgesehen von einem konstanten Zahlfaktor, nur von der Schmidtzahl bestimmt. Dies wird verständlich, wenn man bedenkt, daß das Konzentrationsfeld im Falle der Strömung mit Reibung von dem Geschwindigkeitsfeld beeinflußt wird und daß die beiden für das Konzentrationsfeld und das Geschwindigkeitsfeld jeweils charakteristischen Stoffkonstanten der Diffusionskoeffizient und die kinematische Viskosität sind (s. (3.63) und (3.69)).

Das Verhältnis D/v liegt bei Stahlschmelzen in der Größenordnung von 10^{-3}, d.h.

$$\left(\frac{D}{v}\right)^{1/6} \simeq 0{,}316.$$

Hieraus folgt

$$\frac{\beta_{\text{mit Reibung}}}{\beta_{\text{ohne Reibung}}} \simeq 0{,}2.$$

Die Verminderung des Stoffaustauschs durch die Reibung, die auf die Abbremsung der Flüssigkeit und damit auf die Verlangsamung des Abtransports frischer Volumenelemente zur Grenzfläche zurückzuführen ist, ist also beträchtlich.

Eine dimensionslose Darstellung des Stoffübergangskoeffizienten als Sherwoodzahl führt (3.85) in die Gleichung für die örtliche Sherwoodzahl über:

$$Sh_y = 0{,}332 Re_y^{1/2} Sc^{1/3} \tag{3.87}$$

bzw. für die mittlere Sherwoodzahl

$$Sh = 0{,}664 Re^{1/2} Sc^{1/3}. \tag{3.88}$$

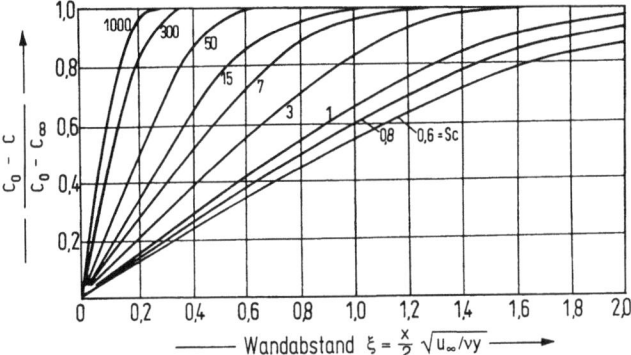

Bild 3.14 Konzentrationsverlauf in der laminaren Grenzschicht einer längs angeströmten Platte nach [3.27]. C_0 Konzentration an der Phasengrenze, C_∞ Geschwindigkeit im Innern der Phase

Außer der Bestimmung des Stoffübergangskoeffizienten gestattet (3.80) auch, den Konzentrationsverlauf in der Grenzschicht zu bestimmen. Dazu muß der Zähler von (3.80) ausgewertet werden. Die Integration wird nach Einsetzen der Funktion numerisch ausgeführt. Das Ergebnis ist in Bild 3.14 in dimensionsloser Form dargestellt. Die Ordinate bedeutet die relative Überkonzentration in der Grenzschicht bezogen auf das gesamte Konzentrationsgefälle zwischen der Phasengrenze und dem Innern der fluiden Phase. Die Abszisse ist der dimensionslose Wandabstand. Da an der Wand ($\xi = x = 0$) u_x und u_y verschwinden, muß nach (3.69) hier auch $\partial^2 c/\partial y^2 = 0$ werden, d.h. der Konzentrationsverlauf ist in der Nähe der Wand geradlinig. Dies entspricht dem Verlauf der Geschwindigkeit in Bild 3.13. Je größer die dimensionslose Schmidtzahl $Sc = \nu/D$ ist, desto steiler verlaufen die Konzentrationskurven, desto geringer ist also die Dicke δ_N der Diffusionsgrenzschicht. Die Konzentrationsprofile sind (für eine bestimmte Schmidtzahl) an verschiedenen Enden y vom Plattenanfang einander ähnlich.

Auch das Geschwindigkeitsfeld ist in der Abbildung dargestellt. Setzt man in (3.77) $\nu/D = 1$, so werden die beiden Differentialgleichungen (3.76) und (3.77) für χ und $\zeta' = d\zeta/d\xi$ identisch. Da $\zeta' = 2u_y/u_\infty$ ist, stimmen auch die Randbedingungen für χ und u_y/u_∞ überein. Somit stellt die Kurve für $Sc = 1$ in Bild 3.14 zugleich das schon in Bild 3.13 gezeigte Geschwindigkeitsprofil in der Grenzschicht dar. Man findet hier also wieder die Analogie zwischen Impulstransport und Stofftransport.

Die Konzentration und die Geschwindigkeit gehen von den Werten in der Grenzschicht asymptotisch in die Werte der reibungsfreien Strömung über, so daß ein scharfer Übergang nicht besteht. Die Dicke der Grenzschicht muß daher besonders definiert werden. Zweckmäßigerweise geschieht dies wiederum durch eine Tangentenkonstruktion gemäß Bild 3.6. Die Strömungsgrenzschicht ist dann durch den Ausdruck

$$\left(\frac{\partial u_y}{\partial x}\right)_{x=0} = \frac{u_\infty}{\delta_{\text{Pr}}} \tag{3.89}$$

und die Diffusionsgrenzschicht durch den Ausdruck

$$-\left(\frac{\partial c}{\partial x}\right)_{x=0} = \frac{c_0 - c_\infty}{\delta_N} \tag{3.90}$$

(vgl. (3.44)) definiert. Für die Strömungsgrenzschicht folgt hieraus mit

$$\left(\frac{\partial u_y}{\partial x}\right)_{x=0} = \frac{u_\infty}{4}\left(\frac{u_\infty}{vy}\right)^{1/2}\left(\frac{\partial^2 \zeta}{\partial \xi^2}\right)_{x=0}$$

und mit

$$\left(\frac{\partial^2 \zeta}{\partial \xi^2}\right)_{x=0} = \alpha = 1{,}33:$$

$$\delta_{Pr} = \frac{4}{1{,}33}\left(\frac{vy}{u_\infty}\right)^{1/2} = 3y Re_y^{-1/2}. \tag{3.91}$$

Der Index Pr an der Dicke δ_{Pr} der Strömungsgrenzschicht erinnert an Ludwig Prandtl, der den Begriff der Strömungsgrenzschicht eingeführt hat.

Der durch (3.91) gegebene Ausdruck für die Dicke der Strömungsgrenzschicht folgt aus der Tangentenkonstruktion von (3.89). Diesen Wert der Strömungsgrenzschicht wird man benutzen, wenn es auf den Gradienten $(du/dx)_{x=0}$ ankommt, also z.B. bei der Berechnung der Impulsstromdichte. In Wirklichkeit hat die Geschwindigkeit in dem durch (3.91) gegebenen Abstand von der Wand noch nicht den Wert u_∞ erreicht, sondern erst in einem größeren Abstand. Da u sich asymptotisch dem Wert nähert, wird dieser größere Abstand als der Wandabstand δ_{Pr} definiert, bei dem $u = 0{,}99 u_\infty$ ist. Nach einer Rechnung von Blasius [3.25], die auf der erstmals von diesem benutzten Gleichung (3.79) basiert, ist dann

$$\delta_{Pr} = 4{,}91 y Re^{-1/2}. \tag{3.92}$$

Dieser Wert ist deutlich größer als der nach (3.91) und ist zu verwenden, wenn man den gesamten Bereich verminderter Geschwindigkeit erfassen will.

Neben der Dicke der Strömungsgrenzschicht ist die Widerstandszahl ein häufig benutzter Begriff, um die Grenzschichtströmung zu kennzeichnen. Die mit λ bezeichnete Widerstandszahl ist die dimensionslos gemachte mittlere Schubspannung τ_w an der Wand:

$$\lambda = \frac{\dfrac{1}{l}\int_{y=0}^{y=l}\tau_w dy}{\dfrac{\varrho}{2}u_\infty^2}, \tag{3.92a}$$

wobei τ_w durch (3.46) gegeben ist. Aus (3.46), (3.89), (3.91) und (3.92a) folgt

$$\lambda = 1{,}33 Re^{-1/2}. \tag{3.92b}$$

3.2 Transportvorgänge   143

Für die Diffusionsgrenzschicht folgt aus (3.90) und (3.84) mit $j = -D\left(\dfrac{\partial c}{\partial x}\right)_{x=0}$

$$\delta_N = \frac{1}{0{,}332} \frac{\left(\dfrac{vy}{u_\infty}\right)^{1/2}}{\left(\dfrac{v}{D}\right)^{1/3}} = 3y Re_y^{-1/2} Sc^{-1/3}. \tag{3.93}$$

Beide Grenzschichten nehmen also mit der Wurzel aus der Anströmlänge y zu und mit der Wurzel aus der Anströmgeschwindigkeit u_∞ ab. Aus (3.91) und (3.93) folgt die auch aus Bild 3.14 ablesbare Beziehung

$$\frac{\delta_N}{\delta_{Pr}} = Sc^{-1/3}. \tag{3.94}$$

In dieser Gleichung kommt wiederum die Analogie zwischen Impulstransport und Stofftransport zum Ausdruck. Da die Schmidtzahlen fast immer größer als eins sind, ist die Diffusionsgrenzschicht i.d.R. schmaler als die Strömungsgrenzschicht.

Bei der vorstehend beschriebenen Rechnung war die Navier-Stokessche Gleichung zu einer Grenzschichtgleichung vereinfacht worden, und für diese Gleichung gab es eine exakte Lösung. Heute ist mit der elektronischen Datenverarbeitung eine genaue numerische Lösung auch der vollständigen Navier-Stokes-Gleichung und der zugehörigen Diffusionsgleichung möglich, und zwar nicht nur für die längs angeströmte Platte, sondern auch für umströmte Zylinder und Kugeln. Hierzu liegt ein umfangreiches Schrifttum vor [3.46–3.48].

3.2.5 Näherungsweise Berechnung der Grenzschichtgleichungen mit Hilfe der Integralprofilmethode

3.2.5.1 Die Grenzschicht an der längs angeströmten Platte

Eine exakte Lösung der Grenzschichtgleichungen, wie sie im Abschn. 3.2.4.3 für die längs angeströmte Platte vorgeführt wurde, ist nur in einfachen Fällen möglich. Sonst ist man auf Näherungsmethoden angewiesen. Bei ihnen werden nur die Randbedingungen der Grenzschichtgleichungen eingehalten und die Geschwindigkeiten und Konzentrationen in den Grenzschichten durch passend gewählte Funktionen angenähert. Vielseitig anwendbar ist die sog. Integralprofilmethode [3.7].

An eine feste Wand wird aus der Grenzschicht über die Fläche der Breite b und der Länge dy je Zeiteinheit der Impuls

$$\tau = \eta \left(\dfrac{du}{dx}\right)_{x=0} \tag{3.95}$$

(vgl. (3.46) und (3.47)) übertragen. Dieser Impuls muß der entlang der Wand strömenden Flüssigkeit entnommen werden. Aus diesem Grund nimmt die Dicke der Grenzschicht in Strömungsrichtung zu. Um den eingebrachten Impuls zu berechnen, sei zunächst die sog. Impulsverlustdicke definiert [3.7]. Der in die Grenzschicht infolge der Reibungswirkung weniger einfließende Impuls gegenüber der reibungsfreien Strömung ist

$$\int_{x=0}^{x=\infty}(u_\infty-u)\,\mathrm{d}\dot m = \varrho\int_0^\infty u(u_\infty-u)\,b\mathrm{d}x,$$

wobei $\dot m$ der Massenstrom und u die Geschwindigkeit der Flüssigkeit im Abstand x sind, während u_∞ die Außengeschwindigkeit ist. Entsprechend dieser Beziehung kann die Impulsverlustdicke δ_2 durch

$$\varrho u_\infty^2 b\delta_2 = \varrho\int_0^\infty u(u_\infty-u)\,b\mathrm{d}x.$$

oder

$$\delta_2 = \int_0^\infty \frac{u}{u_\infty}\left(1-\frac{u}{u_\infty}\right)\mathrm{d}x \tag{3.96}$$

definiert werden. Der Impulsverlust ist gleich dem Impuls einer Schicht mit der konstanten Geschwindigkeit u_∞ und der Dicke δ_2. Entlang der Strecke $\mathrm{d}y$ nimmt die Impulsverlustdicke zu, um den durch (3.95) gegebenen Verlust zu decken. Es gilt

$$\varrho u_\infty^2 b\mathrm{d}\delta_2 = \eta\left(\frac{\mathrm{d}u}{\mathrm{d}x}\right)_{x=0} b\mathrm{d}y$$

oder

$$u_\infty^2 \frac{\mathrm{d}\delta_2}{\mathrm{d}y} = v\left(\frac{\mathrm{d}u}{\mathrm{d}x}\right)_{x=0}. \tag{3.97}$$

Um (3.97) lösen zu können, muß δ_2 als Funktion von y bekannt sein. Dazu wird zunächst das Geschwindigkeitsprofil u als Funktion von x durch ein Polynom angenähert. Eine gute Näherung ergibt sich bereits mit

$$\frac{u}{u_\infty} = 2\xi - \xi^2 \tag{3.98}$$

mit

$$\xi = \frac{x}{\delta_{\mathrm{Pr}}}.$$

Die Gleichung erfüllt die Randbedingungen $u=0$ bei $x=0$ und $u=u_\infty$ bei $x=\delta_{\mathrm{Pr}}$, ferner $\mathrm{d}u/\mathrm{d}x=\mathrm{const}$ bei $x=0$ und $\mathrm{d}u/\mathrm{d}x=0$ bei $x=\delta_{\mathrm{Pr}}$. Einsetzen von (3.98) in (3.96) ergibt

$$\delta_2 = \delta_{\mathrm{Pr}}\int_0^1(2\xi-5\xi^2+4\xi^3-\xi^4)\,\mathrm{d}\xi = \frac{2}{15}\delta_{\mathrm{Pr}}. \tag{3.99}$$

Da das Geschwindigkeitsprofil unter dem Integral von (3.96) eingesetzt ist, spricht man von der Integralprofilmethode.

In (3.97) wird δ_2 durch (3.99) ausgedrückt und die Ableitung $(du/dx)_{x=0}$ unter Benutzung von (3.98) gebildet. Dann ergibt sich nach einigem Umrechnen

$$\delta_{Pr} d\delta_{Pr} = 15\frac{v}{u_\infty} dy. \tag{3.100}$$

Die Integration dieser Gleichung ergibt mit $\delta_{Pr} = 0$ bei $y = 0$

$$\delta_{Pr} = \left(30\frac{vy}{u_\infty}\right)^{1/2} = 5{,}47 y Re_y^{1/2}. \tag{3.101}$$

Damit ist in einfacher Weise ein Ausdruck für die Dicke der Strömungsgrenzschicht und mit (3.99) auch für die Impulsverlustdicke als Funktion von y gefunden. Mit (3.101) folgt für die Schubspannung

$$\tau = \varrho v \left(\frac{du}{dx}\right)_{x=0} = 2\varrho v \frac{u_\infty}{\delta_{Pr}}$$

die Beziehung

$$\tau = \varrho u_\infty^2 0{,}366 Re^{-1/2}, \tag{3.102}$$

mit $Re = u_\infty y/v$. Im Vergleich hierzu liefert die exakte Lösung mit (3.79) unter Berücksichtigung von (3.71):

$$\tau = \varrho u_\infty^2 0{,}333 Re^{-1/2}. \tag{3.103}$$

Die Annäherung von (3.102) an die exakte Lösung ist also recht gut, obgleich ein einfaches Polynom für $u(x)$ verwendet wurde.

Die Integralprofilmethode ist vielseitig anwendbar, auf turbulente ebenso wie auf laminare Strömung. Sie soll nachfolgend benutzt werden, um den Stoffübergang an einer Metall-Schlacke-Phasengrenze zu berechnen [3.44].

3.2.5.2 Strömungs- und Konzentrationsgrenzschichten an einer flüssig-flüssig-Phasengrenze

Eine Metall-Schlacke-Phasengrenze trennt zwei Flüssigkeiten. Wenn die eine Flüssigkeit, i.d.R. die Metallschmelze, gerührt wird, so entsteht eine Umlaufströmung in der Schmelze. Dies ist schematisch in Bild 3.15 für den Fall des Rührens

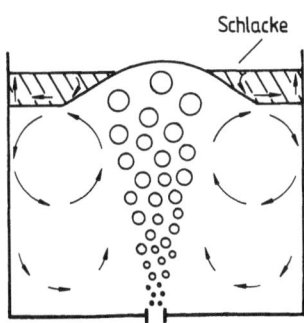

Bild 3.15 Blasengerührte Schmelze mit Umlaufströmung

146 3 Stoffübertragung

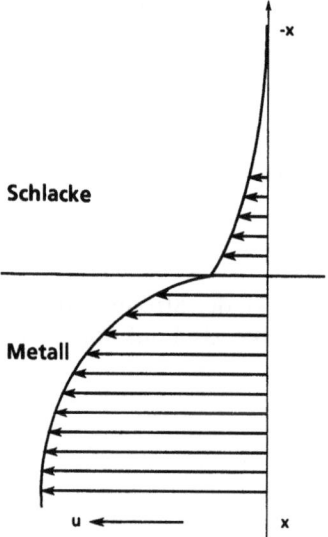

Bild 3.16 Strömung in der Nähe der Phasengrenze Schlacke-Metall (schematisch)

mit Gas gezeigt (s. auch [3.33]). Die an der Metall-Schlacke-Phasengrenze entlangströmende Metallschmelze überträgt Impuls an die benachbarte Schlacke. Dabei bildet sich auf den beiden Seiten der Phasengrenze ein Geschwindigkeitsprofil aus wie es in Bild 3.16 gezeigt ist. Im Innern der Metallschmelze herrscht die Geschwindigkeit u_∞. Sie sinkt in der metallseitigen Strömungsgrenzschicht bis auf den Wert u_i der Grenzfläche und von dort in der schlackenseitigen Grenzschicht weiter asymptotisch bis auf null. Es handelt sich um eine sog. Trennungsschicht [3.7]. Da Metall und Schlacke unterschiedliche kinematische Viskositäten haben, besitzt das Geschwindigkeitsprofil in der Phasengrenze einen Knick. Die Umlaufströmung der Metallschmelze ist vom Typ der Staupunktströmung. Für die Schlacke wird angenommen, daß die Strömung im Innern der Schlacke zur Ruhe kommt. Am vorderen Staupunkt der Strömung mit den Koordinaten $x=0$ und $y=0$ wird dementsprechend die Schlacke stets von neuem von der Geschwindigkeit null an beschleunigt. Die Grenzschichtdicke ist an dieser Stelle auf beiden Seiten gleich null. Sie wächst in Strömungsrichtung. Die Berechnung wird für laminare Strömung durchgeführt.

Für die dimensionslose Geschwindigkeit auf der Metallseite wird ein Polynom

$$\frac{u-u_i}{u_\infty-u_i}=2\xi-\xi^2=f; \quad 0\leq\xi\leq 1 \tag{3.104}$$

mit

$$\xi=\frac{x}{\delta_{Pr}}$$

eingeführt. Mit $u_i/u_\infty=U$ folgt hieraus

$$\frac{u}{u_\infty}=U+(1-U)f. \tag{3.105}$$

Mit diesem Ansatz wird die metallseitige Strömungsgrenzschicht analog wie es im Abschn. 3.2.5.1 beschrieben wurde, berechnet. Anschließend erfolgt in gleicher Weise die Berechnung der schlackenseitigen Strömungsgrenzschicht.

Die Impulsverlustdicke auf der Metallseite ist gegeben zu (vgl. (3.96))

$$\delta_2 = \int_0^\infty \frac{u}{u_\infty}\left(1 - \frac{u}{u_\infty}\right) dx \qquad (3.106)$$

oder mit $\xi = x/\delta_{Pr}$ und mit (3.105)

$$\delta_2 = \delta_{Pr}(1-U) \int_0^1 [U + (1-2U)f - (1-U)f^2] d\xi. \qquad (3.107)$$

Die Integration von (3.107) ergibt mit f nach (3.104)

$$\delta_2 = \delta_{Pr} \cdot \frac{2}{15}(1-U)(1+1{,}5U). \qquad (3.108)$$

Die Impulsbilanzgleichung wird wiederum durch (3.97) ausgedrückt:

$$u_\infty^2 \frac{d\delta_2}{dy} = \frac{\tau_i}{\varrho_M} = \nu_M \left(\frac{du}{dx}\right)_{x=0}. \qquad (3.109)$$

τ_i ist die Schubspannung an der Phasengrenze, ϱ_M die Dichte und ν_M die kinematische Viskosität der Metallschmelze. Einsetzen von (3.108) und der nach x abgeleiteten Funktion (3.105) in (3.109) ergibt nach einigem Umrechnen

$$\delta_{Pr} d\delta_{Pr} = \frac{\nu_M}{u_\infty} \frac{15}{1+1{,}5U} dy. \qquad (3.110)$$

Die Integration dieser Gleichung mit $\delta_{Pr} = 0$ bei $y = 0$ ergibt

$$\delta_{Pr} = \left(\frac{30}{1+1{,}5U}\right)^{1/2} \left(\frac{\nu_M y}{u_\infty}\right)^{1/2}. \qquad (3.111)$$

Die Schubspannung

$$\tau_i = \varrho_M \nu_M \left(\frac{du}{dx}\right)_{x=0}$$

ergibt sich unter Verwendung der Ableitung von (3.105) nach x zu

$$\tau_i = \varrho_M \nu_M \left(\frac{du}{dx}\right)_{x=0} = 2\varrho_M \frac{\nu_M u_\infty (1-U)}{\delta_{Pr}}. \qquad (3.112)$$

Durch Einsetzen von δ_{Pr} nach (3.111) in (3.112) folgt dann

$$\tau_i = \left[\frac{2}{15}(1-U)^2(1+1{,}5U)\right]^{1/2} \varrho_M u_\infty^2 Re_y^{-1/2} \qquad (3.113)$$

mit $Re_y = u_\infty y / \nu_M$. Integration der Schubspannung über die Anströmlänge l der Phasengrenze ergibt die Schubkraft je Einheitsbreite

$$D_i = \int_0^l \tau_i dy = \left[\frac{8}{15}(1-U)^2(1+1{,}5U)\right]^{1/2} \varrho_M u_\infty^2 l Re^{-1/2}. \qquad (3.114)$$

148   3 Stoffübertragung

Die Reynoldszahl ist hier mit der Anströmlänge l gebildet.

Die Geschwindigkeit u_S der Schlacke wird wie folgt dimensionslos durch ein Polynom ausgedrückt

$$\frac{u_S}{u_i} = 1 - 2\xi_S + \xi_S^2 = f_S \qquad (3.115)$$

mit $\xi_S = x_S/\delta_{Pr,S}$. Aus (3.115) folgt für die Impulsverlustdicke auf der Schlackenseite $\delta_{2,S}$

$$\delta_{2,S} = \delta_{Pr,S} \int_0^1 f_S(1-f_S)\,d\xi_S = \frac{2}{15}\delta_{Pr,S}, \qquad (3.116)$$

mit $\delta_{Pr,S}$ Strömungsgrenzschichtdicke auf der Schlackenseite. Einsetzen von (3.116) und der nach x abgeleiteten (3.115) in die zu (3.109) analoge Impulsbilanzgleichung auf der Schlackenseite ergibt nach einigem Umrechnen

$$\delta_{Pr,S}\,d\delta_{Pr,S} = 15\frac{v_S}{u_i}\,dy \qquad (3.117)$$

und nach Integration mit $\delta_{Pr,S} = 0$ bei $y=0$

$$\delta_{Pr,S} = \left(30\frac{v_S y}{u_i}\right)^{1/2}. \qquad (3.118)$$

Mit dieser Gleichung folgt aus

$$\tau_i = \varrho_S v_S \left(\frac{du_S}{dx}\right)_{x=0} = \frac{2\varrho_S v_S u_i}{\delta_{Pr,S}}, \qquad (3.119)$$

wobei u_S nach (3.115) benutzt wurde, die Beziehung

$$\tau_i = \left(\frac{2}{15}\right)^{1/2} \varrho_S u_i^2 Re_{y,S}^{-1/2}, \qquad (3.120)$$

mit $Re_{y,S} = u_i y/v_S$. Die Schubkraft je Einheitsbreite folgt aus (3.120) zu

$$D_i = \int_0^l \tau_i\,dy = \left(\frac{8}{15}\right)^{1/2} \varrho_S u_i^2 l Re_S^{-1/2}. \qquad (3.121)$$

Die Reynoldszahl Re_S ist hier mit der Anströmlänge l gebildet.

Die Schubkräfte in der Phasengrenze müssen wegen des Kräftegleichgewichts auf beiden Seiten der Phasengrenze gleich sein. Damit kann die noch unbekannte dimensionslose Geschwindigkeit der Phasengrenze $U = u_i/u_\infty$ bestimmt werden. Gleichsetzung von (3.114) und (3.121) ergibt

$$U = \left(\frac{\varrho_M}{\varrho_S}\right)^{2/3}\left(\frac{v_M}{v_S}\right)^{1/3}[(1-U)^2(1+1{,}5U)]^{1/3}. \qquad (3.122)$$

Mit dieser Gleichung kann U durch Iteration berechnet werden. Das Strömungsfeld auf den beiden Seiten der Phasengrenze ist damit bekannt.

Mit der Integralprofilmethode läßt sich nun auch das Konzentrationsfeld berechnen. Dieses Feld ist durch die Bildung von Konzentrationsgrenzschichten auf den beiden Seiten der Phasengrenze gekennzeichnet.

3.2 Transportvorgänge

Analog zur Impulsverlustdicke wird eine Mengenverlustdicke $\delta_{2,N}$ definiert. Die gegenüber der ungestörten Außenströmung in die Konzentrationsgrenzschicht weniger einfließende Menge des gelösten Stoffes ist

$$\int_{x=0}^{x=\infty}(c_\infty-c)\,\mathrm{d}\dot{V} = \int_{x=0}^{x=\infty} u(c_\infty-c)\,b\,\mathrm{d}x. \tag{3.123}$$

Hierbei ist c die Konzentration und $\dot{V}$ der Volumenstrom im Abstand x von der Phasengrenze sowie b die Breite der Schicht. Aus (3.123) ergibt sich als Definition der Mengenverlustdicke

$$\delta_{2,N}\,b\,u_\infty c_\infty = \int_{x=0}^{x=\infty} u(c_\infty-c)\,b\,\mathrm{d}x \tag{3.124}$$

und damit

$$\delta_{2,N} = \int_{x=0}^{x=\infty} \frac{u}{u_\infty}\left(1-\frac{c}{c_\infty}\right)\mathrm{d}x \tag{3.125}$$

oder mit $\xi_N = x/\delta_N$

$$\delta_{2,N} = \delta_N \int_0^1 \frac{u}{u_\infty}\left(1-\frac{c}{c_\infty}\right)\mathrm{d}\xi_N. \tag{3.126}$$

δ_N ist hierbei die Dicke der Konzentrationsgrenzschicht.

Für den gelösten Stoff gilt eine Mengenbilanz. Je Zeiteinheit tritt eine bestimmte Menge des gelösten Stoffs über die Fläche $b\,\mathrm{d}y$ der Phasengrenze in die Nachbarphase über. Diese Menge muß von außerhalb der Mengenverlustgrenzschicht in diese Schicht eintreten, und zwar über die Fläche $b\,\mathrm{d}\delta_{2,N}$. Infolgedessen nimmt die Mengenverlustdicke zu. Es gilt

$$u_\infty c_\infty\,\mathrm{d}\delta_{2,N}\,b = D_M\left(\frac{\mathrm{d}c}{\mathrm{d}x}\right)_{x=0} b\,\mathrm{d}y \tag{3.127}$$

oder

$$u_\infty c_\infty \frac{\mathrm{d}\delta_{2,N}}{\mathrm{d}y} = D_M\left(\frac{\mathrm{d}c}{\mathrm{d}x}\right)_{x=0}, \tag{3.128}$$

mit D_M Diffusionskoeffizient des gelösten Stoffs in der Metallschmelze. Die weitere Rechnung erfolgt analog wie bei der Strömungsgrenzschicht. Für die Konzentration wird das Polynom

$$\frac{c-c_i}{c_\infty-c_i} = 2\xi_N - \xi_N^2, \tag{3.129}$$

und für die Geschwindigkeit das Polynom (3.104)

$$\frac{u-u_i}{u_\infty-u_i} = 2\xi_N\frac{\delta_N}{\delta_{Pr}} - \xi_N^2\frac{\delta_N^2}{\delta_{Pr}^2}, \tag{3.130}$$

wobei

$$\xi_N\frac{\delta_N}{\delta_{Pr}} = \xi$$

ist, angesetzt. Einsetzen von (3.129) und (3.130) in (3.126) ergibt mit $c_i/c_\infty = H$

$$\delta_{2,N} = \delta_N \int_0^1 \left[U + (1-U)\left(2\xi_N \frac{\delta_N}{\delta_{Pr}} - \xi^2 \frac{\delta_N^2}{\delta_{Pr}^2}\right)\right]$$
$$\times [1 - H - (1-H)(2\xi_N - \xi_N^2)]d\xi_N \qquad (3.131)$$

Die Berechnung des Integrals ergibt

$$\delta_{2,N} = \delta_N \frac{1}{3}\left[U(1-H) + \frac{1}{2}\frac{\delta_N}{\delta_{Pr}}(1-H)(1-U) - \frac{1}{10}\frac{\delta_N^2}{\delta_{Pr}^2}(1-H)(1-U)\right]. \qquad (3.132)$$

Da $(\delta_N/\delta_{Pr})^2 \ll 1$ ist, kann der letzte Summand in der eckigen Klammer weggelassen werden. Nun werden (3.132) und die nach x abgeleitete (3.129) in (3.128) eingesetzt. Nach einigem Umrechnen ergibt sich

$$\delta_N d\delta_N = \frac{6}{U + \frac{1}{2}\frac{\delta_N}{\delta_{Pr}}(1-U)} \frac{D_M}{u_\infty} dy. \qquad (3.133)$$

Die Integration von (3.133) mit $\delta_N = 0$ bei $y = 0$ ergibt

$$\delta_N = \left(\frac{12}{U + \frac{1}{2}\frac{\delta_N}{\delta_{Pr}}(1-U)}\right)^{1/2} \left(\frac{D_M y}{u_\infty}\right)^{1/2}. \qquad (3.134)$$

Division durch (3.111) ergibt

$$\frac{\delta_N}{\delta_{Pr}} = \left(\frac{12}{30} \frac{1 + 1{,}5U}{U + \frac{1}{2}\frac{\delta_N}{\delta_{Pr}}(1-U)} \frac{D_M}{v_M}\right)^{1/2}. \qquad (3.135)$$

Mit dieser Gleichung kann das Verhältnis δ_N/δ_{Pr}, und da δ_{Pr} durch (3.111) gegeben ist, auch δ_N berechnet werden. Gleichung (3.135) zeigt, daß an einer flüssig-flüssig-Grenzfläche das Verhältnis δ_N/δ_{Pr} ebenso wie an einer flüssig-fest-Grenzfläche (s. Abschn. 3.2.4.3) durch die Schmidtzahl v_M/D_M bestimmt ist. An einer flüssig-flüssig-Grenzfläche kommt jedoch als zusätzliche Einflußgröße die dimensionslose Geschwindigkeit der Phasengrenze $U = u_i/u_\infty$ ins Spiel. Hier sind zwei Grenzfälle zu unterscheiden. Für $U = 1$, d.h. für eine freie Oberfläche wird $\delta_N/\delta_{Pr} = (D_M/v_M)^{1/2}$, für $U = 0$, d.h. für eine feste Wand wird $\delta_N/\delta_{Pr} = 0{,}93(D_M/v_M)^{1/3}$. Der Faktor 0,93 anstelle von eins, wie in (3.94), kommt durch die nur näherungsweise Approximation des Geschwindigkeitsprofils zustande.

Mit der Kenntnis von δ_N kann der Stoffübergangskoeffizient auf der Metallseite berechnet werden. Es gilt

$$\beta_M = \frac{-D_M \left(\frac{dc}{dx}\right)_{x=0}}{c_i - c_\infty} = 2\frac{D_M}{\delta_N}. \qquad (3.136)$$

3.2 Transportvorgänge

Der Faktor 2 in (3.136) im Unterschied zur Definition (3.45) ergibt sich aus der Form des Polynoms (3.129).

Analog wie für die Metallseite ist auch für die Schlackenseite die Dicke der Konzentrationsgrenzschicht zu berechnen. Zunächst gilt

$$\zeta_{N,S} = \zeta_S \frac{\delta_{Pr,S}}{\delta_{N,S}} \, . \tag{3.137}$$

In dieser Gleichung ist

$$\zeta_{N,S} = \frac{x_S}{\delta_{N,S}} \tag{3.138}$$

der auf die Konzentrationsgrenzschicht bezogene dimensionslose Abstand von der Phasengrenze. Ferner ist $\delta_{N,S}$ die Dicke der schlackenseitigen Konzentrationsgrenzschicht. Unter Berücksichtigung von (3.137) und (3.138) folgt aus (3.115) der Ausdruck für das Geschwindigkeitsprofil auf der Schlackenseite:

$$\frac{u_S}{u_i} = 1 - 2\zeta_{N,S}\frac{\delta_{N,S}}{\delta_{Pr,S}} + \zeta_{N,S}^2 \frac{\delta_{N,S}^2}{\delta_{Pr,S}^2} \, . \tag{3.139}$$

Das Konzentrationsprofil auf der Schlackenseite wird durch

$$\frac{c_S - c_{\infty,S}}{c_{i,S} - c_{\infty,S}} = 1 - 2\zeta_{N,S} + \zeta_{N,S}^2 \tag{3.140}$$

ausgedrückt. Hierbei ist $c_{\infty,S}$ die Konzentration im Innern der Schlacke und $c_{i,S}$ die Konzentration an der Schlackenseite der Phasengrenze.

Durch den Übertritt des Gelösten vom Metall in die Schlacke nimmt die Menge des Gelösten in der schlackenseitigen Grenzschicht mit y zu. Anstelle der Mengenverlustdicke tritt eine Mengenzunahmedicke $\delta_{2,N,S}$ auf. Für sie gilt

$$\delta_{2,N,S} u_i (c_{i,S} - c_{\infty,S}) = \int_0^\infty (u_i - u_S)(c_S - c_{\infty,S}) \, dx_S \tag{3.141}$$

oder unter Berücksichtigung von (3.138)

$$\delta_{2,N,S} = \delta_{N,S} \int_0^1 \left(1 - \frac{u_S}{u_i}\right) \frac{c_S - c_{\infty,S}}{c_{i,S} - c_{\infty,S}} \, d\zeta_{N,S} \, . \tag{3.142}$$

Einsetzen von (3.139) und (3.140) in (3.142) ergibt

$$\delta_{2,N,S} = \delta_{N,S} \int_0^1 \left(2\zeta_{N,S}\frac{\delta_{N,S}}{\delta_{Pr,S}} - \zeta_{N,S}^2 \frac{\delta_{N,S}^2}{\delta_{Pr,S}^2}\right)(1 - 2\zeta_{N,S} + \zeta_{N,S}^2) \, d\zeta_{N,S} \, . \tag{3.143}$$

Ausmultiplizieren und anschließendes Integrieren von (3.143) ergibt

$$\delta_{2,N,S} = \frac{1}{6} \delta_{N,S} \frac{\delta_{N,S}}{\delta_{Pr,S}} \, . \tag{3.144}$$

Hierbei sind die Glieder mit $(\delta_{N,S}/\delta_{Pr,S})^2$, da sie klein sind, vernachlässigt worden.

Die Zunahme der Menge des Gelösten in der Grenzschicht entlang der Strecke dy ist gleich der auf dieser Strecke vom Metall in die Schlacke übergegangenen Menge. Das wird durch die folgende, zu (3.128) analoge Bilanzgleichung ausgedrückt:

$$u_i(c_{i,S}-c_{\infty,S})\frac{d\delta_{2,N,S}}{dy}=-D_S\left(\frac{dc_S}{dx_S}\right)_{x_S=0}. \qquad (3.145)$$

Mit (3.138), (3.140) und (3.144) folgt aus (3.145) nach einigem Umrechnen

$$\delta_{N,S}\frac{d\delta_{N,S}}{dy}=12\frac{D_S}{u_i}\frac{\delta_{Pr,S}}{\delta_{N,S}}. \qquad (3.146)$$

Die Integration dieser Gleichung ergibt mit $\delta_{N,S}=0$ bei $y=0$

$$\delta_{N,S}=\left[24\frac{D_S}{u_i}\frac{\delta_{Pr,S}}{\delta_{N,S}}x\right]^{1/2}. \qquad (3.147)$$

Gleichung (3.147) wird nunmehr durch (3.118) dividiert. Das ergibt nach Umrechnen

$$\frac{\delta_{N,S}}{\delta_{Pr,S}}=\left[\frac{12}{15}\frac{D_S}{v_S}\right]^{1/3}=0{,}93\left[\frac{D_S}{v_S}\right]^{1/3}. \qquad (3.148)$$

Diese Gleichung entspricht (3.135) für den Fall $U=0$. Die Schlacke verhält sich also hinsichtlich der Ausbildung der Grenzschicht wie eine feste Wand. Dies hat seinen Grund darin, daß, wie zu Anfang vorausgesetzt, die Strömung der Schlacke ausschließlich durch den von der Metallseite übertragenen Impuls erzeugt wird.

Einsetzen von (3.118) in (3.148) ergibt die Dicke der schlackenseitigen Konzentrationsgrenzschicht

$$\delta_{N,S}=5{,}08\cdot y Re_{S,y}^{-1/2}Sc_S^{1/3}, \qquad (3.149)$$

mit

$$Re_{S,y}=\frac{u_i y}{v_S} \qquad (3.150)$$

und $Sc_S=v_S/D_S$.

Mit der Kenntnis von $\delta_{N,S}$ kann der schlackenseitige Stoffübergangskoeffizient

$$\beta_S=\frac{-D_S\left(\dfrac{dc_S}{dx_S}\right)_{x_S=0}}{c_{i,S}-c_{\infty,S}} \qquad (3.151)$$

berechnet werden. Mit (3.140) folgt aus (3.151)

$$\beta_S=2\frac{D_S}{\delta_{N,S}}. \qquad (3.152)$$

Der Faktor 2 in (3.152) folgt wiederum aus der Form des Polynoms (3.129).

3.2.6 Strömung und Stoffübergang bei Strömung mit Reibung, Strömung turbulent

3.2.6.1 Begriff der Turbulenz

In der Schmelzmetallurgie ist die Strömung unter technischen Bedingungen oft turbulent. Turbulenz setzt ein, wenn die mit der Anströmlänge gebildete Reynoldszahl größer als 10^5 ist. Bei der kinematischen Zähigkeit des Stahls von rd. 10^{-6} m²/s wird $Re = 10^5$ erreicht, wenn das Produkt aus der Anströmlänge und der Strömungsgeschwindigkeit den Wert 0,1 m²/s überschreitet.

Wegen der Bedeutung der Turbulenz für die Schmelzmetallurgie wird nachfolgend eine Einführung in einige Begriffe und Vorstellungen der Turbulenz gegeben [3.7, 3.16, 3.29].

Turbulenz ist, wie schon O. Reynolds erkannte, durch die Instabilität der laminaren Strömung bei höheren Strömungsgeschwindigkeiten gekennzeichnet. Die Strömung reißt ab und bildet Wirbel. Allerdings reißt nicht nur die gerichtete Strömung ab, sondern das Abreißen findet auch innerhalb der turbulenten Wirbel statt, so daß sich dann kleinere Wirbel bilden, die wiederum abreißen usw. bis der Bereich sehr kleiner Abmessungen erreicht wird, in dem die turbulente Energie durch Reibung vernichtet wird. Den Übergang von laminarer zu turbulenter Strömung an einer Wand zeigt Bild 3.17 [3.6, 3.43]. die Grenzschicht wird breiter und nimmt turbulenten Charakter an. Nur dicht an der Wand kommt die Turbulenz zur Ruhe. Dort wird die Strömung zunehmend laminar. Diesen Bereich nennt man die laminare Unterschicht. Darüber befindet sich der Bereich, in dem Turbulenz vorliegt, aber die Geschwindigkeit kleiner als die Außengeschwindigkeit ist. Diesen Bereich nennt man die turbulente Grenzschicht.

Die durch Turbulenz entstehenden Wirbel haben eine kurze, aber endliche Lebensdauer und eine räumliche Ausdehnung. Sie besitzen damit eine gewisse Eigenidentität. Man nennt sie Turbulenzballen. Die Größe der Ballen überstreicht ein Spektrum, das sich von den Gefäßabmessungen bis in molekulare Dimensio-

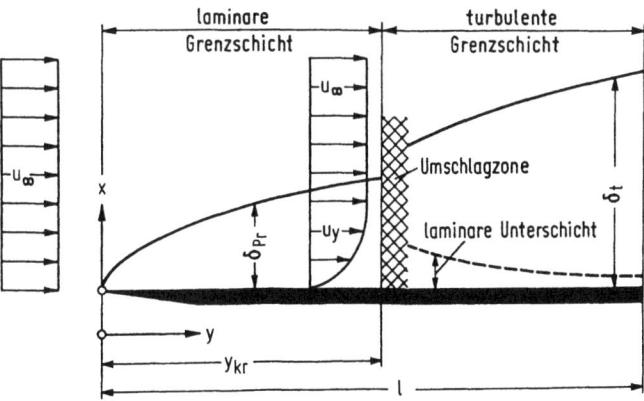

Bild 3.17 Umschlag laminar-turbulent der Grenzschichtströmung an einer längs angeströmten Platte nach [3.43]

3 Stoffübertragung

nen erstreckt. Mit der Vorstellung der Turbulenzballen kann die Turbulenz dadurch gekennzeichnet werden, daß ein Ballen außer der gerichteten Geschwindigkeit der Hauptströmung noch Schwankungsgeschwindigkeiten mit Komponenten u', v' und w' besitzt. Diese Schwankungsgeschwindigkeiten bewirken bestimmte Erscheinungen, die es bei laminarer Strömung nicht gibt.

3.2.6.2 Reynoldssche Schubspannung

Eine dieser Erscheinungen ist die sog. Reynoldssche Schubspannung. Um sie zu verstehen, sei eine, der Einfachheit halber als zweidimensional angenommene, Strömung betrachtet; in der sich Turbulenzballen befinden. Wenn einer dieser Turbulenzballen die momentanen Überschußgeschwindigkeiten u' in Strömungsrichtung und v' senkrecht dazu hat, wird der Impuls je Volumeneinheit $\varrho u'$ mit der Geschwindigkeit v' senkrecht zur Strömungsrichtung transportiert (Bild 3.18). Dadurch entsteht eine Schubspannung $\tau = \varrho u'v'$. In einem Feld mit konstanter Geschwindigkeit wird im zeitlichen Mittel Impuls in alle Richtungen mit der gleichen Wahrscheinlichkeit übertragen, so daß die Summe Null ist. Das ist nicht der Fall, wenn ein Geschwindigkeitsprofil vorliegt, da die Geschwindigkeiten u' und v' dann miteinander korreliert sind. Man erkennt dies an Bild 3.19. Ein Volumenelement, das aus einer Schicht mit geringerer in eine solche höherer Geschwindigkeit übergeht, also ein positives v' hat, wird ein u' haben, das mit größerer Wahrscheinlichkeit negativ als positiv ist. Umgekehrt ist es, wenn ein Volumenelement aus einem Bereich höherer in einen geringerer Geschwindigkeit übergeht. Dadurch entsteht insgesamt aus der Strömung eine Impulsübertragung in Richtung auf die Wand. Die Impulsstromdichte, die gleich der Schubspannung ist, hat den Wert

$$\tau = \varrho \overline{u'v'}, \tag{3.153}$$

wobei $\overline{u'v'}$ der zeitliche Mittelwert ist. Man nennt diese Schubspannung Reynoldssche Schubspannung. Sie tritt nur bei turbulenter Strömung auf und ist der viskosen Schubspannung $\tau = \eta du/dx$ überlagert.

Es gilt

$$\tau_{\text{ges}} = \eta \frac{du}{dx} - \varrho \overline{u'v'}. \tag{3.154}$$

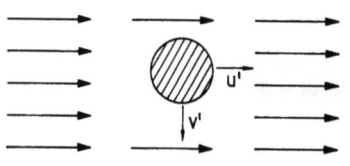

Bild 3.18 Zur Entstehung der Reynoldsschen Schubspannung

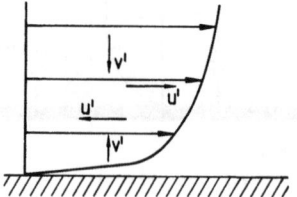

Bild 3.19 Zum Verständnis der Reynoldsschen Schubspannung

3.2 Transportvorgänge 155

Die Reynoldssche Schubspannung ist in der turbulenten Grenzschicht um ein Vielfaches größer als die viskose Schubspannung. Nur in unmittelbarer Nähe der Wand, wo die Turbulenz zur Ruhe kommt, spielt letztere eine Rolle. Die Schubspannung τ_{ges} ist annähernd konstant und fällt erst im äußeren Bereich der turbulenten Grenzschicht auf Null ab. Die Konstanz folgt daraus, daß andernfalls eine starke Beschleunigung der Strömung parallel zur Wand vorliegen müßte, was aber mit den beobachteten Geschwindigkeitsprofilen nicht im Einklang steht. Man bezeichnet τ_{ges} auch als Wandschubspannung τ_w.

Der Verlauf der auf die Dichte bezogenen viskosen und Reynoldsschen Schubspannung sowie der daraus resultierenden Gesamtschubspannung τ_w/ϱ ist in Bild 3.20 dimensionslos gezeigt. Die Abszisse ist x/δ, wobei δ die Dicke der Gesamtgrenzschicht ist. Die Ordinate ist τ/τ_w. Man beachte die Änderung des Maßstabs bei $x/\delta = 0{,}05$. Die Reynoldssche Schubspannung $-\varrho\overline{u'v'}$ fällt dicht vor der Wand auf null ab. Zugleich steigt dort die viskose Schubspannung $\eta du/dx$ stark an. Dies ist der Bereich der laminaren Unterschicht.

Die auf die Dichte bezogene Wandschubspannung τ_w ist das Quadrat einer Geschwindigkeit. Sie wird als Schubspannungsgeschwindigkeit u_τ bezeichnet

$$u_\tau = \left(\frac{\tau_w}{\varrho}\right)^{1/2}. \tag{3.155}$$

Mit u_τ kann der dimensionslose Wandabstand xu_τ/ν gebildet werden. Er ist in Bild 3.20 oben aufgetragen. Mit (3.154) folgt aus (3.155) für den Bereich außerhalb der laminaren Unterschicht

$$u_\tau^2 = \overline{u'v'}, \tag{3.156}$$

u_τ ist physikalisch die Wurzel aus dem mittleren Quadrat der turbulenten Schwankungsgeschwindigkeit.

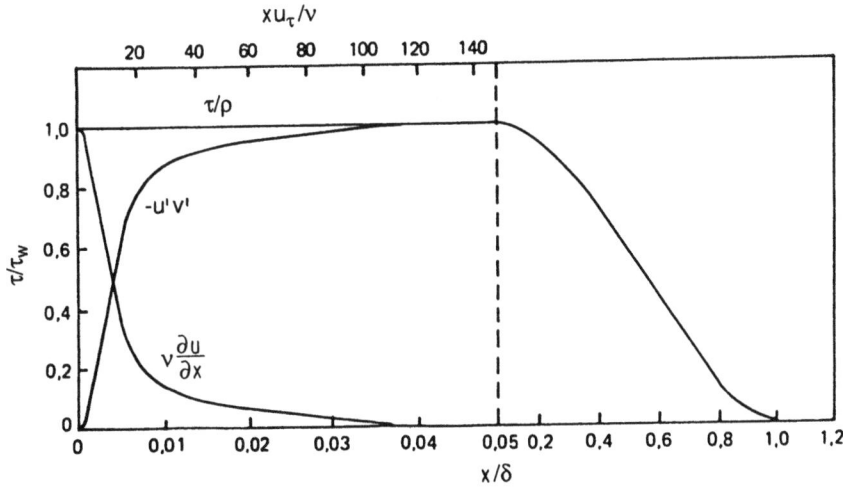

Bild 3.20 Verlauf der gesamten, der Reynoldsschen und der viskosen Schubspannung in einer Grenzschicht als Funktion des dimensionslosen Wandabstands x/δ. $Re_\delta = 7 \cdot 10^4$. Änderung des Abszissenmaßstabs um das 30fache bei $x/\delta = 0{,}05$. Nach [3.16]

Die für die Turbulenz charakteristischen Größen können bisher zahlenmäßig nicht theoretisch bestimmt werden. Man muß auf Messungen zurückgreifen. Für die Wandschubspannung an einer glatten Wand ergeben solche Messungen [3.6, 3.7, 3.16, 3.29]:

$$\tau_w = 0{,}030 \varrho u_\infty^2 Re_y^{-1/5}. \tag{3.157}$$

Hierbei ist u_∞ die Geschwindigkeit außerhalb der Grenzschicht und Re_y die mit der Anströmlänge y gebildete örtliche Reynoldszahl. Aus (3.157) folgt für u_τ

$$u_\tau = \left(\frac{\tau_w}{\varrho}\right)^{1/2} = 0{,}173 u_\infty Re_y^{-1/10}. \tag{3.158}$$

u_τ hängt schwach von der Reynoldszahl ab und ist im übrigen proportional u_∞. Für die Widerstandszahl der Strömung $\zeta = \tau_w/\varrho u_\infty^2$ folgt aus (3.157)

$$\zeta = 0{,}030 Re_y^{-1/5} \tag{3.159}$$

oder für den Mittelwert über die Anströmlänge l

$$\zeta = \frac{1}{l}\int_0^l \lambda \mathrm{d}y = 0{,}037 Re_l^{-1/5}. \tag{3.160}$$

3.2.6.3 Prandtlscher Mischungsweg

Die durch die Bewegung der Turbulenzballen erzeugte Schubspannung ist, wie gesagt, eine Impulsübertragung. Man kann diesen Vorgang nach L. Prandtl [3.19] auch als Vermischung von Turbulenzballen auffassen und gewinnt dadurch zugleich einen Zugang zu der durch die Turbulenzballen bewirkten Stoffübertragung. Dazu sei Bild 3.21 betrachtet.

Wenn aus der Ebene x_2, in der sich der Ballen A befinden möge, ein Turbulenzballen mit der Schwankungsgeschwindigkeit $-v'$ senkrecht zur Strömungsrichtung transportiert und zur gleichen Zeit ein Turbulenzballen B aus der Ebene x_1 Impuls in umgekehrter Richtung transportiert, dann ist der resultierende Impulstransport, ausgedrückt als Impulsstromdichte in Richtung auf die Wand durch die Gleichung

$$\tau = \varrho \tilde{v}'(x_2 - x_1)\frac{\mathrm{d}u}{\mathrm{d}x} \tag{3.161}$$

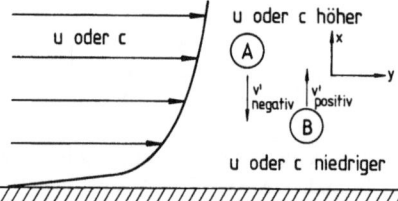

Bild 3.21 Zum Verständnis des Prandtlschen Mischungswegs

gegeben. Hierbei ist $\tilde{v}'$ die Wurzel aus dem mittleren Geschwindigkeitsquadrat von v'. Der Abstand $x_2 - x_1$ ist ein charakteristischer Wert, der angibt, über welche Strecke ein Turbulenzballen Impuls transportieren kann, ohne seine Identität zu verlieren. Dieser Abstand wird als Prandtlscher Mischungsweg l bezeichnet.

Die mittlere Schwankungsgeschwindigkeit $\tilde{v}'$ kann nach (3.156), da u' und v' in der gleichen Größenordnung liegen, durch u_τ ausgedrückt werden. Damit folgt aus (3.161)

$$\frac{\tau}{\varrho} = u_\tau l \frac{du}{dx}. \tag{3.162}$$

Beschreibt man u_τ durch (3.155) und beachtet, daß nahe der Wand $\tau = \tau_w$ ist, so folgt

$$\frac{\tau}{\varrho} = l^2 \left(\frac{du}{dx}\right)^2 = l^2 \frac{du}{dx}\frac{du}{dx}. \tag{3.163}$$

Vergleicht man (3.163) mit (3.46) und beachtet, daß $\eta/\varrho = \nu$ ist, so kann man den Ausdruck $l^2 du/dx$ als eine turbulente kinematische Viskosität ν_t auffassen

$$\frac{\tau}{\varrho} = \nu_t \frac{du}{dx}, \tag{3.164}$$

$$\nu_t = l^2 \frac{du}{dx}. \tag{3.165}$$

Im Unterschied zum viskosen Impulstransport, bei dem der Impuls durch die Brownsche Molekularbewegung übertragen wird, übernehmen beim turbulenten Impulstransport die Turbulenzballen diese Aufgabe. Deren Bewegung ist eine makroskopische Analogie zur mikroskopischen Molekularbewegung. Da die Turbulenzballen wesentlich mehr Impuls übertragen als die Moleküle, ist $\nu_t \gg \nu$.

Bei Kenntnis des Mischungsweges l kann man die turbulente Viskosität bestimmen. Für den Mischungsweg gelten folgende Überlegungen. Da die Turbulenz an der Wand zur Ruhe kommt ($\tilde{v}' = 0$), ist dort $l = 0$. Mit zunehmendem Wandabstand wird $\tilde{v}'$ größer, so daß auch l zunimmt. Auswertungen von Messungen der Schubspannung und der Geschwindigkeit ergeben, daß im Bereich, wo die Wandschubspannung konstant ist,

$$l = 0{,}41 x \tag{3.166}$$

ist [3.16]. Die Konstante 0,41 ist universell und wird als Kármánsche Konstante bezeichnet. Mit (3.165) und bei Kenntnis des Geschwindigkeitsprofils, wegen dessen Ableitung auf die Spezialliteratur [3.7, 3.16, 3.29, 3.30] verwiesen wird, kann ν_t als Funktion des Wandabstands berechnet werden. Darüber hinaus ist es bei Kenntnis von ν_t auch möglich, die Dicke δ_{Pr} der laminaren Unterschicht zu berechnen. Sie wird durch die Bedingung definiert, daß im Abstand δ_{Pr} von der Wand die Turbulenz soweit zur Ruhe gekommen ist, daß $\nu_t = \nu$ wird. Man erhält für die Dicke der laminaren Unterschicht an einer glatten Wand [3.29]

$$\delta_{Pr} = 12{,}3 \frac{\nu}{u_\tau}. \tag{3.167}$$

3.2.6.4 Turbulenter Stofftransport

Das Konzept des Prandtlschen Mischungswegs gestattet es, nicht nur den Impulstransport, sondern auch den Stofftransport durch Turbulenz verständlich zu machen. Dazu sei noch einmal Bild 3.21 betrachtet. In diesem Bild kann man das eingezeichnete Geschwindigkeitsprofil auch als Konzentrationsprofil auffassen, wenn man beachtet, daß die Darstellung schematisch ist, d.h. die Profile zahlenmäßig nicht übereinstimmen müssen. Wenn ein Turbulenzballen A Stoff mit der Geschwindigkeit $-v'$ in Richtung auf die Wand und ein Turbulenzballen B Stoff mit der Geschwindigkeit v' in Richtung von der Wand weg transportiert, so ist die Stoffstromdichte im zeitlichen Mittel durch

$$j = \tilde{v}'(x_2 - x_1)\frac{dc}{dx} \tag{3.168}$$

gegeben. $\tilde{v}'$ ist wiederum die Wurzel aus dem mittleren Geschwindigkeitsquadrat. Da, wie oben gezeigt, $\tilde{v}'$ durch u_τ ausgedrückt werden kann und da $u_\tau = l\,du/dx$ ist (vgl. (3.156) und (3.162)), folgt mit $x_2 - x_1 = l$

$$j = l^2 \frac{du}{dx}\frac{dc}{dx}. \tag{3.169}$$

Diese Gleichung entspricht dem ersten Fickschen Gesetz, wenn man

$$l^2 \frac{du}{dx} = D_t \tag{3.170}$$

als turbulenten Diffusionskoeffizienten einführt [3.31]. Ein Vergleich mit (3.165) zeigt, daß

$$D_t = v_t \tag{3.171}$$

ist. Dies bringt zum Ausdruck, daß der turbulente Stofftransport ebenso wie der turbulente Impulstransport über die Vermischung der Turbulenzballen erfolgt.

Mit der Definition des turbulenten Diffusionskoeffizienten läßt sich die Dicke der Diffusionsgrenzschicht δ_N bei turbulenter Strömung bestimmen. Sie ist durch die Bedingung gegeben, daß bei $x = \delta_N$ der Diffusionskoeffizient $D_t = D$ wird. Man erhält [3.29]

$$\delta_N = 8{,}9\frac{D^{1/3}v^{2/3}}{u_\tau}. \tag{3.172}$$

Ein Zahlenspiel aus dem Bereich der Pfannenmetallurgie ergibt Folgendes: In blasengerührten Stahlpfannen liegen die Strömungsgeschwindigkeiten in der Größenordnung von 1,5 m/s und die Anströmlängen bei 1,0 m. Mit $v = 10^{-6}$ m²/s folgt dann $Re = 1{,}5 \cdot 10^6$. Die Strömung ist also turbulent. Weiterhin folgt aus (3.158) $u_\tau \simeq 0{,}06$ m/s. Setzt man diesen Wert in (3.172) ein, so erhält man mit dem angegebenen v-Wert und mit $D \simeq 10^{-8}$ m²/s die Dicke der Grenzschicht zu $3{,}2 \cdot 10^{-2}$ mm. Dieser Wert ist fast gleich groß wie der in Abschn. 3.2.3 für eine freie Oberfläche bestimmte, obgleich hier Reibung vorliegt. Die verlangsamende Wirkung der Reibung auf den Stoffübergang wird durch die Turbulenz nahezu aufgehoben.

Die durch (3.172) definierte Konzentrationsgrenzschicht umfaßt definitionsgemäß den Bereich, in dem die Turbulenz soweit zur Ruhe gekommen ist, daß der Stofftransport nur noch durch molekulare Diffusion erfolgt. Außerhalb des Abstands δ_N findet überwiegend turbulente Diffusion statt bis die Konzentration den Wert c_∞ im Innern der Schmelze erreicht hat. Der gesamte Bereich, in dem ein Konzentrationsgradient vorliegt, besteht also aus zwei Teilbereichen, dem der molekularen und dem der turbulenten Diffusion [3.10]. Ausgehend von dieser Vorstellung kann der Stoffübergangskoeffizient wie folgt berechnet werden [3.10]:

Mit δ_N gilt definitionsgemäß für die Stoffstromdichte

$$j = D \frac{c_i - c_{\delta_N}}{\delta_N}, \qquad (3.173)$$

wobei c_{δ_N} die Konzentration an der Stelle $x = \delta_N$ ist. Andererseits gilt

$$j = \beta(c_i - c_\infty). \qquad (3.174)$$

c_∞ ist die Konzentration außerhalb der gesamten, also auch der turbulenten Grenzschicht. Aus (3.173) und (3.174) folgt

$$\beta = \frac{D}{\delta_N} \cdot \frac{c_i - c_{\delta_N}}{c_i - c_\infty}. \qquad (3.175)$$

Das Verhältnis $(c_i - c_{\delta_N})/(c_i - c_\infty) = 1/k$ ist kleiner als eins. Nach einer Rechnung von Levitch [3.10] ist $k = 1,5$. Dann folgt mit (3.172) und (3.158) die örtliche Sherwoodzahl zu

$$Sh_y = \frac{\beta y}{D} = \frac{y}{k\delta_N} = 0,013 Re_y^{9/10} Sc^{1/3} \qquad (3.176)$$

und die über die Anströmlänge l gemittelte Sherwoodzahl zu

$$Sh = \frac{\beta l}{D} = \frac{l}{k\delta_N} = 0,015 Re_y^{9/10} Sc^{1/3}. \qquad (3.177)$$

$k\delta_N$ ist hierbei die Dicke der gesamten Konzentrationsgrenzschicht. Diese Beziehung wurde mehrfach experimentell bestätigt. Andere Untersuchungen geben etwas andere Vorfaktoren und Exponenten der Reynoldszahl. Meist liegen diese Vorfaktoren zwischen 0,01 und 0,04 und die Exponenten zwischen 0,7 und 0,9. Im Unterschied zu laminarer Strömung, (3.88), ist der Exponent der Reynoldszahl deutlich höher. Dies ist darauf zurückzuführen, daß die turbulenten Schwankungsgeschwindigkeiten die Dicke der Diffusionsgrenzschicht beeinflussen. Ein solcher Effekt tritt bei laminarer Strömung nicht auf. Gleichung (3.177) kann für Reynoldszahlen zwischen 10^5 und 10^7 angewendet werden. Es ist interessant, (3.167) für die laminare Unterschicht δ_{Pr} mit (3.172) für die Konzentrationsgrenzschicht δ_N zu vergleichen. Man erhält

$$\frac{\delta_N}{\delta_{Pr}} = 0,72 \left(\frac{D}{\nu}\right)^{1/3}. \qquad (3.178)$$

Da $D<\nu$ ist, bleibt auch bei turbulenter, ebenso wie bei laminarer Strömung $\delta_N < \delta_{Pr}$. Der Faktor 0,72 in (3.178) müßte theoretisch gleich eins sein. Die Abweichung ergibt sich daraus, daß die verwendeten Zahlengleichungen Näherungscharakter haben.

3.2.7 Turbulenter Impuls- und Stofftransport an freien Oberflächen

An freien Oberflächen und an flüssig-flüssig-Grenzflächen tritt Stoffübertragung durch Oberflächenerneuerung auf, wie dies in den Abschn. 3.2.3 und 3.2.5.2 beschrieben wurde. Der Stofftransport erfolgt durch Diffusion. Ihm kann sich durch Austausch von Turbulenzballen ein turbulenter Stofftransport überlagern. Gegenüber der turbulenten Strömung an einer festen Wand bestehen hier zwei wesentliche Unterschiede [3.10]. Erstens kommt die Strömung parallel zur Grenzfläche an der Grenzfläche nicht vollständig zur Ruhe. Daher hat die Parallelkomponente u' der turbulenten Schwankungsgeschwindigkeit an der Grenzfläche einen endlichen Wert und ist nicht wie an der Wand gleich null. Zweitens ist die Grenzfläche deformierbar. Infolgedessen können senkrecht zur Grenzfläche sich bewegende Turbulenzballen die Grenzfläche ausbeulen. Beide Effekte haben zur Folge, daß der turbulente Stofftransport stärker als an einer festen Wand ist.

Ein theoretisches Konzept, das diese Vorgänge beschreibt, wurde in [3.10] entwickelt. Danach geht die senkrecht zur Oberfläche gerichtete Schwankungsgeschwindigkeit v' bei Annäherung an die Phasengrenze gegen null. Infolge der Ausbeulung der Grenzfläche entsteht ein kapillarer Gegendruck, der die Strömung bremst.

Levitch [3.10] nimmt an, daß eine Zone der Breite λ existiert, in der die Schwankungsgeschwindigkeit $\tilde{v}'$ senkrecht zur Phasengrenze ausgehend von dem Wert u_τ gedämpft wird und schließlich an der Phasengrenze gegen Null geht. Das wird ausgedrückt durch

$$\tilde{v}' = u_\tau \frac{x}{\lambda}. \tag{3.179}$$

Dieser lineare Verlauf der Dämpfung ist schwächer als an einer festen Wand, wo $\tilde{v}'$ in der laminaren Unterschicht mit x^2 abnimmt [3.29].

Die Kräfte, welche die Turbulenz in Richtung Oberfläche dämpfen, sind die Oberflächenkraft und die Schwerkraft. Bild 3.22 zeigt das Prinzip. Ein Turbulenzballen nähert sich der Oberfläche mit der mittleren turbulenten Schwankungsgeschwindigkeit u_τ und übt daher auf sie den Druck $C\varrho u_\tau^2$ aus. Diesem Druck entgegengesetzt sind der Kapillardruck und der Schweredruck

$$C\varrho u_\tau^2 = \frac{2\sigma}{r} + g\varrho x_{max}. \tag{3.180}$$

Bild 3.22 Turbulenzballen an einer freien Oberfläche

x_{max} ist die maximale Ausbauchung der Oberfläche, C ist eine vorerst unbekannte Konstante und r ist der Krümmungsradius der Ausbauchung. Die Ausbauchung nimmt die geometrische Form einer Gaußschen Fehlerkurve an

$$x = x_{\text{max}} e^{-4\frac{y^2}{d^2}}. \tag{3.181}$$

Dies wurde experimentell bestätigt [3.29]. d ist der Durchmesser des Turbulenzballens. Er ist in (3.181) so angesetzt, daß an der Stelle $x = x_{\text{max}}/e$ die Breite der Gaußkurve $2y$ gleich d wird. Der Krümmungsradius der Gaußkurve bei $x = x_{\text{max}}$ ergibt sich aus einer mathematischen Betrachtung zu

$$r = d^2/8x_{\text{max}}. \tag{3.182}$$

Damit wird (3.180)

$$C\varrho u_\tau^2 = \frac{2}{r}\left[\sigma + \frac{d^2 g \varrho}{16}\right]. \tag{3.183}$$

Der Klammerausdruck wird als äquivalente Genzflächenspannung angesehen. In flüssigem Stahl mit einer Oberflächenspannung von 1,5 kg/s² und einer Dichte von $7,02 \cdot 10^3$ kg/m³ ist

$$\frac{d^2 g \varrho}{16} < \sigma,$$

wenn $d < 19$ mm ist. Der Einfluß der Schwerkraft überwiegt also nur bei sehr großen Turbulenzballen.

Experimentelle Untersuchungen an Wasser [3.29] zeigen, daß die Konstante C in (3.183) den Wert 1 hat. Weiterhin zeigen Messungen des Verlaufs der turbulenten Schwankungsgeschwindigkeit $\tilde{v}'$ an freien Oberflächen [3.29], daß

$$\frac{1}{\lambda} = \varrho(v')^2/\sigma_{\text{äquiv}} \tag{3.184}$$

ist. Da bei $x = \lambda$ nach (3.179) $\tilde{v}' = u_\tau$ ist, folgt aus (3.183) und (3.184) mit $C = 1$ $\lambda = r/2$.

Es wird nun in Analogie zu den Vorgängen an einer festen Wand eine äquivalente laminare Unterschicht δ_{Pr} eingeführt, die so definiert ist, daß im Abstand δ_{Pr} von der Oberfläche $v_t = v$ wird. Dabei ist zu beachten, daß diese Schicht eine andere physikalische Bedeutung hat als an einer festen Wand, weil die Schwankungen parallel zur Oberfläche nicht gedämpft sind.

Um die Grenzschicht δ_{Pr} zu berechnen, muß man die turbulente kinematische Viskosität bestimmen. Sie ist für eine feste Wand durch (3.175) gegeben

$$v_t = l^2 \frac{du}{dx}.$$

Die Größe $l du/dx$ kann als $\tilde{u}'$ und, da an einer festen Wand $\tilde{u}' \simeq \tilde{v}'$ ist, auch als $\tilde{v}'$ aufgefaßt werden. Damit wird

$$v_t = l\tilde{v}'. \tag{3.185}$$

Dieser Ausdruck kann auf die Vorgänge an einer freien Oberfläche übertragen werden, da $\tilde{v}'$ auch hier gedämpft wird. Der Verlauf von $\tilde{v}'$ mit x wird durch (3.179) ausgedrückt. Ebenso läßt sich (3.166) für die Abhängigkeit des Mischungswegs vom Wandabstand auf die Vorgänge an der freien Oberfläche übertragen. Damit erhält man

$$v_t = 0{,}41 x^2 \frac{u_\tau}{\lambda} \tag{3.186}$$

und mit $x = \delta_{Pr}$ bei $v_t = v$

$$\delta_{Pr} = \left(\frac{v\lambda}{0{,}41 u_\tau} \right)^{1/2}. \tag{3.187}$$

Mit $\lambda = r/2$ und (nach (3.183))

$$r = \frac{2\sigma_{\text{äquiv}}}{\varrho u_\tau^2} \tag{3.188}$$

folgt schließlich

$$\delta_{Pr} = \left(\frac{v\sigma_{\text{äquiv}}}{0{,}41 \varrho u_\tau^3} \right)^{1/2}. \tag{3.189}$$

In analoger Weise kann auch eine äquivalente Konzentrationsgrenzschicht δ_N eingeführt werden. Sie ist dadurch definiert, daß an der Stelle $x = \delta_N$ der turbulente Diffusionskoeffizient D_t gleich dem molekularen D wird. Mit $D_t = v_t$ ergibt dann die gleiche Rechnung wie oben

$$\delta_N = \left(\frac{D\sigma_{\text{äquiv}}}{0{,}41 \varrho u_\tau^3} \right)^{1/2}. \tag{3.190}$$

Ein Vergleich mit (3.172) für die Konzentrationsgrenzschicht an einer festen Wand zeigt dreierlei:

1. Die Viskosität fällt beim turbulenten Stoffaustausch an einer freien Oberfläche als Einflußgröße aus. Es findet Oberflächenerneuerung statt, und die Strömung wird an der Oberfläche nicht durch die Viskosität abgebremst.
2. δ_N ist an einer freien Oberfläche $\sim u_\tau^{-3/2}$, an einer Wand dagegen $\sim u_\tau^{-1}$. Dies ist ein Ausdruck dafür, daß an der freien Oberfläche die senkrecht zur Oberfläche gerichteten Schwankungskomponenten langsamer gedämpft werden als an einer festen Wand.
3. Die Dämpfung erfolgt unter der Wirkung der Grenzflächenspannung. Sie ist in flüssigen Metallen mit ihren hohen Werten der Grenzflächenspannung wesentlich stärker als z.B. in Wasser.

Mit (3.190) kann die Grenzschichtdicke δ_N abgeschätzt werden, sofern Angaben über den Wert der Schubspannungsgeschwindigkeit u_τ vorliegen. u_τ folgt aus (3.158), wenn näherungsweise angenommen wird, daß diese zunächst für eine feste Wand gültige Gleichung auch auf eine freie Flüssigkeitsoberfläche anwendbar ist [3.29]. Es sei angenommen, daß die Reynoldszahl den Wert 10^6 hat. Dann folgt aus (3.158) $u_\tau = 0{,}04 u_\infty$. Für flüssiges Eisen ist $D \simeq 0{,}5 \cdot 10^{-8}$ m²/s, $\sigma = 1{,}5$ kg/s², $\varrho = 7{,}02 \cdot 10^3$ kg/m³. u_∞ wird mit 1,0 m/s angenommen. Dann ergibt sich $\delta_N = 20 \cdot 10^{-3}$ cm. Demgegenüber ergibt die Oberflächenerneuerungstheorie mit (3.51) und (3.52) für die gleiche Geschwindigkeit u_∞ und für eine Anströmlänge $y = 0{,}5$ m: $\delta_N = 18 \cdot 10^{-3}$ cm. Beide Grenzschichtdicken liegen in der gleichen Größenordnung. Die Turbulenz verstärkt hier also den Stoffübergang kaum, weil die Turbulenzballen wegen der hohen Grenzflächenspannung stark gedämpft werden. Es kommt hinzu, daß an einer freien Oberfläche anders als an einer festen Wand keine Turbulenz erzeugt wird, da der Geschwindigkeitsgradient fehlt. Hieraus folgt, daß an freien Oberflächen von Stahlschmelzen, die z.B. elektromagnetisch oder mit Gas gerührt werden, der Stoffübergang an der Oberfläche im wesentlichen nur durch die Oberflächenerneuerung aufgrund der großräumigen Umlaufströmung bestimmt und durch Turbulenz nicht beschleunigt wird. Da δ_N in (3.190) $\simeq u_\infty^{-3/2}$, in (3.51) mit t nach (3.52) dagegen $\delta_N \simeq u_\infty^{-1/2}$ ist, kann bei höheren Strömungsgeschwindigkeiten der Einfluß der Turbulenz bemerkbar werden. Dies gilt besonders für Blasensäulen, wo hinter den Blasen Turbulenz entsteht [3.32].

Wenn (3.190) durch (3.189) dividiert wird, folgt

$$\frac{\delta_N}{\delta_{Pr}} = \left(\frac{D}{\nu}\right)^{1/2}. \tag{3.191}$$

Dies stimmt erwartungsgemäß mit dem Ausdruck, der sich aus (3.135) des Abschn. 3.2.5 für eine freie Oberfläche ($U = 1$) ergibt, überein.

Der Stoffübergangskoeffizient ist wiederum durch (3.175) definiert, wobei $(c_i - c\delta_N)/c_i - c_\infty) = 1/k$ ist. k hat hier den Wert 2 [3.29]. Damit folgt aus (3.190)

$$\beta = 0{,}32 D^{1/2} u_\tau^{3/2} \delta_N^{1/2} \sigma_{\text{äquiv}}^{-1/2}. \tag{3.192}$$

Ähnliche Betrachtungen wie an einer freien Oberfläche gelten auch für den Stoffübergang an einer flüssig-flüssig-Grenzfläche [3.29]. Auch hier ist jedoch zu berücksichtigen, daß wegen der hohen Grenzflächenspannungen an Metallschmelzen ebenso wie an der freien Oberfläche auch an der Grenzfläche einer Metallschmelze zu einer Schlacke die Turbulenz den Stoffübergang kaum verstärkt.

Für den Stoffübergangskoeffizienten bei Metall-Schlacke-Reaktionen der Pfannenmetallurgie ist in [3.34] die aus Betriebsmessungen gewonnene Gleichung

$$\beta = k \left(D \frac{\dot{V}_{\text{Gas}}}{F}\right)^{1/2} \tag{3.193}$$

mit $k = 500$ m$^{-0.5}$ angegeben. $\dot{V}_{\text{Gas}}$ ist der Rührgasvolumenstrom, F die Oberfläche der Schmelze und D der Diffusionskoeffizient des übergehenden Stoffs. Da nach (3.192) $\beta \simeq u_\infty^{3/2}$ ist und in gasgerührten Schmelzen, wie später gezeigt wird

$$u_\infty \simeq \dot{V}_{\text{Gas}}^{1/3}$$

ist, sollte

$$\beta \simeq \dot{V}_{\text{Gas}}^{1/2}$$

sein, was bestätigt wird. Diese Übereinstimmung ist aber vorsichtig zu bewerten, da mit zunehmender Gasmenge auch die Emulgierung der Schlacke und damit die Größe der Austauschfläche steigt.

3.2.8 Einfluß grenzflächenaktiver Stoffe auf den Stoffübergang

Grenzflächenaktive Stoffe können den Stoffübergang an freien Oberflächen und an flüssig-flüssig-Grenzflächen verzögern oder beschleunigen [3.35, 3.38].

Eine Verzögerung tritt auf, wenn die Grenzfläche und das Innere der betrachteten fluiden Phase hinsichtlich des grenzflächenaktiven Stoffs im thermodynamischen Gleichgewicht stehen. In diesem Fall reichert sich der gelöste grenzflächenaktive Stoff, z.B. Sauerstoff in der Grenzfläche an, sofern er die Grenzflächenspannung herabsetzt. Es gilt die Gibbssche Gleichgewichtsbedingung

$$\left(\frac{\partial \sigma}{\partial c_S}\right)_{T,p} = -\Gamma_S \frac{RT}{c_S} \tag{3.194}$$

mit Γ_S Überschuß des Gelösten in der Oberfläche gegenüber dem Gehalt im Innern und c_S Gehalt im Innern. Ist $\partial \sigma/\partial c_S$ negativ, so ist Γ_S positiv, d.h., der gelöste Stoff reichert sich in der Grenzfläche an.

Die Anreicherung des grenzflächenaktiven Stoffs in der Oberfläche wirkt sich behindernd auf den Prozeß der Oberflächenerneuerung aus. Diese ist in Bild 3.23 schematisch dargestellt. Wenn bei der Oberflächenerneuerung ein Volumenelement aus dem Innern an die Grenzfläche gelangt, hat es eine niedrigere Konzentration des gelösten Stoffs als die schon in der Oberfläche befindlichen Elemente. Seine Grenzflächenspannung ist daher höher. Da sich der Zustand mit niedrigerer Grenzflächenenergie durchsetzen will, üben die Volumenelemente mit der niedrigeren Grenzflächenspannung einen Druck, den sog. Spreitungsdruck auf das ankommende Volumenelement aus, um es zu verdrängen. Der Spreitungsdruck ist dem Staudruck des ankommenden Volumenelements entgegengesetzt und erschwert dessen Durchtritt durch die Oberfläche. Auf diese Weise wird die Oberflächenerneuerung verzögert oder verhindert. Ein Stoffaustausch über die Phasengrenze läuft dann so ab, als ob die Phase an eine feste Wand grenzen würde. Tropfen und Blasen verhalten sich wie feste Teilchen.

Eine Beschleunigung des Stofftransports durch grenzflächenaktive Stoffe ist möglich, wenn die Grenzfläche und das Innere der fluiden Phase hinsichtlich des grenzflächenaktiven Stoffs nicht im thermodynamischen Gleichgewicht stehen. Das ist möglich, wenn der grenzflächenaktive Stoff, z.B. Schwefel, selbst am Stofftransport beteiligt ist. Der Vorgang ist in Bild 3.24 gezeigt. Wenn der

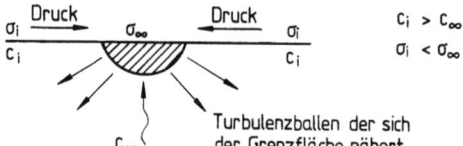

Bild 3.23 Behinderung der Oberflächenerneuerung durch einen grenzflächenaktiven Stoff

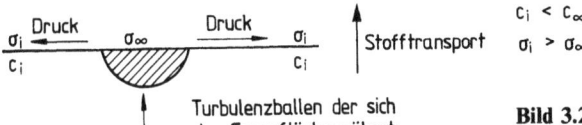

Bild 3.24 Förderung der Oberflächenerneuerung durch Transport eines grenzflächenaktiven Stoffs nach [3.36]

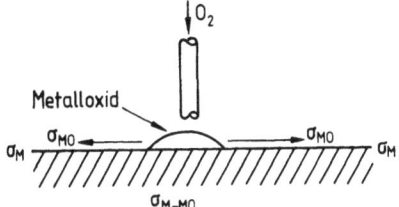

Bild 3.25 Spreitung von flüssigem Metalloxid MO auf der Oberfläche einer Metallschmelze M nach [3.36]

grenzflächenaktive Stoff in die Nachbarphase übergeht, nimmt die Konzentration c_i ab und kann bis unter den Wert c_∞ sinken. Dann ist $\sigma_\infty < \sigma_i$ und der Spreitungsdruck nach außen gerichtet. Die Oberflächenerneuerung wird erleichtert. Wenn die Differenz der Grenzflächenspannungen $\sigma_i - \sigma_\infty$ und die kinetische Energie der Turbulenzballen ϱu_τ^2 klein sind, kommt die Bewegung durch Reibung zur Ruhe. Sind beide Werte groß, fließt ständig Flüssigkeit aus dem Innern nach und der Vorgang läuft weiter bis die gesamte Grenzfläche die Konzentration c_∞ angenommen hat. Man nennt diesen Vorgang Grenzflächenturbulenz oder Grenzflächenkonvektion. Ob Grenzflächenturbulenz auftritt, wird durch den Zahlenwert der dimensionslosen Marangonizahl, die die relevanten Einflußgrößen enthält bestimmt. Die Marangonizahl ist gegeben zu [3.37]

$$Ma(c) = \frac{\Delta\sigma \delta_N}{\eta D} = \frac{d\sigma}{dc} \frac{\text{grad } c \, \delta_N^2}{\eta D}. \tag{3.195}$$

Bei Stahl wurde Grenzflächenturbulenz beobachtet, wenn Sauerstoff auf eine blanke Eisenoberfläche geblasen wurde [3.36]. Dabei spreitet das gebildete Eisenoxid über die Oberfläche der Schmelze. Der Vorgang ist schematisch in Bild 3.25 gezeigt. Es findet Spreitung statt, wenn $\sigma_M > \sigma_{MO} + \sigma_{M-MO}$ ist, da unter dieser Bedingung das Minimum der Grenzflächenenergie erst erreicht ist, wenn die ganze Oberfläche mit dem Oxid bedeckt ist. Da die Grenzflächenspannung σ_{M-MO} durch den sich in der Oberfläche lösenden Sauerstoff gesenkt wird, kann die angegebene Bedingung erfüllt werden. Enthält die Eisenschmelze Kohlenstoff, so wird das gebildete Oxid außerhalb der Aufblasstelle wieder reduziert, und man beobachtet ein ständiges Spreiten des Oxids und ein Verschwinden desselben in einem gewissen Abstand von der Aufblasstelle. Grenzflächenturbulenz wurde ebenfalls beim Übergang von Schwefel aus einer mit Aluminium desoxidierten Eisenschmelze in eine $CaO-Al_2O_3$-Schlacke beobachtet [3.45], und zwar oberhalb 0,02 % S im Eisen. Schwefel ist wie Sauerstoff grenzflächenaktiv. Seine Wirkung entspricht der in Bild 3.24 schematisch gezeigten.

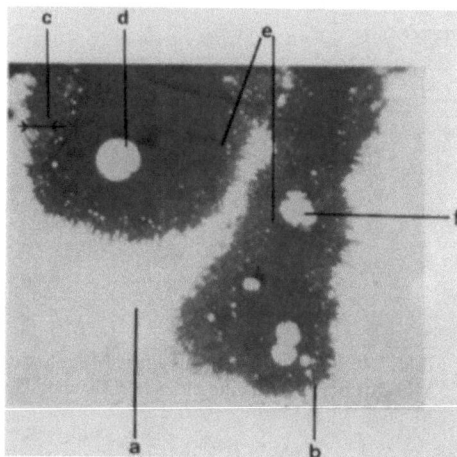

Bild 3.26 Photo eines emulgierten Tropfens nach Abschreckung der Schlacke. Siliciumtropfen koaleszieren mit Fe-Al-Tropfen (Vergr. 1:1 000). *a* Fe-Al-Phase, *b* zerklüftete Grenzfläche, *c* Al$_2$O$_3$-angereicherte Schlacke, *d* Fe-Si-Tropfen, *e* Wolke von Fe-Si Tropfen *f* koaleszierende Tropfen. Nach [3.39]

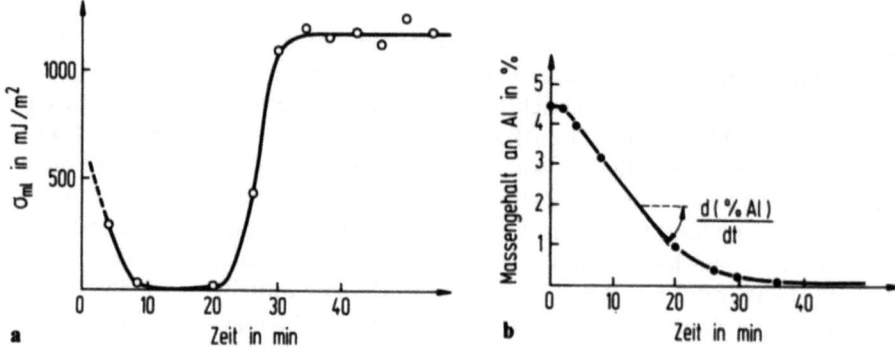

Bild 3.27 a Grenzflächenspannung und **b** Aluminiumgehalt in Abhängigkeit von der Zeit bei der Oxidation einer aluminiumhaltigen Eisenschmelze durch eine CaO-Al$_2$O$_3$-SiO$_2$-Schlacke. Anfangsgehalt des Metalls: 4,45 % Al. Nach [3.39]

Ein der Grenzflächenkonvektion ähnliches Phänomen wurde beobachtet, wenn im Eisen gelöste Elemente (Al, P, Cr, Ti u.a.) mit hoher Sauerstoffstromdichte oxidiert wurden [3.39]. Bei einem Versuch dieser Art befindet sich z.B. ein Eisentropfen, der Aluminium gelöst enthält, auf einer festen Unterlage und ist im übrigen von einer CaO−Al$_2$O$_3$−SiO$_2$-Schlacke umgeben, deren SiO$_2$ das Aluminium im Eisen oxidiert. Während des Oxidationsprozesses wird die Form des Eisentropfens extrem flach. Zugleich wird die Grenzfläche stark zerklüftet (Bild 3.26). Nach dem Ende der Reaktion nimmt der Tropfen wieder seine übliche gewölbte Form wie vorher an. Die Abflachung läßt sich so interpretieren, daß die Grenzflächenspannung bei hohen Sauerstoffstromdichten vorübergehend auf Null absinkt. Das ist im Bild 3.27 gezeigt. Möglicherweise wird der Tropfen auch durch den Druck der nach außen gerichteten Strömungskomponenten der Grenzflächenkonvektion verformt. Der beobachtete Effekt kann bei Konverterprozessen und bei pfannenmetallurgischen Reaktionen eine Rolle spielen.

3.2.9 Stoffübergang mit Fällungsreaktion an einer Phasengrenze

Wenn ein Stoff von einer Phase in eine zweite übergeht, so kann es vorkommen, daß er mit einem in der zweiten Phase gelösten Stoff eine Fällungsreaktion eingeht. Die Fällung findet dann in einem gewissen Abstand von der Phasengrenze innerhalb der Konzentrationsgrenzschicht statt [3.29, 3.49]. Dieser Fall tritt z.B. auf, wenn Sauerstoff aus einer FeO_n-haltigen Pfannenschlacke in eine aluminiumhaltige Eisenschmelze diffundiert [3.40, 3.41]. Voraussetzung ist, daß der Sauerstoffgehalt an der Phasengrenze so hoch ist, daß der Aluminiumgehalt dort gegen Null geht. Das ist bei einem genügend großen FeO-Angebot aus der Schlacke der Fall. Ein anderes Beispiel ist die Auflösung von CaO in SiO_2-haltigen Stahlwerksschlacken. Hier bilden sich in geringem Abstand vom Kalkkorn Fällungsschichten von Dicalciumsilicat [3.42].

Die Konzentrationsverläufe an der Phasengrenze zeigt Bild 3.28. A reagiert mit B unter Bildung einer unlöslichen Verbindung AB im Abstand x^* von der Phasengrenze.

Die Folge der Fällungsreaktion ist, daß der Konzentrationsgradient dc_A/dx zunimmt.

Man kann die Zunahme des Stofftransports folgendermaßen berechnen [3.40, 3.41] (Bild 3.29): Die Tangente an die Konzentrationskurve des Stoffs A (in Bild 3.29 gelöster Sauerstoff) für den Fall, daß keine Fällung stattfindet, definiert die Dicke der Grenzschicht δ_N. Durch die Fällung wird diese Grenzschicht in die

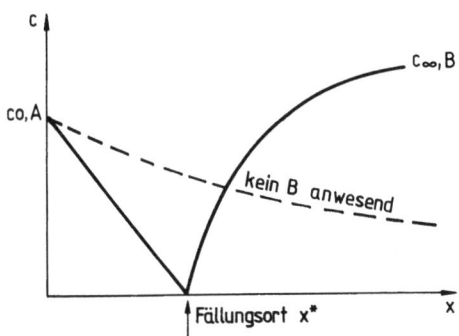

Bild 3.28 Schematische Darstellung der Fällungsreaktion vor einer Phasengrenze

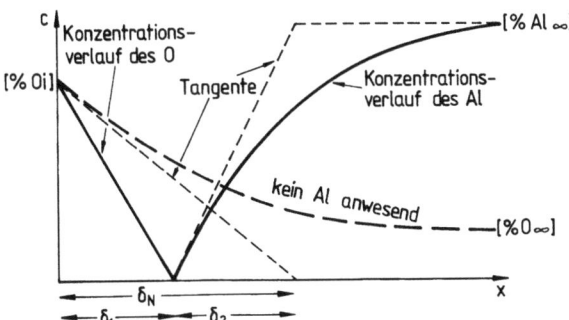

Bild 3.29 Fällung von Al_2O_3 vor einer Phasengrenze

beiden Teilgrenzschichten δ_1 und δ_2 aufgeteilt. In δ_1 diffundiert der Sauerstoff, in δ_2 diffundiert das Aluminium.

Die Stoffstromdichte des Sauerstoffs ist

$$j_O = \frac{D_O}{\delta_1}[\% O_i]\frac{\varrho_{Fe}}{100\cdot 16}\frac{mol}{cm^2 s}. \tag{3.196}$$

Die Stoffstromdichte des Aluminiums ist

$$j_{Al} = \frac{D_{Al}}{\delta_2}\cdot [\% Al_\infty]\frac{\varrho_{Fe}}{100\cdot 27}\frac{mol}{cm^2 s}. \tag{3.197}$$

Ferner gilt

$$j_O = \frac{3}{2}j_{Al}, \tag{3.198}$$

$$\delta_1 + \delta_2 = \delta_N. \tag{3.199}$$

Aus (3.196) bis (3.199) folgt

$$j_O = \frac{D_O}{\delta_N}[\% O_i]\frac{\varrho_{Fe}}{100\cdot 16}\left[1 + \frac{3}{2}\frac{D_{Al}[\% Al_\infty]\cdot 16}{D_O[\% O_i]\cdot 27}\right]. \tag{3.200}$$

Der Ausdruck in der eckigen Klammer ist der Faktor, um den die Stoffstromdichte erhöht wird. Er liegt in der Größenordnung von 2. Das ausgeschiedene Al_2O_3 gelangt durch turbulente Diffusion zur Phasengrenze und wird dort in der Schlacke aufgenommen.

4 Kinetik schmelzmetallurgischer Reaktionen

4.1 Einführung

Nachdem im Kap. 3 die formale Behandlung der Stoffumsätze und die Grundlagen der Transportvorgänge behandelt wurden, kann nunmehr die Kinetik einzelner Reaktionen beschrieben werden. Im Gegensatz zu den thermodynamischen Gleichgewichten, die im wesentlichen prozeßunabhängig sind, wird der kinetische Ablauf der Reaktionen von der Prozeßführung beeinflußt. Sie legt die Orte des Reaktionsgeschehens und die Größe der Austauschflächen fest. Sie bestimmt darüber hinaus die Art der Badbewegung und damit bei allen transportabhängigen Reaktionen die Größe der Stoffübergangskoeffizienten. Manche Reaktionen, besonders solche an denen Kohlenstoff als Reduktionsmittel beteiligt ist, setzen sich überdies aus Teilreaktionen, die an verschiedenen Austauschflächen ablaufen, zusammen.

Die zu betrachtenden Reaktionen sind i.d.R. entweder Extraktionsreaktionen oder Auflösungsvorgänge. Bei der Extraktion geht es darum, einen im Eisen gelösten Stoff in ein Extraktionsmittel überzuführen. Dieses kann ein Gas, eine Schlacke oder ein Feststoff sein. Darüber hinaus können im Eisen gelöste Stoffe auch durch eine Fällungsreaktion, wie z.B. bei der Desoxidation abgeschieden werden. Bei den Auflösungsvorgängen handelt es sich u.a. um die Auflösung von Legierungsstoffen in der Eisenschmelze, um die Auflösung von Kalk in Schlacken und um den Verschleiß von feuerfesten Stoffen der Wände der metallurgischen Gefäße. Je nach dem Typ der genannten Reaktionen erfolgt in diesem Kapitel die Einteilung in

– Metall-Gas-Reaktionen,
– Metall-Schlacke-Reaktionen,
– Auflösungsvorgänge.

Die Behandlung ist auf die stofflichen Vorgänge an den Phasengrenzen konzentriert. Sie ist der erste Schritt zur Beschreibung des Gesamtablaufs einer Reaktion.

Es wurde bereits im Kap. 3 gesagt, daß die Geschwindigkeiten der schmelzmetallurgischen Reaktionen meist durch die der Phasengrenzreaktion vor- und nachgeschalteten Transportvorgänge bestimmt sind. Für deren zahlenmäßige Berechnung sind Kenntnisse der Diffusionskoeffizienten und der Viskositäten in Eisen- und Stahlschmelzen und in Schlacken notwendig. Diese Werte finden sich in [4.39].

4.2 Metall-Gas-Reaktionen

4.2.1 Reaktion zwischen flüssigem Eisen und Stickstoff

4.2.1.1 Aufstellung des Reaktionsschemas

Die Reaktion zwischen flüssigem Eisen und Stickstoff ist eine der am besten kinetisch untersuchten Reaktionen der Eisenmetallurgie. Die Reaktion wurde sowohl am reinen System Eisen-Stickstoff [4.1, 4.4, 4.11–4.13, 4.18, 4.19, 4.20, 4.22–4.27, 4.32, 4.33, 4.37, 4.38] als auch an Eisenschmelzen, die weitere gelöste Elemente enthielten, untersucht.

Der Übergang von Stickstoff zwischen der Gasphase und der Schmelze, sei es als Absorption, sei es als Desorption, setzt sich aus den drei hintereinandergeschalteten Teilschritten

— Transport in der Gasphase,
— Phasengrenzreaktion und
— Transport in der Schmelze

zusammen. Die Kinetik des Übergangs wurde hauptsächlich an induktiv gerührten Tiegelschmelzen untersucht. Daneben wurden Messungen an schwebenden Tropfen [4.9] und in jüngster Zeit auch Versuche mit Durchleiten von Argon durch die Schmelze [4.23] durchgeführt. Je nach den gewählten Versuchsbedingungen konnten alle drei oben genannten Teilschritte als geschwindigkeitsbestimmend festgestellt werden. Für den Teilschritt des Transports in der Gasphase ist die Stoffstromdichte durch die Beziehung

$$j_G = \frac{\beta_G}{RT}(p_{N_2,i} - p_{N_2,G}) \tag{4.1}$$

mit β_G Stoffübergangskoeffizient in der Gasphase, $p_{N_2,i}$ Stickstoffpartialdruck an der Grenzfläche des Gases zur Schmelze und $p_{N_2,G}$ Stickstoffpartialdruck im Innern der Gasphase gegeben. Wenn die Gasphase nur aus Stickstoff besteht, so sind i.d.R. $p_{N_2,i}$ und $p_{N_2,G}$ gleich. Der Widerstand des Stofftransports in der Gasphase ist dann gleich Null. Besteht die Gasphase dagegen aus einer Mischung eines inerten Gases mit Stickstoff, so ist der Transportwiderstand im Gas grundsätzlich zu berücksichtigen, da der Stickstoff dann zwischen dem Innern der Gasphase und der Schmelzenoberfläche durch die adhärierende Gasgrenzschicht diffundieren muß.

Bei der Phasengrenzreaktion ist nach heutiger Auffassung [4.3–4.5, 4.20, 4.22, 4.34] die Adsorption des Stickstoffs an der Oberfläche

$$N_2 \rightleftarrows 2N_{ad} \tag{4.2}$$

der geschwindigkeitsbestimmende Teilschritt. Dieser Schritt befindet sich nicht im Gleichgewicht, wohl aber der vor- bzw. nachgelagerte Austausch zwischen dem adsorbierten Stickstoff und dem Stickstoff in der Schmelze

$$2N_{ad} \rightleftarrows 2[N]_i, \tag{4.3}$$

wobei $[N]_i$ die Konzentration im Flüssigen in der Oberfläche der Schmelze bedeutet. Die Stoffstromdichte der Phasengrenzreaktion kann entsprechend (4.2) und (4.3) durch

$$j_R = k_R([N]_i^2 - [N]_{eq}^2) \tag{4.4}$$

ausgedrückt werden. Hierbei ist $[N]_{eq}$ wegen

$$K_N = \frac{[N]_{eq}^2}{p_{N_2,i}} \tag{4.5}$$

die mit dem Stickstoffpartialdruck $p_{N_2,i}$ an der Oberfläche der Schmelze im Gleichgewicht stehende Stickstoffkonzentration der Schmelze. K_N ist die Gleichgewichtskonstante der Stickstoffreaktion.

Für den Stofftransport in der Schmelze wird die Stoffstromdichte durch

$$j_M = \beta_M([N] - [N]_i), \tag{4.6}$$

wobei $[N]$ der Stickstoffgehalt im Innern der Schmelze und β_M der Stoffübergangskoeffizient in der Schmelze ist, ausgedrückt.

Aus (4.1) und (4.4) folgt wegen der Bedingung $2j_G = j_R$ der Ausdruck für die Stoffstromdichte

$$j = k_R'([N]_i^2 - K_N p_{N_2,G}) \tag{4.7}$$

mit

$$\frac{1}{k_R'} = \frac{1}{k_R} + \frac{RTK_N}{2\beta_G}. \tag{4.8}$$

Die Stoffstromdichte nach (4.7) ist gleich der Stoffstromdichte nach (4.6). Daraus folgt [4.4]

$$j = \beta_M \left\{ [N] - \frac{[\varphi^2 + 4(K_N p_{N_2,G} + \varphi[N])]^{1/2} - \varphi}{2} \right\} \tag{4.9}$$

mit $\varphi = \beta_M/k_R'$. Bei Kenntnis der Stoffübergangskoeffizienten β_G und β_M sowie der Geschwindigkeitskonstanten der Phasengrenzreaktion k_R und der Gleichgewichtskonstanten K_N kann mit (4.9) die Stoffstromdichte j in Abhängigkeit vom Stickstoffpartialdruck im Gas und vom Stickstoffgehalt der Schmelze berechnet werden. Die Stoffübergangskoeffizienten β_G und β_M hängen von den Strömungsbedingungen im Gas und in der Schmelze ab.

Gleichung (4.9) beschreibt den allgemeinsten Fall. Sie enthält die folgenden Spezialfälle:

1. Wenn der Stofftransport in der Gasphase keine Rolle spielt, wird β_G unendlich und damit $k_R' = k_R$.
2. Wenn die Phasengrenzreaktion sehr schnell abläuft, wird k_R unendlich und damit $k_R' = 2\beta_G/RTK_N$.
3. Wenn sowohl der Stofftransport im Gas keine Rolle spielt als auch die Phasengrenzreaktion sehr schnell abläuft, wird k_R' unendlich und damit $\varphi = 0$. Gleichung (4.9) geht über in (4.6) mit
$$[N]_i = (K_N p_{N_2,G})^{1/2}.$$

4. Wenn der Stofftransport in der Schmelze sehr schnell abläuft, gilt (4.7) mit $[N]_i^2 = [N]^2$.

4.2.1.2 Stofftransport in der Gasphase

Die Geschwindigkeit des Stofftransports in der Gasphase hängt von den Strömungsbedingungen ab. In der Regel wird das Gas auf die Schmelze geblasen. Bei Versuchen an Schwebeschmelzen wird der schwebende Tropfen umströmt. Das Strömungsfeld und die Bedingungen des Stoff- und Wärmeübergangs beim Blasen eines Gasstrahls auf eine Flüssigkeit wurden in [4.40] beschrieben. Bild 4.1 zeigt schematisch das Strömungsfeld des im Abstand H von der Flüssigkeitsoberfläche aus der Düse austretenden Gases. Von der Düse ab entwickelt sich ein Freistrahl, der zunächst ungestört erhalten bleibt. Unterhalb eines Abstands z_g von der Flüssigkeitsoberfläche geht der Freistrahl mit dem Geschwindigkeitsprofil $w(r)$ in eine räumliche Staupunktströmung über, in der der Strahl in die wandparallele Richtung von w über v nach u umgelenkt wird. In diesem Bereich nimmt der Druck bei Annäherung an die Flüssigkeitsoberfläche zu. Die Oberfläche selbst wird durch den Strahl zu einer Mulde deformiert. Für den Fall flacher Mulden, der bei den Versuchen i.d.R. vorliegt, schließt sich an die Staupunktströmung ein Gebiet an, in dem die Geschwindigkeit im wesentlichen parallel zur überströmten Oberfläche gerichtet ist, der Wandstrahl. Dieser Strahl zeigt ein

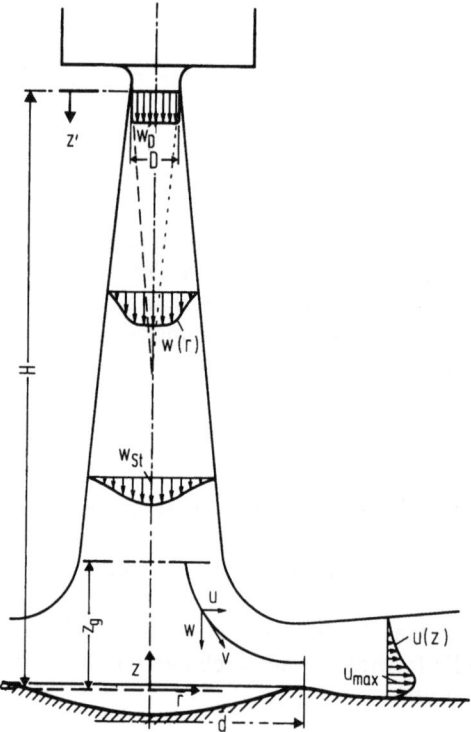

Bild 4.1 Schematische Ausbildung der Strömung in einem Staustrahl nach [4.40] (vgl. [4.59])

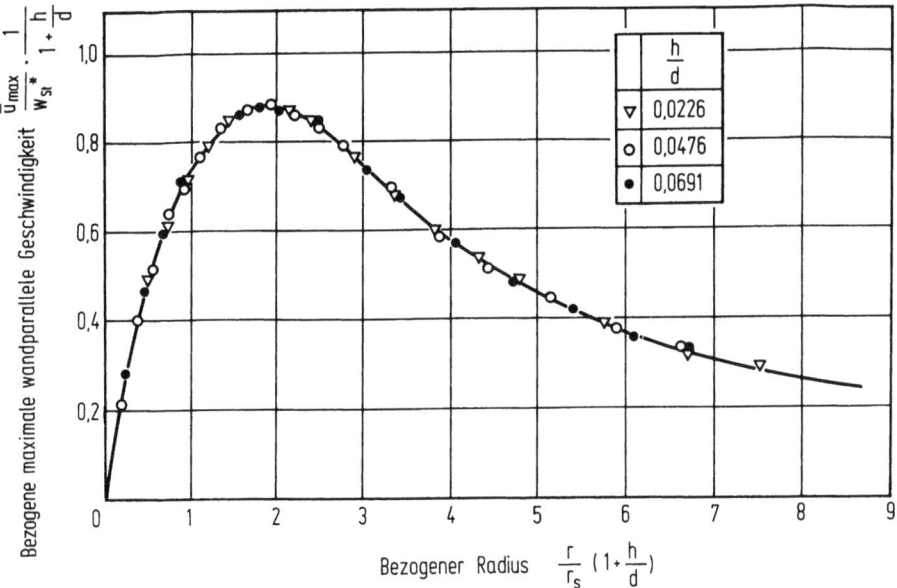

Bild 4.2 Maximale bezogene wandparallele Geschwindigkeit als Funktion des bezogenen Radius der angeströmten, deformierten Fläche nach [4.40]

charakteristisches Geschwindigkeitsprofil. Infolge des Druckabfalls nimmt die Radialgeschwindigkeit u zunächst mit dem Durchmesser der überstrichenen Fläche zu. Außerhalb der Staustömung, also dort, wo kein treibendes Druckgefälle mehr vorliegt, nimmt sie dann wieder ab. In Richtung senkrecht zur Oberfläche steigt die Geschwindigkeit $u(z)$, ausgehend von einem sehr kleinen Wert an der Oberfläche zuerst steil an, erreicht im Abstand δ_{Pr}, der als Dicke der Geschwindigkeitsgrenzschicht anzusehen ist, ein Maximum und fällt dann mit weiter steigendem Abstand allmählich auf Null ab.

Die maximale wandparallele Geschwindigkeit im Abstand δ_{Pr} ist die für den Stoffübergang charakteristische Geschwindigkeit. Eine aus den Messungen von Lohe [4.40] gewonnene dimensionslose Darstellung des über den Radius r der Oberfläche gemittelten Wertes $\bar{u}_{max}$ dieser Geschwindigkeit zeigt Bild 4.2. In der Ordinate

$$\frac{\bar{u}_{max}}{w_{St}^*} \frac{1}{1+\frac{h}{d}}$$

bedeutet w_{St}^* die Geschwindigkeit in der Achse eines Freistrahls der Lauflänge z'. Sie ist durch

$$w_{St}^* = \frac{w_D}{0{,}37 + 0{,}106 \frac{z'}{D}} \qquad (4.10)$$

definiert. In der Abszisse

$$\frac{r}{r_s}\left(1+\frac{h}{d}\right)$$

bedeutet r_S den Radius eines Freistrahls der Lauflänge z'. Er ist durch

$$r_S = D\left(0{,}24 + 0{,}069\frac{z'}{D}\right) \qquad (4.11)$$

definiert. Im übrigen bedeuten w_D Geschwindigkeit am Düsenaustritt, z' Düsenabstand von der Flüssigkeitsoberfläche, D Düsendurchmesser, h Muldentiefe, d Muldendurchmesser. Das Verhältnis h/d kann i.d.R. gegen eins vernachlässigt werden.

Den gasseitigen Stoffübergang maß Lohe anhand der Verdampfungsgeschwindigkeit von Wasser, auf das Luft geblasen wurde. Die Ergebnisse lassen sich wie folgt beschreiben

$$Sh = 1{,}41 Re^{0{,}51} Sc^{0{,}33}, \quad 2\cdot 10^3 \leq Re \leq 3\cdot 10^4, \qquad (4.12)$$

$$Sh = 0{,}41 Re^{0{,}75} Sc^{0{,}33}, \quad 3\cdot 10^4 \leq Re \leq 2\cdot 10^5. \qquad (4.13)$$

Hierin ist

$$Sh = \frac{\beta r_0}{D}; \quad Re = \frac{\bar{u}_{max} r_0}{v}; \quad Sc = \frac{v}{D}$$

mit r_0 Radius der überströmten Fläche, β mittlerer Stoffübergangskoeffizient, D Diffusionskoeffizient des Gases, v kinematische Viskosität des Gases.

Für den gasseitigen Stoffübergang beim Aufblasen eines Gases auf eine Flüssigkeit wird außer den Werten nach (4.12) und (4.13) auch die Beziehung

$$Sh = B Re^{1{,}06} Sc^{0{,}33}\left(\frac{z'}{D}\right)^{-0{,}09} \qquad (4.14)$$

angegeben [4.41]. Der Vorfaktor B liegt zwischen 0,026 und 0,031. Die in die Reynoldszahl einzusetzende Geschwindigkeit wird als mittlere Geschwindigkeit des Gases angegeben. Der Bereich der Reynoldszahlen, für den (4.14) gilt, ist entsprechend dem hohen Exponenten der Reynoldszahl der turbulenter Strömung, d.h. $Re > 3\cdot 10^4$.

In vergleichbarer Weise wie für das Aufblasen kann auch der Stofftransport an umströmten Tropfen beschrieben werden [4.42].

Der Stofftransport in der Gasphase spielt bei hinreichend hohen Gasgeschwindigkeiten für die Geschwindigkeit des Stickstoffübergangs nur eine untergeordnete oder keine Rolle. Rao und Lee [4.9] fanden bei ihren Versuchen an Schwebeschmelzen keinen Einfluß der Strömungsgeschwindigkeit des Ar-N_2-Gasgemisches auf die Reaktionsgeschwindigkeit. Parallel dazu berechneten sie für die bei den Versuchen vorliegenden Gasgeschwindigkeiten die gasseitigen Stoffübergangskoeffizienten. Die mit diesen Koeffizienten berechneten Stoffstromdichten des Stickstoffübergangs waren rund 40mal größer als die tatsächlich gemessenen. Der Gasphasenwiderstand war also unbedeutend (vgl. auch [4.12,

4.24]). Im Gegensatz hierzu wird bei geringen Strömungsgeschwindigkeiten ein Einfluß der Geschwindigkeit und damit des gasseitigen Stofftransports festgestellt [4.3, 4.5, 4.34]. Dies gilt besonders für hohe Gesamtgasdrücke, da der Diffusionskoeffizient in Gasen dem Druck umgekehrt proportional ist [4.36].

4.2.1.3 Stofftransport in der Schmelze

Der Stofftransport in einer Schmelze, die an eine Gasphase angrenzt, wird durch die Oberflächenerneuerungstheorie beschrieben. Für die Sherwoodzahl als dimensionslosen Stoffübergangskoeffizienten ist die in Abschn. 3.2.3 abgeleitete und grundsätzlich auch für turbulente Strömung (vgl. Abschn. 3.2.7) gültige Beziehung (3.58)

$$Sh = \frac{2}{\sqrt{\pi}} Re^{1/2} Sc^{1/3}$$

zu verwenden. Als Strömungsgeschwindigkeit ist hier in die Reynoldszahl die mittlere Oberflächengeschwindigkeit der Schmelze einzusetzen. Bei induktiv gerührten Schmelzen in Tiegeln wird diese Geschwindigkeit durch die in der Schmelze unter dem Einfluß des magnetischen Felds auftretenden Kräfte eingestellt. Bild 3.10 zeigt hierzu schematisch das Strömungsbild in einem Induktionsofen. Die magnetischen Kräfte führen zu einem Hochdrücken des flüssigen Metalls in der Mitte des Ofens. Von der so gebildeten Badkuppe fließt die Schmelze dann wieder nach den Seiten ab. Aus dem Bild ist zu entnehmen, daß der Abstand l der Staupunkte durch den Tiegelradius gegeben ist. Die Überhöhung des Schmelzbades läßt sich ableiten, wenn man beachtet, daß dem magnetischen Druck p_S durch den Schweredruck das Gleichgewicht gehalten wird. Für die Badüberhöhung h in Bild 3.10 gilt nach [4.2] die folgende Zahlenwertgleichung

$$h = 31{,}6 \left(\frac{\mu}{\Psi f}\right)^{1/2} \frac{\dot{\varepsilon}_i \varrho}{F} \quad \text{in cm}. \tag{4.15}$$

Hierin ist μ relative Permeabilität, Ψ spezifischer elektrischer Widerstand in Ω cm $\cdot 10^{-4}$, f Frequenz in s^{-1}, $\dot{\varepsilon}_i$ induzierte Leistung in kW, F Mantelfläche der Schmelze in cm^2, ϱ Dichte der Schmelze in g cm^{-3}.

Die mittlere Geschwindigkeit $\bar{u}$ kann näherungsweise so berechnet werden, als ob das Abfließen über eine schiefe Ebene erfolgte (Bild 3.10)

$$\bar{u} = \left(\frac{gh}{2}\right)^{1/2} \tag{4.16}$$

mit g Erdbeschleunigung.

Knüppel und Oeters [4.2] berechneten die Geschwindigkeit $\bar{u}$ an der Oberfläche von induktiv gerührten Eisenschmelzen mit (4.16) und (4.15). Tabelle 4.1 gibt die Daten des benutzten 10-kg-Vakuuminduktionsofens und die mit diesen Daten berechneten Badüberhöhungen und Geschwindigkeiten wieder. Die Geschwindigkeiten wurden auch gemessen, und zwar aus der Zeit, die ein Stück Kohle braucht, um von der Mitte der Schmelze bis zum Rand zu schwimmen. In Tabelle 4.2 sind die berechneten und die gemessenen Geschwindig-

4 Kinetik schmelzmetallurgischer Reaktionen

Tabelle 4.1. Berechnung der Badüberhöhung im Induktionsofen [4.2]

Temperatur °C	Relative Permeabilität μ	Spezifischer Widerstand ψ^a $\Omega\text{cm} \cdot 10^{-6}$	Frequenz f s^{-1}	Induzierte Leistung $\dot{\varepsilon}_i$ kW	Mantelfläche der Schmelze F cm²	Dichte der Schmelze ϱ g/cm³	Badüberhöhung h cm	$\bar{u}=\sqrt{gh/2}$ cm s^{-1}
1600	1	100,6	10^{-4}	18	455	7	1,78	29
1700	1	106,3	10^{-4}	21	455	7	2,02	32

[a] Berechnet nach [4.43]: $\psi_{Fe}=\psi_0(1+\alpha_0\theta)$; $\psi_0=$ spez. Widerstand bei 0°C; $\alpha_0=$ Temperaturkoeffizient des spez. Widerstands bei 0°C; $\theta=$ Temperatur in °C; $\psi_0 = 8{,}7 \cdot 10^{-6}$ Ωcm; $\alpha_0 = 6{,}6 \cdot 10^{-3}$ Grad^{-1}. Daraus bei $\vartheta=1600$°C: $\psi_{Fe}=8{,}7 \cdot 10^{-6}(1+6{,}6 \cdot 1600 \cdot 10^{-3})=100{,}6 \cdot 10^{-6}$ Ωcm.

Tabelle 4.2. Berechnung des Stoffübergangskoeffizienten β_N für Stickstoff [4.2]

Temperatur °C	h cm	g cm s^{-2}	$\bar{u}_{ber.}$ cm s^{-1}	$\bar{u}_{gem.}$ cm s^{-1}	l cm	$D \cdot 10^{-4}$ cm² s^{-1}	$\beta_N \cdot 10^3$ nach (3.55) cm s^{-1}
1600	1,78	981	29	20	5,2	0,6	20,6
1700	2,02	981	32	20	5,2	0,7	23,8

Tabelle 4.3. Stoffübergangskoeffizienten des Stickstoffübergangs zwischen reinen Eisen-Stickstoff-Schmelzen und gasförmigem Stickstoff [4.31]

Zusammensetzung der Schmelze als Massenanteil in %		Stoffübergangskoeffizient · 10^{-3} cm s^{-1}	Bemerkung	Literatur
[S]	[O]			
0,005	0,005	19	Induktiv, Tiegel Absorption u. Desorption	[4.1]
–	0,005	14	Induktiv, Tiegel Absorption u. Desorption	[4.2]
0,006	0,009	29	Induktiv, Tiegel Absorption u. Desorption	[4.19]
–	0,005	34	Induktiv, Tiegel Absorption	[4.20]
0,005	0,006	22	Induktiv, Tiegel Absorption	[4.21]
0,003	0,003	25	Induktiv, Tiegel Absorption	[4.5]
0,001	0,002	19	Induktiv, Schwebeschmelze Absorption	[4.9, 4.10]
0,001	0,002	31	Fallende Tropfen Absorption	[4.35]
–	–	23	Induktiv, Tiegel Absorption	[4.34]

keiten sowie die aus den gemessenen Geschwindigkeiten mit (3.55) ermittelten Werte der Stoffübergangskoeffizienten zusammengestellt. Tabelle 4.3 gibt gemessene Werte der Stoffübergangskoeffizienten wieder. Für die Werte nach [4.1, 4.2] gelten die Versuchsdaten, wie sie den Rechnungen in Tabelle 4.1 und 4.2 zugrundeliegen. Der in [4.1] gemessene Wert stimmt gut mit dem berechneten aus Tabelle 4.2 überein. Dies bestätigt die Gültigkeit von (3.55) für die Berechnung des Stoffübergangskoeffizienten. Der in [4.2] gemessene Wert liegt demgegenüber etwas tiefer, vermutlich weil das eingesetzte Eisen nicht schwefelfrei war. Wir wissen heute, daß Schwefel den Stickstoffübergang verzögert. Die Werte der anderen Bearbeiter wurden an Schmelzen mit 50 bis 100 g Gewicht und Tiegelradien von rund 1 cm gewonnen. Die Frequenzen der Induktionsschmelzanlagen betragen bei diesen Abmessungen einige 100 kHz. Da die Einflüsse der Abmessung und der Frequenz auf den Stoffübergangskoeffizienten gegenläufig wirken, sind die Stoffübergangskoeffizienten hier nur wenig größer als die in [4.1, 4.2] gemessenen. Die gute Übereinstimmung der gemessenen und der berechneten Werte zeigt, daß die Geschwindigkeit des Stoffübergangs zwischen gasförmigem Stickstoff und reinen Eisen-Stickstoff-Schmelzen bei den hier vorliegenden Rührbedingungen durch den Stofftransport in der Metallschmelze bestimmt wird.

Der in Tabelle 4.3 aufgeführte Wert aus [4.9] wurde an Schwebeschmelzen, der Wert aus [4.35] an Eisentropfen, die durch ein mit Stickstoff gefülltes Reaktionsrohr fielen, gewonnen. Diese Werte sind mit denen von Tiegelschmelzen nur bedingt vergleichbar.

4.2.1.4 Phasengrenzreaktion bei reinen Eisen-Stickstoff-Schmelzen

Die Phasengrenzreaktion des Stickstoffübergangs zwischen Gasphase und reinen Eisen-Stickstoff-Schmelzen wurde erstmals von [4.4] gemessen. Dazu wurden Versuche zur Desorption des Stickstoffs an induktiv gerührten Schmelzen in einem Gasraum mit stark vermindertem Druck und $p_{N_2}=0$ durchgeführt. Auf diese Weise konnte der gasseitige Widerstand ausgeschlossen werden. Der Stoffübergangskoeffizient in der Schmelze β_M wurde aufgrund von Absorptionsversuchen mit Berücksichtigung der Frequenzabhängigkeit des Stoffübergangskoeffizienten $\beta_M \sim f^{-1/8}$ gemäß (4.15), (4.16) und (3.55) erfaßt. Damit war es möglich, aus der gemessenen Stoffstromdichte j mit (4.9) zunächst den Wert φ und bei bekanntem β_M dann auch die Geschwindigkeitskonstante k_R der Phasengrenzreaktion zu bestimmen. Aus den Meßdaten in [4.4] folgt für 1 600 °C ein Wert $k_R = 6{,}37$ cm s^{-1} (Massenanteil in %)$^{-1}$. Weitere Messungen der Phasengrenzreaktionskonstanten wurden mit Hilfe der Isotopenaustauschreaktion

$$^{28}N_2 + {}^{30}N_2 = 2\,{}^{29}N_2 \qquad (4.17)$$

ausgeführt [4.3]. Die Moleküle $^{28}N_2$ enthalten nur ^{14}N, die Moleküle $^{30}N_2$ nur ^{15}N. $^{29}N_2$ enthält beide Atomsorten.

Unter der Annahme, daß die Austauschreaktion (4.17) erster Ordnung ist, ergibt sich ihre Geschwindigkeitskonstante für den Fall der Stickstoffabsorption zu

$$k_a = -\frac{\dot{V}}{FRT} \ln \frac{{}^{29}F_{Gl.} - {}^{29}F}{{}^{29}F_{Gl.} - {}^{29}F_i} \qquad (4.18)$$

mit $\dot{V}$ Gasflußrate, F Schmelzenoberfläche, R Gaskonstante, T abs. Temperatur, ^{29}F Volumenanteil der Molekülart $^{29}N_2$ im abströmenden Gas, $^{29}F_i$ Volumenanteil der Molekülart $^{29}N_2$ im zuströmenden Gas und $^{29}F_{Gl.}$ Volumenanteil der Molekülart $^{29}N_2$ bei Gleichgewicht der Austauschreaktion.

Nach [4.3] folgt für die Konstante k_a in mol cm^{-2} s^{-1} bar^{-1} zwischen 1 500 und 1 600 °C die Beziehung

$$\log k_a = -\frac{6340}{T} - 1{,}39. \qquad (4.19)$$

Für 1 600 °C folgt hieraus $k_a = 1{,}68 \cdot 10^{-5}$ mol cm^{-2} s^{-1} bar^{-1}. Die Konstante k_a ist mit der Konstanten k_R durch die Gleichung

$$k_a = k_R K_N, \qquad (4.20)$$

wobei K_N die Gleichgewichtskonstante nach (4.5) ist, verknüpft. Für K_N ergibt sich aus Tabelle 2.3, wenn K_N nicht wie dort als (Massenanteile in %) bar$^{-1/2}$, sondern in mol^2 cm^{-6} bar^{-1} ausgedrückt wird, der Ausdruck

$$\log K_N = \log \frac{[N]^2}{p_{N_2}} = -\frac{570}{T} - 7{,}02. \qquad (4.21)$$

Daraus folgt für k_R

$$\log k_R = -\frac{5770}{T} + 5{,}63 \qquad (4.22)$$

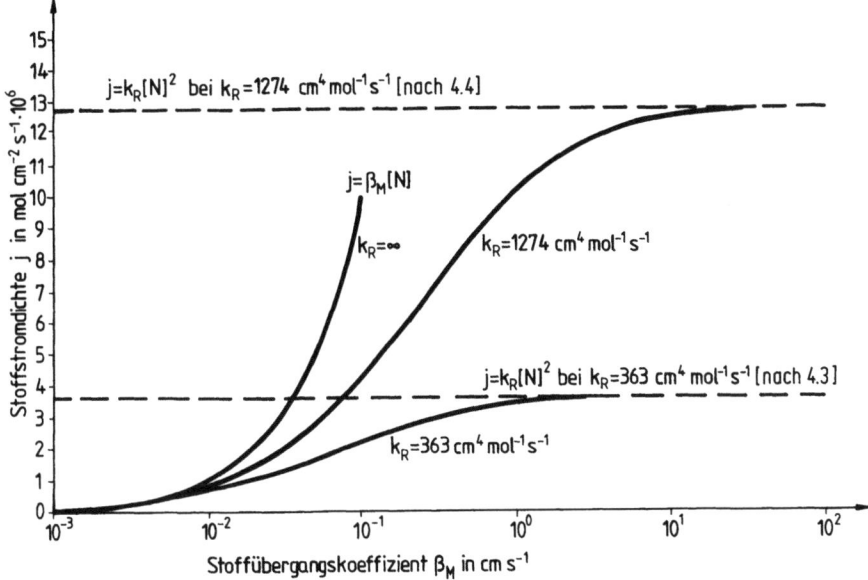

Bild 4.3 Einfluß der Badbewegung, ausgedrückt durch den Stoffübergangskoeffizienten β_M, auf die Stoffstromdichte der Stickstoffdesorption bei $p_{N_2}=0$ und $[N]=10^{-4}\,\text{mol}\cdot\text{cm}^{-3}$ bei verschiedenen Werten der Geschwindigkeitskonstanten der Phasengrenzreaktion

und daraus bei 1 600 °C: $k_R = 354\,\text{cm}^4\,\text{mol}^{-1}\,\text{s}^{-1}$. Demgegenüber beträgt der in [4.4] angegebene Wert umgerechnet $1\,274\,\text{cm}^4\,\text{mol}^{-1}\,\text{s}^{-1}$, ist also rund viermal größer.

Mit der Kenntnis der Werte der Geschwindigkeitskonstanten der Phasengrenzreaktion kann das Zusammenwirken der Widerstände der Phasengrenzreaktion und des Stofftransports in der Schmelze betrachtet werden. Der Transportwiderstand hängt von der Badbewegung ab. Ist sie schwach, überwiegt der Transportwiderstand, ist sie stark, überwiegt der Widerstand der Phasengrenzreaktion. Bild 4.3 zeigt nach (4.9) den Einfluß des Stoffübergangskoeffizienten β_M auf die Stoffstromdichte der Stickstoffdesorption für die von Choh et al. [4.4] bzw. von Byrne und Belton [4.3] ermittelten Werte k_R bei einem Stickstoffgehalt der Schmelze von 0,02 % entsprechend $10^{-4}\,\text{mol/cm}^3$ und bei $p_{N_2}=0$. Man erkennt, daß bei β_M kleiner als $10^{-2}\,\text{cm s}^{-1}$ im wesentlichen nur der Stofftransport und bei β_M größer als $10\,\text{cm s}^{-1}$ im wesentlichen nur die Phasengrenzreaktion geschwindigkeitsbestimmend ist. Dies Ergebnis stimmt recht gut mit den in Tabelle 4.3 aufgeführten Werten überein, bei denen der Stofftransport als geschwindigkeitsbestimmend gefunden wurde.

4.2.1.5 Einfluß von Sauerstoff und Schwefel auf den Stickstoffübergang

Aus Untersuchungen von [4.8, 4.15, 4.16, 4.38] ist bekannt, daß der Stoffübergang des Stickstoffs durch im Eisen gelösten Sauerstoff und Schwefel verzögert wird. Daraus wurde geschlossen [4.11], daß die beiden Elemente, da sie oberflächenaktiv sind und sich deshalb in der Oberfläche anreichern, einen Teil der Oberflächenplätze, an denen der Stickstoff gemäß (4.2) adsorbiert wird, besetzt halten und damit an diesen Plätzen die Adsorption verhindern. Mit zunehmender Konzentration von Sauerstoff und Schwefel im Eisen nimmt der Anteil der besetzten Oberflächenplätze zu, und der Stickstoffübergang wird entsprechend langsamer. Neben dieser Deutung des Einflusses der oberflächenaktiven Elemente Sauerstoff und Schwefel auf den Stoffübergang ist auch eine Deutung möglich, wie sie im Abschn. 3.2.8 beschrieben ist. Danach wird durch ein Absinken der Grenzflächenspannung unter dem Einfluß der oberflächenaktiven Elemente die Oberflächenerneuerung erschwert. Bis heute stehen beide Deutungen nebeneinander [4.6]. In der neueren Literatur wird überwiegend die Deutung durch Blockierung von Oberflächenplätzen nach dem Modell von Kozakevitch und Urbain vertreten [4.8, 4.9, 4.11, 4.15–4.17, 4.20, 4.29]. Geht man von diesem Modell aus, so ergibt sich die Geschwindigkeitskonstante der Phasengrenzreaktion zu

$$k = k^*(1-\vartheta). \tag{4.23}$$

Hierin ist k^* die Geschwindigkeitskonstante der Reaktion an einer reinen Eisenschmelze und ϑ der Anteil der von Sauerstoff oder Schwefel blockierten Oberflächenplätze. Dieser Anteil kann entsprechend der Langmuirschen Adsorptionsisotherme mit der Aktivität des Sauerstoffs a_O bzw. der des Schwefels a_S wie

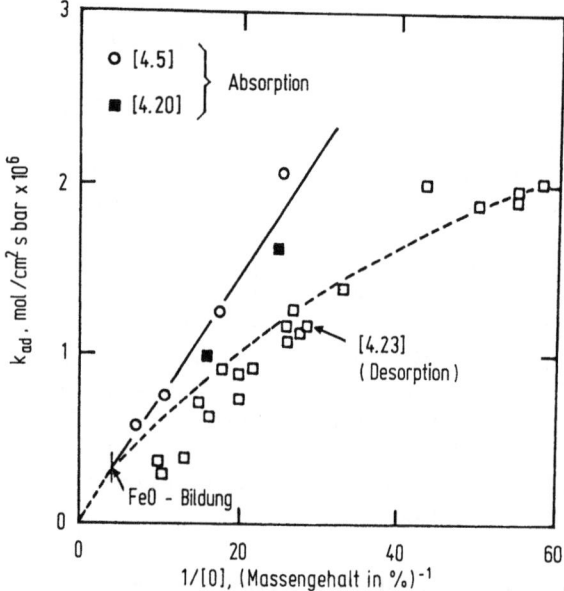

Bild 4.4 Geschwindigkeitskonstanten der Absorption von Stickstoff in Eisen-Sauerstofflegierungen bei 1 600 °C, korrigiert unter Berücksichtigung der bekannten Werte des Stoffübergangskoeffizienten des Stickstofftransports in der Schmelze zusammen mit Werten berechnet aus Desorptionsversuchen nach [4.23] ohne Berücksichtigung des Stofftransports. Nach [4.3]

folgt verknüpft werden [4.11]:

$$(1-\vartheta) = \frac{1}{1+K_O a_O} \qquad (4.24)$$

oder

$$(1-\vartheta) = \frac{1}{1+K_S a_S} \ . \qquad (4.25)$$

K_O bzw. K_S ist der Adsorptionskoeffizient.

Der Einfluß von Sauerstoff und Schwefel auf die Geschwindigkeitskonstante der Phasengrenzreaktion wurde mehrfach gemessen [4.3, 4.7, 4.14, 4.16, 4.17, 4.23, 4.28, 4.34]. Bild 4.4 zeigt Ergebnisse für Sauerstoff und Bild 4.5 solche für Schwefel [4.3]. Beide Bilder gelten für Absorption. Die eingetragenen Werte aus [4.23] sind möglicherweise bei höheren Werten von 1/[O] bzw. 1/[S] durch den Widerstand des Stofftransports in der Schmelze etwas verfälscht. Aus dem Verlauf der Geraden folgt für 1 600 °C [4.3] bei Sauerstoff:

$$k = 1{,}7 \cdot 10^{-5}/(1+220 \cdot [O])$$

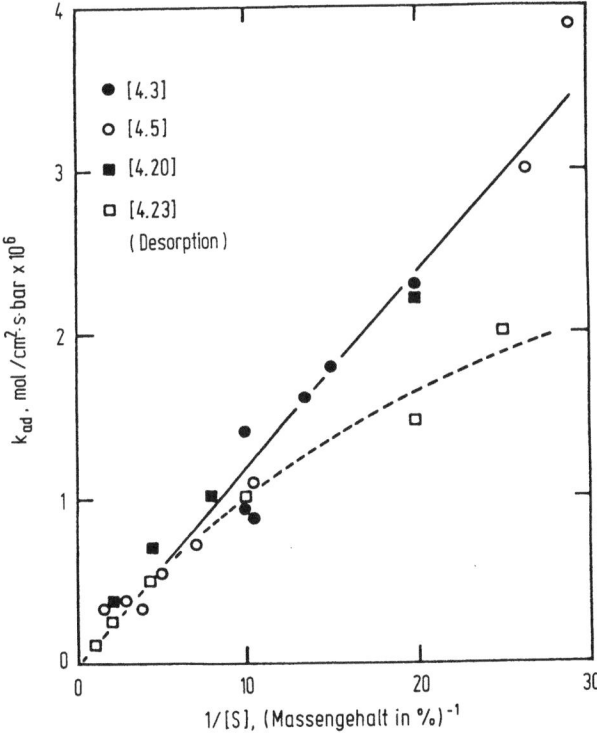

Bild 4.5 Geschwindigkeitskonstanten der Absorption von Stickstoff in Eisen-Schwefellegierungen bei 1 600 °C, korrigiert unter Berücksichtigung der bekannten Werte des Stoffübergangskoeffizienten des Stickstofftransports in der Schmelze zusammen mit Werten berechnet aus Desorptionsversuchen nach [4.23] ohne Berücksichtigung des Stofftransports. Nach [4.3]

und bei Schwefel

$$k = 1{,}7 \cdot 10^{-5}/(1 + 130 \cdot [S])$$

mit [O] und [S] als Massenanteil in %.

4.2.2 Reaktion zwischen flüssigem Eisen und Wasserstoff

Die Kinetik der Adsorption und Desorption von Wasserstoff in flüssigem Eisen wurde mehrfach untersucht [4.2, 4.14, 4.44–4.47]. Alle Versuche wurden an induktiv beheizten und gerührten Schmelzen durchgeführt. Während beim Stickstoff, wie beschrieben, eine starke Abhängigkeit der Reaktionsgeschwindigkeit vom Sauerstoff- bzw. vom Schwefelgehalt der Schmelze besteht, findet man beim Wasserstoff eine solche Abhängigkeit nicht. Dies wird darauf zurückgeführt, daß Wasserstoff mit Sauerstoff und mit Schwefel gemäß

$$H_2 + [O] = H_2O \tag{4.26}$$

bzw.

$$H_2 + [S] = H_2S \tag{4.27}$$

reagiert, daß dadurch die mit Sauerstoff oder mit Schwefel besetzten Oberflächenplätze freigemacht werden und daß infolgedessen die Reaktion

$$H_2 = 2H_{ad}$$

ungehemmt ablaufen kann. Die Bildung freier Plätze für die Adsorption des H ist erleichtert [4.47]. Neuere Untersuchungen [4.14], bei denen die Gasphase H_2S in Konzentrationen enthielt, die mit dem Schwefelgehalt der Schmelze im Gleichgewicht standen, bei denen also die Reaktion (4.27) nicht ablaufen konnte, zeigen aber, daß auch unter diesen Bedingungen Schwefel im Eisen die Geschwindigkeitskonstante der Absorption des Wasserstoffs nicht beeinflußt. Insgesamt ergibt sich, daß bis zu Konzentrationen im Eisen von 0,05 % O bzw. 1 % S, wie sie bisher untersucht wurden, die Phasengrenzreaktion der Absorption und Desorption von Wasserstoff in flüssigem Eisen schnell abläuft. Daraus folgt, daß die Reaktionsgeschwindigkeit durch Transportvorgänge bestimmt ist. Für sie gelten die gleichen Gesetzmäßigkeiten wie beim Stickstoff. Das bedeutet, daß abgesehen von besonders ungünstigen Transportbedingungen in der Gasphase i.d.R. der Transport des in der Schmelze gelösten Wasserstoffs die Geschwindigkeit bestimmt. Wenn dies der Fall ist, so gilt für den Stoffübergangskoeffizienten nach (3.55) die Beziehung $\beta \sim \sqrt{D}$, wobei D der Diffusionskoeffizient im Flüssigen ist. Die Beziehung gilt für Wasserstoff ebenso wie für Stickstoff. Unter gleichen Strömungsbedingungen sollte dann für das Verhältnis der Stoffübergangskoeffizient des Stofftransports von Wasserstoff und Stickstoff die Beziehung

$$\frac{\beta_H}{\beta_N} = \left(\frac{D_H}{D_N}\right)^{1/2} \tag{4.28}$$

gelten. In der Literatur werden für 1600 °C die folgenden Werte angegeben:

D_H m²s⁻¹	D_N m²s⁻¹	$(D_H/D_N)^{1/2}$		Literatur
$1,3 \cdot 10^{-7}$	$1,1 \cdot 10^{-8}$	3,4		[4.39]

β_H ms⁻¹	β_N ms⁻¹	β_H/β_N	Badfrequenz des Induktionsofens kHz	Literatur
$9,1 \cdot 10^{-4}$	$1,9 \cdot 10^{-4}$	4,8	10	[4.1, 4.2]
$9,7 \cdot 10^{-4}$	$2,5 \cdot 10^{-4}$	3,9	~300	[4.14]

In Anbetracht der verbleibenden Unsicherheit ist (4.28) gut erfüllt. Dies bestätigt, daß bei beiden Gasen der Stofftransport in der Schmelze die Reaktionsgeschwindigkeit bestimmt.

4.2.3 Kohlenstoff-Sauerstoff-Reaktion in flüssigem Eisen

Die Kohlenstoff-Sauerstoff-Reaktion läuft
— beim Frischen von Roheisen zu Stahl in Konvertern und Einschmelzöfen,
— bei Schmelzreduktionsprozessen,
— bei der Entkohlung von legierten und unlegierten Schmelzen im Vakuum oder mit Spülgas,
— bei der Desoxidation mit Kohlenstoff im Vakuum

ab [4.1, 4.2, 4.48–4.70]. Das Produkt der Reaktion ist Kohlenmonoxid und, entsprechend der Lage des thermodynamischen Gleichgewichts, in geringem Anteil Kohlendioxid. Es sind zwei Reaktionsweisen zu unterscheiden:

1. Direkte Oxidation des im Eisen gelösten Kohlenstoffs mit einem gasförmigen Oxidationsmittel an der Metall-Gas-Grenzfläche:

$$[C] + 1/2 O_2 = CO$$

$$[C] + CO_2 = 2 CO$$

$$[C] + H_2O = H_2 + CO \, .$$

2. Transport von im Eisen gelösten Kohlenstoff und Sauerstoff zur Metall-Gas-Grenzfläche und Bildung von Kohlenmonoxid an der Grenzfläche:

$$[C] + [O] = CO \, . \tag{4.29}$$

Die Grenzfläche kann eine freie Oberfläche oder die Innenfläche einer Blase sein.

4.2.3.1 Oxidation des Kohlenstoffs an einer freien Oberfläche der Metallschmelze mit einem gasförmigen Oxidationsmittel

Entkohlungsrate durch den Stofftransport bestimmt

Die Oxidation an einer freien Oberfläche mit einem oxidierenden Gas ist mit CO_2, H_2O und O_2 denkbar.

Nachfolgend wird zuerst die Oxidation des Kohlenstoffs mit CO_2 behandelt [4.53 – 4.62]. Diese Reaktion ist beim Frischen des Kohlenstoffs mit Sauerstoff in den Konverterverfahren stets mit im Spiel, weil das aus der Eisenschmelze freiwerdende Kohlenmonoxid sich teilweise mit dem eingeblasenen Sauerstoff mischt und dabei zu CO_2 verbrennt. Das CO_2 dient dann zusammen mit dem verbleibenden Sauerstoff als Oxidationsmittel. Die Oxidation mit H_2O verläuft ähnlich, hat demgegenüber aber geringere Bedeutung und soll deshalb hier nicht im einzelnen beschrieben werden. Die Oxidation mit O_2 wird später behandelt.

Für die Oxidation mit CO_2 gilt die Gleichgewichtskonstante des Boudouard-Gleichgewichts (Tabelle 2.3)

$$K_B = \frac{p_{CO}^2}{[a_C] p_{CO_2}}. \qquad (4.30)$$

Kinetisch besteht die Oxidation aus den Teilschritten:

- An- und Abtransport von CO_2 und CO in der Gasphase,
- Phasengrenzreaktion,
- Antransport von C in der Metallschmelze.

Im folgenden seien zunächst die Transportvorgänge in der Gasphase und in der Schmelze diskutiert, während die Erörterung der Phasengrenzreaktion zurückgestellt wird.

Bei der Oxidation des gelösten Kohlenstoffs an der Oberfläche der Eisenschmelze durch aufgeblasenes CO_2 entstehen je Mol umgesetztes CO_2 zwei Mole CO. Dadurch vergrößert sich die Gasmenge, und es tritt ein Rückstrom des Gases von der Oberfläche der Schmelze in den Gasraum auf. Dies vermindert die Stoffstromdichte des CO_2 zur Oberfläche hin. Die Stoffstromdichte des CO_2 setzt sich dann zusammen aus einem diffusiven und einem konvektiven Anteil. Sie ist gegeben zu

$$j_{CO_2} = \frac{p_0}{RT} D_{CO_2} \frac{dc_{CO_2}}{dx} + (j_{CO_2} + j_{CO}) c_{CO_2}. \qquad (4.31)$$

Hierin ist p_0 der Gesamtdruck und c_{CO_2} der Volumenanteil des CO_2 im Gas. x ist der Abstand von der Schmelzenoberfläche. Mit $j_{CO} = -2 j_{CO_2}$ und mit Integration von $x=0$ bis $x=\delta_N$, wobei $c_{CO_2} = c_{CO_2}^*$ bei $x=0$ und $c_{CO_2} = c_{CO_2}^\infty$ bei $x=\delta_N$ ist, folgt

$$j_{CO_2} = \frac{p_0}{RT} \frac{D_{CO_2}}{\delta_N} \ln \frac{1+c_{CO_2}^\infty}{1+c_{CO_2}^*}. \qquad (4.32)$$

Hierin ist $D_{CO_2}/\delta_N = \beta_{CO_2,Gas}$ der Stoffübergangskoeffizient des CO_2 im Gas.

Die Stoffstromdichte des Kohlenstoffs in der Schmelze ist

$$j_C = \beta_C ([C]_\infty - [C]^*), \qquad (4.33)$$

4.2 Metall-Gas-Reaktionen   185

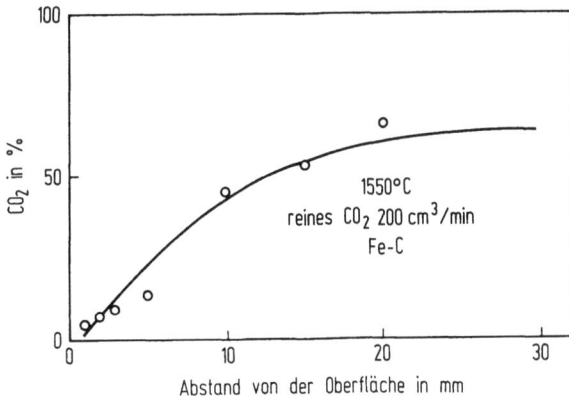

Bild 4.6 CO_2-Konzentration als Funktion des Abstands von der Oberfläche der Fe-C-Schmelze nach [4.58]

mit β_C Stoffübergangskoeffizient, $[C]_\infty$ Kohlenstoffkonzentration im Innern der Schmelze, und $[C]^*$ Kohlenstoffkonzentration an der Oberfläche der Schmelze.

Aufgrund der Kontinuitätsbedingung gilt $j_{CO_2} = j_C$. Für $[C]^*$ wird angenommen, daß es gemäß (4.30) mit dem CO^*- und dem CO_2^*-Gehalt auf der Gasseite der Phasengrenze im Gleichgewicht steht. Aufgrund der Lage des Boudouard-Gleichgewichts ist bei einer Temperatur des flüssigen Eisens von 1 600 °C bei einem Gesamtgasdruck von 1 bar der CO_2^*-Anteil im Gas kleiner als 0,03, wenn der Kohlenstoffgehalt der Schmelze über 0,05 % liegt. Der CO_2^*-Anteil kann dann in (4.32) näherungsweise konstant angenommen werden, und in (4.32) ist die Stoffstromdichte j_{CO_2} nur durch den CO_2^∞-Gehalt im Gasraum bestimmt. Der Kohlenstoffgehalt $[C]^*$ an der Phasengrenze stellt sich so ein, daß die Bedingung $j_{CO_2} = j_C$ erfüllt ist. Es gilt

$$[C]^* = [C]^\infty - \frac{p_0}{RT} \frac{\beta_{CO_2}}{\beta_C} \ln\left(\frac{1 + c_{CO_2}^\infty}{1 + c_{CO_2}^*}\right). \tag{4.34}$$

Im Unterschied zu den Verhältnissen beim Stickstoff ist der Widerstand des Transports des CO_2 vom Gasraum zur Schmelze infolge der Rückströmung des CO größer als der vergleichbare Widerstand für den Gastransport des Stickstoffs. In (4.32) kommt das darin zum Ausdruck, daß die Triebkraft nur logarithmisch eingeht. Ferner ist der Gehalt des Gelösten in der Schmelze im Fall des Kohlenstoffs größer als im Fall des Stickstoffs. Beides hat zur Folge, daß bei der Kohlenstoffoxidation der Reaktionswiderstand und damit der geschwindigkeitsbestimmende Schritt mehr auf der Gasseite und weniger auf der Metallseite liegt als bei Stickstoff.

In [4.58] wurde die Entkohlungskinetik beim Aufblasen von CO_2 auf eine kohlenstoffhaltige Eisenschmelze untersucht und dabei der Konzentrationsverlauf des CO_2 in der gasseitigen Grenzschicht mit einer elektrochemischen Sauerstoffsonde gemessen. Bild 4.6 zeigt ein Ergebnis. Die Grenzschicht hat hier eine Dicke von rund 0,01 m. Mit diesem Wert und mit

- $D_{CO_2} = 3,3 \cdot 10^{-4}\,\mathrm{m^2 s^{-1}}$ bei 1 600 °C und 1 bar [4.71],
- $p_0 = 1\,bar$, $T = 1\,600\,°C$ und $c_{CO_2}^\infty = 0,63$ nach [4.58]

sowie mit $c^*_{CO_2} < 0{,}03$ kann die Stoffstromdichte j_{CO_2} mittels (4.32) berechnet werden. Sie ergibt sich zu $j_{CO_2} = 0{,}10 \text{ mol m}^{-2}\text{s}^{-1}$. Gemessen wurde in [4.58] $j_{CO_2} = 0{,}12 \text{ mol m}^{-2}\text{s}^{-1}$, was nur wenig von dem berechneten Wert abweicht. Gleichung (4.32) wird also bestätigt. Die Stoffstromdichte j_{CO_2} muß gleich der des Kohlenstoffs j_C auf der Metallseite sein. Folglich kann mit (4.33) bei Kenntnis von β_C die treibende Konzentrationsdifferenz $[C]^\infty - [C]^*$ des Kohlenstoffs berechnet werden. Da der Diffusionskoeffizient des Kohlenstoffs im Eisen mit $D_C = 10^{-8} \text{ m}^2\text{s}^{-1}$ [4.39] nahezu gleich groß wie der des Stickstoffs ist, kann unter vergleichbaren Rührbedingungen wie bei den in Tabelle 4.3 angegebenen Werte der Stoffübergangskoeffizient des Kohlenstoffs gleich dem des Stickstoffs angenommen werden. Da in [4.58] die Messungen an induktiv gerührten Schmelzen durchgeführt wurden, waren die Rührbedingungen tatsächlich denen in Tabelle 4.3 vergleichbar. Entsprechend wird in Anlehnung an Tabelle 4.3 $\beta_C = 2 \cdot 10^{-4} \text{ ms}^{-1}$ gesetzt. Mit $j_C = 0{,}12 \text{ mol m}^{-2}\text{s}^{-1}$ folgt dann $[C]_\infty - [C]^* = 6 \cdot 10^2 \text{ mol m}^{-3}$ oder mit $\varrho_{Fe} = 7{,}02 \cdot 10^3 \text{ kg m}^{-3}$: $[C]_\infty - [C]^* = 0{,}1 \%$. Diese Differenz zeigt, daß auf der Metallseite ein nicht zu vernachlässigender Konzentrationsabfall des Kohlenstoffs nötig ist, um den Stofftransport zu bewerkstelligen. Der Gesamtreaktionswiderstand liegt demnach z.T. auf der Gasseite und z.T. auf der Schmelzenseite. Bei sehr hohen Kohlenstoffgehalten liegt der Widerstand im wesentlichen auf der Gasseite.

Die Entkohlungsreaktion verläuft bei konstanten Blasbedingungen nach einem Gesetz nullter Ordnung, solange in (4.32) der Wert $c^*_{CO_2}$ als annähernd konstant angenommen werden kann, da dann auch die Triebkräfte konstant bleiben. Wenn der Kohlenstoffgehalt der Schmelze in die Größenordnung der Differenz $[C]_\infty - [C]^*$ kommt und damit $[C]^*$ sehr klein wird, steigt der Wert $c^*_{CO_2}$ an, und die Reaktion wird langsamer. Dabei steigt zugleich der Sauerstoffgehalt in der Oberfläche entsprechend der Zunahme des mit ihm im Gleichgewicht stehenden Verhältnisses $c^*_{CO_2}/c^*_{CO}$ an. Der Sauerstoffgehalt erreicht schließlich den Sättigungswert, und es bildet sich an der Oberfläche FeO. Damit ist die Entkohlungsreaktion beendet. Unter sonst gleichen Bedingungen wird dieser Punkt bei umso höherem Kohlenstoffgehalt der Schmelze erreicht, je größer die Aufblasrate des CO_2 ist.

Wie erwähnt, wurden in [4.58] die Grenzschichtdicken auf der Gasseite gemessen. Theoretisch ergeben sie sich aus dem Strömungsfeld beim Aufblasen des Gases auf die Schmelzenoberfläche, wie es von Lohe [4.40] untersucht wurde und im Abschn. 4.2.1.2 beschrieben ist. Löscher [4.59] berechnete auf der Grundlage der Ergebnisse von [4.40] die gasseitigen Stoffübergangskoeffizienten, setzte sie in (4.32) ein und berechnete damit die Entkohlungsgeschwindigkeiten beim Aufblasen von CO_2 auf eine kohlenstoffhaltige Eisenschmelze als Funktion der Aufblasgeschwindigkeit des CO_2. Die von ihm entwickelte Formel lautet

$$I_C = \frac{p_0}{RT} \frac{D_{CO_2}^{1/3}}{v^{1/6}} \frac{\pi l^{3/2}}{0{,}78} (abI_0)^{1/2} \ln\left(1 + \frac{I_0 - I_C/2}{I_0 + I_C/2}\right) \qquad (4.35)$$

mit I_C molare Entkohlungsrate, I_O molarer Gasstrom des CO_2, v kinematische Viskosität des CO_2-CO-Gemisches, l Tiegelradius, a, b Konstanten der Versuchsbedingungen, und abI_0 maximale wandparallele Geschwindigkeit $\bar{u}_{max}$ nach Bild 4.2.

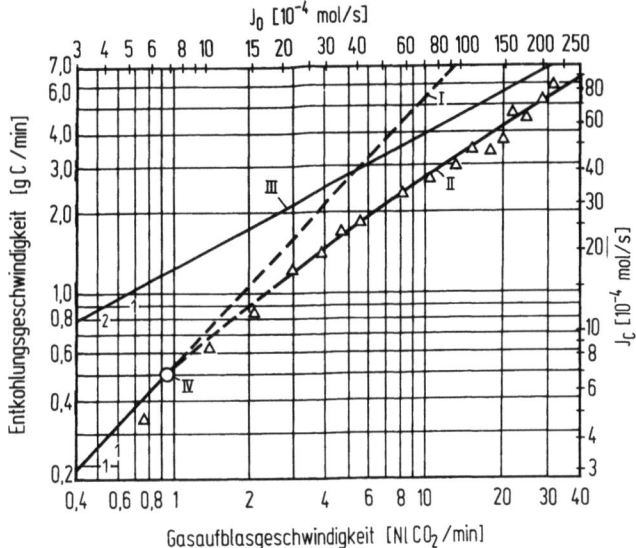

Bild 4.7 Abhängigkeit der Entkohlungsgeschwindigkeit vom aufgeblasenen CO_2-Gasstrom. I Grenzlinie für vollständigen Umsatz des aufgeblasenen CO_2: $I_C \sim I_O$, II Berechnet nach (4.35), III Grenzfall $I_C \sim I_O^{1/2}$, IV $I_O^{1/2} = $ const lg(4/3), Δ gemessene Werte. Nach [4.59]

Bild 4.7 zeigt die Abhängigkeit der von [4.59] gemessenen und der nach (4.35) berechneten Entkohlungsgeschwindigkeit als Funktion der Aufblasgeschwindigkeit des CO_2. Die gemessenen Werte werden gut durch die berechnete Kurve beschrieben. Dies bestätigt wiederum (4.32) sowie darüber hinaus das Strömungsmodell von [4.40]. Gleichung (4.35) enthält die beiden Grenzfälle $I_C = I_O$, d.h. vollständigen Umsatz des aufgeblasenen CO_2, und $I_C/I_O = 0$, d.h. vernachlässigbar kleinen Anteil des Umsatzes an der insgesamt aufgeblasenen Menge des CO_2. Setzt man zur Abkürzung in (4.35)

$$\frac{p_0}{RT} \frac{D_{CO_2}^{1/3}}{v^{1/6}} \frac{\pi l^{3/2}}{0{,}78} (ab)^{1/2} = \text{const},$$

so gilt

1. für $I_C = I_O$, muß $I_O^{1/2} = $ const lg (4/3),
2. für $I_C/I_O = 0$, muß $I_C = $ const $I_O^{1/2}$ lg (2)

sein. Die beiden Grenzfälle sind in Bild 4.7 eingezeichnet.

Wenn die Badbewegung in der Metallschmelze schwächer als bei den bisher beschriebenen induktiv gerührten Tiegelschmelzen ist, sinkt der Stoffübergangskoeffizient des Kohlenstoffs β_C, und die Differenz zwischen dem Kohlenstoffgehalt im Innern und an der Oberfläche der Schmelze wird entsprechend größer. Die Oberfläche der Schmelze wird sich dann bereits bei höheren Kohlenstoffgehalten der Schmelze an Sauerstoff anreichern bis hin zur Bildung von Eisenoxid. Der infolgedessen in die Schmelze eindringende Sauerstoff kann dann in einem kritischen Abstand hinter der Oberfläche mit dem Kohlenstoff Kohlenmonoxid bilden, das in Form von Blasen abgeschieden wird. Dieser Vorgang ist im Prinzip eine Fällungsreaktion hinter einer Phasengrenze des Typs wie er im Abschn. 3.2.9 erläutert ist, mit dem Unterschied, daß die ausgeschiedene Phase hier ein Gas ist. Der Vorgang wurde bei der Oxidation schwebender kohlenstoffhaltiger flüssiger Eisentropfen in oxidierenden Gasatmosphären beobachtet [4.53, 4.56]. Die Untersuchungen an diesen Tropfen zeigten in Übereinstimmung mit den Versuchen an Tiegelschmelzen, daß der geschwindigkeitsbestimmende Schritt der Reaktion überwiegend der Transport des oxidierenden Gases in der adhärierenden Gasgrenzschicht ist. Unterhalb von rd. 1 % C im Tropfen macht sich der Stofftransport des Kohlenstoffs auf der Metallseite bemerkbar. Die Entkohlungsrate nimmt ab [4.54]. Zugleich nimmt die Bildung von Kohlenmonoxidblasen zu, was darauf hinweist, daß bei diesen Kohlenstoffgehalten tatsächlich von der Oberfläche her Sauerstoff in den Tropfen eindringt [4.55]. Die Blasenbildung kann soweit gehen, daß die Tropfen zerplatzen. Die beschriebene entkohlende Oxidation von Eisentropfen spielt bei den Sauerstofffrischverfahren eine bedeutende Rolle, da dort infolge der Badbewegung stets größere Mengen Eisen in die Konverteratmosphäre versprüht werden.

Außer durch Kohlendioxid kann der in der Eisenschmelze gelöste Kohlenstoff auch durch Aufblasen von Sauerstoff oxidiert werden [4.144–4.149]. Dabei ergibt sich das folgende Reaktionsschema [4.150]

An der Schmelzenoberfläche herrscht das durch (4.30) gekennzeichnete Boudouard-Gleichgewicht. Der Sauerstoffpartialdruck entsprechend diesem Gleichgewicht beträgt, solange kein Eisen oxidiert wird, weniger als 10^{-8} bar. Dies bedeutet, daß Sauerstoff an der Oberfläche der Eisenschmelze nahezu nicht vorliegt. Mit zunehmendem Abstand von der Oberfläche wird das CO_2/CO-Verhältnis im Gas größer. Der Sauerstoffpartialdruck bleibt jedoch solange sehr klein, wie das Gas noch CO enthält. Sauerstoff kann daher nicht an die Oberfläche der Schmelze gelangen, und eine direkte Oxidation von gelöstem Kohlenstoff mit Sauerstoff findet nicht statt. Vielmehr oxidiert der Sauerstoff, der von außen herangeführt wird, das von der Schmelzoberfläche abströmende Kohlenmonoxid in einer vorgelagerten Verbrennungsschicht zu Kohlendioxid. In dieser Schicht hat die Konzentration des Kohlendioxids eine Maximum. Von hier diffundiert das CO_2 zur Hälfte an die Schmelzenoberfläche und oxidiert dort den gelösten Kohlenstoff zu CO. Zur anderen Hälfte geht es in den äußeren Gasraum über. Dies entspricht der Abfolge der beiden Teilreaktionen $O_2 + 2CO = 2CO_2$ und $CO_2 + [C] = 2CO$, die zusammen die Bruttoreaktion $O_2 + [C] = CO_2$ ergeben.

Wegen des Umsatzes des CO zu CO_2 in der äußeren Verbrennungsschicht ist die Dicke der an die Schmelze grenzenden Diffusionsschicht, in der CO und CO_2 nach (4.31) transportiert werden, schmaler als beim Aufblasen von CO_2, sofern die Strömungsbedingungen vergleichbar sind. Die Oxidation des Kohlenstoffs verläuft daher schneller. Es liegt wiederum das im Abschnitt 3.2.9 beschriebene Reaktionsschema vor. Der Fällung des Al_2O_3 dort entspricht die Oxidation des CO zu CO_2 hier. Die Ordnung der Reaktion mit Sauerstoff ist, wie die der mit CO_2 über einen weiten Konzentrationsbereich des Kohlenstoffs von nulltem Grade [4.144, 4.147]. Ebenfalls entsteht wie beim Aufblasen von CO_2 beim Unterschreiten eines kritischen Kohlenstoffgehaltes der Schmelze FeO. Dieser Kohlenstoffgehalt wird mit zunehmender Blasrate des Sauerstoffs größer und kann unter Bedingungen, wie sie in der Konvertermetallurgie herrschen, mehrere % C betragen.

Entkohlungsrate durch die Phasengrenzreaktion bestimmt

Wenn bei Versuchen mit induktiv gerührten Schmelzen und Kohlenstoffgehalten weit über 1%, bei denen der geschwindigkeitsbestimmende Schritt der Kohlenstoffoxidation ausschließlich auf der Gasseite liegt, mit extrem hohen Blasraten des CO_2 auf die Schmelze geblasen wird, muß mit zunehmender Blasrate schließlich ein Zustand erreicht werden, bei dem die Entkohlungsgeschwindigkeit nicht mehr weiter steigt und somit die Phasengrenzreaktion geschwindigkeitsbestimmend wird. Sain und Belton [4.60] führten hierzu Versuche an Schmelzen von 10 g Gewicht, die sich in Tonerdetiegeln von 1,63 cm Durchmesser in einem Hochfrequenzinduktionsofen befanden, durch.

Der Abstand der Blaslanze von der Schmelzenoberfläche betrug nur 2 bis 3 mm. Damit und mit hohen Gasgeschwindigkeiten konnte das gesteckte Ziel erreicht werden. Bild 4.8 zeigt die Entkohlungsrate als Funktion des Gasflusses. Ab 30 Nl/min wird die Entkohlungsrate konstant. Die Geschwindigkeitskonstante der Phasengrenzreaktion unter diesen Bedingungen wurde zu $\ln k_R = -11\,700/T + 8{,}72$ bestimmt (k_R in mol/m²s bar). Für 1 873 K folgt hieraus $k_R = 12$ mol/m²s bar. Dies entspricht einem Stoffübergangskoeffizienten in der Gasphase von $\beta = k_R RT = 1{,}84$ m/s, der um rund das Sechsfache über dem liegt, der bei den von [4.59] durchgeführten Aufblasversuchen maximal erhalten wurde. Ähnliche Ergebnisse wurden mit Schwebeschmelzen erhalten [4.53–4.56, 4.61, 4.62].

Die Phasengrenzreaktion kann nach [4.60] in folgende Teilschritte aufgegliedert werden:

1. $CO_{2\,gas}$ $= CO_{2\,ad}$,
2. $CO_{2\,ad}$ $= O_{ad} + CO_{ad}$,
3. $[C]$ $= C_{ad}$,
4. $C_{ad} + O_{ad}$ $= CO_{ad}$,
5. $2 CO_{ad}$ $= 2 CO_{gas}$.

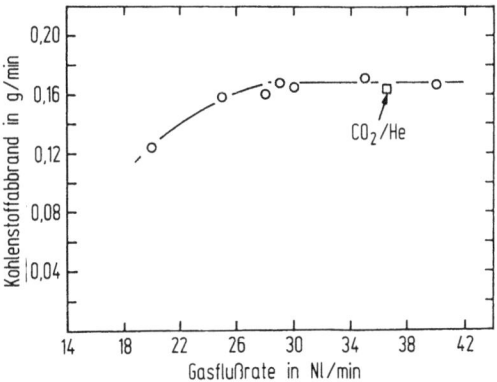

Bild 4.8 Abhängigkeit der Entkohlungsrate vom Gasfluß (Nl/min) bei der Entkohlung einer ständig auf Kohlenstoffsättigung gehaltenen Eisenschmelze mit CO_2-CO bzw. CO_2-He-Gasmischung bei $p_{CO_2} = 0{,}2$ bar und 1 550 °C. Versuchsdauer: 5 min. Nach [4.60]

Da die Entkohlungsrate nicht vom C-Gehalt der Schmelze abhing, muß angenommen werden, daß die Teilschritte 3. bis 5. sich im Gleichgewicht befinden. Es bleiben die Schritte 1. und 2. als mögliche geschwindigkeitsbestimmende Teilschritte. Die Vermutung geht dahin [4.60], daß wie bei der Stickstoffreaktion (Abschn. 4.2.1.4) die Adsorption des CO_2 (Teilschritt 1.) nicht im Gleichgewicht ist und die Geschwindigkeit bestimmt, zumal die Zeitkonstante k_R in der gleichen Weise durch im Eisen gelösten Schwefel beeinflußt wurde, wie die Zeitkonstante der Phasengrenzreaktion des Stickstoffs.

Es ist bemerkenswert, daß die gemessene Geschwindigkeitskonstante der Kohlenstoffoxidation mit CO_2 bei 1 600 °C 12 mol/m²s bar beträgt, während die der Stickstoffadsorption bei der gleichen Temperatur den Wert 0,168 mol/m²s bar hat, d.h. 70mal kleiner als die des CO_2 ist. Hier kommen die unterschiedlichen Bindungsverhältnisse zwischen Eisen und den Molekülen des Stickstoffs bzw. des Kohlendioxids zum Ausdruck.

Aufgrund des hohen Zahlenwerts der Geschwindigkeitskonstanten der Phasengrenzreaktion der Kohlenstoffoxidation spielt diese unter technischen Bedingungen i.d.R. nicht die Rolle des geschwindigkeitsbestimmenden Schritts.

4.2.3.2 Oxidation von flüssigem Eisen durch Sauerstoff

Die zweite Reaktionsweise der Kohlenstoffoxidation ist der Umsatz von im Eisen gelösten Kohlenstoff und Sauerstoff zu Kohlenmonoxid gemäß (4.29). Hier muß der benötigte Sauerstoff vorher in die Eisenschmelze eingebracht werden. Das geschieht i.d.R. auf dem Weg über eine Oxidation des Eisens zu Eisenoxid. Das Eisenoxid entsteht bei der direkten Berührung von Sauerstoff mit flüssigem Eisen. Die Kinetik dieses Vorgangs wurde untersucht [4.72, 4.73]. Dazu wurden in einem geschlossenen Reaktionsraum 100 g Eisen in einem Al_2O_3-Tiegel induktiv

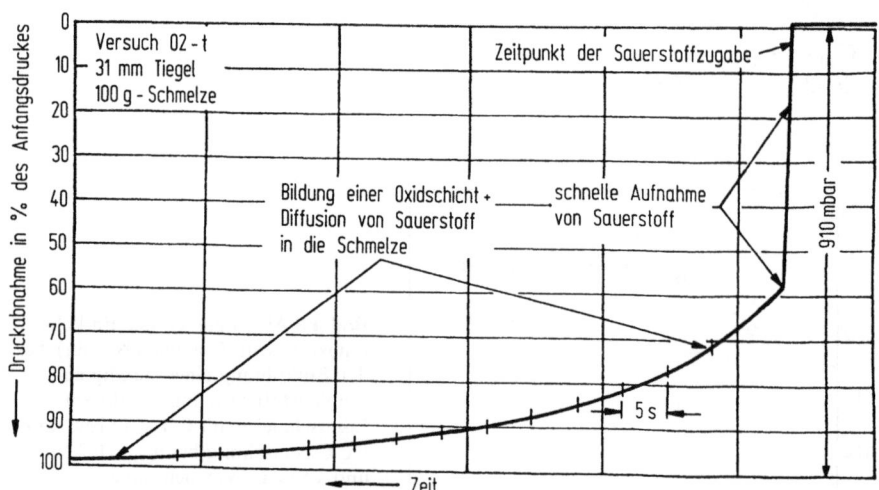

Bild 4.9 Zeitliche Abnahme des Sauerstoffdrucks im Reaktionsvolumen während der Oxidation von reinem Eisen bei 1 600 °C nach [4.72]

geschmolzen. Nach dem Aufschmelzen wurde der Reaktionsraum mit Sauerstoff gefüllt und die zeitliche Abnahme des Sauerstoffpartialdrucks, bedingt durch die Oxidation des Eisens, gemessen. Bild 4.9 zeigt das Ergebnis [4.72]. Der Druck fällt zunächst fast schlagartig auf weniger als die Hälfte des Anfangsdrucks und sinkt dann mit wesentlich langsamerer Geschwindigkeit weiter ab. Der Vorgang wurde auch durch Filmaufnahmen beobachtet. Insgesamt ergab sich folgendes Bild:

Die anfängliche schnelle Sauerstoffaufnahme ist mit einer starken Erhitzung der Oberfläche bis über 2 000 °C verbunden. Die Menge an aufgenommenem Sauerstoff hängt vom O_2-Partialdruck und der Größe der Schmelzenoberfläche, aber nicht von der Temperatur, dem Schmelzenvolumen und den Rührbedingungen ab. Eine Oxidphase entsteht erst nach einigen Sekunden. Danach kühlt die Oberfläche ab und die Sauerstoffaufnahmerate geht in den langsameren Bereich über. Die Aufnahmerate ist jetzt der Wurzel aus dem Sauerstoffpartialdruck proportional.

Die erste schnelle Phase der Sauerstoffaufnahme ist offensichtlich die Auflösung von Sauerstoff in einer dünnen Oberflächenschicht der Schmelze. Da die Reaktion exotherm ist, steigt die Temperatur stark an. Damit erhöht sich die Löslichkeit des Sauerstoffs im Eisen, und das erklärt die Aufnahme einer größeren Menge Sauerstoff ohne anfängliche Bildung einer Oxidphase. Bei weiterer Sauerstoffaufnahme wird die Grenze der Löslichkeit überschritten, und es kommt zur Bildung von Eisenoxid an der Oberfläche. Die anfänglich sehr hohe Reaktionsgeschwindigkeit nimmt ab. Dadurch wird weniger Wärme je Zeiteinheit erzeugt. Die Oberfläche kühlt ab, die Sauerstofflöslichkeit im Eisen sinkt, und es kommt in der oberflächennahen, hochsauerstoffhaltigen Eisenschicht zur Ausscheidung von weiterem Oxid. Damit ist die erste Phase abgeschlossen. Da das Zeitgesetz der Oxidation in der ersten Phase nicht quantitativ gemessen werden konnte, ist eine Aussage über den geschwindigkeitsbestimmenden Schritt schwierig. Man kann aber vermuten, daß zumindest ganz am Anfang eine Phasengrenzreaktion die Geschwindigkeit bestimmt.

Nach Bildung der Oxidschicht erfolgt die weitere Oxidation des Eisens über Transportvorgänge in der Oxidschicht. Dabei sind zwei Möglichkeiten denkbar (Bild 4.10):

— Ladungswechsel von Eisenionen an den beiden Phasengrenzen und gegenseitige Diffusion von Eisenionen in der Schicht. In diesem Fall entsteht das neugebildete FeO an der Phasengrenze Schlacke-Gas (Bild 4.10a).

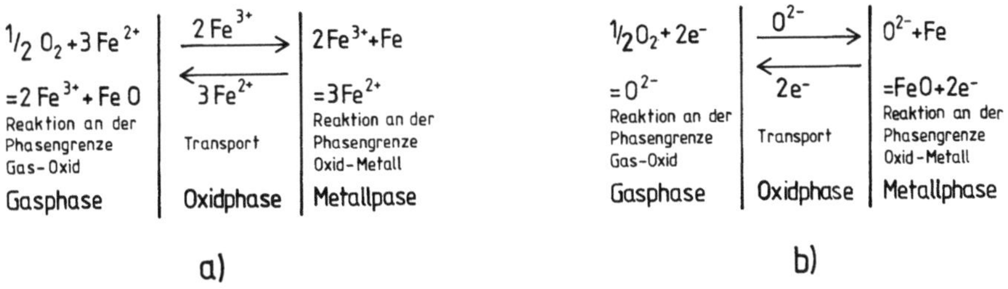

$1/2\, O_2 + 3\, Fe^{2+}$	$\xrightarrow{2\,Fe^{3+}}$ $\xleftarrow{3\,Fe^{2+}}$	$2\,Fe^{3+} + Fe$	$1/2\, O_2 + 2e^-$	$\xrightarrow{O^{2-}}$ $\xleftarrow{2e^-}$	$O^{2-} + Fe$
$= 2\,Fe^{3+} + FeO$		$= 3\,Fe^{2+}$	$= O^{2-}$		$= FeO + 2e^-$
Reaktion an der Phasengrenze Gas-Oxid	Transport	Reaktion an der Phasengrenze Oxid-Metall	Reaktion an der Phasengrenze Gas-Oxid	Transport	Reaktion an der Phasengrenze Oxid-Metall
Gasphase	Oxidphase	Metallpase	Gasphase	Oxidphase	Metallphase
a)			b)		

Bild 4.10a, b Mögliche Transportvorgänge in einer Eisenoxidschicht. **a** Gegenseitige Diffusion von Eisenionen; **b** Diffusion von Sauerstoffionen mit Elektronenleitung. Nach [4.74]

- Diffusion von Sauerstoffionen gekoppelt mit Elektronenleitung. In diesem Fall entsteht das neugebildete FeO an der Phasengrenze Schlacke-Metall (Bild 4.10b).

Eisenoxidschmelzen sind elektronenleitend [4.74, 4.75], so daß der zweite Vorgang möglich ist. Das Fe^{2+}/Fe^{3+}-Verhältnis im Oxid wird dann durch die Elektroneutralitätsbedingung entprechend dem Konzentrationsgradienten der O^{2-}-Ionen festgelegt.

Ebenso wie in reinem Eisenoxid kann Sauerstoff auch in Schlacken mit weiteren Komponenten von der Gas-Schlacke-Phasengrenze zur Metall-Schlacke-Phasengrenze nach den in Bild 4.10 schematisch dargestellten Mechanismen transportiert werden [4.75 – 4.78]. Bei größeren Schichtdicken ist dabei Diffusion als geschwindigkeitsbestimmender Schritt zu erwarten. Unter technischen Bedingungen wird sich die Diffusion i.d.R. auf die Grenzschichten in der Nähe der Phasengrenzen beschränken, während im Innern der Schlacke die Konzentration durch Strömungen ausgeglichen wird.

Die beschriebenen Ergebnisse machen den Chemismus der Sauerstoffaufnahme bei den Frischverfahren verständlich. Dort findet infolge der starken Badbewegung eine ständige Oberflächenerneuerung statt, so daß besonders bei scharfem Aufblasen von Sauerstoff eine immer wiederkehrende Berührung des gasförmigen Sauerstoffs mit der blanken Eisenoberfläche möglich ist. Die Oxidation des Eisens läuft dann ständig ab. Das gebildete Eisenoxid geht teilweise in die Schlacke über und wird zum anderen Teil in der Eisenschmelze emulgiert. Das emulgierte Oxid liefert den Sauerstoff für die Kohlenmonoxidbildung.

4.2.3.3 Kohlenmonoxidreaktion

Nachdem sich das emulgierte Oxid in der Eisenschmelze aufgelöst hat, reagiert der gelöste Sauerstoff mit dem gelösten Kohlenstoff nach (4.29) zu Kohlenmonoxid. Die Reaktion hat die Teilschritte:

- Transport von Kohlenstoff und Sauerstoff zur Metall-Gas-Phasengrenze,
- Bildung von CO an der Phasengrenze,
- Transport von CO in den Gasraum.

Wenn der Gasraum, wie bei einer CO-Blase, aus reinem Kohlenmonoxid besteht, fällt der Transportwiderstand im Gasraum weg. Wird dagegen mit einem Inertgas gespült, so muß das an der Phasengrenze entstehende CO durch die Gasgrenzschicht in das Innere der Phase diffundieren. Der Transportwiderstand der gasseitigen Grenzschichtdiffusion ist zu berücksichtigen.

Die Kinetik der CO-Abgabe aus Eisenschmelzen in einen Gasraum wurde mehrfach untersucht [4.1, 4.2, 4.63 – 4.68]. Ein Teil der Untersuchungen wurde unter den gleichen experimentellen Bedingungen, insbesondere gleichen Tiegelabmessungen und Strömungsgeschwindigkeiten der Schmelze wie bei der Untersuchung des Stickstoffübergangs (Abschn. 4.2.1.3) durchgeführt [4.2, 4.63 – 4.65, 4.67]. Dabei wurden gleiche Stoffübergangskoeffizienten wie beim Stickstoffübergang gefunden, und auch die mit Hilfe der Oberflächenerneuerungstheorie berechneten Werte der Stoffübergangskoeffizienten stimmten mit den gemessenen

4.2 Metall-Gas-Reaktionen

überein. Daraus folgt, daß unter Bedingungen, unter denen der gasseitige Widerstand keine Rolle spielt, der Strofftransport in der Schmelze die Geschwindigkeit der Reaktion bestimmt. Eine hemmende Wirkung der Phasengrenzreaktion wurde nicht festgestellt. Unter diesen Umständen hängen die Stoffübergangskoeffizienten von der Badbewegung ab und müssen daher in jedem Einzelfall als Funktion dieser Badbewegung, ausgedrückt durch die Anströmgeschwindigkeit und die Anströmlänge, bestimmt werden. Bei aufsteigenden CO-Blasen ist die Anströmgeschwindigkeit die Relativgeschwindigkeit zwischen Blasen und Schmelze und die Anströmlänge der Blasendurchmesser oder der halbe Blasenumfang.

An der Entkohlungsreaktion sind Kohlenstoff und Sauerstoff beteiligt. Für die Stoffstromdichte j_{CO} in mol/m²s gilt, wenn man die Transportvorgänge in der Schmelze und im Gas berücksichtigt

$$j_{CO} = \beta_C([C] - [C]^*) = \beta_O([O] - [O]^*) = \frac{\beta_{CO}}{RT}(p^*_{CO} - p_{CO}). \quad (4.36)$$

Die Konzentrationen werden in mol/m³ ausgedrückt. Der Stern kennzeichnet die Konzentrationswerte an der Phasengrenze. β_C, β_O und β_{CO} sind die Stoffübergangskoeffizienten des Kohlenstoffs und des Sauerstoffs in der Schmelze sowie des Kohlenmonoxids im Gas. Ferner gilt das Gleichgewicht

$$K_{CO} = \frac{p^*_{CO}}{[C]^*[O]^*}. \quad (4.37)$$

Aus (4.36) und (4.37) kann man die drei unbekannten Konzentrationen an der Phasengrenze eliminieren und erhält [4.65, 4.67]

$$j_{CO} = \frac{\beta_O \beta_C}{2} \left\{ \frac{[C]}{\beta_O} + \frac{[O]}{\beta_C} + \frac{RT}{\beta_{CO}K_{CO}} - \left(\frac{[C]}{\beta_O} - \frac{[O]}{\beta_C} + \frac{RT}{\beta_{CO}K_{CO}} \right) \right.$$

$$\left. \times \left[1 + 4 \frac{\frac{p_{CO}}{\beta_O} + \frac{RT[O]}{\beta_{CO}}}{\beta_C K_{CO} \left(\frac{[C]}{\beta_O} - \frac{[O]}{\beta_C} + \frac{RT}{\beta_{CO}K_{CO}} \right)^2} \right]^{1/2} \right\} \quad (4.38)$$

Gleichung (4.38) ist die allgemeine Flußgleichung der Kohlenmonoxidreaktion. Sie enthält zur Kennzeichnung des schmelzseitigen Transportwiderstands die Stoffübergangskoeffizienten sowohl des Sauerstoffs als auch des Kohlenstoffs. Die Gleichung läßt sich für verschiedene Grenzfälle vereinfachen:

1. Für den Übergang des Kohlenmonoxids in eine reine CO-Atmosphäre wird $p_{CO} = p^*_{CO}$, und das letzte Glied von (4.36) entfällt. Die Stoffstromdichte wird

$$j_{CO} = \frac{\beta_O \beta_C}{2} \left\{ \frac{[C]}{\beta_O} + \frac{[O]}{\beta_C} - \left(\frac{[C]}{\beta_O} - \frac{[O]}{\beta_C} \right) \right.$$

$$\left. \times \left[1 + 4 \frac{\frac{p_{CO}}{\beta_O}}{\beta_C K_{CO} \left(\frac{[C]}{\beta_C} - \frac{[O]}{\beta_O} \right)^2} \right]^{1/2} \right\}. \quad (4.39)$$

194   4 Kinetik schmelzmetallurgischer Reaktionen

2. Für $p_{CO}=0$ ist die rücktreibende Kraft gleich Null. Aus (4.36) wird dann

$$j_{CO} = \beta_O [O] \quad \text{oder} \quad j_{CO} = \beta_C [C]. \tag{4.40}$$

Beide Ausdrücke sind gleichwertig.

3. Wenn der Kohlenstoffgehalt im Eisen groß ist, wird $[C] \gg [O]$ und in (4.36) $[C]^* = [C]$. Für den Fall, daß eine reine CO-Atmosphäre vorliegt, und damit $p^*_{CO} = p_{CO}$ ist, folgt dann aus (4.37)

$$[O]^* = \frac{p_{CO}}{K_{CO}[C]}.$$

Dieser Ausdruck ist in die mittlere Gleichung von (4.36) einzusetzen, um die Stoffstromdichte zu erhalten

$$j_{CO} = \beta_O \left([O] - \frac{p_{CO}}{K_{CO}[C]} \right). \tag{4.41}$$

Bei der Entkohlung unter technischen Bedingungen wird das Kohlenmonoxid i.allg. in Form von Gasblasen freigesetzt. Eine spontane Bildung dieser Blasen in der Schmelze ist wegen der dafür erforderlichen Keimbildungsarbeit nicht möglich [4.51]. Die Blasen müssen an Orten entstehen, an denen die Keimbildung entweder erleichtert ist oder an denen die Blasen bereits vorgebildet sind [4.68, 4.69]. Vorgebildete Blasen entstehen an feinen Hohlräumen des feuerfesten Materials. Derartige Hohlräume kann der flüssige Stahl nicht vollständig ausfüllen. Das ist in Bild 4.11 gezeigt. Wenn die Stahlschmelze in den Hohlraum eindringt, entsteht unter der Voraussetzung, daß das feuerfeste Material nicht benetzt wird, ein nach oben gerichteter Kapillardruck, der dem Gewicht der Schmelze entgegengesetzt ist. Außerdem enthält der Hohlraum Gas mit einem Innendruck p_i. Der Summe aus Kapillardruck und Innendruck stehen das Gewicht der Schmelze und der Außendruck p_a gegenüber. Ist die Summe aller Drücke gleich, so kann die Schmelze nicht weiter in den Hohlraum eindringen. Es verbleibt ein mit Gas gefülltes Volumen, an das die Schmelze mit einer freien Oberfläche angrenzt. An dieser Oberfläche kann Kohlenmonoxid entstehen.

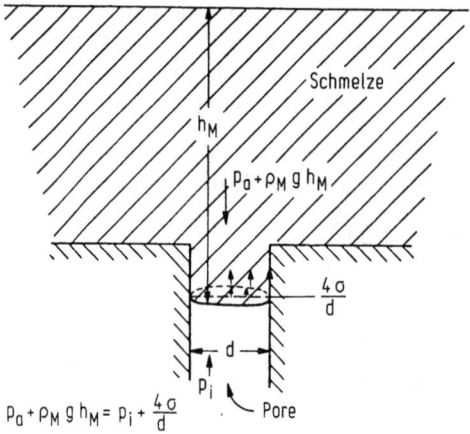

Bild 4.11 Kräftegleichgewicht an einer Pore nach [4.68]

4.2 Metall-Gas-Reaktionen

Im Druckgleichgewicht gilt [4.68]

$$p_a + g(\varrho_M h_M + \varrho_S h_S) = p_i + \frac{4\sigma}{d}. \qquad (4.42)$$

ϱ_M ist die Dichte und h_M die Höhe der Schmelze, ϱ_S und h_S sind die entsprechenden Werte für eine über der Metallschmelze befindlichen Schlacke (ϱ_S und h_S sind in Bild 4.11 weggelassen). g ist die Erdbeschleunigung, σ die Grenzflächenspannung und d der Durchmesser des Hohlraums. Aus dem Druckgleichgewicht folgt ein kritischer Durchmesser d_{krit}:

$$d_{krit} = \frac{4\sigma}{p_a + g(\varrho_M h_M + \varrho_S h_S) - p_i}. \qquad (4.43)$$

In Poren mit $d < d_{krit}$ kann die Schmelze nicht mehr eindringen. Bild 4.12 zeigt nach (4.43) für den Fall, daß $p_i = p_a$ ist, die Abhängigkeit des kritischen Porendurchmessers von der Badhöhe für $\varrho_M = 7{,}02$ g/cm³ und $\sigma = 1\,500$ g/s² [4.68].

Wie gesagt, kann an der freien Oberfläche der in die Poren eindringenden Schmelze Kohlenmonoxid gebildet und in die Pore abgegeben werden. Dadurch steigt der Innendruck p_i. Die Flüssigkeitssäule wird nach oben gedrückt, und eine Blase kann sich ablösen. Dann beginnt der Vorgang von neuem. Man kann die Frequenz der Blasenablösung berechnen, indem man zuerst mit (4.39) unter Berücksichtigung des Querschnitts der Pore die Austrittsgeschwindigkeit des

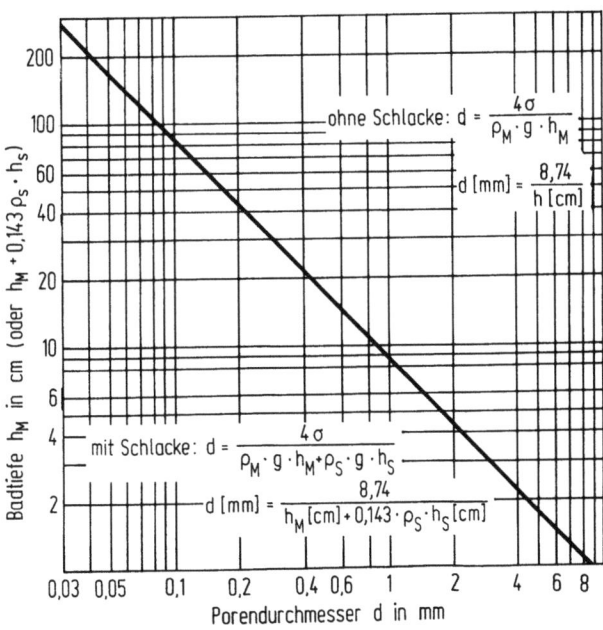

Bild 4.12 Zusammenhang zwischen Badtiefe und Porendurchmesser für die Gasabscheidung nach [4.68]

Kohlenmonoxids berechnet und dann mit den Bedingungen für das Ablösen von Gasblasen aus kapillaren Öffnungen [4.144] die Blasengröße bestimmt.

Die Gesamtzahl der je Zeiteinheit entstehenden Blasen ist proportional der Anzahl der blasenbildenden Hohlräume je Flächeneinheit der feuerfesten Ausmauerung. Ist diese Anzahl groß, so ist auch die Gesamtaustauschfläche für die Kohlenmonoxidreaktion groß. Unter sonst gleichen Bedingungen, insbesondere gleichem Sauerstoff- und Kohlenstoffgehalt der Schmelze, nimmt daher die Entkohlungsgeschwindigkeit mit zunehmender Anzahl der blasenbildenden Hohlräume je Flächeneinheit zu. Diesen Effekt hat man früher beim Siemens-Martin-Verfahren ausgenutzt, um ohne Steigerung des Sauerstoffgehalts der Schmelze die Entkohlung zu beschleunigen, indem man z.B. gebrannten Kalk, an dessen Poren Gasblasen gut entstehen können, auf den Boden des Ofenherds gab. Bei den Konverterverfahren spielt die Zahl der wirksamen Blasenbildungshohlräume nur eine geringe Rolle. Die Entkohlungsreaktion läuft hier wegen der stärkeren Emulgierung des Gesamtsystems schneller als im Siemens-Martin-Ofen ab. Dadurch und durch die stärkere Badbewegung können die Gasblasen während ihres Aufenthalts in der Schmelze vielfach zerrissen werden, so daß neue Blasen auch im Innern der Schmelze entstehen. Demgegenüber verliert die Blasenbildung an den Hohlräumen des feuerfesten Materials an Bedeutung.

4.3 Metall-Schlacke-Reaktionen

Im Unterschied zu den Metall-Gas-Reaktionen gehören die Metall-Schlacke-Reaktionen überwiegend dem Typ der in Abschn. 3.1.2.2 beschriebenen doppelten Umsetzungen an. Darüber hinaus sind diese Reaktionen meist mit einem Ladungswechsel verbunden und daher elektrochemischer Natur. Geschwindigkeitsbestimmende Teilschritte können, analog wie bei den Metall-Gas-Reaktionen, die Transportvorgänge in den beiden aneinander grenzenden Phasen Metall und Schlacke und die Phasengrenzreaktion sein. Wenn der Stofftransport in einer der beiden Phasen die Geschwindigkeit der Reaktion bestimmt, was i.d.R. der Fall ist, so hängt es von der Lage der Gleichgewichtskonstanten K, und vom Verhältnis der aktuellen Konzentration im Metall und in der Schlacke ab, an welcher Stelle der geschwindigkeitsbestimmende Schritt liegt. Dies ist im einzelnen im Abschn. 3.1.2.2 behandelt.

4.3.1 Reaktionen ohne Beteiligung von Kohlenstoff

4.3.1.1 Transportbestimmte Reaktionen

Die einfachsten Metall-Schlacke-Reaktionen sind diejenigen ohne Beteiligung von Kohlenstoff. Die Reaktionen laufen dann nur an der Metall-Schlacke-Phasengrenze ab. Beispiele sind die Reduktion von Eisen- und Manganoxid durch Silicium oder Aluminium [4.79, 4.80], die Entschwefelungsreaktion mit Silicium oder Aluminium als Desoxidationsmittel [4.81 – 4.83], die Raffinationsreaktionen beim Elektro-Schlacke-Umschmelzverfahren [4.84], die Oxidation von Mangan, Chrom und Silicium [4.85–4.87], und die Entsphosphorungsreaktion [4.88–4.90].

Nach den heutigen Kenntnissen über die Struktur der Schlacken sind Reaktionen wie diese Ionenreaktionen. Das bedeutet, daß an der Phasengrenze ein Ladungsaustausch zwischen den Komponenten stattfindet. Der Schwefelübergang aus einer mit Aluminium desoxidierten Eisenschmelze in eine CaO-reiche Schlacke würde demnach z.B. durch

$$[S] + 2/3[Al] = (S^{2-}) + 2/3(Al^{3+}) \tag{4.44}$$

ausgedrückt. Ähnlich wird die Reduktion von Manganoxid durch Silicium aus einer manganoxidreichen Schlacke in Ionenform durch

$$2(Mn^{2+}) + 4(O^{2-}) + [Si] = 2[Mn] + SiO_4^{4-} \tag{4.45}$$

beschrieben. Entsprechende Ionengleichungen lassen sich auch für andere Reaktionen aufstellen. Die tatsächlch in den Grenzschichten diffundierenden und den Stofftransport bestimmenden Komponenten sind die in den Ionengleichungen aufgeführten.

Bei verschiedenen Untersuchungen zur Kinetik der Metall-Schlacke-Reaktionen wurde durch Variation der Rührbedingungen geprüft, ob die Stoffumsatzgeschwindigkeiten transportbestimmt sind. In einer Untersuchung [4.79] über die Reduktion von Manganoxid aus Schlacken mit rd. 43 % CaO, 10 % MgO, 32 % SiO$_2$, 10 % Al$_2$O$_3$ und 5 % MnO durch eine 4 % Si enthaltende Eisenschmelze wurde festgestellt, daß die Reduktion mit zunehmender Rührintensität des Systems schneller wurde. Die Reaktionsgeschwindigkeit war also transportbestimmt. Und zwar befand sich der geschwindigkeitsbestimmende Schritt auf der Metallseite, da das Gleichgewicht weitgehend auf der rechten Seite von (4.45) liegt und die Konzentrationen im Metall kleiner als in der Schlacke waren. In einer weiteren Arbeit [4.81] wurde der Schwefelübergang aus flüssigem Eisen in eine FeO$_n$-Al$_2$O$_3$-Schlacke mit über 80 % FeO$_n$ untersucht. Die Reaktion läuft nach der Gleichung

$$[S] + (O^{2-}) = (S^{2-}) + [O] \tag{4.46}$$

ab. Die Schwefelverteilung im Gleichgewicht (S)/[S] beträgt 2,3. Bei der Untersuchung wurden die Metall- und die Schlackenphase mit einem keramischen Rührer gerührt. Die gemessenen Stoffübergangskoeffizienten hingen von der Rührintensität ab. Die Kinetik der Reaktion ist also ebenfalls transportbestimmt. Als geschwindigkeitsbestimmender Schritt wurde der Transport in der Schlacke festgestellt. Dies entspricht (3.16) mit $1/k = 0$. Da die Verteilungskonstante $K = (S)/[S]$ im vorliegenden Fall nahe bei eins liegt und da wegen des kleinen Diffusionskoeffizienten in der Schlacke im Vergleich zum Metall $\beta^{II} \ll \beta^{I}$ ist, wird der Widerstand der Schlacke $1/K\beta^{II}$ groß gegen den des Metalles $1/\beta^{I}$. Auch für die Kinetik der Entsphosphorungsreaktion

$$2[P] + 5(Fe^{2+}) + 8(O^{2-}) = 2(PO_4^{3-}) + 5[Fe] \tag{4.47}$$

unter CaO-reichen CaO-SiO$_2$-FeO$_n$- oder CaO-Al$_2$O$_3$-MgO-FeO$_n$-CaF$_2$-Schlacken wurde von in verschiedenen Untersuchungen [4.88–4.90] festgestellt, daß der Stofftransport die Reaktionsgeschwindigkeit bestimmt. Da die Phosphorverteilung $(P)/[P]$ in CaO-reichen Schlacken Werte bis über 10^3 annimmt, liegt der geschwindigkeitsbestimmende Schritt i.d.R. auf der Metallseite. Stoffübergangskoeffizienten $\beta_S\varrho_S$ auf der Schlackenseite und $\beta_M\varrho_M$ auf der Metallseite (mit ϱ_S bzw. ϱ_M Dichte der Schlacke bzw. des Metalls) wurden aus Messungen der Entphosphorungskinetik unter $CaO-Al_2O_3-MgO-FeO_n-CaF_2$-Schlacken bestimmt [4.89]. Für die vorliegenden Rührbedingungen ergab sich $\beta_M\varrho_M = 0{,}17$ g/cm^{2}s und $\beta_S\varrho_S = 0{,}03$ bis $0{,}14$ g/cm^{2}s, je nach Schlackenzusammensetzung. Die höheren Werte von $\beta_S\varrho_S$ wurden bei hohen CaF$_2$-Gehalten (rund 60 %) in der Schlacke erhalten. Der Stofftransport in der Schlacke kann also durch die Wahl der Schlackenzusammensetzung stark beeinflußt werden. Dies ist im wesentlichen auf die Abhängigkeit des Diffusionskoeffizienten von der Schlackenzusammensetzung zurückzuführen.

Bei anderen Untersuchungen von Metall-Schlacke-Reaktionen wurde nicht immer unter definierten Rührbedingungen gemessen, so daß ein Nachweis, ob der Stofftransport die Reaktionsgeschwindigkeit bestimmt, nicht möglich war. Dennoch kann meist auch hier angenommen werden, daß die Reaktionen transportbestimmt sind, da die Diffusionskoeffizienten und damit unter vergleichbaren Rührbedingungen auch die Stoffübergangskoeffizienten der verschiedenen Komponenten im Metall bzw. in den Schlacken entweder in der gleichen Größenordnung wie in den hier aufgeführten Beispielen liegen oder kleiner als diese sind. Eine Begrenzung der Geschwindigkeit des Stoffumsatzes durch die Phasengrenzreaktion wäre nur dann zu erwarten, wenn im Einzelfall die Phasengrenzreaktion ungewöhnlich langsam abliefe.

4.3.1.2 Phasengrenzreaktion

Einen solchen ungewöhnlich langsamen Ablauf der Phasengrenzreaktion hat man bei der Reduktion von SiO$_2$ aus Schlacken mit Kohlenstoff nach

$$(SiO_2) + 2C = [Si] + 2CO \tag{4.48}$$

lange Zeit vermutet, da diese Reaktion im Vergleich zu anderen Metall-Schlacke-Reaktionen tatsächlich langsamer verläuft [4.91–4.95]. Die Phasengrenzreaktion des Umsatzes (4.48) fand deshalb besondere Aufmerksamkeit. Die SiO$_2$-Reduktion ist, ebenso wie andere Metall-Schlacke-Reaktionen, elektrochemischer Natur. Das heißt, sie besteht aus einer kathodischen und einer anodischen Teilreaktion. Die kathodische Reaktion lautet

$$(Si^{4+}) + 4e^- = [Si] \tag{4.49}$$

und die anodische

$$2(O^{2-}) = 2[O] + 4e^- . \tag{4.50}$$

Unter normalen Reaktionsbedingungen fließen die Elektronen als Kurzschlußstrom von der Stelle, an der das Si^{4+} zu [Si] aufgeladen wird, zu der Stelle, an der die 2(O^{2-}) zu 2[O] entladen werden. Die elektrochemische Natur der Reaktion ist dann nicht meßbar. Mit einer geeigneten elektrochemischen Kette kann man aber die beiden Teilreaktionen räumlich trennen und den Strom sowie die zugehörige Überspannung messen [4.96]. Eine solche Trennung wurde mit der elektrochemischen Kette

Mo	[Si], gesättigt in flüssigem Silber	(SiO_2), gesättigt in Oxidschmelze mit Zusätzen von Li_2O und BaO im Molverhältnis 21/12	O_2 (Luft)	Pt

vorgenommen [4.97]. Der Strom fließt hierbei von der Platin- zur Molybdänelektrode. Die Messung wurde mit einer galvanostatischen Impulsmethode durchgeführt. Hierbei gibt man einen Stromimpuls konstanter Stärke und mißt während des Stromflusses den zeitlichen Verlauf der sich entwickelnden Spannung an der Kathode. Abgesehen von einem Kondensatoreffekt, der durch eine geeignete Meßmethodik ausgeschaltet oder quantitativ erfaßt werden kann, wird der Stromfluß durch den molaren Umsatz entsprechend (4.49) bestimmt. Maßgebend für die Stromdichte ist entweder die Durchtrittsreaktion, oder die vorgelagerte Diffusion, wie im vorliegenden Fall der Si^{4+}-Ionen in der Schlacke. Da die Widerstände beider Teilvorgänge hintereinandergeschaltet sind, beeinflussen sie im Prinzip beide die Stromdichte. Man kann aber die Durchtrittsreaktion ohne Störung durch die Diffusion messen, wenn man sehr kurze Meßzeiten wählt, da sich dann noch kein Konzentrationsprofil der Diffusion aufgebaut hat.

Die Durchtrittsreaktion ist entsprechend (4.49) und (4.50) in eine Hin- und eine Rückreaktion mit der Hin-Stromdichte i_{hin} und der Rück-Stromdichte $i_{rück}$ aufzuteilen. Für beide gilt

$$i_{hin} = i_0 \exp\left[\frac{\alpha ZF}{RT}\eta\right], \tag{4.51}$$

$$i_{rück} = i_0 \exp\left[-\frac{(1-\alpha)ZF}{RT}\eta\right]. \tag{4.52}$$

Aus (4.51) und (4.52) folgt

$$i = i_{hin} - i_{rück} = i_0 \left\{\exp\left[\frac{\alpha ZF}{RT}\eta\right] - \exp\left[-\frac{(1-\alpha)ZF}{RT}\eta\right]\right\}. \tag{4.53}$$

In dieser Gleichung ist i_0 die Austauschstromdichte. Sie kennzeichnet die Fähigkeit zum Ladungsdurchtritt und kann als diejenige Stromdichte aufgefaßt werden, die im dynamischen Gleichgewicht (nur durch thermische Anregung, ohne äußere Strombelastung) zwischen der Elektrode und dem Elektrolyten dauernd ausgetauscht wird. Sie ist ein Maß für die Geschwindigkeitskonstante der Phasengrenzreaktion. α ist der Durchtrittsfaktor. Er wird hier als 0,5 angenommen, d.h. die Aktivierungsbarriere ist symmetrisch in beiden Richtungen. Z ist die Ladungszahl, bei Si^{4+} also vier, F die Faraday-Konstante und η die Überspannung. Für die Überspannung gilt

$$\eta = e - E_0, \tag{4.54}$$

wobei E_0 das Gleichgewichtspotential und e das gemessene Elektrodenpotential ist. Aus (4.53) ergibt sich mit $\alpha = 0,5$ die Austauschstromdichte i_0 zu

$$i_0 = \frac{RT}{ZF}\left(\frac{di}{d\eta}\right)_{i=0}, \tag{4.55}$$

wobei $i=0$ nach (4.53) gleichbedeutend mit $\eta = 0$ ist und den Gleichgewichtszustand kennzeichnet. Die Austauschstromdichte ist mit der Reaktionsgeschwindigkeit der Phasengrenzreaktion v in mol/m²s durch

$$v = \frac{i_0}{ZF}\left[\frac{[Si]^* - [Si]}{[Si]^*} - \frac{(Si^{4+})^* - (Si^{4+})}{(Si^{4+})^*}\right] \tag{4.56}$$

verknüpft [4.97, 4.98]. Die Sterne kennzeichnen die Konzentrationen im thermodynamischen Gleichgewicht. Nach (4.53) steigt i mit η exponentiell an.

Mit steigendem i macht sich in zunehmendem Maße die Diffusion bemerkbar, d.h. die Si^{4+}-Konzentration an der Phasengrenze sinkt infolge der durch die Diffusion begrenzten Nachlieferung der Si^{4+}-Ionen bis das Gleichgewicht an der Phasengrenze erreicht ist. Dann gilt [4.97]

$$i_D = ZFD_{Si^{4+}}\frac{(Si^{4+}) - (Si^{4+})^*}{\delta_N}. \tag{4.57}$$

i_D ist die Diffusionsgrenzstromdichte. Sie ist die maximale Stromdichte der betreffenden Reaktion. Ihr Wert hängt ab vom Stoffübergangskoeffizienten D/δ_N der vorgeschalteten Grenzschichtdiffusion.

Aus den Werten der Austauschstromdichte und der Diffusionsgrenzstromdichte kann auf die Geschwindigkeit der Phasengrenzreaktion bzw. des Transportvorgangs geschlossen werden. Elektrodenkinetische Untersuchungen der geschilderten Art stellen somit ein wertvolles Hilfsmittel dar, die Kinetik von Metall-Schlacke-Reaktionen, wie z.B. der hier beschriebenen Silicium- oder anderer Ionenaustauschreaktionen zu beschreiben.

Pretnar und Schmalzried [4.97] führten ihre Messungen bei 1 000 und 1 100°C durch und erhielten dort Austauschstromdichten i_0 von 240 A/m² für 1 000 °C und 380 A/m² für 1 100 °C, was auf 1 600 °C umgerechnet je nach der angenommenen Aktivierungsenergie Werte von 1 500 bis 2 600 A/m² ergibt. Da die gemessenen Werte etwa zehnmal kleiner als die zu erwartenden Diffusionsstromdichten waren, schlossen sie auf die Phasengrenzreaktion als geschwindigkeitsbestimmendem Schritt.

In neuerer Zeit wurden Untersuchungen der Reaktion nach (4.49) an der elektrochemischen Zelle

$$[\text{Co-5 \% Si}]_{\text{flüssig}} \mid \begin{pmatrix} \text{CaO-} \\ \text{SiO}_2 \end{pmatrix}_{\text{flüssig}} \mid [\text{Co-5 \% Si}]_{\text{flüssig}}$$
$$(\text{SiO}_{2\text{-gesättigt}})$$

bei 1 600 °C durchgeführt [4.99]. Für die Siliciumreaktion wurde eine Austauschstromdichte von $20 \cdot 10^4$ A/m² bestimmt. Das ist ein sehr hoher Wert, der eine entsprechend hohe Geschwindigkeit der Phasengrenzreaktion anzeigt. Demgegenüber errechnet sich aus (4.57) mit $D_{Si} = 4 \cdot 10^{-11}$ m²/s [4.39], $\delta_N = 10^{-4}$ m (geschätzt) und $[(\text{Si}^{4+})-(\text{Si}^{4+})^*] = 37{,}5$ kmol/m^{-3} [SiO$_2$-gesättigte Schlacke sowie $(\text{Si}^{4+})^* = 0$] ein Wert der Diffusionsstromdichte von $i_D = 0{,}58 \cdot 10^4$ A/m² der wesentlich kleiner als die Austauschstromdichte i_0 ist [4.99]. Daraus folgt, daß unter technischen Bedingungen ($\delta_N \simeq 10^{-4}$ m) die Geschwindigkeit der Austauschreaktion des Siliciums (4.49) durch die Grenzschichtdiffusion in der Schlacke bestimmt wird. Die im Vergleich zu anderen Reaktionen des gleichen Typs langsame Reduktion des Siliciums ist dann möglicherweise durch den vergleichsweise niedrigen Diffusionskoeffizienten des Siliciums in der Schlacke bedingt. Schwerdtfeger und Prange [4.99] führen den Unterschied der von ihnen gemessenen Austauschstromdichte zu der in [4.97], darauf zurück, daß sich bei den Messungen in [4.97] bereits ein Konzentrationsgradient ausgebildet hatte und daher keine reine Austauschstromdichte mehr gemessen wurde.

Außer den hier erwähnten liegen nur wenige weitere Messungen von Austauschstromdichten bei Metall-Schlacke-Reaktionen vor, so daß die Kenntnisse über die Geschwindigkeiten der Phasengrenzreaktionen in derartigen Systemen gering sind. Grundsätzlich sind solche Kenntnisse technisch interessant. Sie können zeigen, bis zu welchen Umsatzgeschwindigkeiten man theoretisch kommen kann, wenn man die Transportbedingungen entsprechend optimiert.

Als Schlußfolgerung aus diesem Abschnitt ergibt sich, daß Metall-Schlacke-Reaktionen unter technischen Bedingungen i.d.R. transportbestimmt sind. Folglich muß man die Stoffstromdichten auf der Grundlage der Transportgesetze beschreiben.

4.3.2 Reaktionen mit Beteiligung von Kohlenstoff

Die wichtigsten Metall-Schlacke-Reaktionen mit Beteiligung von Kohlenstoff laufen im unteren Teil des Hochofens ab. Hier fließen eine FeO$_n$-haltige Schlacke und aufgekohltes flüssiges Eisen über die unterhalb der kohäsiven Zone des Ofens befindliche Koksschüttung. Dabei werden das Eisenoxid sowie MnO, SiO$_2$ und P$_2$O$_5$ reduziert und die entstandenen Elemente vom Eisen aufgenommen. Weiterhin geht Schwefel in die Schlacke über. Da bei den Reduktionsreaktionen Kohlenmonoxid entsteht, sind insgesamt vier Phasen, nämlich Metall, Schlacke, Gas und fester Kohlenstoff beteiligt. Die Stoffumsätze laufen über Flächen ab, und an einer Fläche können sich jeweils nur zwei Phasen berühren. Deshalb sind an der Gesamtreaktion mindestens drei verschiedene Reaktionsflächen beteiligt. Eine davon ist stets die Metall-Schlacke-Phasengrenze, da an ihr das zu reduzierende Element von der Schlacke in das Metall bzw. der Schwefel umgekehrt vom Metall in die Schlacke übergeht. Die Reaktionen an dieser Phasengrenze können einheitlich wie folgt geschrieben werden:

$$(FeO) + 2e^- = [Fe] + (O^{2-})$$
$$(MnO) + 2e^- = [Mn] + (O^{2-})$$
$$1/2(SiO_2) + 2e^- = 1/2[Si] + (O^{2-})$$
$$1/5(P_2O_5) + 2e^- = 2/5[P] + (O^{2-})$$
$$[S] + (CaO) + 2e^- = (CaS) + (O^{2-}). \qquad (4.58)$$

Die für die Umsätze erforderlichen negativen Ladungen werden durch Reaktion des zunächst noch in der Schlacke verbliebenen Sauerstoffs mit Kohlenstoff zu Kohlenmonoxid geliefert. Dieser Reaktion dienen die weiteren beteiligten Phasengrenzen. Dabei sind zwei Wege zu unterscheiden:

1. Der Sauerstoff wird über die Metallschmelze an den Kohlenstoff herangeführt. Kohlenstoff und Sauerstoff lösen sich in der Metallschmelze auf, und das Kohlenmonoxid wird dort in Form von Blasen freigesetzt. In diesem Fall ist die zweite Reaktionsfläche die Phasengrenze Metall-Kohlenstoff, über die sich der Kohlenstoff in der Metallschmelze löst. Die dritte Phasengrenze ist die Oberfläche der Kohlenmonoxidblasen. Die nach (4.58) entstandenen O^{2-}-Ionen gehen zunächst unter Abgabe ihrer Elektronen über die Phasengrenze Schlacke-Metall in die Metallschmelze über:

$$(O^{2-}) = [O] + 2e^-, \qquad (4.59)$$

so daß aus der ersten Zeile von (4.58) und aus (4.59) die Reaktion

$$(FeO) = [Fe] + [O] \qquad (4.60)$$

wird. Entsprechendes gilt für die anderen Reaktionen (4.58). Der gelöste Sauerstoff reagiert in der Eisenschmelze mit dem gelösten Kohlenstoff weiter zu Kohlenmonoxid:

$$[O] + [C] = CO. \qquad (4.61)$$

Die an den drei Phasengrenzen ablaufenden Teilschritte werden durch die Flußgleichungen

$$\dot{n}_O = \beta_O^{MS} F^{MS} ([O]^* - [O]) \qquad (4.62)$$

für die Metall-Schlacke-Reaktion,

$$\dot{n}_O = \beta_O^{MG} F^{MG} \left([O] - \frac{p_{CO}}{K_{CO}[C]}\right) \qquad (4.63)$$

für die Kohlenmonoxidbildung und

$$\dot{n}_C = \beta_O^{MC} F^{MC} ([C]^* - [C]) \qquad (4.64)$$

für die Auflösung des Kohlenstoffs mit $[O]^*$ Sauerstoffgehalt im Metall im Gleichgewicht mit der Schlacke, $[C]^*$ Sättigungs-Kohlenstoffgehalt im Metall,

p_{CO} örtlicher CO-Partialdruck, F Austauschfläche und den Indices MS Metall-Schlacke, MG Metall-Gas, MC Metall-fester Kohlenstoff beschrieben. Hierbei ist berücksichtigt, daß die Metall-Schlacke- und die Metall-Gas-Reaktion i.d.R. den Stofftransport im Metall als geschwindigkeitsbestimmenden Schritt haben, und daß auch die Auflösung des Kohlenstoffs transportbestimmt ist. Im stationären Zustand sind die drei Stoffströme $\dot{n}$ gleich. Mit dieser Bedingung können bei gegebenen Werten von $[O]^*$, $[C]^*$ und p_{CO} die aktuellen Konzentrationen des Sauerstoffs und des Kohlenstoffs in der Schmelze $[O]$ und $[C]$ und damit die treibenden Konzentrationsdifferenzen in den drei Gleichungen bestimmt werden. Daraus ergibt sich der geschwindigkeitsbestimmende Schritt. Seine Lage hängt im wesentlichen von den Größen der Austauschflächen F^{MS}, F^{MG} und F^{MC} ab.

2. Der Sauerstoff wird über die Schlacke an den Kohlenstoff herangeführt. In diesem Fall gelangt der Sauerstoff zunächst von der Schlacke-Metall- an die Schlacke-Gas-Phasengrenze und reagiert dort mit Kohlenmonoxid nach

$$(O^{2-}) + CO + 2(Fe^{3+}) = CO_2 + 2(Fe^{2+}) \tag{4.65}$$

oder

$$(O^{2-}) + CO = CO_2 + 2(e^-) \tag{4.66}$$

zu Kohlendioxid. Das CO_2 setzt sich anschließend an der Gas-Kohlenstoff-Phasengrenze mit Kohlenstoff nach der Boudouard-Reaktion zu CO um. Die nach (4.65) oder (4.66) freigesetzten zwei negativen Ladungen werden nach den in Bild 4.10 gezeigten Mechanismen an die Metall-Schlacke-Phasengrenze zurücktransportiert. Die Mechanismen verlaufen in umgekehrter Richtung als in Bild 4.10 angezeigt, da an der Oberfläche der Schlacke jetzt nicht mit O_2 oxidiert, sondern mit CO reduziert wird. Der Leser stelle den entsprechenden Mechanismus auf. Der Transport durch die Schlacke ist möglich, solange die Schlacke reich an Eisenoxid ist. Er hört auf, wenn mit fortgeschrittener Reduktion der Eisengehalt der Hochofenschlacke klein geworden ist. Die Reaktion (4.66) kann aber auch an eisenfreien Schlacken ablaufen, sofern die Ladungen über einen äußeren Stromkreis an das Metall zurückgeführt werden. Dies ist in Bild 4.13 am Beispiel der Reduktion von SiO_2 in einem Kohletiegel gezeigt. Der Tiegel dient hier als äußerer Leiter. An der Schlacke-Kohle-Phasengrenze laufen die Reaktion (4.66) und die Boudouard-Reaktion örtlich unmittelbar benachbart ab. Im Bild ist die Bruttoreaktion beider:

$$2O^{2-} + 2C = 2CO + 2e^- \tag{4.67}$$

geschrieben.

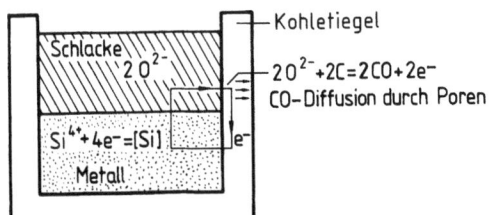

Bild 4.13 Anodische und kathodische Teilschritte der Reaktion $(SiO_2) + 2C = [Si] + 2CO$ nach [4.94]

Auch im zweiten Fall hängen die Lage des geschwindigkeitsbestimmenden Schritts und die Geschwindigkeit des Gesamtumsatzes in erster Linie von der Größe der Austauschflächen ab. Alle diese Flächen sind daher bei Metall-Schlacke-Reaktionen, an denen Kohlenstoff beteiligt ist, stets zu berücksichtigen [4.102].

Voraussetzung für den Ablauf der beschriebenen Reaktionen ist das Vorhandensein einer Metall-Gas- bzw. einer Schlacke-Gas-Phasengrenze. Sie muß, wenn nicht von außen Gas zugeführt wird, während des Reaktionsablaufs durch die Bildung des Gases erst geschaffen werden. Bei der Reduktion von FeO_n und von MnO ist das Sauerstoffpotential des Systems i.d.R. hoch genug, um einen für die spontane Blasenbildung ausreichenden Kohlenmonoxidpartialdruck zu ermöglichen [4.100]. Bei der Reduktion von SiO_2 ist dagegen eine Gasblasenbildung schwer erreichbar, weil das Sauerstoffpotential niedrig ist. Dies kann zu einer starken Verlangsamung oder einem Aufhören der Reaktion führen, weil eine freie Oberfläche für die Gasbildung fehlt. Es kann eine Ursache für den häufig beobachteten langsamen Ablauf der Reduktion von SiO_2 mit Kohlenstoff sein.

Wenn im Hochofen Schlacke und Eisen über die Koksschicht rieseln, laufen die Reduktionsreaktionen und die Entschwefelung in der beschriebenen Weise ab. In der Regel dürften sich dabei genügend große Metall-Gas- und Schlacke-Gas-Grenzflächen bilden, da das entgegenströmende Ofengas für eine intensive Vermischung aller beteiligten Phasen sorgt. Ein Reaktionsablauf ist dann sowohl nach dem einen als auch nach dem anderen der beiden beschriebenen Mechanismen möglich.

Im Gegensatz dazu kann im Gestell des Hochofens Kohlenmonoxid nicht mehr freigesetzt werden, weil dort eine freie Oberfläche des Metalls nicht existiert. Dementsprechend laufen die Metall-Schlacke-Reaktionen als reine Austauschreaktionen der Gleichungen (4.58) untereinander ab. Beispiele aus dem Hochofen sind für die Entschwefelung die Gleichungen

$$[S] + [Mn] + (O^{2-}) = (S^{2-}) + (MnO) \tag{4.68}$$

oder

$$2[S] + [Si] + 2(O^{2-}) = 2(S^{2-}) + (SiO_2). \tag{4.69}$$

Dabei streben das Sauerstoffpotential der Schlacke und das des Metalls einen gemeinsamen Gleichgewichtswert an. Ist dieser erreicht, hören die Reaktionen auf [4.103]. Kohlenstoff beteiligt sich nicht.

Die Austauschreaktionen einerseits und die Reduktionsreaktionen mit Kohlenstoff andererseits haben i.d.R. unterschiedliche Geschwindigkeiten, weil das Kohlenmonoxid an einer anderen als der Metall-Schlacke-Phasengrenze entsteht und weil infolgedessen die Kohlenmonoxidbildung gehemmt sein kann. Das Ausmaß dieser Hemmung läßt sich feststellen, wenn man Austausch- und Reduktionsreaktionen mit Kohlenstoff in einem Versuch gleichzeitig ablaufen läßt. Darüber hinaus ist es interessant in einem solchen Versuch mehrere Austauschreaktionen nebeneinander ablaufen zu lassen, um festzustellen, wieweit sich deren Reaktionsgeschwindigkeiten gegenseitig beeinflussen. Nachfolgend werden Ergebnisse einer solchen Untersuchung gezeigt [4.101]. Darin wurden kohlenstoffgesättigte Eisenschmelzen mit CaO-Al_2O_3-SiO_2-Schmelzen, die teilweise noch MnO enthielten, in Graphittiegeln bei 1 bar CO und 1 500 °C zusammengebracht. Die Anfangszusammensetzungen des Eisens und der Schlacke waren wie folgt:

Eisen:

	Si %	Mn %	S %
Fe-C	0,01	0,02	0,02
Fe-C-Si	1,15	0,02	0,02
Fe-C-Si-S	1,80	0,02	0,68
Fe-C-Mn-Si-S	0,68	1,40	1,20
Fe-C-Mn-Si-S	1,10	1,05	0,90

Schlacke:

% CaO/% SiO$_2$ (=B)	% MnO	% SiO$_2$	% CaO	% Al$_2$O$_3$
B = 1,2	–	38	46	16
B = 1,2	3,78	36,6	43,6	16
B = 0,8	–	46	38	16
B = 0,8	3,78	43,6	36,6	16

Es wurde nachgewiesen, daß während der Versuche die Schmelzen in sich homogen waren. Konzentrationsunterschiede traten nur in den Grenzschichten an den Phasengrenzen auf. Entsprechend den Zusammensetzungen von Schlacke und Metall konnten folgende Reaktionen ablaufen:

— Stoffaustausch von Schwefel zwischen Metall und Schlacke,
— Stoffaustausch von Mangan zwischen Metall und Schlacke,
— Oxidation von Si bzw. Reduktion von SiO$_2$ als Metall-Schlacke-Reaktion,
— Reduktionsreaktionen durch Kohlenstoff.

Nach den vorangegangenen Ausführungen kann unterstellt werden, daß alle Geschwindigkeiten transportbestimmt sind.

Bild 4.14 zeigt die Änderung der Schwefelverteilung als Funktion der Zeit. Die Schwefelverteilung nach vollständiger Einstellung des Gleichgewichtes war aufgrund der benutzten thermodynamischen Daten aller Gleichgewichte zu $(S)/[S] = 100$ berechnet worden. Sie wurde, wie man sieht, in der Versuchszeit nicht erreicht. Wie das Bild zeigt, dauert die Entschwefelung von Fe-C-S-Schmelzen am längsten. Hier kann nur Kohlenstoff als Reduktionsmittel wirken. Deshalb läuft die Reaktion nach

$$[S] + (O^{2-}) = (S^{2-}) + [O] \tag{4.70}$$

und

$$[O] + [C] = CO \tag{4.71}$$

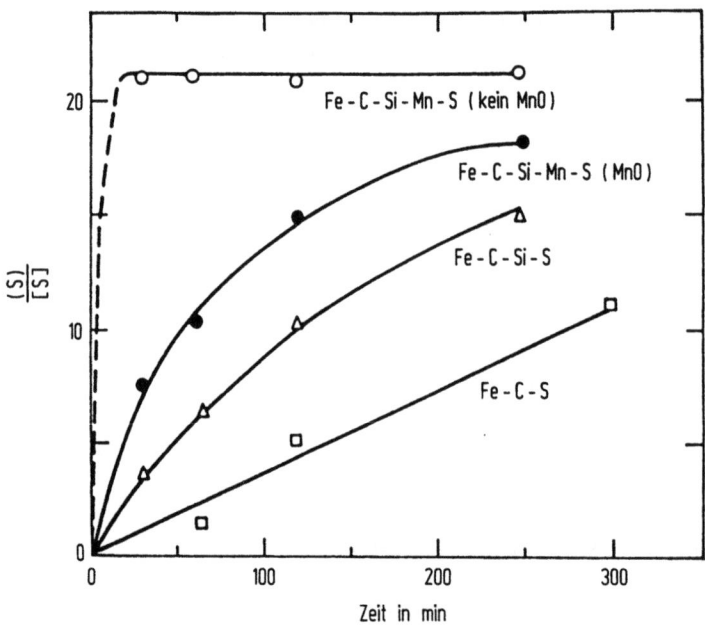

Bild 4.14 Zeitlicher Verlauf des Schwefelübergangs in Abhängigkeit vom Mn- und Si-Gehalt im Metall und vom MnO-Gehalt in der Schlacke bei 1 500 °C und B = 1,2 nach [4.101]

unter Beteiligung der Kohlenstoff-Sauerstoff-Reaktion mit CO-Bildung ab. Durch die Anwesenheit von Silicium wird, wie die darüber liegende Kurve zeigt, die Geschwindigkeit mehr als verdoppelt. Die Reaktion kann jetzt als reine Ladungsaustauschreaktion an der Metall-Schlacke-Phasengrenze nach (4.69) ablaufen. Allerdings ist hier vermutlich der Abtransport der Silicationen von der Phasengrenze in das Innere der Schlacke vergleichsweise langsam, weil deren Diffusionskoeffizient wegen der Größen der Silicationen klein ist. Daher wird die Geschwindigkeit durch Anwesenheit von Mangan nochmals erhöht. Die Reaktion kann jetzt nach (4.68) ablaufen, wobei die Mn^{2+}-Ionen in der Schlacke schneller als die Silicationen transportiert werden. Anwesenheit von Manganoxid in der Schlacke hat einen retardierenden Effekt, ausgelöst durch die rücktreibende Kraft des MnO. Daher wird die höchste Geschwindigkeit beobachtet, wenn der Schwefel aus einer Fe-C-Si-Mn-S-Schmelze in eine MnO-freie Schlacke übergeht. Es wurde außerdem festgestellt, daß die Basizität B der Schlacke am Anfang des Versuchs keinen Einfluß auf die Geschwindigkeit hat, sofern Silicium oder Mangan im Metall anwesend sind. Dies spricht für den überwiegenden Ablauf als Austauschreaktion. Ferner sei betont, daß der langsame Schwefelübergang in dem Versuch, bei dem Kohlenstoff das alleinige Reduktionsmittel war, nur kinetisch begründet werden kann, da in den hier verwendeten kohlenstoffgesättigten Eisenschmelzen der Kohlenstoff thermodynamisch das stärkste Reduktionsmittel ist.

Bild 4.15 zeigt den zeitlichen Verlauf der Manganverteilung bei den gleichen Versuchen wie in Bild 4.14. Für die Fe-C-Si-Mn-S-Schmelze ohne MnO in der

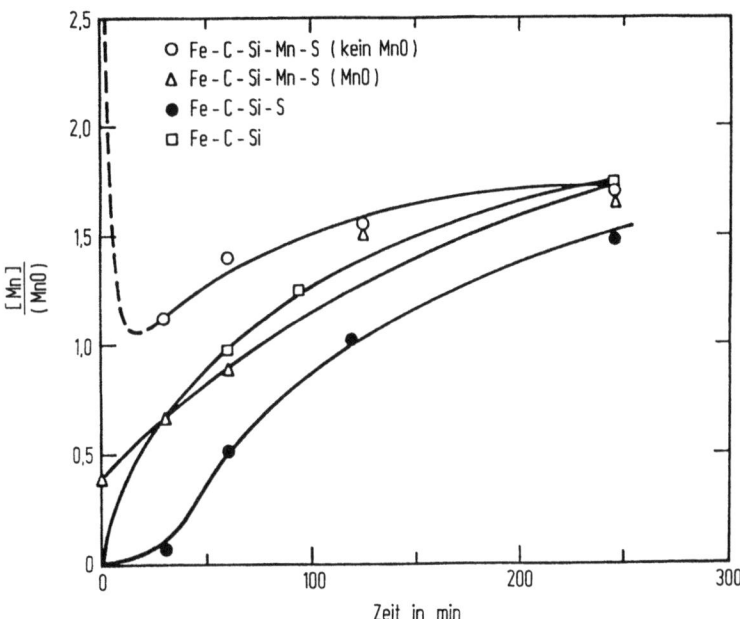

Bild 4.15 Der Einfluß von Schwefel auf den zeitlichen Verlauf des Manganübergangs bei 1 500 °C und B = 1,2 nach [4.101]

Schlacke zeigt die oberste Kurve einen anfangs schnellen Übergang von Mangan aus dem Metall in der Schlacke an. Dieser Übergang ist, wie ein Vergleich der Bilder 4.15 und 4.14 zeigt, dem gleichzeitigen Schwefelübergang vom Metall in die Schlacke im wesentlichen stöchiometrisch äquivalent. Das bestätigt, daß die Reaktion nach (4.68) abläuft. Im weiteren Verlauf des Versuchs wird hier, ebenso die bei den drei anderen Versuchen, die von Anfang an MnO in der Schlacke hatten, das MnO aus der Schlacke reduziert. Es ist bemerkenswert, daß bei der Fe-C-Si-Legierung die MnO-Reduktion durch diese Legierung stark verlangsamt wird, wenn Schwefel anwesend ist. Berücksichtigt man, daß der Schwefelübergang in die Schlacke eine Reduktionsreaktion wie die MnO-Reduktion ist, und berücksichtigt man weiter, daß unter sonst gleichen Bedingungen, insbesondere gleichen Silicium- und Kohlenstoffgehalt und gleicher Basizität der Schlacke die Austauschstromdichte der Ladung für den Reduktionsvorgang festlegt, so liegt die dieser Austauschstromdichte stöchiometrisch äquivalente Menge an MnO und S, die je Zeiteinheit an der Phasengrenze umgesetzt wird, ebenfalls fest. Wenn man daher, ausgehend von alleiniger MnO-Reduktion, zusätzlich Schwefel umsetzt, muß die MnO-Reduktion entsprechend zurückgehen. Daß dies tatsächlich so gefunden wird, zeigt, daß die Übergänge von Mangan und Schwefel gekoppelt sind und demonstriert somit den elektrochemischen Charakter der Reaktion.

Insgesamt ist festzuhalten, daß nach unseren heutigen Kenntnissen über die Kinetik der Metall-Schlacke-Reaktionen und über die Struktur der Schlacken der elektrochemische Charakter der Metall-Schlacke-Reaktionen als sicher gelten kann. Weiterhin wird nach heutiger Kenntnis die Geschwindigkeit der Reaktionen unter technischen Bedingungen durch die Transportvorgänge im Metall oder in der Schlacke bestimmt. Schließlich ist zu beachten, daß bei der Kohlenstoff-Sauerstoff-Reaktion stets das Kohlenmonoxid über eine freie Oberfläche abgeführt werden muß. Diese Notwendigkeit beeinflußt die Kinetik aller Reaktionen, an denen Kohlenstoff beteiligt ist.

4.4 Auflösung fester Stoffe

4.4.1 Auflösung dichter Stoffe

4.4.1.1 Ausbau der Atome aus dem Kristall

Die Auflösung eines festen Stoffs in einer Schmelze setzt sich aus zwei Teilvorgängen zusammen: dem Ausbau des sich lösenden Elements bzw. der Elemente aus dem Kristallgitter in die Schmelze und dem Transport des gelösten Stoffs durch die Diffusionsgrenzschicht in das Innere der Schmelze. Der Ausbau aus dem Kristallgitter kann als Phasengrenzreaktion aufgefaßt werden. Er hat eine Geschwindigkeitskonstante, die von der Temperatur abhängt und deren Temperaturabhängigeit durch eine Aktivierungsenergie gekennzeichnet ist. In der Regel ist dieser Vorgang schnell im Vergleich zu dem nachgeschalteten Transport in der Diffusionsgrenzschicht.

Modelle für die Auflösung von Atomen eines Kristalls in eine angrenzende fluide Phase wurden von verschiedenen Autoren entwickelt [4.105, 4.107]. Eine neuere Untersuchung [4.106], in der diese Modelle verarbeitet und weiterentwickelt sind, ist die Grundlage der folgenden Beschreibung. Nach [4.107] wird eine monoatomare Schicht an der Oberfläche eines Kristallgitters schrittweise derart abgebaut, daß ein Atom nach dem anderen und eine Reihe nach der anderen in die Nachbarphase übergeht. Der wiederholbare Schritt dieses Prozesses vollzieht sich an der sog. Halbkristallage (Bild 4.16). Es ist die Position eines Atoms, bei der die Hälfte der Valenzen noch an den Kristall gebunden und die andere Hälfte bereits frei ist (Position C in Bild 4.16). Der Auflösungsprozeß wird begünstigt, wenn Mechanismen existieren, die die Bildung der Halbkristallage

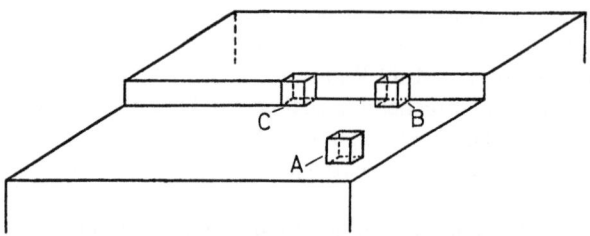

Bild 4.16 Positionen von Kristallbausteinen an einem wachsenden oder sich auflösenden Kristall. *A* 1/6-Bindung, *B* 2/6-Bindung, *C* 3/6-Bindung (Halbkristallage) (schematisch)

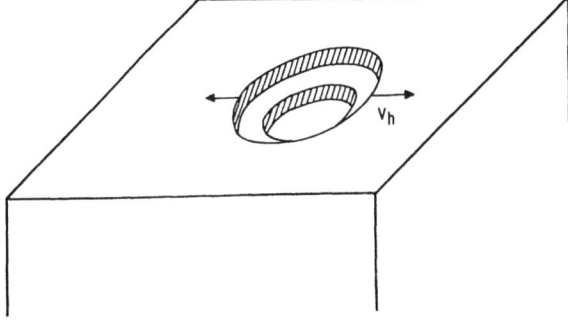

Bild 4.17 Bildung zweidimensionaler Lochkeime (schematisch). v_h lineare Wachstumsgeschwindigkeit der Lochkeimkante. Nach [4.106]

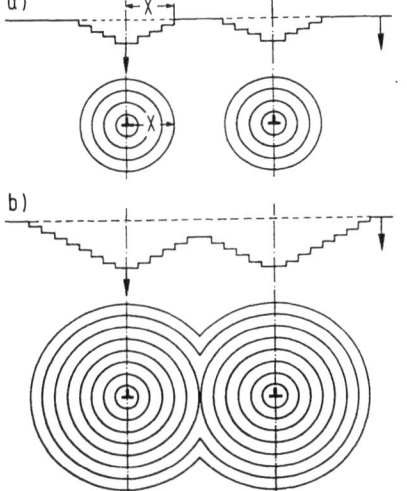

Bild 4.18a, b Bildung von Löchern an Stufenversetzungen (schematisch) nach [4.106]. **a** Anfangsstadium: die Löcher sind noch räumlich getrennt; **b** fortgeschrittenes Stadium: die Löcher überlappen sich

erleichtern. Dies ist nach den drei folgenden Mechanismen an der Oberfläche möglich:

1. Bildung zweidimensionaler Lochkeime (Bild 4.17). An ihnen können Halbkristallagen gebildet werden.
2. Bildung von Löchern an Stufenversetzungen, die aus dem Innern des Kristalls in die Oberfläche ragen (Bild 4.18). Entsprechend der kleineren Bindungsenergie, die die Atome an der Versetzung haben, wird die Bildung zweidimensionaler Lochkeime hier erleichtert.
3. Bildung von Spirallöchern, beginnend an einer in die Oberfläche ragenden Schraubenversetzung (Bild 4.19). An der allmählich größer werdenden Spirale können Halbkristallagen ohne vorherige Bildung zweidimensionaler Lochkeime entstehen.

Auf der Grundlage dieser drei Modellvorstellungen und mit der Kinetik des einzelnen atomaren Auflösungsschritts an der Halbkristallage kann man die Auflösungsgeschwindigkeit berechnen. Dabei gibt es entsprechend den drei

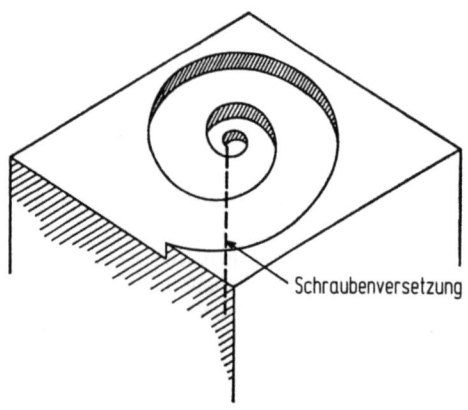

Bild 4.19 Bildung einer Spiralgrube am Ende einer Schraubenversetzung. Schematisch nach [4.106]

Modellen etwas unterschiedliche Geschwindigkeiten. Daraus folgt die Wahrscheinlichkeit der einzelnen Mechanismen. Zahlenrechnungen wurden unter anderem für die Auflösung von Graphit in Eisen bei 1 540 °C durchgeführt [4.108]. Als Geschwindigkeitskonstanten der Auflösung ergaben sich Werte von $k = 4 \cdot 10^{-3}$ m/s für die Auflösung an Spirallöchern, $k = 6,5 \cdot 10^{-3}$ m/s für die an zweidimensionalen Lochkeimen und $k = 6,7 \cdot 10^{-3}$ m/s für die an Stufenversetzungen.

4.4.1.2 Transportbestimmte Auflösung

Dem Ausbau der Kristallbausteine und deren Übergang in die Schmelze schließt sich der Transport durch die adhärierende Diffusionsgrenzschicht an. Die Grundlagen hierfür wurden in Abschn. 3.2.4 und 3.2.6 behandelt. Messungen der Auflösung fester Stoffe in flüssigem Eisen und in Schlacken wurden zahlreich durchgeführt [4.104, 4.109–4.126]. Dabei wurden als Untersuchungsmethoden im wesentlichen die rotierende Scheibe [4.111, 4.117, 4.118] und der rotierende Zylinder [4.104, 4.110, 4.112–4.115, 4.119, 4.120, 4.122–4.126] benutzt. Bei beiden Methoden werden durch die Rotation definierte Strömungsbedingungen in der Schmelze eingestellt. Die rotierende Scheibe besitzt darüber hinaus den Vorteil, daß sich im Grenzfall einer unendlich dünnen Scheibe ein theoretisch berechenbares Strömungsfeld an der Scheibe einstellt [4.30], mit dessen Hilfe sich die Dicke der Diffusionsgrenzschicht bei laminarer Strömung zu

$$\delta_N = 1,61 \left(\frac{\nu}{\omega}\right)^{1/2} \left(\frac{D}{\nu}\right)^{1/3} \tag{4.72}$$

berechnet, wobei ω die Winkelgeschwindigkeit der Scheibe ist. Der Grenzfall einer unendlich dünnen Scheibe läßt sich mit einem kleinen Verhältnis Dicke/Durchmesser der Scheibe experimentell näherungsweise verwirklichen. Man hat dann die Möglichkeit, aus Messungen der Auflösung rotierender Scheiben den Diffusionskoeffizienten des sich lösenden Stoffs zu bestimmen. Umgekehrt kann bei vorgegebenen Werten von Diffusionskoeffizient und Viskosität aus (4.72) die

Grenzschichtdicke und damit der Stoffübergangskoeffizient $\beta = D/\delta_N$ berechnet und mit Meßwerten verglichen werden.

Die Methode der rotierenden Scheibe ist auf Stoffe beschränkt, die nicht zerbrechen oder z.B. durch Infiltration von Schmelze zerstört werden, wenn sie im Experiment als dünne Scheiben aufgelöst werden. Demgegenüber können als rotierende Zylinder nahezu alle Stoffe benutzt werden, auch solche, die während der Auflösung infiltriert werden [4.127]. Die Methode hat aber den Nachteil, daß eine theoretische Beschreibung des Strömungsfelds um den Zylinder im Gegensatz zur Scheibe bisher nicht existiert. In der Regel bildet sich nicht nur eine azimutale Umlaufströmung, sondern es entstehen auch toroidal umlaufende Instabilitäten, sog. Taylor-Wirbel. Der Stoffübergang bei der Auflösung des Zylinders kann daher nur empirisch beschrieben werden. Trotzdem findet man, wenn auch mit einer gewissen Streuung, allgemeine Gesetzmäßigkeiten. Auflösungsversuche von Zylindern geben daher Aufschlüsse auch über das Verhalten unter betrieblichen Bedingungen.

Der Stoffübergangskoeffizient bei der Auflösung von Zylindern wird dimensionslos durch die sog. Stantonzahl

$$St = \frac{\beta}{u} \qquad (4.73)$$

ausgedrückt. u ist hierbei die periphere Drehgeschwindigkeit des Zylinders ($u = \omega \cdot 2\pi r$ mit ω Winkelgeschwindigkeit, r Radius). Die Stantonzahl ist eine Funktion der Reynolds- und der Schmidtzahl

$$St = aRe^b Sc^c \qquad (4.74)$$

mit

$$Re = \frac{u2r}{v}, \quad Sc = \frac{v}{D}.$$

a, b, c sind Konstanten. Tabelle 4.4 zeigt Ergebnisse von Auflösungsversuchen an Hochtemperatursystemen, dargestellt in der Form von (4.74). Wiedergegeben sind außerdem zum Vergleich Daten von Tieftemperatursystemen darunter der ältesten veröffentlichten Untersuchung über die Auflösung rotierender Zylinder [4.127]. Man erkennt, daß bei den Hochtemperaturversuchen die Koeffizienten a und b sich nur wenig unterscheiden. Nur die Werte nach [4.123, 4.124] weichen davon etwas ab, möglicherweise wegen der dort vorliegenden höheren Reynoldszahlen. Für die Schmidtzahlen wurde in allen Fällen der theoretisch zu erwartende Exponent $-2/3$ angesetzt.

Alle experimentellen Untersuchungen sowohl mit rotierenden Scheiben als auch mit rotierenden Zylindern ergaben, daß die Auflösung transportbestimmt ist. Die für Graphit aus theoretischen Überlegungen [4.108] und aus Extrapolationen experimenteller Daten [4.124, 4.126] abgeschätzten und oben zitierten Geschwindigkeitskonstanten des Phasenübergangs Kristall-Schmelze von 4 bis 7 $\cdot 10^{-3}$ m/s liegen um das zehnfache höher als die Größenordnung der gemessenen Stoffübergangskoeffizienten, wie man aus den Zahlenangaben in Tabelle 4.4 berechnen kann.

Tabelle 4.4. Gleichungen für die Stantonzahl als Funktion der Reynoldszahl und der Schmidtzahl bei der Auflösung von rotierenden Zylindern aus verschiedenen Materialien in unterschiedlichen Lösungsmitteln

Probenmaterial Zylinder	Lösungsmittel	Re	Sc	Gleichung	Literatur
Benzosäure, Zimtsäure $\varnothing$: 1,94…5,98 cm h: 2,07…5,96 cm	H_2O, H_2O-Glycerin	239…241000	835…11490	$St = 0,0791\, Re^{-0,3}\, Sc^{-0,644}$	[4.127]
Benzoesäure, Sn, Pb, Zn $\varnothing$ 10 mm × 50 mm	H_2O, Saccharose-Lösung, Hg	200…250000	47…31200	$St = 0,135\, Re^{-0,4}\, Sc^{-0,6}$	[4.129]
Kieselsäure $\varnothing$ 20 mm × 20 mm	40% CaO, 40% SiO_2, 20% FeO	84…419	18000	$St = 0,384\, Re^{-0,31}\, Sc^{-2/3}$	[4.119]
Kieselsäure $\varnothing$ 20 mm × 20 mm	40% CaO, 40% SiO_2, 20% Al_2O_3	42…168	600000	$St = 0,495\, Re^{-0,34}\, Sc^{-2/3}$	[4.119]
MgO (dicht) $\varnothing$ 20 mm × 20 mm	Hochofenschlacke 10% CaO, 55% FeO_n, 29% SiO_2, 1% MgO	14…70 42…209	94000 15600	$St = 0,35\, Re^{-0,35}\, Sc^{-2/3}$	[4.120]
Graphit $\varnothing$ 15…17 mm	Fe-C Schmelze	4000…130000	45	$St = 0,051\, Re^{-0,22}\, Sc^{-2/3}$	[4.123, 4.124]
Graphit $\varnothing$ 20 mm × 30 mm	Fe-C Schmelze	2100…6900	24	$St = 0,341\, Re^{-0,42}\, Sc^{-2/3}$	[4.126]

4.4.2 Auflösung poröser Stoffe

Poröse Körper werden bei ihrer Auflösung von dem Lösungsmittel infiltriert und von innen her aufgelöst. Die Auflösung kann zu einem Zerfall des Körpers in Einzelkristallite führen. Die Einzelkristallite verteilen sich in dem Lösungsmittel und werden dann rasch vollends gelöst. Bekanntestes Beispiel aus dem täglichen Leben ist die Auflösung von Würfelzucker in Wasser.

In der Stahlmetallurgie spielt sich dieser Vorgang vor allem bei der Infiltration von feuerfesten Stoffen durch Schlacken und bei der Auflösung von Kalk in Schlacken ab. Untersuchungen hierzu wurden mehrfach durchgeführt [4.119, 4.128, 4.130–4.139]. Bild 4.20 zeigt schematisch den Vorgang der Infiltration. Er wird von drei Kräften gesteuert. Die Kapillarkraft

$$K_\sigma = \pi d_0 \sigma \cos \gamma \qquad (4.75)$$

zieht die Flüssigkeit in die Pore hinein.
Die Reibungskraft

$$K_\eta = 8\pi\eta x \frac{1}{\xi} \frac{dx}{dt} \qquad (4.76)$$

und die Schwerkraft

$$K_g = \frac{\pi}{4} d_0^2 g \varrho_S x \qquad (4.77)$$

sind der Kapillarkraft entgegengesetzt. Es gilt

$$K_\sigma = K_\eta + K_g. \qquad (4.78)$$

In (4.75) bis (4.78) ist d_0 Anfangsdurchmesser der Kapillare, g Erdbeschleunigung, x Koordinate in Richtung der Porenachse, η Viskosität, ξ Labyrinthfaktor ($0 < \xi < 1$) ϱ_S Dichte der Schlacke, σ Grenzflächenspannung, γ Randwinkel.

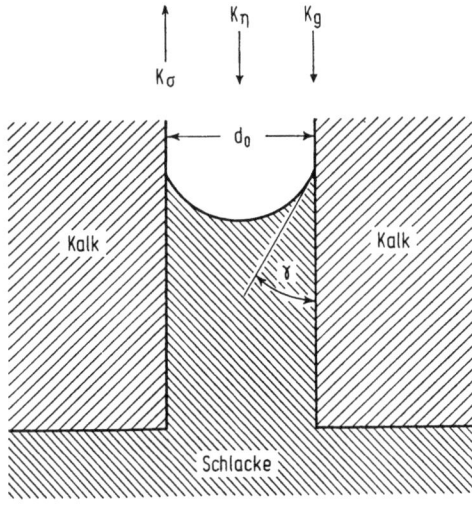

Bild 4.20 Schematische Darstellung der Infiltration von Schlacke in eine Kalkpore und der sie beeinflussenden Kräfte. K_g Schwerkraft K_η Reibungskraft, K_σ Kapillarkraft. Nach [4.131]

Wenn die Flüssigkeit in der Pore eine bestimmte Höhe erreicht hat, stellt sich ein Gleichgewicht zwischen der Kapillarkraft und der Schwerkraft ein. Die Flüssigkeit kommt zur Ruhe. Es gilt $K_\sigma = K_g$, und die aus dieser Beziehung folgende maximale Steighöhe der Flüssigkeit h ergibt sich mit (4.75) und (4.77) zu

$$h = \frac{4\sigma \cos \gamma}{d_0 g \varrho_s}. \tag{4.79}$$

Der zeitliche Verlauf des Eindringens der Flüssigkeit in der Pore folgt aus (4.78). Werden die Ausdrücke für die einzelnen Kräfte dort eingesetzt, so gilt

$$d_0 \sigma \cos \gamma - \frac{8}{\xi} \eta x \frac{dx}{dt} - \frac{d_0^2}{4} g \varrho_s x = 0. \tag{4.80}$$

Die Integration von (4.80) ergibt mit $x = 0$ bei $t = 0$ und unter Berücksichtigung von (4.79)

$$-\ln\left(1 - \frac{x}{h}\right) - \frac{x}{h} = \frac{d_0^2 g \varrho_s \xi}{32 \eta} t. \tag{4.81}$$

Wenn die Flüssigkeit horizontal in die Pore eindringt, fällt in (4.80) der Einfluß der Schwerkraft weg. Es gibt keine maximale Steighöhe, sondern die Flüssigkeit dringt immer weiter in die Pore ein. Aus $K_\sigma = K_g$ folgt dann

$$x = \left[\frac{d_0 \sigma \cos \gamma \xi t}{4 \eta}\right]^{1/2}. \tag{4.82}$$

Die Gleichungen (4.81) und (4.82) zeigen den Wirkungsmechanismus des Infiltrationsvorgangs. Allerdings sind sie nur Näherungen. Bei einer genaueren Betrachtung müssen die Beschleunigung der Flüssigkeit zu Beginn des Einströmens in die Kapillare [4.137] und die Aufweitung der Kapillaren durch Auflösung

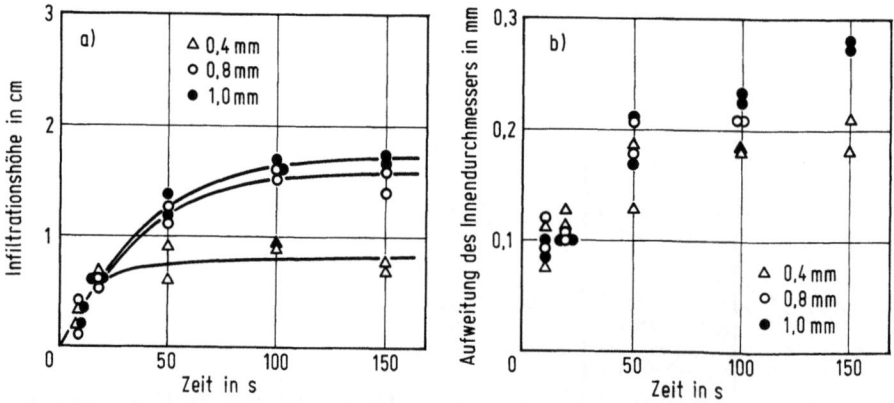

Bild 4.21 a Zeitliche Zunahme der Infiltrationshöhe und **b** der Zunahme des inneren Durchmessers am unteren Ende der Kapillaren beim Eindringen einer Schlacke aus 65,6 % FeO, 3,2 % Fe_2O_3 und 31,2 % SiO_2 in senkrecht stehende Kapillaren aus Mullit bei 1300 °C. Parameter: Anfangsinnendurchmesser der Kapillare. Nach [4.133]

des porösen Körpers in der Flüssigkeit [4.133, 4.134] berücksichtigt werden. Besonders durch den zuletzt genannten Vorgang kann der zeitliche Verlauf des Eindringens der Flüssigkeit in das Porensystem stark verändert werden [4.134].

Bild 4.21a zeigt den zeitlichen Verlauf des Eindringens einer (65,6 % FeO)-(3,2 % Fe_2O_3)-(31,2 % SiO_2)-Schlacke in senkrecht stehende Kapillaren aus Mullit mit verschiedenen Anfangsinnendurchmessern bei 1300 °C [4.133]. Bild 4.21b zeigt die Zunahme des Durchmessers am unteren Ende der Kapillaren nach verschiedenen Zeiten. Die maximalen Steighöhen h liegen zwischen 1 und 2 cm und sind wegen der Reibung niedriger als nach (4.79) zu erwarten ist. Mit abnehmendem Kapillardurchmesser nimmt der hemmende Einfluß der Reibung zu. Die Endhöhen werden nach einigen 100 s erreicht. Die im Bild 4.21b gezeigte Aufweitung ist beträchtlich. In Längsrichtung der Kapillare nimmt die Aufweitung ab bis die Schlacke die Sättigungskonzentration an dem betreffenden Steinmaterial erreicht hat. Das Bild zeigt, daß selbst bei Porendurchmessern von 1 mm die Schlacke unter der Wirkung der Kapillarkraft einige cm in den Stein eindringen kann.

Bild 4.22 zeigt den zeitlichen Verlauf der vertikalen Infiltration einer an Eisen gesättigten CaO-FeO-Schlacke mit 20 % CaO in verschiedene Stücke von gebranntem Kalk bei 1300 °C [4.131]. Die Porendurchmesser dieser Körper lagen in der Größenordnung von 10 bis 80 µm. Es werden wiederum Steighöhen von einigen cm erreicht, jedoch sind die Infiltrationszeiten hier um fast das Hundertfache kürzer als bei den Mullitkapillaren mit Durchmessern von 400 bis 1000 µm. Beides steht zunächst im Widerspruch zu (4.79) und (4.81), wonach mit kleinerem Kapillardurchmesser die Steighöhe zunehmen und die Steiggeschwindigkeit abnehmen sollte. Bild 4.23 zeigt Gefüge der infiltrierten Kalkkörper in verschiedenen Abständen von der Eintauchstelle des Körpers in die Schlacke. Man erkennt die starke Aufweitung des Gefüges durch die innere Auflösung, die

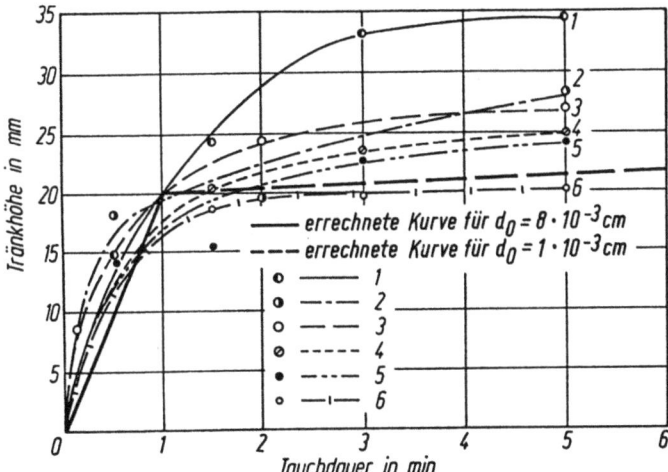

Bild 4.22 Abhängigkeit der Tränkhöhe verschiedener Probekörper aus gebranntem Kalk von der Tauchdauer in einer Schlacke aus 26 % CaO und 74 % FeO_n. Die Unterschiede der experimentell bestimmten Kurven 1 bis 6 beruhen auf den Schwankungen der Porenstruktur der einzelnen Probekörper. Berechnete Kurven nach (4.81). Nach [4.131]

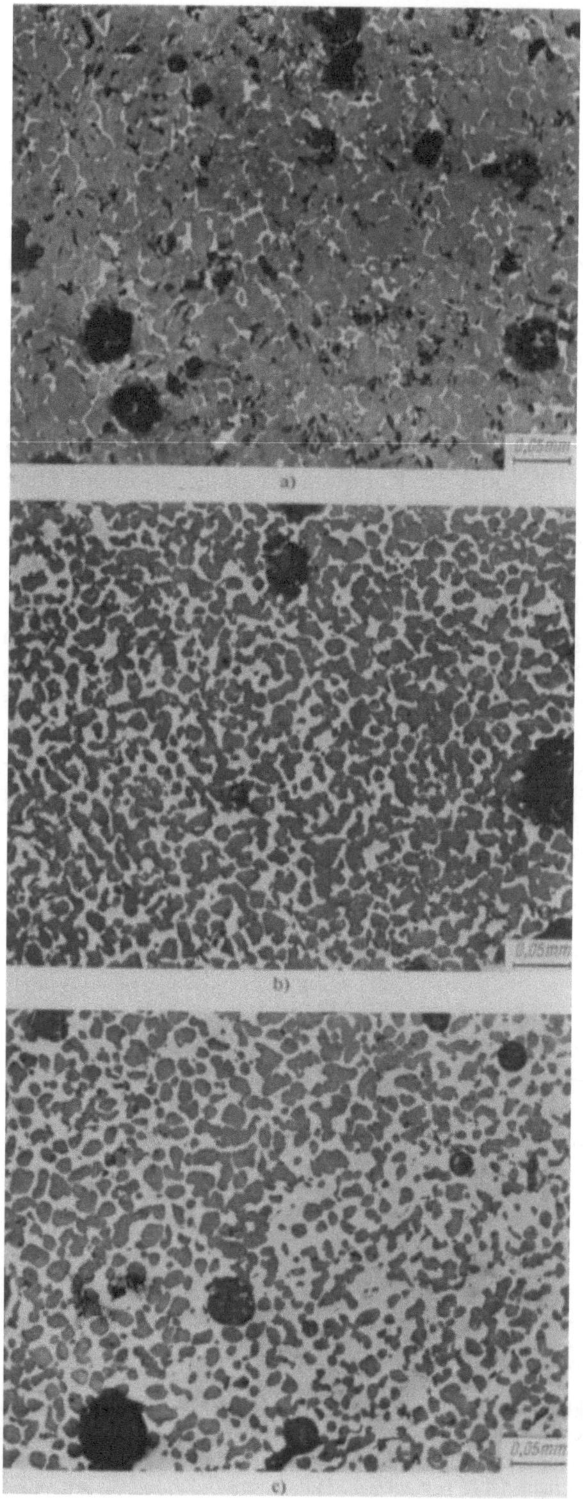

Bild 4.23a–c Gefüge eines von einer Calciumoxid-Eisenoxid-Schlacke getränkten Kalkstücks in verschiedenen Abständen von der Tränkungsfront. **a** oberes Drittel der getränkten Zone; **b** mittleres Drittel und **c** unteres Drittel; dunkelgraue Gefügebestandteile: ungelöster Kalk; hellgraue Gefügebestandteile: Schlackenphase. Nach [4.131]

im unteren Teil des Kalkkörpers bereits das Stadium des inneren Zerfalls des Körpers erreicht hat. Die starke innere Aufweitung der Poren im unteren Teil erklärt die schnelle Infiltration. Nach Erreichen der Sättigung kann die Schlacke dagegen nur noch sehr langsam weiter steigen, da die Poren jetzt nicht mehr aufgeweitet werden. Dies ist bei den berechneten Kurven in Bild 4.22 dadurch berücksichtigt, daß für das Eindringen in die ersten Zentimeter des Kalkstücks bei der Berechnung ein Porendurchmesser von 80 µm und danach ein Porendurchmesser von 10 µm angesetzt wurde. Wegen des geringen Porendurchmessers nach Erreichen der Sättigung wird die nach (4.79) berechnete maximale Steighöhe, die mit $d_0 = 80$ µm; $\sigma = 300$ g/s^2 [4.39]; $\cos \gamma = 0{,}766$ [4.39]; $\eta = 0{,}4$ g/cm s [4.39] und $\xi = 1$ den Wert 33,6 cm ergibt, nicht erreicht. Nachdem der Kalkkörper in Einzelkristallite zerfallen ist, können diese Kristallite leicht durch Strömung weggespült werden. Ihre Auflösung erfolgt dann schnell.

4.4.3 Auflösung von Kalk in silicatischen Schlacken

Unter technischen Bedingungen löst sich Kalk i.d.R. nicht in CaO-FeO$_n$-Schlacken, sondern in Schlacken des Systems CaO-FeO$_n$-SiO$_2$, die außerdem noch Nebenbestandteile enthalten, auf. Dieser Vorgang wurde mehrfach sowohl unter betrieblichen als auch unter Laborbedingungen untersucht [4.132, 4.135, 4.140–4.143]. Dabei wurde als besonderes Merkmal der Kalkauflösung festgestellt, daß in Schlacken mit einem Molverhältnis CaO:SiO$_2$ < 2 um das sich auflösende Kalkstück herum kompakte Schichten von aus der Schlacke ausgefälltem Dicalciumsilicat entstehen [4.140]. Aus heutiger Sicht verläuft dieser Vorgang nach dem in Bild 2.29 erläuterten Mechanismus. Danach erfolgt die Auflösung des Kalks in Schlacken mit höheren SiO$_2$-Gehalten entlang der Linie A-CaO, wobei sich bis zur Einstellung der Kalksättigung in der flüssigen Schlacke zuerst Dicalciumsilicat und danach Tricalciumsilicat ausscheidet. Während der Auflösung eines Kalkstücks liegen die auf der Verbindungslinie A-CaO sich einstellenden Zustände in der nahen Umgebung eines Kalkstücks räumlich nebeneinander vor, und zwar in Richtung von CaO nach A in zunehmendem Abstand von der Oberfläche des Kalkstücks. Bild 4.24 zeigt dies an Anschliffen von Proben aus einem Laborversuch, bei dem poröse Kalkkörner in einer mit Eisen im Gleichgewicht stehenden CaO-FeO$_n$-SiO$_2$ Schlacke bei 1 400 °C aufgelöst wurden. Den drei Teilbildern entsprechen zunehmende Eintauchzeiten der Kalkkörper in der Schlacke. In Bild 4.24a erkennt man rechts unten den Kalk, der wegen seiner vergleichsweise hohen Dichte hier noch nicht infiltriert ist. Der helle Bereich daneben ist eine CaO-FeO$_n$-reiche Schlacke mit einzelnen beim Abkühlen ausgeschiedenen Nadeln aus Tricalciumsilicat. Dann folgt eine wellig geformte kompakte Schicht aus Dicalciumsilicat, die hier schon nach 1 s Eintauchzeit entstanden ist. Links daneben das erstarrte Gefüge der ursprünglichen Schlacke. Im Bild 4.24b ist der Kalk (links unten, hier mit geringerer Dichte als in 4.24a) nach 5 min Tauchzeit deutlich von CaO-FeO$_n$-reicher Schlacke infiltriert mit einer vorgelagerten dichten Schicht aus Dicalciumsilicat. In Bild 4.24c nach 20 min Tauchzeit sind links im Bild nur noch vereinzelt ungelöste Einzelkristallite aus Kalk neben bei der Abkühlung ausgeschiedenen Kalkdendriten und Nadeln aus

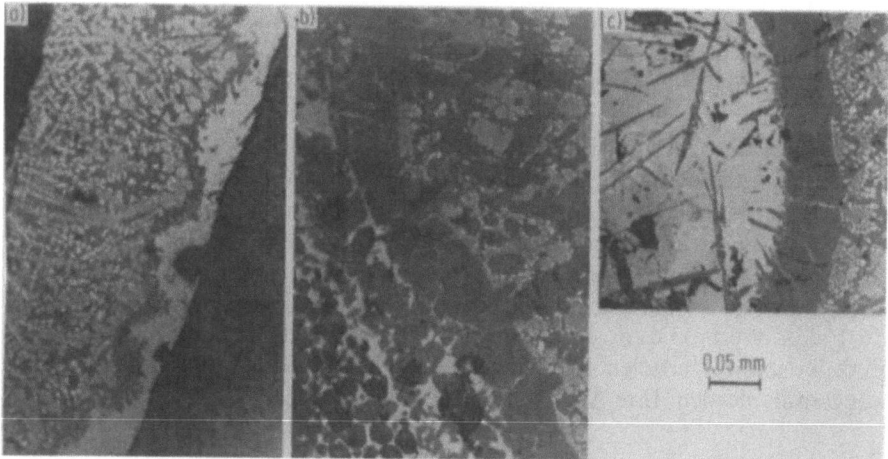

Bild 4.24a–c Auflösungszustand von Kalkkörpern in einer Schlacke aus 25% CaO, 50% FeO$_n$ und 25% SiO$_2$ nach verschiedenen Eintauchzeiten bei 1400°C. **a** Dichte 3,1 g/cm^3, Eintauchdauer 1 s, **b** Dichte 1,6 g/cm^3, Eintauchdauer 5 min, **c** Dichte 1,6 g/cm^3, Eintauchdauer 20 min. Nach [4.144]

Tricalciumsilicat in einer eisenoxidreichen Matrix zu sehen. Rechts befindet sich wiederum eine kompakte Schicht aus Dicalciumsilicat und daneben am Rand das Gefüge der ursprünglichen Schlacke.

Die Ausscheidung der kompakten Schicht des Dicalciumsilicats ist eine Fällungsreaktion vor einer Phasengrenze des Typs, wie er im Abschn. 3.2.9 an den Bildern 3.28 und 3.29 erläutert wurde. Ausgehend von der Oberfläche des Kalkstücks besteht ein Aktivitätsgefälle des CaO in Richtung auf das Innere der Schlacke. In umgekehrter Richtung besteht ein Aktivitätsgefälle des SiO$_2$. CaO und SiO$_2$ diffundieren daher einander entgegen. Nahe der Oberfläche des Kalkstücks ist die Diffusionsstromdichte des CaO groß gegen die des SiO$_2$: $j_{CaO} \gg j_{SiO_2}$, in größerer Entfernung wird sie kleiner. Weitab vom Kalkstück ist die Diffusionsstromdichte des SiO$_2$ groß gegen die des CaO: $j_{SiO_2} \gg j_{CaO}$; sie wird bei Annäherung an das Kalkstück kleiner. Daher gibt es einen bestimmten Abstand, bei dem $j_{CaO} = 2 j_{SiO_2}$ ist. An dieser Stelle entsteht eine Fällungsfront von Dicalciumsilicat, in die ständig äquivalente Mengen an Kalk und an Kieselsäure eindiffundieren und an der immer neue Mengen an Dicalciumsilicat ausgeschieden werden, bis das gesamte Volumen der Fällungsfront ausgefüllt ist. Damit ist die dichte 2CaO·SiO$_2$-Schicht entstanden. Wegen der nahezu vollständigen Volumenausfüllung hört die weitere Fällung von 2CaO·SiO$_2$ nunmehr zunächst fast auf, da CaO und SiO$_2$ räumlich getrennt sind. Dadurch kann die Kalkauflösung verzögert werden. Es ist dafür zu sorgen, daß die Fällungsschichten durch Strömungen zerrissen werden. Sie bilden sich dann wieder neu und müssen erneut zerrissen werden bis der Kalk vollständig gelöst ist.

Bild 4.24 zeigt, daß der Kalk auch bei dieser Art der Auflösung von flüssiger Schlacke infiltriert und daher schließlich von innen her aufgelöst wird. Hohe Porositäten begünstigen den inneren Zerfall und führen zu einer schnelleren Auflösung [4.132].

5 Bewegungsgesetze von festen Teilchen, Tropfen und Gasblasen in Mehrphasensystemen

5.1 Einführung

Bei metallurgischen Reaktionen in Konvertergefäßen, Schmelzöfen, Stahlpfannen usw. bilden die miteinander reagierenden Phasen vielfach Suspensionen und Emulsionen. Die Reaktionen laufen dann an der Grenzfläche zwischen dem suspendierten oder emulgierten Teilchen und der umgebenden Mutterphase ab. Im Prinzip hängt der Ablauf von der spezifischen Reaktionsoberfläche, der Verweilzeit der Teilchen in der Mutterphase und vom Stoffübergangskoeffizienten ab, wobei der Stoffübergangskoeffizient seinerseits eine Funktion der Teilchengröße und der Relativgeschwindigkeit zwischen Teilchen und Mutterphase ist. Die genannten Größen müssen für eine quantitative Rechnung bekannt sein. Dies führt zu der Aufgabe, die Teilchengröße und die Zahl der Teilchen je Volumeneinheit sowie die Bewegungsgesetze der Teilchen, sei es einzeln, sei es als Teilchenschwärme zu bestimmen. Was die Teilchengrößen angeht, so kann man i.allg. davon ausgehen, daß diese aus empirischen Beobachtungen zumindest in der Größenordnung bekannt sind. Im Gegensatz hierzu können die Bewegungsgesetze der Teilchen i.allg. nicht aus empirischen Daten bestimmt werden. Dazu bedarf es vielmehr einer Kenntnis der physikalischen Bedingungen, unter denen die Bewegung abläuft. Diese Kenntnis zu vermitteln ist Aufgabe der folgenden Abschnitte. Das Schwergewicht muß dabei auf der Darstellung der grundlegenden Gesetzmäßigkeiten liegen, soweit diese bekannt sind. Hier kann zum Teil auf Kenntnisse aus der chemischen Verfahrenstechnik zurückgegriffen werden. Genannt seien die Lehrbücher [5.1–5.3]. Darüber hinaus liegt Schrifttum der metallurgischen Verfahrenstechnik vor.

5.2 Bewegung fester Teilchen

Die Bewegung von Teilchen in fluiden Phasen wird, wie jede Bewegung, durch die dabei wirksamen Kräfte geregelt. Da zwischen der dispersen Phase und der Mutterphase Dichteunterschiede bestehen, ist eine treibende Kraft der Bewegung die Schwerkraft, die bei sinkenden Teilchen direkt als Schwerkraft, bei aufsteigenden Teilchen als Auftriebskraft wirksam wird. Die Schwerkraft ist durch

$$K_g = g(\varrho_L - \varrho_P) V_P \qquad (5.1)$$

gegeben. Hierin ist g die Erdbeschleunigung, ϱ_L die Dichte der fluiden Mutterphase, ϱ_P die Dichte des Teilchens und V_P das Volumen des Teilchens. Bei kugelförmigen Teilchen mit dem Durchmesser d_P ist

$$K_g = g(\varrho_L - \varrho_P)\frac{1}{6}\pi d_P^3. \tag{5.2}$$

Die Schwerkraft nimmt also mit der dritten Potenz des Teilchendurchmessers zu. Für $\varrho_L > \varrho_P$ wird K_g positiv: die Teilchen steigen; für $\varrho_L < \varrho_P$ wird K_g negativ: die Teilchen sinken. Gleichung (5.2) kann auch auf Teilchen angewendet werden, die nicht kugelförmig sind, wenn man die Abweichung von der Kugelform durch einen Formfaktor, die sog. Sphärizität berücksichtigt. Zahlenwerte der Sphärizität für Körper verschiedener Geometrie finden sich in [5.4].

Unter dem Einfluß der Schwerkraft wird das Teilchen beschleunigt, so daß seine Geschwindigkeit zunimmt. Mit wachsender Geschwindigkeit werden in steigendem Maße Gegenkräfte wirksam, und zwar die Reibungskraft und die Trägheitskraft. Zusammengefaßt werden sie als Widerstandskraft bezeichnet. Bei einer bestimmten Geschwindigkeit des Teilchens wird die Widerstandskraft gleich der Schwerkraft. Es herrscht Gleichgewicht, und das Teilchen nimmt eine konstante Geschwindigkeit an. In der Regel wird das Gleichgewicht nach sehr kurzer Zeit erreicht, so daß die Bewegung der Teilchen im wesentlichen durch die Gleichgewichtsbedingung bestimmt ist.

Reibungskraft und Trägheitskraft sind aus der Physik bekannt. Bei kugelförmigen Teilchen ist die Reibungskraft durch das Stokessche Gesetz

$$K_\eta = 3\pi\eta d_P u \tag{5.3}$$

und die Trägheitskraft durch den Ausdruck

$$K_\varrho = \frac{\varrho_L}{2}u^2\frac{\pi d_P^2}{4} \tag{5.4}$$

gegeben. In (5.3) ist η die Viskosität der Mutterphase. u ist die Relativgeschwindigkeit zwischen Teilchen und Mutterphase. Aus (5.3) und (5.4) geht hervor, daß die Reibungskraft mit der ersten und die Trägheitskraft mit der zweiten Potenz des Radius und der Geschwindigkeit zunimmt. Bei kleinen Teilchen und niedrigen Geschwindigkeiten überwiegt daher die Reibungskraft, bei großen Teilchen und hohen Geschwindigkeiten die Trägheitskraft. In einem mittleren Bereich sind beide Kräfte in vergleichbarem Maß wirksam. Es ist zweckmäßig, die drei Bereiche durch die Größe der Reynoldszahl

$$Re = \frac{u d_P \varrho}{\eta}$$

zu kennzeichnen, da in die Reynoldszahl das Produkt aus Teilchengröße und Geschwindigkeit eingeht. Dementsprechend ist bei sehr kleinen Reynoldszahlen allein die Reibungskraft maßgebend. Man spricht von schleichender Bewegung. Bei sehr großen Reynoldszahlen ist es umgekehrt. Die Bewegung wird praktisch reibungsfrei.

Im Bereich mittlerer Reynoldszahlen müssen beide Kräfte berücksichtigt werden. Es hat sich als zweckmäßig erwiesen, einen für alle Reynoldszahlen geltenden einheitlichen Ausdruck der Widerstandskraft zu entwickeln, der die beiden Gleichungen (5.3) und (5.4) als Grenzfälle enthält. Um das zu erreichen, setzt man die Widerstandskraft formal gleich der Trägheitskraft und multipliziert sie mit einem von der Reynoldszahl abhängigen Korrekturfaktor ζ, der als Widerstandszahl oder Widerstandsbeiwert bezeichnet wird:

$$K_w = \zeta(Re) \frac{\varrho_L}{2} u^2 F, \qquad (5.5)$$

wobei F die senkrecht zur Strömungsrichtung liegende Querschnittsfläche des Teilchens, bei Kugeln also $\pi d_P^2/4$ ist. Der Wert von ζ muß empirisch bestimmt werden.

Wenn zwischen Widerstandskraft und Schwerkraft Gleichgewicht herrscht, so gilt $K_g = K_w$ oder nach (5.2) und (5.5) für Kugeln

$$g(\varrho_L - \varrho_P) \frac{1}{6} \pi d_P^3 = \zeta(Re) \frac{\varrho_L}{2} u^2 \frac{\pi}{4} d_P^2$$

und daraus

$$u = \left\{ \frac{4}{3} \frac{g d_P}{\zeta} \frac{\varrho_L \varrho_P}{\varrho_L} \right\}^{1/2}. \qquad (5.6)$$

Gleichung (5.6) läßt die physikalische Bedeutung der Widerstandszahl erkennen. Da der Faktor neben ζ in (5.5) die Trägheitskraft ist, folgt

$$\zeta = \frac{K_g}{K_\varrho} = \frac{4}{3} \frac{g d_P}{u^2} \frac{\varrho_L - \varrho_P}{\varrho_L} \qquad (5.7)$$

Die Widerstandszahl ist also das Verhältnis von Schwerkraft zu Trägheitskraft. Da die Größe $g d_P/u^2$ die reziproke Froudezahl ist und diese in (5.7) nur um das Dichteverhältnis erweitert ist, haben Widerstandszahl und reziproke Froudezahl die gleiche physikalische Bedeutung.

Bild 5.1 zeigt für Kugeln die Widerstandszahl als Funktion der Reynoldszahl [5.95]. Bei Reynoldszahlen bis etwa 0,5 ist $\zeta = 24/Re$. Hier herrscht schleichende Bewegung, da sich der Wert $\zeta = 24/Re$ ergibt, wenn man (5.3) und (5.5) gleichsetzt und nach ζ auflöst. Bei Reynoldszahlen größer als 0,5 kommt die Trägheitskraft ins Spiel. Das kann nach [5.5] bis zu Reynoldszahlen von 1 durch

$$\zeta = \frac{24}{Re}\left(1 + \frac{3}{16} Re\right) \qquad (5.8)$$

ausgedrückt werden. Bei $Re > 1$ gilt nach Bild 5.1 $\zeta = 18,5/Re^{3/5}$. Oft wird stattdessen auch $\zeta = 12/Re^{1/2}$ verwendet. Auch hier wirken Reibungskraft und Trägheitskraft gleichzeitig. Ab $Re \approx 10^3$ wird ζ konstant gleich 0,44, da nur noch die Trägheitskraft wirkt. Dieser Bereich wird als Newtonscher Bereich bezeichnet. Das Widerstandsgesetz gehorcht hier formal (5.5) mit konstantem ζ. Oberhalb $Re \approx 2 \cdot 10^5$ nimmt ζ nochmals ab, da die Strömung stärker turbulent wird.

222 5 Bewegungsgesetze von festen Teilchen, Tropfen und Gasblasen

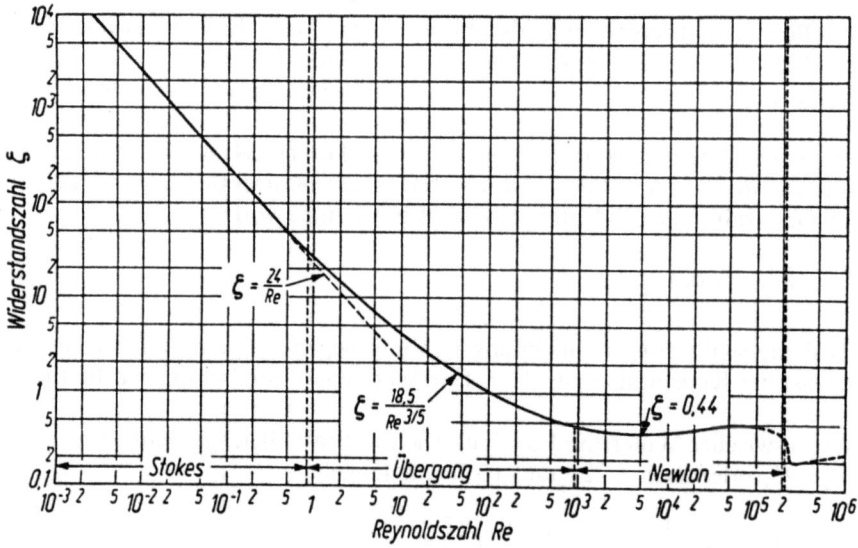

Bild 5.1 Widerstandszahl der festen Kugel als Funktion der Reynoldszahl nach [5.95]

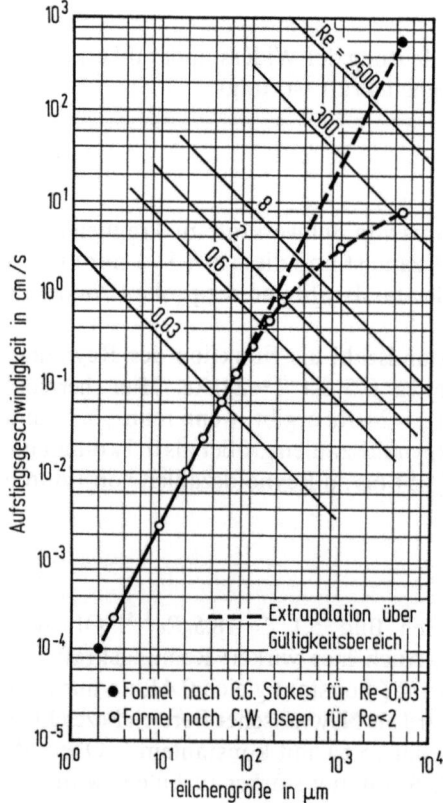

Bild 5.2 Geschwindigkeit als Funktion des Teilchendurchmessers nach den Gesetzen von Stokes und Oseen für den Aufstieg von kugelförmig angenommenen Tonerdeteilchen in flüssigem Stahl nach [5.6]

Bei Kenntnis der Widerstandszahlen können die Teilchengeschwindigkeiten berechnet werden, indem man die Widerstandszahlen in (5.6) einsetzt. Für die drei Bereiche in Bild 5.1 erhält man bei kugelförmigen Teilchen für $Re<0,5$:

$$u=\frac{2(\varrho_L-\varrho_P)gd_P^2}{18\eta}, \tag{5.9}$$

für $0,5<Re<10^3$ und mit $\zeta=12/Re^{1/2}$:

$$u=\left[\frac{g(\varrho_L-\varrho_P)}{9\eta^{1/2}\varrho_L^{1/2}}\right]^{2/3}d_P \tag{5.10}$$

und für $10^3<Re<2\cdot 10^5$

$$u=\left[\frac{g(\varrho_L-\varrho_P)d_P}{0,33\varrho_L}\right]^{1/2}. \tag{5.11}$$

Im flüssigen Stahl kommen feste Teilchen als Desoxidationsprodukte und als Teilchen, die in den Stahl als Schlackenpulver, Kalkpulver etc. oder als Legierungsstoffe eingeblasen werden, vor. Desoxidationsprodukte sowie Schlakkenpulver, Kalkpulver etc. haben i.d.R. Teilchendurchmesser von maximal 10^{-2} cm. Für sie ergibt sich aus (5.9) mit $\varrho_L=7,02\cdot 10^3$ kg/m³; $\varrho_P=3,5\cdot 10^3$ kg/m³; $\eta=5,3\cdot 10^{-3}$ kg/ms bei $d_P=10^{-2}$ cm:

$$u=0,41 \text{ cm/s}$$

und daraus eine Reynoldszahl $Re=0,28$. Gleichung (5.9) ist also hier gültig. Bild 5.2 [5.6] zeigt die Teilchengeschwindigkeit als Funktion des Teilchendurchmessers nach (5.9), ferner die Korrektur nach [5.5]. Die zugehörigen Linien gleicher Reynoldszahlen sind eingezeichnet.

Eingeblasene Legierungsstoffe können größere Durchmessr als 10^{-2} cm haben. Dann sind (5.10) und (5.11) anzuwenden.

5.3 Bewegung von Gasblasen

5.3.1 Blasenentstehung

Gasblasen in Schmelzen entstehen durch Kohlenmonoxidbildung oder dadurch, daß Rühr- oder Spülgas in eine Schmelze eingeblasen wird. Die primäre Blasenbildung erfolgt in beiden Fällen an einer düsenförmigen Öffnung, aus der die Blase in die Schmelze übertritt. Bei der Bildung von CO-Blasen sind diese Öffnungen Poren in der feuerfesten Wand, sonst sind es Düsen oder Porensteine. Die Blasengröße im Moment des Ablösens wird durch die Auftriebskraft der Blase, durch die Oberflächenkraft am Düsenrand und durch die auf das aufströmende Gas ausgeübte Widerstandskraft bestimmt. Wenn die Auftriebskraft gleich der Summe aus der Oberflächenkraft und der Widerstandskraft ist, kann sich die Blase ablösen. Nach [5.7] kann man dann die Blasengröße wie folgt berechnen. Die Auftriebskraft ist

$$K_g = \frac{\pi}{6} d_B^3 g (\varrho_L - \varrho_G) \approx \frac{\pi}{6} d_B^3 g \varrho_L \qquad (5.12)$$

mit d_B Äquivalentdurchmesser der als kugelförmig angenommenen Blase. Die Oberflächenkraft ist

$$K_\sigma = \pi d \sigma \qquad (5.13)$$

mit d Düsendurchmesser. Die Widerstandskraft ergibt sich zu

$$K_w = \zeta \frac{\varrho_L}{2} u_a^2 \frac{\pi}{4} d_f^2 \qquad (5.14)$$

u_a ist hier die Aufstiegsgeschwindigkeit und d_f der Durchmesser des größten Querschnitts der Blase. Dieser Durchmesser muß nicht gleich dem Äquivalentdurchmesser d_B sein, da die Blase sich, besonders bei hohen Austrittsgeschwindigkeiten abflacht. d_f hängt von der Blasengröße, ausgedrückt durch d_B und vom Verhältnis des Äquivalentdurchmessers d_B zum Düsendurchmesser d ab. Daraus folgt

$$d_f = K_1 d_B \left(\frac{d_B}{d} \right)^m. \qquad (5.15)$$

Die Aufstiegs- oder Ablösegeschwindigkeit u_a der Blase ist mit dem Volumenstrom des Gases $\dot{V}_G = u_d \pi / 4 d^2$ (u_d Austrittsgeschwindigkeit an der Düse) durch

$$\frac{\pi}{4} u_d d^2 = \frac{\pi}{4} u_a d_f^2 \qquad (5.16)$$

verknüpft. Der Volumenstrom $\dot{V}_G$ kann auch durch

$$\dot{V}_G = \frac{\pi}{6} d_B^3 f \qquad (5.17)$$

ausgedrückt werden. Hierin ist f die Blasenablösefrequenz. Bei großen Werten von $\dot{V}_G$ ist f konstant [5.7]. Daher gilt $\dot{V}_G / d_B^3 = $ const. Setzt man (5.15) und (5.16) in (5.14) ein, so folgt aus der Gleichgewichtsbedingung

$$K_g = K_\sigma + K_w \qquad (5.18)$$

die Beziehung

$$\frac{12\zeta}{\pi^2 K_1^2} \frac{\dot{V}_G^2 d^{2m}}{d_B^5 g d^{2m}} + \frac{6\sigma d}{g d_B^3 \varrho_L} = 1. \qquad (5.19)$$

Aus der Bedingung $\dot{V}_G / d_B^3 = $ const folgt $m = 1/2$. Setzt man

$$K = \frac{12\zeta}{\pi^2 K_1}, \qquad (5.20)$$

so erhält man für den Blasendurchmesser

$$d_B = \left[\frac{3\sigma d}{g \varrho_L} + \left\{ \frac{9\sigma^2 d^2}{g^2 \varrho_L^2} + K \frac{\dot{V}_G^2 d}{g} \right\}^{1/2} \right]^{1/3}. \qquad (5.21)$$

Die Konstante K wurde aus Versuchen bestimmt. Es ergaben sich folgende Werte: $K=15$ [5.8], $K=13{,}7$ [5.9], $K=10$ [5.10, 5.15], $K=26$ [5.7].

Gleichung (5.21) läßt sich dimensionslos ausdrücken, indem man sie durch $(3\sigma d/g\varrho_L)^{1/3}$ dividiert. Man erhält dann mit $K=15$ einen bezogenen Blasendurchmesser

$$d_B^* = \frac{d_B}{(3\sigma d/g\varrho_L)^{1/3}} = \left[1 + \left\{1 + 1{,}028 \frac{We^2}{Fr}\right\}^{1/2}\right]^{1/3}. \quad (5.22)$$

Hierin ist die Weberzahl

$$We = \frac{u_d^2 d \varrho_L}{\sigma}$$

und die Froudezahl

$$Fr = \frac{u_d^2}{gd}.$$

Die Weberzahl ist das Verhältnis von Trägheitszahl zu Oberflächenkraft und die Froudezahl das von Trägheitskraft zu Schwerkraft. Dementprechend ist

$$\frac{We^2}{Fr} = \frac{K_g K_\varrho}{K_\sigma^2}. \quad (5.23)$$

In Abhängigkeit von der durchgesetzten Gasmenge gibt es entsprechend (5.21) drei Bereiche. Bei kleinen Gasmengen wird die Blasengröße allein durch die Auftriebskraft des Gases und die Oberflächenkraft bestimmt, die Trägheitskraft spielt keine Rolle. Bei großen Gasdurchsätzen wird die Blasengröße allein durch die Auftriebskraft der Blase und die Trägheitskraft der Flüssigkeit bestimmt, die Oberflächenkraft spielt keine Rolle. Dazwischen gibt es einen Bereich, in dem alle drei Kräfte berücksichtigt werden müssen.

Die bisher in der Literatur bekannt gewordenen Ergebnisse lassen sich wie folgt beschreiben. Hoefele und Brimacombe [5.11] studierten das Volumen der sich ablösenden Blasen in Abhängigkeit von der eingeblasenen Gasmenge $\dot{V}_G$, und zwar bei Gasmengen oberhalb 200 cm³/s. Ihre Ergebnisse ließen sich gut mit einer Theorie nach [5.12–5.14] beschreiben. Diese Theorie nimmt an, daß die Blasen kugelförmig wachsen und berücksichtigt als Kräfte die Auftriebskraft der Blase und die Trägheitskraft der die Blase umgebenden Flüssigkeit. Sie ergibt

$$V_{\text{Blase}} = \gamma [\dot{V}_G g^{-0{,}5}]^n, \quad (5.24)$$

mit $\gamma = 1{,}138$ und $n = 1{,}2$. Theoretisch müßte nach (5.21) $n=1$ herauskommen. Die Abweichung ist also nur gering. Für die Konstante γ wäre allerdings theoretisch eine Abhängigkeit vom Düsendurchmesser zu erwarten.

Untersuchungen über die Blasengröße wurden ferner von Mori, Sano und Sato durchgeführt [5.15]. Diese stellten fest, daß beim Einblasen von Gas in Flüssigkeiten, die das Einblasrohr nicht benetzen, z.B. Metallschmelzen, der äußere Durchmesser der Düse für die Blasengröße bestimmend ist. Bei kleinen Gasströmen ist die Blasengröße unabhängig vom Gasstrom. Die Trägheitskraft hat keinen Einfluß. Die Blasengröße wird durch das Gleichgewicht zwischen der

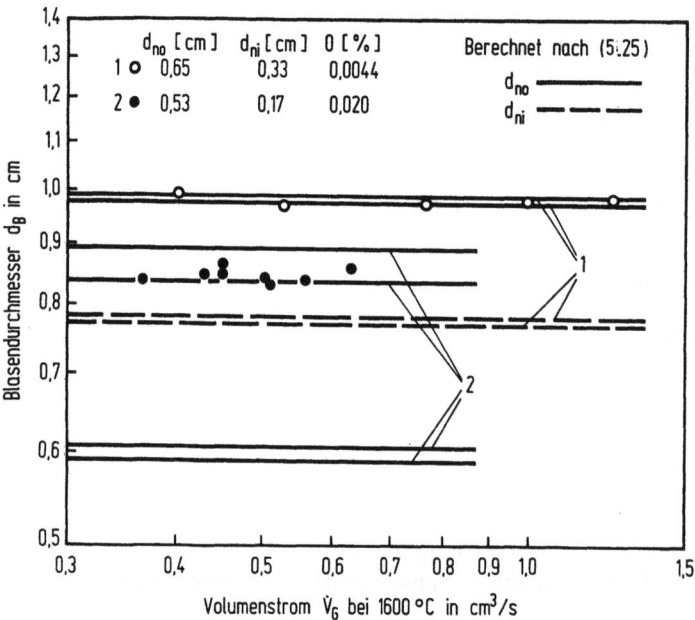

Bild 5.3 Blasendurchmesser beim Einblasen von Argon in flüssiges Eisen bei niedrigen Volumenströmen des Gases. d_{no} äußere Durchmesser, d_{ni} innerer Durchmesser der Düse. Nach [5.15]

Auftriebskraft und der Oberflächenkraft bestimmt. Man erhält aus (5.21) für den Blasendurchmesser d_B:

$$d_B = \left[\frac{6\sigma d}{g\varrho_L}\right]^{1/3}. \tag{5.25}$$

Bild 5.3 zeigt für kleine Gasströme die gemessenen Blasendurchmesser als Funktion des Gasvolumenstroms beim Einblasen von Argon in flüssiges Eisen. Der Blasendurchmesser ist unabhängig vom Volumenstrom. Die eingezeichneten Geraden geben nach (5.25) berechnete Blasendurchmesser für die im Bild angegebenen Bedingungen wieder. Für d wurde bei den ausgezogenen Geraden der äußere, bei den gestrichelten Geraden der innere Düsendurchmesser eingesetzt. Es sind jeweils Paare von Geraden gezeichnet, bei denen unterschiedliche Werte der Grenzflächenspannung σ benutzt wurden, die oberen nach [5.16], die unteren nach [5.17]. Das Bild zeigt gute Übereinstimmung der Meßwerte mit (5.25), wenn der äußere Düsendurchmesser eingesetzt wurde. Daraus folgt, daß die Blasen sich am äußeren Düsenrand ablösen. Die Ursache dafür ist die Nichtbenetzbarkeit des Düsenmaterials durch das flüssige Metall.

Bei mittleren Werten des Volumenstroms des Gases (40 bis 1 000 cm³/s) wurden in [5.15] beim Einblasen von Stickstoff in Quecksilber sowie flüssiges Silber und flüssiges Eisen Werte gefunden, die gut mit einer empirischen Formel für die Systeme Luft-Öl und Luft-Wasser [5.9] übereinstimmten, wenn auch hier für den Düsendurchmesser der äußere Rohrdurchmesser eingesetzt wurde (Bild

5.3 Bewegung von Gasblasen   227

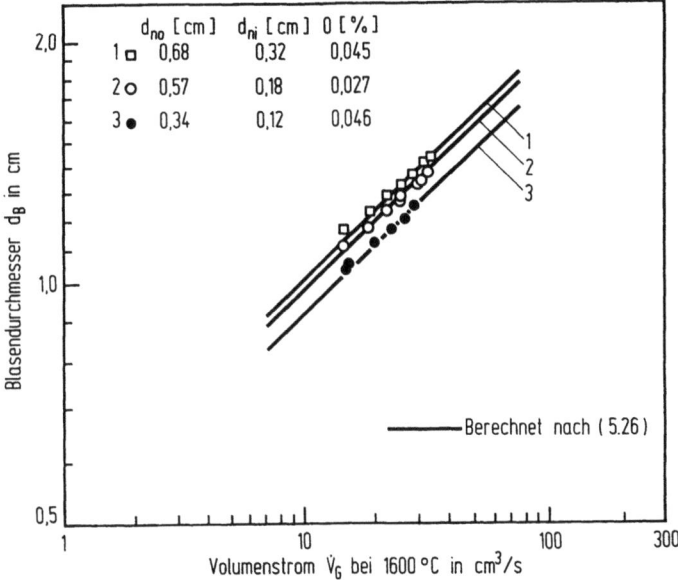

Bild 5.4 Blasendurchmesser beim Einblasen von Argon in flüssiges Eisen bei mittleren Volumenströmen des Gases. d_{no} äußerer Durchmesser, d_{ni} innerer Durchmesser der Düse. Nach [5.15]

5.4). Hier spielte der Gasvolumenstrom und damit die Trägheitskraft eine Rolle. Die Formel [5.9] lautet

$$d_B = 0{,}54\,(\dot{V}_G d^{0,5})^{0,289}. \qquad (5.26)$$

Die Blasendurchmesser d_B und die Düsendurchmesser d sind hier in cm, der Gasstrom $\dot{V}_G$ in cm³/s auszudrücken. Der Vorfaktor 0,54 ist dimensionsbehaftet. Dadurch wird die physikalische Bedeutung von (5.26) schwer durchschaubar. Das läßt sich verbessern, wenn anstelle von (5.26)

$$d_B = \left[13{,}7\left(\frac{\dot{V}_G^2 d}{g}\right)\right]^{0{,}1445} \qquad (5.27)$$

geschrieben wird. Der Vorfaktor 13,7 ist dann nahezu dimensionslos. Er wäre vollständig dimensionslos, wenn der Exponent $0{,}1667 = 1/6$ betrüge. Die verbleibende geringe Abweichung gegenüber 0,1445 ergibt sich aus dem empirischen Charakter von (5.26). Physikalisch entspricht der Vorfaktor 13,7 dem Wert K in (5.21). Damit stimmt (5.27) im wesentlichen mit (5.21) für große Werte von $\dot{V}_G$ überein. Von [5.18, 5.19] wurden experimentelle und theoretische Untersuchungen über die Vorgänge beim Einblasen von Gas in geschmolzenes Metall gemacht. Es wurde in Übereinstimmung mit [5.15] beim Einblasen von Gas in 60 kg Roheisenschmelzen festgestellt, daß die Grenzflächenspannung für die Blasengröße eine wesentliche Rolle spielt und daß bei nicht benetzbaren Flüssigkeiten der äußere Durchmesser des Eintauchrohres für die Blasengröße maßgebend ist.

Wählt man diesen Wert als charakteristischen Düsendurchmesser, so stimmen die Ergebnisse mit Modellversuchen an Wasser, wo man den inneren Rohrdurchmesser einsetzte, überein. Die Messungen erstrecken sich über Gasströme von 10 bis 1 000 cm^3/s.

Mit steigendem Volumenstrom werden die Blasen größer, während die Blasenfrequenz bei Volumenströmen, bei denen die Oberflächenkraft keine Rolle mehr spielt, konstant ist. Infolgedessen nehmen die Abstände der Einzelblasen mit steigendem Volumenstrom immer mehr ab bis sich die Blasen berühren. Dann lösen sich keine Blasen mehr ab, sondern das Gas tritt als Strahl in die Flüssigkeit ein. Man nennt diesen Vorgang Strahlgasen, während man das Ablösen einzelner Blasen als Blasengasen bezeichnet. Nach dem Übergang vom Blasengasen zum Strahlgasen lösen sich Einzelblasen erst am Ende des Strahls ab. Sie zerfallen anschließend in kleinere Blasen unterschiedlicher Größe [5.2]. Eine einheitliche theoretische Erklärung des Übergangs vom Blasengasen zum Strahlgasen gibt es bisher nicht. Die in der Literatur veröffentlichten Ergebnisse sind unterschiedlich. Nach [5.20] findet der Übergang bei einem Wert $We^2/Fr = 675$ statt. Der Übergang erfolgt allerdings nicht plötzlich, sondern erstreckt sich über einen bestimmten Bereich von We^2/Fr. Nach [5.11], wo verschiedene Gase in Wasser, Zinkchloridlösung und Quecksilber eingeleitet wurden, erfolgt der Übergang bei bestimmten Werten der erweiterten Froudezahl

$$Fr' = \frac{u_d^2}{gd} \frac{\varrho_G}{\varrho_L - \varrho_G} \approx \frac{u_d^2}{gd} \frac{\varrho_G}{\varrho_L} \, , \tag{5.28}$$

mit u_d Geschwindigkeit des Gases an der Düse. Der Übergang erfolgt ebenfalls nicht plötzlich, sondern in einem bestimmten Bereich von Fr'. Die Werte von Fr', bei denen der Übergang stattfindet, hängen außerdem noch von dem Verhältnis ϱ_G/ϱ_L und vom Düsendurchmesser ab. Beim Einblasen von Argon, Luft oder Helium in Quecksilber erfolgt der Übergang vom Blasengasen zum Strahlgasen bei einer Machzahl von 1, d.h. bei Schallgeschwindigkeit, während beim Einblasen der gleichen Gase in gesättigte $ZnCl_2$-Lösung oder in Wasser die entsprechenden Machzahlen 0,3 bzw. 0,2 betragen [5.11].

Der Übergang vom Blasengasen zum Strahlgasen wurde auch in [5.21–5.24] untersucht, und zwar zuerst an Quecksilber, später auch an Wasser. Nach diesen Untersuchungen erfolgt der Übergang in allen Fällen dann, wenn das Gas an der Düse die Schallgeschwindigkeit erreicht hat. Der Übergang ist aber nicht plötzlich, vielmehr beginnt mit dem Erreichen der Schallgeschwindigkeit das Gas zeitweise als Strahl zu blasen. In diesem Strahl ist die Gasgeschwindigkeit vor der Düse infolge der Expansion größer als die Schallgeschwindigkeit. Der Anteil des Strahlgasens nimmt mit weiter ansteigender Geschwindigkeit zu. Bild 5.5 zeigt dazu für drei verschiedene Gas-Flüssigkeit-Systeme und für einen Düsendurchmesser von 0,2 cm den Anteil des Strahlgasens in Abhängigkeit von der sog. nominellen Machzahl. Diese ist das Verhältnis der nominellen Gasgeschwindigkeit (für Umgebungsdruck) zur Schallgeschwindigkeit. Die Zunahme des Strahlgasens hängt außer von der Machzahl auch vom Verhältnis ϱ_G/ϱ_L ab.

Die Ergebnisse von [5.21–5.24] stimmen nur zum Teil mit den zuvor erwähnten von [5.11, 5.20] überein. Die generelle Bedeutung der Schallgeschwin-

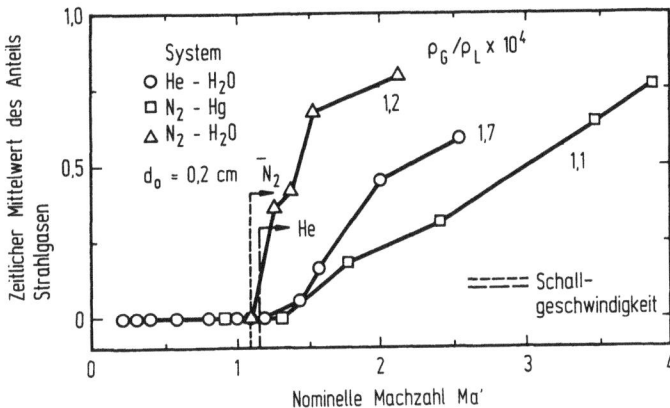

Bild 5.5 Zeitlicher Anteil des Strahlgases für drei verschiedene Modellsysteme als Funktion der nominellen Machzahl. d_0 Düsendurchmesser. Nach [5.24]

digkeit wird jedoch verständlich, wenn man bedenkt, daß das Gas aus der normalerweise zylindrisch geformten Düse maximal mit Schallgeschwindigkeit austreten kann. Ist die berechnete Geschwindigkeit größer, so nimmt an der Düsenmündung in Wirklichkeit nicht die Geschwindigkeit, sondern der Druck zu. Der Gasdruck an der Düse ist dann größer als der Umgebungsdruck. Er fällt erst im Strahl, der sich vor der Düse ausbildet ab, wobei dann die Geschwindigkeit über die Schallgeschwindigkeit ansteigt. Unter diesen Umständen ist ein Ablösen von Blasen direkt an der Düse nicht mehr möglich, weil die Flüssigkeit wegen des überhöhten Gasdrucks an der Düse nicht mehr an die Düse zurückschlagen kann. Dieser Zustand tritt allerdings beim Erreichen der Schallgeschwindigkeit nicht plötzlich auf. Da die Flüssigkeit vom eingeblasenen Gas bewegt wird und dabei kinetische Energie aufnimmt, kann sie mit dieser Energie im statistischen Mittel zeitweise doch noch an die Düse zurückschlagen. Das Zurückschlagen wird aber um so unwahrscheinlicher, je größer die Machzahl ist. Daher nimmt der zeitliche Anteil des Strahlgases mit zunehmender Machzahl zu.

Bei der Pfannenmetallurgie liegen beim Einblasen von Argon in Stahlschmelzen die Gasmengen zwischen 0,2 und 5 $Nm^3 Ar \cdot min^{-1}$. Dem entsprechen bei $T = 1873$ K, $p = 3,5$ bar und $d = 2$ cm Gasgeschwindigkeiten an der Düse von 21 bis 519 m/s. Das ist unter der für diese Bedingungen geltenden Schallgeschwindigkeit von 806 m/s. Man liegt also i.d.R. im Bereich des Blasengasens. Im Gegensatz hierzu hat man in der Konvertermetallurgie beim bodenblasenden Sauerstoffkonverter an den Düsenmündungen Schallgeschwindigkeit bei Gasdrücken von 2 bar und mehr. Hier liegt Strahlgasen vor.

Eine weitere Untersuchung zum Übergang vom Blasengasen zum Strahlgasen führte McNallen [5.25, 5.26] durch. Danach soll der Übergang eintreten, wenn der Gasmengenstrom den Wert 40 $g/cm^2 s$ überschreitet. Eine theoretische Erklärung hierfür wird nicht angegeben. Auch bei Anwendung des Kriteriums von McNallen liegt man bei der Pfannenmetallurgie im Bereich des Blasengasens und beim bodenblasenden Konverter im Bereich des Strahlgasens.

5.3.2 Widerstandsgesetze für Gasblasen

Bei der Bewegung von Tropfen und Blasen ist deren Form im Gegensatz zu Feststoffteilchen nicht konstant, sondern kann sich ändern. Da dies eine Änderung der Oberflächengröße zur Folge hat, muß hier zusätzlich die Oberflächenkraft berücksichtigt werden. Deren Einfluß ist um so stärker, je kleiner die Blase bzw. der Tropfen ist. Kleine Blasen und Tropfen streben stets die Form mit dem kleinsten Oberfläche/Volumen-Verhältnis, d.h. die Kugelform an. Diese Form ändert sich erst, wenn Trägheitskräfte ins Spiel kommen. Solange diese vernachlässigt werden können, gilt, ebenso wie bei Festkörpern, das Stokessche Gesetz. Allerdings bedarf dieses Gesetz bei Gasblasen und Tropfen einer Korrektur, da die Phasengrenzfläche beweglich ist und eine Oberflächenerneuerung stattfinden kann. Diese Oberflächenerneuerung hat eine Umlaufströmung im Innern der Blase bzw. des Tropfens zur Folge. Die Umlaufströmung wurde von Rybczinski und Hadamard [5.27, 5.28] berechnet. Zum Verständnis sind in Bild 5.6 die Stromlinien um die umströmte feste Kugel nach Stokes und den umströmten Tropfen nach [5.27, 5.28] sowie die jeweiligen Geschwindigkeitskomponenten u_x in der Äquatorebene einander gegenübergestellt [5.4]. Stromlinien sind Linien für konstante Werte der Stromfunktion Ψ (vgl. Abschn. 3.2.4). Bei der festen Kugel ist die Geschwindigkeit in der Grenzfläche Null; beim Tropfen ist sie in beiden Phasen gleich, aber ungleich Null. Im Tropfen nimmt die Geschwindigkeit zum Mittelpunkt hin ab und erreicht im Innern entsprechend der entgegengesetzten Strömungsrichtung negative Werte. Wegen der beweglichen Grenzfläche ist der Widerstand im Vergleich zum Stokesschen Gesetz verkleinert,

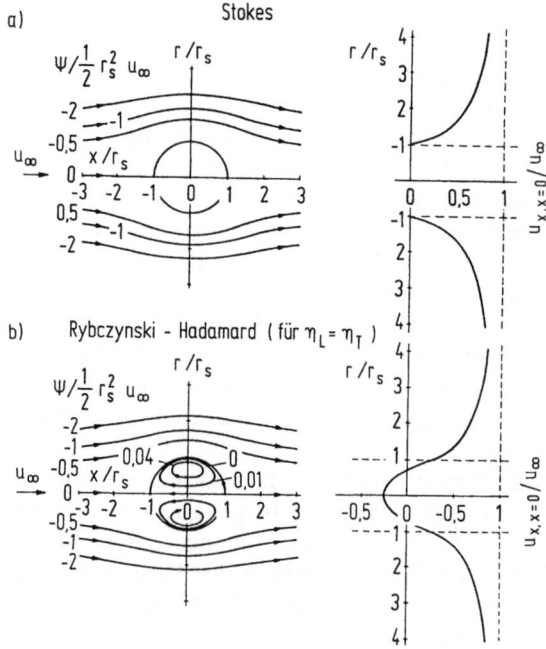

Bild 5.6a, b Stromlinien und Geschwindigkeitskomponente u_x bei $x=0$ für **a** die angeströmte feste Kugel (Stokes); **b** den angeströmten Tropfen (Rybczinski-Hadamard für $\eta_L = \eta_T$). u_∞ = Außengeschwindigkeit. Nach [5.4]

die Aufstiegsgeschwindigkeit also vergrößert. Anstelle von (5.3) erhält man für die Reibungskraft

$$K_\eta = \pi \eta_L d_T u \frac{2\eta_L + 3\eta_T}{\eta_L + \eta_T},\tag{5.29}$$

wobei η_L die Viskosität der flüssigen Mutterphase und η_T die Viskosität des Tropfens ist. Aus (5.29) folgt für $\eta_T \gg \eta_L$ (feste Teilchen) die Gleichung (5.3) und für $\eta_T \ll \eta_L$ (Gasblasen)

$$K_\eta = 2\pi \eta_L d_T u.\tag{5.30}$$

An Gasblasen ist also die Reibungskraft nur 2/3 der an Feststoffteilchen. Entsprechend ist die theoretische Aufstiegsgeschwindigkeit von Gasblasen unter sonst gleichen Bedingungen gleich 3/2 der von Feststoffteilchen. Dies gilt nur für den Bereich schleichender Bewegung. Aus (5.5) und (5.29) folgt mit $K_w = K_\eta$ für die Widerstandszahl

$$\zeta = \frac{8}{Re} \frac{2\eta_L + 3\eta_T}{\eta_L + \eta_T}.\tag{5.31}$$

Experimentelle Untersuchungen zeigen, daß sich Gasblasen und Tropfen häufig nicht nach dem Gesetz von Rybczinski und Hadamard, sondern wie feste Teilchen bewegen. In diesen Fällen wird durch grenzflächenaktive Substanzen die Oberflächenerneuerung und damit die innere Zirkulation unterdrückt. Die Unterdrückung entsteht dadurch, daß bei der Bewegung des Tropfens oder der Gasblase in der umgebenden Flüssigkeit die Konzentration der grenzflächenaktiven Substanz an der angeströmten Seite wegen der ständigen Erneuerung der Grenzflächen niedriger ist als dem Gleichgewicht entspricht, auf der Rückseite dagegen höher, da durch die Strömung die in der Grenzfläche befindlichen Moleküle nach hinten transportiert werden. Infolge des so entstandenen Konzentrationsgradienten stellt sich ein Gradient der Grenzflächenspannung und damit eine zusätzliche Tangentialkraft ein, durch welche die Strömung entlang der Grenzfläche verzögert wird. Bei vollständiger Verhinderung der Oberflächenerneuerung ist die Geschwindigkeit in der Phasengrenze gleich Null, und Blase oder Tropfen verhalten sich wie ein Festkörper.

Bei höheren Reynoldszahlen tritt auch bei Tropfen und Blasen zusätzlich die Trägheitskraft als Widerstandskraft auf. Die Widerstandszahl zeigt hier allerdings kein so einfaches Verhalten wie bei festen Teilchen. Die Tropfen und Blasen weisen starke Deformationen auf und führen schwingende Bewegungen aus. Daher hat neben der Trägheitskraft auch die Oberflächenkraft Einfluß auf die Bewegung. Dies führt in einem mittleren Bereich der Reynoldszahlen zu einer Abnahme der Geschwindigkeit mit steigender Tropfen- bzw. Blasengröße. Im einzelnen sind diese Vorgänge hauptsächlich an Blasen untersucht [5.1]. Da hier insgesamt vier Kräfte wirksam sind, wird das Verhalten durch insgesamt drei voneinander unabhängige dimensionslose Kennzahlen beschrieben: Die Widerstandszahl oder die Froudezahl, die Reynoldszahl und die Weberzahl. Zur Wiedergabe der Ergebnisse mit diesen drei Kennzahlen muß man eine Parameterdarstellung wählen [5.1]. Es liegt nahe, unmittelbar die dimensionslose Aufstiegsgeschwindigkeit gegen die dimensionslose Blasengröße, ausgedrückt durch den Durchmesser der volumengleichen Kugel, aufzutragen und als Parameter eine Größe zu wählen, in der weder die Aufstiegsgeschwindigkeit noch die Blasengröße vorkommen, die also außer der Erdbeschleunigung nur stoffspezifische Größen enthält. Als dimensionslose Aufstiegsgeschwindigkeit und dimensionslose Blasengröße eignen sich jeweils mehrere Kombinationen der drei Kennzahlen Re, Fr und We. Es sei für die Aufstiegsgeschwindigkeit

$$(WeFr)^{1/4} = u \sqrt[4]{\varrho_L/(\sigma g)}$$

und für die Blasengröße

$$(We/Fr)^{1/2} = d\sqrt{g\varrho_L/\sigma}$$

gewählt. Das Verhältnis We/Fr wird auch als Eötvöszahl oder Bondzahl bezeichnet.

Der gesuchte Parameter ergibt sich, wenn man das Potenzprodukt

$$Re^4 Fr We^{-3} = \frac{\varrho_L \sigma^3}{g \eta^4} \tag{5.32}$$

bildet. Nach [5.1] bezeichnet man diesen Ausdruck als Flüssigkeitskonstante C, da er für eine gegebene Flüssigkeit einen konstanten Wert hat. Andere bezeichnen ihn als Mortonzahl.

Bild 5.7 zeigt das Ergebnis für einen Wert $C = 3{,}9 \cdot 10^{10}$, der für Wasser von 20 °C gilt, nach Messungen verschiedener Autoren [5.29 – 5.32] sowie für $C = 1{,}1 \cdot 10^{12}$, der für flüssiges Eisen bei 1 600 °C gilt. In das Bild wurden außerdem Linien gleicher Reynolds-, Weber- und Froudezahl eingetragen, damit deren Werte auch direkt abgelesen werden können. Das Bild zeigt vier unterschiedliche Bereiche. Diese lassen sich fünf unterschiedlichen Blasenformen zuordnen, die im Bild 5.8 wiedergegeben sind.

1. Bereich (Bild 5.8a, Linie AB in Bild 5.7)

Sehr kleine Blasen werden in ihrer Form ausschließlich von der Oberflächenkraft bestimmt und sind daher kugelförmig. Die Aufstiegsgeschwindigkeit ist von der Oberflächenkraft unabhängig. Als Widerstandskraft wirkt allein die Reibung. Die Aufstiegsgeschwindigkeit gehorcht dem Stokesschen Gesetz, evtl. korrigiert nach Rybczinski-Hadamard. Für Einzelblasen gilt dieser Bereich bis etwa $Re = 2$.

2. Bereich (Bild 5.8b, Linie BC in Bild 5.7)

Mit steigender Blasengröße kommt die Trägheitskraft der Flüssigkeit mit ins Spiel, so daß die Aufstiegsgeschwindigkeit langsamer zunimmt als im 1. Bereich. Die Blasen haben aber noch Kugelform, und die Aufstiegsgeschwindigkeit ist daher noch immer unabhängig von der Oberflächenkraft. Häufig tritt innere Zirkulation auf. Für diesen Bereich wurde ein Widerstandsgesetz von Levitsch [5.33] unter der Annahme ungehinderter Oberflächenerneuerung entwickelt. Es lautet

$$\zeta = 48 Re^{-0{,}5}.$$

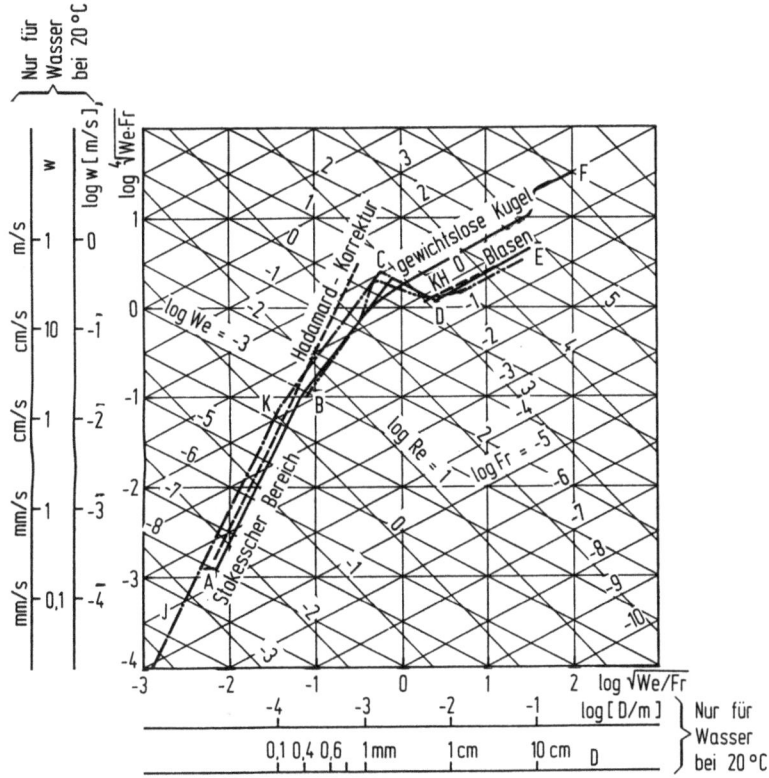

Bild 5.7 Darstellung verschiedener Strömungsvorgänge bei $C = 3,9 \cdot 10^{10}$ (Wasser von 20 °C). Im Hinblick auf leichtere Lesbarkeit wurde d_P durch D ersetzt (d_P Äquivalentdurchmesser der volumengleichen Kugel).

A-B-C-D-E Aufstiegsgeschwindigkeit von Blasen in Wasser bei 20 °C nach (5.6) mit $\zeta = 24/Re$ bzw. ζ nach (5.33), (5.34) und (5.41);

J-K-C-D-E Aufstiegsgeschwindigkeit von Blasen in flüssigem Eisen bei 1 600 °C nach (5.6) mit $\zeta = 24/Re$ bzw. ζ nach (5.33), (5.34) und (5.41)

KH Ergebnisse von van Krevelen und Hoftijzer [5.31]

-A-B-F- Steigegeschwindigkeit der gewichtslosen Kugel mit ζ nach Bild 5.1.

------ Stokessches Gesetz unter Berücksichtigung der Hadamard-Korrektur

-·-·-·- Kurve nach Habermann und Morton [5.29] für Luftblasen in gefiltertem und destilliertem Wasser von 19 °C.

Nach [5.1]

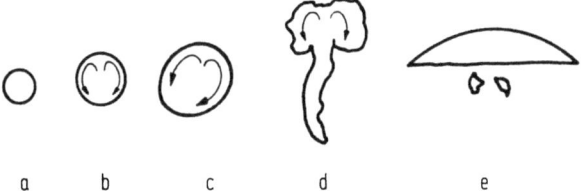

a   b   c   d   e

Bild 5.8a–e Die wichtigsten Formen von Blasen, die in einer Flüssigkeit aufsteigen. **a** kleine kugelförmige Blase ohne innere Zirkulation; **b** kleine kugelförmige Blase mit innerer Zirkulation; **c** elliptisch, auf einer Spiralbahn hochsteigende Blase; **d** unregelmäßig geformte Pilzblase; **e** Pilzblase, deren obere Begrenzung nach Davies und Taylor exakt die Form einer Kugelkalotte aufweist. Nach [5.1]

Demgegenüber ergaben Versuche [5.30]

$$\zeta = 18{,}2 Re^{-0{,}684}.$$ (5.33)

Dieser Bereich reicht bis zu Reynoldszahlen von etwa 500 bis 1 200.

3. Bereich (Bild 5.8c, Linie CD in Bild 5.7)

Unter der zunehmenden Wirkung der Trägheit der Flüssigkeit nehmen die Blasen die Form eines abgeplatteten Rotationsellipsoids an. Hier sinkt die Aufstiegsgeschwindigkeit mit zunehmendem Durchmesser der volumengleichen Kugel. Aus Bild 5.7 ist zu erkennen, daß in diesem Bereich die Weberzahl, d.h. das Verhältnis von Trägheitskraft zu Oberflächenkraft konstant ist. Die Form der Blase stellt sich unter der Wirkung der Trägheitskraft so ein, daß dieses Verhältnis immer den gleichen Wert hat. Infolgedessen wird die Blase mit zunehmender Größe flacher, was zu einem größeren Widerstand und damit zu einer geringeren Geschwindigkeit führt. Die Weberzahl hat in diesem Bereich Werte um vier. Für Wasser ist $We = 3{,}64$. Die Widerstandszahl hängt jetzt von der Oberflächenspannung ab. Aus Messungen von [5.30] folgt

$$\zeta = 0{,}366 \frac{We}{Fr}.$$ (5.34)

Für die obere Grenze dieses Bereichs geben [5.30] den Ausdruck

$$Re = 3{,}10 C^{1/4}$$ (5.35)

an. Für Wasser bis 20 °C folgt hieraus $Re = 1\,377$, für flüssiges Eisen bei 1 600 °C $Re = 3\,100$.

4. Bereich (Bild 5.8d und e, Kurve DE in Bild 5.7)

Während im zweiten und dritten Bereich die Stromlinien hinter der Blase im wesentlichen wieder zusammenlaufen, was auf den immer noch vorhandenen merklichen Einfluß der Reibungskraft zurückzuführen ist, entstehen bei weiter steigender Blasengröße Wirbel hinter der Blase. Man beobachtet deshalb vielfach zunächst instabile Formen (Bild 5.8d). Bei völlig ruhiger Flüssigkeit stellt sich jedoch als stabile Form großer Blasen die Kalottenform ein (Bild 5.8e). Hier sind die Oberflächenkraft und die Reibungskraft nicht mehr wirksam, sondern die Form wird allein durch das Verhältnis von Trägheitskraft zu Auftriebskraft bestimmt. Die Froudezahl und damit auch die Widerstandszahl werden konstant.

Das Aufstiegsverhalten von Kalottenblasen wurde von [5.32] gemessen. Es wurde der Ausdruck

$$u = 0{,}78 \sqrt{g R_K},$$ (5.36)

wobei R_K der Krümmungsradius der Kalottenoberfläche ist, gefunden. Gleichung (5.36) kann verglichen werden mit dem Ausdruck, der sich bei einer reibungsfreien Potentialströmung um eine Kalottenoberfläche theoretisch ergäbe. Er lautet [5.32]

$$u = \frac{2}{3} \sqrt{g R_K}.$$ (5.37)

Dieser Ausdruck weicht nur wenig von (5.36) ab. Die Abweichungen sind auf Wirbel am Rand der Kalotte zurückzuführen.

Der Öffnungswinkel ϑ der Kalottenblasen liegt bei etwa 50° und schwankt wenig. Mit diesem Wert kann man von dem Krümmungsradius R_K auf den leichter bestimmbaren Äquivalentradius r_e der volumengleichen Kugel schließen. Das Volumen einer Kalotte ist

$$V = \frac{1}{3}\pi R_K^3 [3(1-\cos\vartheta)^2 - (1-\cos\vartheta)^3]. \tag{5.38}$$

Mit $\vartheta = 50°$ folgt hieraus

$$V = 0{,}366 R_K^3$$

und mit

$$V = \frac{4}{3}\pi r_e^3,$$

$$R_K = 2{,}35 r_e \tag{5.39}$$

sowie mit (5.37)

$$u = 1{,}02\sqrt{gr_e}. \tag{5.40}$$

Die Zunahme der Aufstiegsgeschwindigkeit mit der Wurzel aus dem Radius entspricht dem Wurzelgesetz für die Geschwindigkeit fester Teilchen in dem Bereich, wo nur die Trägheitskraft als Widerstandskraft auftritt. Die Aufstiegsgeschwindigkeit hängt in diesem Bereich nicht von den Eigenschaften der Flüssigkeit ab. Für die Widerstandszahl ergibt sich aus (5.7) mit $\varrho_P \approx 0$, $d_P = 2r_e$, und u nach (5.40)

$$\zeta = 2{,}56. \tag{5.41}$$

Hieraus folgt für die Froudezahl mit $Fr = 4/3\zeta^{-1}$ der Wert $Fr = 0{,}52$.

Ein für die Bereiche 3 und 4 gemeinsam geltender Ausdruck für die Aufstiegsgeschwindigkeit von Blasen wurde von [5.34], ausgehend von der Wellentheorie, durch Analogieschluß entwickelt. Die Parallelität zwischen dem Verhalten von Wellen und Gasblasen läßt sich aus der Ähnlichkeitstheorie verstehen, worauf hier aber nicht eingegangen werden kann. Der von [5.34] entwickelte Ausdruck lautet

$$u = \left(\frac{\sigma}{\varrho_L r_e} + gr_e\right)^{1/2}.$$

Abgesehen von Zahlenfaktoren geht dieser Ausdruck für kleine Werte von r_e in (5.34) und für große Werte von r_e in (5.40) über.

In den Bereichen 3 und 4 (vgl. die Abschnitte CD und DE in Bild 5.7), in denen die Blasen die Form von Ellipsoiden bzw. von Kalotten annehmen, gilt die eingezeichnete Kurve für alle Flüssigkeitskonstanten. Die Kurven für Wasser und flüssiges Eisen fallen zusammen. Die Verschiebung der Kurven in den Bereichen 1 und 2 in Abhängigkeit von der Flüssigkeitskonstanten ergibt sich aus Meßwerten [5.29, 5.30, 5.35] (vgl. [5.1]).

Nach Bild 5.7 beginnt der Bereich des Aufsteigens von Kalottenblasen bei etwa $\log(We/Fr)^{1/2} = 0{,}5$ auf der Abszisse und $\log(WeFr)^{1/4} = 0{,}1$ auf der Ordinate. Für flüssiges Eisen errechnet sich hieraus mit $\varrho_L = 7{,}02$ g/cm^3, $\sigma = 1\,500$ erg/cm^2 und $g = 981$ cm/s^2 ein Äquivalentdurchmesser von $d = 1{,}75$ cm und eine Geschwindigkeit von 29 cm/s. Gasblasen in flüssigem Eisen und Stahl haben i.allg. mindestens diese Größe.

Das Aufsteigen von Kalottenblasen in flüssigem Metall wurde von [5.36, 5.37] am Beispiel des Aufstiegs von Stickstoff-, Luft- und Sauerstoffblasen in flüssigem Quecksilber bei Raumtemperatur und in flüssigem Silber bei 1 000 °C gemessen. Die Ergebnisse dieser Versuche bestätigen, daß sich Kalottenblasen in flüssigen Metallen ebenso wie in Wasser verhalten und daß demnach auch auf sie (5.40) anwendbar ist.

5.3.3 Blasenzerfall

Aufsteigende Blasen sind oberhalb einer bestimmten Größe nicht mehr stabil, sondern deformieren sich und zerfallen in kleinere Teile. Der Zerfall beginnt damit, daß sich die Blase in der Mitte einschnürt. Anschließend reißt sie an dieser Stelle auseinander. Nach [5.33] tritt der Zerfall ein, wenn die Trägheitskraft des infolge der Einschnürung nach außen strömenden Gases größer als die oder gleich der Oberflächenkraft wird

$$\zeta \frac{\varrho_G u_G^2}{2} \geqq \frac{\sigma \pi h^2}{V} \,. \tag{5.42}$$

ϱ_G und u_G sind die Dichte und die Geschwindigkeit des Gases, h ist die Dicke der abgeflachten Blase an der Stelle, wo die Blase zerreißt, und V ist das Volumen der Blase. Die Geschwindigkeit des nach außen abströmenden Gases liegt in der Größenordnung der Geschwindigkeit der Flüssigkeit und damit der Aufstiegsgeschwindigkeit der Blase: $u_G \approx u_L$. Die Höhe h ist ihrerseits durch das Gleichgewicht zwischen dem Kapillardruck und dem Staudruck der Flüssigkeit gegeben

$$h \simeq \frac{2\sigma}{\varrho_L u_L^2} \,. \tag{5.43}$$

Einsetzen dieses Ausdrucks in (5.42) ergibt mit

$$V = \frac{1}{6} \pi d_B^3$$

für den kritischen Durchmesser, bei dem die Blase sich zerteilt

$$d_{B,\text{krit}} \simeq 2 \left(\frac{6}{\zeta} \right)^{1/3} \frac{\sigma}{u_G^2 (\varrho_G \varrho_L^2)^{1/3}} \,. \tag{5.44}$$

In Stahlschmelzen liegen die Blasen i.d.R. in Form von Kalottenblasen vor (s. Abschn. 5.3.2). Für die Aufstiegsgeschwindigkeit u_G derartiger Blasen gilt (5.40).

Einsetzen dieser Gleichung in (5.44) ergibt

$$d_{B,krit} = \left[2\left(\frac{6}{\zeta}\right)^{1/3} \frac{\sigma_M}{0{,}52 g (\varrho_G \varrho_L^2)^{1/3}} \right]^{1/2}. \qquad (5.45)$$

Die Widerstandszahl ist $\zeta = 2{,}56$ (s.S. 235). Mit den Stoffgrößen für Stahlschmelzen $\sigma = 1{,}2$ kg·s^{-1}, $\varrho_L = 7{,}02 \cdot 10^3$ kg·m^{-3} und mit einer Gasdichte von Kohlenmonoxid bei 1 873 K von $\varrho_G = 0{,}182$ kg m^{-3} erhält man für den maximalen Blasendurchmesser $d_B = 5{,}5$ cm. Demgegenüber ergeben sich nach [5.40] bei Gasblasen, die in Siemens-Martin-Öfen aufsteigen, mittlere Blasenfrontdurchmesser der Kalottenblasen von 3,3 cm, was zu einem maximalen Blasendurchmesser von 5,5 cm paßt.

Bei Vorliegen von Turbulenz ist zu erwarten, daß durch die Trägheitskraft der auf die Blasen stoßenden Turbulenzballen die Stabilität der Blasen vermindert wird. Dementsprechend fand [5.41] in Versuchen, daß mit zunehmendem Gehalt der in die Flüssigkeit eingebrachten turbulenten Energie die maximale Blasengröße verkleinert wird.

In Blasenschwärmen und Blasensäulen können die Gasblasen dispergieren und koaleszieren. Es stellt sich dann eine stationäre Verteilung der Blasengrößen ein, die nicht mehr durch das Blasenablösevolumen an der Düse, sondern durch die Eigenschaften der Flüssigkeit und der Blasensäule selbst bestimmt ist [5.38, 5.39].

Zur weiteren Klärung der physikalischen Phänomene beim Blasenzerfall und bei der Blasenkoaleszenz in Blasensäulen, insbesondere an Stahlschmelzen, sind weitere Untersuchungen nötig.

5.4 Bewegung von Tropfen

Die Bewegung von Tropfen in Flüssigkeiten wurde für einen weiten Bereich der Reynoldszahlen (bis 2000) am Absinken und Aufsteigen von Tropfen organischer Flüssigkeiten in Wasser untersucht [5.42–5.46] (vgl. [5.2]). Dabei ergab sich ein im Prinzip gleiches Verhalten wie bei Gasblasen, d.h. es wurde ebenso wie bei diesen ein erster, zweiter und dritter Bereich gefunden, wobei im dritten Bereich die Sink- oder Steiggeschwindigkeit mit steigender Tropfengröße abnahm. Der vierte Bereich wurde nicht untersucht. Zahlenangaben finden sich in [5.2]. Danach nimmt im ersten und zweiten Bereich, die hier nicht zu trennen sind, die Widerstandszahl

$$\zeta = \frac{4}{3} \frac{\varrho_L - \varrho_T}{\varrho_L} \frac{g d_T}{u^2}$$

(d_T Durchmesser des volumengleichen Tropfens) mit zunehmender Reynoldszahl, ähnlich wie bei festen Teilchen ab. Dabei ist die Widerstandszahl häufig kleiner als bei festen Kugeln, was auf die innere Zirkulation der Tropfen zurückzuführen sein dürfte. Allerdings ist die Abweichung nicht groß. Ab einer bestimmten Reynoldszahl steigt die Widerstandszahl dann wieder an. Hier beginnt der dritte Bereich. Nach [5.42] hängt der Wiederanstieg der Widerstandszahl vom Wert der Flüssigkeitskonstanten ab, die hier als

$$C = \frac{3}{4} \frac{Re^4}{\zeta We^3} = \frac{\varrho_L^2 \sigma^3}{g\eta^4(\varrho_L - \varrho_T)} \qquad (5.46)$$

definiert ist. An der Stelle des Wiederanstiegs ist die Widerstandszahl durch

$$\zeta = 1{,}661 C^{-0{,}038} \qquad (5.47)$$

und die Reynoldszahl durch

$$Re = 2{,}92 C^{0{,}238} \qquad (5.48)$$

gegeben. Die Weberzahl ist hier konstant gleich 3,58, was sehr gut mit dem Wert 3,64 für Gasblasen in Wasser übereinstimmt.

Die Zunahme der Widerstandszahl mit der Reynoldszahl im dritten Bereich hat zur Folge, daß von hier ab die Geschwindigkeit der Tropfen mit steigender Tropfengröße sinkt. Der Grund ist der gleiche wie bei Gasblasen: Die Tropfen nehmen ellipsoide Formen an.

Im dritten Bereich hängt die Widerstandszahl deutlich von der Art der Flüssigkeit ab. Hu und Kintner [5.42] geben für diesen Bereich folgenden Ausdruck an, der alle Meßwerte umfaßt:

$$\zeta We C^{0{,}15} = 0{,}045 (ReC^{-0{,}15})^{2{,}37}. \qquad (5.49)$$

Der Ausdruck ist zur Bestimmung der Widerstandszahl gut geeignet, nicht jedoch zur Bestimmung der Geschwindigkeit als Funktion der Tropfengröße, da auf der rechten Seite der Gleichung das Produkt aus der Geschwindigkeit und der Tropfengröße auftritt. Indem man die Gleichung mit $((We/Fr)^{1/2})^{-2{,}37}$ multipliziert, kommt man nach einigen Umrechnungen zu dem Ausdruck

$$Re\left(\frac{Fr}{We}\right)^{1/2} = 4{,}17 \left\{ \left(\frac{We}{Fr}\right)^{1/2} \right\}^{-0{,}078} C^{0{,}213}, \qquad (5.50)$$

der unmittelbar die Abhängigkeit der dimensionslosen Geschwindigkeit von der dimensionslosen Tropfengröße angibt. Nach [5.47] kann (5.50) auch für die Sinkgeschwindigkeit von Stahltropfen in Schlacke verwendet werden.

5.5 Bewegungsgesetze von Teilchensuspensionen und Blasenschwärmen

In der Metallurgie hat man es oft nicht mit einzelnen Feststoffteilchen und Gasblasen, sondern mit Teilchensuspensionen und Blasenschwärmen zu tun. Teilchensuspensionen aus Aluminiumoxid entstehen z.B. bei der Desoxidation von Stahlschmelzen mit Aluminium. Entsprechendes gilt für die Desoxidation mit anderen Desoxidationsmitteln. Weiterhin entstehen Teilchensuspensionen beim Einblasen pulverförmiger Feststoffe in Roheisen- und Stahlschmelzen, wie es z.B.

5.5 Bewegungsgesetze von Teilchensuspensionen und Blasenschwärmen

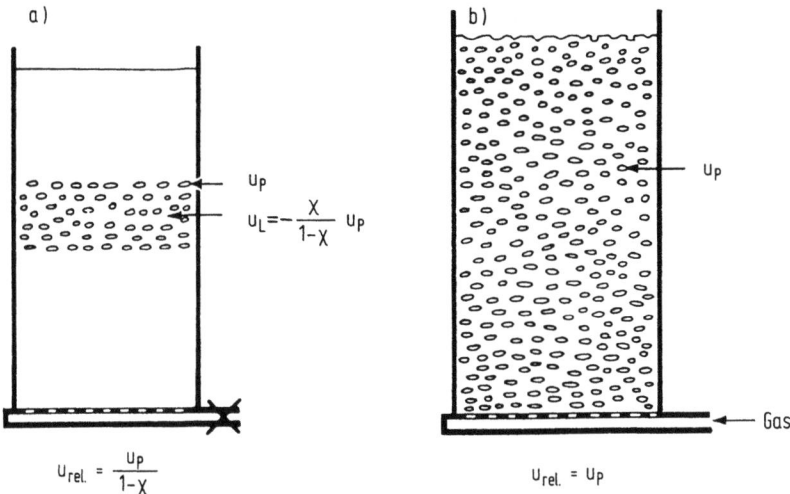

Bild 5.9a Strömungsgeschwindigkeit in einer aufsteigenden Partikelwolke und **b** in einer kontinuierlich von Gas durchspülten Flüssigkeitssäule ohne Umlauf. Nach [5.4]

bei der Entschwefelung von Roheisen mit Kalk und Calciumcarbid üblich ist. Blasenschwärme entstehen bei der Entkohlung von Stahl im Konverter sowie beim Einblasen von Gas in Eisen- und Stahlschmelzen. Die Teilchen einer Suspension oder eines Blasenschwarms beeinflussen sich gegenseitig, wenn ein bestimmter Abstand der Einzelteilchen unterschritten wird. Steigen z.B. zwei ein Paar bildende Teilchen hintereinander auf, so ist der Druck hinter den vorderen Teilchen niedriger als der Umgebungsdruck. Die Teilchen ziehen sich deshalb an und werden schließlich wie ein Einzelteilchen umströmt. Da dieses ein größeres Volumen hat, steigt das Paar schneller auf als das Einzelteilchen. Befinden sich zwei Teilchen nebeneinander, so ist zwischen ihnen die Geschwindigkeit am größten. Deshalb ist nach der Bernoullischen Gleichung der Druck dort niedriger als auf den Außenseiten der Teilchen, so daß sich die Teilchen ebenfalls anziehen. Auch derartige Teilchenpaare steigen schneller auf als Einzelteilchen [5.4].

Nimmt ein Teilchenschwarm oder ein Blasenschwarm innerhalb eines Flüssigkeitsvolumens einen nennenswerten Volumenanteil ein, so wird der für die Schwarmbewegung zur Verfügung stehende Flüssigkeitsquerschnitt kleiner. Dies muß bei der Ermittlung der Geschwindigkeit berücksichtigt werden. Es sind zwei Fälle zu unterscheiden, die in Bild 5.9 erläutert werden [5.4]. Im ersten Fall (Bild 5.9a), der u.a. beim Aufsteigen von Desoxidationsprodukten verwirklicht ist, steigt eine Partikelwolke begrenzter Höhe in einem zylindrischen Behälter nach oben. Hierbei muß zugleich Flüssigkeit durch die Teilchenwolke nach unten strömen, um den von den Teilchen verlassenen Raum auszufüllen. Der zweite Fall (Bild 5.9b) ist z.B. bei kontinuierlich durchspülten Blasensäulen erfüllt. Hier tritt keine Gegenströmung auf, da sich unter der Blasensuspension kein sich vergrößerndes blasenfreies Flüssigkeitsvolumen befindet.

5.5.1 Bewegung von Partikelwolken begrenzter Höhe

Bei der Bewegung von Partikelwolken begrenzter Höhe ist das je Zeiteinheit durch die Teilchenwolke strömende Flüssigkeitsvolumen $V_L = \chi u_P F$, wobei u_P die Aufstiegsgeschwindigkeit der Teilchen relativ zur Gefäßwand, χ den von den Teilchen eingenommenen Volumenanteil und F den Gefäßquerschnitt bedeutet. Der von der Flüssigkeit in der Wolke eingenommene Strömungsquerschnitt beträgt $F(1-\chi)$, so daß sich die Geschwindigkeit der Flüssigkeit relativ zur Gefäßwand zu

$$u_L = -\frac{\chi}{1-\chi} u_P \tag{5.51}$$

ergibt. Die Teilchen steigen also nicht in einer ruhenden, sondern in einer ihnen mit der Geschwindigkeit u_L entgegenströmenden Flüssigkeit auf. Relativ zur Gefäßwand bewegen sie sich daher langsamer als ein Einzelteilchen. Die Geschwindigkeit der Teilchen relativ zu der in der Wolke befindlichen Flüssigkeit ist

$$\Delta u = u_{rel} = u_P - u_L = u_P \frac{1}{1-\chi}. \tag{5.52}$$

Gleichung (5.52) ist eine Näherung unter der Annahme, daß der in Wahrheit disperse Volumenstrom der Teilchen gedanklich durch einen kontinuierlichen Volumenstrom ersetzt ist [5.2]. In Wirklichkeit ist die Geschwindigkeit der Flüssigkeit zwischen zwei benachbarten Teilchen größer als durch (5.51) beschrieben. Brauer [5.2] nimmt an, daß die Geschwindigkeit stattdessen besser durch

$$u_L = -\frac{\chi}{(1-\chi)^2} u_P \tag{5.53}$$

beschrieben wird. Damit ergibt sich für die Geschwindigkeit der Teilchen relativ zu der in der Wolke strömenden Flüssigkeit

$$\Delta u = u_{rel} = u_P - u_L = u_P \left[1 + \frac{\chi}{(1-\chi)^2} \right]. \tag{5.54}$$

Für u_{rel} gilt das Widerstandsgesetz für Einzelteilchen. Damit ist durch die Flüssigkeitsverdrängung die Teilchengeschwindigkeit relativ zur Wand um den Faktor

$$\varphi_1 = \frac{u_P}{u_{rel}} = \frac{1}{1 + \dfrac{\chi}{(1-\chi)^2}} \tag{5.55}$$

gegenüber der von Einzelteilchen verringert.

Außer durch die Flüssigkeitsverdrängung gibt es eine weitere Verzögerung der Teilchenbewegung dadurch, daß infolge der steileren Geschwindigkeitsgradienten an der Oberfläche der Teilchen und der größeren Geschwindigkeiten zwischen den Teilchen zusätzlich Impuls zwischen den Teilchen und der Flüssigkeit ausgetauscht wird und dadurch die Widerstandskraft steigt. Bild 5.10 zeigt für den Fall,

5.5 Bewegungsgesetze von Teilchensuspensionen und Blasenschwärmen   241

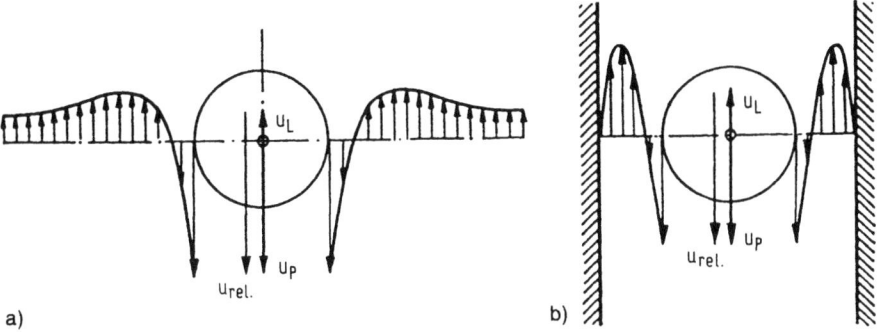

Bild 5.10a, b Geschwindigkeitsverteilungen um eine sich bewegende Kugel nach [5.2]. **a** in einer unendlich ausgedehnten aufwärts strömenden Flüssigkeit; **b** in einem engen Strömungskanal

daß das Teilchen schwerer ist als die Flüssigkeit links die Geschwindigkeitsverteilung um das Teilchen, wenn es sich relativ zu einer mit der Geschwindigkeit u_L strömenden Flüssigkeit bewegt. Dies entspricht der Bewegung eines Teilchens in einer Partikelwolke, bei der die Teilchen sich kräftemäßig noch nicht beeinflussen. Für diesen Fall wurde die – ohne Berücksichtigung der dispersen Struktur des Systems gültige – Gleichung (5.51) hergeleitet. Bild 5.10 zeigt rechts die Geschwindigkeitsverteilung um eine Kugel, die sich nicht in einer unendlich ausgedehnten Flüssigkeit, sondern in einem Rohr relativ zu einer entgegenströmenden Flüssigkeit bewegt. Die Geschwindigkeitsgradienten und die mittlere Geschwindigkeit der Flüssigkeit u_L relativ zur Wand sind im Vergleich zum Bild links größer geworden. Für diesen Fall gibt es eine rechnerische Lösung [5.48]. Danach ist das Verhältnis der Geschwindigkeit der Kugel mit Einfluß der Rohrwand u_w zu der ohne Einfluß der Rohrwand u_P

$$\varphi_2 = \frac{u_w}{u_P} = \frac{1}{1 + 2{,}4\dfrac{d_P}{D}} \qquad (5.56)$$

mit d_P Partikeldurchmesser und D Rohrdurchmesser.

Brauer und Kriegel [5.49] übertrugen (5.56) auf die Strömung zwischen den Teilchen, wobei sie eine bestimmte geometrische Anordnung der Teilchen als Kugeln in der Suspension annahmen und vereinfachend von einer Gleichkornsuspension ausgingen. Für das Verhältnis φ_2 einer sich bewegenden Teilchensuspension folgt dann

$$\varphi_2 = \frac{1-\chi}{1 + \dfrac{1{,}2}{\left[1+\left(\dfrac{\pi/12}{\chi}\right)^2\right]^{1/2} - \dfrac{1}{2}}} . \qquad (5.57)$$

Das Gesamtverhältnis zwischen der Teilchengeschwindigkeit relativ zur Wand u_w und der Geschwindigkeit des Einzelteilchens relativ zu einer unendlich ausgedehnten ruhenden Flüssigkeit u_{rel} ist gleich dem Produkt von φ_1 und φ_2

$$\frac{u_w}{u_{rel}} = \varphi_1 \varphi_2 = \frac{1-\chi}{\left[1 + \dfrac{\chi}{(1-\chi)^2}\right]\left[1 + \dfrac{1,2}{\left[1 + \left(\dfrac{\pi/12}{\chi}\right)^2\right]^{1/2} - \dfrac{1}{2}}\right]}. \tag{5.58}$$

In dieser Gleichung überwiegt, besonders bei kleinen Teilchendurchmessern, der Einfluß der Kräftebeeinflussung gegenüber dem der Flüssigkeitsverdrängung. Die Gleichung gestattet es, bei Kenntnis der stationären Aufstiegs- oder Sinkgeschwindigkeit des Einzelteilches u_{rel} und der Teilchenkonzentration χ die stationäre Aufstiegs- oder Sinkgeschwindigkeit des Teilchenschwarms zu berechnen. Es sei darauf hingewiesen, daß die abgeleiteten Gleichungen anwendbar sind, solange für die Geschwindigkeit zwischen Teilchen und Flüssigkeit u_{rel} das Stokessche Gesetz gilt. Das ist bei Teilchen in Stahlschmelzen bis zu Durchmessern von rd. 100 μm der Fall.

Wenn zwischen den Teilchen und der Flüssigkeit während des Aufsteigens der Teilchen ein Stoffaustausch besteht, so ist der Stoffübergangskoeffizient β durch die Geschwindigkeit zwischen Teilchen und Flüssigkeit u_{rel} bestimmt. Da dies die Stokessche Geschwindigkeit ist, wird der Stoffübergangskoeffizient durch die Ansammlung der Teilchen im Schwarm nicht beeinflußt. Er ist für Einzelteilchen und für Teilchen im Schwarm gleich. Beeinflußt wird dagegen die Verweilzeit der Teilchen in der Schmelze. Sie steigt wegen der langsameren Geschwindigkeit des Schwarms an.

Bild 5.11 zeigt eine Zusammenstellung der bekannt gewordenen Versuchsergebnisse zur Bewegung von Teilchenschwärmen [5.2]. Sie erstrecken sich über große Bereiche des Korndurchmessers d_P, der Korndichte ϱ_P, der Konzentration χ, der Flüssigkeitsdichte ϱ_L und der Viskosität η. Die in Bild 5.11 eingezeichnete Kurve wurde nach (5.58) berechnet. Sie stimmt gut mit den Meßwerten überein, beschreibt also das Verhalten zufriedenstellend.

Die Reynoldszahl $Re_w = u_w d_P/\nu$ war bei den Versuchen, die in Bild 5.11 dargestellt sind, kleiner als 0,21, so daß die Gültigkeit des Stokesschen Gesetzes gewahrt blieb. Bei größeren Werten der Reynoldszahl ist zu erwarten, daß die Aufstiegs- bzw. Sinkgeschwindigkeit weniger stark erniedrigt wird, da hier bereits bei der Bewegung von Einzelkörnern ein erhöhter Impulsaustausch auftritt.

Außer (5.58) wurden auch andere Gleichungen für das Geschwindigkeitsverhältnis von Gleichkorn-Teilchenwolken entwickelt oder aus Messungen abgeleitet. Happel [5.50] betrachtete die Suspension als eine Anordnung von jeweils zwei konzentrischen Kugeln. Die innere Kugel stellt das Feststoffteilchen, die äußere das je Feststoffteilchen anfallende Flüssigkeitsvolumen dar. Die für dieses Modell durchgeführte Lösung der Navier-Stokesschen Gleichung führt zu folgendem Ausdruck für u_w/u_{rel}

$$\frac{u_w}{u_{rel}} = \frac{3 - \dfrac{9}{2}\chi^{1/3} + \dfrac{9}{2}\chi^{5/3} - 3\chi^2}{3 + 2\chi^{5/3}}. \tag{5.59}$$

5.5 Bewegungsgesetze von Teilchensuspensionen und Blasenschwärmen 243

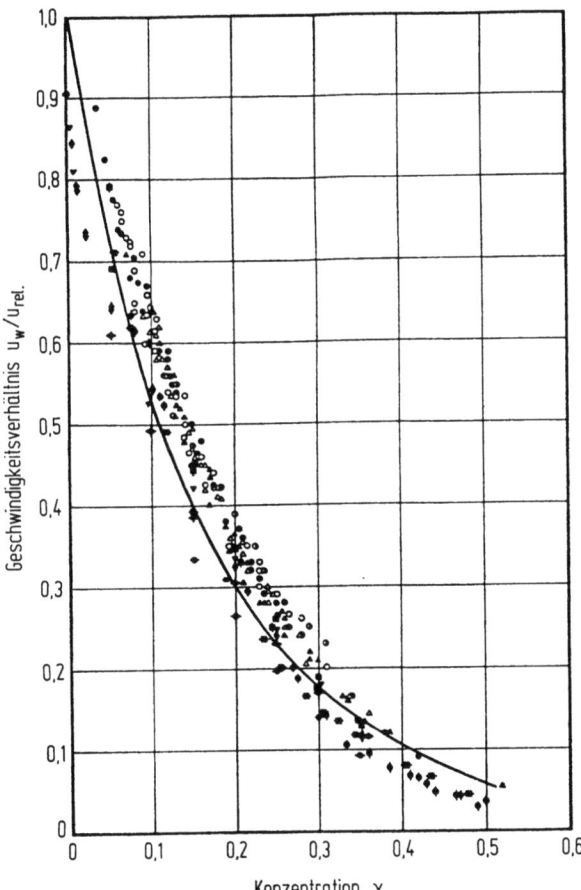

Bild 5.11 Vergleich zwischen Meßwerten verschiedener Autoren (vgl. [5.2]) für das Geschwindigkeitsverhältnis u_w/u_{rel} bei Gleichkornsuspensionen und der nach (5.58) berechneten Kurve. Nach [5.2]

Auch diese Gleichung gilt nur für den Stokesschen Bereich. Sie liegt im Vergleich zu den Meßwerten von Bild 5.11 zu tief.

Eine empirische Gleichung wurde in [5.51] aufgestellt. Sie lautet

$$\frac{u_w}{u_{rel}} = (1-\chi)^n \qquad (5.60)$$

und läßt sich durch Wahl des Exponenten leicht den Versuchsergebnissen anpassen. Je nach Reynoldszahl gelten für den Exponenten die folgenden Werte:

$Re < 0,5$ (Stokesscher Bereich) $n = 4,65$
$0,5 < Re < 10^3$ $n = 4,45 \cdot Re^{-0,1}$
$Re > 10^3$ $n = 2,39$

Die Reynoldszahl ist hier

$$Re = \frac{u_{rel} d_B}{\nu} \qquad (5.61)$$

mit d_B Teilchendurchmesser.

Für den Stokesschen Bereich ($n=4{,}65$) gibt (5.60) ebenfalls die Meßwerte in Bild 5.11 gut wieder, jedoch hat die Kurve nach (5.58) demgegenüber den Vorteil, auf einem theoretischen Modell zu basieren.

Bei der Stahlherstellung ist (5.58) auf Desoxidationsprodukte und eingeblasene Feststoffteilchen bis 100 μm Durchmesser anwendbar. Bei Desoxidationsprodukten liegt die Konzentration χ in der Größenordnung von 10^{-4}. Hier ist nach (5.58) $u_w \approx u_{rel}$, d.h. die Teilchen beeinflussen sich nicht gegenseitig. Man kann mit den Aufstiegsgesetzen für Einzelteilchen rechnen. Bei Feststoffteilchen, die in Schmelzen eingeblasen werden, können höhere Beladungsdichten auftreten. Hier ist (5.58) zu berücksichtigen. Für das Verhalten von Teilchen und von emulgierten Flüssigkeitstropfen über 100 μm Durchmesser ist nur (5.60) anwendbar.

5.5.2 Blasensäulen

5.5.2.1 Allgemeines

In Bild 5.9 war als zweiter Fall der kontinuierliche Durchtritt eines Schwarms durch eine Flüssigkeit schematisch dargestellt. Er ist bei kontinuierlich durchgespülten Blasensäulen verwirklicht. Hier tritt keine Gegenströmung der Flüssigkeit auf, da sich unter der Blasensuspension kein sich vergrößerndes blasenfreies Flüssigkeitsvolumen befindet. Wohl muß aber auch hier die gegenseitige Beeinflussung der Blasen durch die auftretenden Kräfte berücksichtigt werden.

Das mittlere relative Blasenvolumen χ einer Blasensäule ergibt sich aus den Höhen h und h_0 der Säule im begasten und nicht begasten Zustand zu

$$\chi = \frac{h - h_0}{h} \, . \qquad (5.62)$$

Bedeutet u_0 die auf den Gefäßquerschnitt bezogene Gasgeschwindigkeit, die sog. Leerrohrgeschwindigkeit, so gilt für die durchschnittliche Aufstiegsgeschwindigkeit der Blasen $\bar{u}_B$, relativ zur Gefäßwand

$$\bar{u}_B = \frac{u_0}{\chi} \, . \qquad (5.63)$$

Sofern die Flüssigkeit ruht, ist $\bar{u}_B$ zugleich die Relativgeschwindigkeit Δu zwischen Blasen und Flüssigkeit. Dementsprechend besteht zwischen der Aufstiegsgeschwindigkeit einer Blasenwolke u_B (gleichbedeutend mit der Geschwindigkeit u_w einer Teilchenwolke) und der Geschwindigkeit $\bar{u}_B$ der Blasen in einer kontinuierlich durchgasten Blasensäule, wie ein Vergleich mit (5.52) zeigt, die Beziehung

$$\frac{\bar{u}_B}{u_B} = \frac{1}{1-\chi} \, . \qquad (5.64)$$

5.5 Bewegungsgesetze von Teilchensuspensionen und Blasenschwärmen

Daraus folgt mit (5.63)

$$u_0 = u_B \frac{\chi}{1-\chi}. \tag{5.65}$$

Bei Blasenschwärmen ist fast immer mit einer gegenseitigen Beeinflussung der Blasen zu rechnen. Darüber hinaus sind die Reynoldszahlen oft größer als 0,5. Dann muß (5.60) angewendet werden. Mit dieser Gleichung und mit (5.64) ist das Verhältnis der Aufstiegsgeschwindigkeit der Blasen in der Blasensäule zur Aufstiegsgeschwindigkeit einer Einzelblase jeweils relativ zur umgebenden Flüssigkeit gegeben zu

$$\frac{\bar{u}_B}{u_{B,\infty}} = (1-\chi)^{n-1}. \tag{5.66}$$

wobei n, wie oben angegeben, eine Funktion der Reynoldszahl ist. $u_{B,\infty}$ entspricht u_{rel} in Abschn. 5.5.1. Für die Leerrohrgeschwindigkeit u_0 einer Blasensäule, bei der die Flüssigkeit relativ zur Wand ruht, ergibt sich aus (5.63) und (5.66)

$$u_0 = u_{B,\infty} \chi (1-\chi)^{n-1}. \tag{5.67}$$

Eine ähnliche Gleichung wie diese wurde in [5.52] für Reynoldszahlen zwischen 1 und 300 entwickelt.

Gleichung (5.67) gestattet es, für eine dem System vorgegebene Leerrohrgeschwindigkeit des Gases das sich einstellende relative Blasenvolumen zu bestimmen. Dabei ist zu beobachten, daß u_0 sowohl für $\chi = 0$ als auch für $\chi = 1$ Null wird. Es muß also einen dazwischen liegenden Wert von χ geben, für den u_0 ein Maximum erreicht. Indem man die Ableitung von (5.67) nach χ gleich Null setzt, folgt

$$\chi = \frac{1}{n}$$

und damit z.B. für einen Wert $n = 2,39$, wie er für $Re > 10^3$ gilt, $\chi = 0,42$. Daraus folgt

$$u_{0,\text{max}} = 0,20 u_{B,\infty}.$$

Physikalisch ist dies folgendermaßen zu verstehen: Ausgehend von niedrigen Leerrohrgeschwindigkeiten wird der mit steigender Leerrohrgeschwindigkeit erhöhte Gasdurchsatz dadurch ermöglicht, daß χ zunimmt. Solange χ klein ist, wird dabei die Aufstiegsgeschwindigkeit der Blasen nur wenig verlangsamt. Bei weiter steigendem χ macht sich aber die Verlangsamung des Blasenaufstiegs zunehmend bemerkbar bis dessen Einfluß stärker wird als die Zunahme von χ. Der Gasdurchsatz nimmt wieder ab. Damit gibt es einen maximal möglichen Gasdurchsatz durch die unbewegte Flüssigkeit.

Wird dem System eine weiter steigende Leerrohrgeschwindigkeit aufgezwungen, so geht es in den Zustand der Blasensäule mit umlaufender Flüssigkeit über. Diese kann größere Gasmengen durchsetzen, da in ihr die Umlaufgeschwindigkeit mit steigender Leerrohrgeschwindigkeit zunimmt. Bei einer umlaufenden Blasensäule steht nicht mehr der gesamte Querschnitt für den aufströmenden Teil der Flüssigkeit zur Verfügung, sondern nur noch der Anteil F_1 (vgl. Bild 5.12). Der

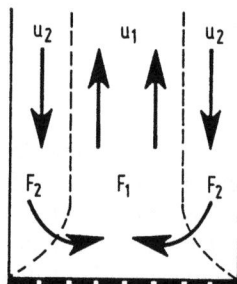 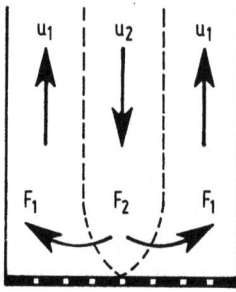

Bild 5.12 Strömungsgeschwindigkeit und Flächenanteile in einer umlaufenden Blasensäule mit Aufwärtsstrom in der Mitte bzw. in der Peripherie

Anteil F_2 wird für die abströmende Flüssigkeit benötigt. Für die auf- und abströmende Flüssigkeit gilt unter der Annahme, daß die abströmende Flüssigkeit gasfrei ist, die Volumenbilanz

$$F_1 u_1 (1-\chi) = (F_0 - F_1) u_2 \tag{5.68}$$

mit

$$F_0 = F_1 + F_2. \tag{5.69}$$

Für den Gasstrom gilt die Volumenbilanz

$$u_0 F_0 = (\bar{u}_B + u_1) \chi F_1. \tag{5.70}$$

Ferner ist zu erwarten, daß sich die Flächen so einstellen, daß die Differenz $u_2 - u_1$ ein Minimum wird. Das bedeutet

$$\frac{d}{du_1}(u_2 - u_1) = 0. \tag{5.71}$$

Mit (5.68) bis (5.71) können die Geschwindigkeiten u_1 und u_2 und die Flächen F_1 und F_2 bestimmt werden. Es ist

$$F_1 = \frac{F_0}{1 + \frac{u_1}{u_2}(1-\chi)}; \quad F_2 = F_0 \frac{\frac{u_1}{u_2}(1-\chi)}{1 + \frac{u_1}{u_2}(1-\chi)}, \tag{5.72}$$

$$u_1 = \frac{u_0 - \bar{u}_B \chi}{\chi}\left[1 + \left(1 + \frac{u_0(1-\chi)}{u_0 - \bar{u}_B \chi}\right)^{1/2}\right], \tag{5.73}$$

$$u_2 = \frac{u_0 u_1 (1-\chi)}{(u_1 + \bar{u}_B)\chi - u_0}. \tag{5.74}$$

Umlaufende Blasensäulen liegen in Sauerstoffblaskonvertern während der Entkohlungsreaktion und in gasgerührten Stahlschmelzen vor. Im Sauerstoffkonverter füllt der aufsteigende gasreiche Flüssigkeitsstrom den größeren Teil des Konverterquerschnitts aus. Ein Teil des Gases läuft mit dem abströmenden Flüssigkeitsteil um. In gasgerührten Stahlpfannen füllt die aufsteigende Blasensäule nur einen kleinen Teil des Pfannenquerschnitts aus. Das Rührgas wird vollständig abgeschieden. Die übrige Flüssigkeit vollführt eine Umlaufströmung.

5.5 Bewegungsgesetze von Teilchensuspensionen und Blasenschwärmen

Die Bedingung (5.71) ist hier nicht erfüllt, da das Gas nicht über den gesamten Pfannenquerschnitt eingeblasen wird.

Die Beeinflussung der Aufstiegsgeschwindigkeit der Blasen relativ zur Flüssigkeit durch den Gasgehalt gehorcht nach heutiger Kenntnis in Blasensäulen mit Umlauf der gleichen Gesetzmäßigkeit wie in Blasensäulen ohne Umlauf. Gleichung (5.66) dürfte danach auch auf umlaufende Blasensäulen anwendbar sein.

Die Aufstiegsgesetze der Blasen in Blasenschwärmen lassen sich auch theoretisch berechnen. Eine solche Berechnung wurde für den Gültigkeitsbereich des Stokesschen Gesetzes und für den Bereich höherer Reynoldszahlen durchgeführt [5.53]. In dem von ihnen entwickelten Modell stellten die Autoren [5.53] den Blasenschwarm durch eine gleichförmige Ansammlung von im Raum fixierten Kugelblasen dar. Jede Blase mit ihrer umgebenden kugelförmigen Flüssigkeitshülle wird getrennt betrachtet. Der Gasgehalt χ ist durch das Verhältnis $(r_B/r_\infty)^3$ gegeben, wobei r_B der Blasenradius und r_∞ der Radius der umgebenden Kugel ist. Am Außenrand der umgebenden Flüssigkeitskugel wird der Wirbelvektor Null gesetzt und als Stromfunktion diejenige für eine gleichförmige ungestörte Parallelströmung genommen. An der Blasenoberfläche wird die tangentiale Schubspannung Null gesetzt. Mit diesen Annahmen wird die Navier-Stokessche Gleichung der inkompressiblen Strömung gelöst. Für den Stokesschen Bereich wurde eine analytische Lösung gefunden, für den Bereich höherer Reynoldszahlen wurden numerische Näherungslösungen ermittelt. Als Ergebnis ist in Bild 5.13 die dimensionslose Blasenaufstiegsgeschwindigkeit relativ zur umgebenden Flüssigkeit

$$(Re/\zeta)^{1/3} = \bar{u}_B \left[\frac{3\varrho_L^2}{4\eta_L(\varrho_B - \varrho_L)g} \right]^{1/3} \tag{5.75}$$

als Funktion des dimensionslosen Blasendurchmessers

$$(\zeta Re^2)^{1/3} = d_B \left[\frac{4\varrho_L(\varrho_B - \varrho_L)g}{3\eta_L^2} \right]^{1/3} \tag{5.76}$$

aufgetragen. Der relative Gehalt der Flüssigkeit $1-\chi$, im Bild 5.13 als Porigkeit bezeichnet, ist als Parameter gewählt. Ferner sind Linien gleicher Reynoldszahl eingezeichnet. Die nach Bild 5.13 sich ergebenden relativen Abnahmen der Blasenaufstiegsgeschwindigkeit $\bar{u}_B/u_{B,\infty}$ sind zusammen mit Werten nach (5.66) in Bild 5.14 gegen den Gasgehalt χ aufgetragen. Nach dem Modell von [5.53] hat die Reynoldszahl nur einen geringfügigen Einfluß auf das Verhältnis $\bar{u}_B/u_{B,\infty}$. Dieser Einfluß wurde in Bild 5.14 außer acht gelassen. Nach der empirischen Gleichung (5.66) wird die relative Abnahme mit steigender Reynoldszahl kleiner, wie es eigentlich zu erwarten ist. Dadurch findet man bei höheren Reynoldszahlen größere Abweichungen gegenüber der Kurve nach [5.53]. Bei den Reynoldszahlen des Stokesschen Bereichs ($n=4,65$) stimmen die Kurven relativ gut überein. Weitere für Blasenschwärme entwickelte theoretische Modelle gelten nur für den Stokesschen Bereich ($Re<0,5$) und können auf höhere Reynoldszahlen nicht angewendet werden. Hinweise hierzu finden sich in [5.54].

Experimentelle Untersuchungen, insbesondere mit großen Blasen und hohen Gasdurchsätzen, wie sie in der Stahlmetallurgie vorkommen, aus denen die Aufstiegsgeschwindigkeiten von Blasen relativ zu der umgebenden Flüssigkeit zu

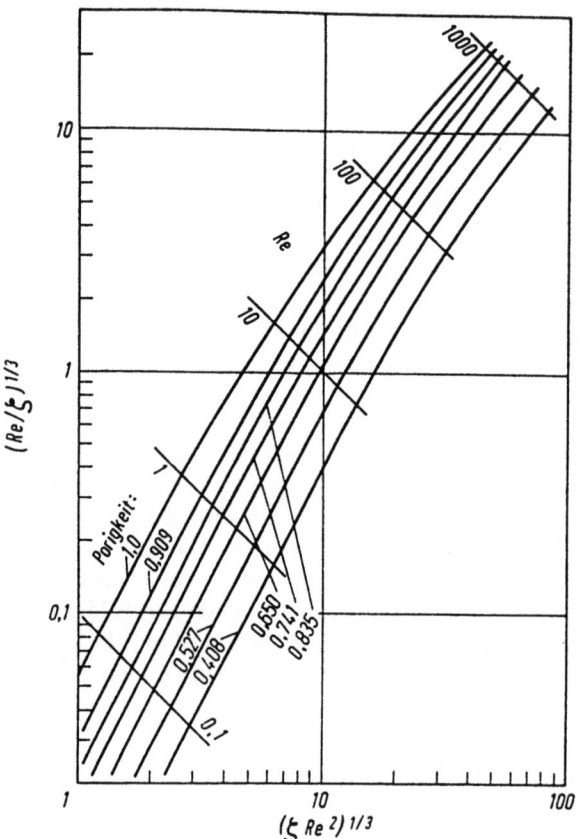

Bild 5.13 Die dimensionslose Blasenaufstiegsgeschwindigkeit in Abhängigkeit vom Dimensionslosen Blasendurchmesser nach [5.53]

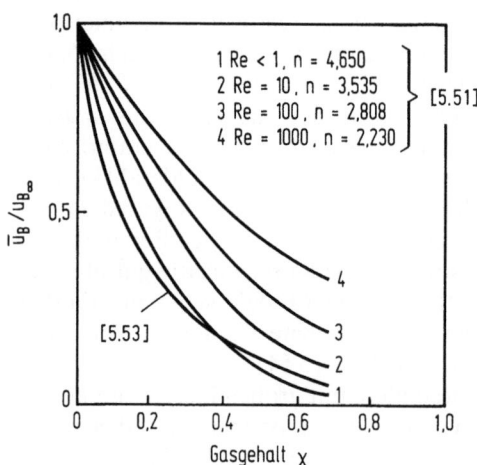

Bild 5.14 Relative Abnahme der Blasenaufstiegsgeschwindigkeit in Abhängigkeit vom relativen Gasgehalt

entnehmen sind, und mit denen die in Bild 5.13 und Bild 5.14 wiedergegebenen Kurven geprüft werden könnten, liegen bisher nicht vor.

Die in einer Blasensäule für gegebene Leerrohrgeschwindigkeiten sich einstellenden Gasgehalte hängen von den Eigenschaften der Flüssigkeit und zum Teil von den Abmessungen der Blasensäule ab. Für kleine Blasensäulen, bei denen der Einfluß der Wandreibung verhältnismäßig stark ist und daher eine Umlaufströmung bei größeren Gasdurchsätzen nicht oder nur schwer auftritt, konnte das Verhalten der Säulen durch Auswertung verschiedener Meßwerte beschrieben werden [5.2]. Die relative Säulenhöhe $h/h_0 = 1/(1-\chi)$ (vgl. (5.62)) ließ sich in Abhängigkeit von der Leerrohrgeschwindigkeit sowie von den Eigenschaften der Flüssigkeit und den Abmessungen der Blasensäule durch die dimensionslose Gleichung

$$\frac{h}{h_0} = A \left[Fr^{0,6} C^{0,07} \left(\frac{d_L}{h_0} \right)^{0,42} \right]^n, \qquad (5.77)$$

wobei A und n Konstanten sind, ausdrücken. In (5.77) ist

$$Fr = \frac{u_0^2}{g d_L}$$

und d_L der Durchmesser der im Siebboden befindlichen Löcher. C ist wiederum die Flüssigkeitskonstante. Die Konstanten A und n variieren je nach dem Wert der Leerrohrgeschwindigkeit u_0.

Wie die bisher veröffentlichte Literatur weiter zeigt, besteht jede Blasensäule aus einer Anströmzone, einer Gleichgewichtszone und einer Zerfallszone [5.2]. In der Anströmzone geben die Blasen ihre beim Eintritt in die Säule vorhandene kinetische Energie an die Flüssigkeit ab. Die Blasen werden verzögert, bis sich ein Gleichgewicht der Kräfte eingestellt hat. Außerdem kann sich in der Anströmzone die Größenverteilung der Blasen ändern. In der Gleichgewichtszone herrscht Kraftgleichgewicht zwischen Blase und Flüssigkeit. Blasengrößenverteilung, Gasgehalt und Blasenaufstiegsgeschwindigkeiten sind nur eine Funktion des statischen Drucks und der Flüssigkeitseigenschaften. In der Zerfallszone steigt der Gasgehalt steil an. Entsprechend sinkt die Aufstiegsgeschwindigkeit. Der Gasgehalt steigt, bis die Flüssigkeitslamellen zwischen den Blasen so dünn geworden sind, daß sie reißen und die Blasen zerplatzen können.

5.5.2.2 Blasensäulen im Konverter

Blasensäulen im Konverter entstehen durch das bei der Entkohlungsreaktion erzeugte Kohlenmonoxid. Es wird mit der umlaufenden Blasensäule nach oben befördert und dort abgeschieden. Mit zunehmendem Gasdurchsatz steigt der Gasgehalt und damit die Höhe h der Blasensäule an. Eine kritische Höhe ist erreicht, wenn die Blasensäule den Konverter ganz ausfüllt. Die Blasensäule ist eine mit Metalltropfen durchsetzte Schaumschlacke, die gegebenenfalls auch noch ungelöste Schlackenbestandteile enthalten kann.

Die in einer derartigen Blasensäule mit Umlaufströmung bei gegebenen Leerrohrgeschwindigkeiten sich einstellenden Gasgehalte hängen in ähnlicher

250 5 Bewegungsgesetze von festen Teilchen, Tropfen und Gasblasen

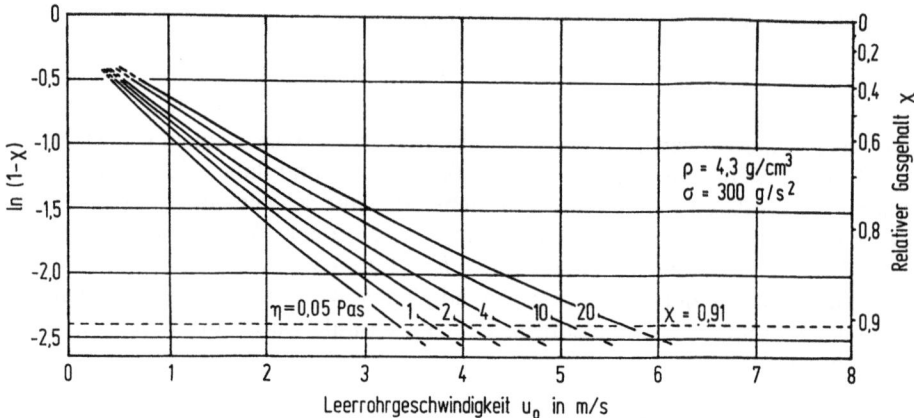

Bild 5.15 Der relative Gasgehalt in Abhängigkeit von der Leerrohrgeschwindigkeit und den angegebenen Flüssigkeitseigenschaften nach [5.55]

Weise von den Eigenschaften der Flüssigkeit ab wie in der Blasensäule ohne Umlaufströmung. Deshalb ist für den Zusammenhang zwischen Gasdurchsatz und Gasgehalt bzw. relativer Höhe h/h_0 eine Beziehung nach Art von (5.77) zu erwarten. Aus Modellversuchen an einer umlaufenden Blasensäule [5.55] wurde folgende Beziehung erhalten

$$\ln\frac{1}{1-\chi} = \ln\frac{h}{h_0} = 0{,}167[(ReFr)^{1/2}C^{-1/14}]^{1/2} \qquad (5.78)$$

mit

$$ReFr = \frac{u_0^3 \varrho_L}{\eta_L g}; \quad C = \frac{\varrho_L \sigma_L^3}{g \eta_L^4}.$$

Damit läßt sich der Zusammenhang zwischen dem Gasgehalt bzw. der relativen Höhe und der Leerrohrgeschwindigkeit ausdrücken. Bild 5.15 zeigt für eine Schlacke mit $\varrho_L = 4{,}3$ g/cm^3 und $\sigma = 300$ g/s^2 den Gasgehalt der Blasensäule als Funktion der Leerrohrgeschwindigkeit. Der Wert $\chi = 0{,}91$ wurde gestrichelt markiert, da Werte um 0,9 auftreten, wenn der Konverter ganz gefüllt ist. Die Viskosität η_L wurde als Parameter gewählt. Sie kann je nach dem SiO$_2$- und dem FeO-Gehalt der Schlacke Werte zwischen 0,05 und 2 Pa s annehmen und beeinflußt das Schaumverhalten der Schlacke [5.56]. Die für einen Gasgehalt von 0,91 maximal zulässigen Leerrohrgeschwindigkeiten können aus dem Bild abgelesen werden.

Die Leerrohrgeschwindigkeiten in Bild 5.15 von 3 bis 6 m/s gelten für einen relativen Gasgehalt von $\chi = 0{,}91$, Dieser Gasgehalt ergibt sich für einen 200-t-Aufblaskonverter, bei dem die lichte Höhe des zylindrischen Konverterteils oberhalb des Badspiegels 6 m beträgt [5.55]. Aus dieser Höhe und den in Bild 5.15 angegebenen Geschwindigkeiten errechnen sich Verweilzeiten des Gases im Konverter von 1 bis 2 s. Kreyger [5.57] berechnete die Verweilzeiten des Gases im Konverter aus Betriebsdaten. Seine Berechnung geht von der Bedingung aus, daß

5.5 Bewegungsgesetze von Teilchensuspensionen und Blasenschwärmen   251

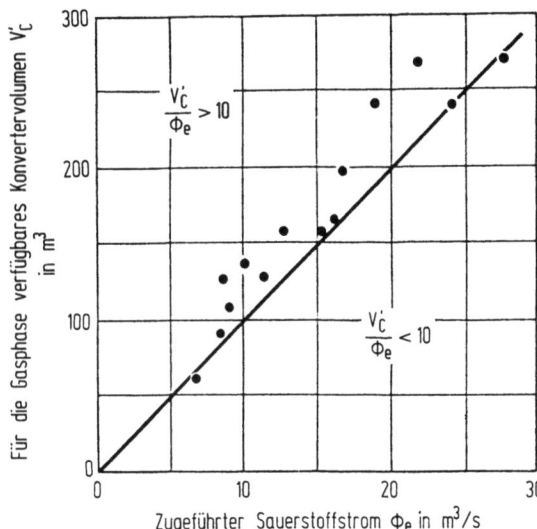

Bild 5.16 Das für die Gasphase verfügbare Konvertervolumen V_C als Funktion des Gasstroms Φ_e für unterschiedliche Stahlwerke nach [5.57]

das Volumen des Konverters V_C nicht kleiner sein darf als die Summe aus den Volumina des Stahls V_{St}, der Schlacke V_S und des Gases V_G

$$V_C \geq V_{St} + V_S + V_G. \tag{5.79}$$

Für den abgeführten Gasstrom Φ und die Verweildauer des Gases im Konverter τ gilt

$$V_G = \Phi \tau. \tag{5.80}$$

Aus (5.79) und (5.80) folgt

$$\tau \leq \frac{V_C - V_{St} - V_S}{\Phi}. \tag{5.81}$$

Der abgeführte Gasstrom Φ ist der je Zeiteinheit zugeführten Sauerstoffmenge während der Hauptentkohlungsperiode stöchiometrisch äquivalent, da in dieser Periode nur Kohlenstoff verbrannt wird. Damit kann der abgeführte Gasstrom durch die Summe Φ_e aus dem gasförmig zugeführten Sauerstoffstrom und dem mit den Zuschlägen je Zeiteinheit eingebrachten Sauerstoff in m³/s ausgedrückt werden. In Bild 5.16 ist nach [5.57] für einige Sauerstoffaufblaskonverter das für die Gasphase verfügbare Volumen $V'_C = V_C - V_{St} - V_S$ gegen den so definierten Gasstrom aufgetragen. Das Bild zeigt, daß es eine Grenzlinie gibt, oberhalb der alle Konverterdaten liegen. Die Steigung der Grenzlinie $V'_C/\Phi_e = t_{e,min}$ kann als Maß der minimal möglichen Verweildauer des Gases im Konverter aufgefaßt werden. Aus Bild 5.16 ergibt sich $t_{e,min} = 10$ s. Rechnet man diesen Wert auf die Temperatur und den mittleren Druck des Abgases im Konverter $T_G = 1\,773$ K und $p_G = 1,5$ bar unter Berücksichtigung des stöchiometrischen Umrechnungsfaktors $V_{CO}/V_{O_2} = 2$ sowie mit $T_0 = 273$ K und $p_0 = 1,0$ bar um, so folgt für die tatsächliche Verweildauer

$$\tau_{min} = \frac{T_0}{2T_G} \frac{p_G}{pP_0} t_{e,min} = 1,2 \text{ s}.$$

Dieser Wert stimmt recht gut mit dem überein, der sich aus der Berechnung der Schaumhöhe nach Bild 5.15 ergibt. Daraus folgt, daß die durch die maximal mögliche Schaumhöhe gegebenen Leistungsgrenzen i.d.R. ausgeschöpft werden. Entsprechend kann man nach [5.57] die Beziehung

$$\Phi_{e,max} = \frac{1}{t_{e,min}} (V_C - V_{St} - V_S), \qquad (5.82)$$

benutzen, um bei gegebener Konvertergröße die zulässige Sauerstoffblasrate oder umgekehrt, für eine vorgegebene Blasrate und damit Frischleistung des Konverters, die notwendige Konvertergröße bestimmen.

5.5.2.3 Blasensäulen in der Pfanne

Im Gegensatz zu den Blasensäulen in Konvertern nehmen die Blasensäulen in Pfannen nur einen kleinen Teil des gesamten Pfannenquerschnitts ein. Das in die Schmelze eingeleitete Gas dient dazu, den flüssigen Stahl zu rühren und zu vermischen. Darüber hinaus kann das Rührgas auch gelöste Gase ausspülen. Dieser Effekt hat bei der Vakuumbehandlung des flüssigen Stahls Bedeutung.

Die Wirkung des in die Stahlschmelze durch den Boden der Pfanne eingeleiteten Rührgases ist in Bild 5.17 schematisch gezeigt. Es entsteht eine Blasensäule und daraus folgend eine Umlaufströmung in der Schmelze. Die Umlaufströmung ist von Bedeutung für die Vermischung innerhalb der Schmelze, für die Verteilung und die Verweilzeit eingeblasener Feststoffe und Schlackenbildner, für die Emulgierung von Schlacke und für die Geschwindigkeit der Metall-Schlacke-Reaktion.

Um die Umlaufströmung zu erfassen, muß die vom Gas an die Schmelze übertragene Rührenergie berechnet werden. Diese Energie setzt sich prinzipiell aus drei Teilen zusammen.

1. der Arbeit an der Düse aufgrund der Expansion des Gases durch Druckabfall und Erwärmung,

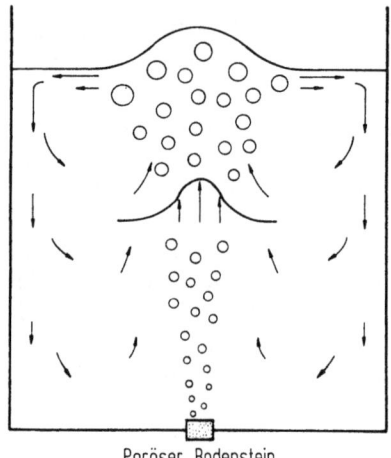

Poröser Bodenstein zum Gaseinleiten

Bild 5.17 Schema der Blasensäule und der Umlaufströmung in einer Pfanne

2. der Arbeit an und vor der Düse durch Übertragung von kinetischer Energie des Gases an die Flüssigkeit,
3. der Arbeit in der Blasensäule aufgrund der Expansion des Gases in der Blasensäule.

Zum ersten Anteil gelten folgende Überlegungen:

Ein Druckabfall des Gases unmittelbar vor der Düse tritt auf, wenn die nominelle Machzahl des Gases größer als eins ist (vgl. Abschn. 5.3.1). Liegt die Machzahl unter eins, hat das Gas am Düsenaustritt den Umgebungsdruck und ein Druckabfall tritt nicht auf. Unter technischen Bedingungen ist die Machzahl i.d.R. kleiner als eins.

Bei der Erwärmung des Gases geht man davon aus, daß das Gas durch die Erwärmung isobar und reversibel ausgedehnt wird und dabei Volumenarbeit gegen den Umgebungsdruck leistet. Die je Zeiteinheit geleistete Arbeit ist dann

$$\dot{A} = \frac{\dot{V}_G}{V_N} R(T_2 - T_1), \qquad (5.83)$$

wenn das Gas von T_1 auf T_2 erwärmt wird. In (5.83) bedeuten: $\dot{V}_G$ Gasmenge je Zeit unter Normalbedingungen, V_N Normalvolumen ($V_N = RT_0/p_0 = 22{,}4 \cdot 10^{-3}$ m^3/mol), R allgemeine Gaskonstante. Die nach (5.83) geleistete Arbeit kann an die Schmelze übertragen oder in der Zuleitung des Gases verbraucht werden. Es ist zu erwarten, daß der erste Fall eintritt, wenn das Gas im wesentlichen in der Schmelze, der zweite, wenn das Gas im wesentlichen an der Düsenmündung erwärmt wird. Berechnungen der Erwärmungsgeschwindigkeit [5.58] weisen darauf hin, daß der zweite Fall zutrifft. Dann leistet die Arbeit nach (5.83) nur einen geringfügigen oder keinen Beitrag zu der an die Schmelze übertragenden Rührenergie.

Zum Anteil der kinetischen Energie des Gases gilt folgendes:

Bei gleicher eingeleiteter Gasmenge $\dot{m}_G$ ist die kinetische Energie je Zeiteinheit

$$\dot{E}_{\text{kin}} = 8 \frac{\dot{m}_G^3}{\varrho_G^2 \pi^2 d^4} \qquad (5.84)$$

der 4. Potenz des Düsendurchmessers umgekehrt proportional. Wenn in Stahlschmelzen das Gas über einen Porenstein am Boden der Pfanne eingeleitet wird, liegt wegen der Nichtbenetzbarkeit des feuerfesten Materials der Durchmesser der sich ablösenden Blasen in der Größenordnung des Durchmessers bzw. der Kantenlänge des Porensteins. Diese Abmessung des Porensteins ist der in (5.84) einzusetzende Düsendurchmesser. Er kann mehrere Zentimeter betragen. Die kinetische Energie des Gases wird dann sehr klein und kann gegenüber der Expansionsenergie des Gases beim Aufsteigen vernachlässigt werden.

Damit verbleibt als einzige Energie die Expansionsarbeit des Gases in der Blasensäule. Das Differential dieser Arbeit dε wird vom Gas geleistet, wenn dieses um die Strecke dh aufsteigt. Es ist das Produkt aus der Auftriebskraft des Gases $g(\varrho_L - \varrho_G)V$ und der Strecke dh. Damit ergibt sich je Zeiteinheit

$$d\dot{\varepsilon} = \dot{V} g(\varrho_L - \varrho_G) dh. \qquad (5.85)$$

Das Produkt $g(\varrho_L-\varrho_G)\mathrm{d}h$ ist gleich der Druckabnahme $-\mathrm{d}p$. Setzt man

$$\dot{V} = \frac{\dot{V}_G}{V_N}\frac{RT}{p}, \qquad (5.86)$$

wobei $\dot{V}_G$ die je Zeiteinheit unter Normalbedingungen eingeleitete Gasmenge ist, so folgt

$$\mathrm{d}\dot{\varepsilon} = -\frac{\dot{V}_G RT}{V_N}\frac{\mathrm{d}p}{p} \qquad (5.87)$$

und nach Integration von p_1 bis p_0

$$\dot{\varepsilon} = \frac{\dot{V}_G RT}{V_N}\ln\frac{p_1}{p_0}. \qquad (5.88)$$

p_1 ist der Druck des Gases an der Düsenmündung, p_0 ist der Druck am oberen Ende der Blasensäule, also i.d.R. der Atmosphärendruck. Die über die Blasensäule in die Schmelze eingebrachte Rührenergie wird in der Schmelze durch turbulente Dissipation in Wärme umgewandelt und dadurch verbraucht. Im stationären Zustand müssen die eingebrachte und die verbrauchte Rührenergie gleich sein. Die Energie der Umlaufströmung wird im wesentlichen während eines Umlaufs verbraucht. Dies wird durch Versuche bestätigt, die zeigen, daß die Energie der Rückströmung der Schmelze aus dem Umlauf in die Blasensäule nur gering ist [5.59]. Daher kann die Strömung in die Blasensäule in guter Näherung so berechnet werden, als ob sich die umgebende Flüssigkeit in Ruhe befände. Hierauf aufbauend wurden Ansätze zur Berechnung der Strömung entwickelt [5.60–5.63]. Bei diesen Ansätzen werden folgende Annahmen gemacht:

1. Die Verteilung der Geschwindigkeit u und des Gasgehalts χ über den Radius der Blasensäule gehorchen je einer Gaußverteilung. Dies wurde mehrfach experimentell nachgewiesen [5.60, 5.63–5.66]. Die Geschwindigkeitsverteilung ist breiter als die Gasblasenverteilung, weil aus der Umgebung der Blasensäule Flüssigkeit angesaugt wird.
2. Die Blasensäule steigt in einer ruhenden Umgebung auf.
3. In jeder Ebene der Blasensäule steht die Auftriebskraft des Gases mit der Trägheitskraft der Flüssigkeit im Gleichgewicht.

Entsprechend der Annahme 1. werden die Geschwindigkeit und der Gasgehalt in Abhängigkeit vom Radius der Blasensäule wie folgt geschrieben

$$\frac{u}{u_m} = \exp\left(-\frac{r^2}{b_u^2}\right), \qquad (5.89)$$

$$\frac{\chi}{\chi_m} = \exp\left(-\frac{r^2}{b_\chi^2}\right). \qquad (5.90)$$

u_m und χ_m bedeuten den Maximalwert der Geschwindigkeit und des Gasgehalts in der Mitte der Blasensäule. b_u ist der Radius der Blasensäule für die Geschwindigkeitsverteilung, b_χ ist der Radius für die Gasgehaltsverteilung. Beide Radien sind dadurch gekennzeichnet, daß bei $r=b$ die Größen u/u_m bzw. $\chi/\chi_m = 1/e$ werden.

Das Verhältnis b_χ/b_u wird mit λ bezeichnet. Versuche ergaben: $\lambda=0{,}7$ [5.67] Die Geschwindigkeit und der Gasgehalt werden berechnet mit dem Ansatz, daß die Trägheitskraft der Flüssigkeit mit der Auftriebskraft des Gases im Gleichgewicht steht (Annahme 3.). Die Trägheitskraft ist mit dem Impulsstrom identisch. Dieser ist gegeben zu

$$\dot{I} = \int_0^\infty u^2 (1-\chi) \varrho_L 2\pi r\, dr. \tag{5.91}$$

Mit (5.89) und (5.90) ergibt die Integration von (5.91)

$$\dot{I} = \frac{1}{2}\pi \varrho_L u_m^2 b_u^2 \left(1 - \frac{2\lambda^2}{1+2\lambda^2}\chi_m\right). \tag{5.92}$$

Der maximale Gasgehalt χ_m kann aus dem mittleren Gasgehalt $\bar\chi$ bestimmt werden. Er ist mit diesem durch die Beziehung

$$\bar\chi = \frac{\int_0^\infty \chi u 2\pi r\, dr}{\int_0^\infty u 2\pi r\, dr} = \frac{\lambda^2}{1+\lambda^2}\chi_m \tag{5.93}$$

verknüpft. Entsprechend ist die mittlere Geschwindigkeit $\bar u$ mit der maximalen u_m durch

$$\bar u = \frac{\int_0^\infty u^2 2\pi r\, dr}{\int_0^\infty u 2\pi r\, dr} = \frac{1}{2} u_m. \tag{5.94}$$

verknüpft.

$\dot V_{G,z}$ und $\dot V_{L,z}$ sind die Volumenströme des Gases und der Flüssigkeit in der Ebene z. Aus Beobachtungen der Blasensäule [5.68] und aus Messungen der Aufstiegsgeschwindigkeit des Gases u_G [5.66] folgt, daß u_G über den Querschnitt der Blasensäule nahezu konstant ist. Damit kann der Volumenstrom des Gases durch

$$\dot V_{G,z} = u_G \int_0^\infty \chi 2\pi r\, dr = \pi u_G b_\chi^2 \chi_m \tag{5.95}$$

ausgedrückt werden. Die Geschwindigkeit u_G ist, abgesehen von sehr kleinen Gasvolumenströmen, der Mittengeschwindigkeit der Flüssigkeit annähernd proportional [5.66]

$$u_G = f u_m. \tag{5.96}$$

Für den Volumenstrom der Flüssigkeit gilt

$$\dot V_{L,z} = \int_0^\infty u 2\pi r (1-\chi)\, dr = \pi b_u^2 u_m \left(1 - \frac{\lambda^2}{1+\lambda^2}\chi_m\right). \tag{5.97}$$

Einsetzen von (5.96) in (5.95) mit $b_\chi/b_u = \lambda$, mit

$$\dot V_{G,z} = \dot V_G \frac{\varrho_G^N}{\varrho_G^0} \frac{z^*}{z^* - z} \tag{5.98}$$

und mit

$$z^* = H + \frac{p_0}{g\varrho_L}, \qquad (5.99)$$

wobei $\dot{V}_G$ Gasvolumenstrom bei p_0 und T_0, ϱ_G^N Gasdichte bei p_0 und T_0, ϱ_G^0 Gasdichte bei $p_0 + g\varrho_L H$ und T_L, ϱ_L Dichte der Flüssigkeit, H Badhöhe, T_L Temperatur der Flüssigkeit, $T_0 = 0\,°C$, p_0 Außendruck und z Höhenkoordinate ($z=0$ am Gefäßboden) ist, ergibt

$$\chi_m = \frac{\dot{V}_G}{fu_m \pi b_u^2 \lambda^2} \frac{\varrho_G^N}{\varrho_G^0} \frac{z^*}{z^* - z}. \qquad (5.100)$$

Hierin ist

$$\frac{\varrho_G^N}{\varrho_G^0} = \frac{p_0 T_L}{T_0(p_0 + g\varrho_L H)}. \qquad (5.101)$$

Es ist nun die Auftriebskraft zu berechnen. Deren Differential in der Ebene z ist

$$dA = g(\varrho_L - \varrho_G^z)\,dV \qquad (5.102)$$

mit

$$\varrho_G^z = \varrho_G^0 \frac{z^* - z}{z^*} \qquad (5.103)$$

gleich Gasdichte in der Ebene z. dV ist das zwischen den Ebenen z und $z + dz$ vorhandene Gasvolumen. Es wird unter Berücksichtigung von (5.103) ausgedrückt durch

$$dV = \dot{V}_G \frac{\varrho_G^N}{\varrho_G^z}\,dt = \dot{V}_G \frac{\varrho_G^N}{\varrho_G^0} \frac{z^*}{z^* - z}\,dt. \qquad (5.104)$$

Der Zeitintervall dt ist

$$dt = \frac{dz}{u_G}$$

oder mit (5.96)

$$dt = \frac{dz}{fu_m}. \qquad (5.105)$$

Die Gleichungen (5.102) bis (5.105) ergeben mit $\varrho_L \gg \varrho_G^z$ sowie (5.99) und (5.101)

$$dA = \frac{p_0 T_L}{T_0 fu_m} \dot{V}_G \frac{dz}{z^* - z}. \qquad (5.106)$$

Gleichung (5.106) wird von $z=0$ bis $z=z$ integriert. Dabei wird die Größe u_m als konstant angenommen, da sich die Geschwindigkeiten über die Höhe kaum ändern [5.65]. Mit $A = 0$ bei $z = 0$ ergibt sich

$$A = -\frac{p_0 T_L}{T_0 fu_m} \dot{V}_G \ln\left(1 - \frac{z}{z^*}\right). \qquad (5.107)$$

5.5 Bewegungsgesetze von Teilchensuspensionen und Blasenschwärmen 257

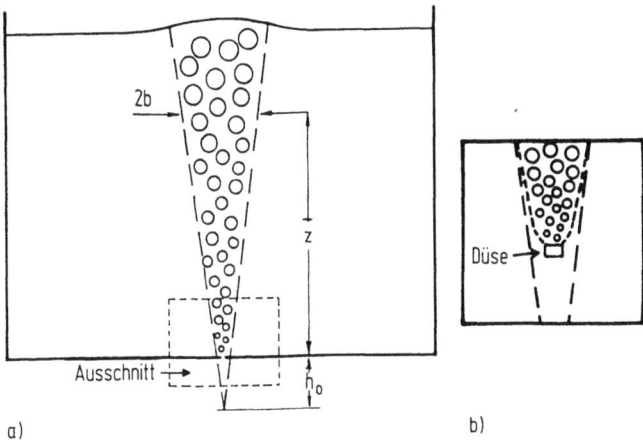

Bild 5.18a, b Form der Blasensäule. a kegelförmige Aufweitung über die Gesamtlänge; b Ausschnitt aus a mit stärkerer Aufweitung über der Düse

Gleichung (5.92) und (5.107) werden nunmehr gleichgesetzt. Man erhält, wenn nach u_m aufgelöst wird:

$$u_m = \left[-\frac{2}{\pi} \frac{p_0 T_L}{T_0 f \varrho_L b_u^2} \frac{\ln\left(1 - \frac{z}{z^*}\right)}{1 - \frac{2\lambda^2}{1+2\lambda^2} \chi_m} \dot{V}_G \right]^{1/3}. \tag{5.108}$$

Unter Beachtung von (5.100) beschreibt diese Gleichung den Zusammenhang zwischen der eingeblasenen Gasmenge $\dot{V}_G$ einerseits sowie der Mittengeschwindigkeit u_m und dem Gasgehalt χ_m andererseits. Die Höhe z ist der Parameter. Um (5.108) benutzen zu können, muß noch die Breite der Blasensäule b_u bestimmt werden. Sie nimmt nach oben hin zu, da von der Seite Flüssigkeit in die Blasensäule eingesaugt wird. Die einfachste Annahme ist, daß die Blasensäule sich kegelförmig öffnet. Sie nimmt dann die in Bild 5.18 gezeigte Form an. Der Scheitelpunkt des Kegels befindet sich im Abstand h_0 unterhalb der Düsenebene (Bild 5.18a). Dies ist dadurch bedingt, daß sich die Blasensäule direkt über der Düse stärker als kegelförmig ausweitet, da sich die Gasblasen oberhalb der Düse nicht immer genau senkrecht, sondern mit statistischer Unregelmäßigkeit auch zur Seite hin ablösen (Bild 5.18b). Das Ausmaß der Seitenbewegung bestimmt die Länge der Strecke h_0. Sie muß empirisch bestimmt werden.

Nach Bild 5.18a ist der Öffnungswinkel der Blasensäule durch

$$\tan\frac{\vartheta}{2} = \frac{b_u}{z+h_0} \tag{5.109}$$

gegeben. Der Öffnungswinkel nimmt mit dem Turbulenzgrad der aufsteigenden Flüssigkeit und daher mit dem Betrag des Gasvolumenstroms $\dot{V}_G$ zu. Der Zusammenhang zwischen ϑ und $\dot{V}_G$ muß ebenfalls empirisch bestimmt werden, und zwar möglichst genau, da nach (5.108) die Geschwindigkeit u_m bei

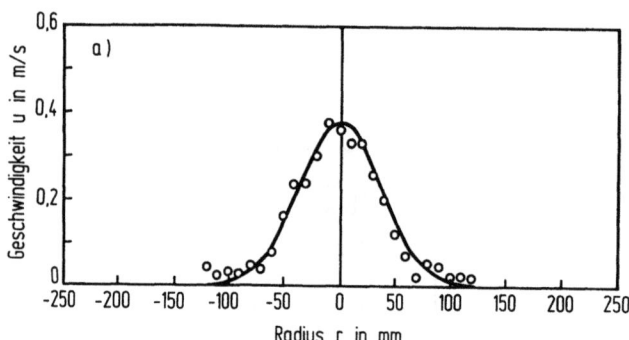

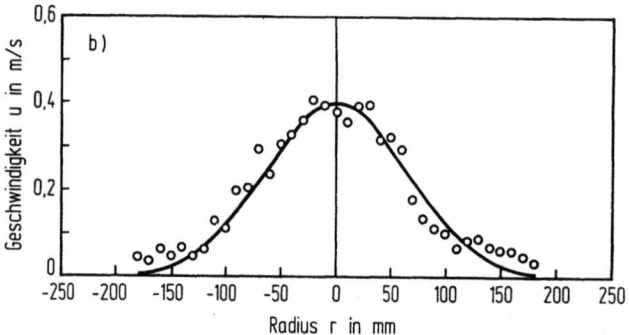

Bild 5.19a, b Geschwindigkeitsverteilung in der Blasensäule an einem Wassermodell. Gefäßdurchmesser 630 mm, Düsendurchmesser 5 mm, Badhöhe 580 mm, Gasvolumenstrom 200 Ncm³/s. Nach [5.65]. **a** Meßebene 180 mm über der Düsenebene (=Gefäßboden); **b** Meßebene 480 mm über der Düsenebene (=Gefäßboden)

gegebenem $\dot{V}_G$ stark von b_u abhängt. Der Volumenstrom der Flüssigkeit $\dot{V}_L$ ergibt sich aus (5.108) und (5.97) zu

$$\dot{V}_L = \left(1 - \frac{\lambda^2}{1+\lambda^2}\chi_m\right)\left[-2\pi^2 \frac{p_0 T_L b_u^4}{T_0 f \varrho_L} \frac{\ln\left(1-\frac{z}{z^*}\right)}{1 - \frac{2\lambda^2}{1+2\lambda^2}\chi_m}\dot{V}_G\right]^{1/3}. \qquad (5.110)$$

Die Geschwindigkeit der Flüssigkeit und die Gasverteilung wurden mehrfach an Modellversuchen gemessen [5.63–5.69]. Bild 5.19a und b zeigen für ein Wassermodell die mit einem Laser-Doppler-Anemometer gemessenen Geschwindigkeitsverteilungen der Flüssigkeit für zwei verschiedene Höhen [5.65]. Die eingezeichnete Kurve entspricht einer Gaußverteilung. Bild 5.20 zeigt für die gleichen Versuche die Breite b_u der Geschwindigkeitsverteilung in verschiedenen Höhen über der Einblasdüse und bei verschiedenen Gasvolumenströmen. Erwar-

5.5 Bewegungsgesetze von Teilchensuspensionen und Blasenschwärmen 259

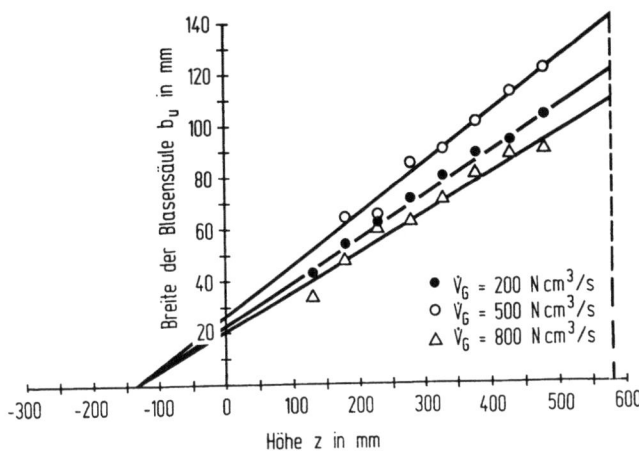

Bild 5.20 Breiten der Gaußkurven der Geschwindigkeitsverteilung in Abhängigkeit von der Höhe über der Düsenebene für drei verschiedene Gasvolumenströme (Gefäßdaten wie in Bild 5.19) nach [5.65]

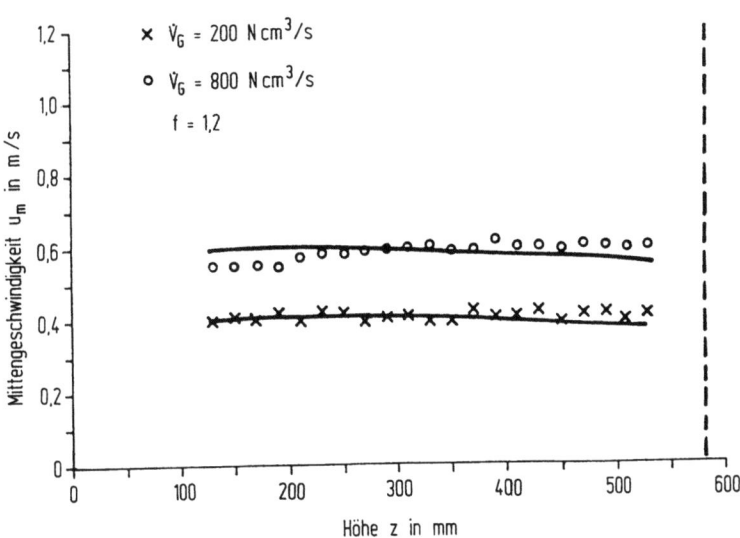

Bild 5.21 Berechnete und gemessene Mittengeschwindigkeit u_m in der Blasensäule in Abhängigkeit von der Höhe über der Düsenebene (Gefäßdaten wie in Bild 5.19) nach [5.65]

tungsgemäß nimmt der Öffnungswinkel mit wachsendem Gasvolumenstrom $\dot{V}_G$ zu. Bild 5.21 zeigt, ebenfalls für die gleichen Versuche, einen Vergleich der mit (5.108) und (5.100) iterativ berechneten und der gemessenen Mittengeschwindigkeiten u_m. Für λ wurde bei der Berechnung der oben angegebene Wert 0,7 eingesetzt. Unterhalb 100 mm ist die Blasensäule noch nicht voll ausgebildet. Der axiale Gasgehalt hat dort nahezu den Wert 1, und die Geschwindigkeit u_m kann

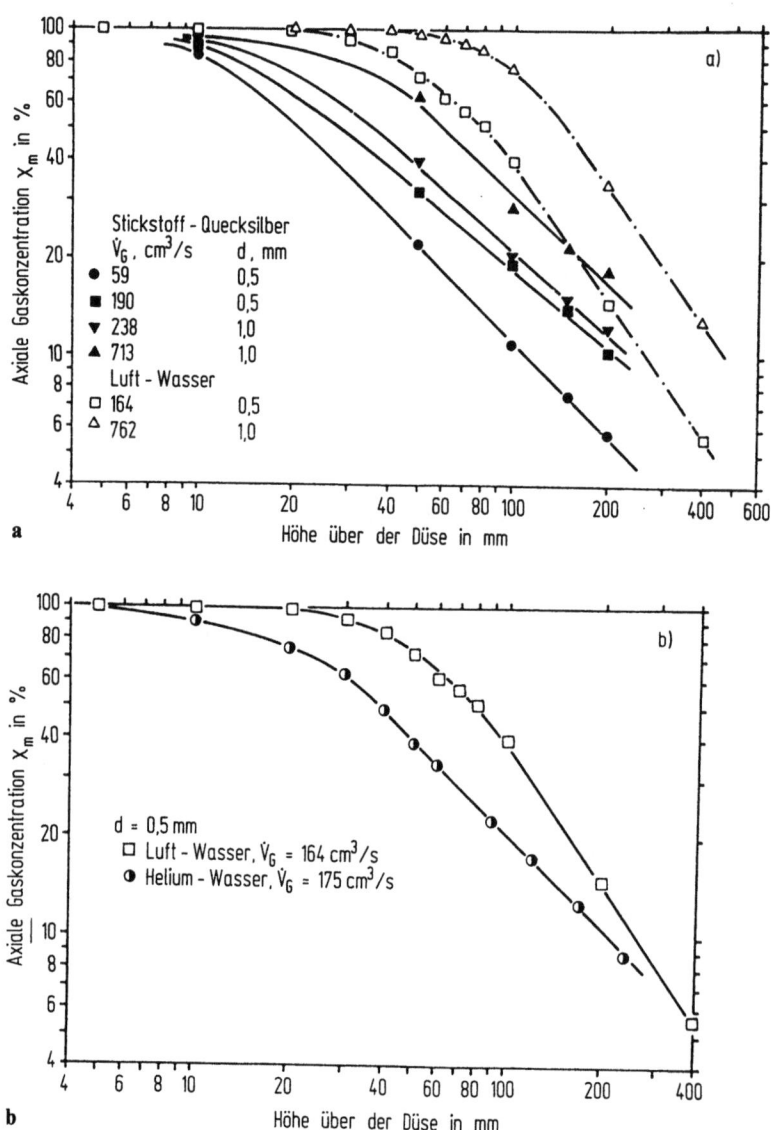

Bild 5.22a, b Axiale Gaskonzentration **a** in den Systemen Luft-Wasser und Stickstoff-Quecksilber und **b** in den Systemen Luft-Wasser und Helium-Wasser in Abhängigkeit von der Höhe über der Düsenebene nach [5.64]. *d* Düsendurchmesser

nicht gemessen werden. Deshalb sind hier keine Werte angegeben. Die Meßwerte werden mit (5.108) ganz gut beschrieben. Das bedeutet, daß diese Gleichung die Impulsübertragung vom Gas an die Flüssigkeit im Prinzip richtig wiedergibt. Allerdings ist zu berücksichtigen, daß der Faktor f in (5.108) ein Anpassungsfaktor ist. Für ihn wurde der Wert 1,2 gewählt. Der Anpassungsfaktor ist im wesentlichen durch die Slipgeschwindigkeit zwischen Blasen und Flüssigkeit

5.5 Bewegungsgesetze von Teilchensuspensionen und Blasenschwärmen

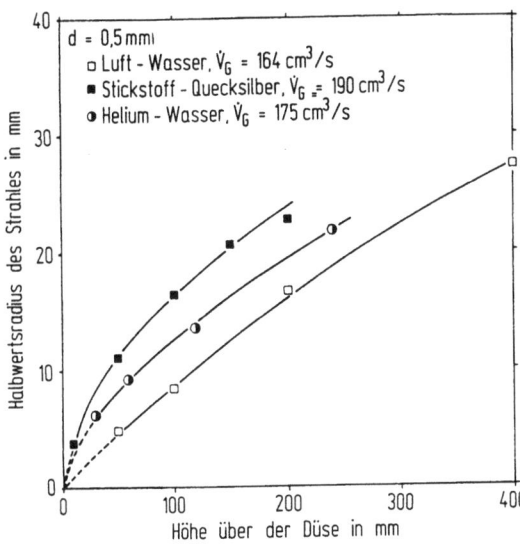

Bild 5.23 Halbwertsbreiten der Gaußkurven der Gaskonzentrationsverteilungen in Abhängigkeit vom Abstand über der Düsenebene für die Systeme Luft-Wasser, Helium-Wasser und Stickstoff-Quecksilber nach [5.64].

bestimmt. Die Slipgeschwindigkeit hängt in komplizierter, noch wenig bekannter Weise vom Gasgehalt ab. Hier sind weitere Untersuchungen erforderlich.

Untersuchungen zeigten, daß ebenso wie die Geschwindigkeit, auch die Gasverteilung einer Gaußkurve entspricht [5.64]. Es wurden vergleichende Modelluntersuchungen an den Systemen Luft-H_2O, He-H_2O und N_2-Hg durchgeführt. Bild 5.22a und b zeigen aus diesen Untersuchungen den Verlauf der axialen Gaskonzentration χ_m als Funktion der Höhe z über der Einblasdüse. Der Gasgehalt ist zunächst 1 und nimmt dann nach einer Potenzfunktion mit steigendem z ab. Bemerkenswert ist, daß die Exponenten der Potenzfunktion für die drei untersuchten Systeme unterschiedlich sind. Bild 5.23 zeigt den Blasensäulenradius als Funktion der Höhe z über der Düse. Dieser Radius ist für die drei untersuchten Systeme unterschiedlich und am größten im System Stickstoff-Quecksilber. Der Unterschied kommt, wie das Bild zeigt, hauptsächlich dadurch zustande, daß sich die Blasensäule über der Düse verschieden stark öffnet. Später verlaufen die Kurven nahezu parallel. Für die Entstehung der unterschiedlichen Radien spielt vermutlich das Dichteverhältnis Gas-Flüssigkeit eine Rolle.

Aus Bild 5.23 ergibt sich der Öffnungswinkel entsprechend (5.109) für die drei Systeme zu $\tan \vartheta/2 = 0{,}084$, kennzeichnend für die Verteilung der Gaskonzentration, während aus Bild 5.20 für einen fast gleichen Gasvolumenstrom $\tan \vartheta/2 = 0{,}14$, kennzeichnend für die Verteilung der Geschwindigkeit, folgt. Das Verhältnis beider ist $\lambda = 0{,}6$. Es weicht nur wenig von dem oben aus anderer Quelle entnommenen Wert ab. Da die Messungen bei unterschiedlichen Gefäßabmessungen und Düsendurchmessern durchgeführt wurden, läßt sich folgern, daß der Öffnungswinkel offenbar im wesentlichen nur vom Gasvolumenstrom abhängt.

Tacke et al. [5.64] führten eine Dimensionsanalyse ihrer Ergebnisse durch. Den Gasgehalt in der Mitte der Blasensäule χ_m und die Halbwertsbreite der

Blasensäule $r_{1/2}$ konnten sie mit folgenden Ausdrücken einheitlich darstellen

$$\chi_m = 0{,}50\left[0{,}20\frac{z}{d}\left(\frac{gd^5\varrho_L}{\dot{V}_G\varrho_G^0}\right)^{0{,}30}\right]^{-\gamma} \tag{5.111}$$

und

$$r_{1/2}\left(\frac{g}{\dot{V}_G^2}\right)^{1/5} = 0{,}42\left[0{,}20\frac{z}{d}\left(\frac{gd^5\varrho_L}{\dot{V}_G\varrho_G^0}\right)^{0{,}30}\right]^{\beta}. \tag{5.112}$$

Hierin ist d der Düsendurchmesser. Der Exponent γ ist 1,22 für das System Luft-H_2O und 0,866 für die Systeme He-H_2O und N_2-Hg. Der Exponent β ist 0,78 für das System Luft-H_2O und 0,56 für die Systeme He-H_2O und N_2-Hg. In (5.111) und (5.112) geht der Einfluß des Düsendurchmessers mit $d^{-0,5\gamma}$ bzw. mit $d^{0,5\beta}$ ein. Hierin kommt der Einfluß des Düsendurchmessers auf die Größe h_0 in (5.112) zum Ausdruck. Darüber hinaus wird wie oben bereits angedeutet, h_0 durch das Dichteverhältnis ϱ_L/ϱ_G^0 beeinflußt. Die andere Einflußgröße in (5.111) und (5.112) ist der Gasvolumenstrom $\dot{V}_G$. Er wirkt sich, außer auf den Gasgehalt χ_m, im wesentlichen auf den Öffnungswinkel $\vartheta/2$ aus.

Hsiao, Lehner und Kjellberg [5.60] maßen die Geschwindigkeit der Schmelze am oberen Ende der Blasensäule in einer 60-t-Pfanne und berechneten die Geschwindigkeit mit einer vereinfachten Form von (5.108). Bei der Rechnung benutzten sie für h_0 den Wert 80 cm und für $\tan \vartheta/2$ den Wert 0,05. Damit konnten die gemessenen Geschwindigkeiten am oberen Ende der Blasensäule rechnerisch richtig wiedergegeben werden.

Ebneth und Pluschkell [5.68] beschreiben die Vorgänge in der Blasensäule auf der Grundlage der Analogie der Blasensäule zum thermischen Auftriebsfreistrahl. Der thermische Auftriebsfreistrahl entsteht dadurch, daß das Fluid bei Erwärmung eine geringere Dichte annimmt und infolge des dadurch entstehenden Auftriebs gegenüber der kälteren Umgebung nach oben steigt. Der thermische Auftriebsfreistrahl besteht aus nur einer Phase, jedoch mit örtlich unterschiedlicher Dichte. Er wird deshalb als homogener Auftriebsfreistrahl bezeichnet. Im Vergleich hierzu ist die Blasensäule ein heterogener Auftriebsfreistrahl. Der Auftrieb wird durch das eingeleitete Gas erzeugt. Die Flüssigkeit wird als Folge davon nach oben bewegt und bildet einen Freistrahl aus.

Messungen an homogenen (thermischen) Auftriebsfreistrahlen ergeben für die kennzeichnenden Strahlparameter folgende Abhängigkeiten [5.68]

$$b_u = 0{,}134 z, \tag{5.113}$$

$$u_m = 3{,}79 \dot{W}_0^{1/3} z^{-1/3}, \tag{5.114}$$

$$\dot{V} = 0{,}216 \dot{W}_0^{1/3} z^{5/3} \tag{5.115}$$

mit

$$\dot{W}_0 = g\frac{\varrho_0 - \varrho_d}{\varrho_0}\dot{V}_G. \tag{5.116}$$

Hierin ist $\dot{W}_0$ kinematische Auftriebsflußrate, ϱ_0 Dichte des umgebenden Mediums, ϱ_d Dichte des Mediums in der Achse des Strahles bei $z=0$, und $\dot{V}_G$ Gasflußrate bei $z=0$.

5.5 Bewegungsgesetze von Teilchensuspensionen und Blasenschwärmen

In Analogie hierzu werden die entsprechenden Ausdrücke für den heterogenen Auftriebsfreistrahl wie folgt definiert

$$b_u = a_1 q^m z, \tag{5.117}$$

$$u_m = a_2 q^n \dot{W}_0^{1/3} z^{-1/3}, \tag{5.118}$$

$$\dot{V} = a_3 q^0 \dot{W}_0^{1/3} z^{5/3} \tag{5.119}$$

mit

$$\dot{W}_0 = g \dot{V}_G. \tag{5.120}$$

Die Größen a_1 bis a_3 sind aus Experimenten zu bestimmende Zahlfaktoren. Die Größe q ist durch

$$q = g^{-1/5} \dot{V}_G^{2/5} z^{-1} \tag{5.121}$$

gegeben. Ihre 5. Potenz q^5 hat physikalisch die Bedeutung einer erweiterten Froudezahl. Sie ist ein Maß für das Verhältnis von Trägheitskraft zu Auftriebskraft in der Blasensäule.

Aus Messungen der Strömung in der Blasensäule mit einem Propelleranemometer an einem zylindrischen Wassertank von 1,44 m Durchmesser und 1,65 m Badhöhe [5.68] sowie unter Hinzunahme weiterer Messungen [5.63] ergeben sich die folgenden Beziehungen [5.68]

$$\dot{V}_{L,z} = 0{,}91 q^{0{,}54} \dot{W}_0^{1/3} z^{5/3} = 1{,}52 \dot{V}_G^{0{,}55} z^{1{,}33}, \tag{5.122}$$

$$b_u = 0{,}45 q^{0{,}375} z = 0{,}38 \dot{V}_G^{0{,}15} z^{0{,}62} \tag{5.123}$$

und daraus mit

$$u_m = \dot{V}_{L,z} / \pi b_u^2$$

nach (5.97) unter Vernachlässigung des Einflusses von χ_m

$$u_m = 1{,}43 q^{-0{,}21} \dot{W}_0^{1/3} z^{-1/3} = 3{,}37 \dot{V}_G^{0{,}25} z^{-0{,}12}. \tag{5.124}$$

Die Ausdrücke zwischen den Gleichheitszeichen von (5.122) bis (5.124) sind dimensionsrichtig, die Ausdrücke rechts der Gleichheitszeichen sind Zahlenwertgleichungen mit [m] und [s]. In den Gleichungen ist $\dot{V}_{L,z}$ der Volumenstrom der Flüssigkeit in der Ebene z und $\dot{V}_G$ die Gasflußrate am Düsenaustritt. Von der oben abgeleiteten theoretischen Gleichung (5.108) mit Einschluß von (5.109) unterscheiden sich diese Beziehungen dadurch, daß in (5.123) die Breite der Blasensäule nicht linear mit z, sondern proportional $z^{0,62}$ zunimmt.

In (5.122) bis (5.124) ist der Einfluß des abnehmenden Drucks beim Aufstieg der Blasen nicht explizit berücksichtigt. Das ist bei Wassermodellen näherungsweise zulässig, nicht aber in Stahlschmelzen mit deren im Vergleich zu Wasser höheren Dichte. Für die Übertragung ihrer Ergebnisse auf Stahlschmelzen ersetzen Ebneth und Pluschkell [5.68] deshalb die Höhe z durch den Ausdruck

$$\bar{z} = z \frac{1}{\xi} \ln\left(\frac{1}{1-\xi}\right), \tag{5.125}$$

mit $\xi = z/z^*$. Bei $\xi = 0$ ist $\bar{z} = z$.

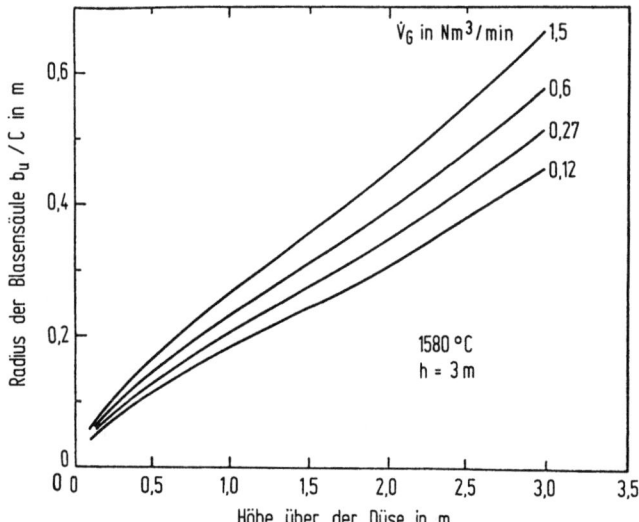

Bild 5.24 Radius der Blasensäule als Funktion der Höhe z über der Düsenöffnung für verschiedene Gasflußraten $\dot{V}_G$ nach [5.68]

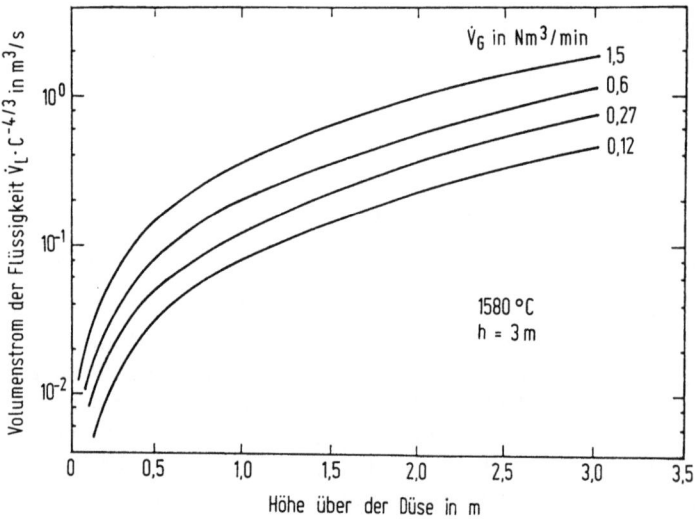

Bild 5.25 Volumenstrom der Flüssigkeit $\dot{V}_L$ als Funktion der Höhe z über der Düsenöffnung für verschiedene Gasflußraten $\dot{V}_G$ nach [5.68]

Bild 5.24 zeigt nach (5.122), wobei $\bar{z}$ nach (5.125) anstelle von z benutzt ist, den Radius b_u der Blasensäule als Funktion der Höhe z über der Düsenöffnung mit der Gasflußrate $\dot{V}_G$ als Parameter. Gegenüber den Wassermodellversuchen macht sich der Einfluß des ferrostatischen Drucks hauptsächlich in einer Verbreiterung der Blasensäule bemerkbar. Bild 5.25 zeigt entsprechend den Volumenstrom $\dot{V}$ der Flüssigkeit. In den Bildern 5.24 und 5.25 ist die in der

Ordinate enthaltene Größe C ein hypothetischer Korrekturfaktor für die Übertragung der Rechenergebnisse auf Stahlschmelzen. Da der Einfluß des ferrostatischen Drucks berücksichtigt ist, kann erwartet werden, daß der Faktor in der Nähe von eins liegt. Messungen an Stahlschmelzen, aus denen der Faktor bestimmt werden könnte, liegen bisher nicht vor.

5.6 Verhalten feststoffbeladener Gasstrahlen

Feststoffteilchen werden in Schmelzen als feststoffbeladene Gasstrahlen eingeblasen. Dazu wird der Feststoff zuerst zum Injektionsort pneumatisch gefördert. Der Ablauf dieser Förderung hängt von der Beladungsdichte des Gases mit Feststoff ab und kann im Prinzip durch ein sog. Zustandsdiagramm der pneumatischen Förderung gekennzeichnet werden. Am Injektionsort tritt das Gas-Feststoff-Gemisch in die Schmelze über. Dabei müssen sich Feststoff und Gas trennen. Die Feststoffteilchen sollen in die Schmelze eindringen, das Gas soll sich in Form von Gasblasen abscheiden. Der Ablauf dieser Vorgänge hängt ebenfalls von der Beladungsdichte und darüber hinaus von der Teilchengröße ab.

5.6.1 Zustandsdiagramm der pneumatischen Förderung

Das Prinzip der pneumatischen Förderung und die verschiedenen Zustände der Förderung können an dem von [5.70] aufgestellten Zustandsdiagramm der pneumatischen Förderung erklärt werden [5.71]. Das Diagramm ist schematisch in Bild 5.26 gezeigt. Als Parameter treten die Gutbeladung $\mu = \dot{m}_S/\dot{m}_{Fl}$ in kg Feststoff je kg Fördergas (S solid, Fl fluid) und das relative Zwischenraumvolumen $\varepsilon = V_{Fl}/V_{ges}$ auf. Die Kurve *1* im Diagramm kennzeichnet den Druckverlust des Fördergases im leeren Rohr; hier gilt $\mu = 0$ und $\varepsilon = 1$. Bei pulvergefülltem Rohr gilt ohne Förderung Kurve *2*. Der Punkt *A* entspricht dem Lockerungspunkt der Rohrfüllung bei waagerecht liegendem Rohr; bei vertikalem Rohr liegt dieser

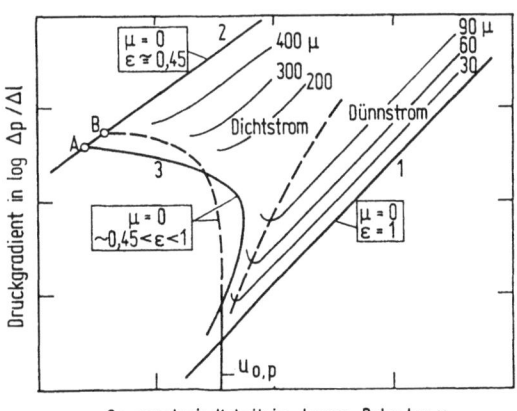

Bild 5.26 Zustandsdiagramm für horizontale pneumatische Förderung nach [5.70], vgl. [5.71]

Zustand bei *B* dem Wirbelpunkt. Mit sich ausdehnender Rohrfüllung verläuft der Druckabfall entlang Kurve *3*, die schließlich sehr steil in Richtung auf die Sinkgeschwindigkeit des Einzelkorns $u_{0,p}$ abfällt. Kurve *3* ist zugleich die Stopfgrenze der Förderstrecke. Zwischen den Grenzkurven *1*, *2* und *3* liegt das Gebiet der pneumatischen Förderung mit den beiden Bereichen Dünnstrom- und Dichtstromförderung. In dem Gebiet des Druckminimums besteht bei Druckschwankungen die Gefahr der Rohrverstopfung; dieser Umschlag tritt bei feinkörnigen Injektionspulvern leichter auf als bei grobkörnigen. Die für die Pfannenmetallurgie ausgelegten Apparate arbeiten bei Gutbeladungen μ zwischen 10 und 100, also teilweise im Bereich der Dünn- und teilweise im Bereich der Dichtstromförderung. Hohe Gutbeladungen sind notwendig, um die Injektionsdauer kurz zu halten, die Stoffausbeute zu erhöhen, die Pfannenfreibordhöhe niedrig zu halten und die Staubentwicklung zu begrenzen.

5.6.2 Hydrodynamisches Verhalten feststoffbeladener Gasstrahlen

5.6.2.1 Typen von Gas-Feststoff-Strahlen

Gas-Feststoff-Strahlen zeigen beim Einblasen in Flüssigkeiten je nach der Beladungsdichte des Gases mit dem Feststoff ein unterschiedliches Verhalten. Es sind zwei Grenzfälle zu unterscheiden, die in Bild 5.27 schematisch gezeigt sind [5.72]. Der eine ist durch niedrige Teilchenzahl und große Teilchendurchmesser, der andere durch hohe Teilchenzahl und kleine Teilchendurchmesser gekenn-

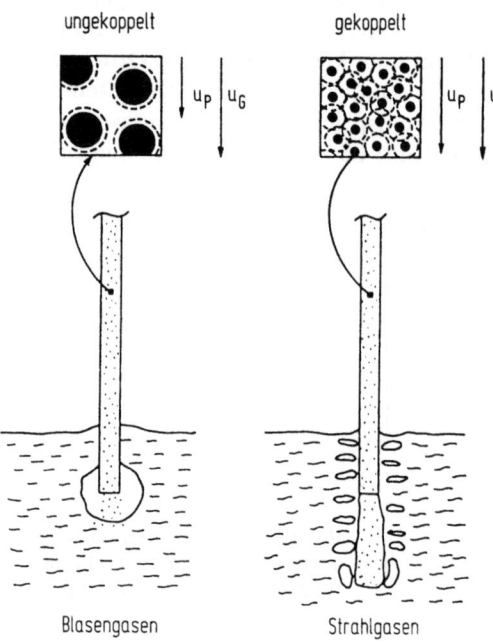

Bild 5.27a, b Schematische Darstellung der Strömung in Gas-Feststoffstrahlen mit und ohne Kopplung zwischen Gas und Feststoff bei gleicher Beladungsdichte.
a (ohne Kopplung): Großer Teilchendurchmesser und kleine Teilchenzahl; keine Überlappung der Strömungsgrenzschichten; $u_G > u_P$; Blasengasen beim Einblasen des Strahls in eine Schmelze. **b** (mit Kopplung): Kleiner Teilchendurchmesser und große Teilchenzahl; Überlappung der Strömungsgrenzschichten; $u_G \approx u_P$; Strahlgasen beim Einblasen des Strahls in eine Schmelze. Nach [5.72]

zeichnet. Im ersten Fall beeinflussen sich die Teilchen gegenseitig nicht. Die Teilchen werden vom Gas einzeln gefördert. Die Gasgeschwindigkeit ist wesentlich größer als die Teilchengeschwindigkeit. Im zweiten Fall sind die Teilchen einander so nah, daß die die Teilchen umgebenden Strömungsgrenzschichten des Gases sich gegenseitig überlappen. Dadurch werden die Bewegungen von Gas und Feststoff gekoppelt und beide haben jetzt nahezu die gleiche Geschwindigkeit. Die beiden Zustände werden als Gas-Feststoff-Strahlen ohne und mit Kopplung bezeichnet.

Das Blasverhalten der beiden Zustände ist unterschiedlich. In einem Gas-Feststoff-Strahl ohne Kopplung verhält sich das Gas beim Austritt aus der Einblasdüse so als wenn es allein vorhanden wäre. Das Gas bildet eine Blase, verliert dabei seinen Impuls und löst sich als Blase von der Düse ab. Währenddessen fliegen die Feststoffteilchen, ohne Impuls zu verlieren, geradeaus weiter und dringen an der Blasenoberfläche in die Schmelze ein. Es liegt der Zustand des Blasengases vor. Er wurde in Versuchen verschiedener Bearbeiter [5.74 – 5.77] beobachtet.

Im zweiten Fall werden Gas und Feststoff als einheitliches Fluid mit nahezu gleicher Geschwindigkeit gefördert. Sie verhalten sich auch hinsichtlich des Impulses, den sie auf die umgebende Flüssigkeit ausüben, wie ein einheitliches Medium. Der gesamte Impulsstrom von Gas und Feststoff wirkt der Auftriebskraft der Flüssigkeit entgegen. Da dieser Impulsstrom wegen des Anteils des Feststoffs, der eine viel größere Masse als das Gas hat, entsprechend groß ist, dringt der Strahl tief in die Flüssigkeit ein. Eine Trennung von Gas und Feststoff ist erst möglich, wenn beide ihren Impuls verloren haben. Es liegt der Zustand des Strahlgases vor. Gasblasen entstehen erst am Ende des Strahls.

Der Übergang zwischen den beiden Blaszuständen ist fließend. Jedoch läßt sich nach [5.72] die kritische Beladungsdichte des Strahls mit Teilchen, bei dem der Übergang erfolgt, größenordnungsmäßig abschätzen. Dazu wird von (3.91) ausgegangen. Die Gleichung beschreibt den Zusammenhang zwischen der Dicke der Strömungsgrenzschicht δ_{Pr} und der Anströmlänge y an der längs angeströmten Platte. Betrachtet man ein kugelförmig angenommenes angeströmtes Teilchen, so kann bei ihm die Anströmlänge in guter Näherung wie folgt durch den Teilchendurchmesser ausgedrückt werden [5.78]: $y = d_P/\sqrt{2}$. Dann folgt aus (3.91)

$$\delta_{Pr} = \frac{3}{\sqrt{2}} d_P Re_P^{-1/2}. \tag{5.126}$$

Hierin ist die Reynoldszahl

$$Re_P = \frac{(u_G - u_P) d_P}{v_G}$$

mit u_G, u_P Gas bzw. Teilchengeschwindigkeit und v_G kinematische Viskosität des Gases. Die Überlappung der Grenzschichten beginnt, wenn der mittlere Teilchenabstand

$$d_s = 2\delta_{Pr} + d_P \tag{5.127}$$

268   5 Bewegungsgesetze von festen Teilchen, Tropfen und Gasblasen

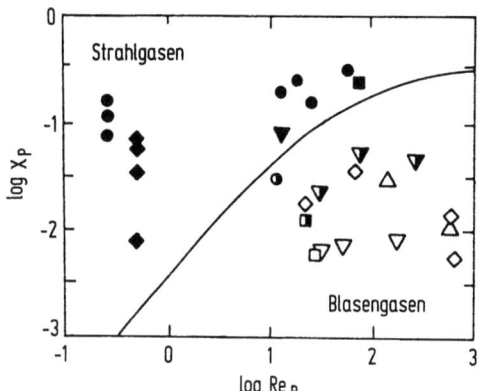

Bild 5.28 Volumenanteil der Teilchen χ_P als Funktion der Reynoldszahl Re_P beim Übergang vom ungekoppelten zum gekoppelten Strömungszustand eines Gas-Feststoffstrahls. Eingetragene Kurve theoretisch nach (5.130). Meßwerte: Verhalten der Strahlen beim Einblasen in die angegebenen Flüssigkeiten. Ausgefüllte Punkte: Strahlgasen; Geschlossene Punkte: Blasengasen; Halb ausgefüllte Punkte: Übergang. Messungen an Wasser nach [5.80]. Messungen an Blei nach [5.79]. Q-cel = Poröse anorganische Kugeln von 75 bis 100 μm Durchmesser und einer Dichte von 240 kg/m^{-3}. Sand = Sandkörner von 115 bzw. 450 μm Durchmesser. Nach [5.80]

wird. Von einem einzelnen Teilchen wird dann ein Würfel mit dem Volumen d_S^3 beansprucht. Die Zahl der Teilchen je Volumeneinheit ist folglich

$$n_P = \frac{1}{d_S^3},\qquad(5.128)$$

und der Volumenanteil der Teilchen im Gas-Feststoff-Strahl ist

$$\chi_P = \frac{\pi}{6} d_P^3 n_P. \qquad(5.129)$$

Damit folgt aus (5.126) und (5.127) bis (5.129) für den kritischen Volumenanteil der Teilchen χ_P beim Übergang vom nicht-gekoppelten zum gekopelten Strahl

$$\chi_P = \frac{\pi}{6}\left(\frac{6}{\sqrt{2Re_P}} + 1\right)^{-3}. \qquad(5.130)$$

Bild 5.28 zeigt χ_P als Funktion von Re_P nach (5.130) [5.80]. Eingetragen sind außerdem Meßwerte [5.79, 5.80]. Danach wird (5.130) durch das Experiment gut bestätigt.

5.6.2.2 Verhalten gekoppelter Gas-Feststoff-Strahlen beim Eindringen in Schmelzen

Nicht-gekoppelte und gekoppelte Gas-Feststoff-Strahlen zeigen beim Eindringen in Flüssigkeiten nach Bild 5.27 ein unterschiedliches Verhalten. Bei einem ungekoppelten Strahl verhält sich das Gas unabhängig vom Feststoff. Die Eindringtiefe des Gases und der Mechanismus der Blasenbildung sind so wie wenn der Feststoff nicht vorhanden wäre und können rechnerisch so behandelt werden

5.6 Verhalten feststoffbeladener Gasstrahlen   269

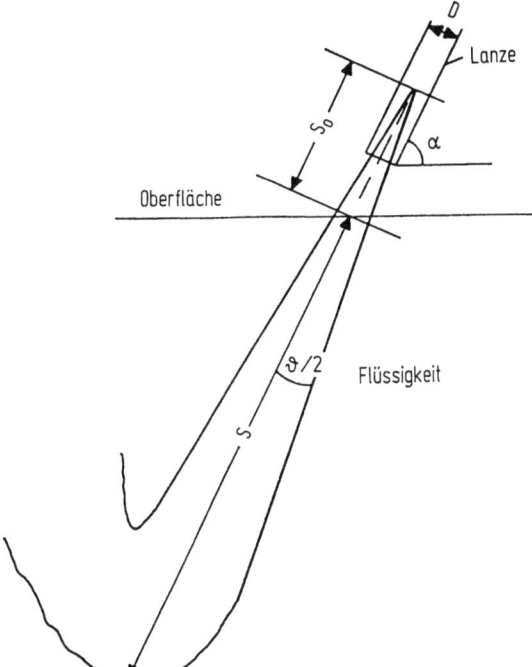

Bild 5.29 Schema des Einblasens eines Gas-Feststoff-Strahls in eine Schmelze nach [5.82]

wie beim Eindringen von Gas allein. Ein gekoppelter Strahl zeigt dagegen ein besonderes Verhalten. Dies wurde rechnerisch behandelt [5.80, 5.82, 5.83]

Nach [5.82, 5.83] läßt sich die Eindringtiefe eines Strahls mit Gas-Feststoff-Kopplung aus einer Betrachtung des Druckgleichgewichts am Auftreffpunkt des Gasstrahls berechnen. Der Auftrieb der Flüssigkeit ist gleich dem Impulsstrom des Gas-Feststoffstrahls. Dieser Impulsstrom ist bei den hier stets vorliegenden hohen Beladungsdichten nahezu ausschließlich durch den Impuls des Feststoffs bestimmt. Dann gilt

$$g\varrho_L V_L = \dot{m}_P u_P \sin\alpha \tag{5.131}$$

mit ϱ_L Dichte der Flüssigkeit, V_L verdrängtes Flüssigkeitsvolumen, $\dot{m}_P$ Massenstrom der Teilchen, u_P Geschwindigkeit der Teilchen und α Neigungswinkel gegenüber der Horizontalen. Bild 5.29 zeigt das Schema des Einblasvorgangs. Das verdrängte Volumen V_L ergibt sich zu

$$V_L = \frac{\pi \tan^2\left(\dfrac{\vartheta}{2}\right)[(S+S_0)^3 - S_0^3]}{3} \tag{5.132}$$

Aus (5.131) und (5.132) folgt für die Eindringtiefe S

$$S = \left[\frac{3\dot{m}_P u_P \sin\alpha}{\pi \tan^2\left(\dfrac{\vartheta}{2}\right)\varrho_L g} - S_0^3\right]^{1/3} - S_0. \tag{5.133}$$

Diese Gleichung wurde an Versuchen mit Kunststoffpartikeln, Eisenteilchen und Zucker von 1 bis 4 mm Durchmesser, die in Wasser eingeblasen wurden, experimentell bestätigt [5.82, 5.83]. Die Gleichung ist eine Näherung, da sie den turbulenten Impulsaustausch mit der umgebenden Flüssigkeit nicht berücksichtigt. Sie gibt die maximalen Eindringtiefen, die ohne diesen Impulsaustausch zu erwarten sind, an.

Da der Impulsstrom der Teilchen und des Gases zur Überwindung der Auftriebskraft der Flüssigkeit dient, ist die Geschwindigkeit beider am Auftreffpunkt des Gases gleich Null. Die Teilchen können in die Flüssigkeit nur übergehen, wenn sie von dieser benetzt werden. Sonst verbleiben sie an der Gas-Feststoff-Oberfläche und steigen mit dem Gas in Form von Blasen wieder auf. Eine chemische Reaktion zwischen Teilchen und Flüssigkeit ist nur an der Oberfläche der Blasen, wo die Teilchen anliegen, möglich. Werden die Teilchen dagegen von der Flüssigkeit benetzt, können sie, auch nachdem sie ihre Geschwindigkeit vollständig verloren haben, in die Flüssigkeit eindringen, von ihr umhüllt werden und entsprechend chemisch reagieren oder sich auflösen.

Der von [5.82, 5.83] entwickelte Ansatz für das Einblasverhalten gekoppelter Gas-Feststoffstrahlen wurde von [5.80] fortgeführt und erweitert, um den Impulsaustausch zwischen Strahl und Flüssigkeit zu berücksichtigen. Dabei gelten folgende Annahmen:

1. Gas und Feststoff werden als Kontinuum betrachtet,
2. die Differenz der Geschwindigkeiten von Gas und Feststoff ist sehr klein und wird vernachlässigt,
3. der Zustand des Systems ist stationär und eindimensional, d.h. die Geschwindigkeit und die Dichte des Strahls ändern sich nur örtlich aber nicht zeitlich, und auch örtlich nur entlang der Strahlachse, aber nicht quer dazu,
4. der Impuls des Gases wird nur durch den Auftrieb der Flüssigkeit aufgezehrt,
5. Gas und Feststoff treten aus dem Strahl erst am unteren Ende des Strahls aus, d.h. nachdem die maximale Eindringtiefe erreicht ist,
6. die aufsteigenden Blasen und Feststoffteilchen haben keinen Einfluß auf das Verhalten des Strahls,
7. die in den Strahl von der Seite eingerissenen Flüssigkeitsteilchen haben die gleiche Geschwindigkeit wie der Strahl,
8. das Gas ist inkompressibel.

Auf der Grundlage dieser Annahmen können die Eigenschaften des Strahls mit den folgenden Beziehungen bezeichnet werden:

- dem Gleichgewicht zwischen dem Impulsstrom des Strahls und der Auftriebskraft der Flüssigkeit in jeder Höhe z,
- einer Beziehung, die angibt, wieviel Flüssigkeit je Einheit der Strahllänge in den Strahl eingerissen wird,
- der Massenbilanz zwischen Gas, Feststoffteilchen und Flüssigkeitsteilchen in jeder Höhe z.

Für die Rechnung werden die Größen ϱ Dichte, χ Volumenanteil, z Abstand von der Düsenöffnung, F Querschnittsfläche des Strahls, u Geschwindigkeit und d Durchmesser, mit den Indices M Mischung aus eingeblasenem Feststoff, mitgeris-

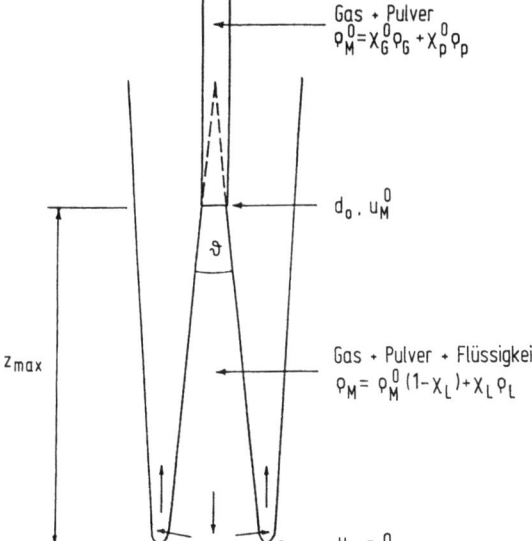

Bild 5.30 Schema des Drei-Phasen-Strahls mit Angaben der verwendeten Begriffe nach [5.80]

sener Flüssigkeit und Gas, P Feststoff, L Flüssigkeit, G Gas, Str Strahl und 0 an der Düse eingeführt.

Der Gas-Feststoff-Tropfen-Strahl ist schematisch in Bild 5.30 gezeigt. Mit den angegebenen Bezeichnungen und den oben genannten Annahmen gilt für das Gleichgewicht zwischen dem Impulsstrom des Strahls und der auf den Strahl wirkenden Auftriebskraft

$$-d[\varrho_M u_M^2 F] = (\varrho_L - \varrho_M) g F dz. \qquad (5.134)$$

Die Abnahme des Impulsstroms der Mischung ist gleich der Zunahme der Auftriebskraft entlang der Strecke dz. Die auf der Strecke dz in den Strahl eingerissene Flüssigkeitsmenge bewirkt eine Zunahme des Massenstroms der Mischung. Die Zunahme dieses Massenstroms wird als proportional dem Massenstrom selbst angenommen.

$$\frac{d}{dz}(\varrho_M u_M F) = K \varrho_M u_M d_{Str}. \qquad (5.135)$$

Die dimensionslose Proportionalitätskonstante K ist der Tangens des Ausbreitungswinkels $\vartheta/2$ des Strahls. Dieser hängt vom Grad der Turbulenz ab und ist empirisch zu bestimmen. Ein Wert von 0,06 ergab die beste Übereinstimmung mit experimentellen Ergebnissen [5.80]. Es ist bemerkenswert, daß dieser Wert wesentlich kleiner ist als der Wert 0,236, der sich ergibt, wenn ein Gasfreistrahl in ein Medium gleicher Zusammensetzung und Temperatur eingeblasen wird [5.84] und auch kleiner ist als der Tangens des Öffnungswinkels von Blasensäulen (vgl. Abschn. 5.5.2.3). Der Grund für den darin zum Ausdruck kommenden geringeren turbulenten Impulsaustausch besteht vermutlich darin, daß Teilchen geradliniger fliegen als Gasmoleküle und daher weniger Impuls in Querrichtung übertragen als diese. Darüber hinaus müssen für das Abreißen von Flüssigkeitstropfen noch Grenzflächenkräfte überwunden werden.

Als weitere Beziehungen zur Berechnung des Strahlverhaltens, sind die Massenerhaltungssätze für die Feststoffteilchen und für das Gas zu berücksichtigen. Sie lauten

$$\frac{d}{dz}(\chi_P \varrho_P u_P F) = 0 \qquad (5.136)$$

und

$$\frac{d}{dz}(\chi_G \varrho_G u_G F) = 0. \qquad (5.137)$$

Aus den Annahmen 1., 2. und 3. (s.S. 270) folgt

$$u_P = u_G = u_L = u_M \qquad (5.138)$$

und

$$\chi_L + \chi_P + \chi_G = 1. \qquad (5.139)$$

Schließlich ist nach Bild 5.30

$$\varrho_M = (1 - \chi_L) \varrho_M^0 + \chi_L \varrho_L. \qquad (5.140)$$

Da es nach (5.138) nur eine Geschwindigkeit gibt, verbleiben als zu bestimmende Größen die Strahlgeschwindigkeit u_M, der Strahldurchmesser d_{Str}, die Strahldichte ϱ_M sowie die Anteile χ_G, χ_L und χ_P, die mit (5.134) bis (5.137) und (5.139) bis (5.140) als Funktion der Strahllänge z zu berechnen sind. Wegen der Einzelheiten der Berechnung wird auf die Originalveröffentlichung [5.80] verwiesen.

Bild 5.31 zeigt als Ergebnis den Verlauf der dimensionslosen Strahlgeschwindigkeit $U_M = u_M/u_M^0$, des dimensionslosen Strahldurchmessers $D_{Str} = d_{Str}/d_0$ und des

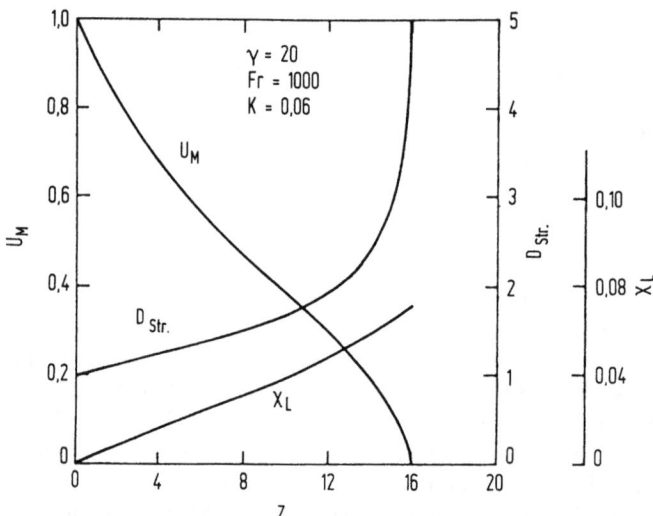

Bild 5.31 Dimensionslose Strahlgeschwindigkeit, dimensionsloser Strahldurchmesser und Volumenanteil der Flüssigkeit als Funktion der dimensionslosen Strahllänge nach [5.80]

Anteils der Flüssigkeit χ_L im Strahl als Funktion der dimensionslosen Strahllänge $Z = z/d_0$. Parameter sind die Froudezahl Fr, das Dichteverhältnis $\gamma = \varrho_L/\varrho_M^0$ und der bereits erwähnte Faktor K. Die Geschwindigkeit und der Strahldurchmesser nehmen zunächst linear ab bzw. zu. Kurz vor dem Strahlende sinkt dann U_M schnell auf Null ab, während D_{Str} bei $U_M = 0$ rechnerisch gegen unendlich gehen muß. Dies ist der Ausdruck dafür, daß das Gas mit dem Feststoff seitwärts neben dem Strahl in Blasen wieder aufsteigt. Als Parameter sind in Bild 5.31 $Fr = 1\,000$, $\gamma = 20$ und $K = 0,06$ gewählt. Einer Froudezahl von 1 000 entspricht bei einem Düsendurchmesser von 20 mm eine Austrittsgeschwindigkeit von 14 m/s. $\gamma = 20$ entspricht bei $\varrho_L = 7,02 \cdot 10^3$, $\varrho_P = 3,5 \cdot 10^3$ und $\varrho_G = 1,205$ kg/m³ einer Beladungsdichte $\chi_P^0 = 0,10$. Höhere γ-Werte entsprechen kleineren Beladungsdichten, wobei, abgesehen von sehr kleinen Beladungsdichten $\chi_P^0 \approx \varrho_L/\varrho_P \cdot 1/\gamma$ ist. Der Anteil der Flüssigkeit χ_L steigt linear mit Z an und erreicht in Bild 5.31 Werte bis 0,08. Bild 5.32 zeigt die dimensionslose Eindringtiefe Z_{max} als Funktion der Froudezahl und des Dichteverhältnisses γ. Besonders bei hohen Beladungsdichten (kleines γ) steigt die Eindringtiefe mit zunehmender Froudezahl stark an. Hierin drückt sich die Zunahme des Impulses des Gas-Feststoffstrahls mit steigender Beladungsdichte aus.

Messungen [5.79, 5.80] wurden bereits in Bild 5.28 gezeigt. Ergänzend hierzu zeigt Bild 5.33 aus diesen Messungen [5.80] eine Auftragung der gemessenen gegen die berechneten Eindringtiefen.

Bild 5.34 zeigt nach einer Auswertung [5.81] das Verhalten der Gas-Feststoff-Strahlen mit Argon bzw. Stickstoff als Trägergas bei verschiedenen technischen Verfahren. Eingetragen ist zum einen die Grenzlinie für den Übergang vom Strahlgasen zum Blasengasen nach (5.130), jedoch ist hier nicht χ_P gegen Re_P, sondern der Feststoffanteil im Gas in kg Feststoff je Nm³ Gas gegen den Partikeldurchmesser aufgetragen. Dadurch ergeben sich je nach Teilchendichte unterschiedliche Kurven für die einzelnen Teilchenarten. Eingetragen sind außerdem die Arbeitsbereiche verschiedener technischer Verfahren. Beim Einbla-

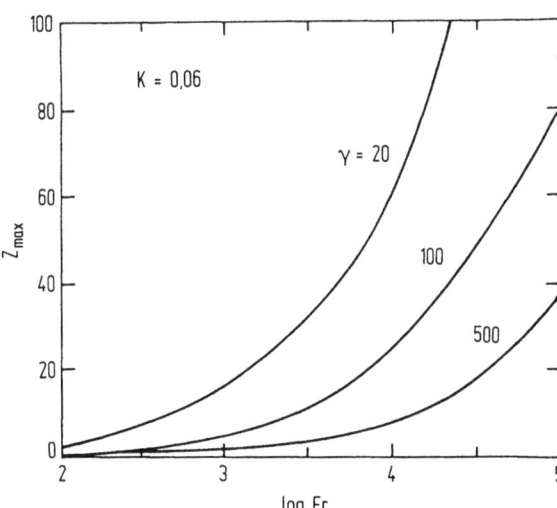

Bild 5.32 Dimensionslose Eindringtiefe des Gas-Feststoff-Strahls mit Kopplung als Funktion der Froudezahl Fr und des Dichteverhältnisses γ nach [5.80]

274 5 Bewegungsgesetze von festen Teilchen, Tropfen und Gasblasen

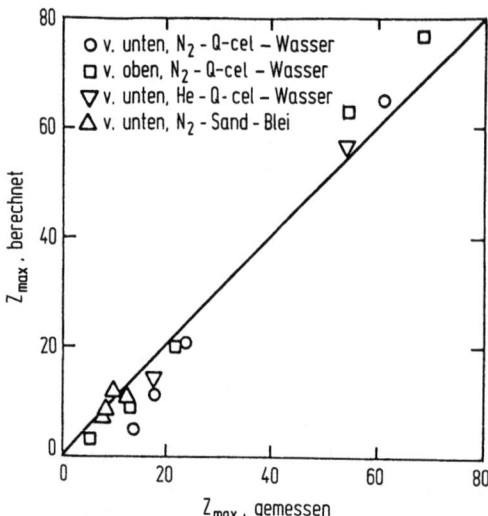

Bild 5.33 Vergleich der gemessenen und berechneten Eindringtiefen. ○□▽: Meßwerte nach [5.80]. △: Meßwerte nach [5.79]

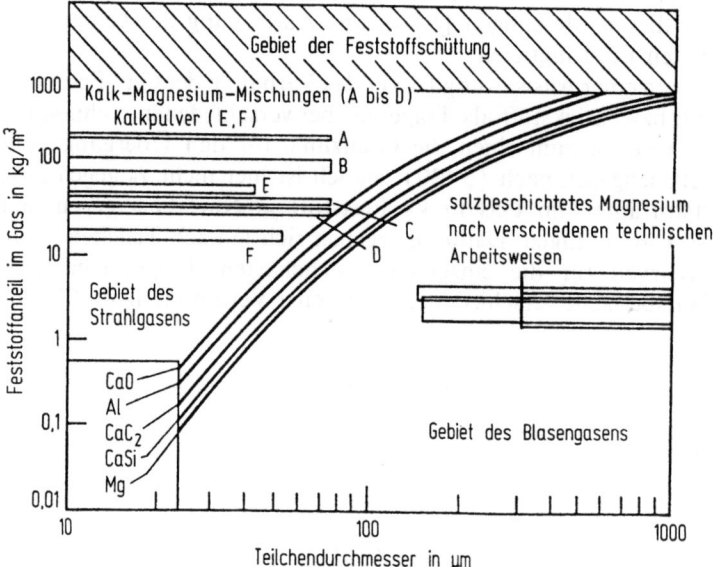

Bild 5.34 Blaszustände beim Eindringen von Gas-Feststoff-Strahlen in Schmelzen. Links: Kalk-Magnesium-Mischungen (A bis D) und Kalkpulver (E, F). Rechts: Salzbeschichtetes Magnesium nach verschiedenen Arbeitsweisen. Nach [5.81]

sen von Kalk, von Kalk-Magnesium-Mischungen und von Calciumcarbid in Eisenschmelzen liegt Strahlgasen, beim Einblasen von mit Salz behandeltem Magnesium und von grobkörnigem Calcium-Silicium liegt Blasengasen vor. Welcher Blaszustand sich einstellt, ist hauptsächlich durch die unterschiedliche Teilchengröße bestimmt.

5.6 Verhalten feststoffbeladener Gasstrahlen   275

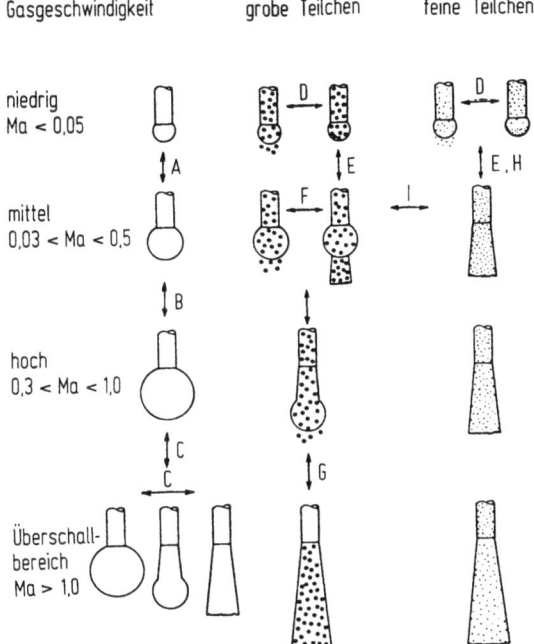

Bild 5.35 Systematik verschiedener möglicher Zustände beim Einblasen von Gasen und Gas-Feststoff-Mischungen in Flüssigkeiten. *Ma* Machzahl. Nach [5.80]

Eine zusammenfassende Systematik der verschiedenen möglichen Einblaszustände gibt Bild 5.35 [5.80]. Als Parameter sind die Gasgeschwindigkeit, die Korngröße und die Benetzbarkeit der Teilchen angegeben. Hohen Korngrößen entsprechen niedrige und niedrigen Korngrößen hohe Beladungsdichten. Bild 5.35 zeigt links zunächst das Verhalten unbeladener Gasstrahlen. Mit zunehmender Gas-Geschwindigkeit nimmt die Größe der sich ablösenden Blasen zu bis bei einer Machzahl von eins und darüber Strahlgasen auftritt (Zustände *A* bis *C*). In der Mitte ist das Verhalten von Gas-Feststoff-Strahlen mit groben Teilchen gezeigt. Bei kleinen und mittleren Gasgeschwindigkeiten (Zustände *D*, *E*, *F*) ist der Strahl nicht gekoppelt. Es tritt Blasengasen auf. Bei kleinen Gasgeschwindigkeiten (Zustand *D*) dringen benetzbare Teilchen in die Flüssigkeit ein, nichtbenetzbare dagegen nicht. Bei höheren Gasgeschwindigkeiten gelingt auch den nichtbenetzbaren Teilchen das Eindringen in die Flüssigkeit. Dank ihrer jetzt größeren kinetischen Energie können sie die Oberflächenkräfte überwinden (Zustände *E* und *F*). Der in die Flüssigkeit eingedrungene Partikelstrahl kann im Verhältnis zur Flüssigkeit wiederum ein gekoppeltes oder ein ungekoppeltes Verhalten zeigen. Kopplung ist wie im Gas dadurch gekennzeichnet, daß Teilchen und Flüssigkeit nahezu gleiche Geschwindigkeit haben, während bei Nicht-Kopplung die Teilchen sich einzeln bewegen und schneller als die umgebende Flüssigkeit sind. Wenn beim Einblasen von Gas-Feststoff-Strahlen mit groben Teilchen die Gasgeschwindigkeit über den Zustand *F* hinaus weiter zunimmt, ist auch hier ein Übergang zum Strahlgasen zu erwarten (Zustand *G*), und zwar bei niedrigeren Gasgeschwindigkeiten als in Abwesenheit von Partikeln, da die Partikel auch bei Nicht-Kopplung einen gewissen Beitrag zur Impulsübertragung leisten. Der rechte Bildteil zeigt das Verhalten bei feinen Teilchen, wobei jetzt Kopplung angenommen ist. Bei sehr kleinen Geschwindigkeiten lösen sich zunächst Blasen ab. Benetzbare Partikel dringen in die Schmelze ein, nicht benetzbare nicht. Nimmt die Gasgeschwindigkeit zu, tritt Strahlgasen auf (Zustände H und I). Es liegt volle Kopplung vor. Die Teilchen verlieren ihren Impuls und können von der Schmelze nur noch aufgenommen werden, wenn sie benetzbar sind. Mit zunehmender Gasgeschwindigkeit ändert sich dies nicht mehr, nur wird der Strahl länger.

5.6.3 Eindringen von Teilchen in Schmelzen

5.6.3.1 Einführung

Bei Gas-Feststoff-Strahlen ohne Kopplung überträgt das Gas nach dem Austritt des Strahls aus der Düse seinen Impuls an die Flüssigkeit und löst sich von der Düse als Blase ab. Die Feststoffteilchen behalten ihren Impuls bei und können beim Auftreffen auf die Blasenoberfläche in die Flüssigkeit eindringen. Von der Flüssigkeit benetzbare Teilchen haben dabei keinen Widerstand beim Durchtritt durch die Oberfläche zu überwinden, während nichtbenetzbare Teilchen Oberflächenarbeit zu leisten und damit einen Widerstand zu überwinden haben. Die Arbeit wird der kinetischen Energie der Teilchen entnommen [5.85–5.87]. Die Teilchen müssen daher eine Mindestgeschwindigkeit haben, um in die Flüssigkeit übertreten zu können.

Die einfachste Annahme zur Berechnung der Durchtrittsarbeit A besteht darin, diese als Differenz der Grenzflächenenergie des Teilchens vor und nach dem Durchtritt anzusehen. Sie ist je Flächeneinheit

$$\frac{A}{F} = \sigma_{PL} - \sigma_P \tag{5.141}$$

mit σ_{PL} Grenzflächenspannung zwischen Teilchen und Schmelze und σ_P Oberflächenspannung des Teilchens.

Mit der bekannten Gleichung nach Young für das Dreiphasengleichgewicht der Grenzflächenenergien (Bild 5.36)

$$\sigma_P = \sigma_{PL} + \sigma_L \cos \gamma \tag{5.142}$$

wird aus (5.141)

$$\frac{A}{F} = -\sigma_L \cos \gamma. \tag{5.143}$$

Hierbei ist σ_L die Oberflächenspannung der Flüssigkeit.

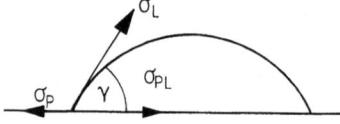

Bild 5.36 Gleichgewichte der Grenzflächenenergien an einem auf einer ebenen Unterlage aufliegenden Tropfen. Schematisch

Bild 5.37 Stadien des Eindringens eines Teilchens P in eine Flüssigkeit. G Gas, L Flüssigkeit. Nach [5.73]

Bei Nichtbenetzbarkeit zwischen Teilchen und Schmelze ist der Randwinkel $\gamma > 90°$, so daß A/F positiv wird. Mit (5.143) ist die Durchtrittsarbeit des einzelnen kugelförmig angenommenen Teilchens

$$A = -\pi d_P^2 \sigma_L \cos \gamma. \tag{5.144}$$

Diese Arbeit ist der kinetischen Energie des Teilchens zu entnehmen, indem die Teilchengeschwindigkeit verringert wird

$$\Delta E_{kin} = \frac{1}{12} \varrho_P \pi d_P^3 (u_0^2 - u^2) \tag{5.145}$$

mit u_0 und u Teilchengeschwindigkeit vor und nach dem Eintreten in die Schmelze. Mit $A = \Delta E_{kin}$ folgt

$$u = u_0 \left[1 + \frac{12}{We} \frac{\varrho_L}{\varrho_P} \cos \gamma \right]. \tag{5.146}$$

Hierin ist $We = u_0^2 d_P \varrho_L / \sigma_L$ die Weberzahl. Setzt man $u = 0$, so folgt die kritische Geschwindigkeit, die die Teilchen mindestens haben müssen, um noch in die Schmelze eindringen zu können

$$u_{0,min} = \left(-\frac{12 \sigma_L \cos \gamma}{d_P \varrho_P} \right)^{1/2} \tag{5.147}$$

oder dimensionslos

$$We_{min} = -12 \frac{\varrho_L}{\varrho_P} \cos \gamma. \tag{5.148}$$

Bei einer genaueren Betrachtung des Eindringens der Teilchen in die Schmelze ist zu berücksichtigen, daß das Teilchen beim Eindringen nicht nur die Oberflächenkraft, sondern auch die Widerstandskraft der Schmelze zu überwinden hat. Darüber hinaus haben Beobachtungen gezeigt, daß nichtbenetzbare Teilchen, wenn sie in eine Flüssigkeit übergehen, die Oberfläche in ihrer Umgebung eindrücken und dabei einen zusätzlichen Flüssigkeitsmeniskus erzeugen. Dies ist schematisch in Bild 5.37 gezeigt. Die Bildung des zusätzlichen Meniskus erfordert eine entsprechende zusätzliche Oberflächenarbeit. Schließlich sind die Dynamik und die Geometrie des Eintrittvorgangs der Teilchen zu beachten. Hier hat man zu unterscheiden zwischen dem Eindringen einzelner Teilchen und dem eines Partikelschwarms bei Kopplung zwischen Teilchenbewegung und Flüssigkeitsbewegung.

5.6.3.2 Eindringen eines Einzelteilchens

Engh, Sandberg, Hultkvist und Norberg [5.87] entwickelten ein Modell des Eindringvorgangs und berücksichtigten dabei die Widerstandskraft der Flüssigkeit und die Oberflächenkraft. Ozawa und Mori [5.73] wiesen darauf hin, daß zur Berücksichtigung des nach Bild 5.37 Mitte entstehenden zusätzlichen Meniskus der Oberflächenterm in dem Ansatz für das Kräftegleichgewicht mit einem Korrekturfaktor multipliziert werden muß. Ferner führten sie als weiteren Term die Auftriebskraft ein. Diese muß bei großen Teilchendurchmessern berücksichtigt werden. Im folgenden wird der Ansatz von [5.87] mit den genannten Erweiterungen nach [5.73] entwickelt.

Bild 5.38 zeigt schematisch den Vorgang des Eindringens eines kugelförmigen Teilchens in eine Flüssigkeit. Während des Eindringens besteht das folgende Kräftegleichgewicht:

Trägheitskraft des Teilchens

= Oberflächenkraft + Widerstandskraft + Auftriebskraft,

oder formelmäßig ausgedrückt

$$-\frac{\pi}{6}d_P^3\varrho_P\frac{du}{dt} = \frac{\partial E_\sigma}{\partial x} + \frac{\pi}{8}d_P^2\zeta\varrho_L u^2 f_2\left(\frac{x}{d_P}\right) - \frac{\pi}{6}d_P^3 g\varrho_P\left[1 - \frac{\varrho_L}{\varrho_P}f_3\left(\frac{x}{d_P}\right)\right]\sin\alpha. \qquad (5.149)$$

In dieser Gleichung ist x die Koordinate, in deren Richtung das Teilchen in die Schmelze eindringt. An der Oberfläche ist $x=0$ (vgl. Bild 5.38). E_σ ist die Grenzflächenenergie. Für ihre Abhängigkeit von x ergibt eine geometrische Betrachtung (Bild 5.38) [5.87]

$$E_\sigma = \pi\{-(xd_P - x^2)\sigma_L + d_P[x\sigma_{PL} + (d_P - x)\sigma_P]\}. \qquad (5.150)$$

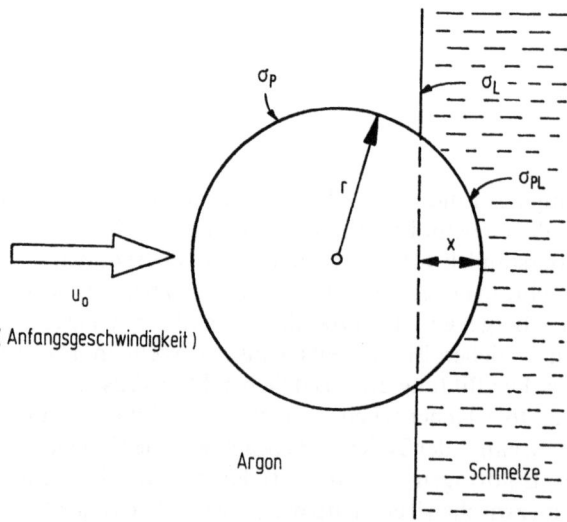

Bild 5.38 Eindringen eines Teilchens durch die Oberfläche in die Schmelze nach [5.87]

Daraus folgt für $\partial E_\sigma/\partial x$

$$\frac{\partial E_\sigma}{\partial x} = \pi d_P \sigma_L f_1\left(\frac{x}{d_P}\right) \tag{5.151}$$

mit

$$f_1\left(\frac{x}{d_P}\right) = -\left(1 - \frac{2x}{d_P}\right) + \frac{\sigma_{PL} - \sigma_P}{\sigma_L} = 2\left[\frac{x}{d_P} - 0{,}5(1 + \cos\gamma)\right]. \tag{5.152}$$

Für die Berücksichtigung des zusätzlichen Meniskus ist (5.152) mit einem Korrekturfaktor A zu multiplizieren.

$$f_1\left(\frac{x}{d_P}\right) = 2A\left[\frac{x}{d_P} - 0{,}5(1 + \cos\gamma)\right]. \tag{5.153}$$

Die Widerstandszahl ζ in (5.149) ist eine Funktion der Reynoldszahl. Bei Teilchendurchmessern von 100 µm und größer, und bei Einblasgeschwindigkeiten von 10 m/s und mehr betragen die Reynoldszahlen, wenn die Teilchen in flüssiges Eisen mit der kinematischen Viskosität $0{,}7 \cdot 10^{-6}$ m²/s eingeblasen werden

$$Re = \frac{10^{-4} \cdot 10}{0{,}7 \cdot 10^{-6}} = 1\,428.$$

Damit ist das Gebiet erreicht, in dem die Widerstandszahl nach Bild 5.1 den konstanten Wert 0,44 hat.

Die Funktionen $f_2(x/d_P)$ und $f_3(x/d_P)$ in (5.149) bringen zum Ausdruck, daß sich die Widerstandskraft und die Auftriebskraft im Verlauf des Eindringens des Teilchens erst allmählich aufbauen. Näherungsweise wird aber für $f_2(x/d_P)$ der Wert 1 angenommen, während für $f_3(x/d_P) = 1/2$ gesetzt wird [5.87]. α ist der Winkel zwischen der Flüssigkeitsoberfläche und der Vertikalen.

In (5.149) wird nun für du/dt

$$\frac{du}{dt} = u\frac{du}{dx} = \frac{1}{2}\frac{d(u^2)}{dx} \tag{5.154}$$

gesetzt. Ferner werden die dimensionslosen Größen

$$\frac{x}{d_P} = \xi; \quad \frac{u^2 d_P \varrho_L}{\sigma_L} = We; \quad \frac{d_P \varrho_L g}{\sigma_L} = \frac{We}{Fr}; \quad \frac{\varrho_P}{\varrho_L} = \varrho^*$$

eingeführt. Damit geht (5.149) über in

$$\frac{1}{3}\left[\frac{1}{2}\varrho^*\frac{dWe}{d\xi} - \frac{We}{Fr}\left(\varrho^* - \frac{1}{2}\right)N\sin\alpha\right] + 4A\left[\xi - \frac{1}{2}(1 + \cos\gamma)\right] + \frac{1}{4}\zeta We = 0. \tag{5.155}$$

Die Integration dieser Gleichung liefert We als Funktion von ξ. Wenn $\xi = 1$ geworden ist, so ist das Teilchen vollständig in die Schmelze eingedrungen. Hat das Teilchen in diesem Augenblick die Geschwindigkeit Null und damit auch die Weberzahl Null, so ergibt die integrierte Gleichung für $\xi = 0$ die kritische Weberzahl, die das Teilchen mindestens haben muß, um gerade noch vollständig

Tabelle 5.1. Mindestgeschwindigkeiten für das Einblasen von Pulvern in Stahlschmelzen bei unterschiedlichen Teilchendurchmessern, berechnet nach (5.148) und (5.156)

Randwinkel γ Grad	We_{min} nach (5.148)	We_{min} nach (5.156)	d_P µm	$u_{0,\,min}$ m/s berechnet aus We nach (5.156)
100	10,4	48,4	10	26,3
			100	8,3
			1 000	2,6
130	38,7	107	10	39,1
			100	12,4
			1 000	3,9
160	56,5	144	10	45,4
			100	14,3
			1 000	4,5

eindringen zu können. Die kritische Weberzahl ergibt sich also durch Integration von (5.155) in den Grenzen $\xi=1$ und $\xi=0$. Das Ergebnis lautet

$$We_{min} = \frac{8A}{\zeta}\left\{\left[1-\exp\left(\frac{3\zeta}{2\varrho^*}\right)\right]\left[\frac{4\varrho^*}{3\zeta}-1-\cos\gamma+\frac{1}{6}\frac{We}{AFr}\left(\varrho^*-\frac{1}{2}\right)\sin\alpha\right]+2\right\}.$$

(5.156)

Die in [5.73] angegebene Lösung unterscheidet sich hiervon dadurch, daß anstelle von ζ/ϱ^* der Ausdruck $\zeta/(\varrho^*+1/4)$ gewählt ist. Die Lösung in [5.87] erhält man, wenn $\zeta=0,5$, $A=1$ und $We/Fr=0$ gesetzt werden. Gleichung (5.148) wird erhalten, wenn in (5.156) die Exponentialfunktion in eine Reihe entwickelt und nach dem linearen Glied abgebrochen wird, und wenn in der zweiten eckigen Klammer alle Glieder außer $\cos\gamma=0$ gesetzt werden. Ozawa und Mori [5.73] bestimmten die kritischen Weberzahlen für das Eindringen von Kugeln bestehend aus Materialien unterschiedlicher Dichte in Quecksilber. Durch Anpassung der Rechenwerte an die Meßwerte erhielten sie $A=2,5$.

Beim Einblasen von nichtbenetzbaren Pulvern in Eisen- und Stahlschmelzen liegt ϱ^* in der Größenordnung von 0,5, während die Randwinkel zwischen 100 und 160 °C entsprechend $\cos\gamma = -0,17$ bis $-0,94$ liegen. Die eingeblasenen Pulver haben meist Teilchengrößen unter 1 mm. Dann kann das Verhältnis We/Fr gegenüber den anderen Einflußgrößen vernachlässigt werden. Mit $A=2,5$; $\zeta=0,44$; $\varrho_L=7,02\cdot 10^{-3}$ kg/m³; $\varrho_P=3,5\cdot 10^{-3}$ kg/m³ und $\sigma_L=1$ kg/s² ergeben sich dann die in Tabelle 5.1 aufgeführten Werte der Mindestgeschwindigkeiten für das Einblasen von Teilchen in Schmelzen.

Bei Teilchendurchmessern in der Größenordnung von 100 µm, wie sie oft üblich sind, werden also Mindestblasgeschwindigkeiten von rd. 10 m/s, bei Teilchendurchmessern von 1 000 µm solche von rd. 3 m/s benötigt. Die mit der um den Faktor A erweiterten Gleichung (5.148) berechneten kritischen Weberzahlen liegen um den Faktor 3 bis 5 niedriger als die mit (5.156) berechneten. Der Einfluß der Widerstandskraft überwiegt also, und zwar bei kleineren Randwinkeln stärker als bei großen. Zu beachten ist, daß die Größe A vom Randwinkel abhängt und mit zunehmendem Randwinkel größer wird. Der von [5.73] angegebene Wert $A = 2,5$ wurde bei einem Randwinkel von 140 °C gemessen.

5.6.3.3 Weiteres Verhalten der Teilchen in der Schmelze, Eindringen eines Teilchenschwarms

Wie im Abschn. 5.6.3.2 beschrieben, werden die Teilchen beim Eindringen in die Schmelze durch die Oberflächenkraft und die Trägheitskraft der Flüssigkeit abgebremst und benötigen deshalb eine Mindestgeschwindigkeit, um vollständig in die Schmelze übergehen zu können. Wenn die tatsächliche Geschwindigkeit des Teilchens vor dem Eintritt größer ist als die Mindestgeschwindigkeit, so ist der Bremsweg länger als der Teilchendurchmesser. Es verbleibt die Strecke, auf der der restliche Impuls des Teilchens durch die Widerstandskraft aufgezehrt wird. Diese Strecke kann mit Hilfe von (5.149) berechnet werden, indem der erste und — da die Schwerkraft i.d.R. einen vernachlässigbaren Einfluß hat — der dritte Summand auf der rechten Seite der Gleichung gleich null gesetzt werden. Man erhält dann:

$$-\frac{du}{dt} = \frac{3}{4} \frac{\varrho_L}{\varrho_P} \zeta \frac{u^2}{d_P}. \tag{5.157}$$

Zweimalige Integration dieser Gleichung ergibt den Teilchenweg als Funktion der Zeit. Den zusätzlichen Bremsweg erhält man, wenn $u = 0$ gesetzt wird. Die Rechnung ist etwas umständlich, da die Widerstandszahl ζ von der Geschwindigkeit u abhängt. Es ergibt sich daß die Bremswege in jedem Fall in der Größenordnung von nur wenigen Teilchendurchmessern liegen.

Nachdem die Teilchen vollständig abgebremst sind, können sie sich nur noch aufgrund der Auftriebskraft relativ zur umgebenden Schmelze bewegen. Für den

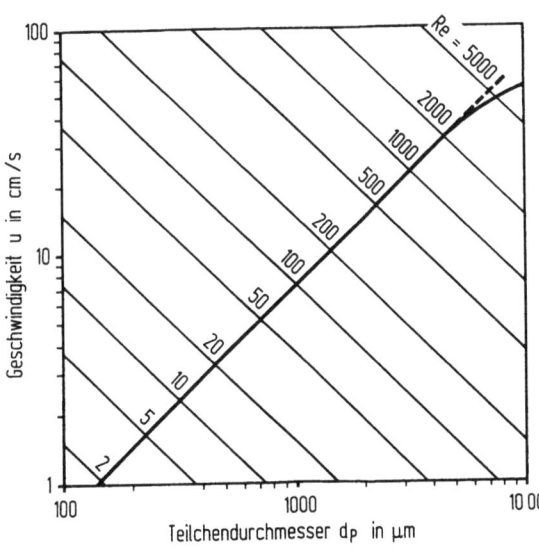

Bild 5.39 Aufstiegsgeschwindigkeit kugelförmiger fester Teilchen von $\varrho_P = 3,6 \cdot 10^3$ kg/m³ in flüssigem Eisen

Stokesschen Bereich sind die dann möglichen Geschwindigkeiten in Bild 5.2 wiedergegeben. Die Grenze des Stokesschen Bereichs liegt in Stahlschmelzen bei $d_P \approx 100\ \mu m$. Für größere Teilchen gilt das Widerstandsgesetz $\zeta = 12/Re^{1/2}$ und damit (5.10) für die Aufstiegsgeschwindigkeit. Die nach dieser Gleichung mit denselben Zahlenwerten wie bei Bild 5.2 berechneten Geschwindigkeiten der Teilchen sind in Bild 5.39 in Abhängigkeit vom Teilchendurchmesser aufgetragen. Gleichung (5.10) gilt bis $Re_P = 2\,000$ und geht dann über in (5.11). Wie Bild 5.39 zeigt, beträgt bei z.B. $d_P = 1\,000\ \mu m$ die Aufstiegsgeschwindigkeit 7,4 cm/s. Bei kleineren Teilchendurchmessern sind die Geschwindigkeiten kleiner. Im Vergleich dazu nimmt die Schmelze beim Einblasen von Gas oder von Gas-Feststoff-Gemischen Geschwindigkeiten in der Größenordnung von 100 cm/s an. Die Teilchengeschwindigkeiten sind also klein im Vergleich zu der Geschwindigkeit der Schmelze. Die Teilchen werden im wesentlichen von der Strömung der Schmelze mitgenommen. Ähnliches gilt auch für emulgierte Tropfen. Für emulsionsmetallurgische Reaktionen führt dies zu dem Schluß, daß die Verteilung emulgierter Teilchen und Tropfen in der Schmelze nahezu ausschließlich von der Umlauf- oder Vermischungsbewegung der Schmelze selbst bestimmt wird. Die Art dieser Vermischungsbewegung entscheidet, wie gut die Teilchen und Tropfen in der Schmelze verteilt werden.

Wenn ein Gas-Feststoff-Strahl in eine Schmelze eingeblasen wird, kann der in die Schmelze übergegangene Teilchenschwarm bei genügend großer Teilchendichte in den Zustand eines hinsichtlich der Strömung gekoppelten Teilchen-Schmelze-Systems übergehen. Das Prinzip ist das gleiche wie bei einem Feststoff-Gas-Strahl, nur setzt die Kopplung erst bei größeren Teilchendichten ein. In einem gekoppelten Teilchen-Schmelze-Strahl ist die Relativgeschwindigkeit zwischen den Teilchen und der Schmelze gegenüber dem ungekoppelten Strahl herabgesetzt. Daher gilt hier erst recht, daß die Verteilung der Teilchen im wesentlichen von der Umlauf- bzw. Vermischungsbewegung der Schmelze selbst bestimmt wird.

5.7 Emulgierung

Nicht nur feste Teilchen, sondern auch Tropfen werden in Schmelzen verteilt. Dies geschieht vielfach durch Emulgierung, und zwar werden sowohl Schlackentropfen in Stahlschmelzen als auch Stahltropfen in Schlacken emulgiert. Die dafür erforderliche Energie entstammt i.d.R. dem in das System geblasenen Reaktions- oder Rührgas. Beim Sauerstoffaufblasverfahren erfolgt die Emulgierung als Abreißen von Metalltropfen von der am oberen Rand des Eindringkraters des Sauerstoffstrahls aufwärts strömenden Flüssigkeit (Bild 5.40). In einem pfannenmetallurgischen System erfolgt die Emulgierung als Abreißen von Schlackentropfen in die Stahlschmelze durch die am oberen Ende der Blasensäule umgelenkte Flüssigkeitsströmung (Bild 5.41). Nachfolgend wird die Emulgierung für die Bedingungen der Pfannenmetallurgie behandelt [5.89]. Für Konverterbedingungen sind die Vorgänge im Prinzip gleich [5.94]. Bei dem heutigen Stand der Kenntnis können allerdings nur erst die Grundlagen der Emulgierung beschrieben werden. Es bleibt unberücksichtigt, daß durch Schwingungen der Blasensäule sich

5.7 Emulgierung   283

a)

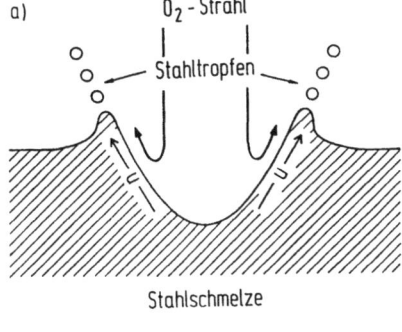

b)

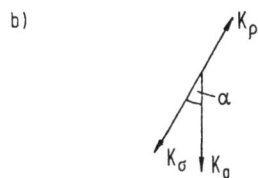

Bild 5.40a, b Prinzip der Emulgierung von Stahltropfen beim Sauerstoffaufblasverfahren. **a** Schema der Tropfenbildung; **b** Gleichgewicht von Trägheitskraft K_ϱ, Schwerkraft $K_g \cos \alpha$ und Grenzflächenkraft K_σ an der Abreißstelle der Tropfen

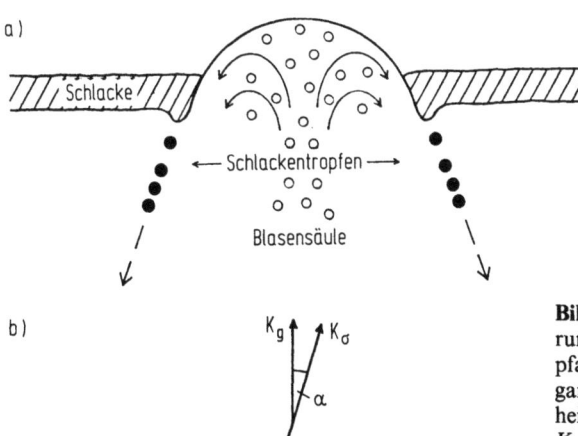

Bild 5.41a, b Prinzip der Emulgierung von Schlacke in einer Stahlpfanne. **a** Schema des Abreißvorgangs; **b** Gleichgewicht von Trägheitskraft K_ϱ, Auftriebskraft $K_g \cos \alpha$ und Grenzflächenkraft K_σ an der Abreißstelle der Tropfen

die Kräfteverhältnisse periodisch ändern können, was zu Schwankungen der Tropfengrößen und der gebildeten Tropfenmengen führen kann. Ebenso bleibt die nachträgliche Zerteilung einmal gebildeter Tropfen unberücksichtigt. Diese Vorgänge bedürfen einer gesonderten Behandlung und müssen dann nachträglich ebenfalls erfaßt werden.

Bild 5.41 zeigt das Prinzip der Bildung der Schlackentropfen in einer gasgerührten Pfanne. Das flüssige Metall wird in der Gasblasensäule durch die aufsteigenden Blasen bis auf eine bestimmte Geschwindigkeit am oberen Ende der Blasensäule beschleunigt. Dort ändert die Metallschmelze ihre Strömungsrichtung und fließt entlang der flüssigen Schlackenschicht abwärts. Dabei überträgt sie Impuls an die benachbarte Schlacke und beschleunigt diese [5.88, 5.90]. Wenn die Geschwindigkeit der Schlacke einen kritischen Wert überschreitet, können am unteren Ende der Schlackenschicht Tropfen abgerissen werden.

Die Tropfenbildung wird durch folgende Beziehungen bestimmt:

1. Am unteren Ende der Schlackenschicht entstehen Tropfen, wenn die Trägheitskraft der Schlacke in der Grenzfläche größer ist als die Summe aus der Oberflächenkraft und der Auftriebskraft.
2. Die für die Tropfenbildung erforderliche Auftriebs- und Oberflächenarbeit wird der kinetischen Energie der strömenden Schlacke entnommen.

5.7.1 Bedingung der Tropfenbildung

Am Abreißpunkt der Tropfen (Bild 7.41) gilt die Kraftgleichung

$$K_\varrho \geqq K_\sigma + K_g \cos \alpha \tag{5.158}$$

mit K_ϱ Trägheitskraft der Schlacke, K_σ Grenzflächenkraft, K_g Auftriebskraft und α Winkel zwischen der Richtung der Auftriebskraft und der Vertikalen. Die drei Kräfte sind gegeben zu

$$K_\varrho = \frac{1}{2} \varrho_S u_i^2 \frac{\pi}{4} d_T^2, \tag{5.159}$$

$$K_\sigma = \sigma \pi d_T, \tag{5.160}$$

$$K_g = g(\varrho_M - \varrho_S) \frac{1}{6} \pi d_T^3. \tag{5.161}$$

In diesen Gleichungen bedeuten ϱ_S, ϱ_M Dichten der Schlacke bzw. des Metalls, σ Grenzflächenspannung zwischen Schlacke und Metall, g Erdbeschleunigung, d_T Tropfendurchmesser und u_i Geschwindigkeit der Schlacke am Abreißpunkt. Einsetzen der drei Gleichungen in (5.158) zeigt, daß es eine kritische Geschwindigkeit gibt, die die Schlacke mindestens haben muß, damit Tropfen abgerissen werden. Aus (5.158) bis (5.161) folgt für die kritische Geschwindigkeit

$$u_{i,\text{krit}} = \left\{ \frac{8\sigma}{\varrho_S d_T} + \frac{4}{3} \frac{\varrho_M - \varrho_S}{\varrho_S} g d_T \cos \alpha \right\}^{1/2}. \tag{5.162}$$

Die Geschwindigkeit $u_{i,\text{krit}}$ hängt vom Tropfendurchmesser d_T ab. Die Grenzflächenkraft nimmt mit steigendem d_T ab, die Auftriebskraft mit steigendem d_T zu. Es muß daher einen Minimalwert von $u_{i,\text{krit}}$ geben. Dieser Minimalwert wird bei dem Durchmesser erreicht, für den

$$\frac{\partial}{\partial d_T} \left\{ \frac{4\sigma}{d_T} + \frac{2}{3} (\varrho_M - \varrho_S) g d_T \cos \alpha \right\}^{1/2} = 0 \tag{5.163}$$

ist. Die Gleichungen (5.162) und (5.163) bilden zusammen die Emulgierungsbedingung. Die Lösung von (5.163) ergibt den kritischen Durchmesser $d_{T,\text{krit}}$.

5.7 Emulgierung   285

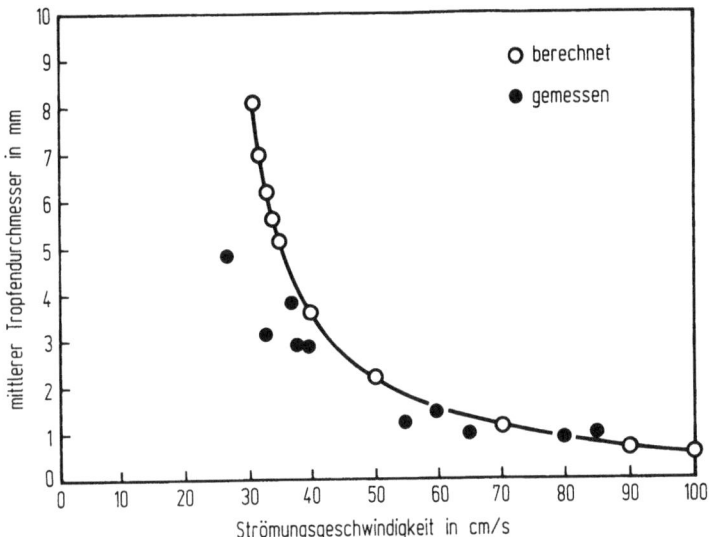

Bild 5.42 Mittlerer Durchmesser der Cyclohexantropfen als Funktion der Strömungsgeschwindigkeit des Wassers beim Abreißen von Cyclohexantropfen durch einen parallel fließenden Wasserstrahl. ● gemessen, ○ berechnet nach (5.166). Nach [5.89]

Einsetzen von $d_{T,krit}$ in (5.162) ergibt $u_{i,krit}$

$$d_{T,krit} = \left\{ \frac{6\sigma}{g(\varrho_M - \varrho_S)\cos\alpha} \right\}^{1/2}, \tag{5.164}$$

$$u_{i,krit} = \left(\frac{8}{\varrho_S} \right)^{1/2} \left\{ \frac{2}{3}\sigma g(\varrho_M - \varrho_S)\cos\alpha \right\}^{1/4}. \tag{5.165}$$

Wenn die tatsächliche Geschwindigkeit größer als die kritische ist, so folgt der Tropfendurchmesser durch Auflösung von (5.162) nach d_T

$$d_T = \frac{3}{8} \frac{\varrho_S u_i^2}{g(\varrho_M - \varrho_S)\cos\alpha} \left\{ 1 - \left[1 - \frac{128\sigma g(\varrho_M - \varrho_S)\cos\alpha}{3\varrho_S^2 u_i^4} \right]^{1/2} \right\}. \tag{5.166}$$

Bild 5.42 zeigt einen Vergleich von gemessenen und berechneten Tropfendurchmessern [5.89]. Bei den Messungen wurde das Modellsystem Cyclohexan-Wasser verwendet. Durch ein Rohr wurde Wasser mit definierter Geschwindigkeit in eine über Wasser schwimmende Cyclohexanschicht geleitet. Die Tropfenbildung wurde mit einer Hochgeschwindigkeitskamera erfaßt, und die Tropfengrößen wurden gemessen. Die eingezeichnete Kurve ist nach (5.166) berechnet. Ein Einfluß des Rohrdurchmessers wurde nicht festgestellt. Die Messungen stimmen bei kleinen Tropfendurchmessern gut mit der berechneten Kurve überein. Bei kleinen Geschwindigkeiten und entsprechend großen Tropfendurchmessern treten Abweichungen auf, die durch Instabilitäten des Systems bedingt sind. Für eine mit Schlacke bedeckten Eisenschmelze bei 1550 °C folgen aus (5.164) und (5.165) mit $\varrho_M = 7,02 \cdot 10^3$ kg/m³, $\varrho_S = 3,5$ kg/m³, $\sigma = 1,5$ kg/s², $\cos\alpha = 0,87$ die

Werte: $u_{i,krit} = 0{,}63$ m/s und $d_{T,krit} = 1{,}7$ cm. Wegen der hohen Grenzflächenspannung beginnt die Emulgierung hier erst bei vergleichsweise hohen Strömungsgeschwindigkeiten in der Grenzfläche, und die kritischen Tropfendurchmesser sind ebenfalls groß. Bei höheren Strömungsgeschwindigkeiten nehmen die Tropfendurchmesser rasch ab. Für $u_i = 1{,}0$ m/s ist $d_T = 3{,}6$ mm. Bei intensivem Rühren mit Argon kann somit die Schlacke wirksam in der Metallschmelze emulgiert werden.

5.7.2 Geschwindigkeit der Phasengrenze Schlacke-Metall

Die zur Tropfenbildung notwendige Geschwindigkeit in der Grenzfläche u_i am Abreißpunkt entsteht durch Übertragung von Impuls aus dem Metall an die Schlacke. Zur Berechnung der Impulsübertragung vom Metall an die Schlacke werden folgende Annahmen gemacht:

1. Das flüssige Metall hat in hinreichendem Abstand von der Phasengrenze Schlacke-Metall eine konstante Geschwindigkeit u_M.
2. Die Schlackenschicht hat an der Oberfläche und in hinreichendem Abstand von der Phasengrenze Schlacke-Metall die Geschwindigkeit Null. Das bedeutet, daß die Schlacke in der Grenzfläche Schlacke-Metall jeweils von null auf u_i beschleunigt wird.
3. Das obere Ende der Schlackenschicht erhält in der Grenzfläche die Koordinaten $x = 0$ und $y = 0$. x ist die Koordinate senkrecht und y die Koordinate parallel zur Grenzfläche
4. Die Strömung in der Metallschmelze ist turbulent, die in der Schlackenschmelze laminar.
5. Die Werte der turbulenten Schwankungsgeschwindigkeiten sind stationär und zeitunabhängig.
6. Deformationen der Phasengrenze Metall-Schlacke durch Turbulenzballen und durch auftretende Schwingungen werden im Fall einer Metall-Schlacke-Phasengrenze durch die dort vorliegende hohe Grenzflächenspannung gedämpft. Die Phasengrenze wird dementsprechend als planar angesehen.
7. Wegen der endlichen Geschwindigkeit in der Phasengrenze ist die Dämpfung der Turbulenz bei Annäherung an die Phasengrenze schwächer als an einer festen Wand.

In der Phasengrenze herrscht die Haftungsbedingung. Das heißt, daß die Geschwindigkeiten von Schlacke und Metall in der Phasengrenze gleich sind. Die Geschwindigkeit hat hier den Wert u_i. Das Geschwindigkeitsprofil nimmt dann die schematisch bereits in Bild 3.16 gezeigte Form an. Die im Innern der Metallschmelze herrschende Geschwindigkeit sei u_M. Von diesem Wert sinkt die Geschwindigkeit in der metallseitigen Grenzschicht auf den Wert u_i in der Phasengrenze und dann weiter in der schlackenseitigen Grenzschicht entsprechend der Annahme 2) auf Null. Durch die Ausbildung der schlackenseitigen Grenzschicht entsteht eine der metallseitigen Schubkraft entgegengesetzte Schubkraft auf der Schlackenseite. Die Bedingung des Kräftegleichgewichts erfordert, daß die Schubkräfte auf beiden Seiten der Grenzfläche gleich sind. Zur Bestimmung der Geschwindigkeit u_i in der Phasengrenze am Abreißpunkt werden jeweils

5.7 Emulgierung

über die Anströmlänge L integrierte Schubspannungen

$$D_M = \int_0^l \tau_M dy \quad \text{und} \quad D_S = \int_0^l \tau_S dy$$

im Metall und in der Schlacke mit Hilfe der Grenzschichttheorie [5.78, 5.88, 5.91] als Funktionen der Geschwindigkeit u_i berechnet. Durch Gleichsetzen der beiden Werte kann dann u_i bestimmt werden.

Es sei zuerst die Berechnung auf der Metallseite durchgeführt. Der erste Schritt ist die Bestimmung des Geschwindigkeitsprofils in der Grenzschicht. Dazu wird die Schubspannung folgendermaßen geschrieben

$$\tau_i = \varrho_M (v_m + v_t) \frac{du}{dx} \tag{5.167}$$

mit v_m molekulare und v_t turbulente kinematische Viskosität. Die Schubspannungsgeschwindigkeit ist durch (3.155)

$$u_\tau = \left(\frac{\tau_i}{\varrho_M}\right)^{1/2} \tag{5.168}$$

definiert. Der Index w an der Schubspannung in (3.155) ist hier durch i ersetzt, da es sich um eine Schubspannung an einer flüssig-flüssig-Phasengrenze handelt. Mit (5.168) kann (5.167) dimensionslos gemacht werden

$$\frac{du_+}{dx_+} = \left(1 + \frac{v_t}{v_m}\right)^{-1} \tag{5.169}$$

mit

$$u_+ = \frac{u}{u_\tau} \quad \text{(dimensionslose Geschwindigkeit)},$$

$$x_+ = \frac{u_\tau x}{v_m} \quad \text{(dimensionsloser Abstand)}.$$

Um (5.169) integrieren zu können, muß die turbulente kinematische Viskosität als Funktion des Abstands ausgedrückt werden. Nach der Prandtlschen Theorie der Mischungslänge [5.33, 5.92] kann v_t durch

$$v_t = 0{,}41 x \tilde{v}' \tag{5.170}$$

(vgl. (3.166) und (3.185)) beschrieben werden. $\tilde{v}'$ ist hier die Wurzel aus dem mittleren Geschwindigkeitsquadrat der turbulenten Schwankungsgeschwindigkeit. Sie kann an einer flüssig-flüssig-Grenzfläche nach [5.33] durch (3.179)

$$\tilde{v}' = u_\tau \frac{x}{\delta} \tag{5.171}$$

ausgedrückt werden. δ ist die Dicke der turbulenten Geschwindigkeitsgrenzschicht. Sie ist eine Funktion der grenzflächenparallelen Koordinate y. Einsetzen von (5.170) und (5.171) in (5.169) ergibt

$$\frac{du_+}{dx_+} = \left(1 + \frac{0{,}41 v_m}{\delta u_\tau} x_+^2\right)^{-1}. \tag{5.172}$$

Ein Vergleich mit (5.169) zeigt, daß

$$\frac{v_t}{v_m} = \frac{0{,}41 v_m}{\delta u_\tau} x_+^2 \tag{5.173}$$

ist. Diese Abhängigkeit unterscheidet sich infolge der Vorgabe von (5.171) von der an einer festen Wand [5.92]. Dort ist im Bereich der voll ausgebildeten Turbulenz $(x_+ \geq 30)$ $v_t/v_m \sim x_+$ und im Bereich der laminaren Unterschicht $v_t/v_m \sim x_+^3$. In einem Übergangsbereich ist $v_t/v_m \sim x_+^2$. Das entspricht (5.173) und bedeutet, daß an einer flüssig-flüssig-Phasengrenze die Turbulenz langsamer gedämpft wird als an einer festen Wand.

Die Integration von (5.172) ergibt mit der Randbedingung $u_+ = u_{i+}$ bei $x_+ = 0$ das dimensionslose Geschwindigkeitsprofil

$$u_+ - u_{i+} = \left(\frac{\delta u_\tau}{0{,}41 v_m}\right)^{1/2} \arctan\left(\frac{0{,}41 v_m}{\delta u_\tau} x_+^2\right)^{1/2} \tag{5.174}$$

oder dimensionsbehaftet mit $u - u_i = u'$

$$u' = u_\tau \left(\frac{\delta u_\tau}{0{,}41 v_m}\right)^{1/2} \arctan\left[\left(\frac{0{,}41 u_\tau}{\delta v_m}\right)^{1/2} x\right]. \tag{5.175}$$

Es werden nun folgende weitere Bedingungen eingeführt

1. Bei $x = \delta_1$ sei $v_t = v_m$. Dann wird aus (5.173)

$$\delta_1 = \left(\frac{v_m \delta}{0{,}41 u_\tau}\right)^{1/2}. \tag{5.176}$$

δ_1 ist die Dicke der laminaren Unterschicht.

2. Bei $x = \delta$ sei $u' = 0{,}99 u'_M$, wobei $u'_M = u_M - u_i$ ist. Dann wird aus (5.175)

$$0{,}99 u'_M = u_\tau \left(\frac{\delta u_\tau}{0{,}41 v_m}\right)^{1/2} \arctan\left(\frac{0{,}41 u_\tau \delta}{v_m}\right)^{1/2}. \tag{5.177}$$

δ ist die Dicke der turbulenten Grenzschicht.

3. Bei $x = \infty$ ist $u' = u'_M$ und

$$\arctan\left[\left(\frac{041 u_\tau}{\delta v_m}\right)^{1/2} x\right] = \frac{\pi}{2}. \tag{5.178}$$

Dann ist

$$u'_M = u_\tau \frac{\pi}{2} \left(\frac{\delta u_\tau}{0{,}41 v_m}\right)^{1/2}. \tag{5.179}$$

5.7 Emulgierung

Einsetzen von (5.176) in (5.177) und anschließende Division durch (5.179) ergibt

$$0{,}99 \cdot \frac{\pi}{2} = \arctan \frac{\delta}{\delta_1}$$

und damit

$$\frac{\delta}{\delta_1} = 63{,}66 \, . \tag{5.180}$$

In entsprechender Weise folgt aus (5.176), (5.175) und (5.179)

$$u' = u'_M \frac{2}{\pi} \arctan\left(\frac{x}{\delta_1}\right) . \tag{5.181}$$

Gleichung (5.181) beschreibt die Geschwindigkeitsverteilung in der metallseitigen Grenzschicht. Ausgehend von dieser Gleichung kann nunmehr die Schubspannung in der Phasengrenze mit Hilfe der im Abschn. 3.2.5.1 beschriebenen Integralprofilmethode berechnet werden. Dazu wird die Impulsgleichung der Grenzschicht (3.97) eingeführt. Aus dieser Gleichung folgt mit (3.95) und mit $v = \eta/\varrho$ für die hier vorliegenden Bedingungen

$$\varrho_M u'^2_M \frac{d\delta_2}{dy} = \tau_M \, . \tag{5.182}$$

δ_2 ist hierbei die Impulsverlustdicke

$$\delta_2 = \frac{1}{u'^2_M} \int_0^\delta u'(u'_M - u') \, dx \tag{5.183}$$

(vgl. (3.96)). Die Änderung des Impulsverlusts entlang der Strecke dy, ausgedrückt durch die linke Seite von (5.182) ist gleich der Impulsstromdichte senkrecht zur Phasengrenze, d.h. gleich τ_M. Die Größe τ_M ist identisch mit dem metallseitigen Wert der Schubspannung τ_i.

Einsetzen von (5.181) in (5.183) unter Berücksichtigung von (5.180) ergibt

$$\delta_2 = \delta_1 \int_0^{63,66} \left[(U - U^2) + (1-2U)(1-U)\frac{2}{\pi}\arctan\xi - \frac{4(1-U)^2}{\pi^2}(\arctan\xi)^2 \right] d\xi \tag{5.184}$$

mit

$$U = \frac{u_i}{u_M} \quad \text{und} \quad \xi = \frac{x}{\delta_1} \, .$$

Die Integration [5.93] von (5.184) ergibt mit $\delta_1 = \delta/63{,}66$

$$\delta_2 = \delta(1-U)(0{,}1108 - 0{,}0693 U) \, . \tag{5.185}$$

Mit dieser Gleichung kann in (5.182) $d\delta_2/dy$ durch $d\delta/dy$ ausgedrückt werden. Andererseits ist τ_M durch die Blasius-Gleichung [5.78] ebenfalls als Funktion von

5 Bewegungsgesetze von festen Teilchen, Tropfen und Gasblasen

δ ausdrückbar

$$\frac{\tau_M}{\varrho u_M'^2} = 0{,}0225 \left(\frac{v_m}{u_M' \delta}\right)^{1/4}. \tag{5.186}$$

Dementsprechend ergibt sich durch Einsetzen von (5.185) und (5.186) in (5.182) die Beziehung

$$(1-U)(0{,}1108 - 0{,}0693 U)\frac{d\delta}{dy} = 0{,}0225 \left(\frac{v_m}{u_M' \delta}\right)^{1/4}, \tag{5.187}$$

mit der δ als Funktion von y bestimmt werden kann. Die Integration von (5.187) mit der Randbedingung $\delta = 0$ bei $y = 0$ ergibt

$$\delta = \left[\frac{0{,}0281}{(1-U)(0{,}1108 - 0{,}0693 U)}\right]^{4/5} \left(\frac{v_m}{u_M' y}\right)^{1/5} y. \tag{5.188}$$

Einsetzen von (5.188) in (5.185), Ableiten nach y und Einsetzen in (5.182) ergibt τ_M. Die Schubkraft

$$D_M = \int_0^l \tau_M \, dy$$

folgt dann zu

$$D_M = 0{,}0514 \left[(0{,}1108 - 0{,}0693 U)(1-U)\right]^{1/5} \left(\frac{v_m}{l u_M'}\right)^{1/5} l \varrho_M u_M'^2. \tag{5.189}$$

Nunmehr wird die Grenzschichtströmung auf der Schlackenseite betrachtet. Die Verteilung der Geschwindigkeit u_S in der schlackenseitigen Grenzschicht kann durch das Polynom

$$\frac{u_S}{u_i} = 1 - 2\left(\frac{x}{\delta_S}\right) + 2\left(\frac{x}{\delta_S}\right)^2 - \left(\frac{x}{\delta_S}\right)^4 = f_S \tag{5.190}$$

ausgedrückt werden [5.88]. Hierbei ist δ_S die Dicke der schlackenseitigen Geschwindigkeitsgrenzschicht.

Die Impulsverlustgleichung der Grenzschicht lautet

$$\varrho_S u_i^2 \frac{d\delta_{2S}}{dy} = \tau_S \tag{5.191}$$

mit δ_{2S} gleich Impulsverlustdicke auf der Schlackenseite. Sie ist mit (5.190) gegeben zu

$$\delta_{2S} = \delta_S \int_0^1 f_S (1 - f_S) \, d\zeta = 0{,}1937 \delta_S. \tag{5.192}$$

Hierin ist $\zeta = x/\delta_S$.

Die Schubspannung τ_S auf der Schlackenseite, wo die Strömung laminar ist, wird durch

$$\frac{\tau_S}{\varrho_S} = v_S \left(\frac{du_S}{dx}\right)_{x=0} = \frac{v_S u_i}{\delta_S} \left(\frac{df_S}{d\zeta}\right)_{\zeta=0}, \tag{5.193}$$

5.7 Emulgierung

wobei $(df_S/d\zeta)_{\zeta=0}=2$ ist, ausgedrückt. Werden die Werte von (5.192) und (5.193) in (5.191) eingesetzt, so ergibt sich

$$\delta_S \frac{d\delta_S}{dy} = \frac{2}{0,1937} \frac{v_S}{u_i}. \tag{5.194}$$

Die Integration dieser Gleichung ergibt mit $\delta_S = 0$ bei $y=0$

$$\delta_S = 4,5443 \left(\frac{v_S y}{u_i} \right)^{1/2}. \tag{5.195}$$

Damit wird die Schubspannung in (5.193)

$$\tau_S = 0,4401 \eta_S \frac{u_i}{y} \left(\frac{u_i y}{v_S} \right)^{1/2}. \tag{5.196}$$

Hierin ist η_S die dynamische Viskosität der Schlacke.

Die Schubkraft als Integral über die Anströmlänge folgt aus (5.196) zu

$$D_S = \int_0^l \tau_S dy = 0,8802 \varrho_S (v_S u_i^3 l)^{1/2}. \tag{5.197}$$

Gleichsetzen von (5.189) und (5.197) liefert die gesuchte Gleichung für die dimensionslose Geschwindigkeit $U = u_i/u_M$ in der Phasengrenze an der Stelle $y=l$

$$U = 0,1367 \left(\frac{\varrho_M}{\varrho_S} \right)^{2/3} \left(\frac{u_M l}{v_S} \right)^{1/3} \left(\frac{u_M l}{v_M} \right)^{-2/15} [(1-U)(0,1108-0,0693U)]^{2/15}. \tag{5.198}$$

Bisher war angenommen worden, daß die Geschwindigkeit u_M konstant ist. Da die Stahlschmelze entlang der Schlackenschicht unter einem Winkel α abwärts strömt und dabei durch die Schwerkraft beschleunigt wird, ist u_M in Wirklichkeit nicht konstant. Es sei eine gegenüber der Vertikalen mit dem Winkel α geneigte Grenzfläche betrachtet. Unter der Annahme, daß für $0 \le x \le \delta$ bezüglich des Drucks p die Bedingung $dp/dx = 0$ gilt, kann die Bernoullische Gleichung der zwischen den Punkten a und b bewegten Stahlschmelzen wie folgt geschrieben werden

$$p_a + \varrho_M \left(\frac{u_M^2}{2} \right)_a + \varrho_M g S_a = p_b + \varrho_M \left(\frac{u_M^2}{2} \right)_b + \varrho_M g S_b. \tag{5.199}$$

a kennzeichnet hierbei das obere und b das untere Ende der Schlackenschicht. S_a und p_a sind Höhe bzw. Druck an der Stelle a, S_b und p_b die entsprechenden Werte an der Stelle b. Für die Schlacke gilt gleichzeitig

$$p_a + \varrho_S g S_a = p_b + \varrho_S g S_b. \tag{5.200}$$

Aus (5.199) und (5.200) folgt

$$\frac{\left(\frac{u_M^2}{2} \right)_a - \left(\frac{u_M^2}{2} \right)_b}{S_a - S_b} = -\left(1 - \frac{\varrho_S}{\varrho_M} \right) g. \tag{5.201}$$

Mit $S_a - S_b = -y \cos \alpha$ und Bildung von Differentialen folgt

$$u_M \frac{du_M}{dy} = \left(1 - \frac{\varrho_S}{\varrho_M}\right) g \cos \alpha. \tag{5.202}$$

Der Mittelwert von u_M zwischen $y=0$ und $y=1$ folgt aus (5.202) zu

$$\bar{u}_M = u_{M,0} + \frac{2}{3}\left[2g\left(1 - \frac{\varrho_S}{\varrho_M}\right)l \cos \alpha\right]^{1/2}. \tag{5.203}$$

$u_{M,0}$ ist die Geschwindigkeit bei $y=0$. Sie ergibt sich, wenn h die Höhe der Blasensäule über der Schlackenoberfläche ist, zu

$$u_{M,0} = (2gh)^{1/2}. \tag{5.204}$$

$\bar{u}_M$ ist anstelle von u_M in (5.198) einzusetzen.

Für ein pfannenmetallurgisches System mit $\varrho_M = 7,02 \cdot 10^3$ kg/m³, $\varrho_S = 3,5$ kg/m³, $v_M = 0,8 \cdot 10^{-6}$ m²/s; $v_S = 37,0 \cdot 10^{-6}$ m²/s und $l = 0,3$ m ergeben sich aus (5.198) folgende Werte:

- bei $\bar{u}_M = 1,0$ m/s ist $U = 0,51$ und $u_i = 0,51$ m/s,
- bei $\bar{u}_M = 1,5$ m/s ist $U = 0,55$ und $u_i = 0,825$ m/s,
- bei $\bar{u}_M = 2,0$ m/s ist $U = 0,58$ und $u_i = 1,16$ m/s.

Die in Abschn. 5.7.1 bei der Abschätzung des Tropfendurchmessers mit (5.166) angenommene Geschwindigkeit in der Phasengrenze war $u_i = 1,0$ m/s. Für sie wird also nach obigen Werten eine Geschwindigkeit der Metallschmelze u_M von knapp 2 m/s benötigt. Diese Geschwindigkeit muß als Mittengeschwindigkeit u_m am oberen Ende der Blasensäule in der Pfanne durch Rühren mit Argon eingestellt werden. Für $u_m = 2$ m/s folgt aus (5.108) unter Vernachlässigung des Einflusses des Gasgehalts χ mit $T_L = 1550$ °C, $z = 2,0$ m, $z^* = 3,43$ m, $b_u = 0,5$ m, $\varrho_L = 7,02 \cdot 10^3$ kg/m³ und $f = 1,2$ ein Volumenstrom des Rührgases von $\dot{V}_G = 2,7$ Nm³/min. Volumenströme dieser Größenordnung werden beim Intensivrühren mit Argon angewendet (s. Abschn. 5.3.1).

5.7.3 Menge der emulgierten Tropfen

Die Menge der emulgierten Tropfen ergibt sich aus einer Energiebilanz. Um einen einzelnen Tropfen von der flüssigen Schlacke abzulösen, ist die Arbeit

$$A = \pi d_T^2 \sigma + \frac{1}{6}\pi d_T^3 d_T g (\varrho_M - \varrho_S) \cos \alpha \tag{5.205}$$

aufzubringen. Sie wird aus der kinetischen Energie der abfließenden Grenzschicht der Schlacke geliefert. Die kinetische Energie je Zeiteinheit ist

$$\dot{E}_{kin} = \int_0^{\delta_S} \frac{1}{2} u_S^2 \varrho_S d_T u_S dx = \frac{1}{2}\varrho_S d_T \int_0^{\delta_S} u_S^3 dx. \tag{5.206}$$

u_S ist hierin das Geschwindigkeitsprofil auf der Schlackenseite in Höhe der Abreißstelle der Tropfen. Es ist durch (5.190) gegeben. Wenn dieses Geschwindigkeitsprofil in (5.206) eingesetzt wird, so folgt

$$\dot{E}_{kin} = \varrho_S \delta_S \frac{1}{2} d_T u_i^3 \int_0^1 \left[1 - 2\left(\frac{x}{\delta_S}\right) + 2\left(\frac{x}{\delta_S}\right)^2 - \left(\frac{x}{\delta_S}\right)^4\right]^3 d\left(\frac{x}{\delta_S}\right). \quad (5.207)$$

Das Integral hat den Wert 0,183. Daher ist

$$\dot{E}_{kin} = 0{,}091 \varrho_S \delta_S d_T u_i^3. \quad (5.208)$$

Einsetzen von (5.195) mit $y = l$ in (5.208) ergibt schließlich

$$\dot{E}_{kin} = 0{,}4153 d_T \varrho_S^{1/2} \eta_S^{1/2} l^{1/2} u_i^{5/2}. \quad (5.209)$$

Zum Verständnis der Größe $\dot{E}_{kin}$ in (5.209) sei Bild (5.41) betrachtet. In diesem Bild ist die Metallschmelze in der Blasensäule gegenüber dem Rest der Schmelze überhöht. Räumlich betrachtet wird der überhöhte Bereich von der Schlacke wie von einem Kreisring umhüllt. Der innerste Teil dieses Kreisringes ist die schlackenseitige Grenzschicht. $\dot{E}_{kin}$ stellt dann die durch eine Fläche der Breite d_T in Umfangsrichtung und der Dicke δ_S in radialer Richtung am unteren Rand der Schlackenschicht je Zeiteinheit hindurchtretende kinetische Energie dar. Wenn D der innere Durchmesser des Kreisrings ist, so ist dementsprechend die gesamte auf dem Umfang je Zeiteinheit erzeugte kinetische Energie durch

$$\dot{E}_{kin,tot} = \dot{E}_{kin} \pi \frac{D}{d_T} \quad (5.210)$$

gegeben. Damit folgt für die Zahl der je Zeiteihheit gebildeten Tropfen vom Durchmesser d_T

$$\dot{N} = \frac{\dot{E}_{kin,tot}}{A} \quad (5.211)$$

mit A nach (5.205). Einsetzen von (5.205), (5.210) und (5.209) in (5.211) ergibt dann

$$\dot{N} = \frac{0{,}4153 D \varrho_S^{1/2} \eta_S^{1/2} l^{1/2} u_i^{5/2}}{d_T^2 \sigma + \frac{1}{6} d_T^4 g (\varrho_M - \varrho_S) \cos \alpha}. \quad (5.212)$$

Gleichung (5.212) ist die gesuchte Gleichung zur Bestimmung der je Zeiteinheit gebildeten Tropfenmenge. Die gebildete Tropfenmenge nimmt mit der Anströmlänge l und damit der Dicke der Schlackenschicht sowie mit u_i und damit der Strömungsgeschwindigkeit des Stahls $\bar{u}_M$ zu, da durch beides die Impuls- und Energieübertragung verstärkt wird. Mit größer werdendem Tropfendurchmesser nimmt die Zahl der Tropfen ab. Das je Zeiteinheit emulgierte Tropfenvolumen

$$\dot{N} \frac{4}{3} \pi d_T^3$$

hat dagegen bei einem charakteristischen Tropfendurchmesser ein Maximum, da die erforderliche Oberflächenarbeit mit dem Tropfendurchmesser ab-, die Arbeit zum Eintauchen des Tropfens in die Schmelze dagegen mit dem Tropfendurchmesser zunimmt. Aus

$$\frac{d}{dd_T}\left(\frac{4}{3}\pi d_T^3 \dot{N}\right) = 0 \qquad (5.213)$$

folgt für den charakteristischen Tropfendurchmesser

$$d_T = \left(\frac{6\sigma}{g(\varrho_M - \varrho_S)\cos\alpha}\right)^{1/2}. \qquad (5.214)$$

Diese Gleichung stimmt erwartungsgemäß mit (5.164) überein.

6 Stoffübergang in metallurgischen Systemen

6.1 Einführung

Nachdem im Kap. 3 die Grundgesetze des Stoffübergangs und im Kap. 5 die Bewegungsgesetze an Teilchen, Tropfen und Blasen beschrieben worden sind, kann nunmehr der Stoffübergang in metallurgischen Systemen behandelt werden. Dieser Stoffübergang kann für die einzelnen Raffinationsreaktionen, wie die Ausführungen in Kap. 4 gezeigt haben, unterschiedlich ablaufen. Man muß sich daher, außer über die Gleichgewichtslage und die Bewegungsgesetze, auch über den räumlichen und chemischen Ablauf einer Reaktion Klarheit verschaffen, ehe man darangeht, den Stoffübergang zahlenmäßig zu erfassen. Nachdem die Gesetzmäßigkeit des chemischen Ablaufs im Kap. 4 behandelt wurden, ist es die Aufgabe dieses Kapitels, den Stoffübergang für typische metallurgische Systeme zu beschreiben.

Man kann wie in Kap. 4 und 5 die Systeme einteilen in

– Metall-Gas-Systeme
– Metall-Schlacke-Systeme und
– Metall-Feststoff-Systeme.

Um einen schnellen Stoffumsatz zu erreichen, werden die Systeme dispergiert, was zu einer Vergrößerung der wirksamen Phasengrenze führt. Daher stehen die Stoffumsätze an Blasen, Tropfen und Teilchen im Vordergrund des Interesses. Daneben spielen jedoch auch Stoffumsätze in nicht-dispergierten Systemen eine Rolle. Zu ihnen gehören die Schlacke-Metall- und die Gas-Metall-Reaktionen an ebenen Phasengrenzen und die Reaktionen beim Verschleiß von feuerfestem Material. Sie sind daher – mit Ausnahme der Gas-Metall-Reaktionen, die bereits im Kap. 4 besprochen wurden – ebenfalls zu behandeln. Ziel ist in allen Fällen die Bestimmung der Stoffübergangskoeffizienten unter den jeweils herrschenden Transportbedingungen. Zu beachten ist auch der Einfluß von Grenzflächenphänomenen. Wenn die Stoffübergangskoeffizienten bestimmt sind, kann man bei Kenntnis der Austauschflächen und der Gleichgewichtskonstanten der betreffenden Reaktionen den Stoffaustausch rechnerisch erfassen.

Die geschilderte Vorgehensweise zeigt die grundsätzliche Linie an. Im einzelnen sind die Vorgänge, besonders an Tropfen und Blasen kompliziert und in metallurgischen Systemen vielfach noch ungenügend untersucht. Manche Erkenntnisse lassen sich aus der chemischen Verfahrenstechnik übernehmen. Insgesamt ist die Entwicklung in der Metallurgie auf diesem Gebiet noch stark im

Fluß. Im folgenden werden die wichtigsten für die Stahlmetallurgie relevanten Vorgänge behandelt, wobei die Darstellung notwendigerweise auf das Grundsätzliche beschränkt bleiben muß.

6.2 Verschleiß von feuerfestem Material

Die feuerfesten Wände der metallurgischen Gefäße stehen mit den von ihnen eingefaßten Schmelzen und mit der Gasphase in Wechselwirkung. Diese Wechselwirkung hat einen Verschleiß des feuerfesten Materials zur Folge. Das Steinmaterial kann sich in den Schlacken auflösen, u.U. auch von der Metallschmelze reduziert werden und sich so ebenfalls auflösen. Die oberhalb der Schmelze im Gasraum befindlichen Heizquellen können die Steine aufheizen und zum Abschmelzen bringen.

Die im Kap. 4 beschriebenen Ergebnisse über die Auflösung von rotierenden Scheiben und rotierenden Zylindern aus feuerfesten Materialien in Schlacken haben gezeigt, daß die oberflächliche Auflösung feuerfester Stoffe den Gesetzen für den Stoffübergang an angeströmten Flächen gehorcht. Dementsprechend können für die Auflösung feuerfester Wände in Schlacken (3.88) oder (3.177) zur Bestimmung der Sherwoodzahl und des Stoffübergangskoeffizienten bei laminarer bzw. bei turbulenter Strömung verwendet werden. Die Berechnung der Verschleißrate erfolgt dann nach (3.14). Dazu benötigt man die Sättigungskonzentration und die aktuelle Konzentration des sich lösenden Stoffs in der Schlacke. In gleicher Weise kann die reduzierende Auflösung in eine Metallschmelze hinein erfaßt werden [6.1, 6.2].

Ein Beispiel ist der Verschleiß der magnesitischen oder dolomitischen Auskleidungen von Schmelzöfen, insbesondere von Elektrolichtbogenöfen und Konvertern durch die während des Schmelz- und Raffinationsprozesses entstehenden Schlacken. Dem Schmelze-Schlacke-System wird durch das bei der Entkohlungsreaktion entstehende Kohlenmonoxid und durch eingeleitetes Rührgas eine Umlaufströmung aufgezwungen. Infolgedessen strömen Schlacke und Metall an der Gefäßwand entlang. Für den Elektrolichtbogenofen ist dies schematisch im Bild 6.1 gezeigt. Die aufsteigenden Kohlenmonoxidblasen erzeu-

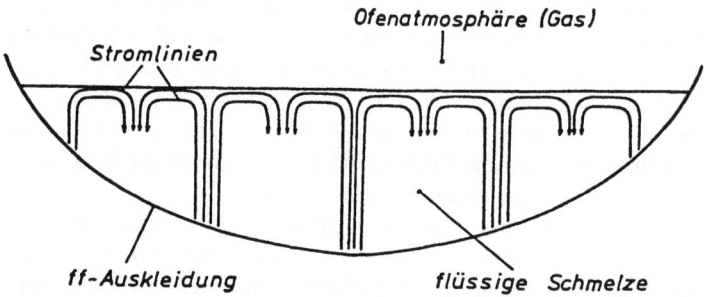

Bild 6.1 Badströmung im Elektrolichtbogenofen während der Frischperiode (schematisch) nach [6.3]

gen in der Schlacke mehrere Teilumläufe toroidaler Form, wobei das äußere Toroid an der feuerfesten Wand entlang strömt. Im Konverter liegt i.d.R. eine einzige große Umlaufströmung, ebenfalls toroidaler Art vor.

Um die Sherwoodzahl für die Auflösung des feuerfesten Materials nach (3.88) oder (3.177) zu bestimmen, müssen die Geschwindigkeit und die Anströmlänge der Wandströmung sowie die zugehörigen Stoffdaten bekannt sein. Die Anströmgeschwindigkeiten können aus Betriebsdaten geschätzt werden. Für Konverter folgt aus Abschn. 5.5.2.2 eine Verweilzeit des aufsteigenden Gases von 1 bis 2 s. Wenn für die Aufstiegs- und die Abstiegszeit der Schmelze in der Umlaufströmung jeweils diese Zeiten angesetzt werden, folgt bei einer Konverterhöhe von z.B. 5 m eine Anströmgeschwindigkeit von 2,5 bis 5 m·s^{-1}. Für den Elektrolichtbogenofen läßt sich entsprechend aus der je Zeiteinheit über den Ofenquerschnitt entwickelten CO-Menge eine Geschwindigkeit der umlaufenden Schlacke in der Größenordnung von 0,2 bis 0,4 m s^{-1} schätzen [6.3]. Die Anströmlänge ist, wenn Schlacke und Metall emulgiert sind, die Gesamthöhe der Schmelze. Wenn sie nicht emulgiert sind, ist es die Höhe der Schlackenschicht.

Nachfolgend sei als Beispiel die Auflösung von MgO-Steinen aus der feuerfesten Wand eines Elektrolichtbogenofens in die Schmelze hinein zahlenmäßig berechnet. Die notwendigen Daten und die daraus mit (3.88) und (3.14) ermittelten Verschleißraten sind in Tabelle 6.1 zusammengestellt [6.3].

Im Vergleich zu den Rechenwerten in Tabelle 6.1 ergaben Versuche an einem Lichtbogenofen für den Schlackenverschleiß einen Wert von 2,4 mm/h [6.5], was an der unteren Grenze des berechneten Werts liegt. Der Verschleiß hängt von der Konzentrationsdifferenz $c^* - c$ ab. Er tritt stets auf, wenn die Schlacke nicht an dem betreffenden feuerfesten Material gesättigt ist. Durch vorherige Zugabe von z.B. MgO zur Schlacke kann der Verschleiß gemindert werden. In gleicher Weise wie für den Elektrolichtbogenofen kann der Lösungsverschleiß für den Konverter bestimmt werden. Dieser Verschleiß spielt dort die überwiegende Rolle und stellt im wesentlichen den Gesamtverschleiß dar.

Im Gegensatz zum Konverter umfaßt im Elektrolichtbogenofen der Lösungsverschleiß nur einen kleinen Anteil des Gesamtverschleißes. Der größere Anteil wird hier durch den sog. Strahlungsverschleiß verursacht. Dieser ist ein Abschmel-

Tabelle 6.1. Auflösung von MgO-Steinen in Schlacken eines Elektrolichtbogenofens [6.3]

Schlackenzusammensetzung	42% CaO; 40% FeO$_n$; 13% SiO$_2$; 5% MgO
Sättigungskonzentration c^*_{MgO}	7% [6.4]
Diffusionskoeffizient D_{MgO} in der Schlacke	$1,2 \cdot 10^{-8}$ m^2/s
kinematische Viskosität v der Schlacke	$0,33 \cdot 10^{-4}$ m^2/s
Anströmlänge l (= Dicke der Schlackenschicht)	0,15 m
Dichte ϱ der Schlacke	$3,0 \cdot 10^3$ kg/m^3
Dichte ϱ des Steins	$2,16 \cdot 10^3$ kg/m^3
Anströmgeschwindigkeit u	0,2...0,4 m/s
Reynoldszahl bei $u = 40$ cm/s	1818
nach (3.88) und (3.14) berechnete Verschleißraten	$0,15...0,44 \cdot 10^{-2}$ kg/m^{2}s $\cong$ 2,5...5,5 mm/h

zen des feuerfesten Materials unter dem Einfluß der Lichtbogenstrahlung [6.6]. Die Intensität der Strahlung ist eine Funktion der vom Lichtbogen aufgenommenen elektrischen Leistung und nimmt etwas mehr als proportional dieser Leistung zu. Ein in der Praxis bewährtes Maß der Strahlung ist das Produkt aus dem Quadrat der Lichtbogenspannung U_{Li} und dem Lichtbogenstrom I_{Li} [6.6]. Wird dieses Strahlungsmaß auf die Fläche der feuerfesten Wand bezogen, so bekommt man ein direktes Maß für die Strahlungsbelastung der Wand [6.7]. Die Fläche kann unter sonst gleichen Bedingungen durch das Quadrat des Ofenradius r ausgedrückt werden. Damit ergibt sich als Maß des Strahlungsverschleißes die Größe RE_w, die wie folgt gekennzeichnet ist [6.7]

$$RE_w = \frac{U_{Li}^2 I_{Li}}{r^2} \tag{6.1}$$

mit U_{Li} Lichtbogenspannung, I_{Li} Lichtbogenstrom und r Ofenradius. Sie wird als Wandverschleißfaktor bezeichnet.

Die auf die Wand fallende Strahlungsstromdichte e_w ist dem Wandverschleißfaktor in guter Näherung proportional. Der Strahlungsstrom wird teilweise für das Abschmelzen des Steins verbraucht und teilweise über die Wand nach außen abgeleitet. Daher gilt mit $e_w = KRE_w$, wobei K eine Proportionalitätskonstante ist

$$e_w = KRE_w = L\frac{dx}{dt} + \lambda\frac{\vartheta_w - \vartheta_A}{d} \tag{6.2}$$

mit L Schmelzwärme des Steins, dx/dt Abschmelzrate, λ Wärmeleitfähigkeit der Wand, ϑ_w, ϑ_A Wandinnen- bzw. Wandaußentemperatur und d Wanddicke.

Durch Abdecken eines Teils oder des ganzen Lichtbogens mit Schlacke, z.B. indem man die Schlacke während der CO-Entwicklung der Schmelze aufschäumen läßt, kann man die Strahlungsbelastung und damit den Verschleiß mindern [6.5]. Dann gilt anstelle von (6.2) zunächst

$$K(1-f_s)RE_w = L\frac{dx}{dt} + \lambda\frac{\vartheta_w - \vartheta_A}{d}, \tag{6.3}$$

und wenn man noch den Schlackenverschleiß hinzurechnet [6.5]

$$\frac{dx}{dt} = \frac{K}{L}(1-f_s)RE_w - \frac{\lambda}{L}\frac{\vartheta_w - \vartheta_A}{d} + \left(\frac{dx}{dt}\right)_{Schlacke}. \tag{6.4}$$

dx/dt ist dann der Gesamtverschleiß. Der Wert f_s ist die anteilige Abdeckung des Lichtbogens. Er wird als Schutzfaktor bezeichnet. Bild 6.2 zeigt aus einer Untersuchung, bei der der Feuerfestverschleiß im Elektrolichtbogenofen u.a. beim Einschmelzen von Eisenschwamm untersucht worden war [6.5], gemessene Werte des Verschleißes für 100 % Eisenschwammeinsatz. Aufgetragen ist der Verschleiß der einzelnen Schmelzen als Funktion der kontinuierlich chargierten Menge verschiedener mit A und D bezeichneter Schwammsorten. Die eingezeichneten Kurven sind Regressionskurven vom Typ der Exponentialfunktion, bei Sorte A außerdem entsprechend einer Geraden. Bei Sorte A war der spezifische Kohlenstoffdurchsatz bei der Entkohlung der Schmelze mit 19,4 kg C/m²h

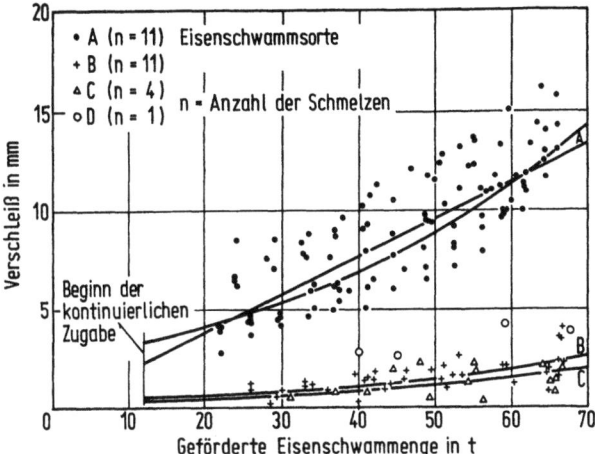

Bild 6.2 Abhängigkeit des Feuerfestverschleißes im unteren Wandbereich eines Elektrolichtbogenofens von der geförderten Eisenschwammenge bei Schmelzen mit 100 % Eisenschwamm. Durchschnittliche Fördergeschwindigkeit 45 t Eisenschwamm je Stunde. Nach [6.5]

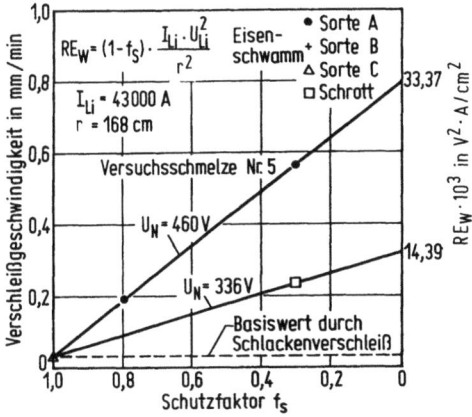

Bild 6.3 Verschleißgeschwindigkeit im unteren Wandbereich eines Elektrolichtbogenofens von der ersten Probe bis zum Abstich in Abhängigkeit vom Schutzfaktor bei jeweils konstanter Strahlungsbelastung der Wand RE_W nach [6.5]. U_N Netzspannung

gegenüber 30,6 kg/m² h der Sorte B deutlich niedriger. Die Schaumhöhe der Schlacke reichte infolgedessen bei Sorte A nicht aus, um einen Abdeckungsgrad $f_s = 1$ zu erreichen, wohl aber bei Sorte B. Die Folge war ein wesentlich höherer Verschleiß bei Sorte A im Vergleich zu Sorte B. Die Sorten C und D bleiben wegen der geringen Schmelzenzahl unbeachtet. Bild 6.3 zeigt eine Auftragung der Mittelwerte des Verschleißes aus Bild 6.2 und weitere Werte aus der gleichen Untersuchung entsprechend (6.4) [6.5]. Der Verschleiß abzüglich eines Grundwerts, der hier im wesentlichen dem Schlackenverschleiß entspricht, ist proportional dem Abdeckungsgrad f_s. Die Steigung der Geraden ist dem Wandverschleißfaktor RE_W proportional.

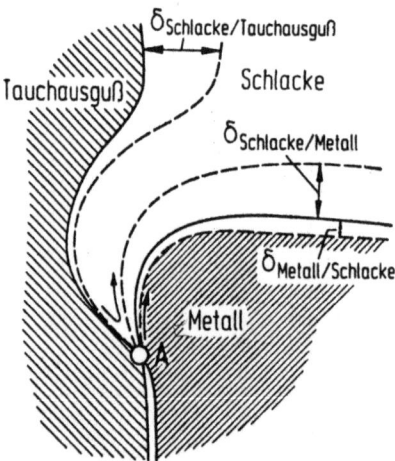

Bild 6.4 Grenzflächenkonvektion beim Verschleiß eines Tauchausgusses an einer Stranggußanlage in Höhe des oberen Meniskus der mit Schlacke bedeckten Metallschmelze. δ Diffusionsgrenzschichten. Infolge der zunehmenden Strömungsgeschwindigkeit in der Nähe der Punkte A werden die Grenzschichten hier dünner, so daß der Verschleiß steigt (schematisch). Nach [6.9]

Allgemein betrachtet gibt es nach (6.4) zwei Möglichkeiten, den Verschleiß zu mindern:

1. Großes f_s, d.h. weitgehendes Abdecken des Lichtbogens. Diese Methode wird für voll ausgemauerte Öfen angewendet.
2. Kleines d, d.h. geringe Wandstärke und damit weitgehende Ableitung der Wärme nach außen. Diese Methode wird bei Öfen mit wassergekühlten Wandelementen angewendet.

Neben dem Lösungs- und dem Strahlungsverschleiß kann an örtlich begrenzten Stellen ein zusätzlicher Verschleiß durch Grenzflächenkonvektion auftreten [6.8, 6.9]. Ein Beispiel ist der Verschleiß von Tauchausgüssen von Stranggießanlagen an der Dreiphasengrenze Schlacke-Eisen-Ausguß [6.9, 6.10]. Bild 6.4 zeigt hierzu einen Schnitt durch das Gebiet der Dreiphasengrenze. An der Wand sättigt sich die Schlacke an dem feuerfesten Material. Dies führt zu einer Senkung der Grenzflächenspannung. An der Phasengrenze Schlacke-Metall steigt die Grenzflächenspannung ausgehend von der Wand in Richtung der abnehmenden Konzentration des feuerfesten Materials an. Dadurch entsteht ein von der Wand weggerichteter Spreitungsdruck der Oberfläche, der zu einer Strömung der Oberfläche und einer Wirbelbildung in der Schlacke führt. Infolge der Wirbelbildung wird ständig frische Schlacke an die Wand transportiert, so daß hier ein verstärkter Verschleiß auftritt. Der Grenzflächenkonvektion kann sich eine konzentrationsbedingte Dichtekonvektion überlagern. Je nachdem, ob diese aufwärts oder abwärts gerichtet ist, schwächt oder verstärkt sie die Grenzflächenkonvektion. In der Regel ist die Grenzflächenkonvektion wesentlich stärker als die Dichtekonvektion. Das hier geschilderte Phänomen tritt auch an vielen anderen Drei-Phasen-Grenzen von Schlacke, Metall und feuerfestem Material auf.

6.3 Blasengerührte Grenzfläche

Der Stoffübergang zwischen Metall und Schlacke an ebenen Phasengrenzen läuft in vielen Fällen über blasengerührte Grenzflächen ab. Beispiele sind der Stoffübergang im Elektrolichtbogenofen, wo die Grenzfläche durch die aufsteigenden Kohlenmonoxidblasen gerührt wird, und der Stoffübergang bei der Pfannenmetallurgie, wo die Rührung durch ein eingeleitetes Gas erfolgt. Darüber hinaus ist die blasengerührte Grenzfläche ein geeignetes System, um im Laboratorium unter definierten Rührbedingungen den Stoffübergang zwischen Metall und Schlacke zu messen.

6.3.1 Modellvorstellungen

Zur Beschreibung des Stoffübergangs an einer blasengerührten Grenzfläche sind bisher drei unterschiedliche Modellvorstellungen herangezogen worden [6.11, 6.12]. Sie stellen Grenzfälle dar. Im ersten Fall [6.11] wird angenommen, daß bei jedem Durchtritt einer Blase durch die Grenzfläche eine augenblickliche und vollständige Vermischung in beiden miteinander reagierenden Phasen stattfindet und daß sich infolgedessen in diesem Moment an der Phasengrenze ein Konzentrationssprung einstellt. Es wird weiter angenommen, daß die Phasen während der Zeit zwischen zwei Blasendurchgängen vollständig unbewegt sind. Nach dem Blasendurchtritt erfolgt daher der Stofftransport von einer Phase in die andere durch Diffusion, wobei sich die Konzentration ausgleicht, bis beim nächsten Blasendurchtritt erneut ein Konzentrationssprung durch Vermischung in jeder der beiden Phasen entsteht. Dann beginnt der diffusive Stoffübergang von neuem. Im zweiten Fall wird angenommen, daß die aufsteigenden Blasen eine Auftriebsströmung der Flüssigkeit erzeugen, die an der Phasengrenze radial nach außen umgelenkt wird, dabei parallel zur Phasengrenze verläuft und nach einer charakteristischen Anströmlänge wieder nach unten abfließt [6.12] (Bild 6.5). Die Anströmlänge ist gleich dem halben Wert des mittleren Abstands zwischen zwei aufsteigenden Blasenketten. Es tritt Oberflächenerneuerung auf. Der Stofftransport erfolgt wie im ersten Fall durch Diffusion, jedoch jetzt in den parallel zur Oberfläche sich bewegenden Volumenelementen auf beiden Seiten der Phasengrenze. Die Diffusionszeit ist gleich der Verweilzeit der Volumenelemente in der Oberfläche. Im dritten Fall wird zusätzlich berücksichtigt, daß in aufsteigenden Blasenketten oder in Blasensäulen Turbulenz entsteht und daß die Turbulenzballen statistisch verteilt an die Phasengrenze stoßen, wobei sie vermehrten Stofftransport bewirken können [6.12, 6.13].

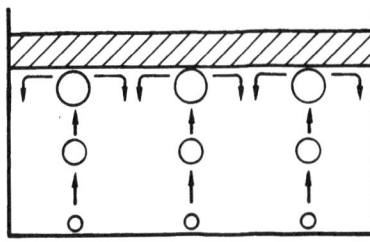

Bild 6.5 Strömung bei der blasengerührten Grenzfläche (schematisch)

Für die Beschreibung des Stoffübergangs im ersten Modell werden folgende Annahmen gemacht:

1. An der Phasengrenze herrscht Gleichgewicht.
2. Die zwischen zwei Blasendurchgängen umgesetzte Stoffmenge ist verglichen mit der in den beiden Phasen jeweils enthaltenen Gesamtmenge so klein, daß sich die Konzentrationen im Innern der beiden Phasen in dieser Zeit nur unmerklich ändern. Aus dem gleichen Grund bleiben auch die Konzentrationen in der Grenzfläche zwischen zwei Blasendurchgängen konstant.

Mit diesen Annahmen lauten die Anfangs- und Randbedingungen der Diffusion:

$c^I = c^I_\infty$ für $x \geq 0$ und $t = 0$,
$c^I = c^I_i$ für $x = 0$ und $t > 0$,
$c^I = c^I_\infty$ für $x = \infty$ und $t \geq 0$,
$c^{II} = c^{II}_\infty$ für $x \leq 0$ und $t = 0$,
$c^{II} = c^{II}_i$ für $x = 0$ und $t > 0$,
$c^{II} = c^{II}_\infty$ für $x = -\infty$ und $t \geq 0$.

Der Index i bezeichnet die Konzentrationen an der Phasengrenze. Das so definierte Diffusionsproblem ist identisch mit dem in Abschn. 3.2.3 für den Stoffübergang bei reibungsfreier Parallelströmung, wenn man anstelle der dort benutzten Verweilzeit t_V die Zeit t zwischen zwei Blasendurchgängen einsetzt. Daher ergibt sich die gleiche Lösung. Der Konzentrationsverlauf in Abhängigkeit von x und t wird für jede der beiden Phasen durch (3.49) beschrieben. Aufgrund der Ausführungen im Abschn. 3.2.3 folgt dann für die mittleren Stoffübergangskoeffizienten auf den beiden Seiten

$$\beta^I = \frac{2}{\sqrt{\pi}} \left(\frac{D^I}{t}\right)^{1/2}; \quad \beta^{II} = \frac{2}{\sqrt{\pi}} \left(\frac{D^{II}}{t}\right)^{1/2}. \tag{6.5}$$

Hier ist t die Zeit zwischen zwei Blasendurchgängen. Wenn an der Phasengrenze das Gleichgewicht

$$K = \frac{c^{II}_i}{c^I_i} \tag{6.6}$$

herrscht, erhält man schließlich, wenn man die Formeln anwendet, die im Abschn. 3.1.1 angegeben sind, für die Stoffstromdichte

$$j = \frac{c^I - \dfrac{c^{II}}{K}}{\dfrac{1}{\beta^I} + \dfrac{1}{K\beta^{II}}} \tag{6.7}$$

und mit (6.5) nach einigen Umrechnungen

$$j = \frac{2}{\sqrt{\pi}} \left(\frac{D^I}{t}\right)^{1/2} \frac{K \left(\dfrac{D^{II}}{D^I}\right)^{1/2}}{1 + K \left(\dfrac{D^{II}}{D^I}\right)^{1/2}} \left(c^I - \frac{c^{II}}{K}\right). \tag{6.8}$$

Da die angenommene vollständige Vermischung beim Blasendurchtritt nur in einem räumlich begrenzten Umfeld der Blase möglich ist, beschreibt (6.8), vorzugsweise den Stoffübergang an Grenzflächen, die von vielen dicht benachbarten Blasen durchstoßen werden.

Der zweite Fall entspricht dem in Abschn. 3.2.5.2 beschriebenen Typus des Stoffübergangs und kann rechnerisch wie dort beschrieben behandelt werden.

Wenn sich wie im dritten Fall ungeordneter turbulenter Stofftransport dem Stofftransport durch Oberflächenerneuerung überlagert, so ist für dessen Beschreibung das im Abschn. 3.2.7 beschriebene Modell anzuwenden. Der Gesamtstofftransport ergibt sich, je nachdem wo die kleinere Grenzschichtdicke sich einstellt, entweder durch Turbulenz oder durch Oberflächenerneuerung.

6.3.2 Experimentelle Ergebnisse

Gleichung (6.8) wurde an verschiedenen Systemen bei Raumtemperatur experimentell geprüft [6.14, 6.18]. Wenn man davon ausgeht, daß bei konstanter Blasengröße die Zeit t zwischen zwei Blasendurchgängen indirekt proportional der durch das System je Zeiteinheit geleiteten Gasmenge G ist, so wäre zu erwarten, daß der Gesamtstoffübergangskoeffizient $\beta_{ges} \sim G^{0,5}$ ist. Dies wurde in Versuchen, bei denen der Übergang von Indium aus Quecksilber in Wasser gemessen wurde, bestätigt [6.14, 6.16]. Modellversuche am System Blei — geschmolzenes Salz bei 540 °C führten zu ähnlichen Ergebnissen [6.12]. Demgegenüber ergab sich beim Stoffübergang von Jod zwischen wäßriger NaOH-Lösung und Hexan eine Abhängigkeit $\beta \sim G^{0,72}$ [6.15, 6.17].

Neben dem Einfluß des Gasdurchsatzes wurde durch eine systematische Variation der Viskosität und des Diffusionskoeffizienten in der wäßrigen Phase festgestellt, daß der Stoffübergangskoeffizient von der Schmidtzahl gemäß $\beta \sim Sc^{-0,22}$ bis $^{-0,33}$ abhängt [6.14, 6.16]. Dies steht im Widerspruch zu (6.5), wonach $\beta \sim D^{1/2}$ gelten und eine Abhängigkeit von der Schmidtzahl, die außer dem Diffusionskoeffizienten auch die Viskosität enthält, nicht bestehen sollte. Der Befund $\beta \sim Sc^{-0,22}$ bis $^{-0,33}$ entspricht eher einem Verhalten des Systems, wie es bei Strömung mit Reibung zu erwarten ist. Mit einem Mittelwert des Exponenten der Schmidtzahl von $-0,27$ und dem Befund $\beta \sim G^{0,5}$ würde sich der Stoffübergangskoeffizient in der wäßrigen Phase dann zu

$$\beta \sim \left(\frac{D}{t}\right)^{1/2} \left(\frac{D}{v}\right)^{0,27} \tag{6.9}$$

ergeben. Dieser Ausdruck bedeutet, daß die Modellvorstellung der blasengerührten Grenzfläche zwar im Prinzip richtig, daß jedoch die Annahme einer unendlich schnellen Vermischung der Flüssigkeit bei jedem Blasendurchgang nicht haltbar ist. Vielmehr wird die Vermischung offensichtlich mit zunehmender Viskosität verzögert.

Bei den genannten Modellversuchen [6.16] wurde die Reaktion

$$[In] + 3(Fe^{3+}) = (In^{3+}) + 3(Fe^{2+})$$

zwischen flüssigem Indiumamalgan und wäßrigen FeCl$_3$-Lösungen untersucht. Das Rührgas wurde durch eine Düse in der Mitte des Gefäßbodens in das Amalgan und die darüber befindliche wäßrige Lösung geleitet. Wie die Versuche zeigten, nahm der Stoffübergangskoeffizient bei gleichbleibender Blasengröße und Blasenfrequenz mit zunehmendem Durchmesser des Versuchsgefäßes ab. Der Gesamtstoffstrom nahm jedoch zu. Daraus folgt, daß der Stoffübergang nicht auf die unmittelbare Nachbarschaft der Blasen beschränkt ist, sondern auch an entfernteren Punkten abläuft. Die Blasen schleppen größere Flüssigkeitsmengen zur Oberfläche mit, die dann an der Durchtrittsstelle der Blase zur Seite entlang der Oberfläche abgelenkt werden. Es entsteht die dem zweiten Grenzfall entsprechende Parallelströmung, aus der heraus weiterer Stoffübergang möglich ist. Dieser Stoffübergang hängt von der Viskosität ab (vgl. Abschn. 3.2.5.2), und so erklärt sich der Einfluß der Viskosität auf den Stoffübergang. Hinzu kommt die Bildung von Wellen und anderen Strömungen an der Grenzfläche, bedingt durch den Blasendurchtritt und durch die Bewegung der Schlacke [6.16]. Die Wellenbewegungen werden an den Gefäßwänden reflektiert und tragen zur Größe der Stoffübergangskoeffizienten bei. In die gleiche Richtung geht die Beobachtung, daß die Stoffübergangskoeffizienten in beiden Phasen mit dem Blasendurchmesser d zunehmen, und zwar proportional zu $d^{1,25}$. Es liegt dann nahe, anzunehmen, daß als weitere dimensionslose Größe das Verhältnis d/l zu berücksichtigen ist. l ist hierbei der Gefäßdurchmesser. In einer Stahlschmelze, wo mehrere Blasenschwärme nebeneinander aufsteigen (Bild 6.5), ist l der horizontale Abstand der Blasenschwärme. Gleichung (6.9) geht dann über in

$$\beta = C \left(\frac{D}{t}\right)^{1/2} Sc^{-0,27} \left(\frac{d}{l}\right)^{1,25} \tag{6.10}$$

Die Konstante C wurde aus den Modellmessungen [6.16] zu $C \approx 30$ abgeschätzt. Schreib man β dimensionslos, so geht (6.10) über in

$$\frac{\beta d}{D} = Sh = 30 \left(\frac{d^2}{tv}\right)^{1/2} \left(\frac{v}{D}\right)^{0,23} \left(\frac{d}{l}\right)^{1,25}. \tag{6.11}$$

Mit Hilfe von (6.10) ließ sich der Stoffübergang des Sauerstoffs von der Schlacke in das Metall im Siemens-Martin-Ofen berechnen [6.16]. Der Blasendurchmesser d, der horizontale Blasenabstand L und die Zeit zwischen zwei Blasendurchgängen t in (6.10) wurden aus betrieblichen Beobachtungen gewonnen. Diese Werte sowie die notwendigen Stoffdaten von Stahl und Schlacke sind in Tabelle 6.2 zusammengestellt.

Mit den Daten in Tabelle 6.2 folgt aus (6.10) mit $C = 30$

$$\beta_{Stahl} = 40,7 \cdot 10^{-5} \text{ m/s} \quad \text{und} \quad \beta_{Schlacke} = 6,2 \cdot 10^{-5} \text{ m/s}.$$

Schreibt man für den Gesamtstoffübergangskoeffizienten, wie in Kap. 3 gezeigt

$$\beta_{tot} = \frac{1}{\dfrac{1}{\beta_{Stahl}} + \dfrac{1}{K\beta_{Schlacke}}},$$

Tabelle 6.2. Daten zur Berechnung von Stoffübergangskoeffizienten im Siemens-Martin-Ofen [6.16]

$D_{Stahl} = 4 \cdot 10^{-9}$ m²/s; $D_{Schlacke} = 10^{-9}$ m²/s;
$\eta_{Stahl} = 6{,}0 \cdot 10^{-3}$ kg/ms; $\eta_{Schlacke} = 5{,}8 \cdot 10^{-2}$ kg/ms;
$\varrho_{Stahl} = 7{,}02 \cdot 10^{3}$ kg/m³; $\varrho_{Schlacke} = 3{,}5 \cdot 10^{3}$ kg/m³;
$v_{Stahl} = 0{,}85 \cdot 10^{-6}$ m²/s; $v_{Schlacke} = 16{,}7 \cdot 10^{-6}$ m²/s.

Blasenfrequenz $1/t = 30$ s^{-1}
$d = 3{,}3 \cdot 10^{-2}$ m
$l = 14 \cdot 10^{-2}$ m

wobei die Gleichgewichtskonstante K hier den Wert 26 hat [6.16], so folgt $\beta_{tot} = 32{,}6 \cdot 10^{-5}$ m/s. Im Vergleich hierzu ergaben Betriebsmessungen [6.20] $\beta_{tot} = 43 \cdot 10^{-5}$ m/s. Berücksichtigt man die verbleibenden Unsicherheiten, so ist dieses Ergebnis als gut anzusehen.

Auch wenn der Siemens-Martin-Ofen heute kaum noch betrieben wird, so behalten die beschriebenen Ergebnisse unabhängig davon doch ihre Bedeutung. Hier wurde erstmalig der Zusammenhang zwischen Stoffübergang und Strömung in Metall-Schlacke-Systemen systematisch untersucht und aufgeklärt.

Laboratoriumsmessungen zum Stoffübergang an einer blasengerührten Grenzfläche in Metall-Schlacke-Systemen wurden mehrfach durchgeführt [6.19, 6.21–6.23]. Bild 6.6 zeigt eine Zusammenstellung der Ergebnisse. Im Bild ist bei der Kennzeichnung des untersuchten Systems jeweils zuerst die Art der Metallschmelze, dann die Schlacke und zuletzt das vom Metall in die Schlacke übergehende Element angegeben. Aufgetragen sind die gemessenen Stoffübergangskoeffizienten gegen die Gasflußrate. Die Messungen am System Fe/Schlacke/Cr waren an einer induktiv gerührten Schmelze vorgenommen worden, so daß sich die induktive und die durch Blasenrühren erzeugte Badbewegung überlagerten. Die offenen Quadrate geben die Gesamtstoffübergangskoeffizienten, die offenen Kreise die nach Abzug der induktiven Wirkung von den Bearbeitern ermittelten allein durch Gasrühren bewirkten Stoffübergangskoeffizienten an. Bei den anderen Arbeiten wurde nur mit Gas gerührt. Die Stoffübergangskoeffizienten der drei Arbeiten mit flüssigem Eisen stimmen bemerkenswert gut überein, während die Ergebnisse an Kupfer davon etwas abweichen. Jedoch sind auch hier der Kurventyp, nämlich die Aufteilung in zwei Äste und die Steigung der beiden Äste nahezu gleich wie bei den anderen Arbeiten. Die starke Zunahme der Stoffübergangskoeffizienten oberhalb von rd. 20 bzw. rd. 200 l h^{-1} ist nach übereinstimmender Beobachtung der Autoren durch Emulgierung von Metalltropfen in die Schlacke bedingt. Für die Beurteilung des Stoffübergangs an der blasengerührten Grenzfläche sind daher nur die linken Kurvenäste heranzuziehen.

[6.23] maß im System Fe/Schlacke/S (Bild 6.6) die Geschwindigkeit der Oberfläche der Eisenschmelze ohne Schlackenabdeckung in Abhängigkeit von der eingeleiteten Rührgasmenge. Die Geschwindigkeit war radial nach außen gerichtet, und es ergab sich die Beziehung

$$u_S = 0{,}116 \dot{V}_g^{0,366} \qquad (6.12)$$

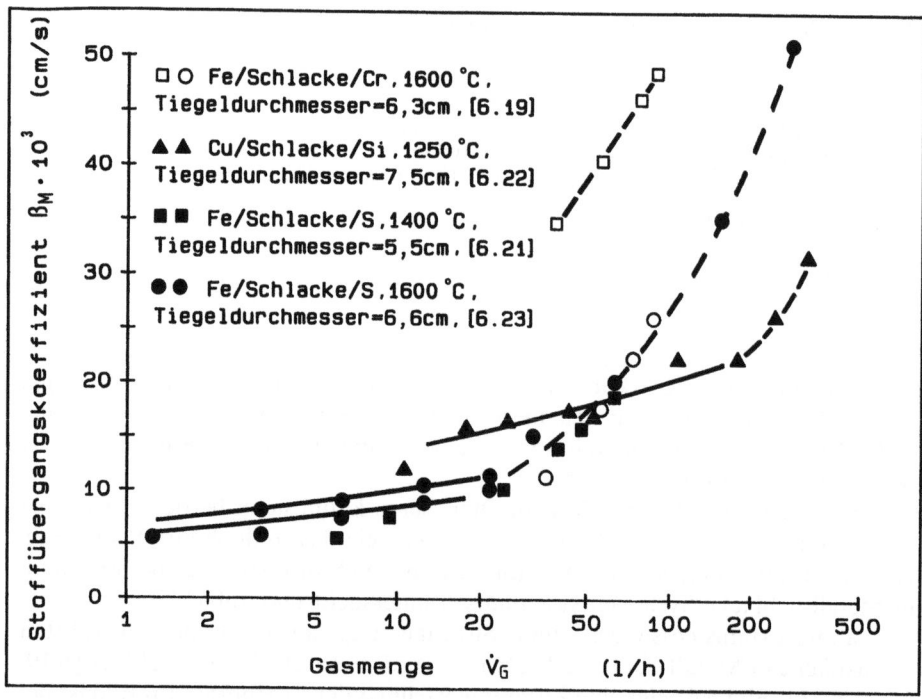

Bild 6.6 Stoffübergangskoeffizienten als Funktion des Rührgasvolumenstroms beim Stoffübergang Metall-Schlacke an blasengerührten Schmelzen nach [6.23]. *d* Tiegeldurchmesser

mit u_S radiale Oberflächengeschwindigkeit in ms^{-1} und $\dot{V}_g$ eingeleitete Rührgasmenge in Nlh^{-1}.

Die Gleichung war gültig bis 5 Nlh^{-1} entsprechend rd. 40 lh^{-1} bei Versuchstemperatur. Mit der Kenntnis der Geschwindigkeit u_S und des Tiegelradius von 0,033 m als Anströmlänge l kann der Stoffübergangskoeffizient der Metall-Schlacke Reaktion mit Hilfe der im Abschn. 3.2.5.2 angegebenen Gleichungen berechnet werden. Zuerst wird unter Verwendung der zugehörigen Stoffdaten des Metalls und der Schlacke mit (3.122) die dimensionslose Geschwindigkeit U und anschließend mit (3.111), (3.135) und (3.136) der Stoffübergangskoeffizient als Funktion der Rührgasmenge berechnet. Als Geschwindigkeit u_∞ in (3.111) wird die Geschwindigkeit an der Oberfläche der nicht mit Schlacke bedeckten Schmelze nach (6.12) verwendet. An einer unbedeckten, also reibungsfreien Oberfläche stimmt diese Geschwindigkeit mit u_∞ überein. Zu beachten ist, daß der Stoffübergangskoeffizient ein integraler Mittelwert über den Tiegelradius ist. Tabelle 6.3 gibt die für die Rechnung verwendeten Zahlenwerte wieder. Die mittlere ausgezogene Kurve in Bild 6.6 stellt die berechneten Stoffübergangskoeffizienten dar. Die beiden anderen ausgezogenen Kurven sind Ausgleichskurven der Meßwerte nach [6.21, 6.22].

Die Meßwerte nach [6.23] bei 1600 °C stimmen gut mit der berechneten Kurve überein. Die Werte nach [6.21] und die nach [6.22] weichen wegen der anderen Versuchsbedingungen davon etwas ab, jedoch zeigt sich generell die

Tabelle 6.3. Stoffdaten zur Berechnung der Stoffübergangskoeffizienten in Bild 6.6 [6.23]

Anströmlänge $l = 0{,}033$ m	Dichte – des Metalls $\varrho_M = 7{,}02 \cdot 10^3$ kg/m³ – der Schlacke $\varrho_S = 2{,}7 \cdot 10^3$ kg/m³
Diffusionskoeffizient des Schwefels im Metall $D_M = 4 \cdot 10^{-9}$ m²/s	kinematische Viskosität – des Metalls $\nu_M = 8{,}57 \cdot 10^{-7}$ m²/s – der Schlacke $\nu_S = 3{,}70 \cdot 10^{-5}$ m²/s
dimensionslose Geschwindigkeit der Grenzfläche $U = u_i/u_\infty = 0{,}435$	

gleiche Abhängigkeit von der Rührgasmenge. Der in Abschn. 3.2.5.2 beschriebene Mechanismus dürfte danach den Stoffübergang an blasengerührten Metall-Schlacke-Grenzflächen richtig beschreiben. Es sei darauf hingewiesen, daß in [6.22] der Einfluß der Turbulenz auf den Stoffübergang beschrieben und die Meßergebnisse damit interpretiert werden. Ferner sei erwähnt, daß die in Bild 6.6 wiedergegebenen Werte aus [6.23] an Schmelzen mit nicht mehr als 0,01 % S im Eisen erhalten werden. Bei höheren Schwefelgehalten macht sich in zunehmendem Maße Grenzflächenturbulenz, die den Stoffübergang erhöht, bemerkbar.

6.4 Grundsätzliches zum Stoffübergang an Teilchen, Tropfen und Blasen

Neben dem Stoffübergang an ebenen Phasengrenzen spielt in der Metallurgie der Stoffübergang an Teilchen, Tropfen und Blasen eine große Rolle. Auf diesen Stoffübergang kann man, wie im Absch. 3.2.2 ausgeführt, die Gesetzmäßigkeiten an ebenen Phasengrenzen anwenden, wenn man als Anströmlänge den halben Umfang des Teilchens ansetzt. In der Praxis wird stattdessen i.d.R. der Teilchendurchmesser als charakteristische Länge verwendet. Die genannte Anwendung der Stoffübergangsgesetze für ebene Phasengrenzen hat sich bei nichtturbulenter – teilweise auch bei turbulenter Strömung – bewährt. Das hat seinen Grund darin, daß auch an umströmten Teilchen, Trpfen und Blasen in der Nähe der Oberfläche eine Konzentrationsgrenzschicht vorhanden ist, innerhalb derer der Stofftransport allein durch Diffusion erfolgt. Sofern die Dicke dieser Grenzschicht klein gegen die Abmessung des umströmten Körpers ist, kann der Stoffübergang so betrachtet werden, als ob er an einer ebenen Phasengrenze abliefe. Damit ist zugleich die Grenze der Analogie zur ebenen Phasengrenze abgesteckt. Wenn nämlich die Abmessung des Gebiets, in dem der Stofftransport durch Diffusion erfolgt, in die Größenordnung der Teilchenabmessung kommt oder sogar größer wird, gilt die Analogie nicht mehr. Praktisch tritt dieser Fall vor allem bei festen und flüssigen Desoxidationsprodukten und bei eingeblasenen Pulvern auf. Deren Abmessungen können, wie im Abschn. 5.2 gezeigt, sehr klein sein. Größere Tropfen, z.B. solche, die durch Emulgierung entstanden sind, und vor allem Blasen sind dagegen i.d.R. so groß, daß der Grenzschichtcharakter der Strömung und des Stoffübergangs gewahrt ist.

6.5 Wachstum und Auflösung kleiner Teilchen in Schmelzen

Bei Teilchen unter 100 µm Durchmesser ist die Relativgeschwindigkeit zwischen Teilchen und Schmelze durch das Stokessche Gesetz (5.9) (vgl. Bild 5.2) gegeben. Nach diesem Gesetz ist die Relativgeschwindigkeit proportional dem Quadrat des Teilchendurchmessers. Sie wird bei kleinen Teilchendurchmessern sehr klein. Unter dieser Bedingung hängt der Stoffübergang zwischen Teilchen und Schmelze nicht mehr von der Strömung ab, sondern wird allein durch die Diffusion im ruhenden Medium bestimmt. Stofftransportvorgänge an Teilchen dieser Abmessungen spielen eine Rolle beim Wachstum von Desoxidationsprodukten, bei der Umsetzung von eingeblasenen Feststoffteilchen, z.B. Calciumcarbid und Kalk mit Schmelzen, bei der chemischen Umwandlung von Desoxidationsprodukten mit gelöstem Calcium und bei anderen vergleichbaren Reaktionen an Teilchen mit Durchmessern von 100 µm und darunter. Die Kinetik solcher Reaktionen sei am Beispiel des Wachstums von Desoxidationsprodukten behandelt.

Bei der Desoxidation entsteht zunächst ein Keim des Oxides. Dieser Keim wächst dann weiter zu einem Teilchen, indem Sauerstoff und das Desoxidationselement in äquivalenten Mengen an die Oberfläche des Oxids diffundieren und sich dort abscheiden [6.24, 6.26]. Umgekehrt können sich ausgeschiedene Oxidteilchen auch wieder in einer Schmelze lösen, wenn durch eine äußere Maßnahme der Sauerstoffgehalt der Schmelze unter den Gleichgewichtssauerstoffgehalt gesenkt wird. Praktisch verwirklicht ist dies bei der Auflösung von Oxidteilchen in kohlenstoffgesättigten Eisenschmelzen bei der sog. Heißextraktionsanalyse [6.27] und von Teilchen aus Kieselsäure oder Chromoxid im flüssigen Stahl bei der Vakuumbehandlung von Stahlschmelzen [6.28]. In beiden Fällen wird durch die Reaktion zwischen Kohlenstoff und Sauerstoff zu Kohlenmonoxid der Sauerstoffgehalt der Schmelze unter den Gleichgewichtswert mit dem Oxid gesenkt.

Die Lösung des Transportproblems beim Wachstum und bei der Auflösung von Desoxidationsprodukten ergibt sich als Lösung der Diffusionsgleichung des kugelsymmetrischen Konzentrationsfelds, wenn man die Teilchen als kugelförmig ansieht, was i.d.R. in guter Näherung zulässig ist. Die Gleichung lautet

$$\frac{\partial c}{\partial t} = D\left(\frac{\partial^2 c}{\partial x^2} + \frac{2}{x}\frac{\partial c}{\partial x}\right). \tag{6.13}$$

Hier ist x der Abstand vom Kugelmittelpunkt. Eine einfache Lösung dieser Gleichung ergibt sich, wenn das Konzentrationsfeld unendlich ausgedehnt ist, die Konzentration des gelösten Elements also in größerem Abstand vom Teilchen konstant ist. Dann stellt sich ein stationäres Konzentrationsprofil ein. Es ist dadurch gekennzeichnet, daß wegen der Massenerhaltung der Diffusionsstrom $-4\pi x^2 D \cdot dc/dx$ für jeden Wert von x, der größer als der Teilchenradius r ist, den gleichen Wert hat

$$-4\pi x^2 D \frac{dc}{dx} = \text{const}. \tag{6.14}$$

6.5 Wachstum und Auflösung kleiner Teilchen in Schmelzen

Gleichung (6.14) ist für $x=\infty$ erfüllt, wenn $dc/dx=0$ wird, wenn also die Konzentration im Unendlichen konstant ist. Die Ableitung von (6.14) nach x ergibt

$$\frac{d^2c}{dx^2} + \frac{2}{x}\frac{dc}{dx} = 0. \tag{6.15}$$

Das Konzentrationsfeld wird zeitunabhängig.

Die Integration von (6.15) liefert mit $c=c_\infty$ bei $x=\infty$ und $c=c_i$ bei $x=r$

$$\frac{c-c_\infty}{c_i-c_\infty} = \frac{r}{x} \quad (x \geq r). \tag{6.16}$$

Aus (6.16) folgt für die Stoffstromdichte an der Teilchenoberfläche

$$j = -D\left(\frac{dc}{dx}\right)_{x=r} = \frac{D}{r}(c_i-c_\infty). \tag{6.17}$$

Der Stoffübergangskoeffizient ist also $\beta = D/r$. Damit ist die Sherwoodzahl

$$Sh = \frac{\beta 2r}{D} = 2. \tag{6.18}$$

Dies bedeutet, daß bei Stoffübergang an kugelförmigen Teilchen, wenn man das Konzentrationsfeld als unendlich ausgedehnt ansehen kann, die Sherwoodzahl nicht kleiner als 2 wird, da mindestens der Stoffübergang durch reine Diffusion stattfindet.

In (6.17) beziehen sich die Konzentrationen c_∞ und c_i entweder auf das Desoxidationselement oder auf den Sauerstoff. Wegen der Bedingung der Kontinuität müssen die Stoffströme der beiden Elemente stöchiometrisch äquivalent sein. Ferner gilt für die Konzentration $[Me]_i$ und $[O]_i$ im Metall an der Grenzfläche Metall-Oxid die Gleichgewichtsbedingung. Durch die beiden Bedingungen sind die Konzentrationen $[Me]_i$ und $[O]_i$ bei vorgegebenen Werten von $[Me]_\infty$ und $[O]_\infty$ festgelegt. Im einzelnen ist dies in Abschn. 3.1.2.2. behandelt.

Aus (6.17) folgt für kugelförmige Teilchen mit $F=4\pi r^2$

$$\dot{n} = jF = 4\pi r^2 \frac{D}{r}(c_i-c_\infty). \tag{6.19}$$

Diese Gleichung ist nur eine Näherungslösung, weil die Teilchen endliche Abstände untereinander haben und daher jedes Teilchen nur ein begrenztes Einzugsvolumen hat, aus dem die gelöste Substanz an seine Oberfläche gelangt. In diesem Volumen nimmt die Konzentration im Laufe des Teilchenwachstums ab. Stets gilt jedoch für den Stoffstrom an der Teilchenoberfläche

$$\dot{n} = -4\pi r^2 D \left(\frac{dc}{dx}\right)_{x=r}. \tag{6.20}$$

Mit $\dot{n}_P = -\dot{n}/\nu$ Zunahme der Mole Teilchen je Zeit, ν Mole Element je Mole Teilchen, $V_P = 4/3\pi r^3 = n_P M_P/\varrho_P =$ Teilchenvolumen, M_P/ϱ_P Molvolumen des

Teilchens erhält man zunächst

$$\dot{n}_P = \frac{\varrho_P}{M_P}\dot{V}_P = \frac{\varrho_P}{M_P}4\pi r^2 \frac{dr}{dt}$$

und dann aus (6.20) mit

$$\frac{\nu\varrho_P}{M_P} = c_P - c_i = \frac{\text{Mole Element im Teilchen}}{\text{Volumen}},$$

wobei c_P die Konzentration im Teilchen ist, eine Beziehung für die zeitliche Zunahme des Teilchenradius

$$\frac{dr}{dt} = \frac{D}{c_P - c_i}\left(\frac{dc}{dx}\right)_{x=r}. \tag{6.21}$$

In dem Ausdruck

$$\frac{\nu\varrho_P}{M_P} = c_P - c_i$$

ist c_i von c_P abgezogen, weil an der Stelle, wo sich das Teilchen befindet, vorher Schmelze mit der Konzentration c_i war.

Bezieht man den Radius r auf den Endradius r_∞ des Teilchens, der sich nach vollständiger Gleichgewichtseinstellung ergibt, so folgt aus (6.21) mit $r/r_\infty = R$ und $x/r_\infty = \xi$

$$\frac{dR}{dt} = \frac{D}{r_\infty^2(c_P - c_i)}\left(\frac{dc}{d\xi}\right)_{\xi=R}. \tag{6.22}$$

Im Fall der Näherungslösung (6.16) gilt

$$\left(\frac{dc}{d\xi}\right)_{\xi=R} = \frac{c_0 - c_i}{R}. \tag{6.23}$$

c_∞ ist hier durch c_0 ersetzt, weil es zugleich die Anfangskonzentration der Schmelze ist. Aus (6.23) und (6.22) folgt

$$r_\infty^2 \frac{dR}{dt} = \frac{D}{R}\frac{c_0 - c_i}{c_P - c_i}. \tag{6.24}$$

Die Integration mit $R=0$ bei $t=0$ ergibt

$$\frac{Dt}{r_\infty^2}\frac{c_0 - c_i}{c_P - c_i} = \frac{1}{2}R^2. \tag{6.25}$$

Gleichung (6.25) beschreibt den zeitlichen Verlauf des Teilchenwachstums nach der einfachen Näherungslösung. Diese Lösung ist wegen der Annahme, daß unbegrenzt Substanz nachgeliefert wird, ziemlich unrealistisch. Um sie zu verbessern, muß man berücksichtigen, daß infolge der allmählichen Abnahme der Konzentration im Einzugsbereich des Teilchens der Konzentrationsgradient an der Oberfläche im Verlauf des Teilchenwachstums stärker sinkt als nach (6.23).

6.5 Wachstum und Auflösung kleiner Teilchen in Schmelzen   311

Dazu wird (6.23) durch

$$\left(\frac{dc}{d\xi}\right)_{\xi=R} = \frac{c_0-c_i}{R}(1-R^3) \tag{6.26}$$

ersetzt [6.29, 6.30]. $1-R^3$ ist ein Maß für die noch nicht abgeschiedene Menge des Oxids. Wird (6.26) in (6.22) eingesetzt, so ergibt die Integration mit $R=0$ bei $t=0$

$$\frac{Dt}{r_\infty^2} \frac{c_0-c_i}{c_P-c_i} = \int_0^R \frac{R}{1-R^3} dR \tag{6.27}$$

Für das Integral gibt es eine Lösung [6.26, 6.29, 6.30], sie lautet

$$\frac{Dt}{r_\infty^2} \frac{c_0-c_i}{c_P-c_i} = \frac{1}{6}\ln\frac{R^2+R+1}{(1-R)^2} + \frac{1}{\sqrt{3}}\left[\arctan\left(\frac{2R+1}{\sqrt{3}}\right) - \arctan\frac{1}{\sqrt{3}}\right]. \tag{6.28}$$

Definiert man als Wachstumszeit die Zeit $t_{0,95}$, bei der $R=0,95$ wird, so folgt aus (6.28):

$$\frac{Dt_{0,95}}{r_\infty^2} \frac{c_0-c_i}{c_P-c_i} = 18,0,$$

während (6.25) den Wert 0,45 liefert. Die Abnahme der Konzentration im Einzugsvolumen verlängert also die Wachstumszeit beträchtlich.

Der Endradius des Teilchens r_∞ ergibt sich aus der Größe des Einzugsbereichs, dessen Radius mit r_E bezeichnet wird. Innerhalb des Einzugsbereichs sinkt die mittlere Konzentration $\bar{c}$ vom Anfangswert c_0 auf den Endwert c_i. Dieser Abnahme entspricht eine Zunahme des Teilchenradius

$$-\frac{4}{3}\pi(r_E^3-r^3)\frac{d\bar{c}}{dt} = (c_P-c_i)4\pi r^2 \frac{dr}{dt}. \tag{6.29}$$

Da $r \ll r_E$ ist, kann r^3 gegen r_E^3 vernachlässigt werden. Die Gleichung (6.29) wird integriert zwischen den Grenzen $c=c_0$ bei $r=0$ und $c=c_i$ bei $r=r_\infty$. Man erhält

$$\frac{r_\infty}{r_E} = \left(\frac{c_0-c_i}{c_P-c_i}\right)^{1/3}. \tag{6.30}$$

Das Volumen des Einzugsbereichs ist indirekt proportional der Zahl Z der Teilchen je Volumeneinheit

$$\frac{4}{3}\pi r_E^3 = \frac{1}{Z}. \tag{6.31}$$

Untersuchungen an desoxidierten Schmelzen zeigen, daß $Z=10^5$ bis 10^8 cm^{-3} ist [6.31]. Mit diesem Wert sei die Wachstumszeit der Oxidteilchen in einer mit Silicium desoxidierten Schmelze berechnet. Folgende Werte werden eingesetzt: $c_0=0,06\%$ O $\hat{=} 2,7\cdot 10^{-4}$ mol cm^{-3}; $c_i=0,007\%$ O $\hat{=} 3,15\cdot 10^{-5}$ mol cm^{-3} (entspricht 0,3% Si im Gleichgewicht); $D=10^{-4}$ cm^2 s^{-1}; $M_{SiO_2}/\varrho_{SiO_2}=27$ cm^3 mol^{-1}; $\nu=2$.

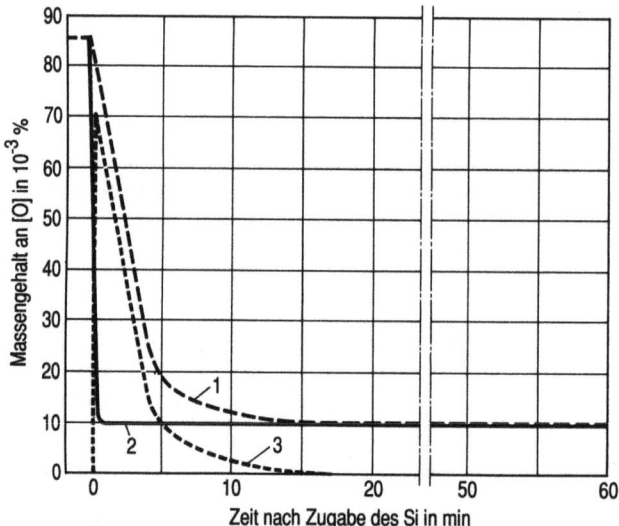

Bild 6.7 Verlauf der Konzentration des gesamten sowie des gelösten und des in Einschlüssen vorhandenen Sauerstoffs in Abhängigkeit von der Zeit bei der Desoxidation einer Eisenschmelze mit Silicium bei 1 600 °C nach [6.32]. *1* Gesamtsauerstoff, *2* gelöster Sauerstoff, *3* Sauerstoff in den Einschlüssen

r_E wird mit (6.31), r_∞ mit (6.30) und $t_{0,95}$ mit (6.28) berechnet. Die Berechnung ergibt $c_P - c_i = v\varrho_{SiO_2}/M_{SiO_2} = 0{,}074 \, \text{mol cm}^{-3}$.

Für $Z = 5 \cdot 10^7 \, \text{cm}^{-3}$ ist

$$r_E = 16{,}8 \, \mu\text{m}; \quad r_\infty = 2{,}49 \, \mu\text{m}; \quad t_{0,95} = 3{,}46 \, \text{s}.$$

Für $Z = 10^5 \, \text{cm}^{-3}$ ist

$$r_E = 133{,}6 \, \mu\text{m}; \quad r_\infty = 19{,}8 \, \mu\text{m}; \quad t_{0,95} = 219 \, \text{s}.$$

Betrieblich werden Teilchendurchmesser d_∞ von 1 bis 10 µm gefunden. Aus Messungen der Desoxidation, bei denen gleichzeitig der Gehalt an gelöstem Sauerstoff mit elektrochemischen Sauerstoffsonden und der Gesamtgehalt an Sauerstoff durch Probenahme bestimmt wurde [6.32] ergibt sich, daß der Gehalt an gelöstem Sauerstoff in wenigen Sekunden bis auf den Gleichgewichtswert c_i absinkt, während die Teilchenabscheidung deutlich länger dauert. Dies ist in Bild 6.7 zu sehen. Es zeigt die Ergebnisse von Desoxidationsversuchen, bei denen eine vorgeschmolzene Eisen-Silicium-Legierung zu einer sauerstoffhaltigen Eisenschmelze in einem Induktionsofen gegeben worden war, so daß die Vermischung sehr schnell erfolgen konnte.

Feste Desoxidationsprodukte wachsen in Wirklichkeit nicht, wie bisher angenommen, kugelförmig, sondern kristallin. Man findet dendritische, fazettierte, plattenförmige und kugelige Kristalle sowie Cluster [6.33, 6.34]. Bild 6.8 zeigt dendritische und Bild 6.9 dendritische und clusterförmige Einschlüsse aus Tonerde. Clusterförmige Einschlüsse bestehen i.d.R. aus größeren Agglomeraten von Einzelteilchen, die kugelig, fazettiert oder dendritisch sein können [6.33,

6.5 Wachstum und Auflösung kleiner Teilchen in Schmelzen 313

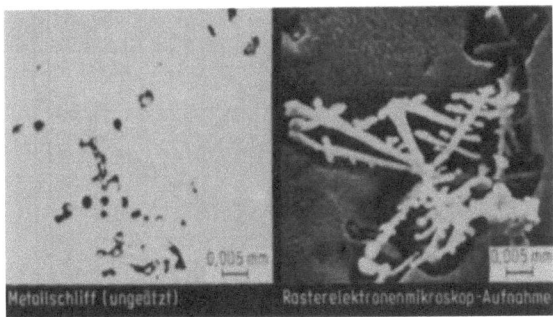

Bild 6.8 Tonerdeanreicherung in einem unverformten Stahlblock nach [6.35]

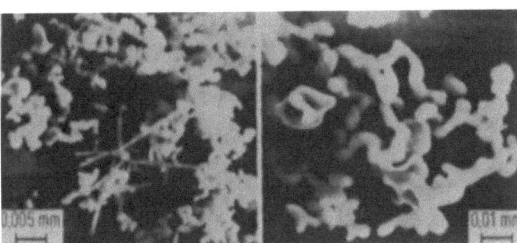

Bild 6.9 Aluminiumoxidausscheidungen aus dem Restschmelzenbereich eines 7-t-Stahlblocks nach [6.34]

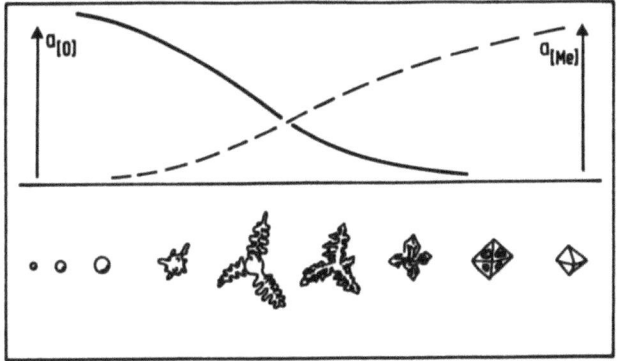

Bild 6.10 Oxidwachstumsformen in Abhängigkeit von den örtlichen Aktivitätsverhältnissen des Sauerstoffs und des Desoxidationsmetalls nach [6.34]

6.36]. Die Wachstumsform hängt, wie an Tonerdeteilchen gezeigt wurde [6.34], vom örtlichen Aktivitätsverhältnis des Sauerstoffs und des Desoxidationselements ab. Bild 6.10 zeigt dies schematisch für die verschiedenen möglichen Wachstumsformen [6.34]. Durch die nichtkugelige Form der Teilchen werden die Wachstumsbedingungen beeinflußt. Im Vergleich zur Kugel steigt das Verhältnis Oberfläche/Volumen der Teilchen. Das hat i.allg. ein schnelleres Wachstum zur Folge.

Der Stoffaustausch zwischen Teilchen und Schmelze durch Diffusion wird mit größer werdendem Teilchendurchmesser und demzufolge größerer Teilchenge-

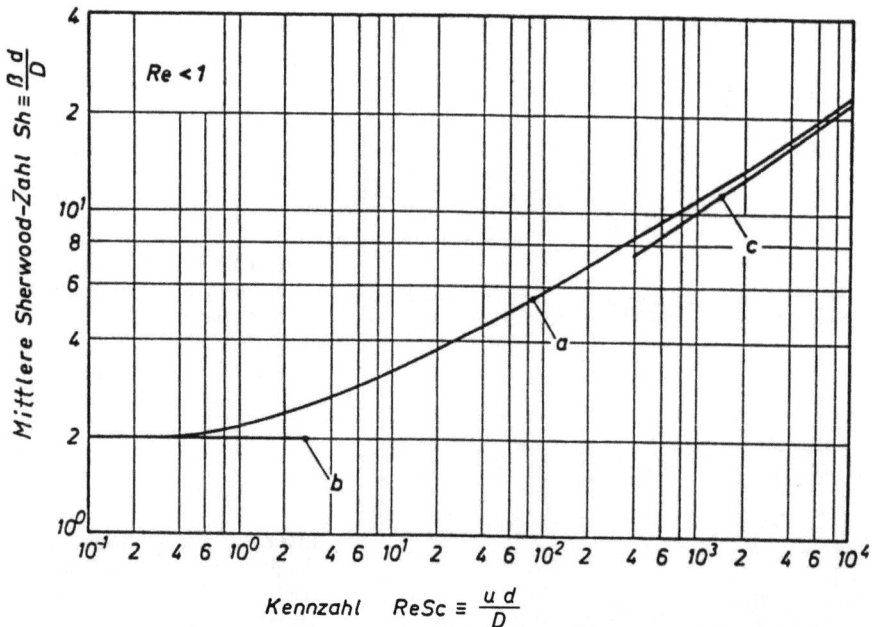

Bild 6.11 Stoffübergang an der Kugel im Bereich der schleichenden Bewegung, $Re<1$, nach [6.37]

schwindigkeit und größerer Reynoldszahl durch die Strömung beeinflußt. Solange das Stokessche Gesetz gilt und der Einfluß der Trägheitskraft der Flüssigkeit auf die Bewegung unberücksichtigt bleiben kann, sind exakte Lösungen der Diffusionsgleichung auch unter Berücksichtigung des Strömungsfelds möglich. Eine zusammenfassende Darstellung hierzu findet sich in [6.37]. Als Ergebnis derartiger Rechnungen zeigt Bild 6.11 die mittlere Sherwoodzahl Sh an der Kugel als Funktion des Produkts $ReSc$. Für sehr kleine Werte von $ReSc$ nimmt Sh, wie oben gezeigt, den konstanten Wert 2 an (Kurve b). Die theoretisch berechnete Kurve a läßt sich empirisch durch den Ausdruck

$$Sh = 2 + \frac{0{,}333\,(ReSc)^{0{,}840}}{1+0{,}331\,(ReSc)^{0{,}507}} \qquad (6.32)$$

beschreiben [6.37]. Die Abhängigkeit der Sherwoodzahl von dem Produkt

$$ReSc = \frac{ud}{D}$$

zeigt, daß der Stoffübergang noch nicht durch die Viskosität beeinflußt wird. Das Strömungsfeld hat noch keinen Grenzschichtcharakter. Mit steigenden Werten von $ReSc$ geht die Kurve von Bild 6.11 in ein Grenzgesetz

$$Sh = 1{,}28\,(ReSc)^{1/3} \qquad (6.33)$$

(Kurve c) [6.38] über. Grundlage der Ableitung ist, daß bei Werten $ReSc \gg 1$, wenn zugleich $Re < 1$ ist (Gültigkeit des Stokesschen Gesetzes), $Sc \gg 1$ wird und damit das Konzentrationsfeld Grenzschichtcharakter annimmt, d.h., daß die Konzentrationsänderungen sich nunmehr auf einen Bereich beschränken, der klein gegen die Teilchenabmessungen ist.

In Stahlschmelzen liegen die Schmidtzahlen bei 10^3, in Schlacken zwischen 10^5 und 10^6 [6.39]. Daraus ergeben sich nach Bild 6.11 die Reynoldszahlen der Grenzbereiche $Sh=2$ und Sh nach (6.33). In Stahlschmelzen kann hiernach, wenn man für die Strömungsgeschwindigkeiten das Stokessche Gesetz (Bild 5.2) benutzt, bei Teilchengrößen $<14\,\mu m$ $Sh=2$ angenommen werden, während in Schlacken die Strömung stets zu berücksichtigen ist. Gleichung (6.33) wäre in Stahlschmelzen erst oberhalb $Re=1$ anwendbar. Hier ist aber bereits die Grenze des Stokesschen Bereichs überschritten. Dagegen kann in Schlacken (6.33) von $Re=10^{-3}$ bis $Re=1$, d.h. praktisch über den gesamten Bereich der Gültigkeit des Stokesschen Gesetzes angewendet werden.

6.6 Wechselwirkung zwischen Teilchen und Grenzflächen. Teilchenkoagulation und Teilchenabscheidung

Oxidteilchen, die bei der Desoxidation entstanden sind, müssen, nachdem sie ihren Endradius erreicht haben, abgeschieden werden. Diese Abscheidung dauert in ungerührten Stahlschmelzen 5 bis 15 min [6.40] und in gerührten Stahlschmelzen 3 bis 5 min [6.41]. Dies ist i.d.R. länger als die Wachstumszeit, und es bedeutet, daß die Teilchenabscheidung und nicht das Teilchenwachstum der geschwindigkeitsbestimmende Schritt der Desoxidation ist.

In ungerührten Schmelzen müssen die Teilchen aufsteigen und sich in der Schlacke abscheiden. Für die Aufstiegsgeschwindigkeit gilt das Stokessche Gesetz. In einer Stahlpfanne von 2 m Höhe und 2 m Durchmesser beträgt der mittlere Aufstiegsweg der Teilchen 100 cm. Um diesen Weg in 15 min zurückzulegen, benötigen die Teilchen Aufstiegsgeschwindigkeiten von 0,11 cm/s, was nach Bild 5.2 Teilchendurchmesser von rd. 100 µm erfordert. Da die Teilchen nach dem Wachstum nur bis zu 10 µm Durchmesser haben, muß ein weiteres Wachstum stattfinden. Es erfolgt bei flüssigen Desoxidationsprodukten durch Koagulation von Tropfen und bei festen Desoxidationsprodukten durch Agglomeration von Teilchen, beides nach Zusammenstößen von Tropfen oder Teilchen [6.36, 6.25].

Tropfen oder Teilchen, die einmal zusammengestoßen sind, bleiben unter dem Einfluß von Grenzflächenkräften zusammen. Dies wird dadurch erleichtert, daß sie i.d.R. von der Stahlschmelze nicht benetzt werden. Der Randwinkel zwischen Schmelze und Teilchen bzw. Tropfen ist an einer freien Oberfläche größer als 90°. Experimentell läßt sich dies gut sichtbar machen, wenn man einen Eisentropfen auf eine ebene Unterlage des Oxids bringt (Bild 6.12) [6.32, 6.42]. Es gilt die Youngsche Gleichung

$$\sigma_P = \sigma_{Fe-P} + \sigma_{Fe} \cos \gamma. \tag{6.34}$$

mit σ_P Oberflächenspannung des Oxids bzw. des Oxidteilchens, σ_{Fe} Oberflächenspannung des Eisens, σ_{Fe-P} Grenzflächenspannung zwischen Eisen und Oxid, γ Randwinkel.

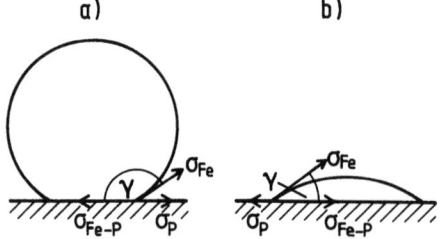

Bild 6.12 a Nichtbenetzbarkeit; **b** Benetzbarkeit. Nach [6.32]

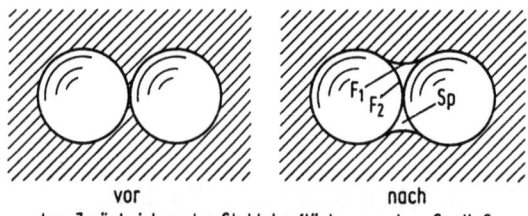

vor nach
dem Zurückziehen der Stahloberfläche aus dem Spalt Sp

F_1: freie Stahloberfläche
F_2: freigelegte Kugeloberfläche

Bild 6.13 Flächenanteile beim Zusammenstoß zweier nichtbenetzbarer kugelförmiger Teilchen. Nach [6.36]

Wenn Tropfen zusammenstoßen, geschieht dies dadurch, daß sie sich zu einem größeren Tropfen vereinigen. Als Beispiel sei das Zusammenfließen zweier gleich großer Tropfen betrachtet. Die Grenzflächenenergie G_σ ist dann vor dem Zusammenstoß

$$G_\sigma = \sigma_{Fe-P} \cdot 2 \cdot 4\pi r^2_{vorher},$$

wobei σ_{Fe-P} die Grenzflächenspannung zwischen Eisen und Tropfen bedeutet, und nachher

$$G_\sigma = \sigma_{Fe-P} \cdot 2^{2/3} \cdot 4\pi r^2_{vorher}.$$

Die Differenz ist

$$G_\sigma = \sigma_{Fe-P} \cdot 4\pi r^2_{vorher}(2^{2/3} - 2). \tag{6.35}$$

Sie ist stets negativ.

Wenn feste Teilchen zusammenstoßen, zieht sich bei Nichtbenetzbarkeit die Schmelze aus dem Raum zwischen den Teilchen zurück [6.36]. Dies ist in Bild 6.13 gezeigt. Die Teilchen waren hier vor dem Zusammenstoß völlig von Schmelze umgeben. Nach dem Zusammenstoß ist die Fläche F_2 nicht mehr von Schmelze berührt, und die Fläche F_1 liegt als freie Schmelzenoberfläche vor. Die Änderung der Grenzflächenenergie vor und nach dem Zusammenstoß ist daher

$$\Delta G_\sigma = F_1 \sigma_{Fe} + F_2 \sigma_P - F_2 \sigma_{Fe-P}. \tag{6.36}$$

Mit Gleichung (6.34) folgt daraus:

$$\Delta G = \sigma_{Fe}(F_1 + F_2 \cos \gamma_{Fe-P}). \tag{6.37}$$

Wenn $\gamma_{Fe-P} > 90°$ ist, wird $F_2 \cos \gamma_{Fe-P}$ negativ, so daß dann auch ΔG_σ negativ werden kann, und zwar um so mehr, je größer γ ist. Aus geometrischen Gründen ist F_2 eine Funktion von F_1. Die Form der Metalloberfläche stellt sich so ein, daß ΔG_σ ein Minimum wird [6.36]. Dabei gilt stets $F_2 > F_1$. Zur Bildung des freien Volumens zwischen den Teilchen muß Volumenarbeit ΔA_v gegen die Druckdifferenz $p_{außen} - p_{innen}$ geleistet werden [6.36]. $p_{außen}$ ist die Summe aus atmosphärischem und ferrostatischem Druck, p_{innen} ist der Druck in dem freien Volumen. Wenn die Teilchen haften sollen, muß $\Delta G_\sigma \geq \Delta A_v$ sein. Bei vollständig unbenetzbaren Teilchen ist $\Delta A_v \ll \Delta G_\sigma$. Wenn sehr viele Teilchen zusammenstoßen, bildet sich näherungsweise ein Kugelhaufen, der von flüssiger Schmelze umgeben ist. Ist F_K die Außenfläche des Kugelhaufens und F_P die Oberfläche eines Einzelteilchens, so gilt

$$\Delta G_\sigma = \sigma_{Fe-P}(F_K - \Sigma F_P) \tag{6.38}$$

Dieser Wert ist stark negativ, so daß einmal gebildete Teilchenagglomerate zusammenbleiben. Die Einzelteilchen in diesen Agglomeraten sintern bei der Temperatur des flüssigen Stahls innerhalb von wenigen Sekunden oberflächlich zusammen [6.33].

Teilchenagglomerate der beschriebenen Art wurden bisher hauptsächlich bei Aluminiumoxid gefunden. Die Agglomerate können leicht Durchmesser von 100 µm und mehr annehmen und werden dann i.d.R. schnell abgeschieden. Wenn solche Agglomerate jedoch beim Gießen mitgerissen werden oder durch Reoxidation des Stahls neu entstehen und auf diese Weise in den erstarrenden Stahl gelangen und dort verbleiben, können sie dessen Eigenschaften verschlechtern.

Die Bildung der Teilchenagglomerate setzt voraus, daß zwischen den Teilchen eine genügend große Stoßwahrscheinlichkeit besteht. Man hat zwischen zwei Arten von Stößen oder Kollisionen zu unterscheiden:

1. Stokesschen Kollisionen,
2. Gradientenkollisionen.

Stokessche Kollisionen entstehen dadurch, daß große Teilchen nach dem Stokesschen Gesetz schneller aufsteigen als kleine. Auf ihrem Weg nach oben holen sie daher alle kleineren Teilchen, die sie auf ihrer Aufstiegsbahn berühren können, ein und vereinigen sich mit ihnen. Da die großen Teilchen dabei wachsen und schneller werden, ist dieser Vorgang selbstbeschleunigend.

Gradientenkollisionen treten dort auf, wo die Geschwindigkeit einen Gradienten hat, also in der Nähe der Wände. Teilchen mit großem Wandabstand sind schneller als solche mit kleinem. Sie können daher die langsameren einholen und mit ihnen zusammenstoßen. Gradientenkollisionen haben eine größere Wahrscheinlichkeit als Stokessche Kollisionen, da die Gradienten meist sehr steil sind. Teilchen, die die Wand berühren, bleiben an der Wand haften, da zwischen Teilchen und Wand sich die Flüssigkeit ebenso zurückzieht wie zwischen zwei Teilchen. Dies ist ein Beitrag zur Teilchenabscheidung. Anwachsungen an einer Wand können sich durch Gradientenkollisionen schnell vergrößern. Die Anwachsungen können an Stellen mit großen Gradienten wie Ausgüssen von Pfannen und Zwischengefäßen sowie Tauchausgüssen an Stranggießanlagen so stark werden, daß es zu erheblichen Querschnittsverengungen kommt.

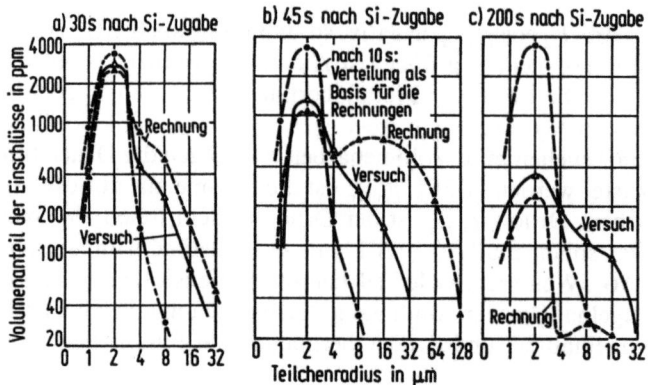

Bild 6.14a – c Berechnete und gemessene Häufigkeitsverteilungen von Teilchengrößen nach der Desoxidation einer Stahlschmelze mit Silicium nach [6.25]

Die Wahrscheinlichkeit der Kollisionen läßt sich berechnen und daraus die Abscheidungsrate von Desoxidationsprodukten bestimmen [6.25, 6.82, 6.83]. Die tatsächlich beobachteten Abscheidungsraten aus ungerührten Schmelzen lassen sich damit gut verständlich machen. Als Beispiel zeigt Bild 6.14 berechnete und gemessene Häufigkeitsverteilungen der Teilchengröße von Desoxidationsprodukten nach der Desoxidation einer Stahlschmelze in einem Hochfrequenzinduktionsofen mit Silicium. Alle drei Teilbilder zeigen die Häufigkeitsverteilung 10 s nach Zugabe des Desoxidationsmittels. Diese Verteilung diente als Basis der Berechnung. Eingezeichnet sind außerdem gemessene und berechnete Verteilungen für 30 s, 45 s und 200 s nach der Zugabe des Desoxidationselements. Man erkennt die Abnahme des Gesamteinschlußgehalts und die Verschiebung der relativen Häufigkeit zu größeren Teilchenradien. Die Rechnung gibt die gemessene Tendenz gut wieder.

6.7 Teilchenabscheidung durch Rühren

Durch Rühren kann die Abscheidung von Teilchen beschleunigt werden. Zum einen entstehen dadurch Gradienten der Strömungsgeschwindigkeit auch im Innern der Schmelze, was die Stoßwahrscheinlichkeit erhöht. Zum anderen befördern nach oben gerichtete Strömungskomponenten die Teilchen schneller an die Oberfläche der Schmelze und in eine gegebenenfalls darüber befindliche Schlacke. Bild 6.15 zeigt die Abnahme des Gesamtsauerstoffgehalts nach einer Desoxidation mit Aluminium, wenn die Schmelze mit unterschiedlichen Argonmengen gerührt wird. Bei allen drei Rührraten wird der Endgehalt des Sauerstoffs längstens nach 2,5 bis 3 min erreicht, während die Abscheidung aus einer Pfanne ohne Rühren, wie oben erwähnt, bis zu 15 min dauern kann. Man sieht im Bild ferner, daß mit zunehmender Rührintensität die Abscheidung schneller geht.

Man kann die Abscheidung der Teilchen durch Rühren formal als einen Stoffübergang aus der Schmelze an die Teilchenoberfläche, in eine Schlacke oder

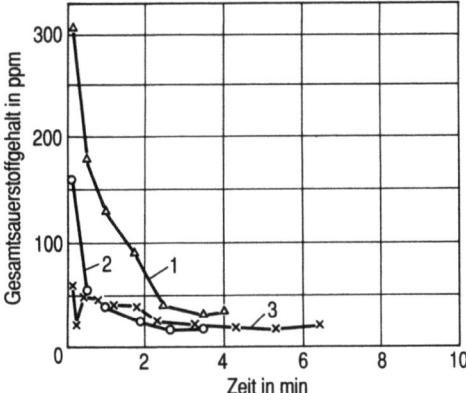

Bild 6.15 Zeitlicher Verlauf des Gesamtsauerstoffgehalts nach der Desoxidation einer 60-t-Stahlschmelze mit Aluminium bei Rühren mit Argon nach [6.41]. $\dot{V}_{Ar}$ Volumenstrom des Argons, $1\ \dot{V}_{Ar} = 5{,}8$ Nl/s, $2\ \dot{V}_{Ar} = 7{,}1$ Nl/s, $3\ \dot{V}_{Ar} = 1{,}7$ Nl/s

an die feuerfeste Gefäßwand auffassen. Einmal abgeschiedene Teilchen treten allerdings i.d.R. nicht in die Schmelze zurück, da sie durch die Grenzflächenkräfte daran gehindert werden. Es gibt also keine Rückreaktion, und die formale Gleichgewichtskonzentration der Teilchen an der Grenzfläche hat daher den Wert Null. Daß abgeschiedene Teilchen nicht zurückkehren, liegt bei der Abscheidung an der Wand daran, daß sich die Flüssigkeit, wie oben erwähnt, aus dem Zwischenraum zwischen Wand und Teilchen zurückzieht und die Grenzflächenkraft der dabei entstehenden freien Flüssigkeitsoberfläche das Teilchen an die Wand drückt. Anschließend versintert das Teilchen mit der Wand. Für die Abscheidung an einer freien oder mit einer Schlacke bedeckten Oberfläche sind die Verhältnisse schematisch in Bild 6.16 gezeigt [6.32, 6.42, 6.85, 6.86]. Die Grenzflächenenergien sind wie folgt:

— vor der Abscheidung: $\quad\Sigma\sigma = 2\sigma_{Fe-P}$,
— nach der Abscheidung ohne Schlacke: $\quad\Sigma\sigma = \sigma_P + \sigma_{Fe-P} - \sigma_{Fe}$,
— nach der Abscheidung mit Schlacke: $\quad\Sigma\sigma = \sigma_{S-P} + \sigma_{Fe-P} - \sigma_{Fe-S}$.

Die Änderung der Grenzflächenenergie $\Delta\Sigma\sigma = \Delta G_\sigma$ vor und nach der Abscheidung ist:

— ohne Schlacke:

$$\Delta G_\sigma = \sigma_P - \sigma_{Fe-P} - \sigma_{Fe} \tag{6.39}$$

oder mit (6.34):

$$\Delta G_\sigma = \sigma_{Fe}(\cos\gamma_{Fe-P} - 1).$$

— mit Schlacke:

$$\Delta G_\sigma = \sigma_{S-P} - \sigma_{Fe-P} - \sigma_{Fe-S}. \tag{6.40}$$

Ohne Schlacke nimmt die Grenzflächenenergie stets ab, außer wenn $\gamma_{Fe-P} = 0$ ist. Die Teilchen treten daher aus der Oberfläche aus. Sie werden durch die Badbewegung an die feuerfeste Wand getrieben und bleiben dort hängen. Der Energiegewinn beim Austritt der Teilchen aus der Schmelze ist um so größer, je größer γ_{Fe-P} ist. In der Regel liegt γ_{Fe-P} zwischen 90° und 110° [6.32]. Bei der

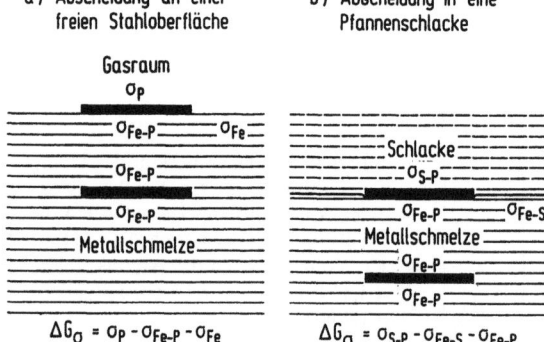

Bild 6.16a, b Abscheidung von Einschlußteilchen aus einer Stahlschmelze (schematisch) nach [6.85, 6.86]

Abscheidung in eine Schlacke, (6.40), ist die Grenzflächenspannung zwischen Eisen und Schlacke σ_{Fe-S} i.d.R. kleiner als die Oberflächenspannung des Eisens σ_{Fe} in (6.39). Dies wirkt der Teilchenabscheidung in eine Schlacke entgegen, da ΔG_σ weniger negativ wird. Jedoch nimmt im Vergleich hierzu die Grenzflächenspannung zwischen Teilchen und Schlacke σ_{S-P} gegenüber der Oberflächenspannung des Teilchens σ_P wesentlich stärker ab. Daher ist ΔG_σ kleiner als ohne Schlacke. Die Abscheidung in die Schlacke ist begünstigt. Wenn, was meistens der Fall ist, sich das Teilchen in der Schlacke lösen kann, wird σ_{S-P} gleich Null. Das Teilchen wird dann vollständig von der Schlacke benetzt und geht in die Schlacke über [6.86].

Wie oben erwähnt, kann man die Teilchenabscheidung als Stoffübergang auffassen. Die Stoffstromdichte ist dann gleich der je Zeit- und Flächeneinheit abgeschiedenen Anzahl von Teilchen. Sie ist eine lineare Funktion der Teilchenkonzentration. Bezeichnet man N als Teilchenkonzentration, so folgt

$$-\frac{V}{F}\frac{d\dot N}{dt}=\beta_P(N-N_\infty). \qquad (6.41)$$

Hierin ist V das Schmelzenvolumen, F die Grenzfläche, über die die Teilchenabscheidung erfolgt und N_∞ die Endkonzentration. β_P ist der Stoffübergangskoeffizient der Teilchenabscheidung. Er ist durch die Abscheidungskinetik und damit vor allem durch die Strömungsbedingungen an der Abscheidungsfläche gegeben. Man kann (6.41) integrieren und erhält mit der Bedingung $N=N_0$ bei $t=0$ die Exponentialfunktion

$$\frac{N-N_\infty}{N_0-N_\infty}=\exp\left(-\beta_P\frac{F}{V}t\right). \qquad (6.42)$$

Gleichung (6.42) gilt, wenn die Teilchen gleichmäßig in der Schmelze verteilt sind, wenn also die Vermischung schnell im Vergleich zur Abscheidung ist. In diesem Fall ist dementsprechend zu erwarten, daß Desoxidationsprodukte, eingeblasene Teilchen oder emulgierte Tropfen nach einem exponentiellen Zeitgesetz entsprechend (6.42) abgeschieden werden [6.41, 6.43, 6.84]. Bild 6.15 zeigt daß dies z.B. bei der Abscheidung von Tonerdeteilchen durch Rührung der Fall ist. Ein weiteres Beispiel zeigt Bild 6.17 für die Abscheidung von Kieselsäure

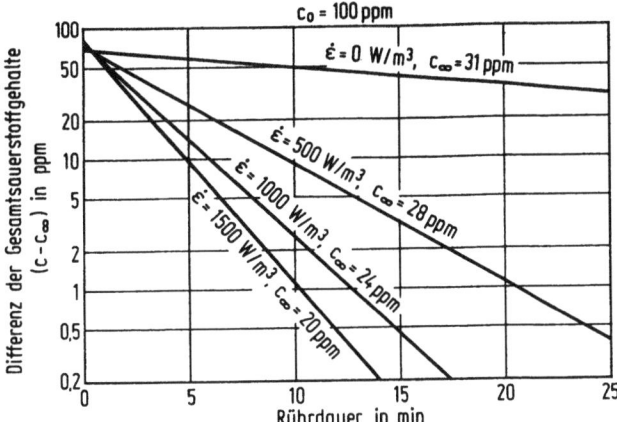

Bild 6.17 Einfluß der Rührenergie auf den Gesamtsauerstoffgehalt bei Siliciumdesoxidation in der Pfanne nach [6.43]

aus elektromagnetisch gerührten Schmelzen. Hier ist der Logarithmus von $N-N_\infty$, umgerechnet auf die Sauerstoffkonzentration $c-c_\infty$, gegen die Zeit aufgetragen. Die Schnittpunkte der Geraden mit der Ordinate bei $t=0$ liegen um die Strecke $\ln(c_0-c_\infty)$ unter dem Wert für c_0. Die Darstellung entspricht also (6.42). Die Zeitkonstante $\beta_P F/V$, die in der Steigung der Geraden zum Ausdruck kommt, nimmt mit der in die Schmelze eingebrachten Rührleistung $\dot\varepsilon$ zu. Zugleich nimmt der Endwert c_∞ etwas ab. Theoretisch sollte der Endwert N_∞ eigentlich Null sein, da es keine Rückreaktion gibt. Der Endwert ist durch Reoxidation, wodurch neue Teilchen entstehen, bedingt.

Um die Oxidteilchen an die Abscheidungsfläche zu bringen, sind turbulente Schwankungsbewegungen senkrecht zur Abscheidungsfläche erforderlich, da die Teilchen, im Gegensatz zu einem gelösten Stoff, der diffundieren kann, in der Nähe der Grenzfläche nur durch diese Schwankungsbewegungen, d.h. durch turbulente Diffusion zur Grenzfläche hin bewegt werden können. Für die Teilchenabscheidung an einer Wand durch Turbulenz kann man die Abscheidungsrate folgendermaßen bestimmen [6.44]:

Ausgangspunkt sind die turbulenten Schwankungsgeschwindigkeiten senkrecht zur Wand. In der Nähe der Wand kann, wie Bild 3.21 zeigt, ein Stoff, dessen Konzentration zur Wand hin abnimmt, durch diese Schwankungsbewegungen in Richtung zur Wand transportiert werden (vgl. Abschn. 3.2.6.3). Das Maß dieses Transports ist die turbulente Schwankungsgeschwindigkeit $\tilde v'$, d.h. die Wurzel aus dem mittleren Geschwindigkeitsquadrat der Schwankungsgeschwindigkeit v'. An einer Wand kann nach [6.44] (vgl. [6.45]) $\tilde v'$ als Funktion der Schubspannungsgeschwindigkeit u_τ durch

$$\tilde v' = \frac{0{,}72 \cdot 10^{-2} u_\tau^3 x^2}{v^2} \tag{6.43}$$

mit x Wandabstand und v kinematische Viskosität ausgedrückt werden [6.44, 6.45]. Andererseits ist der turbulente Diffusionskoeffizient in der Flußgleichung

(3.168) mit $x_2 - x_1 = l$ durch

$$D_t = \tilde{v}' l \qquad (6.44)$$

ausdrückbar, wobei l die Prandtlsche Mischungslänge ist. Aus (6.43), (6.44) und (3.166) folgt

$$D_t = \frac{0{,}31 \cdot 10^{-2} u_\tau^3 x^3}{v^2} . \qquad (6.45)$$

Mit dem durch (6.45) gegebenen turbulenten Diffusionskoeffizienten kann man den Teilchentransport zur Wand formal durch das 1. Ficksche Gesetz ausdrücken. Die Stoffstromdichte der Teilchen des Radius r ist

$$j_r = -D_t \frac{dN_r}{dx} \quad \text{in Teilchen/m}^2\text{s} . \qquad (6.46)$$

Gleichung (6.45) wird in (6.46) eingesetzt. Es folgt

$$j_r = -k x^3 \frac{dN_r}{dx} \qquad (6.47)$$

mit

$$k = \frac{0{,}31 \cdot 10^{-2} u_\tau^3}{v^2} . \qquad (6.48)$$

Gleichung (6.47) ist zu integrieren. Dabei gilt, daß $N_r = N_{r,\text{innen}}$ bei $x = \infty$, d.h. in großem Abstand von der Wand und daß $N_r = 0$ bei $x = r$ ist. Bei $x = r$ berührt das Teilchen die Wand und scheidet damit aus der Schmelze aus. Mit diesen Integrationsgrenzen ergibt die Integration von (6.47)

$$j_r = -2kr^2 N_{r,\text{innen}} . \qquad (6.49)$$

Da

$$j_r \frac{F}{V} = -\frac{dN_r}{dt}$$

ist, folgt

$$\frac{dN_r}{dt} = \frac{0{,}62 \cdot 10^{-2} u_\tau^3 r^2}{v^2} \frac{F}{V} N_r . \qquad (6.50)$$

Hier kann der Index „innen" jetzt weggelassen werden. Ein Vergleich mit (6.41) ohne N_∞, das hier unberücksichtigt bleiben muß, ergibt für den Stoffübergangskoeffizienten der Teilchenabscheidung an der Wand $\beta_{P,w}$

$$\beta_{P,w} = \frac{0{,}62 \cdot 10^{-2} u_\tau^3 r^2}{v^2} . \qquad (6.51)$$

Zur Berechnung des zeitlichen Verlaufs der Teilchenabscheidung ist dieser Wert in (6.42) einzusetzen.

Der Stoffübergangskoeffizient ist proportional der dritten Potenz der Schubspannungsgeschwindigkeit u_τ und proportional dem Quadrat der Teilchengröße r.

6.7 Teilchenabscheidung durch Rühren

Die Schubspannungsgeschwindigkeit ist ein Maß der turbulenten Schwankungsgeschwindigkeiten, die ihrerseits den Transport zur Wand bewirken. In der Abhängigkeit vom Quadrat der Teilchengröße kommt die Abnahme der turbulenten Geschwindigkeitskomponente senkrecht zur Wand mit zunehmender Annäherung an die Wand zum Ausdruck. Kleinere Teilchen werden erst bei einem kleineren Wandabstand und damit geringerer Geschwindigkeit senkrecht zur Wand abgeschieden.

Analog zu der vorangegangenen Betrachtung kann die Abscheidung von Teilchen an einer Schlacke unter dem Einfluß der Turbulenz behandelt werden. Dazu wird auf die im Abschn. 3.2.7 behandelte Dämpfung der Turbulenz an einer freien bzw. an einer Flüssig-Flüssig-Grenzfläche zurückgegriffen. Für die turbulente kinematische Viskosität v_t gilt nach (3.186):

$$v_t = 0{,}41 x^2 \frac{u_\tau}{\lambda}. \tag{6.52}$$

Es wird wiederum $D_t = v_t$ angenommen. Dann folgt mit $\lambda = r/2$ und $r/2$ nach (3.188)

$$D_t = \frac{0{,}41 x^2 \varrho_L u_\tau^3}{\sigma_{\text{äquiv}}}. \tag{6.53}$$

Hierin ist $\sigma_{\text{äquiv}}$ durch den Klammerausdruck in (3.183) gegeben. Bei den vergleichsweise hohen Grenzflächenspannungen des Stahl-Schlacke-Systems kann i.d.R. $\sigma_{\text{äquiv}} = \sigma$ gesetzt werden, d.h. der Einfluß der Auftriebskraft bei der Deformation der Oberfläche durch die Turbulenzballen ist klein im Vergleich zum Einfluß der Grenzflächenkraft.

Der Ausdruck für D_t in (6.53) ist nunmehr in (6.46) einzusetzen. Es ergibt sich

$$j_R = -k x^2 \frac{dN_r}{dx} \tag{6.54}$$

mit

$$k = \frac{0{,}41 \varrho_L u_\tau^3}{\sigma}. \tag{6.55}$$

Die Integration von (6.54) unter den gleichen Bedingungen wie oben liefert das Ergebnis

$$\frac{dN_r}{dt} = \frac{0{,}41 \varrho_L u_\tau^3 r}{\sigma} \frac{F}{V} N_r. \tag{6.56}$$

Damit folgt für den Stoffübergangskoeffizienten der Teilchenabscheidung in der Schlacke

$$\beta_{P,S} = \frac{0{,}41 \varrho_L u_\tau^3 r}{\sigma}. \tag{6.57}$$

Die Abhängigkeit des Stoffübergangskoeffizienten von der Schubspannungsgeschwindigkeit u_τ ist hier die gleiche wie in (6.51) für den Stoffübergangskoeffizienten $\beta_{P,W}$. Die Abhängigkeit von der Teilchengröße ist hier jedoch linear, während sie für die Abscheidung an der Wand quadratisch ist. Darin kommt zum

Ausdruck, daß an einer bewegten Phasengrenze die Turbulenz bei Annäherung an die Phasengrenze weniger schnell abklingt als an einer festen Wand.

Ein Zahlenvergleich der Stoffübergangskoeffizienten ergibt mit $v = 0,8 \cdot 10^{-6}$ m²/s, $\varrho_L = 7,02 \cdot 10^3$ kg/m³, $\sigma = 1,5$ kg/s² die folgenden Werte:

r in m	$\beta_{P,W}/u_\tau^3$ in s²/m²	$\beta_{P,S}/u_\tau^3$ in s²/m²
10^{-4}	$0,94 \cdot 10^2$	$1,92 \cdot 10^{-1}$
10^{-5}	$0,94$	$1,92 \cdot 10^{-2}$
10^{-6}	$0,94 \cdot 10^{-2}$	$1,92 \cdot 10^{-3}$

Danach ist der Stoffübergangskoeffizient für die Teilchenabscheidung an der Wand wesentlich größer als der für die Teilchenabscheidung an einer Schlacke. Dies bedeutet, daß die Teilchen hauptsächlich an der Wand abgeschieden werden, wenn die Abscheidung aus einer gerührten Schmelze erfolgt. Es kommt hinzu, daß durch Gradientenkollisionen in der Nähe der Wand die Teilchen bevorzugt durch Agglomeration vergrößert werden. Der größere Teilchenradius bewirkt nach (6.51) eine weitere Vergrößerung des Stoffübergangskoeffizienten. Die bevorzugte Teilchenabscheidung an der Wand konnte sowohl in Labor- als auch in Betriebsversuchen nachgewiesen werden.

Nach (6.51) und (6.57) ist der Stoffübergangskoeffizient der Teilchenabscheidung proportional u_τ^3. u_τ ist nach (3.158) ungefähr proportional der Geschwindigkeit der Schmelze entlang der Wand und diese wiederum ungefähr proportional der Geschwindigkeit am oberen Ende der Blasensäule. Die Geschwindigkeit am oberen Ende der Blasensäule ist nach (5.108) proportional der dritten Wurzel aus der eingebrachten Energie. Daher wäre theoretisch eine Beziehung

$$\beta_P \sim \dot{\varepsilon} \tag{6.58}$$

zu erwarten. Die Steigungen der Kurven in Bild 6.17, die ein Maß der Stoffübergangskoeffizienten sind, ändern sich schwächer als proportional der eingebrachten Energie. Dies liegt daran, daß der Wirkungsgrad der eingebrachten Energie in bezug auf die Umlaufströmung der Schmelze mit zunehmendem Energieeinbringen schlechter wird.

6.8 Stoffübergang an festen Teilchen bei höheren Reynoldszahlen

Im Abschn. 6.5 wurde der Stoffübergang an festen Teilchen für den Fall behandelt, daß die Strömung um das Teilchen eine reine Kriechströmung ist (Stokesscher Bereich). Dieser Fall liegt bis $Re \approx 0,5$ vor. Bei höheren Reynoldszahlen wird die Strömung auch durch die Trägheitskraft der Flüssigkeit beeinflußt, und das Bewegungsgesetz ändert sich. Bild 6.18 zeigt schematisch den Strömungsverlauf um eine Kugel bei zunehmender Reynoldszahl [6.46]. Im Stokesschen Bereich

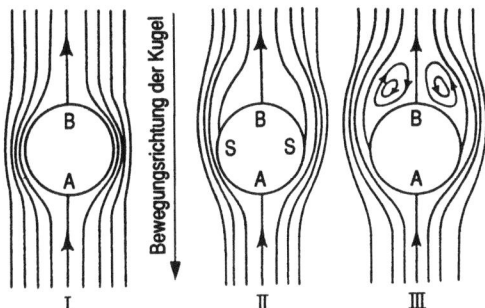

Bild 6.18 Verlauf der Strömungslinien um feste Kugeln. I Gültigkeitsbereich des Stokesschen Gesetzes mit $Re<1$. II und III zunehmend höhere Strömungsgeschwindigkeiten. Nach [6.46]. A vorderer Staupunkt, B hinterer Staupunkt, S Ablösung der Strömung

und auch noch darüber hinaus laufen die Stromlinien glatt um die Kugel herum. Oberhalb einer kritischen Reynoldszahl, die nach [6.47] bei 24 liegt, löst sich die Strömung hinter der Kugel ab, und es bilden sich Wirbel aus. Zugleich nimmt die Strömung mit zunehmender Reynoldszahl mehr und mehr Grenzschichtcharakter an. Die Grenzschicht beginnt im vorderen Staupunkt. Dort ist ihre Dicke Null. Entlang der Oberfläche nimmt die Dicke zu, und zwar, solange sich keine Wirbel bilden, stetig, so daß auf der Rückseite der Kugel ein nahezu strömungstoter Raum entsteht. Den gleichen Verlauf nimmt auch die Dicke der Diffusionsschicht. Wenn sich Wirbel bilden, löst sich die Strömung an einer bestimmten Stelle der Kugel ab. Infolge der hinter dem Ablösungspunkt entstehenden Wirbel nimmt der Stofftransport hier zu, und die Diffusionsgrenzschicht wird wieder schmaler. Sie hat in der Nähe des Ablösungspunkts ein Maximum wie umgekehrt der lokale Stoffübergangskoeffizient und die lokale Sherwoodzahl dort ein Minimum haben. Der mittlere Stoffübergangskoeffizient und die mittlere Sherwoodzahl nehmen in jedem Fall mit wachsender Strömungsgeschwindigkeit stetig zu. Es gibt zahlreiche Untersuchungen, in denen die Abhängigkeit der mittleren Sherwoodzahl von der Reynoldszahl und der Schmidtzahl für umströmte Kugeln gemessen wurde. Sie zeigen nur geringe Abweichungen voneinander und stimmen auch gut mit den Ergebnissen einer theoretischen Arbeit [6.47], in der die Grenzschichtgleichungen der umströmten Kugel unter Berücksichtigung der Trägheitsglieder berechnet wurden, überein. Von den experimentell bestimmten Gleichungen seien die nach [6.48] als eine der ältesten:

$$Sh = 2 + 0{,}552 Re^{1/2} Sc^{1/3}, \qquad (6.59)$$

die vielfach im hüttenmännischen Schrifttum nach [6.49] zitierte

$$Sh = 2 + 0{,}6 Re^{1/2} Sc^{1/3} \qquad (6.60)$$

und die nach [6.50]

$$Sh = 2 + 0{,}72 Re^{1/2} Sc^{1/3} \qquad (6.61)$$

genannt. Der Exponent 1/2 der Reynoldszahl in den drei Gleichungen entspricht dem Wert wie er bei laminarer Grenzschichtströmung für die längs angeströmte Platte gilt. Das entspricht bei der Kugel dem Fall, bei dem die Strömung sich noch nicht abgelöst hat, obwohl (6.59) bis (6.61) auch für höhere Reynoldszahlen gelten. Die in [6.47] theoretisch berechneten Sherwoodzahlen lassen sich am besten durch den Ausdruck

$$Sh = 2 + z_k \frac{(ReSc)^{1,7}}{1+(ReSc)^{1,2}} \tag{6.62}$$

mit

$$z_k = \frac{0,66}{1+Sc} - \frac{Sc}{2,4+Sc}\left(\frac{0,79}{Sc^{1/6}}\right) \tag{6.63}$$

wiedergeben. Nach (6.63) ist $z_k = 0,562$ für $Sc = 1$, $z_k = 0,494$ für $Sc = 10$ und $z_k = 0,365$ für $Sc = 100$. Gleichung (6.62) gilt für den gesamten Bereich der Reynoldszahlen. Sie stimmt für $Sc = 1$ gut mit (6.59) und für $Sc = 1\,000$ gut mit (6.61) überein. Zahlenmäßig unterscheiden sich (6.59) bis (6.62) insgesamt nur wenig voneinander und — abgesehen von dem Vorsummanden 2 — auch nur wenig von der theoretisch für den Stoffübergang an einer längs angeströmten Platte entwickelten Gleichung (3.88). Daraus geht klar hervor, daß der Stoffübergang an der angeströmten Kugel den gleichen Grenzschichtcharakter hat wie an der längs angeströmten Platte.

Die Gleichungen (6.59) bis (6.62) wurden für Einzelkugeln entwickelt. Sie können in der Metallurgie der Stahlherstellung auch auf Kugel- oder Teilchenschwärme angewendet werden, solange der Abstand der Teilchen groß gegen die Dicken der Diffusionsgrenzschichten ist. Da diese Dicken, wie in Kap. 3 gezeigt wurde, nur etwa ein Zehntel der Dicken der Strömungsgrenzschichten betragen und in der Größenordnung von 10^{-3} cm liegen, während die Teilchenabstände weit größer sind, ist mit einer gegenseitigen Beeinflussung des Stofftransports i.d.R. nicht zu rechnen. Im Gegensatz dazu werden die Strömungsverhältnisse bei höheren Teilchendichten verändert (s. Kap. 5).

Die vorstehend beschriebenen Gleichungen gelten für nicht-turbulente Strömungen. Bei Vorliegen von Turbulenz kann der Stoffübergang stärker werden [6.51, 6.52]. Ein Umschlag von laminarer in turbulente Strömung entsteht zwar i.d.R. an den Teilchen selbst nicht, da die Anströmlängen zu kurz und die Relativgeschwindigkeiten zwischen Teilchen und Schmelze zu klein sind. Die Teilchen können sich jedoch in einem Strömungsfeld befinden, in dem auf andere Weise Turbulenz entsteht. In Stahlschmelzen geschieht dies vorwiegend durch aufsteigende Gasblasenschwärme, sei es, daß sie aus der Entkohlungsreaktion entstanden sind, sei es, daß sie von außen in die Schmelze eingeleitet wurden. Gasblasenschwärme erzeugen durch die hinter den aufsteigenden Blasen entstehenden Wirbel starke Turbulenz [6.53]. Diese Turbulenz kann den Stoffübergang an festen Teilchen beschleunigen. Eine Beschleunigung ist unabhängig von der Teilchengröße in gewissem Umfang immer zu erwarten, auch wenn die Teilchenabmessungen kleiner sind als die Abmessungen der Turbulenzballen. Solange sich ein Teilchen innerhalb eines Ballens befindet, sollte die Turbulenz zwar keine Auswirkung auf den Stoffübergang haben, da sich das Teilchen mit der lokalen Strömung im Ballen bewegt. Die Zeit, während der ein Turbulenzballen existiert, ist jedoch beschränkt, so daß die Feststoffteilchen wiederholt in andere Strömungsbereiche überwechseln. Dabei treten örtlich abrupte Geschwindigkeitsänderungen auf, die den Charakter instationärer Anlaufvorgänge haben und den Stoffübergang fördern.

Für die Beschreibung des turbulenten Stoffübergangs an festen Teilchen in metallurgischen Systemen kann eine von [6.54] veröffentlichte Beziehung herangezogen werden. Dabei wurde das Auflösungsverhalten von Feststoffpartikeln, die in wäßrigen Lösungen suspendiert waren untersucht. Die Korngrößen lagen zwischen 0,06 und 1,1 mm. Die Flüssigkeit wurde durch mechanische Rührer und durch Einleiten von Gas in den Boden gerührt. Dabei kam es für die Schnelligkeit der Auflösung nicht auf die Art des Rührens, sondern allein auf die eingebrachte Rührleistung an. Die Abhängigkeit der Sherwoodzahl in Abhängigkeit von der Rührleistung wird durch die Beziehung

$$Sh = 2 + 0.4 \left[\frac{\dot{\varepsilon}_M d_P^4}{v_M^3} \right]^{1/4} Sc^{1/3} \tag{6.64}$$

mit $\dot{\varepsilon}_M$ Rührleistung je Masseneinheit der Flüssigkeit in W kg^{-1}, d_P Teilchendurchmesser in m und v_M kinematische Viskosität der Flüssigkeit in m^{2}s^{-1} ausgedrückt [6.54]. Formal ähnelt diese Beziehung den Gleichungen (6.59) bis (6.61), jedoch mit dem Unterschied, daß nicht mehr die Teilchengeschwindigkeit, sondern die Rührleistung die Größe ist, die den Zusammenhang zwischen Stoffübergang und Strömung kennzeichnet.

6.9 Stoffübergang an Teilchen mit Berücksichtigung von Diffusion im Teilchen

Die Gleichungen (6.59) bis (6.62) und (6.64) ergeben Werte der äußeren Sherwoodzahl. Sie sind anwendbar, wenn der Stofftransport auf der Seite der Schmelze die Geschwindigkeit des stofflichen Umsatzes bestimmt. Diese Voraussetzung ist stets erfüllt, wenn das Teilchen nur aus einer Komponente besteht. Anders sind die Verhältnisse, wenn das Teilchen während des Stoffübergangs gelösten Stoff in sich aufnimmt oder abgibt oder wenn zwischen gelösten Stoffen in der Schmelze und im Teilchen doppelte Umsetzungen stattfinden. In diesen Fällen treten im Teilchen Konzentrationsunterschiede auf, und die Geschwindigkeit des Umsatzes kann auch durch den Stofftransport im Teilchen bestimmt sein. In festen Teilchen sowie in Tropfen und Blasen, in denen die innere Zirkulation durch grenzflächenaktive Stoffe unterdrückt ist, erfolgt der Stofftransport durch Diffusion. Liegt nur eine Phase vor, so können zu deren Berechnung die bekannten Lösungen des 2. Fickschen Gesetzes für die Diffusion in Kugeln endlicher Abmessung verwendet werden [6.55–6.57]. Die Annahme einer Kugelform für Teilchen, Tropfen oder Blasen ist i. allg. ohne großen Fehler zulässig. Beispiele, bei denen die Diffusion im Innern der dispergierten Phase zu berücksichtigen ist, sind die Entschwefelungsreaktionen mit festem Calciumcarbid (2.77), oder mit emulgierten Tropfen von CaO-Al$_2$O$_3$- oder CaO-Al$_2$O$_3$-SiO$_2$-Schlacke, Abschn. 2.7.3, Reaktionen mit Soda-Schlacke, Abschn. 2.8 oder die Ausspülung von gelösten Gasen aus Stahlschmelzen mit Spülgas. In der Regel ist das Raffinationsmittel, das als Teilchen, Tropfen oder Blase dispergiert wird, von dem aus der Stahlschmelze zu entfernenden Stoff anfangs frei. Hinzu kommt, daß in vielen Fällen im Gleichgewicht die Konzentration des zu entfernenden Stoffs im Raffinationsmittel weit höher ist als im Stahl. Unter diesen Umständen ist die Diffusion im Teilchen, im Tropfen oder in der Blase am Anfang der Reaktion schnell, und der geschwindigkeitsbestimmende Schritt liegt auf der Seite der Stahlschmelze. Dann verzögert die Diffusion in der dispergierten Phase den Stoffumsatz nicht. Erst wenn der gelöste Stoff sich in der dispergierten Phase stärker anreichert, kommt die Diffusion ins Spiel. Um ihre Wirkung abzuschätzen, muß man den Stoffübergangskoeffizienten β_D in der dispergierten Phase berechnen. Dies geschieht mit Hilfe der Diffusionsgleichung für Kugelsymmetrie.

Für die Kugel lautet das 2. Ficksche Gesetz:

$$\frac{\partial c}{\partial t} = D\left[\frac{\partial^2 c}{\partial x^2} + \frac{2}{x}\frac{\partial c}{\partial x}\right] \tag{6.65}$$

Für eine zeitlich konstante Oberflächenkonzentration $c = c_i$ und für eine Anfangskonzentration $c = c_0$ lautet die Lösung

$$\frac{c-c_i}{c_0-c_i} = \frac{2r}{\pi x}\left[\sin\frac{\pi x}{r}\exp\left(-\pi^2\frac{Dt}{r^2}\right) - \frac{1}{2}\sin\frac{2\pi x}{r}\exp\left(-4\pi^2\frac{Dt}{r^2}\right)\right.$$
$$\left. + \frac{1}{3}\sin\frac{3\pi x}{r}\exp\left(-9\pi^2\frac{Dt}{r^2}\right) \mp \ldots\right] \tag{6.66}$$

mit r Teilchenradius.

Die mittlere Konzentration im Teilchen $\bar{c}$ folgt aus (6.66) zu

$$\frac{\bar{c}-c_i}{c_0-c_i} = \frac{6}{\pi^2}\left[\exp\left(-\pi^2\frac{Dt}{r^2}\right) + \frac{1}{4}\exp\left(-4\pi^2\frac{Dt}{r^2}\right) + \frac{1}{9}\exp\left(-9\pi^2\frac{Dt}{r^2}\right) + \ldots\right]. \tag{6.67}$$

Der Stoffübergangskoeffizient ist gegeben zu

$$\beta_D = -\frac{1}{\bar{c}-c_i}D\left(\frac{dc}{dx}\right)_{r=R}. \tag{6.68}$$

Mit (6.66) und (6.67) folgt daraus

$$\beta_D = \frac{\pi^2 D}{3R}\frac{\sum_{i=1}^{i=\infty}\left[\exp\left(-i^2\pi^2\frac{Dt}{R^2}\right)\right]}{\sum_{i=1}^{i=\infty}\left[\frac{1}{i^2}\exp\left(-i^2\pi^2\frac{Dt}{R^2}\right)\right]} \tag{6.69}$$

Für $t = 0$ ist $\beta_D = \infty$. Mit wachsendem t wird β_D kleiner und strebt für $t = \infty$ gegen $\frac{\pi^2 D}{3R}$. Der maximal zu berücksichtigende Wert von t ist die Verweilzeit des Teilchens in der Schmelze. Wenn bis dahin β_D groß gegen den äußeren Stoffübergangskoeffizienten ist, wird der Stoffübergang durch die Diffusion im Teilchen nicht verzögert. Andernfalls muß β_D berücksichtigt werden. Die Stoff-

6.9 Stoffübergang an Teilchen mit Berücksichtigung von Diffusion im Teilchen

stromdichte folgt aus (6.67) mit

$$j = -\frac{r}{3}\frac{d\bar{c}}{dt} \qquad (6.70)$$

zu

$$j = \frac{2D}{r}(c_0 - c_i)\left[\exp\left(-\pi^2\frac{Dt}{r^2}\right) + \exp\left(-4\pi^2\frac{Dt}{r^2}\right) + \exp\left(-9\pi^2\frac{Dt}{r^2}\right) + \ldots\right]. \qquad (6.71)$$

Mit diesen Gleichungen läßt sich i.d.R. abschätzen, ob und wieweit die Diffusion im Teilchen die Geschwindigkeit des Stoffumsatzes mitbestimmt.

Es gibt auch den Fall, daß das Produkt der Reaktion zwischen Teilchen und Schmelze sich auf der Oberfläche des Teilchens als gesonderte Phase niederschlägt. Ein bekanntes Beispiel ist die im Abschn. 2.7.2 behandelte Entschwefelung von Eisenschmelzen mit festem Kalk [6.58, 6.59]. Diese Reaktion verläuft entweder nach der Gleichung

$$\langle CaO \rangle + [S] = \langle CaS \rangle + [O], \qquad (6.72)$$

wobei der Sauerstoff im Eisen mit dem als Trägergas des Kalks eingeleiteten Methan nach der Gleichung

$$[O] + CH_4 = CO + 2H_2 \qquad (6.73)$$

reagiert. Das Methan wirkt als Desoxidationsmittel. Oder die Reaktion läuft nach (2.85) ab, wobei jetzt Silicium als Desoxidationsmittel wirkt. In beiden Fällen wächst das entstehende Calciumsulfid auf dem Kalkkorn als Schicht auf. Wenn Silicium als Desoxidationsmittel fungiert, wächst darüber hinaus auch Dicalciumsilicat auf. Bild 6.19 zeigt die sich ergebende Topochemie für den Fall, daß mit Methan und daß mit Silicium desoxidiert wird. Im Fall der Desoxidation mit Methan (Bild 6.19a) diffundiert Schwefel aus der Eisenschmelze zur äußeren Phasengrenze des Korns und Sauerstoff von der äußeren Phasengrenze des Korns in die Schmelze. Der Sauerstoff wird dann an den Methanblasen abgebunden. An

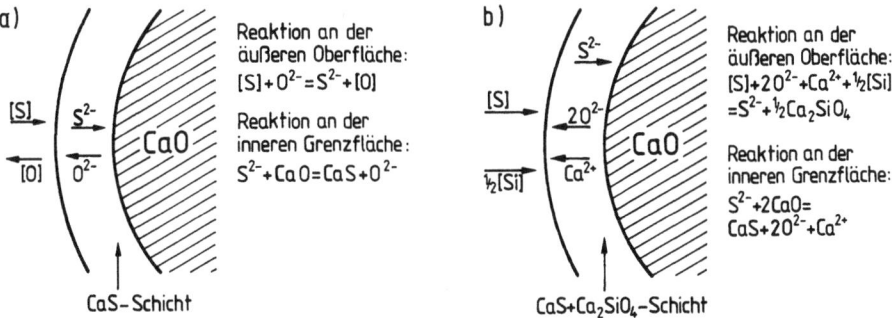

Bild 6.19a, b Schichtbildung und Transportvorgänge bei der Entschwefelung von Roheisen mit festem Kalk. **a** Desoxidation mit Methan; **b** Desoxidation mit Silicium

der äußeren Phasengrenze des Korns läuft die Reaktion

$$[S] + O^{2-} = S^{2-} + [O] \tag{6.74}$$

ab. Der Schwefel wandert als Sulfidion von der äußeren Phasengrenze nach innen zur Phasengrenze CaS-CaO und bildet dort mit dem CaO nach

$$S^{2-} + \langle CaO \rangle = O^{2-} + \langle CaS \rangle \tag{6.75}$$

Calciumsulfid [6.59]. Das Sauerstoffion wandert von innen nach außen.

Im Fall der Desoxidation mit Silicium (Bild 6.19b) diffundieren Silicium und Schwefel aus der Schmelze an die äußere Oberfläche des Kalkkorns. Dort läuft die Reaktion

$$1/2[Si] + [S] + 2O^{2-} + Ca^{2+} = 1/2 Ca_2SiO_4 + S^{2-} \tag{6.76}$$

ab. Wiederum diffundiert der Schwefel als Sulfidion durch die CaS-Schicht von der äußeren Phasengrenze nach innen zur Phasengrenze CaO-CaS und bildet dort Calciumsulfid, und zwar diesmal nach der Reaktion

$$S^{2-} + 2\langle CaO \rangle = \langle CaS \rangle + Ca^{2+} + 2O^{2-}. \tag{6.77}$$

Zwei Sauerstoffionen und ein Calciumion wandern von innen nach außen. Nach (6.76) und (6.77) entsteht je Mol CaS ein halbes Mol Ca_2SiO_4. Da Ca_2SiO_4 ungefähr das zweifache Molvolumen wie CaS hat, ist das Volumenverhältnis der beiden Stoffe in der aufgewachsenen Schicht rund 1:1. Da die Sauerstoff- und Schwefelionen nur im CaS diffundieren, ist unter diesen Umständen die wirksame Reaktionsoberfläche gleich der Hälfte der Gesamtoberfläche des Korns. Wenn durch Einfall von Luftsauerstoff in die Schmelze zusätzlich Silicium unter Bildung von Dicalciumsilicat oxidiert wird, entsteht eine größere Menge Ca_2SiO_4. Dies kann so weit gehen, daß die gesamte Oberfläche des Kalks mit Silicat bedeckt ist. Dann ist eine Entschwefelung nicht mehr möglich [6.60].

Geschwindigkeitsbestimmende Schritte der Reaktion können der Antransport des Schwefels in der Eisenschmelze an die Kalkkornoberfläche und die Ionendiffusion in der CaS-Schicht sein. Die Phasengrenzreaktion kann demgegenüber als schnell angesehen werden. Zu Beginn der Reaktion, wenn die Schicht noch sehr dünn ist, wird der erste der genannten Teilschritte die Geschwindigkeit bestimmen. Der Stoffstrom des Schwefels an das einzelne Kalkkorn ist dann

$$\dot{n}_S = 4\pi d_P^2 \beta ([S] - [S]^*) \tag{6.78}$$

mit d_P Korndurchmesser, β Stoffübergangskoeffizient, [S] Schwefelkonzentration in der Schmelze und $[S]^*$ Schwefelkonzentration in der Schmelze an der Grenzfläche Schmelze-Korn im Gleichgewicht mit dem Korn. Der geschwindigkeitsbestimmende Schritt liegt in der Schmelze. Die Stoffströme des Sauerstoffs bzw. des Siliciums sind entsprechend den Umsatzgleichungen (6.74) bzw. (6.76) gleich bzw. gleich ein halb dem des Schwefels. Die Konzentration $[S]^*$ ist durch die Gleichgewichte (2.86) oder (2.88) gegeben. Für 1300 °C folgt die Gleichgewichtskonstante (2.86) aus $K_{CaO/CaS} = 8{,}47 \cdot 10^{-3}$ (durch Extrapolation aus Bild 2.66) und $K_{2CaO \cdot SiO_2} = 2{,}48 \cdot 10^{-12}$ (aus Tabelle 2.3) zu $K_{Ca_2SiO_4/S} = 5{,}38 \cdot 10^3$. Bei der Desoxidation mit Silicium folgt daraus mit $a_{CaO} \approx 1$, $a_{CaS} \approx 1$ und $a_{Ca_2SiO_4} = 1$

6.9 Stoffübergang an Teilchen mit Berücksichtigung von Diffusion im Teilchen

bei 0,5 % Si im Eisen ein Wert $[a_S]^* = 2,6 \cdot 10^{-4}$. Unter Berücksichtigung des Aktivitätskoeffizienten des Schwefels im Roheisen $f_{[S]} \approx 5$ erhält man $[S]^* = 0,52 \cdot 10^{-4}$ %. Bei der Desoxidation mit Methan liegt der Wert niedriger. Man kann daher in (6.78) $[S]^*$ gegen $[S]$ vernachlässigen.

Im Verlauf der Entschwefelungsreaktion wird die aufgewachsene CaS-Schicht dicker. Der Widerstand der Ionendiffusion nimmt zu, und schließlich bestimmt die Ionendiffusion in der Schicht die Geschwindigkeit. Das Wachstum derartiger Reaktionsschichten verläuft nach einem parabolischen Zeitgesetz, wenn die thermodynamischen Aktivitäten der Reaktanden in den Grenzflächen an den beiden Enden der Schicht fest eingestellt sind [6.61]. An der Phasengrenze CaS-CaO herrscht das Löslichkeitsgleichgewicht zwischen CaS und CaO. Hier liegen demgemäß die Aktivitäten fest. An der Phasengrenze CaS-Schmelze sind die Aktivitäten durch die Bedingung der Äquimolarität der Stoffströme gegeben und können sich im Verlauf der Reaktion, wenn der Schwefelgehalt der Schmelze abnimmt und dadurch die Stoffströme schwächer werden, ändern. Während der Verweilzeit eines Kalkkorns in der Schmelze ändert sich der Schwefelgehalt und damit der Stoffstrom jedoch so wenig, daß er als konstant angesehen werden kann. Damit liegen auch hier die Aktivitäten fest. Dann gilt für den Zusammenhang zwischen Schichtdicke ξ und Reaktionsdauer t

$$\xi = (2 V_{CaS} k_R t)^{1/2} \tag{6.79}$$

mit V_{CaS} Molvolumen des Calciumsulfids in cm^3 mol^{-1}, k_R rationelle Reaktionskonstante in mol cm^{-1} s^{-1} und t Verweilzeit des Korns in der Schmelze.

Die rationelle Reaktionskonstante ist im Fall der Diffusion der Schwefelionen theoretisch durch

$$k_R = -\int_0^\xi \frac{D_{(CaS)} c_{(CaS)}}{RT} \frac{d\mu_{(CaS)}}{dx} dx \tag{6.80}$$

mit D Festkörperdiffusionskoeffizient und μ chemisches Potential gegeben [6.61]. Hierbei wird CaS als die diffundierende Komponente angesehen. Zur Berechnung des Integrals (6.80) ist es zweckmäßig, die Konzentration $c_{(CaS)}$ durch den Molenbruch $X_{(CaS)}$ zu ersetzen

$$c_{(CaS)} = \frac{X_{(CaS)}}{V_{(CaS)}}. \tag{6.81}$$

Mit $X_{(CaS)} = a_{(CaS)}/f_{(CaS)}$, wobei $f_{(CaS)}$ der Aktivitätskoeffizient des CaS ist, und mit

$$\mu_{(CaS)} = RT \ln a_{(CaS)} \tag{6.82}$$

folgt aus (6.80) bis (6.82)

$$k_R = -\int_0^\xi \frac{D_{(CaS)}}{V_{(CaS)} f_{(CaS)}} \frac{da_{(CaS)}}{dx} dx. \tag{6.83}$$

Das Differential $da_{(CaS)}$ wird mit Hilfe der Gleichung von Duhem-Margules

$$\frac{X_{(CaO)}}{a_{(CaO)}} \frac{da_{(CaO)}}{dX_{(CaO)}} = \frac{X_{(CaS)}}{a_{(CaS)}} \frac{da_{(CaS)}}{dX_{(CaS)}} \tag{6.84}$$

durch $da_{(CaO)}$ ausgedrückt. Da die aufgewachsene Schicht nahezu ausschließlich aus CaS besteht, gilt für CaS das Raoultsche und für CaO das Henrysche Gesetz. Das bedeutet

$$\frac{X_{(CaS)}}{a_{(CaS)}} = 1$$

und

$$\frac{X_{(CaO)}}{a_{(CaO)}} = X_{(CaO),\text{Sättg.}},$$

mit $X_{(CaO),\text{Sättg.}}$ Molenbruch des CaO im CaO-CaS-Mischkristall im Gleichgewicht mit CaO. Ferner ist $dX_{(CaS)} = -dX_{(CaO)}$. Mit den drei Beziehungen folgt aus (6.84) nach einigem Umrechnen

$$da_{(CaS)} = -X_{(CaO),\text{Sättg.}} da_{CaO}. \tag{6.85}$$

Einsetzen von (6.85) in (6.83) und beachten, daß wegen der Gültigkeit des Raoultschen Gesetzes für CaS der Aktivitätskoeffizient $f_{(CaS)} = 1$ ist, ergibt

$$k_R = \int_0^\xi \frac{D_{(CaS)} X_{(CaO),\text{Sättg.}}}{V_{(CaS)}} \cdot \frac{da_{(CaO)}}{dx} dx. \tag{6.86}$$

Die Integration ergibt mit $a_{CaO} = 1$ bei $x = \xi$ und $a_{(CaO)} = a_{(CaO),0}$ bei $x = 0$

$$k_R = \frac{D_{(CaS)} X_{(CaO),\text{Sättg.}}}{V_{(CaS)}} (1 - a_{(CaO),0}). \tag{6.87}$$

Sofern der Transport durch die aufgewachsene Schicht allein geschwindigkeitsbestimmend ist, folgt die Aktivität $a_{(CaO),0}$ an der äußeren Phasengrenze der CaS-Schicht aus dem dort herrschenden Gleichgewicht

$$K_{Ca_2SiO_4/S} = \frac{a_{Ca_2SiO_4}^{1/2} a_{(CaS)}}{[a_S][a_{Si}]^{1/2} a_{(CaO),0}^2} \tag{6.88}$$

und daraus mit $a_{(CaS)} \approx 1$, mit $a_{Ca_2SiO_4} = 1$, mit $[a_{Si}] = [Si]$ und mit $[a_S] = f_{[S]}[S]$

$$a_{(CaO),0} = \left(\frac{1}{K_{Ca_2SiO_4/S}[Si]^{1/2}[S]f_{[S]}}\right)^{1/2}. \tag{6.89}$$

[S] ist hier der Schwefelgehalt der Schmelze. Wenn sich das Gleichgewicht zwischen Schmelze, CaS und CaO eingestellt hat, ist die aufgewachsene Schicht durchgehend an CaO gesättigt. Dann wird $a_{(CaO),0} = 1$ und $[S] = [S]^*$. Daraus folgt unter sonst gleichen Bedingungen mit (6.89)

$$a_{(CaO),0} = \left(\frac{[S]^*}{[S]}\right)^{1/2} \tag{6.90}$$

und eingesetzt in (6.87) nach Umrechnen

$$k_R = \frac{D_{(CaS)} X_{(CaO),\text{Sättg.}}}{V_{(CaS)}} [S]^{*1/2} \left[\left(\frac{1}{[S]^*}\right)^{1/2} - \left(\frac{1}{[S]}\right)^{1/2}\right]. \tag{6.91}$$

Mit dieser Gleichung ist die rationelle Reaktionskonstante im Prinzip berechenbar. Da $D_{(CaS)}$ und $X_{(CaO),Sättg.}$ nur ungenau bekannt sind, muß die Konstante praktisch aus Messungen des Schichtwachstums bestimmt werden. Eine aus solchen Messungen gewonnene Näherungsgleichung für k_R wurde in [6.58] für Roheisen mit 0,5 % Si bei 1 300 °C unter Erdgasatmosphäre zu

$$k_R = 2{,}60 \cdot 10^{-11}(4{,}92 + \lg[S])\tag{6.92}$$

mit k_R in mol cm^{-1} s^{-1} und [S] als Massengehalt in % angegeben.

Die Zunahme der Schichtdicke ξ ist mit der Stoffstromdichte des Schwefels durch

$$j_S = \frac{1}{V_{CaS}}\frac{d\xi}{dt}\tag{6.93}$$

mit ξ nach (6.79) verknüpft.

Die Kopplung der beiden Teilschritte des Transports in der Schmelze und des Transports durch die aufgewachsene Schicht ergibt sich durch Gleichsetzen der durch $4\pi d_P^2$ dividierten Gleichung (6.78) und (6.93). Damit können die Bedingungen, unter denen jeweils der eine oder der andere Teilschritt geschwindigkeitsbestimmend ist, festgestellt werden.

Außer dem hier beschriebenen Reaktionsablauf wurde bei der Entschwefelung von Eisenschmelzen mit Kalk auch ein Reaktionsmechanismus, bei dem primär gasförmige Schwefel-Kohlenstoff- und Schwefel-Silicium-Verbindungen entstehen, die dann in einem zweiten Reaktionsschritt mit Kalk zu CaS reagieren, beobachtet [6.62]. Der Mechanismus wurde gefunden, wenn die Reaktion im Vakuum bei ≈ 1 Pa ablief.

6.10 Stoffübergang zwischen Schmelzen und Tropfen

Beim Stoffübergang zwischen Schmelzen und Tropfen kann der Tropfen sich entweder starr verhalten, oder es kann im Innern des Tropfens eine Umlaufströmung vorliegen. Bei starrem Verhalten ($\eta_T \gg \eta_L$ in (5.31)) gelten für den äußeren Stoffübergangskoeffizienten die gleichen Bedingungen wie für den Stoffübergang an festen Teilchen. Im Innern des Tropfens erfolgt der Stofftransport in diesem Fall allein durch Diffusion, und es gelten (6.66) bis (6.68). Ist die Kugel nicht starr, sondern liegt in ihr eine Umlaufströmung vor (vgl. Bild 5.6), so ist der äußere Stoffübergang im Vergleich zu dem an festen Teilchen erleichtert, da die Geschwindigkeit an der Oberfläche größer als Null ist. Der äußere Stoffübergang gehorcht dann den im Abschn. 3.2.5.2 beschriebenen Gesetzen. Bei vollständig reibungsfreier Umlaufströmung im Innern des Tropfens ($\eta_T \ll \eta_L$ in (5.31)) ist die Geschwindigkeit an der Oberfläche der Tropfen die gleiche wie die der ungestörten Außenströmung. Der äußere Stoffübergang gehorcht dann den Gesetzen für den Fall einer reibungsfreien Parallelströmung, was gleichbedeutend mit einer ungehemmten Grenzflächenerneuerung ist. Für die Sherwoodzahl gilt unter diesen Bedingungen

$$Sh = 2 + \frac{2}{\sqrt{\pi}} Re^{1/2} Sc^{1/2}.\tag{6.94}$$

Grenzflächenaktive Stoffe können allerdings die Oberflächenerneuerung hemmen (vgl. Abschn. 3.2.8).

Für den Stoffübergang im Innern des Tropfens im Fall, daß dort eine Umlaufströmung vorliegt, läßt sich auf der Grundlage des von [6.64, 6.65] entwickelten Strömungsfelds im Tropfen die Grenzschichtgleichung der Diffusion lösen und daraus der Stoffübergang berechnen. Eine solche Berechnung wurde von [6.63] durchgeführt. In dieser Arbeit wird die Strömung innerhalb und außerhalb des Tropfens als rein laminar angenommen, so wie es in [6.64, 6.65] (vgl. Abschn. 5.3.2) beschrieben ist. Die Annahme einer rein laminaren Strömung gilt, wie in Kap. 5 dargelegt, allerdings nur bis zu Reynoldszahlen von $Re = 0{,}5$. Deshalb ist die Lösung von [6.63] nur begrenzt anwendbar.

Eine darüber hinausgehende Lösung wurde von [6.66] entwickelt. Dabei wird eine toroidale Umlaufströmung im Tropfen angenommen. Weiterhin wird angenommen, daß die Konzentration eines umlaufenden Volumenelements bei einem Umlauf sich jeweils vollständig im Tropfen vermischt. Die mittlere Umlaufzeit t wird aus dem Modell von [6.63] übernommen und ist durch

$$\bar{t} = \frac{16 d_T}{3u}\left(1 + \frac{\eta_T}{\eta_L}\right) \tag{6.95}$$

mit d_T Tropfendurchmesser, u Tropfengeschwindigkeit relativ zur umgebenden Flüsigkeit und η_T, η_L Viskosität des Tropfens und der umgebenden Flüssigkeit gegeben. Die mittlere Sherwoodzahl des Stoffübergangs im Tropfen ist

$$Sh = 0{,}0375 \frac{ReSc}{1 + \dfrac{\eta_T}{\eta_L}} \ . \tag{6.96}$$

Entsprechend den gemachten Annahmen bedeutet das Modell, daß der Umlauf im Tropfen für laminare Strömung berechnet und daß für den Stoffübergang ungehemmte Oberflächenerneuerung im Innern des Tropfens angenommen wird.

Wie in Abschn. 5.3.2 dargelegt wurde, kann die Oberflächenerneuerung an Tropfen durch grenzflächenaktive Stoffe gehemmt oder sogar unterdrückt werden, und zwar bei kleinen Tropfen stärker als bei großen. Dann ist der Stoffübergang langsamer als nach dem Modell von [6.66].

Experimentelle Untersuchungen über den Stoffübergang zwischen Tropfen und Flüssigkeiten wurden bei Raumtemperatur mehrfach durchgeführt. Dabei wurde die oben ausgesprochene Regel, daß kleine Tropfen Steifkugelverhalten und große Tropfen innere Zirkulation zeigen, bestätigt. Eine zusammenfassende Darstellung der Ergebnisse, die auch Messungen des Stoffübergangs zwischen Gasblasen und Flüssigkeiten einschließt, wurde in [6.67] gegeben. In metallurgischen Systemen wurde der Stoffübergang zwischen Tropfen und Flüssigkeiten bisher nur vereinzelt untersucht. Aeron und Richardson [6.68] maßen den Übergang von Indium aus Quecksilbertropfen in eine wäßrige Lösung von Bleiazetat durch Reduktion von vierwertigem Blei. Die gemessenen Stoffübergangskoeffizienten, die β_{ges}-Werte für zwei hintereinander geschaltete Widerstände darstellen, wurden mit theoretisch berechneten verglichen. Dabei wurde alternativ angenommen, daß der Stoffübergangswiderstand entweder ganz im

Dispersionsmittel oder ganz in der dispergierten Phase lag. Legte man die erste Annahme zugrunde, so waren die gemessenen Werte größer als für eine Außenströmung mit Reibung zu erwarten war; sie näherten sich mit steigender Tropfengröße den Werten für eine reibungsfreie Strömung. Legte man die zweite Annahme zugrunde, so waren die gemessenen Werte größer als für ein Steifkugelverhalten und für das einfache Innenströmungsmodell nach [6.63] zu erwarten war, aber kleiner als nach dem Modell mit innerer Vermischung nach [6.66]. Berücksichtigt man, daß der Gesamtübergangswiderstand sich aus den beiden Teilwiderständen zusammensetzt, so folgt aus den Versuchen, daß man es bei großen Tropfen außen mit einer im wesentlichen reibungsfreien Parallelströmung und im Tropfen mit einer ungehemmten Innenströmung zu tun hat, während bei kleinen Tropfen außen Stoffübergang mit Reibung und innen Diffusion vorliegt. Nach [6.67] liegt der Übergang vom einen zum anderen Verhalten im Bereich von 2,5 mm Tropfendurchmesser. [6.69] maßen die Entschwefelung und die stationäre Fallgeschwindigkeit von schwefelhaltigen Fe-C-Tropfen von 5 mm Durchmesser beim Fall durch eine $CaO\text{-}Al_2O_3\text{-}SiO_2$-Schlacke. Die gemessenen Fallgeschwindigkeiten und Stoffübergangskoeffizienten wiesen auf ein Steifkugelverhalten hin. [6.70] untersuchten die Oxidation von Kugeln aus Fe-P-C-Legierungen beim Fall durch eine $CaO\text{-}FeO\text{-}SiO_2\text{-}Al_2O_3$-Schlacke und stellten fest, daß die Oxidation des Phosphors wesentlich schneller als die des Kohlenstoffs ablief.

[6.71] maßen die Reaktionen zwischen $CaO\text{-}SiO_2\text{-}Al_2O_3$-Schlacke und Eisen- sowie Kupfertropfen von 2 bis 6 mm Durchmesser bei 1 550 und 1 600 °C. Die Eisentropfen waren an Kohlenstoff gesättigt und enthielten zum Teil 0,5 % S. Die Schlacken waren zum Teil MnO-haltig. Die Kupfertropfen waren mit Silicium legiert. Gemessen wurden die Fallgeschwindigkeiten sowie die Stoffübergangskoeffizienten folgender Reaktionen:

an Eisentropfen

$$[S] + [C] + (CaO) = (CaS) + CO,$$

$$(SiO_2) + 2[C] = [Si] + 2CO,$$

$$(MnO) + [C] = [Mn] + CO,$$

an Kupfertropfen

$$2(MnO) + [Si] = 2[Mn] + (SiO_2).$$

Die gemessenen Stoffübergangskoeffizienten wurden mit berechneten verglichen, wobei für die Berechnung ebenso wie in [6.68] alternativ der Widerstand in der dispergierten Phase und im Dispersionsmittel angenommen wurde. Die Bilder 6.20 und 6.21 zeigen die Ergebnisse. In Bild 6.20 wurde die Sherwoodzahl gegen das Produkt *ReSc* aufgetragen. Eingetragen wurden außer den Meßwerten theoretische Kurven nach (6.94) und nach (6.60), die — unter der Annahme, daß der Widerstand in der Schlacke liegt — einem Stoffübergang ohne bzw. mit Reibung entsprechen. In Bild 6.21 wurden die gemessenen Gesamt-Stoffübergangskoeffizienten berechneten Werten gegenübergestellt, bei denen für den Stoffübergang im Tropfen das Modell von [6.63] verwendet wurde. Wie die Ergebnisse in Bild 6.20 zeigen, lagen alle Meßwerte deutlich höher, als es für

336 6 Stoffübergang in metallurgischen Systemen

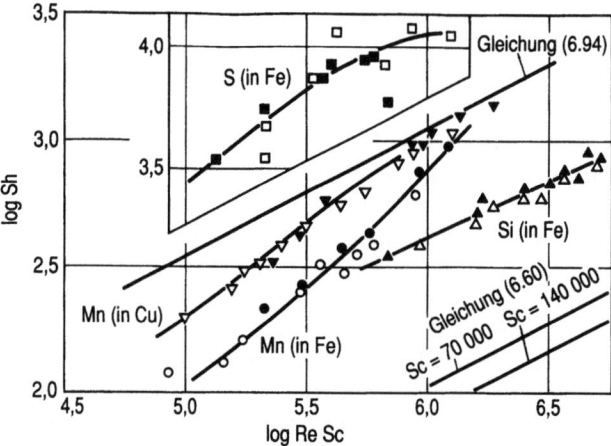

Bild 6.20 Zusammenhang zwischen der Sherwoodzahl und dem Produkt aus Reynolds- und Schmidtzahl für den Stoffübergang in der kontinuierlichen Phase. Offene Punkte: 1 500 °C; Geschlossene Punkte: 1 600 °C. Nach [6.71]

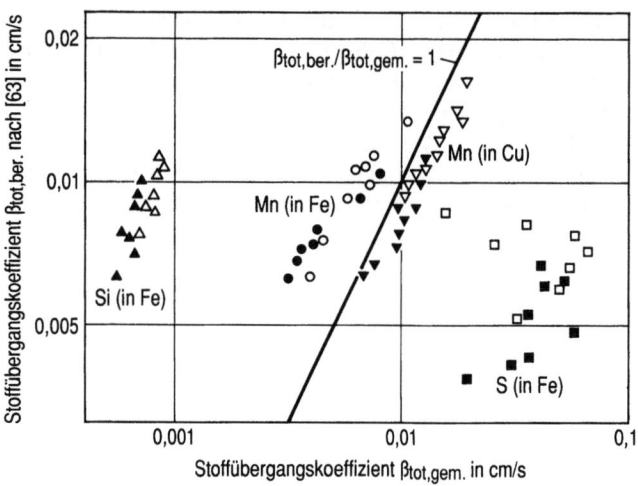

Bild 6.21 Vergleich von Gesamtstoffübergangskoeffizienten $\beta_{tot,gem}$ (gemessen) mit solchen $\beta_{tot,ber}$ (berechnet), bei denen für den Stoffübergang im Tropfen das Modell von Kronig und Brink [6.63] zugrunde gelegt war. Offene Punkte: 1 500 °C; Geschlossene Punkte: 1 600 °C. Nach [6.71]

Steifkugelverhalten und Außenströmung mit Reibung (6.60), zu erwarten gewesen wäre. Die Werte für die Manganreduktion an Eisen- und Kupfertropfen lagen bei kleinen Tropfengrößen unterhalb der Werte für reibungsfreie Parallelströmung (6.94), erreichten diese Werte aber bei $ReSc = 10^6$, entsprechend rd. 5 mm Tropfengröße. Bei Berücksichtigung des Widerstands auf der Innenseie (Bild 6.21) stimmten die Werte der Manganreduktion gut mit den theoretischen Werten nach [6.63] überein, was das Vorhandensein einer Umlaufströmung im

Tropfen bestätigt. Bemerkenswert ist weiterhin, daß die Werte der Manganreduktion mit CO-Entwicklung (an Fe) und ohne CO-Entwicklung (an Cu) sich nur wenig unterscheiden. Eine Gasblasenbildung am Tropfen veränderte also hier den Reaktionsverlauf nur unwesentlich. Bei der Siliciumreduktion wurden auch bei großen Tropfen die theoretischen Werte für reibungsfreie Parallelströmung und Innenströmung nach [6.63] nicht erreicht, was möglicherweise darauf zurückzuführen ist, daß bei der Siliciumreduktion die Bildung der CO-Blasen gehemmt war (vgl. hierzu Abschn. 4.2.2). Abgesehen hiervon, stimmen die Ergebnisse im Prinzip gut mit denen von [6.68] überein und können in gleicher Weise gedeutet werden. Die Ergebnisse von [6.69] weichen demgegenüber ab.

Die gemessenen Stoffübergangskoeffizienten der Entschwefelung in Bild 6.20 liegen deutlich über denen für eine reibungsfreie äußere Parallelströmung und für freie Innenströmung im Tropfen. Das läßt sich nur durch die Annahme von Grenzflächenturbulenzen erklären, da Schwefel im Eisen grenzflächenaktiv ist und vom Eisen in die Schlacke übergeht, so daß die Bedingungen für Grenzflächenturbulenz erfüllt sind.

Die wenigen bisher vorliegenden Ergebnisse an metallurgischen Systemen über den Stoffübergang zwischen Tropfen und Flüssigkeit ordnen sich überwiegend gut in die beschriebenen theoretischen Vorstellungen ein. Bei Tropfendurchmessern von 2,5 mm und mehr ist der Stoffübergang schneller als an Feststoffteilchen; eine voll ausgebildete Innenströmung mit entsprechender reibungsfreier Außenströmung ist aber bei den bisher untersuchten CaO-Al_2O_3-SiO_2-Schlacken offenbar erst bei Tropfendurchmesser ab etwa 5 mm vorhanden. Dies entspricht bei den genannten Schlacken Werten von $ReSc = 10^6$ oder, da die Schlacken Schmidtzahlen von rd. 10^5 haben, Reynoldszahlen von 10.

6.11 Stoffübergang zwischen Gasblasen und Schmelzen

Zum Verständnis des Stoffübergangs zwischen Gasblasen und Schmelzen sei wiederum von Bild 5.6 und (5.31) ausgegangen. Da im Fall von Gasblasen das Verhältnis η_T/η_L klein gegen eins wird, ist nach Bild 5.6 eine vollständige ungebremste Außenströmung zu erwarten. Der äußere Stoffübergang gehorcht dementsprechend dem Gesetz für die reibungsfreie Parallelströmung. Dies ist gleichbedeutend mit ungehemmter Grenzflächenerneuerung. Für die Sherwoodzahl gilt daher (6.94). Dieser Grenzfall ist bei größeren Gasblasen, insbesondere Kalottenblasen erfüllt, wie experimentell nachgewiesen wurde [6.72]. Setzt man für die Aufstiegsgeschwindigkeit der Kalottenblase (5.40) ein und wählt den Äquivalentdurchmesser als charakteristische Längeneinheit in der Sherwoodzahl, so folgt für den Stoffübergangskoeffizienten, da man in (6.94) wegen der hohen Reynoldszahlen beim Blasenaufstieg das additive Glied 2 weglassen kann, nach [6.73]

$$\beta = 0{,}80 \, r_{eq}^{-1/4} D^{1/2} g^{1/4} \, . \tag{6.97}$$

Der Äquivalentradius stimmt hierbei zahlenmäßig nahezu mit dem halben Umfang der Kalotte, der mit der Anströmlänge an der Oberseite der Kalotte

338   6 Stoffübergang in metallurgischen Systemen

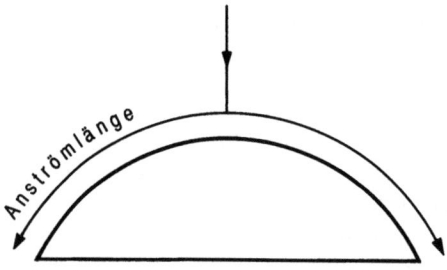

Bild 6.22 Anströmlänge an der Oberseite der Kalottenblase

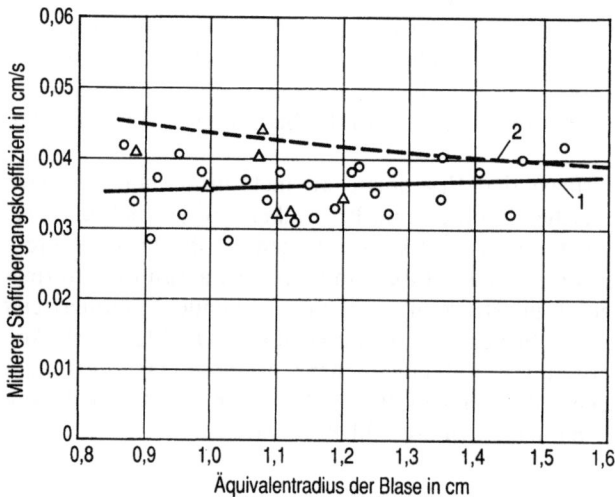

Bild 6.23 Als zeitliche Mittelwerte gemessene Stoffübergangskoeffizienten von Sauerstoff in flüssiges Silber aus im Silber aufsteigenden kalottenförmigen Sauerstoffblasen in Abhängigkeit vom Äquivalentradius der Blasen nach [6.72]. *1* Mittelwertskurve der Meßpunkte, *2* berechnete Kurve nach (6.97)

identisch ist (Bild 6.22), überein. Die Gleichung beschreibt also nur den Stoffübergang an der Oberseite der Kalotte. Bild 6.23 zeigt als zeitliche Mittelwerte gemessene Stoffübergangskoeffizienten für den Stoffübergang von Sauerstoff in flüssiges Silber aus im Silber aufsteigenden kalottenförmigen Sauerstoffblasen in Abhängigkeit vom Äquivalentradius der Blasen. Die Kurve *1* kennzeichnet die Mittelwerte der Meßpunkte, die Kurve *2* wurde mit (6.97) und einem Diffusionskoeffizienten des Sauerstoffs im Silber von $D = 9{,}0 \pm 2{,}0 \cdot 10^{-9} \, m^2 \, s^{-1}$ berechnet. Die gemessenen und die berechneten Werte stimmen recht gut überein. Da (6.97) nur den Stoffübergang über die Kalottenkappe beschreibt, bedeutet dies, daß der Stoffübergang an der Rückseite nur gering ist, bedingt durch den dort vorliegenden strömungsarmen Bereich [6.74].

Im Gegensatz zu den großen Kalottenblasen ist bei kleinen Gasblasen die theoretisch zu erwartende ungehemmte Grenzflächenerneuerung nicht erfüllt. Dies ist darauf zurückzuführen, daß bei kleinen Blasendurchmessern mit ihrem

6.11 Stoffübergang zwischen Gasblasen und Schmelzen

großen Oberfläche/Volumen-Verhältnis die immer in wenn auch noch so geringer Konzentration vorhandenen, grenzflächenaktiven Stoffe schon ausreichen, um eine Grenzflächenerneuerung zu erschweren oder zu verhindern. Kleine Gasblasen verhalten sich folglich wie starre Kugeln, an deren Oberfläche die Flüssigkeit die Geschwindigkeit Null hat. Dementsprechend gelten hier für die äußere Sherwoodzahl (6.59) bis (6.62). Dieser Befund stimmt überein mit der Tatsache, daß kleine Gasblasen auch im Hinblick auf die Aufstiegsgeschwindigkeit sich wie starre Kugeln verhalten (vgl. Abschn. 5.3.2)

Der Widerstand des Stofftransports in der Gasblase spielt für den Stoffübergang nahezu keine Rolle, da die Diffusionskoeffizienten im Gas viel größer als in der flüssigen Phase sind. Er kann i.d.R. vernachlässigt werden. Nur bei Gasen, deren Geschwindigkeit mit der flüssigen Phase dem Sievertschen Quadratwurzelgesetz gehorcht, kann nach [6.75] unter ungünstigen Bedingungen der Widerstand in der Gasphase bis zu 20 % des Gesamtwiderstands ausmachen. In den meisten Fällen kann aber auch hier der Widerstand auf der Gasseite vernachlässigt und (6.97) für den Gesamtstoffübergangskoeffizienten verwendet werden.

Wenn man unter Verwendung von (6.97) für den Stoffübergangskoeffizienten den Stoffstrom an eine Einzelblase berechnen will, so muß man berücksichtigen, daß die Blase durch die Aufnahme des Gases und durch die Druckminderung bei ihrem Aufsteigen in der Schmelze wächst. Dadurch ändern sich während des Stoffübergangs die Austauschfläche, die Aufstiegsgeschwindigkeit und der Stoffübergangskoeffizient. Rechnungen unter diesen Bedingungen, bei denen auch das Ausspülen mehrerer Gase zugleich ausgespült wurde, führten [6.76–6.79] aus, und zwar sowohl für Kalotten- als auch für Kugelblasen.

Im Gegensatz zu Einzelblasen kann in Blasenschwärmen wegen der dort herrschenden starken Turbulenz Koaleszenz und Zerfall von Blasen auftreten. Dabei stellt sich, auch wenn die Blasen durch Stoffübergang aus der Schmelze Gas aufnehmen, eine nahezu stationäre und konstante Verteilung der Blasengrößen ein, die nicht vom Gasgehalt des Blasenschwarms, sondern nur von den physikalischen Eigenschaften der Flüssigkeit abhängt [6.80]. Diese Blasengrößenverteilung ist bei der Berechnung des Stoffübergangs zugrunde zu legen.

Die Turbulenz in Blasenschwärmen verstärkt den Stoffübergang. Entsprechend dem in Abschn. 3.2.7 beschriebenen Modell wird sich der Stoffübergang aus den Turbulenzballen dem Stoffübergang durch Oberflächenerneuerung an der angeströmten aufsteigenden Blasen überlagern. Ob die Turbulenzen den Stoffübergang verstärkt, hängt vom Gehalt der Schmelze an turbulenter Energie und dem davon bestimmten Wert der mittleren turbulenten Schwankungsgeschwindigkeit ab. Messungen an metallurgischen Systemen liegen hierüber noch kaum vor.

Bei den bisherigen Überlegungen wurde angenommen, daß die Geschwindigkeit des makroskopischen Umsatzes der Reaktion an einer Gasblase allein durch den Stofftransport bestimmt ist. Diese Annahme ist nicht immer erfüllt. Wenn zwischen Schmelze und Gasblase eine extrem hohe treibende Konzentrationsdifferenz besteht und dementsprechend das gelöste Gas mit großer Geschwindigkeit in die Blase übergeht, kann es passieren, daß die Gasblase sich nicht schnell genug gegen die sie umgebende Schmelze ausdehnen kann und daß dementsprechend in der Blase ein Überdruck entsteht. Der geschwindigkeitsbestimmende Schritt ist dann nicht mehr allein der Stofftransport, sondern auch die Ausdehnung der Blase gegen die umgebende Schmelze. Der Widerstand gegen diese Ausdehnung setzt sich zusammen aus der Trägheitskraft, der Reibungskraft und der Oberflächenkraft. Außer bei sehr kleinen Blasendurchmessern überwiegt die Trägheitskraft. Die dem Widerstand entgegengerichtete treibende Kraft ist die Druckdifferenz zwischen Blase und Umgebung. In der Praxis kann dieser Fall bei der Vakuumentgasung von Stahl auftreten, wenn die Schmelze gegenüber dem äußeren Gasdruck stark übersättigt ist.

Man kann hier zwei Grenzfälle unterscheiden. Im ersten ist allein der Stofftransport für das Blasenwachstum geschwindigkeitsbestimmend. Der Druck in der Blase steht mit dem Umgebungsdruck im Gleichgewicht. Für den Stofftransport ist dann der Stoffübergangskoeffizient nach (6.97) einzusetzen.

Im zweiten Grenzfall ist allein die Widerstandskraft der umgebenden Schmelze geschwindigkeitsbestimmend. Der Druck in der Blase p_0 stellt sich so ein, daß zwischen der Schmelze und der Blase chemisches Gleichgewicht herrscht. Der Druck in der Blase ist dann größer als der Umgebungsdruck p_∞, der sich zusammensetzt aus dem äußeren Gasdruck im Vakuumgefäß, dem ferrostatischen Druck der Schmelze und dem Kapillardruck der Blase. Die Differenz $p_0 - p_\infty$ ist die Triebkraft der Reaktion. Wenn als Widerstandskraft nur die Trägheitskraft auftritt, gilt für die Zunahme des Blasenradius r mit der Zeit [6.81]

$$r = r_0 + \frac{2}{3}\left[\frac{p_0 - p_\infty}{\varrho_F}\right]^{1/2} t. \qquad (6.98)$$

Hierin ist r_0 der Anfangsradius der Blase. Die Herleitung dieser Gleichung ist der Originalliteratur zu entnehmen [6.81].

7 Reaktortheorie

7.1 Begriff der Reaktortheorie

Die Reaktortheorie hat das Ziel, den makroskopischen Gesamtumsatz einer schmelzmetallurgischen Reaktion zu beschreiben. Dieser Umsatz wird durch das Zusammenwirken mehrerer Einflüsse bestimmt. Am Anfang steht die Geschwindigkeit, mit der der betrachtete Stoff über die Phasengrenze hinweg vom Metall in die Raffinationsphase übergeht. Diese Geschwindigkeit wird durch die Stoffstromdichte ausgedrückt. Die Stoffstromdichte ist durch die Gesetze der Kinetik an der Phasengrenze, im folgenden als Mikrokinetik bezeichnet, bestimmt.

Bei gegebenen Stoffübergangsbedingungen der Mikrokinetik hängt der makroskopische Gesamtumsatz, im Folgenden als Makrokinetik bezeichnet, von den nachstehenden weiteren Einflußgrößen ab:

1. Der Größe der Austauschfläche zwischen den Phasen. Sie soll in technischen Reaktoren möglichst groß sein, um große Leistungsdichten zu erhalten. Das wird durch Dispergieren der miteinander reagierenden Phasen, also eine heterogene Vermischung, erreicht.
2. Dem An- und Abtransport der Stoffe zu und von den Phasengrenzen. Dieser Transport erfordert, besonders bei hohen Leistungsdichten, eine entsprechend intensive Vermischung innerhalb der miteinander reagierenden Phasen, also eine homogene Vermischung.
3. Dem Mengenverhältnis zwischen Raffinationsphase und Metallphase. Das Mengenverhältnis bestimmt die Stoffbilanz des Umsatzes, die ihrerseits auf die Mikrokinetik zurückwirkt. Es muß hinreichend groß sein, um das Raffinationsziel erreichen zu können.

Die quantitative Beschreibung des Zusammenwirkens der genannten Einflußgrößen in Abhängigkeit von den äußeren physikalischen Bedingungen und den Gefäßformen und -abmessungen ist Aufgabe der Reaktortheorie.

In der Regel sind metallurgische Reaktoren Mehrphasensysteme, in denen bis zu vier Phasen, nämlich Metallschmelze, Schlacke, feste Teilchen und Gasblasen vorliegen und in emulgierter Form miteinander reagieren können. Beispiele für Prozesse, die in solchen Reaktoren ablaufen, sind:

— Raffination von Schmelzen durch Gasspülung,
— Raffination durch Schlacken,
— Abscheidung suspendierter Teilchen,
— Frisch- und Entschwefelungsprozesse,

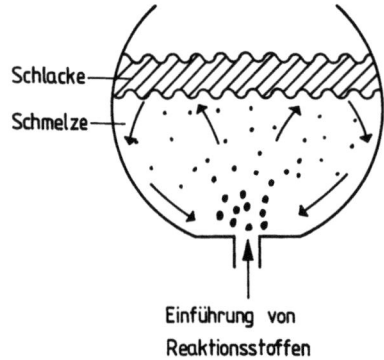

Bild 7.1 Schema eines metallurgischen Reaktors für Stoffumsatz

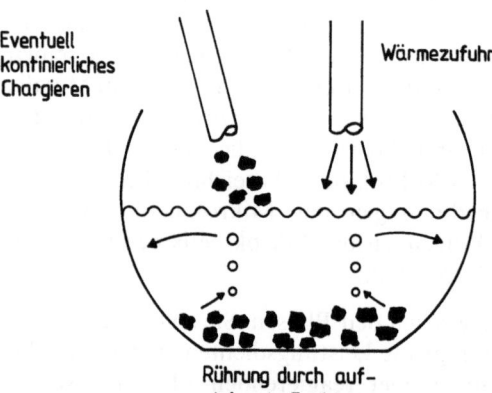

Bild 7.2 Schema eines metallurgischen Reaktors zum Einschmelzen

- Prozesse im Eisenbadreaktor, z.B. Schmelzreduktion und Kohlevergasung,
- Auflösungsvorgänge,
- Einschmelzprozesse.

Bild 7.1 zeigt das Schema eines Reaktors für Stoffumsatz. Die darin ablaufenden Teilvorgänge sind:

- Einführung von Reaktionsstoffen,
- Emulgierung der Reaktionsstoffe und Vermischung,
- chemischer Umsatz am Einzelteilchen,
- Abscheidung der Reaktionsprodukte, z.B. in eine Schlacke oder als Gas.

Der Gesamtumsatz hängt von der Menge an emulgierten Teilchen, von der Verteilungsfunktion der Teilchengrößen, vom Verweilzeitspektrum der Teilchen, von der Mikrokinetik und von der Vermischung ab.

Bild 7.2 zeigt ein entsprechendes Schema für einen Einschmelzreaktor. Hier laufen die Teilvorgänge

- Wärmezufuhr,
- Verteilung der Wärme durch Vermischen,
- Einschmelzen
- Nachchargieren,

ab. Der Umsatz hängt ähnlich wie oben von der Chargierleistung, der Größenverteilung und Verweilzeitverteilung des Schmelzguts, der Vermischung und der Mikrokinetik des Schmelzvorgangs ab.

Um den Gesamtumsatz in derartigen Mehrphasensystemen zu beschreiben, müssen die folgenden Teilaufgaben gelöst und kombiniert werden:

1. Beschreibung der Mikrokinetik an den einzelnen Teilchen, Tropfen und Blasen;
2. Beschreibung des Dispergierungsvorgangs und Berechnung der dispergierten Mengen sowie der Größen- und Verweilzeitverteilung der Teilchen;
3. Kombination der Mikrokinetik mit der dispergierten Menge über Stoffbilanzen zur Bestimmung des Gesamtumsatzes in homogenen Teilsystemen;
4. Beschreibung des inhomogenen Gesamtsystems aus den Teilsystemen durch Berücksichtigung der Strömungs- und Vermischungsvorgänge.

Die Mikrokinetik wurde in den Kap. 3, 4 und 6 behandelt. Ansätze zur Beschreibung des Eindringens von Teilchen in Schmelzen, der Bildung von Gasblasen, der Bewegung von Teilchen, Tropfen und Blasen in Schmelzen sowie der Emulgierung sind in Kap. 5 enthalten. Weniger weiß man bisher über Tropfen- und Blasengrößenverteilungen und über das Verweilzeitverhalten, doch liegen hierfür in manchen Fällen Betriebsdaten vor. Für den Zusammenhang zwischen Mikrokinetik und Stoffumsatz gibt es mathematische Modelle, die wichtige in der Praxis vorkommende Grenzfälle beschreiben [7.1–7.5, 7.139]. Über Vermischung gibt es ebenfalls umfangreiche Literatur.

7.2 Makrokinetik in homogenen Systemen

7.2.1 Vorbemerkung

Die Makrokinetik einer Extraktionsreaktion wird durch den zeitlichen Verlauf der Konzentration des zu extrahierenden Elements in der Eisenschmelze bestimmt. Sie ergibt sich, wie in Abschn. 7.1 dargelegt, durch Kombination der Mikrokinetik mit der Größe der Austauschfläche zwischen den Phasen, mit dem Mengenverhältnis der Raffinationsphase zur Metallphase und mit der Vermischung. Bei starker Rührung läuft die großräumige Vermischung in der Metall-, Schlacke- oder Gasphase i.d.R. schnell im Vergleich zu den Stoffumsätzen an den Phasengrenzen ab, selbst wenn das System emulgiert ist. Die Vermischung kann dann bei der Beschreibung des Stoffumsatzes außer Betracht bleiben. Wenn dagegen Teile des betrachteten schmelzflüssigen Systems schlecht gerührt sind, so kann die Vermischung zwischen diesen Teilvolumina und dem besser gerührten Restvolumen des Systems den Gesamtumsatz beeinflussen, ja sogar zum geschwindigkeitsbestimmenden Schritt werden. Unter diesen Umständen ist es zweckmäßig, zuerst das Zusammenwirken von Mikrokinetik, Austauschfläche und Mengenverhältnis ohne die Vermischung zu behandeln und anschließend die Vermischung hinzuzunehmen.

Wie in Abschn. 3.1.2 im einzelnen beschrieben ist, wird die Mikrokinetik einer Reaktion durch die Stoffstromdichte j als Funktion der beteiligten Konzentrationen und Stoffübergangskoeffizienten ausgedrückt. Durch eine kinetische Analyse des Prozesses ist es, wie dort an Beispielen gezeigt, in den meisten Fällen möglich, die Stoffstromdichte des zu extrahierenden Stoffs bei seinem Übergang von der Metallphase in die Extraktionsphase durch

$$j = \beta_{tot}\left(c_i^I - \frac{c_i^{II}}{K}\right) \qquad (7.1)$$

mit β_{tot} Gesamtstoffübergangskoeffizient, c_i^I, c_i^{II} Konzentration des zu extrahierenden Stoffs i in der Phase I (Metallphase) bzw. der Phase II (Extraktionsphase), K Gleichgewichtsverteilungszahl des Stoffs i auszudrücken.

Die Gleichgewichtsverteilungszahl ist durch

$$K = \frac{c_i^{*II}}{c_i^{*I}} \qquad (7.2)$$

definiert. Der Stern zeigt an, daß es sich um Konzentrationen im Gleichgewicht handelt. Nachfolgend wird die Mikrokinetik stets durch (7.1) ausgedrückt. Des weiteren wird angenommen, daß die Gleichgewichtsverteilungszahl K während der Reaktion konstant ist.

Zur Ableitung der Beziehungen der Makrokinetik sind im folgenden zwei Grenzfälle zu unterscheiden. Im ersten wird angenommen, daß der Stoffübergang an einer Phasengrenze definierter und gleichbleibender Größe erfolgt und daß die reagierenden Phasen in sich homogen sind. Dieser Fall liegt vor, wenn die Phasen nicht miteinander emulgiert sind. Im zweiten Fall wird Emulgierung angenommen. Dann gelten die Annahmen des ersten Falls nicht mehr. Die dispergierte Phase ist unterschiedlich zusammengesetzt, da die Teilchen, Tropfen oder Blasen einzeln reagieren. Die Größe der Austauschfläche muß aus der stationär emulgierten Menge und der Größenverteilung der Teilchen, Tropfen oder Blasen bestimmt werden. In jedem der beiden Fälle kann der Stoffübergang mit permanentem oder mit transitorischem Phasenkontakt ablaufen. Bei permanentem Kontakt befindet sich die Extraktionsphase während der gesamten Zeit mit der Metallphase in Berührung. Bei transitorischem Kontakt fließt die Extraktionsphase kontinuierlich in die Metallphase ein, verweilt dort eine Zeitlang und fließt dann wieder ab. Das unterschiedliche Verhalten führt zu einer unterschiedlichen Ausnutzung der Kapazität der Extraktionsphase [7.1–7.4].

7.2.2 Makrokinetik in nichtemulgierten Systemen

Die zeitliche Änderung der Konzentration des Stoffs i in der Phase I (Metallphase) ist mit der Stoffstromdichte j durch

$$-\frac{dc_i^I}{dt} = \frac{F}{V^I} j \qquad (7.3)$$

verknüpft. Hierbei ist F die Austauschfläche zwischen der Extraktionsphase und der Metallphase und V^I das Volumen der Metallphase. Mit der Stoffstromdichte j

nach (7.1) folgt

$$-\frac{dc_i^I}{dt} = \frac{F}{V^I}\beta_{tot}\left(c_i^I - \frac{c_i^{II}}{K}\right).$$ (7.4)

7.2.2.1 Permanenter Phasenkontakt

Beim permanenten Phasenkontakt befinden sich das Extraktionsmittel und die Metallphase während der gesamten Reaktionszeit in Berührung. Dann lautet die Massenbilanz

$$V^I c_{i,0}^I + V^{II} c_{i,0}^{II} = V^I c_i^I + V^{II} c_i^{II}.$$ (7.5)

Der Index 0 bezeichnet die Anfangskonzentration, der Exponent I die Metallphase, der Exponent II die Extraktionsphase. Im allgemeinen ist $c_{i,0}^{II}=0$. Dann folgt aus (7.4) und (7.5)

$$-\frac{dc_i^I}{dt} = \beta_{tot}\frac{F}{V^I}\left[c_i^I\left(1+\frac{1}{KY}\right) - \frac{1}{KY}c_{i,0}^I\right].$$ (7.6)

Hierin bedeutet $Y = V^{II}/V^I$. Das Produkt KY wird als relative Kapazität der extrahierenden Phase bezeichnet [7.1, 7.2].
Die Integration von (7.6) ergibt mit $c_i^I = c_{i,0}^I$ bei $t=0$:

$$\frac{c_i^I}{c_{i,0}^I} = \frac{1 + KY\exp\left[-\beta_{tot}\frac{F}{V^I}\left(1+\frac{1}{KY}\right)t\right]}{1+KY}.$$ (7.7)

Die Größe

$$\beta_{tot}\frac{F}{V^I}t$$

kennzeichnet das kinetische Verhalten des betrachteten Systems, während das Produkt KY den Einfluß des thermodynamischen Gleichgewichts und der Stoffbilanz ausdrückt. Beide Größen sind dimensionslos. Während KY bereits als relative Kapazität der extrahierenden Phase bezeichnet wurde, erhält die Größe

$$\beta_{tot}\frac{F}{V^I}t = \varphi$$ (7.8)

den Namen Umsatzzahl [7.1, 7.2]. Mit der Abkürzung (7.8) wird dann aus (7.7):

$$\frac{c_i^I}{c_{i,0}^I} = \frac{1 + KY\exp\left[-\left(1+\frac{1}{KY}\right)\varphi\right]}{1+KY}.$$ (7.9)

Die dimensionslose Konzentration hängt nur von zwei dimensionslosen Parametern, der Umsatzzahl und der relativen Kapazität der extrahierenden Phase, ab. Bild 7.3 zeigt diese Abhängigkeit. Alle Kurven entspringen aus einer gemeinsamen

7 Reaktortheorie

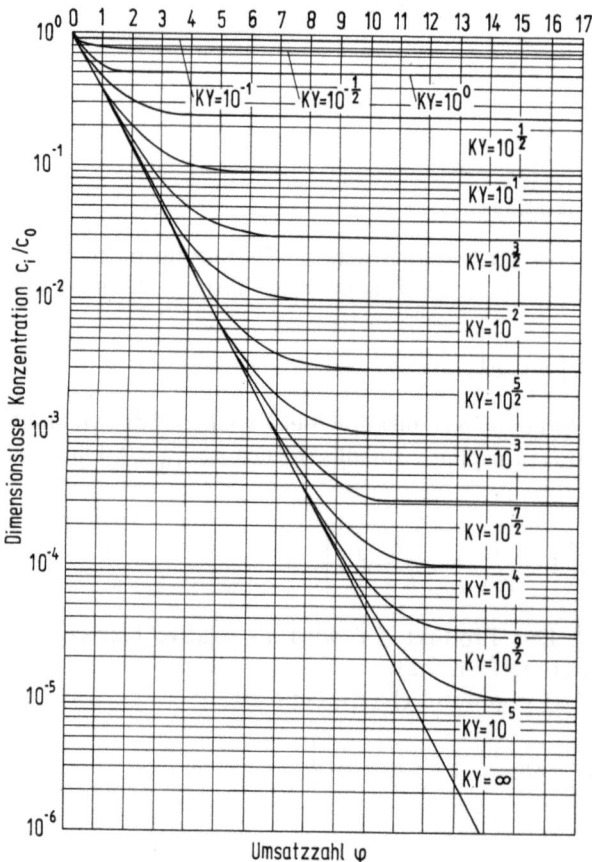

Bild 7.3 Dimensionslose Konzentration als Funktion der Umsatzzahl für permanenten Phasenkontakt

Tangente, die dem Grenzfall $KY = \infty$ und damit der Gleichung

$$\frac{c_i^I}{c_{i,0}^I} = \exp(-\varphi) \tag{7.10}$$

entspricht. Die gemeinsame Tangente drückt aus, daß anfänglich kein Gehalt des Stoffs i in der Phase II einen rückwärts gerichteten Reaktionsdruck ausübt. Erst später wirkt sich dieser Druck aus, die Reaktionsgeschwindigkeit nimmt ab, und der Verlauf der dimensionslosen Konzentration weicht von der Tangente ab. Schließlich erreicht die dimensionslose Konzentration einen konstanten Endwert. Er ist durch das Erreichen des Gleichgewichts gekennzeichnet und durch den Wert der relativen Schlackenkapazität KY bestimmt. Da für das Erreichen des Gleichgewichts $\varphi = \infty$ gilt, folgt für diesen Fall aus (7.9)

$$\frac{c_i^I}{c_{i,0}^I} = \frac{1}{1+KY}. \tag{7.11}$$

7.2 Makrokinetik in homogenen Systemen   347

Bei kleinen Werten von KY wird der Endwert relativ schnell erreicht. Er liegt dafür aber auch hoch. Um niedrige Endkonzentrationen zu erhalten, benötigt man größere relative Kapazitäten der extrahierenden Phase II. Zugleich steigt dann die Umsatzzahl bis zum Erreichen des Endwerts der Konzentration an.

7.2.2.2 Transitorischer Phasenkontakt

Beim transitorischen Phasenkontakt [7.1–7.3] befindet sich die Metallschmelze permanent im Reaktor und wird dort als vollständig vermischt angenommen, während die extrahierende Phase ständig in den Reaktor einfließt, dort eine Zeitlang verbleibt und mit der Metallphase reagiert, um dann wieder auszufließen. Während ihres Verweilens im Reaktor ist die Extraktionsphase ebenfalls in sich vollständig vermischt. Bei dieser Arbeitsweise gelangt im Gegensatz zur Arbeitsweise mit permanentem Phasenkontakt ständig frisches Extraktionsmittel in den Reaktor.

Die Massenbilanz lautet beim transitorischen Phasenkontakt

$$-V^I \frac{dc_i^I}{dt} = \dot{V}^{II}(c_i^{II} - c_{i,0}^{II}) \tag{7.12}$$

$\dot{V}^{II}$ ist das je Zeiteinheit durch den Reaktor fließende Volumen der Phase II. Auflösen von (7.12) nach c_i^{II} mit der Annahme, daß $c_{i,0}^{II} = 0$ ist und Einsetzen in (7.4) ergibt

$$-\frac{dc_i^I}{dt} = \frac{\beta_{tot} \frac{F}{V^I} c_i^I}{1 + \beta_{tot} \frac{F}{V^I} \frac{V^I}{\dot{V}^{II} K}} \tag{7.13}$$

Die Integration von (7.13) ergibt mit der Anfangsbedingung $c_i^I = c_{i,0}^I$

$$\frac{c_i^I}{c_{i,0}^I} = \exp\left[-\frac{\beta_{tot} \frac{F}{V^I} t}{1 + \beta_{tot} \frac{F}{V^I} \frac{V^I}{\dot{V}^{II} K}}\right]. \tag{7.14}$$

Setzt man $\dot{V}^{II} = V^{II}/t$ und damit $\dot{V}^{II}/V^I = Y/t$, so folgt

$$\frac{c_i^I}{c_{i,0}^I} = \exp\left[-\frac{KY \beta_{tot} \frac{F}{V^I} t}{KY + \beta_{tot} \frac{F}{V^I} t}\right] \tag{7.15}$$

oder mit (7.8)

$$\frac{c_i^I}{c_{i,0}^I} = \exp\left[-\frac{KY\varphi}{KY + \varphi}\right]. \tag{7.16}$$

Die dimensionslose Konzentration hängt wie beim permanenten Kontakt von den beiden Parametern KY und φ ab. Bild 7.4 zeigt diese Abhängigkeit. Alle Kurven

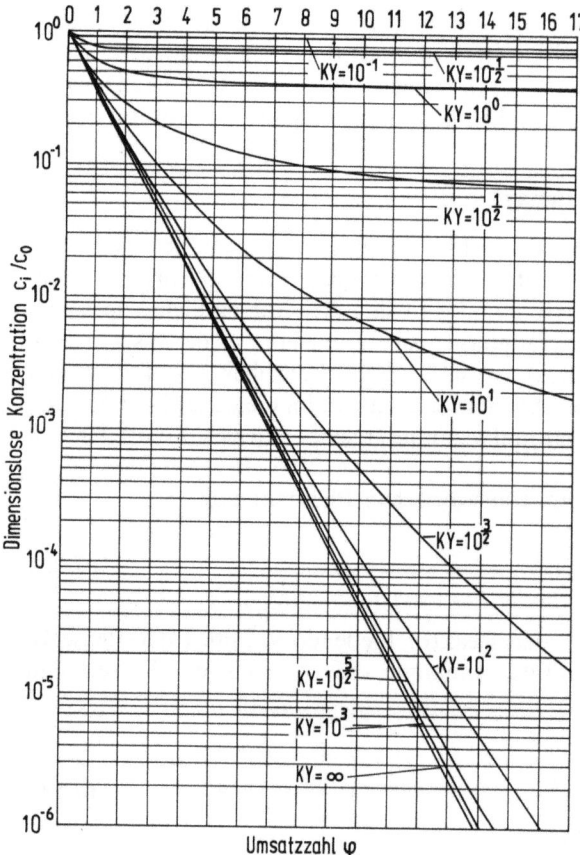

Bild 7.4 Dimensionslose Konzentration als Funktion der Umsatzzahl für transitorischen Phasenkontakt

entspringen wiederum einer Grenzgeraden, die dem Wert $KY = \infty$ und damit der Gleichung

$$\frac{c_i^I}{c_{i,0}^I} = \exp(-\varphi)$$

entspricht. Diese Gleichung ist identisch mit (7.10) und hat dieselbe Bedeutung wie in Bild 7.3. Für den Grenzfall $\varphi = \infty$ erreicht die dimensionslose Konzentration den Gleichgewichtswert. Für ihn folgt aus (7.16)

$$\frac{c_i^I}{c_{i,0}^I} = \exp(-KY). \tag{7.17}$$

Diese Abhängigkeit ist viel stärker als die nach (7.11) für permanenten Phasenkontakt. Hier zeigt sich die stärker extrahierende Wirkung des transitorischen Phasenkontakts, die auf der besseren Ausnutzung der Kapazität des Extraktionsmittels bei dieser Kontaktart beruht.

7.2.3 Makrokinetik in emulgierten Systemen

Bei emulsionsmetallurgischen Reaktionen ist die emulgierte Phase nicht mehr in sich vollständig vermischt. Wenn feste Teilchen dispergiert sind, ist die Vermischung gleich null. Jedes Teilchen reagiert für sich. Bei Schlackentropfen, die in der Metallschmelze oder bei Metalltropfen, die in der Schlacke emulgiert sind, sowie beim Durchleiten von Gas durch Schmelzen ist als Folge von Stößen zwischen Tropfen oder Blasen eine teilweise Vermischung möglich. Nachfolgend wird der Grenzfall fehlender Vermischung betrachtet.

Um den Stoffumsatz ohne Vermischung in einem emulsionsmetallurgischen System zu bestimmen, macht man von dem Umstand Gebrauch, daß die Verweilzeiten von Teilchen, Tropfen oder Blasen in der Metallschmelze i.d.R. kleiner als 1 min sind, während die Gesamtreaktionszeiten in der Größenordnung von 10 bis 15 min liegen. Infolgedessen kann während der kurzen Verweilzeiten der Teilchen die Zusammensetzung der Mutterphase als konstant angesehen werden, und man kann den Stoffübergang in die einzelnen Teilchen, Tropfen oder Blasen unabhängig von der Änderung der Zusammensetzung der Mutterphase berechnen. Die Konzentrationsabnahme der Mutterphase ergibt sich dann in einem zweiten Rechenschritt durch Integration über die von allen Teilchen ausgetragene Menge des zu extrahierenden Stoffs [7.5, 7.139]. Dabei sind zwei Fälle zu unterscheiden. Im ersten Fall wird das Extraktionsmittel in der Mutterphase dispergiert und anschließend ausgetragen. Das ist der Fall bei der Behandlung mit dispergierten Teilchen und bei der Ausspülung gelöster Stoffe mit Gas. Hier besteht transitorischer Phasenkontakt. Der zweite Fall liegt vor, wenn Schlackentropfen in die Metallphase oder Metalltropfen in die Schlacke emulgiert werden und nach einer gewissen Verweilzeit wieder in die kompakt vorliegende Schlacke bzw. die Metallschmelze zurückkehren. Hier besteht permanenter Phasenkontakt.

7.2.3.1 Permanenter Phasenkontakt

Beim Stoffumsatz mit permanentem Phasenkontakt in einem emulgierten System sind wiederum zwei Fälle zu unterscheiden. Im ersten werden Teilchen[1] des Extraktionsmittels, z.B. Schlackentropfen in der Metallphase emulgiert, entziehen dabei der Metallphase einen Teil des zu extrahierenden Stoffes und treten dann in die kompakte Schlacke zurück. Im zweiten werden Metalltropfen in der Extraktionsphase, z.B. der Schlacke emulgiert, dort extrahiert und treten dann in die Metallphase zurück. Die beiden Fälle werden im folgenden nacheinander behandelt.

Fall 1: Extraktionsmittel emulgiert in der Metallphase
Wenn das Extraktionsmittel (Phase II) in der Metallphase emulgiert wird, so ist die zeitliche Änderung der Konzentration des zu extrahierenden Stoffs im Teilchen der extrahierenden Phase II durch die Flußgleichung

$$\frac{dc_i^{II}}{dt} = \beta_{tot} \left(\frac{F}{V}\right)_T \left(c_i^I - \frac{c_i^{II}}{K}\right) \tag{7.18}$$

---
[1] Teilchen bedeutet hier allgemein Teilchen, Tropfen oder Blase.

gegeben. Hierin ist $(F/V)_T$ das Oberfläche/Volumenverhältnis des Teilchens. Die Integration von (7.18) über die Verweilzeit des Teilchens t_V in der Phase I ergibt die Konzentrationszunahme des Stoffs i im Teilchen, während das Teilchen durch die Phase I tritt. Mit $c_i^{II} = c_{i,0}^{II}$ bei $t = 0$ und $c_i^{II} = c_{i,z}^{II}$ bei $t = \bar{t}_V$, wobei $\bar{t}_V$ die mittlere Verweilzeit des Teilchens in der Phase I bedeutet, folgt nach Integration die Konzentrationszunahme zu

$$c_{i,z}^{II} - c_{i,0}^{II} = (c_i^I - c_{i,0}^{II}/K) K \left[1 - \exp\left(-\frac{\beta_{tot}}{K}\right)\left(\frac{F}{V}\right)_T \bar{t}_V \right]. \tag{7.19}$$

Wenn die Differenz $c_{i,z}^{II} - c_{i,0}^{II}$ mit dem Volumen aller in der Zeit $\bar{t}_V$ in der Phase I enthaltenen Teilchen bezogen auf die Zeit $\bar{t}_V$ multipliziert wird, so ist das Produkt gleich der zeitlichen Änderung der in der Phase I gelösten Menge des Stoffs i

$$-V^I \frac{dc_i^I}{dt} = (c_{i,z}^{II} - c_{i,0}^{II}) \frac{\Sigma V_T}{\bar{t}_V}, \tag{7.20}$$

hierin ist ΣV_T das Volumen der stationär in der Phase I dispergierten Teilchen. Einsetzen von (7.19) in (7.20) ergibt

$$-\frac{dc_i^I}{dt} = k \left(c_i^I - \frac{c_{i,0}^{II}}{K} \right) \tag{7.21}$$

mit

$$k = KY \frac{\Sigma V_T}{V^{II} \bar{t}_V} \left[1 - \exp\left(-\frac{\beta_{tot}}{K} \left(\frac{F}{V}\right)_T \bar{t}_V \right) \right]. \tag{7.22}$$

k ist die Zeitkonstante der Makrokinetik. Sie enthält innerhalb der Klammer die Größen, die die Mikrokinetik am Einzelteilchen bestimmen und vor der Klammer diejenigen, die die Makrokinetik steuern. Neben der relativen Kapazität der extrahierenden Phase KY sind dies der Emulgierungsgrad $\Sigma V_T/V^{II}$ und die Verweilzeit $\bar{t}_V$ der Teilchen.

Die Integration von (7.21) mit der Zeitkonstanten nach (7.22) ergibt den zeitlichen Verlauf der Konzentration c_i^I in der Metallphase, also die Makrokinetik. Um (7.21) integrieren zu können, muß die Konzentration $c_{i,0}^{II}$ über eine Massenbilanz durch c_i^I ausgedrückt werden. Die Konzentration $c_{i,0}^{II}$ ist als Anfangskonzentration der emulgierten Teilchen identisch mit der Konzentration des Stoffes i in dem kompakt vorliegenden Teil der Extraktionsphase. Unter der Annahme, daß der Umsatz zwischen Metallschmelze und Extraktionsphase nur über die emulgierten Teilchen abläuft und der direkte Umsatz mit der kompakten Extraktionsphase demgegenüber vernachlässigbar ist und mit der weiteren Annahme, daß zu Beginn des Prozesses die Konzentration des Stoffes i in der Extraktionsphase gleich Null ist, gilt die Bilanz

$$V^I (c_{i,0}^I - c_i^I) = V^{II} c_{i,0}^{II} \tag{7.23}$$

und folglich mit $V^{II}/V^I = Y$:

$$c_{i,0}^{II} = \frac{c_{i,0}^I - c_i^I}{Y} \tag{7.24}$$

$c_{i,0}^I$ ist hier die Konzentration des Stoffes i in der Metallphase zu Beginn des Prozesses und c_i^I die entsprechende Konzentration zur Zeit t. $c_{i,0}^{II}$ nach (7.24) ist in (7.21) einzusetzen. Dann ergibt die Integration von (7.21) mit $c_i^I = c_{i,0}^I$ bei $t=0$ den Ausdruck

$$\frac{c_i^I}{c_{i,0}^I} = \frac{1 + KY \exp\left\{-\left(1 + \frac{1}{KY}\right) KY \frac{\Sigma V_T}{V^{II} \bar{t}_V} \left(1 - \exp\left[-\frac{\beta_{tot}}{K} \left(\frac{F}{V}\right)_T \bar{t}_V\right]\right) t\right\}}{1 + KY}.$$

(7.25)

Fall 2: Metall emulgiert in der Extraktionsphase

Wenn nicht Schlackentropfen in der Metallphase, sondern Metalltropfen in der Schlacke emulgiert sind und die Tropfen nach der Reaktion wieder in die kompakte Metallschmelze zurückkehren, geht der zu extrahierende Stoff i aus den Tropfen in die jetzt als Mutterphase vorliegende Schlacke über. Die Abnahme der Konzentration im Tropfen während der Verweilzeit $\bar{t}_V$ wird analog wie bei der Ableitung von (7.19) berechnet und ergibt sich zu

$$c_{i,0}^I - c_{i,z}^I = \left(c_{i,0}^I - \frac{c_i^{II}}{K}\right) \left\{1 - \exp\left[-\beta_{tot}\left(\frac{F}{V}\right)_T \bar{t}_V\right]\right\}.$$

(7.26)

Hierin ist $c_{i,0}^I$ die Konzentration der Tropfen, wenn sie in die Schlacke ein-, und $c_{i,z}^I$ die Konzentration, wenn sie aus der Schlacke austreten. c_i^{II} ist die aktuelle Konzentration der Schlacke. Die Bilanzgleichung für die Änderung der Konzentration in der kompakten Metallphase lautet jetzt analog zu (7.20)

$$-V^I \frac{dc_i^I}{dt} = (c_{i,0}^I - c_{i,z}^I) \frac{\Sigma V_T}{\bar{t}_V},$$

(7.27)

wobei $c_{i,0}^I - c_{i,z}^I$ durch (7.26) auszudrücken ist. In (7.26) ist die Konzentration der Schlacke durch die (7.24) entsprechende Beziehung

$$c_i^{II} = \frac{c_{i,0}^I - c_i^I}{Y}$$

(7.28)

gegeben, wobei wiederum angenommen ist, daß zu Beginn der Reaktion die Konzentration des zu extrahierenden Stoffs i in der Schlacke gleich null ist. Einsetzen von (7.26) in (7.27) mit c_i^{II} nach (7.28) ergibt nach Integration den zeitlichen Verlauf der Konzentration c_i^I in der Metallphase, also die Makrokinetik. Bei der Integration von (7.27) ist zu beachten, daß nunmehr die Anfangskonzentration in den Tropfen $c_{i,0}^I$ mit der aktuellen Konzentration in der kompakten Metallphase identisch ist, also $c_{i,0}^I = c_i^I$. Damit und mit der Anfangsbedingung $c_i^I = c_{i,0}^I$ bei $t=0$, wobei $c_{i,0}^I$ jetzt die Anfangskonzentration in der kompakten Metallphase bedeutet, ergibt die Integration von (7.27):

$$\frac{c_i^I}{c_{i,0}^I} = \frac{1 + KY \exp\left\{-\left(1 + \frac{1}{KY}\right) \frac{\Sigma V_T}{V^I \bar{t}_V} \left(1 - \exp\left[-\beta_{tot}\left(\frac{F}{V}\right)_T \bar{t}_V\right]\right) t\right\}}{1 + KY}.$$

(7.29)

Der Leser beachte, daß infolge der Bedeutungsänderung von $c_{i,0}^I$ dieser Begriff in (7.26) bis (7.28) die Anfangskonzentration der Tropfen, aber in (7.29) die

Anfangskonzentration des Gesamtprozesses meint. Da für die Anwendung nur (7.29) gebraucht wird und eine noch weitergehende Indizierung der Konzentrationsgrößen vermieden werden sollte, wurden die beiden Begriffe in der Schreibweise nicht differenziert.

Die Gleichungen (7.25) und (7.29) sind die Grundgleichungen zur Beschreibung des zeitlichen Konzentrationsverlaufs einer emulsionsmetallurgischen Reaktion bei permanentem Phasenkontakt. Sie sind in der gleichen Weise aufgebaut, wie (7.9) für permanenten Phasenkontakt ohne Emulgierung, jedoch mit dem Unterschied, daß die makroskopische Umsatzzahl

$$\varphi = KY \frac{\Sigma V_T}{V^{II} \bar{t}_v} \left(1 - \exp\left[-\frac{\beta_{tot}}{K} \left(\frac{F}{V} \right)_T \bar{t}_v \right] \right) t \qquad (7.30)$$

bzw.

$$\varphi = \frac{\Sigma V_T}{V^I \bar{t}_v} \left(1 - \exp\left[-\beta_{tot} \left(\frac{F}{V} \right)_T \bar{t}_v \right] \right) t . \qquad (7.31)$$

jetzt durch das Produkt aus einem mikroskopischen und einem makroskopischen kinetischen Parameter gekennzeichnet ist. Der Ausdruck in der runden Klammer von (7.30) bzw. (7.31) beschreibt die Mikrokinetik und hat als charakteristische Einflußgröße den Stoffübergangskoeffizienten sowie das Oberfläche/Volumenverhältnis und die Verweilzeit des Einzeltropfens. Dieser Ausdruck kann als Wirkungsgrad η_M der Mikrokinetik aufgefaßt werden. Er wird eins, wenn die Reaktion an den Teilchen bis zum Gleichgewicht läuft. Vor der Exponentialfunktion stehen die die Makrokinetik bestimmenden Größen

$$\frac{\Sigma V_T}{V^{II} \bar{t}_v} = \psi^{II} \qquad (7.32)$$

und

$$\frac{\Sigma V_T}{V^I \bar{t}_v} = \psi^I \qquad (7.33)$$

Sie sind die relativen Emulgierungsraten der Extraktionsphase bzw. der Metallphase. Der Fakor KY in (7.30) ist als Normierungsfaktor für den Fall, daß das Extraktionsmittel in der Metallphase emulgiert ist, aufzufassen. Insgesamt sind die Umsatzzahlen somit durch

$$\varphi = KY \psi^{II} \eta_M t \qquad (7.34)$$

bzw. durch

$$\varphi = \psi^I \eta_M t \qquad (7.35)$$

ausgedrückt.

Die relative Emulgierungsrate ψ hat im Vergleich zum permanenten Phasenkontakt ohne Emulgierung im wesentlichen die Wirkung, eine größere Reaktionsoberfläche zu schaffen. Damit können hohe Umsatzzahlen bei entsprechend kürzeren Reaktionszeiten erreicht werden. Der Faktor KY in der Umsatzzahl für den Fall, daß das Extraktionsmittel im Metall emulgiert ist, bewirkt, daß der

Umsatz in diesem Fall schneller verläuft als wenn Metall in der Schlacke emulgiert ist, vorausgesetzt, K ist groß gegen eins, was meistens zutrifft. Diese Wirkung wird durch das K im Nenner unter der Exponentialfunktion nur aufgehoben, wenn $\eta_M \ll 1$ ist. Sonst überwiegt der Wert vor der Klammer. Der Grund für diese Wirkung liegt darin, daß bei großem K die emulgierten Teilchen der Extraktionsphase unter sonst gleichen Bedingungen mehr Substanz vom Metall in die Schlacke fördern als die Metalltropfen.

Für den Wirkungsgrad der Mikrokinetik gibt es zwei Grenzfälle:

1. $\dfrac{\beta_{tot}}{K}\left(\dfrac{F}{V}\right)_T \bar{t}_V \gg 1$, (7.36)

2. $\dfrac{\beta_{tot}}{K}\left(\dfrac{F}{V}\right)_T \bar{t}_V \ll 1$. (7.37)

Im ersten Fall läuft der Umsatz zwischen der Metallschmelze und den emulgierten Teilchen bis zum Gleichgewicht zwischen Teilchen und Schmelze ab. Der Wirkungsgrad wird gleich eins. Die Zeitkonstante der Makrokinetik hängt nur noch von dem Produkt der relativen Kapazität des Extraktionsmittels und der relativen Emulgierungsrate bzw., wenn das Metall im Extraktionsmittel emulgiert ist, nur von der relativen Emulgierungsrate ab. Im zweiten Fall kann die Exponentialfunktion in dem Ausdruck für η_M in eine Reihe entwickelt und die Reihe nach dem linearen Glied abgebrochen werden. Dann folgt aus (7.25) und aus (7.29), wenn man beachtet, daß

$$\left(\frac{F}{V}\right)_T \frac{\Sigma V_T}{V^I} = \frac{F}{V^I},$$ (7.38)

d.h. gleich der Gesamtoberfläche aller emulgierter Teilchen bezogen auf das Volumen V^I ist:

$$\frac{c_i^I}{c_{i,0}^I} = \frac{1+KY\exp\left\{-\left(1+\dfrac{1}{KY}\right)\beta_{tot}\dfrac{F}{V^I}t\right\}}{1+KY}.$$ (7.39)

Diese Gleichung stimmt überein mit (7.7). In diesem Fall wirkt die Emulgierung lediglich als Vergrößerung der Reaktionsoberfläche. Die Fähigkeit der Schlackentropfen, während ihrer Verweilzeit in der Metallphase den zu extrahierenden Stoff bis zu weit höheren Konzentrationen als der momentanen Konzentration im nicht emulgierten Teil der Schlacke aufzunehmen, wird kaum genutzt. Deshalb sind bei Reaktionen mit permanentem Phasenkontakt und Emulgierung hohe Zerteilungsgrade und lange Verweilzeiten der Tropfen anzustreben, um hohe Wirkungsgrade der Mikrokinetik und damit den ersten Grenzfall zu erreichen. Entsprechendes gilt auch, wenn Metalltropfen in der Schlacke emulgiert sind.

Neben diesen beiden die Mikrokinetik kennzeichnenden Grenzfällen gelten die Grenzfälle der Makrokinetik $KY = \infty$ und $\varphi = \infty$ mit (7.10) und (7.11) hier ebenso wie bei permanentem Phasenkontakt ohne Emulgierung.

7.2.3.2 Transitorischer Phasenkontakt

Bei transitorischem Phasenkontakt wird die Mikrokinetik am emulgierten Teilchen der Extraktionsphase wiederum durch (7.18) bzw. integriert über die Verweilzeit $\bar{t}_V$ durch (7.19) ausgedrückt. Ebenfalls ist der Umsatz an den emulgierten Teilchen über die Bilanzgleichung (7.20) mit der zeitlichen Änderung der Konzentration in der Metallphase verknüpft, so daß die Makrokinetik durch (7.21) mit k nach (7.22), also mit

$$k = K \frac{\Sigma V_T}{V^I \bar{t}_V} \left[1 - \exp\left(-\frac{\beta_{tot}}{K} \left(\frac{F}{V}\right)_T \bar{t}_V \right) \right]$$

beschrieben wird. Jedoch ist im Unterschied zu permanentem Kontakt die Anfangskonzentration $c_{i,0}^{II}$ in (7.21) konstant, da die Phase II stets neu in den Extraktionsprozeß eingeführt wird. Meist ist sogar $c_{i,0}^{II} = 0$. Die Integration von (7.21) ist dann einfacher durchführbar als bei permanentem Kontakt. Unter der Voraussetzung, daß $c_{i,0}^{II} = 0$ ist und mit der Anfangsbedingung $c_i^I = c_{i,0}^I$ bei $t=0$ folgt

$$\frac{c_i^I}{c_{i,0}^I} = \exp\left\{ -K \frac{\Sigma V_T}{V^I \bar{t}_V} \left(1 - \exp\left[-\frac{\beta_{tot}}{K} \left(\frac{F}{V}\right)_T \bar{t}_V \right] \right) t \right\}. \tag{7.40}$$

Diese Gleichung ist die Grundgleichung der Makrokinetik einer emulsionsmetallurgischen Reaktion bei transitorischem Phasenkontakt. Wie (7.25) und (7.29) besteht sie aus zwei ineinander verschachtelten Exponentialfunktionen, von denen die innere die kennzeichnenden Größen der Mikrokinetik enthält, während vor der runden Klammer die Größen für die Makrokinetik stehen. Der Ausdruck in der runden Klammer kann wiederum als Wirkungsgrad der Mikrokinetik aufgefaßt werden. Im Unterschied zum permanenten Phasenkontakt ist hier die Extraktionsphase vollständig emulgiert. Es gibt keinen nicht emulgierten Anteil, der über eine Massenbilanz nach (7.23) am Ablauf der Reaktion beteiligt ist. Dementsprechend kann jetzt

$$\frac{\Sigma V_T}{V^I \bar{t}_V} = \frac{Y}{t} \tag{7.41}$$

gesetzt werden. Y/t ist die stationäre, auf das Volumen der Metallphase bezogene Rate, mit der das Extraktionsmittel in die Metallphase eingetragen und aus ihr wieder ausgetragen wird. Y selbst ist wie beim transitorischen Phasenkontakt ohne Emulgierung das insgesamt bis zur Zeit t durchgesetzte Volumen der Extraktionsphase bezogen auf das Volumen V^I. Mit (7.38) und (7.41) folgt dann aus (7.40)

$$\frac{c_i^I}{c_{i,0}^I} = \exp\left\{ -KY \left(1 - \exp\left[-\frac{\beta_{tot}}{KY} \frac{F}{V^I} t \right] \right) \right\}. \tag{7.42}$$

In dieser Gleichung ist F/V^I das Verhältnis der Oberfläche aller stationär emulgierten Teilchen bezogen auf das Volumen V^I. F/V^I ist insofern ein Maß für den Emulgierungsgrad. t ist die Gesamtzeit. Unter diesen Umständen ist es sinnvoll, für die Umsatzzahl die Definition (7.8) zu verwenden. Damit wird aus (7.42)

$$\frac{c_i^I}{c_{i,0}^I} = \exp\left\{-KY\left(1 - \exp\left[-\frac{\varphi}{KY}\right]\right)\right\}. \tag{7.43}$$

Gleichung (7.43) hat die beiden Grenzfälle $\varphi = \infty$ und $KY = \infty$, die wegen der verwendeten Definition jetzt mit den beiden Grenzfällen (7.36) und (7.37) zusammenfallen, wie man aus einem Vergleich von (7.43) und (7.40) erkennt. Der Ausdruck $\varphi = \infty$ entspricht einem Wirkungsgrad der Mikrokinetik von eins. Dieser Grenzfall wird stets erreicht, wenn $\varphi \gg KY$ ist. Gleichung (7.43) geht dann über in (7.17). Das ist der gleiche Ausdruck wie bei transitorischem Phasenkontakt ohne Emulgierung. Der Grenzfall $KY = \infty$ wird erreicht, wenn $\varphi \ll KY$ ist. Die innere Exponentialfunktion kann dann in eine Reihe entwickelt und die Reihe nach dem linearen Glied abgebrochen werden. Es resultiert (7.10). Auch dies ist derselbe Ausdruck wie bei transitorischem Phasenkontakt ohne Emulgierung.

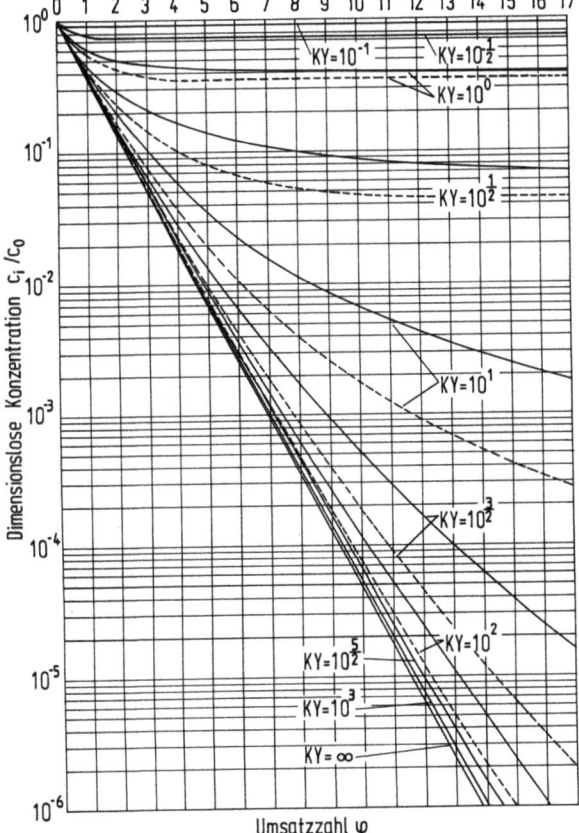

Bild 7.5 Dimensionslose Konzentration als Funktion der Umsatzzahl für transitorischen Phasenkontakt. — — — mit Vermischung, - - - ohne Vermischung in der extrahierenden Phase

Im Gegensatz hierzu besteht innerhalb der beiden Grenzfälle ein Unterschied zwischen transitorischem Phasenkontakt ohne und mit Emulgierung, und d.h., mit und ohne Vermischung. Bild 7.5 zeigt dazu nach (7.16) und nach (7.43) für transitorischen Phasenkontakt mit bzw. ohne Vermischung der extrahierenden Phase die dimensionslose Konzentration als Funktion der Umsatzzahl mit der relativen Kapazität der extrahierenden Phase als Parameter. Die ausgezogenen Kurven entsprechen (7.16), die gestrichelten (7.43). Alle Kurven entspringen erwartungsgemäß der Kurve für $KY = \infty$, die dem Grenzfall (7.37) entspricht und für die nach (7.43) ebenso wie beim transitorischen Phasenkontakt mit Vermischung das Grenzgesetz (7.10) gilt. Hier bestimmt nur die Kinetik den Stoffumsatz. Für $\varphi = \infty$ geht (7.43) in (7.17) über. Der Grenzfall (7.36) ist erfüllt. Auch hier stimmen die Werte für transitorischen Kontakt mit und ohne Vermischung überein. Der erreichbare Gleichgewichtswert ist in beiden Fällen derselbe. Dazwischen liegen die Konzentrationen im Fall ohne Vermischung unter denen mit Vermischung. Wenn keine Vermischung vorliegt, übt jedes Teilchen einzeln den vollen transitorischen Effekt aus, während im Fall der Vermischung nur die mit der Metallschmelze insgesamt in Berührung stehende Extraktionsphase diesen Effekt bewirkt.

7.2.4 Folgerungen

Aus den im Vorstehenden entwickelten Gleichungen folgt für den Fall, daß KY sehr groß und die Reaktionszeit sehr klein ist, für permanenten und transitorischen Phasenkontakt mit und ohne Emulgierung stets

$$\frac{c_i^I}{c_{i,0}^I} = \exp(-\varphi). \tag{7.44}$$

Bei diesem Grenzgesetz wird der zeitliche Konzentrationsverlauf allein durch die kinetischen Einflußgrößen bestimmt. Die Reaktion verläuft weitab vom Gleichgewicht. Unter diesen Bedingungen spielt die Gleichgewichtslage keine Rolle mehr, da die Aufnahmekapazität des Extraktionsmittels für den zu extrahierenden Stoff praktisch unendlich groß ist. Es ist dann gleichgültig, ob mit permanentem oder mit transitorischem Phasenkontakt gearbeitet wird. Stets wird der unter den gegebenen kinetischen Bedingungen höchstmögliche Umsatz erreicht. Dies zeigt, daß die Wirkung des transitorischen Phasenkontakts auf einer besseren Ausnutzung der Kapazität der extrahierenden Phase beruht. Ist diese Kapazität unendlich groß, spielt die transitorische Wirkung keine Rolle mehr. Die Arbeitsweise weitab vom Gleichgewicht wird man wegen des erreichbaren höchstmöglichen Umsatzes in der Praxis häufig anstreben. Dazu arbeitet man mit einem Überschuß an Extraktionsmittel. Es kommt dann auf einen hohen Dispergierungsgrad an, damit die Umsatzzahl entsprechend erhöht werden kann. Im Gegensatz hierzu gilt für endliche Werte von KY und für lange Reaktionszeiten bei transitorischem Phasenkontakt

$$\frac{c_i^I}{c_{i,0}^I} = \exp(-KY) \tag{7.45}$$

und bei permanentem Phasenkontakt

$$\frac{c_i^I}{c_{i,0}^I} = \frac{1}{1+KY}. \qquad (7.46)$$

Hier ist der transitorische Phasenkontakt wirksamer als der permanente. Die bessere Ausnutzung der Kapazität des Extraktionsmittels kommt zur Geltung. Dementsprechend hat die transitorische Arbeitsweise vor allem Bedeutung bei einer gleichgewichtsnahen Arbeitsweise, wenn also mit kleinen Mengen der extrahierenden Phase große Umsätze erzielt werden müssen. Diese Arbeitsweise findet z.B. Anwendung bei der Abscheidung im Stahl gelöster Gase mit Spülgas [7.6–7.9] und bei der Entkohlung chromhaltiger Stähle mit Argon-Sauerstoffgemischen nach dem AOD-Verfahren [7.10–7.12]. Auch hier sollte der Dispergierungsgrad groß sein, damit hohe Umsatzzahlen erreicht werden.

7.3 Stoffumsätze in dispergierten Systemen

7.3.1 Regeln für die Bestimmung der Stoffumsätze an Teilchen, Tropfen und Blasen

Um die im Abschn. 7.2 vorgestellten Beziehungen zur Beschreibung des Gesamtumsatzes im Fall emulsionsmetallurgischer Reaktionen anwenden zu können, benötigt man die dispergierten Mengen und die Größenverteilung der Teilchen, Tropfen oder Blasen sowie deren Verweilzeiten in der Schmelze.

Feste Teilchen werden i.d.R. in Schmelzen eingeblasen. Die Verteilungsfunktion ihrer Abmessungen ist daher vorgegeben. Ein schematisches Bild der Vorgänge beim Einblasen fester Teilchen in eine Schmelze zeigt Bild 7.6. Die Teilchen gehen aus dem Gas-Feststoff-Strahl in die Schmelze über, indem sie die Schmelzenoberfläche durchstoßen. Der Mechanismus dieses Vorgangs und die zum Durchstoßen einzuhaltenden Bedingungen wurden im Abschn. 5.6.3 abgehandelt. Das Gas scheidet sich in Form von Blasen ab. Die aufsteigenden Blasen erzeugen eine Umlaufströmung, die die Teilchen über die Schmelze verteilt. Hierbei kann wegen der Kleinheit der Teilchen die Relativgeschwin-

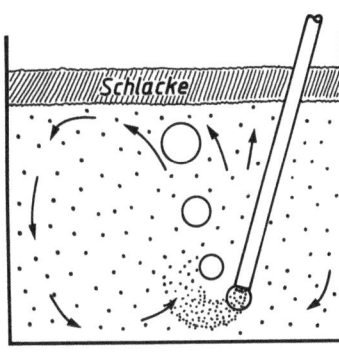

Bild 7.6 Stahlschmelze in einer Pfanne mit Einblasen und Abscheiden von Teilchen (schematisch)

digkeit zwischen Teilchen und Schmelze i.d.R. vernachlässigt werden (vgl. Abschn. 5.6.3.3). Im stationären Zustand stellt sich eine konstante Verteilung der Teilchen in der Schmelze ein. Im einfachsten Fall ist diese Verteilung abgesehen von dem Bereich in unmittelbarer Nähe der Einblasstelle gleichmäßig. Eine bestimmte Anzahl von Teilchen wird je Zeiteinheit aus der Schmelze wieder abgeschieden, und zwar entweder an die Wand oder in die Schlacke. Die Zahl der abgeschiedenen Teilchen ist der Teilchenkonzentration proportional. Das kann durch (6.41) mit $N_\infty = 0$ ausgedrückt werden:

$$-\frac{dN}{dt} = k_T N, \tag{7.47}$$

mit k_T Zeitkonstante des Abscheidegesetztes. Im stationären Zustand muß die Zahl der je Zeiteinheit abgeschiedenen gleich der Rate der eingeblasenen Teilchen $\dot{N}_E$ sein

$$-\frac{dN}{dt} = \dot{N}_E. \tag{7.48}$$

Schließlich ist im stationären Zustand die Einblasrate gleich der Teilchenkonzentration dividiert durch die mittlere Verweilzeit der Teilchen $\bar{t}_V$

$$\dot{N}_E = \frac{N}{\bar{t}_V}. \tag{7.49}$$

Ein Vergleich von (7.47) bis (7.49) zeigt, daß die Zeitkonstante des Abscheidungsgesetztes k_T der mittleren Verweilzeit $\bar{t}_V$ reziprok ist. Dies bedeutet, daß bei Kenntnis der Zeitkonstante des Abscheidungsgesetztes die mittlere Verweilzeit gegeben ist und daß die stationäre Teilchenkonzentration dann aus der Verweilzeit und der Einblasrate bestimmt werden kann. Die Zeitkonstante ergibt sich gemäß den Ausführungen im Abschn. 6.7. Damit ist für den Stoffumsatz an dispergierten Teilchen grundsätzlich ein Weg aufgezeigt, mit dem man den Ablauf der Gesamtreaktion erfassen kann, wenn auch manche Einzelheiten noch unklar sind. Da sowohl der mikrokinetische Umsatz an den Einzelteilchen als auch die Zeitkonstante des Abscheidungsgesetztes von der Teilchengröße abhängen, muß die Rechnung für die einzelnen Teilchengrößenklassen getrennt durchgeführt und das Ergebnis dann aufsummiert werden.

In gleicher Weise wie bei dispergierten Teilchen kann man auch die Vorgänge an emulgierten Tropfen beschreiben. Allerdings ist deren Relativbewegung gegenüber der umgebenden Schmelze nicht ohne weiteres vernachlässigbar, da Tropfen oft größer als Teilchen sind. Ferner sind die emulgierte Tropfenmenge und ihre Größenverteilung im Gegensatz zu eingeblasenen Teilchen nicht von vornherein vorgegeben. Sie ergeben sich vielmehr aus dem Emulgierungsmechanismus und eventuell aus dem nachträglichen Zerfall emulgierter Tropfen. Der Mechanismus der Emulgierung wurde im Abschn. 5.7 beschrieben, jedoch sind auch hier noch viele Einzelheiten ungeklärt. Daher kann der Gesamtumsatz der Reaktion bei Tropfen gegenwärtig nur bestimmt werden, wenn die Emulgierungsrate der Tropfen oder die stationäre Tropfenkonzentration durch Messung bestimmt wird.

7.3 Stoffumsätze in dispergierten Systemen   359

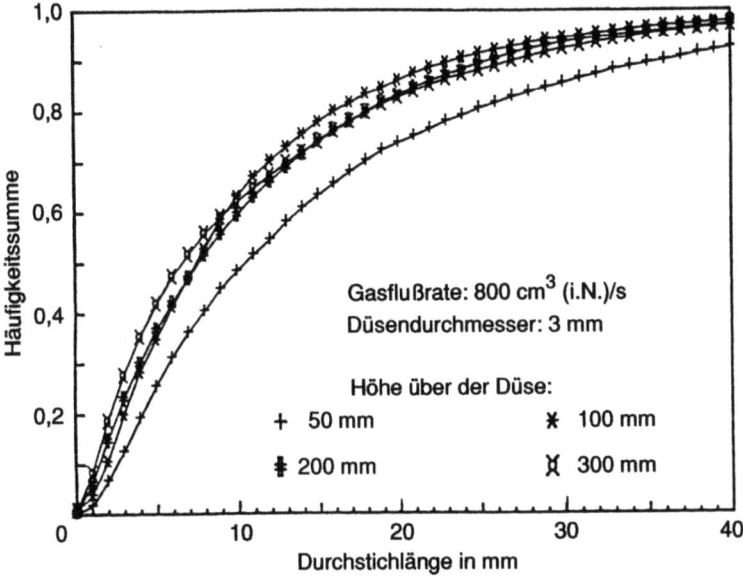

Bild 7.7 Verteilungsfunktion der Durchstichlängen von Gasblasen in einer Blasensäule beim Einleiten von Stickstoff in flüssiges Wood-Metall nach [7.13]

Bei Gasblasen kennen wir, zumindest für pfannenmetallurgische Bedingungen, die Aufstiegsgesetze der Blasen und ihre Größenverteilung aus Modelluntersuchungen an Blasensäulen in Wasser und flüssigen Metallen recht gut (vgl. Abschn. 5.5.2.3). Aus den dafür geltenden Gesetzmäßigkeiten können die Verweilzeiten von Gasblasen abgeschätzt werden. Die Größen der Gasblasen sind in der Nähe der Einblasdüse durch die Bedingungen an der Düse (Abschn. 5.3.1) gegeben. In der Schmelze selbst tritt Blasenzerfall und Blasenkoaleszenz auf, wobei sich nach kurzer Laufstrecke das Gleichgewicht zwischen Koaleszenz und Zerfall einstellt. Es ergibt sich dann eine konstante Verteilung der Blasengrößen, die nicht mehr von den Vorgängen an der Düse, sondern nur noch von den physikalischen Eigenschaften der Flüssigkeit abhängt. Bild 7.7 zeigt hierzu nach [7.13] die Verteilungsfunktionen der Durchstichlängen der Blasen beim Einblasen von Stickstoff in flüssiges Wood-Metall. Die Schmelze hatte hier eine Höhe von 370 mm und einen Durchmesser von 400 mm. Gezeigt sind die Verteilungsfunktionen in verschiedenen Höhen über der in der Bodenmitte befindlichen Einblasdüse. Abgesehen von der untersten Meßebene bei 50 mm fallen die Kurven für alle höheren Ebenen zusammen. Sie sind nach den Messungen [7.13] auch nahezu unabhängig von der Blasrate des Gases. Die Kurven lassen sich in allen Fällen durch eine logarithmische Normalverteilung beschreiben. Bild 7.8 zeigt die aus der Verteilung der Durchstichlängen berechnete Verteilung der Blasengrößen als Summenhäufigkeit einer logarithmischen Normalverteilung für die Ebenen 50 und 100 mm über der Düse. Die Werte über 100 mm sind hier nicht gezeigt. Sie fallen entsprechend den Ergebnissen im Bild 7.7 mit denen für 100 mm zusammen. Insgesamt läßt das Ergebnis erwarten, daß sich in Eisenschmelzen, abgesehen von

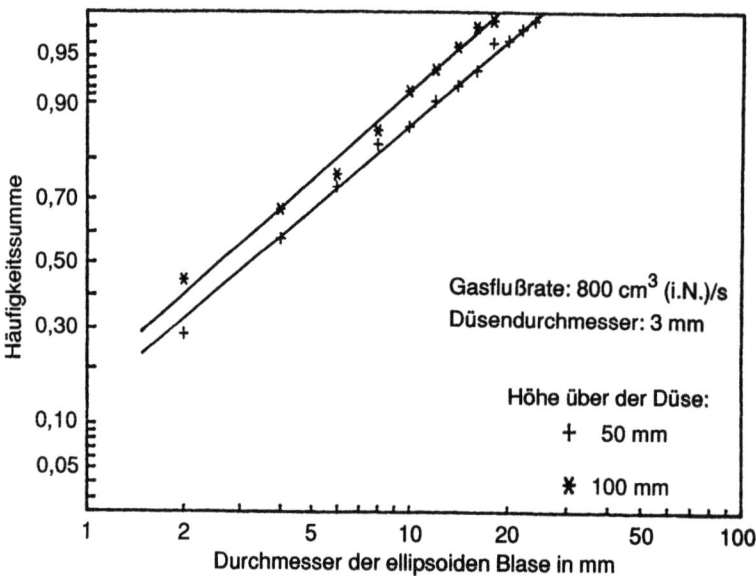

Bild 7.8 Logarithmische Normalverteilung der kurzen Durchmesser der ellipsoid angenommenen Blasen in einer Blasensäule beim Einleiten von Stickstoff in flüssiges Wood-Metall nach [7.13]

den Bereichen in der Nähe der Einblasdüsen, konstante Verteilungen der Blasengrößen entsprechend den gezeigten Bildern ergeben, wobei zahlenmäßige Unterschiede wegen der verschiedenen Eigenschaften von Eisen und Wood-Metall möglich sind. Die Blasengrößenverteilung würde durch die Aufnahme von in der Schmelze gelöstem Gas in die Blase nicht geändert werden, da sich das Gleichgewicht zwischen Koaleszenz und Zerfall von Blasen stets neu einstellt. Nur die Blasenzahl nähme dann zu. Unter dieser Voraussetzung läßt sich bei Gasblasen ebenfalls der Ablauf der emulsionsmetallurgischen Reaktion bestimmen, da die Einblasraten vorgegeben sind und die Verweilzeiten, wie oben erwähnt, aufgrund unser heutigen Kenntnisse über Blasensäulen bestimmt werden können. Eine Ausnahme bildet die Vakuumentgasung. Hier ist wegen des raschen Druckabfalls in der Eisenschmelze nicht zu erwarten, daß sich das Gleichgewicht zwischen Blasenkoaleszenz und -zerfall einstellt. Die Spülgasbehandlung im Vakuum läßt sich daher heute noch nicht modellmäßig beschreiben.

7.3.2 Metall-Schlacke-Reaktionen im Sauerstoffkonverter

7.3.2.1 Reaktionssystem Sauerstoffkonverter

In dispergierten Systemen werden die Stoffumsätze infolge der großen spezifischen Reaktionsoberfläche stark beschleunigt. Wichtige Beispiele sind die Frischreaktionen im Sauerstoffkonverter und pfannenmetallurgische Reaktionen, bei denen Feststoffe oder Schlackenbildner in Schmelzen eingeblasen oder emulgiert werden. Für einige dieser Reaktionen gibt es Untersuchungen, die eine

7.3 Stoffumsätze in dispergierten Systemen

reaktionstechnische Analyse im Sinne der vorangegangenen Abschnitte ermöglichen. Nachfolgend wird zunächst ein Überblick über das Reaktionssystem Sauerstoffkonverter gegeben.

Im Sauerstoffkonverter werden die Frischreaktionen des Kohlenstoffs und der schlackebildenden Elemente durch die physikalische und chemische Wirkung der eingeleiteten Gase gesteuert. Beim Sauerstoffaufblasverfahren spielt die Stellung der Sauerstofflanze eine zentrale Rolle. Der Sauerstoff muß so in die Schmelze eingeführt werden, daß einerseits Kohlenstoff im Metallbad oxidiert wird, damit die entstehenden Kohlenmonoxidblasen einen Badumlauf für die notwendige Vermischung erzeugen, und daß andererseits genügend Eisenoxid gebildet wird, damit die Schlacke reaktionsfähig bleibt und die Oxidationsreaktionen der schlackebildenden Elemente ablaufen können. Dies ist bei bestimmten Abständen der Sauerstofflanze von der Oberfläche des Schmelzbads möglich. Beim kombinierten Blasen, wenn zusätzlich zum Blasen von oben kleinere Mengen Sauerstoff oder Inertgas von unten in die Schmelze eingeblasen werden, ist die Stellung der Sauerstofflanze weniger empfindlich als beim alleinigen Blasen von oben. Jedoch wird auch hier der Prozeß so geführt, daß während der Entkohlung eine flüssige eisenoxidhaltige Schlacke vorhanden ist, damit die Verschlackungsreaktionen ablaufen können.

Der Verlauf der Reaktionen im Konverter wurde vielfach untersucht. Dazu wird auf zusammenfassende Darstellungen [7.14–7.20] hingewiesen. Danach ergibt sich etwa folgende Sicht der wichtigsten Vorgänge beim Sauerstoffaufblasen: Der Sauerstoffstrahl erzeugt aufgrund seines Impulses eine schwingende und teilweise instabile Vertiefung [7.21–7.26]. Hier herrschen Temperaturen bis zu 2 600 °C [7.16, 7.17, 7.27], die durch die exothermen Reaktionen des Sauerstoffs mit dem in den Strahl eingesaugten Kohlenmonoxid zu Kohlendioxid und mit Eisen zu Eisenoxid entstehen. Der Auftreffbereich des Sauerstoffs heißt deshalb auch Brennfleck. Ein Teil des Sauerstoffs reagiert hier mit Eisen zu Eisenoxid [7.28–7.33]. Zugleich ist die Umgebung des Brennflecks der Bereich, in dem der Kohlenstoff des Metallbads bevorzugt oxidiert wird. Ein weiterer Teil des Sauerstoffs geht in die Schlacke über, indem zweiwertiges Eisen zu dreiwertigem Eisen oxidiert wird und indem primär gebildetes Eisenoxid sich in der Schlacke auflöst. Damit wird der notwendige Sauerstoff für die Verschlackungsreaktionen geliefert. Insgesamt wird der eingeblasene Sauerstoff stets vollständig umgesetzt [7.34]. Aus dieser Darstellung folgt, daß Sauerstoff zugleich in das Metallbad für die Entkohlung und in die Schlacke für die Oxidation der übrigen Roheisenbegleiter übergeht und daß es demnach im Sauerstoffaufblaskonverter zwei verschiedene Reaktionsräume, den der bevorzugten Entkohlung und den der bevorzugten Schlackenreaktion gibt [7.19].

Für den Bereich der bevorzugten Entkohlung wird der Sauerstoff im Brennfleck aufgenommen. Nach heutiger Kenntnis reagiert der Sauerstoff bei dem dort herrschenden hohen Sauerstoffangebot je Flächeneinheit primär mit dem metallischen Eisen zu Eisenoxid [7.20–7.31]. Eine einfache Abschätzung [7.17] zeigt, daß in einem Großkonverter von z.B. 300 t eine freie Oberfläche von ca. 100 m^2 benötigt wird, damit der Kohlenstoff in Form von Kohlenmonoxid in die Gasphase übergehen kann. Eine so große Oberfläche steht im Brennfleck allein nicht zur Verfügung. Daher reagiert der Sauerstoff hier primär mit Eisen zu

Eisenoxid, eine Reaktion, die ohne Transportvorgänge im Metallbad ablaufen kann und daher kinetisch begünstigt ist. Das gebildete Eisenoxid wird anschließend durch die mechanische Wirkung des Gasstrahls und der Schmelzenströmung im Metallbad emulgiert, wo es dann mit dem Kohlenstoff zu Kohlenmonoxid weiterreagiert. Dazu lösen sich die emulgierten Oxidtropfen im Eisen auf [7.35]. Die notwendigen Blasenkeime für die CO-Bildung [7.36] entstehen durch Zerfall der wachsenden CO-Blasen. Insgesamt ist somit die Emulgierung des primär gebildeten Eisenoxids das Mittel, um die hohen Entkohlungsraten im Konverter zu ermöglichen. Dieser Reaktionsablauf ist auch mikrokinetisch begünstigt, da für die Umsätze an den Phasengrenzen die gesamte Oberfläche der CO-Blase bzw. des FeO-Tropfens zur Verfügung stehen.

Mit zunehmender Konvertergröße und damit Schmelzenmenge nimmt das Verhältnis der Oberfläche des Brennflecks zum Volumen der Schmelze ab und umgekehrt. Große Schmelzenmengen benötigen daher eine relativ starke Emulgierung des Eisenoxids, kleine Schmelzenmengen eine relativ schwache. In Versuchskonvertern von weniger als 100 kg Gewicht ist das Oberfläche/Volumenverhältnis des Brennflecks so groß, daß bei gleicher oder sogar höherer Entkohlungsrate wie im Großkonverter die Reaktion der Entkohlung allein über den Brennfleck ablaufen kann [7.16, 7.32, 7.37, 7.38]. Hier kann die Entkohlungsreaktion dann auch ohne primäre Bildung von Eisenoxid wie im Abschnitt 4.2.3.1 beschrieben, ablaufen.

Am Rand des Brennflecks werden unter der Scherwirkung des Gasstrahls Tropfen abgerissen (Bild 5.40) [7.21, 7.39]. Die Tropfen werden in die Schlacke emulgiert, reagieren dort und kehren nach einiger Zeit in das Metallbad zurück. Wegen ihrer starken Zerteilung können sie einen schnellen Umsatz des Metalls mit der Schlacke im Bereich der Schlackenreaktion bewirken [7.40 – 7.42]. Dies zeigen Analysen von Eisengranalien, die in abgekühlten Schlackenproben gefunden wurden [7.43, 7.44]. Die Gehalte der zu verschlackenden Elemente in den Granalien sind sehr viel niedriger als die in der Metallschmelze. Oft liegen die Gehalte nur wenig ab vom Gleichgewicht. An den emulgierten Tropfen kann auch die Kohlenstoff-Sauerstoff-Reaktion ablaufen, wie Beobachtungen von Blasenhohlräumen an derartigen Tropfen zeigen [7.41]. Dementsprechend liegen auch die Kohlenstoffgehalte der Tropfen unter denen des Metallbads, doch findet man beim Kohlenstoff größere Abweichungen vom Gleichgewicht als bei den schlackenbildenden Elementen [7.45]. Die Entkohlung scheint an diesen Stellen verzögert abzulaufen.

Im bodenblasenden Sauerstoffkonverter entsteht das Eisenoxid in der Nähe der Düsen [7.31] und wird von dort in der Schmelze emulgiert. Dabei wird als erstes Roheisenbegleitelement Silicium verbrannt und anschließend im wesentlichen solange nur Kohlenstoff aus der Metallschmelze oxidiert, bis der größte Teil des Kohlenstoffs abgebrannt ist. Im Unterschied zum Sauerstoffaufblaskonverter, wo zugleich mit der Entkohlung auch die Verschlackung der anderen Roheisenbegleitelemente erfolgt, findet diese Verschlackung hier also erst nach der Entkohlung statt. Dieser Unterschied hat seinen Grund darin, daß beim bodenblasenden Konverter das gebildete Eisenoxid nahezu vollständig, beim Sauerstoffaufblaskonverter dagegen nur zum Teil in der Schmelze emulgiert ist. Der andere Teil geht beim Aufblaskonverter in die Schlacke. Das emulgierte Oxid wird für die Entkohlung verbraucht, das nicht emulgierte Oxid kann andere Begleitelemente verschlacken. Ein anderer Reaktionsverlauf ergibt sich, wenn Sauerstoff zusammen mit Kalkstaub durch den Boden des Konverters in die Schmelze geblasen wird. Das gebildete Eisenoxid löst dann unmittelbar nach seiner Entstehung an der Düse den Kalkstaub auf. Es entsteht eine CaO-FeO-Schlacke, die Elemente, deren Oxide von CaO chemisch stark gebunden werden, in erster Linie Phosphor, schon während der Entkohlung oxidieren kann. Auf diese Weise durch Oxidation von Phosphor gebildetes Calciumphosphat wird wegen seiner hohen thermodynamischen Stabilität nicht wieder reduziert.

7.3.2.2 Teilchengrößenverteilung, Menge und Verweilzeit der in der Schlacke emulgierten Eisentropfen

Im Sauerstoffaufblaskonverter laufen die Verschlackungsreaktionen im wesentlichen über die in der Schlacke emulgierten Metalltropfen ab. Der Ablauf dieser Reaktionen war Gegenstand zahlreicher Untersuchungen. Es wurden die Granalienanteile in der Schlacke [7.43, 7.44, 7.46–7.48], deren Tropfengrößenverteilung [7.43, 7.44, 7.46–7.49] und deren Tropfenzusammensetzung [7.39, 7.43–7.45, 7.47, 7.48] bestimmt. Die Ergebnisse geben Aufschluß über den Umfang und den Zeitverlauf der Reaktionen, an denen die versprühten Tropfen beteiligt sind [7.43, 7.44, 7.50]. Für eine Beschreibung der Makrokinetik müssen die Tropfengrößenverteilung, die Menge der in der Schlacke versprühten Tropfen und deren Verweilzeiten in der Schlacke bekannt sein. Veröffentlichte Daten über die Größenverteilung der Tropfen wurden in [7.51] ausgewertet. Danach kann man die Tropfengrößenverteilungen gut durch die sog. Rosin-Rammler-Sperling (RRS)-Verteilungsfunktion [7.52]

$$R_S = 100 \cdot \exp\left[-\left(\frac{d}{d'}\right)^n\right] \quad \text{in \%} \tag{7.50}$$

beschreiben. Hierin ist R_S der Siebrückstand auf einem Sieb mit dem Durchmesser d. n und d' sind Parameter der Verteilungsfunktion. Für $d = d'$ folgt, daß $100/R_S = e$, also $R_S = 36,8\%$ ist, d' ist also ein Maß der Feinheit der Verteilung. Der Exponent n kennzeichnet die Homogenität der Verteilung. Für Granalien aus Schlackenproben von Sauerstoffaufblaskonvertern wurden d'-Werte von 1 bis 4 mm gefunden, während n konstant 1,3 beträgt [7.51]. Mit $d' = 3$ mm liegen 90 % aller Teilchen zwischen 0,3 und 7,5 mm. Diese Werte werden für spätere Rechnungen benutzt. In Untersuchungen, bei denen das gesamte Tropfenspektrum erfaßt wurde [7.51], konnten auch wesentlich größere Tropfen nachgewiesen werden. Diese Tropfen scheiden sich im Konverter offenbar so schnell wieder ab, daß sie bei der Probenahme nicht festgestellt werden. Man muß daher mit einer gewissen Verschiebung des gemessenen Kornspektrums zu kleineren Werten im Vergleich zum aktuellen Spektrum während des Frischprozesses rechnen. Der Beitrag von Tropfen über 7,5 mm Durchmesser zum Umsatz ist allerdings praktisch vernachlässigbar. Daraus folgt, daß die oben angegebene Tropfenverteilung für die Berechnung des Stoffumsatzes zugrunde gelegt werden kann.

Die Angaben über die dispergierten Mengen schwanken. In [7.46] werden Werte von 30 bis 100 kg/t für die versprühte Menge der Tropfen angegeben, während in jüngeren Untersuchungen [7.43, 7.44, 7.47, 7.50] 20 bis 30 kg/t gefunden wurden. Die Unterschiede können durch die Art der Probenahme verursacht sein. Wenn betriebsbedingt die Proben erst nach dem Umlegen des Konverters genommen werden, muß damit gerechnet werden, daß ein Teil der Tropfen sich bereits abgeschieden hat. Werte von 50 kg/t versprühter Tropfen erscheinen daher möglich.

Aus der zeitlichen Abnahme der Konzentration des gelösten Elements in der Metallschmelze und der Differenz der Konzentrationen in der Metallschmelze und in den erstarten Tropfen, die aus Schlackenproben isoliert werden, kann über eine Massenbilanz die je Zeiteinheit versprühte Tropfenmenge bestimmt werden [7.43]:

$$\dot{m}_T = \frac{\Delta c_{i,M}}{\Delta t} \frac{m}{\bar{c}_{i,M} - \bar{c}_{i,T}}, \qquad (7.51)$$

mit $\dot{m}_T$ je Zeiteinheit versprühte Tropfenmenge, $\Delta c_{i,M}/\Delta t$ zeitliche Änderung der Konzentration des Stoffs i im Metallbad, m Menge der Metallschmelze, $\bar{c}_{i,M}$ mittlere Konzentration des Stoffs i in der Metallschmelze zur Zeit t, $\bar{c}_{i,T}$ mittlere Konzentration des Stoffs i in den erstarten Tropfen zur Zeit t.

Zwischen der je Zeiteinheit versprühten Menge $\dot{m}_T$ und der in der Schlacke stationär dispergierten Menge m_T sowie der mittleren Verweilzeit $\bar{t}_V$ der Tropfen in der Schlacke besteht die Beziehung

$$m_T = \dot{m}_T \bar{t}_V. \qquad (7.52)$$

Wenn daher die stationär dispergierte Menge aus dem in Schlackenproben gefundenen Anteil erstarter Tropfen bestimmt ist und die je Zeiteinheit versprühte Menge $\dot{m}_T$ durch (7.51) ermittelt wurde, folgt die Verweilzeit aus (7.52).

7.3.2.3 Entphosphorungsreaktion

Nachfolgend wird als Beispiel die Entphosphorungsreaktion beim Frischen von phosphorreichem Roheisen im Sauerstoffaufblaskonverter berechnet. Für diese Reaktion liegen umfangreiche Messungen [7.43, 7.44, 7.50] vor, so daß ein Vergleich zwischen Theorie und Messung möglich ist.

Kinetische Analyse der Reaktion und Beschreibung der Mikrokinetik

1. Diskussion des Gleichgewichts (vgl. Abschn. 2.5.4)

Die chemische Reaktion der Entphosphorung lautet

$$[P] + 5/2(FeO) + 3/2(CaO) = 1/2(Ca_3(PO_4)_2) + 5/2[Fe] \qquad (7.53)$$

mit der Gleichgewichtskonstanten

$$K_P = \frac{(P) f_{(Ca_3(PO_4)_2)}^{1/2}}{[P] f_{[P]} a_{(FeO)}^{5/2} a_{(CaO)}^{3/2}}. \qquad (7.54)$$

Hieraus folgt für die Phosphorverteilung zwischen Schlacke und Metall

$$\frac{(P)}{[P]} = f_{[P]} K_P \frac{a_{(CaO)}^{3/2}}{f_{(Ca_3(PO_4)_2)}^{1/2}} a_{(FeO)}^{5/2}. \qquad (7.55)$$

Der Aktivitätskoeffizient des Phosphors im Eisen wird näherungsweise als konstant angesehen [7.103] und in die Gleichgewichtskonstante einbezogen. Durch Einführung der Phosphatkapazität der Schlacke

$$C'_{(PO_4^{3-})} = K_P \frac{a_{(CaO)}^{3/2}}{f_{(Ca_3(PO_4)_2)}^{1/2}} \tag{7.56}$$

geht (7.55) dann in die Gleichung

$$\frac{(P^*)}{[P^*]} = C'_{(PO_4^{3-})} a_{(FeO)}^{5/2} \tag{7.57}$$

über. Die Phosphatkapazität und damit die Phosphorverteilung hängen von der Schlackenzusammensetzung ab. Die Phosphorverteilung beträgt bei Schlacken, die an Tricalciumphosphat gesättigt sind, je nach dem FeO-Gehalt der Schlacke 300 bis 500 [7.54] und bei Schlacken die an Kalk gesättigt sind, rd. 1 000 [7.53, 7.55]. Die Phosphorkonzentrationen in (7.57) sind mit einem Stern versehen, um sie als Gleichgewichtswerte zu kennzeichnen.

2. Geschwindigkeitsbestimmender Schritt der Reaktion am Einzeltropfen

Für die Stoffstromdichte des Phosphors am Einzeltropfen gilt auf der Metallseite

$$j_P = \beta_{[P]}([P] - [P]^*) \tag{7.58}$$

und auf der Schlackenseite

$$j_P = \beta_{(P)}((P)^* - (P)). \tag{7.59}$$

Hierin sind $[P]^*$ und $(P)^*$ die Gleichgewichtsgehalte an der Phasengrenze gemäß (7.57). Mit

$$\frac{(P)^*}{[P]^*} = K \tag{7.60}$$

folgt, wenn man (7.58) und (7.59) gleichsetzt, nach einigem Umrechnen

$$j_P = \beta_{tot}\{[P] - (P)/K\} \tag{7.61}$$

mit

$$\beta_{tot} = \frac{1}{\dfrac{1}{\beta_{[P]}} + \dfrac{1}{\beta_{(P)}K}} \,. \tag{7.62}$$

Gleichung (7.61) stellt den Stoffstrom des Phosphors von den Tropfen in die Schlacke dar. Um ihn berechnen zu können, müssen die Stoffübergangskoeffizienten in den Tropfen und in der Schlacke bestimmt werden.

Für den Stofftransport in den Metalltropfen ist zu berücksichtigen, daß wegen der hohen Eisenoxidaktivitäten der Schlacke die Tropfen hohe Sauerstoffgehalte in der Oberfläche haben und daher infolge der oberflächenaktiven Wirkung des Sauerstoffs mit einer Hemmung der Oberflächenerneuerung im Tropfen gerechnet werden muß (vgl. Abscn. 3.2.8). Es wird dementsprechend davon ausgegangen, daß die Tropfen sich wie starre Kugeln verhalten und der Stofftransport des Phosphors im Tropfen ausschließlich durch Diffusion erfolgt. Die mittlere dimensionslose Konzentration des Phosphors im Tropfen als Funktion der Zeit ist dann durch (6.67), und der Stoffübergangskoeffizient ist durch (6.69) gegeben. Mit den Bezeichnungen $[P]_z$ mittlerer Phosphorgehalt im Tropfen zum Zeitpunkt des Wiedereintritts des Tropfens in die Schmelze, $[P]$ Phosphorgehalt des Tropfens zum Zeitpunkt seiner Entstehung (identisch mit dem Phosphorgehalt des Metallbads), $[P]_{eq}$ Phosphorgehalt im Gleichgewicht an der Phasengrenze Tropfen-Schlacke (identisch mit $[P]^*$), $\bar{t}_V$ Verweilzeit des Tropfens in der Schlacke, d_j Durchmesser des Tropfens, folgt aus (6.67) für die dimensionslose Konzentration des Phosphors in den Tropfen im Augenblick ihres Wiedereintretens in die Schmelze:

$$\frac{[P]_z-[P]_{eq}}{[P]-[P]_{eq}} = \frac{6}{\pi^2} \sum_{i=1}^{i=\infty} \left[\frac{1}{i^2} \exp\left(-i^2 \frac{4\pi^2}{d_j^2} D\bar{t}_V\right) \right] \qquad (7.63)$$

und mit (6.69) für den Stoffübergangskoeffizienten des Phosphors:

$$\beta_{[P]} = \frac{2\pi^2 D}{3d_j} \cdot \frac{\sum_{i=1}^{i=\infty} \left[\exp\left(-i^2 \frac{4\pi^2}{d_j^2} D\bar{t}_V\right) \right]}{\sum_{i=1}^{i=\infty} \left[\frac{1}{i^2} \exp\left(-i^2 \frac{4\pi^2}{d_j^2} D\bar{t}_V\right) \right]} . \qquad (7.64)$$

Unter Berücksichtigung von (7.58) folgt dann aus (7.64) für die Stoffstromdichte

$$j = \frac{2\pi^2 D}{3d_j} ([P]-[P]_{eq}) \cdot \frac{\sum_{i=1}^{i=\infty} \left[\exp\left(-i^2 \frac{4\pi^2}{d_j^2} D\bar{t}_V\right) \right]}{\sum_{i=1}^{i=\infty} \left[\frac{1}{i^2} \exp\left(-i^2 \frac{4\pi^2}{d_j^2} D\bar{t}_V\right) \right]} . \qquad (7.65)$$

Der Stoffübergangskoeffizient ist zeitabhängig, da es sich beim Stofftransport im Tropfen um einen instationären Diffusionsvorgang handelt. Um festzustellen, wo der geschwindigkeitsbestimmende Schritt der Reaktion liegt, ist der größte praktisch vorkommende Wert des Stoffübergangskoeffizienten zu berechnen. Dazu wird als obere Grenze der Tropfendurchmesser $d_j = 7,5$ mm und als kleinster Wert der Verweilzeit $\bar{t}_V = 2,5$ s angesetzt. Für den Diffusionskoeffizienten D des Phosphors im Eisen wird der Wert $D = 4,5 \cdot 10^{-9}$ m²/s genommen [7.56, 7.57]. Dann folgt aus (7.64), wenn man die Reihe der Exponentialfunktionen abbricht, nachdem der Fehler kleiner als 1% geworden ist: $\beta_{[P]} = 2,49 \cdot 10^{-5}$ m/s. Unter allen anderen vorkommenden Bedingungen ist der Stoffübergangskoeffizient auf der Metallseite kleiner als dieser Wert.

Auf der Schlackenseite ist der Stoffübergangskoeffizient der einer umströmten festen Kugel. Bei den in der Schlacke vorliegenden hohen Werten der Schmidtzahl und den vorliegenden Tropfendurchmessern ist der Einfluß der Turbulenz auf den Stoffübergang gering. Deshalb wird zur Bestimmung des Stoffübergangskoeffizienten von (6.60) ausgegangen:

$$Sh = 2 + 0,6 Re^{1/2} Sc^{1/3} . \qquad (7.66)$$

Mit dieser Gleichung ist der Stoffübergangskoeffizient für den angenommenen größten und kleinsten Tropfendurchmesser, also 7,5 bzw. 0,3 mm zu berechnen. Die Reynoldszahl Re enthält die relative Strömungsgeschwindigkeit zwischen Tropfen und Schlacke als Parameter. Die Strömungsgeschwindigkeit ist daher zunächst zu bestimmen, um die weiteren Rechnungen durchführen zu können. Für die Rechnungen werden folgende Zahlenwerte eingesetzt:

$\varrho_{Fe} = 7{,}02 \cdot 10^3$ kg/m³; $\varrho_{schl.} = 3{,}5 \cdot 10^3$ kg/m³;
$g = 9{,}81$ m/s²; $\eta_{schl.} = 0{,}1$ kg/ms [7.58];
$D_{schl.} = 5 \cdot 10^{-10}$ m²/s [7.59]; $\nu_{schl.} = \eta/\varrho = 0{,}28 \cdot 10^{-4}$ m²/s.

Die Strömungsgeschwindigkeit ergibt sich für einen Tropfendurchmesser $d = 7{,}5$ mm aus (5.10) zu $u = 0{,}207$ m/s. Daraus folgt für die Reynoldszahl $Re = 55{,}4$. Für einen Tropfendurchmesser $d = 0{,}3$ mm ergibt sich aus (5.9) $u = 8{,}3 \cdot 10^{-3}$ m/s und damit $Re = 8{,}9 \cdot 10^{-2}$. Die Schmidtzahl hat den Wert $Sc = 56 \cdot 10^3$.

Mit den angegebenen Reynoldszahlen errechnen sich dann aus (7.66) folgende Werte:

$d = 7{,}5$ mm: $Sh = 173$; $\beta_{(P)} = 1{,}15 \cdot 10^{-5}$ m/s;
$d = 0{,}3$ mm: $Sh = 8{,}8$; $\beta_{(P)} = 1{,}47 \cdot 10^{-5}$ m/s.

Die Stoffübergangskoeffizienten hängen nur wenig vom Tropfendurchmesser ab. Setzt man die Stoffübergangskoeffizienten für die Metallphase und für die Schlacke in (7.62) mit dem kleinsten Wert der Verteilungszahl $K = 300$ ein, so folgt

$$\beta_{tot} = \frac{1}{\dfrac{1}{2{,}27 \cdot 10^{-5}} + \dfrac{1}{1{,}15 \cdot 10^{-5} \cdot 300}} \quad \text{in m/s}.$$

Dies bedeutet $\beta_{[P]} \ll \beta_{(P)} K$ und $\beta_{tot} \approx \beta_{[P]}$. Der geschwindigkeitbestimmende Schritt liegt nahezu ausschließlich in der Metallphase. Das Gleichgewicht an der Phasengrenze Schlacke-Metall stellt sich entsprechend der Gesamtzusammensetzung der Schlacke ein.

3. Stoffübergang am Einzeltropfen

Nachdem die Bestimmung des geschwindigkeitsbestimmenden Schritts ergeben hat, daß $\beta_{tot} \approx \beta_{[P]}$ gesetzt werden kann, ist es möglich, den mittleren Phosphorgehalt im Tropfen im Augenblick des Wiedereintritts des Tropfens in die Schmelze $[P]_z$ durch (7.63) auszudrücken, wobei $[P]_{eq}$ durch das Gleichgewicht entsprechend der Gesamtzusammensetzung der Schlacke gegeben ist. Für dieses Gleichgewicht ist zu berücksichtigen, daß sich beim Frischen von Roheisen im Konverter zunächst eine MnO-FeO-SiO$_2$-Schlacke bildet. Erst rd. 2 min nach Beginn des Blasens hat diese Schlacke, wenn mit Sauerstoff und Feinkalk geblasen wird, soviel CaO in Lösung aufgenommen, daß die Entphosphorung einsetzen kann [7.43]. Von diesem Zeitpunkt an wird der Ablauf der Entphosphorung berechnet und ist ein Wert $[P]_{eq}$ festzulegen. Es wird $[P]_{eq} = 0{,}02$ % entsprechend dem Gleichgewicht unter kalkgesättigten Schlacken [7.53–7.55] verwendet. Anfangs ist die Schlacke zwar noch nicht an Kalk gesättigt, doch wirkt sich das kinetisch kaum aus, da die Phosphorgehalte im Bad zu diesem Zeitpunkt ohnehin hoch sind.

Nach (7.63) hängt der Phosphorgehalt $[P]_z$ im Tropfen vom Tropfendurchmesser ab. Kleine Tropfen werden weitergehend entphosphort als große. Deshalb wird das Gesamtspektrum der Tropfendurchmesser in Klassen eingeteilt und die Entphosphorung für jede Klasse einzeln berechnet. Die Gesamtentphosphorung ergibt sich, indem über die einzelnen Klassen summiert wird. Die Einteilung erfolgt in m Klassen von jeweils 0,3 mm Durchmesserdifferenz mit einem mittleren Durchmesser d_j. Die in den einzelnen Klassen enthaltenen Anteile des Gesamtvolumens aller Tropfen werden mit (7.50) berechnet. Für das Volumen $V_{T,j}$ der Klasse j gilt

$$V_{T,j} = V_T \left\{ \exp\left[-\left(\frac{d_{j+1}}{d'}\right)^n \right] - \exp\left[-\left(\frac{d_j}{d'}\right)^n \right] \right\} \tag{7.67}$$

mit V_T Gesamtvolumen der Tropfen.

Die Differenz der Phosphorgehalte im Tropfen vom Eintritt in die Schlacke bis zur Rückkehr in die Metallphase $[P] - [P]_z$ folgt aus (7.63) zu:

$$[P] - [P]_z = ([P] - [P]_{eq}) \left\{ 1 - \frac{6}{\pi^2} \sum_{i=1}^{i=\infty} \left[\frac{1}{i^2} \exp\left(-i^2 \frac{4\pi^2}{d_j^2} D \bar{t}_V \right) \right] \right\}. \tag{7.68}$$

Sie wird mit $D = 4,5 \cdot 10^{-9}$ m^2/s für die Tropfendurchmesser d_j der einzelnen Klassen von 0,3 bis 7,5 mm berechnet und mit dem Volumenanteil $V_{T,j}$ nach (7.67) gewichtet. Anschließend werden alle Anteile summiert. Die, in der für alle Tropfen als gleich groß angesehenen Verweilzeit $\bar{t}_V$, in die Schlacke übergegangene Phosphormenge ist dann

$$\sum_{j=1}^{j=m} [V_{T,j}([P] - [P]_z)] =$$

$$([P] - [P]_{eq}) \sum_{j=1}^{j=m} \left(V_{T,j} \left[1 - \frac{6}{\pi^2} \sum_{i=1}^{i=\infty} \left\{ \frac{1}{i^2} \exp\left(-i^2 \frac{4\pi^2}{d_j^2} D \bar{t}_V \right) \right\} \right] \right). \tag{7.69}$$

In dieser Gleichung ist m die Anzahl der Größenklassen der Tropfen.

Makrokinetik

Die in der Zeit $\bar{t}_V$ von den Tropfen in die Schlacke übergegangene Phosphormenge ist mit der zeitlichen Abnahme des Phosphorgehalts im Metallbad über die folgende Massenbilanz verknüpft:

$$-V^I \frac{d[P]}{dt} = \sum_j \left\{ ([P] - [P]_z) \frac{V_{T,j}}{\bar{t}_V} \right\} \tag{7.70}$$

mit V^I Volumen des Schmelzbads. Mit (7.69) folgt hieraus

$$-\frac{d[P]}{dt} = k_{ges}([P] - [P]_{eq}), \tag{7.71}$$

wobei

$$k_{ges} = \sum_j \left(\frac{V_{T,j}}{V^I \bar{t}_V} \left[1 - \frac{6}{\pi^2} \sum_{i=1}^{i=\infty} \left\{ \frac{1}{i^2} \exp\left(-i^2 \frac{4\pi^2}{d_j^2} D \bar{t}_V \right) \right\} \right] \right) \tag{7.72}$$

ist. k_{ges} ist die Geschwindigkeitskonstante der makroskopischen Entphosphorungsreaktion. Die eckige Klammer enthält die Ausdrücke, die die Mikrokinetik bestimmen, der Ausdruck vor der Klammer kennzeichnet den Umlauf der Tropfen durch die Schlacke und damit die Makrokinetik. Da die Dichten der Tropfen und des Metallbads nahezu gleich sind, ist $\Sigma V_{T,j}/V^I \bar{t}_V$ gleich dem spezifischen Umlaufstrom der Tropfen in kg/kg s, während $\Sigma V_{T,j}/V^I$ die stationär in der Schlacke enthaltene spezifische Tropfenmenge in kg/kg darstellt.

Die Integration von (7.71) ergibt die dimensionslose Abbrandkurve des Phosphors

$$\frac{[P]-[P]_{eq}}{[P]_0-[P]_{eq}} = \exp(-k_{ges}t) \qquad (7.73)$$

mit $[P]_0$ Phosphorgehalt des Bads zu Beginn der Entphosphorung.

Bevor die Ergebnisse der Rechnung dargestellt und diskutiert werden, seien noch folgende Begriffe eingeführt:

1. $$\frac{[P]-[P]_{eq}}{[P]_0-[P]_{eq}} = \chi. \qquad (7.74)$$

Dies ist eine Abkürzung der dimensionslosen Konzentration in (7.73)

2. $$\frac{[P]-[P]_z}{[P]-[P]_{eq}} = \eta_P. \qquad (7.75)$$

Diese Größe ist das Verhältnis der Entphosphorung eines Tropfens zur maximal möglichen Entphosphorung bis zum Gleichgewicht, sie stellt also den Wirkungsgrad der Entphosphorung des Tropfens dar. η_P hängt von der Tropfengröße ab und ist nach (7.68) durch

$$\eta_P = 1 - \frac{6}{\pi^2} \sum_{i=1}^{i=\infty} \left\{ \frac{1}{i^2} \exp\left(-i^2 \frac{4\pi^2}{d_j^2} D\bar{t}_V\right) \right\} \qquad (7.76)$$

gegeben.

3. $$\frac{[P]-[\overline{P}]_z}{[P]-[P]_{eq}} = \bar{\eta}_P. \qquad (7.77)$$

Hier ist $[\overline{P}]_z$ der mittlere Phosphorgehalt aller Tropfen im Augenblick ihres Wiedereintretens in die Metallschmelze. Es gilt

$$\bar{\eta}_P = \frac{V^I \bar{t}_V}{\Sigma V_{T,j}} k_{ges}. \qquad (7.78)$$

$\bar{\eta}_P$ ist der mittlere Wirkungsgrad aller Tropfen des Tropfenspektrums. Die Größe

$$1-\bar{\eta}_P = \frac{[\overline{P}]_z-[P]_{eq}}{[P]-[P]_{eq}} \qquad (7.79)$$

ist die dimensionslose Konzentration der Tropfen bezogen auf die Konzentration im Bad.

4. $$\frac{[\overline{P}]_z-[P]_{eq}}{[P]_0-[P]_{eq}} = (1-\bar{\eta}_P)\chi. \qquad (7.80)$$

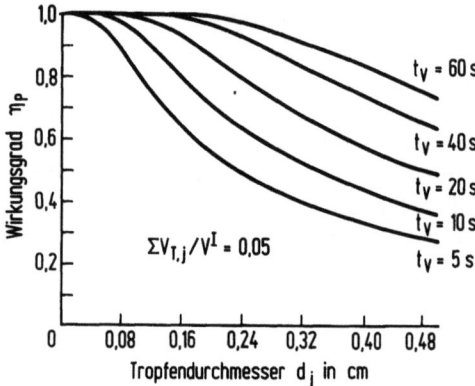
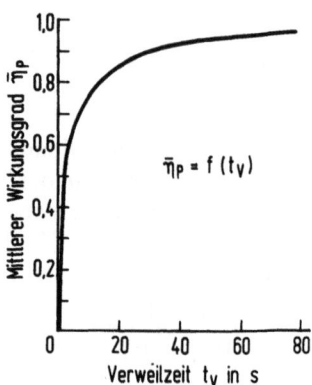

Bild 7.9 Wirkungsgrade der Entphosphorung der Tropfen in Abhängigkeit vom Tropfendurchmesser und der Tropfenverweilzeit

Bild 7.10 Mittlerer Wirkungsgrad des Tropfenspektrums in Abhängigkeit von der Verweilzeit

Dieser Ausdruck stellt die dimensionslose Konzentration der Tropfen bezogen auf die Anfangskonzentration im Bad dar.

Ergebnisse

Bild 7.9 zeigt den Verlauf des Wirkungsgrads η_P als Funktion der Tropfengröße für verschiedene Verweilzeiten. Die Tropfen im unteren Bereich des Spektrums zeigen selbst bei kurzen Verweilzeiten Wirkungsgrade von nahezu eins. Sie tragen am stärksten zum Gesamtumsatz bei. Im oberen Bereich des Spektrums sind die Wirkungsgrade dagegen schon wesentlich kleiner als eins. Entsprechend geringer ist hier der Beitrag der Tropfen zum Umsatz. Für einen wirksamen emulsionsmetallurgischen Umsatz dürfen die Tropfendurchmesser also eine bestimmte Größenordnung nicht überschreiten. Bild 7.10 zeigt den über das Tropfengrößenspektrum von $d=0,3$ bis $7,5$ mm gemittelten Wirkungsgrad $\bar{\eta}_P$ als Funktion der Verweilzeit. Der Einfluß der Verweilzeit ist anfangs stark. Doch wird bei dem hier vorliegenden Spektrum bereits bei $t > 5$ s ein Wirkungsgrad über 0,65 erreicht. Dies bedeutet, daß unter diesen Umständen die Reaktion an den Tropfen verhältnismäßig weit bis zum Gleichgewicht läuft. Bild 7.11 zeigt für eine Verweilzeit $\bar{t}_V$ der Tropfen in der Schlacke von 10 s die dimensionslosen Konzentrationen χ im Metallbad und $\chi(1-\bar{\eta}_P)$ in den Tropfen als Funktionen der Zeit. Parameter sind der Emulgierungsgrad $\Sigma V_{T,j}/V^I$ und damit zugleich der spezifische Umlaufstrom der Tropfen $\dot{m}_{T,M} = \Sigma V_{T,j}/V^I \bar{t}_V$ in kg/t min. Bild 7.12 zeigt die gleichen Abhängigkeiten für eine Verweilzeit von 40 s. Wie die beiden Bilder zeigen, hat der spezifische Umlaufstrom einen starken Einfluß auf den Verlauf der Konzentration. Demgegenüber ist der Einfluß der Verweilzeit geringer wie ein Vergleich der Bilder 7.11 und 7.12 zeigt. Dies Verhalten ist charakteristisch für Bedingungen, bei denen die Reaktion an den Tropfen weit bis zum Gleichgewicht verläuft. Dies zeigt sich auch an den Werten in den rechten Teilbildern. Die Ordinatenwerte für $t=0$ geben den Wert $(1-\bar{\eta}_P)$ an. Er beträgt 0,241 bei $\bar{t}_V = 10$ s und 0,088 bei $\bar{t}_V = 40$ s, d.h. $\bar{\eta}_P$ liegt in beiden Fällen nahe bei eins. Der Unterschied

7.3 Stoffumsätze in dispergierten Systemen 371

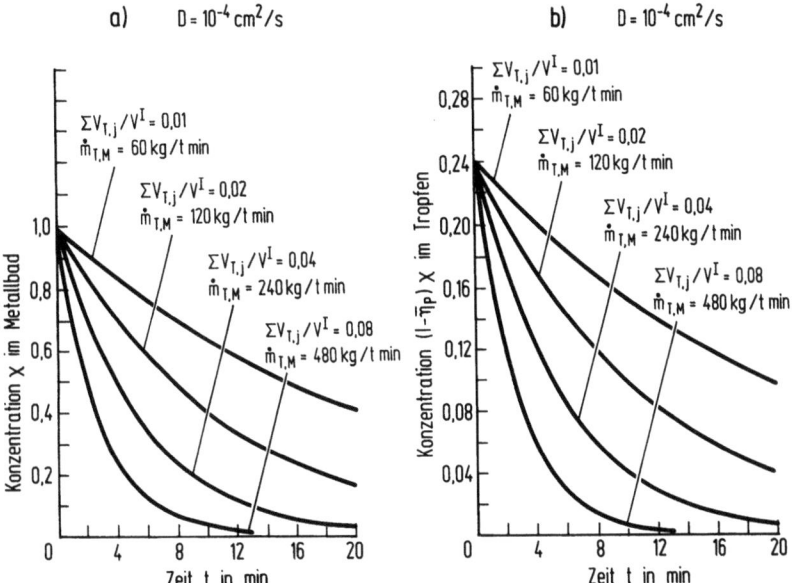

Bild 7.11a, b Dimensionslose Phosphorkonzentration **a** im Metallbad und **b** in den zurückfallenden Tropfen als Funktion der Zeit für verschiedene Emulgierungsgrade. Tropfenverweilzeit in der Schlacke: 10 s

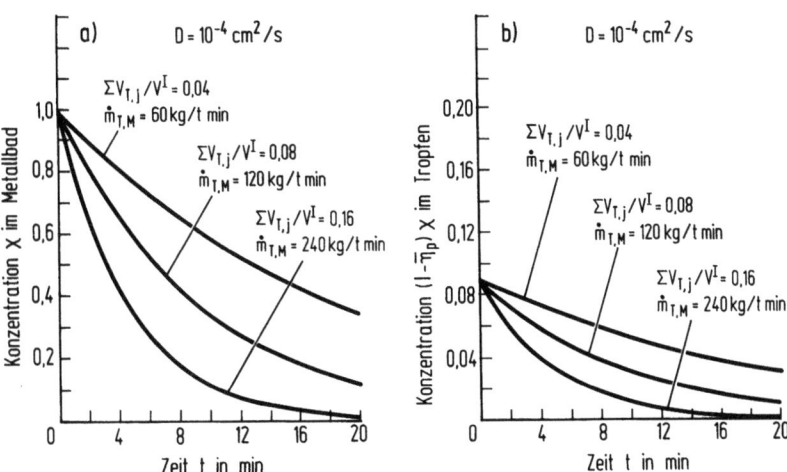

Bild 7.12a, b Dimensionslose Phosphorkonzentration **a** im Metallbad und **b** in den zurückfallenden Tropfen als Funktion der Zeit für verschiedene Emulgierungsgrade. Tropfenverweilzeit in der Schlacke: 40 s

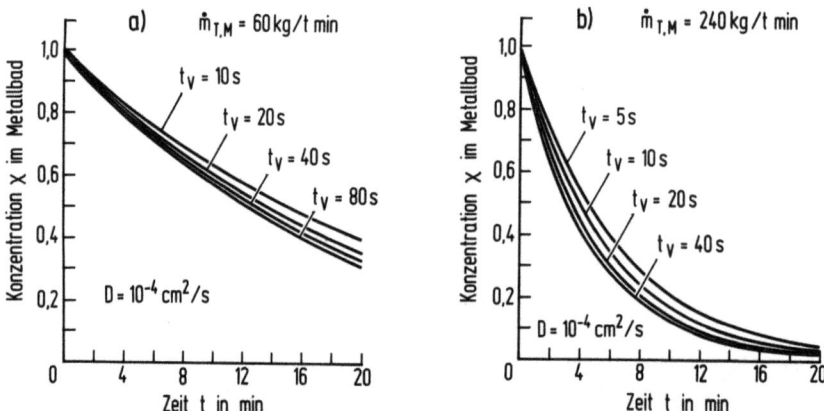

Bild 7.13a, b Dimensionslose Phosphorkonzentration im Metallbad als Funktion der Zeit für verschiedene Verweilzeiten der Tropfen in der Schlacke. **a** Emulgierungsrate: $\dot{m}_{T,M} = 60$ kg/t min; **b** Emulgierungsrate: $\dot{m}_{T,M} = 240$ kg/t min

in den beiden Werten von $1 - \bar{\eta}_P$ bewirkt den verbleibenden Einfluß der Verweilzeit der Tropfen in der Schlacke. Im Verlauf des Prozesses nehmen die Konzentrationen in den zurückfallenden Tropfen in jedem Fall ab. Dies liegt daran, daß die Tropfen bereits im Zeitpunkt ihrer Entstehung mit zunehmender Zeit niedrigere Gehalte annehmen, da die Schmelze zunehmend entphosphort wird. Die Reaktion an den Tropfen läuft mit fortschreitender Zeit bei kleiner werdenden Konzentrationen ab. Die Bilder 7.13a und b zeigen für konstanten Umlaufstrom den Einfluß der Verweilzeit, der, wie beschrieben, unter den hier vorliegenden Bedingungen nur gering ist. Mit zunehmender Verweilzeit nimmt der Einfluß der Verweilzeit noch ab und verschwindet schließlich, wenn die Reaktion an den Tropfen bis zum Gleichgewicht verläuft.

Die Bilder 7.14 und 7.15 zeigen den Verlauf der Phosphorgehalte im Metallbad und in den Tropfen für Bedingungen, wie sie in einer betrieblichen Untersuchung der Entphosphorungsreaktion [7.43, 7.44, 7.50] vorlagen. Wie oben erläutert, wurde davon ausgegangen, daß die stationär während des Blasprozesses in der Schlacke enthaltene Tropfenmenge bei 50 kg/t liegt. Für die Umlaufströme wurden die in [7.43, 7.44, 7.50] angegebenen Daten zugrunde gelegt. Es wurden konstante Werte über den Blasverlauf angenommen. Aus den stationär versprühten Mengen und den Umlaufströmen ergeben sich die Verweilzeiten nach (7.52). Der Anfangsphosphorgehalt betrug $[P]_0 = 1,60\%$ [7.43, 7.44], der Gleichgewichtsphosphorgehalt $[P]_{eq} = 0,02\%$ [7.53, 7.55]. Den berechneten Konzentrationsverläufen des Phosphors im Metallbad sind Mittelwerte der Abbrandkurven mehrerer Schmelzen, wie sie in [7.44] veröffentlicht wurden, gegenübergestellt. Diese Abbrandkurven stimmen mit den berechneten Konzentrationskurven gut überein. Nur am Ende liegen die berechneten Kurven über den gemessenen, weil im Konverter gegen Ende des Blasprozesses durch Senken der Sauerstofflanze der Blasimpuls und damit die versprühte Tropfenmenge erhöht wird. Das beschleunigt die Reaktion. Die versprühte Tropfenmenge ist im wesentlichen eine Funktion des Blasimpulses [7.44].

7.3 Stoffumsätze in dispergierten Systemen 373

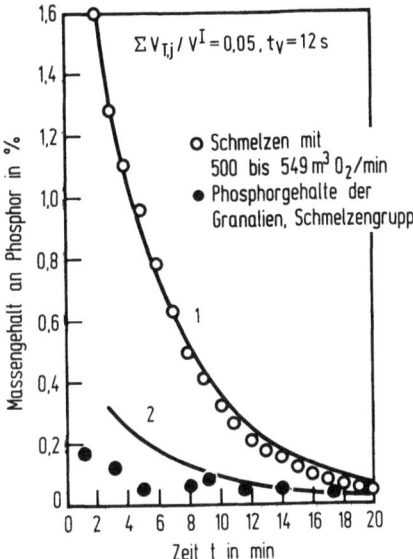

Bild 7.14 Gemessener und berechneter Konzentrationsverlauf des Phosphors im Metallbad und in den Granalien bzw. den emulgierten Tropfen. ○ gemessen im Metallbad, ● gemessen in den Granalien. *1* und *2* berechnet nach (7.73) bzw. (7.80). *1* Gehalte im Metallbad, *2* Gehalte in den emulgierten Tropfen. Meßwerte nach [7.44] für Schmelzen mit niedriger Sauerstoffblasrate

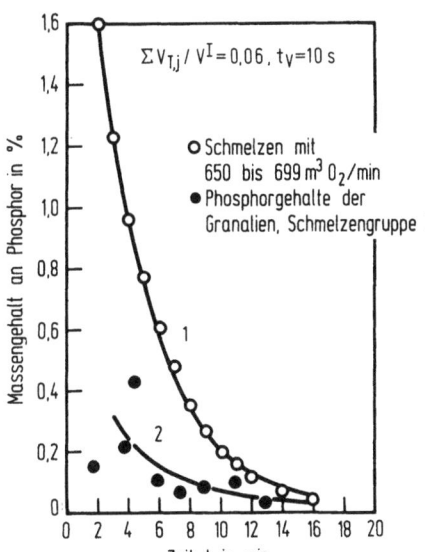

Bild 7.15 Gemessener und berechneter Konzentrationsverlauf des Phosphors im Metallbad und in den Granalien bzw. den emulgierten Tropfen. ○ gemessen im Metallbad, ● gemessen in den Granalien. *1* und *2* berechnet nach (7.73) bzw. (7.80). *1* Gehalte im Metallbad *2* Gehalte in den emulgierten Tropfen. Meßwerte nach [7.44] für Schmelzen mit hoher Sauerstoffblasrate

Die berechneten Konzentrationen in den Tropfen im Augenblick ihres Wiedereintretens in die Metallschmelze sind in den Bildern 7.14 und 7.15 ebenfalls eingezeichnet. Eingetragen sind außerdem Phosphorgehalte der in den Schlacken gefundenen Granalien nach [7.44]. Die gemessenen Granalienwerte liegen etwas unter den berechneten, was vermutlich daran liegt, daß bei der Probenahme ein Teil der großen Tropfen bereits abgesunken war, so daß die kleinen, besser entphosphorten Tropfen etwas überrepräsentiert sind. Der grundsätzliche Verlauf wird jedoch auch hier bestätigt.

7.3.2.4 Einfluß veränderter Parameter

Bei der vorstehend beschriebenen Entphosphorungsreaktion lag der geschwindigkeitsbestimmende Schritt, bedingt durch den großen Wert der Gleichgewichtsverteilungszahl des Phosphors auf der Metallseite. Bei anderen Reaktionen, z.B. der Oxidation des Mangans, ist das anders. Die Manganreaktion läuft nach der Gleichung

$$[Mn] + (FeO) = (MnO) + [Fe] \tag{7.81}$$

ab, wobei die in Bild 7.16 schematisch gezeigten Transportvorgänge ablaufen. Der Transport des Eisens im Metall kann wegen des großen Eisenüberschusses vernachlässigt werden. Es seien, wie bei der Entphosphorung, die Transportvorgänge des Mn bzw. des MnO im Metall und in der Schlacke betrachtet.

Die Stoffstromdichten lauten

$$j_{[Mn]} = \beta_{[Mn]}([Mn] - [Mn]^*) \tag{7.82}$$

und

$$j_{(MnO)} = \beta_{(MnO)}(([MnO]^* - (MnO))). \tag{7.83}$$

Die Gleichgewichtskonstante der Manganreaktion lautet

$$K_{Mn} = \frac{(MnO)^* a^*_{[Fe]}}{a^*_{(FeO)}[Mn]^*} \tag{7.84}$$

und hat bei 1600 °C den Wert $K_{Mn} = 5{,}12$ [7.60]. Der Zahlenwert gilt für kalkreiche CaO-MnO-FeO-SiO$_2$-Schlacken. Bei der Formulierung nach (7.84) ist angenommen, daß die Aktivitäten des MnO in der Schlacke und des Mn im Metall dem Henryschen Gesetz gehorchen. Für die Aktivität des Eisens im Metall kann man $a^*_{[Fe]} \approx a_{[Fe]} \approx 1$ setzen. Ferner kann näherungsweise, da (FeO) im Vergleich zu (MnO) in der Schlacke im Überschuß vorliegt und die Stoffübergangskoeffizienten beider Stoffe nahezu gleich sind, $a^*_{(FeO)} \approx a_{(FeO)}$ gesetzt werden. Dann folgt aus (7.84)

$$\frac{(MnO)^*}{[Mn]^*} \approx K_{Mn} a_{(FeO)}. \tag{7.85}$$

Während des Frischprozesses hat $a_{(FeO)}$ die Werte 0,3 bis 0,7 (vgl. Bild 2.27). Daraus folgt für die Gleichgewichtsverteilungszahl

$$\frac{(MnO)^*}{[Mn]^*} = K \approx 1{,}54 \text{ bis } 2{,}6.$$

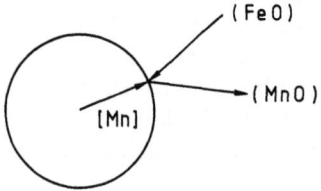

Bild 7.16 Transportvorgänge bei der Manganoxidation aus einem Eisentropfen durch eine eisenoxidhaltige Schlacke nach der Reaktion (FeO) + [Mn] = (MnO) + [Fe] (schematisch)

Gleichsetzen von (7.82) und (7.83) unter Berücksichtigung von (7.85) ergibt nach einigem Umrechnen

$$j_{[Mn]} = \beta_{tot} \left([Mn] - \frac{(MnO)}{K_{Mn} a_{(FeO)}} \right) \qquad (7.86)$$

mit

$$\beta_{tot} = \frac{1}{\frac{1}{\beta_{[Mn]}} + \frac{1}{\beta_{(MnO)} K_{Mn} a_{(FeO)}}} . \qquad (7.87)$$

Unterstellt man die gleichen Größenordnungen der Stoffübergangskoeffizienten im Metall und in der Schlacke wie bei der Entphosphorungsreaktion, so ergibt sich im Gegensatz zur Entphosphorungsreaktion, daß die Werte $\beta_{[Mn]}$ und $\beta_{(MnO)} K_{Mn} a_{(FeO)}$ und damit die Transportwiderstände auf den beiden Seiten der Phasengrenze ungefähr gleich groß sind. In diesem Fall müssen daher beide Widerstände berücksichtigt werden. Der Grund liegt in dem unterschiedlichen Wert der Verteilungskennzahl K im Vergleich zur Entphosphorungsreaktion. Das Beispiel zeigt, daß in jedem Einzelfall eine kinetische Analyse des Stofftransports an der Phasengrenze erforderlich ist, wenn Prozeßrechnungen der beschriebenen Art durchgeführt werden sollen.

7.3.3 Entschwefelung von Roheisen durch Einblasen von Kalk oder Calciumcarbid

Die Entschwefelung von Roheisen mit Kalk [7.61 – 7.64] und mit Calciumcarbid [7.65 – 7.69] sind Beispiele für Stoffumsätze in dispergierten Systemen, die in der Pfannenmetallurgie ablaufen. Beide Prozesse werden durch Einblasen von Kalkpulver oder von Calciumcarbid mit Zusätzen mit einem Trägergas in die zu behandelnde Schmelze durchgeführt. Dabei läuft eine transitorische Reaktion ohne Vermischung in dem dispergierten Extraktionsmittel ab.

7.3.3.1 Reaktionstechnische Analyse der Entschwefelung mit Kalk

Bei der Entschwefelung mit Kalk wird entweder ein inertes Gas oder Erdgas als Trägergas verwendet. Die Reaktionsgleichung lautet

$$\langle CaO \rangle + [S] = \langle CaS \rangle + [O]. \qquad (7.88)$$

Das Gleichgewicht dieser Reaktion ist in Abschn. 2.7.2, die Mikrokinetik in Abschn. 6.9 behandelt. Eine Analyse der Reaktion ist in [7.64] beschrieben.

Bei der Reaktion wächst an der Oberfläche des CaO-Korns eine CaS-Schicht auf. Der zeitliche Umsatz des Schwefels ist dann durch die beiden hintereinandergeschalteten Teilvorgänge des Transports vom Innern der Schmelze bis zur Oberfläche der CaS-Schicht und des Transports durch die CaS-Schicht (Bild 6.19) bestimmt. Die innerhalb der Verweilzeit der Kalkkörner in der Schmelze gewachsenen Reaktionsschichten sind bei geringen Schwefelgehalten in der Schmelze vergleichsweise dünn, so daß dann der Transport in der Schmelze der geschwindigkeitsbestimmende Teilschritt sein sollte. In der aufgewachsenen CaS-Schicht herrscht unter diesen Umständen kein nennenswerter Konzentrationsgradient, und das bedeutet, die Schicht ist im Gleichgewicht mit CaO. a_{CaO}^* und a_{CaS}^* sind konstant und nahezu gleich eins. Bei hohen Schwefelgehalten der Schmelze bilden sich dagegen dicke Reaktionsschichten auf den Körnern aus. In diesem Fall wird die Festkörperdiffusion durch die aufgewachsene CaS-Schicht geschwindigkeitsbestimmend sein. Die äußere Oberfläche der CaS-Schicht steht dann mit dem Schwefelgehalt im Innern der Schmelze im Gleichgewicht. Die beiden Bereiche mit unterschiedlicher Steuerung der Reaktiongeschwindigkeit werden nachfolgend behandelt.

Transport auf der Metallseite geschwindigkeitsbestimmend

Die Stoffstromdichte des Schwefels auf der Metallseite zum einzelnen Korn ist durch

$$j_{[S]} = \beta_{[S]}([S] - [S]^*) \tag{7.89}$$

gegeben. Hierbei ist $[S]^*$ der Schwefelgehalt des Metalls an der Phasengrenze zwischen Schmelze und aufgewachsener CaS-Schicht. Er beträgt nach den Rechnungen in Abschn. 6.9 bei 1300 °C $[S]^* = 0{,}52 \cdot 10^{-4}\,\%$. Dieser Wert ist gegenüber dem aktuellen Schwefelgehalt der Schmelze vernachlässigbar. Daher gilt

$$j_S = \beta_{[S]}[S]. \tag{7.90}$$

Die Stoffstromdichte j_S ist mit der zeitlichen Zunahme des mittleren Schwefelgehalts $[\overline{S}]_P$ des Korns über die Massenbilanz

$$j_S \left(\frac{F}{V}\right)_P = \frac{d[\overline{S}]_P}{dt} \tag{7.91}$$

verknüpft. Hierin ist $(F/V)_P$ das Oberfläche/Volumenverhältnis des Korns. Es hat für Kugeln den Wert $(F/V)_P = 6/\bar{d}_P$, wobei $\bar{d}_P$ der mittlere Korndurchmesser ist. Damit und mit (7.90) folgt

$$\frac{d[\overline{S}]_P}{dt} = \beta_{[S]} \frac{6}{\bar{d}_P}[S]. \tag{7.92}$$

Gleichung (7.92) entspricht (7.18) für den Fall, daß c_i^{II}/K wegen des großen Werts von K gleich null gesetzt werden kann.

Während der mittleren Verweilzeit $\bar{t}_V$ des Korns in der Schmelze kann die Konzentration der Schmelze $[S]$ als konstant angesehen werden. Gleichung (7.92) kann daher von $t=0$ bis $t=\bar{t}_V$ integriert werden. Mit $[\overline{S}]_P = 0$ bei $t=0$ und $[\overline{S}]_{PZ} =$ bei $t=\bar{t}_V$ folgt

$$[\overline{S}]_{PZ} = \beta_{[S]} \frac{6}{\bar{d}_P}[S]\bar{t}_V. \tag{7.93}$$

$[\overline{S}]_{PZ}$ ist der mittlere Schwefelgehalt, den das Korn besitzt, wenn es die Schmelze verläßt. Dieser Gehalt multipliziert mit dem Volumen des Korns und mit der

7.3 Stoffumsätze in dispergierten Systemen

Anzahl $\dot{n}_P$ der Körner, die je Zeiteinheit durch die Schmelze hindurchtreten, ist gleich der Abnahme der Schwefelmenge in der Schmelze

$$-V_M \frac{d[S]}{dt} = [\overline{S}]_{PZ} V_P \dot{n}_P \qquad (7.94)$$

mit V_M Volumen der Schmelze und V_P Volumen des Teilchens.
Mit

$$\dot{n}_P = \frac{\dot{m}_{CaO}}{V_P \varrho_{CaO}}, \qquad (7.95)$$

mit $V_M = m_M/\varrho_M$ und mit (7.93) folgt aus (7.94)

$$-\frac{d[S]}{dt} = \beta_{[S]} \frac{6}{d_P} \bar{t}_V \frac{\dot{m}_{CaO}}{m_M} \frac{\varrho_M}{\varrho_{CaO}} [S]. \qquad (7.96)$$

Hierin ist $\dot{m}_{CaO}$ eingeblasene Kalkmenge je Zeit, m_M Masse der Schmelze und ϱ_M, ϱ_{CaO} Dichte der Schmelze bzw. des CaO.

Die Integration von (7.96) ergibt den zeitlichen Verlauf der Entschwefelung der Schmelze. Mit $[S] = [S]_0$ bei $t = 0$ folgt daher

$$\frac{[S]}{[S]_0} = \exp(-kt) \qquad (7.97)$$

mit

$$k = \beta_{[S]} \frac{6}{d_P} \bar{t}_V \frac{\dot{m}_{CaO}}{m_M} \frac{\varrho_M}{\varrho_{CaO}}. \qquad (7.98)$$

Gleichung (7.98) hat die gleiche Bedeutung wie (7.22). Der Ausdruck $\dot{m}_{CaO}\varrho_M/m_M\varrho_{CaO}$ entspricht dort dem Ausdruck $\Sigma V_T/V^I \bar{t}_V$. Die Gleichung (7.98) ist der Spezialfall für

$$\frac{\beta_{tot}}{K}\left(\frac{F}{V}\right)_T \bar{t}_V \ll 1.$$

Dieser Spezialfall ist erfüllt, weil bei der Entwicklung von (7.93) $[S]^* = 0$ gesetzt worden war. Dies ist zulässig, solange die Oberfläche der aufgewachsenen CaS-Schicht im Gleichgewicht mit dem CaO steht. Die Kapazität der extrahierenden Phase ist dann als unendlich groß anzusehen. Die Reaktion läuft weitab vom Gleichgewicht. Wie (7.98) zeigt, ist die Entschwefelungsgeschwindigkeit der spezifischen Blasrate des Kalks $\dot{m}_{CaO}/m_M$, ausgedrückt z.B. in kg CaO/t·min, und der Verweilzeit der Kalkkörner direkt proportional und dem Kalkkorndurchmesser indirekt proportional. Da die Reaktion weitab vom Gleichgewicht verläuft, wirkt die Verweilzeit hier stärker als bei der Entphosphorungsreaktion. Um (7.97) und (7.98) benutzen zu können, müssen der Stoffübergangskoeffizient $\beta_{[S]}$ und die mittlere Verweilzeit $\bar{t}_V$ bekannt sein. Für den Stoffübergangskoeffizienten wurde mit (6.60) der Wert $\beta_{[S]} = 6,3 \cdot 10^{-5}$ m/s bestimmt [7.64]. Die Verweilzeit kann nicht direkt ermittelt werden, da über das Verhalten eingeblasener Teilchen in dieser Hinsicht noch nicht genügend bekannt ist. Aus Messungen der Entschwefelung an 165-t-Pfannen [7.62] (Bild 7.17) ergab sich jedoch eine

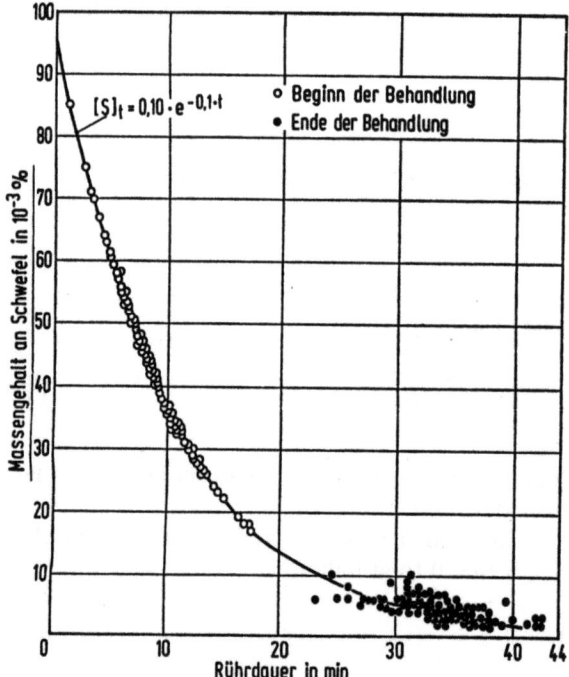

Bild 7.17 Abnahme des Schwefelgehalts im Roheisen in Abhängigkeit von der Behandlungsdauer beim Einrühren von Kalkkörnern in eine 150-t-Roheisenschmelze nach [7.62]

Zeitkonstante k der Gesamtreaktion von $0,1$ min^{-1}. Daraus errechnet sich mit der dort verwendeten spezifischen Einblasrate $\dot{m}_{CaO}/m_M$ von $0,5$ kg/t min und dem oben angegebenen Stoffübergangskoeffizienten aus (7.98) eine Verweilzeit $\bar{t}_V = 39$ s. Diese Zeit hängt im wesentlichen von den Strömungsverhältnissen im Reaktor ab.

Festkörperdiffusion durch die wachsende Calciumsulfidschicht geschwindigkeitsbestimmend

Reaktorbau und Betriebsart legen die mittlere Verweildauer der Kalkpartikel in der Schmelze als kennzeichnende Zeitgröße fest. Bei hohen Schwefelgehalten ist dann zu erwarten, daß sich innerhalb der Verweilzeit vergleichsweise dicke Reaktionsschichten auf den Kalkkörnern bilden. Unter diesen Bedingungen bestimmt die Festkörperdiffusion durch die wachsende Calciumsulfidschicht den Ablauf der Entschwefelungsreaktion. Zwischen der Oberfläche der Calciumsulfidschicht und dem Schwefel- und Siliciumgehalt im Innern der Eisenschmelze herrscht dann Gleichgewicht. Die Aktivität des CaS in der Oberfläche der Schicht ist wegen der geringen Löslichkeit des CaO im CaS auch jetzt nahezu gleich eins. Jedoch ist die Aktivität des CaO wesentlich kleiner als eins und durch (6.89) gegeben. Für [Si] $= 0,5$ %, [S] $= 0,03$ %, $f_{[S]} \approx 5$ und $K_{Ca_2SiO_4} = 5,38 \cdot 10^3$ (vgl. Abschn. 6.9) folgt aus (6.89): $a_{CaO,0} = 4,2 \cdot 10^{-2}$. Während der Verweilzeit eines Kalkkorns in der Schmelze sind der Schwefel- und der Siliciumgehalt der

Schmelze nahezu konstant. Daher ist nach (6.89) auch $a_{\text{CaO},0}$ konstant. Auf der Innenseite der CaS-Schicht sind die Aktivitäten wegen der CaO-Sättigung ohnehin fest eingestellt. Unter diesen Bedingungen gehorcht das Wachstum der Reaktionsschicht einem parabolischen Zeitgesetz. Für den Zusammenhang zwischen der Schichtdicke ξ und der Reaktionszeit t gilt nach (6.79)

$$\xi = (2V_{\text{CaS}}k_{\text{R}}t)^{1/2}, \tag{7.99}$$

mit V_{CaS} Molvolumen des CaS und k_{R} rationelle Reaktionskonstante.

Die rationelle Reaktionskonstante ist theoretisch durch (6.91) bzw. praktisch bei 1 300 °C durch (6.92) gegeben. Mit (6.92) kann die von einem Kalkkorn abgebundene Schwefelmenge nunmehr ermittelt werden. Sie beträgt, wie eine geometrische Betrachtung zeigt,

$$[\overline{S}]_{\text{PZ}}V_{\text{P}} = c_{\text{S}}\pi \overline{d}_{\text{P}}^2 \xi_{\overline{t}_{\text{v}},t}\left[1 - 2\frac{\xi_{\overline{t}_{\text{v}},t}}{\overline{d}_{\text{P}}} + \frac{4}{3}\left(\frac{\xi_{\overline{t}_{\text{v}},t}}{\overline{d}_{\text{P}}}\right)^2\right] \tag{7.100}$$

mit c_{S} Schwefelgehalt der CaS-Schicht und $\xi_{\overline{t}_{\text{v}},t}$ in der Verweilzeit $\overline{t}_{\text{V}}$ zur Zeit t entstandene CaS-Schichtdicke.

Die Größe c_{S} ist in guter Näherung gleich dem reziproken Wert des Molvolumens des CaS, da die Schicht nahezu ausschließlich aus CaS besteht. Solange $\xi_{\overline{t}_{\text{v}},t} \ll \overline{d}_{\text{P}}$ ist, vereinfacht sich (7.100) zu

$$[\overline{S}]_{\text{PZ}}V_{\text{P}} = c_{\text{S}}\pi \overline{d}_{\text{P}}^2 \xi_{\overline{t}_{\text{v}},t}. \tag{7.101}$$

Einsetzen von (7.99) mit $t = \overline{t}_{\text{V}}$ führt (7.101) in

$$[\overline{S}]_{\text{PZ}}V_{\text{P}} = \pi \overline{d}_{\text{P}}^2 c_{\text{S}}(2V_{\text{CaS}}\overline{t}_{\text{V}}k_{\text{R}})^{1/2} \tag{7.102}$$

über. Mit (7.94) und (7.95) folgt hieraus für die Entschwefelungsgeschwindigkeit der Schmelze

$$-\frac{\text{d}[S]}{\text{d}t} = \frac{\dot{m}_{\text{CaO}}}{m_{\text{M}}}\frac{\varrho_{\text{M}}}{\varrho_{\text{CaO}}}\frac{6}{\overline{d}_{\text{P}}}c_{\text{S}}(2V_{\text{CaS}}\overline{t}_{\text{V}}k_{\text{R}})^{1/2}. \tag{7.103}$$

Aus dieser Gleichung geht hervor, daß auch bei steuernder Festkörperdiffusion die Entschwefelungsgeschwindigkeit der spezifischen Blasrate des CaO direkt und dem Korndurchmesser indirekt proportional ist. Im Vergleich zu (7.96) für geschwindigkeitsbestimmenden Transport auf der Stufe der Schmelze ergibt sich hier jedoch eine andere Abhängigkeit von der Verweilzeit $\overline{t}_{\text{V}}$ und von dem momentanen, in die Größe k_{R} eingehenden Schwefelgehalt. Der Einfluß des Schwefelgehalts der Schmelze auf die Entschwefelungsgeschwindigkeit ist jetzt sehr schwach. Der Schwefelgehalt beeinflußt den Wert der rationellen Reaktionskonstanten, indem er die Aktivität $a_{\text{(CaO)},0}$ an der äußeren Oberfläche der CaS-Schicht in (6.87) festlegt. Da $a_{\text{(CaO)},0}$ klein gegen eins ist, wirkt sich eine Änderung seines Werts kaum auf den Wert der rationellen Reaktionskonstanten aus. Die Entschwefelungsgeschwindigkeit wird damit in bezug auf den Schwefelgehalt der Schmelze nahezu nullter Ordnung. Der Einfluß der Verweilzeit geht wegen des parabolischen Wachstumsgesetzes der Schicht nunmehr mit der Quadratwurzel ein.

Unter Benutzung der Zahlengleichung (6.92) für die rationelle Reaktionskonstante k_R kann die Entschwefelungsgeschwindigkeit unter Verwendung von Betriebsdaten mit (7.103) berechnet werden. Dabei ist die Verweilzeit $\bar{t}_V$ wiederum ein Anpassungsparameter. Auf diese Weise durchgeführte Modellrechnungen [7.64] ergeben eine gute Übereinstimmung mit Betriebsergebnissen bei hohen Schwefelgehalten der Schmelze, wenn $\bar{t}_V = 78$ s gesetzt wird. Dieser Wert ist doppelt so groß wie der oben für geschwindigkeitsbestimmenden Transport in der Schmelze ermittelte. Eine genauere Übereinstimmung zwischen Modellrechnungen und Betriebsdaten kann nicht erwartet werden, wenn man die verbliebenen Unsicherheiten berücksichtigt. Mit $\bar{t}_V = 78$ s, $\dot{m}_{CaO}/m_M = 0,5$ kg/min t und mit $\bar{d}_P = 1,4 \cdot 10^{-2}$ cm folgt

$$-\frac{d[S]}{dt} = 2,52 \cdot 10^{-3}(4,92 + \lg[S])^{1/2}. \qquad (7.104)$$

Kopplung der Teilschritte

In Bild 7.18 sind Meßergebnisse der Entschwefelungsgeschwindigkeit in Abhängigkeit vom Schwefelgehalt der Schmelze für eine Temperatur von 1 300 °C gezeigt [7.64]. Außerdem sind berechnete Kurven nach (7.97) mit $k = 0,1$ min^{-1} und nach (7.104) eingetragen. Aus dem Bild geht hervor, daß die beiden Teilschritte der Reaktion bei 0,05 % S die gleiche Geschwindigkeit haben. Bei höheren Schwefelgehalten verläuft der Transport durch die aufgewachsene CaS-Schicht langsamer als der Transport in der Schmelze. Bei kleineren Schwefelgehalten sind die Verhältnisse umgekehrt. Dementsprechend wird die Entschwefelung bei hohen Schwefelgehalten durch den Feststofftransport und bei niedrigen Schwefelgehalten durch den Transport in der Schmelze als dem jeweils langsamsten Teilschritt gesteuert.

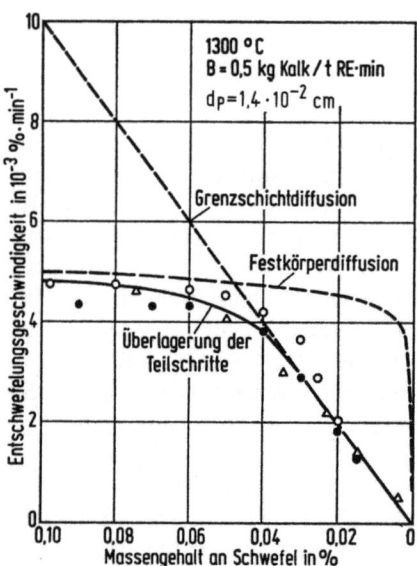

Bild 7.18 Reaktionsteilschritte bei der Entschwefelung von Roheisen mit Kalk und Erdgas bei 1 300 °C nach [7.64]. *RE* Roheisen, *B* spezifische Einblasrate

Beim tatsächlichen Ablauf der Entschwefelung sind die beiden Teilschritte mit ihren jeweiligen Widerständen hintereinandergeschaltet und durch die Gleichgewichtsbedingung an der Phasengrenze gekoppelt. Für die Stoffstromdichte auf der Metallseite gilt

$$j_S = \beta_{[S]}([S] - [S]_i) \tag{7.105}$$

mit $[S]_i$ Schwefelgehalt an der Phasengrenze.
Für die Stoffstromdichte auf der Festkörperseite gilt

$$j_S = Z(4{,}92 + \lg[S]_i)^{1/2} \tag{7.106}$$

mit Z als konstanter Abkürzungsgröße. Die beiden Stoffstromdichten sind gleich. Aus dieser Bedingung kann der Schwefelgehalt der Schmelze an der Phasengrenze bestimmt werden. Eine explizite Lösung ist nicht möglich. Sie muß iterativ erfolgen. Mit dem so ermittelten Wert $[S]_i$ kann dann die Entschwefelungsgeschwindigkeit unter Berücksichtigung beider Teilschritte berechnet werden. Das Ergebnis ist in Bild 7.18 als durchgezogene Kurve gezeichnet [7.64]. Bei niedrigen Schwefelgehalten fällt diese Kurve mit derjenigen für Transport in der Schmelze als geschwindigkeitsbestimmendem Schritt, bei hohen Schwefelgehalten mit derjenigen für Festkörpertransport zusammen. Dazwischen gibt es ein Übergangsgebiet, wo beide Teilschritte die Geschwindigkeit bestimmen.

7.3.3.2 Entschwefelung mit Calciumcarbid

Eine vergleichbare reaktionstechnische Rechnung ist auch bei der Entschwefelung mit Calciumcarbid möglich. Die Berechnung des Stofftransports in der Metallphase erfolgt wie beim Kalk mit (7.96). Für die Bestimmung der Konzentration des Schwefels im Carbid ist (6.67) anzuwenden. Wie bei der Entphosphorung ergibt sich der Stoffübergangskoeffizient auf der Feststoffseite aus (6.69). Man hat auch hier zu erwarten, daß bei niedrigen Schwefelgehalten der Transport auf der Feststoffseite die Geschwindigkeit bestimmt.

7.4 Entkohlungsreaktion

Die Kinetik der Entkohlung ist vielfach untersucht worden [7.14, 7.16, 7.35, 7.37, 7.70–7.75]. Experimentelle Untersuchungen in Versuchskonvertern [7.16, 7.70–7.72] ergaben eine Aufteilung des Entkohlungsverlaufs in zwei Hauptbereiche:

1. Bei Kohlenstoffkonzentrationen oberhalb eines kritischen Werts $[C]_{krit}$ ist die Entkohlungsgeschwindigkeit vom Kohlenstoffgehalt unabhängig und nur vom Sauerstoffeintrag und dessen Ausnutzung bestimmt. Der kritische Kohlenstoffgehalt der Schmelze $[C]_{krit}$ liegt nach Literaturangaben [7.70–7.72] im Bereich von 0,1 bis 0,6 %, wobei die größeren Werte bei höherem Sauerstoffangebot gelten.

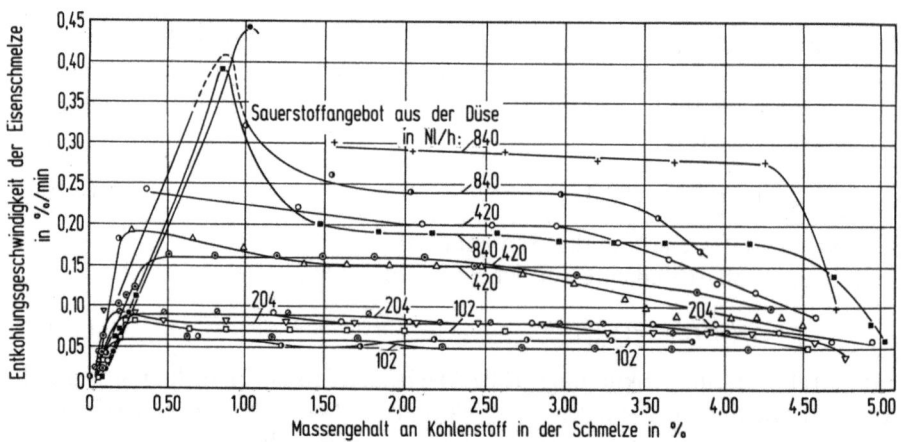

Bild 7.19 Entkohlungsgeschwindigkeiten in Abhängigkeit vom Kohlenstoffgehalt der Schmelzen beim Aufblasen unterschiedlicher Sauerstoffmengen je Zeit auf 5 kg-Eisen-Kohlenstoff-Schmelzen im Induktionstiegelofen nach [7.70]

2. Sinkt die Kohlenstoffkonzentration unter den kritischen Wert, geht die Entkohlung in eine Reaktion 1. Ordnung über, und die Entkohlungsgeschwindigkeit ist direkt proportional dem Kohlenstoffgehalt. In diesem Gebiet begrenzt der Stofftransport des Kohlenstoffs die Reaktionsgeschwindigkeit.

Bild 7.19 zeigt hierzu an einem Laborofen gewonnene Ergebnisse von [7.70]. Nach kurzer Anlaufzeit stellt sich eine vom Sauerstoffangebot abhängige, aber vom Kohlenstoffgehalt unabhängige Entkohlungsgeschwindigkeit ein. Sie geht bei einem kritischen C-Grenzgehalt in eine Abhängigkeit $d[C]/dt \sim [C]$ über.

Örtlich läuft die Entkohlungsreaktion unter betrieblichen Bedingungen, wie im Abschn. 7.3.2.1 ausgeführt ist, über Kohlenmonoxidblasen in der Schmelze ab. Die Blasen stellen die für die hohe Entkohlungsgeschwindigkeit notwendige Austauschfläche bereit. Damit der benötigte Sauerstoff schnell genug herangeführt wird, sind Eisenoxidtropfen in der Schmelze emulgiert. Ein Modell zur Beschreibung der Entkohlungsreaktion muß von diesen örtlichen Bedingungen ausgehen und als Ergebnis u.a. den beschriebenen Verlauf der Entkohlung in den beiden Hauptbereichen der Kohlenstoffkonzentration liefern. Ein solches Modell wurde in [7.35] vorgeschlagen, von [7.76] weiterentwickelt und auf die Kohlenstoff-Sauerstoff-Reaktion bei der Kohlevergasung im Eisenbad angewendet. Die Grundzüge des Modells werden nachfolgend beschrieben. Das Modell geht davon aus, daß die CO-Blasen von emulgierten FeO-Tropfen umgeben sind, wie es in Bild 7.20 gezeigt ist und daß Kohlenstoff und Sauerstoff in der dort gezeigten Weise zur CO-Blase diffundieren. An der Phasengrenze zu den FeO-Tropfen ist die Schmelze an Sauerstoff gesättigt, an der Phasengrenze zur CO-Blase herrscht das Kohlenstoff-Sauerstoff-Gleichgewicht. Entsprechend besteht ein Konzentrationsgefälle des Sauerstoffs zwischen den Tropfen und der Blase. Das Konzentrationsfeld des Kohlenstoffs im Gebiet zwischen den FeO-Tropfen und der CO-Blase stellt sich so ein, daß der Stoffstrom des Kohlenstoffs und der des Sauerstoffs an der Blasenoberfläche stöchiometrisch äquivalent sind. Zur mathe-

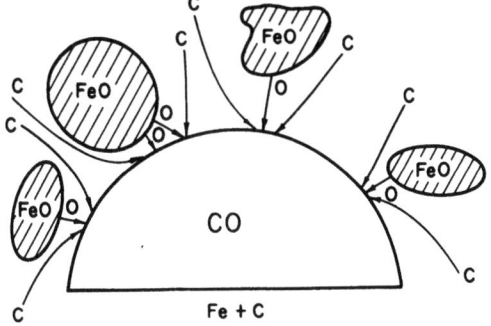

Bild 7.20 Mögliche Wege der Diffusion von Kohlenstoff und Sauerstoff an die Oberfläche einer CO-Blase in einer Emulsion von FeO-Tropfen in Eisen (schematisch) nach [7.35]

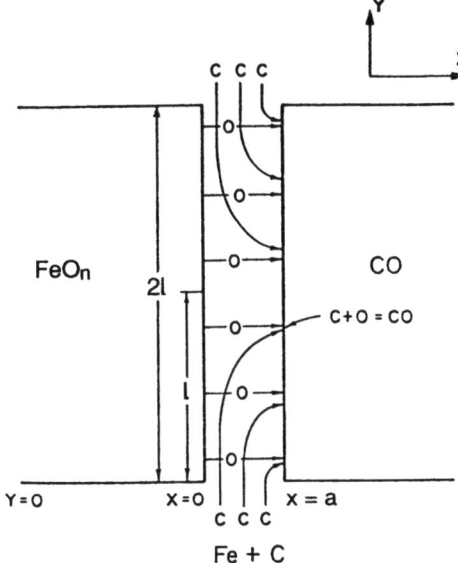

Bild 7.21 Schematische Darstellung des Dreiphasengebiets FeO, Fe und CO-Blase mit den Transportwegen des Sauerstoffs und des Kohlenstoffs nach [7.35]

matischen Behandlung des Modells sind Vereinfachungen der geometrischen Verhältnisse notwendig. Eine solche Vereinfachung ergibt das schematische Bild 7.21. Hier diffundiert der Sauerstoff von dem Eisenoxidtropfen über eine Strecke a zur Gasblase, während der Kohlenstoff senkrecht dazu in den Zwischenraum eindiffundiert und unterwegs durch Übergang in die Gasblase verbraucht wird. Die maximale Diffusionstrecke des Kohlenstoffs bis zur Mitte des Zwischenraums beträgt l, die Gesamtlänge des Zwischenraums ist $2l$. Ein Koordinatensystem ist so gelegt, daß die x-Richtung der a- und die y-Richtung der l-Richtung entspricht. Es wird angenommen, daß sich das System im stationären Zustand befindet. Für den Kohlenstoff gilt dann in jeder Ebene y, daß die Divergenz der Diffusionsstromdichte des Kohlenstoffs gleich der in dieser Ebene durch Reaktion mit dem Sauerstoff verbrauchten Kohlenstoffmenge ist

$$\frac{12}{16}\frac{1}{a}j_O = D_C \frac{\partial^2 [C]}{\partial y^2} . \tag{7.107}$$

j_O ist die Stoffstromdichte des Sauerstoffs.

Mit

$$j_O = -D_O \frac{\partial [O]}{\partial x} \qquad (7.108)$$

folgt

$$D_C \frac{\partial^2 [C]}{\partial y^2} + \frac{1}{a}\frac{12}{16} D_O \frac{\partial [O]}{\partial x} = 0. \qquad (7.109)$$

Für die Diffusion des Sauerstoffs gilt ferner

$$D_O \frac{\partial^2 [O]}{\partial x^2} = 0. \qquad (7.110)$$

Mit Hilfe von (7.109) und (7.110) können die Konzentrationsverläufe berechnet werden. Die Randbedingungen lauten

$[C] = [C]_B$ für $y = 0$;
$[O] = [O]^*$ für $x = 0$;
$[C] \cdot [O] = K_C p_{CO}$ für $x = a$;
$\partial [C]/\partial y = 0$ für $y = l$.

Hierbei ist $[C]_B$ die Kohlenstoffkonzentration im Bad und $[O]^*$ die Sauerstoffkonzentration im Gleichgewicht mit FeO_n. Gleichung (7.109) und (7.110) müssen gleichzeitig gelöst werden. Die Lösung von (7.110) lautet

$$[O] = [O]^* + B(y)x, \qquad (7.111)$$

wobei $B(y)$ eine noch unbekannte Funktion von y ist. Jedoch kann mit der dritten Randbedingung $B(y)$ als Funktion von $[C]$ ausgedrückt werden

$$B(y) = \frac{1}{a}\left[\frac{K_C p_{CO}}{[C]} - [O]^*\right]. \qquad (7.112)$$

Mit der dimensionslosen Koordinate $\xi = y/l$ und unter Beachtung von $d[O]/dx = B(y)$ folgt aus (7.109)

$$\frac{\partial^2 [C]}{\partial \xi^2} = F_g\left[\beta - \frac{\alpha}{[C]}\right] \qquad (7.113)$$

mit

$$F_g = \frac{12}{16}l^2/a^2; \quad \beta = \frac{D_O}{D_C}[O]^*; \quad \alpha = \frac{D_O}{D_C}K_C p_{CO}.$$

Gleichung (7.113) kann numerisch gelöst werden. Bild 7.22 zeigt die Stoffstromdichte des Kohlenstoffs $D_C(d[C]/dy)_{y=0}$ in der Ebene $y = 0$ als Funktion des Kohlenstoffgehalts mit dem geometrischen Faktor F_g als Parameter. Diese Stoffstromdichte kennzeichnet die Entkohlungsgeschwindigkeit an einer Einzelblase. Bei konstanter Konzentration von Gasblasen und FeO-Tropfen in der Schmelze ist sie proportional der Gesamt-Entkohlungsgeschwindigkeit, so daß das Bild insofern die Abhängigkeit der Entkohlungsgeschwindigkeit vom Kohlenstoffgehalt wiedergibt. Bei der Berechnung wurden folgende Werte eingesetzt: $[O]^* = 0,1\%$; $D_O/D_C = 1$; $K_C p_{CO} = 2 \cdot 10^{-3} [\%]^2$.

7.4 Entkohlungsreaktion   385

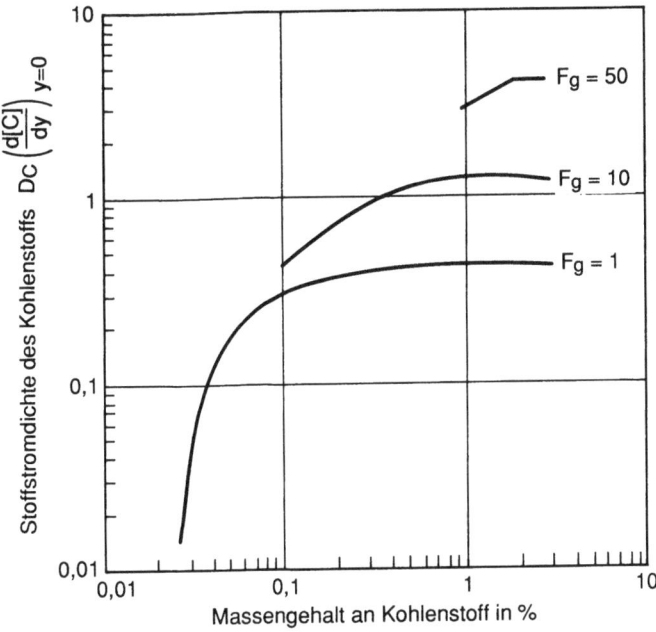

Bild 7.22 Berechnete Stoffstromdichte des Kohlenstoffs in Abhängigkeit vom Kohlenstoffgehalt für verschiedene Werte des Geometriefaktors F_g nach [7.35]

Bild 7.22 zeigt bei hohen Kohlenstoffgehalten eine vom Kohlenstoffgehalt unabhängige Entkohlungsgeschwindigkeit. Der Umsatz wird hier allein von der angebotenen Sauerstoffmenge bestimmt. In (7.113) ist dann $\beta \gg \alpha/[C]$, und der Sauerstofftransport vom Tropfen zur Blase bestimmt den Umsatz. Unterhalb eines bestimmten Kohlenstoffgehalts nimmt die Entkohlungsgeschwindigkeit ab und wird vom Kohlenstoffgehalt abhängig. Hier ist $\beta \ll \alpha/[C]$, und die Nachlieferung des Kohlenstoffs aus der Schmelze bestimmt den Umsatz. Mit größer werdendem Wert des geometrischen Faktors F_g, der ein Maß für den Emulgierungsgrad der Schlackentröpfchen und der Blasen in der Schmelze ist, nimmt die Entkohlungsgeschwindigkeit zu. Zugleich wird der Bereich, an dem die Entkohlungsgeschwindigkeit vom Kohlenstoffgehalt abhängig zu werden beginnt, wegen des höheren Gesamtumsatzes früher erreicht.

Aus der Tatsache, daß die Entkohlungsgeschwindigkeit bei geringen Kohlenstoffgehalten mit abnehmendem Kohlenstoffgehalt der Schmelze kleiner wird, folgt, daß der von den FeO-Tropfen an das flüssige Eisen abgegebene Sauerstoff nicht mehr vollständig für die Reaktion mit dem Kohlenstoff verbraucht wird und der Sauerstoffgehalt der Schmelze daher ansteigt. Am Ende des Frischens verbleibt ein gewisser Sauerstoffgehalt in der Schmelze. Sein Wert stellt sich nach dem Aufhören der äußeren Sauerstoffzufuhr so ein, daß am Ende der Reaktion annähernd das Kohlenstoff-Sauerstoff-Gleichgewicht entsprechend einem Druck von rd. 1,5 bar eingestellt ist.

Aufbauend auf den beschriebenen Ergebnissen wurde das Modell in [7.76] weiterentwickelt und auf die Bedingungen der Kohlevergasung in einem boden-

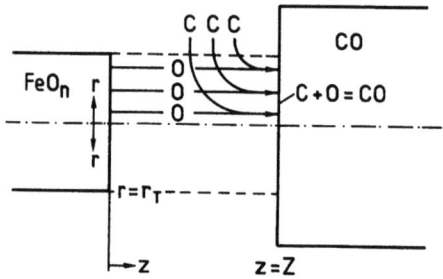

Bild 7.23 Schematische Darstellung des Dreiphasengebiets FeO, Fe und CO-Blase mit den Transportwegen des Sauerstoffs und Kohlenstoffs nach [7.76]

blasenden Sauerstoffkonverter angewendet. Die Kohlenstoff-Sauerstoff-Reaktion läuft hier in gleicher Weise wie beim Frischen ab, jedoch wegen der ständigen Nachlieferung von Kohle stationär bei konstantem Kohlenstoffgehalt der Schmelze. Ausgehend von Bild 7.22 werden die kugelförmigen FeO-Tropfen und die kalottenförmigen Gasblasen durch zylinderförmige Körper, deren plane Flächen sich gegenüberstehen, angenähert (Bild 7.23). Das System wird entsprechend in zylindrischen Koordinaten dargestellt. Zu berechnen ist der radiale Konzentrationsverlauf des Kohlenstoffs zwischen den sich gegenüberstehenden Flächen des FeO-Tropfens und der Blase. Dieser Bereich wird, wie Bild 7.23 zeigt, von der Mantelfläche $A = 2\pi r_T Z$ eingehüllt. r_T ist der Tropfendurchmesser und Z der Abstand der Tropfen von der Blasenoberfläche. Die Mantelfläche trennt das äußere Schmelzenvolumen von dem Reaktionsbereich zwischen Tropfen und Blase. Aus dem Konzentrationsgradienten an der Stelle $r = r_T$ folgt der Kohlenstoffstrom, der an der Blasenoberfläche zu CO umgesetzt wird. Die Rechnung, die in der gleichen Weise wie bei [7.35] durchgeführt wird, liefert dann eine zu (7.113) analoge Beziehung, die in Zylinderkoordinaten die Form

$$\frac{1}{\xi}\frac{\partial}{\partial \xi}\left[\xi \frac{\partial [C]}{\partial \xi}\right] = F_g\left(k_1 - \frac{k_2}{[C]}\right), \quad 0 \leq \xi \leq 1 \tag{7.114}$$

mit

$$F_g = \frac{12}{16}\frac{r_T^2}{Z^2}; \quad k_1 = \frac{D_{O,\text{eff}}}{D_{C,\text{eff}}}[O]^*, \tag{7.115}$$

$$k_2 = \frac{D_{O,\text{eff}}}{D_{C,\text{eff}}} K_C p_{CO}; \quad \xi = \frac{r}{r_T} \tag{7.116}$$

annimmt.

$D_{O,\text{eff}}$ und $D_{C,\text{eff}}$ sind die effektiven Diffusionskoeffizienten des Sauerstoffs und des Kohlenstoffs. Sie hängen vom Turbulenzgrad der Schmelze ab. Für K_C gilt die Zahlenwertgleichung

$$\lg K_C = -\frac{1\,160}{T} + 0{,}19[C] - 2{,}0 \tag{7.117}$$

(s. (2.61)). Die Konzentrationen von Kohlenstoff und Sauerstoff sind hier als Massengehalt in % auszudrücken. Aus (7.117) folgt bei 1 500 °C $K_C = 0{,}0022$ bei $[C] = 0$ und $K_C = 0{,}0198$ bei $[C] = 5\%$. Für den Partialdruck p_{CO} wurde

7.4 Entkohlungsreaktion

näherungsweise $p_{CO} = 1$ bar angesetzt. Einerseits enthalten die Gasblasen rd. 25 % H_2, andererseits liegt der Druck in den Blasen zwischen 1,17 und 1,5 bar. Für die Berechnung der Reaktionsgeschwindigkeit wird das Vorhandensein von reinen FeO-Tropfen vorausgesetzt.

Die Gleichung (7.114) wurde numerisch mit den Randbedingungen

$$\frac{\partial [C]}{\partial \xi} = 0 \quad \text{bei } \xi = 0, \tag{7.118}$$

$$[C] = C - \text{Gehalt der Schmelze bei } \xi = 1 \tag{7.119}$$

gelöst. Das Ergebnis entspricht dem in Bild 7.22 gezeigten.

Unter der Bedingung der Kohlevergasung im Eisenbad beträgt der Kohlenstoffgehalt der Schmelze rd. 2 %. Dann ist die rechte Seite von (7.114) nahezu konstant, und die Gleichung kann einfach integriert werden. Mit der Randbedingung (7.118) ergibt sich

$$\frac{d(C)}{d\xi} = \frac{1}{2} F_g \left(k_1 - \frac{k_2}{[C]} \right). \tag{7.120}$$

Mit $D_{O,eff}/D_{C,eff} = D_O/D_C$, mit $D_O = 1{,}28 \cdot 10^{-8}$ m²/s [7.77] und $D_C = 2{,}56 \cdot 10^{-8}$ m²/s [7.77], mit $[O]^* = 0{,}15$ % [7.77] mit (7.117) und mit $p_{CO} = 1$ bar folgt für $[C] = 2$ % am äußeren Rand des Reaktionsbereichs, also bei $\xi = 1$

$$\frac{d[C]}{d\xi} = 0{,}0368 F_g. \tag{7.121}$$

Ausgehend von dieser Gleichung kann der Umsatz des Kohlenstoffs an der Einzelblase berechnet werden. Der Stoffstrom des Kohlenstoffs ist

$$\dot{m}_C = A D_{C,eff} \frac{d[C]}{dr} \frac{\varrho_M}{100} \quad \text{in kg/s}. \tag{7.122}$$

Hierin ist A die Mantelfläche, durch die der Kohlenstoffstrom fließt. Einsetzen von (7.121) in (7.122) mit den oben gegebenen Definitionen von F_g und ξ sowie den angegebenen Zahlenwerten ergibt mit $A = 2\pi r_T Z$ (vgl. Bild 7.23) für den Stoffstrom des Kohlenstoffs an der Stelle $r = r_T$

$$\dot{m}_C = 0{,}0553 \frac{\varrho_M}{100} \pi D_{C,eff} \frac{r_T^2}{Z} \quad \text{in kg/s}. \tag{7.123}$$

Der Stoffstrom des Sauerstoffs ist

$$\dot{m}_O = A' D_{O,eff} \frac{d[O]}{dz} \frac{\varrho_M}{100} \quad \text{in kg/s}. \tag{7.124}$$

Wenn $[C] = 2$ % ist, kann der Gleichgewichtssauerstoffgehalt an der Blasenoberfläche gegenüber $[O]^*$ vernachlässigt werden. Dann ist $d[O]/dz = [O]^*/Z$. Mit diesem Wert und mit der Querschnittsfläche $A' = \pi r_T^2$ (vgl. Bild 7.23) folgt für den Stoffstrom des Sauerstoffs an einem Tropfen

$$\dot{m}_O = \pi D_{O,eff} [O]^* \frac{\varrho_M}{100} \frac{r_T^2}{Z} \quad \text{in kg/s}. \tag{7.125}$$

Für das Verhältnis $\dot{m}_C/\dot{m}_O$ folgt mit den oben angegebenen Werten: $\dot{m}_C/\dot{m}_O = 0{,}74$. Dieser Wert stimmt gut mit dem theoretisch zu erwartenden $\dot{m}_C/\dot{m}_O = 12/16 = 0{,}75$ überein. In (7.123) und (7.125) ist Z der Mittelwert des Abstands eines FeO-Tropfens von einer CO-Blase. Bei einem vorgegebenen mittleren Abstand S der CO-Blasen voneinander und bei einem bestimmten Durchmesser r_T der FeO-Tropfen kann Z aus geometrischen Gründen nur Werte zwischen einem Maximalwert Z_{max} und einem Minimalwert Z_{min} annehmen. Ferner ist der Gesamtkohlenstoffstrom durch die Anzahl der FeO-Tropfen je Blase gegeben. Wegen der Einzelheiten der geometrischen Modellierung sei auf [7.76] verwiesen. Mit dieser Modellierung folgt aus (7.123) für den volumenbezogenen Reaktionsstrom $\dot{m}_C$ des Kohlenstoffs in kg/m³s der Ausdruck

$$\dot{m}_{C,V} = 0{,}0553 \pi D_{C,eff} \frac{\varrho_M}{100} N_{T,\Sigma} r_T^2 \frac{\ln \dfrac{Z_{max}}{Z_{min}}}{Z_{max} - Z_{min}} \quad (7.126)$$

mit $N_{T,\Sigma}$ Anzahl der FeO-Tropfen je m³ Schmelze

$$N_{T,\Sigma} = \frac{1}{100} \frac{\varrho_M}{\varrho_{FeO}} \frac{3}{4\pi} \frac{(\% \text{ FeO})}{r_T^3}. \quad (7.127)$$

In (7.126) bedeuten [7.76]

$$Z_{min} = (1 - \sqrt{0{,}5}) r_T; \quad Z_{max} = \frac{S}{2} - (r_T - Z_{min}),$$

$$S = \frac{1 - \chi_j}{\chi_j} d_B,$$

mit χ_j = Gasanteil der Schmelze = $V_G/(V_M + V_G)$, und d_B Äquivalentdurchmesser der als kugelförmig angenommenen Blasen.

Für die Bestimmung des Blasendurchmessers d_B mußte, da über die Blasengrößen im Konverter keine direkten Meßwerte verfügbar sind, auf theoretische Betrachtungen des Gleichgewichts zwischen Zerfall und Koaleszenz der Blasen und auf Beobachtungen beim Siemens-Martin-Verfahren zurückgegriffen werden. Eine Koaleszenz von Blasen tritt auf, wenn diese sich direkt berühren, ein Zerfall tritt auf, wenn der Blasendurchmesser über einen kritischen Wert hinauswächst, der von den Strömungsbedingungen und von den Stoffwerten abhängt. In Abhängigkeit von den gegenläufigen Einflußgrößen der Koaleszenz und des Zerfalls stellt sich im Blasenschwarm ein mittlerer Gleichgewichtsdurchmesser d_B ein. Von verschiedenen Forschern werden Beziehungen für diesen Durchmesser angegeben [7.78–7.81], die zu unterschiedlichen Werten von d_B führen. Aufgrund von Messungen über Blasengrößen im Siemens-Martin-Ofen [7.82] ergibt sich ein mittlerer Äquivalentdurchmesser der Blasen von 2,1 cm (s. hierzu auch Abschn. 5.3.3 sowie Bild 7.7 und 7.8).

Für die effektiven Diffusionskoeffizienten $D_{C,eff}$ und $D_{O,eff}$ kann man aufgrund von Literaturangaben [7.83, 7.84] annehmen, daß sie infolge der herrschenden Turbulenz gleich dem zweifachen der entsprechenden molekularen Diffusionskoeffizienten sind.

7.4 Entkohlungsreaktion

Mit (7.125) kann zunächst die Auflösungszeit der FeO-Tropfen berechnet werden. Da

$$\dot{m}_O = \varrho_{FeO} 4\pi r_T^2 \frac{dr_T}{dt} \qquad (7.128)$$

ist, folgt aus (7.125) und (7.128)

$$\frac{dr_T}{dt} = \frac{1}{400} D_{O,eff}[O]^* \frac{\varrho_M}{\varrho_{FeO}} \frac{1}{Z} \qquad (7.129)$$

und damit für die Auflösungszeit τ

$$\tau = \frac{400 Z \varrho_{FeO}}{D_{O,eff}[O]^* \varrho_M} r_T. \qquad (7.130)$$

Mit (7.126) kann die Reaktionsdichte der Kohlenmonoxidbildung bestimmt werden, wenn der Gasgehalt der Schmelze, der Gehalt an FeO-Tropfen und die Tropfengröße bekannt sind. Für den Gasgehalt χ_j und den Gehalt an FeO-Tropfen liegen Betriebsmessungen vor [7.85]. Der Tropfenradius r_T ist ein Anpassungsparameter, der aus gemessenen Geschwindigkeiten der CO-Entwicklung bestimmt werden muß.

Die Geschwindigkeit der Kohlenmonoxidbildung wurde für einen 60 t bodenblasenden Konverter, dessen Abmessungen in Bild 7.24 gezeigt sind, berechnet. Sauerstoff und Kohlepulver werden durch den Boden in die Schmelze geblasen. Das Kohlenmonoxid entsteht hauptsächlich im inneren zylindrischen Teil der Schmelze über dem Boden. Dieser Teil wird als Primärzone bezeichnet. Die Schmelze strömt hier aufwärts. Sie hat einen Gasgehalt von $\chi_I = 0,8$ [7.76]. Die verbleibende Randzone wird als Sekundärzone bezeichnet. Die Schmelze strömt hier abwärts. Sie hat einen Gasgehalt χ_{II} von 0,44 [7.76]. Der mittlere Gasgehalt der Gesamtschmelze χ_M beträgt 0,69 [7.76].

Im Bild 7.25 sind die mit (7.126) berechneten volumenbezogenen Reaktionsströme für die Gasgehalte der Primärzone und der Sekundärzone sowie für den

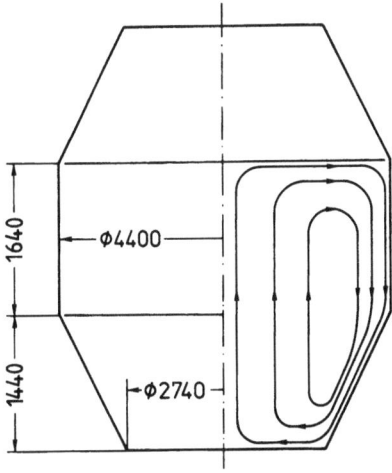

Bild 7.24 Schnitt durch den 60-t-Vergasungskonverter mit den Stromlinien der Umlaufströmung nach [7.76]

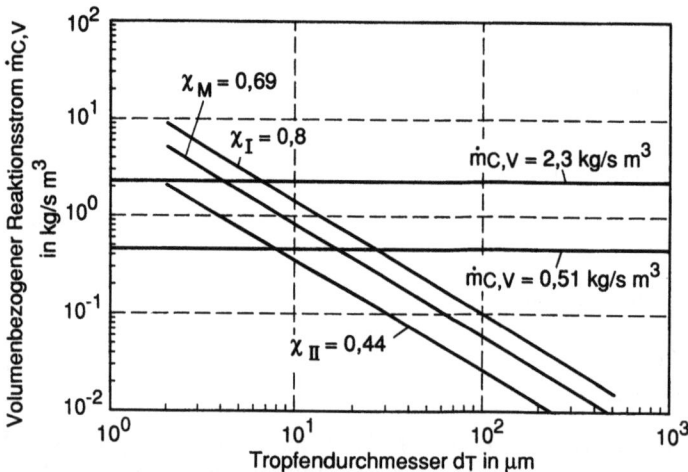

Bild 7.25 Volumenbezogener Reaktionsstrom im Bad in Abhängigkeit vom Tropfendurchmesser und dem Gasgehalt. [FeO] = 1 %; [C] = 2 %; T = 1 500 °C. Nach [7.76]

Mittelwert des gesamten Schmelzbads als Funktion des Durchmessers der Eisenoxidtropfen bei einem Gehalt von 1 % FeO in der Schmelze aufgetragen. Der angegebene Gehalt von 1 % FeO ist ein aus Messungen [7.85] erhaltener Mittelwert [7.76]. Eingezeichnet sind außerdem gemessene Reaktionsraten des 60 t bodenblasenden Konverters [7.85] ($\dot{m}_{CV}$ = 0,51 kg/m³s) und eines 5-t-Aufblas-Versuchskonverters [7.86] ($\dot{m}_{CV}$ = 2,3 kg/m³s). Wie das Bild zeigt, nimmt mit zunehmendem Gasgehalt der volumenspezifische Reaktionsstrom zu. Das hat seinen Grund darin, daß mit zunehmendem Gasgehalt die Gasaustauschfläche je Volumeneinheit größer wird. Hier zeigt sich der selbstbeschleunigende Charakter der Entkohlungsreaktion. Eine größere volumenspezifische Entkohlungsrate erhöht den Gasgehalt, der seinerseits über die größere Fläche wiederum beschleunigend auf die Entkohlungsrate wirkt. Die Begrenzung liegt in dem maximal zulässigen Gasgehalt, der mit dem Füllungsgrad des Gefäßes noch verträglich ist, ohne daß Schmelze ausgeworfen wird (vgl. Abschn. 5.5.2.2). Im stationären Zustand stellen sich die im Bild angegebenen konstanten Reaktionsströme von 0,51 bzw. 2,3 kg/m³·s ein. Der höhere Reaktionsstrom in dem kleineren Konvertergefäß ist möglich, weil dort die Gasblasen wegen der kleineren Badhöhe eine kleinere Verweilzeit in der Schmelze haben. Bei vorgegebenem Reaktionsstrom ergibt sich aus dem Bild mit steigendem Gasgehalt ein größerer Tropfendurchmesser. Dies ist dadurch bedingt, daß mit steigendem Gasgehalt der Wert Z_{max} kleiner wird, so daß der notwendige Stoffstrom von Kohlenstoff und Sauerstoff zur Blase auch bei kleinerem Oberfläche/Volumenverhältnis, und das bedeutet größerem Durchmesser des Tropfens, noch gegeben ist.

Werden die spezifischen Reaktionsströme mit den anteiligen Volumina der Primär- bzw. der Sekundärzone multipliziert, so ergeben sich die Reaktionsströme in den beiden Zonen. Der Gesamtreaktionsstrom $\dot{m}_{C,\Sigma}$ folgt hieraus zu:

$$\dot{m}_{C,\Sigma} = \dot{m}_{C,V,I} V_{M,I} + \dot{m}_{C,V,II} V_{M,II}. \tag{7.131}$$

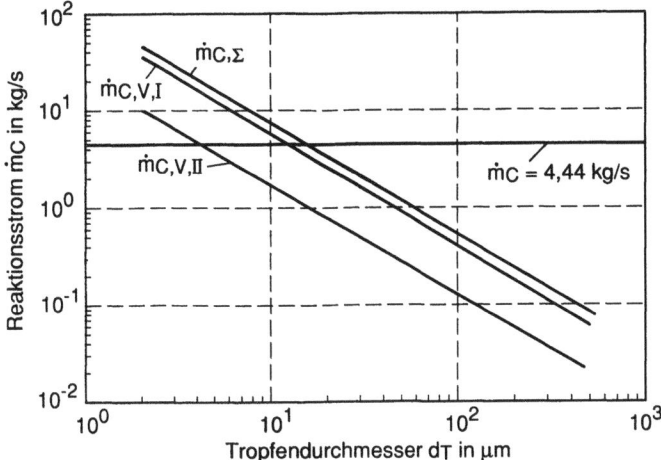

Bild 7.26 Absoluter Reaktionsstrom im Bad in Abhängigkeit vom FeO-Gehalt der Schmelze und vom Tropfendurchmesser. [FeO] = 1 %; [C] = 2 %; $T = 1\,500\,°C$. Nach [7.76]

$V_{M,I}$ und $V_{M,II}$ sind hierbei die Volumina der Primär- bzw. der Sekundärzone. In Bild 7.26 ist $\dot{m}_{C,\Sigma}$ in Abhängigkeit vom Durchmesser der FeO-Tropfen aufgetragen. Ferner ist der im 60-t-Konverter gemessene Gesamtreaktionsstrom $\dot{m}_C = 4{,}44$ kg/s eingezeichnet. Bei 1 % FeO in der Schmelze ergeben sich für diesen Reaktionsstrom Tropfendurchmesser, die zwischen 4 und 20 µm liegen.

Die gemessenen Reaktionsströme sind bei den angegebenen Gasgehalten betrieblich möglich. Höhere Reaktionsströme würden höhere Gasgehalte ergeben und könnten damit die Gefahr des Auswurfs von Schmelze herbeiführen. Demgegenüber beschreiben die berechneten Reaktionsströme die mikro- und makrokinetischen Bedingungen, unter denen sich die gemessenen Reaktionsströme einstellen können. Wesentliche Parameter sind, wie aus (7.126) hervorgeht, die Konzentration der FeO-Tropfen, der Tropfendurchmesser sowie die mittlere Länge des Diffusionswegs des Sauerstoffs und des Kohlenstoffs. Diese Daten konnten mit Ausnahme des Anpassungsparameters Tropfengröße, für den gemessene Werte noch fehlen, aus Betriebsdaten gewonnen werden.

Betrachtet man nun die Kohlenstoff-Sauerstoff-Reaktion insgesamt, so hat man zu beachten, daß die Gasgehalte χ in der Primär- und in der Sekundärzone der umlaufenden Schmelze neben der Zahl und Größe der FeO-Tropfen entscheidend die mittlere Länge des Diffusionswegs des Kohlenstoffs und des Sauerstoffs und damit die Stärke des Gesamtreaktionsstroms bestimmen. Der Gesamtreaktionsstrom ist proportional dem aus dem Konverter abzuführenden Volumenstrom des Kohlenmonoxids. Der Volumenstrom wird hauptsächlich mit der in der Primärzone aufwärts strömenden Schmelze abgeführt. Bei gegebener Geschwindigkeit der Strömung der Schmelze und damit gegebener Verweilzeit der in der Schmelze enthaltenen Gasblasen im Konverter legt dementsprechend der Volumenstrom des Kohlenmonoxids den für seine Abfuhr notwendigen Gasgehalt der Schmelze fest. Die Strömungsgeschwindigkeit der Schmelze wiederum ist durch die Auftriebskräfte der Blasen bestimmt, und die Gesamtauftriebskraft aller Blasen ist eine Funktion des Gasgehalts. Damit schließt sich der Kreis der Wirkungen. Die Strömungsgeschwindigkeit der Schmelze und die Reaktionsgeschwindigkeit der CO-Bildung sind somit eng verknüpft, wobei der Gasgehalt der Schmelze das Bindeglied ist. Im stationären Zustand stellen sich infolgedessen für einen gegebenen Reaktionsstrom $\dot{m}_{C,\Sigma}$ alle anderen Werte, insbesondere der Gasgehalt und die Strömungsgeschwindigkeit der Schmelze, ebenfalls stationär ein. Der Reaktionsstrom selbst ist durch die eingeblasenen Mengenströme an Kohlenstoff und Sauerstoff bestimmt, die vollständig umgesetzt werden. Die Zahl und die Größe der FeO-Tropfen stellen sich so ein, daß diese Bedingung erfüllt ist. Um den Zustand des Systems insgesamt zu erfassen, ist dementsprechend nicht nur, wie bisher, die Kinetik der Kohlenstoff-Sauerstoff-Reaktion, sondern es sind auch die Impuls- und die Energieübertragung vom Gas an die Schmelze und der daraus resultierende Strömungszustand des Systems zu bestimmen, wobei, wie gesagt, beide Vorgänge in enger Wechselwirkung miteinander stehen. Wegen der Einzelheiten muß auf das Schrifttum verwiesen werden [7.76]. Mit zunehmendem Reaktionsstrom $\dot{m}_{C,\Sigma}$ steigt der Gasgehalt und damit die Höhe der Schmelze im Konverter. Die Höhe, bis zu der noch keine Schmelze ausgeworfen wird, bestimmt letzten Endes den zulässigen Reaktionsstrom und damit die Leistungsgrenze des Prozesses (vgl. Abschn. 5.5.2.2).

7.5 Mischung

7.5.1 Einführung

Mischung ist Ausgleich von Konzentrationen. Sie erfolgt in makroskopischen Systemen durch das Zusammenwirken von gerichteter Strömung, Turbulenz und Diffusion. Strömung besorgt den Ausgleich über die Gefäßabmessungen. Die mit der Strömung einhergehende Turbulenz vollzieht den Ausgleich in Abmessungen, die klein gegen die Gefäßgrößen, aber groß gegen die molekularen Dimensionen sind. Diffusion schließlich bewirkt den Ausgleich über die molekularen Dimensionen.

In Reaktorkesseln ohne ein- oder ausströmende Flüssigkeit, z.B. in Stahlpfannen, Konvertern und Torpedopfannen ist die Strömung eine Umlaufströmung. Die Vermischung läuft dann im Prinzip so ab, wie es in Bild 7.27 gezeigt ist. Wenn an einer bestimmten Stelle des Reaktors eine kleine Menge einer Lösung mit einem Tracer zugesetzt wird, bildet sich an dieser Stelle ein Wolke mit angereicherter Konzentration der Tracersubstanz. Die Wolke wird von der Strömung der Flüssigkeit mitgenommen und zirkuliert durch den Reaktor. Dabei dringt der Tracer durch turbulente Diffusion weiter in die Flüssigkeit ein, die Konzentration sinkt und gleicht sich schließlich aus, so wie es im Bild 7.27 schematisch gezeigt ist. Wenn an einem festen Ort des Reaktors ein Meßfühler angebracht wird, der die Konzentration des Tracers trägheitslos mißt, bei Wasser als Flüssigkeit und einem Elektrolyten als Tracer z.B. eine Sonde zur Bestimmung der elektrischen

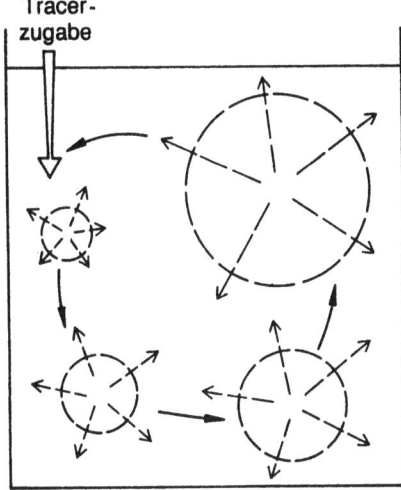

Bild 7.27 Vermischung aus einer umlaufenden Konzentrationswolke (schematisch) nach [7.94]

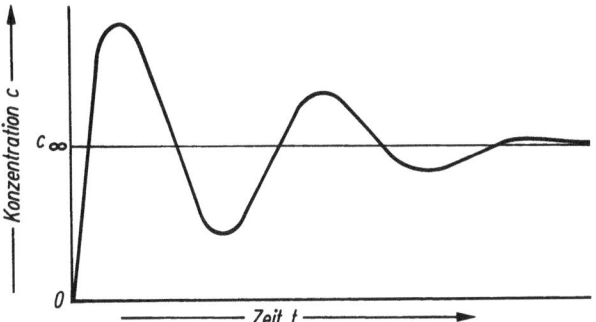

Bild 7.28 Zeitlicher Konzentrationsverlauf an einem festen Ort bei Vermischung aus einer umlaufenden Konzentrationswolke (schematisch)

Leitfähigkeit, so wird beim Passieren der Wolke an dem Meßfühler eine Konzentrationsspitze gemessen, da in der Wolke die Konzentration höher ist als die Endkonzentration nach vollständiger Vermischung (Bild 7.28). Außerhalb der Wolke ist die Konzentration kleiner als die Endkonzentration, da der Ausgleich noch unvollständig ist. Daher sinkt die Konzentration am Ort des Fühlers nach dem Passieren der Wolke auf einen Wert unterhalb der Endkonzentration. Beim zweiten Passieren der Wolke ist die Konzentration schon mehr ausgeglichen. Das Konzentrationsmaximum ist daher niedriger und das Minimum höher als beim ersten Mal. Beim dritten Umlauf haben sich Maximum und Minimum noch weiter dem Endwert genähert, und so geht es fort bis zum vollständigen Ausgleich. Bei einer Umlaufströmung nähert sich also die Konzentration an einem festen Ort dem Endwert nach Art einer gedämpften Schwingung, wie es in Bild 7.28 gezeigt ist und wie es auch in Torpedopfannen und Stahlpfannen beobachtet wurde [7.87, 7.88].

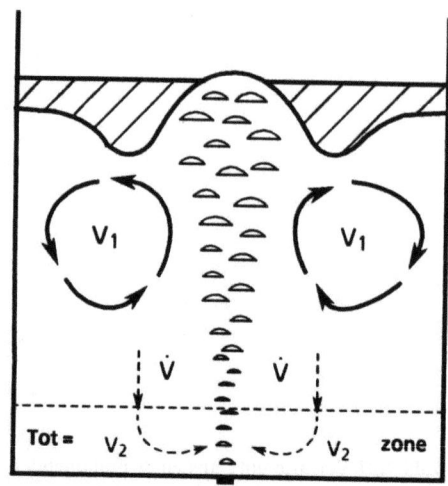

Bild 7.29 Schema einer gasgerührten Stahlschmelze mit Umlaufvolumenstrom im oberen Teiel V_1 und Totzone mit Austauschvolumenstrom $\dot{V}$ im unteren Teil V_2.

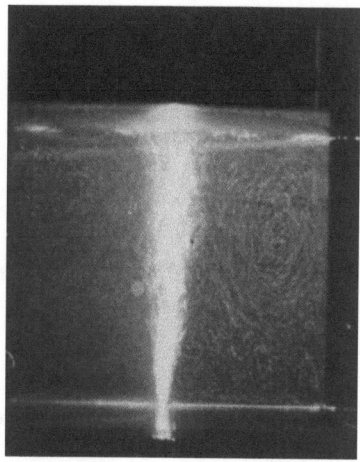

Bild 7.30 Lichtschnitt der Umlaufströmung in einem Wassermodell einer Stahlpfanne, die durch zentrisches Einblasen von Gas durch den Boden gerührt wurde nach [7.94]

Der einfachste Fall der so beschriebenen Vermischung liegt vor, wenn der Umlaufstrom im ganzen Reaktor gleichmäßig ist. In realen Gefäßen ist eine gleichmäßige Strömung allerdings nicht immer gegeben. Zum Beispiel können an bestimmten Stellen des Gefäßes Zustände schwächerer Strömung, in denen dann auch die Vermischung schwächer ist, auftreten. Man nennt diese Stellen Totvolumina. In diesem Fall ist es zweckmäßig, die Bereiche unterschiedlicher Strömung als Teilvolumina anzusehen und die Vermischung zwischen den Teilvolumina durch Austauschvolumenströme auszudrücken [7.89]. Bild 7.29 zeigt als Beispiel ein schematisches Bild der Umlaufströmung in einer gasgerührten Stahlpfanne mit einer Blasensäule in der Mitte, wie es sich aus Messungen verschiedener Autoren [7.89 – 7.93] ergibt. In Bild 7.30 ist dies als Lichtschnitt sichtbar gemacht [7.94]. Danach bildet sich im oberen Teil der Pfanne eine toroidale Umlaufströmung aus, während am Boden ein Bereich mit schwacher Strömung vorliegt. Der

Umlauf der toroidalen Strömung ist im wesentlichen in sich geschlossen. Ein Teil dieser Strömung dringt jedoch von oben in den Bodenbereich ein und tritt anschließend aus ihm in Richtung der Blasensäule wieder aus. Dieser Teil wird als Austauschvolumenstrom betrachtet. Der Austauschvolumenstrom ist mit $\dot V$ bezeichnet. Er bewirkt die Vermischung zwischen dem Bodenbereich, ausgedrückt durch das Teilvolumen V_2 und dem oberen Bereich, ausgedrückt durch das Teilvolumen V_1. Auch hier erfolgt die Vermischung durch das Zusammenwirken des gerichteten Austauschvolumenstroms mit der turbulenten und der molekularen Diffusion. Innerhalb der Teilvolumina kann die Konzentration entweder ausgeglichen oder nicht ausgeglichen sein. Ist sie nicht ausgeglichen, so muß die Vermischung im Teilvolumen zusätzlich berücksichtigt werden.

Die zum Vermischen erforderliche Strömung wird in den meisten Fällen durch Einleiten von Gas in die Schmelze erzeugt. Das Gas kann durch einen porösen Bodenstein, wie in Bild 7.29 gezeigt, oder durch eine in die Schmelze getauchte Lanze eingeführt werden. Die Energie der aufsteigenden Gasblasen wird an die Schmelze übertragen und findet sich dort als kinetische Energie der Flüssigkeit wieder. Dieser Vorgang wurde im Kap. 5 behandelt. Um das Mischverhalten eines Systems zu kennzeichnen, benutzt man die Mischzeit. Es ist die Zeit, die benötigt wird, damit die Konzentration eines zu vermischenden Stoffs an keiner Stelle des Reaktors um mehr als den Faktor α vom Endwert nach vollständiger Vermischung abweicht. In der Regel wird $\alpha = 0,05$ gesetzt. Zur mathematischen Beschreibung der Vermischung sind verschiedene Modelle entwickelt worden. Sie werden nachfolgend beschrieben und mit experimentellen Ergebnissen verglichen.

7.5.2 Mischungsmodelle

7.5.2.1 Modell der turbulenten Umlaufströmung

Wie in Abschn. 7.5.1 ausgeführt, kann die Vermischung durch das Zusammenwirken von gerichteter Umlaufströmung und turbulenter sowie molekularer Diffusion erklärt werden. Ausgehend von diesem Gedanken ergibt sich ein Modell zur Beschreibung der Vermischung in einer turbulenten Umlaufströmung [7.95]. Die Berechnung erfolgt in drei Schritten:

1. Das Feld der umlaufenden Strömung wird mit der Differentialgleichung der Impulsbilanz, das ist die auf turbulente Strömung angewendete Navier-Stokes-Gleichung, berechnet. In dieser Gleichung muß in den Gliedern, die die Impulsübertragung durch Reibung ausdrücken, die Summe aus der molekularen und der turbulenten Viskosität: $\eta_e = \eta_m + \eta_t$ als charakteristischer Parameter des Systems eingesetzt werden.
2. Die turbulente Viskosität η_t ist im Gegensatz zur molekularen Viskosität η_m keine Stoffgröße, sondern durch die Turbulenz des Systems gegeben. Sie kennzeichnet die Reynoldssche Schubspannung (s. Kap. 3). Die turbulente Viskosität wird mit Hilfe des sog. k-ε-Modells [7.96] berechnet. Dieses Modell stellt eine Methode dar, die Dissipationsrate $\dot\varepsilon$ der turbulenten kinetischen Energie als Funktion der kinetischen Energie je Massseneinheit k zu berechnen.

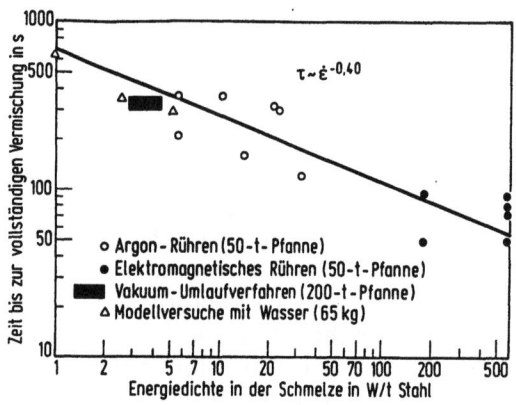

Bild 7.31 Mischzeit und Rührenergiedichte nach [7.97]

Die turbulente Viskosität ist ein Teil dieses Modells. Einzelheiten sollen hier nicht beschrieben werden.
3. Die turbulente Diffusion eines zugesetzten Tracers wird durch Lösung der Differentialgleichung der Diffusion unter Verwendung des turbulenten Diffusionskoeffizienten berechnet. Der turbulente Diffusionskoeffizient ist, wie in Kap. 3 beschrieben, gleich der turbulenten kinematischen Viskosität: $D_t = v_t = \eta_t/\varrho_L$ mit ϱ_L Dichte der Flüssigkeit. Da η_t berechnet wurde, kann die Diffusion ebenfalls berechnet werden.

Berechnungen der genannten Art geben ein gutes Verständnis der Vermischung, weil die Turbulenz hier direkt ins Spiel gebracht ist. Rechnungen wurden u.a. für eine 200-t-RH-Vakuumentgasungsanlage durchgeführt [7.95].

Aus dem Turbulenzmodell folgt, daß die Vermischung durch die Dissipationsrate der turbulenten kinetischen Energie bestimmt ist. Im stationären Zustand muß die Dissipationsrate gleich der je Zeiteinheit eingetragenen Energie sein. Ohne die Einzelheiten der Vermischung zu betrachten, hat man daher zu erwarten, daß die Mischzeit eine Funktion der zugeführten Rührleistung je Masseneinheit der Schmelze ist [7.97].

Aus Dimensionsgründen ist zu erwarten, daß die Mischzeit als Funktion der Rührleistung je Masseneinheit $\dot{\varepsilon}_M$ durch

$$t_{mix} \sim \dot{\varepsilon}_M^{-1/3} \tag{7.132}$$

ausdrückbar ist. Bild 7.31 zeigt berechnete Ergebnisse der Mischzeit für verschiedene Stahlgefäße und für ein Wassermodell [7.97]. Alle Werte gruppieren sich um eine Gerade, die durch

$$t_{mix} = 800 \dot{\varepsilon}_M^{-0,40} \tag{7.133}$$

ausgedrückt wird. Der Exponent ist etwas größer als der nach (7.132) zu erwartende. Die Übereinstimmung kann aber noch als gut angesehen werden.

7.5.2.2 Einfaches Umlaufmodell

Wie beschrieben, wird die Vermischung mit zunehmender Rührleistung schneller. Mit der Rührleistung steigt zugleich die Geschwindigkeit des Umlaufvolumenstroms. Man kann daher einen Zusammenhang zwischen der Rührleistung und der Mischzeit auch über eine Betrachtung des Umlaufvolumenstroms herstellen [7.98]. Dazu wird angenommen, daß die Umlaufzeit t_C, die mit dem Umlaufvolumenstrom $\dot{V}_L$ über die Beziehung

$$t_C = \frac{V_L}{\dot{V}_L} \tag{7.134}$$

mit V_L Volumen der Flüssigkeit, verknüpft ist, der Mischzeit proportional ist

$$t_{mix} \sim t_C . \tag{7.135}$$

Andererseits kann die Konzentrationsänderung in der umlaufenden Konzentrationswolke (Bild 7.27) infolge der Vermischung durch

$$\frac{c(t) - c_\infty}{c_0 - c_\infty} = \exp(-kt) \tag{7.136}$$

mit $c(t)$ Konzentration zur Zeit t, c_0 Anfangskonzentration c_∞ Endkonzentration nach vollständiger Vermischung und k Zeitkonstante ausgedrückt werden. Mit der Definition der Mischzeit $t = t_{mix}$, wenn

$$\frac{c(t) - c_\infty}{c_0 - c_\infty} = \alpha$$

ist, folgt

$$t_{mix} = \frac{\ln\left(\frac{1}{\alpha}\right)}{k} . \tag{7.137}$$

Mit (7.135) folgt hieraus

$$t_{mix} = k' t_C \ln\left(\frac{1}{\alpha}\right), \tag{7.138}$$

wobei k' ein Proportionalitätsfaktor ist. Wenn man bedenkt, daß die Vermischung durch die gemeinsame Wirkung der Umlaufströmung und der turbulenten Diffusion zustande kommt, so drückt in (7.138) t_C die Wirkung der Umlaufströmung und k' die der turbulenten Diffusion aus.

Mit (7.134) war die Umlaufzeit als Funktion des Umlaufvolumenstroms $\dot{V}_L$ ausgedrückt. Der Umlaufvolumenstrom ist bei einer gleichmäßigen Umlaufströmung proportional dem Volumenstrom $\dot{V}_{LP}$ am oberen Ende der Blasensäule [7.99]. Dieser ist nach (5.110) eine Funktion des eingeleiteten Rührgasstroms. In (5.110) kann am oberen Ende der Blasensäule der Einfluß des Gasgehalts vernachlässigt werden. Dann folgt

$$\dot{V}_{LP} = \left[-2\pi^2 \frac{P_0 T_L b_u^4}{T_0 f \varrho_L} \ln\left(1 - \frac{z}{z^*}\right) \dot{V}_G \right]^{1/3} . \tag{7.139}$$

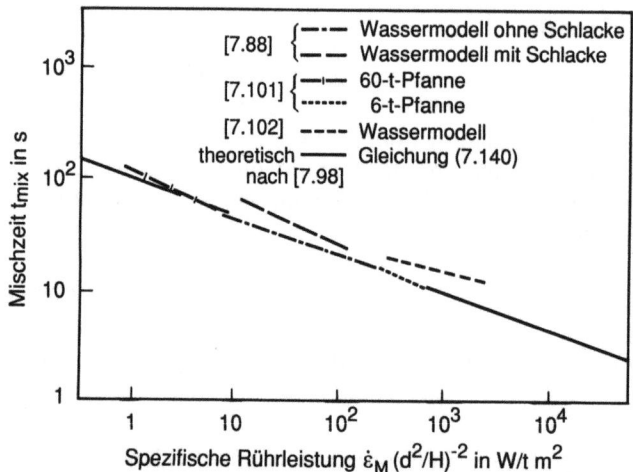

Bild 7.32 Mischzeit und Rührenergiedichte nach [7.98]

Mit (5.88) kann der Rührgasstrom durch die Rührleistung ausgedrückt werden. Damit folgt aus (7.134), (7.138) (7.139) und (5.88) eine Beziehung zwischen der Rührleistung und der Mischzeit. Die unbekannte dimensionslose Konstante k' wird aus Versuchen bestimmt. Aus solchen Versuchen ergibt sich nach [7.98] mit $\alpha = 0{,}05$

$$t_{\text{mix}} = 26{,}2 \left[H^2 \left(\frac{2b_u}{d} \right)^{-4} / \dot{\varepsilon}_M \right]^{0{,}337}. \tag{7.140}$$

Hierbei ist $b_u = 0{,}185 H$. Der Exponent in dieser Gleichung muß theoretisch den Wert 1/3 haben (vgl. (7.132)). Dieser Wert wird mit guter Annäherung erreicht. In (7.140) ist H die Badhöhe, d der Baddurchmesser und b_u der mittlere Radius der Blasensäule. Diese Werte kennzeichnen den Einfluß der Geometrie auf die Vermischung. Insofern stellt (7.140) einen Fortschritt gegenüber (7.133), die keine geometrischen Größen enthält, dar. Allerdings steht (7.133) nicht im Widerspruch zu (7.140), wenn man dort anstelle des Exponenten $-0{,}4$ den Exponenten $-1/3$ einführt. Der Vorfaktor hat dann die Dimension (Länge)$^{2/3}$. Klammert man aus dem Vorfaktor die Größe $l^{2/3}$ aus, wobei l eine makroskopische Gefäßabmessung darstellt, so bekommt man, wie in [7.100] gezeigt wurde, mit $t_{\text{mix}} = 80/\eta^{1/3} [l^2/\dot{\varepsilon}_M]^{1/3}$ eine formelle Übereinstimmung mit (7.140). η stellt einen Wirkungsgrad für die Erzeugung von Turbulenz dar. Gleichung (7.140) wurde mehrfach experimentell bestätigt [7.88, 7.101, 7.102], Bild 7.32 zeigt Meßergebnisse. Die Übereinstimmung mit (7.140) ist gut. Mit Schlacke wird, wie das Bild zeigt, die Mischzeit erhöht.

Gleichung (7.140) gilt unter der Annahme, daß nur die Expansionsenergie der aufsteigenden Gasblasen als Rührenergie wirksam wird. Aus einer späteren Untersuchung [7.104] geht hervor, daß man die kinetische Energie des eingeblasenen Gases mit einem Anteil von 15 % berücksichtigen sollte. Danach ist die Mischzeit durch die Funktion

$$t_{\text{mix}} = F[(m/\varrho_L)^{2/3}/\dot{\varepsilon}_M]^{1/3} \tag{7.141}$$

gegeben. In (7.141) ist m Masse der Schmelze, ϱ_L Dichte der Schmelze, $\dot\varepsilon_M = \dot\varepsilon_B + 0{,}15\dot\varepsilon_k$, mit $\dot\varepsilon_B$ Rührleistung je Masseneinheit aus der Volumenarbeit der Blasen und $\dot\varepsilon_k$ Rührleistung je Masseneinheit aus der kinetischen Energie des Rührgases.

Der dimensionslose Faktor F hängt von der Geometrie des Systems ab. Bei einer Stahlpfanne wird mit zunehmendem Durchmesser/Höheverhältnis der Faktor F größer. Dies stimmt mit (7.140) überein.

7.5.2.3 Tank-in Reihe-Modell

Das in Abschn. 7.5.2.2 beschriebene Umlaufmodell beschreibt den in Bild 7.27 schematisch gezeigten Mischvorgang. Kennzeichnend für diesen Vorgang ist das Verhältnis von turbulenter Quervermischung zu gerichteter Umlaufströmung. Dies Verhältnis wird in dem Umlaufmodell nicht explizit physikalisch ausgedrückt, wohl aber in dem unter Abschn. 7.5.2.1 beschriebenen Turbulenzmodell. Das Turbulenzmodell ist jedoch mathematisch kompliziert. Deshalb ist es interessant, das Verhältnis von turbulenter Quervermischung zu gerichteter Umlaufströmung durch eine andere, mathematisch einfachere Methode auszudrücken. Diese Methode ist das Modell einer Reihe von hintereinandergeschalteter ideal durchmischter Tanks [7.105]. Bild 7.33 zeigt das Modell schematisch. Durch die Reihe von N-Tanks fließt ein Volumenstrom $\dot V$. Jeder Tank hat das gleiche Volumen V. Der aus dem N-ten Tank ausfließende Volumenstrom wird an den Eingang des ersten Tanks zurückgeführt. Damit liegt ein Tank-in-Reihe-Modell mit Rückführung vor. Wenn am Einlauf des ersten Tanks ein Tracer zugesetzt wird, so wird dieser im Tank sofort vollständig vermischt. Die Konzentration am Auslauf nimmt daher allmählich ab. Die Flüssigkeit mit dieser Konzentrationsverteilung tritt in den zweiten Tank ein, wird dort vermischt und fließt dann wieder aus. Das gleiche geschieht an den folgenden Tanks. Infolgedessen wird die Konzentrationsverteilung breiter und zugleich ausgeglichener. Eine Rückführung des Volumenstroms vom Ausgang des letzten zum Eingang des ersten Tanks setzt diesen Prozeß fort. Da sich die Verteilungskurven der einzelnen Umläufe überlappen, müssen die Verteilungskurven jedes Umlaufs addiert werden. Als Ergebnis erhält man Konzentrationsverteilungen nach Art einer gedämpften Schwingung.

Die Anzahl der Tanks ist ein Maß für das Verhältnis des Transports des Tracers durch gerichtete Strömung zum Transport durch turbulente Diffusion. In einem einzelnen Tank ist die Konzentration homogen. Wenn man den Ausgang dieses Tanks mit seinem Eingang verbindet, ist die Konzentration nach Zugabe

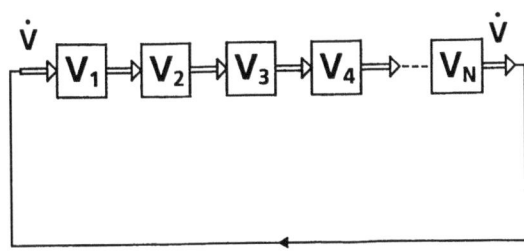

Bild 7.33 Tank-in-Reihe-Modell der Vermischung

eines Tracers daher sofort gleich. Ein einzelner Tank mit Rückführung repräsentiert daher den idealen Mischer. Wenn zwei Tanks verbunden und der Fluß rückgeführt wird, ist die Konzentration am Ausgang des zweiten Tanks nicht sofort die gleiche wie im ersten Tank. Der Ausgleich braucht Zeit. Dieser Effekt wird mit zunehmender Zahl der Tanks stärker, sofern das Gesamtvolumen aller Tanks gleich bleibt. Dies liegt daran, daß bei konstantem Gesamtvolumen das Volumen des einzelnen Tanks und die Verweilzeit in ihm mit wachsender Zahl der Tanks kleiner wird. Die Mischungswirkung des einzelnen Tanks wird schwächer, und die Konzentration behält mehr die Form eines Peaks. Wenn die Zahl der Tanks gegen unendlich geht, wird die Strömung eine ideale Pfropfströmung.

Die mathematische Beschreibung der Vermischung im Tank-in-Reihe-Modell mit Rückführung ergibt sich folgendermaßen: Die mittlere Verweilzeit der Flüssigkeit im einzelnen Tank ist $\bar{t}_i = V/\dot{V}$. Wenn in den ersten Tank zur Zeit $t = 0$ eine Tracermenge m_0 zugefügt wird, so ist die Anfangskonzentration im ersten Tank $c_0 = m_0/V$. Die Änderung der Tracermenge im ersten Tank infolge des Durchflusses ist

$$\frac{dm_1}{dt} = -m_1 \frac{\dot{V}}{V} = -\frac{m_1}{\bar{t}_i}. \tag{7.142}$$

Die Integration dieser Gleichung ergibt mit der Anfangsbedingung $m_1 = m_0$ bei $t = 0$

$$\frac{m_1}{m_0} = \frac{c_1}{c_0} = e^{-\frac{t}{\bar{t}_i}}. \tag{7.143}$$

c ist hierbei die Konzentration. Die zeitliche Änderung der Tracermenge im zweiten Tank ist die Differenz zwischen der ein- und ausfließenden Menge je Zeit, also

$$\frac{dm_2}{dt} = \frac{1}{\bar{t}_i}\left(m_0 e^{-\frac{t}{\bar{t}_i}} - m_2\right). \tag{7.144}$$

Die Anfangsbedingung lautet jetzt und für alle weiteren Tanks: $m_i = 0$ bei $t = 0$. Damit ergibt die Integration von (7.144)

$$\frac{m_2}{m_0} = \frac{c_2}{c_0} = \frac{t}{\bar{t}_i} e^{-\frac{t}{\bar{t}_i}}. \tag{7.145}$$

Für den N-ten Tank lautet die Lösung

$$\frac{m_N}{m_0} = \frac{c_N}{c_0} = \left(\frac{t}{\bar{t}_i}\right)^{N-1} \frac{1}{(N-1)!} e^{-\frac{t}{\bar{t}_i}}. \tag{7.146}$$

Bild 7.34 zeigt für die ersten fünf Tanks die dimensionslosen Konzentrationsverläufe c/c_0 als Funktion der dimensionslosen Zeit $t/\bar{t}_i$. Man erkennt das allmähliche Ausbreiten des Tracers über die Tanks. Mit zunehmendem N werden die Kurven breiter und zugleich flacher. Das zeigt den Vermischungsprozeß an. Wenn Rückführung stattfindet, wird die am Ende des letzten Tanks vorliegende Konzentrationsverteilung beim zweiten und den folgenden Durchläufen weiter verbreitert. Dies ist schematisch in Bild 7.35a gezeigt. Die einzelnen Durchläufe

7.5 Mischung

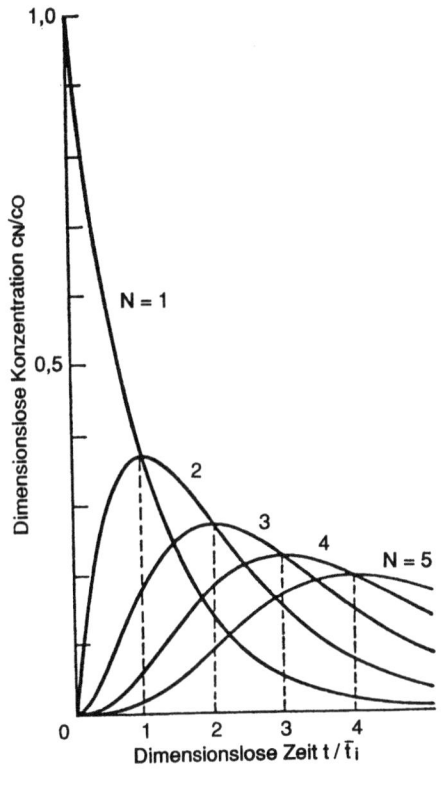

Bild 7.34 Dimensionslose Konzentration als Funktion der dimensionslosen Zeit für das Tank-in-Reihe-Modell nach [7.105]

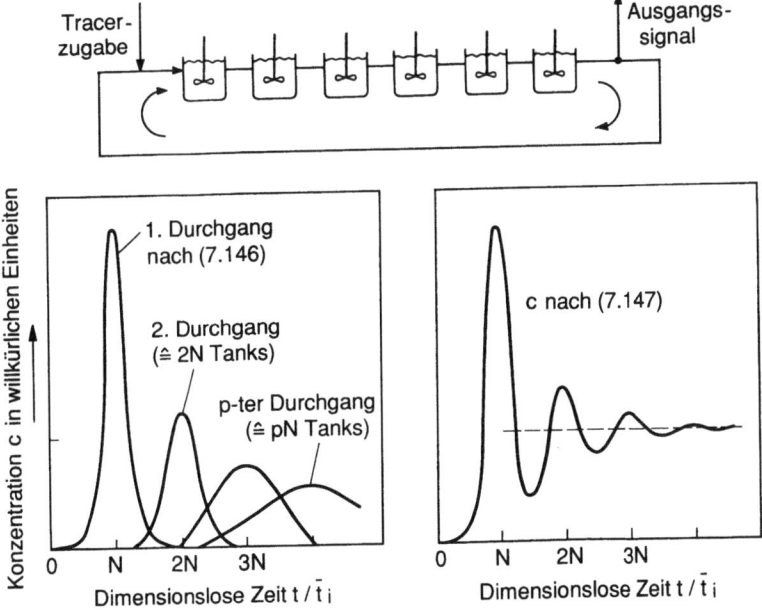

Bild 7.35 Tracersignal in einem umlaufenden System nach [7.105]

überlagern sich. Sie müssen addiert werden. Damit ergibt sich für N Tanks

$$\frac{c_N}{c_0} = e^{-\frac{t}{\bar{t}_i}} \sum_{p=1}^{\infty} \frac{(t/\bar{t}_i)^{pN-1}}{(pN-1)!} . \tag{7.147}$$

Als Resultat der Addition erhält man eine gedämpfte Schwingung des dimensionslosen Konzentrationsverlaufs, wie sie anfangs beschrieben wurde und wie sie im Bild 7.35b gezeigt ist. Der Abstand zwischen zwei Maxima oder Minima der Kurve gibt die Umlaufzeit wieder. Die Zahl der Maxima oder Minima zeigt, wieviele Umläufe bis zur vollständigen Vermischung nötig sind.

Gleichung (7.147) konvergiert für $t = \infty$ auf den Endwert c_∞/c_0 bei vollständiger Vermischung. Mit der oben gegebenen Definition von α

$$\alpha = \frac{c(\text{bei } t_{\text{mix}}) - c_\infty}{c_0 - c_\infty} \tag{7.148}$$

folgt

$$\frac{c(\text{bei } t_{\text{mix}})}{c_0} = \frac{c_\infty}{c_0} + \alpha \left(1 - \frac{c_\infty}{c_0}\right). \tag{7.149}$$

Die Zeit nach (7.147), bei der c/c_0 den durch (7.149) definierten Wert hat, ist die Mischzeit t_{mix}.

Wie (7.147) zeigt, hat das Tank-in-Reihe-Modell als charakteristische Parameter die mittlere Verweilzeit im einzelnen Tank $\bar{t}_i$ und die Zahl der Tanks N. Das Produkt $N\bar{t}_i$ ist die Umlaufzeit. Die Umlaufzeit kennzeichnet bei gegebenem Volumen des Mischgefäßes, und d.h. bei gegebenem Gesamtvolumen aller Tanks die Intensität der gerichteten Umlaufströmung. Die Zahl der Tanks N kennzeichnet das Verhältnis von gerichteter Umlaufströmung zu ungerichteter turbulenter Vermischung, da, wie oben gezeigt, $N = 1$ dem idealen Mischer und $N = \infty$ der idealen Pfropfenströmung entspricht.

7.5.2.4 Zwei-Tank-Modell

Die Gleichungen (7.140), (7.141) und (7.147) sind anwendbar, wenn in der gerührten Schmelze ein die ganze Schmelze erfassender Umlaufstrom vorliegt. Das ist, wie oben ausgeführt, nicht immer der Fall. Vielmehr können sich Toträume ausbilden, in Stahlpfannen am Boden der Schmelze [7.92, 7.106], in Torpedopfannen an den Enden der Pfanne [7.104]. Der Austausch zwischen dem Totraum und der übrigen Schmelze muß dann besonders berücksichtigt werden. Dies leistet das Zwei-Tank-Modell [7.105, 7.107–7.109]. Es ist das einfachste Teilvolumenmodell. Das Schema ist in Bild 7.36 gezeigt. Das Totvolumen ist mit V_1, das Restvolumen mit V_2 bezeichnet. Beide Volumina werden als vollständig vermischt angesehen. Diese Annahme kann nur richtig sein, wenn der Austausch zwischen den Teilvolumina langsam im Vergleich zur Vermischung in den Teilvolumina erfolgt. Die Annahme ist manchmal, aber nicht immer erfüllt.

Eine Massenbilanz für die zwei Volumina ergibt die beiden Differentialgleichungen

$$\frac{dm_1}{dt} = -\frac{m_1(t)}{V_1} \dot{V} + \frac{m_2(t)}{V_2} \dot{V} \tag{7.150}$$

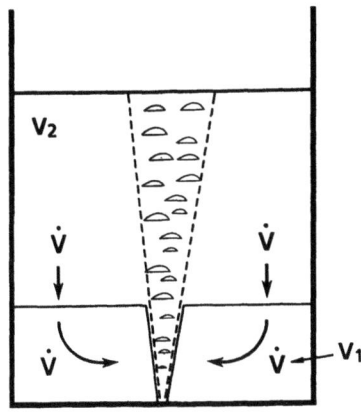

Bild 7.36 Austauschstrom im Bodenbereich einer gasgerührten Pfanne (schematisch) nach [7.99]

und
$$\frac{dm_2}{dt} = -\frac{m_2(t)}{V_2}\dot{V} + \frac{m_1(t)}{V_1}\dot{V}. \tag{7.151}$$

Hierin sind m_1 und m_2 die Massen des Gelösten in den Volumina V_1 bzw. V_2. Mit
$$m_1(t) + m_2(t) = m_0, \tag{7.152}$$

den Anfangsbedingungen
$$m_1(t=0) = m_0; \quad m_2(t=0) = 0, \tag{7.153}$$

mit den Konzentrationen
$$c_0 = \frac{m_0}{V_1}; \quad c_1 = \frac{m_1}{V_1}; \quad c_2 = \frac{m_2}{V_2}; \quad c_\infty = \frac{m_0}{V_1 + V_2}$$

folgt aus (7.150) und (7.151)
$$\frac{dc_1}{dt} = -(c_1 - c_\infty)\dot{V}\left(\frac{1}{V_1} + \frac{1}{V_2}\right) \tag{7.154}$$

und
$$\frac{dc_2}{dt} = (c_0 - c_2)\dot{V}\left(\frac{1}{V_1} + \frac{1}{V_2}\right). \tag{7.155}$$

Die Integration dieser beiden Gleichungen ergibt mit den obigen Anfangsbedingungen
$$\frac{c_1}{c_\infty} = 1 + \frac{V_2}{V_1}\exp(-kt), \tag{7.156}$$

$$\frac{c_2}{c_\infty} = 1 - \exp(-kt) \tag{7.157}$$

mit
$$k = \dot{V}\left(\frac{1}{V_1} + \frac{1}{V_2}\right). \tag{7.158}$$

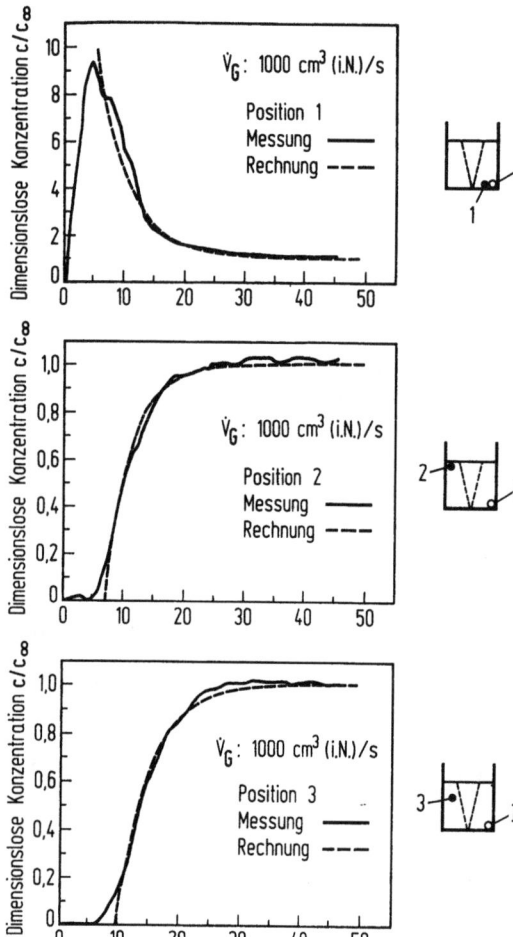

Bild 7.37 Dimensionslose Konzentration in Abhängigkeit von der Zeit an verschiedenen Positionen im Behälter. Meßwerte und mit dem Zwei-Tank-Modell berechnete Kurven nach [7.99]. *I* Position der Tracerzugabe, *1, 2* bzw. *3* Positionen der Konzentrationsmessung, $\dot{V}_G$ je Zeiteinheit eingeblasene Rührgasmenge

Zur Anwendung des Zwei-Tank-Modells müssen der Austauschvolumenstrom $\dot{V}$ und die beiden Teilvolumina V_1 und $V_2 = V_{\text{tot}} - V_1$ bekannt sein. Bei gegebenem Gesamtvolumen des Gefäßes V_{tot} hat das Modell also zwei charakteristische Parameter, den Austauschvolumenstrom $\dot{V}$ und den Anteil des Totvolumens am Gesamtvolumen. Sie müssen aus Versuchen bestimmt werden.

Das Zwei-Tank-Modell wurde mehrfach auf Mischvorgänge in metallurgischen Systemen angewendet [7.99, 7.107, 7.108, 7.110, 7.111]. Bild 7.37 zeigt Konzentrationskurven, die an verschiedenen Stellen eines Wassermodells einer gasgerührten Pfanne mit Hilfe der Leitfähigkeitsmethode gemessen wurden [7.111]. Zusätzlich sind Kurven, die mit (7.156) und (7.157) berechnet wurden, gezeichnet. Die Parameter der Berechnung wurden durch Anpassung der berechneten an die gemessenen Kurven bestimmt. Wie man erkennt, lassen sich die Meßkurven gut durch das Zwei-Tank-Modell beschreiben. Allerdings beschreibt das Zwei-Tank-Modell nicht den anfänglichen Anstieg der Konzentra-

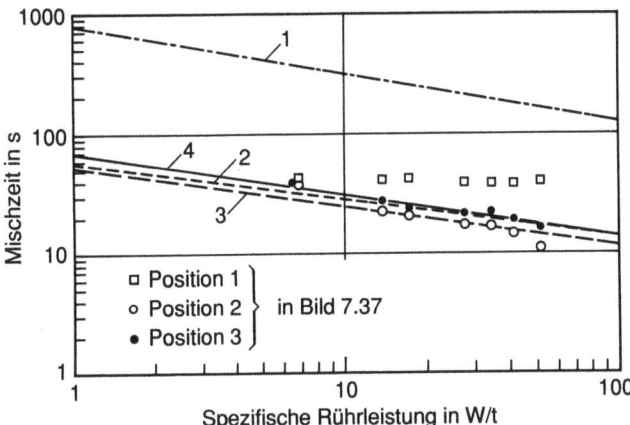

Bild 7.38 Mischzeiten in Abhängigkeit von der eingebrachten Rührleistung je Masseneinheit. Vergleich von Meß- und Rechenwerten nach [7.137]. *1* nach [7.97], *2* nach [7.88], *3* nach [7.98], *4* nach [7.112], Positionen s. Bild 7.37

tion in Bild 7.37a und die Verzögerung des Beginns der Vermischung in Bild 7.37b und c. Nach dem Zwei-Tank-Modell müßte im Teilbild a das Konzentrationsmaximum bei $t=0$ liegen (sofortige vollständige Vermischung des injizierten Tracers im Teilvolumen V_1), während in den Teilbildern b und c die Konzentrationen von $t=0$ an ansteigen müßten (sofortige vollständige Vermischung im Teilvolumen V_2). Die Verzögerungen sind durch die Transportzeiten des Tracers vom Injectionsort zum Meßort bedingt. Im übrigen geben die Kurven aber ein anschauliches Bild des Austauschs zwischen den beiden Teilvolumina. Aus den Meßwerten lassen sich mit Hilfe des Modells die Parameter $\dot{V}$ und V_1 berechnen. Diese Werte können mit direkt aus Strömungsmessungen bzw. durch direkte Beobachtung ermittelten Werten verglichen werden. Dabei erhält man eine vergleichsweise gute Übereinstimmung. Insoweit beschreibt das Zwei-Tank-Modell die Vermischung also realistisch.

Die in Bild 7.37 gezeigten Konzentrationsverläufe wurden nicht nur für die dort angegebenen, sondern auch für andere Rührgasmengen gemessen [7.111]. Für alle Rührgasmengen wurden aus den Konzentrations/Zeitkurven die Mischzeiten für $\alpha=0,05$ bestimmt. Die Mischzeiten sind in Abhängigkeit von der eingebrachten Rührleistung für die drei Meßwerte des Bilds 7.37 in Bild 7.38 wiedergegeben. Die Rührleistung wurde aus dem Rührgasvolumenstrom mit (5.88) bestimmt. In das Bild sind außerdem berechnete Geraden nach (7.133) [7.97], (7.140) [7.98] und (7.141) [7.104] sowie nach einer Beziehung aus [7.112] eingezeichnet. Die gemessenen Mischzeiten der Meßorte 2 und 3 von Bild 7.37 weichen nur wenig von den berechneten Geraden, ausgenommen der nach [7.97], ab. Dagegen sind die am Meßort 1, also im Totvolumen gemessenen Mischzeiten zum Teil mehr als doppelt so groß wie die berechneten. Der Austausch mit dem Totvolumen ist langsam und hängt außerdem kaum von der Rührintensität ab. Das Ergebnis zeigt, daß die den eingezeichneten Geraden zugrunde liegenden Gleichungen die Vermischung im Feld einer Umlaufströmung

(Meßorte 2 und 3) richtig beschreiben, für die Darstellung der Vermischung zwischen Totvolumina und gut durchströmten Bereichen dagegen kaum geeignet sind. Diese Vermischung beschreibt das Zwei-Tank-Modell besser. Das Beispiel zeigt, daß Messungen der Vermischung, wenn sie nur an einem Ort vorgenommen werden, zu falschen Ergebnissen hinsichtlich des Gesamtausgleichs führen können. Wenn, wie in dem hier betrachteten Fall, der Anteil des Totvolumens am Gesamtvolumen mit 17 % nur klein ist, bewirkt der Ausgleich zwischen Totvolumen und Restvolumen nur eine kaum meßbare Änderung der Konzentration im Restvolumen. Eine alleinige Messung der Konzentration im Restvolumen zeigt dann verbleibende Abweichungen im Totvolumen nicht mehr an. Für eine sichere Beurteilung des Mischverhaltens metallurgischer Reaktoren, wie Pfannen, Konverter, Torpedos, Stranggieß-Verteilerrinnen und anderen ist daher in jedem Fall eine genaue Kenntnis des Mischverhaltens nötig. Es hängt von der Geometrie und den Rührbedingungen ab und kann in Modellversuchen bestimmt werden.

7.5.2.5 Kombiniertes Umlauf- und Zwei-Tank-Modell

Aus Bild 7.37 ging hervor, daß die Annahme eines sofortigen vollständigen Konzentrationsausgleichs in den beiden Teilvolumina, wie sie beim Zwei-Tank-Modell gemacht wird, nicht realistisch ist. Der Ausgleich innerhalb der Teilvolumina muß berücksichtigt werden. Wenn das die Totzone kennzeichnende Teilvolumen klein gegen das Gesamtvolumen ist, kann die Annahme, daß in diesem Teilvolumen die Konzentration ausgeglichen ist, näherungsweise beibehalten werden, da in diesem Fall der Austauschvolumenstrom wenig davon beeinflußt wird. In dem verbleibenden größeren Restvolumen ist dagegen die Vermischung zu beachten. Das bedeutet, daß insgesamt sowohl die Umlaufströmung und die turbulente Diffusion im Restvolumen als auch der Austausch zwischen dem Restvolumen und der Totzone als Parameter beim Mischvorgang zu berücksichtigen sind. Ein Modell, das diese Parameter enthält, muß eine Kombination aus dem Tank-in-Reihe-Modell mit Rückführung und dem Zwei-Tank-Modell sein (Bild 7.39). Bei gegebenem Gesamtvolumen V_{tot} wird das Mischverhalten des Tank-in-Reihe-Modells durch die beiden Parameter

- mittlere Verweilzeit $\bar{t}_i$ und
- Anzahl der Tanks N,

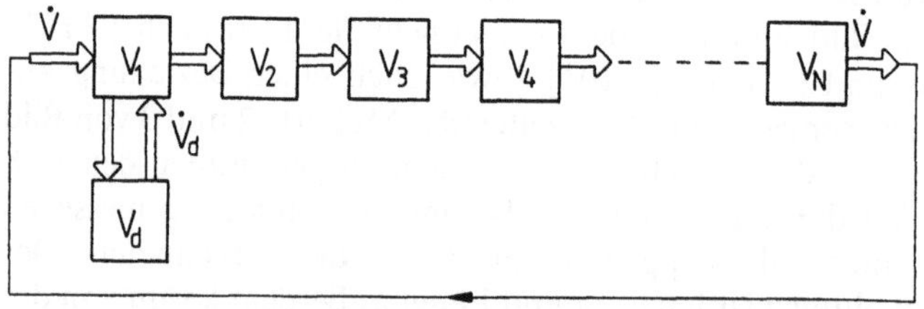

Bild 7.39 Kombiniertes Umlauf- und Zwei-Tank-Modell der Vermischung nach [7.111]. V_d Totvolumen; $\dot{V}_d$ Austauschvolumenstrom zwischen Totvolumen und Restvolumen

oder alternativ durch

— den Umlaufvolumenstrom

$$\dot{V} = \frac{V_{tot}}{N\bar{t}_i} \quad \text{und}$$

— die Anzahl der Tanks N

bestimmt, während das Zwei-Tank-Modell, ebenfalls bei gegebenem Gesamtvolumen V_{tot}, die beiden Parameter

— Totvolumen V_d und
— Austauschvolumenstrom $\dot{V}_d$

enthält. Das kombinierte Modell wird dementsprechend durch die vier Parameter

— Umlaufvolumenstrom $\dot{V}$,
— Austauschvolumenstrom $\dot{V}_d$,
— Totvolumen V_d, und
— Anzahl der Tanks N

beschrieben. eine Darstellung des Modells im einzelnen findet sich in [7.111]. Bild 7.40 zeigt die Anwendung des Modells und den Vergleich mit Meßwerten, die an einem Wassermodell einer gasgerührten Stahlpfanne erhalten wurden. Im Bild sind die gemessenen sowie mit dem Modell berechnete Werte gezeichnet. Der Tracer, ein Elektrolyt, wurde in die Blasensäule injiziert. Die Konzentrationen wurden an den angezeigten Positionen 1, 2 und 3 der Teilbilder a bis c mit der Leitfähigkeitsmethode gemessen. Position 1 befindet sich im unteren Teil des toroidalen Umlaufs an einer Stelle mit etwas schwächerer Strömung, Position 2 ist die Totzone, Position 3 ist ein Ort mit starker Strömung am oberen Ende des toroidalen Umlaufs. Die für die Berechnung verwendeten Parameter, sowie die Tanknummern im Modell, in denen der Tracer injiziert bzw. die Konzentrationen gemessen wurden, sind in Tabelle 7.1, linke Spalte aufgeführt. Der Flüssigkeitsvolumenstrom am oberen Ende der Blasensäule $\dot{V}_{LP}$ wurde mit (7.139) berechnet. Der Umlaufvolumenstrom $\dot{V}$ wurde $\dot{V} = 0{,}6\dot{V}_{LP}$ gesetzt. Das ist notwendig; denn der in das Rechenmodell eingehende Umlaufvolumenstrom $\dot{V}$ muß kleiner als der Volumenstrom $\dot{V}_{LP}$ am oberen Ende der Blasensäule sein, weil teilweise Kurzschlußströme auftreten und weil der Austauschvolumenstrom mit dem Totvolumen zu berücksichtigen ist. Der gewählte Faktor 0,6 ist ein Anpassungsfaktor. Eingetragen in Tabelle 7.1 sind außerdem das Höhe/Durchmesserverhältnis der Flüssigkeit im Gefäß und die Froudezahl als maßgebende dimensionslose Kennzahl für das Einbringen der Rührleistung über die Blasensäule. Die für die Berechnung gewählten Werte der Parameter ergeben eine gute Übereinstimmung der berechneten mit den gemessenen Konzentrationsverläufen, wie Bild 7.40 zeigt. Das Modell beschreibt somit den Verlauf zufriedenstellend. Position 3 zeigt eine starke Schwingung der Konzentration, da wegen der Nähe zum Zugabeort die Mischung erst begonnen hat. Die Abstände der Schwingungsmaxima sind gleich der Umlaufzeit. Position 1 ist weiter vom Zugabeort entfernt. Daher ist die Schwingung hier stärker gedämpft. Im Totvolumen (Position 2) nimmt die Konzentration monoton zu, da hier der Austauschvolumenstrom für die Vermi-

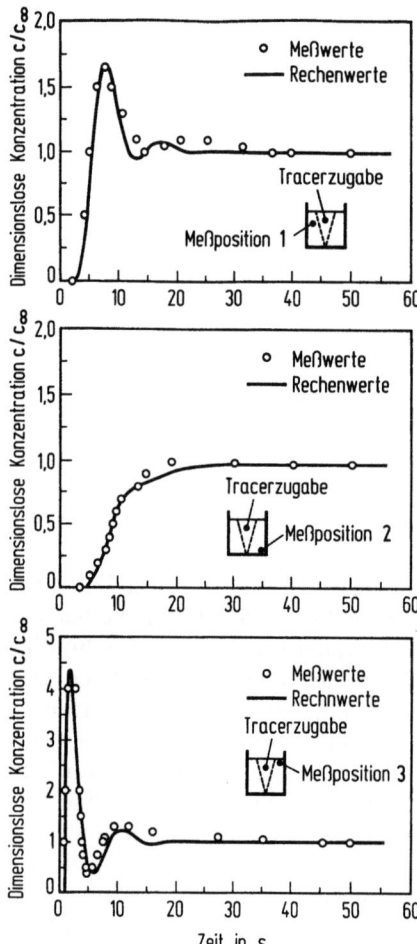

Bild 7.40 Gemessene und berechnete dimensionslose Tracerkonzentrationen in Abhängigkeit von der Zeit an verschiedenen Positionen im Behälter nach [7.111]. Modellparameter: $N = 10$; $\dot{V} = 17$ l/s; $V_{tot} = 180$ l; $V_d = 30$ l; $\dot{V}_d = 5$ l/s. Rührgasstrom: 0,5 Nl/s

Tabelle 7.1. Parameter für die Modellrechnungen

	Wassermodell (Bild 7.40)	40-t-Stahlschmelze
Höhe/Durchmesserverhältnis der Pfanne	0,9	1,0
Froudezahl	0,05	0,05
Anzahl der Tanks in Serie N	10	10
V_{tot} in m³	0,18	6,0
$\dot{V}_{L,P}$ in m³/s	0,028	0,18
$\dot{V}/\dot{V}_{L,P}$	0,6	0,6
$\dot{V}_d/\dot{V}$	0,3	0,3
V_d/V_{tot}	0,17	0,25
Position des Totvolumens	Tank 10	Tank 10
Tracerzugabe	Tank 2	Tank 2
Meßpositionen	Tanks 3 und 10, Totvolumen	Tank 3

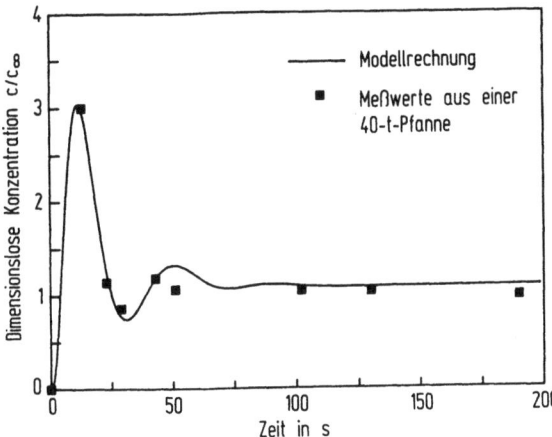

Bild 7.41 Gemessene und berechnete Konzentrationen von radioaktivem Gold während der Rührgasbehandlung einer 40-t-Stahlschmelze. Meßwerte nach [7.113] Modellrechnung nach [7.111]

schung maßgebend ist. Im Unterschied zum Zwei-Tank-Modell wird die Wartezeit bis zum ersten Ansteigen der Konzentration im Totvolumen durch das Modell richtig angezeigt.

Bild 7.41 zeigt gemessene und berechnete Konzentrationsverläufe von radioaktivem Gold in einer 40-t-Stahlschmelze [7.113]. Die Schmelze hatte nahezu das gleiche Höhe/Durchmesserverhältnis und beim Rühren die gleiche Froudezahl wie das Wassermodell (Tabelle 7.1, rechte Spalte). Da demnach die geometrischen und die physikalischen Ähnlichkeiten erfüllt waren, mußte auch die Vermischung ähnlich sein. Damit kann durch einen Vergleich der Daten von Bild 7.40 und 7.41 gezeigt werden, wieweit Ergebnisse von Wassermodellversuchen auf Stahlschmelzen übertragbar sind. Bei gegebenem Gefäßvolumen V_{tot} und Volumenstrom am oberen Ende der Blasensäule $\dot{V}_{LP}$ müssen bei Ähnlichkeit des Mischverhaltens die dimensionslosen Größen $\dot{V}/\dot{V}_{LP}$, $\dot{V}_d/\dot{V}$, V_d/V_{tot} und N im Wassermodell und in der Pfanne gleich sein. Dementsprechend wurde das Mischverhalten in der Pfanne mit denselben Werten dieser dimensionslosen Größen wie im Wassermodell berechnet (vgl. Tabelle 7.1). Nur das Verhältnis V_d/V_{tot} wurde in der Pfanne größer als im Wassermodell gewählt, weil in der Pfanne das Rührgas durch eine eingetauchte Lanze und nicht durch den Boden, wie im Modell, eingeblasen worden war. Es ist bekannt, daß dadurch das Totvolumen vergrößert wird [7.114]. Insgesamt kann, wie Bild 7.41 zeigt, damit der gemessene Konzentrationsverlauf gut beschrieben werden. Die Umlaufzeit $t_C = (V_{tot}/\dot{V})(1 - V_d/V_{tot})$ betrug im Wassermodell 8,8 s und in der Pfanne 40,7 s. Das Verhältnis ist 0,22. Im gleichen Verhältnis stehen die Mischzeiten. Es zeigt sich, daß das Mischverhalten im Wassermodell und in der Pfanne in gleicher Weise durch das Vermischungsmodell beschrieben wird. Folglich können, wenn man die unterschiedlichen Werte des Gesamtvolumens V_{tot} und des Volumenstroms $\dot{V}_{LP}$ berücksichtigt, die Ergebnisse von Wassermodellen in der geschilderten Weise auf Pfannen übertragen werden [7.94].

7.5.2.6 Verallgemeinertes Teilvolumenmodell

Die in den Abschn. 7.5.2.4 und 7.5.2.5 beschriebenen Modelle können allgemein als Teilvolumenmodelle bezeichnet werden [7.89]. Die Vermischung findet durch Austauschvolumenströme zwischen den Teilvolumina statt. Im Prinzip kann ein zu vermischendes Fluidvolumen je nach der Geometrie des Systems und den herrschenden Strömungsverhältnissen in beliebig viele Teilvolumina aufgeteilt werden. Die Konzentration innerhalb der Teilvolumina kann ausgeglichen sein oder nicht. Im ersten Fall sind die Mischzeiten zwischen den Teilvolumina von deren Größe und von der Stärke der Volumenströme zwischen ihnen abhängig. Im zweiten bestimmt die kombinierte Wirkung der gerichteten Strömung und der Turbulenz innerhalb eines Teilvolumens zusätzlich die Vermischung. Diese Wirkung kann, wie in dem unter Abschn. 7.5.2.5 beschriebenen Modell beispielhaft gezeigt ist, durch eine Reihe von hintereinandergeschalteten Tanks modelliert werden. Die einzelnen Tanks können ideal gemischt sein, oder es kann innerhalb der Tanks eine Pfropfströmung vorliegen. Die Anzahl der Größe der Teilvolumina und die Beschreibung der Vermischung innerhalb eines Teilvolumens ist flexibel und kann an die Struktur des zu untersuchenden Systems angepaßt werden. Dadurch können mit der Methode der Teilvolumenmodelle auch komplizierte Systeme beschrieben werden.

7.5.3 Mischung im Konverter

Bei Konverterprozessen spielt die Vermischung wegen der dort herrschenden großen Umsatzgeschwindigkeiten eine wichtige Rolle. Beim Sauerstoffaufblasverfahren ist die Kohlenmonoxidreaktion der wichtigste Badmotor. Die Reaktion wird über den von oben in die Schmelze eingeblasenen Sauerstoff gesteuert (vgl. Abschn. 7.3.2.1). Bei tiefem Einblasen des Sauerstoffs in das Bad ist der mit dem Kohlenstoff reagierende Sauerstoffanteil groß, und es entstehen Kohlenmonoxidblasen in tiefen Badschichten. Die Rührwirkung des Kohlenmonoxids ist entsprechend stark. Bei flachem Einblasen des Sauerstoffs ist es umgekehrt. Die Rührwirkung ist schwach. Kombiniertes Blasen von oben und von unten verstärkt die Rührwirkung. Schon kleine Mengen inerten Rührgases von unten wirken stark. Bild 7.42 zeigt die Mischzeiten in Konvertern in Abhängigkeit von der durch den Boden eingeblasenen spezifischen Gasmenge für verschiedene technische

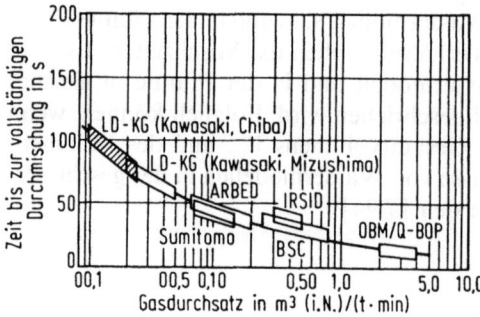

Bild 7.42 Mischzeiten im Konverter nach [7.115]

Verfahren [7.115]. Bei dem links oben stehenden LD-KG-Verfahren wird fast nur Sauerstoff von oben, bei dem rechts unten stehenden OBM-Verfahren wird nur Sauerstoff von unten geblasen. Die anderen Felder geben verschiedene kombinierte Blasverfahren an, teilweise mit Sauerstoff, teilweise mit Inertgas als Bodengas (vgl. [7.17]). Aus Versuchen an einem 5-t-Versuchskonverter, bei denen die Vermischung von Kupfer gemessen wurde, lassen sich Gleichungen für die anteilige Mischwirkung des von oben und des von unten eingeblasenen Gases herleiten [7.116]. Diese Gleichungen führen zu Kurven vom Typ wie sie in Bild 7.42 gezeigt sind und bestätigen, daß bereits kleine von unten eingeblasene Rührgasmengen eine starke Wirkung haben, die mit steigender Bodengasmenge dann nur noch wenig zunimmt. Die Mischzeit ist hier wie in der Pfanne (7.133) proportional $\dot\varepsilon_M^{-0,4}$ angegeben.

Die starke Wirkung des Bodengases hat zur Folge, daß die Vermischung von der Wirkung des Kohlenmonoxids als Badmotor weniger abhängig wird als ohne Bodenrühren und daß die Vermischung insgesamt intensiver ist. Infolgedessen stellen sich im Vergleich zum alleinigen Blasen von oben die Gleichgewichte der Reaktionen im Konverter besser ein, und die Eisenoxidgehalte der Schlacke liegen tiefer [7.17]. Durch Schrott, der sich in der Schmelze befindet, wird die Mischwirkung von Rührgas geschwächt [7.117, 7.118].

Die Rührleistung des in den Konverter eingeleiteten und des in ihm in Form von Kohlenmonoxidblasen entstehenden Gases hat nicht nur eine Vermischung zur Folge, sondern wirkt auch direkt auf die Zeitkonstanten der Frischreaktionen [7.119]. Dazu sind nach [7.119] in Bild 7.43 die Halbwertszeiten und die ihnen äquivalenten Zeitkonstanten der Abbrandkurven der Elemente gegen die äquivalente Rührgasmenge aufgetragen. Die äquivalente Rührgasmenge ist folgendermaßen definiert

$$\Sigma \dot V_{\text{äquiv}} = (\dot V_i + \dot V_{O_2} + 1/2 \dot V_{CO}) T_M \left\{ \ln\left(1 + \frac{\varrho_M g H}{p_0}\right) + \left(1 + \frac{T_0}{T_M}\right) \right\} \quad (7.159)$$

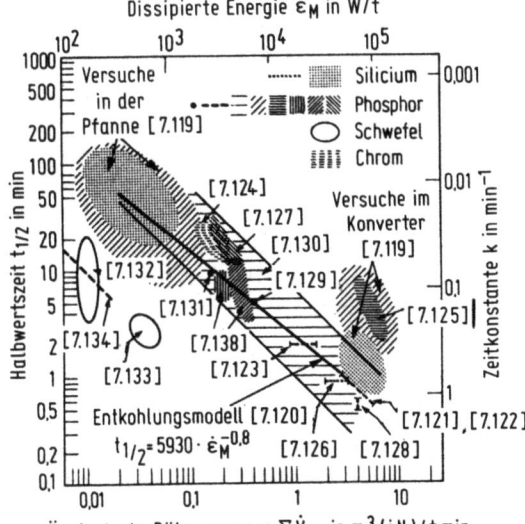

Bild 7.43 Halbwertszeiten der Raffinationsreaktionen im Sauerstoffkonverter in Abhängigkeit von der äquivalenten Rührgasmenge nach [7.119]

mit $\dot{V}_i$ eingeblasene Inertgasmenge in Nm³/t min, $\dot{V}_{O_2}$ gesamte eingeblasene Sauerstoffmenge in Nm³/t min, $\dot{V}_{CO}$ im Bad entwickelte CO-Menge in Nm³/t min, T_M Badtemperatur in K, ϱ_M Baddichte, g Erdbeschleunigung, H Badhöhe, p_0 Außendruck und T_0 Außentemperatur in K.

In der Gleichung werden die Rührwirkungen aller beteiligten Gase einschließlich des im Bad enstehenden Kohlenmonoxids berücksichtigt. In der geschweiften Klammer ist die Expansionsarbeit der Gase erfaßt. Das erste Glied ist die Expansionsarbeit durch den Druckabfall beim Aufsteigen der Gasblasen, das zweite Glied ist die thermische Expansionsarbeit der ein- bzw. aufgeblasenen Gase [7.119]. Sie wird hier voll berücksichtigt, weil die Gase unter Konverterbedingungen mit hoher Geschwindigkeit eingeblasen werden und sich daher erst im Konverter selbst aufheizen. Beim Kohlenmonoxid, das in der Schmelze entsteht, ist diese Arbeit ohnehin zu berücksichtigen. Die äquivalente Rührgasmenge ist mit der Rührleistung über die Gleichung

$$\dot{\varepsilon}_M = \Sigma \dot{V}_{\text{äquiv}} \frac{R}{60 V_N} = 6{,}182 \cdot \Sigma \dot{V}_{\text{äquiv}} \quad \text{in W/t} \tag{7.160}$$

mit der Gaskonstante $R = 8{,}314$ J/mol K und dem Normalvolumen $V_N = 22{,}414 \cdot 10^{-3}$ Nm³/mol verknüpft.

In Bild 7.43 zeigt die stark ausgezogene Gerade nach [7.120] die Halbwertszeiten der Entkohlung in Abhängigkeit von der durch (7.159) bzw. (7.160) definierten Rührleistung. Diese Beziehung beschreibt die Entkohlungsgeschwindigkeit für Frischverfahren unterschiedlicher Rührleistung von der Pfanne bis zum Thomas-Konverter. In vergleichbarer Weise sind in das Bild Ergebnisse von Entsilizierungs-, Entschwefelungs- und Entphosphorungsversuchen [7.119, 7.121–7.134, 7.138] eingezeichnet. Man erkennt, daß alle Ergebnisse etwa der gleichen Gesetzmäßigkeit folgen, wobei sich die Werte aus Pfannenversuchen (schwache Rührung) links oben und die aus Konverterversuchen (starke Rührung) rechts unten anordnen. Die Entphosphorungsversuche aus dem Konverter [7.119, 7.125] liegen scheinbar zu hoch. Die Entphosphorung beginnt jedoch i.d.R. erst 2 bis 3 min nach Blasbeginn. Verkürzt man die Halbwertszeiten um diesen Betrag, so fallen auch diese Ergebnisse gut in die gefundene Gesetzmäßigkeit. Die Ergebnisse für die Entschwefelung [7.132–7.134] sind schneller. Hier wird möglicherweise der Stoffübergang durch Grenzflächenturbulenz beschleunigt [7.135, 7.136].

Wie läßt sich nun die gefundene starke Abhängigkeit der Halbwertszeiten bzw. der ihnen reziproken Zeitkonstanten der Reaktionen von der eingebrachten Rührleistung verstehen? Nach (7.32) und (7.34) ist die Zeitkonstante der Makrokinetik emulsionsmetallurgischer Reaktionen durch

$$k = \frac{\Sigma V_T}{V^{II} \bar{t}_V} K Y \eta_M \tag{7.161}$$

gegeben. Von den in dieser Gleichung enthaltenen Größen wird die stationäre Tropfenbildungsrate $\Sigma V_T / \bar{t}_V$ am meisten durch die Rührleistung beeinflußt. Das Prinzip der Tropfenemulgierung ist durch den im Abschn. 5.7 beschriebenen Mechanismus gekennzeichnet. Nach (5.212) ist die Tropfenbildungsrate unter pfannenmetallurgischen Bedingungen der Geschwindigkeit der Phasengrenze Metall-Schlacke $u_i^{5/2}$ und damit näherungsweise auch der Geschwindigkeit am oberen Ende der Blasensäule $u^{5/2}$ proportional. Die Geschwindigkeit u ist bekanntlich mit der Rührleistung $\dot{\varepsilon}_M$ über $u \sim \dot{\varepsilon}_M^{1/3}$ verknüpft (vgl. (5.88) und (5.108)). Damit folgt für die Tropfenbildungsrate

$$\frac{\Sigma V_T}{t_V} \sim (\dot{\varepsilon}_M^{1/3})^{5/2} = \dot{\varepsilon}_M^{0,83}. \tag{7.162}$$

und damit nach (7.161) auch für die Zeitkonstante $k \sim \dot{\varepsilon}_M^{0,83}$. Demgegenüber ist in Bild 7.43 für die der Zeitkonstante indirekt proportionale Halbwertszeit

$$t_{1/2} \sim \dot{\varepsilon}_M^{-0,8} \tag{7.163}$$

angegeben, was mit (7.162) gut übereinstimmt und damit die Bedeutung der Tropfenbildungsrate unterstreicht. Würde man anstelle der Tropfenbildungsrate den Stoffübergangskoeffizienten β an der jeweiligen Phasengrenze als wesentliche, von der Rührleistung abhängende Größe betrachten, so ergäbe sich mit $\beta \sim u^{0,5}$ bei laminarer und $\beta \sim u^{0,8}$ bis $\beta \sim u^{1,3}$ bei turbulenter Strömung unter Berücksichtigung von $t_{1/2} \sim 1/\beta$ die folgende Abhängigkeit der Halbwertszeiten von der Rührleistung

$$t_{1/2} \sim \dot{\varepsilon}_M^{-0,17} \quad \text{bis} \quad \dot{\varepsilon}_M^{-0,43} \tag{7.164}$$

und damit eine wesentlich schwächere Abhängigkeit als die in Bild 7.43 gefundene. Offensichtlich ist die starke Abnahme der Halbwertszeiten mit der Rührleistung im wesentlichen auf die verstärkte Emulgierung zurückzuführen, während demgegenüber der Wirkungsgrad der Mikrokinetik, der sich u.a. im Zahlenwert des Stoffübergangskoeffizienten ausdrückt, vermutlich weniger von der Rührleistung beeinflußt wird.

8 Kinetik des Einschmelzens

Die Kinetik des Einschmelzens beschreibt die Übertragung von Wärme auf das Einschmelzgut und die daraus folgenden Vorgänge des Aufheizens und des Einschmelzens. In der Praxis gibt es zwei Arten:

1. Direkte Übertragung der Wärme von der Heizquelle auf das Einschmelzgut.
2. Übertragung der Wärme an eine Schmelze und Aufschmelzen oder Auflösen des Einschmelzguts in dieser Schmelze.

Wird die erste Art angewandt, so schließt sich ihr in einem technischen Prozeß meistens ein Einschmelzen nach der zweiten Art an, nachdem genügend viel Schmelze entstanden und das restliche Einschmelzgut in die Schmelze gesunken ist. Dies ist beim Schmelzen von Schrott im Elektrolichtbogenofen der Fall. Die zweite Art kommt auch allein vor, z.B. beim Schmelzen von Eisenschwamm im Elektrolichtbogenofen, beim Schmelzen von Schrott zusammen mit flüssigem Roheisen im Konverter und beim Auflösen von Legierungsstoffen in Schmelzen.

8.1 Einschmelzen mit direkter Übertragung der Wärme von der Heizquelle auf das Einschmelzgut

8.1.1 Aufgabenstellung

Das Einschmelzen mit direkter Übertragung der Wärme von der Heizquelle auf das Einschmelzgut wurde in [8.1 – 8.3] behandelt. Danach ist es üblich, dem Wärmgut eine der drei geometrischen Grundformen, Platte, Zylinder oder Kugel zu geben. Ferner wird angenommen, daß das Wärmgut gleichmäßig erwärmt wird, also bei der Platte von beiden Seiten, beim Zylinder über die Mantelfläche, bei der Kugel über die Oberfläche. Bei der Übertragung der Wärme ist zwischen Konvektion und Strahlung zu unterscheiden, wobei im Fall der Konvektion mit temperaturunabhängigen Wärmeübergangszahlen, im Fall der Strahlung mit temperaturabhängigen Strahlungsaustauschzahlen gerechnet wird. Die thermischen Eigenschaften des Wärmguts selbst werden als temperaturunabhängig angesehen.

Um das Wärmgut schmelzen zu können, muß die Umgebungstemperatur über der Schmelztemperatur liegen. Nach dem Einbringen des Wärmguts in die heiße Umgebung beginnt dieses Wärme aufzunehmen. Dabei steigt seine Oberflächen-

8.1 Einschmelzen mit direkter Übertragung der Wärme auf das Einschmelzgut

temperatur an und erreicht nach einiger Zeit die Schmelztemperatur. Dann beginnt das Schmelzen. Die Schmelze läuft von dem Wärmgut ab, so daß dieses kleiner wird bis es ganz geschmolzen ist. Zur Vereinfachung der Rechnung wird angenommen, daß die Schmelze stets sofort vollständig abfließt. Dann hat die Oberfläche, nachdem das Schmelzen eingesetzt hat, die Schmelztemperatur. Sie behält diese Temperatur bis zum Ende des Schmelzens bei. Insgesamt besteht der Prozeß somit aus einer Vorwärmperiode mit der Zeit t_V und einer sich daran anschließenden Schmelzperiode mit der Zeit t_S. Die Gesamtschmelzzeit t_{ges} ist

$$t_{ges} = t_V + t_S. \tag{8.1}$$

Die Wärmeleitung im Innern des Wärmguts wird in der Vorwärm- und in der Schmelzperiode durch die Fouriersche Differentialgleichung

$$\frac{\partial \vartheta}{\partial t} = a \left[\frac{\partial^2 \vartheta}{\partial x^2} + \frac{n-1}{x} \frac{\partial \vartheta}{\partial x} \right] \tag{8.2}$$

mit $n=1$ für die Platte, $n=2$ für den Zylinder und $n=3$ für die Kugel beschrieben. In (8.2) ist ϑ Temperatur, t Zeit, a Temperaturleitzahl, x Dicken- bzw. Radialkoordinate, n Symmetriezahl. In der Mitte der Platte, des Zylinders oder der Kugel hat x den Wert null.

In der Vorwärmperiode gelten zur Lösung von (8.2) die folgenden Randbedingungen:

$$\vartheta_U = \text{const}, \tag{8.3}$$

$$\alpha(\vartheta_U - \vartheta_O) + k_\sigma (T_U^4 - T_O^4) = \lambda' \left(\frac{d\vartheta}{dx}\right)_{x=r_0} \tag{8.4}$$

und für $t=0$

$$\vartheta = \vartheta_A. \tag{8.5}$$

Hierin bedeuten ϑ_U Umgebungstemperatur, ϑ_O Oberflächentemperatur des Wärmguts, ϑ_A Anfangstemperatur des Wärmguts, α Wärmeübergangszahl, T_U Umgebungstemperatur in K, T_O Oberflächentemperatur des Wärmguts in K, k_σ Strahlungsaustauschzahl, λ' Wärmeleitzahl des Wärmguts, r_0 Dicke bzw. Radius des Wärmguts vor dem Beginn des Schmelzens.

Die Strahlungsaustauschzahl k_σ ist

$$k_\sigma = \sigma F\left(\varepsilon, \Phi, \frac{F_1}{F_2}\right), \tag{8.6}$$

wobei σ die Stefan-Boltzmannsche Strahlungskonstante und F eine Funktion der Emissionskoeffizienten ε der beteiligten Stoffe, des Winkelverhältnisses Φ und des Flächenverhältnisses F_1/F_2 von Strahlungsquelle und Wärmegut ist. Wegen der Form der Funktion F wird auf die einschlägige Literatur über Strahlungsaustausch [8.4, 8.5] verwiesen. k_σ kann bei Strahlungswärmeübergang in geschlossenen Ofenräumen oft näherungsweise durch $\sigma\varepsilon$, wobei ε eine Gesamtemissionszahl ist, ausgedrückt werden.

Auf der linken Seite von (8.4) stehen die durch Konvektion und Strahlung übertragenen Wärmemengen je Zeit und Flächeneinheit. Ihre Summe ist gleich der auf der rechten Seite stehenden, nach innen abgeleiteten Wärmemenge je Zeit und Flächeneinheit.

Wegen der Nichtlinearität des Stefan-Boltzmannschen Strahlungsgesetzes ist eine Lösung von (8.2) mit der Randbedingung (8.4) schwierig. Für Wärmeübertragung allein durch Konvektion gibt es dagegen bekannte Lösungen. Daher versucht man, auch den Wärmeübergang durch Strahlung durch einen linearen Ansatz $\alpha \Delta T$ auszudrücken, indem man

$$k_\sigma(T_U^4 - T_O^4) = \alpha_\sigma(T_U - T_O) \tag{8.7}$$

schreibt. In (8.7) ist dann α_σ eine temperaturabhängige Strahlungswärmeübergangszahl. Aus (8.7) folgt

$$\alpha_\sigma = k_\sigma T_U^3 \left[1 + \frac{T_O}{T_U} + \left(\frac{T_O}{T_U}\right)^2 + \left(\frac{T_O}{T_U}\right)^3\right]. \tag{8.8}$$

Wenn $T_O \ll T_U$, ist, was z.B. bei einem elektrischen Lichtbogen als Strahlungsquelle angenommen werden kann, folgt

$$\alpha_\sigma = k_\sigma T_U^3. \tag{8.9}$$

In diesem Fall hängt die Wärmeübergangszahl der Strahlung nur von der als konstant anzunehmenden Umgebungstemperatur ab, und (8.4) wird zu

$$(\alpha_k + \alpha_\sigma)(\vartheta_U - \vartheta_O) = \lambda' \left(\frac{d\vartheta}{dx}\right)_{x=r_0} \tag{8.10}$$

mit α_k Wärmeübergangszahl der konvektiven Wärmeübertragung.

In der Schmelzperiode wird im Unterschied zur Vorwärmperiode die übertragene Wärme nicht mehr nur nach innen abgeleitet, sondern teilweise auch zum Schmelzen verbraucht. Außerdem nimmt jetzt die Dicke des Wärmguts ab. Wird die Dicke zur Zeit t mit r bezeichnet, so gelten jetzt die folgenden Randbedingungen

$$\vartheta_U = \text{const}, \tag{8.11}$$

für $x = r$

$$\vartheta_O = \vartheta_S, \tag{8.12}$$

$$\alpha(\vartheta_U - \vartheta_S) + k_\sigma(T_U^4 - T_S^4) = L_S \varrho' \frac{dh}{dt} + \lambda' \left(\frac{d\vartheta}{dx}\right)_{x=r}, \tag{8.13}$$

für $t = t_V$

$$\vartheta = f(x) \tag{8.14}$$

mit ϑ_S Schmelztemperatur, L_S Schmelzenthalpie des Wärmguts, ϱ' Dichte des Wärmguts, h Dicke der abgeschmolzenen Schicht.

Gleichung (8.13) berücksichtigt, daß die übertragene Wärme zum Teil nach innen abgeleitet und zum Teil zum Schmelzen verbraucht wird. Gleichung (8.14) kennzeichnet die Temperaturverteilung im Innern des Wärmguts und damit die insgesamt aufgenommene Wärmemenge am Ende der Vorwärmperiode. Gleichung (8.9) ist hier unter den gleichen Voraussetzungen anwendbar wie in der Vorwärmperiode.

8.1 Einschmelzen mit direkter Übertragung der Wärme auf das Einschmelzgut

Zur Vereinfachung der Gleichungen (8.1) bis (8.5) und (8.11) bis (8.14) ist es zweckmäßig, die folgenden dimensionslosen Kennzahlen einzuführen:

$$Fo = \frac{a't}{r_0^2} \quad \text{(Fourierzahl)} \tag{8.15}$$

$$Bi = \frac{\alpha r_0}{\lambda'} \quad \text{(Biotzahl)}, \tag{8.16}$$

$$Th = \frac{k_\sigma T_U^3 r_0}{\lambda'} \quad \text{(Thringzahl)}, \tag{8.17}$$

$$Ph = \frac{L_s}{c'(\vartheta_U - \vartheta_S)} \quad \text{(Phasenübergangszahl)} \tag{8.18}$$

mit c' spezifische Wärmekapazität des festen Wärmeguts, sowie ferner

$$\xi = \frac{x}{r_0} \quad \text{(dimensionslose Dicke)}, \tag{8.19}$$

$$R = \frac{r}{r_0} \quad \text{(dimensionslose Dicke des Wärmguts)}, \tag{8.20}$$

$$\Theta = \frac{T}{T_U} \quad \text{(dimensionslose Temperatur)}. \tag{8.21}$$

Neben dieser Definition wird bei der Wiedergabe von Ergebnissen in Anlehnung an die im Schrifttum sonst übliche Art vereinzelt auch die dimensionslose Temperatur

$$\Theta^* = \frac{T - T_A}{T_U - T_A} \tag{8.22}$$

verwendet.

Mit den dimensionslosen Größen wird aus (8.2)

$$\frac{\partial \Theta}{\partial Fo} = \frac{\partial^2 \Theta}{\partial \xi^2} + \frac{n-1}{\xi} \frac{\partial \Theta}{\partial \xi}. \tag{8.23}$$

Die Randbedingungen (8.3) bis (8.5) gehen über in

$$\Theta_U = 1, \tag{8.24}$$

$$Bi(1 - \Theta_O) + Th(1 - \Theta_O^4) = \text{grad } \Theta|_{\xi=1}, \tag{8.25}$$

$$\Theta = \Theta_A \quad \text{bei } Fo = 0. \tag{8.26}$$

Entsprechend gehen die Randbedingungen (8.11) bis (8.14) über in

$$\Theta_U = 1. \tag{8.27}$$

Für $\xi = R$

$$\Theta_O = \Theta_S, \tag{8.28}$$

$$Bi(1 - \Theta_S) + Th(1 - \Theta_S^4) = \text{grad } \Theta|_{\xi=R} - Ph(1 - \Theta_S)\frac{dR}{dFo} = \text{const}. \tag{8.29}$$

Für $Fo = Fo_V$

$$\Theta = f(\xi). \tag{8.30}$$

In (8.13) bzw. (8.29) ist ϑ_S bzw. Θ_S die konstante Schmelztemperatur. Nach dem Beginn der Schmelzperiode hat die Oberfläche stets diese Temperatur. Die Wärmestromdichte aus der Umgebung an das Wärmgut ist daher konstant.

8.1.2 Vorwärmperiode

Für die Berechnung des Temperaturfelds $\vartheta(x, t)$ im Wärmgut während der Vorwärmperiode liegen für den Fall, daß die Wärme allein durch Konvektion übertragen wird, bekannte analytische Lösungen vor [8.4, 8.6, 8.7]. Graphische Darstellungen dieser Lösungen finden sich in [8.8]. Bild 8.1 zeigt den Verlauf der dimensionslosen Oberflächentemperatur $(1 - \Theta_O^*)$ als Funktion der Fourierzahl mit der Biotzahl als Parameter. Die Linien sind Lösungen von (8.23) mit den Randbedingungen (8.24) bis (8.26) und mit $Th = 0$. Für $\vartheta_O = \vartheta_S$ und eine vorgegebene Biotzahl kann aus dem Bild die dimensionslose Dauer Fo_V der Vorwärmperiode abgelesen werden. Bild 8.2 zeigt die bis zu einer bestimmten Zeit von der Platte aufgenommene Wärmemenge Q in dimensionsloser Darstellung, wobei wiederum die Biotzahl der Parameter ist. Wenn mit H die aufgenommene Wärmemenge je Masseneinheit bezeichnet wird, so ist

$$Q = \frac{H}{c'(T_U - T_A)}. \tag{8.31}$$

Nach Bestimmung der Dauer der Vorwärmperiode mittels Bild 8.1 kann mittels Bild 8.2 die während dieser Dauer aufgenommene Wärmemenge Q_V und daraus mit (8.31) H_V festgestellt werden. In der gleichen Weise können die Dauer der Vorwärmperiode und die aufgenommene Wärmemenge auch für den Zylinder

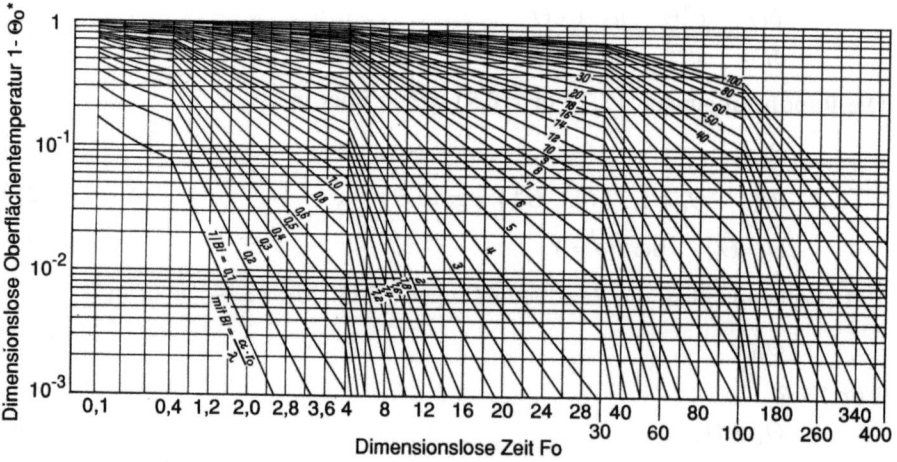

Bild 8.1 Oberflächentemperatur in der Vorwärmzeit für die ebene Platte nach [8.8], vgl. [8.1]

8.1 Einschmelzen mit direkter Übertragung der Wärme auf das Einschmelzgut 419

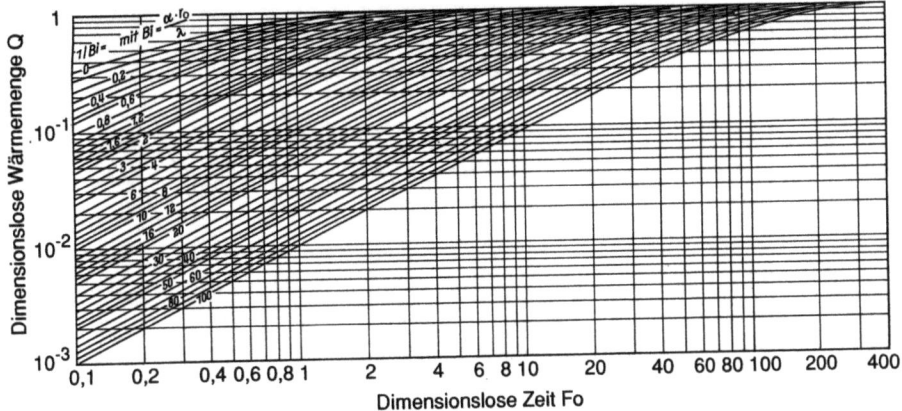

Bild 8.2 Übertragene Wärme in der Vorwärmzeit für die ebene Platte nach [8.8], vgl. [8.1]

und die Kugel bestimmt werden, wenn man anstelle der Bilder 8.1 und 8.2 die ebenfalls in [8.8] veröffentlichten entsprechenden Bilder für Zylinder und Kugel verwendet.

Für den Fall der Wärmeübertragung durch Strahlung gibt es keine einfachen analytischen Lösungen für die Berechnung des Temperaturfelds im Festkörper. Jedoch läßt sich die Temperaturfunktion mit Hilfe der Volterraschen Integralgleichung

$$\Theta(\xi, Fo_V) = \Theta_A + \int_0^{Fo_V} F(\xi, Fo_V - Fo) G(Fo) \, dFo \qquad (8.32)$$

mit Fo_V Fourierzahl am Ende der Vorwärmperiode ausdrücken [8.2, 8.9, 8.10]. Die Funktion F hängt von der Geometrie des Wärmguts ab und hat folgende Formen:

Für die Platte:

$$F = 1 + 2 \sum_{k=1}^{k=\infty} (-1)^k \cos(k\pi\xi) \exp[-k^2\pi^2(Fo_V - Fo)]. \qquad (8.33)$$

Für den Zylinder:

$$F = 2 + 2 \sum_{k=1}^{k=\infty} \frac{J_0(\lambda_k \xi)}{J_0(\lambda_k)} \exp[-\lambda_k^2(Fo_V - Fo)] \qquad (8.34)$$

mit J_0 Besselfunktion Nullter Ordnung und den durch

$$J_0(\lambda_k) = 0$$

definierten Eigenwerten.

Für die Kugel:

$$F = 3 + 2 \sum_{k=1}^{k=\infty} \frac{\sin(q_k \xi)}{\xi \sin q_k} \exp[-q_k^2(Fo_V - Fo)] \qquad (8.35)$$

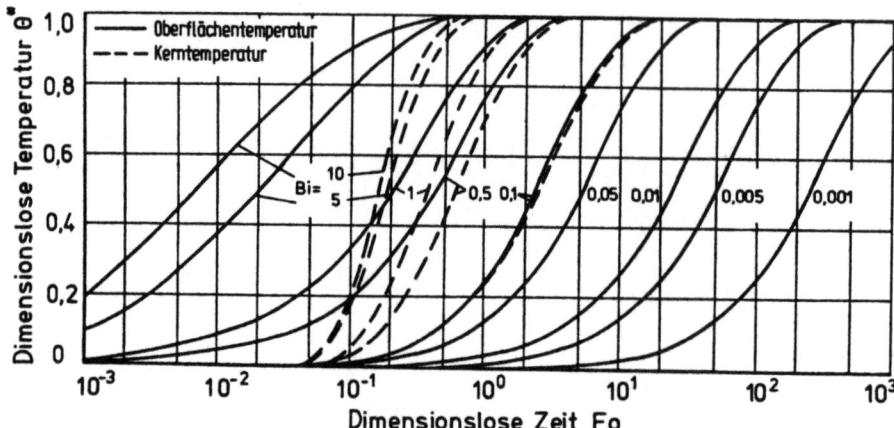

Bild 8.3 Vergleich der zeitlichen Temperaturverläufe an der Oberfläche und im Mittelpunkt einer Kugel bei Wärmeübertragung durch Konvektion nach [8.2]. (Biotzahl Bi als Parameter.)

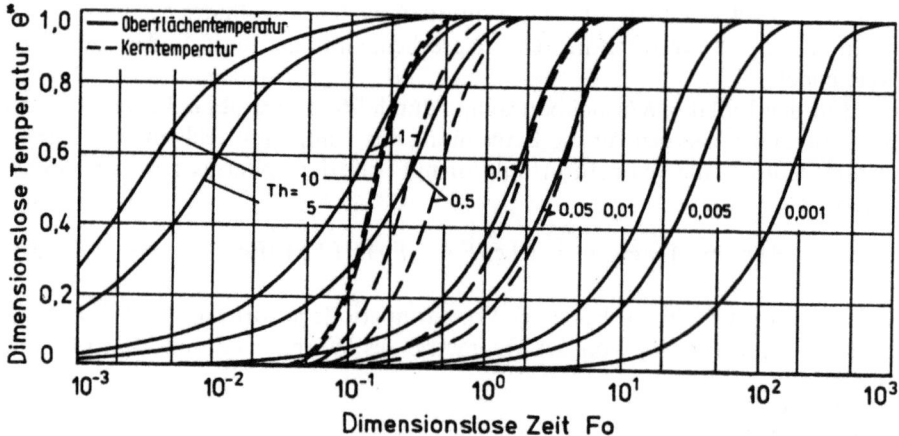

Bild 8.4 Vergleich der zeitlichen Temperaturverläufe an der Oberfläche und im Mittelpunkt einer Kugel bei Wärmeübertragung durch Strahlung nach [8.2]. (Thringzahl Th als Parameter.)

mit den durch

$$\tan q_k = q_k$$

definierten Eigenwerten. Zum weiteren Verständnis wird auf [8.6] verwiesen. Die Funktion G ist die Randbedingung an der Oberfläche

$$G(1, Fo) = \text{grad } \Theta|_{\xi=1} = Bi(1-\Theta_0) + Th(1-\Theta_0^4), \qquad (8.36)$$

die besagt, daß die Wärmestromdichten auf den beiden Seiten der Oberfläche gleich sein müssen. Da die gesuchte Temperaturfunktion Θ in (8.36) enthalten ist, müssen (8.32) und (8.36) gemeinsam iterativ gelöst werden.

Bild 8.3 und Bild 8.4 zeigen für Kugeln den zeitlichen Temperaturverlauf an der Oberfläche und im Kern, und zwar einmal für Wärmeübertragung durch

8.1 Einschmelzen mit direkter Übertragung der Wärme auf das Einschmelzgut

Konvektion und einmal für Wärmeübertragung durch Strahlung. Ordinatenmaßstab ist hier die dimensionslose Temperatur an der Oberfläche Θ_O^* bzw. im Kern Θ_K^* wie sie durch (8.22) definiert ist. Die Dauer der Vorwärmperiode kann auch hier, wie in Bild 8.1, bestimmt werden, indem man für Θ_O^* die Schmelztemperatur Θ_S^* setzt und dann auf der Kurve für die jeweils geltende Biotzahl bzw. Thringzahl die dieser Temperatur entsprechende dimensionslose Fourierzahl abliest. Wie die Bilder 8.3 und 8.4 zeigen, ist der Temperaturausgleich um so weiter fortgeschritten, je kleiner die Biotzahl bzw. die Thringzahl ist. Verbessert man die Wärmeübergangsbedingungen oder vergrößert die Überhitzung, so verkürzt sich zwar die Vorwärmzeit, jedoch verschlechtert sich zugleich die Durchwärmung der Kugel. Das gilt in stärkerem Maße bei Wärmeübertragung durch Strahlung als bei Wärmeübertragung durch Konvektion, weil wegen der vierten Potenzen in der Randbedingung die Temperaturen an der Oberfläche bei Strahlung erheblich schneller als im Mittelpunkt steigen.

Wie aus den Bildern 8.3 und 8.4 weiter ersichtlich ist, fallen bei kleinen Werten der Biot- oder der Thringzahl die Oberflächen- und die Kerntemperatur zusammen. Dies hat seinen Grund darin, daß dann die Wärmeleitzahl im Wärmgut vergleichsweise groß ist und daher das Wärmeangebot von außen genügend schnell durch Wärmeleitung über das Stück verteilt werden kann. Die Temperatur im Stück ist dann überall gleich. Die Länge der Vorwärmperiode hat unter diesen Bedingungen ihr Maximum. Umgekehrt wird bei sehr hohen Biot- oder Thringzahlen die Schmelztemperatur an der Oberfläche sofort erreicht. Dann ist die Dauer der Vorwärmperiode gleich Null. Alle Vorwärmzeiten liegen daher zwischen Null und der Maximalzeit für vollständigen Temperaturausgleich im Wärmgut.

Die Maximalzeit läßt sich einfach berechnen, da die Temperatur im Stück gleichmäßig ist. Es gelten die Beziehungen

— bei Wärmeübertragung durch Konvektion

$$\alpha [T_U - T] \mathrm{d}t = \frac{r_0}{n} c' \varrho' \mathrm{d}T, \tag{8.37}$$

— bei Wärmeübertragung durch Strahlung

$$k_\sigma [T_U^4 - T^4] \mathrm{d}t = \frac{r_0}{n} c' \varrho' \mathrm{d}T. \tag{8.38}$$

Hier ist n die Symmetriezahl. Die Integration von (8.37) in den Grenzen $T = T_A$ bei $t = 0$ und $T = T_S$ bei $t = t_V$ ergibt

$$t_V = \frac{r_0}{n} \frac{c' \varrho'}{\alpha} \ln \frac{T_U - T_A}{T_U - T_S}. \tag{8.39}$$

Die Integration von (8.38) mit denselben Randbedingungen wie oben ergibt

$$t_V = \frac{r_0}{2n} \frac{c' \varrho'}{k_\sigma} \frac{1}{T_U^3} \left[\frac{1}{2} \ln \left(\frac{T_U + T_S}{T_U - T_S} \frac{T_U - T_A}{T_U + T_A} \right) + \left(\arctan \frac{T_S}{T_U} - \arctan \frac{T_A}{T_U} \right) \right]. \tag{8.40}$$

8 Kinetik des Einschmelzens

Tabelle 8.1. Thermische Daten von Eisen und Eisenschwamm nach [8.11]. Stefan-Boltzmannsche Konstante: $5{,}674 \cdot 10^{-8}$ W/(K^{-4}m^2)

Eigenschaft	Stoff		
	Dichtes Eisen	Brikettiertes Eisen	Eisenschwamm
Spez. Wärmekapazität c' in kJ kg^{-1}K^{-1}	0,820	0,820	0,820
Wärmeleitfähigkeit λ in W/(K m)	37,6	20,9	2,13
Dichte ϱ in kg m^3	7650	5500	2600
Temperaturleitzahl a in m^{2}s^{-1}	$6{,}0 \cdot 10^{-6}$	$4{,}6 \cdot 10^{-6}$	$1{,}0 \cdot 10^{-6}$
Schmelzenthalpie L_S in kJ kg^{-1}	277	277	277
Schmelztemperatur ϑ_S in °C	1536	1536	1536

In dimensionsloser Form lautet (8.39)

$$Fo_V = \frac{1}{nBi} \ln \frac{1-\Theta_A}{1-\Theta_S} \tag{8.41}$$

und (8.40)

$$Fo_V = \frac{1}{2nTh} \left[\frac{1}{2} \ln\left(\frac{1+\Theta_S}{1-\Theta_S} \frac{1-\Theta_A}{1+\Theta_A}\right) + (\arctan \Theta_S - \arctan \Theta_A) \right]. \tag{8.42}$$

Zur Berechnung der dimensionslosen Zahlen in den hier entwickelten Gleichungen sind in Tabelle 8.1 die thermischen Stoffdaten von dichtem Eisen, von Eisenbriketts und von Eisenschwamm angegeben. Darüber hinaus werden Zahlenwerte der Wärmeübergangszahl α und der Strahlungsaustauschzahl k_σ benötigt. Für die Wärmeübergangszahl beim Einschmelzen des Eisens im Hochofen wird der Wert $\alpha = 23$ W/m^2 K angegeben [8.3]. Er stellt eine untere Grenze dar. Beim Einschmelzen von Schrott im Lichtbogenofen oder mit Brennstoff-Sauerstoff-Brennern können die Wärmeübergangszahlen wesentlich höher sein. Die Strahlungsaustauschzahlen k_σ hängen von der Ofengeometrie und den Emissionskoeffizienten ε ab, wobei die ε-Werte ihrerseits u.a. stark von der Strahlungsdurchlässigkeit der Ofenatmosphäre beeinflußt werden. Hier sei auf die Speziallitteratur verwiesen [8.4, 8.5, 8.12].

Nachfolgend sei für das Aufschmelzen von Schrott ein Beispiel zur Bestimmung der Dauer der Vorwärmperiode gerechnet. Die Umgebungstemperatur sei 2300 K, die Anfangstemperatur 300 K. Die Schmelztemperatur ist 1809 K. Daraus folgt $\Theta_A = 0{,}130$, $\Theta_S = 0{,}786$ und $\Theta_S^* = 0{,}754$. Für die Wärmeübergangszahl seien die Werte $\alpha = 60$ W/m^2 K und $\alpha = 600$ W/m^2 K, für die Strahlungsaustauschzahl sei $k_\sigma = \sigma\varepsilon$ mit $\varepsilon = 0{,}9$ angenommen. Für den Schrott seien die Stückgrößen $r_0 = 1$ cm; $r_0 = 5$ cm und $r_0 = 10$ cm gewählt. Die Stücke werden als kugelförmig angesehen. Um einen Vergleich mit den Kurven in Bild 8.3 und 8.4 zu ermöglichen, wird hier mit $c' = 0{,}71$ KJ/kgK [8.3] und mit $\varrho' = 7485$ kg/m^3 gerechnet. Dann folgt:

8.1 Einschmelzen mit direkter Übertragung der Wärme auf das Einschmelzgut   423

1. Für konvektiven Wärmeübergang mit $\alpha = 60\ \text{W}\,\text{m}^{-2}\text{K}^{-1}$	$r_0 = 1\ \text{cm}$	$r_0 = 5\ \text{cm}$	$r_0 = 10\ \text{cm}$
Bi	0,016	0,08	0,16
Fo_V aus Bild 8.3	35	7	3,5
t_V	583 s	2 917 s	5 833 s
$t_{V,max}$ (nach (8.39))	622 s	3 109 s	6 218 s

2. Für konvektiven Wärmeübergang mit $\alpha = 600\ \text{W}\,\text{m}^{-2}\text{K}^{-1}$			
Bi	0,16	0,8	1,6
Fo_V aus Bild 8.3	3,5	0,7	0,25
t_V	58,3 s	292 s	417 s
$t_{V,max}$ nach (8.39)	62 s	311 s	622 s

3. Für Strahlungs- wärmeübergang			
Th	0,17	0,83	1,67
Fo_V aus Bild 8.4	1,5	0,26	0,08
t_V	25 s	108 s	133 s
$t_{V,max}$ nach (8.40)	36 s	184 s	365 s

Die Rechnung zeigt für konvektiven Wärmeübergang und $\alpha = 60\ \text{W}\,\text{m}^{-2}\text{K}^{-1}$, daß bei allen drei Stückgrößen die maximalen Vorwärmzeiten für vollständigen Temperaturausgleich nach (8.39) im wesentlichen erreicht werden. Dasselbe ist bei den kleinen Stückgrößen auch noch für $\alpha = 600\ \text{W}\,\text{m}^{-2}\text{K}^{-1}$ der Fall, erst bei $r_0 = 10\ \text{cm}$ sind die aktuellen Vorwärmzeiten deutlich niedriger als die maximalen. Beim Strahlungswärmeübergang erhält man für gleiche Umgebungstemperatur durchweg kürzere Vorwärmzeiten als beim konvektiven Wärmeübergang, weil die äußere Wärmestromdichte größer ist. Für $r_0 = 1\ \text{cm}$ stellen sich aber auch jetzt noch nahezu die maximalen Vorwärmzeiten für vollständige Durchwärmung ein. Erst bei den größeren Stücken bleiben sie deutlich gegenüber den maximalen Werten zurück.

Für Zylinder und Platte gilt entsprechendes. Jedoch sind hier wegen der von der Kugel über den Zylinder zur Platte hin abnehmenden Symmetriezahl die aktuellen und die maximalen Vorwärmzeiten länger als bei der Kugel.

8.1.3 Schmelzperiode

Für den zweiten Zeitabschnitt des Einschmelzprozesses, die Schmelzperiode, ist die Berechnung des Temperaturfelds und des zeitlichen Verlaufs des Abschmelzens nur numerisch möglich, weil die Stückabmessung durch das Einschmelzen kleiner wird. Dagegen läßt sich zur Berechnung der Schmelzzeit eine einfache Gleichung herleiten, da in diesem Zeitabschnitt die Oberflächentemperatur gleich der Schmelztemperatur und damit konstant ist. Dies bedeutet bei angenommener konstanter Umgebungstemperatur eine Konstanz der Wärmestromdichte. Daraus folgt, daß die Schmelzzeit t_S der Wärmemenge je Masseneinheit proportional ist, die vom Ende der Vorwärmperiode bis zum Ende der Schmelzperiode dem Wärmgut noch zugeführt werden muß. Diese Wärmemenge ist die Summe aus der Schmelzwärme und der Wärme, die das betrachtete Stück noch benötigt, um über das ganze Volumen Schmelztemperatur zu erreichen. Aus (8.13) folgt für alle Geometrien

$$[\alpha(\vartheta_U - \vartheta_S) + k_\sigma(T_U^4 - T_S^4)]t_S = [L_S + (H_S - H_V)]\varrho' r_0 \tag{8.43}$$

mit H_S bis zur Schmelztemperatur vom festen Wärmgut aufzunehmende Wärmemenge je Masseneinheit und H_V bis zum Ende der Vorwärmperiode vom festen Wärmgut aufgenomene Wärmemenge je Masseneinheit.

Macht man (8.43) dimensionslos und löst nach der dimensionslosen Dauer der Schmelzperiode Fo_S auf, so folgt

$$Fo_S = \frac{Ph(1 - \Theta_S) + \Theta_S - \Theta_A - Q_V(1 - \Theta_A)}{Bi(1 - \Theta_S) + Th(1 - \Theta_S^4)} . \tag{8.44}$$

Q_V ist hierbei durch (8.31) definiert und stellt die bis zum Ende der Vorwärmperiode aufgenommene Wärme in dimensionsloser Schreibweise dar. Wie man aus (8.43) erkennt, ist die Schmelzzeit der Strecke r_0, d.h. der halben Plattendicke bzw. dem Radius des Zylinders oder der Kugel proportional. Zu beachten ist aber, daß bei Änderung von r_0 sich zugleich die in der Vorwärmperiode aufgenommene Wärmemenge H_V ändert, und zwar wird H_V mit zunehmendem r_0 kleiner.

Je nach der in der Vorwärmperiode zugeführten Wärme lassen sich bei (8.43) und (8.44) wiederum die beiden Grenzfälle sehr großer und sehr kleiner Biot- oder Thringzahlen unterscheiden. Alle realen Schmelzzeiten müssen zwischen diesen beiden Grenzfällen liegen. Für sehr große Biot- oder Thringzahlen ist H_V und Q_V gleich null. Die Dauer der Vorwärmperiode ist ebenfalls null, und das Schmelzen beginnt sofort. Die von außen auftreffende Wärme dient dazu, das abschmelzende Material zuerst auf Schmelztemperatur aufzuheizen und dann zu schmelzen. Es wird keine Wärme durch Leitung nach innen abgeführt. Je Masseneinheit des abgeschmolzenen Materials muß die Wärmemenge $L_S + c'(\vartheta_S - \vartheta_A)$, die man als eine scheinbare erhöhte Schmelzwärme auffassen kann, zugeführt werden. Entsprechend ergibt sich in dimensionsloser Schreibweise eine scheinbar erhöhte Phasenübergangszahl

$$Ph + \frac{\vartheta_S - \vartheta_A}{1 - \vartheta_S} .$$

8.1 Einschmelzen mit direkter Übertragung der Wärme auf das Einschmelzgut   425

Da jetzt in (8.13) wegen der fehlenden Wärmeleitung nach innen der Term $\lambda(d\vartheta/dx)_{x=r}$ entfällt, ist die Abschmelzgeschwindigkeit konstant. Gleichung (8.44) wird zu

$$Fo_{S,I} = \frac{Ph(1-\Theta_S) + \Theta_S - \Theta_A}{Bi(1-\Theta_S) + Th(1-\Theta_S^4)} \,. \tag{8.45}$$

Da in diesem Grenzfall die höchste Wärmemenge zugeführt werden muß, hat die Schmelzzeit ein Maximum.

Für sehr kleine Biot- oder Thringzahlen hat das Wärmgut am Ende der Vorwärmperiode über den ganzen Querschnitt die Schmelztemperatur angenommen. Die Vorwärmzeit ist jetzt durch (8.39) oder (8.40) gegeben. Während der Schmelzperiode muß der auftreffende Wärmestrom nur noch die Schmelzwärme liefern. Der Wärmeverbrauch und die Schmelzzeit sind ein Minimum. In (8.13) entfällt wiederum der Term $\lambda(d\vartheta/dx)_{x=r}$, und damit ist erneut die Abschmelzgeschwindigkeit konstant. Die in der Vorwärmzeit aufgenommene Wärme ist jetzt gleich H_S oder in dimensionsloser Form gleich

$$Q_S = \frac{H_S}{c(T_U - T_A)} = \frac{\Theta_S - \Theta_A}{1 - \Theta_A} \,. \tag{8.46}$$

Damit wird in (8.43) der Ausdruck $H_S - H_V$ gleich Null, und (8.44) wird

$$Fo_{S,II} = \frac{Ph(1-\Theta_S)}{Bi(1-\Theta_S) + Th(1-\Theta_S^4)} \,. \tag{8.47}$$

Die Gleichungen (8.44), (8.45) und (8.47) gelten in gleicher Weise für Platte, Zylinder und Kugel, jedoch sind die nach bestimmten Zeiten abgeschmolzenen Mengen je nach Geometrie unterschiedlich.

Die Bilder 8.5 bis 8.8 zeigen berechnete Schmelzverläufe und Temperaturverteilungen beim Abschmelzen einer ebenen Platte [8.1].

Die Werte sind für eine modifizierte Phasenübergangszahl

$$W = \frac{L_S}{c'(\vartheta_S - \vartheta_A)} = Ph\frac{\vartheta_U - \vartheta_S}{\vartheta_S - \vartheta_A} = Ph\frac{1-\Theta_S}{\Theta_S - \Theta_A} \tag{8.48}$$

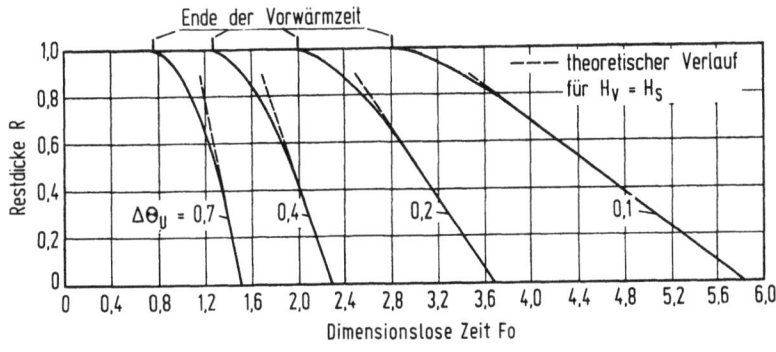

Bild 8.5 Schmelzen einer ebenen Platte bei Wärmeübergang durch Konvektion (Biotzahl $Bi=1$; modifizierte Phasenübergangszahl $W=0{,}267$) nach [8.1]

berechnet. Der angegebene Wert $W=0{,}267$ ergibt sich aus den nach Tabelle 8.1 für reines Eisen geltenden Werten: $L_S = 2{,}77\text{ kJ kg}^{-1}$; $c'\vartheta_S = 1\,260\text{ kJ kg}^{-1}$ und $c'\vartheta_A = 221\text{ kJ kg}^{-1}$ (bei $\vartheta_A = 270\,°\text{C}$). Durch die Verwendung von W tritt jetzt die dimensionslose Umgebungstemperatur

$$\Delta\Theta_U = \frac{\vartheta_U - \vartheta_S}{\vartheta_S - \vartheta_A} = \frac{1-\Theta_S}{\Theta_S - \Theta_A} \tag{8.49}$$

anstelle der Phasenübergangszahl Ph als Parameter an den Kurven auf. Aus (8.48) folgt die Beziehung

$$Ph = \frac{W}{\Delta\Theta_U}. \tag{8.50}$$

Die dimensionslose Umgebungstemperatur $\Delta\Theta_U$ drückt also physikalisch dasselbe wie die Phasenübergangszahl Ph aus, da W bei vorgegebener Anfangstemperatur ϑ_A für ein bestimmtes Wärmgut konstant ist.

Bild 8.5 zeigt, wie eine Platte aus Eisen bei verschiedenen Werten der dimensionslosen Umgebungstemperatur $\Delta\Theta_U$ und bei $Bi=1$ abschmilzt. Dimensionslos aufgetragen gegen die Fourierzahl ist die noch stehengebliebene Dicke, die hier als Restdicke bezeichnet wird. Das Ende der Vorwärmzeit und damit der Beginn des Schmelzens ist gekennzeichnet. Anfangs nimmt die Plattendicke infolge starker Wärmeleitung in das Innere nur langsam ab. Im Lauf der Schmelzzeit nähert sich die Temperatur des Platteninneren jedoch immer mehr der Schmelztemperatur, so daß immer weniger Wärme in das Innere abgeführt wird und die Schmelzgeschwindigkeit ansteigt. Schließlich steht die ganze von außen eintreffende Wärmestromdichte für das Abschmelzen zur Verfügung, so daß die Kurve asymptotisch in eine, gestrichelt gezeichnete, Gerade einmündet. Die Steigung dieser Geraden

$$\frac{dR}{dFo}$$

ergibt sich, wenn man beachtet, daß

$$\frac{dR}{dFo} = \frac{1}{Fo_{S,II}}$$

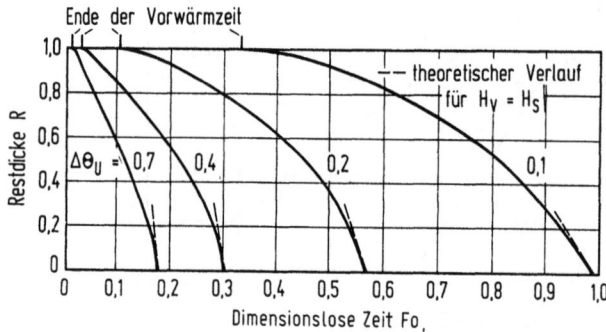

Bild 8.6 Schmelzen einer ebenen Platte bei Wärmeübergang durch Konvektion (Biotzahl $Bi=10$; modifizierte Phasenübergangszahl $W=0{,}267$) nach [8.1]

8.1 Einschmelzen mit direkter Übertragung der Wärme auf das Einschmelzgut 427

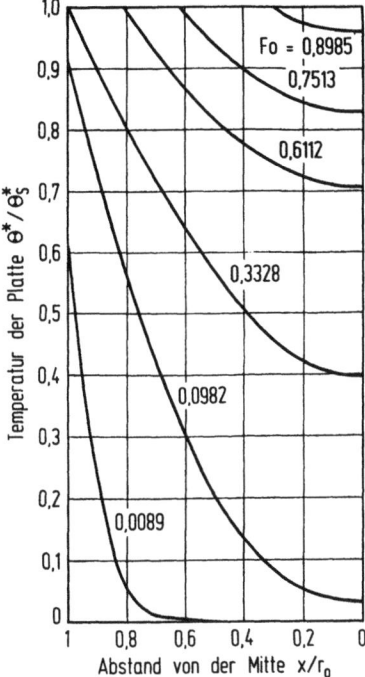

Bild 8.7 Temperaturfeld beim Schmelzen einer Platte für $Bi=10$ und $Ph=2{,}670$ nach [8.1]

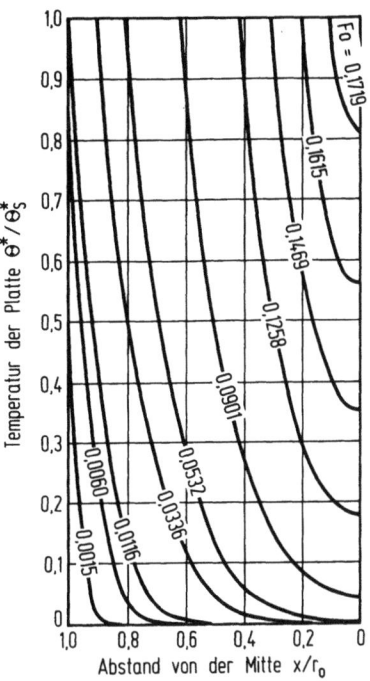

Bild 8.8 Temperaturfeld beim Schmelzen einer Platte für $Bi=10$ und $Ph=0{,}381$ nach [8.1]

ist, aus (8.47) mit $Th=0$ zu

$$\frac{dR}{dFo} = \frac{Bi}{Ph}. \qquad (8.51)$$

Wie man aus Bild 8.5 erkennt, wird dieser theoretische Grenzfall für $Bi=1$ erreicht, wenn etwa die Hälfte der Platte abgeschmolzen ist. Es braucht nicht besonders darauf hingewiesen zu werden, daß die Schmelzzeit mit steigender Umgebungstemperatur kürzer wird. Die entsprechenden Verhältnisse für $Bi=10$ zeigt Bild 8.6. Im Vergleich zu Bild 8.5 erkennt man, daß jetzt die Vorwärmzeit sehr kurz ist. Die Oberfläche beginnt schon zu schmelzen, wenn im Innern der Platte die Temperaturen noch sehr niedrig sind. Aus diesem Grunde wird eine konstante Schmelzgeschwindigkeit erst später erreicht.

Die Bilder 8.7 und 8.8 zeigen für $W=0{,}267$ die Temperaturverteilung in der Platte bei $Bi=10$, und zwar einmal für $\Delta\Theta_U=0{,}1$ entsprechend $Ph=2{,}670$ und einmal für $\Delta\Theta_U=0{,}7$ entsprechend $Ph=0{,}381$. In beiden Fällen setzt, wie schon in Bild 8.6 gezeigt, das Schmelzen wegen der vergleichsweise hohen Biotzahl früh ein, so daß ein großer Teil der notwendigen Aufheizwärme erst während des Abschmelzens in die Platte eindringt. Dies ist an den Temperaturverläufen unmittelbar zu erkennen. Dieser Effekt ist in Bild 8.8 stärker ausgeprägt als in Bild 8.7, weil in Bild 8.8 die Wärmestromdichte bei $Ph=0{,}381$ größer ist als in Bild 8.7

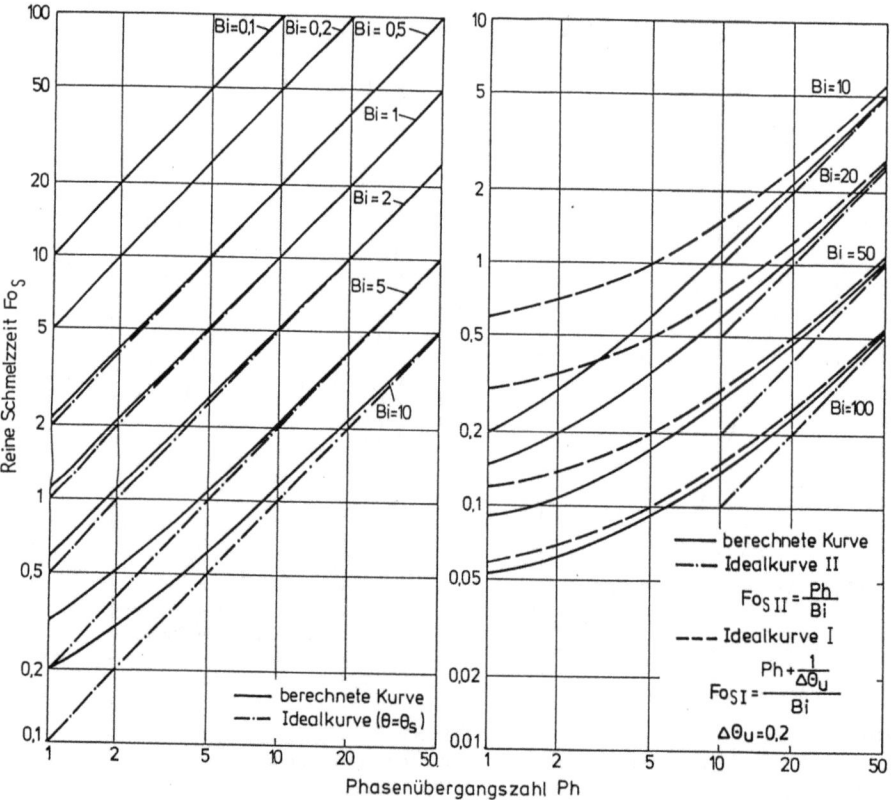

Bild 8.9 Reine Schmelzzeit Fo_S in Abhängigkeit von der Phasenübergangszahl Ph. Parameter Biotzahl Bi. Nach [8.2]

bei $Ph = 2{,}670$. Am Verlauf der Kerntemperatur ist dies zu erkennen. In Bild 8.7 hat am Beginn des Schmelzens ($Fo = 0{,}3328$) die Kerntemperatur $\vartheta_K - \vartheta_A$ den Wert 0,4mal der Schmelztemperatur $\vartheta_S - \vartheta_A$, während in Bild 8.8 am Beginn des Schmelzens ($Fo = 0{,}0116$) der Kern noch keine Wärme aufgenommen hat. Alle Temperaturkurven in Bild 8.8 sind sehr steil, so daß die Verhältnisse sich bereits dem Grenzfall, bei dem keine Wärme nach innen abgeleitet wird nähern.

Für Kugeln zeigt Bild 8.9 bei Wärmeübertragung durch Konvektion die reinen Schmelzzeiten als Funktion der Phasenübergangszahl mit der Biotzahl als Parameter. Eingetragen sind außerdem die Grenz- oder Idealkurven nach (8.45) und (8.47) mit $Th = 0$. $\Delta\Theta_U$ ist der durch (8.49) definierte Wert. Für Stahl liegen die Phasenübergangszahlen bei Umgebungstemperaturen von 1 800 bis 2 000 °C in der Größenordnung von eins. Dann ist der Grenzfall gleichmäßiger Durchwärmung des Stücks in der Vorwärmperiode – entsprechend $\Theta = \Theta_S$ – bei $Bi \leq 1$ nahezu erreicht (s.S. 423). Bei $Bi = 100$, wenn also der Widerstand der Wärmeleitung in der Kugel groß gegen den des Wärmeübergangs geworden ist, nähert sich der Schmelzverlauf dem Grenzfall fehlender Wärmeableitung nach innen. Für Phasenübergangszahlen von 50, bei denen die Umgebungstemperatur nur noch wenige Grade oberhalb der Schmelztemperatur liegt, fallen die beiden Grenzkurven und die reale fast zusammen. Die Schmelzzeit wird nur noch durch die äußere Wärmestromdichte bestimmt.

8.2 Einschmelzen des Wärmguts in der eigenen Schmelze

8.2.1 Einführung

Das Einschmelzen des Wärmguts in der eigenen Schmelze findet beim Schmelzen von Kühlschrott in der Eisenschmelze der Konverterverfahren, beim kontinuierlichen Einschmelzen von Eisenschwamm im Schmelzbad des Elektrolichtbogenofens und allgemein im Verlauf des Einschmelzens fester Eisenträger, Legierungsstoffe und Desoxidationsmetalle statt, sofern bereits Schmelze vorhanden ist und der verbliebene feste Einsatz in die Schmelze taucht. Die Kinetik dieses Vorgangs wurde verschiedentlich untersucht [8.11, 8.13 – 8.17, 8.21]. Auch theoretische Modelle wurden entwickelt [8.11, 8.13 – 8.15].

Beim Schmelzen eines Kristalls in seiner eigenen Schmelze kann man unter technischen Bedingungen i.d.R. davon ausgehen, daß die Schmelze gut gerührt wird, z.B. durch die Gasblasenbildung bei der Kohlenstoff-Sauerstoff-Reaktion. Im Idealfall ist die durch die Rührung bewirkte Vermischung vollständig, und die Schmelze hat eine homogene Temperatur. Dieser Idealfall wird im folgenden angenommen. Ferner werden beim Wärmgut ebenso wie in Abschn. 8.1 die drei Grundformen Platte, Zylinder und Kugel zugrunde gelegt. Der Wärmeübergang aus der Schmelze an das Wärmgut erfolgt durch Konvektion. Wenn wie angenommen, die Schmelze ideal vermischt ist, bildet sich vor der Oberfläche des Wärmguts eine Grenzschicht aus, in der die Temperatur von der Badtemperatur auf die Schmelztemperatur des Wärmguts sinkt. Schematisch ist dies in Bild 8.10 gezeigt. Dort sind auch die Formelzeichen der einzelnen im folgenden verwendeten Größen angegeben. Die Werte der Schmelze sind ungestrichen, die Werte des Feststoffs sind einfach, die Werte in der Grenzschicht sind zweifach gestrichen. An der Oberfläche des Feststoffs wird die Schmelzwärme umgesetzt, und im Feststoff selbst findet Wärmeleitung statt. Im einzelnen ergeben sich dann die folgenden Beziehungen:

Vorgang: Kristall ⟶ Schmelze

Modellschema:

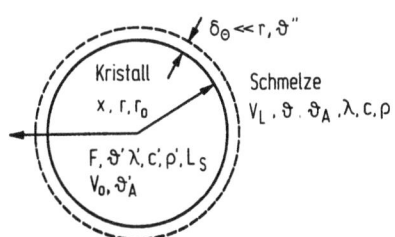

Bild 8.10 Modellschema für das Schmelzen eines Festkörpers in der eigenen gerührten Schmelze nach [8.14]

1. Die von der Schmelze an die Temperaturgrenzschicht je Zeit- und Flächeneinheit abgegebene Wärmemenge ist gleich der Wärmestromdichte an der äußeren Begrenzung der Temperaturgrenzschicht

$$-\frac{c\varrho V_L}{F}\frac{d\vartheta}{dt} = -\lambda \frac{\partial \vartheta''}{\partial x}\bigg|_{x=r+\delta_\Theta}. \qquad (8.52)$$

Hierin sind ϱ die Dichte, c die spezifische Wärmekapazität, λ die Wärmeleitzahl und V_L das Volumen des Schmelzbads, F die Oberfläche des Wärmguts und δ_Θ die Dicke der Temperaturgrenzschicht. Gleichung (8.52) gilt, wenn das Gesamtsystem adiabatisch ist. Ist es isotherm, so wird $d\vartheta/dt$ in (8.52) gleich null und die Gleichung entfällt. In der Regel liegt der isotherme Fall vor.

2. Während des Schmelzvorgangs wandert die Phasengrenze und mit ihr die Temperaturgrenzschicht in Richtung auf den Kern des Wärmguts. Die Schmelze in der Temperaturgrenzschicht wird dabei von der Schmelztemperatur ϑ_S auf die Badtemperatur ϑ_U aufgeheizt. Es gilt

$$\lambda \frac{\partial \vartheta''}{\partial x}\bigg|_{x=r+\delta_\Theta} = -c\varrho(\vartheta_U - \vartheta_S)\frac{dr}{dt} + \lambda \frac{\partial \vartheta''}{\partial x}\bigg|_{x=r}. \qquad (8.53)$$

Die Wärme wird innerhalb der Temperaturgrenzschicht durch Leitung transportiert. Dafür gilt das zweite Fouriersche Gesetz

$$\frac{\partial \vartheta''}{\partial t} = a\frac{\partial^2 \vartheta''}{\partial x^2}. \qquad (8.54)$$

Da $\delta_\Theta \ll r$ ist, kann in (8.54) die Wärmeleitung als eindimensional betrachtet werden. Wenn ϑ_U nur wenig größer als ϑ_S ist, ein Fall, der in der Praxis häufig vorkommt, so kann die Zunahme des Wärmeinhalts der Grenzschicht $c\varrho(\vartheta_U - \vartheta_S)$ in (8.53) vernachlässigt werden, und der Temperaturgradient in der Grenzschicht wird konstant. Es gilt

$$\lambda \frac{\partial \vartheta''}{\partial x}\bigg|_{x=r+\delta_\Theta} \approx \lambda \frac{\partial \vartheta''}{\partial x}\bigg|_{x=r} = \frac{\lambda}{\delta_\Theta}(\vartheta_U - \vartheta_S) = \alpha(\vartheta_U - \vartheta_S). \qquad (8.55)$$

α ist hier die Wärmeübergangszahl. Sie ist analog zur Stoffübergangszahl β – vgl. (3.45) – durch das Verhältnis λ/δ_Θ gegeben.

3. Die Wärmestromdichte an der inneren Begrenzung der Temperaturgrenzschicht ist gleich der Summe aus der je Zeit- und Flächeneinheit verbrauchten Schmelzwärme und der in das Innere des Wärmguts je Zeit- und Flächeneinheit fließenden Wärme

$$\lambda \frac{\partial \vartheta''}{\partial x}\bigg|_{x=r} = -L_s\varrho'\frac{dr}{dt} + \lambda' \frac{\partial \vartheta'}{\partial x}\bigg|_{x=r}. \qquad (8.56)$$

4. Für die Wärmeleitung im festen Wärmgut gilt das zweite Fouriersche Gesetz

$$\frac{\partial \vartheta'}{\partial t} = a'\left[\frac{\partial^2 \vartheta'}{\partial x^2} + \frac{n-1}{x}\frac{\partial \vartheta'}{\partial x}\right]. \qquad (8.57)$$

8.2 Einschmelzen des Wärmguts in der eigenen Schmelze

5. Für den Fall, daß der Wärmeübergang in der Temperaturgrenzschicht durch (8.55) ausgedrückt werden kann, folgt durch Einsetzen von (8.55) in (8.56)

$$\alpha(\vartheta_U - \vartheta_S) = -L_S \varrho' \frac{dr}{dt} + \lambda' \frac{\partial \vartheta'}{\partial x}\bigg|_{x=r}. \tag{8.58}$$

Aus (8.56) bzw. der vereinfachten Gleichung (8.58) folgt, daß — im Unterschied zum Schmelzen durch unmittelbare Einwirkung einer Heizquelle — beim Einschmelzen in der eigenen Schmelze die Temperatur an der Grenzfläche zwischen dem Schmelzbad und dem Festkörper stets gleich der Schmelztemperatur ϑ_S ist. Daher ist in (8.58) die Wärmestromdichte aus dem Schmelzbad an die Oberfläche konstant gleich $\alpha(\vartheta_U - \vartheta_S)$, sofern der isotherme Fall betrachtet wird. Im adiabatischen Fall wird die Wärmestromdichte im Lauf der Zeit kleiner. In (8.58) kann $\lambda' \partial \vartheta'/\partial x|_{x=r}$ kleiner oder größer als $\alpha(\vartheta_U - \vartheta_S)$ sein. Wenn ein kaltes Wärmgut in die Schmelze getaucht wird, ist $\lambda' \partial \vartheta'/\partial x|_{x=r}$ anfangs stets größer als $\alpha(\vartheta_U - \vartheta_S)$, weil sich zunächst ein sehr steiler Temperaturgradient an der Innenseite der Oberfläche einstellt. Für diesen Fall folgt aus (8.58), daß dr/dt positiv ist, d.h. es friert Schmelze am Festkörper an. Physikalisch hat dies seinen Grund darin, daß die Wärmestromdichte auf der Innenseite und auf der Außenseite der Phasengrenze gleich sein muß. Daher wird das an der Außenseite verbleibende Defizit gegenüber der Wärmestromdichte $\alpha(\vartheta_U - \vartheta_S)$ durch die Erstarrungswärme der anfrierenden Schmelze gedeckt. Die in den Festkörper eingeflossene Wärme heizt diesen auf. Daher wird die Wärmestromdichte $\lambda' \partial \vartheta'/\partial x|_{x=r}$ im Lauf der Zeit kleiner. Wenn sie gleich $\alpha(\vartheta_U - \vartheta_S)$ geworden ist, wird $dr/dt = 0$. Das Anfrieren hört auf. Anschließend beginnt der Festkörper wieder aufzuschmelzen, da nunmehr $\lambda' \partial \vartheta'/\partial x|_{x=r} < \alpha(\vartheta_U - \vartheta_S)$ ist.

Mit (8.52) bis (8.58) kann das Schmelzen eines Feststoffs in seiner eigenen Schmelze rechnerisch behandelt werden. Zuvor seien jedoch die Gleichungen in dimensionsloser Schreibweise formuliert. Dazu werden die gleichen dimensionslosen Größen, wie sie bereits in (8.15) bis (8.22) wiedergegeben sind, benutzt, jedoch mit dem Unterschied,

- daß ϑ_U jetzt die Anfangstemperatur bzw. im isothermen Fall die konstante Temperatur des Schmelzbads bedeutet und
- daß als dimensionslose Wärmeübergangszahl anstelle der Biotzahl

$$Bi = \frac{\alpha r_0}{\lambda'} \tag{8.59}$$

jetzt die Nußeltzahl

$$Nu = \frac{\alpha r_0}{\lambda} \tag{8.60}$$

verwendet wird.

Die Nußeltzahl und die Biotzahl unterscheiden sich dadurch, daß die Wärmeübergangszahl α bei der Nußeltzahl auf die Wärmeleitzahl λ des Mediums, in dem der Wärmeübergang stattfindet, dagegen bei der Biotzahl auf die Wärmeleitzahl λ' des Festkörpers, an dem die Wärme übertragen wird, bezogen ist. Es ist in der Literatur üblich, bei der Nußeltzahl als charakteristische Länge die

Abmessung des Festkörpers, im vorliegenden Fall also $2r_0$ zu verwenden. Um die Einheitlichkeit gegenüber den vorangegangenen Definitionen zu wahren, wird im Gegensatz dazu hier der Wert r_0 als charakteristische Länge verwendet. r_0 ist der Anfangsradius des Wärmguts.

Der Wärmeübergang durch die Temperaturgrenzschicht gehorcht Gesetzen, wie sie analog für den Stoffübergang durch eine Konzentrationsgrenzschicht gelten [8.18]. Für den Wärmeübergang an einer umströmten Kugel bedeutet dies, daß die Nußeltzahl durch die Beziehung

$$Nu = 1 + 0{,}42 Re^{1/2} Pr^{1/3} \tag{8.61}$$

beschrieben wird [8.19]. In (8.61) bedeuten

$$Re = \frac{u r_0}{v} \quad \text{(Reynoldszahl)}$$

mit u Anströmgeschwindigkeit, und

$$Pr = \frac{v}{a} \quad \text{(Prandtlzahl)}.$$

Das additive Glied 1 in (8.61) drückt den Wert der Nußeltzahl für $Re = 0$, d.h. bei alleiniger Wärmeleitung aus. Für den quer angeströmten Zylinder gilt die Beziehung [8.18]

$$Nu = 0{,}42 Re^{1/2} Pr^{1/3} \tag{8.62}$$

und für die längs angeströmte Platte die Beziehung [8.18]

$$Nu = 0{,}47 Re^{1/2} Pr^{1/3}. \tag{8.63}$$

In (8.62) und (8.63) ist im Gegensatz zu (8.61) ein additives Glied für den Fall alleiniger Wärmeleitung nicht enthalten, da beim Zylinder und bei der Platte die äußere Wärmeleitung nicht stationär ist.

Während des Schmelzvorgangs wird die Abmessung des Wärmguts r kleiner. Auch die Anströmgeschwindigkeit u kann sich ändern, und zwar i.d.R. zu kleineren Werten. Trotzdem ist i.d.R. zulässig, mit konstanten Werten der Wärmeübergangszahl α zu rechnen, da α proportional $(u/r)^{1/2}$ ist, und daher abnehmende Werte von u und r gegenläufig wirken. Nachfolgend wird mit konstanten Nußeltzahlen und Wärmeübergangszahlen gerechnet, wobei in (8.61) bis (8.63) stets r_0 als charakteristische Länge benutzt wird.

Damit können nunmehr (8.52) bis (8.58) dimensionslos formuliert werden. Mit der zu (8.21) analogen Gleichung

$$\Theta = \frac{\vartheta}{\vartheta_U} \tag{8.64}$$

erhält man

— aus (8.52)

$$\frac{1}{n-1} \frac{V_L}{V_F} \frac{\partial \Theta}{\partial Fo} = \frac{\partial \Theta''}{\partial \xi}\bigg|_{\xi = R + \frac{\delta_\Theta}{r}}, \tag{8.65}$$

mit V_F Volumen des festen Wärmguts

— aus (8.53)

$$\frac{\partial \Theta''}{\partial \xi}\bigg|_{\xi = R + \frac{\delta_\Theta}{r}} = (1 - \Theta_S)\frac{dR}{dFo} + \frac{\partial \Theta''}{\partial \xi}\bigg|_{\xi = R}, \qquad (8.66)$$

— aus (8.54)

$$\frac{\partial \Theta''}{\partial Fo} = \frac{\partial^2 \Theta''}{\partial \xi^2}, \qquad (8.67)$$

— aus (8.55)

$$\frac{\partial \Theta''}{\partial \xi}\bigg|_{\xi = R + \frac{\delta_\Theta}{r}} \approx \frac{\partial \Theta''}{\partial \xi}\bigg|_{\xi = R} = Nu(1 - \Theta_S), \qquad (8.68)$$

— aus (8.56)

$$\frac{Nu}{Bi}\frac{\partial \Theta''}{\partial \xi}\bigg|_{\xi = R} = -Ph(1 - \Theta_S)\frac{dR}{dFo} + \frac{\partial \Theta'}{\partial \xi}\bigg|_{\xi = R}, \qquad (8.69)$$

— und aus (8.57)

$$\frac{\partial \Theta'}{\partial Fo} = \frac{\partial^2 \Theta'}{\partial \xi^2} + \frac{n-1}{\xi}\frac{\partial \Theta'}{\partial \xi}. \qquad (8.70)$$

8.2.2 Einschmelzen ohne Berücksichtigung der Wärmeleitung im Festkörper

Mit den dimensionslosen Gleichungen (8.64) bis (8.70) läßt sich der Schmelzvorgang beschreiben. Eine allgemeine Lösung, die alle aufgeführten Gleichungen berücksichtigt, existiert nicht. Es gibt jedoch spezielle Lösungen, mit denen die praktisch vorkommenden Fälle i.allg. gut beschrieben werden können.

Für die nachfolgende Darstellung dieser Lösungen ist es zweckmäßig, zwischen Fällen zu unterscheiden, bei denen die Wärmeleitung im Festkörper nicht berücksichtigt zu werden braucht, und solchen, bei denen dies nötig ist.

Eine Wärmeleitung im Festkörper braucht nicht berücksichtigt zu werden, wenn

— das Wärmgut vor dem Eintauchen in die Schmelze bereits auf Schmelztemperatur vorgewärmt war,
— das Wärmgut eine Wärmeleitfähigkeit $\lambda' = 0$ hat,
— das Wärmgut eine Wärmefähigkeit $\lambda' = \infty$ hat.

Wenn das Wärmgut auf Schmelztemperatur vorgewärmt war, ist in (8.56) $\lambda' \partial \vartheta'/\partial x|_{x=r} = 0$ zu setzen. Die Wärmeleitung im Festkörper entfällt. Das gleiche gilt, wenn die Wärmeleitfähigkeit $\lambda' = 0$ ist. Die Aufheizwärme des Feststoffs wird in diesem Fall erst beim Abschmelzen zusammen mit der Schmelzwärme von dem Wärmgut aufgenommen, so daß der Fall ebenso wie der erste, jedoch mit einer scheinbar erhöhten Schmelzwärme $L_S + c'(\vartheta_S - \vartheta_A)$ bzw. Phasenübergangszahl

$$Ph + \frac{\vartheta_S - \vartheta_A}{1 - \vartheta_S}$$

behandelt werden kann. Beim dritten Fall friert wegen $\lambda' = \infty$ die Schmelze beim Eintauchen des Wärmguts schlagartig an. Dabei nimmt der Festkörper insgesamt die Temperatur ϑ_S an. Das Volumen der angefrorenen Schmelze ergibt sich aus der Bedingung, daß die von dem Angefrorenen freigesetzte Wärme gleich der vom ursprünglichen Wärmgut aufgenommen sein muß. Es gilt:

$$(V_{max} - V_0)\left[L_S + c\frac{\varrho}{\varrho'}(\vartheta_U - \vartheta_S)\right] = V_0 c'(\vartheta_S - \vartheta_A). \tag{8.71}$$

Hierbei ist V_{max} das maximale Volumen des Festkörpers, das am Ende des Anfrierens vorliegt und V_0 das ursprüngliche Volumen des Wärmguts. Das dem Anfrieren folgende Wiederabschmelzen des Festkörpers ist dann das gleiche wie dasjenige eines Wärmgutes mit dem Volumen V_{max}, das vor dem Eintauchen in die Schmelze auf ϑ_S vorgeheizt war.

Damit ergeben sich folgende Spezialfälle, bei denen der Wärmetransport im Festkörper nicht berücksichtigt zu werden braucht.

8.2.2.1 Isothermes Schmelzen eines auf Schmelztemperatur befindlichen Feststoffs in schwach überhitztem Bad

In diesem Fall sind die Gleichungen (8.55) und (8.56) oder (8.68) und (8.69) mit $\partial\vartheta'/\partial x$ bzw. $\partial\Theta'/\partial\xi = 0$ zu berücksichtigen. Daraus folgt

$$\alpha(\vartheta_U - \vartheta_S) = -L_S \varrho' \frac{dr}{dt} \tag{8.72}$$

oder dimensionslos

$$Bi = -Ph\frac{dR}{dFo} \tag{8.73}$$

und damit für die Schmelzzeit t_S, bei der $r = 0$ bzw. $R = 0$ geworden ist:

$$t_S = \frac{L_S \varrho' r_0}{\alpha(\vartheta_U - \vartheta_S)} \tag{8.74}$$

bzw.

$$Fo_S = \frac{Ph}{Bi}. \tag{8.75}$$

Die aus dem Schmelzbad kommende Wärmestromdichte dient ausschließlich dem Abschmelzen des Feststoffs. Die Schmelzfront wandert mit konstanter Geschwindigkeit dem Feststoff entgegen.

Dieser Fall beschreibt näherungsweise das Einschmelzen von Schrott mit Stückdurchmessern unter 10 cm (vgl. S. 423) im Schmelzsumpf des Elektrolichtbogenofens nachdem der Schrott vorgeheizt ist und sich ein Sumpf gebildet hat.

8.2.2.2 Adiabatisches Schmelzen eines auf Schmelztemperatur befindlichen Feststoffs in schwach überhitztem Bad

Im Gegensatz zum isothermen Schmelzen ändert sich beim adiabatischen Schmelzen die Temperatur des Schmelzbads. Deshalb ist zusätzlich (8.52) bzw. (8.65) zu berücksichtigen. Es gilt

$$-\frac{c\varrho V_L}{F}\frac{d\vartheta}{dt} = \alpha(\vartheta - \vartheta_S) = -L_S\varrho'\frac{dr}{dt} \tag{8.76}$$

oder dimensionslos

$$-\frac{1}{n-1}\frac{V_L}{V_F}\frac{d\Theta}{dFo} = Nu(\Theta - \Theta_S) = -Ph(1-\Theta_S)\frac{Nu}{Bi}\frac{dR}{dFo}. \tag{8.77}$$

Um (8.76) zu lösen, wird zuerst die Gleichung

$$\frac{c\varrho V_L}{F}d\vartheta = L_S\varrho' dr$$

mit F Fläche von Platte, Zylinder oder Kugel integriert. Man erhält $\vartheta(r)$ und setzt es in die Gleichung

$$\alpha(\vartheta - \vartheta_S) = -L_S\varrho'\frac{dr}{dt}$$

ein, um nach deren Integration die Größe $r(t)$ und damit den Schmelzverlauf zu erhalten. Die Schmelzzeit ist der Wert von t, bei dem $r=0$ wird. Analog wird (8.77) mit V_F Volumen von Platte, Zylinder oder Kugel gelöst. Die Schmelzzeit t_S ergibt sich zu

$$t_S = \frac{c\varrho V_L}{\alpha F_0} f(\varphi) \tag{8.78}$$

bzw. dimensionslos

$$Fo_S = \frac{1}{(n-1)Bi}\frac{V_L}{V_{F,0}} f(\varphi) \tag{8.79}$$

mit

$$\varphi = \frac{L_S\varrho'}{c\varrho(\vartheta_U - \vartheta_S)}\frac{V_{F,0}}{V_L} = Ph\frac{V_{F,0}}{V_L}\frac{c'\varrho'}{c\varrho}. \tag{8.80}$$

F_0 bzw. $V_{F,0}$ sind hier die Anfangsoberfläche bzw. das Anfangsvolumen des Feststoffs, ϑ_U ist die Anfangstemperatur des Schmelzbads. Die Funktion $f(\varphi)$ ist bei der Platte:

$$f(\varphi) = \ln(1-\varphi) \tag{8.81}$$

beim Zylinder:

$$f(\varphi) = 2\left(\frac{\varphi}{1-\varphi}\right)^{1/2} \arctan\left(\frac{\varphi}{1-\varphi}\right)^{1/2} \tag{8.82}$$

und bei der Kugel:

$$f(\varphi) = \left(\frac{\varphi}{1-\varphi}\right)^{1/3} \left\{ \frac{1}{2} \ln \frac{\left[1+\left(\frac{\varphi}{1-\varphi}\right)^{1/3}\right]}{1+\frac{\varphi}{1-\varphi}} \right.$$

$$\left. -\sqrt{3} \arctan\left(\frac{1-2\left(\frac{\varphi}{1-\varphi}\right)^{1/3}}{\sqrt{3}}\right) + \sqrt{3}\frac{\pi}{6} \right\}. \tag{8.83}$$

Die Größe φ stellt das Verhältnis der zum Aufschmelzen des Feststoffs benötigten Wärme zu dem Wärmeinhalt des Schmelzbads zwischen ϑ_U, seiner Anfangstemperatur und der Schmelztemperatur ϑ_S dar. Wenn der Wärmeinhalt des Schmelzbads $c\varrho(\vartheta_U-\vartheta_S)V_L$ ausreichen soll, um die benötigte Schmelzwärme $L_S\varrho V_{F,0}$ zu liefern, muß $\varphi \leq 1$ sein. Die Gleichungen (8.78) bis (8.80) gelten dementsprechend unter dieser Bedingung. Der Verlauf der Funktion $f(\varphi)$ ist in Bild 8.11 für Platte, Zylinder und Kugel wiedergegeben. Der Ordinatenmaßstab ergibt sich, wenn man $\alpha = \lambda/\delta_\Theta$ (s. (8.55)) in (8.78) einsetzt und beachtet, daß $\lambda/c\varrho = a$ ist. $f(\varphi)$ folgt dann als verallgemeinerte Aufschmelzdauer τ_S zu

$$f(\varphi) = \tau_S = \frac{F_0 a}{V_L \delta_\Theta} t_S.$$

Für die Kugel ist die Schmelzzeit bei gleichem Anfangsvolumen am größten, weil die Größe der Oberfläche bei ihr im Verlauf des Schmelzens am stärksten abnimmt.

Der Fall des adiabatischen Schmelzens hat Bedeutung bei allen Maßnahmen, bei denen zur Temperatursenkung mit Schrott gekühlt wird.

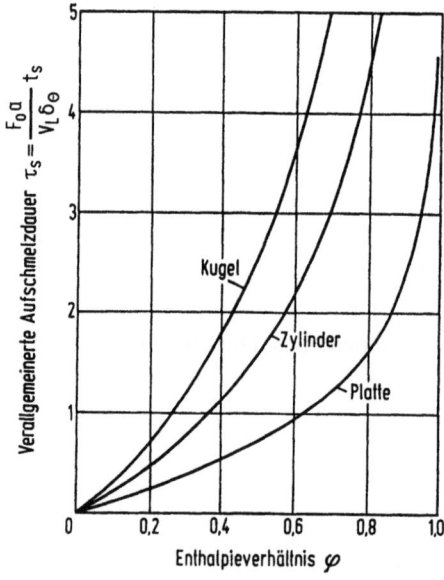

Bild 8.11 Adiabatisches Schmelzen einer Platte, eines Zylinders und einer Kugel in der eigenen gerührten Schmelze nach [8.14]. *1* Kugel, *2* Zylinder, *3* Platte

8.2.2.3 Isothermes Schmelzen eines auf Schmelztemperatur befindlichen Feststoffs in stark überhitztem Bad

Der hier zu behandelnde Fall unterscheidet sich von dem in Abschn. 8.2.2.1 beschriebenen dadurch, daß jetzt die Erwärmng des geschmolzenen Feststoffs von ϑ_S auf ϑ_U in der Grenzschicht berücksichtigt werden muß. Zu verwenden sind (8.53) und (8.56) oder (8.66) und (8.69) mit $\partial\vartheta'/\partial x|_{x=r}=0$ bzw. $\partial\Theta'/\partial\xi|_{\xi=R}=0$ und weiter (8.54) oder (8.67), mit denen die Wärmeleitung in der Grenzschicht berechnet wird.

Die Wärmeleitung in der Grenzschicht erfolgt in einem sich mit der Abschmelzgeschwindigkeit $-dr/dt$ bewegenden System. Gleichung (8.54) wird daher in der Form

$$\frac{\partial\vartheta''}{\partial t} - \frac{\partial\vartheta''}{\partial y}\frac{dr}{dt} = a\frac{\partial^2\vartheta''}{\partial y^2} \tag{8.84}$$

mit

$$y = x - \frac{dr}{dt}t$$

geschrieben. Bei dieser Schreibweise ist $y=0$ an der Stelle $x=r$. Wenn, wie im vorliegenden Fall, der Feststoff sich bereits auf Schmelztemperatur befindet, ist die Abschmelzgeschwindigkeit $-dr/dt$ konstant gleich v und die Wärmeleitung in der Grenzschicht stationär. Dann wird in (8.84) $\partial\vartheta''/\partial t=0$. Damit ergibt die zweimalige Integration von (8.84)

$$\vartheta'' = C_1\frac{a}{v}e^{vy/a} + C_2. \tag{8.85}$$

Die Integrationskonstanten C_1 und C_2 ergeben sich aus den Randbedingungen: $\vartheta''=\vartheta_U$ bei $y=\delta_\Theta$ und $\vartheta''=\vartheta_S$ bei $y=0$. Daraus folgt

$$\vartheta'' = \vartheta_S + \frac{\vartheta_U - \vartheta_S}{e^{v\delta_\Theta/a}-1}(e^{vy/a}-1). \tag{8.86}$$

Aus (8.86) folgt für den Temperaturgradienten an der Oberfläche des Festkörpers

$$\left(\frac{d\vartheta''}{dy}\right)_{y=0} = \left(\frac{\partial\vartheta''}{\partial x}\right)_{x=r} = \frac{v}{a}\frac{\vartheta_U - \vartheta_S}{e^{v\delta_\Theta/a}-1}. \tag{8.87}$$

Hieraus ergibt sich mit (8.56) unter Berücksichtigung von $(\partial\vartheta'/\partial x)_{x=r}=0$

$$v = -\frac{dr}{dt} = \frac{a}{\delta_\Theta}\ln\left(1 + \frac{c\varrho(\vartheta_U-\vartheta_S)}{L_S\varrho'}\right). \tag{8.88}$$

Mit (8.88) kann die Wärmeübergangszahl α_b an der Oberfläche des Festkörpers die sich ergibt, wenn die Wärmekapazität der Grenzschicht berücksichtigt wird, berechnet werden.

Mit

$$\lambda\left(\frac{\partial\vartheta''}{\partial x}\right)_{x=r} = \alpha_b(\vartheta_U - \vartheta_S) \tag{8.89}$$

8 Kinetik des Einschmelzens

folgt aus (8.87) und (8.88) mit $\lambda/\delta_\Theta = \alpha$

$$\alpha_b = \alpha \frac{\ln\left(1 + \frac{c\varrho(\vartheta_U - \vartheta_S)}{L_s\varrho'}\right)}{\frac{c\varrho(\vartheta_U - \vartheta_S)}{L_s\varrho'}}. \qquad (8.90)$$

α_b ist kleiner als α, da in der Grenzschicht ein Teil der von außen ankommenden Wärme verbraucht wird. Für $c\varrho(\vartheta_U - \vartheta_S) \ll L_s\varrho'$ wird $\alpha_b = \alpha$.

Mit (8.88) kann weiterhin die Schmelzzeit berechnet werden. Die Integration von (8.88) mit $t=0$ bei $r=r_0$ und $t=t_S$ bei $r=0$ ergibt, wenn man beachtet, daß $\lambda/\delta_\Theta = \alpha$ ist

$$t_S = \frac{c\varrho r_0}{\alpha \ln\left(1 + \frac{c\varrho(\vartheta_U - \vartheta_S)}{L_s\varrho'}\right)} \qquad (8.91)$$

oder dimensionslos

$$Fo_S = \frac{c\varrho}{c'\varrho'} \frac{1}{Bi \ln\left(1 + \frac{c\varrho}{c'\varrho'} \frac{1}{Ph}\right)}. \qquad (8.92)$$

Für $c\varrho(\vartheta_U - \vartheta_S) \ll L_s\varrho'$ geht erwartungsgemäß (8.91) in (8.74) und (8.92) in (8.75) über.

Mit (8.88) können auch die Wärmestromdichten $\lambda(\partial\vartheta''/\partial x)$ an den Stellen $x=r$ und $x=r+\delta_\Theta$ bestimmt werden. Einsetzen von (8.88) in (8.87) ergibt mit $\lambda/\delta_\Theta = \alpha$

$$\lambda\left(\frac{\partial\vartheta''}{\partial x}\right)_{x=r} = \alpha \frac{L_s\varrho'}{c\varrho} \ln\left(1 + \frac{c\varrho(\vartheta_U - \vartheta_S)}{L_s\varrho'}\right) \qquad (8.93)$$

oder dimensionslos

$$\frac{\partial\Theta''}{\partial\xi}\bigg|_{\xi=R} = NuPh \frac{c'\varrho'}{c\varrho} (1-\Theta_S) \ln\left(1 + \frac{c\varrho}{c'\varrho'} \frac{1}{Ph}\right). \qquad (8.94)$$

Einsetzen von (8.93) und (8.88) in (8.53) ergibt

$$\lambda\left(\frac{\partial\vartheta''}{\partial x}\right)_{x=r+\delta_\Theta} = \alpha(\vartheta_U - \vartheta_S)\left[1 + \frac{L_s\varrho'}{c\varrho(\vartheta_U - \vartheta_S)}\right] \ln\left[1 + \frac{c\varrho(\vartheta_U - \vartheta_S)}{L_s\varrho'}\right] \qquad (8.95)$$

oder dimensionslos

$$\frac{\partial\vartheta''}{\partial\xi}\bigg|_{\xi=R+\frac{\delta_\Theta}{r_0}} = Nu\left(1 + Ph\frac{c'\varrho'}{c\varrho}\right)(1-\Theta_S) \ln\left(1 + \frac{c\varrho}{c'\varrho'} \frac{1}{Ph}\right). \qquad (8.96)$$

8.2.2.4 Isothermes und adiabatisches Schmelzen eines kalten Einsatzstoffs mit der Wärmeleitzahl $\lambda' = 0$

Das isotherme oder adiabatische Schmelzen eines kalten Einsatzstoffs mit der Wärmeleitzahl $\lambda' = 0$ erfolgt in derselben Weise wie das eines Einsatzstoffs auf Schmelztemperatur, wenn man die erhöhte Schmelzwärme

$$L_S + c'(\vartheta_S - \vartheta_A) \tag{8.97}$$

bzw. die erhöhte Phasenübergangszahl

$$Ph + \frac{\Theta_S - \Theta_A}{1 - \Theta_S} \tag{8.98}$$

verwendet. Die erhöhten Werte sind zur Bestimmung der Schmelzzeit einzusetzen

– für das isotherme Einschmelzen in einem schwach überhitzten Bad in (8.74) bzw. (8.75),
– für das adiabatische Einschmelzen in einem schwach überhitzten Bad in (8.80),
– für das isotherme Einschmelzen in einem stark überhitzten Bad in (8.91) bzw. (8.92).

8.2.2.5 Isothermes Schmelzen eines kalten Einsatzstoffs mit der Wärmeleitzahl $\lambda' = \infty$

Die Schmelzzeit beim isothermen Einschmelzen eines kalten Einsatzstoffs mit der Wärmeleitzahl $\lambda' = \infty$ ist, wie im Abschn. 8.2.2 ausgeführt wurde, gleich der Einschmelzzeit eines auf Schmelztemperatur befindlichen Einsatzstoffs, wenn man das Volumen V_0 des kalten Einsatzstoffs durch das nach dem Anfrieren entstandene Volumen V_{max} ersetzt. Zwischen V_{max} und V_0 besteht die durch Umformung von (8.71) sich ergebende Beziehung

$$\frac{V_{max}}{V_0} = 1 + \frac{c'(\vartheta_S - \vartheta_A)}{L_S + c\frac{\varrho}{\varrho'}(\vartheta_U - \vartheta_S)}, \tag{8.99}$$

oder, wenn man beachtet, daß im schwach überhitzten Bad

$$c\frac{\varrho}{\varrho'}(\vartheta_U - \vartheta_S) \ll L_S$$

ist

$$\frac{V_{max}}{V_0} = 1 + \frac{c'(\vartheta_S - \vartheta_A)}{L_S}. \tag{8.100}$$

Das Verhältnis r_{max}/r_0 ist

$$\frac{r_{max}}{r_0} = \left(\frac{V_{max}}{V_0}\right)^{1/n} \tag{8.101}$$

mit n Symmetriezahl. Einsetzen von r_{max} nach (8.101) unter Berücksichtigung von (8.100) in (8.74) an die Stelle von r_0 ergibt die Einschmelzzeit

$$t_S = \frac{L_S \varrho' r_0}{\alpha(\vartheta_U - \vartheta_S)} \left[1 + \frac{c'(\vartheta_S - \vartheta_A)}{L_S} \right]^{1/n} \tag{8.102}$$

oder dimensionslos

$$Fo_S = \frac{Ph}{Bi} \left[1 + \frac{\left(\frac{\Theta_S - \Theta_A}{1 - \Theta_S}\right)}{Ph} \right]^{1/n}. \tag{8.103}$$

Demgegenüber ergibt sich die Einschmelzzeit des kalten Einsatzes mit der Wärmeleitzahl $\lambda' = 0$, wenn man die erhöhte Schmelzwärme nach (8.97) in (8.74) einsetzt, zu

$$t_S = \frac{L_S \varrho' r_0}{\alpha(\vartheta_U - \vartheta_S)} \left[1 + \frac{c'(\vartheta_S - \vartheta_A)}{L_S} \right] \tag{8.104}$$

oder dimensionslos

$$Fo_S = \frac{= Ph}{Bi} \left[1 + \frac{\left(\frac{\Theta_S - \Theta_A}{1 - \Theta_S}\right)}{Ph} \right], \tag{8.105}$$

und zwar für alle Symmetrien. Ein Vergleich von (8.102) und (8.104) zeigt, daß für die Platte ($n=1$) die Schmelzzeit unabhängig von der Wärmeleitzahl ist, während sie bei der Kugel und beim Zylinder für $\lambda' = \infty$ kleiner als für $\lambda' = 0$ ist. Das liegt daran, daß beim Zylinder und bei der Kugel durch die Vergrößerung des Volumens infolge des Anschmelzens auch die Oberfläche vergrößert wird, während bei der Platte die Oberfläche gleich bleibt. Bei gleicher Wärmestromdichte und gleichem Gesamtwärmeverbrauch ist daher der Wärmestrom bei der Kugel und beim Zylinder für $\lambda' = \infty$ größer als für $\lambda' = 0$, was zu einer entsprechenden Verkürzung der Schmelzzeit führt. Da für $\lambda' = \infty$ das anfrierende Volumen am größten ist, ergeben sich hier die kürzesten, dagegen für $\lambda' = 0$, wo nichts anfriert, die längsten Schmelzzeiten. Alle wirklichen Schmelzzeiten liegen dazwischen. Entsprechende Überlegungen können auch für das adiabatische Schmelzen und für das isotherme Schmelzen in stark überhitztem Bad angestellt werden. Die Gleichung (8.100) ist auch beim adiabatischen Schmelzen anwendbar, da das Anfrieren der Schmelze bei $\lambda' = \infty$ mit unendlich großer Geschwindigkeit und somit bei der konstanten Anfangstemperatur ϑ_U erfolgt. Im einzelnen möge der Leser die entsprechenden Gleichungen selbst entwickeln.

8.2.3 Einschmelzen mit Berücksichtigung der Wärmeleitung im Feststoff

Häufig laufen beim Einschmelzen eines Feststoffs in der eigenen Schmelze der Abschmelzvorgang und die Erwärmung des Feststoffs auf Schmelztemperatur gleichzeitig ab. Dann ist die Wärmeleitung im Feststoff bei der rechnerischen

8.2 Einschmelzen des Wärmguts in der eigenen Schmelze 441

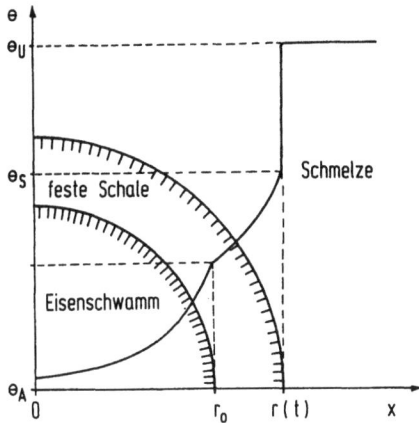

Bild 8.12 Temperaturverlauf im Eisenschwamm-Pellet und in der angefrorenen festen Schale nach [8.11; 8.15] (schematisch)

Behandlung des Einschmelzvorgangs zu berücksichtigen. Eine exakte analytische Lösung ist wegen des Wanderns der Phasengrenze nicht mehr möglich. Die Rechnung muß numerisch vorgenommen werden. Lösungen wurden für den Fall des isothermen Aufschmelzens von Kugeln veröffentlicht [8.11, 8.15]. Da i.d.R. bei den Raffinations- und Einschmelzverfahren unter annähernd isothermen Bedingungen gearbeitet wird, ist dies der wichtigere Fall im Vergleich zum adiabatischen Aufschmelzen.

Die Rechnungen [8.11, 8.15] erfolgten für das Schmelzen von kugelförmigen Eisenschwamm-Pellets in ihrer eigenen Schmelze. Dabei wird von der Greenschen Funktion Gebrauch gemacht. Diese Funktion beschreibt den zeitlichen und örtlichen Temperaturverlauf in einer Kugel, die, wie beim oberflächlichen Erstarren oder Schmelzen von einer hohlkugelförmigen Wärmequelle bzw. Wärmesenke umgeben ist, und sie genügt der Fourierschen Differentialgleichung der Wärmeleitung. Durch Benutzung der Greenschen Funktion kann diese Differentialgleichung in eine Integralgleichung übergeführt werden, wobei die Integration verhältnismäßig einfach numerisch durchführbar ist. Mit dieser Methode kann nicht nur die Rechenzeit verkürzt, sondern die Berechnung auch mathematisch transparenter gestaltet werden. Die Greensche Funktion kann auch angewendet werden, wenn die zu Beginn anfrierende Schmelze andere thermische Eigenschaften als das Wärmgut selbst hat, wie dies z.B. beim Einschmelzen von Eisenschwamm der Fall ist. In diesem Fall stellt sich das in Bild 8.12 schematisch gezeigte Temperaturprofil ein. Da der Schwamm eine geringere Wärmeleitfähigkeit hat als die angefrorene kompakte Schmelze, ändert sich der Temperaturverlauf an der Übergangsstelle zwischen beiden so wie im Bild gezeigt. Hinsichtlich weiterer Einzelheiten der Berechnung wird auf die Originalveröffentlichung [8.15] verwiesen.

Für die numerischen Rechnungen [8.11] wurden die in Tabelle 8.2 aufgeführten Werte der thermischen Eigenschaften verwendet. Wenn nichts anderes gesagt ist, wurden der Anfangsradius der Pellets zu 1 cm und die Wärmeübergangszahl α zu $6 \text{ kcal m}^{-2} \text{ s}^{-1} \text{ K}^{-1} = 25 \text{ kW m}^{-2} \text{ K}^{-1}$ angenommen. Die Wärmeübergangszahl wurde mit (8.61) berechnet, wobei für die Bestimmung der Reynoldszahl

Tabelle 8.2. In den Rechnungen verwendete Werte der thermischen Eigenschaften [8.15]

	Eisenschwamm	Dichtes Eisen
L_S in kcal kg^{-1}	66,25	66,25
L_S in kJ kg^{-1}	277,3	277,3
ϱ in kg m^{-3}	$2,6 \cdot 10^3$	$7,65 \cdot 10^3$
c' in kcal kg^{-1}K^{-1}	0,196	0,196
c' in kJ kg^{-1}K^{-1}	0,820	0,820
a in m^{2}s^{-1}	$1 \cdot 10^{-6}$	$6 \cdot 10^{-6}$
λ' in kcal m^{-1}s^{-1}K^{-1}	$5,1 \cdot 10^{-4}$	$90 \cdot 10^{-4}$
λ' in kJ m^{-1}s^{-1}K^{-1}	$2,13 \cdot 10^{-3}$	$37,7 \cdot 10^{-3}$
ϑ_S in K	1536	1536

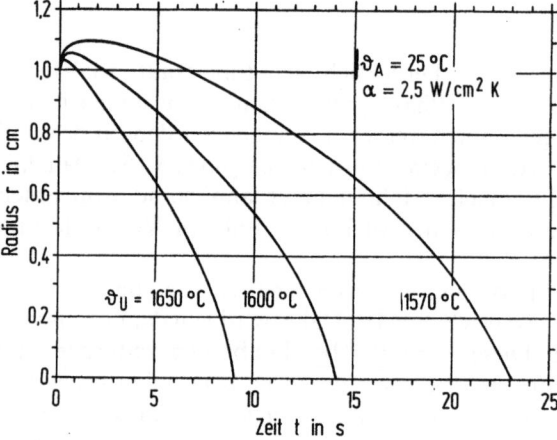

Bild 8.13 Radius einer in flüssiges Eisen getauchten Eisenschwammkugel als Funktion von Zeit und Temperatur der Eisenschmelze nach [8.11]

eine Geschwindigkeit u von 10 cm s^{-1} angesetzt wurde. Die mit den genannten Werten erhaltenen Rechenergebnisse sind in den nachfolgend beschriebenen Bildern wiedergegeben.

Bild 8.13 zeigt Schmelzkurven für Pellets mit einer Anfangstemperatur von 25 °C bei unterschiedlichen Temperaturen des Schmelzbads. Dies Bild ist vergleichbar mit Bild 8.5 für das Abschmelzen einer Platte bei unterschiedlichen Umgebungstemperaturen. Der Vorwärmzeit in Bild 8.5 entspricht hier die Zeit bis zu der die anfänglich angefrorene Schmelze wieder abgeschmolzen ist. Mit fortschreitendem Abschmelzen nimmt die Schmelzgeschwindigkeit zu, da die Kugel im Innern mehr und mehr aufgewärmt wird und somit ein zunehmender Anteil der von außen ankommenden Wärme zum Schmelzen verbraucht werden kann. Bild 8.14 zeigt den Einfluß der Vorheiztemperatur des Pellets und Bild 8.15 den Einfluß der Wärmeübergangszahl. Aus den Bildern 8.13 bis 8.15 ist ersichtlich, daß die ankristallisierte Schmelzschicht nur 2 bis 10 % des Pelletradius ausmacht und bereits nach kurzer Zeit wieder verschwindet. Die Gesamtschmelzzeiten liegen für die hier gewählten Bedingungen in der Größenordnung von 10 bis 40 s. Das Pellet schmilzt also trotz seiner relativ niedrigen Wärmeleitfähigkeit recht

8.2 Einschmelzen des Wärmguts in der eigenen Schmelze   443

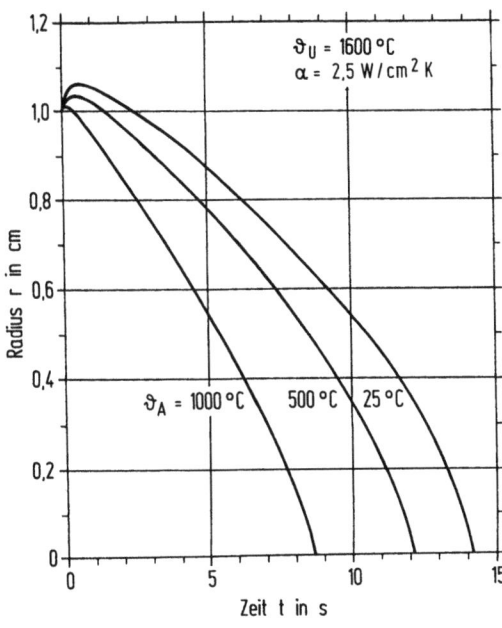

Bild 8.14 Radius einer in flüssiges Eisen von 1 600 °C getauchten Eisenschwammkugel als Funktion von Zeit und Anfangstemperatur der Kugel nach [8.11]

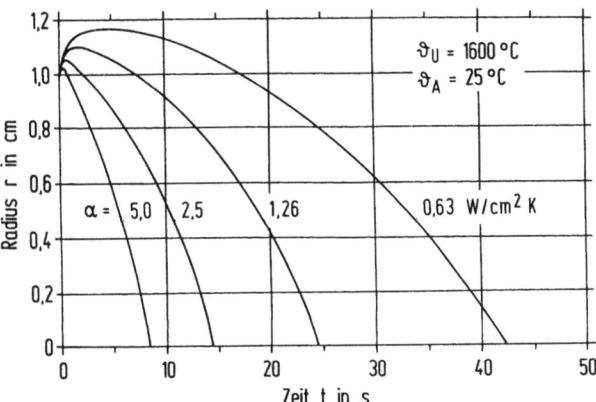

Bild 8.15 Radius von in flüssiges Eisen von 1 600 °C getauchten Eisenschwammkugeln als Funktion von Zeit und Wärmeübergangszahl nach [8.11]

schnell. Dies ist auf die hohe Wärmeübergangszahl in flüssigem Metall, bedingt durch dessen große Wärmeleitfähigkeit, zurückzuführen.

Bild 8.16 zeigt den Einfluß der Wärmeleitfähigkeit im Pellet auf die Schmelzzeiten. Für $\lambda' = 0$ findet man, wie bereits oben diskutiert, daß keine Schmelze anfriert, die Schmelzzeit jedoch am längsten ist. Demgegenüber friert für $\lambda' = \infty$ am meisten an, während die Schmelzzeit am kürzesten ist. Erwartungsgemäß liegen die Schmelzzeiten für endliche Werte der Wärmeleitfähigkeit dazwischen. Die Schmelzzeit für die tatsächliche Wärmeleitfähigkeit der Pellets von $\lambda' = 0,021$ W cm^{-1} K^{-1} liegt ungefähr in der Mitte. Das angefrorene Volumen ist

444 8 Kinetik des Einschmelzens

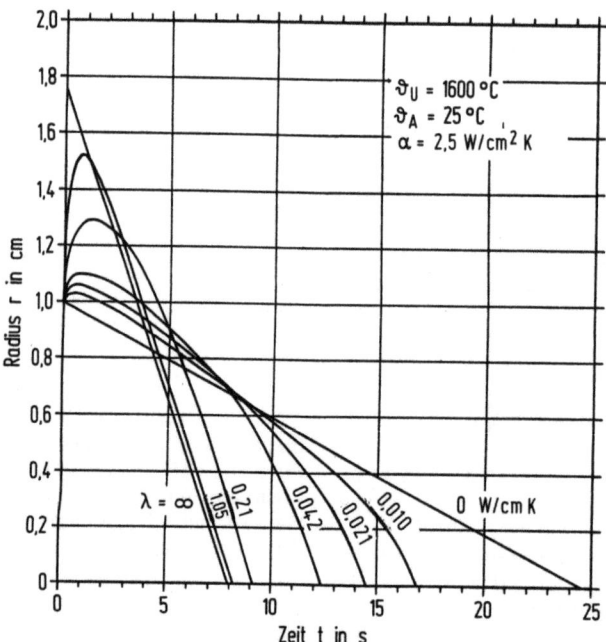

Bild 8.16 Radius von in flüssiges Eisen von 1 600 °C getauchten Eisenschwammkugeln als Funktion der Zeit und der Wärmeleitfähigkeit der Kugel nach [8.11]

nur gering. Dies bedeutet, daß das Pellet beim Abschmelzen nur unvollständig durchgewärmt wird. Der Unterschied gegenüber den in Abschn. 8.1.2 mitgeteilten Ergebnissen ist auf die geringere Wärmeleitfähigkeit des Pellets und auf die höhere äußere Wärmestromdichte beim Einschmelzen in der eigenen Schmelze verglichen mit dem in einer freien Umgebung zurückzuführen.

Eisenschwamm-Pellets werden manchmal brikettiert. Es war daher interessant, die Schmelzzeiten für dichtes Eisen, für Briketts und für Eisenschwamm zu vergleichen. Als Ergebnis sind in Bild 8.17 die Schmelzzeiten dieser drei Produkte in Abhängigkeit vom Anfangsradius aufgetragen. Die Dichten und Wärmeleitfähigkeiten, die der Rechnung zugrunde lagen, sind angegeben. Wie man erkennt, unterscheiden sich die Schmelzzeiten nicht sehr stark. Es erscheint überraschend, daß die Schmelzzeit von Eisenschwamm am geringsten ist, obgleich dieser die geringste Wärmeleitfähigkeit hat. Der Grund hierfür liegt darin, daß durch die geringere Dichte die Aufheiz- und die Schmelzwärme je Volumeneinheit sinkt. Wie man an (8.102) oder (8.104) erkennt, ist die Schmelzzeit der Dichte direkt proportional, so daß mit den Werten in Bild 8.17 sich beim Übergang von Eisenschwamm zu dichtem Eisen aufgrund der Dichteänderung eine Verdreifachung der Schmelzzeit, dagegen aufgrund der Leitfähigkeitsänderung, wie man aus Bild 8.16 erkennt, nur eine Halbierung der Schmelzzeit ergibt. Der Einfluß der Dichte überwiegt also.

Bild 8.18 zeigt eine zusammenfassende Darstellung der Rechenergebnisse in dimensionsloser Form. Aufgetragen ist die Fourierzahl als dimensionslose

8.2 Einschmelzen des Wärmguts in der eigenen Schmelze   445

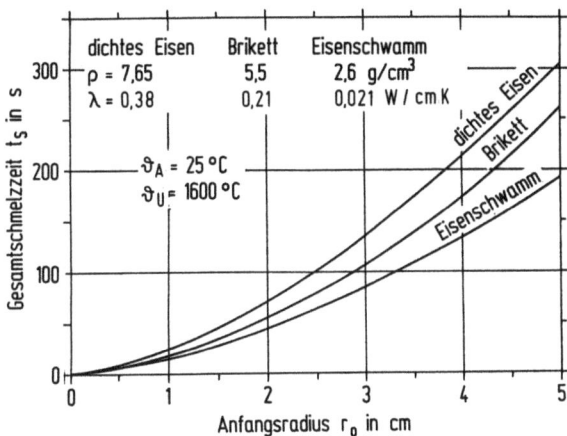

Bild 8.17 Gesamtabschmelzzeit von Eisenkugeln unterschiedlicher Dichte und Wärmeleitfähigkeit als Funktion des Anfangsradius der Kugel nach [8.11]

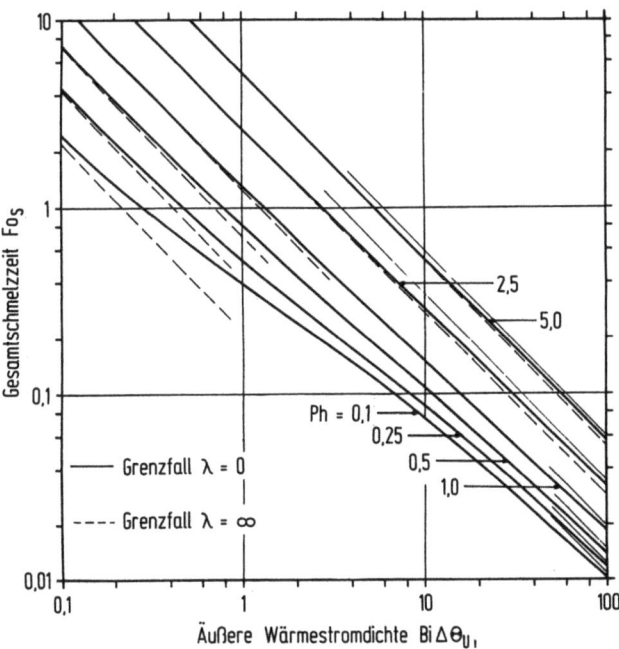

Bild 8.18 Dimensionslose Gesamtabschmelzzeit als Funktion der dimensionslosen Wärmestromdichte und der Phasenübergangszahl für das Abschmelzen von Kugeln in ihrer eigenen Schmelze nach [8.11]

Schmelzzeit gegen das Produkt $Bi\Delta\Theta_U$, wobei $\Delta\Theta_U$ durch (8.49) definiert ist. Das Produkt $Bi\Delta\Theta_U$ ist die dimensionslose äußere Wärmestromdichte. Die Phasenübergangszahl Ph ist der Parameter. Mit dieser Darstellung werden alle auf den Schmelzvorgang wirkenden Einflußgrößen erfaßt. Die dick ausgezogenen Kurven geben die für endliche Wärmeleitfähigkeiten berechneten Werte, die dünn ausgezogenen und gestrichelten Linien Grenzwerte für $\lambda' = 0$ bzw. $\lambda' = \infty$ wieder. Bei sehr kleinen Werten der äußeren Wärmestromdichte nähern sich die Schmelzzeiten den Grenzwerten für $\lambda' = \infty$, d.h. die Pellets sind beim Aufheizen gleichmäßig durchgewärmt. Zugleich sind die Schmelzzeiten für eine gegebene Pelletabmessung r_0 am größten. Je kleiner die Phasenübergangszahl ist, desto kleiner muß die dimensionslose Wärmestromdichte werden, um diesen Zustand zu erreichen, da mit kleinerer Phasenübergangszahl der Anteil der Aufheizwärme am Gesamtwärmebedarf steigt. Umgekehrt wird bei sehr großer dimensionsloser äußerer Wärmestromdichte der Zustand, der dem Grenzfall $\lambda' = 0$ entspricht, erreicht. Die Schmelzzeiten sind jetzt so kurz geworden, daß zum Eindringen der Wärme in das Pellet keine Zeit mehr bleibt. Bei großen Werten der Phasenübergangszahl nähern sich die beiden Grenzfälle einander an. Dieser Zustand liegt vor, wenn das Pellet vor dem Eintauchen in die Schmelze bereits stark vorgeheizt war. Die verbleibende Aufheizwärme ist dann klein gegen die Schmelzwärme und beeinflußt den Schmelzvorgang nicht mehr. In (8.102) und (8.104) ist das Verhältnis $c'(\vartheta_S - \vartheta_A)/L_S \ll 1$. Die Fälle $\lambda' = \infty$ und $\lambda' = 0$ werden gleich.

8.2.4 Experimentelle Ergebnisse

Neben Rechnungen wurden auch Messungen des Schmelzens von Eisenkugeln in Eisenschmelzen durchgeführt [8.11]. In den meisten Fällen wurden dazu dichte Eisenkugeln verwendet, da deren Materialeigenschaften besser bekannt sind als diejenigen von Eisenschwamm-Pellets und dadurch die Ergebnisse der Experimente besser mit den Rechnungen verglichen werden konnten. Das Schmelzen erfolgte in einem Induktionsofen von 8 kHz und einem Fassungsvermögen von 20 kg unter Argon. In die Kugeln mit $r_0 = 1,5$ cm waren mehrere Markierungsstäbchen aus Aluminiumoxid bis in verschiedene Tiefen eingelassen, wie es Bild 8.19, wo zwei Stäbchen zu sehen sind, zeigt. Die Stäbchen schwimmen in dem Moment in der Schmelze auf, in dem die Kugeloberfläche an der Stelle ankommt, bis zu der das Stäbchen jeweils eingelassen ist. Die Kugeln waren außerdem an einem Aluminiumoxidstab befestigt, an dem sie in die Schmelze eingetaucht wurden. Die Kugeln wurden zuerst auf 1 200 °C vorgeheizt und dann in die auf 1 600 °C befindliche Eisenschmelze getaucht. Die Zeiten, zu denen die einzelnen Markierungsstäbchen zur Oberfläche aufschwammen, wurden gemessen. Bild 8.20 zeigt für ein Beispiel die Meßergebnisse zusammen mit einer berechneten Kurve. Die für die Rechnung verwendeten Werte sind im Bild angegeben. Durch Wahl einer Wärmeübergangszahl von 3,266 Wcm^{-2} K^{-1} wurde die berechnete Kurve möglichst gut an die Meßwerte angepaßt. In anderen Experimenten wurden die Kugeln mit einer Anfangstemperatur von 120 °C in die Schmelze getaucht und zu verschiedenen Zeiten wieder herausgezogen, wobei dann der Radius gemessen wurde. Hier wurden ähnliche Ergebnisse wie in Bild 8.20 gefunden. Bei diesen

8.2 Einschmelzen des Wärmguts in der eigenen Schmelze 447

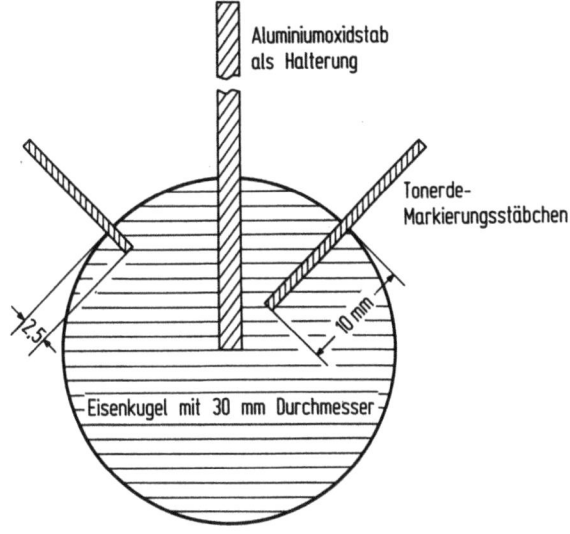

Bild 8.19 Mit Tonerde-Markierungsstäbchen versehene Kugel, die in den Versuchen abgeschmolzen wurde nach [8.11]

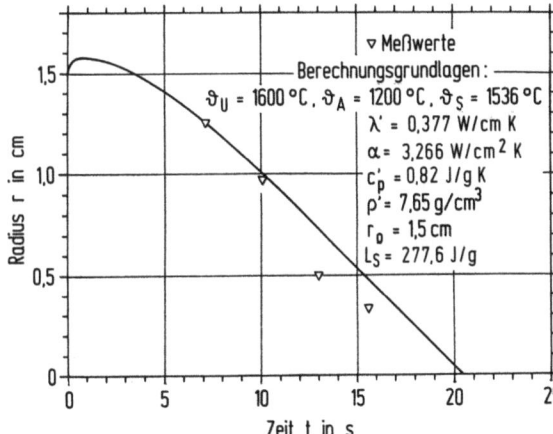

Bild 8.20 Radius einer in flüssiges Eisen von 1 600 °C getauchten dichten Eisenkugel als Funktion der Zeit nach [8.11]

Experimenten wurde außerdem die Kerntemperatur mit einem Thermoelement gemessen. Den Verlauf zeigt Bid 8.21 wiederum mit einer berechneten Kurve. Insgesamt bestätigen die Experimente die Rechnungen gut. Einzelne Abweichungen sind vermutlich auf nicht ganz gleichmäßiges Aufschmelzen, bedingt durch das charakteristische Strömungsfeld im Induktionsofen, zurückzuführen.

Es sei darauf hingewiesen, daß bei den beschriebenen Experimenten die Kugeln örtlich festgehalten wurden, so daß die volle Strömung der induktiv beheizten Schmelze um die Kugel floß. Beim Schmelzen von Pellets, z.B. in einem Elektrolichtbogenofen, können diese dagegen in der Schmelze frei schwimmen. Dadurch wird die relative Strömung um die Pellets langsamer, und die Wärmeübergangszahlen werden kleiner. Beim Einschmelzen von Schrotthaufen wird man dagegen zu Beginn annehmen dürfen, daß das Haufwerk örtlich feststeht.

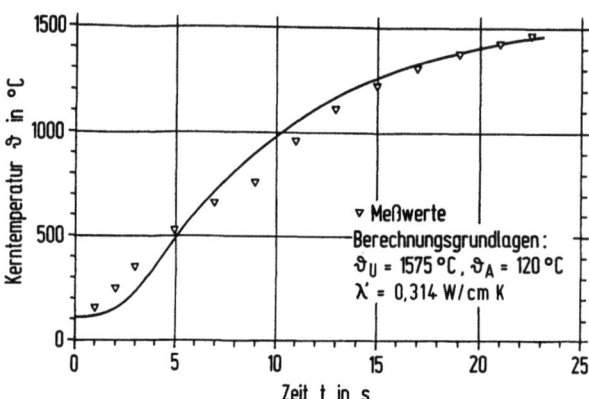

Bild 8.21 Temperatur im Mittelpunkt einer dichten, in flüssiges Eisen von 1 575 °C getauchten Eisenkugel als Funktion der Zeit nach [8.11]

Erst später, wenn größere Anteile geschmolzen sind, können die Reststücke frei schwimmen.

8.3 Schmelzen von reinem Eisen in flüssigen Eisen-Kohlenstofflegierungen

Im Abschn. 8.2 wurde das Einschmelzen eines Feststoffs in seiner eigenen Schmelze, also z.B. von reinem festen Eisen in einer reinen Eisenschmelze behandelt. Dieser Fall ist gut verwirklicht, wenn Stahlschrott in kohlenstofffreiem flüssigen Eisen schmilzt. Oft, insbesondere bei den Konverterverfahren, schmilzt jedoch Stahlschrott in einer Eisen-Kohlenstofflegierung, die noch mehrere Prozente Kohlenstoff enthält und infolgedessen eine deutlich niedrigere Liquidustemperatur als reines Eisen hat. Umgekehrt enthalten Eisenschwammpellets häufig mehrere Prozente Kohlenstoff und haben, wenn sie in einer kohlenstofffreien Eisenschmelze aufschmelzen, ihrerseits eine niedrigere Liquidustemperatur. In diesen Fällen sind die unterschiedlichen Liquidustemperaturen und der Strofftransport des Kohlenstoffs in der Diffusionsgrenzschicht auf den Schmelzvorgang zu berücksichtigen [8.20].

Im System Eisen-Kohlenstoff ist die Temperatur an der Oberfläche des Feststoffs gleich der Liquidustemperatur entsprechend dem Kohlenstoffgehalt im Flüssigen an dieser Stelle. Die Liquidustemperatur ist durch die Formeln

$\vartheta_S = 1\,536 + 90 C_S$ in °C für $0 \leq C_S \leq 4{,}26\,\%$,
$\vartheta_S = 1\,150\,°C$ für $C_S > 4{,}26\,\%$.

gegeben. Damit ist die Bestimmung der Temperatur ϑ_S auf die Bestimmung des Kohlenstoffgehalts C_S auf der flüssigen Seite der Phasengrenze Bad-Feststoff zurückgeführt. Da der Feststoff i.d.R. kohlenstoffarm ist, z.B. im Fall von Stahlschrott, entsteht beim Abschmelzen zuerst eine kohlenstoffarme Schmelze, in die aus der kohlenstoffreicheren Umgebung der Kohlenstoff eindiffundiert.

8.3 Schmelzen von reinem Eisen in flüssigen Eisen-Kohlenstofflegierungen

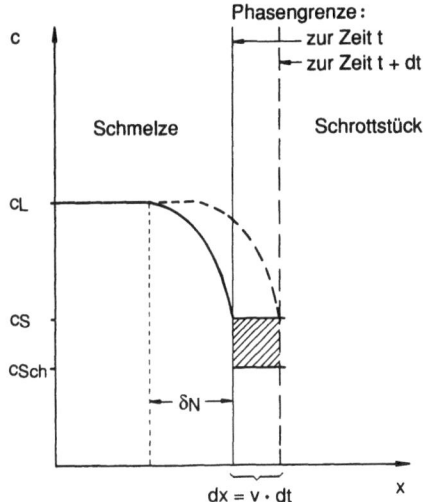

Bild 8.22 Konzentrationsverlauf und Massenbilanz an einer schmelzenden Schrottoberfläche

Das Verhältnis von Abschmelzgeschwindigkeit und Diffusionsgeschwindigkeit bestimmt den Kohlenstoffgehalt im Flüssigen an der Oberfläche und damit die Liquidustemperatur. Im Prinzip wirkt sich auch die Diffusion des Kohlenstoffs im Festen aus, jedoch ist diese so langsam, daß sie praktisch vernachlässigt werden kann.

Die Diffusion des Kohlenstoffs in der Schmelze spielt sich in der Diffusionsgrenzschicht ab. Außerhalb wird die Kohlenstoffkonzentration als konstant angesehen. Für die Diffusion bei konstanter Wanderungsgeschwindigkeit $v = -\mathrm{d}r/\mathrm{d}t$ der Phasengrenze gilt das 2. Ficksche Gesetz in der Form

$$v\frac{\mathrm{d}c}{\mathrm{d}y} = D\frac{\mathrm{d}^2c}{\mathrm{d}y^2}. \tag{8.106}$$

Diese Gleichung ist analog zu (8.84) für die Wärmeleitung in der wandernden Temperaturgrenzschicht aufgebaut, wenn $\partial \vartheta''/\partial t = 0$ gesetzt wird. Gleichung (8.106) ist mit den Randbedingungen $c = c_\mathrm{L}$ bei $y = \delta_\mathrm{N}$ und $c = c_\mathrm{S}$ bei $y = 0$ zu lösen. c_L ist die Konzentration im Innern des Schmelzbads, δ_N ist die Dicke der Diffusionsgrenzschicht. Das Ergebnis lautet

$$c = c_\mathrm{S} + (c_\mathrm{L} - c_\mathrm{S})\frac{1 - e^{vy/D}}{1 - e^{v\delta_\mathrm{N}/D}}. \tag{8.107}$$

Die Konzentration c_S ergibt sich aus einer Massenbilanz in der Grenzschicht. Dazu sei Bild 8.22 betrachtet. In diesem Bild ist c_Sch die Konzentration des Kohlenstoffs im festen Schrottstück. Wenn die Schicht $-\mathrm{d}y = \mathrm{d}x = v\mathrm{d}t$ abschmilzt, hat die Konzentration in der Schicht von c_Sch auf c_S zugenommen. Die Zunahme der Menge je Zeit und Flächeneinheit $v(c_\mathrm{S} - c_\mathrm{Sch})$ muß gleich der Diffusionsstromdichte an der Oberfläche sein

$$v(c_\mathrm{S} - c_\mathrm{Sch}) = D\frac{\mathrm{d}c}{\mathrm{d}y}\bigg|_{y=0}. \tag{8.108}$$

8 Kinetik des Einschmelzens

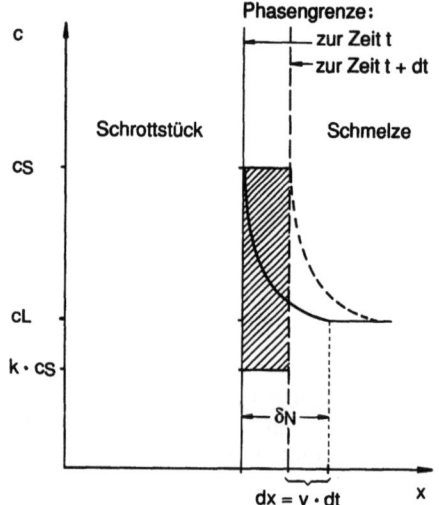

Bild 8.23 Konzentrationsverlauf und Massenbilanz an einer am Schrottstück anfrierenden Schmelze

Ableiten von (8.107) und Einsetzen der Ableitung in (8.108) ergibt, wenn die Gleichung nach c_S aufgelöst wird

$$c_S = c_{Sch} + (c_L - c_{Sch})e^{-v\delta_N/D}. \tag{8.109}$$

Wenn nach dem Eintauchen des Wärmguts in die Schmelze am Festkörper Schmelze anfriert, so herrschen Verhältnisse wie sie in Bild 8.23 dargestellt sind. Schmelze mit der Liquiduskonzentration c_S friert an dem Schrottstück an. Das Angefrorene hat die Soliduskonzentration Kc_S. K ist hierbei der Gleichgewichtsverteilungskoeffizient zwischen Liquidus und Soliduskonzentration. Er ergibt sich aus dem Zustandsdiagramm Eisen-Kohlenstoff. Die Massenbilanz an der Erstarrungsfront lautet

$$v(1-K)c_S = D \frac{dc}{dy}\bigg|_{y=0}. \tag{8.110}$$

Ableiten von (8.107) und Einsetzen der Ableitung in (8.110) ergibt, wenn nach c_S aufgelöst wird:

$$c_S = \frac{c_L}{K + (1-K)(e^{v\delta_N/D}}. \tag{8.111}$$

Mit den Werten für c_S nach (8.109) bzw. nach (8.111) kann die Liquidustemperatur berechnet werden, wenn der Ausdruck $\exp(v\delta_N/D)$ bekannt ist. Er wird aus der Analogie von Wärmeübergang und Stoffübergang bestimmt. Beachtet man die Definition der Sherwoodzahl und der Nußeltzahl

$$Sh = \frac{\beta d}{D}; \quad Nu = \frac{\alpha d}{\lambda}$$

und beachtet ferner, daß nach (3.45) und (8.55)

$$\beta = \frac{D}{\delta_N} \quad \text{und} \quad \alpha = \frac{\lambda}{\delta_\Theta}$$

ist, so folgt

$$\frac{\delta_N}{\delta_\Theta} = \frac{Nu}{Sh}. \tag{8.112}$$

Die Nußeltzahl ist durch (8.61) ohne das additive Glied und mit $2r_0$ anstelle von r_0 als charakteristische Länge zu

$$Nu = 0,6 Re^{1/2} Pr^{1/3}$$

gegeben. Die Sherwoodzahl ist durch (6.60) ebenfalls ohne das additive Glied zu

$$Sh = 0,6 Re^{1/2} Sc^{1/3}$$

gegeben. Es folgt mit (8.112)

$$\frac{\delta_N}{\delta_\Theta} = \left(\frac{Pr}{Sc}\right)^{1/3} = \left(\frac{D}{a}\right)^{1/3}. \tag{8.113}$$

Gleichung (8.113) gilt bei turbulenter Strömung ebenso wie bei laminarer, da der Exponent 1/3 an Pr bzw. Sc bei beiden Strömungsarten auftritt.

Mit (8.113) läßt sich folgende Gleichung schreiben

$$\frac{v\delta_N}{D} = \frac{v\delta_\Theta}{a}\frac{a}{D}\left(\frac{D}{a}\right)^{1/3} = \frac{v\delta_\Theta}{a}\left(\frac{a}{D}\right)^{2/3}. \tag{8.114}$$

Der Ausdruck $v\delta_\Theta/a$ ist durch (8.88) gegeben. Mit ihr folgt aus (8.114)

$$\frac{v\delta_N}{D} = \ln\left[1 + \frac{c\varrho(\vartheta_U - \vartheta_S)}{L_S \varrho'}\right]\left(\frac{a}{D}\right)^{2/3}. \tag{8.115}$$

8.4 Prozeßmodell des Einschmelzens

Für das Schmelzen von reinem Eisen in flüssigen Eisen-Kohlenstofflegierungen wurde ein dynamisches Prozeßmodell entwickelt, das den Ablauf dieses Vorgangs am Fall des Einschmelzens von Kühlschrott im Konverter beschreibt [8.22]. Der Vorgang kann als isothermes Einschmelzen eines kalten Einsatzstoffs in einem schwach überhitzten Bad beschrieben werden. Die Liquidustemperatur an der Oberfläche des Schrottstücks folgt aus den in Abschn. 8.3 behandelten Gesetzmäßigkeiten. Die für das Einschmelzen kennzeichnende Wärmeübergangszahl α an der Schrottoberfläche wurde aus Betriebsmessungen ermittelt. Die Wärmeleitung im Innern des Schrottstücks wird numerisch berechnet. Es wurden Rechnungen für Schrottstücke unterschiedlicher Abmessungen durchgeführt.

Die für das Schmelzen erforderliche Wärme entsteht aus den Reaktionsenthalpien, die beim Abbrennen der Roheisenbegleitelemente während des Frischprozesses freigesetzt werden. Diese Wärme wird aus der Schmelze an die Schrottstücke übertragen und dient darüber hinaus dazu, die Schmelze weiter aufzuheizen. Die Temperatur der Schmelze stellt sich so ein, daß sich ein quasistationärer Zustand ergibt. Er ist dadurch gekennzeichnet, daß in kurzen Zeitintervallen der

Wärmestrom an die Schrottoberfläche als annähernd konstant angesehen werden kann. Über längere Zeit ändern sich die Systemparameter und damit auch der Wärmestrom. Der Wärmestrom selbst ist durch die Differenz zwischen der Schmelzentemperatur und der an der Oberfläche der Schrottstücke herrschenden Liquidustemperatur des Eisen-Kohlenstoffdiagramms sowie durch die Oberflächengröße der Schrottstücke und die Wärmeübergangszahl als wichtigsten Parametern bestimmt. Wenn alle Schrottstücke die gleichen Abmessungen haben, sind die Bedingungen des Einschmelzens während der längsten Zeit des Prozesses quasi-stationär, und die Differenz zwischen der Schmelzentemperatur und der Liquidustemperatur an der Oberfläche des Schrotts ist entsprechend konstant. Die beiden Temperaturen selbst steigen im Lauf der Zeit an, da der Kohlenstoff abbrennt und infolgedessen die Liquidustemperatur zunimmt. Die Differenz zwischen Schmelzen- und Liquidustemperatur hängt von der Abmessung der Schrottstücke ab. Große Stücke brauchen eine größere Differenz als kleine, da für einen gleichbleibenden Wärmestrom das kleinere Oberfläche/Volumenverhältnis der großen Schrottstücke durch eine größere treibende Temperaturdifferenz ausgeglichen werden muß. Da sich bei großen Schrottstücken von selbst eine größere Temperaturdifferenz einstellt, schmilzt grobstückiger Schrott nahezu gleich schnell wie feinstückiger. Wenn grob- und feinstückiger Schrott gemischt werden, stellt sich eine mittlere Temperaturdifferenz ein. Das hat zur Folge, daß der feinstückige Schrott schneller und der grobstückige Schrott langsamer schmilzt als wenn er jeweils allein vorläge. Dieser Effekt wird extrem, wenn geringe Anteile grobstückigen mit großen Anteilen feinstückigen Schrotts gemischt sind. Die treibende Temperaturdifferenz bleibt dann klein, und die groben Stücke schmelzen entsprechend langsam. Sie können unter ungünstigen Bedingungen bis zum Ende des Frischprozesses nicht vollständig geschmolzen sein. Es ist eines der Verdienste des beschriebenen Modells, diesen wichtigen Einfluß der Einschmelzkinetik auf das Schmelzverhalten von Schrottstücken unterschiedlicher Größe im Konverter aufgedeckt zu haben.

Literaturverzeichnis

Literatur zu Kapitel 2

2.1 Fröber, J.; Klapp, H.-W.; Kleppe, W.; Oeters, F.; Ottow, M.; Selenz, H.-J.: Eisen und Stahl. In: Winnacker-Küchler-Harnisch: Chemische Technologie. Bd. 4 Metalle. München: Hanser 1986, S. 90–194
2.2 Verein Deutscher Eisenhüttenleute (Hrsg): Werkstoffkunde der gebräuchlichen Stähle. Bd. 1 u. 2. Düsseldorf: Verlag Stahleisen 1977
2.3 Fröber, H.: In: [2.2], Bd. 1, S. 175–204
2.4 Verein Deutscher Eisenhüttenleute (Hrsg.): Die Physikalische Chemie der Eisen- und Stahlerzeugung. Düsseldorf: Verlag Stahleisen 1964
2.5 Frohberg, M.G.: In: [2.4], S. 70
2.6 Schenck, H.; Steinmetz, E.: Wirkungsparameter von Begleitelementen flüssiger Eisenlösungen und ihre gegenseitigen Beziehungen. 2. Aufl. Düsseldorf: Verlag Stahleisen 1968
2.7 Verein Deutscher Eisenhüttenleute (Hrsg.): Schlackenatlas; Düsseldorf: Verlag Stahleisen 1981
2.8 Herasymenko, P.: Electrochemical theory of slag-metal equilibria. Part I. Trans. Farad. Soc. 34 (1938) 1245
2.9 Endell, K.; Hellbrügge, J.: Über den Einfluß des Ionenradius und der Wertigkeit der Kationen auf die elektrische Leitfähigkeit von Silicatschmelzen. Naturwissenschaften 30 (1942) 421–422
2.10 Bockris, J.O'M.; Mackenzie, J.D.; Kitchener, J.A.: Viscous flow in silica and binary liquid silicates. Trans. Farad Soc. 51 (1955) 1734–1748
2.11 Richardson, F.D.: In: Elliott, J.F. (ed.): The physical chemistry of steelmaking. Proc. Conf. Cambridge Massachusetts 1956
2.12 Toop, G.W.; Samis, C.S.: Activities of ions in silicate melts. Trans. AIME 224 (1962) 878–887
2.13 Masson, C.R.: An approach to the problem of ionic distribution in liquid silicates. Proc. R. Soc. London Ser. A 287 (1965) 201–221
2.14 Yokowa, T.; Niwa, K.: Free energy of solution in binary silicate melts. Trans. Jpn. Inst. Met. 10 (1969) 3–7
2.15 Kapoor, M.L.; Mehrota, G.M.; Frohberg, M.G.: Zusammenhang zwischen den thermodynamischen Größen und der Struktur flüssiger Silicatsysteme. Arch. Eisenhüttenwes. 45 (1974) 213–218
2.16 Gaskell, D.R.: Activities and free energies of mixing in binary silicate melts. Metall. Trans. B8 (1977) 131–145
2.17 Masson, C.R.: Thermodynamics and constitution of silicate slags. J. Iron Steel Inst. 210 (1972) 89–96
2.18 Masson, C.R.: The chemistry of slags – an overview. In: Fine, H.A.; Gaskell, D.R. (eds.): Proc. 2nd Int. Symp. Metallurgical Slags and Fluxes. Warrendale, Pa.: Metall Soc. AIME 1984, p. 3–44
2.19 Frohberg, M.G.; Kapoor, M.L.: Die elektrolytische Dissoziation flüssiger Schlacken und ihre Bedeutung für metallurgische Reaktionen. Arch. Eisenhüttenwes. 41 (1970) 209–212
2.20 Floridis, T.P.; Chipman, J.: Activity of oxygen in liquid iron alloys. Trans. Met. Soc. AIME 212 (1958) 549–553

Literaturverzeichnis

2.21 Darken, L.S.; Gurry, R.W.: The system iron oxygen II. Equilibrium and thermodynamics of liquid oxide and other phases. J. Chem. Soc. A68 (1946) 798–816
2.22 Distin, P.A.; Whiteway, S.G.; Masson, C.R.: Solubility of oxygen in liquid iron from 1 785 °C to 1 960 °C. A new technique for the study of slag-metal equilibria. Can. Metall. Q. 10 (1971) 13–18
2.23 Vygen, P.; Engell, H.J.: Oxydationsgleichgewichte und Sauerstofftransport in Kalksilicatschlacken. Arch. Eisenhüttenwes. 40 (1969) 359–365
2.24 Oeters, F.; Koch, K.; Scheel, R.; Nölle, U.: Gleichgewichtsuntersuchungen im System Eisen-Mangan-Sauerstoff. Arch.Eisenhüttenwes. 48 (1977) 475–480
2.25 Fischer, W.A.; Fleischer, H.J.: Die Mangan-Verteilung zwischen Eisenschmelzen und Eisen(II)-oxid-Schlacken im MgO-Tiegel bei 1 520 bis 1 770 °C. Arch. Eisenhüttenwes. 32 (1961) 1–10
2.26 Fujita, H.; Iritani, Y.; Maruhashi, S.: Activities in the iron-oxide lime slags. Tetsu to Hagane 54 (1968) 359–370
2.27 Schürmann, E.; Kraume, G.: Zustandsschaubild $CaO-Fe_2O_3$ bei Gleichgewicht mit Luft. Arch. Eisenhüttenwes. 47 (1976) 267–269
2.28 Scheel, R.: Untersuchungen zum System Kalk-Eisen-Sauerstoff. Arch. Eisenhüttenwes. 45 (1974) 751–756
2.29 Schürmann, E.; Kraume, G.: Schmelzgleichgewichte im System $FeO-Fe_2O_3-CaO$. Arch. Eisenhüttenwes. 47 (1976) 435–439
2.30 Hara, S.; Araki, T.; Ogino, K.: Phase equilibrium studies in the $FeO-Fe_2O_3-CaO$ and $FeO-Fe_2O_3-2CaO-SiO_2$ systems. In: Fine, H.A.; Gaskell, D.R. (eds.): 2nd Int. Symp. Metallurg. Slags and Fluxes, 11.–14. Nov. 1984 in Lake Tahoe, Nev. USA. Warrendale, Pa.: Metall. Soc. AIME 1984, p. 441–451
2.31 Valet, P.M.; Pluschkell, W.; Engell, H.J.: Gleichgewichte von $MgO-FeO-Fe_2O_3$-Mischkristallen mit Sauerstoff. Arch. Eisenhüttenwes. 46 (1975) 383–388
2.32 Allen, W.C.; Snow, R.B.: The orthosilicate – iron oxide portion of the system $CaO-FeO-SiO_2$. J. Am. Ceram. Soc. 38 (1955) 264–280
2.33 Oeters, F.: Grundlagen der Frischreaktionen, Schlackenarbeit. In: [2.4], S. 159–162
2.34 Taylor, C.R.; Chipman, J.: Equilibria of liquid iron and simple basic and acid slags in a rotating induction furnace. Trans. Am. Inst. Min. Metall Eng. 154 (1943) 228–247
2.35 Görl, E.; Oeters, F.; Scheel, R.: Gleichgewichte zwischen flüssigem Eisen und gesättigten Schlacken des Systems $CaO-FeO-SiO_2$ unter besonderer Berücksichtigung der Schwefelverteilung Arch. Eisenhüttenwes. 37 (1966) 441–451
2.36 Husson, G.: Contribution à l'étude de la désulfuration par les laitiers oxidants d'aciérie à bas de silicates. Circ. Inform. Techn. 34 (1977) 11. 2 379–2 410
2.37 Oeters, F.; Scheel, R.: Untersuchungen zur Kalkauflösung in $CaO-FeO-SiO_2$-Schlacken. Arch. Eisenhüttenwes. 45 (1974) 575–580
2.38 Schürmann, E.; Obst, K.-H.; Fiege, L.; Kaiser, H.-P.: Darstellung komplexer Betriebsschlacken im Quasidreistoffsystem $CaO^*-FeO_n^*-SiO_2^*$. Steel Research 56 (1985) 553–558
2.39 Trömel, G.; Koch, K.; Fix, W.; Großkurth, N.: Der Einfluß des Magnesiumoxides auf die Gleichgewichte im System $Fe-CaO-FeO_n-SiO_2$ und auf die Schwefelverteilung bei 1 600 °C. Arch. Eisenhüttenwes. 40 (1969) 959–978
2.40 Trömel, G.; Großkurth, N.; Koch, K.; Fix, W.: Gemeinsamer Einfluß von Mangan- und Magnesiumoxid auf die Schlackengleichgewichte im System $Fe-CaO-FeO_n-SiO_2$ bei 1 600 °C. Arch. Eisenhüttenwes. 41 (1970) 613–620
2.41 Koch, K.; Sittard, J.; Domröse, W.: Kalksilicatische Stahlwerksschlacken. In: Koch, K.; Janke, D. (Hrsg.): Schlacken in der Metallurgie. Düsseldorf: Verlag Stahleisen 1984, S. 191–200
2.42 Bardenheuer, F.; Ende, H.v.; Oberhäuser, P.G.; Hofmann, E.E.: Die Sättigungszustände der Schlacken des Sauerstoffaufblasverfahrens mit phosphorarmem Roheisen und ihre Konzentrationswege im System $CaO-FeO-SiO_2$. Arch. Eisenhüttenwes. 39 (1968) 571–576
2.43 Ende, H.v.; Bardenheuer, F.; Schürmann, E.: Gleichgewichte zwischen Siemens-Martin-Schlacken und Eisenschmelzen. Stahl Eisen 82 (1962) 1 027–1 035
2.44 Timucin, U.; Morris, A.E.: Phase equilibria and thermodynamic studies in the system $CaO-FeO-Fe_2O_3-SiO_2$. Metall. Trans 1 (1970) 3 193–3 201

2.45 Balajiva, K.; Quarrel, A.G.; Vajragupta, P.: A laboratory investigation of the phosphorus reaction in the basic steelmaking process. J. Iron Steel Inst. 153 (1946) 115–150
2.46 Chipman, J.; Winkler, T.B.: An equilibrium study of the distribution of phosphorus between liquid iron and basic slags. Trans. Am. Inst. Min. Metall. Eng. 167 (1946) 111–133
2.47 Balajiva, K.; Vajragupta, P.: The effect of temperature on the phosphorus reaction in the basic steelmaking process. J. Iron Steel Inst. 155 (1947) 563–567
2.48 Turkdogan, E.T.; Pearson, J.: Reaction equilibria between metal and slag in acid and basic open-hearth steelmaking J. Iron Steel Inst. 176 (1954) 59–63
2.49 Bardenheuer, F.; Oberhäuser, P.G.: Bereiche unterschiedlicher Entphosphorung im System $(CaO)'-(SiO_2)'-(FeO)'$ und Folgerungen zur Erzielung niedriger Phosphorgehalte beim Verblasen von phosphorarmen Roheisen. Stahl Eisen 89 (1969) 988–994
2.50 Healy, G.W.: A new look at phosphorus distribution. J. Iron Steel Inst. 208 (1970) 664–668
2.51 Suito, H.; Inoue, R.; Takada, M.: Phosphorus distribution between liquid iron and MgO-saturated slags of the system $CaO-MgO-FeO_n-SiO_2$. Trans. Iron Steel Inst. Jpn. 21 (1981) 250–259
2.52 Suito, H.; Inoue, R.: Effect of calcium fluoride on phosphorous distribution between MgO-saturated slags of the system $CaO-MgO-FeO_x-SiO_2$ and liquid iron. Trans. Iron Steel Inst. Jpn. 22 (1982) 869–877
2.53 Suito, H.; Inoue, R.: Phosphorous distribution between MgO-saturated $CaO-Fe_tO-SiO_2-P_2O_5-MnO$ slags and liquid iron. Trans. Iron Steel Inst. Jpn. 24 (1984) 40–46
2.54 Suito, H.; Inoue, R.: Effects of Na_2O and BaO additions on phosphorous distribution between $CaO-MgO-FeO_x-SiO_2$ slags and liquid iron. Trans. Iron Steel Inst. Jpn. 24 (1984) 47–53
2.55 Verhoog, H.M.: 5. BOT-Meeting. Brassert Oxygen-Technik, Zürich 1969. Zitiert nach: Boom, R.; Beisser, R.R.; von der Knoop, W.: Hoogovens studies on lime and flux properties related to slag formation on oxygen steelmaking. 2nd Int. Symp. Metall. Slags and Fluxes, Lake Tahoe, Nevada, USA, 11.–14. Nov. 1984. Warrendale: Metallurgical Soc. AIME, 1984 p. 1 041–1 059
2.56 Riboud, P.V.; Gaye, H.; Grosjean, H.C.: Estimation de l'equilibre metal-laitiers basiques d'acierie. Application à l'étude des performances de réacteurs industriels. In: Physico-Chimie en Sidérurgie. Vol. 4. Communication C2. Versailles, France, 23–26. Okt. 1978
2.57 Riboud, P.V.; Gatellier, C.: New products: what should be done in secondary steelmaking? In: Secondary steelmaking for product improvement. London, 23.–24. Oktober 1984. London: Metals Soc. 1984 p. 73–80
2.58 Taguchi, K.; Tachibana, K.; Ogura, Y.: Application of secondary steelmaking to seamless production in NKK. In: Secondary steelmaking for product improvement. London, 23.–24. Oktober 1984. London: Metals Soc. 1984 p. 16.1–16.8
2.59 Inoue, R.; Suito, H.: Phosphorous distribution between soda and lime-based fluxes and carbon-saturated iron melts. Trans. Iron Steel Inst. Jpn. 25 (1985) 118–126
2.60 Hammerschmid, P.; Janke, D.; Kreutzer, H.W.; Reichenstein, E.; Steffen, R.: Metallurgie und Verfahrenstechniken der Entphosphorung von Roheisen- und Stahlschmelzen. Stahl Eisen 105 (1985) 433–442
2.61 Wrampelmeyer, J.C.; Janke, D.: Partion equilibria of phosphorus between pure liquid iron and CaO-saturated slags at 1 600 °C. Proc. 5th Int. Iron Steel Cong., Washington, D.C. 7.–9. May 1986. p. 653–659
2.62 Trömel, G.; Fix, W.; Fritze, H.W.: Zusammenfassende Darstellung der Gleichgewichte zwischen Eisen und kalkhaltigen Phosphatschlacken. Arch. Eisenhüttenwes. 32 (1961) 353–359
2.63 Knüppel, H.; Oeters, F.: Das Phosphor-Sauerstoff-Gleichgewicht zwischen flüssigem Eisen und kalkgesättigten Phosphatschlacken. Stahl Eisen 81 (1961) 1 437–1 449
2.64 Trömel, G.; Fix, W.; Bongers, U.: Der Eisenoxydapatit im Zustandsschaubild $Fe-FeO_n-CaO-P_2O_5$. Arch. Eisenhüttenwes. 40 (1969) 813–818
2.65 Schwerdtfeger, K.; Turkdogan, E.T.: Miscibility gap in the system iron oxide-$CaO-P_2O_5$ in air at 1 625 °C. Trans. Metall. Soc. AIME 239 (1967) 589–590

2.66 Margot-Marette, H.; Riboud, P.: Etudes températures de liquidus du système $CaO-P_2O_5$-SiO_2-oxyde de fer. Mem. Sci. Rev. Metall 69 (1972) 593–603

2.67 Fischer, W.A.; Ende, H.v.: Die Verteilung des Phosphors zwischen Eisenschmelzen und kalkgesättigten Schlacken für Temperaturen von 1 530°–1 700 °C. Stahl Eisen 72 (1952) 1 398–1 408

2.68 Trömel, G.; Oelsen, W.: Die Grenzen der Entphosphorung des Eisens mit Kalk. Arch. Eisenhüttenwes. 26 (1955) 497–506

2.69 Trömel, G.; Fritze, H.W.: Gleichgewichte zwischen Eisen und kalkhaltigen Phosphatschlacken. Arch. Eisenhüttenwes. 30 (1959) 461–472

2.70 Shirota, Y.; Kathogi, K.; Klein, K.; Engell, H.J.; Janke, D.: Phosphate capacity of FeO-Fe_2O_3-CaO-P_2O_5 and FeO-Fe_2O_3-CaO-CaF_2-P_2O_5 slags by levitation melting. Trans. Iron Steel Inst. Jpn. 25 (1985) 1 132–1 140

2.71 Koch, K.; Domröse, W.; Ganzow, J.: Kalkphosphatische Stahlwerksschlacken. In: Koch, K; Janke, D. (Hrsg.): Schlacken in der Metallurgie. Düsseldorf: Verlag Stahleisen 1984, S. 207–219

2.72 Turkdogan, E.T.; Pearson, J.: Activities of constituents of iron and steelmaking slags. Part I. J. Iron Steel Inst. 173 (1953) 217–223

2.73 Turkdogan, E.T.: Physicochemical properties of molten slags and glasses. London: Metals Soc. 1983, p. 230

2.74 Janke, D.; Fischer, W.A.: Desoxidationsgleichgewichte von Titan, Aluminium und Zirkonium in Eisenschmelzen bei 1 600 °C. Arch. Eisenhüttenwes. 47 (1976) 195–198

2.75 Gatellier, C.; Olette, M.: Aspects fondamentaux des réactions entre éléments métalliques et éléments non-métalliques dans les acieres liquides. Rev. Met. 76 (1979) 377–386

2.76 Muan, A.; Osborn, E.E.: Phase equilibria among oxides in steelmaking. London: Pergamon 1965

2.77 Turkdogan, E.T.: Ladle deoxidation, desulphurization and inclusions in steel. Part 1: Fundamentals. Arch. Eisenhüttenwes. 54 (1983) 1–10

2.78 Körber, F.; Oelsen, W.: Die Grundlagen der Desoxidation mit Mangan und Silizium. Mitt. Kaiser-Wilhelm-Inst. Eisenforsch 15 (1933) 271–309 und Stahl Eisen 54 (1934) 297–298

2.79 Schürmann, E.; Bannenberg, N.: Metall-Schlacke-Gleichgewichte im System Eisen-Mangan-Schwefel-Sauerstoff als Grundlage der Mangandesoxidation von Stahlschmelzen bei gleichzeitiger Anwesenheit von Schwefel. Arch. Eisenhüttenwes. 55 (1984) 349–358

2.80 Fischer, W.A.; Fleischer, H.J.: Die Manganverteilung zwischen Eisenschmelzen und Eisen(II)-oxid-Schlacken im MgO-Tiegel bei 1 520° bis 1 700 °C. Arch. Eisenhüttenwes. 32 (1961) 1–10

2.81 Knüppel, H.: Desoxidation und Vakuumbehandlung von Stahlschmelzen. Bd. 1. Düsseldorf: Verlag Stahleisen 1970

2.82 Janke, D.; Fischer, W.A.: Schrifttumsübersicht über Gleichgewichte wichtiger Desoxidationselemente mit Sauerstoff in Eisenschmelzen. Stahl Eisen 96 (1976) 398–401

2.83 Matoba, S.; Gunji, K.; Kuwana, T.: Das Gleichgewicht von Silicium u. Sauerstoff in flüssigem Eisen. Tetsu To Hangane 45 (1959) 229–232, vgl. Stahl Eisen 80 (1960) 299–301

2.84 Scimar, R.: Étude thermodynamique de la désoxydation de l'acier. Rev. Univers. Mines Metall. Mec. 106 (1963) 403–418

2.85 Geller, W.; Dicke, K.: Über die Gleichgewichte der Desoxidation von flüssigem Stahl mit Aluminium sowie Aluminium und Silizium gemeinsam. Arch. Eisenhüttenwes. 16 (1942/43) 431–436

2.86 Banya, Sh.; Matoba, S.: Activity of carbon and oxygen in liquid iron. In: St. Pierre, G.R. (ed.): Physical chemistry of process Metallurgy. Part I. New York, London: Interscience Publishers 1959, p. 373–401

2.87 Vacher, H.C.; Hamilton, E.A.: The carbon-oxygen equilibrium in iquid iron. Trans. Am. Inst. Min. Metall. Eng. 95 (1931) 124–140

2.88 Fincham, C.J.B.; Richardson, F.D.: The behaviour of sulphur in silicate and aluminate melts. Proc. Royal Soc. Ser. A 223 (1954) 40–62

2.89 Olette, M.; Gatellier, C.; Vasse, R.: Progress in ladle steel refining. Int. Symp. physical chemistry of iron and steelmaking. Toronto, 29.8.–2.9.1982, Art. VII–1

2.90 Täffner, K.; Trömel, G.: Über die Einschußbildung in beruhigt erstarrenden Stählen. Arch. Eisenhüttenwes. 43 (1972) 379–387
2.91 Fujisawa, T.; Sakao, H.: Mn-Si-Al-O Gleichgewicht in fl. Eisen. Tetsu To Hagane 63 (1977) 1 494–1 503
2.92 Sakao, H.: Wanibe, Y.; Fujisawa, T.: Deoxidation and inclusions in steelmaking. Proc. 2nd Japan-China Symp. Sci. Technol. Iron Steel Inst., Tokyo 1983, p. 44–59
2.93 Rein, R.H.; Chipman, J.: Aktivitäten von CaO und Al_2O_3 in CaO-Al_2O_3-Schmelzen. Trans. AIME 233 (1965) 415–425
2.94 Turkdogan, E.T.: Slags and fluxes for ferrous ladle metallurgy. Ironmaking Steelmaking 12 (1985) 64–78
2.95 Janke, D.: Electrochemical measurement techniques for determining dissolved oxygen in liquid steel. In: Clean Steal, Balatonfured (Hungary) (1981), p. 202–231. London: Metals Society 1983
2.96 Riboud, P.V.: Gatellier, C.: New products: What should be done in secondary steelmaking? Ironmaking Steelmaking 12 (1985) 79–86
2.97 Faulring, G.M.; Ramalingam, S.: Inclusion precipitation diagram for the Fe-O-Ca-Al system. Metall. Trans. B, 11 (1980) 125–130
2.98 Faulring, G.M.; Farell, J.W.; Hilty, D.C.: Einschlußveränderungen von Tonerde mit Calcium. Iron Steelmaker 7 (1980) 14–20
2.99 Richardson, F.D.; Jeffes, J.H.E.: The thermodynamics of substances of interest in iron and steelmaking. III Sulfides. J. Iron Steel. Inst. 171 (1952) 165–175
2.100 Schürmann, E.: Die Manganentschwefelung bei Gußeisen. Gießerei 48 (1961) 481–487
2.101 Schürmann, E.; Strösser, H.J.: Untersuchung der Schmelzgleichgewichte im Teildiagramm Eisen-Eisensulfid-Mangan-Mangansulfid des Systems Eisen-Mangan-Schwefel. Arch. Eisenhüttenwes. 46 (1975) 761–766
2.102 Gruner, H.; Wiemer, H.E.; Bardenheuer, F.; Fix, W.: Metallurgische Maßnahmen und Bedingungen zur Stahlentschwefelung über das Schlackenreaktionsverfahren. Stahl Eisen 99 (1979) 725–737
2.103 Fischer, W.A.; Engelbrecht, H.: Die gleichzeitige Entschwefelung und Desoxidation von Stahlschmelzen. Stahl Eisen 75 (1955) 70–75
2.104 Turkdogan, E.T.; Martonik, L.J.: Sulfur solubility in iron-carbon melts coexisting with solid CaO and CaS. Trans. Iron Steel Inst. Jpn. 23 (1983) 1 038–1 044
2.105 Oeters, F.; Pückoff, U.; Scheel, R.; Strohmenger, P.: Der Einsatz gasförmiger Kohlenwasserstoffe, insbesondere von Erdgas bei der Entschwefelung von Roheisen außerhalb des Hochofens. Hoesch Ber. Forsch. Entwicklg. Unserer Werke 4 (1969) 71–74
2.106 Oeters, F.; Strohmenger, P.; Pluschkell, W.: Kinetik der Entschwefelung von Roheisenschmelzen mit Kalk und Erdgas. Arch. Eisenhüttenwes. 44 (1977) 727–733
2.107 Nölle, U.; Pückoff, U.; Strohmenger, P.: Behandlung von Roheisen mit Kalk und Erdgas zum Einstellen niedriger Schwefel- und Stickstoffgehalte. Stahl Eisen 92 (1972) 1 085–1 093
2.108 Trentini, B.; Wahl, L.; Allard, M.: An efficient method of desulphurizing pig iron. J. Met. 9 (1957) 1 133–1 139
2.109 Juza, R.; Bünzen, K.: Untersuchungen über das System Calciumcarbid/Calciumsulfid. Z. Phys. Chem. N.F. 17 (1958) 82–99
2.110 Oztürk, B.; Turkdogan, E.T.: Equilibrium distribution between molten calcium aluminate and steel. Met. Sci. 18 (1984) 299–309
2.111 Sharma, R.A.; Richardson, F.D.: Activities in lime-alumina melts. J. Iron Steel Inst. 198 (1961) 386–390
2.112 Kor, G.J.W.; Richardson, F.D.: Sulphur in lime-alumina mixtures. J. Iron Steel Inst. 206 (1968) 700–704
2.113 Cameron, J.; Gibbons, F.B.; Taylor, J.: Calcium sulphide solubilities and lime activities in the lime-alumina-silica system. J. Iron Steel Inst. 204 (1966) 1 223–1 228
2.114 Kalyanran, M.R.; Macfarlane, T.G.; Bell, H.B.: The activity of calciumoxide in slags in the systems $CaO-MgO-SiO_2$, $CaO-Al_2O_3-SiO_2$ and $CaO-MgO-Al_2O_3-SiO_2$ at 1 500 °C. J. Iron Steel Inst. 195 (1960) 58–64
2.115 Kalyanran, M.R.; Bell, H.B.: Activities in the system $CaO-MgO-Al_2O_3$. Trans. Br. Ceram. Soc. 60 (1961) 135–146

2.116 Jaquemot, A.: Notions de base sur la désulfuration de l'acier. Circ. Inform. Techn. 34 (1977) 1 449 – 1 459
2.117 Chipman, J.: Thermodynamic properties of blast furnace slags. In: Physical chemistry of process metallurgy. Part I. New York, London: Interscience Publishers 1961, p. 57 – 63
2.118 Turkdogan, E.T.; Darken, L.S.: Sulfur equilibria between gases and calcium ferrite melts. Trans. Metall. Soc. AIME 221 (1961) 464 – 474
2.119 Abraham, K.P.; Richardson, F.D.: Sulphide capacities of silicate melts. J. Iron Steel Inst. 196 (1960) 313 – 317
2.120 Riboud, P.V.; Gatellier, C.: Schwefelverteilung zwischen aluminiumhaltigem Stahl und $CaO-Al_2O_3-SiO_2-MgO$-Schlacken mit 5 % MgO bei 1 625 °C. Ironmaking Steelmaking 12 (1985) 79 – 86
2.121 Duffy, J.A.; Ingram, M.D.; Sommerville, I.D.: Acid-base properties of molten oxides and metallurgical slags. J. Chem. Soc. Faraday Trans. 74 (1978) 1 410 – 1 419
2.122 Muan, A.; Osborn, E.F.: Phase equilibria among oxides in steelmaking. Reading, Mass.: Addision-Wesley 1965
2.123 Koch, K.; Trömel, G.; Heinz, C.: Das Hochofenschlackensystem $Al_2O_3-CaO-MgO-SiO_2$ bei 1600°, 1500° und 1400°C. Arch. Eisenhüttenwes. 46 (1975) 164 – 171
2.124 Koch, K; Trömel, G.; Heinz, C.: Totale Gleichgewichte zwischen kohlenstoffgesättigten Eisen und schwefelhaltigen Hochofenschlacken aus Kalk Kieselsäure, Tonerde und Magnesiumoxid. Arch. Eisenhüttenwes. 46 (1975) 83 – 90
2.125 Schenck, H.; Frohberg, M.G.; El-Gammal, T.: Das Gleichgewicht der Schwefelreaktion zwischen flüssigem kohlenstoffgesättigten Eisen und Kalk-Kieselsäure-Magnesiumoxid-Schlacken. Arch. Eisenhüttenwes. 32 (1961) 63 – 66
2.126 Oelsen, W.: Beiträge zur Entschwefelung des Roheisens. Stahl Eisen 58 (1938) 1 212 – 1 217
2.127 Rein, R.H.; Chipman, J.: The distribution of silicon between Fe-Si-C alloys and SiO_2-CaO-MgO-Al_2O_3 slags. Trans. Metall Soc. AIME 227 (1963) 1 193 – 1 203
2.128 Maddocks, W.R.; Turkdogan, E.T.: The effect of sodium oxide additions to steelmaking-slags. J. Iron Steel Inst 162 (1949) 249 – 264
2.129 Haastert, H.P.; Köhler, E.; Schürmann, E.: Entstickung, Entsilizierung und Entschwefelung beim Vorbehandeln von Thomasroheisen. Stahl Eisen 83 (1963) 204 – 212
2.130 Oelsen, W.: Entsphosphorung und Entschwefelung kohlenstoffreicher Eisenschmelzen unter Gewinnung phosphorsäurereicher, wasserlöslicher Schlacken. Arch. Eisenhüttenwes. 36 (1965) 861 – 871
2.131 Domalski, W.; Fabian, K.; Nölle, D.: Die Entschwefelung von Roheisen außerhalb des Hochofens. Stahl Eisen 88 (1968) 906 – 919
2.132 Taskinen, P.; Janke, D.: Phase equilibria in the system Na_2CO_3-$CaCO_3$-CO_2 at 750° to 900 °C. Arch. Eisenhüttenwes. 54 (1983) 53 – 55
2.133 Taskinen, P.; Janke, D.: Thermodynamics of $Na_2CO_3-CaCO_3-CaO$ slags for use in hot metal refining. Arch. Eisenhüttenwes. 54 (1983) 175 – 180
2.134 Taskinen, P.; Janke, D.: Soda and soda-lime reactions under steelmaking conditions. Int. Symp. Phys. Chem. Iron Steelmaking, Toronto 29.8. – 2.9.1982, p. V16 – 21
2.135 JANAF Thermochemical tables. 2nd ed. US Dept. Commerce, Nat. Bureau Standards No. 37 (1971)
2.136 Kubschewski, O.; Alcock, C.B.: Metallurgical Thermochemistry. 5th ed. Oxford: Pergamon 1979
2.137 Taskinen, A.; Janke, D.: Schlackevorbehandlung zur gleichzeitigen Entphosphorung und Entschwefelung von Roheisenschmelzen. Stahl Eisen 103 (1983) 491 – 496
2.138 Murayama, T.; Wada, H.: Desulfurization and dephosphorization reactions of molten iron by soda ash treatment. In: Fine, H.A.; Gaskell, D.R. (eds.) 2nd Int. Symp. Metallurg. Slags and Fluxes 11. – 14. Nov. 1984 in Lake Tahoe, Nev. USA. Warrendale, Pa.: Metallurgical Soc. AIME 1984, p. 135 – 152
2.139 Inoue, R.; Suito, H.: Sulfur partitions between carbon saturated iron melt and Na_2O-SiO_2 slags, Trans. Iron Steel Inst. Jpn. 22 (1982) 514 – 523
2.140 Inoue, R.; Suito, H.: Phosphorus distribution between soda- and lime-based fluxes and carbon-saturated iron melts. Trans. Iron Steel Inst. Jpn. 25 (1985) 118 – 126

2.141 Sherman, C.W.; Chipman, J.: Activity of sulphur in liquid iron and steel. J. Met. Trans. 4 (1952) 597–602
2.142 Engell, H.-J.; Köhler, M.; Fleischer, H.-J.; Thielmann, R.; Schürmann, E.: Grundlagen der Entfernung von Begleitelementen aus Stahlschmelzen mit metallischem Calcium und Calciumhalogenidschlacken. Stahl Eisen 104 (1984) 443–449
2.143 Sponseller, D.L.; Flinn, R.A.: The solubility of calcium in liquid iron and third element interaction effects. Trans. AIME 230 (1964) 876–888
2.144 Köhler, M.; Engell, H.J.: Partition equilibria of tramp elements between iron melts and calcium halide slags. In: Fine, H.A.; Gaskell, D.R. (eds.): 2nd Int. Symp. Metallurg. Slags and Fluxes, Lake Tahoe, 11.–14. Nov. 1984. Warrendale, Pa.: Metallurgical Soc. AIME 1984, p. 483–496
2.145 Olette, M.; Catellier, C.: Effect of additions of calcium, magnesium or rare earth elements on the cleanness of steels. In: Clean Steel. 2nd Int. Conf. on Clean Steel June 1–3 1981 in Balatonfured, Ungarn. London: Metals Soc. 1983, p. 165–185
2.146 Rohde, L.E.; Choudhury, A.; Wahlster, M.: Neuere Untersuchungen über das Aluminium-Sauerstoff-Gleichgewicht in Eisenschmelzen. Arch. Eisenhüttenwes. 42 (1971) 165–174
2.147 Janke, D.; Fischer, W.A.: Desoxidation equilibria of cerium, lanthanum and hafnium in liquid iron. Arch. Eisenhüttenwes. 49 (1978) 425–430
2.148 Palmaers, A.; Defays, J.; Philippe, L.: Desoxidation of continuously cast low carbon steel for billets. Metall. Rep. CRM 35 (1979) 15–23
2.149 Gero, J.B.; Winkler, T.B.; Chipman, J.: Manganese oxygen equilibrium in liquid iron. Trans. AIME 188 (1950) 341–349
2.150 Matoba, S.; Gunji, K.; Kuwana, T.: Silicon-oxygen equilibrium in liquid iron. Tetsu To Hagane 45 (1959) 1 328–1 334
2.151 Elliot, J.F.; Gleiser, M.; Ramakrishna, V.: Thermochemistry for steelmaking. Vol. II. Reading, Mass.: Addison-Wesley 1963
2.152 Turkdogan, E.T.: Physical chemistry of high temperature technology. New York: Academic Press 1980
2.153 Drewes, E.-J.; Olette, M.: Untersuchungen über den Einfluß der Kieselsäure und des Oxidationsgrades auf die Phasengrenzen, besonders der Mischungslücke, im System CaO-P_2O_5-FeO-Fe_2O_3-SiO_2 bei 1 600 °C. Arch. Eisenhüttenwes. 38 (1967) 163–175
2.154 Trömel, G.; Fritze, H.W.: Weitere Untersuchungen über die Entphosphorung des Eisens mit kalkreichen Schlacken. Arch. Eisenhüttenwes. 28 (1957) 489–495
2.155 Trömel, G.; Fritze, H.W.: Gleichgewichte zwischen Eisen und kalkhaltigen Phosphatschlacken. Arch. Eisenhüttenwes. 30 (1959) 461–472
2.156 Kreutzer, H.W.: Vakuumbehandlung von flüssigem Stahl. Stahl Eisen 92 (1972) 766–724
2.157 Kay, D.A.R.; Taylor, J.: Activities of silica in the lime + alumina + silica system. Trans. Farad. Soc. 56 (1960) 1 372–1 386
2.158 Niggli, P.: Gleichgewichte zwischen TiO_2 und CO_2 sowie SiO_2 und CO_2 in Alkali-, Kalk-Alkali- und Alkali-Aluminatschmelzen. Z. Anorg. Allg. Chem. 98 (1916) 241–295
2.159 Niggli, P.: Untersuchungen an Karbonat- und Chloridschmelzen. Z. Anorg. Allg. Chem. 106 (1919) 126–142
2.160 Eitel, W.: Genetisch wertvolle Bobachtungen über das Vorkommen der Skapotithmineralien. Tschermaks Mineral. Petrogr. Mitt. 38 (1925) 1–38
2.161 Wilnjanskij, Y.E.; Pudovkina, O.I.: Wsaimny Sistema $CaCrO_4 + Na_2CO_3 \rightleftarrows Na_2CrO_4 + CaCO_3$. Zh. Prikl. Khim. 21 (1948) 1242–1248
2.162 Flood, H.; Førland, T.; Roald, B.: The equilibrium $CaCO_3$ (melt) = $CaO_{(S)} + CO_2$. The activity coefficients of calcium carbonate in alkali carbonate melts. J. Am. Chem. Soc. 71 (1949) 572–575
2.163 Førland, T.: On the properties of some mixtures of fused salts. Nor. Tek. Vitenskapsakad. Ser. 2, Nr. 4 (1957)
2.164 Kor, G.J.; Richardson, F.D.: Sulfide capacities of basic slags containing calcium fluoride. Trans. Met. Soc. AIME 245 (1969) 319–327
2.165 Derici, R.; Bell, H.B.: Unpublished work. Bell, H.B.: Sulphur solubility in slags and slag-metal sulphur partition. in: Int. Sym. Metal. Slags (1980) Halifax 163–168. In: Can. Metal. Quarterly 20 (1981)

2.166 Denier, G.: IRSID, Internal Report, No. RP. ACI 26 (1971)
2.167 Richardson, F.D.; Fincham, C.J.B.: Sulphur in silicate and aluminate slags. J. Iron Steel Inst. 178 (1954) 4−15
2.168 Nagashima, S.; Katsura, T.: The solubility of sulfur in Na_2O-SiO_2 melts under various oxygen partial pressures at 1 100°C, 1 250°C and 1 300°C. Bull. Chem. Soc. Jpn. 46 (1973) 3 099−3 103
2.169 Barin, I.; Knacke, O.: Thermochemical properties of inorganic substances. Berlin: Springer und Düsseldorf: Verlag Stahleisen (1973)
2.170 Sigworth, G.K.; Elliott, J.F.: The thermodynamics of liquid dilute iron alloys. Met. Sci. 8 (1974) 298−310
2.171 Turkdogan, E.T.; Leake, L.E.; Masson, C.R.: Thermodynamics of iron carbon melts. Acta Metall. 4 (1956) 396−406
2.172 Rist, A.; Chipman, J.: L'activité du carbone dissous dans le fer liquide. Rev. Met. 53 (1956) 796−807
2.173 Marshall, S.; Chipman, J.: The carbon-oxygen equilibrium in liquid iron. Trans. Am. Soc. Metals 30 (1942) 695−746
2.174 Feldmann, U.: Theoretische und experimentelle Untersuchungen zur Frage der chemischen Aktivität von Komponenten metallurgischer Mehrstoffsysteme. Diss. TH Aachen, 1956
2.175 Richardson, F.D.; Dennis, W.E.: Thermodynamic study of dilute solutions of carbon in molten iron. Trans. Farad. Soc. 49 (1953) 171−180
2.176 Carter, P.T.; Macfarlane, T.G.: Thermodynamics of slag systems. Part I: The thermodynamic properties of $CaO-Al_2O_3$-slags. J. Iron Steel Inst. 185 (1957) 54−66
2.177 Fuwa, T.; Ban-Ya, S.; Fujio, I.: Hydrogen and nitrogen in liquid iron alloys. In: Physico-Chemie et Sidérurgie, Compte-Rendu du Congrès. Société Française de Métallurgie, Institut de Recherches de la Sidérurgie Française, Association Technique de la Sidérurgie Française, Versailles 1978, p. 186−193
2.178 Bowen, N.L.; Schairer, J.F.: The system $FeO-SiO_2$. Am. J. Sci. 224 (1932) 177−213
2.179 Körber, F.; Oelsen, W.: Die Grundlagen der Desoxidation mit Mangan und Silizium. Mitt. K.-Wilh.-Inst. Eisenforschg. 15 (1933) 271−309
2.180 Schuhmann, R. Jr.; Powell, R.G.; Michal, E.J.: Constitution of the $FeO-Fe_2O_3-SiO_2$ system at slagmaking temperatures. J. Metals 5 (1953) 1 097−1 104
2.181 Schuhmann, R.Jr.; Ensio, P.J.: Thermodynamics of iron-silicate slags: slags saturated with γ-iron. J. Metals 3 (1951) 401−411
2.182 Greig, J.W.: Immiscibility in silicate melts. Am. J. Sci. 213 (1927) 1−44

Literatur zu Kapitel 3

3.1 Friedrichs, H.A.: Möglichkeiten der quantitativen Beschreibung metallurgischer Prozesse. Stahl Eisen 94 (1974) 315−325
3.2 Larsen, B.M.; Sordahl, L.O.: Some Mechanisms in the Refining of Steel. In: Physical Chemistry of Process. Metallurgy. Part 2. New York, London: Interscience Publishers 1961, p. 1 141−1 179
3.3 Wagner, C.: Kinetic problems in steelmaking. In: Elliot, J.F. (ed.): The physical chemistry of steelmaking. New York: Wiley 1958 p. 237−251
3.4 Nilles, P.; Denis, E.M.: Problems of oxygen transfer in BOF steelmaking. J. Metals 21 (1969) 74−79
3.5 Prandtl, L.; Tietjens, O.: Hydro- und Aerodynamik. 2. Bd. Berlin: Springer 1929 u. 1931
3.6 Prandtl, L.: Führer durch die Strömungslehre. 3. Aufl. Braunschweig: Vieweg 1949
3.7 Schlichting, H.: Grenzschichttheorie. Karlsruhe: Braun 1951
3.8 Frank-Kamenetzki, D.A.: Stoff- und Wärmeübertragung in der chem. Kinetik. Berlin: Springer 1959
3.9 Jost, W.: Diffusion in solids, liquids, gases. New York: Academic Press 1960
3.10 Levitch, V.G.: Physicochemical hydrodynamics. Englewood Cliffs: Prentice hall 1962

3.11 Gröber, H.; Erk, S.; Grigull, U.: Die Grundgesetze der Wärmeübertragung. 3. Aufl. Berlin: Springer 1963
3.12 Eckert, E.R.G.: Wärme- und Stoffaustausch. 3. Aufl. Berlin: Springer 1966
3.13 Crank, J.: The mathematics of diffusion. Oxford: Clarendon Press 1967
3.14 Schmalzried, H.: Festkörperreaktion. Weinheim: Verlag Chemie 1971
3.15 Geiger, G.H.; Poirier, D.R.: Transport phenomena in metallurgy. Reading, Mass.: Addison Wesley 1973
3.16 Tritton, D.J.: Physical fluid dynamics. London: Van Nostrand Reinhold 1977
3.17 Nernst, W.: Theorie der Reaktionsgeschwindigkeit in heterogenen Systemen. Z. Phys. Chem. 47 (1904) 52–55
3.18 Krischer, O.: Wärme- und Stoffaustausch bei umströmten oder durchströmten Körpern verschiedener geometrischer Formen. Chem. Ing. Tech. 33 (1961) 155–162
3.19 Prandtl, L.: Über Flüssigkeitsbewegung bei sehr kleiner Reibung. Verhandl. d. III. Int. Mathematiker-Kongresses Heidelberg 1904, Leipzig 1905, S. 484–491
3.20 Higbie, R.: The rate of absorption of a pure gas into a still liquid during short periods of exposure. Trans. Am. Inst. Chem. Eng. 31 (1935) 365–389
3.21 Danckwerts, P.V.: Significance of liquid-film coefficients in gas absorption. Ind. Eng. Chem. 43 (1951) 1 460–1 467
3.22 Machlin, E.S.: Kinetics of vacuum induction refining-theory. Trans. Metall. Soc. AIME 218 (1960) 314–326
3.23 Kraus, Th.: Über den Mechanismus des Stoffaustausches zwischen einem hochverdünnten Gas und dessen Lösung unter besonderer Berücksichtigung der Entgasung von Metallschmelzen im Vakuum. Schweiz. Arch. Angew. Wiss. Tech. 28 (1962) 452–460
3.24 Knüppel, H.; Oeters, F.: Zur Kinetik der Entgasung von Stahlschmelzen unter vermindertem Druck. Arch. Eisenhüttenwes. 33 (1962) 729–743
3.25 Blasius, H.: Grenzschichten in Flüssigkeiten mit kleiner Reibung. Z. Math. Phys. 56 (1908) 1–37
3.26 Howarth, L.: On the solution of the laminar boundary equation. Proc. R. Soc. Ser. A 164 (1938) 547–579
3.27 Pohlhausen, E.: Zur näherungsweisen Integration der Differentialgleichung der laminaren Grenzschicht. Z. Angew. Math. Mech. 1 (1921) 252–268
3.28 Pohlhausen, E.: Der Wärmeaustausch zwischen festen Körpern und Flüssigkeiten mit kleiner Reibung und Wärmeleitung. Z. Angew. Math. Mech. 1 (1921) 115–121
3.29 Davies, J.T.: Turbulence phenomena. New York: Academic Press 1972
3.30 Prandtl, L.: Eine Beziehung zwischen Wärmeaustausch und Strömungswiderstand der Flüssigkeiten. Phys. Z. 11 (1910) 1 072–1 078
3.31 Boussinesq, J.: Theorie de l'écoulement tourbillonant et tumultueux des liquides. Acad. Sci. Paris 122 (1896) 1 289–1 295
3.32 Bogdandy, L.v.: Überlegungen über die Kinetik eisenhüttentechnischer Reaktionen. Teil II. Verdampfung und Frischen. Arch. Eisenhüttenwes. 32 (1961) 287–296
3.33 Frohberg, M.G.; Papamantellos, D.; Patel. P.: Stofftransport zwischen nichtmischbaren Flüssigkeiten. Chem. Ing. Tech. 40 (1968) 981–1 032
3.34 Riboud, P.V.; Olette, M.: Mechanisms of some of the reactions involved in secondary refining. Proc. 7th Int. Conf. Vacuum Met. 1982, Tokio, Artikel 16–1, p. 879–889
3.35 Richardson, F.D.: Interfacial phenomena and metallurgical processes. Can. Metall. Q. 21 (1982) 111–119
3.36 Brimacombe, J.K.: Interfacial turbulence in liquid-metal systems. In: Jeffes, J.E.H.; Trait, R.J. (eds.): Physical Chemistry of Process metallurgy. The Richardson Conference. London: Inst. Min. Met. 1974, p. 175–185
3.37 Brückner, R.: Wechselwirkungen zwischen Glasschmelze und Feuerfest-Material. Glastech. Ber. 53 (1980) 77–88
3.38 Sawistowski, H.: Grenzflächenphänomene. In: Hanson, C. (Hrsg.): Neue Fortschritte der Flüssig-Flüssig-Extraktion. Frankfurt: Sauerländer 1974, S. 291–358
3.39 Riboud, P.V.; Lucas, D.L.: Influence of mass transfer upon surface phenomena in iron and steelmaking. Can. Metall. Q. 20 (1981) 199–208
3.40 Pluschkell, W.; Redenz, B.; Schürmann, E.: Kinetics of aluminium oxidation during argon injection into liquid steel. Arch. Eisenhüttenwes. 52 (1981) 85–90

3.41 Schürmann, E.; Redenz, B.; Pluschkell, W.: Kinetik des Aluminiumabbrandes beim Spülen von Stahlschmelzen geringen Kohlenstoffgehaltes unter oxidierenden Pfannenschlacken. Stahl Eisen 100 (1980) 1 450 – 1 457
3.42 Trömel, G.; Ulrich, W.; Willems, J.; Rudak, W.: Einfluß der Betriebsweise beim basischen Siemens-Martin-Verfahren auf die metallurgischen Vorgänge. Stahl Eisen 83 (1963) 1 226 – 1 234
3.43 Brauer, H.; Mewes, D.: Gesetze für den Widerstand sowie den Stoff- und den Wärmeübergang an längs angeströmten Platten. Chem. Ing. Tech. 44 (1972) 493 – 496
3.44 Wei, T.X.; Oeters, F.: Stoffaustausch an flüssig-flüssig-Grenzflächen bei laminarer Strömung. Unveröffentlicht
3.45 Deng, J.X.; Oeters, F.: Kinetics of desulfurization of liquid steel according to ladle metallurgy conditions. Proc. 7th Japan-Germany-Seminar on Fundamentals of Iron and Steelmaking. Düsseldorf May, 5 – 6, 1987. Düsseldorf: Verlag Stahleisen 1987, p. 33 – 47
3.46 Brauer, H.: Grundlagen der Einphasen- und Mehrphasenströmungen. Frankfurt: Sauerländer 1971
3.47 Brauer, H.; Mewes, D.: Stoffaustausch einschließlich chemischer Reaktionen. Frankfurt: Sauerländer 1971
3.48 Jischa, W.: Konvektiver Impuls-, Wärme- und Stoffaustausch. Braunschweig: Vieweg 1982
3.49 Wagner, C.: Reaktionstypen bei der Oxidation von Legierungen. Z. Elektrochem. Ber. Bunsenges. Phys. Chem. 63 (1959) 772 – 790A

Literatur zu Kapitel 4

4.1 Bogdandy, L.v.; Schmolke, G.; Stranski, I.N.: Über das Verhalten von Stickstoff gegenüber flüssigem Eisen und über die Entkohlungsreaktion. Z. Elektrochem. Ber. Bunsenges. Phys. Chem. 63 (1959) 758 – 765
4.2 Knüppel, H.; Oeters, F.: Zur Kinetik der Entgasung von Stahlschmelzen unter vermindertem Druck. Arch. Eisenhüttenwes. 33 (1962) 729 – 743
4.3 Byrne, M.; Belton, G.R.: Studies of the interfacial kinetics of the reaction of nitrogen with liquid iron by the $^{15}N-^{14}N$ isotope exchange reaction. Metall. Trans. 14B (1983) 441 – 449
4.4 Choh, T.; Moritani, T.; Inouye, M.: Kinetic of nitrogen desorption of liquid iron, liquid Fe-Mn and Fe-Cu alloys under reduced pressure. Trans. Iron Steel Inst. Jpn. 19 (1979) 221 – 230
4.5 Fruehan, R.J.: Martonik, L.J.: The rate of absorption of nitrogen into liquid iron containing oxygen and sulphur. Metall. Trans. 11B (1980) 615 – 621
4.6 Hua, C.H.; Parlee, N.A.D.: Prediction of the effect of surface-active elements on gas-liquid metal kinetics. Metall. Trans. 13B (1982) 357 – 367
4.7 Kadoguchi, K.; Sano, M.; Mori, K.: Absorption rate of nitrogen injected into molten iron-effect of sulfur contained in iron. Trans. Iron Steel Inst. Jpn. 22 (1982) 263
4.8 Kozakevitch, P.; Urbain, G.: Influence de certains éléments dissous sur la vitesse de dissolution de l'azote dans le fer liquide. Mem. Sci. Rev. Metall. 60 (1963) 143 – 156
4.9 Rao, Y.K.; Lee, H.G.: Rate of nitrogen absorption in molten iron. Ironmaking and Steelmaking 12 (1985), 209 – 232
4.10 Rao Y.K.; Lee, H.G.: Nitrogen absorption-desorption in liquid iron and its alloys: A review. ISS Trans. 4 (1984) 1 – 10
4.11 Kozakevitch, P.; Urbain, G.: Zur Kinetik der Stickstoffauflösung im flüssigen Eisen. In: Stickstoff in Metallen. Berlin: Deutsche Akademie der Wissenschaften zu Berlin, Reihe A: Tagungen Bd. 13. 1965, S. 36 – 50
4.12 Mori, K.; Suzuki, K.: Kinetics of nitrogen removal from liquid iron. Trans. Iron Steel Inst. Jpn. 10 (1970) 232 – 238
4.13 Mori, K.; Sano, M.; Suzuki, K.: A kinetic study of gas-metal reactions by mixed control model. Trans. Iron Steel Inst. Jpn 13 (1973) 63 – 70
4.14 Fruehan, R.J.; Martonik, L.J.: The rate of absorption of hydrogen into iron and of nitrogen into Fe-Cr and Fe-Ni-Cr alloys containing sulfur. Metall. Trans 12B (1981) 379 – 384

4.15 Naeser, G.; Scholz, W.: Zur Frage der Stickstoffaufnahme beim Windfrischen. Stahl Eisen 79 (1959) 137–141
4.16 Fischer, W.A.; Hoffmann, A.: Aufnahmegeschwindigkeit und Löslichkeit von Stickstoff in flüssigem Eisen in Abhängigkeit vom gelösten Sauerstoff. Arch. Eisenhüttenwes. 31 (1960) 215–219
4.17 Fischer, W.A.; Hoffmann, A.: Aufnahmegeschwindigkeit und Löslichkeit von Stickstoff in phosphorhaltigen Eisenschmelzen in Abhängigkeit vom gelösten Sauerstoff. Arch. Eisenhüttenwes. 33 (1962) 583–588
4.18 Schenck, H.; Frohberg, M.G.; Heinemann, H.: Untersuchungen zur Stickstoffaufnahme in flüssigen Eisenlegierungen im Druckbereich bis zu vier Atmosphären. Arch. Eisenhüttenwes. 33 (1962) 593–600
4.19 Pehlke, R.D.; Elliott, J.F.: Solubility of nitrogen in liquid iron alloys II. Kinetics. Trans. Metall. Soc. AIME 277 (1963) 844–855
4.20 Inouye, M.; Choh, T.: Rate of absorption of nitrogen in liquid iron and iron alloys. Trans. Iron Steel Inst. Jpn. 8 (1968) 134–145
4.21 Mowers, R.G.; Pehlke, R.D.: The rate of solution of nitrogen in liquid Fe-Se and Fe-Te alloys. Metall Trans. 1 (1970) 51–56
4.22 Inouye, M.; Choh, T.: Some considerations on the nitrogen transfer across gas-liquid iron interface. Trans. Iron Steel Inst. Jpn. 12 (1972) 189–196
4.23 Ban-ya, S.; Shinohara, T.; Tozaki, H.; Fuwa, T.: Desorptionsgeschwindigkeit von Stickstoff aus flüssigem Eisen und flüssigen Eisenlegierungen. Tetsu To Hagane 60 (1974) 1 443–1 453
4.24 Narita, K.; Koyama, S.; Mokino, T.; Okamura, M.: A study on the nitrogen desorption reaction of liquid iron and steel. Tetsu To Hagane 57 (1971) 2 207–2 218
4.25 Sano, M.; Mori, K.; Matsushima, M.; Suzuki, K.: Study of the kinetics of gas-metal reactions. Tetsu To Hagane 58 (1972) 254–267
4.26 Nakamura, Y.; Kuwabara, M.: Nitrogen removal during continuous electron-beam melting of 27 % Cr-Fe alloy. Trans. Iron Steel Inst. Jpn. 16 (1976) 122–123
4.27 Bester, H.; Lange, K.W.: Kinetik des Wasserstoff- und Stickstoffaustausches zwischen Gasphase und flüssigem Reineisen in Abhängigkeit von Druck, Temperatur und Badbewegung. Arch. Eisenhüttenwes. 47 (1976) 333–338
4.28 Gatellier, C.; Gaye, H.: Considérations fondamentales relatives au compartement de l'azote et de l'hydrogène dans l'acier et les laiters liquide. Rev. Metall. 83 (1986) 25–42
4.29 Hua, C.H.; Parlee, N.A.D.: Prediction of the effects of surface-active elements on gas-liquid metal kinetics. Metall. Trans. 13B (1982) 357–367
4.30 Levitsch, V.G.: Physicochemical hydrodynamics. Englewood Cliffs: Prentice Hall 1962, p. 60–72
4.31 Battle, T.B.; Pehlke, R.D.: Kinetics of nitrogen absorption/desorption by liquid iron and iron alloys. Ironmaking Steelmaking 13 (1986) 176–189
4.32 Harashima, K.; Mizoguchi, S.; Kajioka, H.; Sakakura, K.: Kinetics of nitrogen desorption of liquid iron with low nitrogen content under reduced pressures. Trans. Iron Steel Inst. Jpn. 26 (1986) B9
4.33 Takahashi, M.; Ookuma, H.; Sano, M.; Mori, K.; Hirasawa, M.: Rate of nitrogen desorption from molten iron by argon injection together with blowing onto te melt. Tetsu To Hagane 72 (1986) 2 064–2 069
4.34 Glaws, P.C.; Fruehan, R.J.: The kinetics of the nitrogen reaction with liquid iron-chromium alloys. Metall. Trans. 17B (1986) 317–322
4.35 Greenberg, L.A.; McLean, A.: Nitrogen pick-up in low sulphur steel. Ironmaking Steelmaking 9 (1982) 58–63
4.36 Bird, R.B.; Stuart, W.E.; Lightfoot, E.N.: Transport phenomena. New York: Wiley 1960, p. 504 ff
4.37 Kootz, Th.: Beitrag zur Untersuchung der Stickstoffaufnahme von reinem schmelzflüssigen Eisen und der Legierungen Fe-C, Fe-P, Fe-Cr Arch. Eisenhüttenwes. 15 (1941) 77–82
4.38 Kootz, Th.: Zur Aufstickung von Eisen. Stahl Eisen 79 (1959) 135–137
4.39 Gmelin-Durrer: Metallurgie des Eisens. Bd. 5. Theorie der Stahlerzeugung I. Berlin: Springer 1978

4.40 Lohe, H.: Wärme- und Stofftransport beim Aufblasen von Gasstrahlen auf Flüssigkeiten. Fortschrittsber. VDI-Z. Reihe 3 Nr. 15, Düsseldorf 1967
4.41 Belton, G.R.; Belton, R.A.: On the rate of desulfurization of liquid iron by hydrogen. Trans. Iron Steel Inst. Jpn. 20 (1980) 87–91
4.42 Richardson, F.D.: In: Chemical metallurgy of iron and steel. London: Iron and Steel Inst. 1973, 82–92
4.43 D'Ans, J.; Lax, E.: Taschenbuch für Chemiker und Physiker. Berlin: Springer 1949, S. 212
4.44 Boorstein, W.M.; Pehlke, R.D.: Kinetics of solution of hydrogen in liquid iron alloys. Trans. Metall. Soc. AIME 245 (1969) 1 843–1 856
4.45 Bester, H.; Lange, K.W.: Investigation of the kinetic of solution of nitrogen and hydrogen in liquid pure iron as a function of concentration and temperature at a vacuum between 70 and 700 Torr. Proc. 4th Int. Conf. Vacuum Met., Tokio: Iron Steel Inst. Jpn. 1974, p. 62–66
4.46 Small, W.M.; Radzilowski, R.H.; Pehlke, R.D.: Kinetics of solution of hydrogen in liquid iron, nickel and copper containing dissolved oxygen and sulfur. Metall. Trans. 4 (1973) 2 045–2 050
4.47 Choh, T.; Takada, M.; Inouye, M.: Rate of hydrogen absorption in liquid iron and effect of dissolved oxygen. Trans. Iron Steel Inst. Jpn. 17 (1977) 653–662
4.48 Schenck, H.; Ries, W.; Brüggemann, E.O.: Über die Geschwindigkeit und die Gleichgewichtskonstante der Kohlenstoffreaktion bei der Herstellung flüssigen Stahls. Z. Elektrochem. 38 (1932) 562–568, vgl. Stahl Eisen 52 (1932) 831
4.49 Körber, F.; Oelsen, W.; Thanheiser, G.; Bardenheuer, P.: Über den Einfluß des Kohlenstoffs auf den Ablauf der Stahlerzeugungsverfahren. Stahl Eisen 56 (1936) 181–208
4.50 Fornander, S.: The behaviour of oxygen in liquid steel during the refining period in the basic open-hearth furnace. Discuss. Farady Soc. 4 (1948) 296–307
4.51 Brower, T.E.; Larsen, B.M.: Oxygen in liquid open-hearth steel. Oxygen content during the refining period. Proc. Nat. Open-Hearth Comm., AIME 29 (1946) 162–180
4.52 Sims, C.E.: The Mechanism of the carbon-oxygen reaction in steelmaking. AIME Techn. Publ. No. 2129, Class C Metals Technol., (1947), p. 1–14 and Trans. AIME 172 (1947) 176–189
4.53 Baker, L.A.; Warner, N.A.; Jenkins, A.E.: Kinetics of decarburization of liquid iron in an oxidizing atmosphere using the levitation technique. Trans. Metall. Soc. AIME 230 (1964) 1 228–1 235
4.54 Baker, L.A.; Warner, N.A.; Jenkins, A.E.: Decarburization of a levitated iron droplet in oxygen. Trans. Metall. Soc. AIME 239 (1967) 857–864
4.55 Baker, L.A.; Ward, R.C.: Reaction of iron carbon droplet during free fall through oxygen. J. Iron Steel Inst. 205 (1967) 714–717
4.56 Distin, P.A.; Hallett, G.D.; Richardson, F.D.: Some reactions between drops of iron and flowing gases. J. Iron Steel Inst. 206 (1968) 821–833
4.57 Swisher, J.H.; Turkdogan, E.T.: Decarburization of iron-carbon melts in CO_2-CO atmospheres; Kinetics of gas-metal surface reactions. Trans. Metall. Soc. AIME 239 (1967) 602–610
4.58 Goto, K.; Kawakami, M.; Someno, M.: On the rate of decarburization of liquid metals with CO-CO_2 gas mixture. Trans. Metall Soc. AIME 245 (1969) 293–301
4.59 Löscher, W.: Über die Entkohlung von schlackenfreien, kohlenstoffreichen Eisenschmelzen mittels aufgeblasenen Kohlendioxids. Hoesch Ber. Forsch. Entwickl. Unsere Werke 5 (1970) 43–52
4.60 Sain, D.R.; Belton, G.R.: Interfacial reaction kinetics in the decarburization of liquid iron by carbon dioxide. Metall Trans. 7B (1976) 235–244
4.61 Lee, H.G.; Rao, Y.K.: Rate of decarburization of iron-carbon melts: Part I. Experimental determination of the effect of sulfur. Metall. Trans. 13B (1982) 403–409
4.62 Lee, H.G.; Rao, Y.K.: Rate of decarburization of iron carbon melts: Part II. A mixed-control model. Metall. Trans. 13B (1982) 411–421
4.63 Parlee, N.A.; Seagle, S.R.; Schumann R.jr.: Rate of reaction of carbon with oxygen in liquid iron. Trans. Metall. Soc. AIME 212 (1958) 132–138

4.64 Bogdandy, L.v.; Dick, W.; Stranski, I.N.: Zur Kinetik der Stahlherstellung. Arch. Eisenhüttenwes. 29 (1958) 329–337
4.65 Schenck, H.; Steinmetz, E.; Thielmann, R.: Die Kinetik der Reaktion zwischen Kohlenstoff und Sauerstoff in flüssigem Eisen bei 1 600 °C, Reaktionsbahnen. Arch. Eisenhüttenwes. 42 (1971) 79–86
4.66 Schenck, H.; Steinmetz, E.; Thielmann, R.: Der Einfluß von Temperatur und Legierungselementen auf die Gasentwicklung in flüssigem Eisen. Arch. Eisenhüttenwes. 44 (1973) 27–34
4.67 Suzuki, K.; Mori, K.: Rate of desorption of CO from liquid iron. Trans. Iron Steel Inst. Jpn. 17 (1977) 136–142
4.68 Steinmetz, E.: Die Reaktionen zwischen Kohlenstoff und Sauerstoff in flüssigem Eisen. Radex Rundsch. (1969) 605–617
4.69 Bogdandy, L.V.: Überlegungen über die Kinetik eisenhüttentechnischer Reaktionen. Teil II. Verdampfen und Frischen. Arch. Eisenhüttenwes. 32 (1961) 287–296
4.70 Oeters, F.: Kinetik der Gesamtreaktion. Kontaktstudium Metallurgie des Eisens. Teil 2. Stahlherstellung. Clausthal, o.J.
4.71 Landolt-Börnstein. Zahlenwerte und Funktionen. 6. Aufl. Bd. II/5a. Berlin: Springer 1968
4.72 Emi, T.; Boorstein, W.M.; Pehlke, R.D.: Absorption of gaseous oxygen by liquid iron. Metall. Trans. 5 (1974) 1 959–1 974
4.73 Radzilowski, R.H.; Pehlke, R.D.: Gaseous oxygen absorption by molten iron and some Fe-Al, Fe-Si, Fe-Ti, and Fe-V alloys. Metall. Trans. 10B (1979) 341–347
4.74 Engell, H.J.; Vygen, P.: Ionen- und Elektronenleitung in CaO-FeO-Fe_2O_3-SiO_2-Schmelzen. Ber. Bunsenges. Phys. Chem. 72 (1968) 5–12
4.75 Vygen, P.; Engell, H.-J.: Oxidationsgleichgewichte und Sauerstofftransport in Kalksilikatschlacken. Arch. Eisenhüttenwes. 40 (1969) 359–365
4.76 Seshadri, V.; Schwerdtfeger, K.: Rate of oxidation of liquid iron covered with a slag layer. Ironmaking Steelmaking 2 (1975) 56–60
4.77 Engell, H.J.: Ziele und Wege der metallurgischen Forschung. Tech. Mitt. Krupp, Forschungsber. 24 (1966) 1–7
4.78 Gaye, H.; Riboud, P.: Diffusivité de l'oxygéne dans des latiers liquides CaO-SiO_2-oxydes de fer. C.R. Acad. Sci. Ser. C. 280 (1975) 1 165–1 167
4.79 Daines, W.L.; Pehlke, R.D.: Kinetics of manganese oxide reduction from basic slags by silicon dissolved in liquid iron. Trans. Metall. Soc. AIME 242 (1969) 565–575
4.80 Klein, K.-H.; Abratis, H.; Maas, H.; Wahlster, M.: Reaktionen sauerstoffhaltiger Begleitelemente des Eisens mit eisenoxidhaltigen basischen Schlacken. Arch. Eisenhüttenwes. 45 (1975) 9–16
4.81 Fix, W.; Trömel, G.; Müller-Stock, H.W.: Untersuchungen zum Ablauf der Entschwefelungsreaktion zwischen kohlenstofffreiem Eisen und FeO_n-Al_2O_3-Schlacken bei 1 600 °C. Arch. Eisenhüttenwes. 41 (1970) 939–945
4.82 Frohberg, M.G.; Nilas, A.: Sulphur transfer between liquid iron and basic slags using carbon and silicon as deoxidizers. Trans. Iron Steel Inst. Jpn. 9 (1969) 355–360
4.83 Deng, J.X.; Oeters, F.: Kinetics of desulfurization of liquid iron by basic slags. Proc. 7th Japan-Germany Seminar. Düsseldorf, April 1987, p. 33–47, Düsseldorf: Verlag Stahleisen 1987
4.84 Frazer, M.E.; Mitchell, A.: Mass transfer in the electroslag process: Part 1 and Part 2. Ironmaking Steelmaking 3 (1976) 279–301
4.85 Kawai, Y.; Shinozaki, N.; Mori, K.: Rate of transfer of manganes across metal-slag interface and interfacial phenomena. Can. Metall. Q. 21 (1982) 385–391
4.86 Patel, P.; Frohberg, M.G.; Biswas, K.: Der Einfluß aufsteigender Gasblasen auf den Stoffübergang zwischen flüssigem Eisen und eisenoxidhaltigen Schlacken. In: Dahl, W.; Lange, K.W.; Papamantellos, D. (Hrsg): Kinetik metallurgischer Vorgänge bei der Stahlherstellung, Festschrift zum 70. Geburtstag von H. Schenck. Düsseldorf: Verlag Stahleisen 1972, S. 188–199
4.87 Hirasawa, M.; Mori, K.; Sano, M.; Hatanaka, A.; Shimatani, Y.; Okazaki, Y.: Rate of mass transfer between molten slag and metal under gas injection stirring. Trans. Iron Steel Inst. Jpn. 27 (1987) 277–282

4.88 Kawai, Y.; Nakajima, H.: Rate of dephosphorization of liquid iron by solid lime. Trans. Iron Steel Inst. Jpn. 14 (1974) 96–101
4.89 Kawai, Y.; Nakao, R.; Mori, K.: Dephosphorization of liquid iron by CaF_2-base fluxes. Trans. Iron Steel Inst. Jpn. 24 (1984) 509–514
4.90 Kunisada, K.; Iwai, H.: Rate of dephosphorization of liquid iron by the slag of CaO-SiO_2-FeO system. Tetsu To Hagane 70 (1984) 1 681–1 688
4.91 Turkdogan, E.T.; Grieveson, P.; Beister, J.F.: Kinetic and equilibrium considerations for silicon reaction between silicate melts and graphite-saturated iron. Trans. Metall. Soc. AIME 227 (1963) 1 258–1 274
4.92 Rawling, J.R.; Elliott, J.F.: The reduction of silica in blast-furnace slag-metal. Trans. Metall Soc. AIME 233 (1965) 1 539–1 545
4.93 Frohberg, M.G.; Leygraf, H.: Beiträge zur Kinetik der Kieselsäurereduktion. Arch. Eisenhüttenwes. 41 (1970) 501–513
4.94 Ashizuka, M.; Tokuda, M.; Ohtani, M.: The rate and mechanism of the silicon transfer between molten slag and metal. Trans. Iron Steel Inst. Jpn. 12 (1972) 383–392
4.95 Kawai, Y.; Mori, K.; Iguchi, M.: Rate of reduction of silica in slag by carbon in liquid iron. Trans. Iron Steel Inst. Jpn. 12 (1972) 138–145
4.96 Vetter, K.J.: Elektrochemische Kinetik. Berlin: Springer 1961
4.97 Pretnar, B.; Schmalzried, H.: Elektrodenkinetische Untersuchungen zum Siliciumdurchtritt an der Phasengrenze zwischen einer kieselsäurehaltigen Oxidschmelze und einer siliciumhaltigen Metallschmelze. Arch. Eisenhüttenwes. 45 (1974) 185–191
4.98 Wagner, C.: Kinetic problems in steelmaking. In: Elliot, J.F. (ed.): Physical chemistry of steelmaking. New York: Wiley 1958, p. 237–251
4.99 Schwerdtfeger, K.; Prange, R.: Interface kinetics of slag-metal reactions. In: Fine, H.A.; Gaskell, D.R. (eds.): 2nd Int. Symp. Metallurg. Slags and Fluxes, Lake Tahoe, 11.–14. Nov. 1984. Warrendale, Pa.: Metallurgical Soc. AIME 1984, p. 595–608
4.100 Pomfret, R.J.; Grieveson, P.: Kinetics of fast initial stage of reduction of MnO from silicate slags by carbon in molten iron. Ironmaking Steelmaking 5 (1978) 191–197
4.101 Fruehan, R.J.; Bhagavatula, S.: Kinetics of coupled slag-metals reactions in iron. ISS Trans. 4 (1984) 11–17
4.102 Robertson, D.G.C.; Deo, B.; Ohguchi, S.: Multicomponent mixed-transport-control theory for kinetics of coupled slag/metal and slag/metal/gas reactions: application to desulphurization of molton iron. Ironmaking Steelmaking 11 (1984) 41–55
4.103 Oelsen, W.; Maetz, H.: Beiträge zur Metallurgie des Hochofens. Stahl Eisen 69 (1949) 147–153
4.104 Förster, E.; Knacke, O.: Zur Auflösung feuerfester Stoffe in Schlacken. Arch. Eisenhüttenwes. 33 (1962) 142–143
4.105 Burton, W.K.; Carbrera, N.; Frank, F.C.: The growth of crystals and the equilibrium structure of their surface. Phil. Trans. R. Soc. London, Ser. A243 (1951) 299–358
4.106 Schaarwächter, W.; Jasper, L.; Lücke, K.: Der Einfluß der Versetzungsstruktur auf die Kristallauflösung. Forschungsber. Nr. 180 des Landes Nordrhein-Westfalen. Opladen: Westdeutscher Verlag 1967
4.107 Stranski, I.N.: Zur Theorie des Kristallwachstums. Z. Phys. Chem. 136 (1928) 259–278
4.108 Orsten, S.: Untersuchungen zum Verhalten von Kohleteilchen beim Einblasen in flüssiges Eisen. Diss. TU Berlin 1987
4.109 Dahlke, O.; Knacke, O.: Die Auflösung von Kohlenstoff in flüssigem Eisen. Arch. Eisenhüttenwesen 26 (1955) 373–378
4.110 Olsson, R.G.; Koump, V.; Perzak, T.F.: Rate of dissolution of carbon in molten Fe-C alloys. Trans. Metall. Soc. AIME 236 (1966) 426–429
4.111 Schwerdtfeger, K.: Dissolution of solid oxides in oxide melts. The rate of dissolution of solid silica in Na_2O-SiO_2 and K_2O-SiO_2 melts. J. Phys. Chem. 70 (1966) 2 131–2 137
4.112 Brandis, H.; Meersmann, Th.: Auflösung von Kohlenstoff in flüssigem Reineisen. DEW Dtsch. Edelstahlwerke Tech. Ber. 7 (1967) 13–22
4.113 Kosaka, M.; Minowa, S.: On the rate of dissolution of carbon into molten Fe-C alloy. Trans. Iron Steel Inst. Jpn. 8 (1968) 392–400
4.114 Bungardt, K.; Wiebking, K.; Brandis, H.; Schmalzried, H.: Die Auflösung von Molybdän und Wolfram in Eisenschmelzen als Beitrag zum Vorgang der Auflösung von festen in flüssigen Stoffen. DEW Dtsch. Edelstahlwerke Tech. Ber. 9 (1969) 407–438

4.115 Abratis, H.: Reduktion von Kieselsäure und kieselsäurehaltigen Mischoxiden in flüssigen Eisen-Mangan-Legierungen. Arch. Eisenhüttenwes. 41 (1970) 909–915

4.116 Kim, Y.U.; Pehlke, R.D.: Mass transfer during dissolution of a solid into liquid in the iron-carbon system. Metall Trans. 5 (1974) 2527–2532

4.117 Oeters, F.; Neuer, B.: Reaktionen zwischen Dolomitsteinen und Stahlwerksschlacken. Arch. Eisenhüttenwes. 44 (1973) 443–450

4.118 Kienow, S.; Knüppel, R.; Oeters, F.: Ergebnisse aus Untersuchungen zur Korrosionskinetik feuerfester Stoffe mit Hilfe der rotierenden Scheibe. Arch. Eisenhüttenwes. 46 (1975) 57–64

4.119 Matsushima, M.; Yadoomaru, S.; Mori, K.; Kawai, Y.: A fundamental study on the dissolution rate of solid lime into liquid slag. Trans. Iron Steel Inst. Jpn. 17 (1977) 442–449

4.120 Oeters, F.; Wanibe, Y.: Verschlackung feuerfester Stoffe aus rotierenden Zylindern. Arch. Eisenhüttenwes. 5 (1979) 37–42

4.121 Kalvelage, L.; Markert, J.; Pötschke, J.: Messung der Auflösung von Graphit in flüssigem Eisen durch Verfolgung des Auftriebs. Arch. Eisenhüttenwes. 50 (1979) 107–110

4.122 Ericsson, S.O.; Mellberg, P.-O.: Influence of sulphur on the rate of carbon dissolution in liquid iron. Scand. J. Metall. 10 (1981) 15–18

4.123 Shigeno, Y.; Tokuda, M.; Ohtani, M.: The dissolution rate of graphite into Fe-C melts containing sulphur or phosphorus. Trans. Jpn. Inst. Met. 26 (1985) 33–43

4.124 Shigeno, Y.; Tokuda, M.; Ohtani, M.: Influence of sulphur and phosphorus on the dissolution rate of graphite into Fe-C alloy. J. Jpn. Inst. Met. 46 (1982) 713–720

4.125 Grigorijan, V.A.; Karshin, V.P.: Influence of surfactants on the dissolution kinetics of graphite in liquid iron. Russ. Metall. (1972) Issue 1, 57–61

4.126 Orsten, S.; Oeters, F.: Dissolution of carbon in liquid iron. Proc. 5th Int. Iron Steel Congr. Washington, D.C., 6.9. April 1986. Process Technol. Proc. 6 (1986) 143–155

4.127 Eisenberg, M.; Tobias, C.; Wilke, C.: Mass transfer at rotating cylinders. Chem. Eng. Prog. Symp. Ser. 51 (1955) 1–16

4.128 Gans, W.: Zerfall und Auflösung von Haufwerken. Habil.-Schrift RWTH Aachen, 1973

4.129 Bennet, J.A.R.; Lewis, J.B.: Dissolution rates of solids in mercury and aqueous liquids. AICHE. J. 4 (1958) 418–422

4.130 Natalie, C.A.; Evans, J.W.: Influence of lime properties on rate of dissolution in CaO-SiO_2–FeO slags. Ironmaking Steelmaking 6 (1979) 101–109

4.131 Scheel, R.; Oeters, F.: Untersuchungen zum Vorgang der Kalkauflösung. Arch. Eisenhüttenwes. 42 (1971) 769–777

4.132 Oeters, F.; Scheel, R.: Untersuchungen zur Kalkauflösung in CaO-FeO-SiO_2-Schlacken. Arch. Eisenhüttenwes. 45 (1974) 575–580

4.133 Wanibe, Y.; Tsuchida, H.; Fujisawa, T.; Sakao, H.: Fundamental study on the infiltration of slags into refractories with the slagging reaction. Trans. Iron Steel Inst. Jpn. 23 (1983) 322–330

4.134 Wanibe, Y.; Tsuchida, H.; Fujisawa, T.; Sakao, H.: Infiltration of corrosive liquids into capillary tubes. Trans. Iron Steel Inst. Jpn. 23 (1983) 331–339

4.135 Hachtel, L.; Fix, W.; Trömel, G.: Untersuchung zur Auflösung von Kalkeinkristallen in FeO_n-SiO_2-Schmelzen. Arch. Eisenhüttenwes. 43 (1972) 361–369

4.136 Schlitt, W.J.; Healy, G.W.: Kinetics of lime dissolution in CaO-FeO-SiO_2 slags. Ceram. Bull. 50 (1971) 954–957

4.137 Szekely, J.; Neumann, S.; Chuang, Y.K.: The rate of capillary penetration and the applicability of the Washburn equation. J. Colloid Interface Sci. 35 (1971) 273–278

4.138 Gans, W.; Knacke, O.; Maarouf, E.: Zur Erosion u. Tränkung von Magnesitsteinen. Arch. Eisenhüttenwes. 39 (1968) 669–672

4.139 Langhammer, J.; Geck, H.G.: Laboratoriumsuntersuchung der Verschlackungsbeständigkeit feuerfester Stoffe gegenüber eisenoxidhaltigen Stahlwerksschlacken bei 1600°C. Arch. Eisenhüttenwes. 41 (1970) 1081–1091

4.140 Trömel, G.; Görl, E.: Die Bildung der Schlacke beim basischen Siemens-Martin-Verfahren. Stahl Eisen 83 (1963) 1035–1051

4.141 Trömel, G.; Görl, E.: Die Bildung der Schlacken bei den Sauerstoffaufblasverfahren. Arch. Eisenhüttenwes. 35 (1964) 287–298

4.142 Bardenheuer, F.; v. Ende, H.; Oberhäuser, P.G.: Kalkauflösung, Schlackenführung und Haltbarkeit des Dolomitfutters beim Verblasen von phosphorarmem Roheisen im Sauerstoffaufblaskonverter. Stahl Eisen 88 (1968) 1 285–1 290

4.143 Obst, K.-H.; Stradtmann, J.: Das System Kalziumoxyd-Eisen (II) Oxyd als Grundlage für Untersuchungen zur Kalkauflösung bei der Stahlherstellung. Arch. Eisenhüttenwes. 40 (1969) 615–617

4.144 Breuer, G.; Trömel, G.; Engell, H.J.: Beitrag zur Kenntnis der Entkohlung von Eisen-Kohlenstoff-Schmelzen. Arch. Eisenhüttenwes. 39 (1968) 553–557

4.145 Koch, K.; Sittard, J.; Valentin, P.: Entkohlung von Eisenschmelzen bei Sauerstoffangebot über Schlacken- und Gasphase. Arch. Eisenhüttenwes. 47 (1976) 583–588

4.146 Koch, K.; Fix, W.; Valentin, P.: Einsatz eines 50-kg-Aufblaskonverters zur Untersuchung der Entkohlung von Eisen-Kohlenstoff-Schmelzen. Arch. Eisenhüttenwes. 47 (1976) 659–663

4.147 Koch, K.; Fix, W.; Valentin, P.: Kennzeichnende Teilabschnitte der Entkohlungsreaktion beim O_2-Aufblasen auf Fe-C-Schmelzen. Arch. Eisenhüttenwes. 49 (1978) 109–114

4.148 Koch, K.; Fix, W.; Valentin, P.: Entkohlungsreaktionen mit unruhigem Blasverhalten beim Aufblasen von Sauerstoff auf Fe-C-Schmelzen. Arch. Eisenhüttenwes. 49 (1978) 163–166

4.149 Koch, K.; Fix, W.; Valentin, P.: Einfluß von Sauerstoffangebot und Kohlenstoffausgangsgehalt sowie von Badgeometrie und Feuerfest-Material auf den Ablauf der Entkohlung von Fe-C-Schmelzen in einem 50-kg-Aufblaskonverter. Arch. Eisenhüttenwes. 49 (1978) 231–234

4.150 Engell, H.J.: persönl. Mitteilung

Literatur zu Kapitel 5

5.1 Grassmann, P.: Physikalische Grundlagen der Verfahrentechnik. 2. Aufl. Frankfurt: Sauerländer 1961

5.2 Brauer, H.: Grundlagen der Einphasen- und Mehrphasenströmungen. Frankfurt: Sauerländer 1971

5.3 Brauer, H.: Stoffaustausch einschließlich chemischer Reaktion. Frankfurt: Sauerländer 1971

5.4 Schwerdtfeger, K.: Geschwindigkeiten von Feststoffteilchen, Tropfen und Blasen in ruhenden Flüssigkeiten. In: Dahl, W.; Lange, K.W.; Papamantellos, D. (Hrsg.): Kinetik metallurgischer Vorgänge bei der Stahlherstellung. Festschrift zum 70. Geburtstag von H. Schenck. Düsseldorf: Stahleisen 1972, S. 200–227

5.5 Oseen, C.W.: Über die Stokessche Formel und über eine verwandte Aufgabe in der Hydrodynamik. Ark. Math. Astron. Fys. 6 (1910) 29

5.6 Knüppel, H.; Brotzmann, K.; Förster, N.W.: Untersuchungen über oxidische Verunreinigungen in aluminiumberuhigten, weichen Stählen. Stahl Eisen 85 (1965) 675–688

5.7 Meersmann, A.: Druckverlust und Schaumhöhen von gasdurchströmten Flüssigkeitsschichten auf Siebböden. VDI-Forschungsheft 491. Düsseldorf: VDI Verlag 1962

5.8 Siemes, W.: Gasblasen in Flüssigkeiten. Teil 1.: Entstehung von Gasblasen an nach oben gerichteten kreisförmigen Düsen. Chem. Ing. Tech. 26 (1954) 479–496 und Teil 2: Der Aufstieg von Gasblasen in Flüssigkeiten. Chem. Ing. Tech. 26 (1954) 614–630

5.9 Davidson, L.; Amick, E.H.: Formation of gas bubbles at horizontal orifices. Am. Inst. Chem. Eng. J. 2 (1956) 337–342

5.10 Lubson, I.; Holcomb, E.G.; Cacoso, A.G.; Jacmic, J.J.: Rate of flow and mechanics of bubble formation from single submerged orifices. Am. Inst. Chem. Eng. J. 2 (1956) 296–306

5.11 Hoefele, E.O.; Brimacombe, J.K.: Flow regimes in submerged gas injection. Metall. Trans. 10B (1979) 631–648

5.12 Davidson, J.F.; Schuler, B.O.G.: Bubble formation at an orifice in an inviscid liquid. Trans. Inst. Chem. Eng. 38 (1960) 335–342

5.13 Walters, J.K.; Davidson, J.F.: The initial motion of a gas bubble formed in an inviscid liquid. J. Fluid Mech. 12 (1962) 408–416

5.14 Davidson, J.F.; Harrison, D.: Fluidized particles. London: Cambridge Univ. Press 1963

5.15 Mori, K.; Sano, M.; Sato, T.: Size of bubbles formed at single nozzle immersed in molten iron. Trans. Iron Steel Inst. Jpn. 19 (1979) 553–558
5.16 Halden, F.A.; Kingery, W.D.: Surface tension at elevated temperatures. II. Effect of C, N, O and S on liquid iron surface tension and interfacial energy with Al_2O_3. J. Phys. Chem. 59 (1955) 557–559
5.17 vor dem Esche, W.; Peter, O.: Bestimmung der Oberflächenspannung an reinem und legiertem Eisen. Arch. Eisenhüttenwes. 27 (1956) 355–366
5.18 Irons, G.A.; Guthrie, R.I.L.: Bubble formation at nozzles in pig iron. Metall. Trans. 9B (1978) 101–110
5.19 Guthrie, R.I.L.: Physicochemical and fluid dynamic aspects of alloying by injection Scaninject II; Proc. 2nd Int. Conf. Injection Metallurgy. June 12–13, 1980 Luleå, Sweden. Mefos; Jernkontoret (eds.), Article 6
5.20 Siemes, W.; Günter, K.: Gasdispergierung in Flüssigkeiten durch Düsen bei hohen Durchsätzen. Chem. Ing. Tech. 28 (1956) 389–395
5.21 Ozawa, Y.; Mori, K.; Sano, M.: The behaviour of gas jets injected into liquid metal in the sonic region. Trans. Iron Steel Inst. Jpn. 20 (1980) B312
5.22 Ozawa, Y.; Mori, K.: Behaviour of jetting in gas injection into liquid. Trans. Iron Steel Inst. Jpn. 20 (1980) B370
5.23 Mori, K.; Ozawa, Y.; Sano, M.: Physical interactions between injected gas and liquid in the initial jet formation zone. 6th Japan-Germany Seminar, May 22–23, 1984. Tokio: Iron Steel Inst. Jpn, p. 13–24
5.24 Mori, K.; Ozawa, Y.; Sano, M.: Characterization of gas jet behaviour at a submerged orifice in liquid metal. Trans. Iron Steel Inst. Jpn. 22 (1982) 377–384
5.25 Mc Nallen, M.: Fluid dynamics of submerged gas-particle jets. Scaninject II; Proc. 2nd Int. Conf. Injection Metallurgy, June 12–13, 1980 Luleå, Sweden. Mefos; Jernkontoret (eds.), Article 8
5.26 Mc Nallen, M.; King, T.B.: Fluid dynamics of vertical submerged gas jets in liquid metal processing systems. Metall. Trans. 13B (1982) 165–173
5.27 Rybczinski, W.: Über die fortschreitende Bewegung einer flüssigen Kugel in einem zähen Medium. Bull. Int. Acad. Sci. Cracovie, Ser. A (1911) 40–46
5.28 Hadamard, J.: Mouvement permanent lente d'une sphère liquide et visqueuse dans un liquide visqueux. C. R. Acad. Sci. 152 (1911) 1 735–1 738
5.29 Haberman, W.H.; Morton, R.K.: An experimental study of bubbles moving in liquids. Trans. Am. Soc. Civ. Eng. 121 (1956) 227–252
5.30 Peebles, F.N.; Garber, H.J.: Studies on the motion of gas bubbles in liquids. Chem. Eng. Prog. 49 (1953) 88–97
5.31 van Krevelen, D.W.; Hoftijzer, P.J.: Studies of gas-bubble formation calculation of interfacial area in bubble contactors. Chem. Eng. Prog. 46 (1950) 29–35
5.32 Davies, R.M.; Taylor, G.: The mechanics of large bubbles rising through extended liquids and through liquids in tubes. Proc. R. Soc. London Ser. A 200 (1950) 375–390
5.33 Levitsch, V.G.: Physicochemical Hydrodynamics. Englewood Cliff: Prentice Hall 1962
5.34 Mendelson, H.D.: The prediction of bubble terminal velocities from wave theory. Am. Inst. Chem. Eng. J. 13 (1967) 250–253
5.35 v. Bogdandy, L.; Rutsch, W.; Stranski, I.N.: Gasaustausch zwischen Blasen und gaslösenden Flüssigkeiten. Chem. Ing. Tech. 31 (1959) 580–582
5.36 Davenport, W.G.; Bradshaw, A.V.; Richardson, F.D.: Behaviour of spherical cap bubbles in liquid metals. J. Iron Steel Inst. 205 (1967) 1 034–1 042
5.37 Guthrie, R.I.L.; Bradshaw, A.V.: The behaviour of large bubbles rising through molten silver. Trans. Metall. Soc. AIME 245 (1969) 2 285–2 292
5.38 Sano, M.; Mori, K.: Size of bubbles in energetic gas injection into liquid metal. Trans. Iron Steel Inst. Jpn. 20 (1980) 675–681
5.39 Sano, M.; Mori, K.: Circulating flow model in a molten metal bath with special respect to behaviour of bubble swarms and its application to gas injection processes. Scaninject III; Proc. 3rd Int. Conf. Refining Iron Steel by Powder Injection. June 15–17, 1983 Luleå, Sweden. Mefos; Jernkontoret (eds.), Article 6
5.40 Subramanian, K.N.; Richardson, F.D.: Mass transfer across interfaces agitated by large bubbles. J. Iron Steel Inst. 206 (1968) 576–583

5.41 Calderbank, P.H.: Physical rate processes in industrial fermentation. II: Mass transfer coefficients in gas liquid contacting with and without agitation. Trans. Inst. Chem. Eng. 37 (1959) 173–185

5.42 Hu, S.; Kintner, R.C.: The fall of single liquid drops through water. Am. Inst. Chem. Eng. J. 1 (1955) 42–48

5.43 Klee, A.J.; Treybal, R.E.: Rate of rise or fall of liquid drops. Am. Inst. Chem. Eng. J. 2 (1956) 444–447

5.44 Kintner, R.C.: Drop phenomena affecting liquid extraction. In: Advances in Chemical Engineering. Vol. 4. New York: Academic Press 1963, p. 51–94

5.45 Licht, W.; Narasimhamurty, G.: Rate of fall of single liquid droplets. Am. Inst. Chem. Eng. J. 1 (1955) 42–48

5.46 Schwerdtfeger, K.: Velocity of rise of argon bubbles in mercury. Chem. Engg. Sci. 23 (1968) 937–938

5.47 Richardson, F.D.: Trends and new possibilities in making of metals. Jernkontorets Ann. 153 (1969) 359–372

5.48 Ladenburg, R.: Über den Einfluß von Wänden auf die Bewegung einer Kugel in einer reibenden Flüssigkeit. Ann. Physik 23 (1903) 447–458

5.49 Brauer, H.; Kriegel, E.: Kornbewegung bei der Sedimentation. Chem. Ing. Tech. 38 (1966) 321–330

5.50 Happel, J.: Viscous flow in multiple-particle systems. Am. Inst. Chem. Eng. J. 4 (1958) 197–201

5.51 Richardson, J.F.; Zaki, W.N.: Sedimentation and fluidization. Trans. Inst. Chem. Eng. 32 (1954) 35–53

5.52 Marucci, G.: Rising velocity of a swarm of spherical bubbles. Ind. Eng. Chem. Fundam. 4 (1965) 224–225

5.53 Le Clair, B.P.; Hamielec, A.E.: Strömung zäher Flüssigkeiten durch Teilchenansammlungen bei mittleren Reynolds-Zahlen. In: Dahl, W.; Lange, K.W.; Papamantellos, D. (Hrsg.): Kinetik metallurgischer Vorgänge bei der Stahlherstellung. Festschrift zum 70. Geburtstag von H. Schenck. Düsseldorf: Verlag Stahleisen 1972, S. 305–319

5.54 Lange, K.W.; Rees, H.: Gasgeschwindigkeit und Gasgehalt in Blasensäulen und ihre Beziehung zum Schäumen im Sauerstoffaufblaskonverter. Arch. Eisenhüttenwes. 44 (1973) 735–742

5.55 Kleppe, W.; Oeters, F.: Modellversuche zum Schäumen im Sauerstoffaufblaskonverter. Arch. Eisenhüttenwes. 48 (1977) 193–197

5.56 Chatterjee, A.; Lindfors, N.O.; Wester, J.A.: Process metallurgy of LD steelmaking. Ironmaking Steelmaking 3 (1976) 21–32

5.57 Kreyger, P.J.: Zusammenhang zwischen Konvertervolumen und Sauerstoffaufblasgeschwindigkeit. Stahl Eisen 896 (1976) 957–960

5.58 Ashman, D.W.; Makelliget, J.W.; Brimacombe, J.K.: Mathematical model of bubble formation at the tuyeres of a copper converter. Can. Metall. Q. 20 (1981) 387–395

5.59 Oeters, F.; Drömer, H.C.; Kepura, J.: Model studies on fluid flow and particle behaviour during injection process. Scaninject III; Proc. 3rd Int. Conf. Refining Iron Steel by Powder Injection. June 15–17, 1983 Luleå, Sweden. Mefos; Jernkontoret (eds.), Article 7

5.60 Hsiao, T.C.; Lehner, T.; Kjellberg, B.: Fluid flow in ladles-experimental results. Scand. J. Metall. 9 (1980) 105–110

5.61 Sano, M.; Mori, K.: Fluid flow and mixing characteristics in gas-stirred molten metal bath. Trans. Iron Steel Inst. Jpn. 23 (1983) 169–175

5.62 Sahai, Y.; Guthrie, R.I.L.: Hydrodynamics of gas-stirred melts. Part I. Gas/liquid coupling. Metall. Trans. 13B (1982) 193–202

5.63 Kobus, H.: Bemessungsgrundlagen und Anwendung für Luftschleier im Wasserbau. Bielefeld: Schmidt 1973

5.64 Tacke, K.-H.; Schubert, H.-G.; Weber, D.-J.; Schwerdtfeger, K.: Characteristics of round vertical gas bubble jets. Metall. Trans. 16B (1985) 263–275

5.65 Schneider, S.: Untersuchungen zum Energie- und Stoffumsatz in gasgerührten Schmelzen. Diss. TU Berlin 1988

5.66 Xie, Y.-K.: Untersuchungen an Gasblasensäulen in Flüssigkeiten. Unveröffentlichte Untersuchung, Inst. f. Metallurgie der TU Berlin 1985

5.67 Tekeli, S.; Maxwell, W.H.C.: Behaviour of air bubble screens. Tech. Rep. Dept. Civ. Eng., Univ. of Illinois, Urbana 1978
5.68 Ebneth, G.; Pluschkell, W.: Dimensional analysis of the vertical heterogeneous buoyancy plume. Steel Res. 56 (1985) 513–518
5.69 Kawakami, M.; Tomimoto, N.; Ito, K.: Statistical analysis of gas bubbles dispersions in liquid phase – water model experiment in bottom blowing processes. Tetsu To Hagane 68 (1982) 774–783
5.70 Weber, M.; Scholl, K.H.: Das Zustandsdiagramm der pneumatischen Förderung. Verfahrenstechnik 5 (1973) 131–136
5.71 Pluschkell, W.: Grundoperationen pfannenmetallurgischer Prozesse. Stahl Eisen 101 (1981) 867–873
5.72 Irons, G.A.: The influence of conveying conditions on powder injection processes for desulfurization. Trans. Iron Steel Soc. AIME 5 (1984) 33–45
5.73 Ozawa, Y.; Mori, K.: Critical condition for penetration of solid particle into liquid metal. Trans. Iron Steel Inst. Jpn. 23 (1983) 769–774
5.74 Mc Nallen, M.: Fluid dynamics of submerged particle jets. Scaninject II; Proc. 2nd Int. Conf. Injection Metallurgy. June 12–13, 1980 Luleå, Sweden. Mefos; Jernkontoret (eds.), Article 8
5.75 Mc Nallen, M.; Park, J.O.; Chang, Y.W.: Fluid dynamics of gas-particle injection in liquid metals. Scaninject III; Proc. 3rd Int. Conf. Refining Iron Steel by Powder Injection June 15–17, 1983 Luleå, Sweden. Mefos; Jernkontoret (eds.), Article 9
5.76 Robertson, D.G.C.; Conochie, D.S.; Castillejos, A.H.: Model studies on gas-and-solid injection and related phenomena in liquid metal baths. Scaninject II; Proc. 2nd Int. Conf. Injection Metallurgy. June 12–13, 1980 Luleå, Sweden. Mefos; Jernkontoret (eds.), Article 4
5.77 Ghosh, D.N.; Lange, K.W.: Behaviour of jets of argon – borne particles injected into liquids. Ironmaking Steelmaking 9 (1982) 136–141
5.78 Schlichting, H.: Grenzschichttheorie. 8. Aufl. Karlsruhe: Braun 1982
5.79 Irons, G.A.; Tu, B.H.: A two-dimensional liquid lead analog for powder injection into iron and steel. Scaninject III; Proc. 3rd Int. Conf. Refining Iron Steel by Powder Injection. June 15–17, 1983 Luleå, Sweden. Mefos; Jernkontoret (eds.), Article 11
5.80 Farias, L.R.; Irons, G.A.: A unified approach to bubbling-jetting phenomena in powder injection into iron and steel. Metall. Trans. 16B (1985) 211–225
5.81 Irons, G.A.: Fundamental and practical aspects of lance design for powder injection processes. Scaninject IV; Proc. 4th Int. Conf. Injection Metallurgy. June 11–13, 1986 Luleå, Sweden. Mefos; Jernkontoret (eds.), Article 3
5.82 Engh, T.A.; Larsen, K.; Venås, K.: Penetration of particle gas jets into liquids. Ironmaking Steelmaking 6 (1979) 268–273
5.83 Engh, T.: Penetration of particles through a gas-liquid interface. Scaninject; Proc. Int. Conf. Injection Metallurgy, June 9–10, 1977 Luleå, Sweden. Mefos; Jernkontoret (eds.), Article 6
5.84 Tietjens, O.: Strömungslehre. 2. Bd. Bewegung der Flüssigkeiten und Gase. Berlin: Springer 1970, S. 289
5.85 Lehner, T.: Reactor models for powder injection. Scaninject; Proc. Int. Conf. Injection Metallurgy, June 9–10, 1977 Luleå, Sweden. Mefos; Jernkontoret (eds.), Article 11
5.86 Apelian, D.; O'Malley, R.; Dreman, C.: Injection of non-buoyant particles. Scaninject II; Proc. 2nd Int. Conf. Injection Metallurgy. June 12–13, 1980 Luleå, Sweden. Mefos; Jernkontoret (eds.), Article 7
5.87 Engh, T.A.; Sandberg, H.; Hultkvist, A.; Norberg, L.G.: Si deoxidation of steel by injection of slag with low SiO_2 activity. Scand. J. Metall. 1 (1972) 103–114
5.88 Bata, G.L.: Frictional resistance at the interface of density currents. Proc. 8th Congr. Int. Assn. Hydraulic Res. Montreal, 24.–29. Aug. 1959, p. 12-C-1 to 12-C-16
5.89 Wei, T.X.; Oeters, F.: A physical model for emulsification of slag in a gas-stirred melt under ladle metallurgy conditions. Unveröffentlicht
5.90 Bata, G.L.; Bogich, K.: Some observations on density currents in the laboratory and in the field. Proc. Minnesota Int. Conf. on Hydraulics 1953, p. 387–400
5.91 Streeter, V.L. (ed.): Handbook of Fluid dynamics. New York: McGraw Hill 1961

5.92 Davies, J.T.: Turbulence phenomena. New York: Academic Press 1972
5.93 Gradshteyn, I.S.; Ryzhik, I.M.: Tables of integrals, series and products. New York: Academic Press 1980
5.94 Kleppe, W.; Oeters, F.: Untersuchung der Abreißbedingungen von Flüssigkeitstropfen durch einen auf eine Flüssigkeitsoberfläche auftreffenden Gasstrahl. Arch. Eisenhüttenwes. 48 (1977) 139–143
5.95 Lapple, C.E.: In: Perry, J.H. (ed.): Chemical Engineering Handbook. 3. Ed. New York: McGraw Hill 1950, p. 1 018

Literatur zu Kapitel 6

6.1 Maas, H.; Abratis, H.: Reduktion von Schamotte-Steinen in Eisen-Kohlenstoff-Schmelzen. Arch. Eisenhüttenwes. 41 (1970) 483–487
6.2 Abratis, H.: Reduktion von Kieselsäure und kieselsäurehaltigen Mischoxiden in flüssigen Eisen-Mangan-Legierungen. Arch. Eisenhüttenwes. 41 (1970) 909–915
6.3 Knüppel, R.; Oeters, F.: Verfahren zur Bestimmung der Verschleißfestigkeit der feuerfesten Ausmauerung im Elektrolichtbogenofen. Ber. Dtsch. Keram. Ges. 51 (1979) 193–196
6.4 Trömel, G.; Koch, K.; Fix, W.; Großkurth, N.: Der Einfluß des Magnesiumoxyds auf die Gleichgewichte im System Fe-CaO-FeO$_n$-SiO$_2$ und auf die Schwefelverteilung bei 1 600 °C. Arch. Eisenhüttenwes. 40 (1969) 969–978
6.5 Schmeiduch, G.; Oeters, F.: Einfluß einiger Betriebsparameter auf den Feuerfestverschleiß im Elektrolichtbogenofen. Stahl Eisen 100 (1980) 1 188–1 194
6.6 Schwabe, W.E.: Power control factors in electric arc furnaces. Proc. Electric Furn. Conf. Electric Furn. Comm. Iron Steel Div. Met. Soc. AIME 21 (1963) 140–156
6.7 Ottmar, H.; Oerter, A.; Ameling, D.: Der Zusammenhang zwischen den elektrotechnischen und wärmetechnischen Grundlagen bei Hochleistungselektrolichtbogenöfen. Radex Rdsch. 28 (1973) 519–527
6.8 Brückner, R.: Grenzflächenkonvektion und Stofftransport. In: Dahl, W.; Lange, K.W.; Papamantellos, D. (Hrsg.): Kinetik metallurgischer Vorgänge bei der Stahlherstellung. Festschrift zum 70. Geburtstag von H. Schenck. Düsseldorf: Verlag Stahleisen 1972, S. 482–515
6.9 Hammerschmid, P.: Bedeutung des Marangoni-Effektes für metallurgische Vorgänge. Stahl Eisen 107 (1987) 61–66
6.10 Hauck, F.; Pötschke, J.: Der Verschleiß von Tauchausgüssen beim Stranggießen von Stahl. Arch. Eisenhüttenwes. 53 (1982) 133–138
6.11 Szekely, J.: Mathematical model for heat or mass transfer at the bubble-stirred interface of two immiscible liquids. Int. J. Heat Mass Transfer 6 (1963) 417–422
6.12 Robertson, D.G.C.; Staples, B.B.: Model studies on mass transfer across a metal-slag interface stirred by bubbles. In: Jones, M.J. (ed.): Process Engineering of Pyrometallurgy. London: Inst. Min. Metall., London (1974) p. 51–59
6.13 Hirasawa, M.; Mori, K.; Sano, M.; Shimatani, Y.; Okazaki, Y.: Correlation equations for metal-side mass transfer in a slag-metal reaction system with gas injection stirring. Trans. Iron Steel Inst. Jpn. 27 (1987) 283–290
6.14 Porter, W.F.; Richardson, F.D.; Subramanian, K.: Some studies of mass transfer across interfaces agitated by bubbles. In: Hills, A.W.D. (ed.): Heat and Mass Transfer in Process Metallurgy. Proc. Symp. John Percy Res. Group, London 19. u. 20. 4. 1966. London: Inst. Min. Metall. 1967, p. 79–114
6.15 Frohberg, M.G.; Papamantellos, D.; Patel, P.: Stofftransport zwischen nichtmischbaren Flüssigkeiten. Chem. Ing. Tech. 40 (1968) 981–988
6.16 Subramanian, K.N.; Richardson, F.D.: Mass transfer across interfaces agitated by large bubbles. J. Iron Steel Inst. 206 (1968) 576–583
6.17 Patel, P.; Frohberg, M.G.; Papamantellos, D.: Experimental studies of mass transfer between two immiscible liquids. Trans. Metall. Soc. AIME 245 (1969) 855–859

6.18 Veeraburus, M.; Philbrook, W.O.: Observations on liquid-liquid mass transfer with bubble stirring. In: Physical Chemistry of Process Metallurgy. Part 1. New York: AIME 1961, p. 559–578 (Metal Soc. Conf. Vol. 7)
6.19 Patel, P.; Frohberg, M.G.; Biswas, K.: Der Einfluß aufsteigender Gasblasen auf den Stoffaustausch zwischen flüssigem Eisen und FeO-haltigen Schlacken. In: Dahl, W.; Lange, K.W.; Papamantellos, D. (Hrsg.): Kinetik metallurgischer Vorgänge bei der Stahlherstellung. Festschrift zum 70. Geburtstag von H. Schenck. Düsseldorf: Verlag Stahleisen 1972, S. 188–199
6.20 Brower, T.E.; Larsen, B.M.: Oxygen in liquid open hearth steel. Trans. AIME 172 (1947) 137 and 164
6.21 Gupta, S.K.; Agrawal, R.D.; Gupta, S.S.; Kapoor, M.L.: Kinetic study on desulfurization of bubble-stirred pig iron by Na_2O-SiO_2-slags. 1986, unveröffentlicht
6.22 Hirasawa, M.; Mori, K.; Sano, M.; Hatanaka, A.; Shimatani, Y.; Okazaki, Y.: Rate of mass transfer between molten slag and metal under gas injection stirring. Trans. Iron Steel Inst. Jpn. 27 (1987) 277–282
6.23 Deng, J.X.: Stoffübergang von Schwefel zwischen flüssigem Eisen und Kalk-Tonerde-Schlacken. Diss., TU Berlin 1988
6.24 v. Bogdandy, L.; Mayer, W.; Stranski, I.N.: Beiträge zur Kinetik der Desoxidation flüssigen Eisens. Arch. Eisenhüttenwes. 32 (1961) 451–460
6.25 Lindborg, U.; Torssell, K.: A collission model for the growth and separation of deoxidation products. Trans. Metall. Soc. AIME 242 (1968) 94–102
6.26 Turkdogan, E.T.: Deoxidation of Steel. J. Iron Steel Inst. 210 (1972) 21–36
6.27 Birks, N.; Booth, D.: Mechanism of the reduction of oxide inclusions by carbon in liquid iron during vacuum fusion analysis. J. Iron Steel Inst. 204 (1966) 340–343
6.28 Oeters, F.; Heyer, K.; Vardag, S.G.K.: Über die Auflösung von suspendierten Oxidteilchen in flüssigen Eisen. Arch. Eisenhüttenwes. 38 (1967) 873–890
6.29 Großterlinden, R.; Engell, H.J.; Grabke, H.J.: Untersuchung der Bildung von Ausscheidungen in Fe-V-N- und Fe-Nb-N-Legierungen bei 550 bis 600 °C. Arch. Eisenhüttenwes. 48 (1977) 335–339
6.30 Wert, C.; Zener, C.: Interference of growing spherical precipitate particles. J. Appl. Phys. 21 (1950) 5–8
6.31 Turdkogan, E.T.: Ladle deoxidation, desulphurization, and inclusions in steel. Part I. Fundamentals. Arch. Eisenhüttenwes. 54 (1963) 1–10
6.32 Olette, M.: Aspects fondamentaux des processus de dèsoxidation et de calmage de l'acier. Circulaire informations techniques 30 (1973) 1 921–1 970
6.33 Braun, T.B.; Elliot, J.F.; Flemings, M.C.: The clustering of alumina inclusions. Metall. Trans. 10B (1979) 171–183
6.34 Steinmetz, E.; Lindenberg, H.-U.; Mörsdorf, W.; Hammerschmid, P.: Ausbildungsformen und Entstehung von Aluminiumoxiden in Rohblöcken und Stranggußbrammen. Stahl Eisen 97 (1977) 1 154–1 159
6.35 Rege, R.A.; Szekeres, E.F.; Forgeng, W.D.: Three dimensional view of alumina clusters in aluminium-killed low carbon steel. Metall. Trans. 1 (1970) 2 652–2 653
6.36 Knüppel, H.; Brotzmann, K.; Förster, N.W.: Untersuchungen über oxidische Verunreinigung in Stahl. Stahl Eisen 85 (1965) 675–688
6.37 Brauer, H.: Stoffaustausch. Frankfurt: Sauerländer 1971, Kapitel 8
6.38 Levitch, V.G.: Physicochemical hydrodynamics. Englewood Cliffs: Prentice Hall 1962, p. 80–87
6.39 Oeters, F.: Zur Kinetik des Frischens unter besonderer Berücksichtigung des Sauerstoffaufblasverfahrens. Arch. Eisenhüttenwes. 37 (1966) 209–219
6.40 Plöckinger, E.; Wahlster, M.: Untersuchungen über die Bildung und Abscheidung von Desoxidationsprodukten. Stahl Eisen 80 (1960) 659–669
6.41 Lehner, T.: Slag-metal mass transfer in argon stirred melts. Can. Metall. Q. 20 (1981) 163–168
6.42 Kozakevitch, P.; Olette, M.: Role des phénomènes superficiels dans le mecanisme d'élimination des inclusions solides. Rev. Metall. 68 (1971) 635–646
6.43 Sandberg, H.; Engh, T.; Andersson, J.; Olsson, R.: Omröringens Betydelse vid Al-Desoxidation i en ASEA-SKF-Skänkugn. Jernkontorets Ann. 155 (1971) 201–216

6.44 Engh, T.A.; Lindskog, N.: A fluid mechanical model of inclusion removal. Scand. J. Metall. 4 (1975) 49–58
6.45 Davies, J.T.: Turbulence phenomena. New York: Academic Press 1972, p. 127–129
6.46 Davies, M.W.; Alexander, J.: Stoffübergang zwischen Flüssigkeiten und Tropfen oder Blasen. In: Dahl, W.; Lange, K.W.; Papamantellos, D. (Hrsg.): Kinetik metallurgischer Vorgänge bei der Stahlherstellung. Festschrift zum 70. Geburtstag von H. Schenck. Düsseldorf: Verlag Stahleisen 1972, S. 256–290
6.47 Ihme, F.; Schmidt-Traub, H.; Brauer, H.: Theoretische Untersuchung über die Umströmung und den Stoffübergang an Kugeln. Chem. Ing. Tech. 44 (1972) 306–313
6.48 Frössling, N.: Über die Verdunstung fallender Tropfen. Beitr. Geophysik 52 (1938) 170–216
6.49 Ranz, W.E.; Marshall, W.R.: Evaporation from drops. Part I+II. Chem. Eng. Prog. 48 (1952) 141–146 and 173–180
6.50 Rowe, P.N.; Claxton, K.T.; Lewis, J.B.: Heat and mass transfer from a single sphere in a extensive blowing fluid. Trans. Inst. Chem. Eng. 43 (1965) T14–T31
6.51 Brauer, H.: Turbulenz in mehrphasigen Strömungen. Chem. Ing. Tech. 51 (1979) 937–948
6.52 El-Kaddah, N.; Grevet, J.; Szekely, J.: Melting rates in turbulent recirculating flow systems. Int. J. Heat Mass Transfer 27 (1984) 1 116–1 121
6.53 Carlsson, G.; Brämming, M.: Mass transfer between slag and metal phases in gas or inductively-stirred melts: A comparison on a 6 ton-scale. In: Fine, H.A.; Gaskell, D.R. (eds.): 2nd Int. Symp. Metall. Slags and Fluxes Warrendale, Pa.: Metall. Soc. of AIME 1984, p. 1 061–1 083
6.54 Sano, Y.; Yamaguchi, N.; Adachi, T.: Mass transfer coefficients for suspended particles in agitated vessels and bubble columns, J. Chem. Eng. Jpn. 7 (1974) 255–261
6.55 Jost, W.: Diffusion in solids liquid, gases. 3. ed. New York: Academic Press 1960
6.56 Crank, J.: The mathematics of diffusion. Oxford: Clarendon Press 1970
6.57 Newman, A.: The drying of porous solids: diffusion calculations. Trans. Am. Inst. Chem. Eng. 27 (1931) 310–333
6.58 Oeters, F.; Strohmenger, P.; Pluschkell, W.: Kinetik der Entschwefelung von Roheisenschmelzen mit Kalk und Erdgas. Arch. Eisenhüttenwes. 44 (1973) 727–733
6.59 Strohmenger, P.: Grundlagen der Entwicklung eines Verfahrens zur Entschwefelung von Roheisen mit Kalk und Methan. Diss. TU Berlin 1972
6.60 Leclereq, F.; Reboul, J.P.; Gatellier, C.; Chevallier, A.; Gugliermina, P.; Dufour, A.: Hot metal desulphurization by injection of lime. Scaninject III. 3rd Int. Conf. Refining Iron Steel by Powder Injection. June 15–17, 1983 Luleå, Sweden. Mefos; Jernkontoret (eds.), Article 28
6.61 Schmalzried, H.: Festkörperreaktionen. Weinheim: Verlag Chemie 1971
6.62 Fruehan, R.J.; Turkdogan, E.T.: Desulfurization of iron alloys in vacuo – free energy of formation of $SiS(v)$. Metall. Trans. 2 (1971) 895–902
6.63 Kronig R.; Brink, J.C.: On the theory of extraction from falling droplets. Appl. Sci. Res. A2 (1950) 142–154
6.64 Rybczinski, W.: Über die fortscheitende Bewegung einer flüssigen Kugel in einem zähen Medium. Bull. Int. Acad. Sci. Cracovie, Ser. A (1911) 40–46
6.65 Hadamard, J.: Mouvement permanent lente d'une sphère liquide et visqueuse dans un liquide visqueux. C.R. Séances Acad. Sci. 154 (1911) 1 735–1 738
6.66 Handlos, A.E.; Baron, T.: Mass and heat transfer from drops in liquid-liquid extraction. Am. Inst. Chem. Eng. J. 3 (1957) 127–136
6.67 Lange, K.W.: Disperse Systeme und Stofftransport. In: Dahl, W.; Lange, K.W.; Papamantellos, D. (Hrsg.): Kinetik metallurgischer Vorgänge bei der Stahlherstellung. Festschrift zum 70. Geburtstag von H. Schenck. Düsseldorf: Verlag Stahleisen 1972, S. 359–375
6.68 Aeron, S.M.; Richardson, F.D.: nach [6.46]
6.69 Bargeron, W.N.; Trojan, P.K.; Flynn, R.A.: The kinetic of sulfur transport between slag and molten iron droplets. Trans. Am. Foundrymen's Soc. 7 K.: Circulating flow model in a molten metal bath with special respect to behaviour of bubble swarms and its application to gas injection processes. Scaninject III; Proc. 3rd Int. Conf. Refining Iron Steel by Powder Injection. June 15–17, 1983 Luleå, S Seminar. Tokyo, 2.–3. April 1976, p. 59–70
6.72 Guthrie, R.I.L.; Bradshaw, A.V.: The behaviour of large bubbles rising through molten silver. Trans. Metall. Soc. AIME, 245 (1969) 2 285–2 292

6.73 Baird, M.H.I.; Davidson, J.F.: Gas absorption by large rising bubbles. Chem. Eng. Sci. 17 (1962) 87–93
6.74 Richardson, F.D.: Drops and bubbles in extractive metallurgy. Metall. Trans. 2 (1971) 2747–2756
6.75 Chatterjee, A.; Bradshaw, A.V.: The influence of gas phase resistance on mass transfer to a liquid metal. Metall. Trans. 4 (1973) 1359–1364
6.76 Kraus, Th.: Über den Mechanismus des Stoffaustausches zwischen einem hochverdünnten Gas und dessen Lösung unter besonderer Berücksichtigung der Entgasung von Metallschmelzen im Vakuum. Schweiz. Arch. Angew. Wiss. Tech. 28 (1962) 452–471
6.77 Lange, K.W.; Ohji, M.; Papamantellos, D.; Schenck, H.: Untersuchung des Stoffaustausches zwischen aufsteigenden kugelförmigen Blasen und flüssigen Metallschmelzen. Arch. Eisenhüttenwes. 40 (1969) 99–107
6.78 Ohji, M.; Papamantellos, D.; Lange, K.W.; Schenck, H.: Stoffaustausch zwischen aufsteigenden kalottenförmigen Blasen und in Eisenschmelzen gelösten Elementen. Arch. Eisenhüttenwes. 41 (1970) 321–331
6.79 Papamantellos, D.; Lange, K.W.; Okohira, K.; Schenck, H.: A mathematical approach for the mass transfer between liquid steel and an ascending bubble. Metall. Trans. 2 (1971) 3135–3144
6.80 Xie, Y.: Unveröffentlichte Untersuchung. TU Berlin 1987
6.81 Szekely, J.: Konvektiver Stoffübergang bei der Stahlherstellung. In: Dahl, W.; Lange, K.W.; Papamantellos, D. (Hrsg.) Kinetik metallurgischer Vorgänge bei der Stahlherstellung. Festschrift zum 70. Geburtstag von H. Schenck. Düsseldorf: Verlag Stahleisen 1972, S. 71–90
6.82 Ebneth, G.; Rüttiger, K.: Ein theoretisches Modell für die Berechnung der Koagulation flüssiger und fester Oxidteilchen im strömenden flüssigen Stahl. Arch. Eisenhüttenwes. 47 (1976) 277–281
6.83 Ebneth, G.; Rüttiger, K.: Ein theoretisches Modell für die Berechnung der Koagulation flüssiger und fester Oxidteilchen im strömenden flüssigen Stahl unter Berücksichtigung von Abscheidungs- und Gießvorgängen. Arch. Eisenhüttenwes. 47 (1976) 339–343
6.84 Tray, B.M.; Evans, J.W.: Removal of non-metallic inclusions from steel melts. In: Scaninject III, Proc. 3rd Int. Conf. Refining Iron Steel by Powder Injection. June 15–17 Luleå, Schweden. Mefos; Jernkontoret (eds.) Artikel 20
6.85 Oeters, F.; Selenz, H.J.: Metallurgische Grundlagen der Desoxidation von Stahl. Stahl Eisen 99 (1979) 389–397
6.86 Kozakevitch, P.; Lucas, L.-D.: Rôle des phénomène de surface dans l'elimination d'inclusions solides d'un bain métallique. Rev. Metallurg. 65 (1968) 589–598

Literatur zu Kapitel 7

7.1 Schenck, H.; Steinmetz, E.; Frohberg, M.G.: Ableitungen zum Ausmaß chemischer Umsetzungen zwischen flüssigen Phasen in ruhendem und bewegtem Zustand. Arch. Eisenhüttenwes. 34 (1963) 659–673
7.2 Schenck, H.: Der Einfluß der Verfahrensweise auf den betriebstechnischen Wirkungsgrad der Reaktionen zwischen zwei Phasen, insbesondere Schlacke und Metall. Stahl Eisen 84 (1964) 311–326
7.3 Steinmetz, E.: Beitrag zur Behandlung des Stoffübergangs zwischen bewegten und ruhenden Phasen bei metallurgischen Prozessen. Arch. Eisenhüttenwes. 39 (1968) 421–432
7.4 Steinmetz, E.; Kuhn, J.: Gleichstrom, Gegenstrom, Transitorik – Theoretische Grundlagen der kontinuierlichen Stahlerzeugung. In: Dahl, W.; Lange, K.W.; Papamantellos, D. (Hrsg.): Kinetik metallurgischer Vorgänge bei der Stahlherstellung. Düsseldorf: Verlag Stahleisen 1972, S. 161–171
7.5 Oeters, F.: Kinetic treatment of chemical reactions in emulsion metallurgy. Steel Res. 56 (1985) 69–74

7.6 Lange, K.W.; Ohji, M.; Papamantellos, D.; Schenck, H.: Untersuchung des Stoffaustausches zwischen aufsteigenden kugelförmigen Blasen und flüssigen Metallschmelzen. Arch. Eisenhüttenwes. 40 (1969) 99–107

7.7 Turkan, S.; Lange, K.W.: Entwicklung eines Simulationsmodells für Entstehung, Ablösung und Aufstieg von Einzelblasen. Arch. Eisenhüttenwes. 55 (1984) 507–513

7.8 Turkan, S.; Lange, K.W.: Digitale Simulation des Stofftransports in hintereinander aufsteigenden Gasblasen unter Berücksichtigung ihrer Entstehungsphase. Steel Res. 56 (1985) 199–210

7.9 Turkan, S.; Lange, K.W.: Entgasung von Metallschmelzen mit Blasenschwärmen Steel Res. 56 (1985) 247–253

7.10 Gorges, H.; Graf, H.; Lutz, H.; Oberhäuser, P.G.; Mülders, H.: Erfahrungen mit dem AOD-Verfahren für die Erzeugung nichtrostender Stähle. Stahl Eisen 96 (1976) 1251–1258

7.11 Fruehan, R.J.: Reaction model for the AOD-process. Ironmaking Steelmaking 3 (1976) 153–158

7.12 Deb Roy, T.; Robertson, D.G.C.: Mathematical model for stainless steelmaking Part 1. Argon-oxygen and argon-oxygen-steam mixtures. Ironmaking Steelmaking 5 (1978) 198–210

7.13 Xie, Y.K.: Unveröffentlichte Untersuchung. Inst. f. Metallurgie TU Berlin 1987

7.14 Steinmetz, E.; Lindenberg, H.-U.: Kinetik der Reaktionen zwischen Kohlenstoff und Sauerstoff bei der Stahlherstellung. Stahl Eisen 90 (1970) 1517–1525

7.15 Gaines, J.M. (Ed.): BOF-Steelmaking. 2nd ed. Warrendale, Pa.: Iron and Steel Soc. AIME 1982

7.16 Koch, K.; Fix, W.; Valentin, P.: Kennzeichnende Teilabschnitte der Entkohlungsreaktion beim O_2-Aufblasen auf Fe-C-Schmelzen. Arch. Eisenhüttenwes. 49 (1978) 109–114

7.17 Lange, K.W.: Stahlherstellung durch kombiniertes Blasen. Düsseldorf: Verlag Stahleisen 1985

7.18 Kootz, T.: The dynamic of the blowing process. J. Iron Steel Inst. 1960, p. 253–259

7.19 Kootz, T.; Behrens, K.; Maas, H.; Baumgarten, P.: Zur Metallurgie des Sauerstoffaufblasverfahrens. Stahl Eisen 85 (1965) 857–865

7.20 Krainer, H.; von Bogdandy, L.; Knacke, O.: Zur Metallurgie des Sauerstoffaufblasverfahrens. Diskussion zu [7.19]. Stahl Eisen 85 (1965) 932–939

7.21 v. Ende, H.; Liestmann, W.D.: Beeinflussung und Wirkung des Schlackenschäumens beim Verblasen von phosphorarmem Roheisen im Sauerstoffaufblaskonverter. Stahl Eisen 86 (1966) 1189–1205

7.22 Denis, E.: Determination and influence of jet characteristics in the LD and LD-AC processes. CRM Rep. 8 (1966) 17–27

7.23 Turkdogan, E.T.: Fluid dynamics of gas jets impinging of surface of liquids Chem. Eng. Sci. 21 (1966) 1133–1144

7.24 Lange, K.W.: Zur Kinetik des Sauerstoffaufblasverfahrens. Arch. Eisenhüttenwes. 42 (1970) 233–241

7.25 Maatsch, J.: Über das Eindringen eines freien Gasstrahls in eine Flüssigkeitsoberfläche. Tech. Mitt. Krupp, Forschungsber. 20 (1962) 1–9

7.26 Mathieu, F.: Contribution a l'etude de l'action d'un jet gazeux sur la surface libre d'un liquide. Rev. Univers. Mines Metall. Mec. 103 (1960) 303–321

7.27 Krainer, H.: siehe [7.20], S. 932–937

7.28 Knacke, O.: siehe [7.20], S. 938–939

7.29 Turkdogan, E.T.: Physical chemistry of high temperature technology. New York: Academic Press 1980, p. 368

7.30 Geiger, G.H.; Kozakevitch, P.; Olette, M.; Riboud, P.V.: In: [7.15], Vol. 1, p. 302–431

7.31 Baptizmanskii, V.I.; Trubavin, V.I.; Biochenko, B.M.: Reaction between gas jets and liquid metal in bottom-blown converters. Steel USSR 10 (1980) 532–535 and 645–647

7.32 Koch, K.; Fix, W.; Valentin, P.: Entkohlungsreaktionen mit unruhigem Blasenverhalten beim Aufblasen von Sauerstoff auf Fe-C-Schmelzen. Arch. Eisenhüttenwes. 49 (1978) 163–166

7.33 Scheel, R.: Untersuchungen zum System Kalk-Eisen-Sauerstoff. Arch. Eisenhüttenwes. 45 (1974) 751–756

7.34 v. Bogdandy, L.: siehe [7.20], S. 937–938
7.35 Szekely, J.; Todd, M.R.: A note on the reaction mechanism of carbon oxidation in oxygen steelmaking process. Trans. AIME 239 (1967) 1 664–1 666
7.36 v. Bogdandy, L.; Hopp, H.U.; Stranski, I.N.: Entkohlungs- und Desoxidationsvorgänge im flüssigen Eisen. Arch. Eisenhüttenwes. 37 (1966) 841–845
7.37 Koch, K.; Fix, W.; Valentin, P.: Einsatz eines 50-kg-Aufblaskonverters zur Untersuchung der Entkohlung von Eisen-Kohlenstoff-Schmelzen. Arch. Eisenhüttenwes. 47 (1976) 659–663
7.38 Koch, K.; Fix, W.; Valentin, P.: Einfluß von Sauerstoffangebot und Kohlenstoffausgangsgehalt sowie von Badgeometrie und Feuerfest-Material auf den Ablauf der Entkohlung von Fe-C-Schmelzen in einem 50 kg-Aufblaskonverter. Arch. Eisenhüttenwes. 49 (1978) 231–234
7.39 Meyer, H.W.: Oxygen steelmaking: Its control and future. J. Iron Steel Inst. 207 (1969) 781–789
7.40 Kozakevitch, P.; Urbain, G.; Denizot, B.; Margot-Marette, H.: Untersuchung des Schäumens von basischen Phosphat-Schlacken. Int. Tagung über Sauerstoff-Blasstahlwerke. Le Touquet, Sept. 1983, S. 248–263
7.41 Kozakevitch, P.: Emulsionsbildung im System Metall-Schlacke. In: Dahl, W.; Lange, K.W.; Papamantellos, D. (Hrsg.): Kinetik metallurgischer Vorgänge bei der Stahlherstellung. Festschrift zum 70. Geburtstag von H. Schenck. Düsseldorf: Verlag Stahleisen 1972, S. 538–561
7.42 Kozakevitch, P.: Foams and emulsions in steelmaking. J. Metals 21 (1969) issue 7, 57–68
7.43 Schürmann, E.; Mahn, G.; Schoop, J.; Resch, W.: Modellvorstellung und Berechnungen zur Kinetik der Entphosphorung und zum Granalienumlauf beim Sauerstoffaufblasverfahren. Arch. Eisenhüttenwes. 48 (1977) 515–519
7.44 Schürmann, E.; Mahn, G.; Schoop, J.; Resch, W.: Betriebsuntersuchungen über den Verlauf der Entphosphorung und der Granalienbildung in der Schlacke beim Sauerstoffaufblasverfahren. Stahl Eisen 97 (1977) 1069–1074
7.45 Urquart, R.C.; Davenport, W.G.: Foams and emulsions in oxygen steelmaking. Can. Metall. Q. 12 (1973) 507–516
7.46 Meyer, H.W.; Porter, W.F.; Smith, G.; Szekely, J.: Slag-metal emulsions and their importance in BOF-steelmaking. J. Met. 20 (1968) 35–42
7.47 Bardenheuer, F.: Ursachen des Schlackenschäumens bei den Sauerstoffaufblasverfahren. Stahl Eisen 95 (1975) 1023–1027
7.48 Block, R.; Masui, A.; Stolzenberg, G.: Physikalische Vorgänge im Sauerstoffaufblaskonverter. Arch. Eisenhüttenwes. 44 (1973) 357–361
7.49 Koria, S.C.; Lange, K.W.: Effect of top blowing parameters on drop size and drop size distribution in BOF steelmaking. Arch. Eisenhüttenwes. 55 (1984) 581–584
7.50 Resch, W.: Die Kinetik der Entphosphorung beim Sauerstoffaufblasverfahren für phosphorreiches Roheisen. Diss. TU Clausthal 1976
7.51 Koria, S.C.; Lange, K.W.: A new approach to investigate the drop size distribution in basic oxygen steelmaking. Metall. Trans. 15B (1984) 109–116
7.52 Rammler, E.: Zu den Gesetzmäßigkeiten in der Korngrößenverteilung zerkleinerter Stoffe. Forsch. Fortschr. 30 (1956) 1–9
7.53 Hammerschmid, P.; Janke, D.; Kreutzer, H.W.; Reichenstein, E.; Steffen, R.: Metallurgie und Verfahrenstechniken der Entphosphorung von Roheisen- und Stahlschmelzen. Stahl Eisen 105 (1985) 433–442
7.54 Trömel, G.; Fix, W.; Fritze, H.W.: Zusammenfassende Darstellung der Gleichgewichte zwischen Eisen und kalkhaltigen Phosphatschlacken. Arch. Eisenhüttenwes. 32 (1961) 353–359
7.55 Knüppel, H.; Oeters, F.: Das Phosphor-Sauerstoff-Gleichgewicht zwischen flüssigem Eisen und kalkgesättigten Phosphatschlacken. Stahl Eisen 81 (1961) 1437–1449
7.56 Grace, R.E.; Derge, G.: Diffusion of third elements in liquid iron saturated with carbon. Trans. AIME 212 (1958) 331–337
7.57 Majdic, A.; Graf, D.; Schenck, H.: Diffusion von Silizium, Phosphor, Schwefel und Mangan in flüssigem Eisen. Arch. Eisenhüttenwes. 40 (1969) 627–630

7.58 Seki, K.; Oeters, F.: Viscosity measurements on liquid slags in the system CaO-FeO-Fe_2O_3-SiO_2. Trans. Iron Steel Inst. Jpn. 24 (1984) 445–454
7.59 Majdic, A.; Wagner, H.: Diffusion von Silizium in schmelzflüssigen Kalk-Kieselsäure-Tonerde-Schlacken. Arch. Eisenhüttenwes. 41 (1970) 529–532
7.60 Fischer, W.A.; Fleischer, H.J.: Die Reaktionen von manganhaltigem Eisen mit seinen Oxiden im Kalktiegel bei 1600 bis 1800 °C. Arch. Eisenhüttenwes. 32 (1961) 305–313
7.61 Oeters, F.; Pückoff, U.; Scheel, R.; Strohmenger, P.: Der Einsatz gasförmiger Kohlenwasserstoffe, insbesondere von Erdgas bei der Entschwefelung von Roheisen außerhalb des Hochofens. Hoesch-Ber. Forsch. Entwickl. Unserer Werke 4 (1969) 71–74
7.62 Nölle, U.; Pückoff, U.; Strohmenger, P.: Behandlung von Roheisen mit Kalk und Erdgas zum Einstellen niedriger Schwefel- und Stickstoffgehalte. Stahl Eisen 92 (1972) 1085–1092
7.63 Schrott, R.; Petersen, H.: Verarbeitung von mit Kalk und Erdgas entschwefeltem Roheisen nach dem „LD-AC"-Verfahren. Stahl Eisen 92 (1972) 1094–1098
7.64 Oeters, F.; Strohmenger, P.; Pluschkell, W.: Kinetik der Entschwefelung von Roheisenschmelzen mit Kalk und Erdgas. Arch. Eisenhüttenwes. 44 (1973) 727–733
7.65 Trentini, B.; Wahl, L.; Allard, M.: An efficient method of desulphurizing pig iron. J. Met. Trans. 9 (1957) 1133–1139
7.66 Ulrich, W.; Meichsner, W.: Betriebserfahrungen bei der Entschwefelung von Roheisen mit Gemischen auf der Basis Calciumcarbid (CaD) in Torpedopfannen. In: Entschwefelung von Roheisen. Trostberg: Süddeutsche Kalkstickstoff-Werke 1971, S. 96–115
7.67 Haastert, H.P.; Meichsner, W.; Rellermeyer, H.; Peters, H.: Entschwefelung von Roheisen durch Einblasen von Carbidgemischen mittels Tauchlanzen. Thyssen Tech. Ber. 7 (1975) 1–7
7.68 Haastert, H.P.; Mehlan, D.; Richter, H.; Simon, R.W.: Einblasverfahren zur Roheisen- und Stahlbehandlung der Thyssen Stahl AG; gegenwärtiger Stand und Entwicklungen. Stahl Eisen 105 (1985) 617–622
7.69 Maschlanka, W.; Knabe, H.; Freißmuth, A.: Die Entschwefelung von Roheisen durch Einblasen von Calciumcarbid und Kalkstickstoff mit Zusätzen. Radex Rdsch. 25 (1970) 314–323
7.70 Breuer, G.; Trömel, G.; Engell, H.J.: Beitrag zur Kenntnis der Entkohlung von Eisen-Kohlenstoff-Schmelzen. Arch. Eisenhüttenwes. 39 (1968) 553–557
7.71 Nomura, H.; Mori, K.: Kinetics of decarburization of liquid iron at low concentrations of carbon. Trans. Iron Steel Inst. Jpn. 13 (1973) 325–332
7.72 Koch, K.; Sittard, J.; Valentin, P.: Entkohlung von Eisenschmelzen bei Sauerstoffangebot über Schlacken- und Gasphase. Arch. Eisenhüttenwes. 47 (1976) 583–588
7.73 v. Bogdandy, L.; Schmolke, R.; Stranski, I.N.: Über das Verhalten von Stickstoff gegenüber flüssigem Eisen und über die Entkohlungsreaktion. Z. Elektrochem. Ber. Bunsenges. Phys. Chem. 63 (1959) 758–765
7.74 Oeters, F.: Zur Kinetik des Frischens unter besonderer Berücksichtigung des Sauerstoffaufblasverfahrens. Arch. Eisenhüttenwes. 37 (1966) 209–219
7.75 Schenck, H.; Steinmetz, E.; Thielmann, R.: Die Kinetik der Reaktion zwischen Kohlenstoff und Sauerstoff in flüssigem Eisen bei 1600 °C. Arch. Eisenhüttenwes. 42 (1971) 79–86
7.76 Orsten, S.: Untersuchung zum Verhalten von Kohleteilchen beim Einblasen in flüssiges Eisen. Diss. TU Berlin 1987
7.77 Gmelin Durrer: Metallurgie des Eisens. Bd. 5. Theorie der Stahlerzeugung. 4. Aufl. Berlin: Springer 1978
7.78 Grace, J.R.; Wairegi, T.; Brophy, J.: Break-up of drops and bubbles in stagnant media. Can. J. Chem. Eng. 56 (1978) 3–8
7.79 Calderbank, P.H.: Physical rate processes in industrial fermentation. Part I: The interfacial area in gas-liquid contacting with mechanical agitation. Trans. Inst. Chem. Eng. 36 (1958) 443
7.80 Levitch, V.G.: Physicochemical hydrodynamics. Englewood Cliffs: Prentice Hall 1962
7.81 Pohl, P.: Form und Größe von Gasblasen in Wasser, Quecksilber und flüssigem Eisen. Arch. Eisenhüttenwes. 44 (1973) 435–441
7.82 Subramanian, K.N.; Richardson, F.D.: Mass transfer across interfaces agitated by large bubbles. J. Iron Steel Inst. 206 (1968) 576–583

7.83 El-Kaddah, N.; Szekely, J.; Carlsson, G.: Fluid flow and mass transfer in an inductively stirred four-ton melt of molten steel: Comparison of measurements and predictions. Metall. Trans. 15B (1984) 633–640

7.84 v. Bogdandy, L.; Rutsch, W.; Stranski, I.N.: Gasaustausch zwischen Blasen und gaslösenden Flüssigkeiten. Chem.-Ing.-Tech. 31 (1959) 580–582

7.85 Beckh, W.: Bericht über das Forschungsprojekt BMFT-FB-T-85-105. Kohlevergasung im Eisenbad. Oktober 1985

7.86 Ichinoe, M.; Yamamoto, S.; Nagano, Y.; Miyamura, K.; Yamaguchi, K.; Tezuka, M.: Kinetics of silicon oxidation from liquid iron droplets. Trans. Iron Steel Inst. Jpn. 11 (1971) 232–235

7.87 Lehner, T.: Homogenisation, desulfurization and desoxidation of liquid steel by powder injection. Proc. Symp. Ladle Treatment of Carbon Steel. Hamiton, Canada, McMaster Univ. 1979, Article 7

7.88 Haida, O.; Emi, T.; Yamada, S.; Sudo, F.: Injection of lime base powder mixtures to desulfurize hot metal in torpedo-cars. Scaninject II, Proc. 2nd Int. Conf. Injection Metallurgy. June 12–13, 1980. Luleå, Sweden. Mefos; Jernkontoret (eds.), Article 20

7.89 Steinmetz, E.; Wilhelmi, H.; Pietzka, J.: Modelluntersuchungen zur Strömung und Durchmischung in metallurgischen Pfannen. Steel Res. 58 (1987) 538–546

7.90 Grevet, J.; Szekely, J.; El-Kaddah, N.: Melting rates in turbulent recirculating flow systems. Int. J. Heat Mass Transfer 27 (1984) 1 116–1 121

7.91 Sahai, Y.; Guthrie, R.I.L.: Hydrodynamics of gas stirred melts Part I. Gas/liquid coupling. Metall. Trans. 13B (1982) 193–202

7.92 Oeters, F.; Drömer, H.C.; Kepura, J.: Model studies on fluid flow and particle behaviour during injection process. Scaninject III. Proc. 3rd Int. Conf. Refining Iron Steel by Powder Injection. June 15–17, 1983. Mefos; Jernkontoret (eds.), Article 7

7.93 Pietzka, J.: Modelluntersuchungen zur Strömung und Durchmischung in metallurgischen Pfannen. Diss. RWTH Aachen 1976

7.94 Oeters, F.; Pluschkell, W.; Steinmetz, E.; Wilhelmi, H.: Fluid flow and mixing in secondary metallurgy. Steel Res. 59 (1988) 192–201

7.95 Nakanishi, K.; Szekely, J.; Chang, C.W.: Experimental and theoretical investigation of mixing phenomena in the RH-vacuum process. Ironmaking Steelmaking 2 (1974/1975) 115–124

7.96 Launder, B.; Spalding, D.: The numerical computation of turbulent flows. Comput. Meth. Appl. Eng. 3 (1974) 269–289

7.97 Nakanishi, K.; Fujii, T.; Szekely, J.: Possible relationship between energy dissipation and agitation in steel processing operations. Ironmaking Steelmaking 2 (1975) 193–197

7.98 Sano, M.; Mori, K.: Fluid flow and mixing characteristics in a gas-stirred molten metal bath. Trans. Iron Steel Inst. Jpn. 23 (1983) 169–175

7.99 Mietz, J.; Oeters, F.: Model experiments on mixing phenomena in gas-stirred melts. Steel Res. 59 (1988) 52–59

7.100 Murthy, A.; Szekely, J.: Some fundamental aspects of mixing in metallurgical reaction systems. Metall. Trans. 17B (1986) 487–490

7.101 Hsiao, T.C.; Lehner, T.; Kjellberg, B.: Fluid flow in ladles – experimental results. Scan. J. Metall. 9 (1980) 105–110

7.102 Lehrer, L.H.: Gas agitation of liquids. Ind. Eng. Chem. Process Des. Dev. 7 (1968) 226–239

7.103 Frohberg, M.G.: Aktivitäten metallischer und oxidischer Zwei- und Mehrstoffsysteme. In: Die physikalische Chemie der Eisen- und Stahlerzeugung. Düsseldorf: Verein Deutscher Eisenhüttenleute 1964, S. 74

7.104 Haida, O.; Brimacombe, J.K.: Physical-model study of solute inhomogeneity in injection refining processes. Scaninjet III. Proc. 3rd Int. Conf. Refining Iron Steel by Powder Injection. June 15–17, 1983. Luleå, Sweden. Mefos; Jernkontoret (eds.), Article 5

7.105 Levenspiel, O.: Chemical reaction engineering. New York: Wiley 1972

7.106 Grevet, J.H.; Szekely, J.; El-Kaddah, N.: An experimental and theoretical study of gas-bubble driven circulation system. Int. J. Heat Mass Transfer 25 (1982) 487–497

7.107 Steinmetz, E.; Wilhelmi, H.; Wimmer, W.; Imo, J.: Mischungsvorgänge in Rührreaktoren. Arch. Eisenhüttenwes. 54 (1983) 19–22

7.108 Schneider, S.; Drömer, H.C.; Mietz, J.; Oeters, F.: Flow velocities and mixing at blowing of gas into liquids. Proc. 6th Japan-Germany Seminar. Iron Steel Inst. Jpn. Tokyo May 1984, p. 1–12

7.109 Maruyama, T.; Kamishima, N.; Mitsushima, T.: An investigation of bubble plume mixing by comparison with liquid jet mixing. J. Chem. Eng. Jpn. 17 (1984) 120–126

7.110 Drömer, H.-C.; Mietz, J.; Oeters, F.; Schneider, S.: Measurements of the flow-field and mixing time at gas-injection into a liquid. Proc. Shenyang Symp. Injection Metallurgy and Secondary Refining of Steel. Shenyang, China, Sept. 1984, p. 114–128

7.111 Mietz, J.; Oeters, F.: Mixing theories for gas stirred melts. Steel Res. 58 (1987) 446–453

7.112 Krujelskis, V.; Mucciardi, F.: Energy dissipation measurements during inert gas stirring. Proc. 4th Process Technol. Conf., 3.–9. April 1984 in Chicago, Iron Steel Soc. AIME, p. 33–38

7.113 Szekely, J.; Lehner, T.; Chang, C.W.: Flow phenomena, mixing and mass transfer in argon-stirred ladles. Ironmaking Steelmaking 6 (1979) 285–293

7.114 Oeters, F.; Drömer, H.-C.; Kepura, J.: Model studies on fluid flow and particle behaviour during injection process. Scaninject III. Proc. 3rd Int. Conf. Refining Iron and Steel by Powder Injection, June 15–17, 1983. Luleå, Sweden. Mefos; Jernkontoret (eds.), Article 7

7.115 Lange, K.W.: Kombinierte Blas- und Spülverfahren bei der Stahlerzeugung. Stahl Eisen 101 (1981) 860–866

7.116 Nakanishi, K. et al.: Physical and metallurgical characteristics of combined blowing processes. Proc. 65th Steelmaking Conf. AIME 1982 p. 101–108

7.117 Koria, S.C.; Lange, K.W.: Mixing time correlations in top gas stirred melts. Arch. Eisenhüttenwes. 55 (1984) 97–100

7.118 Koria, S.C.; Lange, K.W.: Effect of melting scrap on the mixing time of bottom gas stirred melts. Proc. 6th Japan-Germany Seminar. Iron Steel Inst. Jpn. Tokyo, May 1984, p. 91–101

7.119 Löscher, W.; Fix, W.; Wiemer, H.E.: Zur Vorentphosphorung von Roheisen in Pfanne und Konverter. Stahl Eisen 105 (1985) 581–587

7.120 Löscher, W.; Fix, W.: Final decarburization of molten steel by stirring with gas. Proc. Int. Symp. Phys. Chem. Iron Steelmaking 29.8.–2.9.1982 in Toronto, Canada, p. VI/20–VI/25

7.121 Bada, H.: Development of pretreatment of hot metal with lime-based flux. Tetsu To Hagane 66 (1980) 130

7.122 Nozaki, T.; Nakanishi, K.; Morishita, H.; Yamada, S.; Sudo, F.: Characteristics of dephosphorization in a bottom-blowing converter and its application to preliminary treatment of hot metal. Tetsu To Hagane 68 (1982) 1 737–1 743

7.123 Narita, K.; Makino, T.; Matsumoto, H.; Hikosaka, A.; Tagaki, H.; Katsuda, J.-I.: Desiliconization and desulfurization of hot metal, dephosphorization of hot metals and steel. Trans. Iron Steel Inst. Jpn. 21 (1981) 351–353

7.124 Wolf, W.; v.d. Esche, W.; Steinhauer, O.; Wysocki, H.: Betriebsversuche zur Verhüttung von Conakry-Erz. II. Die Entkohlung von Roheisen durch Pfannenfrischen mit reinem Sauerstoff. Stahl Eisen 78 (1958) 1 100–1 107

7.125 Kato, T.; Imai, Y.; Fujiwara, K.: Acceleration of dephosphorization in oxygen converter under agitation of blowing of gas. Tetsu To Hagane 49 (1963) 1 065–1 071

7.126 Masui, A.; Yamada, K.; Takahashi, K.: The role of slag in basic oxygen steelmaking processes. McMaster Symp. Iron and Steelmaking No. 4, 1976, Paper No. 3, p. 1–31

7.127 Kaneko, T.: Dephosphorization of pig-iron with lime-oxygen injection in 100 kg induction furnace. Tetsu To Hagane 67 (1981) 933

7.128 Förster, E.; Shenouda, F.; Richter, H.: Entphosphorung beim Einblasen von Kalkstaub mit Sauerstoff in flüssigen Stahl. Arch. Eisenhüttenwes. 39 (1968) 1–8

7.129 Nakamura, K.: Results of hot metal dephosphorization by injection equipment (development of hot metal pretreatment technique by CaO-based flux, I.). Tetsu To Hagane 68 (1982) 298

7.130 Saito, K.; Nakanishi, K.; Misaki, N.; Nakai, K.; Onishi, M.: Dephosphorization of hot metal with injection of lime-bearing fluxes in a laddle. Tetsu To Hagane 69 (1983) 1 802–1 809

7.131 Umezawa, K.: Optimum conditions for dephosphorization of pig-iron. Tetsu To Hagane 67 (1981) 182

7.132 Schürmann, E.; Bruder, R.; Nürnberg, K.; Schulz, E.: Untersuchungen zum Entschwefelungsverlauf beim Einblasen von Schlackepulver in die Stahlschmelze. Stahl Eisen 99 (1979) 181–186
7.133 Kawakami, K.; Kikuchi, Y.; Kawai, Y.; Tafe, M.: Entwicklung eines Pfannenentschwefelungsverfahrens bei Nippon Kokan. Stahl Eisen 102 (1982) 227–231
7.134 Gruner, H.; Wiemer, H.E.; Bardenheuer, F.; Fix, W.: Metallurgische Maßnahmen und Bedingungen zur Stahlentschwefelung über das Schlackenreaktionsverfahren. Stahl Eisen 99 (1979) 725–737
7.135 Pluschkell, W.; Redenz, B.; Schürmann, E.: Kinetics of aluminium oxidation during argon injection into liquid steel. Arch. Eisenhüttenwes. 52 (1981) 85–90
7.136 Deng, J.; Oeters, F.: Kinetics of desulfurization of liquid steel according to ladle metallurgy conditions. Proc. 7th Japan-Germany Seminar. Verein Deutscher Eisenhüttenleute. Düsseldorf May 5–6, 1987, p. 33–47
7.137 Mietz, J.: Modelluntersuchungen zur Vermischung in blasengerührten Schmelzen. Diss. TU Berlin 1988
7.138 Furugoki, I.; Takashima, Y.; Matsumaga, H.; Tonomura, S.; Umezawa, Z.; Arima, R.; Nakamura, Y.; Harashima, K.: The dephosphorization and desulphurization of hot metal. In: 5th Japan-Germany-Seminar. Verein Deutscher Eisenhüttenleute. Preprints. Düsseldorf May 3–4, 1982, p. 109–120
7.139 Ohguchi, S.; Robertson, D.G.C.: Kinetic model for refining by submerged powder injection. Ironmaking Steelmaking 11 (1984) p. 262–282

Literatur zu Kapitel 8

8.1 Jeschar, R.; Millies, E.: Zur Theorie des Schmelzens. Arch. Eisenhüttenwes. 37 (1966) 283–289
8.2 Busch, K.; Jeschar, R.: Theoretische Untersuchungen des Einschmelzverhaltens einer Einzelkugel. Arch. Eisenhüttenwes. 48 (1977) 373–378
8.3 Busch, K.; Jeschar, R.: Vereinfachte Berechnungsmöglichkeiten des Einschmelzens von Schrott und Eisenschwamm in durchströmten Haufwerken. Arch. Eisenhüttenwes. 49 (1978) 437–441
8.4 Gröber; Erk; Grigull: Die Grundgesetze der Wärmeübertragung. 4. Aufl. Berlin: Springer 1963
8.5 Siegel, R.; Howell, J.R.: Thermal radiation heat transfer. 2nd ed. New York: McGraw-Hill 1981
8.6 Carslaw, H.S.: Jaeger, J.C.: Conduction of heat in solids. 2nd ed. Oxford Clarendon 1960
8.7 Tautz, H.: Wärmeleitung und Temperaturausgleich. Weinheim: Verlag Chemie 1971
8.8 Grigull, U.: Temperaturausgleich in einfachen Körpern. Berlin: Springer 1964
8.9 Busch, K.: Theoretische Untersuchung des Abschmelzverhaltens von Einzelkugeln und Haufwerken. Diss. TU Clausthal 1976
8.10 Busch, K.: Theoretische Untersuchung der Gas- und Wandstrahlung in gasdurchströmten Räumen. Diplomarbeit TU Clausthal 1972
8.11 Ehrich, O.; Chuang, Y.K.; Schwerdtfeger, K.: The melting of sponge iron in their own melt. Arch. Eisenhüttenwes. 50 (1979) 329–334
8.12 Günther, R.: Verbrennung und Feuerungen. Berlin: Springer 1974
8.13 Friedrichs, H.A.; Jauer, H.; Knacke, O.: Zur Auflösung eines Kristalls in der eigenen Schmelze. Z. Metallkd. 63 (1972) 169–172
8.14 Friedrichs, H.A.; Knacke, O.; Jauer, H.: Grenzfälle für das Auflösen eines Feststoffes in der eigenen Schmelze. Arch. Eisenhüttenwes. 44 (1973) 879–886
8.15 Ehrich, O.; Chuang, Y.K.; Schwerdtfeger, K.: The melting of metal spheres involving the initially frozen shells with different material properties. Int. J. Heat Mass Transfer 21 (1978) 341–349
8.16 Guthrie, R.I.L.; Gourtsoyannis, L.: Melting rates of furnace of ladle additions in steelmaking. Can. Metall. Q. 10 (1971) 37–46

8.17 Sato, A.; Nakagawa, R.; Yoshimatsu, S.; Fukuzawa, A.; Ozaki, T.; Kasahara, K.; Fukuzawa, Y.; Mitsui, T.: Melting rate of directly reduced iron pellets into iron melt. Trans. Iron Steel Inst. Jpn. 19 (1979) 112–118
8.18 Eckert, E.R.G.: Einführung in den Wärme- und Stoffaustausch. 3. Aufl. Berlin: Springer 1966
8.19 Bird, R.B.; Stuart, W.E.; Lightfood, E.N.: Transport phenomena. New York: Wiley 1960, p. 409
8.20 Szekely, J.; Chuang, Y.K.; Hlinka, J.W.: The melting and dissolution of low-carbon steel in iron-carbon melts. Metall. Trans. 3 (1972) 2825–2833
8.21 Ebneth, G.; Diener, A.; Pluschkell, W.: Model computations on the injection of an aluminium wire into a steel melt. Arch. Eisenhüttenwes. 49 (1978) 563–568
8.22 Den Hartog, H.W.; Kreyger, P.J.; Snoeijer, A.B.: Dynamic model of the dissolution of scrap in the BOF process. C.R.M. Rep. 15 (1973) 13–22

Sachverzeichnis

Abbrandkurven, Konverterprozeß 411
Ablösung, Strömung 325
Abmessung, Schrottstücke 452
Abreißstelle, Tropfen 293
Abscheidung, Stoffübergangskoeffizient 322–324
–, Teilchen 318–324, 342, 357, 358
–, Zeitkonstante 358
Abscheidungskinetik 320
Abscheidungsrate 318, 321
Abschmelzen s. Schmelzen
Abschmelzgeschwindigkeit(-rate) s. Schmelzgeschwindigkeit
Absorption, Stickstoff in fl. Eisen 170–182
–, Wasserstoff in fl. Eisen 182
Abstand, CO-Blasen b. Entkohlungsreaktion 388
–, FeO_n-Tropfen-CO-Blasen b. Entkohlungsreaktion 386
Abstand v. d. Phasengrenze 151, 167
– v. d. Wand s. Wandabstand
adiabatisch 430, 435, 436
Adsorption, Stickstoff an Eisenoberfläche 170
Adsorptionstherme, Langmuirsche 180
Agglomeration 312, 315, 324
Aktivität 7–10
–, CaO 31, 42, 75, 85, 89, 378
–, Entschwefelung 81, 82
–, FeO in Schlacke 25, 29, 31, 41, 54, 114, 365, 374
–, Kieselsäure 27, 29, 89
–, Na_2O 99, 100
–, Sauerstoff 87, 180
–, Schlacken 10, 12–15
–, Schwefel 180
–, System Al_2O_3-CaO 75
–, System Al_2O_3-CaO-SiO_2 85, 87, 89
–, System CaO-FeO_n 31
–, System CaO-FeO_n-SiO_2 41, 42
–, System FeO_n-SiO_2 29
Aktivitätskoeffizient 8–10
–, Schwefel in Roheisen 10, 83
Aluminium 62, 63, 68–75, 77, 83, 87, 117, 118, 166–168, 196, 197, 318, 319

–, Desoxidation m. 16, 17, 62, 63, 117, 118
Aluminiumoxid 16, 17, 62, 63, 68, 75, 167, 168, 312, 313, 317, 446, 447
Aluminiumsilicat s. Mullit
Analogie zw. Wärme- und Stoffübergang 450
Analogiemodell, elektrisches 109, 111, 115, 120
Analyse, kinetische 115, 344
Anfangstemperatur, Wärmgut, Definition 415
Anfrieren 431, 434, 439, 440, 442–444, 447, 450
–, Volumen d. Angefrorenen 434, 439, 440
Anströmgeschwindigkeit 143, 193, 297, 432
Anströmlänge 127, 128, 131, 132, 137, 143, 147, 148, 153, 156, 159, 163, 267, 287, 291, 293, 297, 301, 306, 307, 326, 338
Anströmzone 249
Antimon 102
Anwachsungen 317
AOD-Verfahren 357
Äquivalentdurchmesser, Gasblasen 224, 236, 337, 388
Äquivalentradius, Gasblasen 235, 337, 338
Arbeitsweise, transitorische 357
Argon, Einblasen in Schmelzen 227, 229, 286, 292, 318, 319
– -Sauerstoff-Gemisch, Einblasen i. Schmelzen 357
Arsen 102
Aufblasen, Gas auf Flüssigkeit 172–174, 186
–, –, gasseitiger Stoffübergang 172–174
–, Kohlendioxid auf C-haltiges Eisen 184–190
–, Sauerstoff auf C-haltiges Eisen 188
Aufheizen 414
Aufheizwärme 433
Auflösen(-ung) 169
–, Einschmelzgut i. s. eigenen Schmelze 414
–, FeO_n-Tropfen, Zeit 389
– fester Stoffe, Messungen 210, 212
– feuerfesten Materials 213–217, 296, 297
–, Kalk in Schlacken 167, 213, 215–218
–, Kinetik 208–218
–, Kohlenstoff i. Eisen 203, 210, 212
–, Legierungsstoffe 414
–, Oxidteilchen 308, 327

Auflösen(-ung)
- poröser Stoffe 213–218
-, Zylinder 211, 212
Auflösungsgeschwindigkeit fester Stoffe 209
Aufschmelzdauer s. Schmelzzeit
Aufschmelzen s. Schmelzen
Aufstiegsgeschwindigkeit, Blasen 224, 231–233, 235, 236, 245, 248
-, Blasenschwarm 244, 247
-, Teilchen 222, 240, 281, 282, 315
-, Teilchenschwarm 242
Aufstiegsgesetze, Blasen 230–236, 359
-, Einzelteilchen 244
Auftriebsfreistrahl, heterogener 262, 263
-, thermischer 262
Auftriebskraft 219, 323
-, Blasen 223–225, 392
Ausbau, Atome aus Kristall 208–210
Ausbreitungswinkel s. auch Öffnungswinkel
-, Gas-Feststoffstrahl 271
Außenströmung 149, 333, 336, 337
-, Geschwindigkeit 153
Ausspülung 327, 349
Austausch zw. Teilvolumina 405
Austauschfläche 169, 204, 341, 343, 344
Austauschreaktion 204
Austauschstromdichte 199–201, 207
Austauschvolumenstrom zw. Teilvolumina 394, 395, 404, 406–408

Bad (Schmelzbad) 434, 435, 437
Badbewegung 187, 193
Badmotor 410, 411
Badtemperatur s. auch Schmelzentemperatur, Umgebungstemperatur 429
Badüberhöhung, Induktionsofen 127, 175, 176
Badumlauf, Konverter 361
Barium 81, 82
Basizität 91, 206
Beladungsdichte, Gas-Feststoff-Strahl 266, 273
-, kritische 267
Benetzbarkeit 316
Beschleunigung, Definition 133
-, konvektive 133
-, lokale 133
-, substantielle 133
Bewegung, schleichende 220, 314
-, reibungsfreie 220
Bewegungsgesetze v. Teilchen, Tropfen u. Blasen 219–294, 295
- i. Blasensäulen 244–265
- v. Gasblasen 223–237
- v. Teilchen 219–223
- v. Teilchensuspensionen 238–244
- v. Tropfen 237, 238

Bilanzgleichung, Makrokinetik 351
Biot-Zahl 417–421, 423–428, 431, 434, 435, 440
-, Definition 417
-, Grenzfall Schmelzzeit f. Bi = 0 425, 427, 428
-, Grenzfall Schmelzzeit f. Bi = ∞ 424, 425, 428
-, Grenzfall Vorwärmzeit f. Bi = 0 421, 422
-, Grenzfall Vorwärmzeit f. Bi = ∞ 421
Blase 121, 127, 295, 327, 328, 344, 357
-, Aufstiegsgeschwindigkeit s. Aufstiegsgeschwindigkeit, Blasen
-, Bewegungsgesetze 230–237, 343, 359
- i. blasengerührter Grenzfläche 304
- i. Blasensäulen 244, 247
-, Entstehung 223, 224
-, Koaleszenz 359
-, Kohlenmonoxid s. Kohlenmonoxidblasen
-, Stoffübergang 337–340, 343
-, Verteilungsfunktion d. Größen 237, 359, 360
-, Verweilzeit 349
Blasen, kombiniertes 361, 410, 411
Blasenablösung, Frequenz 195, 224
Blasenbewegung 231
Blasenbildung b. d. Kohlenstoff-Sauerstoffreaktion 194
Blasendurchgang, Frequenz 302, 304, 305
-, Grenzfläche 301–305
Blasendurchmesser 224–227, 304
-, kritischer 236, 237
Blasenentstehung 223–229, 268
Blasenform 232–234
Blasengasen 228, 229, 267, 273–275
Blasengröße 223–225, 227, 232
-, Verteilung 237, 249, 339, 359, 360
Blasenkoaleszenz 339, 359, 388
Blasensäule 163, 237, 244–265, 271
- b. blasengerührter Grenzfläche 301
-, Breite 257, 259, 261, 264
-, Gasgehalt 249, 250, 254, 255, 257, 260
-, Gasgehaltsverteilung 254, 258
-, Gasvolumenstrom 255–259, 261, 264, 359
-, Geschwindigkeitsverteilung 254, 258, 259, 261, 263
-, Mittengeschwindigkeit 256, 257, 259, 262
-, Öffnungswinkel 257, 261
- ohne Umlauf 239, 244, 245
-, Pfanne 252–265, 282, 283, 292, 293, 324
-, umlaufende 245–247, 249, 250, 271, 359, 360, 394, 395, 397, 398, 407, 409, 413
-, Volumenstrom der Flüssigkeit 258, 264
Blasenschwarm 238, 239, 247, 304, 326, 339
-, Geschwindigkeit 239
-, Slipgeschwindigkeit d. Einzelblase 260
Blasensuspension 239

Sachverzeichnis

Blasenvolumen 225
–, relatives 245
Blasenwachstum 340
Blasenzerfall 236, 237, 339, 359
Blasius-Gleichung 289
Blasrate s. auch Blasensäule, Gasvolumenstrom
–, spezifische b. Einblasen v. Kalk 377, 379
Bodenbereich e. Schmelze i. e. Pfanne 402, 403
Bodensteinzahl 131, 314
– Definition 131
Bondzahl 232
Boudouard-Gleichgewicht 184, 185, 188, 203
Bremsweg 281
Brennfleck 361, 362
Brennstoff-Sauerstoff-Brenner 422
Brikett s. Eisenbrikett

Calcium 19, 76, 81, 102–106
–, Aktivitäten in Halogenidschmelzen 103
–, Dampfdruck 19, 102, 103
–, Desoxidation 17, 73–76
–, Entschwefelung 81
–, Löslichkeit i. Eisen 19, 102, 103, 105
Calciumaluminat 74–76
Calciumbehandlung 102
Calciumcarbid 19, 103, 104, 274, 308, 327
–, Entschwefelung 77, 84, 375, 381
Calciumcarbonat 95, 97, 98
–, thermodynamische Daten 95
Calciumfluorid 84
Calciumhalogenidschmelzen 103, 105
Calciumionen 76, 77, 83, 330
Calciummetallurgie 102–106
Calciumoxid 17
–, Aktivität i. CaO-CaS-Mischkristall 378
– b. doppelten Umsetzungen 117
–, Entphosphorung m. Feinkalk 367
–, Entschwefelung m. festem Kalk 332, 375–380
–, Entschwefelungsgleichgewichte 81–83
–, Sättigung 28–36, 37–57, 217, 365, 367
–, System m. Al_2O_3 73–76
–, System m. FeO_n 28–36
–, System m. FeO_n-SiO_2 39–49
–, thermodynamische Daten 96
Calciumphosphat s. Tricalciumphosphat
Calcium-Silicium 81, 104, 274
Calciumsulfid 78, 79, 81
–, Entschwefelung m. festem Kalk 82–84, 329–333, 375–380
–, Entschwefelung m. Schlacken 85
–, Löslichkeit in Schlacken 85, 87
Calciumverbindungen 102
–, Gleichgewichte 103
Cerium 79

Ceriumsulfid 78, 80
Chrom 103, 104, 197
Cluster 312

Dämpfung, Turbulenz an einer freien Oberfläche 160, 162
Daten, thermische v. Eisen 422, 442
Desorption, Stickstoff aus Eisen 170, 177–179
–, Wasserstoff aus Eisen 182
Desoxidation 2, 7, 57–77, 79, 82, 120, 238, 308–313, 315–318
–, Aluminium 16, 17, 62, 63, 68–76, 118
–, Calcium 17, 73–76
–, Kohlenstoff 18, 63–65, 183
–, komplexe Oxide 65–76
–, Mangan 16, 17, 58–60, 65–68, 70–73
–, Methan 83, 329, 331
–, Silicium 17, 61, 62, 65–69, 71–73, 83, 119, 311, 312, 330
–, zeitlicher Verlauf 312
Desoxidationsgleichgewichte 16–18, 57–76
Desoxidationsprodukte 244, 308–313, 315–324
–, Auflösung 308
–, Abscheidungsrate 312, 318–324
–, Wachstum 308–312
Desoxidationsreaktion 196
Desoxidationsschaubild 57
–, Aluminium 63
–, Aluminium-Calcium 75
–, Aluminium-Mangan 70
–, Aluminium-Mangan-Silicium 71, 72
–, Kohlenstoff 64
–, Mangan 60
–, Mangan-Silicium 67, 68
–, Silicium 61, 62
Dicalciumferrit 30–35
Dicalciumsilicat 37, 38, 40–45, 47–49, 53, 54, 82, 83, 94, 167, 217, 218, 329, 330
Dichte, CaO 377
–, Einfluß auf Schmelzdauer 445
–, Eisen 307, 422, 442
–, Eisenbriketts 422
–, Eisenschwamm 422, 442
–, feuerfestes Material 297
–, Schlacke 297, 307
Dichtstromförderung 266
Differentialgleichung des Kräftegleichgewichtes i. e. Strömung s. Navier-Stokessche Differentialgleichung
Differentialgleichung, Fouriersche s. Fouriersches Gesetz, zweites
Differentialquotient, substantieller 136
Diffusion i. CaS-Schicht 331, 379
– b. CO-Blasenbildung 383, 384
– i. Grenzschichten 123–126, 128–132, 135–137, 159, 162, 163, 199, 301, 302

Diffusion
-, Grenzschichtgleichung der 136, 139
-, Kohlenstoff b. Schmelzen v. Schrott i. C-reichem Bad 449
-, kugelsymmetrisches Konzentrationsfeld 308, 328, 366
-, Sauerstoffionen i. Schlacken 191, 192
- i. Schlacken 191, 192
- b. Stoffübergang an kleinen Teilchen 309, 313, 314
- i. Teilchen 327–329, 333, 366
-, turbulente 159, 162, 168, 392, 395–397, 406
- b. Vermischung 392, 395–397, 406
Diffusionsgleichung d. Impulses 126
- d. Stoffes 124, 128, 135–137, 396
Diffusionsgrenzschicht 124–126, 130, 141, 143, 148–152, 158–160, 162, 163, 167, 168, 208
- an Blasen 307
-, Definition 124
- an flüssig-flüssig-Phasengrenze 148–152
-, gasseitige an flüssig-Gas-Phasengrenze 185, 186, 188
- b. Schmelzen v. Schrott i. C-reichem Bad 448, 449
- an Teilchen 307
- an Tropfen 307
Diffusionsgrenzschichtdicke 124, 125, 130, 131, 141–143, 158–160, 162, 167, 168
-, Definition 124
- b. laminarer Strömung 141–143
- b. reibungsfreier Strömung 130
- an rotierende Scheibe 210, 211
- b. Schmelzen v. Schrott i. C-reichem Bad 449
- b. turbulenter Strömung an e. freien Oberfläche 162
- b. turbulenter Strömung an e. Wand 158–160, 162
- an umströmter Kugel 325, 326
Diffusionsgrenzstromdichte 200, 201
Diffusionskoeffizient 123, 126, 128, 140, 149, 158, 162, 163, 198, 331
-, Kohlenstoff i. fl. Eisen 186, 386, 387
-, Magnesiumoxid 297
-, Sauerstoff i. fl. Eisen 386, 387
-, Schlacke 305
-, Schwefel i. flüssigem Eisen 307
-, Stahl 305
-, Stickstoff i. flüssigem Eisen 182, 183
-, turbulenter 158, 162, 322
-, Wasserstoff i. flüssigem Eisen 182, 183
Diffusionsstromdichte 123, 218, 449
Diffusionstransport s. Stofftransport d. Diffusion
Dispergieren 341, 343
Dispergierungsgrad 356, 363

Dissipation 254
Dissipationsrate 395, 396
Druck, ferrostatischer 194, 195, 317
-, kapillarer 160
Druckgefälle i. Strauströmung 173
Druckgleichgewicht b. Blasenentstehung 195
Druckkraft 133
Dünnstromförderung 266
Düse 223
-, Durchmesser 224–227
Duhem-Margulessche Gleichung 331
Durchmesser sich ablösender Blasen 195
Durchstichlänge 359
-, Verteilungsfunktion 359
Durchtrittsfaktor 200
Durchtrittsreaktion 199-201

Eigenmaßstab 137
Einblasen i. Schmelzen, Gase 226, 227, 229, 239, 275, 282
-, Gas-Feststoff-Strahl 266–270, 275, 282
-, Pulver 238
-, Stickstoff i. fl. Wood-Metall 359
-, Teilchen 276–282, 357
-, -, Teilchengeschwindigkeit 279, 280
Einblasrate, Teilchen 358, 360, 378
Eindringtiefe, Gas-Feststoff-Strahl 268, 269, 273
-, Konzentrationsfeld b. Diffusion 128
Einschlußteilchen 320
Einschmelzen s. Schmelzen
Einschmelzprozesse 342
Einschmelzreaktor 342
Einschmelzverfahren 441
Einschmelzzeit s. Schmelzzeit
Eintragsrate, relative d. Extraktionsphase b. transitorischem Phasenkontakt 354
Einzelteilchen, Widerstandsgesetz 240
Einzugsvolumen b. Teilchenwachstum 309–311
Eisen 8–10, 20–31, 33–36, 44–76, 226, 227, 233, 236, 305, 335, 336
-, Einschmelzen i. Eisen-Kohlenstoff-Schmelze 451
-, Schmelzkurve 447
-, Schmelzzeiten 442–445, 447
-, thermische Daten 422, 442
Eisenbadreaktor 342, 387
Eisenbriketts 444, 445
-, Schmelzzeiten 445
-, thermische Daten 422
Eisengranalien 362, 363, 373
Eisenionen 191
Eisen-Kohlenstoff-Legierung, Liquidustemperatur 448

Eisenoxid s. auch Aktivität, Sauerstoff, Schlacke, System Eisen-Sauerstoff, Zustandsschaubild
—, b. Aufblasen oxid. Gase auf fl. Eisen 186–188, 190–192, 361
—, Rastschlacke i. Hochofen 201–204
—, Schlackenbildung i. Konverter 363
—, Schmelzen 192
—, Spreitung 165
Eisenoxidtropfen 383, 385, 386, 388–391
—, Abstand zur CO-Blase 386, 388
—, Auflösung 385
—, Auflösungszeit 389
—, Durchmesser 366, 386–388, 390, 391
—, Konzentration i. d. Schmelze 389, 391
—, Reaktion m. Kohlenstoff zu CO 386–388
Eisenschwamm(-pellets) 1, 6, 299, 414, 448
—, Einschmelzen 429, 441
—, Schmelzkurven 442–444
—, Schmelzzeit 445
—, —, Einfluß d. Wärmeleitfähigkeit 444
—, thermische Daten 422, 442
Eisensilicat 62
Eisenträger, feste, Einschmelzen i. d. eigenen Schmelze 429
Eisentropfen 188, 362–374
Elektrisches Analogiemodell s. Analogiemodell, elektrisches
Elektrochemische Kette 199, 201
Elektrochemische Zelle s. Elektrochemische Kette
Elektrodenkinetische Untersuchungen 200
Elektrodenpotential 200
Elektrolichtbogenofen 296, 298, 299, 301, 414, 422, 429, 447
Elektronendonator 77
Elektronenleitung 24, 191, 192
Elektro-Schlacke-Umschmelzverfahren 197
Element, Ausbau aus Kristalloberfläche 208–210
— zu extrahierendes s. Stoff, zu extrahierender
Emissionskoeffizient 422
Emulgierung 282–294, 307, 342–344, 349, 352–356, 413
—, Eisenoxid 362
—, Energiebilanz 292
—, Mechanismus 282–294, 358
—, Schlacketropfen i. Stahl 282, 283
—, Stahltropfen i. Schlacke 282, 283, 305
Emulgierungsbedingung 284
Emulgierungsgrad 350, 354, 370, 371
—, CO-Blasen in Eisenschmelze 385
—, Oxidtropfen i. Eisenschmelze 385
Emulgierungsrate, relative 352, 353, 358, 372
Emulsion 219
Endkonzentration e. Extraktionsprozesses 346, 347

Endradius b. Teilchenwachstum 310, 311
Endwert s. Endkonzentration
Energie, kinetische v. Teilchen 276
—, turbulente 153
—, Übertragung Gas-Schmelze 392, 395
Entgasung 2, 7, 63–65
Enthalpie, freie v. Carbonaten d. Alkalien u. Erdalkalien 95
—, — v. Oxiden d. Alkalien u. Erdalkalien 96
Enthalpieverhältnis 436
Entkohlung 114, 183, 249, 326, 381–392
—, chromhaltige Stähle 357
—, Gleichgewicht 63–65
—, Konverter, Gesamtreaktionsstrom 390, 391
—, Prozeßkinetik 361–363, 381–392
—, —, Geschwindigkeit 381, 384, 385, 387, 388
—, —, Hauptbereiche i. Konverter 381
—, Reaktionskinetik 184–190, 192–196
—, —, Einzelblase 383, 384, 386, 387
—, selbstbeschleunigender Charakter 390
—, Vakuum 64, 65
Entkohlungsgeschwindigkeit 184, 186–190, 196
Entkohlungsrate s. auch Entkohlung
—, Konverterprozeß 362
Entkohlungsreaktion s. Entkohlung
Entphosphorung 13, 119, 197, 364–373, 412
—, Calcium 104, 105
—, Gleichgewichte 49–57, 364, 365
—, Kinetik 198
—, Mikrokinetik am Einzeltropfen 365–368
—, —, geschwindigkeitsbestimmender Schritt 367
—, Prozeßkinetik 364, 367–373
—, Sodaschlacken 99, 101
Entphosphorungsreaktion s. Entphosphorung
Entschwefelung 6, 13, 76–94, 117, 196, 327, 329–333, 335, 341, 375–381
—, Calcium 103
—, Calciumcarbid 84, 327, 381
—, Calciumoxid, s. Entschwefelung, Kalk
—, Cerium 78, 79
—, Gleichgewichtskonstanten 18, 19, 78, 82–84
—, Hochofenschlacke 91, 204
—, Kalk 77, 81, 83, 329–333, 333, 375–381
—, —, Reaktionsteilschritte 330, 380
—, —, Zeitkonstante d. Gesamtreaktion 378
—, kalkbasische Schlacken 85–94
—, Roheisen 82–84, 91, 329
—, Soda 94, 99–101
—, Stahl 83
Entschwefelungsmittel 78, 82, 84
Entschwefelungsreaktion s. Entschwefelung
Entzinnung 106

Eötvöszahl 232
Erdgas 83, 333, 375
Errorfunktion 129
Extraktionsmittel s. Extraktionsphase
Extraktionsphase 344, 345, 347–357
Extraktionsprozeß 354
Extraktionsreaktion 343

Fällungsreaktion hinter e. Phasengrenze s. Fällungsschicht
Fällungsschicht 167, 188, 218
Fehlerfunktion, Gaußsche 129, 161
Fehlerintegral, Gaußsches, s. Errorfunktion
Festkörper(-stoff), Aufheizwärme 433
–, Auflösung 208–218
–, Schmelzwärme 434
–, –, scheinbar erhöhte 434
–, Temperaturfeld 419
–, Wärmeleitung 430, 433, 440
Festkörperreaktion b. d. Entschwefelung 84, 329–333, 376, 378–381
Feststoffteilchen 127, 308, 316, 327
–, Abscheidungsgesetz, Zeitkonstante 358
–, Diffusion i. 328, 329
–, Durchtritt d. d. Oberfläche e. Schmelze 276
–, Durchtrittsarbeit 277
–, Eindringen i. Schmelzen 276–282
–, kinetische Energie 276
–, Stoffumsatz an 358
–, Verteilungsfunktion ihrer Abmessungen 357, 358, 363
–, Verweilzeit i. e. Schmelze 358
–, Zusammenstöße 316
Feuerfeste Ausmauerung s. Feuerfestes Material
Feuerfestes Material 36, 37, 194, 196, 300
–, Auflösung 213–218, 296, 297
–, Abschmelzen 296
–, Verschleiß 296–300
Feuerfeste Steine s. Feuerfestes Material
Ficksches Gesetz, erstes 124, 158, 322
Ficksches Gesetz, zweites 128, 129
Flächenverhältnis 415
Fluid, Volumenelemente 126, 128
–, –, Verweilzeit an d. Ober(Grenz-)-fläche 128, 130–132
Flußdichte 110
Flußgleichung 113, 114, 117–122
–, Definition 110, 111
– d. Kohlenstoff-Sauerstoff-Reaktion 193, 194
– d. Mikrokinetik b. emulsionsmet. Reaktionen 349
– b. Reaktionen i. d. Hochofenrast 202

Flüssigkeit i. e. Blasensäule 255
–, –, Geschwindigkeitsverteilung 258, 259
–, –, Mittengeschwindigkeit 257, 259
–, –, Volumenstrom 255, 264
Flüssigkeitskonstante 232, 233, 235, 238
Flüssigkeit, Volumenelemente s. Fluid, Volumenelemente
Förderung, pneumatische 265, 266
Fouriersches Gesetz, erstes 415
Fouriersches Gesetz, zweites 415, 430, 441
Fourierzahl 417–421, 426, 427
–, Definition 417
–, Schmelzperiode 425, 428
–, Vorwärmperiode 422, 423
Freie Plätze s. Oberflächenplätze, freie
Freistrahl 172–175
Frequenz d. Blasenablösung 195
– v. Induktionsschmelzanlagen 176–178
Frischen 22, 120, 184, 341
– i. Sauerstoffkonverter 361–363, 374, 386
Frischleistung 252
Frischreaktion s. Frischen
Froudezahl 221, 225, 228, 231, 273, 407, 408

Galaxit 70, 71–73
Galvanostatische Impulsmethode 199
Gas-Feststoff-Strahl 265–271, 273–276, 282, 357
–, Beladungsdichte 266, 273
–, Blaszustände 268, 274, 275
–, Durchmesser 272, 273
–, Eindringen i. Schmelzen 268–274
–, Eindringtiefe 268, 269, 273
–, Gasgeschwindigkeit 267
–, gekoppelter 266–269, 275
–, Geschwindigkeit 272, 273
–, Impulsstrom d. Teilchen 269–271
–, Länge 273
–, nicht gekoppelter 266–268, 275
–, Teilchengeschwindigkeit 267
–, Teilchenkonzentration 268
Gasflußrate 305
Gasfreistrahl 271
Gasgehalt, Konverter 250–252, 389–392
Gasgleichgewichte 15–17, 18–20
Gasphase 127
–, Grenzschicht 170
–, Rückstrom b. Reaktionen m. Änderung d. Molzahl 184, 185
–, Stofftransport 170–175, 184–188
–, Stoffübergangskoeffizient 170, 174
Gasspülung 341
Gasstrahl s. auch Freistrahl 172, 362
Gasstrom i. Sauerstoffaufblaskonverter 251

Gaußsche Fehlerfunktion s. Fehlerfunktion,
  Gaußsche
Gaußsche Fehlerkurve s. Fehlerfunktion,
  Gaußsche
Gaußsches Fehlerintegral s. Errorfunktion
Gaußverteilung 258, 261
Gefäßwand, feuerfeste 319
Gegendruck, kapillarer 160
Geometriefaktor 384–386
Gesamtreaktionszeit 349
Gesamtschmelzzeit 415
– v. Eisenkugeln 444–446
–, Grenzwerte f. $\lambda' = 0$ 445, 446
–, Grenzwerte f. $\lambda' = \infty$ 445, 446
Gesamtstoffübergangskoeffizient, Definition 111
– b. Reaktion Eisen-Stickstoff 178
– b. Stoffumsätzen an Blasen 339
– b. Stoffumsätzen an Tropfen 335, 336
Gesamtstrom 121, 122
Gesamttriebkraft s. Triebkraft, Gesamt-
Gesamtumsatz s. auch Gesamtstrom 204, 341–343, 358
– d. Entkohlungsreaktion 384, 385, 390, 391
– d. Entphosphorungsreaktion 370
Gesamtwiderstand 114, 122, 186
Geschwindigkeit, s. auch Reaktionsgeschwindigkeit, Strömungsgeschwindigkeit
–, gerichtete, d. Hauptströmung 154
–, maximale wandparallele 173, 186
– a. d. Oberfläche e. Schmelze 175
– d. stofflichen Umsatzes 111, 119
– d. Stofftransportes 107, 108, 119
– v. Teilchen s. Teilchengeschwindigkeit
Geschwindigkeitsbestimmender Schritt 108, 114, 115, 119–121
–, Definition 108
–, Desoxidation 315
–, Entphosphorung 365, 367
–, Festkörperdiffusion 376
–, Metall-Schlacke-Reaktionen 196–198
–, Oxidation v. Kohlenstoff i. Eisen 185, 190
–, Reaktion Eisen-Stickstoff 170–172
–, Reaktionen i. d. Rast e. Hochofens 203–205
–, Stoffübergang an Teilchen 328
Geschwindigkeitsfeld 132, 140, 141
– um e. Teilchen 241
Geschwindigkeitsgradient 126, 163
Geschwindigkeitsgrenzschicht s. Strömungsgrenzschicht
Geschwindigkeitskonstante s. Reaktionsgeschwindigkeitskonstante
Geschwindigkeitsprofil 144, 146, 150, 151, 154, 155, 157, 158, 173, 286–289, 293
Geschwindigkeitsverteilung s. Geschwindigkeitsprofil

Gesetz v. Rybczinski-Hadamard 230–233
Gestell, Hochofen 204
Gleichgewicht 8, 12, 13, 15–102
–, kinetische Definition 108
–, Raffination mit Calcium 103
–, Sulfide 79
–, Teilchenbewegung 220
–, thermodynamisches 108, 109, 111
Gleichgewichtsbedingung d. Blasenablösung an e. Düse 224
–, Gibbssche 164
–, Teilchenbewegung 220
–, thermodynamische an e. Phasengrenze 111, 112, 121, 302
–, –, Definition 111, 112
–, Zerfall u. Koaleszenz v. Blasen 388
Gleichgewichtsdurchmesser v. Gasblasen im Schwarm 388
Gleichgewichtskonstante s. Gleichgewichtsverteilungskonstante
Gleichgewichtskonzentration 108, 116
–, Definition 108
Gleichgewichtsverteilungskonstante
  (-zahl) 113, 114, 117, 118, 197, 344
–, Definition 108
–, Entphosphorung 365
–, Manganoxidation 374
–, Schmelzgleichgewicht 450
Gleichgewichtszone i. e. Blasensäule 249
Gleichkornsuspension 243
Gradient d. Geschwindigkeit s. Geschwindigkeitsgradient
– d. Impulskonzentration 126
– d. Temperatur s. Temperaturgradient
Gradientenkollisionen 317, 318, 324
Granalien s. Eisengranalien
Graphit, Auflösung in Eisenschmelze 210, 211
Greensche Funktion 441
Grenzfall fehlender Vermischung 349
– unendlich großer rel. Schlackenkapazität 346, 348, 355
– unendlich großer Umsatzzahl 346, 348, 355
–, Wirkungsgrad d. Mikrokinetik gleich eins 353, 355, 356
–, Wirkungsgrad d. Mikrokinetik klein gegen eins 353, 355, 356
Grenzfläche 123, 126, 164, 165, 219
–, blasengerührte 301–307
–, –, Blasendurchgang 302–304
–, –, Stoffübergang 302
–, ebene 123
–, Festkörper-Schmelze 431
–, flüssig-fest 150
–, flüssig-flüssig s. Metall-Schlacke
–, freie 164
–, Metall-Gas 204

Grenzfläche
–, Metall-Schlacke 150, 160, 163, 164, 287, 307, 323
–, Metallschmelze-Oxid 309
–, Schlacke-Gas 204
Grenzflächenaktive Stoffe 164, 165, 334
Grenzflächenenergie 164, 165, 316
–, Dreiphasengleichgewicht 276
Grenzflächenerneuerung s. Oberflächenerneuerung
Grenzflächenkonvektion 165, 166, 300
Grenzflächenkraft s. Grenzflächenspannung
Grenzflächenspannung 162–166, 180, 195, 227, 231, 276, 284, 300, 316, 319, 320, 323
–, äquivalente 161
Grenzflächenturbulenz 165, 307, 337
Grenzschicht s. Diffusionsgrenzschicht, Geschwindigkeitsgrenzschicht, Konzentrationsgrenzschicht, Strömungsgrenzschicht, Temperaturgrenzschicht
–, laminare 141, 153, 154
–, Teil- 168
–, turbulente 153, 155, 156, 159
Grenzschichtcharakter e. Strömung s. Grenzschichtströmung
Grenzschichtdicke s. Diffusionsgrenzschichtdicke, Strömungsgrenzschichtdicke, Temperaturgrenzschichtdicke
Grenzschichtgleichung, Diffusion s. –, Konzentration
–, Geschwindigkeit 135, 143
–, Konzentration 135, 136, 139, 334
–, Strömung 134
Grenzschichtströmung 135, 142, 153, 314, 325, 326
Grundgleichung e. emulsionsmetallurgischen Reaktion b. permanentem Phasenkontakt 351
– b. transitorischem Phasenkontakt 354

Hämatit 21
Haftungsbedingung 126, 286
Halbkristallage 208, 209
Halbwertsbreite, Blasensäule 261
Halbwertszeit 411, 412
Hauptströmungskomponente 126
Henrysches Gesetz 7, 8, 117, 119, 332, 374
Hilfsgasgleichgewicht CO_2/CO 19, 20
– H_2O/H_2 16, 19, 20
– H_2S/H_2 77, 78
Hinreaktion 108, 199
Hochofen 201, 204
–, Gestell 204
–, –, Entschwefelung 204
–, –, Metall-Schlacke-Reaktionen 204
–, Wärmeübergangszahl b. Einschmelzen v. Eisen 422

Hochofenschlacke 85, 90, 203, 204, 212
Höhe, relative 249, 250
Hohlräume i. feuerfestem Material 194, 196

Impuls 126, 154, 267
–, Diffusionsgleichung 126
Impulsbilanzgleichung 147, 148
Impulskonzentration, Gradient 126
Impulsmethode, galvanostatische 199
Impulsstrom 126, 267, 269–271
Impulsstromdichte 126, 142, 154, 156
Impulstransport 126, 143
–, turbulenter 156–158
Impulsübertragung 286, 392
–, turbulente 154, 156
Impulsverlust 144, 289
Impulsverlustdicke 144, 145, 147–149, 289, 290
Impulsverlustgleichung, Grenzschicht 289, 290
Indium, Stoffübergang aus blasengerührtem Quecksilber 303, 304, 334
Indiumamalgam s. Indium
Induktions(-tiegel)ofen 127, 128, 176, 177, 318, 382, 446, 447
–, Strömungsfeld 127, 128, 175, 176, 447
Infiltration 211, 213–217
–, Höhe 214
–, Zeit 215
Innenströmung i. Tropfen s. Zirkulation, innere
Integralprofilmethode 143–152
Ionen s. Kationen, Anionen
Ionenaustauschreaktion, Festkörper 329–333
–, Metall-Schlacke 200
Ionendiffusion, CaS-Schicht 331
Ionentheorie d. Schlacken 10–15, 197
isotherm 430, 431, 434, 437, 439, 441
Isotopenaustauschreaktion 178

Kalk 96, 196, 274, 308
–, Auflösung 42–44, 213–218
–, Entschwefelung 77, 81, 83, 329–333, 375–381
–, Sättigung s. Calciumoxid, Sättigung
–, spez. Blasrate 377
Kalkkorn 330, 379
–, Durchmesser 379
–, Verweilzeit b. Entschwefelung m. festem Kalk 331, 376–380
Kalk-Soda-Schlacken 94, 96
Kalkstaub 363
Kalottenblasen 234–236
–, Äquivalentradius 235, 236
–, Aufstiegsgeschwindigkeit 234, 235, 337

Kalottenblasen
–, Krümmungsradius 234, 235
–, Stoffübergangskoeffizient 337, 338, 339
–, Volumen 235
Kapazität, relative d. Extraktionsphase 344–348, 350, 352, 353, 355–357, 377
–, Definition 345
Kapillardruck 160, 194
Kapillarkraft 213, 214
Kármánsche Konstante 157
Keimbildung, Gasblasen 194–196
Kerntemperatur, Kugel 420, 421, 448
Kieselsäure 11–15, 27, 28, 37–45, 47–49, 59, 61, 62, 65–69, 71–73, 82, 83, 86–94, 100, 101, 119, 198–207, 212, 217, 218, 311, 312, 327, 330, 335, 337
–, Abscheidung 320
–, Aktivität 27, 29, 89
– -CaO, System 37, 38
– -CaO-FeO$_n$, System 39–49
– -FeO$_n$, System 27, 28
– i. Hochofen 201
Kinetik 107, 108, 169–218
–, Eisenoxidation 190–192
–, Kohlenmonoxid-Reaktion s. Kohlenstoff-Sauerstoff-Reaktion, Kinetik
–, Stickstoffübergang s. Stickstoff
–, Wasserstoffübergang s. Wasserstoff
Knotenpunktregel 120, 121
kohäsive Zone 201
Kohlendioxid 183
–, Blasen auf C-haltige Eisenschmelze 184–188, 189, 190
–, Boudouard-Gleichgewicht 18, 184, 185
–, Gleichgewicht d. CO-Verbrennung 19
–, Gleichgewicht d. C-Oxidation 19
–, Phasengrenzreaktion b. C-Oxidation 188, 189
–, Sauerstoffaufblasen 188
–, Wassergas-Gleichgewicht 19
Kohlenmonoxid 183
–, Bildungsrate im Sauerstoffkonverter 389–392
–, Blasenentstehung 194–196
–, Boudouard-Gleichgewicht 18, 184, 185, 187
–, Frischen 113
–, Gleichgewicht d. C-Oxidation 18, 64, 65
–, Gleichgewicht d. Verbrennung 19
–, Kinetik d. C-Oxidation 184, 185
–, Kinetik d. Kohlenstoff-Sauerstoff-Reaktion 192–194
–, Rührwirkung 410–412
–, Sauerstoffaufblasen, Verbrennung 186, 187, 361
–, Wassergas-Gleichgewicht 19

Kohlenmonoxidblasen 188, 193, 410
–, Äquivalentdurchmesser 388
–, Auftriebskraft 392
–, Entstehung 194–196
–, Gehalt i. d. Schmelze 392
–, Impulsübertragung an d. Schmelze 361, 392
–, Konzentrationsverteilung v. C u. O an d. Blase 383, 386
–, Phasengrenze 202
–, Stoffübergang 382, 390
–, Verteilung i. d. Schmelze 385
Kohlenmonoxid-Reaktion s. Kohlenstoff-Sauerstoff-Reaktion
Kohlenstoff 4, 5, 8, 9, 18–20, 63
–, Aktivität i. fl. Eisen 8, 9
–, Auflösung 203, 208–218
–, Boudouard-Gleichgewicht 19, 184, 185
–, C-O-Gleichgewicht 18, 64, 65, 193, 384–386
–, C-O-Reaktion an CO-Blase 382–387
–, –, Konzentrationsfeld 383, 384, 386, 387
–, –, Stoffstromdichte 384, 385, 387
–, Diffusionskoeffizient i. fl. Eisen 186
–, Einfluß d. Konzentration i. Stahlbad auf d. Schmelzen v. Schrott 448–450
–, Frischen 113, 114, 361, 362
–, Kinetik d. C-O-Reaktion 192–194
–, Löslichkeit i. fl. Eisen 9
– b. Metall-Schlacke-Reaktionen 201–203, 205–208
–, Oxidation s. Kohlenstoff-Sauerstoff-Reaktion
–, – m. O$_2$ 188, 361–363, 382
–, Prozeßkinetik d. Entkohlungsreaktion 381, 388–392
–, –, Gesamtstrom 388, 390–392
–, Reaktionskinetik d. Oxidation m. CO$_2$ 184–188, 189, 190
–, Reduktion durch 205
Kohlenstoff-Sauerstoff-Reaktion
s. auch Entkohlung, Kohlendioxid, Kohlenmonoxid, Kohlenstoff 113, 183, 362, 391
–, Badmotor 410
–, Badrührung 429
–, Flußgleichung 193
–, Gleichgewicht 18, 63–65, 92, 101
–, Kinetik 192–194, 392
Kohlevergasung 342, 385–387
–, Konverter 389–392
–, –, Reaktionsstrom 390–392
Kollisionen s. Stokessche K. u. Gradientenk.
Kombiniertes Blasen 410, 411
–, Komponente 115, 117–120
Konsekutivreaktionen 112–114

Kontinuitätsbedingung 111, 120, 135, 137, 185, 309
–, Kontinuitätsgleichung 135
Konvektion 123
Konvektionsstromdichte 123
Konverter s. Sauerstoffkonverter
Konvertermetallurgie 189
Konverterprozeß 410
Konverterverfahren 184, 196, 429
Konzentration, angereicherte b. Vermischung 392, 393
–, dimensionslose 345–348, 351, 353–357
–, gemessene b. Vermischung 404, 405, 407–409
–, periodischer Zeitverlauf 393, 399–402, 407–409
–, Phosphor 369–373
–, Verteilung, Tank-in-Reihe-Modell 399–402
–, Zwei-Tank-Modell 404
Konzentrationsdifferenz, gesamte 122
–, treibende 109–111, 118, 119, 121, 122
Konzentrationsfeld, angeströmte Platte 136, 137
–, flüssig-flüssig-Phasengrenze 148
–, freie Oberfläche 132
– um e. wachsendes Teilchen 308, 309
Konzentrationsgradient 124, 139, 159, 167
–, längs angeströmte Wand 139
Konzentrationsgrenzschicht s. Diffusionsgrenzschicht
Konzentrationsprofil, Gasphase an Gas-Schmelze-Phasengrenze 185
–, längs angeströmte Platte (Wand) 137, 139, 140
–, b. reibungsfreier Strömung 131
–, Schlackenseite einer flüssig-flüssig-Phasengrenze 151
–, turbulenter Stofftransport an e. festen Wand 158
– um e. wachsendes Teilchen 308, 315
Konzentrationsverlauf s. Konzentrationsprofil
Konzentrationswolke 393, 397
Kopplung, Gas-Feststoff-Strahl 266–268, 275
Korndurchmesser b. Entschwefelung m. festem Kalk 330
Körper, umströmter 127
–, – b. Stoffübergang an Teilchensuspensionen 327
Kraft, äußere 133
–, innere 133
–, magnetische 175
Kräftegleichgewicht, Blasenentstehung 234
–, Blasensäule 254

–, Eindringen e. Teilchens i. e. Schmelze 278
–, flüssig-flüssig Phasengrenze 148, 286
–, Kapillarkraft-Schwerkraft b. Infiltration poröser Steine 214
–, Pore 194
–, Strömung 132, 133
–, Tropfenbildung 284
Kräftegleichung d. Grenzschichtströmung 134, 135
Kugel, Agglomeration 316–318
–, Enthalpieverhältnis 436
–, Oberfläche b. Schmelzen 435
–, Schmelzen 414, 424, 425, 429, 441–444, 446, 447
–, Schmelzkurven 442–444, 447
–, Schmelzzeit 424, 425, 428, 435, 440, 445
–, Stoffübergang 308–312, 314, 366
–, umströmte 127, 230, 325
–, –, Nußeltzahl 432, 433
–, –, Wärmeübergang 432
–, Vorwärmzeit 418–423
–, Wärmeleitung 415, 419–421, 423, 441, 444, 445
–, Wärmeübertragung d. Strahlung 419–421
Kühlschrott s. Schrott
Kupfer 102, 305, 335, 336
–, Vermischung 411

Länge, charakteristische b. Teilchen, Tropfen u. Blasen 307
Ladungsaustausch 197
Ladungsaustauschreaktion 206
Ladungszahl 200
Laser-Doppler-Anemometer 258
Lebensdauer v. Turbulenzballen 153
Leerrohrgeschwindigkeit 244, 245, 249, 250
Legierungsstoffe, Auflösung 414
Leistungsgrenze, Konverter 252, 392
Leitfähigkeitsmethode 393, 404
Lichtbogen 298
Lichtbogenofen s. Elektrolichtbogenofen
Lichtschnitt 394
Liquiduskonzentration b. Schmelzen v. Schrott i. Fe-C-Legierungen 450
Liquidustemperatur v. Fe-C-Legierungen 448, 452
Lochkeim 209
Löslichkeit, Calcium in Eisen 19
–, CaO in Schlacken 30–36, 38–44, 52–54, 56, 86, 89
–, CaS in Schlacken 87
–, Gleichgewicht CaS-CaO 331
–, Kohlenstoff i. Eisen 9
–, Magnesium i. Eisen 19
–, MnS i. Eisen 80
–, Sauerstoff i. Eisen 20, 21, 191

Löslichkeitsprodukte d. Oxide 58
– d. Sulfide 79–82
Lösungsverschleiß s. Schlackenverschleiß

Machzahl 253
–, nominelle 228, 229
Magnesioferrit 36, 37
Magnesiowüstit 36, 37
Magnesium 19, 82, 274
Magnesiumoxid 82
–, Auflösung 297
–, Diffusionskoeffizient 297
–, Löslichkeit i. Schlacken 297
–, Zustandsschaubild m. FeO-Fe$_2$O$_3$ 36, 37
Magnetit 21, 32–35
Makrokinetik 341, 343, 363
–, Einflußgrößen 350, 351
– i. emulgierten Systemen 349–357
–, Entphosphorung 368–373
–, Grenzfälle 353
–, Grundgleichungen b. permanentem Phasenkontakt 351
–, – b. transitorischem Phasenkontakt 354
– i. Konverter 412
– i. nicht emulgierten Systemen 344–348
–, Zeitkonstante 350, 353, 354
Mangan 4, 5, 197, 205, 206
–, Desoxidation 59–61, 65–68, 70–73
–, Entschwefelung 79–81
–, Gleichgewicht Metall-Schlacke 27, 374, 375
–, Kinetik Metall-Schlacke-Reaktion 207, 336, 337, 374, 375
–, Stoffübergangskoeffizient 374
Manganoxid, Aktivität 25, 65–67, 374
–, Desoxidation m. Mangan 60
– i. komplexen Oxiden 65–68, 70–73
–, Metall-Schlacke-Reaktion 196, 197, 335–337, 374, 375
–, b. Oxidation v. Mangan aus Eisentropfen 374, 375
–, Schlacke 197, 204, 335
–, Zustandsschaubild m. FeO$_n$ 25–27
Manganreaktion s. Mangan, Manganoxid
Mangansilicat 66–68
Mangansulfid 79–81
–, Löslichkeitsprodukt 80, 81
Marangonizahl 165
Massenbilanz, Entphosphorung 368
–, Entschwefelung m. festem Kalk 376
– i. d. Grenzschicht b. Einschmelzen v. Schrott i. Fe-C-Schmelzen 449
–, permanenter Phasenkontakt m. Emulgierung 350, 368
–, permanenter Phasenkontakt ohne Emulgierung 345

–, transitorischer Phasenkontakt m. Emulgierung 350, 354, 376
–, transitorischer Phasenkontakt ohne Emulgierung 347
–, Tropfenbildung i. Sauerstoffkonverter 364
–, Zwei-Tank-Modell 402
Massenstromdichte, Definition 109
Material, feuerfestes s. Feuerfestes Material
Mehrphasensysteme 341, 343
Mengenstromdichte, Berechnung, längs angeströmte Platte 139
–, Definition 109
Mengenverlustdicke 149, 151
Mengenverlustgrenzschicht 149
Mengenzunahmedicke 151
Metall-Gas-Reaktionen 169, 170–190, 192–196
Metalloxid, Spreitung 165
Metall-Schlacke-Reaktion 163, 169, 196–208, 306
–, elektrochemische Natur 196, 199, 207
Metall-Schlacke-System 305
Metalltropfen, emulgierte 349, 351, 365
Methan 19, 83, 329, 331
Mikrokinetik 341, 343, 344, 354
–, Einflußgrößen 350, 352
–, Entphosphorung 364–369
–, Entschwefelung m. festem Kalk 375
–, Konverter 413
–, Wirkungsgrad 352, 354, 355
–, –, Grenzfälle 353, 355
Mindestgeschwindigkeit b. Einblasen v. Pulvern i. Stahlschmelzen 276, 280, 281
Mischer, idealer 400
Mischung 107, 252, 282, 320, 341–343, 349, 356, 392–413, 429
–, blasengerührte Grenzfläche 301
–, Konzentrationsverlauf 404, 408, 409
–, Modellrechnungen 404, 408, 409
–, Turbulenzballen 158
Mischungslücke i. System CaO-FeO$_n$-P$_2$O$_5$ 52, 53
– i. System Fe-Mn-S 79, 80
Mischungsmodell 395–410
–, kombiniertes 406–410
Mischungsweg, Prandtlscher 156–158, 160, 162, 287, 322
Mischverhalten metallurgischer Reaktoren 406
Mischzeit 395, 410
–, Funktion d. spez. Rührleistung 396, 398, 405
–, Konverter 410, 411
–, Umlaufvolumenstrom 397
Mortonzahl s. Flüssigkeitskonstante
Mullit 68, 69, 71–72, 215
Mutterphase 219, 220, 349

Natrium 99, 100
Natriumcarbonat 77, 94–99
–, Entschwefelung 77
Natriumoxid 95, 96, 97–101
–, Aktivität 97–101
–, Reduktion 100
Natriumsilicatschlacke 99, 100
Natriumsulfid 99, 100
Navier-Stokessche Differentialgleichung 133, 134, 143, 242, 247, 395
Nichtbenetzbarkeit 225, 226, 277, 280, 316
Nickel 104
Normalverteilung, logarithmische 359, 360
Nußeltzahl 432, 433, 451
–, Definition 432

Oberfläche 276
–, freie 150, 160–164, 170, 184, 306
–, Schmelzen e. Wärmguts 415, 430
–, – Einfluß Geometrie auf Schmelzzeit 440
Oberflächenarbeit 276
Oberflächenerneuerung 131, 162–165, 230, 231, 301, 333, 334, 337–339, 365
Oberflächenerneuerungstheorie 131, 163, 192
Oberflächengeschwindigkeit 175, 306
Oberflächenkraft 223–226, 236, 276
Oberflächenplätze, freie 180–182
Oberflächenspannung 161
Oberflächentemperatur 420, 421, 424
–, Definition 415
–, dimensionslose, Definition 418
–, b. Schmelzen i. d. eigenen Schmelze 431
Oberflächentemperaturgradient i. Wärmgut 431
Oberfläche/Volumenverhältnis 350, 352, 376, 390
–, Schrott, Einfluß auf Schmelzverhalten 452
Öffnungswinkel 259, 261, 271
Ofenatmosphäre, Strahlungsdurchlässigkeit 422
Ofenräume, geschlossene, Strahlungswärmeübergang 415
Oseensches Gesetz 221, 222
Oxidation 2, 5, 7, 20–57, 120, 122
–, Eisen 190–192
–, Eisentropfen 188
–, Kohlenstoff 184–190, 192–196
–, Silicium 205–207
Oxidationsgleichgewichte 20–57
Oxidationsreaktionen, Konverter 361
Oxidschicht 191
Oxidteilchen, Auflösung s. Auflösung
–, Wachstumsformen 313
–, Wachstumszeit 311
Oxidtropfen s. Eisenoxidtropfen

Parallelströmung s. auch Strömung 304, 333, 335–337
Parameter, charakteristische d. Mischungsmodelle 402
Partikelwolken 240, 241
Penetrationstheorie 131
Pfanne 402, 403, 406, 409, 411
–, Einblasen v. Teilchen 357
–, gasgerührte 246, 283
–, Mischzeit 409, 411
–, Modell 404, 407, 409
–, Teilchenaufstieg 315
Pfannenmetallurgie 158, 229, 282, 292, 301, 360
–, Stoffübergangskoeffizient Metall-Schlacke 163
Pfropfströmung, ideale 400, 402
Phase, Definition 108
–, dispergierte 344, 349
–, emulgierte s. Phase, dispergierte
–, extrahierende s. Extraktionsphase
Phasengrenze, bewegte 160–164, 324
–, Definition 107
–, dimensionsloser Abstand v. d. 151
–, Gas-Metall 204
–, Gas-Schlacke 203
–, Metall-Kohlenstoff 202
–, Metall-Schlacke 201–204, 286–288, 292, 300
Phasengrenzreaktion 107, 108, 110–112, 170, 171, 189, 190, 198, 200, 208, 330
–, Definition 107
–, Oxidation v. Kohlenstoff i. Eisen durch CO_2 189
–, Stickstoffübergang Gas-Schmelze 178–182
–, Stoffstromdichte 171
–, Widerstand 110
Phasengrenzreaktionsgeschwindigkeitskonstante, Ausbau d. Atome aus d. Kristall 208
–, Eisen-Stickstoff 178–182
–, Eisen-Wasserstoff 182
–, Graphitauflösung i. e. Eisenschmelze 210, 211
–, Metall-Schlacke 200, 201
–, Oxidation v. Kohlenstoff i. Eisen m. CO_2 189, 190
Phasenkontakt, permanenter 344, 345–347, 349–353, 356, 357
–, transitorischer 344, 347, 348, 354–357
Phasenübergangszahl 417, 424–428, 433–435, 438–440, 445, 446
–, Definition 417
–, modifizierte 425–427
–, scheinbar erhöhte 424, 434, 439, 440
Phosphatkapazität 50, 54, 55, 57, 365
Phosphor 4–6, 363
–, Abbrandkurve 369
–, Aktivitätskoeffizient 365

Phosphor
–, Gleichgewichte 49–51, 54, 55, 57, 99, 101, 105, 117, 364, 365
–, Gleichgewichtskonzentration unter Konverterschlacken 372
–, Konzentration i. Metallbad 371–373
–, Konzentration i. Tropfen 367, 368, 371
–, Stoffstromdichte am Einzeltropfen 365, 366
–, Stoffübergang Metall-Schlacke 119, 335
–, Stoffübergangskoeffizient 365–367
Phosphorverteilung 51, 54–56, 364, 365
Platte 126
–, Enthalpieverhältnis 436
–, 2. Fouriersches Gesetz 415
–, i. d. Vorwärmperiode aufgenommene Wärmemenge 419, 424
–, Länge 127
–, längs angeströmte 127, 134, 143, 153
–, –, Nußeltzahl 432, 433
–, Oberfläche b. Schmelzen 435
–, Oberflächentemperatur 418
–, Schmelzen 414, 424–427, 429
–, Schmelzkurven 425, 426
–, Schmelzzeit 424–426
–, Symmetriezahl 415, 423
–, Temperaturfeld b. Schmelzen 427
–, Vorwärmzeit 418, 419, 421, 422
–, Wärmeleitung 415, 418, 419, 427, 428
–, Wärmeübertragung d. Strahlung 419
Pneumatische Förderung s. Förderung, pneumatische
Poren, Durchmesser 215–217
– i. feuerfestem Material 194, 223
– i. Kalk 215–217
Porenstein 223, 253
Poröse Stoffe, Auflösung 213
Prandtlscher Mischungsweg s. Mischungsweg, Prandtlscher
Prandtlzahl, Definition 432
Primärzone 389–391
Pulver, eingeblasene 307

Quecksilber 226, 228, 229, 303, 334
Quervermischung, turbulente 399

Raffination 1, 2, 4–7, 441
– m. Calcium 103
Raffinationsphase 341, 343
Randbereich e. Fluids 124
Randwinkel 277, 280, 281, 315, 317, 319
Raoultsches Gesetz 7, 8, 332
Rosin-Rammler-Sperling-Verteilungsfunktion 363
Reaktion, emulsionsmetallurgische 357, 360
–, transitorische 375

Reaktionen mit Verzweigungen 112, 120, 122
Reaktionsdruck 346
Reaktionsgeschwindigkeit 109, 119, 346
–, Metall-Schlacke-Reaktionen 197, 198
–, Austauschstromdichte 200
Reaktionsgeschwindigkeitskonstante 108, 111
–, Definition 108
–, makroskopische d. Entphosphorungsreaktion 369
Reaktionskonstante, rationelle 331, 333, 379, 380
Reaktionsoberfläche 114, 201, 353
–, spezifische 360
–, wirksame 330
Reaktionsräume 361
Reaktionsschicht 331, 375, 376, 378, 379
Reaktionsstrom, Entkohlung 389–392
Reaktionsteilschritt s. Teilschritt
Reaktor, metallurgischer 342, 347
Reaktortheorie, Begriff 341–343
Reduktion i. d. Rast d. Hochofens 204
– m. Kohlenstoff 205
Reibung 126, 132, 153, 158
Reibungskraft 133, 134, 220, 231
Relativgeschwindigkeit i. Blasensäulen 244
– i. Teilchenschwärmen 240, 241
–, Teilchen-Schmelze 219, 220, 308, 357
–, Tropfen-Schmelze 358
Reoxidation 317, 321
Restdicke b. Einschmelzen 425, 426
Reynoldssche Schubspannung s. Schubspannung, Reynoldssche
Reynoldszahl 153, 159, 212, 220–223, 231–234, 237, 247, 248, 267, 279, 297, 315, 324–326, 334, 367, 432, 441
–, Definition 131
–, lokale, Definition 132
–, mittlere, Definition 132
–, örtliche s. lokale
Richardson-Diagramm d. Sulfide 77, 78
Roheisen 1, 414
–, Definition 1
–, Entschwefelung 82, 84, 90, 91, 99, 333
–, Zusammensetzung 5
Roheisenbegleitelemente 1, 4, 5, 361–366, 451
–, Enthalpien d. Oxidation 451
Rohr, durchströmtes 126
Rohstahl, Definition 1
Rückreaktion 108, 199, 319, 321
–, Definition 108
Rührbedingungen b. Metall-Schlacke-Reaktionen 197, 198
– b. Mischung 406
Rühren 252, 286, 305, 343
– b. Emulgierung 292
– m. Kohlenmonoxidblasen 301, 429

Rühren
–, b. Stoffübergang an Teilchensuspensionen 327
– b. Teilchenabscheidung 318–321
Rührenergie 252–254, 321
Rührgas 223, 252, 282, 292
Rührgasmenge s. Rührgasvolumenstrom
Rührgasvolumenstrom, äquivalenter 411, 412
–, blasengerührte Grenzfläche 305, 306
–, Konverter 411
–, Mischung 397, 398, 404, 405
–, Pfanne 163
–, Teilchenabscheidung 318, 319
Rührleistung, Konverter 411–413
–, Mischung 396–399, 405, 407
–, Stoffübergang an Teilchensuspensionen 327
–, Teilchenabscheidung 321
Rührrate s. Rührgasvolumenstrom
Rührung s. Rühren
Rührwirkung, Gase im Konverter 412
–, Kohlenmonoxid 410

Sauerstoff 6, 16, 57–76, 81, 114
–, Aktivität 16, 18–20, 24, 25, 45, 46, 50, 57–65, 67–69, 72–75, 81–83, 85, 92, 100, 101, 181
–, Aufblasen 165, 188, 361
–, Aufnahme durch d. Eisen b. Frischen 192, 382
–, Diffusion zur CO-Blase b. Entkohlung 383, 384, 386–388, 390, 391
–, Einblasen m. Feinkalk 363, 367
–, Einblasen m. Kohle 389
–, Einfluß auf Oxidwachstumsform 313
–, Gleichgewicht m. Konverterschlacken 45
–, Gleichgewicht m. Schlacken d. Systems $CaO-FeO_n-SiO_2$ 45
–, grenzflächenaktives Verhalten 164, 165, 179–182, 365
–, Konzentrationsverlauf b. Desoxidation 312, 318, 319, 321
–, Löslichkeit i. Eisen 20, 21, 191
– b. Reaktionen m. Verzweigungen 120–122
–, System m. Eisen 20–25
–, Transport b. Desoxidation 120
–, – b. Entschwefelung m. festem Kalk 329
Sauerstoffaufblaskonverter s. Sauerstoffkonverter
Sauerstoffaufblasverfahren 282, 361, 362, 364, 410
Sauerstoffblase, Stoffübergang in flüssigem Silber 338
Sauerstoffblasrate 373

Sauerstoffionen, Diffusion i. festem CaS 82, 83
–, Diffusion i. Schlacke 191, 192
–, freie i. Schlacken 11–15
–, thermodynamische Wirkung 76, 77, 85, 87
Sauerstoffkonverter 122, 229, 246, 251, 296, 297, 389–392
–, Blasensäule 249, 297
–, bodenblasender 362, 386, 389, 390
–, Entphosphorung 367, 372
–, Gasstrom 251
–, Kohlenstoff-Sauerstoff-Reaktion 381–392
–, –, Reaktionsstrom 389–392
–, Leistungsgrenze 252, 390
–, Mischung 392, 406
–, Reaktionssystem 360–363
–, Schmelzen v. Schrott 451, 452
–, Verweilzeit d. Gases 250
Sauerstofflanze 361, 372
Sauerstoffpartialdruck 22–24, 191
Sauerstoffpotential 112
– v. Hochofenschlacke 204
Sauerstofffrischverfahren 188
Sauerstoffsonde, elektrochemische 185, 312
Sauerstoffstrahl 361
Säulenhöhe, relative s. Höhe, relative
Schallgeschwindigkeit 228, 229
Scheibe, Auflösung 210, 296
–, rotierende 210, 211
–, Strömungsbedingungen 210
Schicht, aufgewachsene 329, 332
–, Dicke 331, 333
Schlacke s. auch System, Zustandsschaubild, Zweistoffsysteme 121, 148
–, $Al_2O_3-CaF_2-CaO-FeO_n-MgO$ 197, 198
–, Al_2O_3-CaO 165, 327
–, $Al_2O_3-CaO-FeO_n-SiO_2$ 335
–, $Al_2O_3-CaO-SiO_2$ 204, 212, 327, 335, 337
–, Calciumhalogenid- 103–105
–, $CaO-FeO_n$ 215, 363
–, $CaO-FeO_n-MnO-SiO_2$ 374
–, $CaO-FeO_n-SiO_2$ 197, 212, 217
–, Definition 5
–, Eindringen s. Infiltration
–, eisenoxidhaltige 361, 374
–, $FeO_n-MnO-SiO_2$ 367
–, FeO_n-SiO_2 214
–, Geschwindigkeit an e. flüssig-flüssig-Phasengrenze 148
–, kalkgesättigte 367
–, Konverter, Zusammensetzung 44, 411
–, Soda- 327
–, Struktur 10–15, 197
Schlackenverschleiß s. auch Feuerfestes Material, Verschleiß 297–300
Schlacketropfen, emulgierte 282, 283, 349, 351

Schmelze, blasengerührte 145, 163, 394
–, gasgerührte s. –, blasengerührte
Schmelzenthalpie(-wärme) 424, 429, 436
–, Definition 416
–, Eisen 422, 442
–, scheinbar erhöhte 424, 434, 439, 440
Schmelzen 342, 414
– b. direkter Übertragung d. Wärme 414–429
–, Kugeln i. d. eigenen Schmelze 441–448
–, Temperaturfeld, Platte 427
–, zeitlicher Verlauf 424–426, 442–444, 447
Schmelzen i. d. eigenen Schmelze 429–444
–, zeitlicher Verlauf 442–444, 447
Schmelzen i. stark überhitztem Bad 347, 438
–, Schmelzzeit 438
–, Wärmestromdichte 438
–, Wärmeübergangzahl 437
Schmelzgeschwindigkeit 298, 425–427, 437, 442, 449
Schmelzgut 343
Schmelzkurven, Kugel 442–444, 447
–, Platte 435, 436
Schmelzperiode 415, 416, 418, 424–429
–, Dauer s. Schmelzzeit
Schmelzreduktion 183, 342
Schmelztemperatur 414
–, Definition 416
–, Eisen 422, 442
Schmelzentemperatur s. auch Umgebungstemperatur 430, 451, 452
Schmelzzeit(-dauer) 424–426
– f. adiabatisches Schmelzen i. schwach überhitztem Bad 435
– f. isothermes Schmelzen i. stark überhitztem Bad 438
– f. isothermes Schmelzen i. schwach überhitztem Bad 434
– f. Schmelzen e. kalten Einsatzstoffes 439, 440
–, –, Einfluß d. Symmetrie 440
– e. kalten Einsatzes m. $\lambda' = 0$ 440
– e. Kugel 428
– v. Kugeln i. d. eigenen Schmelze 442–447
–, –, Grenzwerte f. $\lambda' = 0$ u. $\lambda' = \infty$ 444–446
–, Maximum 425
–, Minimum 425
– e. Platte 425–426
–, verallgemeinerte 436
Schmidtzahl 139–141, 143, 303, 325
–, Definition 131
– i. Schlacken 212, 315, 336, 366, 367
– i. Stahlschmelzen 212, 315
Schritt, geschwindigkeitsbestimmender s. geschwindigkeitsbestimmender Schritt
Schraubenversetzungen 209, 210

Schrott 1, 4, 411
–, Definition 1
–, Einfluß d. Stückgröße auf Schmelzgeschwindigkeit 452
–, Einschmelzen 414, 422, 429, 447–452
–, Schmelzen i. C-haltigem Stahlbad 448–452
–, Stückgrößen 422, 423
–, Vorwärmzeiten 423
Schubkraft je Einheitsbreite 147, 148
Schubspannung 126, 133, 142, 145, 147, 155, 157, 287, 289–291
–, Reynoldssche 154–156, 395
–, viskose 155
Schubspannungsgeschwindigkeit 155, 162, 287
– b. Teilchenabscheidung 321–323
Schutzfaktor 298, 299
Schwankungsgeschwindigkeit, turbulente 154–157, 286, 287
–, – an freien Oberflächen 160, 161
–, – b. Teilchenabscheidung 321, 323
–, – i. Blasensäulen 339
Schwebeschmelzen 172, 174, 189
Schwefel 4–6, 18, 19, 117, 118
–, Aktivitätskoeffizient 10, 331, 332
–, Gleichgewichte unter red. Bedingungen 76–94
–, Gleichgewicht m. Konverterschlacken 47
–, Gleichgewicht m. Schlacken d. Systems $CaO-FeO_n-SiO_2$ 46–49
–, grenzflächenaktives Verhalten 164, 165, 179–182, 337
– i. Hochofen 201, 202
–, Kinetik b. Metall-Schlacke-Reaktion 206, 207
–, Stoffübergang Metall-Schlacke 197, 305, 306
–, Verhalten b. Entschwefelung m. festem Kalk 329, 330, 332, 333, 375–380
Schwefelpartialdruck 77
Schwefelverteilung 85, 90
– unter $Al_2O_3-CaO-SiO_2$-Schlacken 87, 90, 92
– unter Hochofenschlacken 91
Schweredruck 160
Schwerkraft 133, 134, 161, 213, 219–221, 225
Schwingung, gedämpfte d. Konzentration 393, 399, 402, 407
Sekundärzone 389, 390
Sherwoodzahl, Auflösung feuerfester Wände 296
–, Auflösung gerührter Teilchensuspensionen 327
–, äußere 327
–, Definition 131
–, innere i. Tropfen 334

Sherwoodzahl
-, Kugel 314, 315, 325, 326, 366
-, lokale 132, 140, 159, 325
-, mittlere 132, 140, 159, 325
- b. Reaktion Tropfen-Schmelze 335, 336
- b. Schmelzen v. Schrott i. C-haltiger Eisenschmelze 450, 451
-, an Tropfen u. Gasblasen b. Oberflächenerneuerung 333
Sphärizität 220
Siemens-Martin-Verfahren 113, 196, 304, 305, 388
Silber 226, 338
Silicationen 11–15, 206
Silicium 4, 5, 17, 77, 94, 333, 335, 337
-, Desoxidation 58, 59, 61, 62, 65–73, 311, 312, 318, 321, 329, 330, 378
-, Frischen 120–122, 362
- i. Roheisen 82
-, Stoffübergang Metall-Schlacke 197, 201, 202, 204, 206
Siliciumcarbid 94
Slipgeschwindigkeit 260, 261
Soda s. Natriumcarbonat
Sodabehandlung 100
Sodaschlacke 96, 327
Soliduskonzentration b. Einschmelzen v. Schrott i. C-haltiger Schmelze 450
Spreitung 165
Spreitungsdruck 164, 165, 300
Spülgas 2, 223
Spülgasbehandlung i. Vakuum 360
Stahl, Definition 1
-, Eigenschaften 1
-, unberuhigter 70, 71
Stahlherstellung, Ziel 1
Stahlpfanne s. Pfanne
Stantonzahl 212
-, Definition 211
Staudruck 164
Staupunkt 127, 128, 130, 131
-, angeströmte Kugel 325
Staupunktabstand 127, 130
Staupunktströmung, räumliche e. Gasstrahles 172, 173
-, Schmelze 127, 132, 146
Staustrahl 172, 173
Stefan-Boltzmannsches Gesetz 416
Stefan-Boltzmannsche Strahlungskonstante 415, 422
Steifkugelverhalten 334, 336, 366
Stickstoff 4, 5, 16, 18, 102, 226
-, Absorption 177
-, Desorption 177, 178, 179
-, Einleiten i. fl. Wood-Metall 359, 360
-, Partialdruck 16, 18, 170, 171

Stickstoff-Eisen-Reaktion, Gleichgewicht 16, 18, 178
-, Gleichgewichtskonstante 16, 18, 171
-, Kinetik 170–182
-, Phasengrenzreaktion 178–182
-, -, Sauerstoffeinfluß 179–182
-, -, Schwefeleinfluß 179–182
Stoff, zu extrahierender 343, 349
Stoffaustausch s. Stoffübergang
Stoffbilanz, Makrokinetik 341, 343, 345
Stoffdaten s. Daten
Stoffmengenstromdichte, Definition 109
Stoffstrom Definition 111
-, b. Desoxidation 120
- b. Konsekutivreaktionen 113
- b. Oberflächenerneuerungstheorie 131
Stoffstromdichte, Äquivalenz b. gekoppelten Reaktionen 118
-, Definition 111
- b. doppelten Umsetzungen 115, 116
- am Einzeltropfen b. d. Entphosphorung 365, 366
- b. Fällungsreaktion an e. Phasengrenze 168
-, Mikrokinetik 343, 344
- b. Stickstoffreaktion 171
- b. Stofftransport durch e. laminare Grenzschicht 140
- d. Teilchenabscheidung 322
- i. Teilcheninneren 329
Stofftransport 2, 107, 143, 167
-, Diffusion 123, 124, 126, 131
-, - i. aufgewachsener Schicht 329, 331–333
-, - i. Teilchen 327–329
-, Einfluß grenzflächenaktiver Stoffe 164
- i. Gasphase 170–175
- i. Innern v. Tropfen 333–336
-, durch Konvektion s. - durch Strömung
-, konvektiver s. - durch Strömung
- i. e. Schlacke 198
- i. e. Schmelze 171, 172, 175–177
- durch Strömung 123, 125, 131
-, -, Definition 123
-, turbulenter 158
-, umströmter Tropfen 174
Stoffübergang 126, 242
-, Blase-Schmelze 337–340
-, blasengerührte Grenzfläche 301, 302, 304–306
- b. doppelten Umsetzungen 117
- durch Diffusion 309, 328
-, Einfluß grenzflächenaktiver Stoffe 164
- am Einzeltropfen b. Entphosphorungsreaktion 367
-, flüssig-flüssig-Grenzfläche 163, 164
-, Gas-Schmelze 127
-, gasseitiger b. Gas-flüssig-Reaktion 174
- i. Innern v. Gasblasen 339

Stoffübergang
- an Kugeln b. höheren Reynoldszahlen 314, 315, 324–327
- -, Metall-Schlacke 145–152, 163, 205–208
- m. Reibung 135–137, 139–143, 148–152, 158–160, 162, 163, 303, 335
- b. reibungsfreier Strömung 127–132, 302, 303
- i. Siemens-Martin-Ofen 304, 305
- -, Teilchen-Schmelze 308–313
- an Teilchen, Tropfen u. Blasen 307, 349, 358
- -, Tropfen-Schmelze 333–337
- -, turbulenter 158, 326, 327
- -, - an e. freien Oberfläche 162, 164
Stoffübergangskoeffizient 117, 219, 295, 413
- b. Auflösung feuerfester Wände 296
- -, Berechnung aus Grenzschichttheorie 123, 125, 140, 141
- -, Berechnung aus Oberflächenerneuerungstheorie 131, 132
- an e. blasengerührten Grenzfläche 302–307
- -, Definition 110, 131
- am Einzeltropfen b. d. Entphosphorung 365–367
- an e. flüssig-flüssig-Phasengrenze 150, 152
- -, Frequenzabhängigkeit 178
- an e. Gasblase 337–339
- -, gasseitiger b. Gas-flüssig-Reaktion 170, 174
- -, Mikrokinetik 344, 352
- b. Reaktion Tropfen-Schmelze 335, 336
- -, schmelzenseitiger b. Gas-flüssig-Reaktion 171, 176, 177, 182, 183
- d. Teilchenabscheidung 320, 322–324
- i. Teilcheninnern 328
- -, totaler 111
- b. turbulenter Strömung an e. freien Oberfläche 163
- b. turbulenter Strömung an e. Wand 159
- an umströmter Kugel 325, 330, 366
- b. Wachstum kleiner Teilchen 309
Stoffübertragung 107–168
Stokessches Gesetz 220, 222, 230, 232, 233, 242, 247, 282, 308, 314, 315, 324, 325
Stokessche Kollisionen 317, 318
Strahlgasen 228, 229, 267, 273–276
Strahlung 414
-, Lichtbogen 298
Strahlungsaustausch(-wärmeübergang) i. geschlossenen Ofenräumen 415
Strahlungsaustauschzahl 414, 422
Strahlungsdurchlässigkeit 422
Strahlungsverschleiß s. auch Feuerfestes Material, Verschleiß 297, 298, 300
Strahlungswärmeübergang(-übertragung) 414–416, 419–421, 423
Strahlungswärmeübergangszahl, Definition 416

Strömung s. auch Umlaufströmung 343, 392
- i. d. Blasensäule 254, 262, 263
- -, erzwungene 133
- an e. flüssig-flüssig-Phasengrenze 146, 152
- b. d. Grenzschichttheorie 123–126
- -, Hauptkomponenten 154
- i. Induktionsofen 128
- an e. Kugel 314, 315, 326
- -, laminare 126, 154, 296
- -, nahe e. ebenen Grenzfläche 123
- m. Reibung 132, 303
- -, reibungsfreie 126, 127, 131, 302, 333, 335–337
- i. Tropfen 230, 334
- -, turbulente 126, 153, 154, 221, 296
- -, -, Schwankungskomponenten 126, 162
Strömungsfeld 148
- -, Freistrahl 172, 186
- -, Schmelze 132
Strömungsgeschwindigkeit 123, 130–132, 134, 135, 137, 138
- -, blasengerührte Grenzfläche 306, 307
- an e. festen Wand 125, 126
- an e. flüssig-flüssig-Phasengrenze 146–149, 286–292
- a. e. freien Oberfläche 130
- -, Gasfreistrahl 172, 175
- -, Grenzschichttheorie 138
- -, Hauptströmung 154
- -, kritische d. Schlacke b. Tropfenemulgierung 284, 285
- -, Metallschmelze 175, 176, 286, 291–293
- -, Oberflächenerneuerungstheorie 131
- -, Schmelze an e. feuerfesten Wand 297
- -, Schmelze i. Konverter 392
- -, turbulente Strömung 153
- -, umströmter Tropfen 174
Strömungsgrenzschicht, Definition 125, 126
- -, flüssig-flüssig-Phasengrenze 146, 147, 149, 292
- -, Gas-Feststoff-Strahl 267
- -, längsangeströmte Platte 132, 135, 141, 143, 145
- Staustromung 173
- -, turbulente 153, 156, 159, 287, 288
- -, umströmte Kugel 326
Strömungsgrenzschichtdicke, feste Wand 142, 143
- -, flüssig-flüssig-Phasengrenze 145, 146, 148, 290
Stromdichte 199
Stromfunktion 137, 230, 247
Stromlinien um e. Kugel 325
Strontium 82
Stufenversetzungen 209
Sulfid 82, 83
-, Stabilität 77–79

Sulfidbildner 77
Sulfidion, Diffusion i. CaS-Schicht 82, 83, 330, 331
–, Gleichgewicht 13, 82, 83
Sulfidkapazität 46, 48, 49, 85, 87, 91
–, Al_2O_3-CaO-Schlacken 88
–, Al_2O_3-CaO-SiO_2-Schlacken 88
–, Definition 46
–, Natriumsilicatschlacken 101
Sulfid-Oxid-Gleichgewichte 81, 82
Suspensionen 249
Symmetriezahl 415, 421, 423
System Al_2O_3-CaO 87, 88, 90
– Al_2O_3-CaO-SiO_2 87, 88, 90, 93, 94
– –, Aktivitäten 85, 89
– –, Schwefelverteilung 87, 90, 92
– $CaCO_3$-CaO-Na_2CO_3 95, 97
– Ce-O-S 80
– C-Na-O 99
–, emulsionsmetallurgisches 349
– Fe-Mn-S 80
– Fe-O 20–25

Tank, Anzahl 399, 402, 406–408
–, Definition 399
Tank-in-Reihe-Modell 399, 401
–, Konzentrationsverteilungen 399, 401
– m. Rückführung 400, 402, 406
–, Verweilzeit 400, 406
Tauchausguß 300, 317
Teilchen s. auch Feststoffteilchen 219, 295, 307
–, Abscheidung 318–324, 342, 357, 358
–, dispergierte s. –, emulgierte
–, Einblasen i. Schmelzen 357
–, emulgierte 350, 358
–, Emulgierungsgrad 350, 354
–, Impulsstrom 270
–, relative Emulgierungsrate 352
–, stationäre Konzentration b. Einblasen 358
–, Verteilungsfunktion d. Abmessungen 343, 344, 357, 358, 363
–, Verweilzeit i. e. emulsionsmet. System 349, 350, 354, 358
Teilchenabscheidung s. Abscheidung
Teilchenagglomerate 317
Teilchendurchmesser(-größe, -radius) 219, 282, 307, 310, 312, 322–324, 358, 376, 379
Teilchengeschwindigkeit 220, 222, 223, 277
– i. Gas-Feststoff-Strahl 267
–, kritische b. Eindringen i. Schmelzen 277, 280, 281
–, relative zw. Teilchen u. Mutterphase 220, 334
– i. Schwarm 240–243

Teilchenkonzentration (Zahl je Volumeneinheit) 268, 311, 320
Teilchenschwarm(-suspension, -wolke) 219, 238–243
–, Geschwindigkeit 240–243
Teilchenwachstum 308–313
Teilgrenzschichten 168
Teilreaktion 198, 199
–, anodische 198, 203
–, kathodische 198, 203
Teilschritt 107, 108, 113–115, 119, 170, 190, 192, 203, 380
–, Definition 108
Teilstrom 122
Teilvolumen 343, 394, 395, 405, 406, 410
Teilvolumenmodell 402, 410
Teilvorgang s. Teilschritt
Teilwiderstand 110, 111, 113, 114
Temperaturfeld i. Wärmgut 424, 427
Temperaturgrenzschicht 125, 126, 429, 430, 449
–, Gradient 430
–, Wärmeleitung 437
–, Wärmeübergang 432
Temperaturgrenzschichtdicke 430, 437, 438
Temperaturleitzahl, Eisen 422
Tetracalciumphosphat 37, 39, 52–55
Thermodynamische Grundlagen 4–106
Thomas-Konverter 412
Thringzahl 417, 420–425
–, Definition 417
Tonerde s. Aluminiumoxid
Torpedopfanne 393, 402, 406
Totvolumen(-raum, -zone) 394, 402, 404–409
Tracer 392, 399–401, 404, 405, 407, 408
Trägheitskraft 134, 221, 225, 236, 278, 324
Transport s. auch Impulstransport, Stofftransport, Wärmetransport 107–110, 116, 120, 121, 170, 184, 185, 191, 192, 203, 210, 375, 380, 381
Transportgeschwindigkeit s. Geschwindigkeit d. Stofftransportes
Transportvorgang s. Transport
Transportwiderstand 110, 124, 179
Tricalciumphosphat 37, 39, 50–54, 363
Tricalciumsilicat 37, 38, 40–45, 47–49, 217, 218
Triebkraft 109, 110, 113, 185
–, Definition 109
–, Gesamt- 122
Tropfen s. auch Eisentropfen, Metalltropfen, Schlacketropfen 127, 230, 295
–, Absinken 237, 238
–, Aufsteigen 237, 238
–, Diffusion i. 328, 329, 366
–, Eisenoxid 382, 383, 385–391
–, emulgierte 349, 358, 362–364, 366–370

Sachverzeichnis

Tropfen
–, Emulgierung 284, 293
–, Emulgierungsgrad 370, 371, 388
–, Geschwindigkeit 238
–, Größe 237, 238, 336
–, Größenverteilung 343, 357, 358, 363, 366–370
–, Innenströmung 230, 333–337
–, Oxidation 188
–, spez. Umlaufstrom 369, 370, 372
–, Stahl- 282, 283
–, Stoffübergang 307, 333–337, 366
–, Stoffübergangskoeffizient 365–367
–, Verweilzeit i. e. emulsionsmet. System 349, 351–353, 363, 366, 368, 371, 372
–, Wirkungsgrad d. Umsatzes an 369, 370
–, Zerfall 358
–, Zusammenstöße 316, 349
Tropfenbildung 284–286, 292–294, 358, 362
–, Rate 412, 413
Tropfendurchmesser b. Emulgierung 284–286, 292–294, 334
–, Fe b. Entphosphorung 366–368
–, FeO_n b. Entkohlung 386–391
–, kritischer 284–286, 294
Tropfenmenge 292, 293, 358, 363, 364, 369
Tropfenzahl 293
Turbulenz 132, 153–157, 159, 237, 271, 326, 366, 392, 395, 396, 398
– an bewegten Grenzflächen 160, 163, 286, 288, 301, 307, 324
–, Definition 153
Turbulenzballen 153, 154, 156–158, 160, 161, 163, 165, 286, 323
–, Einfluß auf Teilchenauflösung 326
–, räumliche Ausdehnung 153
Turbulenzgrad 257
Turbulenzmodell 399

Übergang Blasengasen-Strahlgasen 228, 229
Überhitzung 421
Überschußgeschwindigkeit, momentane turbulente 154
Überspannung 200
Umgebungs(Bad-)temperatur s. auch Schmelzentemperatur 414
–, Definition 415, 430
Umlauf 247, 250, 282
– v. Eisentropfen d. Schlacke 369
Umlaufstrom(-strömung) 389, 392, 397
–, Blasensäule 246
–, Elektrolichtbogenofen 296
– v. emulgierten Teilchen od. Tropfen 372
–, Konverter 297, 389
–, –, Geschwindigkeit 391, 392
–, Pfanne 145, 146, 163, 252, 324
–, –, Energieinhalt 254

–, toroidaler 394, 395
– i. Tropfen 230, 333–337
– b. Vermischung 393, 394, 397, 399, 402, 405, 406
Umlaufvolumenstrom 397, 399, 407, 408
Umlaufzeit 397, 402, 407, 409
Umsatz, zeitlicher 108
Umsetzungen, doppelte 115, 117, 196
Umsatzzahl 346–348, 355, 356
–, Definition 345
Unterschicht, laminare 153, 157, 288
–, äquivalente laminare 161

Vakuum 63–65, 183, 333
Vakuumbehandlung(-entgasung) 252, 308, 340, 360
Vakuuminduktionsofen 175
Verbrennungsschicht 188
Verdampfungsgeschwindigkeit v. Wasser 174
Vermischung s. Mischung
Verschlackung 5, 6, 361–363
Verschleiß s. Feuerfestes Material, Verschleiß
Verschleißrate 297, 299
Verteilungskonstante s. Gleichgewichtsverteilungskonstante
Verteilungsverhältnis s. Gleichgewichtsverteilungskonstante
Verweilzeit 219
–, Gas i. Konverter 250
–, Teilchen i. Schmelze 328
–, Teilchen, Tropfen u. Blasen i. Mehrphasensystemen 342, 343, 349–351, 353, 357–360, 363, 364, 366, 368, 370–372, 375–380, 390
–, Volumenelemente a. e. Grenzfläche 128, 130, 301
Viskosität 162, 303, 304, 314
–, dynamische 126, 220, 231, 291, 305, 334
–, kinematische 126, 131, 140, 153, 297, 305, 307, 321, 327
–, turbulente 157
–, turbulente kinematische 157, 161, 287, 323
Volumenelement 128, 130, 132, 164, 334
–, Verweilzeit 128, 130–132
Volumenstromdichte, Definition 109
Vorheiztemperatur 442
Vorwärmperiode 415, 416, 418–425, 428
–, Dauer s. Vorwärmzeit
Vorwärmzeit 442
–, Kugel 420, 423
–, Maximum 421–423
–, Platte 418, 419, 425–427

Wachstum, Desoxidationsprodukte 308, 315
Wachstumsform, Oxide 313
Wachstumszeit 311

Wand, feste 125–127, 139, 162, 163
–, Teilchenabscheidung an e. 321–323, 358
Wandabstand 132, 138, 141, 142, 157, 162, 322, 323
–, dimensionsloser 137, 138, 141, 155
Wandelemente, wassergekühlte 300
Wandschubspannung 155–157
Wandstrahl 172
Wandströmung 297
Wandverschleißfaktor 298, 299
Wärmgut 414, 415, 418, 424, 429
–, Stückabmessung 424
Wärmeleitung 126, 415
–, Grenzfall $\lambda' = 0$ 428, 433, 439, 446
–, Grenzfall $\lambda' = \infty$ 428, 433, 439
– i. e. Kugel 415, 419, 420, 421, 429
– i. e. Platte 426
– i. d. Temperaturgrenzschicht 430, 437, 438
– i. Wärmgut 425, 430, 433, 440, 451
Wärmekapazität, spezifische 417
–, Eisen 422, 442
–, Eisenschwamm 422, 442
Wärmeleitungsgrenzschicht s. Temperaturgrenzschicht
Wärmeleitzahl 415, 421
–, Einfluß auf Schmelzzeit 443, 444
–, Eisen 422, 442
–, Eisenschwamm 422, 441, 442
Wärmemenge, aufgenommene i. d. Vorwärmperiode 418, 424
–, –, –, dimensionslose 418, 419
–, bis z. Schmelzen aufzunehmende 424
Wärmemenge, dimensionslose, Definition 418
–, i. d. Vorwärmperiode 418, 419
Wärmestromdichte am Außenrand d. Temperaturgrenzschicht 430
– an d. Oberfläche d. Wärmguts 430
– aus d. Umgebung an d. Wärmgut 418, 424, 429
Wärmetransport 2, 125, 126
Wärmeübergang 126
–, Analogie z. Stoffübergang 450, 451
–, angeströmte Platte 432
– d. Konvektion 429
–, quer angeströmter Zylinder 432
– d. Strahlung s. Strahlungswärmeübergang
– d. d. Temperaturgrenzschicht 432
–, umströmte Kugel 432
Wärmeübergangszahl b. Einschmelzen i. d. eigenen Schmelze 430, 432, 437, 441–443, 446, 451
– b. Einschmelzen v. Eisen i. Hochofen 422
–, konvektive 414, 416, 423
–, –, Definition 415
– d. Strahlung 416

Wärmeübertragung d. Konvektion 414–416, 418, 420, 421, 423
– d. Strahlung 414–416, 419–421
Wassergas-Gleichgewicht 19
Wassermodell, Pfanne 394, 396, 404, 407–409
Wasserstoff 6, 15, 16, 18, 19, 83, 108, 109, 182, 183
Weberzahl 231, 234, 238, 277, 279
–, Definition 225
–, kritische 279, 280
Widerstand 113, 122
– d. Phasengrenzreaktion 110
– d. Transports 110, 124
Widerstandsgesetz 221, 240
Widerstandskraft 220, 221, 224, 235, 240, 277, 278, 280
Widerstandszahl 142, 156, 221–223, 231, 234, 235, 237, 238, 279, 280
Winkelverhältnis 415
Wirbel, turbulente 153
–, hinter e. angeströmten Kugel 325
Wirkungsgrad, Mikrokinetik 352, 354, 355, 369, 370, 413
–, Grenzfälle 353
Wismut 102
Wolke s. Konzentrationswolke
Wood-Metall 359, 360
Wüstit 21–23, 27–31, 33, 35, 40–45, 47, 50, 52, 53, 56, 57

Youngsche Gleichung 276, 315

Zähigkeit s. Viskosität
Zeitgesetz, parabolisches 331, 379
Zeitkonstante d. Makrokinetik 350, 413
Zerfallzone 249
Zinn 106
Zirkulation, innere 230, 231, 333–336
Zustandsdiagramm s. Zustandsschaubild
Zustandsschaubild
– Al_2O_3-CaO 74
– Al_2O_3-CaO-SiO_2 86
– Al_2O_3-MnO-SiO_2 72
– Al_2O_3-SiO_2 69
– $CaCO_3$-CaO-Na_2CO_3 97, 98
– CaO-FeO_n 30
– CaO-Fe_2O_3 32
– CaO-FeO-Fe_2O_3 35
– CaO-FeO_n-P_2O_5 52, 53
– CaO-FeO_n-SiO_2 40
– CaO-P_2O_5 39
– CaO-SiO_2 38
– Eisen-Kohlenstoff 450, 452
– Eisen-Sauerstoff 22, 23
– FeO-Fe_2O_3-MgO 36

Zustandsschaubild
– FeO-MnO 26
– FeO-SiO$_2$ 28
– MnO-SiO$_2$ 66
– d. pneumatischen Förderung 265
Zylinder 414
–, Enthalpieverhältnis 436
–, Oberfläche b. Schmelzen 435
–, quer angeströmter 127, 143

–, rotierender 210–212
–, –, Auflösung 296
–, Schmelzzeit 424, 435, 440
–, –, maximale 425
–, –, minimale 425
–, –, verallgemeinerte 436
–, Vorwärmzeit 423
–, Wärmeleitung 415, 419
–, –, Symmetriezahl 415, 423

Werkstoffkunde Stahl

Herausgeber: Verein Deutscher Eisenhüttenleute, Düsseldorf

Unter Mitarbeit von W. Jäniche, W. Dahl, H.-F. Klärner, W. Pitsch, D. Schauwinhold, W. Schlüter, H. Schmitz

Band 1:
Grundlagen
4. Aufl. 1984. XXII, 743 S. 568 Abb. Geb.
DM 530,- ISBN 3-540-12619-8

Band 2:
Anwendung
4. Aufl. 1985. XXIV, 862 S. 447 Abb. Geb.
DM 530,- ISBN 3-540-13084-5

Koproduktion von Springer-Verlag Berlin Heidelberg New York London Paris Tokyo Hong Kong und Verlag Stahleisen, Düsseldorf

Aus den Besprechungen:

„... Um einen Überblick über die große Vielfalt der Stahlarten zu bekommen, ist die gewählte Gliederung und vorrangige Behandlung der Gefügearten von Stahl sehr vorteilhaft.

Der behandelte Stoff... ist klar und verständlich dargestellt und auf das Wesentliche beschränkt. Dieses vorzügliche Standardwerk der Werkstoffkunde ist für den Werkstoffachmann wie auch für den Stahlverwender von beachtlichem Nutzen."

Maschinenmarkt

Springer-Verlag Berlin Heidelberg New York London Paris Tokyo Hong Kong

„... eine Fundgrube für den, der sich über Stahl grundlegend informieren will."

Stahlbau

Berichtigungen zu

Oeters
„Metallurgie der Stahlherstellung"

Seite XIII	8. Zeile von oben: „$b_x(= be_{chi})$" statt „$b_x(= be_{icks})$"
Seite XVI	22. Zeile von oben: „das Vorwärmen, das Verweilen betreffend" statt „das Vorwärmen betreffend"
Seite 8	12. Zeile von oben: „(2.2)" statt „(2.5)"
Seite 21	Bild 2.10 ergänzen: „S" und „T"

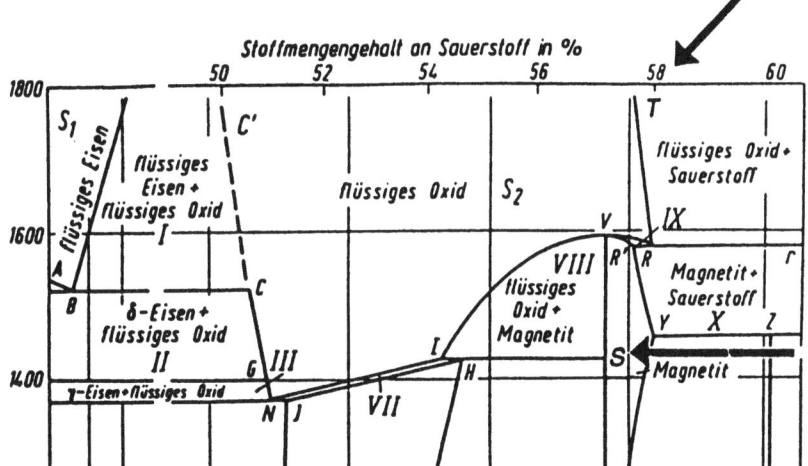

Seite 22	20. Zeile von oben: „R und R'" statt „RR'"
Seite 22	24. Zeile von oben: „RT" statt „RQ"
Seite 40	8. Zeile von unten: „steht" statt „stehen"
Seite 42	Bild 2.28; rechte untere Ecke: „FeO_n" statt „FeO"
Seite 43	1. Zeile nach Bild: „CaO/SiO_2" statt „FeO/SiO_2"
Seite 48	13. Zeile von unten: „2.29" statt „2.32"
Seite 50	9. Zeile von unten: „Phosphatkapazitäten" statt „Phosphorkapazitäten"
Seite 55 } Seite 57 }	Seite 55, letzte Zeile: „Für CaO-" bis Seite 57, 3. Zeile: „…ineinander umrechnet" ist zu streichen
Seite 70	in den Gleichungen (2.70) und (2.71): „$3Al_2O_3 \cdot 2SiO_2$" statt „$2Al_2O_3 \cdot 3SiO_2$"
Seite 71	in Unterschrift von Bild 2.55: „[2.91]" statt „[2.891]"
Seite 73	in Gleichung (2.72): „$[a_O]^3$" statt „$[a_O]^2$"
Seite 77	in Gleichung (2.80): „$\dfrac{p_{H_2S}}{p_{S_2}^{1/2} p_{H_2}}$" statt „$\dfrac{p_{S_2}^{1/2} p_{H_2}}{p_{H_2S}}$"

Seite 79	7. Zeile von oben: „Oxisulfide" statt „Oxidsulfide"
Seite 83	19. Zeile von oben: „[S]" statt „S"
Seite 94	10. Zeile von unten in der Gleichung: „$[a_{Si}]$" in den Nenner und (a_{SiO_2}) in den Zähler
Seite 105	3. Zeile von unten: „Sn" statt „Zn"
Seite 106	4. Zeile von unten: „Verteilungswerte des Zinns zwischen Schlacke und Eisen" statt „Gehalte des Zinns"
Seite 109	17. Zeile von oben: „(2.20)" statt „(2.8)"
Seite 116	4. Zeile von unten: als letztes Wort der Zeile hinter (3.24b) „folgt" einsetzen
Seite 119	4. Zeile von unten: „Gleichgewichtskonzentration" statt „Gleichgewichtskonzentrationen"
Seite 121	25. Zeile von oben: „Metallphase" statt „Schlacke"
Seite 121	27. Zeile von oben: „im Metall" statt „in der Schlacke"
Seite 123	3. Zeile von oben: „3.1.2" statt „3.1.2.3"
Seite 130	8. Zeile von oben: „(3.44)" statt „(3.42)"
Seite 140	7. Zeile von unten: „Antransports" statt „Abtransports"
Seite 143	6. u. 5. Zeile von unten: „je Flächen- und" statt „über die Fläche der Breite b und der Länge dy je"
Seite 150	3. Zeile von unten: „der lokale Stoffübergangskoeffizient" statt „der Stoffübergangskoeffizient"
Seite 150	Gleichung (3.136): „$\beta_{M,y}$" statt „β_M"
Seite 152	Gleichung (3.147): „y" statt „x"
Seite 152	Gleichung (3.149): „$Sc_S^{-1/3}$" statt „$Sc_S^{1/3}$"
Seite 152	6. Zeile von unten: „der lokale schlackenseitige" statt „der schlackenseitige"
Seite 152	Gleichungen (3.151) und (3.152): „$\beta_{S,y}$" statt „β_S"
Seite 162	7. Zeile von oben: „$v = v_t$" statt „$v_t = v$"
Seite 163	23. Zeile von oben: „$/(c_i - c_\infty)$" statt „$/c_i - c_\infty)$"
Seite 163	Gleichung (3.192): „$\varrho^{1/2}$" statt „$\delta_N^{1/2}$"
Seite 166	Bild 3.27a in der Ordinatenbeschriftung: „σ_{MS}" statt „σ_{ml}"
Seite 186	Gleichung (4.35): „$D^{2/3}$" statt „$D^{1/3}$"
Seite 187	Unterschrift von Bild 4.7: „const ln (4/3)" statt „const lg (4/3)"
Seite 187	13. Zeile von unten, in der Gleichung: „$D^{2/3}$" statt „$D^{1/3}$"
Seite 187	11. u. 10. Zeile von unten: je einmal „ln" statt „lg"
Seite 220	6. Zeile von unten, in der Gleichung: „$d_P \varrho_L$" statt „$d \varrho_P$"
Seite 221	in Gleichung (5.6): „$\varrho_L - \varrho_P$" statt „$\varrho_L \varrho_P$"
Seite 223	in Gleichung (5.9): „$(\varrho_L - \varrho_P)$" statt „$2(\varrho_L - \varrho_P)$"
Seite 262	in den Gleichungen (5.111) und (5.112): „$\dot{V}_G^2$" statt „$\dot{V}_G$"
Seite 270	11. Zeile von oben: „Flüssigkeits-Oberfläche" statt „Feststoff-Oberfläche"
Seite 279	8. Zeile von unten, 3. Gleichung von links: „d_P^2" statt „d_P"
Seite 280	12. Zeile von unten: „160 °" statt „160 °C"
Seite 281	3. Zeile von oben: „140 °" statt „140 °C"
Seite 285	letzte Zeile: „$3{,}5 \cdot 10^3$" statt „3,5"
Seite 287	8. Zeile von unten: „v_t" statt „v_t"

Seite 291	9. Zeile von unten: „Stahlschmelze" statt „Stahlschmelzen"
Seite 292	3. Zeile von oben: „$y = l$" statt „$y = 1$"
Seite 293	letzte Zeile: „$\frac{1}{6}$" statt „$\frac{4}{3}$"
Seite 294	Gleichung (5.213): „$\frac{1}{6}$" statt „$\frac{4}{3}$"
Seite 298	4. Zeile von unten: „A bis D" statt „A und D"
Seite 320	Gleichung (6.41): „$\frac{dN}{dt}$" statt „$\frac{d\dot{N}}{dt}$"
Seite 321	2. u. 1. Zeile von unten: „[6.44, 6.45]" streichen
Seite 327	8. u. 9. Zeile von oben: „Abhängigkeit der Sherwoodzahl von" statt „Abhängigkeit der Sherwoodzahl in Abhängigkeit von"
Seite 339	12. Zeile von oben: „deren Gleichgewicht mit" statt „deren Geschwindigkeit mit"; „Sievertsschen" statt „Sievertschen"
Seite 339	23. Zeile von oben: „berücksichtigt" statt „ausgespült"
Seite 350	in den Gleichungen (7.19) und (7.22):

$$\left(1 - \exp\left[-\frac{\beta_{tot}}{K}\left(\frac{F}{V}\right)_T \bar{t}_v\right]\right)\text{" statt}$$

$$\left[1 - \exp\left(-\frac{\beta_{tot}}{K}\right)\left(\frac{F}{V}\right)_T \bar{t}_v\right]\text{" bzw. "}\left[1 - \exp\left(-\frac{\beta_{tot}}{K}\left(\frac{F}{V}\right)_T \bar{t}_v\right)\right]\text{"}$$

Seite 374	16. Zeile von oben: „Gleichgewichtskonstante" statt „Gleichgewichtskonstane"
Seite 376	4. Zeile von unten: „$[\bar{S}]_P = [\bar{S}]_{PZ}$" statt „$[\bar{S}]_{PZ} =$"
Seite 386	4. Zeile von oben: „7.21" statt „7.22"
Seite 386	10. Zeile von oben: „Tropfenradius" statt „Tropfendurchmesser"
Seite 388	5. Zeile von oben: „Radius" statt „Durchmesser"
Seite 396	6. Zeile von unten: „gemessene" statt „berechnete"
Seite 397	Gleichung 7.139: „$\left(1 - \frac{H}{z^*}\right)$" statt „$\left(1 - \frac{z}{z^*}\right)$"
Seite 405	11. Zeile von unten: „Meßorte" statt „Meßwerte"
Seite 432	12. Zeile von unten: „ist es i. d. R." statt „ist i. d. R."
Seite 448	13. u. 12. Zeile von unten: „ist der Einfluß der" statt „sind die"; „des Stofftransports" statt „der Stofftransport";
Seite 450	Gleichung (8.111): „$(1 - K)$" statt „$(1 - K($"
Seite 473	Zitat 6.31: „Turkdogan" statt „Turdkogan"

MIX
Papier aus verantwortungsvollen Quellen
Paper from responsible sources
FSC® C105338

If you have any concerns about our products,
you can contact us on
ProductSafety@springernature.com

In case Publisher is established outside the EU,
the EU authorized representative is:
**Springer Nature Customer Service Center GmbH
Europaplatz 3, 69115 Heidelberg, Germany**

Printed by Libri Plureos GmbH
in Hamburg, Germany